PETER ROB · CARLOS CORONEL

SISTEMAS DE BANCO DE DADOS

PROJETO, IMPLEMENTAÇÃO E GERENCIAMENTO

CB036872

Dados Internacionais de Catalogação na Publicação (CIP)
(Câmara Brasileira do Livro, SP, Brasil)

Rob, Peter
   Sistemas de banco de dados : projeto, implementação
e gerenciamento / Peter Rob, Carlos Coronel ; revisão
técnica Ana Paula Appel ; [tradução All Tasks]. – São
Paulo : Cengage Learning, 2023.

   Título original: Database systems : design,
implementation and management.
   4. reimpr. da 1. ed. de 2011.
   Bibliografia
   ISBN 978-85-221-0786-5

   1. Banco de dados 2. Banco de dados - Gerência 3.
Banco de dados - Projeto I. Coronel, Carlos. II.
Appel, Ana Paula. III. Título.

10-01405   CDD-005.74

Índice para catálogo sistemático:

   1. Banco de dados : Projeto, implementação e
   gerenciamento : Ciência da computação 005.74

SISTEMAS DE BANCO DE DADOS

PROJETO, IMPLEMENTAÇÃO E GERENCIAMENTO

Tradução da 8ª edição Norte-americana

PETER ROB · CARLOS CORONEL

REVISÃO TÉCNICA

ANA PAULA APPEL

MESTRE EM CIÊNCIAS DA COMPUTAÇÃO E DOUTORANDA PELO INSTITUTO
DE CIÊNCIAS MATEMÁTICAS E DE COMPUTAÇÃO – USP SÃO CARLOS

CENGAGE

Austrália • Brasil • México • Cingapura • Reino Unido • Estados Unidos

Sistemas de Banco de Dados – Projeto, Implementação e Gerenciamento – Tradução da 8ª edição norte-americana

Peter Rob, Carlos Coronel

Gerente Editorial: Patricia La Rosa

Editora de Desenvolvimento e Produção Editorial: Gisele Gonçalves Bueno Quirino de Souza

Supervisora de Produção Gráfica e Editorial: Fabiana Alencar Albuquerque

Título original: Database Systems: Design, Implementation and Management – 8th ed.

ISBN original: 978-1-4239-0201-0

Tradução: All Tasks

Revisão técnica: Ana Paula Appel

Copidesque: Maria Dolores D. S. Mata

Revisão: Deborah Quintal, Adriane Peçanha

Capa: Marcela Perroni (Ventura Design)

Diagramação: SGuerra Design

Para informações sobre nossos produtos, entre em contato pelo telefone **0800 11 19 39**

Para permissão de uso de material desta obra, envie seu pedido para **direitosautorais@cengage.com**

Cengage Learning
Condomínio E-Business Park
Rua Werner Siemens, 111 – Prédio 11 – Torre A – Conjunto 12
Lapa de Baixo – CEP 05069-900 – São Paulo – SP
Tel.: (11) 3665-9900 – Fax: (11) 3665-9901
SAC: 0800 11 19 39

Para suas soluções de curso e aprendizado, visite
www.cengage.com.br

Impresso no Brasil
Printed in Brazil
4. reimpr. – 2023

À Anne, que continua sendo minha melhor amiga após 46 anos de casamento. Ao nosso filho Peter William, que revelou-se o homem que esperávamos ser e provou sua sabedoria, ao escolher Sheena como nossa preciosa nora. À Sheena, que conquistou nossos corações há tantos anos. Aos nossos netos, Adam Lee e Alan Henri, que estão crescendo e tornando-se grandes seres humanos como seus pais. À minha sogra, Nini Fontein, e à memória de meu sogro, Henri Fontein, cujas experiências de vida na Europa e no Sudeste Asiático dariam um livro de histórias; eles enriqueceram minha vida confiando-me o futuro de sua filha. À memória de meus pais, Hendrik e Hermine Rob, que reconstruíram suas vidas após os horrores da Segunda Guerra Mundial, recuperaram-se após uma insurreição fracassada na Indonésia e finalmente encontraram sua terra prometida nos Estados Unidos. E à memória de Heinz, que me ensinou lições diárias sobre lealdade, aceitação incondicional e compreensão ilimitada. Com amor, dedico este livro a vocês.

Peter Rob

À Victoria, minha linda e maravilhosa esposa há 18 anos, que tem a dura tarefa de me aturar e vive como um exemplo de beleza e doçura. Obrigado por ser tão atenciosa. Ao Carlos Anthony, meu filho, o orgulho de seu pai, sempre me ensinando novas coisas e crescendo como um inteligente e talentoso cavalheiro. À Gabriela Victoria, minha filha e a princesa da casa, que está crescendo como uma rosa e tornando-se um anjo belo e gracioso. Ao Christian Javier, nossa pequena fonte de alegria, que está aprendendo e crescendo, sempre com muita energia e felicidade, e é parecido com seu pai em muitos aspectos. A todas as minhas crianças, obrigado por suas risadas, suas vozes doces, seus belos sorrisos e seus abraços frequentes. Eu as amo; elas são meu tesouro divino. Aos meus pais por seu sacrifício e estímulo. E ao Smokey, o mais preguiçoso da família, que não se preocupa com nada, não se aborrece com nada e dispõe de todo o tempo do mundo. A todos eu dedico os frutos de longos dias e noites. Obrigado por seu apoio e compreensão.

Carlos Coronel

SUMÁRIO

SUMÁRIO

PARTE IV   CONCEITOS AVANÇADOS DE BANCO DE DADOS

Por diversos motivos, poucos livros sobrevivem até sua oitava edição. Autores e editoras que se acomodam com o sucesso de seu trabalho inicial geralmente pagam o preço de ver o mercado desmontar suas criações. Esta obra sobre sistemas de banco de dados foi bem-sucedida por sete edições porque nós – autores e editora – demos atenção ao impacto da tecnologia às questões e sugestões dos leitores. Acreditamos que esta oitava edição reflete com êxito a mesma atenção a esses estímulos.

Em vários aspectos, reescrever um livro é mais difícil do que escrevê-lo pela primeira vez. Se o título for bem-sucedido, como este, uma preocupação importante é que as atualizações, inserções e exclusões afetem adversamente o estilo de escrita e a continuidade do conteúdo. Vem à mente o princípio de orientação da profissão médica: em primeiro lugar, não cause danos. Naturalmente, nossa própria experiência é um bom ponto de partida, mas também sabemos que os autores podem desenvolver uma atitude de orgulho que os impedem de detectar fraquezas ou oportunidades de aprimoramento. Felizmente, os esforços combinados de revisores e editores extraordinários, além de um valioso *feedback* das edições anteriores, proveniente de professores e alunos, ajudaram a fornecer a orientação e avaliação adequada para o reescrevermos. Acreditamos ter incorporado novos materiais e mantido o fluxo, a integridade e o estilo de escrita que tornaram bem-sucedidas as sete edições anteriores.

ALTERAÇÕES NA 8ª EDIÇÃO

Nesta 8ª edição adicionamos alguns novos recursos e reorganizamos parte do conteúdo para fornecer um fluxo melhor do material. Além de aprimorar a cobertura dos projetos de banco de dados, que já eram fortes, fizemos outras melhorias na abordagem dos assuntos. A seguir estão alguns destaques:

- Descrições de aplicações novas e atualizadas, que mostram o impacto das tecnologias de bancos de dados no mundo real;
- Exemplos adicionais de UML (Unified Modeling Language);
- Ampliação da cobertura das funções de Servidor SQL;
- Cobertura adicional dos tipos de índices utilizados por SGBD;
- Nova cobertura sobre business intelligence;
- Adição de cobertura de JDBC (Conectividade de bancos de dados em Java);
- Cobertura adicional de segurança de dados, incluindo vulnerabilidades e medidas de segurança.

Esta 8ª edição continua a fornecer um fundamento sólido e prático para projeto, implementação e gerenciamento de sistemas de bancos de dados. Esses fundamentos são construídos a partir da noção de que, embora os bancos de dados sejam muito práticos, o êxito de sua criação depende da compreensão de conceitos importantes que os definem. Não é fácil chegar à combinação adequada de teoria e prática, mas ficamos contentes em saber que o *feedback* mencionado anteriormente sugere que fomos amplamente bem-sucedidos em nossa busca por manter o equilíbrio correto.

ABORDAGEM: ÊNFASE CONTÍNUA NO PROJETO

Como sugere seu título, *Sistemas de banco de dados: projeto, implementação e gerenciamento* cobre três amplos aspectos dos sistemas de bancos de dados. No entanto, por vários motivos importantes, damos atenção especial ao projeto.

- A disponibilidade de excelentes softwares de banco de dados permite que mesmo as pessoas sem experiência na área criem bancos de dados e aplicações. Infelizmente, a abordagem "criação sem projeto" costuma pavimentar a estrada para vários desastres de bancos de dados. Em nossa experiência, muitas falhas de sistemas, se não a maioria, são atribuíveis a projetos ruins e não podem ser resolvidas nem com a ajuda dos melhores gerentes e programadores. Também é provável que os melhores softwares de SGBD não sejam capazes de superar os problemas criados ou amplificados por falhas de projeto. Utilizando uma analogia, até os melhores pedreiros e carpinteiros não conseguem criar uma boa edificação a partir de uma planta ruim.
- A maioria dos problemas que afetam o gerenciamento parece ser ativada por bancos de dados mal projetados. Provavelmente não vale a pena utilizar recursos escassos para desenvolver habilidades de gerenciamento excelentes e amplas e utilizá-las apenas em crises induzidas por projetos ruins.
- O projeto proporciona um excelente meio de comunicação. É mais provável que os clientes consigam o que precisam quando o projeto do sistema de banco de dados for abordado com muito cuidado e atenção. Na verdade, os clientes podem descobrir como suas organizações realmente funcionam quando um bom projeto de banco de dados é completo.
  A familiaridade com técnicas de projeto de bancos de dados promove a compreensão a respeito das tecnologias atuais. Por exemplo, como muitos dados em warehouses provêm de bancos de dados operacionais, os conceitos, estruturas e procedimentos do primeiro farão mais sentido mediante a compreensão da estrutura e implementação do segundo.

Como damos ênfase aos aspectos práticos do projeto de bancos de dados, seus conceitos e procedimentos são cobertos em detalhes, assegurando que os vários problemas do fim dos capítulos sejam desafiadores o suficiente para que os alunos possam desenvolver habilidades reais e úteis de projeto. Também asseguramos que os alunos compreendam os conflitos potenciais e reais entre a elegância do projeto, as exigências de informações e a velocidade de processamento de transações. Por exemplo, não faz muito sentido projetar bancos de dados que atendam a padrões de elegância do projeto, mas que falhem em suprir as exigências de informação dos usuários finais. Portanto, exploramos a utilização de dilemas cuidadosamente definidos para assegurar que os bancos sejam capazes de atender às necessidades dos usuários finais, ao mesmo tempo em que observamos altos padrões de projeto.

COBERTURA DE ASSUNTOS

Visão de sistemas

O título do livro começa com *Sistemas de banco de dados*. Portanto, examinamos os conceitos de projetos e de bancos de dados cobertos nos Capítulos 1-6 como parte de um todo maior, situando-os dentro do modelo de análise de sistemas do Capítulo 9. Acreditamos que os projetistas de bancos de dados que não compreendem que estes fazem parte de um sistema maior provavelmente negligenciarão exigências importantes do projeto. Na verdade, o Capítulo 9, "Projeto de banco de dados", fornece um mapa para o projeto de banco de dados avançado. Em um grande modelo de sistemas, podemos também explorar questões como gerenciamento de transações e controle de concorrência (Capítulo 10), sistemas de gerenciamento de banco de dados

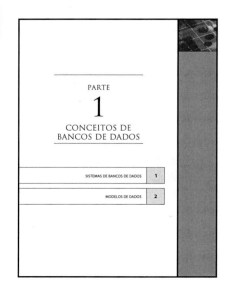

PARTE

1

CONCEITOS DE
BANCOS DE DADOS

| SISTEMAS DE BANCOS DE DADOS | 1 |
| MODELOS DE DADOS | 2 |

distribuídos (Capítulo 12), business intelligence e dados warehouses (Capítulo 13), conectividade de banco de dados e tecnologias da web (Capítulo 14) e administração e segurança de bancos de dados (Capítulo 15).

Projeto de bancos de dados

O primeiro termo do subtítulo do livro é *Projeto* e nossa abordagem do projeto de bancos de dados é abrangente. Por exemplo, os Capítulos 1 e 2 examinam o desenvolvimento de bancos e modelos de dados e ilustram a necessidade do projeto. O Capítulo 3 aponta os detalhes do modelo de banco de dados relacional. O Capítulo 4 proporciona uma abordagem extensiva, profunda e prática de projetos, e o Capítulo 5 dedica-se às questões críticas de normalização que afetam a eficiência e a efetividade dos bancos de dados. O Capítulo 6 explora assuntos de projetos avançados. Os Capítulos 7 e 8 abordam questões de implementação de banco de dados e o modo como os dados são acessados por meio de SQL (Structured Query Language). O Capítulo 9 analisa o projeto de banco de dados dentro dos modelos de sistemas e mapeia as atividades necessárias para projetar e implementar com sucesso um banco de dados no mundo real.

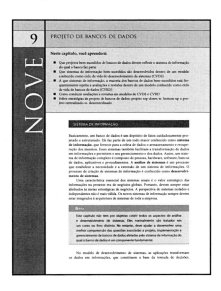

Como o projeto de banco de dados é afetado pelas transações reais, pelo modo como os dados são distribuídos e pelas crescentes exigências de informações, examinamos os principais recursos que devem ser suportados por bancos e modelos da geração atual. Por exemplo, o Capítulo 10, "Gerenciamento de transações e controle de concorrência", foca nas características de transações dos bancos de dados e o modo como afetam sua integridade e consistência. O Capítulo 11, "Sintonização (Tuning) de desempenho de banco de dados e otimização de consultas", ilustra a necessidade de eficiência de pesquisa no mundo real, que constantemente gera e utiliza bancos de dados com terabytes de dados e tabelas com milhões de registros. O Capítulo 12, "Sistemas de gerenciamento de banco de dados distribuídos", enfatiza a distribuição, replicação e alocação de dados. No Capítulo 13, "Businesses intelligence e data warehouses", exploramos as características dos bancos de dados utilizados no suporte a decisões e no processamento analítico on-line. O Capítulo 14, "Conectividade de banco de dados e tecnologias da web", cobre as questões básicas de conectividade encontradas no mundo de dados com base na web e mostra o desenvolvimento dos front ends desse tipo de banco.

Implementação

A segunda parte do subtítulo é *Implementação*. Utilizamos SQL (Structured Query Language) nos Capítulos 7 e 8 para mostrar como os bancos de dados são implementados e gerenciados. As questões especiais encontradas em um ambiente de banco de dados da internet são tratadas no Capítulo 14, "Conectividade de banco de dados e tecnologias da web".

PARTE

3

PROJETO E IMPLEMENTAÇÃO AVANÇADOS

INTRODUÇÃO À LINGUAGEM SQL (STRUCTURED QUERY LANGUAGE)	7
SQL AVANÇADA	8
PROJETO DE BANCOS DE DADOS	9

Gerenciamento

A parte final do subtítulo é *Gerenciamento*. Tratamos de questões de gerenciamento de bancos de dados no Capítulo 10, "Gerenciamento de transações e controle de concorrência"; no Capítulo 12, "Sistemas de gerenciamento de banco de dados distribuídos" e no Capítulo 15, "Administração e segurança de banco de dados". O Capítulo 11, "Sintonização (Tuning) de desempenho de banco de dados e otimização de consultas", fornece um valioso recurso que ilustra como um SGBD gerencia as operações de recuperação de dados.

ENSINO DE BANCOS DE DADOS: UMA QUESTÃO DE FOCO

Dada a riqueza da cobertura detalhada, os professores podem "misturar e combinar" capítulos para obter a cobertura desejada. Dependendo de como os cursos sobre bancos de dados se enquadram no currículo, é possível optar por ênfase no projeto ou no gerenciamento (veja a Figura 1).

A natureza prática do projeto de banco de dados presta-se particularmente bem a projetos de aula nos quais os alunos utilizem softwares selecionados pelo professor para criar o protótipo de um sistema projetado pelo próprio aluno para usuários finais. Muitos problemas no fim dos capítulos são complexos o suficiente para servir como projetos. O professor pode, ainda, trabalhar com empresas locais para propiciar aos alunos experiência prática. Observe que alguns elementos do percurso de projeto também estão no percurso de gerenciamento de bancos de dados. Isso se deve à dificuldade de gerenciar tecnologias que não tenham sido compreendidas.

As opções apresentadas na Figura 1 servem apenas como ponto de partida. Naturalmente, os professores embasaram sua abordagem nas necessidades específicas de seus cursos. Assim, é possível reverter esse tempo para cobrir sistemas de cliente/servidor ou banco de dados orientados a objetos. A escolha posterior serviria como porta de entrada à cobertura de UML.

FIGURA 1

Núcleo de cobertura

(1) Sistemas de banco de dados
(2) Modelos de dados
(3) Modelo de banco de dados relacional
(4) Modelagem de entidade-relacionamento (ER)
(5) Normalização de tabelas de bancos de dados
(7) Introdução à linguagem SQL (Structured Query Language)

Foco em projeto e implementação de bancos de dados

(8) SQL avançada
(9) Projeto de banco de dados
(6) Modelagem avançada de dados
   (D) Conversão de um modelo ER em uma estrutura de banco de dados
   (E) Comparação de notações de modelos ER
   (H) UML (Unified Modeling Language)
(11) Sintonização (Tuning) de desempenho de banco de dados e otimização de consultas
(14) Conectividade de bancos de dados e tecnologias da web
   (J) Desenvolvimento de bancos de dados da web com ColdFusion

Leituras suplementares

(A) Projeto de banco de dados com Visio Professional
(B) Laboratório Universitário: projeto conceitual
(C) Laboratório Universitário: verificação de projeto conceitual, projeto lógico e implementação
(F) Sistemas de cliente/servidor
(K) Modelo de banco de dados hierárquico
(L) Modelo de banco de dados em rede

Foco em gerenciamento de bancos de dados

(10) Gerenciamento de transações e concorrência
(11) Sintonização (Tuning) de desempenho de banco de dados e otimização de consultas
(12) Sistemas de gerenciamento de bancos de dados distribuídos
(13) Business Intelligence e data wharehouses
(15) Administração e segurança de bancos de dados
   (F) Sistemas de cliente/servidor
   (G) Bancos de dados orientados a objetos
   (I) Bancos de dados no comércio eletrônico

Leituras suplementares

(9) Projeto de banco de dados
   (A) Projeto de banco de dados com Visio Professional
   (D) Conversão de um modelo ER em uma estrutura de banco de dados
   (E) Comparação de notações de modelos ER
   (K) Modelo de banco de dados hierárquico
   (L) Modelo de banco de dados em rede

DESCRIÇÃO DE APLICAÇÃO

A REVOLUÇÃO RELACIONAL

Hoje em dia, podemos contar com os benefícios trazidos pelos bancos de dados relacionais a capacidade de armazenar, acessar e alterar dados de forma rápida e fácil em computadores de baixo custo. Mas, até o final da década de 1970, os bancos de dados armazenavam grandes quantidades de dados em uma estrutura hierárquica que era inflexível e difícil de navegar. Os programadores precisavam saber o que os clientes queriam fazer com os dados antes que o banco fosse projetado. Incrementar ou alterar o modo como os dados eram analisados constituía um processo caro e demorado. Como consequência, as pesquisas eram realizadas por meio de extensas fichas catalográficas para encontrar um livro na biblioteca, utilizavam-se mapas rodoviários que não mostravam as mudanças ocorridas no último ano e era necessário comprar jornais para conseguir informações sobre preços de ações.

Em 1970, Edgar "Ted" Codd, matemático funcionário da IBM, escreveu um artigo que viria a mudar tudo isso. Na época, ninguém percebeu que as teorias obscuras de Codd desencadeariam uma revolução tecnológica comparável ao desenvolvimento dos computadores pessoais e da internet. Don Chamberlin, coinventor da SQL, a mais popular linguagem de computador utilizada pelos sistemas de bancos de dados de hoje, explica: "Havia aquele cara, Ted Codd, que usava um tipo de notação estranha matemática, mas ninguém a levava muito a sério". Então, Ted Codd organizou um simpósio e Chamberlin ouviu como ele conseguiu resumir cinco páginas de programas complicados em uma única linha. "E eu disse: 'Uau!'", relembra Chamberlin.

Descrição de aplicações destacam assuntos parciais em cenários da vida real.

NOTA

Nenhuma convenção de nomenclatura pode atender a todas as exigências de todos os sistemas. Algumas palavras ou frases são reservadas para uso interno do SGBD. Por exemplo, o nome ORDER gera um erro em alguns SGBDs. De modo similar, um SGBD pode interpretar um hífen (-) como um comando de subtração. Portanto, o campo CLI-NOME seria interpretado como um comando para subtrair o campo NOME do campo CLI. Como nenhum dos dois campos existe, geraria uma mensagem de erro. Por outro lado, CLI_NOME funcionaria bem, pois utiliza um traço inferior.

Notas destacam fatos importantes sobre os conceitos apresentados no capítulo.

Várias **figuras** incluindo modelos e implementações ER, tabelas e ilustrações, exemplificam com clareza os conceitos difíceis.

FIGURA 1.9   Ilustração do gerenciamento de armazenamento de dados com Oracle

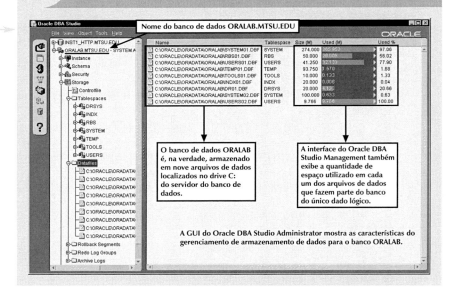

A GUI do Oracle DBA Studio Administrator mostra as características do gerenciamento de armazenamento de dados para o banco ORALAB.

Resumo

- Dados são fatos brutos. Informações são o resultado do processamento de dados para revelar seu significado. Informações precisas, relevantes e rápidas são a chave para a boa tomada de decisões que é a chave para a sobrevivência organizacional no ambiente global.
- Em geral, os dados são armazenados em um banco de dados. Para implementar um banco de dados e gerenciar seu conteúdo, é necessário um sistema de gerenciamento de bancos de dados (SGBD). O SGBD serve como intermediário entre o usuário e o banco de dados. Esse banco contém os dados coletados e os "dados sobre dados", conhecidos como metadados.
- O projeto de banco de dados determina a estrutura do banco. Um banco bem projetado facilita o gerenciamento dos dados e gera informações precisas e valiosas. Um banco mal projetado pode levar a uma tomada de decisão equivocada o que pode resultar no fracasso de uma organização.

Um **resumo** sólido no fim de cada capítulo reúne os principais conceitos e serve como uma rápida revisão aos alunos.

Questões de Revisão

1. Discuta cada um dos seguintes termos:
   a. dados
   b. campo
   c. registro
   d. arquivo
2. O que é redundância de dados e quais características do sistema de arquivos podem levar a ela?
3. O que é independência de dados e por que é falha em sistemas de arquivos?

Questões de revisão desafiam os alunos a aplicar as habilidades aprendidas em cada capítulo.

Problemas

1. Quantos registros o arquivo contém? Há quantos campos por registro?
2. Que problema encontraria se desejasse produzir uma listagem por cidade? Como resolveria esse problema alterando a estrutura de arquivos?
3. Se desejasse produzir uma listagem do conteúdo do arquivo por sobrenome, código de área, estado ou CEP, como alteraria a estrutura de arquivos?
4. Que redundâncias de dados você notou? Como essas redundâncias poderiam levar a anomalias?
5. Qual é o papel de um SGBD e quais são suas vantagens? E as suas desvantagens?

Os **problemas** se tornam progressivamente mais complexos conforme os alunos avançam nos assuntos aprendidos, completando os problemas anteriores.

Independente de quantas edições este livro tiver, elas sempre repousarão sobre as bases sólidas criadas pela primeira edição. Continuamos convencidos de que nosso trabalho foi bem-sucedido, pois aquela primeira edição foi orientada por Frank Ruggirello, antigo editor sênior da Wadsworth. Além de orientar o desenvolvimento do livro, Frank também solicitou a avaliação de Peter Keen (felizmente favorável) e convenceu-o a escrever a apresentação daquela edição. Embora às vezes Frank nos pareça um coordenador de tarefas particularmente exigente, também o consideramos excelente profissional e grande amigo. Acreditamos que Frank ainda encontrará suas "pegadas digitais" por todo o nosso trabalho atual. Muito obrigado.

Uma tarefa difícil na reescrita de um livro é decidir quais novas abordagens, coberturas de assuntos e mudanças de profundidade de cobertura podem ou não se adequar a um título que resistiu com êxito ao teste do mercado. Os comentários e sugestões feitas por professores que o adotaram, alunos e revisores tiveram importante papel na decisão de qual cobertura seria desejável e como deveria ser tratada.

Alguns professores revelaram-se revisores extraordinários, fornecendo críticas incrivelmente detalhadas e bem argumentadas, mesmo gostando da abordagem e do estilo do livro. O Dr. David Hatherly, grande profissional de bancos de dados, conferencista sênior da School of Information Technology, da Charles Sturt University–Mitchell, Bathhurst, Austrália, não mediu esforços para assegurar que entendêssemos com precisão as questões que levaram às suas críticas. Para nossa sorte, ele ainda deu sugestões que tornaram muito mais fácil aprimorar a cobertura de assuntos das edições anteriores. As recomendações do Dr. Hatherly continuam a se refletir nesta 8ª edição. Toda a sua ajuda foi dada gratuitamente e sem solicitação de nossa parte. Apreciamos muito seu esforço e agradecemos sinceramente.

Também reconhecemos nossa dívida de gratidão ao Professor Emil T. Cipolla, que ensina no St. Mary College. A riqueza da experiência do Professor Cipolla na IBM revelou-se um recurso valoroso quanto assumimos a tarefa da cobertura do embedded SQL no Capítulo 8.

Todo livro técnico recebe cuidadosas análises de vários grupos de revisores selecionados pelo editor. Tivemos a honra de encontrar análises de revisores excepcionalmente qualificados para fazer suas críticas, comentários e sugestões – muitos dos quais foram utilizados para aprimorar esta edição. Isentando-os de quaisquer falhas remanescentes, devemos a esses revisores muitos agradecimentos por suas contribuições:

Amita G. Chin, Virginia Commonwealth University
Samuel Conn, Regis University
Bill Hochstettler, Franklin University
Larry Molloy, Oakland Community College
Kevin Scheibe, Iowa State University
G. Shankar, Boston University

Como esta 8ª edição foi construída solidamente sobre os fundamentos das edições anteriores, gostaríamos de agradecer os seguintes revisores por seus esforços em ajudar a tornar bem-sucedidas as versões precedentes. Dr. Reza Barkhi, Pamplin College of Business, Virginia Polytechnic Institute and State University; Dr. Vance Cooney, Xavier University; Harpal S. Dillion, Southwestern Oklahoma State University; Janusz Szczypula, Carnegie Mellon University; Dr. Ahmad Abuhejleh, University of Wisconsin, River Falls; Dr. Terence M. Baron, University of Toledo; Dr. Juan Estava, Eastern Michigan University; Dr. Kevin Gorman, University of North Carolina, Charlotte; Dr. Jeff Hedrington, University of Wisconsin, Eau Claire; Dr. Herman P. Hoplin, Syracuse University; Dra. Sophie Lee, University of Massachusetts, Boston; Dr. Michael Mannino, University of Washington; Dra. Carol Chrisman, Illinois State University; Dr. Timothy Heintz, Marquette University; Dr. Herman Hoplin, Syracuse University; Dr. Dean James, Embry-Riddle University; Dr. Constance Knapp, Pace University; Dra. Mary Ann Robbert, Bentley College; Dr. Francis J. Van Wetering, University of Nebraska; Dr. Joseph Walls, University of Southern California; Dr. Stephen C. Solosky, Nassau Community College;

Dr. Robert Chiang, Syracuse University; Dr. Crist Costa, Rhode Island College; Dr. Sudesh M. Duggal, Northern Kentucky University; Dr. Chang Koh, University of North Carolina, Greensboro; Paul A. Seibert, North Greenville College; Neil Dunlop, Vista Community College; Ylber Ramadani, George Brown College; Samuel Sambasivam, Azusa Pacific University; Arjan Sadhwani, San Jose State University; Genard Catalano, Columbia College; Craig Shaw, Central Community College; Lei-da Chen, Creighton University; Linda K. Lau, Longwood University; Anita Lee-Post, University of Kentucky; Lenore Horowitz, Schenectady County Community College; Dr. Scott L. Schneberger, Georgia State University; Tony Pollard, University of Western Sydney; Lejla Vrazalic, University of Wollongong; and David Witzany, Parkland College.

Em certo sentido, escrever livros assemelha-se a edificar uma construção. Quando 90% do trabalho parece concluído, 90% ainda está por ser feito. Felizmente para nós, temos uma excelente equipe ao nosso lado.

- Como poderíamos prestar deferências suficientes às muitas contribuições de Deb Kaufmann? Nem mesmo nossos melhores superlativos poderiam iniciar um retrato da relação profissional que temos com nossa editora de desenvolvimento desde a 5ª edição. Deb possui a combinação mágica de bom julgamento, inteligência, habilidade técnica e rara capacidade de organizar e aprimorar a escrita de um autor sem afetar sua intenção ou seu fluxo. E ela faz tudo isso com estilo, classe e humor. É a melhor entre os melhores.
- Depois de escrever tantos livros e de oito edições *deste* texto, sabemos exatamente como pode ser difícil transformar os trabalhos dos autores em um livro atrativo. Jill Baeiwa, a gerente de projetos de conteúdo, fez com que isso parecesse fácil. Jill é uma daquelas maravilhosas pessoas que acreditam nas capacidades dos outros e movem a montanha proverbial das publicações. As palavras *imperturbável* e *profissional* vêm à mente quando pensamos nela.
- Também devemos agradecimentos especiais a Kate Hennessy, nossa gerente de produtos, por sua capacidade de orientar este livro a uma conclusão bem-sucedida. O trabalho de Kate tocou todas as bases da publicação, e suas habilidades gerenciais nos protegeram dos pequenos gremlins editoriais que podem se tornar grandes incômodos. Isso sem mencionar o fato de que sua capacidade de lidar com autores ocasionalmente mal-humorados excedeu em muito a de qualquer diplomata que conhecemos. Já mencionamos que Kate é, simplesmente, uma pessoa encantadora?
- Muitos agradecimentos a Mary Kemper, nossa editora responsável. Graças à sua capacidade de apontar até mesmo as menores discrepâncias, suspeitamos que seu nome do meio seja "Perfeita". Podemos apenas imaginar o nível de disciplina mental necessária para executar seu trabalho e a cumprimentamos por isso.

Agradecemos também a nossos alunos por seus comentários e sugestões. Eles constituem o primeiro motivo pelo qual escrevemos este livro. Um comentário em particular deve ser destacado: "Eu me formei em sistemas há quatro anos e finalmente descobri por que quando fiz o seu curso". E um de nossos comentários favoritos de um ex-aluno decorreu de uma questão sobre os desafios criados por um emprego real de sistemas de informação: "Doutor, é exatamente como na aula, só que mais fácil. Você realmente me preparou bem. Obrigado!"

Por último, e certamente não menos importante, agradecemos a nossas famílias pelo sólido apoio em casa. Elas tiveram a bondade de aceitar o fato de que, durante mais de um ano de trabalho de reescrita, haveria raras noites livres, dias livres ainda mais escassos e nenhum fim de semana. Devemos muito a vocês e a dedicatória que lhes escrevemos não passa de uma pequena amostra do espaço importante que ocupam em nossos corações.

Peter Rob
Carlos M. Coronel

PARTE

1

CONCEITOS DE BANCO DE DADOS

A REVOLUÇÃO RELACIONAL

Hoje em dia, podemos contar com os benefícios trazidos pelos bancos de dados relacionais a capacidade de armazenar, acessar e alterar dados de forma rápida e fácil em computadores de baixo custo. Mas, até o fim da década de 1970, os bancos de dados armazenavam grandes quantidades de dados em uma estrutura hierárquica que era inflexível e difícil de navegar. Os programadores precisavam saber o que os clientes queriam fazer com os dados antes que o banco fosse projetado. Incrementar ou alterar o modo como os dados eram analisados constituía um processo caro e demorado. Como consequência, as pesquisas eram realizadas por meio de extensas fichas catalográficas para encontrar um livro na biblioteca, utilizavam-se mapas rodoviários que não mostravam as mudanças ocorridas no último ano e era necessário comprar jornais para conseguir informações sobre preços de ações.

Em 1970, Edgar "Ted" Codd, matemático funcionário da IBM, escreveu um artigo que viria a mudar tudo isso. Na época, ninguém percebeu que as teorias obscuras de Codd desencadeariam uma revolução tecnológica comparável ao desenvolvimento dos computadores pessoais e da internet. Don Chamberlin, coinventor da SQL, a mais popular linguagem de computador utilizada pelos sistemas de bancos de dados de hoje, explica: "Havia aquele cara, Ted Codd, que usava um tipo de notação matemática estranha, mas ninguém a levava muito a sério". Então, Ted Codd organizou um simpósio e Chamberlin ouviu como ele conseguiu resumir cinco páginas de programas complicados em uma única linha. "E eu disse: 'Uau!'", relembra Chamberlin.

O simpósio convenceu a IBM a fundar o Sistema R, um projeto de pesquisa que construiu um protótipo de um banco de dados relacional e que levaria à criação da SQL e do DB2. A IBM, no entanto, manteve o Sistema R em segundo plano por vários e decisivos anos. O interesse da empresa voltava-se para o IMS, um sistema de banco de dados confiável, de alta tecnologia, que havia surgido em 1968. Sem perceber o potencial de mercado daquela pesquisa, a IBM permitiu que sua equipe publicasse seus trabalhos.

Entre os leitores estava Larry Ellison, que havia acabado de fundar uma pequena empresa. Recrutando programadores do Sistema R e da Universidade da Califórnia, Ellison conseguiu colocar no mercado o primeiro banco de dados relacional com base em SQL em 1979, bem antes da IBM. Em 1983, a empresa lançou uma versão portátil do banco de dados, teve um faturamento bruto anual de US$ 5.000.000 e mudou seu nome para Oracle. Impelida pela concorrência, a IBM finalmente lançou o SQL/DS, seu primeiro banco de dados relacional, em 1980.

Em 2007, as vendas globais de sistemas de gerenciamento de banco de dados chegaram ao pico de US$ 15 bilhões com a Oracle detendo uma participação de praticamente metade do mercado, seguida pela IBM, com menos de um quarto. A participação do SQL Server da Microsoft cresceu mais rápido do que a de seus competidores, chegando a 14%.

Neste capítulo, você aprenderá:

- A diferença entre dados e informações
- O que é um banco de dados, os diferentes tipos e por que constituem recursos valiosos para a tomada de decisões
- A importância do projeto de bancos de dados
- Como os bancos de dados modernos evoluíram a partir de sistemas de arquivos
- Falhas de gerenciamento de dados em sistemas de arquivos
- Quais são os principais componentes dos sistemas de bancos de dados e como diferem dos sistemas de arquivos
- As principais funções de um sistema de gerenciamento de banco de dados (SGBD)

DADOS *VERSUS* INFORMAÇÕES

Para compreender o que deve orientar o projeto de bancos de dados, você deve entender a diferença entre dados e informações. Os **dados** são fatos brutos. A palavra *bruto* indica que os fatos ainda não foram processados para revelar seu significado. Por exemplo, suponha que queira saber o que os usuários de um laboratório de informática pensam desse serviço. Normalmente, você começaria entrevistando os usuários para avaliar o desempenho do laboratório. A Figura 1.1a mostra o formulário de entrevista por web que permite que os usuários respondam a suas questões. Quando o formulário estiver preenchido, os dados brutos são salvos em um depósito de dados, como apresentado na Figura 1.1b. Embora você já tenha os fatos em mãos, eles não têm nenhuma utilidade particular nesse formato – ler páginas e mais páginas de zeros e uns provavelmente não trará muitas ideias. Portanto, é preciso transformar os dados brutos em um resumo de dados, assim como na Figura 1.1c. Agora, é possível obter respostas rápidas a questões como: "Qual é a composição da base de clientes de nosso laboratório?". Nesse caso, de forma rápida, é possível determinar que a maioria de nossos clientes são estudantes do penúltimo (24,59%) e do último (53,01%) ano da graduação. A rapidez com que os gráficos podem melhorar nossa capacidade de extrair os significados dos dados pode ser constatada no gráfico de barras dos resumos dos dados na Figura 1.1d.

As **informações** são o resultado do processamento de dados brutos para revelar seu significado. Esse processamento pode ser simples, como a organização dos dados para revelar padrões, ou complexos, como a realização de previsões ou a extração de inferências utilizando modelagem estatística. Para revelar seu significado, as informações exigem um *contexto*. Por exemplo, uma leitura de temperatura média de 105° não tem muito significado, a menos que saibamos seu contexto: está em graus Fahrenheit ou Celsius? Trata-se da temperatura de uma máquina, de um corpo ou atmosférica? As informações podem ser utilizadas como o fundamento para a tomada de decisões. Por exemplo, o resumo de dados de cada questão do formulário de entrevista pode apontar os pontos fortes e fracos do laboratório, ajudando-o a tomar decisões confiáveis para melhor atender às necessidades de seus clientes.

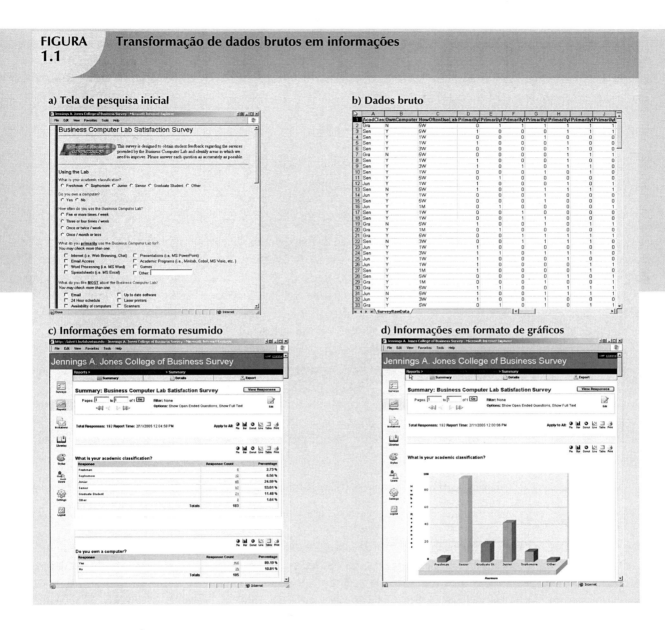

FIGURA 1.1 Transformação de dados brutos em informações

a) Tela de pesquisa inicial

b) Dados bruto

c) Informações em formato resumido

d) Informações em formato de gráficos

Tenha em mente que os dados brutos devem ser *formatados* adequadamente para o armazenamento, o processamento e a apresentação. Por exemplo, na Figura 1.1c, a classificação do aluno é formatada com o intuito de mostrar os resultados com base nas classificações de calouro (*Freshman*), segundo anista (*Sophomore*), terceiro anista (*Júnior*), quarto anista (*Sênior*) e graduado (*Graduate Student*). Pode ser necessário converter as respostas sim/não dos entrevistados para um formato S/N de armazenamento. Uma formatação mais complexa será necessária ao trabalharmos com tipos de dados complexos, tais como: sons, vídeos ou imagens.

Na atual "era da informação", a produção de informações precisas, relevantes e rápidas é a chave para uma boa tomada de decisão. Por sua vez, uma boa tomada de decisão é a chave para a sobrevivência comercial no mercado global. Dizem que estamos entrando na "era do conhecimento".[1] Os dados são o

---

[1] Peter Drucker cunhou a expressão "trabalhador do conhecimento" em 1959, em seu livro *Landmarks of Tomorrow*. Em 1994, Esther Dyson, George Gilder, Dr. George Keyworth e Dr. Alvin Toffler introduziram o conceito de "era do conhecimento".

fundamento das informações, que é a base do **conhecimento**, ou seja, do corpo de informações e fatos sobre um assunto específico. O conhecimento implica familiaridade, consciência e compreensão das informações conforme se apliquem a um ambiente. Uma característica fundamental do conhecimento é que o "novo" conhecimento pode ser obtido a partir do "antigo".

Vamos resumir alguns pontos fundamentais:

- Os dados constituem os blocos de construção das informações.
- As informações são produzidas pelo processamento de dados.
- Elas são utilizadas para revelar o significado dos dados.
- Informações precisas, relevantes e rápidas são a chave para a boa tomada de decisões.
- A boa tomada de decisão é a chave para a sobrevivência de uma organização no ambiente global.

Informações rápidas e úteis exigem dados precisos. Esses dados devem ser gerados de forma adequada e armazenados em um formato de fácil acesso e processo. E, como qualquer recurso básico, o ambiente de dados deve ser gerenciado com cuidado. O **gerenciamento de dados** é uma disciplina que foca na geração, no armazenamento e na recuperação adequada dos dados. Diante do papel crucial executado pelos dados, você não deve estar surpreso que o gerenciamento de dados seja uma atividade central para qualquer negócio, agência governamental, organizações de serviços ou filantrópicas.

INTRODUÇÃO AOS BANCOS DE DADOS E AO SGBD

Em geral, o gerenciamento eficiente de dados exige a utilização de um banco de dados computacional. Um **banco de dados** (ou base de dados[2]) é uma estrutura computacional compartilhada e integrada que armazena um conjunto de:

- Dados do usuário final, ou seja, fatos brutos de interesse para esse usuário.
- **Metadados**, ou dados sobre dados, por meio dos quais os dados do usuário final são integrados e gerenciados.

Os metadados fornecem uma descrição das características dos dados e do conjunto de relacionamentos que ligam os dados encontrados no banco de dados. Por exemplo, o componente de metadados armazena informações como o nome da cada elemento de dados, o tipo de valor (numérico, datas ou texto) armazenado, a possibilidade ou não de deixar esse elemento vazio, e assim por diante. Portanto, os metadados fornecem informações que complementam e expandem o valor e a utilização dos dados. Em resumo, os metadados trazem uma representação mais completa dos dados no banco. Dadas as características dos metadados, é possível ouvir a definição de um banco de dados como "um conjunto de dados *autodescritivos*".

O **sistema de gerenciamento de bancos de dados (SGBD)** é um conjunto de programas que gerenciam a estrutura do banco de dados e controlam o acesso aos dados armazenados. Até certo ponto, o banco de dados se assemelha a um arquivo eletrônico com conteúdo muito bem organizado com a ajuda de um software poderoso, conhecido como *sistema de gerenciamento de banco de dados*.

---

[2] Apesar de em inglês o termo "database" poder ser traduzido tanto para banco de dados como base de dados, o termo base de dados usualmente é utilizado para se referir aos dados armazenados no sistema de banco de dados enquanto o banco de dados, muitas vezes, se refere ao sistema de banco de dados. (N.R.T.)

FUNÇÃO E VANTAGENS DO SGBD

O SGBD serve como intermediário entre o usuário e o banco de dados. Sua estrutura é armazenada como um conjunto de arquivos e o único modo de acessar os dados nesses arquivos é por meio do SGBD. A Figura 1.2 enfatiza o fato de o SGBD apresentar ao usuário final (ou aplicativo) uma visualização única e integrada dos dados no banco. O SGBD recebe todas as solicitações de aplicações e as traduz nas operações complexas necessárias para atendê-las. O SGBD oculta, dos aplicativos e usuários, boa parte da complexidade interna do banco de dados. O aplicativo pode ser escrito por um programador utilizando linguagens como Visual Basic. NET, Java ou C++, ou criado por meio de um utilitário do SGBD.

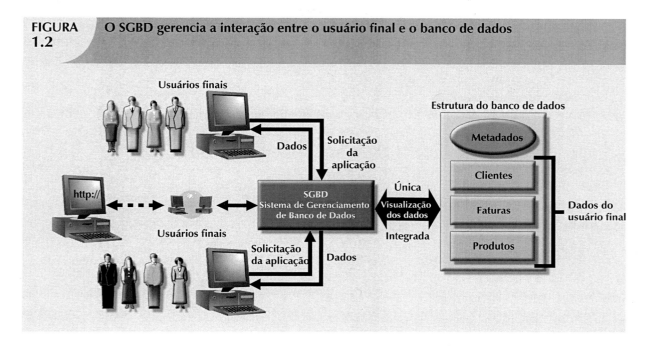

FIGURA 1.2 O SGBD gerencia a interação entre o usuário final e o banco de dados

A presença de um SGBD entre as aplicações do usuário final e o banco de dados oferece algumas vantagens importantes. Em primeiro lugar, o SGBD permite que os dados no banco *sejam compartilhados* por diversas aplicações e usuários. Em segundo lugar, *integra* visualizações muito diferentes dos usuários sobre os dados em um único repositório de dados que engloba tudo.

Como os dados constituem um material bruto fundamental a partir do qual as informações são obtidas, é necessário um bom método para gerenciá-los. Você descobrirá neste livro que o SGBD ajuda a tornar o gerenciamento de dados mais eficiente e eficaz. Por exemplo, fornece vantagens como:

- *Aprimoramento do compartilhamento de dados.* O SGBD ajuda a criar um ambiente em que os usuários finais tenham melhor acesso a dados em maior quantidade e mais bem gerenciados. Esse acesso possibilita que os usuários finais respondam rapidamente a mudanças em seu meio.
- *Aprimoramento da segurança de dados.* Quanto mais usuários acessam os dados, maiores são os riscos de falhas de segurança. As empresas investem consideráveis quantidades de tempo, esforços e dinheiro para garantir que seus dados sejam utilizados adequadamente. O SGBD fornece um modelo para melhor aplicar as políticas de privacidade e segurança de dados.
- *Melhoria na integração dos dados.* O acesso mais amplo a dados bem gerenciados promove uma perspectiva integrada das operações da organização e uma visualização mais clara do panorama geral. Facilita muito a visualização de como as ações de um segmento da empresa afetam outros segmentos.

- *Minimização da inconsistência dos dados.* A **inconsistência dos dados** ocorre quando diferentes versões dos mesmos dados aparecem em locais diferentes. Por exemplo, quando o departamento de vendas de uma empresa armazena o nome de uma representante de vendas como "Cris Silva" e o departamento de recursos humanos armazena o nome da mesma pessoa como "Cristina G. da Silva". Ou no caso do escritório regional de vendas divulgar um produto com preço de US$ 45,95 e o escritório nacional apresentar o mesmo produto por US$ 43,95. Esse problema é reduzido por meio de um adequado projeto de banco de dados.
- *Aprimoramento do acesso aos dados.* O SGBD torna possível obter respostas rápidas a consultas *ad hoc*[3]. Da perspectiva do banco de dados, uma **consulta** é uma solicitação específica de manipulação de dados, emitida ao SGBD – por exemplo, ler ou atualizar os dados. Colocando de modo simples, uma consulta é uma pergunta e uma **consulta *ad hoc*** é uma consulta eventual. O SGBD retorna uma resposta (chamada **conjunto de resultados de consulta**) à aplicação. Por exemplo, os usuários finais, ao lidarem com grandes quantidades de dados de vendas, podem querer respostas rápidas a perguntas (consultas *ad hoc*) como:
  - Qual é o volume em valor de vendas por produto durante os últimos seis meses?
  - Qual é o número de bônus de vendas de cada um de nossos vendedores durante os últimos três meses?
  - Quantos de nossos clientes têm saldo de crédito maior ou igual a US$ 3.000?
- *Aprimoramento da tomada de decisão.* Dados mais bem gerenciados e com acesso aprimorado tornam possível gerar informações de melhor qualidade sobre as quais se podem basear melhores decisões.
- *Aumento de produtividade do usuário final.* A disponibilidade de dados combinada com as ferramentas que os transformam em informações úteis capacitam os usuários finais a tomar decisões mais rápidas e confiáveis que podem fazer a diferença entre o sucesso e o fracasso na economia global.

As vantagens da utilização de um SGBD não se limitam aos poucos itens aqui listados. Na verdade, você descobrirá muito mais vantagens ao conhecer os detalhes técnicos dos bancos de dados e seu projeto adequado.

TIPOS DE BANCOS DE DADOS

O SGBD pode dar suporte a muitos tipos de bancos de dados. Estes podem ser classificados de acordo com o número de usuários, localização(ões), e o tipo e a extensão do uso esperado.

O número de usuários determina se o banco de dados é classificado como monousuário (de um único usuário) ou multiusuário. **Bancos de dados monousuário** dão suporte a apenas um usuário por vez. Em outras palavras, se o usuário A estiver utilizando o banco, os usuários B e C devem esperar até que o A termine. Um banco de dados monousuário executado em um computador pessoal é chamado **banco de dados de desktop**. Por outro lado, um **banco de dados multiusuário** dá suporte a vários usuários simultaneamente. Quando esse suporte cobre um número relativamente pequeno de usuários (em geral menor que cinquenta) ou um departamento específico de uma organização, o banco é chamado de **banco de dados de grupo de trabalho**. Já quando é utilizado por uma organização inteira, com suporte a muitos usuários (mais de cinquenta, normalmente centenas) em vários departamentos, o banco é conhecido como **banco de dados empresarial**.

---

[3] Uma consulta *ad hoc* é uma consulta que não pode ser previamente determinada. (N.R.T.)

A localização também pode ser utilizada para classificar o banco de dados. Por exemplo, um banco que dê suporte a dados localizados em um único local é chamado de **banco de dados centralizado**. Já um que dê suporte a dados distribuídos por vários locais diferentes é chamado de **banco de dados distribuído**. A extensão em que um banco de dados pode ser distribuído e o modo como essa distribuição é gerenciada são tratados em detalhes no Capítulo 12.

Atualmente, o modo mais popular de classificação baseia-se em como os bancos de dados serão utilizados e na sensibilidade ao tempo das informações nele coletadas. Por exemplo, transações como vendas, pagamentos e aquisições de suprimentos de produtos ou serviços refletem operações diárias fundamentais. Essas transações devem ser registradas de modo preciso e imediato. Um banco projetado principalmente para dar suporte às operações diárias de uma empresa é classificado como **banco de dados operacional** (às vezes referido como **transacional** ou **de produção**). Por outro lado, os **data warehouses**[4] (**armazém de dados**) focam na armazenagem dos dados utilizados para gerar informações necessárias à tomada de decisões táticas e estratégicas.

Tais decisões exigem extenso "amaciamento dos dados" (manipulação de dados) para se extrair informações úteis a fim de formular decisões preciosas, previsões de vendas, posicionamento no mercado e assim por diante. A maioria dos dados de suporte a decisões baseiam-se em dados históricos obtidos de bancos de dados operacionais. Além disso, o warehouse pode armazenar dados provenientes de muitas fontes. Para facilitar a recuperação desses dados, a estrutura do warehouse difere muito de um banco operacional ou transacional. O projeto, a implementação e a utilização de data warehouses são abordados no Capítulo 13.

Os bancos de dados também podem ser classificados de modo a refletir até que grau seus dados são estruturados. **Dados não estruturados** são aqueles que existem em seu estado original (bruto), ou seja, no formato em que foram coletados. Portanto, estão em um formato que não possibilita o processamento que produz informações. **Dados estruturados** são o resultado da obtenção de dados não estruturados e de sua formatação (estruturação) visando facilitar o armazenamento, a utilização e a geração de informações. A estrutura (formato) é aplicada com base no tipo de processamento que se deseja executar nos dados. Alguns dados podem não estar prontos (não estruturados) para determinados tipos de processamento, mas podem estar prontos (estruturados) para outros tipos. Por exemplo, o valor de dados 37890 pode se referir a um CEP, um valor de vendas ou um código de produto. Se representar um CEP ou um código de produto e for armazenado como texto, não será possível executar cálculos matemáticos com ele. Por outro lado, se esse valor representar uma transação de vendas, será necessário formatá-lo como numérico.

Para ilustrar o conceito de estrutura, imagine uma pilha de faturas impressas em papel. Caso deseje simplesmente armazená-las como imagens para recuperação e exibição futura, é possível escaneá-las e salvá-las em formato gráfico. Por outro lado, se desejar obter informações como vendas mensais totais e médias, esse armazenamento gráfico não seria útil. Em vez disso, é possível armazenar os dados das faturas em um formato de planilha (estruturado) de modo a permitir a execução dos cálculos necessários. Na verdade, em sua maioria, os dados que encontramos são mais bem classificados como semiestruturados. **Dados semiestruturados** são aqueles que já foram parcialmente processados. Por exemplo, olhando-se uma página comum da web, os dados são apresentados em um formato pré-organizado para transmitir alguma informação.

Os tipos de bancos de dados mencionados até aqui focam no armazenamento e gerenciamento de dados altamente estruturados. No entanto, as corporações não se limitam ao uso de dados estruturados, também utilizam dados semiestruturados e não estruturados. Basta pensar nas informações muito valiosas

---

[4] O termo em inglês foi o adotado por se tratar da designação mais utilizada na área de banco de dados. Contudo, a tradução será fornecida para ajudar as pessoas não familiarizadas a esses jargões. (N.R.T.)

que podem ser encontradas em e-mails da empresa, memorandos, documentos como procedimentos e regras, conteúdos de páginas da web e assim por diante. As necessidades de armazenamento e gerenciamento de dados não estruturados e semiestruturados estão sendo atendidas pela nova geração de bancos de dados, conhecida como XML. A **Linguagem de Marcação Extensível (XML**, sigla em inglês para *Extensible Markup Language*) é uma linguagem especial utilizada para representar e manipular elementos de dados em formato textual. Os **bancos de dados em XML** dão suporte ao armazenamento e gerenciamento de dados semiestruturados em XML. A Tabela 1.1 compara os recursos de vários sistemas de gerenciamento de bancos de dados conhecidos.

TABELA 1.1 Tipos de bancos de dados

PRODUTO	NÚMERO DE USUÁRIOS			LOCALIZAÇÃO DE DADOS		UTILIZAÇÃO DE DADOS		
	ÚNICO USUÁRIO	MULTIUSUÁRIO		CENTRALIZADO	DISTRIBUÍDO	OPERACIONAL	DATA WARE-HOUSE	XML
		GRUPO DE TRABALHO	EMPRESARIAL					
MS Access	X	X		X		X		
MS SQL Server	X**	X	X	X	X	X	X	X
DB2 da IBM	X**	X	X	X	X	X	X	X
MySQL	X	X	X	X	X	X	X	X*
Oracle (SGBDR)	X**	X	X	X	X	X	X	X

* Dá suporte apenas a funções de XML. Os dados em XML são armazenados em grandes objetos de texto.

** O fornecedor oferece versão pessoal/usuário único do SGBD.

NOTA

A maioria dos problemas de projeto, implementação e gerenciamento de bancos de dados, tratados neste livro, baseia-se em bancos de dados de produção (transação). O foco em bancos de produção decorre de duas considerações. Em primeiro lugar, os bancos de dados de produção são aqueles encontrados com mais frequência nas atividades comuns, como matrículas em cursos, registros de carros, compras de produtos ou realização de saque ou depósito bancário. Segundo, os bancos de data warehouses obtêm a maioria de seus dados de bancos de produção e, se estes forem projetados inadequadamente, os bancos de warehouse que se firmam neles também perderão em confiabilidade e valor.

POR QUE O PROJETO DO BANCO DE DADOS É IMPORTANTE

O **projeto de bancos de dados** refere-se às atividades que focam na elaboração da estrutura que será utilizada para armazenar e gerenciar dados do usuário final. Um banco de dados que atenda a todas as necessidades não surge do nada. Sua estrutura deve ser projetada de forma cuidadosa. Na verdade, o projeto é um aspecto tão fundamental no trabalho com bancos de dados que a maior parte deste livro dedica-se ao desenvolvimento de boas técnicas para sua execução. Mesmo um bom SGBD terá um desempenho ruim com um banco de dados mal projetado.

O projeto adequado exige que o projetista identifique com precisão a utilização esperada do banco de dados. Em bancos de dados transacionais, o projeto enfatiza a precisão e consistência dos dados e a velocidade operacional. O projeto de bancos de data warehouse reconhece a utilização de dados históricos e agregados. Projetar um banco de dados a ser utilizado em ambiente centralizado de um único usuário exige abordagem diferente da utilizada no projeto de um banco de dados distribuído de multiusuário. Este livro enfatiza o projeto de bancos transacionais, centralizados e monousuário, e de bancos de multiusuário. Os Capítulos 12 e 13 também examinam as questões críticas com que se depara o projetista de bancos de dados distribuídos e de warehouses.

Um banco bem projetado facilita o gerenciamento dos dados e gera informações precisas e valiosas. Já um banco de dados mal projetado provavelmente se tornará um solo fértil para erros difíceis de rastrear, que podem levar à tomada de decisões equivocadas – e esses tipos de decisões podem conduzir ao fracasso de uma organização. O projeto do banco de dados é importante demais para ser deixado ao acaso. Por essa razão, estudantes universitários estudam o projeto de bancos de dados, organizações de todos os tipos e tamanhos enviam pessoal para seminários sobre projeto e os consultores de projeto costumam desfrutar de um excelente padrão de vida.

RAÍZES HISTÓRICAS: ARQUIVOS E SISTEMAS DE ARQUIVOS

Embora hoje o gerenciamento de dados por meio da utilização de sistemas de arquivos seja bastante obsoleto, há várias boas razões para estudá-los com algum detalhamento:

- Uma compreensão de suas características relativamente simples torna mais fácil entender a complexidade do projeto de bancos de dados.
- Ter consciência dos problemas que atormentava os sistemas de arquivos pode ajudá-lo a evitar essas mesmas armadilhas com o software de SGBD.
- Caso se pretenda converter um sistema de arquivos obsoleto em um sistema de banco de dados, será útil conhecer as limitações básicas do primeiro.

Em um passado recente, os gerentes de quase todas as pequenas organizações eram (e algumas vezes ainda são) capazes de rastrear os dados necessários utilizando um sistema de arquivos manual. Esse sistema era tradicionalmente composto de um conjunto de pastas de arquivos, cada uma etiquetada e mantida em um armário. A organização dos dados dentro das pastas era determinada por sua utilização esperada. A princípio, os conteúdos de cada pasta eram logicamente relacionados. Por exemplo, uma pasta de arquivos do escritório de um médico podia conter dados sobre pacientes, sendo uma pasta para cada um. Todos os dados em uma determinada pasta descreveriam o histórico médico apenas daquele paciente em particular. De modo similar, um gerente de recursos humanos poderia organizar dados sobre o pessoal por categoria de função (por exemplo, de escritório, técnica, de vendas, administrativa).

Portanto, uma pasta identificada como "Técnica" conteria dados pertencentes apenas ao pessoal cujas responsabilidades eram especificamente classificadas como técnicas.

Enquanto um conjunto de dados fosse relativamente pequeno e o gerente de uma organização tivesse poucas exigências de relatórios, o sistema manual executava seu papel tão bem como um repositório de dados. No entanto, conforme as organizações cresciam e as exigências de relatórios se tornavam mais complexas, ficava mais difícil rastrear os dados em um sistema de arquivos manual. De fato, encontrar e utilizar dados em conjuntos crescentes de pastas de arquivos se transformou em uma tarefa tão demorada e enfadonha que passou a ser improvável que esses dados pudessem gerar informações úteis. Considere apenas as poucas questões a seguir para as quais o proprietário de um negócio de varejo pode desejar respostas:

- Que produtos foram bem vendidos em uma semana, em um mês, no trimestre ou no ano passados?
- Qual é o volume atual em dólares de vendas diárias, semanais, mensais, trimestrais ou anuais?
- Como estão as vendas do período atual em comparação com as da semana, do mês ou do ano passado?
- As diferentes categorias de custos aumentaram, diminuíram ou permaneceram estáveis na semana, no mês, no trimestre ou no ano passados?
- As vendas mostram tendências que possam alterar requisitos de estoque?

A lista de questões como essas tende a ser longa e a aumentar conforme uma organização cresça.

Infelizmente, gerar relatórios a partir de um sistema de arquivos manual pode ser lento e tedioso. De fato, alguns gerentes comerciais se depararam com exigências de relatório impostas pelo governo que tomavam semanas de trabalho intensivo, mesmo quando era feita a utilização de um sistema manual bem projetado. Estes fatos tiveram como consequência a necessidade de projetar um sistema com base em computadores que rastreassem os dados e produzissem os relatórios.

A conversão de um sistema de arquivos manual para um sistema de arquivos computadorizado correspondente pode ser tecnicamente complexa. (Como as pessoas estão habituadas às interfaces relativamente amigáveis dos computadores de hoje, se esqueceram de quão hostis eram essas máquinas!) Isso gerou um novo tipo de profissional, conhecido como **especialista em processamento de dados (PD)**, que devia ser contratado ou "desenvolvido" a partir da equipe atual. O especialista em PD criava as estruturas de arquivos computacionais necessárias, escrevendo o software que gerenciava os dados dentro dessas estruturas,

FIGURA 1.3 — **Conteúdo do arquivo CLIENTE**

C_NAME	C_PHONE	C_ADDRESS	C_ZIP	A_NAME	A_PHONE	TP	AMT	REN
Alfred A. Ramas	615-844-2573	218 Fork Rd., Babs, TN	36123	Leah F. Hahn	615-882-1244	T1	100.00	05-Apr-2008
Leona K. Dunne	713-894-1238	Box 12A, Fox, KY	25246	Alex B. Alby	713-228-1249	T1	250.00	16-Jun-2008
Kathy W. Smith	615-894-2285	125 Oak Ln, Babs, TN	36123	Leah F. Hahn	615-882-2144	S2	150.00	29-Jan-2009
Paul F. Olowski	615-894-2180	217 Lee Ln., Babs, TN	36123	Leah F. Hahn	615-882-1244	S1	300.00	14-Oct-2008
Myron Orlando	615-222-1672	Box 111, New, TN	36155	Alex B. Alby	713-228-1249	T1	100.00	28-Dec-2008
Amy B. O'Brian	713-442-3381	387 Troll Dr., Fox, KY	25246	John T. Okon	615-123-5589	T2	850.00	22-Sep-2008
James G. Brown	615-297-1228	21 Tye Rd., Nash, TN	37118	Leah F. Hahn	615-882-1244	S1	120.00	25-Mar-2009
George Williams	615-290-2556	155 Maple, Nash, TN	37119	John T. Okon	615-123-5589	S1	250.00	17-Jul-2008
Anne G. Farriss	713-382-7185	2119 Elm, Crew, KY	25432	Alex B. Alby	713-228-1249	T2	100.00	03-Dec-2008
Olette K. Smith	615-297-3809	2782 Main, Nash, TN	37118	John T. Okon	615-123-5589	S2	500.00	14-Mar-2009

C_NAME	= nome do cliente	A_NAME	= nome do corretor
C_PHONE	= telefone do cliente	A_PHONE	= telefone do corretor
C_ADDRESS	= endereço do cliente	TP	= tipo de seguro
C_ZIP	= CEP do cliente	AMT	= valor da apólice de seguros em milhares
		REN	= data da renovação do seguro

e projetava aplicativos que produziam relatórios com base nos dados dos arquivos. Assim, surgiram vários sistemas computadorizados "domésticos".

No início, os arquivos de computador em um sistema eram similares aos manuais. Um exemplo simples de um arquivo de dados de clientes de uma pequena empresa de seguros é apresentado na Figura 1.3. (Você descobrirá mais adiante que a estrutura de arquivos nessa figura, embora encontrada com frequência em sistemas antigos, não é satisfatória para um banco de dados.)

A descrição de arquivos de computador exige um vocabulário especializado. Toda disciplina desenvolve seu próprio jargão para permitir uma clara comunicação entre seus profissionais. O vocabulário básico sobre arquivos apresentado na Tabela 1.2 o ajudará a compreender com mais facilidade as futuras discussões.

TABELA 1.2 Terminologia básica sobre arquivos

TERMO	DEFINIÇÃO
Dados	Fatos brutos como um número de telefone, uma data de aniversário, um nome de cliente ou um valor de vendas acumuladas no ano. Os dados têm pouco significado se não forem organizados de algum modo lógico. O menor elemento de dados que pode ser reconhecido pelo computador é um único caractere, como a letra **A**, o número 5 ou um símbolo como /. Um único caractere exige 1 byte de armazenamento do computador.
Campo	Caractere ou grupo de caracteres (alfabéticos ou numéricos) que possuem significado específico. Os campos são utilizados para definir e armazenar dados.
Registro	Conjunto logicamente conectado de um ou mais campos que descreve uma pessoa, local ou coisa. Por exemplo, os campos que constituem os registros de um cliente chamado J. D. Rudd podem consistir de nome, endereço, número de telefone, data de nascimento, limite de crédito e saldo pendente de J. D. Rudd.
Arquivo	Conjunto de registros relacionados. Por exemplo, um arquivo pode conter dados sobre fornecedores da empresa ROBCOR ou os registros dos alunos matriculados atualmente na Universidade Magnífica.

Utilizando a terminologia de arquivos adequada, fornecida na Tabela 1.2, é possível identificar os componentes de arquivos exibidos na Figura 1.3. O arquivo CLIENTE apresentado na Figura 1.3 contém dez registros. Cada registro é composto de nove campos: C_NAME, C_PHONE, C_ADDRESS, C_ZlP, A_NAME, A_PHONE, TP, AMT e REN. Os dez registros são armazenados em um arquivo com nome. Como o arquivo da Figura 1.3 contém dados de clientes da empresa de seguros, seu nome é CLIENTE.

Utilizando o conteúdo do arquivo CLIENTE, o especialista em PD escreveu programas que produziram relatórios muito úteis para o departamento de vendas da empresa de seguros:

- Resumos mensais que mostravam os tipos e quantidades de seguros vendidos por cada corretor. (Esses relatórios poderiam ser utilizados para analisar a produtividade de cada corretor.)
- Verificações mensais para determinar quais clientes devem ser contatados para renovação.
- Relatórios que analisavam as proporções de tipos de seguro vendidos por cada corretor.
- Mala direta de contato com o cliente, criadas para resumir a cobertura e oferecer vários bônus de relacionamento.

Com o passar do tempo, essa empresa passou a necessitar de programas adicionais para criar novos relatórios. Embora as atividades de especificar o conteúdo dos relatórios e escrever os programas que os produziam tenham consumido algum tempo, o gerente do departamento de vendas não ficou com saudade do antigo sistema manual – a utilização do computador poupou muito tempo e trabalho. Os relatórios eram impressionantes e a capacidade de executar buscas complexas de dados produziu as informações necessárias para a tomada de sólidas decisões.

Assim, o departamento de vendas da empresa de seguros criou um arquivo chamado VENDA, que ajudou a rastrear diariamente os esforços de vendas. Foram criados arquivos adicionais conforme a necessidade de produzir relatórios ainda mais úteis. De fato, o sucesso do departamento de vendas era tão evidente que o gerente de recursos humanos solicitou ao especialista em PD acesso para automatizar o processamento de folhas de pagamento e outras funções de sua área. Como consequência, foi solicitado a esse especialista que criasse o arquivo CORRETOR apresentado na Figura 1.4. Os dados desse arquivo eram utilizados para preencher cheques, rastrear os impostos pagos e resumir a cobertura de seguros, entre outras tarefas.

FIGURA 1.4   **Conteúdo do arquivo CORRETOR**

A_NAME	A_PHONE	A_ADDRESS	ZIP	HIRED	YTD_PAY	YTD_FIT	YTD_FICA	YTD_SLS	DEP
Alex B. Alby	713-228-1249	123 Toll, Nash, TN	37119	01-Nov-2000	26566.24	6641.56	2125.30	132737.75	3
Leah F. Hahn	615-882-1244	334 Main, Fox, KY	25246	23-May-1986	32213.78	8053.44	2577.10	138967.35	0
John T. Okon	615-123-5589	452 Elm, New, TN	36155	15-Jun-2005	23198.29	5799.57	1855.86	127093.45	2

A_NAME	= nome do corretor	YTD_PAY	= pagamento acumulado no ano
A_PHONE	= telefone do corretor	YTD_FIT	= imposto de renda federal pago acumulado no ano
A_ADDRESS	= endereço do corretor	YTD_FICA	= taxas de Seguro Social pagas acumuladas no ano
ZIP	= CEP do corretor	YTD_SLS	= vendas acumuladas no ano
HIRED	= data de contratação do corretor	DEP	= número de dependentes

Conforme o número de arquivos aumentava, o pequeno sistema de arquivos, como o apresentado na Figura 1.5, se desenvolveu. Cada arquivo no sistema utilizava seu próprio aplicativo para armazenar, recuperar e modificar dados. E cada arquivo era de propriedade do indivíduo ou do departamento encarregado pela sua criação.

FIGURA 1.5   **Sistema de arquivos simples**

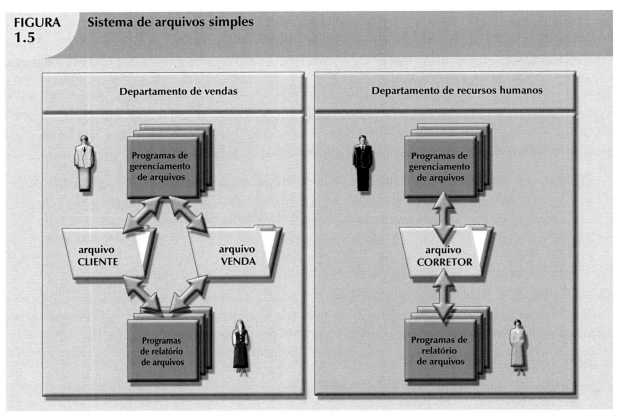

Conforme o sistema de arquivos da empresa de seguros crescia, a demanda pelas habilidades de programação do especialista em PD crescia ainda mais rapidamente e ele foi autorizado a contratar programadores adicionais. O tamanho do sistema de arquivos também exigia um computador maior e mais complexo. O novo computador e a equipe adicional de programação fizeram com que o especialista em PD despendesse menos tempo programando e mais tempo gerenciando recursos técnicos e humanos. Portanto, seu trabalho evoluiu para o de **gerente de processamento de dados (PD)**, que supervisionava o novo departamento de PD. Apesar dessas mudanças organizacionais, no entanto, a atividade principal do departamento de PD permaneceu sendo a programação e seu gerente inevitavelmente gastava muito tempo como programador supervisor sênior e na resolução de problemas com programas.

PROBLEMAS DE GERENCIAMENTO DE DADOS DO SISTEMA DE ARQUIVOS

O método de sistema de arquivos para organização e gerenciamento de dados foi certamente um aprimoramento em relação ao sistema manual e serviu a uma finalidade útil no gerenciamento de dados por mais de duas décadas – tempo muito longo na era dos computadores. No entanto, muitos problemas e limitações se tornaram evidentes nessa abordagem. Uma crítica do método de sistema de arquivos serve a dois propósitos principais:

- Entender as falhas do sistema de arquivos permite a compreensão do desenvolvimento dos bancos de dados modernos.
- Muitos dos problemas não são exclusivos dos sistemas de arquivos. A falta de compreensão desses problemas provavelmente levará à sua reprodução em um ambiente de banco de dados, ainda que a tecnologia desse ambiente torne mais fácil evitá-los.

O primeiro e mais evidente problema da abordagem do sistema de arquivos é que mesmo a tarefa mais simples de recuperação de dados exige programação extensiva. Nos sistemas mais antigos, os programadores tinham de especificar o que precisavam e como se deveriam fazer. Como você aprenderá nos capítulos a seguir, os bancos de dados modernos utilizam uma linguagem de manipulação de dados não procedural que permite que o usuário especifique o que deve ser feito sem especificar como. Em geral, essa linguagem é utilizada para a recuperação de dados (como consulta, por exemplo, e ferramentas geradoras de relatórios), é muito mais rápida e pode trabalhar com diferentes SGBD.

A necessidade de se criar programas para produzir até os relatórios mais simples torna impossíveis as consultas *ad hoc*. Especialistas e gerentes de PD que se matam de trabalhar em sistemas de arquivos desenvolvidos e geralmente recebem vários pedidos de novos relatórios. É comum terem de dizer que o relatório ficará pronto "na semana que vem" ou mesmo "no mês que vem". Se você precisar da informação agora, obtê-la na próxima semana ou no próximo mês não atenderá a suas necessidades.

Além disso, fazer alterações em uma estrutura existente pode ser difícil no ambiente de sistema de arquivos. Por exemplo, a mudança de um único campo no arquivo CLIENTE original exigirá um programa que:
1. Lesse um registro do arquivo original.
2. Transformasse os dados originais em conformidade com as exigências de armazenamento da nova estrutura.
3. Gravasse os dados transformados na nova estrutura de arquivos.
4. Repetisse as etapas 2 a 4 para cada registro do arquivo original.

De fato, qualquer mudança na estrutura de um arquivo, não importa o tamanho, exige modificações em todos os programas que utilizam os dados nesse arquivo. As modificações produzirão erros (bugs), o que exigirá ainda mais tempo na utilização de um processo de depuração para encontrar esses erros.

Outro problema relacionado com a necessidade de programação extensiva é que, conforme o número de arquivos no sistema aumenta, sua administração torna-se mais difícil. Mesmo um simples sistema com poucos arquivos exige a criação e manutenção de vários programas de gerenciamento (cada arquivo deve ter seus próprios programas de gerenciamento que permitem que o usuário adicione, modifique e exclua registros, relacione o conteúdo e gere relatórios). Na impossibilidade de consultas *ad hoc*, os programas de relatório de arquivos podem se multiplicar. O problema é ampliado pelo fato de que cada departamento da organização "possui" seus dados, criando arquivos próprios.

Outra falha de um banco de dados de sistema de arquivos é que os recursos de segurança são difíceis de programar e, portanto, com frequência omitidos. Tais recursos incluem proteção efetiva por senha, capacidade de bloquear partes de arquivos ou do próprio sistema e outras medidas projetadas para proteger a confidencialidade dos dados. Mesmo quando se busca aprimorar a segurança do sistema e dos dados, os dispositivos de segurança tendem a ser limitados em escopo e eficiência.

Para resumir as limitações do gerenciamento de dados em sistemas de arquivos até aqui:

- Exige programação extensiva.
- Não é capaz de executar consultas *ad hoc*.
- A administração do sistema pode ser complexa e difícil.
- É difícil fazer alterações nas estruturas existentes.
- Os recursos de segurança provavelmente serão inadequados.

Essas limitações, por sua vez, levam a problemas de dependência estrutural e de dados.

Dependência estrutural e de dados

Um sistema de arquivos apresenta **dependência estrutural**, o que significa que o acesso a um arquivo é dependente de sua estrutura. Por exemplo, a adição da data de nascimento de um cliente ao arquivo CLIENTE apresentado na Figura 1.3 exigiria as quatro etapas descritas na seção anterior. Ao executar essa alteração, nenhum dos programas preexistentes funcionarão com a nova estrutura do arquivo CLIENTE. Portanto, todos os programas do sistema de arquivos devem ser modificados em conformidade com essa estrutura. Em suma, como os aplicativos do sistema são afetados pela mudança na estrutura do arquivo, eles apresentam dependência estrutural. No sentido inverso, a **independência estrutural** ocorre quando é possível fazer alterações na estrutura dos arquivos sem afetar a capacidade dos aplicativos acessarem os dados.

Mesmo alterações nas características dos dados, como a mudança de um campo inteiro para decimal, exigem alterações em todos os programas que acessam o arquivo. Como todos os programas de acesso aos dados estão sujeitos a alterações quando houver qualquer mudança nas características de armazenamento de dados do arquivo (ou seja, mudança do tipo de dados), diz-se que o sistema de arquivos apresenta **dependência de dados**. No sentido inverso, a independência de dados ocorre quando é possível fazer alterações nas características de armazenamento de dados sem afetar a capacidade dos aplicativos acessarem os dados.

O significado prático da dependência é a diferença entre o **formato de dados lógicos** (como os seres humanos visualizam os dados) e o **formato de dados físicos** (como o computador deve trabalhar com os dados). Qualquer programa que acesse arquivo em sistema de arquivos deve dizer ao computador não apenas o que fazer, mas também como fazer. Cada programa deve conter linhas que especifiquem a abertura de um tipo específico de arquivo, a especificação de registro e as definições de campo. A dependência de dados torna o sistema de arquivos extremamente tedioso do ponto de vista do programador e do gerente de banco de dados.

Definições de campo e convenções de nomenclatura

À primeira vista, o arquivo CLIENTE apresentado na Figura 1.3 parece ter servido bem a seu propósito: os relatórios solicitados normalmente podiam ser gerados. Mas suponha que você queira criar um diretório de telefones de clientes com base nos dados armazenados no arquivo CLIENTE. O armazenamento do nome como um campo único revela-se uma desvantagem, pois o diretório tem de separar os conteúdos do campo para listar os sobrenomes, nomes e iniciais em ordem alfabética.

De modo similar, a criação de uma lista de clientes por cidade é uma tarefa mais difícil do que necessária. Do ponto de vista do usuário, uma definição de registro muito melhor (mais flexível) seria a que antecipasse as necessidades de relatórios, separando os campos em suas partes componentes. Assim, os campos revisados do arquivo de clientes podem ser listados conforme a Tabela 1.3. (Observe que o arquivo revisado é chamado de CLIENTE_V2 para indicar que se trata da segunda versão do arquivo CLIENTE.)

TABELA 1.3 Campos de exemplo do arquivo CLIENTE_V2

CAMPO	CONTEÚDO	ENTRADA DE EXEMPLO
CUS_LNAME	Sobrenome do cliente	Ramas
CUS_FNAME	Nome do cliente	Alfred
CUS_INITIAL	Inicial do cliente	A
CUS_AREACODE	Código de área do cliente	615
CUS_PHONE	Telefone do cliente	234-5678
CUS_ADDRESS	Endereço do cliente ou número de caixa postal	123 Green Meadow Lane
CUS_CITY	Cidade do cliente	Murfreesboro
CUS_STATE	Estado do cliente	TN
CUS_ZIP	CEP do cliente	37130
AGENT_CODE	Código do corretor	502

A seleção de nomes adequados de campos também é importante. Por exemplo, certifique-se de que o campo nome seja razoavelmente descritivo. Ao examinar a estrutura de arquivo apresemtada na Figura 1.3, não é óbvio que o nome do campo REN representa a data de renovação do seguro do cliente. A utilização do nome CUS_RENEW_DATE seria melhor por dois motivos. Em primeiro lugar, o prefixo CUS pode ser utilizado como um indicador da origem do campo, que é o arquivo CUSTOMER_V2. Portanto, é possível saber que o campo em questão traz uma propriedade do cliente. Em segundo lugar, a parte RENEW_DATE do campo do nome é mais descritiva de seu conteúdo. Com as convenções adequadas de nomenclatura, a estrutura do arquivo se torna *autodocumentado*. Ou seja, apenas olhando para o nome do campo, é possível determinar a qual arquivo pertence e que informações contém.

Alguns pacotes de software impõem restrições ao tamanho dos nomes de campos. Por isso, é interessante ser o mais descritivo possível dentro dessas limitações. Além disso, nomes de campos muito longos dificultam a colocação de mais do que alguns campos em uma página, criando problema para o espaço da saída. Por exemplo, o campo de nome CLIENTE_DATA_RENOVAÇÃO_SEGURO, embora autodocumentado, é menos desejável do que CLI_DATA_RENOV.

Outro problema do arquivo CLIENTE da Figura 1.3 é a dificuldade de encontrar os dados desejados com eficiência. Atualmente, o arquivo não possui um identificador exclusivo de registros. Por exemplo, é possível haver vários clientes com o nome John B. Smith. Por isso, a adição de um campo CLI_CONTA que contenha um número exclusivo da conta do cliente seria adequado.

NOTA

Você deve ter notado a adição do campo AGENT_CODE na Tabela 1.3. Por motivos evidentes, é necessário saber qual corretor representa cada cliente. Por isso, o arquivo de clientes deve incluir dados de corretores. Você aprenderá na Seção 1.5.3 que o armazenamento do nome do corretor, como feito no arquivo CLIENTE original apresentado na Figura 1.3, produzirá problemas relevantes que são eliminados utilizando-se um código exclusivo atribuído a cada corretor. No Capítulo 2 você aprenderá que outros benefícios podem ser obtidos do armazenamento desse código na tabela de clientes (revisada). Em todo caso, como o código é uma característica do corretor, seu prefixo é AGENT (corretor).

As críticas das definições de campo e convenções de nomenclaturas apresentadas na estrutura do arquivo da Figura 1.3 não são exclusividade do sistema de arquivos. Como essas convenções se mostrarão importantes mais adiante, são logo introduzidas. Você reencontrará as definições de campo e convenções de nomenclatura ao aprender sobre o projeto de bancos no Capítulo 4 e no Capítulo 6, e ao aprender sobre as questões de implementação de bancos no Capítulo 9. Independente do ambiente de dados, o projeto – seja envolvendo um sistema de arquivos ou um banco de dados – deve sempre refletir as necessidades de documentação do projetista e as exigências de relatório e processamento do usuário final. Os dois tipos de necessidades são mais bem atendidos quando aderimos às definições de campos e a convenções de nomenclatura adequadas.

NOTA

Nenhuma convenção de nomenclatura pode atender a todas as exigências de todos os sistemas. Algumas palavras ou frases são reservadas para uso interno do SGBD. Por exemplo, o nome ORDER gera um erro em alguns SGBDs. De modo similar, um SGBD pode interpretar um hífen (-) como um comando de subtração. Portanto, o campo CLI-NOME seria interpretado como um comando para subtrair o campo NOME do campo CLI. Como nenhum dos dois campos existe, geraria uma mensagem de erro. Por outro lado, CLI_NOME funcionaria bem, pois utiliza um traço inferior.

REDUNDÂNCIA DE DADOS

A estrutura do sistema de arquivos dificulta a combinação de dados a partir de várias fontes e sua falta de segurança torna o sistema de arquivos vulnerável a falhas. A estrutura organizacional realiza o armazenamento dos mesmos dados básicos em locais diferentes. (Os profissionais de banco de dados utilizam o termo **ilhas de informação** para se referir a essa localização dispersa dos dados.) Como é improvável que os dados armazenados em locais diferentes sejam sempre atualizados de modo consistente, as ilhas de informação, em geral, contêm versões diferentes dos mesmos dados. Por exemplo, nas Figuras 1.3 e 1.4, os nomes de corretores e números de telefone aparecem tanto no arquivo CLIENTE como no CORRETOR. Você precisa apenas de uma cópia correta dos nomes dos corretores e dos números de telefone. A presença desses itens em mais de um lugar produz a redundância de dados. A **redundância de dados** ocorre quando os mesmos dados são armazenados de forma desnecessária em locais diferentes.

A redundância de dados não controlada prepara o terreno para:

- *Inconsistência de dados.* Isto ocorre quando versões diferentes e conflitantes dos mesmos dados aparecem em locais diferentes. Por exemplo, suponha que você altere o número de telefone ou endereço de um corretor no arquivo CORRETOR. Caso esqueça de fazer as alterações correspondentes no arquivo CLIENTE, os arquivos conterão dados diferentes para o mesmo corretor. Os relatórios produzirão resultados inconsistentes, dependendo de qual versão dos dados é utilizada.

NOTA

Os dados que apresentam inconsistência também são conhecidos como desprovidos de integridade de dados. **A integridade de dados** é definida como a condição em que todos os dados do banco são consistentes com os eventos e condições reais. Em outras palavras, significa que:

- Os dados são *precisos* – não há inconsistências de dados.
- Os dados são *verificáveis* – sempre produzirão resultados consistentes.

Erros de entrada de dados são mais prováveis quando são feitas entradas complexas (como números de telefone de dez dígitos) em vários arquivos diferentes e/ou reaparecem com frequência em um ou mais arquivos. De fato, o arquivo CLIENTE apresentado na Figura 1.3 contém um erro de entrada exatamente como esse: o terceiro registro desse arquivo apresenta uma inversão de dígitos no número de telefone de um corretor (615-882-2144, em vez de 645-882-1244). É possível inserir o nome e o número de telefone de um corretor inexistentes no arquivo CLIENTE, mas os potenciais segurados não ficarão muito impressionados se a agência de seguros fornecer o nome e o telefone de um corretor que não existe. Além disso, o gerente de recursos humanos deve permitir que um corretor inexistente receba bônus e benefícios? De fato, um erro de entrada de dados, como um nome grafado incorretamente ou um número de telefone errado, gera o mesmo tipo de problema de integridade de dados.

- *Anomalias de dados.* O dicionário define anomalia como "uma anormalidade". A princípio, a alteração do valor de um campo deveria ser feita apenas em um único lugar. A redundância de dados, no entanto, promove uma condição anormal, exigindo alterações de valores de campo em muitos locais diferentes. Vejamos o arquivo CLIENTE na Figura 1.3. Se a corretora Leah F. Hahn decidir casar-se, é provável que haverá mudanças no seu nome, endereço etc. Em vez de fazer apenas uma alteração de nome, telefone e/ou endereço em um único arquivo (CORRETOR), também terá de fazer a alteração cada vez que o nome, telefone e endereço aparecer no arquivo CLIENTE. Poderá se deparar com a perspectiva de fazer milhares de correções, uma para cada cliente atendido pela corretora! O mesmo problema se dá quando um corretor decide se demitir. A cada cliente atendido por ele deve ser atribuído um novo corretor. Qualquer alteração em qualquer valor de campo deve ser feita de modo correto em muitos lugares para se manter a integridade dos dados. Uma **anomalia de dados** ocorre quando nem todas as alterações necessárias nos dados redundantes são realizadas com sucesso. As anomalias encontradas na Figura 1.3 são definidas do seguinte modo:

– *Anomalias de atualização*. Se a corretora Leah F. Hahn possui um novo número de telefone, ele deve ser inserido em cada registro do arquivo CLIENTE no qual o telefone da srtª. Hahn seja exibido. Nesse caso, apenas três alterações devem ser feitas. Em um grande sistema de arquivos, essas alterações podem ocorrer em centenas ou até milhares de registros. É claro que o potencial de inconsistências de dados é grande.

– *Anomalias de inserção*. Se existisse apenas o arquivo CLIENTE, para adicionar um novo corretor, você também adicionaria um cliente fictício para refletir a adição desse corretor. Novamente, o potencial para a criação de inconsistências seria grande.

– *Anomalias de exclusão*. Se você excluir os clientes Amy B. O'Brian, George Williams e Olette K. Smith, também excluirá os dados do corretor John T. Okon. É óbio que isso não é desejável.

SISTEMAS DE BANCO DE DADOS

Os problemas inerentes aos sistemas de arquivos tornam muito interessante a utilização de um sistema de banco de dados. Diferente do sistema de arquivos, com seus vários arquivos separados e não relacionados, o sistema de banco de dados consiste de dados relacionados logicamente e armazenados em um único repositório de dados lógicos. (A palavra "lógico" se deve ao fato de que, embora o repositório de dados pareça constituir uma única unidade para o usuário final, seu conteúdo pode, na verdade, ser distribuído

FIGURA 1.6   **Comparação entre banco de dados e sistemas de arquivos**

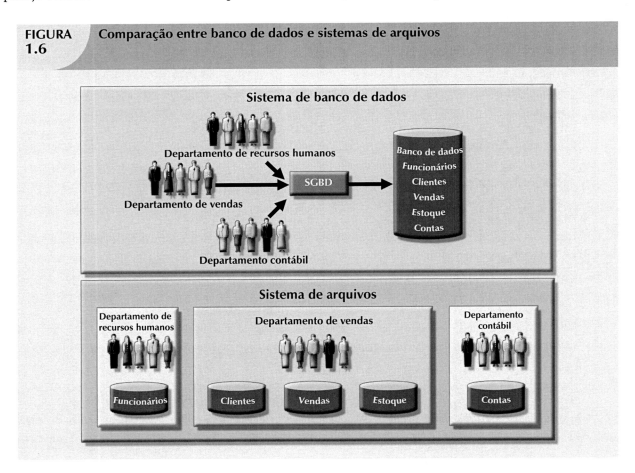

fisicamente entre várias instalações e/ou locais de armazenamento de dados.) Como o repositório do banco de dados é uma única unidade lógica, o banco de dados representa uma importante alteração no modo como os dados do usuário final são armazenados, acessados e gerenciados. O SGBD do banco de dados, apresentado na Figura 1.6, fornece muitas vantagens em relação ao gerenciamento de sistemas de arquivos, como na Figura 1.5, tornando possível eliminar a maioria dos problemas de inconsistência, dependência e anomalia de dados, além da dependência estrutural, encontrados nos sistemas de arquivos. Melhor ainda: a geração atual de software de SGBD armazena não apenas as estruturas de dados, mas também os relacionamentos entre essas estruturas e os caminhos de acesso a elas – tudo em um lugar central. Essa geração também cuida da definição, armazenamento e gerenciamento de todos os caminhos de acesso necessários a esses componentes.

Lembre-se de que o SGBD é apenas um de vários componentes importantes de um sistema de banco de dados. Ele pode até ser tratado como o coração desse sistema. No entanto, assim como é necessário mais que um coração para exercermos uma função humana, é necessário mais que um SGBD para exercer uma função de banco de dados. Nas seções seguintes, você aprenderá o que é um sistema de banco de dados, quais são seus componentes e como o SGBD se encaixa em sua estrutura geral.

AMBIENTE DO SISTEMA DE BANCO DE DADOS

O termo **sistema de banco de dados** refere-se a uma organização de componentes que define e regula a coleta, o armazenamento, o gerenciamento e a utilização de dados em um ambiente de banco de dados. Do ponto de vista do gerenciamento real, o sistema de banco de dados é composto de cinco partes principais, apresentadas na Figura 1.7: hardware, software, pessoas, procedimentos e dados.

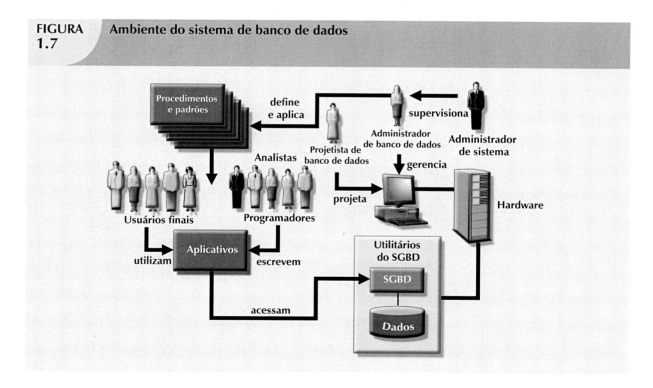

FIGURA 1.7 Ambiente do sistema de banco de dados

Vamos olhar mais de perto os cinco componentes da Figura 1.7:

- *Hardware*. O hardware refere-se a todos os dispositivos físicos do sistema, como, por exemplo, computadores (microcomputadores, estações de trabalho, servidores e supercomputadores), dispositivos de armazenamento, impressoras, dispositivos de rede (hubs, switches[5], roteadores, fibra óptica) e outros dispositivos (caixas automáticos, leitores de ID etc.).

- *Software*. Embora o software identificado de imediato seja o próprio SGBD, o funcionamento completo do sistema de banco de dados necessita de três tipos de softwares: sistema operacional, SGBD e aplicativos e utilitários.

  - O *sistema operacional* gerencia todos os componentes de hardware e possibilita que os outros softwares sejam executados nos computadores. Os exemplos de sistema operacional incluem o Microsoft Windows, o Linux, O Mac OS, o UNIX e o MVS.

  - O *SGBD* gerencia o banco de dados em um sistema de banco de dados. Alguns exemplos desse tipo de software são o Microsoft SQL Server, o Oracle da Oracle Corporation, o MySQL da MySQL AB e o DB2 da IBM.

  - Os *aplicativos e utilitários* são utilizados para acessar e manipular dados no SGBD e gerenciar o ambiente computacional no qual ocorre o acesso e a manipulação de dados. Os aplicativos são usados com mais frequência para acessar os dados encontrados no banco de dados e gerar relatórios, tabelas e outras informações que facilitem a tomada de decisões. Os utilitários são as ferramentas de software utilizadas para ajudar no gerenciamento dos componentes computacionais do sistema de bancos de dados. Por exemplo, todos os principais fornecedores de SGBD atualmente fornecem interfaces gráficas de usuário (GUIs) para ajudar a criar estruturas de bancos de dados, controlar seu acesso e monitorar suas operações.

- *Pessoas*. Esse componente inclui todos os usuários do sistema de banco de dados. Com base na função de trabalho principal, é possível identificar cinco tipos de usuários em um sistema: administradores de sistemas, administradores de bancos de dados, projetistas de bancos de dados, analistas e programadores de sistemas, e usuários finais. Cada tipo de usuário descrito a seguir executa funções exclusivas e complementares.

  - Os *administradores de sistema* supervisionam as operações gerais do sistema de banco de dados.

  - Os *administradores de banco de dados*, também conhecidos como DBAs (sigla em inglês para *database administrator*), gerenciam o SGBD e garantem que o banco de dados funcione adequadamente. O papel do DBA é importante o suficiente para merecer uma exploração detalhada no Capítulo 15.

  - Os *projetistas de banco de dados* projetam a estrutura do banco. Na prática, são os arquitetos dos bancos de dados. Se o projeto for ruim, mesmo os melhores programadores de aplicações e os DBAs mais dedicados não serão capazes de produzir um ambiente útil de banco de dados. Como as organizações esforçam-se para otimizar seus recursos de dados, a descrição do trabalho do projetista expandiu-se para cobrir novas dimensões e suas responsabilidades são crescentes.

  - Os *programadores e analistas de sistemas* projetam e implementam os aplicativos. Desenvolvem e criam as telas de entrada de dados, os relatórios e os procedimentos por meio dos quais os usuários finais acessam e manipulam os dados do banco de dados.

  - Os *usuários finais* são as pessoas que utilizam os aplicativos para executar as operações diárias da organização. Por exemplo, os balconistas, supervisores, gerentes e diretores são todos classificados como usuários finais. Os usuários finais de alto nível empregam as informações obtidas a partir do banco de dados para tomar decisões comerciais táticas e estratégicas.

---

[5] *Switch* é um dispositivo utilizado em redes de computadores para reencaminhar frames entre os diversos nós. (N.R.T.)

- *Procedimentos.* Os procedimentos são as instruções e regras que orientam o projeto e a utilização do sistema de banco de dados. Os procedimentos são um componente fundamental, embora às vezes esquecido, do sistema. Executam um papel importante na empresa, pois aplicam os padrões pelos quais os negócios são conduzidos dentro da organização e em relação aos clientes. Também são utilizados para garantir que haja um modo organizado de monitorar e auditorar tanto os dados que entram no banco como as informações geradas pela utilização desses dados.
- *Dados.* A palavra *dados* cobre o conjunto de fatos armazenados no banco de dados. Como eles são o material bruto a partir do qual as informações são geradas, a definição de quais dados devem ser inseridos no banco e como esses dados devem ser organizados constitui uma parte vital do trabalho do projetista.

Um sistema de banco de dados adiciona uma nova dimensão à estrutura de gerenciamento de uma organização. A complexidade dessa estrutura depende do tamanho da organização, de suas funções e de sua cultura corporativa. Portanto, os sistemas de banco de dados podem ser criados e gerenciados em diferentes níveis de complexidade e com adesão variável a padrões precisos. Por exemplo, compare um sistema local de locação de filmes com um sistema nacional de reclamações de seguros. O sistema de locação de filmes pode ser gerenciado por duas pessoas, o hardware utilizado provavelmente é um único microcomputador, os procedimentos são simples e o volume de dados tende a ser baixo. O sistema nacional de reclamações de seguros possui pelo menos um administrador de sistemas, vários DBAs em tempo integral e muitos projetistas e programadores; o hardware inclui diversos servidores em vários locais por todos os Estados Unidos; é provável que os procedimentos sejam numerosos, complexos e rigorosos e que o volume de dados tenda a ser alto.

Além dos diferentes níveis de complexidade dos sistemas de banco de dados, os gerentes também devem levar em consideração: as soluções de bancos de dados devem ser efetivas em relação a custos-benefícios e a fatores táticos e estratégicos. A criação de uma solução de um milhão de dólares para um problema de mil dólares dificilmente constará entre os exemplos de boa seleção de sistema e de bom projeto e gerenciamento de bancos de dados. Por fim, é provável que a tecnologia de bancos de dados já em uso afete a seleção de um sistema.

FUNÇÕES DE SGBD

Um SGBD executa várias funções importantes que garantem a integridade e a consistência dos dados no banco. A maioria dessas funções é transparente para os usuários finais e pode ser conseguida apenas pelo uso de um SGBD. Incluem gerenciamento de dicionário e armazenamento de dados, transformação e apresentação de dados, gerenciamento de segurança, controle de acesso de multiusuário, gerenciamento de backup e recuperação, gerenciamento de integridade de dados, linguagens de acesso ao banco de dados e interfaces de programação de aplicações, além de interfaces de comunicação do banco de dados. Cada uma dessas funções é explicada abaixo:

- *Gerenciamento do dicionários de dados.* O SGBD armazena as definições de elementos de dados e seus relacionamentos (metadados) em um **dicionário de dados**. Por sua vez, todos os programas que acessam os dados no banco trabalham por meio do SGBD. Este utiliza o dicionário de dados para procurar os relacionamentos e de componentes de estruturas de dados necessárias, livrando o usuário de ter de codificar esses relacionamentos complexos em cada programa. Além disso, quaisquer mudanças feitas na estrutura do banco de dados são automaticamente registradas no dicionário de dados, o que isenta o usuário da necessidade de modificar todos os programas que acessa a estrutura alterada. Em outras palavras, o SGBD fornece abstração de dados e remove a dependência estrutural e de dados do sistema. Por exemplo, a Figura 1.8 mostra como o Microsoft SQL Server Express apresenta a definição de dados para a tabela CLIENTE.

FIGURA 1.8	Ilustração de metadados com o Microsoft SQL Server Express

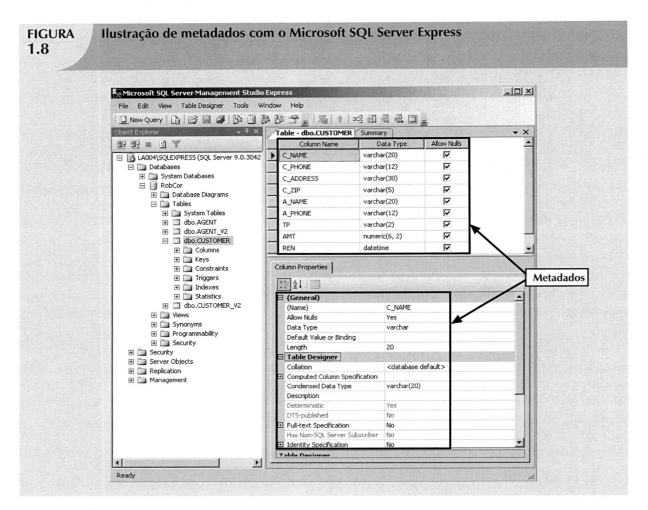

- *Gerenciamento de armazenamento de dados.* O SGBD cria e gerencia as estruturas complexas necessárias para o armazenamento de dados, livrando o usuário da difícil tarefa de definir e programar as características dos dados físicos. Um SGBD moderno fornece armazenamento não apenas para os dados, mas também para definições de telas e formulários de entrada de dados relacionados, as definições de relatórios, as regras de validação de dados, o código procedural, as estruturas para lidar com formatos de vídeo e imagem e assim por diante. O gerenciamento de armazenamento de dados também é importante para o tuning de desempenho do banco de dados. A **sintonização de desempenho** remete às atividades que tornam o desempenho do banco de dados mais eficiente em termos de armazenamento e velocidade de acesso. Embora o usuário veja o banco de dados como uma única unidade de armazenamento de dados, o SGBD, na verdade, armazena o banco em vários arquivos de dados físicos (Figura 1.9). Esses arquivos de dados podem até ser mantidos em diferentes meios de armazenagem. Portanto, o SGBD não precisa esperar que uma solicitação de disco termine para iniciar a próxima. Em outras palavras, o SGBD pode atender às solicitações concorrentes ao banco de dados. As questões de gerenciamento de armazenagem de dados e de sintonização de desempenho são tratadas no Capítulo 11.

FIGURA 1.9 Ilustração do gerenciamento de armazenamento de dados com Oracle

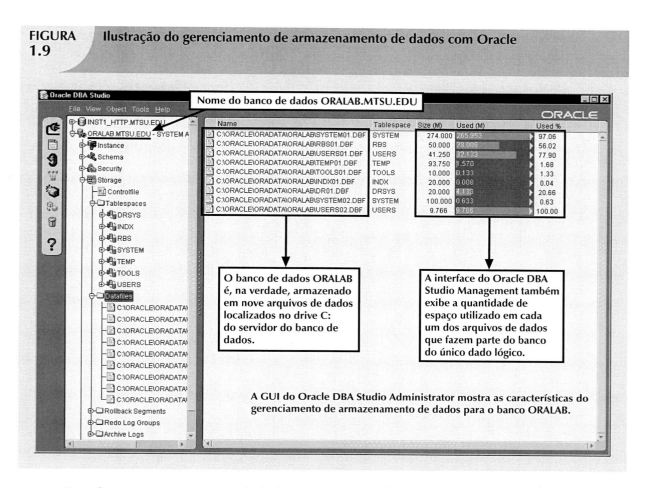

A GUI do Oracle DBA Studio Administrator mostra as características do gerenciamento de armazenamento de dados para o banco ORALAB.

- *Transformação e apresentação de dados.* O SGBD transforma os dados inseridos em conformidade com as estruturas de dados necessárias. O SGBD isenta o usuário da desagradável tarefa de distinguir entre os formatos de dados lógicos e físicos. Ou seja, o SGBD formata os dados recuperados fisicamente para conformá-los às expectativas lógicas do usuário. Por exemplo, imagine um banco de dados empresarial utilizado por uma empresa multinacional. Espera-se que um usuário final na Inglaterra insira os dados "11 de julho de 2008" como "11/07/2008". Por outro lado, a mesma data seria inserida nos Estados Unidos como "07/11/2008". Independente do formato de apresentação dos dados, o SGBD deve gerenciar a data no formato adequado para cada país.
- *Gerenciamento de segurança.* O SGBD cria um sistema de segurança que garante a segurança de usuário e a privacidade dos dados. As regras de segurança determinam quais usuários podem acessar o banco de dados, quais itens de dados cada usuário pode acessar e quais operações de dados (leitura, adição, exclusão ou modificação) o usuário pode executar. Isso é especialmente importante em sistemas de dados de multiusuário. O Capítulo 15 examina as questões de segurança e privacidade de dados em mais detalhes. Todos os usuários de bancos de dados podem ser autenticados no SGBD por meio de um nome de usuário e uma senha ou por autenticação biométrica, como a leitura de impressão digital. O SGBD utiliza essas informações para atribuir privilégios de acesso a vários componentes de bancos de dados, como consultas e relatórios.
- *Controle de acesso de multiusuário.* Para fornecer integridade e consistência de dados, o SGBD utiliza algoritmos sofisticados, garantindo que vários usuários possam acessar o banco de dados ao mesmo tempo sem comprometer sua integridade. O Capítulo 10 cobre os detalhes do controle de acesso de multiusuário.

- *Gerenciamento de backup e recuperação.* O SGBD fornece backup e recuperação de dados para garantir a segurança e a integridade dos dados. Os sistemas atuais de SGBD oferecem utilitários especiais que permitem que o DBA execute backups especiais e de rotina, e procedimentos de restauração. O gerenciamento de recuperação trata da recuperação do banco de dados após uma falha, como um erro de setor no disco ou uma queda de energia. Esse recurso é fundamental para preservar a integridade do banco de dados. O Capítulo 15 cobre as questões de backup e recuperação.

- *Gerenciamento de integridade de dados.* O SGBD promove e aplica regras de integridade, minimizando, assim, a redundância de dados e maximizando sua consistência. Os relacionamentos de dados armazenados no dicionário de dados são utilizados para garantir a integridade. Tal garantia é especialmente importante em sistemas de bancos de dados orientados a transações. As questões de integridade de dados e gerenciamento de transações são tratadas nos Capítulos 7 e 10.

- *Linguagem de acesso a bancos de dados e interfaces de programação de aplicações.* O SGBD fornece acesso aos dados por meio de uma linguagem de consulta. A **linguagem de consulta** é uma linguagem não procedural, ou seja, permite que o usuário especifique o que deve ser feito sem ter de especificar como se deve fazer. A **Linguagem Estruturada de Consulta** (SQL, sigla em inglês para *Structured Query Language*) é a linguagem de consulta vigente e o padrão de acesso a dados suportado pela maioria dos fornecedores de SGBD. Os Capítulos 7 e 8 tratam da utilização de SQL. O SGBD também oferece interfaces de programação de aplicações para linguagens procedurais, como COBOL, C, Java, Visual Basic.NET e C++. Além disso, o SGBD fornece utilitários administrativos utilizados pelo DBA e pelo projetista de bancos de dados para criar, implementar, monitorar e manter o banco.

- *Interfaces de comunicação do banco de dados.* Os SGBDs da geração atual aceitam solicitações do usuário final por meio de vários ambientes de rede diferentes. Por exemplo, o SGBD pode fornecer acesso ao banco pela internet por meio do uso de navegadores da web como o Mozilla Firefox ou o Microsoft Internet Explorer. Nesse ambiente, as comunicações podem ser realizadas de diversas maneiras:
  - Os usuários finais podem gerar respostas a perguntas preenchendo formulários na tela por meio do navegador web de sua preferência.
  - O SGBD pode publicar automaticamente relatórios predefinidos sobre um site da web.
  - O SGBD pode conectar-se a sistemas de terceiros para distribuir informações por e-mail ou outras aplicações de produtividade.

As interfaces de comunicação de bancos de dados são examinadas mais detalhadamente nos Capítulos 12 e 14.

GERENCIAMENTO DO SISTEMA DE BANCO DE DADOS: UMA MUDANÇA DE FOCO

A introdução de um sistema de banco de dados em um ambiente de sistema de arquivos fornece um modelo no qual podem ser aplicados procedimentos e padrões rígidos. Como consequência, o papel do componente humano muda da ênfase em programação (no sistema de arquivos) para focar nos aspectos mais amplos de gerenciamento dos recursos de dados da organização e na administração do próprio software do banco de dados complexo.

O sistema de banco de dados torna possível atingir usos muito mais sofisticados dos recursos de dados contanto que seja projetado para aproveitar esse poder disponível. Os tipos de estruturas de dados criados no banco de dados e a extensão dos relacionamentos entre elas desempenham um papel poderoso na determinação da eficiência do sistema.

Embora o sistema de banco de dados apresente vantagens consideráveis em relação a abordagens de gerenciamento anteriores, também trazem desvantagens significativas. Por exemplo:

- *Aumento de custos.* Os sistemas de banco de dados exigem hardware e software sofisticados e pessoal altamente treinado. O custo de manutenção do hardware, software e pessoal necessários para operar e gerenciar um sistema de banco de dados pode ser substancial. Os custos de treinamento, licenciamento e atendimento às regulamentações costumam ser negligenciados quando da implementação desses sistemas.
- *Complexidade de gerenciamento.* Os sistemas de banco de dados apresentam interfaces com muitas tecnologias diferentes e têm um impacto significativo sobre os recursos e a cultura de uma empresa. As alterações introduzidas pela adoção do sistema de banco de dados deve ser adequadamente gerenciadas para garantir que ajudem no progresso dos objetivos da empresa. Levando em conta o fato de que os bancos de dados mantêm dados fundamentais da empresa que são acessados a partir de várias fontes, as questões de segurança devem ser uma constante preocupação.
- *Manutenção do banco de dados atualizado.* Para maximizar a eficiência do sistema de banco de dados, deve-se manter o sistema atualizado. Portanto, é necessário fazer atualizações frequentes e aplicar os últimos pacotes e medidas de segurança a todos os componentes. Como a tecnologia dos bancos de dados avança rapidamente, os custos com treinamento de pessoal tendem a ser significativos.
- *Dependência do fornecedor.* Em virtude do alto investimento em tecnologia e treinamento de pessoal, as empresas podem hesitar em trocar os fornecedores de bancos de dados. Por essa razão, é menos provável que estes ofereçam vantagens de preço aos clientes existentes, que ficarão restritos quanto a suas escolhas de componentes de sistemas de banco de dados.
- *Ciclos frequentes de atualização/substituição.* Os fornecedores de SGBDs atualizam seus produtos adicionando novas funcionalidades. Em geral, esses recursos são integrados a novas versões de atualização do software. Algumas dessas versões exigem atualizações de hardware. Não são apenas as atualizações que geram custo, mas também o treinamento dos usuários e administradores para que utilizem e gerenciem adequadamente os novos recursos.

R ESUMO

- Dados são fatos brutos. Informações são o resultado do processamento de dados para revelar seu significado. Informações precisas, relevantes e rápidas são a chave para a boa tomada de decisões que é a chave para a sobrevivência organizacional no ambiente global.
- Em geral, os dados são armazenados em um banco de dados. Para implementar um banco de dados e gerenciar seu conteúdo, é necessário um sistema de gerenciamento de banco de dados (SGBD). O SGBD serve como intermediário entre o usuário e o banco de dados. Esse banco contém os dados coletados e os "dados sobre dados", conhecidos como metadados.
- O projeto de banco de dados determina a estrutura do banco. Um banco bem projetado facilita o gerenciamento dos dados e gera informações precisas e valiosas. Um banco mal projetado pode levar a uma tomada de decisão equivocada o que pode levar ao fracasso de uma organização.
- Os bancos de dados evoluíram a partir dos sistemas de arquivos manuais e, em seguida, dos computadorizados. Em um sistema de arquivos, os dados são armazenados em arquivos independentes, cada um necessitando de seus próprios programas de gerenciamento de dados. Embora esse método de gerenciamento de dados esteja amplamente ultrapassado, entender suas características torna mais fácil a compreensão do projeto de banco de dados. O conhecimento dos problemas de sistemas de arquivos pode ajudá-lo a evitar problemas similares com SGBDs.
- Algumas limitações do gerenciamento de dados do sistema de arquivos são: exigência de programação extensiva, a administração do sistema pode ser complexa e difícil, alteração das estruturas existentes é difícil e os recursos de segurança costumam ser inadequados. Além disso, os arquivos independentes tendem a conter dados redundantes, levando a problemas de dependência de estrutura e de dados.
- Os sistemas de gerenciamento de banco de dados foram desenvolvidos para tratar de pontos fracos inerentes ao sistema de arquivos. Em vez de depositar os dados em arquivos independentes, o SGBD apresenta o banco de dados ao usuário final como um único repositório de dados. Essa organização promove o compartilhamento de dados, eliminando, assim, o potencial problema de ilhas de informação. Além disso, o SGBD garante a integridade dos dados, elimina a redundância e promove a segurança dos dados.

Q UESTÕES DE REVISÃO

1. Discuta cada um dos seguintes termos:
   a. dados
   b. campo
   c. registro
   d. arquivo
2. O que é redundância de dados e quais características do sistema de arquivos podem levar a ela?
3. O que é independência de dados e por que é falha em sistemas de arquivos?
4. O que é um SGBD e quais são suas funções?
5. O que é independência estrutural e por que é tão importante?
6. Explique a diferença entre dados e informações.
7. Qual é o papel de um SGBD e quais são suas vantagens? E as suas desvantagens?
8. Liste e descreva os diferentes tipos de bancos de dados.
9. Quais são os componentes principais de um sistema de banco de dados?

10. O que são metadados?
11. Explique por que o projeto do banco de dados é importante.
12. Quais são os custos potenciais da implantação de um sistema de banco de dados?
13. Utilize exemplos para comparar e contrastar dados estruturados e não estruturados. Que tipo prevalece em um ambiente comum de negócios?

PROBLEMAS

FIGURA P1.1   Estrutura de arquivos para os Problemas 1-4

PROJECT_CODE	PROJECT_MANAGER	MANAGER_PHONE	MANAGER_ADDRESS	PROJECT_BID_PRICE
21-5Z	Holly B. Parker	904-338-3416	3334 Lee Rd., Gainesville, FL 37123	16833460.00
25-2D	Jane D. Grant	615-898-9909	218 Clark Blvd., Nashville, TN 36362	12500000.00
25-5A	George F. Dorts	615-227-1245	124 River Dr., Franklin, TN 29185	32512420.00
25-9T	Holly B. Parker	904-338-3416	3334 Lee Rd., Gainesville, FL 37123	21563234.00
27-4Q	George F. Dorts	615-227-1245	124 River Dr., Franklin, TN 29185	10314545.00
29-2D	Holly B. Parker	904-338-3416	3334 Lee Rd., Gainesville, FL 37123	25559999.00
31-7P	William K. Moor	904-445-2719	216 Morton Rd., Stetson, FL 30155	56850000.00

Dada a estrutura de arquivos apresentada na Figura P1.1, responda os Problemas 1-4.
1. Quantos registros o arquivo contém? Há quantos campos por registro?
2. Que problema encontraria se desejasse produzir uma listagem por cidade? Como resolveria esse problema alterando a estrutura de arquivos?
3. Se desejasse produzir uma listagem do conteúdo do arquivo por sobrenome, código de área, estado ou CEP, como alteraria a estrutura de arquivos?
4. Que redundâncias de dados você notou? Como essas redundâncias poderiam levar a anomalias?

FIGURA P1.2   Estrutura de arquivos para os Problemas 5-8

PROJ_NUM	PROJ_NAME	EMP_NUM	EMP_NAME	JOB_CODE	JOB_CHG_HOUR	PROJ_HOURS	EMP_PHONE
1	Hurricane	101	John D. Newson	EE	85.00	13.3	653-234-3245
1	Hurricane	105	David F. Schwann	CT	60.00	16.2	653-234-1123
1	Hurricane	110	Anne R. Ramoras	CT	60.00	14.3	615-233-5568
2	Coast	101	John D. Newson	EE	85.00	19.8	653-234-3254
2	Coast	108	June H. Sattlemeir	EE	85.00	17.5	905-554-7812
3	Satelite	110	Anne R. Ramoras	CT	62.00	11.6	615-233-5568
3	Satelite	105	David F. Schwann	CT	26.00	23.4	653-234-1123
3	Satelite	123	Mary D. Chen	EE	85.00	19.1	615-233-5432
3	Satelite	112	Allecia R. Smith	BE	85.00	20.7	615-678-6879

5. Identifique e discuta os graves problemas de redundância exibidos pela estrutura de arquivo apresentada na Figura P1.2.
6. Olhando para o conteúdo dos campos EMP_NAME e EMP_PHONE na Figura P1.2, que alteração(ões) recomendaria?
7. Identifique as diferentes fontes de dados no arquivo examinado no Problema 5.
8. Com a sua resposta ao Problema 7, que novos arquivos deveriam ser criados para ajudar a eliminar a redundância de dados encontradas no arquivo exibido na Figura P1.2?

Estrutura de arquivos para os Problemas 9-10

BUILDING_CODE	ROOM_CODE	TEACHER_LNAME	TEACHER_FNAME	TEACHER_INITIAL	DAYS_TIME
KOM	204E	Williston	Horace	G	MWF 8:00-8:50
KOM	123	Cordoza	Maria	L	MWF 8:00-8:50
LDB	504	Patroski	Donald	J	TTh 1:00-2:15
KOM	34	Hawkins	Anne	W	MWF 10:00-10:50
JKP	225B	Risell	James		TTh 9:00-10:15
LDB	301	Robertson	Jeanette	P	TTh 9:00-10:15
KOM	204E	Cordoza	Maria	I	MWF 9:00-9:50
LDB	504	Williston	Horace	G	TTh 1:00-2:15
KOM	34	Cordoza	Maria	L	MWF 11:00-11:50
LDB	504	Patroski	Donald	J	MWF 2:00-2:50

9. Identifique e discuta os graves problemas de redundância de dados exibidos pela estrutura de arquivos apresentada na Figura P1.3. (O arquivo destina-se à utilização como agendamento de atribuição de turmas a professores. Um dos muitos problemas da redundância de dados é a provável ocorrência de inconsistências – duas iniciais diferentes foram inseridas para a professora chamada Maria Cordoza.)

10. Dada a estrutura de arquivos apresentada na Figura P1.3, que problemas podem ser encontrados se o edifício (campo BUILDING_CODE) KOM for excluído?

Neste capítulo, você aprenderá:

- Sobre modelagem de dados e por que esses modelos são importantes
- Sobre os blocos básicos de construção de modelagem de dados
- O que são regras de negócio e como influenciam o projeto de bancos de dados
- Como os principais modelos de dados se desenvolveram
- Como os modelos de dados podem ser classificados por nível de abstração

MODELAGEM E MODELOS DE DADOS

O projeto de banco de dados foca em como a estrutura do banco será utilizada para armazenar e gerenciar dados do usuário final. A modelagem de dados, primeira etapa no projeto, refere-se ao processo de criar um modelo de dados específico para um determinado problema de domínio. (Esse problema de domínio é uma área claramente definida no ambiente real, com escopo e fronteiras bem definidas, que deve ser tratada de forma sistemática.) Um **modelo de dados** é uma representação relativamente simples, normalmente gráfica, de estruturas de dados reais mais complexas. Em termos gerais, modelo é uma abstração de um objeto ou evento real de maior complexidade. Sua principal função é auxiliar na compreensão das complexidades do ambiente real. No ambiente de bancos de dados, um modelo representa estruturas de dados e suas características, relações, restrições, transformações e outros elementos que tenham a finalidade de dar suporte ao problema específico de um domínio.

> **NOTA**
>
> É comum as expressões *modelo de dados* e *modelo de banco de dados* serem utilizadas como sinônimos. Neste livro, a expressão *modelo de banco de dados* é utilizada para se referir à implementação de um *modelo de dados* em um sistema específico de banco de dados.

A modelagem de dados é um processo iterativo e progressivo. Começa-se com uma compreensão simples do domínio do problema e, conforme essa compreensão se desenvolve, o nível de detalhes do modelo também se amplia. Se realizado de maneira adequada, o modelo de dados final é efetivamente uma "planta" que contém todas as instruções para a construção de um banco de dados que atenda às necessidades dos usuários finais. Essa planta é de natureza narrativa e gráfica, o que significa que contém tanto descrições de texto em linguagem direta e sem ambiguidades como diagramas úteis que ilustrem os principais elementos de dados.

> **NOTA**
>
> Um modelo de dados pronto para implementação deve conter pelo menos os seguintes componentes:
> - Descrição da estrutura de dados que armazenará os dados do usuário final.
> - Conjunto de regras aplicáveis para garantir a integridade dos dados.
> - Metodologia de manipulação de dados que dê suporte a transformações de dados reais.

Tradicionalmente, os projetistas de bancos de dados confiaram no bom senso como auxiliar no desenvolvimento de bons modelos. Infelizmente, é comum o bom senso estar no olho do observador e se desenvolver após muitas tentativas e erros. Por exemplo, se os estudantes de uma turma têm de criar individualmente um modelo de dados para uma locadora de filmes, é muito provável que cada um apresente um modelo diferente. Qual estaria correto? A resposta é simples: "aquele que atender a todas as necessidades do usuário final", podendo haver mais de uma solução correta! Felizmente, os projetistas de bancos de dados utilizam estruturas de modelagem existentes e ferramentas de projeto poderosas que reduzem consideravelmente o potencial para erros. Nas seções seguintes, você aprenderá como os modelos de dados são utilizados para representar dados reais e como os diferentes graus de abstração facilitam sua modelagem. Mas, antes disso, é necessário compreender a importância dos modelos de dados e suas estruturas básicas.

IMPORTÂNCIA DOS MODELOS DE DADOS

Os modelos de dados podem facilitar a interação entre o projetista, o programador de aplicações e o usuário final. Um modelo bem desenvolvido pode até mesmo promover uma compreensão aprimorada da organização para a qual o banco está sendo desenvolvido. Em resumo, os modelos de dados são uma ferramenta de comunicação. Esse aspecto importante da modelagem foi sintetizado claramente por um cliente cuja reação foi a seguinte: "Eu criei esta empresa, trabalhei nela por anos e esta é a primeira vez em que eu realmente entendi como todas as partes se encaixam na prática".

A importância da modelagem de dados não pode ser superestimada. Os dados constituem as unidades de informação mais elementares empregadas por um sistema. As aplicações são criadas para gerenciar dados e ajudar a transformá-los em informações. Mas os dados são vistos de modos distintos por pessoas diferentes. Por exemplo, compare a perspectiva (dos dados) de um gerente de empresa com a de um balconista. Embora o gerente e o balconista trabalhem na mesma empresa, é mais provável que o gerente tenha uma visão da empresa como um todo do que o balconista.

Até mesmo gerentes diferentes veem os dados de modo diverso. Por exemplo, o presidente de uma empresa provavelmente tem uma perspectiva universal dos dados, pois deve ser capaz de reunir as divisões da companhia em uma visão comum (de banco de dados). É provável que um gerente de compras, da mesma empresa, tenha uma visão mais restrita dos dados, assim como o gerente de estoque. De fato, cada gerente de departamento trabalha com um subconjunto dos dados da empresa. O gerente de estoque preocupa-se mais com os níveis de estoque, enquanto o de aquisições trata principalmente do custo de itens e das relações pessoais/comerciais com os fornecedores desses itens.

Os programadores de aplicações possuem, ainda, outra visão dos dados, concentrando-se mais na localização, formatação e exigências específicas de relatório. Basicamente, traduzem, a partir de várias fontes, as políticas e procedimentos da empresa em interfaces, relatórios e telas de consulta adequados.

Os diferentes usuários e produtores de dados e informações costumam apresentar a "analogia do cego e do elefante": o cego que toca a tromba do elefante possui uma visão muito diferente sobre o animal do que o cego que toca a perna ou a cauda. O que falta é uma visão do elefante como um todo. Do mesmo modo, uma casa não é um conjunto aleatório de cômodos; ao construí-la, é necessário ter, primeiro, uma visão geral fornecida pela planta. De modo similar, um sólido ambiente de dados exige uma planta geral do banco de dados, com base no modelo adequado.

Tendo uma boa planta do banco de dados à disposição, não importa se a visão do programador sobre os dados é diferente do gerente e/ou do usuário final. Por outro lado, quando não se dispõe de uma boa planta, os problemas aparecerão. Por exemplo, é possível que um programa de gerenciamento de estoque ou um sistema de entrada de pedidos utilizem esquemas conflitantes de numeração de produtos, o que pode custar milhares (ou até milhões) de dólares à empresa.

Tenha em mente que a planta de uma casa é uma abstração; você não pode viver na planta. De modo similar o modelo de dados é uma abstração; não é possível obter os dados necessários a partir do modelo. Assim como dificilmente se construirá uma boa casa sem uma planta, é também improvável criar um bom banco de dados sem a prévia criação de um modelo de dados adequado.

BLOCOS BÁSICOS DE CONSTRUÇÃO DE MODELOS DE DADOS

Os blocos básicos de construção de todos os modelos de dados são as entidades, os atributos, os relacionamentos e as restrições. Uma **entidade** é algo (uma pessoa, um local, um objeto, um evento) sobre o qual sejam coletados e armazenados dados. Ela representa um tipo particular de objeto no mundo real. Por isso, as entidades são "distinguíveis", ou seja, cada ocorrência de entidade é única e distinta. Por exemplo, uma entidade CLIENTE teria muitas ocorrências de clientes distinguíveis, como John Smith, Pedro Dinamita, Tom Strickland etc. As entidades podem ser objetos físicos, como clientes e produtos, mas também abstrações, como rotas de voo ou apresentações musicais.

Um **atributo** é uma característica de uma entidade. Por exemplo, uma entidade CLIENTE seria descrita por atributos como sobrenome, nome, telefone, endereço e limite de crédito de clientes. Os atributos são equivalentes aos campos nos sistemas de arquivos.

Um **relacionamento** descreve uma associação entre entidades. Por exemplo, existe um relacionamento entre clientes e corretores que pode ser descrito da seguinte maneira: um corretor pode atender muitos clientes, mas cada cliente pode ser atendido apenas por um corretor. Os modelos de dados utilizam três tipos de relacionamento: um para muitos, muitos para muitos e um para um. Os projetistas de bancos de dados costumam utilizar as notações abreviadas 1:M ou 1..*, M:N ou *..* e 1:1 ou 1..1, respectivamente. (Embora a notação M:N seja a identificação-padrão para o relacionamento de muitos para muitos, também é possível utilizar a abreviação M:M.)

Os exemplos a seguir ilustram as distinções entre os três.

- **Relacionamento um para muitos (1:M ou 1..*).** Um pintor faz várias pinturas, mas cada uma é criada por apenas um artista. Assim, o pintor ("uma entidade") relaciona-se com as pinturas ("várias entidades"). Portanto, os projetistas de bancos de dados identificam o relacionamento "PINTOR pinta PINTURA" como 1:M. (Observe que os nomes de entidades, em geral, são escritos em letras maiúsculas por convenção, possibilitando sua fácil identificação.) De modo similar, um cliente ("uma entidade") pode gerar muitas faturas ("várias entidades"), mas cada fatura é gerada apenas por um cliente. O relacionamento "CLIENTE gera FATURA" também seria identificado como 1:M.

- **Relacionamento de muitos para muitos (M:N ou *..*).** Um funcionário pode aprender várias habilidades profissionais e cada habilidade profissional pode ser aprendida por vários funcionários. Os projetistas de bancos de dados identificam o relacionamento "FUNCIONÁRIO aprende HABILIDADE" como M:N. De modo similar, um aluno pode frequentar várias turmas e cada turma pode ser frequentada por vários alunos, conferindo-se, assim, a identificação M:N ao relacionamento expresso por "ALUNO frequenta TURMA".
- **Relacionamento um para um (1:1 ou 1..1).** A estrutura de gerenciamento de uma empresa de varejo pode exigir que cada uma de suas lojas seja gerenciada por um único funcionário. Por sua vez, cada gerente de loja, que é um funcionário, gerencia uma loja apenas. Portanto, o relacionamento "FUNCIONÁRIO gerencia LOJA" é identificado como 1:1.

A discussão precedente identificou cada relacionamento em duas direções, ou seja, os relacionamentos são bidirecionais:

- *Um* CLIENTE pode gerar *várias* FATURAs.
- Cada uma das *várias* FATURAs é gerada apenas por *um* CLIENTE.

A **restrição** é uma limitação imposta aos dados. As restrições são importantes, pois ajudam a assegurar a integridade dos dados. Elas normalmente são expressas na forma de regras. Por exemplo:

- O salário de um funcionário possui valores entre 6.000 e 350.000.
- A média da nota de um aluno deve estar entre 0,00 e 10,00.
- Cada turma deve ter um e somente um professor.

Como é possível identificar de maneira adequada as entidades, atributos, relacionamentos e restrições? A primeira etapa é identificar com clareza as regras de negócio para o domínio do problema que está sendo modelado.

REGRAS DE NEGÓCIO

Quando os projetistas de bancos de dados cuidam da seleção ou determinação das entidades, atributos e relacionamentos utilizados para construir um modelo de dados, podem começar obtendo uma compreensão completa de quais tipos de dados existem em uma organização, como são utilizados e em que período de tempo são utilizados. Mas esses dados e informações não produzem, por si mesmo, a compreensão necessária do negócio como um todo. Do ponto de vista do banco de dados, o conjunto de dados adquire significado apenas quando representa adequadamente as *regras de negócio* definidas. Uma **regra de negócio** é uma descrição breve, precisa e sem ambiguidades de uma política, procedimento ou princípio em uma determinada organização. Em certo sentido, o nome *regras de negócio* não é adequado: elas se aplicam a *qualquer* organização, grande ou pequena – uma empresa, uma instituição pública, um grupo religioso ou um laboratório de pesquisa – que armazene e utilize dados para gerar informações.

As regras de negócio decorrentes de uma descrição detalhada das operações de uma organização ajudam a criar e aplicar ações no interior de seu ambiente organizacional. Devem ser fornecidas por escrito e atualizadas para incluir qualquer alteração desse ambiente operacional.

Regras de negócio escritas adequadamente são utilizadas para definir entidades, atributos, relacionamentos e restrições. Sempre que você vir uma descrição de relacionamento como "um corretor pode atender muitos clientes, mas cada cliente pode ser atendido por apenas um corretor", você estará vendo as regras de negócio em ação. Você verá a aplicação dessas regras por todo este livro, especialmente nos capítulos dedicados à modelagem de dados e ao projeto de bancos.

Para serem eficientes, as regras de negócio devem ser de fácil compreensão e amplamente disseminadas, garantindo que todas as pessoas na organização compartilhem de uma interpretação comum. Essas regras descrevem, em linguagem simples, as características principais e particulares dos dados *conforme vistos pela empresa*. Os seguintes itens são exemplos de regras de negócio:

- Um cliente pode gerar muitas faturas.
- Uma fatura é gerada por apenas um cliente.
- Uma seção de treinamento não pode ser agendada para menos de 10 funcionários ou mais de 30.

Observe que essas regras de negócio estabelecem entidades, relacionamentos e restrições. Por exemplo, as duas primeiras regras estabelecem duas entidades (CLIENTE e FATURA) e um relacionamento 1:M entre elas. A terceira regra de negócio estabelece uma restrição (não menos de 10 pessoas e não mais de 30), duas entidades (FUNCIONÁRIO e TREINAMENTO) e um relacionamento entre FUNCIONÁRIO e TREINAMENTO.

Descobrindo as regras de negócio

As principais fontes de regras de negócio são os gerentes de empresa, os elaboradores de políticas, os gerentes de departamento e as documentações por escrito, como os manuais de procedimentos, padrões e operações de uma companhia. Uma maneira rápida e direta de obter essas regras é entrevistar diretamente os usuários finais. Infelizmente, como as percepções diferem, esses usuários às vezes são uma fonte menos confiável quando se trata de especificar regras de negócio. Por exemplo, um mecânico do departamento de manutenção pode acreditar que qualquer mecânico tenha permissão para iniciar um procedimento de manutenção, quando, na verdade, apenas mecânicos com autorização de inspeção podem executar essa tarefa. Tal distinção pode parecer trivial, mas é possível que ela tenha importantes consequências legais. Embora a contribuição dos usuários finais seja fundamental para o desenvolvimento das regras dos negócios, *é difícil verificar suas percepções*. Com frequência, as entrevistas com muitas pessoas que executam o mesmo trabalho produzem diferentes percepções de quais são os componentes de atuação. Embora uma descoberta assim possa indicar "problemas de gerenciamento", esse diagnóstico geral não ajuda o projetista de bancos de dados. O trabalho do projetista é conciliar essas diferenças e verificar o resultado da conciliação para garantir que as regras de negócio sejam adequadas e precisas.

O processo de identificação e documentação dessas regras é essencial para o projeto de bancos de dados por vários motivos:

- Ajudam a padronizar a visualização dos dados de uma empresa.
- Podem constituir uma ferramenta de comunicação entre os usuários e os projetistas.
- Permitem que o projetista compreenda a natureza, o papel e o escopo dos dados.
- Permitem que o projetista compreenda os processos comerciais.
- Permitem que o projetista desenvolva regras e restrições adequadas de participações em relacionamentos, e crie um modelo de dados preciso.

É claro que nem todas as regras podem ser modeladas. Por exemplo, uma regra que especifique que "nenhum piloto pode voar por mais de dez horas em um período de 24 horas" não pode ser modelada. No entanto, é possível aplicar essa regra por meio de um aplicativo.

TRADUZINDO REGRAS DE NEGÓCIO EM COMPONENTES DE MODELOS DE DADOS

As regras de negócio preparam terreno para a identificação adequada de entidades, atributos, relacionamentos e restrições. No mundo real, os nomes são utilizados para identificar objetos. Se o ambiente de negócio desejar rastrear os objetos, haverá regras específicas para eles. Como regra geral, um substantivo em uma regra de negócio será traduzido como entidade no modelo, e um verbo (na voz ativa ou passiva) que associe substantivos será traduzido como um relacionamento entre entidades. Por exemplo, a regra de negócio "um cliente pode gerar várias faturas" contém dois substantivos (*clientes* e *faturas*) e um verbo (*gerar*) que associa os substantivos. A partir dessa regra, pode-se deduzir que:

- Cliente e fatura são objetos de interesse para o ambiente e devem ser representados por suas respectivas entidades.
- Há um relacionamento "gerar" entre cliente e fatura.

Para identificar adequadamente o tipo de relacionamento, deve-se considerar que são bidirecionais, ou seja, valem em ambos os sentidos. Por exemplo, a regra "um cliente pode gerar várias faturas" é complementada pela regra "uma fatura é gerada por apenas um cliente". Nesse caso, o relacionamento é um para muitos (1:M). O cliente é o lado "um" e a fatura, o lado "muitos".

Como regra geral, para identificar adequadamente o tipo de relacionamento, deve-se fazer duas perguntas:

- Quantas instâncias de B são relacionadas a uma instância de A?
- Quantas instâncias de A são relacionadas a uma instância de B?

Por exemplo, é possível avaliar o relacionamento entre aluno e turma fazendo essas perguntas:

- Em quantas disciplinas um aluno pode se matricular? Resposta: várias disciplinas.
- Quantos alunos podem se matricular em uma disciplina? Resposta: vários alunos.

Portanto, o relacionamento entre aluno e disciplina é de muitos para muitos (M:N). Você terá muitas oportunidades de determinar os relacionamentos entre entidades conforme progredir neste livro e, em breve, o processo se tornará natural.

EVOLUÇÃO DOS MODELOS DE DADOS

A busca por um melhor gerenciamento de dados gerou vários modelos que tentam resolver as falhas fundamentais do sistema de arquivos. Esta seção fornece uma visão geral dos principais modelos, em ordem cronológica. Você descobrirá que muitos dos "novos" conceitos e estruturas de bancos de dados conservam uma notável semelhança com alguns conceitos e estruturas de modelos "antigos". A Tabela 2.1 traça a evolução dos principais modelos de dados.

TABELA 2.1 Evolução dos principais modelos de dados

GERAÇÃO	ÉPOCA	MODELO	EXEMPLOS	COMENTÁRIOS
Primeira	década de 1960 e 1970	Sistema de arquivos	VMS/VSAM	Utilizado principalmente em sistemas de mainframe da IBM Gerenciamento de registros, sem relacionamentos
Segunda	década de 1970	Modelo de dados hierárquico e em rede	IMS ADABAS IDS-II	Primeiros sistemas de bancos de dados Acesso navegacional
Terceira	De meados da década de 1970 até o presente	Modelo de dados relacional	DB2 Oracle MS SQL Server MySQL	Simplicidade conceitual Modelagem entidade-relacionamento (ER) e suporte a modelagem relacional de dados
Quarta	De meados da década de 1980 até o presente	Orientado a objetos Relacional estendido	Versant FastObjects.Net Objectivity/DB DB/2 UDB Oracle 10g	Suporte a dados complexos Produtos relacionais estendidos com suporte a warehouse de dados e objetos Bancos de dados na web tornam-se comuns
Próxima geração	Do presente ao futuro	XML	dbXML Tamino DB2 UDB Oracle 10g MS SQL Server	Organização e gerenciamento de dados não estruturados Modelos relacionais e de objetos adicionam suporte a documentos em XML

MODELO HIERÁRQUICO

O **modelo hierárquico** foi desenvolvido na década de 1960 para gerenciar grandes quantidades de dados para projetos complexos de fabricação, como o do foguete Apollo, que aterrissou na Lua em 1969. Sua estrutura lógica básica é representada por uma estrutura de árvore "de cima para baixo". Essa estrutura hierárquica contém níveis ou segmentos. Um **segmento** é equivalente ao tipo de registro em um sistema de arquivos. No interior da hierarquia, a camada superior (raiz) é vista como "pai" do segmento imediatamente abaixo dela. Por exemplo, na Figura 2.1, o segmento de raiz é o pai dos segmentos do Nível 1 que, por sua vez, são pais dos segmentos do Nível 2, e assim por diante. Os segmentos abaixo de outros segmentos são seus "filhos". Em resumo, o modelo hierárquico representa um conjunto de relacionamentos um para muitos (1:M) entre um pai e seus segmentos filhos. (Cada pai pode ter muitos filhos, mas cada filho possui apenas um pai.)

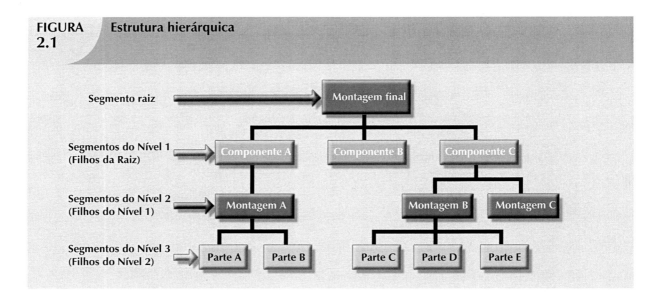

FIGURA 2.1 Estrutura hierárquica

O modelo de dados hierárquico resulta em diversas vantagens em relação ao de sistemas de arquivos. Na verdade, muitos recursos do modelo hierárquico constituíram o fundamento dos modelos de dados atuais. Várias de suas aplicações de bancos de dados são reproduzidas, ainda que de forma diferente, nos ambientes atuais de bancos de dados. O banco de dados hierárquico tornou-se rapidamente dominante na década de 1970 e gerou uma grande base instalada que, por sua vez, criou um grupo de programadores que conheciam os sistemas e desenvolveram muitas aplicações comerciais testadas e aprovadas. No entanto, o modelo hierárquico apresentava limitações: era difícil de implementar e de gerenciar, e não dispunha de independência estrutural. Além disso, muitos relacionamentos de dados comuns não se adequam à forma 1:M, além de não haver padrões sobre como implementar o modelo.

Na década de 1970, os profissionais de bancos de dados convocaram uma série de reuniões que culminaram na publicação de um conjunto de padrões que, em última análise, levaram ao desenvolvimento de modelos alternativos. O mais promissor deles é o modelo em rede.

MODELO EM REDE

O **modelo em rede** foi criado para representar relacionamentos de dados complexos com mais eficiência do que o modelo hierárquico, melhorar o desempenho dos bancos de dados e impor um padrão a eles. A falta desses padrões foi um problema para programadores e projetistas, pois tornava os projetos e aplicações menos portáveis. Pior ainda, a ausência até mesmo de um conjunto padrão de *conceitos* de banco de dados impedia a busca de melhores modelos. A desorganização raramente promove o progresso.

Para ajudar a estabelecer padrões, a **CODASYL** (*Conference on Data Systems Languages*, ou seja, Conferência sobre Linguagens de Sistemas de Dados) criou o **DBTG** (*Database Task Group*, o Grupo de Trabalho sobre Bancos de Dados) no fim dos anos 1960. O DBTG foi encarregado de definir especificações-padrão para promover um ambiente que facilitasse a criação de bancos e a manipulação de dados. O relatório final do DBTG continha especificações de três componentes fundamentais de bancos de dados:

- O **esquema**, que constituía uma organização conceitual do banco como um todo, conforme visto por seu administrador. Ele inclui uma definição do nome do banco de dados, de cada tipo de registro e dos componentes que constituem esses registros.

- O **subesquema**, que define a parte do banco de dados "vista" pelos aplicativos que produzem as informações desejadas a partir dos dados contidos em um banco. A existência de definições de subesquema permite que todos os aplicativos simplesmente invoquem o subesquema necessário para acessar o(s) arquivo(s) adequados do banco de dados.
- A **linguagem de gerenciamento de dados** (**DML**, de *Data Management Language*), que define o ambiente em que os dados podem ser gerenciados. Para produzir a padronização adequada a cada um dos três componentes o DBTG especificou três tipos distintos de DML:
  - Uma **linguagem de definição de dados** (**DDL**, de *Data Definition Language*) de esquemas, que permite ao administrador do banco definir os componentes dos esquemas.
  - Uma DDL de subesquemas, que permite que os aplicativos definam os componentes do banco de dados que eles utilizarão.
  - Uma linguagem de manipulação de dados para trabalhar com os dados no banco.

No modelo em rede, o usuário percebe o banco de dados em rede como uma coleção de registros em relacionamentos 1:M. No entanto, diferente do hierárquico, o modelo em rede permite que um registro tenha mais de um pai. Em terminologia de bancos de dados de rede, o relacionamento é chamado conjunto. Cada conjunto é composto de, pelo menos, dois tipos de registros: um registro proprietário e um registro membro. *Um conjunto representa um relacionamento 1:M entre o proprietário e o membro.* Um exemplo desse relacionamento é representado na Figura 2.2.

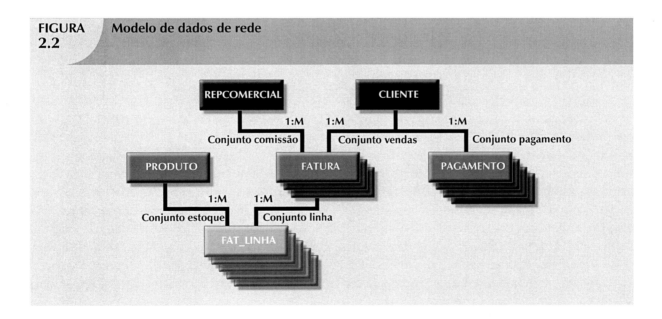

FIGURA 2.2 Modelo de dados de rede

A Figura 2.2 ilustra um modelo de dados em rede de uma organização de vendas comum. Nesse modelo, CLIENTE, REPCOMERCIAL, FATURA, FAT_LINHA, PRODUTO e PAGAMENTO representam os tipos de registro. Observe que a FATURA é de "propriedade" tanto do REPCOMERCIAL como do CLIENTE. De modo similar, FAT_LINHA possui dois proprietários, PRODUTO e FATURA. Além disso, o modelo em rede também pode incluir relacionamentos de um único proprietário, como "CLIENTE faz PAGAMENTO".

Conforme cresçam as necessidades de informação, exigindo bancos de dados e aplicações mais sofisticados, o modelo em rede se torna extremamente tedioso. A falta de um recurso de consulta *ad hoc* colocava grande pressão para que os programadores gerassem o código necessário para produzir até mesmo os relatórios mais simples. E, embora os bancos de dados existentes fornecessem independência de dados limitada, qualquer alteração estrutural ainda poderia devastar todos os aplicativos que obtinham dados do banco. Por causa das desvantagens dos modelos hierárquicos e em rede, eles foram amplamente substituídos pelo modelo de dados relacional na década de 1980.

MODELO RELACIONAL

O **modelo relacional** foi apresentado em 1970 por E. F. Codd (da IBM) em seu famoso artigo "A Relational Modelo Data for Large Shared Databanks" (Um modelo relacional de dados para grandes bancos de dados compartilhados) (Comunicações da ACM, junho de 1970, p. 377–387). O modelo relacional representava uma importante ruptura tanto para usuários como para projetistas. Para utilizar uma analogia, esse modelo produziu um banco de dados de "câmbio automático" para substituir os de "câmbio manual" que o precederam. Sua simplicidade conceitual preparou o terreno para a verdadeira revolução dos bancos de dados.

> **NOTA**
>
> O modelo de bancos de dados relacional apresentado neste capítulo é uma introdução e uma visão geral. Uma discussão mais detalhada pode ser encontrada no Capítulo 3, "Modelo de banco de dados relacional". Na verdade, esse modelo é tão importante que servirá como base de discussão na maioria dos outros capítulos.

O fundamento do modelo relacional é um conceito matemático conhecido como relação. Para evitar a complexidade da teoria matemática abstrata, pode-se pensar em uma **relação** (às vezes chamada de **tabela**) como uma matriz composta da intersecção de linhas e colunas. Cada linha de uma relação é chamada **Tupla**. Cada coluna representa um atributo. O modelo relacional também descreve um conjunto preciso de estruturas de manipulação de dados com base em conceitos matemáticos avançados.

Em 1970, o trabalho de Codd foi considerado inovador, porém inviável. A simplicidade conceitual do modelo relacional era conseguida à custa da sobrecarga do computador. As máquinas daquela época não tinham capacidade suficiente para implementar esse modelo. Felizmente, a capacidade dos computadores cresceu exponencialmente, assim como a eficiência dos sistemas operacionais. Melhor ainda, o custo dos computadores caiu rapidamente, enquanto sua capacidade cresceu. Hoje, mesmo os microcomputadores, que valem uma fração do que custavam seus ancestrais mainframes, podem executar sofisticados softwares de bancos de dados relacionais, como Oracle, DB2, Microsoft SQL Server, MySQL e outros programas de grande porte.

O modelo relacional é implementado por meio de um **sistema de gerenciamento de banco de dados relacionais (SGBDR)** muito sofisticado. O SGBDR executa as mesmas funções básicas fornecidas pelos sistemas de SGBD hierárquico e de rede, além de abrigar outras funções que tornam o modelo relacional mais fácil de compreender e implantar.

Pode-se dizer que a vantagem mais importante do SGBDR é a capacidade de ocultar do usuário as complexidades do modelo relacional. Ele gerencia todos os detalhes físicos, enquanto o usuário vê o banco de dados relacional como uma coleção de tabelas nas quais os dados são armazenados. O usuário pode manipular e consultar os dados de um modo que pareça intuitivo e lógico.

As tabelas são relacionadas umas com as outras por meio do compartilhamento de um atributo comum (valor em uma coluna). Por exemplo, a tabela CLIENTE na Figura 2.3 pode conter um número de corretor que também esteja contido na tabela CORRETOR.

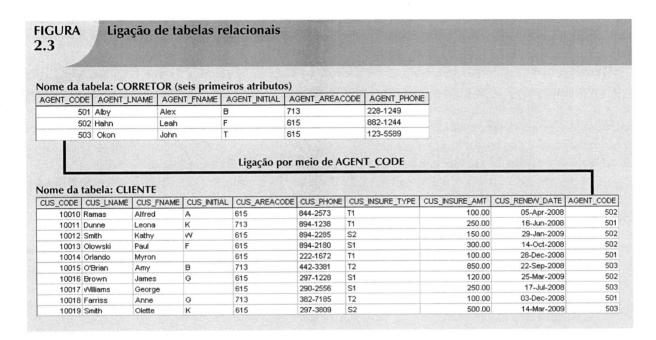

FIGURA 2.3 Ligação de tabelas relacionais

Nome da tabela: CORRETOR (seis primeiros atributos)

AGENT_CODE	AGENT_LNAME	AGENT_FNAME	AGENT_INITIAL	AGENT_AREACODE	AGENT_PHONE
501	Alby	Alex	B	713	228-1249
502	Hahn	Leah	F	615	882-1244
503	Okon	John	T	615	123-5589

Ligação por meio de AGENT_CODE

Nome da tabela: CLIENTE

CUS_CODE	CUS_LNAME	CUS_FNAME	CUS_INITIAL	CUS_AREACODE	CUS_PHONE	CUS_INSURE_TYPE	CUS_INSURE_AMT	CUS_RENEW_DATE	AGENT_CODE
10010	Ramas	Alfred	A	615	844-2573	T1	100.00	05-Apr-2008	502
10011	Dunne	Leona	K	713	894-1238	T1	250.00	16-Jun-2008	501
10012	Smith	Kathy	W	615	894-2285	S2	150.00	29-Jan-2009	502
10013	Olowski	Paul	F	615	894-2180	S1	300.00	14-Oct-2008	502
10014	Orlando	Myron		615	222-1672	T1	100.00	28-Dec-2008	501
10015	O'Brian	Amy	B	713	442-3381	T2	850.00	22-Sep-2008	503
10016	Brown	James	G	615	297-1228	S1	120.00	25-Mar-2009	502
10017	Williams	George		615	290-2556	S1	250.00	17-Jul-2008	503
10018	Farriss	Anne	G	713	382-7185	T2	100.00	03-Dec-2008	501
10019	Smith	Olette	K	615	297-3809	S2	500.00	14-Mar-2009	503

A ligação comum entre as tabelas CLIENTE e CORRETOR permite que você corresponda o cliente com seu corretor de vendas, mesmo que os dados dos clientes estejam armazenados em uma tabela e os dos representantes comerciais estejam em outra. Por exemplo, é possível determinar facilmente que o corretor da cliente Dunne é Alex Alby, pois, para a cliente Dunne, o código AGENT_CODE (código do corretor) da tabela CLIENTE é 501, que corresponde ao AGENT_CODE de Alex Alby na tabela CORRETOR. Embora as tabelas sejam independentes, é possível associar os dados facilmente entre elas. O modelo relacional fornece um nível mínimo de controle para eliminar a maioria das redundâncias que com frequência são encontradas nos sistemas de arquivos.

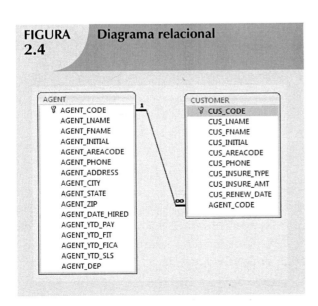

FIGURA 2.4 Diagrama relacional

O tipo de relacionamento (1:1, 1:M ou M:N) é frequentemente apresentado em um esquema relacional, como no exemplo da Figura 2.4. O **diagrama relacional** é a representação gráfica das entidades de um banco de dados relacional, dos atributos dessas entidades e dos relacionamentos entre elas.

Na Figura 2.4, o diagrama relacional mostra os campos de conexão (nesse caso, AGENT_CODE) e o tipo de relacionamento, 1:M. O Microsoft Access, aplicativo de banco de dados utilizado para gerar a Figura 2.4, emprega o símbolo ∞ (infinito) para indicar o lado "muitos". Neste exemplo, o CLIENTE representa o lado "muitos", pois um CORRETOR pode ter vários CLIENTES. O CORRETOR representa o lado "1", pois cada CLIENTE possui apenas um CORRETOR.

Uma tabela relacional armazena um conjunto de entidades relacionadas. Nesse sentido, a tabela do banco de dados relacional assemelha-se a um arquivo. No entanto, há uma diferença fundamental entre uma tabela e um arquivo: a tabela produz independência completa estrutural e de dados, pois constitui uma estrutura puramente lógica. O modo como os dados são armazenados fisicamente no banco de dados não afeta o usuário ou o projetista; a percepção é o que conta.

Essa propriedade do modelo relacional, explorada em profundidade no próximo capítulo, tornou-se a fonte de uma revolução real dos bancos de dados.

Outro motivo para o modelo relacional ter predominado é sua poderosa e flexível linguagem de consulta. Para a maioria dos softwares de bancos de dados relacionais, a linguagem de consulta é a SQL (*Structured Query Language*, ou seja, Linguagem Estruturada de Consulta), permitindo que o usuário especifique o que deve ser feito sem a necessidade de especificar como se deve fazê-lo. O SGBDR utiliza SQL para traduzir consultas de usuários em instruções para a recuperação dos dados solicitados. A SQL possibilita recuperar dados com muito menos trabalho do que em qualquer outro ambiente de arquivos ou banco de dados.

Da perspectiva do usuário final, uma aplicação de banco de dados relacional com base em SQL envolve três partes: uma interface de usuário, um conjunto de tabelas armazenadas no banco e um "mecanismo" de SQL. Cada uma dessas partes é explicada a seguir:

- *Interface do usuário final.* Basicamente, a interface permite que o usuário final interaja com os dados (gerando automaticamente o código de SQL). Cada interface é um produto da ideia do fornecedor do software sobre a interação significativa com os dados. É possível projetar uma interface personalizada com ajuda de geradores de aplicações que constituem hoje fator comum no campo dos softwares de banco de dados.
- *Conjunto de tabelas armazenadas no banco de dados.* Em um banco de dados relacional, todos os dados são percebidos como armazenados em tabelas. Elas simplesmente "apresentam" os dados ao usuário final de um modo fácil de compreender. Cada tabela é independente uma da outra. As linhas de tabelas diferentes são relacionadas com base em valores comuns de atributos comuns.
- *Mecanismo de SQL.* Amplamente ocultado do usuário final, o mecanismo de SQL executa todas as consultas ou solicitações de dados. Tenha em mente que esse mecanismo faz parte do software de SGBD. O usuário final utiliza a SQL para criar estruturas de tabelas e executar acessos a dados e manutenção de tabelas. O mecanismo de SQL processa todas as solicitações – em sua maioria, "nos bastidores" e sem o conhecimento do usuário final. Por isso, diz-se que a SQL é uma linguagem declarativa, que diz o que deve ser feito, mas não como se deve fazer. (Você aprenderá mais sobre o mecanismo de SQL no Capítulo 11, "Sintonização de desempenho de bancos de dados e otimização de consultas".)

Como o SGBDR executa as tarefas nos bastidores, não é necessário focar os aspectos físicos do banco de dados. Por isso, os capítulos que se seguem concentram-se na parte lógica do banco de dados relacional e no seu projeto. Além disso, a SQL é coberta em detalhes no Capítulo 7, "Introdução à Linguagem SQL (Structured Data Language)", e no Capítulo 8, "SQL avançada".

Modelo entidade-relacionamento

A simplicidade conceitual da tecnologia de bancos de dados relacionais incentivou a demanda por SGBDRs. Por sua vez, as exigências rapidamente crescentes de transações e informações criaram a necessidade de estruturas de implementação de bancos de dados mais complexas, demandando, assim, ferramentas de projeto mais eficientes. (Construir um arranha-céu, por exemplo, exige atividades de projeto mais detalhadas do que construir uma casinha de cachorro.)

As atividades complexas de projeto exigem simplicidade conceitual para produzir resultados com sucesso. Embora o modelo relacional fosse um amplo aprimoramento em relação ao hierárquico e em rede, ainda carecia de recursos que o tornassem uma ferramenta de *projeto* eficiente. Como é mais fácil examinar estruturas graficamente do que descrevê-las em texto, os projetistas de bancos de dados preferem utilizar uma ferramenta gráfica na qual as entidades e seus relacionamentos são ilustrados. Assim, o **modelo de entidade-relacionamento (ER)** ou MER (**ERM** sigla em inglês para *entity relationship model*) tornou-se um padrão amplamente aceito para a modelagem de dados.

Peter Chen apresentou pela primeira vez o modelo de dados ER em 1976. Tratava-se da representação gráfica de entidades e de seus relacionamentos em uma estrutura de banco de dados que rapidamente tornou-se popular, pois *complementava* os conceitos do modelo relacional. Ele e o MER foram combinados para constituir o fundamento do projeto de bancos de dados rigidamente estruturado. Os modelos ER são, em geral, representados em um **diagrama entidade-relacionamento (DER)**, que utiliza representações gráficas para modelar os componentes do banco de dados.

> **NOTA**
>
> Como o objetivo deste capítulo é apresentar os conceitos de modelagem de dados, discutiremos um DER simplificado nesta seção. Você aprenderá como utilizar DERs para projetar bancos de dados no Capítulo 4, "Modelagem entidade-relacionamento (ER)".

O modelo ER baseia-se nos seguintes componentes:

- *Entidade*. Anteriormente, neste capítulo, definiu-se entidade como qualquer coisa sobre a qual sejam coletados e armazenados dados. Uma entidade é representada no DER por um retângulo, também conhecido como caixa de entidade. O nome da entidade, um substantivo, é escrito no centro do retângulo. Em geral, aparece em letras maiúsculas e no singular: PINTOR em vez de PINTORES e FUNCIONÁRIO em vez de FUNCIONÁRIOS. Normalmente, quando se aplica o DER ao modelo relacional, uma entidade é mapeada para uma tabela relacional. Cada linha dessa tabela é conhecida como **instância de entidade** ou **ocorrência de entidade** no modelo de ER.

> **NOTA**
>
> Um grupo de entidades do mesmo tipo é conhecido como **conjunto de entidades**. Por exemplo, pode-se pensar no arquivo CORRETOR da Figura 2.3 como um conjunto de três corretores (*entidades*) do *conjunto de entidades* CORRETOR. Tecnicamente falando, o DER ilustra *conjuntos* de entidades. Infelizmente, os projetistas de DERs utilizam a palavra "entidade" como sinônimo de "conjunto de entidades" e esse livro se adequará a essa prática consolidada ao discutir os DERs e seus componentes.

Cada entidade é definida como um conjunto de *atributos* que descrevem suas características particulares. Por exemplo, a entidade FUNCIONÁRIO terá atributos como o Número do Seguro Social[1], sobrenome e nome. (O Capítulo 4 explica como os atributos são incluídos no DER.)

---

[1] O Número do Seguro Social (SSN – Social Security Number) utilizado nos EUA corresponde ao CPF (Cadastro de Pessoa Física) no Brasil. (N.R.T.)

- *Relacionamentos.* Os relacionamentos descrevem associações entre dados. A maioria deles trata de relações entre duas entidades. Quando os componentes básicos dos modelos de dados foram apresentados, destacaram-se três tipos de relacionamentos entre dados: um para muitos (1:M), muitos para muitos (M:N) e um para um (1:1). O modelo de ER utiliza o termo **conectividade** para identificar os tipos de relacionamento. Seu nome geralmente é um verbo na voz ativa ou passiva. Por exemplo, um PINTOR *pinta* várias PINTURAs; um FUNCIONÁRIO *aprende* várias HABILIDADES; um FUNCIONÁRIO *gerencia* uma LOJA.

A Figura 2.5 apresenta os diferentes tipos de relacionamento utilizando ambas as notações de ER: a **notação de Chen** original e a **notação Crow's Foot (pé de galinha)** mais atual.

O lado esquerdo do diagrama de ER mostra a notação de Chen com base no importante artigo de Peter Chen. Nessa notação, as conectividades são escritas próximas a cada caixa de entidade. Os relacionamentos são representados por um losango conectado às entidades relacionadas por meio de uma reta. O nome do relacionamento é escrito dentro do losango.

O lado direito da Figura 2.5 ilustra a notação pé de galinha. Seu nome provém do símbolo com três pontas utilizado para representar o lado "muitos" do relacionamento. Ao examinar o DER básico usando a notação pé de galinha da Figura 2.5, observe que as conectividades são representadas por símbolos. Por exemplo, o "1" é representado por um curto segmento de reta e o "M", por uma forca de três "pés de galinha". Neste exemplo, o nome do relacionamento é escrito sobre a reta de relacionamento.

Na Figura 2.5, as entidades e relacionamentos são apresentados em um formato horizontal, mas também podem ser orientados verticalmente. O local da entidade e a ordem na qual as entidades são apresentadas são irrelevantes; basta se lembrar de ler o relacionamento 1:M do lado "1" para o lado "M".

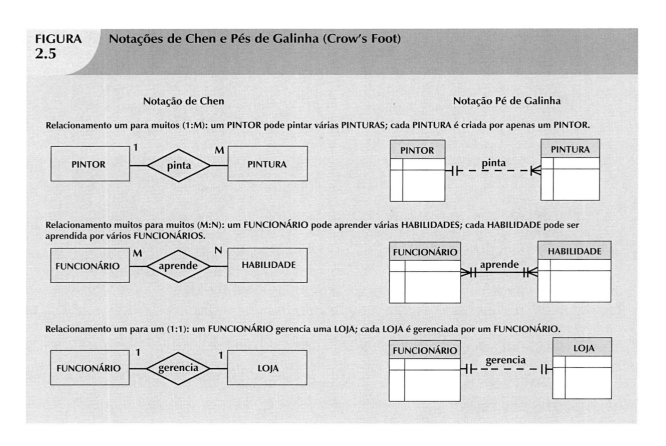

FIGURA 2.5 Notações de Chen e Pés de Galinha (Crow's Foot)

> **NOTA**
>
> Relacionamentos muitos para muitos (M:N) existem em um nível conceitual e deve-se saber como reconhecê-los. No entanto, você aprenderá no Capítulo 3 que relacionamentos M:N não são adequados em um modelo relacional. Por esse motivo, o Microsoft Visio não dá suporte a tal relacionamento. Portanto, para ilustrar a existência de um relacionamento M:N utilizando Visio, é necessário aplicar dois relacionamentos 1:M sobrepostos.

A notação pé de galinha é utilizada como padrão de projeto neste livro. No entanto, a notação de Chen aparecerá, sempre que necessário, para ilustrar alguns conceitos de modelagem de ER. A maioria das ferramentas de modelagem de bancos de dados permite que você selecione a notação pé de galinha. O software Microsoft Visio Professional foi utilizado para gerar os projetos firmados nesta notação que você verá nos capítulos subsequentes.

Sua excepcional simplicidade visual torna o modelo de ER uma ferramenta predominante de projeto e modelagem de banco de dados. No entanto, a busca por melhores ferramentas de modelagem continua conforme os ambientes de dados prossigam evoluindo.

MODELO ORIENTADO A OBJETOS (OO)

Problemas reais cada vez mais complexos exigiram um modelo de dados que representasse o mundo real de modo mais preciso. No **modelo de dados orientado a objetos (MDOO)**, tanto os dados *como seus relacionamentos* são contidos em uma única estrutura conhecida como **objeto**. Por sua vez, o MDOO é a base para o **sistema de gerenciamento de banco de dados orientados a objetos (SGBDOO)**.

Um MDOO representa um modo bem diferente de definir e utilizar entidades. Como a entidade do modelo relacional, um objeto é descrito por seu conteúdo factual. Mas de modo muito diferente de uma entidade, o objeto inclui informações sobre relacionamentos entre os fatos em seu interior, bem como sobre relacionamentos com outros objetos. Portanto, os fatos no interior do objeto adquirem maior *significado*. O MDOO é chamado de **modelo de dados semântico**, pois *semântico* indica significado.

O desenvolvimento subsequente do MDOO permitiu que um objeto também contivesse todas as *operações* que pudessem ser executadas sobre ele, como a alteração, a busca ou a impressão de seus valores de dados. Como os objetos incluem dados, vários tipos de relacionamentos e procedimentos operacionais, tornam-se autossuficientes, o que os torna – pelo menos em potencial – um bloco básico de construção de estruturas autônomas.

O modelo de dados OO baseia-se nos seguintes componentes:

- Um objeto é uma abstração de uma entidade real. Em termos gerais, os objetos podem ser considerados equivalentes à entidade no modelo de ER. Mais precisamente, representam uma única ocorrência de uma entidade. (O conteúdo semântico do objeto é definido por meio de vários itens nessa lista.)
- Os atributos descrevem as propriedades de um objeto. Por exemplo, um objeto PESSOA inclui os atributos Nome, Número do Seguro Social e Data de nascimento.
- Os objetos que compartilham características similares são agrupados em classes. A **classe** é um conjunto de objetos similares que compartilham estrutura (atributos) e comportamento (métodos). Em sentido geral, uma classe assemelha-se ao *conjunto* de entidades do modelo de ER. No entanto, ela é diferente desse conjunto na medida em que contém um grupo de procedimentos

conhecidos como *métodos*. O **método** de uma classe representa uma ação real, como *encontrar* o nome de uma PESSOA selecionada, *alterar* o nome dessa PESSOA ou *imprimir* seu endereço. Em outras palavras, os métodos equivalem aos *procedimentos* da linguagem de programação tradicional. Em termos de OO, os métodos definem o *comportamento* de um objeto.

- As classes organizam-se em uma *hierarquia de classes*. A **hierarquia de classes** assemelha-se a uma estrutura de árvore "de cima para baixo" em que cada classe possui apenas um pai. Por exemplo, a classe CLIENTE e a EMPREGADO compartilham a classe pai PESSOA. (A esse respeito, observe a semelhança com o modelo de dados hierárquico.)

- **Herança** é a capacidade de um objeto, no interior da hierarquia de classe, herdar os atributos e métodos das classes superiores. Por exemplo, duas classes, CLIENTE e FUNCIONÁRIO, podem ser criadas como subclasses da mesma classe PESSOA. Nesse caso, CLIENTE e FUNCIONÁRIO herdarão todos os atributos e métodos de PESSOA.

Os modelos de dados orientados a objetos normalmente são representados por diagramas de classe em UML. A **UML** (*Unified Modeling Language*, ou seja, Linguagem de Modelagem Unificada) é uma linguagem com base em conceitos de OO que descreve um conjunto de diagramas e símbolos que podem ser utilizados para modelar graficamente um sistema. Os **diagramas de classe** em UML são aplicados para representar dados e seus relacionamentos na linguagem UML de modelagem de sistemas maiores orientados a objetos.

Para ilustrar os principais conceitos do modelo de dados orientado a objetos, utilizaremos um problema simples de faturamento. Nesse caso, as faturas são geradas por clientes, cada uma representando uma ou mais linhas e cada linha representando um item adquirido pelo cliente. A Figura 2.6 ilustra a representação de objetos para esse problema simples de faturamento, bem como o diagrama de classes equivalente em UML e o modelo de ER. A representação de objetos é um modo simples de visualizar uma única ocorrência do objeto.

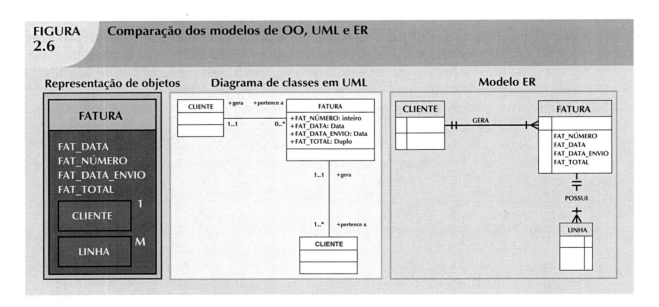

FIGURA 2.6 Comparação dos modelos de OO, UML e ER

Ao examinar a Figura 2.6, observe que:

- A representação de objetos da FATURA inclui todos os objetos relacionados na *mesma* caixa. Observe que as conectividades (1 e M) indicam o relacionamento dos objetos relacionados com a FATURA. Por exemplo, o *1* próximo ao objeto CLIENTE indica que cada FATURA está relacionada com apenas um CLIENTE. O *M* próximo do objeto LINHA indica que cada FATURA contém muitas LINHAS.

- O diagrama de classes em UML utiliza três classes de objeto distintas (CLIENTE, FATURA e LINHA) e dois relacionamentos para representar esse problema. Observe que as conectividades dos relacionamentos são representadas pelos símbolos 1..1, 0..* e 1..* e que os relacionamentos são denominados nas duas extremidades para representar os diversos "papéis" que os objetos executam.
- O modelo ER também utiliza três entidades separadas e dois relacionamentos para representar o problema.

CONVERGÊNCIA DE MODELOS DE DADOS

Outro modelo de dados semântico foi desenvolvido em resposta à complexidade crescente das aplicações – o **modelo de dados relacionais estendido (ERDM)**. O ERDM, defendido por muitos pesquisadores de bancos de dados relacionais, constitui a resposta do modelo relacional ao MDOO. Esse modelo inclui alguns dos melhores recursos do modelo OO em um ambiente estrutural de banco de dados relacional originalmente mais simples. Por isso um SGBD com base em MDRE é geralmente descrito como um **sistema de gerenciamento de bancos de dados relacionais/objeto (SGBDR/O)**.

Com a enorme base de bancos de dados relacionais instalada e o surgimento do ERDM, o MDOO se vê diante de uma árdua batalha. Embora o ERDM inclua um forte componente semântico, ele se baseia principalmente nos conceitos do modelo de dados relacional. Por outro lado, o MDOO é totalmente firmado nos conceitos do modelo semântico e OO. O ERDM destina-se principalmente a aplicações comerciais, enquanto o MDOO tende a focar em aplicações científicas e de engenharia muito específicas. Na arena dos bancos de dados, o cenário mais provável parece ser a fusão cada vez maior dos conceitos e procedimentos dos modelos de dados OO e relacional, com ênfase crescente na facilitação de tecnologias da era da internet.

MODELOS DE BANCO DE DADOS E INTERNET

A utilização da internet como principal ferramenta comercial alterou drasticamente o papel e o escopo do mercado de bancos de dados. De fato, o impacto da internet sobre esse mercado gerou novas estratégias de produto, nas quais o MDOO e O ERDM-MDR/O ficaram em segundo plano no desenvolvimento de bancos de dados. Portanto, em vez de um duelo entre modelagem de dados de MDOO e ERDM-MDR/O, os fornecedores têm focado seus esforços de desenvolvimento na criação de produtos de bancos de dados que façam interface eficiente e rápida com a internet. Tal foco torna os modelos de dados subjacentes menos importantes para o usuário final. Se o banco de dados adequar-se bem à estrutura da internet, sua genealogia de modelagem específica é relativamente de pouca importância. Por isso, o modelo relacional prosperou ao incorporar componentes de outros modelos de dados. Por exemplo, o banco de dados Oracle 10g da Oracle Corporation contém componentes de OO *no interior de uma estrutura de banco de dados relacional*, assim como a versão atual do DB2 da IBM. De todo modo, a internet afeta todos os outros aspectos de armazenamento e acesso a dados. Portanto, esse ambiente exige um foco em altos níveis de integração e desenvolvimento de sistemas, por meio de tecnologias modernas. Tais tecnologias serão examinadas em detalhes no Capítulo 14.

Com o domínio da World Wide Web, ocorre uma necessidade crescente de gerenciamento de dados não estruturados, como os encontrados na maioria dos documentos e páginas da web de hoje. Em resposta a essa necessidade, os bancos de dados atuais dão suporte a tecnologias da internet, como XML (*Extensible Markup Language*, ou seja, Linguagem de Marcação Extensível). Por exemplo, os bancos de dados relacionais estendidos, como o Oracle 10g e o DB2 da IBM, dão suporte a tipos de dados em XML que armazenam e gerenciam dados não estruturados. Ao mesmo tempo, os bancos de dados em XML nativo chegaram ao mercado para atender a necessidades similares. A importância do suporte a XML não pode ser subestimada, pois é também o protocolo padrão para a troca de dados entre diferentes sistemas e serviços com base na internet (veja o Capítulo 14).

Modelos de dados: um resumo

A evolução dos SGBDs sempre foi orientada pela busca de novas maneiras de modelar dados reais cada vez mais complexos. Um resumo dos modelos de dados reconhecidos com mais frequência é apresentado na Figura 2.7.

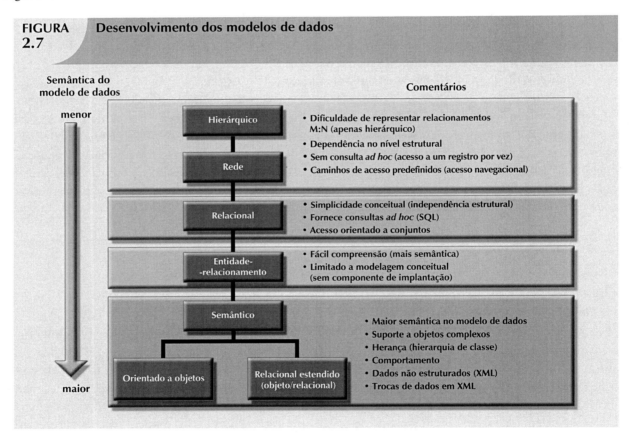

FIGURA 2.7 Desenvolvimento dos modelos de dados

Na evolução dos modelos de dados, há algumas características comuns que devem apresentar para que sejam amplamente aceitos:

- Devem mostrar algum grau de simplicidade conceitual sem comprometer a integridade semântica do banco de dados. *Não faz sentido dispor de um modelo de dados mais difícil de conceitualizar do que a realidade.*
- Devem representar a realidade do modo mais preciso possível. Esse objetivo é realizado mais facilmente adicionando-se mais semântica à representação de dados do modelo. (A semântica refere-se ao comportamento dinâmico dos dados, ao passo que a representação constitui o aspecto estático do cenário real.)
- A representação das transformações reais (comportamento) deve estar em conformidade com as características de consistência e integridade de qualquer modelo.

Cada novo modelo de dados supera uma falha dos modelos anteriores. O modelo em rede substituiu o modelo hierárquico, pois o primeiro tornou muito mais fácil representar relacionamentos complexos (muitos para muitos). Por outro lado, o modelo relacional oferece várias vantagens em relação aos modelos hierárquicos e em rede por meio de sua representação mais simples, independência superior de dados e linguagem de consulta fácil de usar. O modelo relacional também surgiu como modelo dominante nas aplicações comerciais. Embora o OO e o ERDM tenham ganhado um espaço considerável, suas tentativas de desalojar o modelo relacional não foram bem-sucedidas. Nos próximos anos, os modelos de dados de sucesso terão de facilitar o desenvolvimento de produtos de bancos de dados que incorporem dados não estruturados, bem como forneçam suporte para trocas fáceis de dados por meio de XML.

É importante observar que a utilidade dos modelos não é homogênea; alguns deles são mais adequados do que outros para certas tarefas. Por exemplo, os modelos *conceituais* se adaptam melhor à modelagem de dados de alto nível, ao passo que os modelos de *implementação* são melhores para o gerenciamento de dados armazenados e para fins de aplicação. O modelo de entidade-relacionamento é um exemplo de modelo conceitual, enquanto os modelos hierárquicos e em rede são exemplos de modelo de implementação. Ao mesmo tempo, alguns modelos, como o relacional e o MDOO, poderiam ser utilizados como conceituais e como de implementação. A Tabela 2.2 resume as vantagens e desvantagens dos diferentes modelos de bancos de dados.

TABELA 2.2 Vantagens e desvantagens dos diferentes modelos de bancos de dados

MODELO DE DADOS	INDEPENDÊNCIA DE DADOS	INDEPENDÊNCIA ESTRUTURAL	VANTAGENS	DESVANTAGENS
Hierárquico	Sim	Não	1. Promove o compartilhamento de dados. 2. O relacionamento pai/filho promove simplicidade conceitual. 3. A segurança do banco de dados é fornecida e aplicada pelo SGBD. 4. O relacionamento pai/filho promove integridade de dados. 5. É eficiente em relacionamentos 1:M.	1. A implementação complexa exige conhecimento das características de armazenamento físico. 2. O sistema navegacional torna complexo o desenvolvimento, gerenciamento e utilização de aplicações; exige conhecimento do caminho hierárquico. 3. Alterações de estrutura exigem alterações em todos os aplicativos. 4. Há limites de implementação (não são possíveis vários pais nem relacionamentos M:N). 5. Não há linguagem de definição ou manipulação de dados no SGBD. 6. Não há padrões.
Em rede	Sim	Não	1. A simplicidade conceitual é pelo menos igual à do modelo hierárquico. 2. Lida com mais tipos de relacionamento, como M:N e de vários pais. 3. O acesso aos dados é mais flexível do que nos modelos hierárquico e de sistema de arquivos. 4. O relacionamento proprietário/membro promove a integridade de dados. 5. Há conformidade a padrões. 6. Inclui linguagem de definição (DDL) e de manipulação (DML) de dados no SGBD.	1. A complexidade do sistema limita a eficiência – ainda é um sistema navegacional. 2. O sistema navegacional resulta em implementação, aplicação, desenvolvimento e gerenciamento complexos. 3. Alterações estruturais exigem alterações em todos os aplicativos.
Relacional	Sim	Sim	1. A independência estrutural é promovida pela utilização de tabelas independentes. Alterações em uma estrutura de tabelas não afetam o acesso a dados ou os aplicativos. 2. A visualização tabular aprimora consideravelmente a simplicidade conceitual, promovendo, assim, projeto, implementação, gerenciamento e utilização mais fáceis. 3. O recurso de consultas *ad hoc* baseia-se em SQL. 4. O SGBDR poderoso isola o usuário final dos detalhes do nível físico e aprimora a simplicidade de implementação e gerenciamento.	1. O SGBDR exige capacidade considerável de hardware e de software do sistema. 2. A simplicidade conceitual permite que pessoas relativamente sem treino utilizem mal as ferramentas de um bom sistema e, se isso não for controlado, pode produzir as mesmas anomalias de dados encontradas em sistemas de arquivos. 3. É possível desenvolver problemas de ilhas de informação, pois indivíduos e departamentos podem desenvolver suas próprias aplicações.
Entidade-relacionamento	Sim	Sim	1. A modelagem visual resulta em excelente simplicidade conceitual. 2. A representação visual o torna uma ferramenta de comunicação eficiente. 3. É integrado ao modelo relacional dominante.	1. A representação de restrições é limitada. 2. A representação de relacionamentos é limitada. 3. Não há linguagem de manipulação de dados. 4. Ocorre perda de conteúdo de informação quando os atributos são removidos para evitar exibições muito poluídas. (Essa limitação foi resolvida nas versões gráficas subsequentes.)
Orientado a objetos	Sim	Sim	1. Adiciona conteúdo semântico. 2. A representação visual inclui conteúdo semântico. 3. A herança promove a integridade de dados.	1. O desenvolvimento lento de padrões fez com que os fornecedores oferecessem seus próprios aprimoramentos, eliminando, assim, um padrão amplamente aceito. 2. Trata-se de um sistema navegacional complexo. 3. Exige uma ampla aprendizagem. 4. A alta carga dos sistema deixa as transações lentas

Nota: Todos os bancos de dados pressupõem a utilização de um conjunto de dados comuns no interior do banco. Portanto, *todos* os seus modelos promovem o compartilhamento de dados, eliminando, assim, o potencial problema de ilhas de informação.

Até agora, introduzimos as estruturas básicas dos modelos de dados mais conhecidos. Cada modelo utiliza essas estruturas para capturar o significado do ambiente de dados real. A Tabela 2.3 apresenta a terminologia básica utilizada pelos diferentes modelos.

TABELA 2.3 Comparação da terminologia básica dos modelos de dados

REALIDADE	EXEMPLO	PROCESSA-MENTO DE ARQUIVOS	MODELO HIERÁRQUICO	MODELO EM REDE	MODELO RELACIONAL	MODELO DE ER	MODELO OO
Grupo de fornecedores	Armário arquivo de fornecedores	Arquivo	Tipo de segmento	Tipo de registro	Tabela	Conjunto entidade	Classe
Um fornecedor específico	Global Supplies	Registro	Ocorrência de segmento	Registro atual	Linha (Tupla)	Ocorrência de entidade	Instância do objeto
Nome do contato	Johnny Ventura	Campo	Campo de segmento	Campo de registro	Atributo de tabela	Atributo de entidade	Atributo de objeto
Identificador do fornecedor	G12987	Índice	Campo de sequência	Chave de registro	Chave	Identificador de entidade	Identificador de objeto

GRAUS DE ABSTRAÇÃO DE DADOS

Se você perguntar a dez projetistas de bancos o que é um modelo de dados, eles darão dez respostas diferentes – dependendo do grau de abstração. Para ilustrar o significado da abstração de dados, considere o exemplo de um projeto automotivo. O projetista de um carro começa traçando o *conceito* do carro que será produzido. Em seguida, os engenheiros projetam os detalhes que ajudam a transferir o conceito básico para uma estrutura que possa ser produzida. Por fim, os planos dos engenheiros são traduzidos em especificações de produção a serem utilizadas no chão da fábrica. Como você pode ver, o processo de produção de um carro começa em alto nível de abstração e prossegue a um nível crescente de detalhes. O processo na fábrica não pode ser executado a menos que os detalhes de engenharia sejam especificados adequadamente e esses detalhes não podem existir sem o modelo conceitual básico criado pelo projetista. O projeto de um banco de dados útil segue basicamente o mesmo processo. Ou seja, um projetista de bancos de dados começa com uma visão abstrata do ambiente geral de dados e acrescenta detalhes conforme o projeto esteja mais próximo da implementação. A utilização de níveis de abstração também pode ser muito útil na integração de visões múltiplas (e às vezes conflitantes) de dados, como visto nos diferentes níveis de uma organização.

No início da década de 1970, o Comitê de Planejamento e Exigência de Padrões (SPARC) do **Instituto Nacional Americano de Padrões (ANSI)** definiu uma estrutura de modelagem com base em graus de abstração de dados. A arquitetura ANSI/SPARC (como geralmente é chamada) define três níveis de abstração: externo, conceitual e interno. É possível utilizar essa estrutura para compreender melhor os modelos de bancos de dados, como apresentado na Figura 2.8. Nessa figura, a estrutura ANSI/SPARC foi expandida com a adição de um modelo *físico* que trata explicitamente dos detalhes de implantação do modelo interno no nível físico.

MODELO EXTERNO

O **modelo externo** é a perspectiva dos usuários finais do ambiente de dados. O termo *usuários finais* refere-se às pessoas que utilizam os aplicativos para manipular os dados e gerar informações. Em geral, os usuários finais operam em um ambiente em que uma aplicação está focada em uma unidade comercial específica. As empresas costumam ser divididas em várias unidades comerciais, como: vendas, finanças e marketing. Cada unidade está sujeita a restrições e exigências específicas e utiliza um subconjunto de dados dentre os dados gerais da organização. Portanto, os usuários finais que trabalham nessas unidades visualizam seus subconjuntos de dados como separados ou externos em relação a outras unidades da organização.

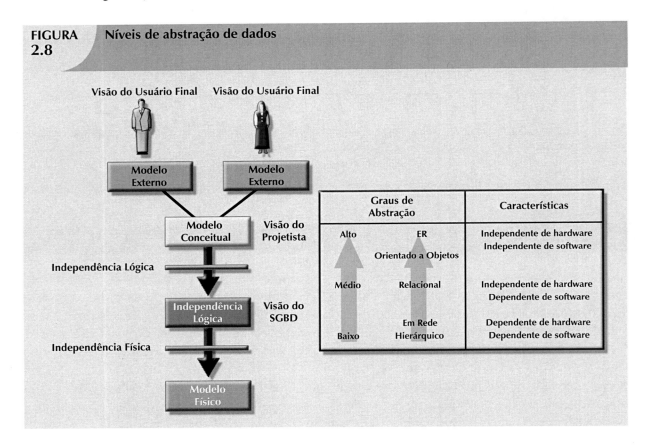

FIGURA 2.8 Níveis de abstração de dados

Como os dados estão sendo modelados, os diagramas ER serão utilizados para representar as visões externas. A representação específica de uma visão externa é conhecida como **esquema externo**. Para ilustrar a visão do modelo externo, examine o ambiente de dados da Tiny College. A Figura 2.9 apresenta os esquemas externos de duas unidades comerciais dessa faculdade: registro de alunos e agendamento de turmas. Cada esquema externo inclui as entidades, relacionamentos, processos e restrições apropriadas impostos pela unidade comercial. Observe também que *embora as visões das aplicações sejam isoladas umas das outras, cada visão compartilha uma entidade com a outra.* Por exemplo, os esquemas externos de registro e agendamento compartilham as entidades TURMA e DISCIPLINA.

Observe as entidades-relacionamentos representadas na Figura 2.9. Por exemplo:

- Um PROFESSOR pode ensinar muitas TURMAs, mas cada TURMA é ensinada por apenas um PROFESSOR, ou seja, há um relacionamento 1:M entre PROFESSOR e TURMA.

- Uma TURMA pode receber a MATRÍCULA de vários alunos e cada aluno pode fazer a MATRÍCULA em várias TURMAs, criando, assim, um relacionamento M:N entre ALUNO e TURMA. (Você aprenderá sobre a natureza específica da entidade MATRÍCULA no Capítulo 4.)
- Cada DISCIPLINA pode gerar muitas TURMAs, mas cada TURMA se refere a uma única DISCIPLINA. Por exemplo, pode haver várias turmas (classes) de uma disciplina sobre bancos de dados com o código CIS-420. Uma dessas turmas pode ser oferecida às segundas, quartas e sextas-feiras, das 8h às 8h50, outra nos mesmos dias das 13h às 13h50 e ainda uma terceira das 18h às 20h40 das quintas-feiras. Mesmo assim, as três turmas possuem código de curso CIS-420.
- Por fim, uma TURMA exige uma SALA, mas uma SALA pode ser agendada para várias TURMAs. Ou seja, cada sala de aula pode ser utilizada por diversas turmas: uma às 9h, uma às 11h e outra às 13h, por exemplo. Em outras palavras, há um relacionamento 1:M entre SALA e TURMA.

FIGURA 2.9 Modelos externos da Tiny College

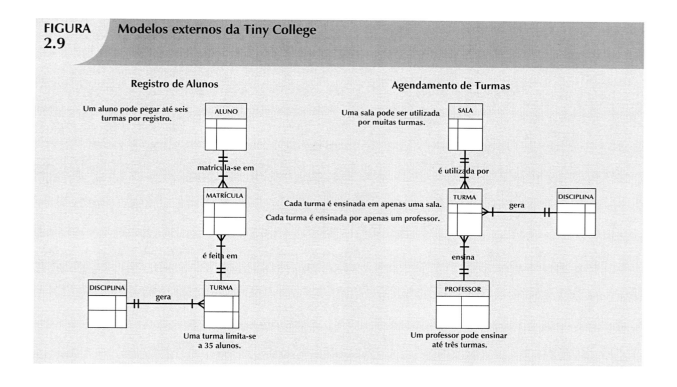

A utilização de visões externas que representam subconjuntos do banco de dados tem algumas vantagens importantes:

- Facilita a identificação de dados específicos necessários para dar suporte às operações de cada unidade comercial.
- Facilita o trabalho do projetista, fornecendo informações sobre a adequação do modelo. O modelo, especificamente, pode ser verificado para assegurar o suporte a todos os processos definidos por seus modelos externos, bem como todas as exigências e restrições operacionais.
- Ajuda a assegurar restrições de *segurança* no projeto do banco de dados. É mais difícil causar danos ao banco de dados como um todo quando cada unidade trabalha com apenas um subconjunto de dados.
- Torna muito mais simples o desenvolvimento de aplicativos.

MODELO CONCEITUAL

Identificadas as visões externas, utiliza-se um modelo conceitual representado graficamente por DER (como na Figura 2.10) para integrar todas as visões externas em uma única visão. O **modelo conceitual** representa uma visão global do banco de dados inteiro conforme visto pela organização como um todo. Ou seja, o modelo integra todas as visões externas (entidades, relacionamentos, restrições e processos) em uma única visão global de todos os dados da empresa. Também conhecido como **esquema conceitual**, constitui a base para a identificação e descrição de alto nível dos principais objetos de dados (evitando quaisquer detalhes específicos do modelo de banco de dados).

O modelo conceitual mais utilizado é o de ER. Lembre-se de que o modelo de ER é ilustrado com a ajuda do DER que, na prática, constitui a planta básica do banco. Este é utilizado para *representar* graficamente o esquema conceitual.

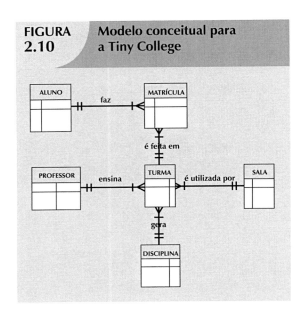

FIGURA 2.10 Modelo conceitual para a Tiny College

O modelo conceitual produz algumas vantagens importantes. Em primeiro lugar, fornece uma visão de cima (nível macro) compreendida de modo relativamente fácil sobre o ambiente de dados. Por exemplo, é possível resumir o ambiente de dados da Tiny College examinando o modelo conceitual apresentado na Figura 2.10.

Em segundo lugar, o modelo conceitual é independente em relação tanto a software como a hardware. A **independência de software** significa que o modelo não é dependente do software do SGBD utilizado para implantá-lo. A **independência de hardware** significa que o modelo não depende do hardware utilizado em sua implantação. Portanto, alterações de hardware ou do software do SGBD não terão efeito sobre o projeto de banco de dados no nível conceitual. Em geral, o termo **projeto lógico** é utilizado para se referir à tarefa de criar um modelo de dados conceitual que possa ser implantado em qualquer SGBD.

MODELO INTERNO

Uma vez selecionado o SGBD específico, o modelo interno mapeia o modelo conceitual para o SGBD. O **modelo interno** é a representação do banco de dados conforme "visto" pelo SGBD. Em outras palavras, o modelo interno exige que o projetista relacione as características e restrições do modelo conceitual com as do modelo selecionado para implementação. O **esquema interno** constitui uma representação específica de um modelo interno, utilizando as estruturas de bancos de dados suportadas pelo banco escolhido.

Como este livro está focado no modelo relacional, escolhemos um banco de dados desse tipo para implementar o modelo interno. Portanto, o esquema interno deve mapear o modelo conceitual para as estruturas do modelo relacional. Em particular, as entidades do modelo conceitual são mapeadas para as tabelas do modelo relacional. De modo similar, como selecionamos um banco de dados relacional, o esquema interno é expresso utilizando SQL, a linguagem-padrão para esse banco. No caso do modelo conceitual da Tiny College, representado na Figura 2.11, o modelo interno foi implementado, criando-se as tabelas PROFESSOR, DISCIPLINA, TURMA, ALUNO, MATRÍCULA e SALA. Uma versão simplificada do modelo interno para a Tiny College é apresentada na Figura 2.11.

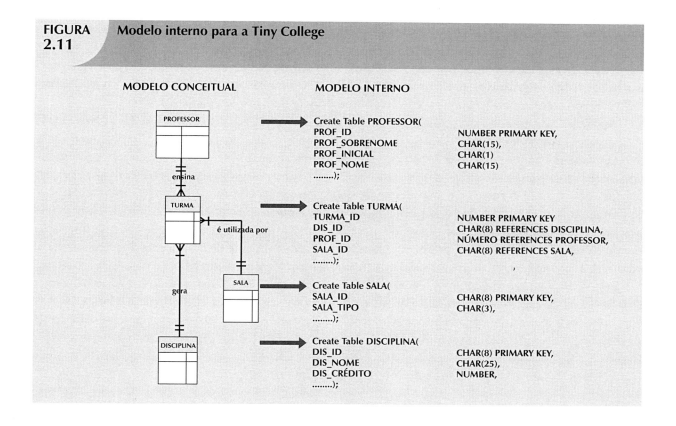

FIGURA 2.11 Modelo interno para a Tiny College

O desenvolvimento de um modelo interno detalhado é especialmente importante para os projetistas de bancos de dados que trabalham com modelos hierárquicos ou de rede, pois exigem especificações muito precisas do local de armazenamento e do caminho de acesso aos dados. Por outro lado, o modelo relacional exige menos detalhes em seu modelo interno, pois a maioria dos SGBDRs lida de modo *transparente* com a definição do caminho de acesso aos dados, ou seja, o projetista não precisa saber os detalhes desse caminho. No entanto, mesmo o software de bancos de dados relacionais costuma exigir especificações de locais de armazenamento de dados, principalmente em um ambiente de mainframe. Por exemplo, o DB2 exige que você especifique o grupo de armazenamento de dados, o local do banco de dados dentro desse grupo e o local das tabelas dentro do banco.

Como o modelo interno depende do software específico do banco de dados, diz-se que ele é dependente de software. Portanto, uma alteração no software de SGBD exige que o modelo interno seja alterado para adequar-se às características e exigências de implementação do modelo de banco de dados. Quando é possível alterar o modelo interno sem afetar o modelo conceitual, tem-se **independência lógica**. No entanto, o modelo interno ainda é independente de hardware, pois não é afetado pela escolha do computador em que o software é instalado. Portanto, uma alteração nos dispositivos de armazenamento ou mesmo nos sistemas operacionais não afetará o modelo interno.

MODELO FÍSICO

O **modelo físico** opera nos níveis mais baixos de abstração, descrevendo o modo como os dados são salvos em meios de armazenamento como discos e fitas. O modelo físico exige a definição tanto dos dispositivos de armazenamento físico como dos métodos de acesso (físico) necessários para se chegar aos dados nesses dispositivos de armazenamento, o que o torna dependente tanto de software como de hardware. As estruturas de armazenamento utilizadas são dependentes do software (SGBD e sistema operacional) e dos tipos de dispositivos de armazenamento com que o computador pode trabalhar. A precisão necessária na definição do modelo físico exige que os projetistas que trabalham nesse nível tenham conhecimento detalhado do hardware e do software utilizado para implementar o projeto de banco de dados.

Modelos de dados anteriores exigiam que o projetista levasse em conta os detalhes das necessidades de armazenamento de dados do modelo físico. No entanto, o modelo relacional atualmente dominante é direcionado amplamente para o nível lógico, não para o físico; portanto, não exige os detalhes desse segundo nível como seus antecessores.

Embora o modelo relacional não demande que o projetista se preocupe com as características do armazenamento físico dos dados, a *implementação* de um modelo relacional pode exigir sintonização refinada no nível físico para melhorar o desempenho. Essa sintonização refinada é especialmente importante quando bancos de dados muito grandes são instalados em um ambiente de mainframe. Mesmo assim, essa sintonização não exige conhecimento das características do armazenamento físico.

Como visto anteriormente, o modelo físico é dependente do SGBD, dos métodos de acesso aos arquivos e dos tipos de dispositivos de armazenamento suportados pelo sistema operacional. Quando é possível alterar o modelo físico sem afetar o modelo interno, tem-se **independência física**. Portanto, uma alteração nos dispositivos ou métodos de armazenamento ou mesmo no sistema operacional não afetará o modelo interno.

A Tabela 2.4 fornece um resumo dos níveis de abstração de dados.

TABELA 2.4 Níveis de abstração de dados

MODELO	GRAU DE ABSTRAÇÃO	FOCO	INDEPENDÊNCIA DE:
Externo	Alto	Visões dos usuários finais	Hardware e software
Conceitual	↑↓	Visão global dos dados (independente do modelo do banco de dados)	Hardware e software
Interno		Modelo específico de banco de dados	**Hardware**
Físico	Baixo	Métodos de armazenamento e acesso	Nem hardware nem software

Resumo

- Um modelo de dados é uma abstração de um ambiente de dados real e complexo. Os projetistas de bancos de dados utilizam os modelos de dados para se comunicar com programadores e usuários de aplicações. Os componentes básicos de modelagem de dados são as entidades, os atributos, os relacionamentos e as restrições. As regras de negócio são utilizadas para identificar e definir os componentes básicos de modelagem em um ambiente específico real.

- Os modelos de dados hierárquicos e em rede são modelos antigos não mais utilizados, embora alguns de seus conceitos sejam encontrados em modelos atuais. O modelo hierárquico representa um conjunto de relacionamentos um para muitos (1:M) entre um pai e seus segmentos filhos. O modelo em rede utiliza conjuntos para representar relacionamentos 1:M entre tipos de registros.

- O modelo relacional é o padrão de implementação atual de bancos de dados. Nesse modelo, o usuário final percebe os dados como armazenados em tabelas. As tabelas relacionam-se umas com as outras por meio de valores comuns de atributos comuns. O modelo de entidade-relacionamento (ER) é uma ferramenta gráfica popular para a modelagem de dados que complementa o modelo relacional. O modelo de ER permite que os projetistas de bancos de dados apresentem visualmente visões diferentes dos dados conforme vistos pelos projetistas, programadores e usuários finais e integrem os dados em uma estrutura comum.

- O modelo de dados orientado a objetos (MDOO) utiliza objetos como uma estrutura de modelagem básica. O objeto assemelha-se a uma entidade na qual incluem-se os fatos que o definem. Mas, diferente da entidade, o objeto também inclui informações sobre relacionamentos entre os fatos e com outros objetos, conferindo, assim, maior significado aos dados.

- O modelo relacional adotou muitas extensões orientadas a objetos (OO), tornando-se o modelo de dados relacionais estendido (ERDM). No momento, o MDOO é amplamente utilizado em aplicações especializadas científicas e de engenharia, enquanto o ERDM direciona-se principalmente a aplicações comerciais. Embora o cenário futuro mais provável seja uma fusão crescente das tecnologias de MDOO e do ERDM, ambas são ofuscadas pela necessidade de se desenvolver estratégias de acesso à internet para os bancos de dados. Os modelos de dados OO normalmente são representados por diagramas de classe em UML (*Unified Modeling Language*).

- As exigências de modelagem de dados são uma função de diferentes visões de dados (global *versus* local) e do nível de abstração de dados. O Comitê de Planejamento e Exigência de Padrões do Instituto Nacional Americano de Padrões (ANSI/SPARC) descreve três níveis de abstração de dados: externo, conceitual e interno. Há também um quarto nível de abstração, o nível físico. Esse nível mais baixo relaciona-se exclusivamente aos métodos de armazenamento físico.

Questões de revisão

1. Discuta a importância da modelagem de dados.
2. O que é uma regra de negócio e qual é sua finalidade na modelagem de dados?
3. Como é possível traduzir regras de negócio em componentes de modelos de dados?
4. O que significam as siglas a seguir e como cada uma delas se relaciona com o surgimento do modelo de dados em rede?
   a. CODASYL
   b. SPARC

    c. ANSI

    d. DBTG

5. Quais foram as três linguagens adotadas pelo DBTG para padronizar o modelo básico de dados de rede e por que essa padronização foi importante para usuários e projetistas?

6. Descreva os recursos básicos do modelo de dados relacional e discuta sua importância para o usuário final e o projetista.

7. Explique como o modelo de entidade-relacionamento (ER) ajudou a produzir um ambiente mais estruturado para projetos de bancos de dados relacionais.

8. Utilize o cenário descrito por "Um cliente pode fazer muitos pagamentos, mas cada pagamento é feito por apenas um cliente" como a base para uma representação em diagrama entidade-relacionamento (DER).

9. Por que se diz que um objeto possui maior conteúdo semântico do que uma entidade?

10. Qual é a diferença entre um objeto e uma classe no modelo de dados orientado a objetos (MDOO)?

11. Como você modelaria a Questão 8 com um MDOO? (Utilize a Figura 2.7 como orientação.)

12. O que é um ERDM e que papel executa no ambiente moderno de bancos de dados (de produção)?

13. Em termos de dependência estrutural e de dados, compare o gerenciamento de dados do sistema de arquivos com os cinco modelos discutidos neste capítulo.

14. O que é um relacionamento e quais são seus três tipos?

15. Dê um exemplo de cada um dos três tipos de relacionamentos.

16. O que é uma tabela e qual seu papel no modelo relacional?

17. O que é um diagrama relacional? Dê um exemplo.

18. O que é independência lógica?

19. O que é independência física?

20. O que é conectividade? (Utilize um DER baseado na notação pé de galinha para ilustrá-la.)

PROBLEMAS

Utilize o conteúdo da Figura 2.3 para elaborar os Problemas 1–5;

1. Apresente as regras de negócio que determinam o relacionamento entre CORRETOR e CLIENTE.

2. Dadas as regras apresentadas no Problema 1, crie o ERD básico pé de galinha.

3. Se o relacionamento entre CORRETOR e CLIENTE fosse implantado em um modelo hierárquico, como seria a estrutura da hierarquia? Apresente todas as etapas da estrutura, identificando o segmento raiz e o de Nível 1.

4. Se o relacionamento entre CORRETOR e CLIENTE fosse implantado em um modelo de rede, como ele seria? (Identifique e registre os tipos e o conjunto.)

5. Utilizando o DER desenvolvido no Problema 2, crie a representação de objeto equivalente e o diagrama de classes em UML. (Utilize a Figura 2.7 como orientação.)

Utilizando a Figura P2.1 como orientação, elabore os Problemas 6–7. O diagrama relacional DealCo mostra as entidades e atributos iniciais para as lojas DealCo, localizadas em duas regiões do país.

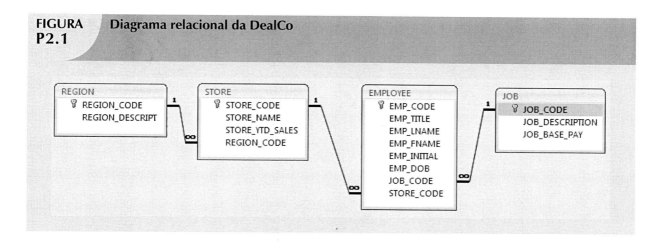

FIGURA
P2.1

Diagrama relacional da DealCo

6. Identifique cada tipo de relacionamento e apresente todas as regras de negócio.
7. Crie o DER básico pé de galinha para a DealCo.

Utilizando a Figura P2.2 como orientação, elabore os Problemas 8–11. O diagrama relacional da Tiny College mostra suas entidades e atributos iniciais.

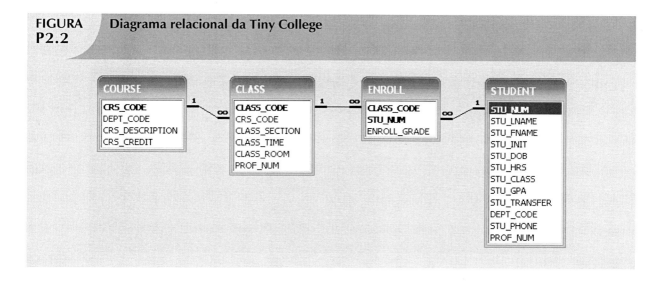

FIGURA
P2.2

Diagrama relacional da Tiny College

8. Identifique cada tipo de relacionamento e apresente todas as regras de negócio.
9. Crie o DER básico pé de galinha para a Tiny College.
10. Crie o modelo em rede que representa as entidades e relacionamentos identificados no diagrama relacional.
11. Crie o diagrama de classes em UML que representa as entidades e relacionamentos identificados no diagrama relacional.
12. Utilizando a representação hierárquica apresentada na Figura P2.3, responda a, b e c.
    a. Identifique os tipos de segmentos.
    b. Identifique os componentes equivalentes aos campos do sistema de arquivos.
    c. Descreva o caminho hierárquico para a ocorrência do terceiro segmento PINTURA.

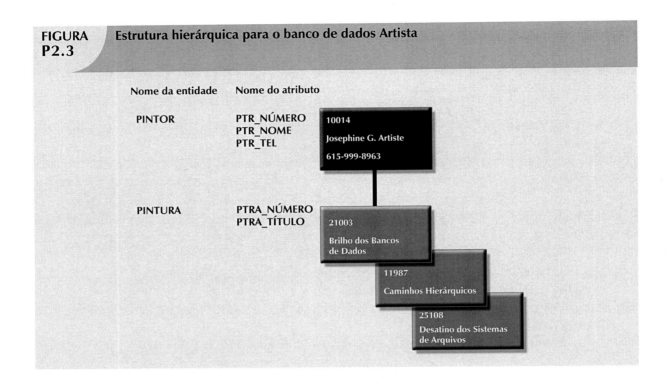

FIGURA P2.3 Estrutura hierárquica para o banco de dados Artista

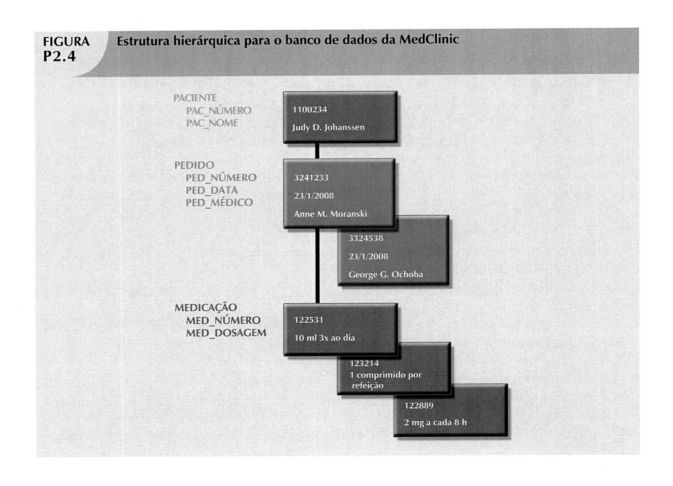

FIGURA P2.4 Estrutura hierárquica para o banco de dados da MedClinic

13. O diagrama hierárquico apresentado na Figura P2.4 representa uma única ocorrência de registro de uma paciente chamada Judy D. Johanssen. Normalmente, o paciente em um hospital recebe a medicação pedida por um determinado médico. Como o paciente, em geral, recebe várias medicações por dia, há um relacionamento 1:M entre PACIENTE e PEDIDO. De modo similar, cada pedido pode incluir várias medicações, criando-se uma relação 1:M entre PEDIDO e MEDICAÇÃO.
    Dada a estrutura apresentada na Figura P2.4:
    a. Identifique os tipos de segmentos.
    b. Identifique as regras de negócio para PACIENTE, PEDIDO e MEDICAÇÃO.

14. Expanda o modelo do Problema 13 de modo a incluir um segmento MÉDICO; em seguida, projete sua estrutura hierárquica. (Identifique todos os segmentos.) (*Sugestão*: Um paciente pode ter vários médicos designados para o seu caso, mas a paciente chamada Judy D. Johanssen incide apenas uma vez em cada registro desses médicos.)

15. Suponha que você tenha de escrever um relatório no qual constem:
    a. Todos os pacientes tratados por cada médico.
    b. Todos os médicos que trataram cada paciente.
    c. Avalie a estrutura hierárquica que você desenvolveu no Problema 14 em termos de sua eficiência de busca na produção do relatório.

16. A empresa PYRAID deseja rastrear cada PEÇA utilizada em cada parte específica do EQUIPAMENTO; todas as PEÇAS são adquiridas de um determinado FORNECEDOR. Utilizando esses dados, projete a estrutura de rede e identifique os conjuntos para o banco de dados da empresa PYRAID. (*Sugestão*: Uma parte do equipamento é composta por várias peças, mas cada peça é utilizada apenas em uma parte específica. Um fornecedor pode oferecer muitas peças, mas todas as peças são fornecidas por apenas um fornecedor.)

17. A United Broke Artists (UBA) é uma corretora para pintores pouco conhecidos. Ela mantém um pequeno banco de dados em rede que rastreia pintores, pinturas e galerias. Utilizando PINTOR, PINTURA e GALERIA, apresente a estrutura em rede e identifique os conjuntos apropriados no banco de dados da UBA. (*Sugestão 1*: Uma pintura é criada por um determinado artista e exibida em uma galeria em particular. *Sugestão 2*: Uma galeria pode exibir muitas pinturas, mas cada pintura pode ser exibida em apenas uma galeria. De modo similar, uma pintura é criada por um único pintor, mas cada pintor pode criar várias pinturas.)

18. Se você decidir converter o banco de dados em rede do Problema 17 para um banco de dados relacional:
    a. Que tabelas você criaria e quais seriam seus componentes?
    b. Como as tabelas (independentes) podem estar relacionadas umas com as outras?

19. Utilizando um DER pé de galinha, converta o modelo de banco de dados em rede da Figura 2.2 em um projeto para um modelo de bancos de dados relacionais. Apresente todas as entidades e relacionamentos.

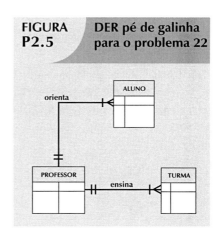

FIGURA P2.5 DER pé de galinha para o problema 22

20. Utilizando o DER a partir do Problema 19, crie o esquema relacional. (Crie um conjunto adequado de atributos para cada entidade. Certifique-se de utilizar as convenções adequadas de nomenclatura para nomear os atributos.)

21. Converta o DER do Problema 19 no diagrama de classe UML correspondente.

22. Descreva os relacionamentos (identifique as regras de negócio) representados no DER pé de galinha apresentado na Figura P2.5.

23. Crie um DER trifurcado para incluir as seguintes regras de negócio da empresa ProdCo:
    a. Cada representante de vendas preenche várias faturas.
    b. Cada fatura é preenchida por apenas um representante de vendas.
    c. Cada representante de vendas é atribuído a um departamento.
    d. Cada departamento dispõe de vários representantes de vendas.
    e. Cada cliente pode gerar várias faturas.
    f. Cada fatura é gerada por apenas um cliente.
24. Apresente as regras de negócio que representam o DER apresentado na Figura P2.6. (Observe que o DER reflete alguns pressupostos de simplificação. Por exemplo, cada livro é escrito por apenas um autor. Além disso, lembre-se de que o DER é sempre lido do lado "1" para o lado "M", independente da orientação de seus componentes.)

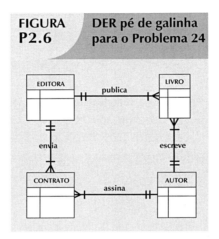

FIGURA P2.6 DER pé de galinha para o Problema 24

25. Crie um DER pé de galinha para cada uma das seguintes descrições. (*Observação*: A palavra *vários* significa simplesmente "mais de um" no ambiente de modelagem de bancos de dados.)
    a. Cada divisão da MegaCo Corporation é composta de vários departamentos. Cada departamento possui vários funcionários atribuídos a ele, mas cada funcionário trabalha em apenas um departamento. Cada departamento é gerenciado por um funcionário e cada um desses gerentes pode gerenciar apenas um departamento ao mesmo tempo.
    b. Durante determinado período de tempo, um cliente pode alugar várias fitas de vídeo da locadora BigVid. Cada fita de vídeo da BigVid pode ser alugada a vários clientes nesse período.
    c. Um avião de linhas aéreas pode ser encarregado de vários voos, mas cada voo é feito por apenas um avião.
    d. A KwikTite Corporation opera várias fábricas. Cada fábrica localiza-se em uma única região. Cada região pode "abrigar" várias fábricas da KwikTite. Cada fábrica emprega muitos funcionários, mas cada um desses funcionários é empregado de apenas uma fábrica.
    e. Um funcionário pode obter vários graus de ensino e cada grau de ensino pode ser obtido por vários funcionários.

NOTA

Relacionamentos muitos para muitos (M:N) existem em um nível conceitual e deve-se saber como reconhecê-los. No entanto, você aprenderá no Capítulo 3 que relacionamentos M:N não são adequados em um modelo relacional. Por esse motivo, o Microsoft Visio não dá suporte a tal relacionamento. Portanto, para ilustrar a existência de um relacionamento M:N utilizando Visio, foram empregados dois relacionamentos 1:M sobrepostos. (veja a Figura 2.5).

PARTE

2

CONCEITOS DE PROJETOS

A MODELAGEM DE BANCOS DE DADOS AJUDA AS COMUNIDADES

Empresas, governos e organizações ao redor do mundo voltaram-se para as ferramentas de modelagem e diagramas entidade-relacionamento para ajudar no desenvolvimento de seus bancos de dados. As vantagens de utilizar ferramentas como o PowerDesigner, o Microsoft Visio Professional, o ERwin Data Modeler ou o Embarcadero ER/Studio compensam significativamente seu custo. Elas aprimoram a documentação do banco de dados e, além disso, facilitam a comunicação da equipe, contribuindo para assegurar que o banco atenda às necessidades de seus usuários e, ainda, reduzem o tempo de desenvolvimento. Todas essas vantagens se traduzem em economias de custo significativas. Mas, às vezes, esse valor vai muito além de qualquer coisa que possa ser expressa em valores monetários.

A Rebuilding Together é uma organização norte-americana sem fins lucrativos dedicada à preservação e revitalização de casas e comunidades para idosos, pessoas com deficiências e famílias com filhos. Sua sede nacional trabalha atualmente com 255 afiliados, atendendo mais de 1.897 comunidades. Com base na tradição americana da "construção coletiva", os voluntários locais reúnem-se no Dia da Reconstrução para ajudar seus vizinhos. Mais de 267.000 voluntários já reformaram ou reconstruíram cerca de 9.000 casas e instalações sem fins lucrativos.

Como a filial local em Des Moines, Iowa, fundada em 1994, cresceu rapidamente, a organização buscou documentar e aprimorar seus processos de seleção de casas e coordenação dos voluntários. Várias fontes, incluindo participantes anteriores, fazem propostas de possíveis projetos de habitação. A cada ano, a Rebuilding Together precisa avaliar as qualificações de cada candidato, visitar o local, selecionar ou rejeitar o projeto e, por fim, implementar os projetos selecionados. Utilizando o software de modelagem ER/Studio, a equipe construiu um banco de dados para rastrear esses estágios e gerenciar os voluntários que trabalharão em cada projeto.

Aplicando a visão lógica do software de modelagem de dados, a equipe foi capaz de compreender as entidades, seus atributos e os relacionamentos que estava modelando antes de construir o modelo físico. Elas também geraram um curto relatório e um diagrama de modelo para educar todo o pessoal envolvido no projeto. O resultado foi a viabilização de desenvolver um processo de aplicação que é mais complexo e de utilização mais fácil por parte do usuário. Conforme a organização continuar crescendo e o espírito da "construção coletiva" se propague, a equipe será capaz de modificar o projeto para acomodar suas necessidades cada vez maiores.

MODELO DE BANCO DE DADOS RELACIONAL

TRÊS

Neste capítulo, você aprenderá:

- Que o modelo de banco de dados relacional oferece uma visão lógica dos dados
- Sobre o componente básico do modelo relacional: as relações
- Que as relações são estruturas lógicas compostas de linhas (Tuplas) e colunas (atributos)
- Que as relações são implementadas como tabelas em um SGBD relacional
- Sobre operadores relacionais de bancos de dados, o dicionário de dados e o catálogo do sistema
- Como a redundância de dados é tratada no modelo relacional
- Por que a indexação é importante

NOTA

O modelo relacional, apresentado por E. F. Codd em 1970, baseia-se na lógica dos predicados e na teoria dos conjuntos. A **lógica dos predicados**, utilizada extensivamente em matemática, fornece um modelo em que uma proposição (afirmação de um fato) pode ser verificada como verdadeira ou falsa. Por exemplo, suponha que uma estudante com ID 12345678 se chame Melissa Sanduski. Essa proposição pode facilmente ser demonstrada como verdadeira ou falsa. A **teoria dos conjuntos** é a parte da ciência matemática que lida com conjuntos, ou seja, grupos de coisas, sendo utilizada como a base para a manipulação de dados no modelo relacional. Por exemplo, suponha que o conjunto A contenha três números: 16, 24 e 77. Esse conjunto é representado como A (16, 24, 77). O conjunto B, por sua vez, contém quatro números: 44, 77, 90 e 11, sendo, portanto, representado como B (44, 77, 90, 11). Com essas informações, é possível concluir que a intersecção de A e B produz um conjunto resultante com um único número, 77. Esse resultado pode ser expresso como A $\cap$ B = 77. Em outras palavras, A e B compartilham um valor comum, 77.

Com base nesses conceitos, o modelo relacional apresenta três componentes bem definidos:

- Uma estrutura lógica de dados, representada por relações (Seções 3.1, 3.2 e 3.5).
- Um conjunto de regras de integridade para garantir que os dados sejam e permaneçam consistentes ao longo do tempo (Seções 3.3, 3.6, 3.7 e 3.8).
- Um conjunto de operações que define como os dados são manipulados (Seção 3.4).

UMA PERSPECTIVA LÓGICA DOS DADOS

No Capítulo 1 você aprendeu que um banco de dados armazena e gerencia tanto dados como metadados. Também aprendeu que o SGBD gerencia e controla o acesso aos dados e a estruturas de bancos de dados. Essa organização – que coloca o SGBD entre a aplicação e o banco de dados – elimina a maioria das limitações inerentes ao sistema de arquivos. O resultado dessa flexibilidade, no entanto, é uma estrutura física muito mais complexa. De fato, as estruturas de bancos de dados exigidas pelos dois tipos de modelo – hierárquico e de rede – costumam se tornar complicadas o suficiente para reduzir a eficiência do projeto. O modelo relacional alterou tudo isso, permitindo que o projetista focasse na representação lógica dos dados e seus relacionamentos, em vez de se centrar nos detalhes do armazenamento físico. Para utilizar uma analogia com o setor automotivo, o banco de dados relacional utiliza transmissão automática para livrar o usuário da necessidade de utilizar o pedal de embreagem e o câmbio. Em resumo, o modelo relacional permite que você visualize os dados de modo *lógico* em vez de *físico*.

Na prática, a importância de assumir uma perspectiva lógica é que ela serve como um lembrete do conceito de arquivo simples de armazenamento de dados. Embora a utilização de tabelas, que é muito diferente da de arquivos, tenha as vantagens da independência estrutural e de dados, se assemelha à de arquivos do ponto de vista conceitual. Como é possível pensar os registros relacionados como armazenados em tabelas independentes, o modelo relacional é muito mais fácil de compreender do que os modelos hierárquicos e em rede. A simplicidade lógica tende a produzir metodologias de projeto simples e eficientes.

Como a tabela executa um papel fundamental no modelo relacional, merece uma análise mais detalhada. Portanto, nossa discussão começa explorando os detalhes da estrutura e do conteúdo das tabelas.

TABELAS E SUAS CARACTERÍSTICAS

A perspectiva lógica do banco de dados relacional é facilitada pela criação de relacionamentos de dados com base em uma estrutura lógica conhecida como relação. Como a relação é uma estrutura matemática, os usuários finais consideram muito mais fácil pensar na relação como uma tabela. A tabela é vista como uma estrutura bidimensional composta de linhas e colunas. Ela é chamada de *relação*, pois o criador do modelo relacional, E. F. Codd, utilizou esse termo como sinônimo de tabela. É possível pensar em uma tabela como uma representação *permanente* de uma relação lógica, ou seja, de uma relação cujo conteúdo possa ser salvo definitivamente para uso futuro. Conforme o interesse de seu usuário, *uma tabela pode conter um grupo de ocorrências de entidades relacionadas*, ou seja, um conjunto de entidades. Por exemplo, uma tabela ALUNO contém um conjunto de ocorrências de entidades, cada uma representando um aluno. Por esse motivo, os termos *conjunto de entidades* e *tabela* costumam ser utilizados de modo intercambiável.

NOTA

A palavra *relação*, também conhecida como *dataset* no Microsoft Access, baseia-se na teoria matemática dos conjuntos a partir da qual Codd deduziu seu modelo. Como o modelo relacional utiliza valores de atributos para estabelecer relacionamentos entre tabelas, muitos usuários de bancos de dados supõem, de forma equivocada, que o termo *relação* se refira a tais relacionamentos. Portanto, muitos chegam à conclusão incorreta de que apenas o modelo relacional permite a utilização de relacionamentos.

Você descobrirá que a visualização dos dados em tabela facilita a demarcação e definição de entidades-
-relacionamento, simplificando em grande parte a tarefa de projetar bancos de dados. As características das
tabelas relacionais são resumidas na Tabela 3.1.

TABELA 3.1 Características das tabelas relacionais

1	A tabela é vista como uma estrutura bidimensional composta de linhas e colunas.
2	Cada linha (Tupla) representa uma única ocorrência de entidade no interior do conjunto de entidades.
3	Cada coluna de tabela representa um atributo e possui um nome diferente.
4	Cada intersecção entre linha e coluna representa um único valor.
5	Todos os valores em uma coluna devem se adequar a um mesmo formato.
6	Cada coluna possui uma faixa específica de valores conhecida como domínio de atributos.
7	A ordem das linhas e das colunas é insignificante para o SGBD.
8	Cada tabela deve apresentar um atributo ou uma combinação de atributos que identifique exclusivamente cada linha.

As tabelas apresentadas na Figura 3.1 ilustram as características listadas na Tabela 3.1.

NOTA

A terminologia dos bancos de dados relacionais é muito precisa. Infelizmente, a terminologia dos
sistemas de arquivos, às vezes, invade o ambiente de banco de dados. Assim, as linhas são eventualmente
chamadas de *registros* e as colunas podem ser identificadas como *campos*. Ocasionalmente, as tabelas
são chamadas de *arquivos*. Do ponto de vista técnico, essa substituição nem sempre é adequada; a tabela
de banco de dados é um conceito mais lógico do que físico, ao passo que os termos *arquivo*, *registro* e
campo descrevem conceitos físicos. No entanto, desde que se reconheça que a tabela é, na verdade, uma
estrutura mais lógica do que física, é possível (no nível conceitual) pensar nas linhas de tabelas como
registros e nas colunas como campos. Na verdade, muitos fornecedores de software de bancos de dados
ainda utilizam essa terminologia familiar dos sistemas de arquivos.

Utilizando a tabela ALUNO apresentada na Figura 3.1, é possível tirar as seguintes conclusões correspondentes aos itens da Tabela 3.1:
1. A tabela ALUNO é vista como uma estrutura bidimensional composta de oito linhas
(Tuplas) e doze colunas (atributos).
2. Cada linha da tabela ALUNO descreve uma única ocorrência de entidade no interior do conjunto de entidades (esse conjunto é representado por toda a tabela ALUNO). Observe que a linha
(entidade ou registro) definida por STU_NUM = 321452 define as características (atributos ou

campos) de um aluno chamado William C. Bowser. Já, por exemplo, a linha 4 da Figura 3.1 descreve um aluno chamado Walter H. Oblonski. De modo similar, a linha 3 descreve uma aluna chamada Juliette Brewer. Dado o conteúdo da tabela, o conjunto de entidade ALUNO inclui oito entidades (linhas) ou alunos diferentes.

FIGURA 3.1   **Valores dos atributos da tabela ALUNO**

Nome do banco de dados: Ch03_TinyCollege

Nome da tabela: ALUNO

STU_NUM	STU_LNAME	STU_FNAME	STU_INIT	STU_DOB	STU_HRS	STU_CLASS
321452	Bowser	William	C	12-Feb-1975	42	So
324257	Smithson	Anne	K	15-Nov-1981	81	Jr
324258	Brewer	Juliette		23-Aug-1969	36	So
324269	Oblonski	Walter	H	16-Sep-1976	66	Jr
324273	Smith	John	D	30-Dec-1958	102	Sr
324274	Katinga	Raphael	P	21-Oct-1979	114	Sr
324291	Robertson	Gerald	T	08-Apr-1973	120	Sr
324299	Smith	John	B	30-Nov-1986	15	Fr

TABELA DO ALUNO, Continuação →

STU_GPA	STU_TRANSFER	DEPT_CODE	STU_PHONE	PROF_NUM
2.84	No	BIOL	2134	205
3.27	Yes	CIS	2256	222
2.26	Yes	ACCT	2256	228
3.09	No	CIS	2114	222
2.11	Yes	ENGL	2231	199
3.15	No	ACCT	2267	228
3.87	No	EDU	2267	311
2.92	No	ACCT	2315	230

STU_CLASS = Classificação do aluno
STU_DOB = Data de nascimento do aluno
STU_GPA = Média das notas
STU_HRS = Créditos-hora obtidos

STU_INI = Letra inicial do nome do meio do aluno
STU_PHONE = Extensão de quatro dígitos do telefone do campus
STU_TRANSFER = Aluno que foi transferido de outra instituição
DEPT_CODE = Código do departamento
PROF_NUM = Número do professor que é o orientador do aluno

3. Cada coluna representa um atributo e possui um nome diferente.
4. Todos os valores de uma coluna atendem às características do atributo. Por exemplo, a coluna média das notas (STU_GPA) contém apenas entradas de STU_GPA em todas as linhas da tabela. Os dados devem ser classificados de acordo com seu formato e função. Embora diferentes SGBDs possam dar suporte a diferentes tipos de dados, a maioria aceita pelo menos os seguintes:
   a. *Numéricos.* Os dados numéricos são aqueles com os quais é possível executar procedimentos aritméticos com significado. Por exemplo, as colunas STU_HRS e STU_GPA da Figura 3.1 são atributos numéricos. Por outro lado, STU_PHONE não é um atributo numérico, pois a adição ou subtração de números telefônicos não produz um resultado aritmeticamente significativo.
   b. *Caracteres.* Dados de caracteres, também conhecidos como dados de texto ou de string, podem conter quaisquer caracteres ou símbolos não destinados à manipulação matemática. Na Figura 3.1, por exemplo, as colunas STU_LNAME, STU_FNAME, STU_INIT, STU_CLASS e STU_PHONE são atributos de caracteres.
   c. *Data.* Atributos do tipo data contêm datas de calendário armazenadas em um formato especial conhecido como formato de data Juliana[1]. Embora o armazenamento físico da data Juliana seja insignificante para o usuário ou o projetista, esse formato permite a execução de um tipo especial de aritmética conhecido como aritmética das datas Julianas. Utilizando-a, é possível

---

[1] A data Juliana é o método de contar os dias sequencialmente, começando em 24 de novembro de 4714 a.C. A data Juliana é diferente do calendário Juliano. (N.R.T.)

determinar o número de dias que se passaram entre duas datas, como 12 de maio de 1999 e 20 de março de 2008, simplesmente subtraindo a primeira da segunda. Na Figura 3.1, a coluna STU_DOB pode ser classificada adequadamente como um atributo do tipo data. A maioria dos pacotes de software de bancos de dados relacionais oferece suporte a formatos de data Juliana. Embora o formato interno de datas no banco provavelmente seja Juliana, há disponíveis muitos formatos diferentes de *apresentação*. Por exemplo, na Figura 3.1, é possível mostrar a data de nascimento (STU_DOB) do aluno Bowser como 12/2/75. A maioria dos SGBDs relacionais permite a personalização do formato de apresentação de datas. Por exemplo, os usuários de Access e Oracle podem especificar o formato "dd/mmm/aaaa" para mostrar o primeiro valor de STU_DOB na Figura 3.1 como 12/Fev./1975. (Como você pode ver examinando os valores dessa coluna, esse formato foi selecionado para a apresentação da saída.)

    d. *Lógicos.* Dados lógicos podem ter apenas uma condição verdadeira ou falsa (sim ou não). Por exemplo, um aluno é terceiro anista transferido? Na Figura 3.1, o atributo STU_TRANSFER utiliza um formato de dados lógico. A maioria dos pacotes de software de bancos de dados relacionais (mas não todos) suporta esse formato. (Microsoft Access utiliza a identificação "tipos de dados Sim/Não" para indicar esse tipo de dados.)

5. A faixa de valores permitidos para a coluna é conhecida como **domínio**. Como os valores de STU_GPA estão limitados na faixa 0-4, inclusive, o domínio é [0,4].

6. A ordem das linhas e das colunas é insignificante para o usuário.

7. Cada tabela deve ter uma chave primária. Em termos gerais, a **chave primária (PK** – do inglês *Primary Key*) é um atributo (ou uma combinação de atributos) que identifica exclusivamente uma determinada linha. Nesse caso, STU_NUM (o número do aluno) é a chave primária. Utilizando os dados apresentados na Figura 3.1, observe que o sobrenome de um aluno (STU_LNAME) não seria uma boa chave primária, pois é possível encontrar vários alunos com o sobrenome Smith. Mesmo a combinação de nome (STU_FNAME) e sobrenome não constituiria uma chave primária adequada, pois, como mostra a figura, é bem possível encontrar mais de um aluno chamado John Smith.

CHAVES

No modelo relacional, as chaves são importantes, pois sua utilização garante que cada linha da tabela seja identificável de modo exclusivo. Elas também são utilizadas para estabelecer relacionamentos entre tabelas e garantir a integridade dos dados. Assim, a compreensão adequada do conceito e da utilização de chaves no modelo relacional é muito importante. Uma **chave** consiste em um ou mais atributos que determinam outros atributos. Por exemplo, um número de fatura identifica todos os atributos da fatura, como sua data e o nome do cliente.

Já apresentamos um tipo de chave: a chave primária. Dada a estrutura da tabela ALUNO apresentada na Figura 3.1, a definição e a descrição da chave primária parecem bastante simples. No entanto, executa um papel muito importante no ambiente relacional, examinaremos suas propriedades com mais cuidado. Nesta seção, você também adquirirá familiaridade com as superchaves, as chaves candidatas e as chaves secundárias.

O papel da chave baseia-se em um conceito conhecido como **determinação**. No contexto de tabelas de bancos de dados, a afirmação "A determina B" indica que conhecer o valor do atributo A possibilita verificar (determinar) o valor de B. Por exemplo, conhecer o STU_NUM na tabela ALUNO (veja Figura 3.1) torna possível encontrar (determinar) o sobrenome, a média das notas, o número de telefone etc. de um determinado aluno. A notação abreviada para "A determina B" é A → B. Se A determina B, C e D, escreve-se A → B, C, D. Portanto, utilizando os atributos da tabela ALUNO da Figura 3.1, é possível representar a afirmação "STU_NUM determina STU_LNAME" escrevendo:

STU_NUM → STU_LNAME

De fato, o valor STU_NUM da tabela ALUNO determina todos os valores de atributos do aluno. Por exemplo, é possível escrever:

STU_NUM → STU_LNAME, STU_FNAME, STU_INIT
e
STU_NUM → STU_LNAME, STU_FNAME, STU_INIT, STU_DOB, STU_TRANSFER

Por outro lado, STU_NUM não é determinado por STU_LNAME, pois é bem possível que vários alunos tenham o sobrenome Smith.

O princípio de determinação é muito importante, pois é utilizado na definição de um conceito central de bancos de dados relacionais, conhecido como dependência funcional. O termo **dependência funcional** pode ser definido mais facilmente da seguinte maneira: o atributo B é funcionalmente dependente de A se A determina B. Mais precisamente:

**O atributo B é funcionalmente dependente do atributo A
se cada valor da coluna A determina *um e somente um* valor da coluna B.**

Utilizando o conteúdo da tabela ALUNO na Figura 3.1, é adequado dizer que STU_PHONE é funcionalmente dependente de STU_NUM. Por exemplo, o valor STU_NUM 321452 determina o valor STU_PHONE 2134. Por outro lado, STU_NUM não é funcionalmente dependente de STU_PHONE, pois o valor 2267 está associado a dois valores STU_NUM 324274 e 324291. (Isso poderia ocorrer no caso de um alojamento em que os alunos compartilham um número de telefone.) De modo similar, o valor STU_NUM 324273 determina o valor STU_LNAME Smith. Mas o valor STU_NUM não é funcionalmente dependente de STU_LNAME, pois mais de um aluno pode ter o sobrenome Smith.

A definição de dependência funcional pode ser generalizada para englobar o caso em que os valores de atributos determinantes ocorrem mais de uma vez na tabela. Ela pode ser definida da seguinte maneira:[2]

O atributo A determina o atributo B (ou seja, B é funcionalmente dependente de A) se todas as linhas da tabela que correspondem em valor ao atributo A também correspondam em valor ao atributo B.

TABELA 3.2 Classificação de alunos

HORAS-AULA CONCLUÍDAS	CLASSIFICAÇÃO
Menos de 30	Calouro
30–59	Segundo anista
60–89	Terceiro anista
90 ou mais	Quarto anista

Tenha cuidado ao definir a direção da dependência. Por exemplo, a Gigantic State University determina a classificação de seus alunos com base em horas-aula concluídas; isso é apresentado na Tabela 3.2.

Portanto, é possível escrever:

STU_HRS → STU_CLASS

Mas o número específico de horas não é dependente da classificação. É bem possível

[2] *Especificação do padrão ANSI SQL:2003*. ISO/IEC 9075-2:2003 - SQL/Foundation.

encontrar um terceiro anista com 62 horas concluídas e outro com 84 horas. Em outras palavras, a classificação (STU_CLASS) não determina um e somente um valor de horas concluídas (STU_HRS).

Tenha em mente que é possível tomar mais de um atributo para definir a dependência funcional; ou seja, uma chave pode ser composta de mais de um atributo. Essa chave com vários atributos é conhecida como **chave composta**.

Qualquer atributo que faça parte de uma chave é conhecido como **atributo de chave**. Por exemplo, na tabela ALUNO, o sobrenome não seria suficiente para constituir uma chave. Por outro lado, a combinação de: nome, sobrenome, inicial e telefone residencial muito provavelmente produzirá uma única correspondência para os atributos restantes. Por exemplo, é possível escrever:

STU_LNAME, STU_FNAME, STU_INIT, STU_PHONE → STU_HRS, STU_CLASS
ou
STU_LNAME, STU_FNAME, STU_INIT, STU_PHONE → STU_HRS, STU_CLASS, STU_GPA
ou
STU_LNAME, STU_FNAME, STU_INIT, STU_PHONE → STU_HRS, STU_CLASS, STU_GPA, STU_DOB

Dada a possível existência de chaves compostas, a noção de dependência funcional pode ser ainda mais refinada, especificando a **dependência funcional completa**:

Se o atributo (B) é funcionalmente dependente de uma chave composta (A), mas não de qualquer subconjunto dessa chave composta, o atributo (B) apresenta dependência funcional completa em relação a (A).

No interior da classificação ampla, pode-se definir várias chaves especializadas. Por exemplo, a **super-chave** é qualquer chave que identifique cada linha exclusivamente. Em resumo, a superchave determina funcionalmente todos os atributos de uma linha. Na tabela ALUNO, a superchave poderia ser qualquer uma das seguintes colunas:

STU_NUM
STU_NUM, STU_LNAME
STU_NUM, STU_LNAME, STU_INIT

De fato, STU_NUM, com ou sem valores adicionais, pode ser uma superchave, mesmo quando os atributos adicionais sejam redundantes.

Uma **chave candidata** pode ser descrita como uma superchave sem atributos desnecessários, ou seja, uma superchave mínima. Utilizando essa distinção, observe que a chave composta

STU_NUM, STU_LNAME

é uma superchave, mas não uma chave candidata, pois STU_NUM já o é por si só. A combinação

STU_LNAME, STU_FNAME, STU_INIT, STU_PHONE

também pode ser uma chave candidata, contanto que se desconsidere a possibilidade de que dois alunos compartilhem o mesmo nome, sobrenome, inicial e número de telefone.

Se o número do Seguro Social de um aluno for incluído como um dos atributos da tabela ALUNO na Figura 3.1 – talvez chamado STU_SSN – tanto este como STU_NUM constituiriam chaves candidatas, pois ambas isoladas identificariam exclusivamente cada aluno. Nesse caso, a seleção de STU_NUM como chave primária seria determinada pela escolha do projetista ou por exigências do usuário final. Em resumo, a chave primária é a chave candidata escolhida para constituir o identificador exclusivo da linha. Observe, incidentalmente, que uma chave primária é tanto uma superchave como uma chave candidata.

Em uma tabela, cada valor de chave primária deve ser exclusivo para garantir que todas as linhas sejam identificadas exclusivamente por essa chave. Nesse caso, diz-se que a tabela apresenta **integridade de entidade**. Para manter tal integridade, não se permite um valor **nulo** (ou seja, um espaço sem nenhuma entrada de dados) na chave primária.

> **NOTA**
>
> Um nulo não apresenta nenhum valor. Ele *não* significa um zero ou um espaço. Um nulo é criado quando se pressiona a tecla Enter ou Tab para passar para o próximo campo sem se fazer nenhum tipo de entrada no campo anterior. Pressionar a barra de espaço cria um espaço vazio (ou simplesmente espaço).

Os nulos *nunca* podem fazer parte de uma chave primária e devem ser evitados – o máximo possível – em outros atributos. Há casos raros em que os nulos podem não ser razoavelmente evitados quando se trabalha com atributos que não sejam chave. Por exemplo, um atributo da tabela FUNCIONÁRIO provavelmente será FUN_INICIAL. No entanto, alguns funcionários não têm inicial do nome do meio. Portanto, certos valores de FUN_INICIAL podem ser nulos. Você descobrirá posteriormente nesta seção que pode haver situações em que ocorre um nulo devido à natureza do relacionamento entre duas entidades. Em todo caso, mesmo que não possam ser sempre evitados, os nulos devem ser pouco utilizados. Na verdade, sua presença em uma tabela costuma ser uma indicação de projeto ruim do banco de dados.

Os nulos, se utilizados de modo inadequado, podem criar problemas, pois apresentam significados muito diferentes. Por exemplo, eles podem representar:

- Um valor de atributo desconhecido.
- Um valor de atributo conhecido, mas ausente.
- Uma condição "não aplicável".

Dependendo da sofisticação do software de desenvolvimento de aplicações, os nulos podem criar problemas quando se utilizam funções como COUNT, AVERAGE e SUM. Além disso, podem originar problemas lógicos ao se ligarem tabelas relacionais.

A *redundância controlada* faz com que o banco de dados relacional funcione. As tabelas no banco de dados compartilham atributos comuns que permitem sua ligação. Por exemplo, observe que as tabelas PRODUTO e FORNECEDOR na Figura 3.2 compartilham um atributo comum chamado VEND_CODE. Observe também que o VEND_CODE com valor 232 na tabela PRODUTO ocorre mais de uma vez, assim como o 235. Como a tabela PRODUTO está relacionada a FORNECEDOR por meio desses valores VEND_CODE, sua ocorrência múltipla é *necessária* para fazer com que o relacionamento 1:M entre FORNECEDOR e PRODUTO funcione. Cada valor VEND_CODE da tabela FORNECEDOR é exclusivo – o FORNECEDOR é o lado "1" do relacionamento FORNECEDOR-PRODUTO. Mas qualquer valor VEND_CODE da tabela FORNECEDOR pode ocorrer mais de uma vez na tabela PRODUTO, evidenciando que PRODUTO é o lado "M" desse relacionamento. Em termos de bancos de dados, as múltiplas ocorrências dos valores VEND_CODE na tabela PRODUTO não são redundantes, pois são *necessárias* para que o relacionamento funcione. Você deve se lembrar, no Capítulo 2, de que a redundância de dados ocorre apenas quando há duplicação *desnecessária* de valores de atributos.

FIGURA 3.2 Exemplo de um banco de dados relacional simples

Nome da tabela: PRODUTO
Chave primária: PROD_CODE
Chave estrangeira: VEND_CODE

Nome do banco de dados: Ch03_SaleCo

PROD_CODE	PROD_DESCRIPT	PROD_PRICE	PROD_ON_HAND	VEND_CODE
001278-AB	Claw hammer	12.95	23	232
123-21UUY	Houselite chain saw, 16-in. bar	189.99	4	235
QER-34256	Sledge hammer, 16-lb. head	18.63	6	231
SRE-657UG	Rat-tail file	2.99	15	232
ZZX/3245Q	Steel tape, 12-ft. length	6.79	8	235

ligação

Nome da tabela: FORNECEDOR
Chave primária: VEND_CODE
Chave estrangeira: nenhuma

VEND_CODE	VEND_CONTACT	VEND_AREACODE	VEND_PHONE
230	Shelly K. Smithson	608	555-1234
231	James Johnson	615	123-4536
232	Annelise Crystall	608	224-2134
233	Candice Wallace	904	342-6567
234	Arthur Jones	615	123-3324
235	Henry Ortozo	615	899-3425

Ao examinar a Figura 3.2, observe que o valor VEND_CODE em uma tabela pode ser utilizado para indicar o valor correspondente na outra tabela. Por exemplo, o valor VEND_CODE 235 na tabela PRODUTO indica o fornecedor Henry Ortozo da tabela FORNECEDOR. Consequentemente, descobre-se que o produto "Houselite chain saw, 16-in. bar" (motosserra Houselite com barra de 16 polegadas) é fornecido por Henry Ortozo e que pode ser contatado pelo número 615-899-3425. A mesma relação pode ser feita para o produto "Steel tape, 12-ft legth" (fita de aço com 12 pés de comprimento) da tabela PRODUTO.

Lembre-se das convenções de nomenclatura – o prefixo PROD foi utilizado na Figura 3.2 para indicar que os atributos "pertencem" à tabela PRODUTO. Portanto, o prefixo VEND em VEND_CODE da tabela PRODUTO indica que esse atributo aponta para outra tabela do banco de dados.

Nesse caso, tal prefixo é utilizado para apontar para a tabela FORNECEDOR (em inglês, *vendor*) do banco.

Um banco de dados relacional também pode ser representado por um esquema relacional. Um **esquema relacional** é uma representação textual das tabelas de bancos de dados em que cada tabela é relacionada com seu nome seguido pela lista de seus atributos entre parênteses. O(s) atributo(s) de chave primária está(ão) sublinhado(s). Você verá esses esquemas no Capítulo 5. Por exemplo, o esquema relacional para a Figura 3.2 seria apresentado como:

FORNECEDOR (**VEND CODE**, VEND_CONTACT, VEND_AREACODE, VEND_PHONE)
PRODUTO (**PROD CODE**, PROD_DESCRIPT, PROD_PRICE, PROD_ON_HAND, VEND_CODE)

A ligação entre as tabelas PRODUTO e FORNECEDOR da Figura 3.2 também pode ser representada pelo diagrama relacional apresentado na Figura 3.3. Nesse caso, a ligação é indicada pela linha que conecta as tabelas.

Observe que a ligação na Figura 3.3 é equivalente à reta de relacionamento de um DER. Ela é criada quando duas tabelas compartilham um atributo com valores comuns. Mais especificamente, a chave primária de uma tabela (FORNECEDOR) aparece como a *chave estrangeira* de uma tabela relacionada (PRODUTO). Uma **chave estrangeira** (**FK** do inglês *Foreign Key*) é um atributo cujos valores correspondem aos da chave primária na tabela relacionada. Por exemplo, na Figura 3.2, VEND_CODE é a chave primária da tabela

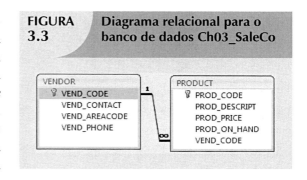

FIGURA 3.3 Diagrama relacional para o banco de dados Ch03_SaleCo

FORNECEDOR e aparece como chave estrangeira da tabela PRODUTO. Como não está ligada a uma terceira tabela, a tabela FORNECEDOR não contém uma chave estrangeira.

Se a chave estrangeira contém valores correspondentes ou nulos, diz-se que a tabela que faz uso dela apresenta *integridade referencial*. Em outras palavras, **integridade referencial** significa que se a chave estrangeira contém um valor, esse valor se refere a uma Tupla (linha) válida existente em outra relação. Observe que se verifica a integridade referencial entre as tabelas PRODUTO e FORNECEDOR exibidas na Figura 3.2.

Por fim, a **chave secundária** é definida como uma chave utilizada estritamente para fins de recuperação de dados. Suponha que os dados de clientes sejam armazenados em uma tabela CLIENTE na qual o número do cliente seja a chave primária. Você espera que a maioria dos clientes lembre seus números? A recuperação de dados de um cliente pode ser facilitada quando se utiliza seu sobrenome e o número de telefone. Nesse caso, a chave primária é o número do cliente; a secundária é a combinação de seu sobrenome e número de telefone. Tenha em mente que chaves secundárias não produzem necessariamente um único resultado. Por exemplo, o sobrenome e o número do telefone residencial de um cliente poderiam produzir facilmente várias correspondências se uma família morar junto e compartilhar uma linha telefônica. Uma chave secundária menos eficiente seria a combinação de sobrenome e CEP; isso poderia produzir dúzias de correspondências, a serem pesquisadas para a obtenção de uma correspondência específica.

TABELA 3.3 Chaves de bancos de dados relacionais

TIPO DE CHAVE	DEFINIÇÃO
Superchave	Atributo (ou combinação de atributos) que identifica exclusivamente cada linha de uma tabela.
Chave candidata	Superchave mínima (irredutível). Superchave que não contém um subconjunto de atributos que seja, por si mesma, uma superchave.
Chave primária	Chave candidata selecionada para identificar exclusivamente todos os outros valores de atributos em uma determinada linha. Não pode conter entradas nulas.
Chave secundária	Atributo (ou combinação de atributos) utilizado estritamente para fins de recuperação de dados.
Chave estrangeira	Atributo (ou combinação de atributos) em uma tabela cujos valores devem coincidir com a chave primária de outra tabela ou devem ser nulos.

A eficiência de uma chave secundária para estreitar uma pesquisa depende de quão restrita ela é. Por exemplo, embora a chave secundária CUS_CITY (cidade do cliente) seja legítima do ponto de vista do banco de dados, os valores dos atributos "Nova York" e "Sidney" provavelmente não produzirão retornos úteis, a menos que se queira examinar milhões de combinações possíveis (é claro que CUS_CITY é uma chave secundária melhor que CUS_COUNTRY, país do cliente).

A Tabela 3.3 resume as diferentes chaves de tabelas de bancos de dados relacionais.

REGRAS DE INTEGRIDADE

As regras de integridade dos bancos de dados relacionais são muito importantes para um bom projeto de bancos de dados. Muitos (mas certamente não todos) SGBDRs aplicam as regras de integridade automaticamente. No entanto, é muito mais seguro certificar-se de que seu projeto de aplicações seja adequado às regras de integridade referencial e de entidades mencionadas neste capítulo. Essas regras estão resumidas na Tabela 3.4.

TABELA 3.4 Regras de integridade

INTEGRIDADE DE ENTIDADES	DESCRIÇÃO
Exigência	Todas as entradas de chave primária são únicas e nenhuma parte dessa chave pode ser nula.
Finalidade	Cada linha terá uma identidade exclusiva, e valores de chave estrangeira podem referenciar de modo adequado os valores de chave primária.
Exemplo	Nenhuma fatura pode ter número duplicado nem ser nula. Em resumo, todas as faturas são identificadas de modo exclusivo por seu número.
INTEGRIDADE REFERENCIAL	**DESCRIÇÃO**
Exigência	Uma chave estrangeira pode ter uma entrada nula, contanto que não faça parte da chave primária de suas tabelas, ou uma entrada que coincida com o valor de chave primária de uma tabela que esteja relacionada (todo valor não nulo de chave estrangeira **deve** referenciar um valor de chave primária **existente**).
Finalidade	É possível que um atributo NÃO tenha um valor correspondente, mas é impossível que tenha uma entrada inválida. A aplicação da regra de integridade referencial torna impossível a exclusão de uma linha em uma tabela cuja chave primária tenha valores obrigatórios de chave estrangeira em outra tabela.
Exemplo	Um cliente pode ainda não ter recebido a atribuição de um representante de vendas (número), mas é impossível que tenha um representante de vendas inválido (número).

As regras de integridade resumidas na Tabela 3.4 são ilustradas na Figura 3.4.

Observe os seguintes aspectos dessa figura:

1. *Integridade de entidades.* A chave primária da tabela CLIENTE é CUS_CODE. A coluna dessa chave não apresenta nenhuma entrada nula e todas as entradas são únicas. De modo similar, a chave primária da tabela CORRETOR é AGENT_CODE, estando essa coluna, também, livre de entradas nulas.

2. *Integridade referencial.* A tabela CLIENTE contém uma chave estrangeira, AGENT_CODE, que liga suas entradas com a tabela CORRETOR. A linha CUS_CODE identificada pelo número

(chave primária) 10013 contém uma entrada nula em sua chave estrangeira AGENT_CODE, pois Paul F. Olowski não recebeu ainda a atribuição de um representante de vendas. Todas as entradas AGENT_CODE restantes da tabela CLIENTE têm correspondentes nas entradas AGENT_CODE da tabela CORRETOR.

FIGURA 3.4 Ilustração das regras de integridade

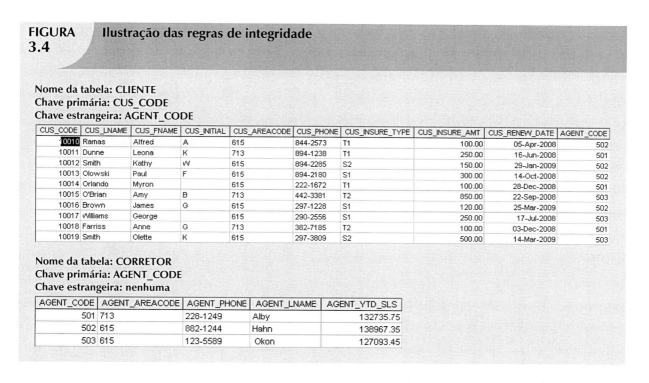

Nome da tabela: CLIENTE
Chave primária: CUS_CODE
Chave estrangeira: AGENT_CODE

CUS_CODE	CUS_LNAME	CUS_FNAME	CUS_INITIAL	CUS_AREACODE	CUS_PHONE	CUS_INSURE_TYPE	CUS_INSURE_AMT	CUS_RENEW_DATE	AGENT_CODE
10010	Ramas	Alfred	A	615	844-2573	T1	100.00	05-Apr-2008	502
10011	Dunne	Leona	K	713	894-1238	T1	250.00	16-Jun-2008	501
10012	Smith	Kathy	W	615	894-2285	S2	150.00	29-Jan-2009	502
10013	Olowski	Paul	F	615	894-2180	S1	300.00	14-Oct-2008	502
10014	Orlando	Myron		615	222-1672	T1	100.00	28-Dec-2008	501
10015	O'Brian	Amy	B	713	442-3381	T2	850.00	22-Sep-2008	503
10016	Brown	James	G	615	297-1228	S1	120.00	25-Mar-2009	502
10017	Williams	George		615	290-2556	S1	250.00	17-Jul-2008	503
10018	Farriss	Anne	G	713	382-7185	T2	100.00	03-Dec-2008	501
10019	Smith	Olette	K	615	297-3809	S2	500.00	14-Mar-2009	503

Nome da tabela: CORRETOR
Chave primária: AGENT_CODE
Chave estrangeira: nenhuma

AGENT_CODE	AGENT_AREACODE	AGENT_PHONE	AGENT_LNAME	AGENT_YTD_SLS
501	713	228-1249	Alby	132735.75
502	615	882-1244	Hahn	138967.35
503	615	123-5589	Okon	127093.45

Para evitar nulos, alguns projetistas utilizam códigos especiais, conhecidos como **flags**, para indicar a ausência de valor. Utilizando a Figura 3.4 como exemplo, o código -99 poderia ser utilizado como a entrada AGENT_CODE da quarta linha da tabela CLIENTE para indicar que o cliente Paul Olowski ainda não recebeu a atribuição de um corretor. Se essa flag for utilizada, a tabela CORRETOR deve conter uma linha simulada com valor AGEND_CODE -99. Assim, o primeiro registro da tabela CORRETOR poderia conter os valores apresentados na Tabela 3.5.

TABELA 3.5 Valor variável simulado utilizado como flag

AGENT_CODE	AGENT_AREACODE	AGENT_PHONE	AGENT_LNAME	AGENT_YTD_SALES
-99	000	000-0000	Nenhum	$0.00

O Capítulo 4 discute vários modos como os nulos podem ser tratados.

Outras regras de integridade que podem ser aplicadas no modelo relacional são as restrições *NOT NULL* e *UNIQUE*. A restrição NOT NULL pode ser aplicada a uma coluna para garantir que todas as linhas da tabela apresentem um valor para essa coluna. A restrição UNIQUE é aplicada a uma coluna para garantir que não haja nenhum valor duplicado nela.

OPERADORES DO CONJUNTO RELACIONAL

Os dados de tabelas relacionais possuem valor limitado, a menos que possam ser manipulados para gerar informações úteis. Esta seção descreve os recursos básicos de manipulação de dados do modelo relacional. A **álgebra relacional** define teoricamente a manipulação do conteúdo de tabelas utilizando oito operadores relacionais. SELECT, PROJECT, JOIN, INTERSECT, UNION, DIFFERENCE, PRODUCT e DIVIDE. No Capítulo 7 você aprenderá como os comandos de SQL podem ser utilizados para realizar operações de álgebra relacional.

> **NOTA**
>
> O grau de completude relacional pode ser definido como a extensão em que a álgebra relacional é suportada. Para ser considerado minimamente relacional, o SGBD deve dar suporte aos operadores fundamentais SELECT, PROJECT e JOIN. Muito poucos SGBDs são capazes de dar suporte aos oito operadores relacionais.

Os operadores relacionais apresentam a propriedade do **fechamento**; ou seja, a utilização de operadores de álgebra relacional em tabelas existentes (relações) produz novas relações. Não é necessário examinar as definições, propriedades e características matemáticas desses operadores. No entanto, sua *utilização* pode ser facilmente ilustrada da seguinte maneira:

1. UNION combina todas as linhas de duas tabelas, excluindo as duplicadas. As tabelas devem apresentar as mesmas características de atributos (as colunas e os domínios devem ser idênticos) para serem utilizadas no operador UNION. Quando duas ou mais tabelas compartilham o mesmo número de colunas, quando as colunas apresentam os mesmos nomes e quando utilizam os mesmos domínios (ou domínios compatíveis), diz-se que são **compatíveis para união**. O efeito do UNION é apresentado na Figura 3.5.

FIGURA 3.5   UNION

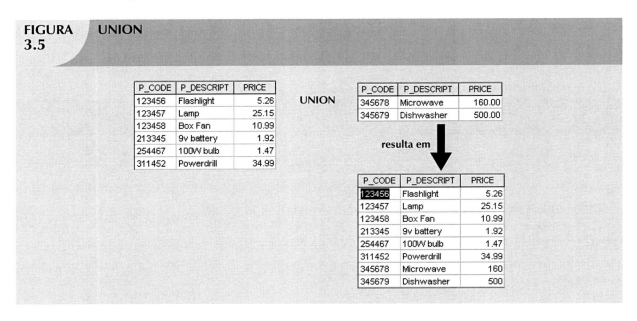

2. INTERSECT resulta apenas nas linhas que aparecem em ambas as tabelas. Como no caso de UNION, só se produzirão resultados válidos se as tabelas forem compatíveis para união. Por exemplo, não é possível utilizar INTERSECT se um dos atributos for numérico e outro for baseado em caracteres. O efeito do INTERSECT é apresentado na Figura 3.6.

FIGURA 3.6   INTERSECT

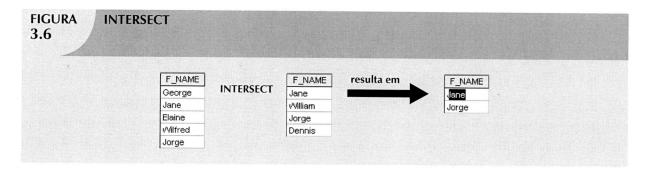

3. DIFFERENCE resulta em todas as linhas de uma tabela que não se encontram na outra tabela; ou seja, uma tabela é subtraída da outra. Como no caso de UNION, só se produzirão resultados válidos se as tabelas forem compatíveis para união. O efeito do DIFFERENCE é apresentado na Figura 3.7. No entanto, observe que subtrair a primeira tabela da segunda não é igual a subtrair a segunda da primeira.

FIGURA 3.7   DIFFERENCE

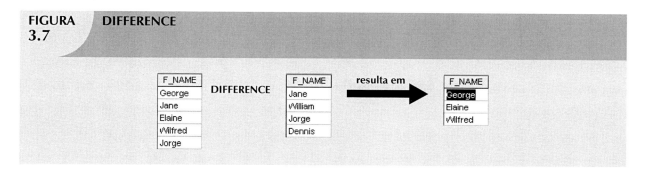

4. PRODUCT resulta em todos os pares de linhas possíveis a partir de duas tabelas – também conhecido como produto cartesiano. Portanto, se uma tabela tiver seis linhas e a outra tiver três, o PRODUCT resulta em uma lista composta de 6 × 3 = 18 linhas. O efeito do PRODUCT é apresentado na Figura 3.8.

5. SELECT, também conhecido como RESTRICT, resulta nos valores de todas as linhas de uma tabela que satisfaçam uma condição dada. SELECT pode ser utilizado para listar todos os valores de linha ou apenas aqueles que atenderem a um critério especificado. Em outras palavras, SELECT produz um subconjunto horizontal de uma tabela. O efeito do SELECT é apresentado na Figura 3.9.

FIGURA 3.8 PRODUCT

P_CODE	P_DESCRIPT	PRICE
123456	Flashlight	5.26
123457	Lamp	25.15
123458	Box Fan	10.99
213345	9v battery	1.92
254467	100W bulb	1.47
311452	Powerdrill	34.99

PRODUCT

STORE	AISLE	SHELF
23	W	5
24	K	9
25	Z	6

resulta em

P_CODE	P_DESCRIPT	PRICE	STORE	AISLE	SHELF
123456	Flashlight	5.26	23	W	5
123456	Flashlight	5.26	24	K	9
123456	Flashlight	5.26	25	Z	6
123457	Lamp	25.15	23	W	5
123457	Lamp	25.15	24	K	9
123457	Lamp	25.15	25	Z	6
123458	Box Fan	10.99	23	W	5
123458	Box Fan	10.99	24	K	9
123458	Box Fan	10.99	25	Z	6
213345	9v battery	1.92	23	W	5
213345	9v battery	1.92	24	K	9
213345	9v battery	1.92	25	Z	6
311452	Powerdrill	34.99	23	W	5
311452	Powerdrill	34.99	24	K	9
311452	Powerdrill	34.99	25	Z	6
254467	100W bulb	1.47	23	W	5
254467	100W bulb	1.47	24	K	9
254467	100W bulb	1.47	25	Z	6

FIGURA 3.9 SELECT

Tabela original

P_CODE	P_DESCRIPT	PRICE
123456	Flashlight	5.26
123457	Lamp	25.15
123458	Box Fan	10.99
213345	9v battery	1.92
254467	100W bulb	1.47
311452	Powerdrill	34.99

Nova tabela ou lista

SELECT ALL resulta em

P_CODE	P_DESCRIPT	PRICE
123456	Flashlight	5.26
123457	Lamp	25.15
123458	Box Fan	10.99
213345	9v battery	1.92
254467	100W bulb	1.47
311452	Powerdrill	34.99

SELECT apenas atributo PRICE inferior a US$ 2,00 resulta em

P_CODE	P_DESCRIPT	PRICE
213345	9v battery	1.92
254467	100W bulb	1.47

SELECT apenas atributo P_CODE = 311452 resulta em

P_CODE	P_DESCRIPT	PRICE
311452	Powerdrill	34.99

6. PROJECT resulta em todos os valores de atributos selecionados. Em outras palavras, PROJECT produz um subconjunto vertical de uma tabela. O efeito do PRODUCT é apresentado na Figura 3.10.

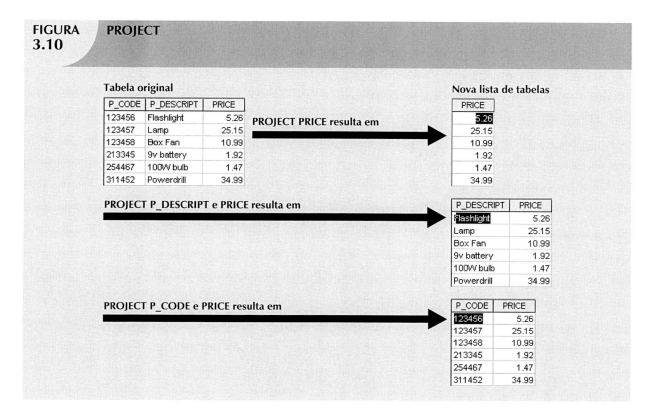

FIGURA 3.10 PROJECT

7. JOIN permite a combinação de informações de duas ou mais tabelas. Trata-se da potência real por trás dos bancos de dados relacionais, permitindo a utilização de tabelas independentes ligadas por atributos comuns. As tabelas CLIENTE e CORRETOR apresentadas na Figura 3.11 serão utilizadas para ilustrar vários tipos de utilizações do operador JOIN (junções).

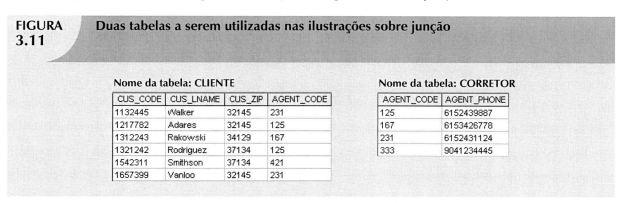

FIGURA 3.11 Duas tabelas a serem utilizadas nas ilustrações sobre junção

A **junção natural** (*natural join*) liga tabelas selecionando apenas as linhas com valores comuns em seu(s) atributo(s) comum(ns). É o resultado de um processo em três estágios:

a. Primeiro, aplica-se o operador PRODUCT a tabelas, produzindo-se os resultados apresentados na Figura 3.12.

FIGURA
3.12

Junção natural, etapa 1: PRODUCT

CUS_CODE	CUS_LNAME	CUS_ZIP	CUSTOMER.AGENT_CODE	AGENT.AGENT_CODE	AGENT_PHONE
1132445	Walker	32145	231	125	6152439887
1132445	Walker	32145	231	167	6153426778
1132445	Walker	32145	231	231	6152431124
1132445	Walker	32145	231	333	9041234445
1217782	Adares	32145	125	125	6152439887
1217782	Adares	32145	125	167	6153426778
1217782	Adares	32145	125	231	6152431124
1217782	Adares	32145	125	333	9041234445
1312243	Rakowski	34129	167	125	6152439887
1312243	Rakowski	34129	167	167	6153426778
1312243	Rakowski	34129	167	231	6152431124
1312243	Rakowski	34129	167	333	9041234445
1321242	Rodriguez	37134	125	125	6152439887
1321242	Rodriguez	37134	125	167	6153426778
1321242	Rodriguez	37134	125	231	6152431124
1321242	Rodriguez	37134	125	333	9041234445
1542311	Smithson	37134	421	125	6152439887
1542311	Smithson	37134	421	167	6153426778
1542311	Smithson	37134	421	231	6152431124
1542311	Smithson	37134	421	333	9041234445
1657399	Vanloo	32145	231	125	6152439887
1657399	Vanloo	32145	231	167	6153426778
1657399	Vanloo	32145	231	231	6152431124
1657399	Vanloo	32145	231	333	9041234445

b. Em segundo lugar, executa-se uma operação SELECT sobre o resultado da Etapa (a) para se obter apenas as linhas para as quais os valores AGENT_CODE são iguais. As colunas comuns são chamadas de **colunas de junção**. Os resultados obtidos na Etapa (b) são apresentados na Figura 3.13.

FIGURA
3.13

Junção natural, etapa 2: SELECT

CUS_CODE	CUS_LNAME	CUS_ZIP	CUSTOMER.AGENT_CODE	AGENT.AGENT_CODE	AGENT_PHONE
1217782	Adares	32145	125	125	6152439887
1321242	Rodriguez	37134	125	125	6152439887
1312243	Rakowski	34129	167	167	6153426778
1132445	Walker	32145	231	231	6152431124
1657399	Vanloo	32145	231	231	6152431124

c. Executa-se uma operação PROJECT sobre os resultados da Etapa (b) para produzir uma única cópia de cada atributo, eliminando-se assim as colunas duplicadas. O produto obtido na Etapa (c) é exibido na Figura 3.14.

O resultado de uma junção natural produz uma tabela que não inclui pares sem correspondência e fornece apenas as cópias das correspondências.

Observe alguns aspectos fundamentais da operação de junção natural:

- Se não ocorrer nenhuma correspondência entre as linhas das tabelas, a nova tabela não incluirá a linha sem correspondência. Nesse caso, nem AGENT_CODE 421 nem o cliente com sobrenome

Smithson foram incluídos. O AGENT_CODE 421 de Smithson não corresponde a nenhuma entrada da tabela CORRETOR.

- A coluna em que a junção foi feita – ou seja, AGEND_CODE – aparece apenas uma vez na nova tabela.
- Se o mesmo AGENT_CODE ocorresse várias vezes na tabela CORRETOR, seria listado um cliente para cada correspondência. Por exem-

FIGURA 3.14 Junção natural, etapa 3: PROJECT

CUS_CODE	CUS_LNAME	CUS_ZIP	AGENT_CODE	AGENT_PHONE
1217782	Adares	32145	125	6152439887
1321242	Rodriguez	37134	125	6152439887
1312243	Rakowski	34129	167	6153426778
1132445	Walker	32145	231	6152431124
1657399	Vanloo	32145	231	6152431124

plo, se o AGENT_CODE 167 aparecesse três vezes na tabela CORRETOR, o cliente chamado Rakowski, que recebeu a atribuição do AGENT_CODE 167, apareceria três vezes na tabela resultante. (É claro que uma boa tabela CORRETOR não poderia produzir esse resultado, pois ela teria valores únicos de chave primária.)

Outra forma de junção, conhecida como **junção por igualdade (equijoin)**, liga tabelas com base em uma condição de igualdade que compara colunas especificadas de cada tabela. O resultado da junção por igualdade não elimina colunas duplicadas e a condição ou critério utilizado para unir as tabelas deve ser definido explicitamente. Esse tipo de junção recebe seu nome em função do operador de comparação de igualdade (=) utilizado na condição. Se qualquer outro operador de comparação for utilizado, a junção é chamada de **junção teta (theta join)**.

Em uma **junção externa (outer join)**, os pares com correspondência são mantidos e os valores em correspondência na outra tabela são deixados nulos. De modo mais específico, se for realizada uma junção externa para as tabelas CLIENTE e CORRETOR, há duas situações possíveis:

A **junção externa à esquerda (left outer join)** resulta em todas as linhas da tabela CLIENTE, inclusive aquelas que não apresentam um valor correspondente na tabela CORRETOR. Um exemplo dessa junção é apresentado na Figura 3.15.

A **junção externa à direita (right outer join)** resulta em todas as linhas da tabela CORRETOR, inclusive aquelas que não apresentam um valor correspondente na tabela CLIENTE. Um exemplo dessa junção é apresentado na Figura 3.16.

FIGURA 3.15 Junção externa à esquerda

CUS_CODE	CUS_LNAME	CUS_ZIP	AGENT_CODE	AGENT_PHONE
1217782	Adares	32145	125	6152439887
1321242	Rodriguez	37134	125	6152439887
1312243	Rakowski	34129	167	6153426778
1132445	Walker	32145	231	6152431124
1657399	Vanloo	32145	231	6152431124
1542311	Smithson	37134	421	

Junções externas são especialmente úteis quando se tenta determinar qual(is) valor(es) de tabelas relacionadas causa(m) problemas de integridade referencial. Esses problemas são criados quando valores de chave estrangeira não correspondem a valores de chave primária da(s) tabela(s) relacionada(s). De fato, quando se solicita a conversão de grandes planilhas ou outros dados que não sejam de bancos de dados em tabelas de bancos relacionais, descobre-se que as junções externas poupam uma grande quantidade de tempo e incontáveis dores de cabeça de se encontrar erros de integridade referencial após as conversões.

FIGURA 3.16 Junção externa à direita

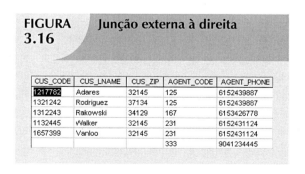

CUS_CODE	CUS_LNAME	CUS_ZIP	AGENT_CODE	AGENT_PHONE
1217782	Adares	32145	125	6152439887
1321242	Rodriguez	37134	125	6152439887
1312243	Rakowski	34129	167	6153426778
1132445	Walker	32145	231	6152431124
1657399	Vanloo	32145	231	6152431124
			333	9041234445

Você deve estar se perguntando por que as junções externas são identificadas como *à esquerda* e *à direita*. Esses nomes se referem à ordem em que as tabelas são relacionadas no comando de SQL. O capítulo 7 explora tais junções.

8. A operação DIVIDE utiliza uma tabela com uma única coluna (por exemplo, a coluna "a") como o divisor e uma tabela de duas colunas (por exemplo, as colunas "a" e "b") como o dividendo. As tabelas devem ter uma coluna em comum (por exemplo, a coluna "a"). A saída da operação DIVIDE é uma única coluna com os valores da coluna "a" das linhas da tabela de dividendo, em que o valor da coluna comum (por exemplo, a coluna "a") coincide em ambas as tabelas. A Figura 3.17 apresenta a operação DIVIDE.

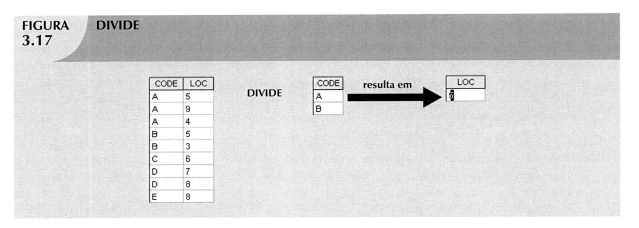

FIGURA 3.17 — DIVIDE

Utilizando o exemplo apresentado na Figura 3.17, observe que:

a. A Tabela 1 é "dividida" pela Tabela 2 para produzir a Tabela 3. As Tabelas 1 e 2 contêm a coluna CODE, nas não compartilham a LOC.

b. Para ser incluído na Tabela 3 resultante, um valor de uma coluna não compartilhada (LOC) deve estar associado (na Tabela 2 de divisão) a todos os valores da Tabela 1.

c. O único valor associado tanto a A como a B é 5.

DICIONÁRIO DE DADOS E CATÁLOGO DE SISTEMAS

O **dicionário de dados** fornece uma descrição detalhada de todas as tabelas encontradas no banco de dados criado pelo usuário/projetista. Portanto, contém no mínimo todos os nomes e características de atributos de cada tabela no sistema. Em resumo, o dicionário de dados contém metadados – dados sobre dados. Utilizando o pequeno banco de dados apresentado na Figura 3.4, é possível ilustrar seu dicionário de dados conforme a Tabela 3.6.

NOTA

O dicionário de dados da Tabela 3.6 é um exemplo da visualização *humana* das entidades, atributos e relacionamentos. A finalidade desse dicionário é garantir que todos os membros das equipes de projeto e da implementação de bancos de dados utilizem os mesmos nomes e características de tabelas e atributos. O dicionário de dados armazenado internamente nos SGBDs contém informações adicionais sobre tipos de relacionamentos, verificações e aplicação de integridade referencial e de entidades e tipos e componentes de índices. Essas informações adicionais são geradas durante o estágio de implementação do banco de dados.

TABELA 3.6 Exemplo de dicionário de dados

NOME DA TABELA	NOME DO ATRIBUTO	CONTEÚDO	TIPO	FORMATO	FAIXA	NECESSÁRIO	PK OU FK	TABELA REFERENCIADA POR FK
CLIENTE	CUS_CODE	Código da conta do cliente	CHAR(5)	99999	10000–99999	S	PK	
	CUS_LNAME	Sobrenome do cliente	VARCHAR(20)	Xxxxxxx		S		
	CUS_FNAME	Nome do cliente	VARCHAR(20)	Xxxxxxx		S		
	CUS_INITIAL	Inicial do cliente	CHAR(1)	X				
	CUS_RENEW_DATE	Data de renovação do seguro do cliente	DATA	dd-mmm-aaaa				
	AGENT_CODE	Código do corretor	CHAR(3)	999			FK	AGENT_CODE
CORRETOR	AGENT_CODE	Código do corretor	CHAR(3)	999		S	PK	
	AGENT_AREACODE	Código de área do corretor	CHAR(3)	999		S		
	AGENT_PHONE	Número de telefone do corretor	CHAR(8)	999-9999		S		
	AGENT_LNAME	Sobrenome do corretor	VARCHAR(20)	Xxxxxxx		S		
	AGENT_YTD_SLS	Vendas acumuladas no ano do corretor	NUMBER(9,2)	9.999.999,99		S		

FK = Chave estrangeira
PK = Chave primária
CHAR = Dados com quantidade fixa de caracteres (1.255 caracteres)
VARCHAR = Dados com quantidade variável de caracteres (1-2.000 caracteres)
NUMBER = Dados numéricos como (NUMBER(9,2)) são utilizados para especificar o números com duas casas decimais e até nove dígitos, incluindo-se as casas decimais. Alguns SGBDRs permitem a utilização de tipo de dados MONEY (dinheiro) ou CURRENCY (moeda).

Nota: Códigos de áreas de telefone são sempre compostos de dígitos 0-9. Como esses códigos não são utilizados aritmeticamente, podem ser armazenados de modo mais eficiente como dados de caracteres. Além disso, nos Estados Unidos, são sempre compostos de três dígitos. Portanto, o tipo de código de área é definido como CHAR(3). Por outro lado, os nomes não se adaptam a um tamanho padrão. Portanto, os primeiros nomes dos clientes são definidos como VARCHAR(20), indicando, assim, que até 20 caracteres podem ser utilizados para armazená-los. Os dados de caracteres são exibidos como justificados à esquerda.

O dicionário de dados às vezes é descrito como "o banco de dados do projetista de bancos de dados", pois registra as decisões de projeto sobre suas tabelas e estruturas.

Como o dicionário de dados, o **catálogo do sistema** contém metadados. Pode ser definido como um dicionário detalhado de dados do sistema que descreve todos os objetos do banco, inclusive dados sobre nomes de tabelas, o criador de tabela e a data de criação, o número de colunas em cada tabela, o tipo de dados que corresponde a cada coluna, os nomes de arquivos de índices, os criadores de índices, os usuários autorizados e os privilégios de acesso. Como o catálogo do sistema contém todas as informações necessárias do dicionário de dados, os termos *catálogo do sistema* e *dicionário de dados* costumam ser utilizados de modo indiferente. Na verdade, os softwares atuais de bancos de dados relacionais fornecem apenas um catálogo do sistema a partir do qual é possível obter as informações do dicionário de dados do projetista. O catálogo do sistema é, na verdade, um banco de dados criado pelo sistema cujas tabelas armazenam as características e o conteúdo do banco criado pelo usuário/projetista. Portanto, as tabelas desse catálogo podem ser consultadas como qualquer outra tabela criada pelo usuário/projetista.

Na prática, o catálogo do sistema gera automaticamente a documentação do banco de dados. Conforme são acrescidas novas tabelas ao banco, essa documentação também permite que o SGBDR verifique e elimine homônimos e sinônimos. Em termos gerais, os **homônimos** são palavras de pronúncia similar ou de ortografia idêntica, mas com significados diferentes, como *ascender* e *acender* ou *leve* (do verbo *levar*) e *leve* (significando "de pouco peso"). No contexto de bancos de dados, a palavra *homônimo* indica a utilização do mesmo nome de atributo para identificar atributos diferentes. Por exemplo, C_NAME pode ser utilizado para identificar um atributo de nome de cliente na tabela CLIENTE e, ao mesmo tempo, um atributo de nome de consultor na tabela CONSULTOR. Para reduzir potenciais confusões, deve-se evitar homônimos em bancos de dados; nesse contexto, o dicionário de dados é muito útil.

No contexto de bancos de dados, **sinônimo** é o oposto de homônimo e indica a utilização de nomes diferentes para descrever o mesmo atributo. Por exemplo, *carro* e *automóvel* referem-se ao mesmo objeto. Os sinônimos devem ser evitados. Você descobrirá por que utilizar sinônimos é uma má ideia quando desenvolver o Problema 33 no fim deste capítulo.

RELACIONAMENTOS DENTRO DO BANCO DE DADOS RELACIONAL

Você já sabe que os relacionamentos são classificados como um para um (1:1), um para muitos (1:M) e muitos para muitos (M:N ou M:M). Esta seção explora ainda mais esses relacionamentos para ajudar em sua aplicação adequada no início do desenvolvimento de projetos de banco de dados, focando nos seguintes pontos:

- O relacionamento 1:M é o ideal da modelagem relacional. Portanto, esse tipo de relacionamento deve ser a norma em qualquer projeto relacional.
- O relacionamento 1:1 deve ser raro em qualquer projeto de banco de dados relacional.
- Os relacionamentos M:N não podem ser implantados dessa forma no modelo relacional. Mais adiante, nesta seção, você verá como qualquer relacionamento M:N pode ser alterado para dois relacionamentos 1:M.

RELACIONAMENTO 1:M

O relacionamento 1:M é a norma do banco de dados relacional. Para ver como esse relacionamento é modelado e implementado, considere o exemplo "o PINTOR cria a PINTURA", utilizado no Capítulo 2. Compare o modelo de dados na Figura 3.18 com sua implementação na Figura 3.19.

| FIGURA 3.18 | Relacionamento 1:M entre PINTOR e PINTURA |

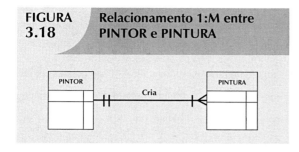

Ao examinar o conteúdo de tabela de PINTOR e PINTURA na Figura 3.19, observe os seguintes aspectos:

• Cada pintura é criada por um e somente um pintor, mas cada pintor pode ter criado várias pinturas. Observe que a pintora 123 (Georgette P. Ross) possui três pinturas armazenadas na tabela PINTURA.

• Há apenas uma linha da tabela PINTOR para qualquer linha da tabela PINTURA, mas há várias linhas da tabela PINTURA para qualquer linha da tabela PINTOR.

| FIGURA 3.19 | Relacionamento 1:M implementado entre PINTOR e PINTURA |

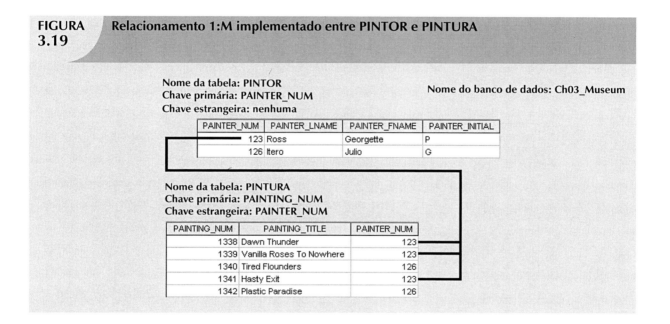

Nome da tabela: PINTOR
Chave primária: PAINTER_NUM
Chave estrangeira: nenhuma

Nome do banco de dados: Ch03_Museum

PAINTER_NUM	PAINTER_LNAME	PAINTER_FNAME	PAINTER_INITIAL
123	Ross	Georgette	P
126	Itero	Julio	G

Nome da tabela: PINTURA
Chave primária: PAINTING_NUM
Chave estrangeira: PAINTER_NUM

PAINTING_NUM	PAINTING_TITLE	PAINTER_NUM
1338	Dawn Thunder	123
1339	Vanilla Roses To Nowhere	123
1340	Tired Flounders	126
1341	Hasty Exit	123
1342	Plastic Paradise	126

NOTA

O relacionamento um para muitos (1:M) é facilmente implementado no modelo relacional colocando-se a *chave primária ao lado* "1" como chave estrangeira da tabela do lado *"muitos"*.

O relacionamento 1:M é encontrado em qualquer ambiente de bancos de dados. Os alunos de uma faculdade ou universidade comum descobrirão que cada DISCIPLINA pode gerar muitas TURMAs, mas que cada TURMA refere-se a apenas uma DISCIPLINA. Por exemplo, um curso de Contabilidade II pode originar duas turmas: uma oferecida às segundas, quartas e sextas-feiras, das 10h às 10h50, e outra oferecida nas quintas-feiras, das 18h às 20h40. Portanto, o relacionamento 1:M entre DISCIPLINA e TURMA pode ser descrito da seguinte maneira:

• Cada DISCIPLINA pode ter várias TURMAs, mas cada TURMA refere-se a apenas uma DISCIPLINA.

• Há apenas uma linha da tabela DISCIPLINA para qualquer linha da tabela TURMA, mas há várias linhas da tabela TURMA para qualquer linha da tabela DISCIPLINA.

A Figura 3.20 mapeia o ER para o relacionamento 1:M entre DISCIPLINA e TURMA.

O relacionamento 1:M entre DISCIPLINA e TURMA é ainda ilustrado na Figura 3.21.

Utilizando a Figura 3.21, reserve algum tempo para revisar a terminologia importante. Observe que CLASS_CODE na tabela TURMA identifica cada linha de modo exclusivo. Portanto, CLASS_CODE foi escolhido como a chave primária. No entanto, a combinação de CRS_CODE e CLASS_SECTION também identificará exclusivamente cada linha da tabela de turmas. Em outras palavras, a *chave composta* formada por CRS_CODE e CLASS_SECTION é uma *chave candidata*. Qualquer chave candidata deve se submeter às restrições de exclusividade e ausência de nulos. (Você verá como isso é feito quando aprender sobre SQL no Capítulo 7.)

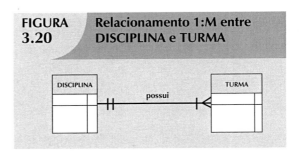

FIGURA 3.20 Relacionamento 1:M entre DISCIPLINA e TURMA

FIGURA 3.21 Relacionamento 1:M implementado entre DISCIPLINA e TURMA

Nome da tabela: DISCIPLINA
Chave primária: CRS_CODE
Chave estrangeira: nenhuma

Nome do banco de dados: Ch03_TinyCollege

CRS_CODE	DEPT_CODE	CRS_DESCRIPTION	CRS_CREDIT
ACCT-211	ACCT	Accounting I	3
ACCT-212	ACCT	Accounting II	3
CIS-220	CIS	Intro. to Microcomputing	3
CIS-420	CIS	Database Design and Implementation	4
QM-261	CIS	Intro. to Statistics	3
QM-362	CIS	Statistical Applications	4

Nome da tabela: TURMA
Chave primária: CLASS_CODE
Chave estrangeira: CRS_CODE

CLASS_CODE	CRS_CODE	CLASS_SECTION	CLASS_TIME	CLASS_ROOM	PROF_NUM
10012	ACCT-211	1	MWF 8:00-8:50 a.m.	BUS311	105
10013	ACCT-211	2	MWF 9:00-9:50 a.m.	BUS200	105
10014	ACCT-211	3	TTh 2:30-3:45 p.m.	BUS252	342
10015	ACCT-212	1	MWF 10:00-10:50 a.m.	BUS311	301
10016	ACCT-212	2	Th 6:00-8:40 p.m.	BUS252	301
10017	CIS-220	1	MWF 9:00-9:50 a.m.	KLR209	228
10018	CIS-220	2	MWF 9:00-9:50 a.m.	KLR211	114
10019	CIS-220	3	MWF 10:00-10:50 a.m.	KLR209	228
10020	CIS-420	1	W 6:00-8:40 p.m.	KLR209	162
10021	QM-261	1	MWF 8:00-8:50 a.m.	KLR200	114
10022	QM-261	2	TTh 1:00-2:15 p.m.	KLR200	114
10023	QM-362	1	MWF 11:00-11:50 a.m.	KLR200	162
10024	QM-362	2	TTh 2:30-3:45 p.m.	KLR200	162

Por exemplo, observe na Figura 3.19, que a chave primária da tabela PINTOR, PAINTER_NUM, está inclusa na tabela PINTURA como uma chave estrangeira. De modo similar, na Figura 3.21, a chave primária da tabela DISCIPLINA, CRS_CODE, está inclusa na tabela TURMA como uma chave estrangeira.

RELACIONAMENTO 1:1

Como o próprio nome diz, no relacionamento 1:1 uma entidade pode ser relacionada a apenas uma outra entidade e vice-versa. Por exemplo, um chefe de departamento – um professor – pode chefiar apenas um departamento, e um departamento pode ter apenas um chefe. As entidades PROFESSOR e DEPARTAMENTO apresentam, portanto, um relacionamento 1:1. (Você poderia argumentar que nem todos os professores chefiam um departamento, nem se pode *exigir* que eles o façam. Ou seja, o relacionamento entre as duas entidades é opcional. No entanto, nesse estágio da discussão, deve-se focar a atenção no relacionamento 1:1 básico. Os relacionamentos opcionais serão tratados no Capítulo 4.) O relacionamento 1:1 básico é modelado na Figura 3.22 e sua implementação é apresentada na Figura 3.23.

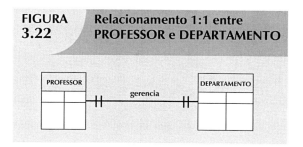

FIGURA 3.22 Relacionamento 1:1 entre PROFESSOR e DEPARTAMENTO

Ao examinar as tabelas da Figura 3.23, observe que há vários aspectos importantes:

- Cada professor é um funcionário da Tiny College. Portanto, a identificação do professor se dá por meio do EMP_NUM (número de funcionário). (No entanto, observe que nem todos os funcionários são professores – há outro relacionamento opcional.)
- O relacionamento 1:1 "o PROFESSOR gerencia o DEPARTAMENTO" é implementado com o EMP_NUM como chave estrangeira da tabela DEPARTAMENTO. Observe que o relacionamento 1:1 é tratado como um caso particular do relacionamento 1:M, no qual o lado "muitos" está restrito a uma única ocorrência. Nesse caso, DEPARTAMENTO contém EMP_NUM como uma chave estrangeira para indicar que é o *departamento* que possui um gestor.
- Observe também que a tabela PROFESSOR contém a chave estrangeira DEPT_CODE para implementar o relacionamento 1:M "o DEPARTAMENTO emprega o PROFESSOR". Esse é um bom exemplo de como duas entidades podem participar de dois (ou mais) relacionamentos simultaneamente.

O exemplo anterior "o PROFESSOR gerencia o DEPARTAMENTO" ilustra um relacionamento 1:1 adequado. *Na verdade, a utilização de um relacionamento 1:1 garante que dois conjuntos de identidades não sejam colocados na mesma tabela quando isso não for necessário.* No entanto, a existência de um relacionamento 1:1 às vezes significa que os componentes de entidades não foram definidos adequadamente. Ela pode indicar que duas entidades pertencem, na verdade, à mesma tabela!

Por mais que os relacionamentos 1:1 devam ser raros, algumas condições certamente *exigem* sua utilização. Por exemplo, suponha que você gerencie o banco de dados de uma empresa que empregue pilotos, contadores, mecânicos, balconistas, vendedores, pessoal de serviços etc. Os pilotos apresentam diversos atributos que outros funcionários não possuem, como licenças, certificados médicos, registros de experiência de voo, datas de verificação de proficiência em voo e documentação das verificações médicas periódicas necessárias. Se os atributos específicos de pilotos forem colocados na tabela FUNCIONÁRIO, você terá vários nulos nessa tabela para todos os funcionários que não sejam pilotos. Para evitar a proliferação de nulos, é melhor separar os atributos de pilotos em uma tabela distinta (PILOTO) que esteja ligada à tabela FUNCIONÁRIO em um relacionamento 1:1. Como os pilotos apresentam muitos atributos compartilhados por todos os funcionários – nome, data de nascimento e data do primeiro emprego – esses atributos seriam armazenados na tabela FUNCIONÁRIO.

FIGURA 3.23	Relacionamento 1:1 implementado entre PROFESSOR e DEPARTAMENTO

Nome da tabela: PROFESSOR
Chave primária: EMP_NUM
Chave estrangeira: DEPT_CODE

EMP_NUM	DEPT_CODE	PROF_OFFICE	PROF_EXTENSION	PROF_HIGH_DEGREE
103	HIST	DRE 156	6783	Ph.D.
104	ENG	DRE 102	5561	MA
105	ACCT	KLR 229D	8665	Ph.D.
106	MKT/MGT	KLR 126	3899	Ph.D.
110	BIOL	AAK 160	3412	Ph.D.
114	ACCT	KLR 211	4436	Ph.D.
155	MATH	AAK 201	4440	Ph.D.
160	ENG	DRE 102	2248	Ph.D.
162	CIS	KLR 203E	2359	Ph.D.
191	MKT/MGT	KLR 409B	4016	DBA
195	PSYCH	AAK 297	3550	Ph.D.
209	CIS	KLR 333	3421	Ph.D.
228	CIS	KLR 300	3000	Ph.D.
297	MATH	AAK 194	1145	Ph.D.
299	ECON/FIN	KLR 284	2851	Ph.D.
301	ACCT	KLR 244	4683	Ph.D.
335	ENG	DRE 208	2000	Ph.D.
342	SOC	BBG 208	5514	Ph.D.
387	BIOL	AAK 230	8665	Ph.D.
401	HIST	DRE 156	6783	MA
425	ECON/FIN	KLR 284	2851	MBA
435	ART	BBG 185	2278	Ph.D.

O relacionamento 1:M "o DEPARTAMENTO emprega o PROFESSOR" é implementado por meio da inserção da chave estrangeira DEPT_CODE na tabela PROFESSOR.

O relacionamento 1:1 "o PROFESSOR chefia o DEPARTAMENTO" é implementado por meio da inserção da chave estrangeira EMP_NUM na tabela DEPARTAMENTO.

Nome da tabela: DEPARTAMENTO
Chave primária: DEPT_CODE
Chave estrangeira: EMP_NUM

DEPT_CODE	DEPT_NAME	SCHOOL_CODE	EMP_NUM	DEPT_ADDRESS	DEPT_EXTENSION
ACCT	Accounting	BUS	114	KLR 211, Box 52	3119
ART	Fine Arts	A&SCI	435	BBG 185, Box 128	2278
BIOL	Biology	A&SCI	387	AAK 230, Box 415	4117
CIS	Computer Info. Systems	BUS	209	KLR 333, Box 56	3245
ECON/FIN	Economics/Finance	BUS	299	KLR 284, Box 63	3126
ENG	English	A&SCI	160	DRE 102, Box 223	1004
HIST	History	A&SCI	103	DRE 156, Box 284	1867
MATH	Mathematics	A&SCI	297	AAK 194, Box 422	4234
MKT/MGT	Marketing/Management	BUS	106	KLR 126, Box 55	3342
PSYCH	Psychology	A&SCI	195	AAK 297, Box 438	4110
SOC	Sociology	A&SCI	342	BBG 208, Box 132	2008

RELACIONAMENTO M:N

O ambiente relacional não dá suporte direto a relacionamentos muitos para muitos (M:N). No entanto, podem ser implementados criando-se uma nova entidade no relacionamento 1:M das entidades originais.

Para explorar o relacionamento muitos para muitos (M:N), considere um ambiente típico de faculdade em que cada ALUNO possa estar em várias TURMAs e cada TURMA possa conter vários ALUNOs. O modelo de ER da Figura 3.24 mostra esse relacionamento M:N.

Observe os aspectos do ER na Figura 3.24.

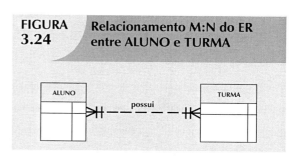

FIGURA 3.24 — Relacionamento M:N do ER entre ALUNO e TURMA

- Cada TURMA pode ter vários ALUNOs e cada ALUNO pode estar em várias TURMAs.
- Pode haver muitas linhas na tabela TURMA para qualquer linha da tabela ALUNO e pode haver muitas linhas da tabela ALUNO para qualquer linha da tabela TURMA.

Para examinar o relacionamento M:N com mais precisão, imagine uma pequena faculdade com dois alunos, cada um dos quais fazendo parte de três turmas. A Tabela 3.7 mostra os dados de matrícula para os dois alunos.

TABELA 3.7 Exemplo de dados de matrícula de alunos

SOBRENOME DOS ALUNOS	TURMAS SELECIONADAS
Bowser	Contabilidade 1, ACCT-211, código 10014
	Introdução à Microcomputação, CIS-220, código 10018
	Introdução à Estatística, QM-261, código 10021
Smithson	Contabilidade 1, ACCT-211, código 10014
	Introdução à Microcomputação, CIS-220, código 10018
	Introdução à Estatística, QM-261, código 10021

FIGURA 3.25 — Relacionamento M:N entre ALUNO e TURMA

Nome da tabela: ALUNO
Chave primária: STU_NUM
Chave estrangeira: nenhuma

STU_NUM	STU_LNAME	CLASS_CODE
321452	Bowser	10014
321452	Bowser	10018
321452	Bowser	10021
324257	Smithson	10014
324257	Smithson	10018
324257	Smithson	10021

Nome da tabela: TURMA
Chave primária: CLASS_CODE
Chave estrangeira: STU_NUM

CLASS_CODE	STU_NUM	CRS_CODE	CLASS_SECTION	CLASS_TIME	CLASS_ROOM	PROF_NUM
10014	321452	ACCT-211	3	TTh 2:30-3:45 p.m.	BUS252	342
10014	324257	ACCT-211	3	TTh 2:30-3:45 p.m.	BUS252	342
10018	321452	CIS-220	2	MWF 9:00-9:50 a.m.	KLR211	114
10018	324257	CIS-220	2	MWF 9:00-9:50 a.m.	KLR211	114
10021	321452	QM-261	1	MWF 8:00-8:50 a.m.	KLR200	114
10021	324257	QM-261	1	MWF 8:00-8:50 a.m.	KLR200	114

Embora o relacionamento M:N esteja logicamente representado na Figura 3.24, ele *não* deve ser implementado conforme a Figura 3.25 por dois bons motivos:

- As tabelas dão origem a muitas redundâncias. Por exemplo, observe que os valores STU_NUM ocorrem muitas vezes na tabela ALUNO. Em uma situação real, atributos adicionais do aluno, como endereço, classificação, formatura e telefone residencial também estariam contidos na tabela ALUNO, cada um deles sendo repetido em todos os registros aqui apresentados. De modo similar, a tabela TURMA contém várias duplicações: cada aluno que pega a turma gera um registro TURMA. O problema seria ainda pior se a tabela TURMA incluísse atributos como créditos-hora e descrição da disciplina. Essas redundâncias levam às anomalias discutidas no Capítulo 1.
- Dados a estrutura e o conteúdo das duas tabelas, as operações relacionais tornam-se muito complexas e provavelmente levarão a erros de eficiência do sistema e de saídas.

Felizmente, os problemas inerentes aos relacionamentos muitos para muitos (M:N) podem ser facilmente evitados, criando-se uma **entidade composta** (também chamada de **entidade ponte** ou **entidade associativa**). Como essa tabela é utilizada para ligar as tabelas originalmente no relacionamento M:N, a estrutura de entidade composta inclui – como chaves estrangeiras – *pelo menos* as chaves primárias das tabelas que estão sendo ligadas. O projetista do banco de dados possui duas opções importantes ao definir a chave primária da tabela composta: utilizar a combinação dessas chaves estrangeiras ou criar uma nova chave primária.

Lembre-se de que toda entidade no ER é representada por uma tabela. Portanto, é possível criar a tabela composta MATRÍCULA, exibida na Figura 3.26, para ligar as tabelas TURMA e ALUNO. Nesse exemplo, a chave primária dessa tabela é a combinação de suas chaves estrangeiras CLASS_CODE e STU_NUM. Mas o projetista poderia ter se decidido por criar uma nova chave primária de um único atributo, como ENROLL_LINE, utilizando um valor de linha diferente para identificar com exclusividade cada linha da tabela MATRÍCULA. (Os usuários de Microsoft Access utilizam o tipo de dados *Autonumber* para gerar, de maneira automática, esses valores de linha.)

FIGURA 3.26	**Conversão de um relacionamento M:N em dois relacionamentos 1:M**

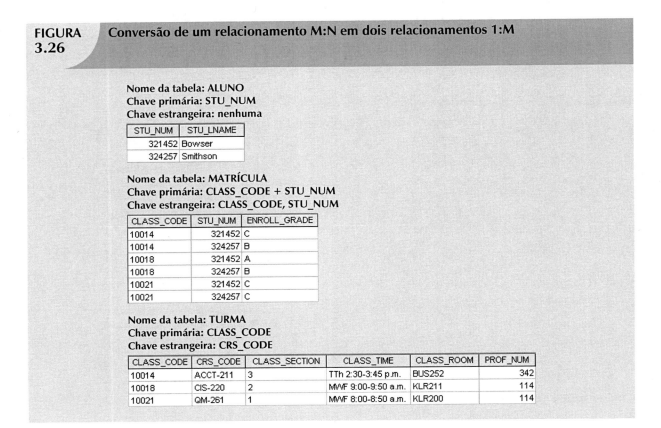

Nome da tabela: ALUNO
Chave primária: STU_NUM
Chave estrangeira: nenhuma

STU_NUM	STU_LNAME
321452	Bowser
324257	Smithson

Nome da tabela: MATRÍCULA
Chave primária: CLASS_CODE + STU_NUM
Chave estrangeira: CLASS_CODE, STU_NUM

CLASS_CODE	STU_NUM	ENROLL_GRADE
10014	321452	C
10014	324257	B
10018	321452	A
10018	324257	B
10021	321452	C
10021	324257	C

Nome da tabela: TURMA
Chave primária: CLASS_CODE
Chave estrangeira: CRS_CODE

CLASS_CODE	CRS_CODE	CLASS_SECTION	CLASS_TIME	CLASS_ROOM	PROF_NUM
10014	ACCT-211	3	TTh 2:30-3:45 p.m.	BUS252	342
10018	CIS-220	2	MWF 9:00-9:50 a.m.	KLR211	114
10021	QM-261	1	MWF 8:00-8:50 a.m.	KLR200	114

Como a tabela MATRÍCULA da Figura 3.26 liga duas tabelas, ALUNO e TURMA, ela também é chamada de **tabela de ligação**. Em outras palavras, a tabela de ligação é a implementação de uma entidade composta.

NOTA

Além de ligar atributos, a tabela composta MATRÍCULA pode conter atributos relevantes, como a nota obtida no curso. Na verdade, uma tabela composta pode conter qualquer quantidade de atributos que o projetista queira rastrear. Tenha em mente que a entidade composta, *embora seja implementada como uma tabela real*, é *conceitualmente* uma entidade lógica criada como meio para um fim: eliminar o potencial de redundâncias múltiplas do relacionamento M:N original.

A tabela de ligação (MATRÍCULA) apresentada na Figura 3.26 produz a conversão necessária de M:N para 1:M. A entidade composta representada pela tabela MATRÍCULA deve conter pelo menos as chaves principais das tabelas TURMA e ALUNO (CLASS_CODE e STU_NUM, respectivamente), para as quais serve como um conector.

Observe ainda que as tabelas ALUNO e TURMA agora contêm apenas uma linha por entidade. A tabela de ligação MATRÍCULA contém várias ocorrências dos valores de chave estrangeira, mas essas redundâncias controladas são incapazes de produzir anomalias, pois a integridade referencial é aplicada. Atributos adicionais podem ser agregados conforme necessário. Nesse caso, seleciona-se ENROLL_GRADE (nota da matrícula) para satisfazer uma determinada exigência de relatório. A chave primária da tabela MATRÍCULA consiste em dois atributos, CLASS_CODE e STU_NUM, pois tanto o código de turma como o número do aluno são desnecessários para determinar a nota de um aluno específico. Naturalmente, a conversão se reflete também no ER. O relacionamento revisado é apresentado na Figura 3.27.

Ao examinar a Figura 3.27, observe que a entidade composta chamada MATRÍCULA representa a tabela de ligação entre ALUNO e TURMA.

O relacionamento 1:M entre DISCIPLINA e TURMA é ainda ilustrado nas Figuras 3.20 e 3.21. Com a ajuda desse relacionamento, é possível aumentar a quantidade de informação disponível, mesmo controlando as redundâncias do banco de dados. Assim, a Figura 3.27 pode ser expandida de modo a incluir o relacionamento 1:M entre DISCIPLINA e TURMA apresentado na Figura 3.28. O modelo é capaz de tratar das várias seções de uma TURMA e controlar as redundâncias, certificando-se de que todos os dados da DISCIPLINA comuns a cada TURMA sejam mantidos na tabela DISCIPLINA.

O diagrama relacional que corresponde ao DER da Figura 3.28 é apresentado na Figura 3.29.

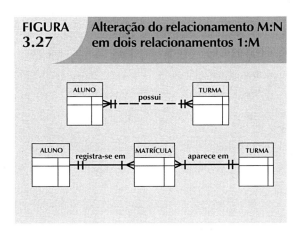

FIGURA 3.27 Alteração do relacionamento M:N em dois relacionamentos 1:M

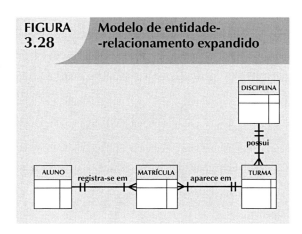

FIGURA 3.28 Modelo de entidade-relacionamento expandido

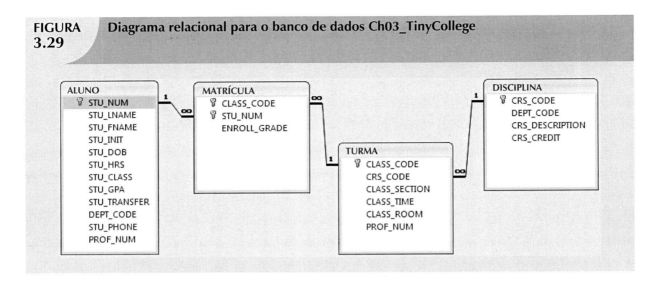

FIGURA 3.29 Diagrama relacional para o banco de dados Ch03_TinyCollege

O DER será examinado em detalhes no Capítulo 4 para mostrar como é utilizado no projeto de bancos de dados complexos.

NOVA ABORDAGEM À REDUNDÂNCIA DE DADOS

No Capítulo 1, você aprendeu que a redundância de dados leva a anomalias. Essas anomalias podem acabar com a eficiência do banco de dados. Também aprendeu que o banco de dados relacional possibilita o controle das redundâncias, utilizando atributos comuns compartilhados por tabelas e chamados de chaves estrangeiras.

A utilização adequada de chaves estrangeiras é fundamental para o controle de redundância. Embora não as elimine totalmente, pois os valores de chave estrangeira podem ser repetidos várias vezes, essa utilização *minimiza* as redundâncias, minimizando também a chance de que anomalias nocivas de dados se desenvolvam.

NOTA

O teste real de redundância *não* consiste em quantas cópias de um determinado atributo estão armazenadas, *mas se a eliminação de um atributo eliminará informações*. Portanto, se você excluir um atributo e as informações originais ainda puderem ser geradas por meio de álgebra relacional, a inclusão desse atributo será redundante. Dada essa visão da redundância, as chaves estrangeiras adequadas são claramente não redundantes apesar de suas várias ocorrências em uma tabela. No entanto, mesmo ao utilizar essa visão menos restritiva, tenha em mente que as redundâncias *controladas* costumam ser projetadas como parte do sistema para garantir velocidade de transação e/ou exigências de informações. Confiar exclusivamente na álgebra relacional para produzir as informações necessárias pode levar a projetos muito elegantes, mas que não passam no teste de viabilidade.

Você aprenderá no Capítulo 4 que os projetistas de bancos de dados devem reconciliar três exigências geralmente contraditórias: elegância de projeto, velocidade de processamento e exigências de informações. Além disso, você aprenderá no Capítulo 13, "que o projeto adequado de data warehouse exige redundâncias de dados cuidadosamente definidas e controladas para funcionar corretamente. Independente de como as redundâncias são descritas, o potencial de dados é limitado pela implementação adequada e controle cuidadoso.

Por mais importante que seja o controle da redundância de dados, há momentos em que o nível de redundância deve efetivamente ser aumentado para que o banco de dados atenda a finalidades fundamentais de informação. Você aprenderá sobre essas redundâncias no Capítulo 13. Há também momentos em que as redundâncias *parecem* existir para preservar a precisão histórica dos dados. Por exemplo, considere um pequeno sistema de faturamento. Ele inclui o CLIENTE, que pode comprar um ou mais PRODUTOs, gerando, assim, uma FATURA. Como um cliente pode comprar mais de um produto por vez, a fatura pode conter várias LINHAs, cada uma fornecendo detalhes sobre o produto adquirido. A tabela PRODUTO deve conter o preço do produto para fornecer uma entrada consistente do preço de cada produto que aparece na fatura. As tabelas que fazem parte desse sistema são apresentadas na Figura 3.30. O diagrama relacional do sistema é representado na Figura 3.31.

FIGURA 3.30	Pequeno sistema de faturamento

Nome da tabela: CLIENTE
Chave primária: CUS_CODE
Chave estrangeira: nenhuma

CUS_CODE	CUS_LNAME	CUS_FNAME	CUS_INITIAL	CUS_AREACODE	CUS_PHONE
10010	Ramas	Alfred	A	615	844-2573
10011	Dunne	Leona	K	713	894-1238
10012	Smith	Kathy	W	615	894-2285
10013	Olowski	Paul	F	615	894-2180
10014	Orlando	Myron		615	222-1672
10015	O'Brian	Amy	B	713	442-3381
10016	Brown	James	G	615	297-1228
10017	Williams	George		615	290-2556
10018	Farriss	Anne	G	713	382-7185
10019	Smith	Olette	K	615	297-3809

Nome da tabela: FATURA
Chave primária: INV_NUMBER
Chave estrangeira: CUS_CODE

INV_NUMBER	CUS_CODE	INV_DATE
1001	10014	08-Mar-08
1002	10011	08-Mar-08
1003	10012	08-Mar-08
1004	10011	09-Mar-08

Nome da tabela: LINHA
Chave primária: INV_NUMBER + LINE_NUMBER
Chaves estrangeiras: INV_NUMBER, PROD_CODE

INV_NUMBER	LINE_NUMBER	PROD_CODE	LINE_UNITS	LINE_PRICE
1001	1	123-21UUY	1	189.99
1001	2	SRE-657UG	3	2.99
1002	1	QER-34256	2	18.63
1003	1	ZZX/3245Q	1	6.79
1003	2	SRE-657UG	1	2.99
1003	3	001278-AB	1	12.95
1004	1	001278-AB	1	12.95
1004	2	SRE-657UG	2	2.99

Nome da tabela: PRODUTO
Chave primária: PROD_CODE
Chave estrangeira: nenhuma

PROD_CODE	PROD_DESCRIPT	PROD_PRICE	PROD_ON_HAND	VEND_CODE
001278-AB	Claw hammer	12.95	23	232
123-21UUY	Houselite chain saw, 16-in. bar	189.99	4	235
QER-34256	Sledge hammer, 16-lb. head	18.63	6	231
SRE-657UG	Rat-tail file	2.99	15	232
ZZX/3245Q	Steel tape, 12-ft. length	6.79	8	235

Ao analisar as tabelas do sistema de faturamento da Figura 3.30 e os relacionamentos representados na Figura 3.31, observe que é possível rastrear as informações comuns de vendas. Por exemplo, seguindo os relacionamentos entre as quatro tabelas, descobre-se que o cliente 10014 (Myron Orlando) comprou dois itens em 8 de março de 2006, que foram registrados na fatura número 1001: uma motosserra Houselite com barra de 16 polegadas e três limas finas (*observação*: rastreie o número CUS_CODE (código de cliente) 10014 da tabela CLIENTE até o valor correspondente CUS_CODE da tabela FATURA. Em seguida, parta do INV_NUMBER (número da fatura) 1001 e rastreie-o até as duas primeiras linhas da tabela LINHA. Por fim, compare os dois valores PROD_CODE (código de produto) em LINHA com os valores PROD_CODE em PRODUTO.) Serão utilizados aplicativos para preencher corretamente a conta, multiplicando cada LINE_UNITS (unidades) de itens de linha da fatura por seu LINE_PRICE (preço da linha), somando os resultados, aplicando os impostos incidentes etc. Posteriormente, outro aplicativo pode utilizar a mesma técnica para preencher os relatórios que rastreiam e comparam as vendas semanais, mensais e anuais.

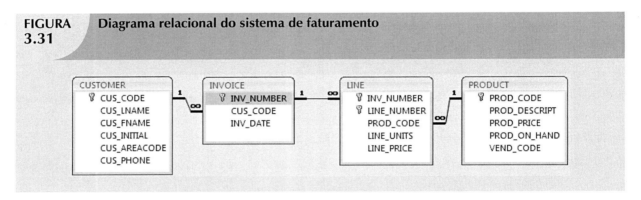

FIGURA 3.31 Diagrama relacional do sistema de faturamento

Ao examinar as transações de vendas na Figura 3.30, você pode ter suposto, de modo razoável, que o preço do produto apresentado ao cliente provém da tabela PRODUTO, pois é lá que os dados do produto estão armazenados. *Mas por que esse mesmo preço ocorre novamente na tabela LINHA? Trata-se de uma redundância de dados?* Certamente *parece* ser. Mas dessa vez, a redundância aparente é fundamental para o sucesso do sistema. A cópia do preço do produto da tabela PRODUTO para a LINHA mantém a *precisão histórica das transações*.

Suponha, por exemplo, que você não inseriu o valor de LINE_PRICE na tabela LINHA e utilizou o PROD_PRICE da tabela PRODUTO para calcular a receita das vendas. Suponha agora que o valor PROD_PRICE da tabela PRODUTO se altere, o que acontece com frequência com os preços. Essa alteração de preço se refletirá corretamente em todos os cálculos subsequentes de receita de vendas. No entanto, os cálculos de receitas passadas também refletirão o novo preço do produto, que não estava em vigor quando a transação ocorreu! Em consequência, os cálculos de receita de todas as transações passadas ficarão incorretos, eliminando, assim, a possibilidade de se fazer comparações adequadas das vendas ao longo do tempo. Por outro lado, se os dados de preço forem copiados a partir da tabela PRODUTO e armazenados com a transação na tabela LINHA, esse preço sempre refletirá precisamente a transação que ocorreu *naquele momento*. Você descobrirá que essas "redundâncias" planejadas são comuns em bons projetos de bancos de dados.

Por fim, você deve estar se perguntando por que o atributo LINE_NUMBER foi utilizado na tabela LINHA da Figura 3.30. A combinação de INV_NUMBER e PROD_CODE não seria suficiente como chave primária composta – e, portanto, LINE_NUMBER não seria redundante? Sim, o atributo LINE_NUMBER é redundante, mas essa redundância é criada com muita frequência pelo software de faturamento, que gera esses números de linha automaticamente. Nesse caso, isso não é necessário. Mas, por se tratar de uma geração automática, a redundância não é uma fonte de anomalias. A inclusão de LINE_NUMBER também adiciona outro benefício: a ordem dos dados de faturamento recuperados sempre seguirá a ordem em que os dados foram inseridos. Se os códigos de produto forem utilizados como parte da chave primária, a indexação organizará esses códigos assim que a fatura for concluída e os dados, armazenados. É possível imaginar a confusão potencial quando um cliente liga e diz: "O segundo item de minha fatura está com o preço incorreto" e o atendente está diante de uma fatura cujas linhas mostram uma ordem diferente da ordem da cópia do cliente!

ÍNDICES

Suponha que se queira localizar um livro específico em uma biblioteca. Faria sentido olhar todos os livros até encontrar o desejado? É claro que não; utiliza-se o catálogo da biblioteca, que apresenta índices por título, assunto e autor. O índice (tanto em um sistema manual como em computadores) aponta para o local do livro, transformando sua localização em um problema rápido e simples. Um **índice** é uma disposição ordenada utilizada para acessar logicamente as linhas de uma tabela.

Suponha, ainda, que você queira encontrar um assunto como "modelo ER" neste livro. Faz sentido ler todas as páginas até encontrar o tópico acidentalmente? Certamente não; é muito mais simples ir ao índice do livro, procurar a expressão *modelo ER* e ler as referências que apontam para a(s) página(s) adequada(s). Em cada caso, o índice é utilizado para localizar rapidamente um item necessário.

Os índices no ambiente de bancos de dados relacionais funcionam como os descritos nos parágrafos anteriores. De um ponto de vista conceitual, é composto de uma chave de índice e de um conjunto de ponteiros. Uma **chave de índice** é, na prática, o ponto de referência do índice. De modo mais formal, um índice é uma disposição ordenada de chaves e ponteiros. Cada chave aponta para a localização dos dados identificados por ela.

Por exemplo, suponha que você queira procurar todas as pinturas criadas por um determinado pintor no banco de dados da Figura 3.19. Sem um índice, é necessário ler todas as linhas da tabela PINTURA e ver se o atributo PAINTER_NUM corresponde ao pintor solicitado. No entanto, indexando-se a tabela PINTOR e utilizando-se a chave de índice PAINTER_NUM, basta procurar o valor adequado desse atributo no índice e encontrar os ponteiros correspondentes. Em termos conceituais, o índice se assemelha à apresentação ilustrada na Figura 3.32.

Ao examinar essa figura e compará-la às tabelas exibidas na Figura 3.19, observe que o primeiro valor da chave de índice PAINTER_NUM (123) encontra-se nos registros 1, 2 e 4 da tabela PINTURA da Figura 3.19. O segundo valor PAINTER_NUM (126) encontra-se nos registros 3 e 5 dessa mesma tabela.

Os SGBDs utilizam índices para finalidades muito diferentes. Você acabou de aprender que os índices podem ser utilizados para recuperar dados de modo mais eficiente. Mas os SGBDs também podem aplicá-los para recuperar dados ordenados por um ou vários atributos específicos. Por exemplo, a criação de um índice de sobrenomes de clientes permitirá a recuperação alfabética dos dados dos clientes a partir de seus sobrenomes. Além disso, a chave de índice pode ser composta de um ou mais atributos. Por exemplo, na Figura 3.30, é possível criar um índice dos atributos VEN_CODE (código de fornecedor) e PROD_CODE (código de produto) para recuperar todas as linhas da tabela PRODUTO ordenadas por fornecedor e, dentro de cada fornecedor, ordenadas por produto.

Os índices executam um papel importante nos SGBDs para a implantação das chaves primárias. Ao se definir a chave primária de uma tabela, o SGBD cria automaticamente um índice exclusivo para a(s) coluna(s) dessa chave. Por exemplo, na Figura 3.30, quando se declara que CUS_CODE é a chave primária da tabela CLIENTE, o SGBD cria automaticamente um índice exclusivo para esse atributo. Um **índice único**, como seu nome já diz, é um índice em que a chave de índice pode ter apenas um valor (linha) de ponteiro associado. (O índice da Figura 3.32 não é único, pois o atributo PAINTER_NUM possui vários valores de ponteiros associados a ele. Por exemplo, o número do pintor 123 aponta para três linhas – 1, 2 e 4 – na tabela PINTURA.)

Uma tabela pode ter muitos índices, mas cada um deles está associado a apenas uma tabela. A chave de índice pode ter vários atributos (índice composto). A criação de um índice é fácil. Você aprenderá no Capítulo 7 que um único comando de SQL produz qualquer índice necessário.

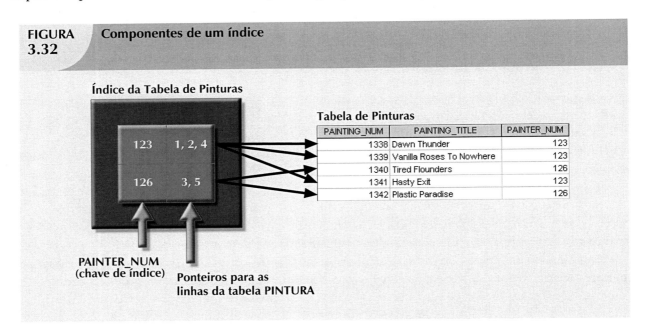

FIGURA 3.32 Componentes de um índice

Índice da Tabela de Pinturas

Tabela de Pinturas

PAINTING_NUM	PAINTING_TITLE	PAINTER_NUM
1338	Dawn Thunder	123
1339	Vanilla Roses To Nowhere	123
1340	Tired Flounders	126
1341	Hasty Exit	123
1342	Plastic Paradise	126

123   1, 2, 4

126   3, 5

PAINTER_NUM (chave de índice)

Ponteiros para as linhas da tabela PINTURA

REGRAS DE CODD PARA BANCOS DE DADOS RELACIONAIS

Em 1985, Dr. E. F. Codd publicou uma lista de 12 regras que definem um sistema de banco de dados relacional.[3] O motivo para que Dr. Codd publicasse essa lista era sua preocupação de que muitos fornecedores comercializassem seus produtos como relacionais, embora não atendessem aos padrões mínimos. A lista do Dr. Codd, apresentada na Tabela 3.8, serve como um modelo de referência sobre o que deve ser um verdadeiro banco de dados relacional. Tenha em mente que mesmo os fornecedores dominantes de bancos de dados não dão suporte completo a todas as 12 regras.

---

[3] Codd, E. Is Your DBMS Really Relational? & Does Your DBMS Run by the Rules? *Computerworld*, 14 e 21 de outubro de 1985.

TABELA 3.8 As 12 regras do Dr. Codd para bancos de dados relacionais

REGRA	NOME DA REGRA	DESCRIÇÃO
1	Informação	Todas as informações de um banco de dados relacional devem ser representadas logicamente como valores de coluna em linhas dentro das tabelas.
2	Garantia de Acesso	Deve-se garantir que todos os valores de uma tabela possam ser acessados por meio de uma combinação de nome de tabela, valor de chave primária e nome de coluna.
3	Tratamento Sistemático de Nulos	Os nulos devem ser representados e tratados de modo sistemático, independente do tipo de dados.
4	Catálogo On-line Dinâmico com Base no Modelo Relacional	Os metadados devem ser armazenados e gerenciados como dados comuns, ou seja, em tabelas no interior do banco de dados. Esses dados devem estar disponíveis aos usuários autorizados, utilizando a linguagem relacional padrão do banco.
5	Sublinguagem Ampla de Dados	O banco de dados relacional pode suportar várias linguagens. No entanto, deve suportar uma linguagem declarativa bem definida com suporte para definição de dados, definição de visualização, manipulação de dados (interativa e por programa), restrições de integridade, autorização e gerenciamento de transações (iniciar, comprometer e desfazer).
6	Atualização de Visualização	Qualquer visualização que teoricamente possa ser atualizada deve ser por meio do sistema.
7	Inserção, atualização e exclusão de alto nível	O banco de dados deve dar suporte à configuração do nível de inserções, atualizações e exclusões.
8	Independência Física de Dados	Aplicativos e recursos *ad hoc* não são afetados logicamente quando os métodos de acesso ou as estruturas de armazenamento físico são alterados.
9	Independência lógica de Dados	Aplicativos e recursos *ad hoc* não são afetados logicamente quando de alterações de estruturas de tabela que preservem os valores originais da tabela (alteração da ordem ou inserção de colunas).
10	Independência de Integridade	Deve ser possível que todas as restrições de integridade relacional sejam definidas na linguagem relacional e armazenadas no catálogo de sistema, não no nível da aplicação.
11	Independência de Distribuição	Os usuários finais e aplicativos não conhecem nem são afetados pela localização dos dados (distribuída *versus* bancos de dados locais).
12	Não Transposição das Regras	Se o sistema dá suporte a acesso de baixo nível aos dados, não deve haver um modo de negligenciar as regras de integridade do banco de dados.
	Regra Zero	Todas as regras precedentes baseiam-se na noção de que para que um banco de dados seja considerado relacional, ele deve utilizar os recursos relacionais exclusivamente para seu gerenciamento.

RESUMO

- As tabelas são os blocos básicos de construção dos bancos de dados relacionais. Um agrupamento de entidades relacionadas, conhecido como conjunto de entidades é armazenado na tabela. Em termos conceituais, a tabela relacional é composta pela intersecção de linhas (Tuplas) e colunas. Cada coluna representa uma única entidade e as características (atributos) dessas entidades.

- As chaves são centrais para a utilização de tabelas relacionais. Elas definem dependências funcionais, ou seja, outros atributos são dependentes da chave e podem, portanto, ser encontrados se o valor da chave for conhecido. A chave pode ser classificada como superchave, chave candidata, chave primária, chave secundária e chave estrangeira.

- Cada linha deve ter uma chave primária. A chave primária é um atributo ou uma combinação de atributos que identifica de modo exclusivo todos os atributos remanescentes encontrados em uma determinada linha. Como a chave primária deve ser única, não são permitidos valores nulos caso se queira manter a integridade de entidades.

- Embora as tabelas sejam independentes, elas podem ser ligadas por atributos comuns. Assim, a chave primária de uma tabela pode aparecer como chave estrangeira de outra tabela à qual está ligada. A integridade referencial determina que a chave estrangeira deve conter valores que atendam à chave primária na tabela relacionada ou valores nulos.

- O modelo relacional dá suporte a funções de álgebra relacional: SELECT, PROJECT, JOIN, INTERSECT, UNION, DIFFERENCE, PRODUCT e DIVIDE. Um banco de dados relacional executa grande parte do trabalho "nos bastidores". Por exemplo, ao se criar um banco de dados, o SGBD produz automaticamente uma estrutura para abrigar um dicionário de dados para esse banco. A cada vez que se cria uma nova tabela no interior do banco de dados, o SGBD atualiza o dicionário de dados, fornecendo, assim, a documentação do banco.

- Sabendo o básico sobre bancos de dados relacionais, é possível concentrar-se no projeto. Um bom projeto começa pela identificação das entidades adequadas e de seus atributos, e, em seguida, dos relacionamentos entre as entidades. Tais relacionamentos (1:1, 1:M e M:N) podem ser representados utilizando-se DERs. A utilização de DERs permite a criação e a avaliação de um projeto lógico simples. O relacionamento 1:M é incorporado mais facilmente em um bom projeto; basta certificar-se de que a chave primária do lado "1" esteja incluída na tabela do lado "muitos".

QUESTÕES DE REVISÃO

1. Qual é a diferença entre um banco de dados e uma tabela?
2. O que significa dizer que um banco de dados apresenta integridade de entidades e integridade referencial?
3. Por que a integridade de entidades e a referencial são importantes em um banco de dados?
4. Um usuário de bancos de dados observa manualmente que "o arquivo contém duzentos registros, cada um com nove campos". Utilize a terminologia adequada de bancos de dados relacionais para "traduzir" essa afirmação.
5. Utilize o pequeno banco de dados apresentado na Figura Q3.5 para ilustrar a diferença entre junção natural, junção por igualdade e junção externa.

6. Crie o DER básico para o banco de dados exibido na Figura Q3.1.

7. Crie o diagrama relacional para o banco de dados exibido na Figura Q3.1.

8. Suponha que você tenha o ER exibido na Figura Q3.2. Como converteria esse modelo em um ER que apresente apenas relacionamentos 1:M? (Certifique-se de criar o ER revisado.)

9. O que são os homônimos e sinônimos e por que devem ser evitados no projeto de bancos de dados?

10. Como você implementaria um relacionamento 1:M em um banco de dados composto de duas tabelas? Dê um exemplo.

11. Identifique e descreva os componentes da tabela apresentados na Figura Q3.3, empregando a terminologia correta. Utilize seu conhecimento das convenções de nomenclatura para identificar as prováveis chaves estrangeiras da tabela.

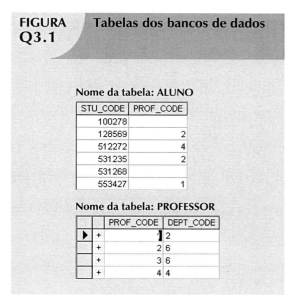

FIGURA Q3.1   Tabelas dos bancos de dados

Nome da tabela: ALUNO

STU_CODE	PROF_CODE
100278	
128569	2
512272	4
531235	2
531268	
553427	1

Nome da tabela: PROFESSOR

	PROF_CODE	DEPT_CODE
+	1	2
+	2	6
+	3	6
+	4	4

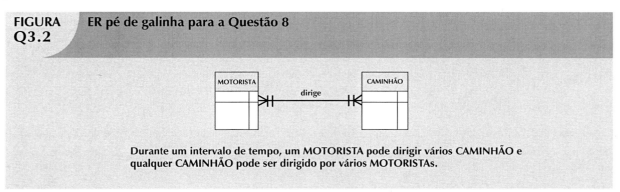

FIGURA Q3.2   ER pé de galinha para a Questão 8

Durante um intervalo de tempo, um MOTORISTA pode dirigir vários CAMINHÃO e qualquer CAMINHÃO pode ser dirigido por vários MOTORISTAs.

FIGURA Q3.3   Tabela FUNCIONÁRIO do banco de dados

EMP_NUM	EMP_LNAME	EMP_INITIAL	EMP_FNAME	DEPT_CODE	JOB_CODE
11234	Friedman	K	Robert	MKTG	12
11238	Olanski	D	Delbert	MKTG	12
11241	Fontein		Juliette	INFS	5
11242	Cruazona	J	Maria	ENG	9
11245	Smithson	B	Bernard	INFS	6
11248	Washington	G	Oleta	ENGR	8
11256	McBride		Randall	ENGR	8
11257	Kachinn	D	Melanie	MKTG	14
11258	Smith	W	William	MKTG	14
11260	Ratula	A	Katrina	INFS	5

Utilize o banco de dados composto das duas tabelas apresentadas na Figura Q3.4 para responder às Questões 12-17.

12. Identifique as chaves primárias.
13. Identifique as chaves estrangeiras.
14. Crie o ER.
15. Crie o diagrama relacional para mostrar o relacionamento entre DIRETOR e PEÇA.
16. Suponha que você queira um recurso de pesquisa rápida para relacionar todas as peças dirigidas por um determinado diretor. Que tabela seria a base para a tabela ÍNDICE e qual seria a chave de índice?
17. Qual seria a visão conceitual da tabela ÍNDICE descrita na Questão 16? Ilustre o conteúdo da tabela ÍNDICE conceitual.

FIGURA Q3.4 Tabelas do banco de dados

Nome da tabela: DIRETOR

DIR_NUM	DIR_LNAME	DIR_DOB
100	Broadway	12-Jan-65
101	Hollywoody	18-Nov-53
102	Goofy	21-Jun-62

Nome da tabela: PEÇA

PLAY_CODE	PLAY_NAME	DIR_NUM
1001	Cat On a Cold, Bare Roof	102
1002	Hold the Mayo, Pass the Bread	101
1003	I Never Promised You Coffee	102
1004	Silly Putty Goes To Washington	100
1005	See No Sound, Hear No Sight	101
1006	Starstruck in Biloxi	102
1007	Stranger In Parrot Ice	101

P R O B L E M A S

Utilize os banco de dados apresentado na Figura P3.1 para desenvolver os Problemas 1–7. Observe que o banco de dados é composto de quatro tabelas que refletem esses relacionamentos.

- Um FUNCIONÁRIO possui apenas um JOB_CODE (código de trabalho), mas cada JOB_CODE pode ser mantido por vários FUNCIONÁRIOs.
- Um FUNCIONÁRIO pode participar de vários PROJETOs e qualquer PROJETO pode ser atribuído a vários FUNCIONÁRIOs.

Observe também que o relacionamento M:N foi separado em dois relacionamentos 1:M para o qual a tabela BENEFÍCIO serve como entidade composta ou ponte.

FIGURA P3.1 Tabelas do banco de dados

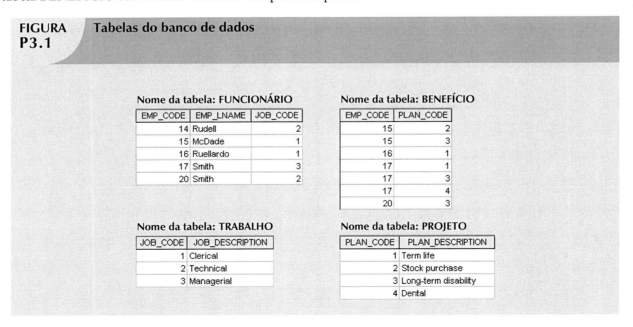

Nome da tabela: FUNCIONÁRIO

EMP_CODE	EMP_LNAME	JOB_CODE
14	Rudell	2
15	McDade	1
16	Ruellardo	1
17	Smith	3
20	Smith	2

Nome da tabela: BENEFÍCIO

EMP_CODE	PLAN_CODE
15	2
15	3
16	1
17	1
17	3
17	4
20	3

Nome da tabela: TRABALHO

JOB_CODE	JOB_DESCRIPTION
1	Clerical
2	Technical
3	Managerial

Nome da tabela: PROJETO

PLAN_CODE	PLAN_DESCRIPTION
1	Term life
2	Stock purchase
3	Long-term disability
4	Dental

1. Para cada tabela do banco de dados, identifique a chave primária e a(s) chave(s) estrangeira(s). Se uma tabela não tiver uma chave estrangeira, escreva *Nenhum* no espaço fornecido.

TABELA	CHAVE PRIMÁRIA	CHAVE(S) ESTRANGEIRA(S)
FUNCIONÁRIO		
BENEFÍCIO		
TRABALHO		
PROJETO		

2. Crie o DER para mostrar o relacionamento entre FUNCIONÁRIO e TRABALHO.
3. Crie o diagrama relacional para mostrar o relacionamento entre FUNCIONÁRIO e TRABALHO.
4. As tabelas apresentam integridade de entidades? Responda sim ou não e, em seguida, explique sua resposta.

TABELA	INTEGRIDADE DE ENTIDADES	EXPLICAÇÃO
FUNCIONÁRIO		
BENEFÍCIO		
TRABALHO		
PROJETO		

5. As tabelas apresentam integridade referencial? Responda sim ou não e, em seguida, explique sua resposta. Escreva *NA* (Não Aplicável) se a tabela não tiver uma chave estrangeira.

TABELA	INTEGRIDADE REFERENCIAL	EXPLICAÇÃO
FUNCIONÁRIO		
BENEFÍCIO		
TRABALHO		
PROJETO		

6. Crie o DER para mostrar o relacionamento entre FUNCIONÁRIO, BENEFÍCIO, TRABALHO e PROJETO.
7. Crie o diagrama relacional para mostrar o relacionamento entre FUNCIONÁRIO, BENEFÍCIO, TRABALHO e PLANO.

Utilize o banco de dados apresentado na Figura P3.2 para desenvolver os Problemas 8–16.

FIGURA P3.2 — Tabelas do banco de dados

Nome da tabela: FUNCIONÁRIO

EMP_CODE	EMP_TITLE	EMP_LNAME	EMP_FNAME	EMP_INITIAL	EMP_DOB	STORE_CODE
1	Mr.	Williamson	John	W	21-May-64	3
2	Ms.	Ratula	Nancy		09-Feb-69	2
3	Ms.	Greenboro	Lottie	R	02-Oct-61	4
4	Mrs.	Rumpersfro	Jennie	S	01-Jun-71	5
5	Mr.	Smith	Robert	L	23-Nov-59	3
6	Mr.	Renselaer	Cary	A	25-Dec-65	1
7	Mr.	Ogallo	Roberto	S	31-Jul-62	3
8	Ms.	Johnsson	Elizabeth	I	10-Sep-68	1
9	Mr.	Eindsmar	Jack	W	19-Apr-55	2
10	Mrs.	Jones	Rose	R	06-Mar-66	4
11	Mr.	Broderick	Tom		21-Oct-72	3
12	Mr.	Washington	Alan	Y	08-Sep-74	2
13	Mr.	Smith	Peter	N	25-Aug-64	3
14	Ms.	Smith	Sherry	H	25-May-66	4
15	Mr.	Olenko	Howard	U	24-May-64	5
16	Mr.	Archialo	Barry	V	03-Sep-60	5
17	Ms.	Grimaldo	Jeanine	K	12-Nov-70	4
18	Mr.	Rosenberg	Andrew	D	24-Jan-71	4
19	Mr.	Rosten	Peter	F	03-Oct-68	4
20	Mr.	Mckee	Robert	S	06-Mar-70	1
21	Ms.	Baumann	Jennifer	A	11-Dec-74	3

Nome da tabela: LOJA

STORE_CODE	STORE_NAME	STORE_YTD_SALES	REGION_CODE	EMP_CODE
1	Access Junction	1003455.76	2	8
2	Database Corner	1421987.39	2	12
3	Tuple Charge	986783.22	1	7
4	Attribute Alley	944568.56	2	3
5	Primary Key Point	2930098.45	1	15

Nome da tabela: REGIÃO

REGION_CODE	REGION_DESCRIPT
1	East
2	West

8. Para cada tabela, identifique a chave primária e a(s) chave(s) estrangeira(s). Se uma tabela não tiver uma chave estrangeira, escreva *Nenhum* no espaço fornecido.

TABELA	CHAVE PRIMÁRIA	CHAVE(S) ESTRANGEIRA(S)
FUNCIONÁRIO		
LOJA		
REGIÃO		

9. As tabelas apresentam integridade de entidades? Responda sim ou não e, em seguida, explique sua resposta.

TABELA	INTEGRIDADE DE ENTIDADES	EXPLICAÇÃO
FUNCIONÁRIO		
LOJA		
REGIÃO		

10. As tabelas apresentam integridade referencial? Responda sim ou não e, em seguida, explique sua resposta. Escreva *NA* (Não Aplicável) se a tabela não tiver uma chave estrangeira.

TABELA	INTEGRIDADE REFERENCIAL	EXPLICAÇÃO
FUNCIONÁRIO		
LOJA		
REGIÃO		

11. Descreva o(s) tipo(s) de relacionamento(s) entre LOJA e REGIÃO.
12. Crie o DER para mostrar o relacionamento entre LOJA e REGIÃO.
13. Crie o diagrama relacional para mostrar o relacionamento entre LOJA e REGIÃO.
14. Descreva o(s) tipo(s) de relacionamento(s) entre FUNCIONÁRIO e LOJA. (*Sugestão*: Cada loja emprega muitos funcionários, um dos quais é o gerente.)
15. Crie o DER para mostrar o relacionamento entre FUNCIONÁRIO, LOJA e REGIÃO.
16. Crie o diagrama relacional para mostrar o relacionamento entre FUNCIONÁRIO, LOJA e REGIÃO.

Utilize o banco de dados apresentado na Figura P3.3 para desenvolver os Problemas 17–22.

FIGURA P3.3 Tabelas do banco de dados

Nome da tabela: PRODUTO
Chave primária: PROD_CODE
Chave estrangeira: VEND_CODE

PROD_CODE	PROD_DESCRIPTION	PROD_STOCK_DATE	PROD_ON_HAND	PROD_PRICE	VEND_CODE
12-WW/P2	7.25-in. power saw blade	07-Apr-08	12	1.19	123
1QQ23-55	2.5-in. wood screw, 100	19-Mar-08	123	4.49	123
231-78-W	PVC pipe, 3.5-in., 8 ft.	07-Dec-07	45	8.87	121
33564/U	Rat-tail file, 0.125-in., fine	08-Mar-08	18	1.19	123
AR/3/TYR	Cordless drill, 0.25-in.	29-Nov-07	8	45.99	121
DT-34-WW	Phillips screwdriver pack	20-Dec-07	11	23.29	123
EE3-67/WW	Sledge hammer, 12 lb.	25-Feb-08	9	17.99	121
ER-56/DF	Houselite chain saw, 16-in.	28-Dec-07	7	235.49	125
FRE-TRY9	Jigsaw, 12-in blade	12-Aug-07	67	1.45	125
SE-67-89	Jigsaw, 8-in. blade	11-Oct-07	34	1.35	125
ZW-QR/AV	Hardware cloth, 0.25-in.	23-Apr-08	14	12.99	123
ZX-WR/FR	Claw hammer	01-Mar-08	15	8.95	121

Nome da tabela: FORNECEDOR
Chave primária: VEND_CODE
Chave estrangeira: nenhuma

VEND_CODE	VEND_NAME	VEND_CONTACT	VEND_AREACODE	VEND_PHONE
120	BargainSnapper, Inc.	Melanie T. Travis	615	899-1234
121	Cut'nGlow Co.	Henry J. Olero	615	342-9896
122	Rip & Rattle Supply Co.	Anne R. Morrins	901	225-1127
123	Tools 'R Us	Juliette G. McHenry	615	546-7894
124	Trowel & Dowel, Inc.	George F. Frederick	901	453-4567
125	Bow & Wow Tools	Bill S. Sedwick	904	324-9988

17. Para cada tabela, identifique a chave primária e a(s) chave(s) estrangeira(s). Se uma tabela não tiver uma chave estrangeira, escreva *Nenhum* no espaço fornecido.

TABELA	CHAVE PRIMÁRIA	CHAVE(S) ESTRANGEIRA(S)
PRODUTO		
FORNECEDOR		

18. As tabelas apresentam integridade de entidades? Responda sim ou não e, em seguida, explique sua resposta.

TABELA	INTEGRIDADE DE ENTIDADES	EXPLICAÇÃO
PRODUTO		
FORNECEDOR		

19. As tabelas apresentam integridade referencial? Responda sim ou não e, em seguida, explique sua resposta. Escreva *NA* (Não Aplicável) se a tabela não tiver uma chave estrangeira.

TABELA	INTEGRIDADE REFERENCIAL	EXPLICAÇÃO
PRODUTO		
FORNECEDOR		

20. Crie o DER para esse banco de dados.
21. Crie o diagrama relacional para esse banco de dados.
22. Crie o dicionário de dados para esse banco de dados.

Utilize o banco de dados apresentado na Figura P3.4 para desenvolver os Problemas 23-29.

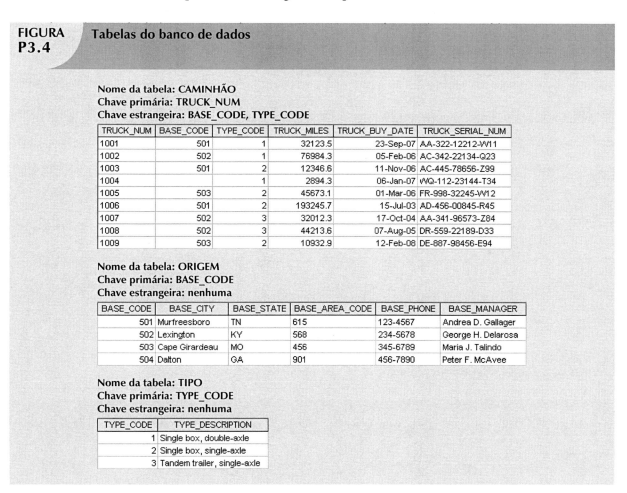

FIGURA P3.4 Tabelas do banco de dados

Nome da tabela: CAMINHÃO
Chave primária: TRUCK_NUM
Chave estrangeira: BASE_CODE, TYPE_CODE

TRUCK_NUM	BASE_CODE	TYPE_CODE	TRUCK_MILES	TRUCK_BUY_DATE	TRUCK_SERIAL_NUM
1001	501	1	32123.5	23-Sep-07	AA-322-12212-W11
1002	502	1	76984.3	05-Feb-06	AC-342-22134-Q23
1003	501	2	12346.6	11-Nov-06	AC-445-78656-Z99
1004		1	2894.3	06-Jan-07	WQ-112-23144-T34
1005	503	2	45673.1	01-Mar-06	FR-998-32245-W12
1006	501	2	193245.7	15-Jul-03	AD-456-00845-R45
1007	502	3	32012.3	17-Oct-04	AA-341-96573-Z84
1008	502	3	44213.6	07-Aug-05	DR-559-22189-D33
1009	503	2	10932.9	12-Feb-08	DE-887-98456-E94

Nome da tabela: ORIGEM
Chave primária: BASE_CODE
Chave estrangeira: nenhuma

BASE_CODE	BASE_CITY	BASE_STATE	BASE_AREA_CODE	BASE_PHONE	BASE_MANAGER
501	Murfreesboro	TN	615	123-4567	Andrea D. Gallager
502	Lexington	KY	568	234-5678	George H. Delarosa
503	Cape Girardeau	MO	456	345-6789	Maria J. Talindo
504	Dalton	GA	901	456-7890	Peter F. McAvee

Nome da tabela: TIPO
Chave primária: TYPE_CODE
Chave estrangeira: nenhuma

TYPE_CODE	TYPE_DESCRIPTION
1	Single box, double-axle
2	Single box, single-axle
3	Tandem trailer, single-axle

23. Para cada tabela, identifique a chave primária e a(s) chave(s) estrangeira(s). Se uma tabela não tiver uma chave estrangeira, escreva *Nenhum* no espaço fornecido.

TABELA	CHAVE PRIMÁRIA	CHAVE(S) ESTRANGEIRA(S)
CAMINHÃO		
ORIGEM		
TIPO		

24. As tabelas apresentam integridade de entidades? Responda sim ou não e, em seguida, explique sua resposta.

TABELA	INTEGRIDADE DE ENTIDADES	EXPLICAÇÃO
CAMINHÃO		
ORIGEM		
TIPO		

25. As tabelas apresentam integridade referencial? Responda sim ou não e, em seguida, explique sua resposta. Escreva *NA* (Não Aplicável) se a tabela não tiver uma chave estrangeira.

TABELA	INTEGRIDADE REFERENCIAL	EXPLICAÇÃO
CAMINHÃO		
ORIGEM		
TIPO		

26. Identifique a(s) chave(s) candidata(s) da tabela CAMINHÃO.
27. Para cada tabela, identifique uma superchave e uma chave secundária.

TABELA	SUPERCHAVE	CHAVE SECUNDÁRIA
CAMINHÃO		
ORIGEM		
TIPO		

28. Crie o DER para esse banco de dados.
29. Crie o diagrama relacional para esse banco de dados.

Utilize o banco de dados apresentado na Figura P3.5 para desenvolver os Problemas 30–34. A ROBCOR é uma empresa de fretamento aéreo que oferece serviços sob encomenda utilizando uma frota de quatro aeronaves. As aeronaves são identificadas por um número de registro exclusivo. Portanto, o número de registro da aeronave é uma chave primária adequada para a tabela AERONAVE.

FIGURA P3.5 — Tabelas do banco de dados

Nome da tabela: FRETAMENTO

CHAR_TRIP	CHAR_DATE	CHAR_PILOT	CHAR_COPILOT	CHAR_DESTINATION	CHAR_DISTANCE	CHAR_HOURS_FLOWN	CHAR_HOURS_WAIT	CUS_CODE
10001	05-Feb-08	104		ATL	936.0	5.1	2.2	10011
10002	05-Feb-08	101		BNA	320.0	1.6	0.0	10016
10003	05-Feb-08	105	109	GNV	1574.0	7.8	0.0	10014
10004	06-Feb-08	106		STL	472.0	2.9	4.9	10019
10005	06-Feb-08	101		ATL	1023.0	5.7	3.5	10011
10006	06-Feb-08	109		STL	472.0	2.6	5.2	10017
10007	06-Feb-08	104	105	GNV	1574.0	7.9	0.0	10012
10008	07-Feb-08	106		TYS	644.0	4.1	0.0	10014
10009	07-Feb-08	105		GNV	1574.0	6.6	23.4	10017
10010	07-Feb-08	109		ATL	998.0	6.2	3.2	10016
10011	07-Feb-08	101	104	BNA	352.0	1.9	5.3	10012
10012	08-Feb-08	101		MOB	884.0	4.8	4.2	10010
10013	08-Feb-08	105		TYS	644.0	3.9	4.5	10011
10014	09-Feb-08	106		ATL	936.0	6.1	2.1	10017
10015	09-Feb-08	104	101	GNV	1645.0	6.7	0.0	10016
10016	09-Feb-08	109	105	MQY	312.0	1.5	0.0	10011
10017	10-Feb-08	101		STL	508.0	3.1	0.0	10014
10018	10-Feb-08	105	104	TYS	644.0	3.8	4.5	10017

Os destinos são indicados pelo padrão de códigos de aeroportos de três letras. Por exemplo,

STL = St. Louis, MO   ATL = Atlanta, GA   BNA = Nashville, TN

Nome da tabela: AERONAVE

AC_NUMBER	MOD_CODE	AC_TTAF	AC_TTEL	AC_TTER
1484P	PA23-250	1833.1	1833.1	101.8
2289L	C-90A	4243.8	768.9	1123.4
2778V	PA31-350	7992.9	1513.1	789.5
4278Y	PA31-350	2147.3	622.1	243.2

AC-TTAF = Tempo total, estrutura do avião (horas)
AC-TTEL = Tempo total, motor esquerdo (horas)
AC_TTER = Tempo total, motor direito (horas)

Em um sistema totalmente desenvolvido, esses valores de atributos seriam atualizados por um aplicativo em que as entradas da tabela FRETE são exibidas.

Nome da tabela: MODELO

MOD_CODE	MOD_MANUFACTURER	MOD_NAME	MOD_SEATS	MOD_CHG_MILE
C-90A	Beechcraft	KingAir	8	2.67
PA23-250	Piper	Aztec	6	1.93
PA31-350	Piper	Navajo Chieftain	10	2.35

Os clientes são cobrados por milha da viagem de ida e volta, utilizando a taxa MOD_CHG_MILE. O atributo MOD_SEAT fornece o número total de assentos no avião, incluindo os de piloto e copiloto. Portanto, uma viagem com PA31-350 que seja comandada por um piloto e um copiloto dispõe de 6 assentos para passageiros.

Nome da tabela: PILOTO

EMP_NUM	PIL_LICENSE	PIL_RATINGS	PIL_MED_TYPE	PIL_MED_DATE	PIL_PT135_DATE
101	ATP	ATP/SEL/MEL/Instr/CFII	1	20-Jan-08	11-Jan-08
104	ATP	ATP/SEL/MEL/Instr	1	18-Dec-07	17-Jan-08
105	COM	COMM/SEL/MEL/Instr/CFI	2	05-Jan-08	02-Jan-08
106	COM	COMM/SEL/MEL/Instr	2	10-Dec-07	02-Feb-08
109	COM	ATP/SEL/MEL/SES/Instr/CFII	1	22-Jan-08	15-Jan-08

As licenças de piloto apresentadas na tabela PILOTO incluem a ATP = Pilotagem de transporte aéreo e a COM = Pilotagem comercial. As empresas que operam serviços aéreos por encomenda são reguladas pela Seção 135 da Regulação Aérea Federal dos EUA (FARs), aplicadas pela Agência Federal de Aviação (FAA). Essas empresas são conhecidas como "operadoras da Seção 135". Essas operações exigem que os pilotos completem com sucesso verificações de proficiência de voo a cada 6 meses. As datas dessas verificações são registradas em PIL_PT135_DATE. Para fazer voos comerciais, os pilotos devem ter pelo menos uma licença comercial e um certificado médico de segunda classe (PIL_MED_TYPE = 2).

FIGURA P3.5	Tabelas do banco de dados (continuação)

Os atributos PIL_RATINGS (classificações de pilotos) incluem:

SEL = Motor Único, Terra	MEL = Vários Motores, Terra
SES = Motor Único, Mar	Instr. = Instrumento
CFI = Instrutor de Voo Certificado	CFII = Instrutor de Voo Certificado, Instrumento

Nome da tabela: FUNCIONÁRIO

EMP_NUM	EMP_TITLE	EMP_LNAME	EMP_FNAME	EMP_INITIAL	EMP_DOB	EMP_HIRE_DATE
100	Mr.	Kolmycz	George	D	15-Jun-42	15-Mar-88
101	Ms.	Lewis	Rhonda	G	19-Mar-65	25-Apr-86
102	Mr.	Vandam	Rhett		14-Nov-58	18-May-93
103	Ms.	Jones	Anne	M	11-May-74	26-Jul-99
104	Mr.	Lange	John	P	12-Jul-71	20-Aug-90
105	Mr.	Williams	Robert	D	14-Mar-75	19-Jun-03
106	Mrs.	Duzak	Jeanine	K	12-Feb-68	13-Mar-89
107	Mr.	Diante	Jorge	D	01-May-75	02-Jul-97
108	Mr.	Wiesenbach	Paul	R	14-Feb-66	03-Jun-93
109	Ms.	Travis	Elizabeth	K	18-Jun-61	14-Feb-06
110	Mrs.	Genkazi	Leighla	W	19-May-70	29-Jun-90

Nome da tabela: CLIENTE

CUS_CODE	CUS_LNAME	CUS_FNAME	CUS_INITIAL	CUS_AREACODE	CUS_PHONE	CUS_BALANCE
10010	Ramas	Alfred	A	615	844-2573	0.00
10011	Dunne	Leona	K	713	894-1238	0.00
10012	Smith	Kathy	W	615	894-2285	896.54
10013	Olowski	Paul	F	615	894-2180	1285.19
10014	Orlando	Myron		615	222-1672	673.21
10015	O'Brian	Amy	B	713	442-3381	1014.56
10016	Brown	James	G	615	297-1228	0.00
10017	Williams	George		615	290-2556	0.00
10018	Farriss	Anne	G	713	382-7185	0.00
10019	Smith	Olette	K	615	297-3809	453.98

O atributo MOD_SEAT fornece o número total de assentos no avião, incluindo os de piloto e copiloto. Portanto, uma viagem com PA31-350 que seja comandada por um piloto e um copiloto dispõe de 6 assentos para passageiros.

Os nulos da coluna CHAR_COPILOT na tabela FRETAMENTO indicam que não é necessário um copiloto para algumas viagens fretadas ou algumas aeronaves. As normas da Agência Federal de Aviação dos EUA (FAA) exigem um copiloto em aeronaves a jato e aeronaves que tenham um peso de decolagem superior a 12.500 libras. Nenhuma das aeronaves da tabela AERONAVE está sujeita a essa norma; no entanto, alguns clientes podem exigir a presença de um copiloto por exigências do seguro. Todas as viagens fretadas são registradas na tabela FRETAMENTO.

30. Para cada tabela, se possível, identifique:
    a. A chave primária.
    b. Uma superchave.
    c. Uma chave candidata.
    d. A(s) chave(s) estrangeira(s).
    e. Uma chave secundária.

31. Crie o DER. (*Sugestão*: Olhe o conteúdo das tabelas. Você descobrirá que uma AERONAVE pode fazer várias viagens de FRETAMENTO, mas cada viagem de FRETAMENTO é feita por apenas uma AERONAVE; que um MODELO se refere a várias AERONAVEs, mas cada AERONAVE se refere a um único MODELO, e assim por diante.)

NOTA

Neste capítulo, afirmamos que é melhor evitar homônimos e sinônimos. Neste problema, tanto o piloto como o copiloto são pilotos da tabela PILOTO, mas o EMP_NUM (número de funcionário) não pode ser utilizado para ambos na tabela FRETAMENTO. Portanto, os sinônimos CHAR_PILOT (piloto do frete) e CHAR_COPILOT (copiloto do frete) foram utilizados nessa tabela.

Embora a solução funcione neste caso, ela é muito restritiva e gera nulos quando não é necessário um copiloto. Pior: esses nulos se proliferam conforme mudam as necessidades de tripulação. Por exemplo, se a empresa de fretamentos AviaCo crescer e começar a utilizar aeronaves maiores, as necessidades de tripulação poderão aumentar, de modo a incluir engenheiros de voo e mestres de carga. Então, a tabela FRETAMENTO seria modificada para incluir essas atribuições adicionais de tripulação; atributos como CHAR_FLT_ENGINEER (engenheiro de voo do fretamento) e CHAR_LOADMASTER (mestre de carga do fretamento) seriam adicionados à tabela FRETAMENTO. Devido a essa alteração, cada vez que uma aeronave menor fizesse uma viagem fretada sem o número de membros necessários da tripulação de uma aeronave maior, os membros ausentes produziram mais nulos na tabela FRETAMENTO.

Você terá a oportunidade de corrigir essas falhas de projeto no Problema 33. Esse problema ilustra dois pontos importantes:

1. Não utilize sinônimos. Revise o projeto caso ele exija a utilização de sinônimos!
2. Projete o banco de dados para que acomode o máximo de crescimento possível sem a necessidade de alterações estruturais em suas tabelas. Planeje para o futuro e tente antecipar os efeitos de alterações no banco de dados.

32. Crie o diagrama relacional.
33. Modifique o DER criado no Problema 31 para eliminar os problemas decorrentes da utilização de sinônimos. (*Sugestão*: Modifique a estrutura da tabela FRETAMENTO, eliminando os atributos CHAR_PILOT e CHAR_COPILOT; em seguida, crie uma tabela composta chamada TRIPULAÇÃO para ligar as tabelas FRETAMENTO e FUNCIONÁRIO. Alguns membros da tripulação, como comissários de bordo, podem não ser pilotos. Por isso a tabela FUNCIONÁRIO entra nesse relacionamento.)
34. Crie o diagrama relacional para o projeto revisado no Problema 33. (Depois de ter recebido uma oportunidade para revisar o projeto, seu professor mostrará os resultados da alteração, utilizando uma cópia do banco de dados revisado.)

QUATRO

Neste capítulo, você aprenderá:

- As principais características dos componentes de entidade-relacionamento
- Como os relacionamentos entre entidades são definidos, refinados e incorporados ao processo de projetos de bancos de dados
- De que modo os componentes DER afetam o projeto e a implementação de bancos de dados
- O projeto de banco de dados reais com frequência exige a conciliação de conflitos de objetivos

NOTA

Como este livro foca, em geral, o modelo relacional, talvez você se sinta tentado a concluir que o ER é uma ferramenta exclusivamente relacional. Na verdade, modelos conceituais como o ER podem ser utilizados para compreender e projetar as necessidades de dados de uma organização. Portanto, o ER é independente do tipo de banco de dados. Os modelos conceituais são utilizados no projeto conceitual de bancos, ao passo que os modelos relacionais são utilizados no projeto lógico. No entanto, como desde o capítulo anterior você já está familiarizado com o modelo relacional, ele será amplamente utilizado neste capítulo para explicar as estruturas ER e o modo como são utilizadas no desenvolvimento de projetos.

MODELO ENTIDADE-RELACIONAMENTO (ER)

Você deve se lembrar do Capítulo 2 e do Capítulo 3, nos quais o ER forma a base do DER. O DER representa o banco de dados conceitual conforme visto pelo usuário final. Representa os principais componentes do banco de dados: entidades, atributos e relacionamentos. Como uma entidade representa um objeto real, as palavras *entidade* e *objeto* costumam ser utilizadas de modo indiferente. Assim, as entidades (objetos) do projeto de banco de dados da Tiny College, desenvolvido neste capítulo, incluem alunos, turmas, professores e salas de aula. A ordem na qual os componentes do DER são cobertos neste capítulo é determinada pelo modo como as ferramentas de modelagem são utilizadas para desenvolver DERs que possam constituir a base do projeto e da implementação de um banco de dados bem-sucedido.

No Capítulo 2 você aprendeu também sobre as diferentes notações utilizadas nos DERs – a notação original de Chen e as notações mais recentes: pé de galinha e UML. As duas primeiras notações são utilizadas no início deste capítulo para introduzir alguns conceitos básicos de modelagem ER. Parte desses conceitos pode ser expressa utilizando apenas a notação de Chen. No entanto, como a ênfase é em *projeto e implementação* de banco de dados, as notações pé de galinha e de diagrama de classes em UML foram utilizadas no exemplo final de diagrama de ER da Tiny College. Em função da ênfase em implementação, a notação pé de galinha pode representar apenas aquilo que pode ser implementado. Em outras palavras:

- A notação de Chen favorece a modelagem conceitual.
- A notação pé de galinha favorece uma abordagem mais orientada à implementação.
- A notação em UML pode ser utilizada tanto para a modelagem conceitual como para a de implementação.

ENTIDADES

Lembre-se de que uma entidade é um objeto de interesse do usuário final. No Capítulo 2, você aprendeu que no nível de modelagem ER, uma entidade refere-se ao *conjunto de entidades* e não a uma única ocorrência. Em outras palavras, a palavra *entidade* no ER corresponde a uma tabela – não a uma linha – do ambiente relacional. O ER refere-se à linha de uma tabela como uma *instância* ou *ocorrência de entidade*. Tanto na notação de Chen como na pé de galinha, uma entidade é representada por um retângulo que contém seu nome. Esse nome, um substantivo, normalmente é escrito em maiúsculas.

ATRIBUTOS

Os atributos são características de entidades. Por exemplo, a entidade ALUNO inclui, entre outros atributos, ALU_SOBRENOME, ALU_NOME e ALU_INICIAL. Na notação de Chen original, os atributos são representados por elipses e conectados ao retângulo da entidade por uma reta. Cada elipse contém o nome dos atributos que representa. Na notação pé de galinha, os atributos são escritos na caixa de atributos, abaixo do retângulo da entidade. Veja a Figura 4.1. Como a representação de Chen consome mais espaço, os fornecedores de software adotaram a exibição de atributos no estilo pé de galinha.

Atributos necessários e opcionais

Um **atributo necessário** é aquele que deve apresentar valor. Em outras palavras, não pode ser deixado vazio. Como apresentado na Figura 4.1, há dois atributos em negrito na notação pé de galinha. Isso indica que é necessária uma entrada de dados.

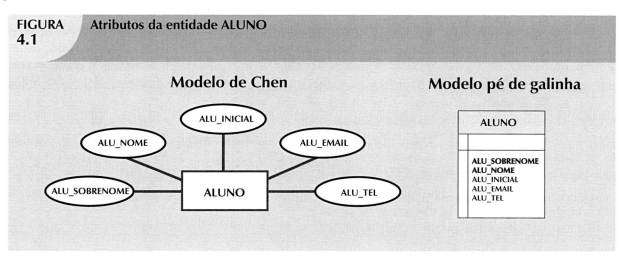

FIGURA 4.1   **Atributos da entidade ALUNO**

Nesse exemplo, ALU_SOBRENOME e ALU_NOME exigem entradas de dados, devido ao pressuposto de que todo aluno tem nome e sobrenome. Mas os alunos podem não ter um nome do meio e, talvez, não tenham (ainda) um número de telefone e um endereço de e-mail. Portanto, esses atributos não são apresentados em negrito na caixa de entidades. Um **atributo opcional** é aquele que não exige um valor e, portanto, pode ser deixado vazio.

Domínios

Os atributos possuem um domínio. Como você aprendeu no Capítulo 3, um *domínio* é o conjunto de valores possíveis de determinado atributo. Por exemplo, o domínio para o atributo das médias das notas é apresentado como (0, 4), pois, no sistema americano, o menor valor possível da média é 0 e o maior é 4. O domínio de um atributo de gênero consiste de apenas duas possibilidades: M ou F (ou outro código equivalente). O domínio para o atributo de data de contratação de uma empresa consiste de todas as datas que se ajustem a uma determinada faixa (por exemplo, da fundação da empresa à data atual).

Os atributos podem compartilhar um domínio. Por exemplo, o endereço de um aluno e o de um professor compartilham o mesmo domínio de todos os endereços possíveis. De fato, o dicionário de dados pode permitir que um novo atributo declarado herde as características de um existente se for utilizado o mesmo nome de atributo. Por exemplo, cada uma das entidades PROFESSOR e ALUNO pode ter um atributo chamado ENDEREÇO e, portanto, é possível compartilharem um domínio.

Identificadores (chaves primárias)

O ER utiliza **identificadores**, ou seja, um ou mais atributos que identifiquem de modo exclusivo cada instância de entidade. No modelo relacional, esses identificadores são mapeados para chaves primárias (PKs) de tabelas. No DER, eles aparecem sublinhados. Os atributos chave também são sublinhados em uma notação simplificada da estrutura de tabela, utilizada conforme o seguinte formato:

NOME DA TABELA (**ATRIBUTO CHAVE 1**, ATRIBUTO 2, ATRIBUTO 3, . . ., ATRIBUTO K)

Por exemplo, uma entidade CARRO pode ser representada por:
CARRO (**CARRO_CHASSI**, MOD_CÓDIGO, CARRO_ANO, CARRO_COR)

(Cada carro é identificado por um único número de chassi ou CAR_CHASSI.)

Identificadores compostos

A princípio, um identificador de entidade é composto de um único atributo. Por exemplo, a tabela da Figura 4.2 utiliza uma chave primária de um único atributo chamada CLASS_CODE (código de turma). No entanto, é possível utilizar um **identificador composto**, ou seja, uma chave primária composta de mais de um atributo. Por exemplo, o administrador do banco de dados da Tiny College pode decidir por identificar cada instância (ocorrência) da entidade TURMA utilizando uma chave primária composta pela combinação de CRS_CODE (código da disciplina) e CLASS_SECTION (seção da turma) em vez de utilizar CLASS_CODE. Ambas as abordagens identificam de modo exclusivo cada instância de entidade. Dada a estrutura atual da tabela TURMA apresentada na Figura 4.2, CLASS_CODE é a chave primária e a combinação de CRS_CODE e CLASS_SECTION é uma chave candidata adequada. Se o atributo CLASS_CODE for excluído da entidade TURMA, essa chave candidata (CRS_CODE e CLASS_SECTION) se torna uma chave primária composta aceitável.

Se o CLASS_CODE da Figura 4.2 for utilizado como chave primária, a entidade TURMA pode ser representada de modo simplificado como:

TURMA (**CLASS_CODE**, CRS_CODE, CLASS_SECTION, CLASS_TIME, ROOM_CODE, PROF_NUM)

Por outro lado, se CLASS_CODE for excluído e a chave primária composta for a combinação de CRS_CODE e CLASS_SECTION, a entidade TURMA será representada por:

TURMA (**CRS_CODE**, **CLASS_SECTION**, CLASS_TIME, ROOM_CODE, PROF_NUM)

Observe que *ambos* os atributos de chave são sublinhados na notação da entidade.

FIGURA 4.2 Componentes e conteúdo da tabela (entidade) TURMA

CLASS_CODE	CRS_CODE	CLASS_SECTION	CLASS_TIME	ROOM_CODE	PROF_NUM
10012	ACCT-211	1	MWF 8:00-8:50 a.m.	BUS311	105
10013	ACCT-211	2	MWF 9:00-9:50 a.m.	BUS200	105
10014	ACCT-211	3	TTh 2:30-3:45 p.m.	BUS252	342
10015	ACCT-212	1	MWF 10:00-10:50 a.m.	BUS311	301
10016	ACCT-212	2	Th 6:00-8:40 p.m.	BUS252	301
10017	CIS-220	1	MWF 9:00-9:50 a.m.	KLR209	228
10018	CIS-220	2	MWF 9:00-9:50 a.m.	KLR211	114
10019	CIS-220	3	MWF 10:00-10:50 a.m.	KLR209	228
10020	CIS-420	1	W 6:00-8:40 p.m.	KLR209	162
10021	QM-261	1	MWF 8:00-8:50 a.m.	KLR200	114
10022	QM-261	2	TTh 1:00-2:15 p.m.	KLR200	114
10023	QM-362	1	MWF 11:00-11:50 a.m.	KLR200	162
10024	QM-362	2	TTh 2:30-3:45 p.m.	KLR200	162
10025	MATH-243	1	Th 6:00-8:40 p.m.	DRE155	325

NOTA

Lembre-se de que o Capítulo 3 fez uma distinção, geralmente aceita, entre DISCIPLINA e TURMA. A TURMA constitui um horário e local específico de oferta de uma DISCIPLINA. A turma é definida pela descrição da disciplina e por seu horário e local (ou seção). Considere um professor que lecione Banco de dados I, Seção 2; Banco de dados I, Seção 5; Banco de dados I, Seção 8; e Planilha II, Seção 6. Esse professor ensina duas disciplinas (Banco de dados I e Planilha II), porém para quatro turmas. Normalmente, as ofertas de DISCIPLINAS são impressas em um catálogo, ao passo que as de TURMA são impressas em uma programação para cada semestre ou trimestre.

Atributos simples e compostos

Os atributos são classificados como simples ou compostos. **Atributo composto** (não confundir com chave composta) é aquele que pode ser subdividido de modo a se obter mais atributos. Por exemplo, o atributo ENDEREÇO pode ser subdividido em rua, cidade, estado e CEP. De modo similar, o atributo NÚMERO_TELEFONE pode ser subdividido em código de área e prefixo. Um **atributo simples** é aquele que não pode ser subdividido. Por exemplo, idade, sexo e estado civil seriam classificados como atributos simples. Para facilitar consultas detalhadas, os atributos compostos devem ser convertidos em uma série de atributos simples.

Atributos monovalorados

Um **atributo monovalorado** é aquele que pode ter apenas um valor. Por exemplo, uma pessoa pode ter apenas um número de Seguro Social, e uma peça fabricada, um único número de série. *Tenha em mente que um atributo monovalorado não é necessariamente um atributo simples.* Por exemplo, o número de série de uma peça, como SE-08-02-189935, possui um único valor, mas é um atributo composto, pois pode ser subdividido em: região em que a peça foi produzida (SE), planta dessa região (08), divisão dessa planta (02) e número da peça (189935).

Atributos multivalorados

Atributos multivalorados são aqueles que possuem muitos valores. Por exemplo, uma pessoa pode ter vários graus de ensino e uma família pode ter diversos telefones diferentes, cada um com seu próprio número. De modo similar, a cor de um carro pode ser subdividida em várias (ou seja, cores do teto, carroceria e frisos). No ER de Chen, os atributos multivalorados são exibidos por uma linha dupla que conecta o atributo à entidade. A notação pé de galinha não identifica atributos com vários valores. O DER da Figura 4.3 contém todos os componentes apresentados até agora. Nessa figura, observe que CARRO_CHASSI é a chave primária e CARRO_COR é um atributo multivalorado da entidade CARRO.

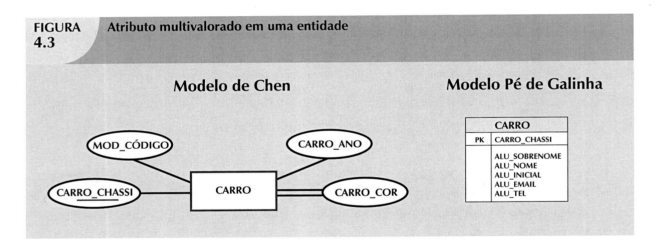

FIGURA 4.3 Atributo multivalorado em uma entidade

NOTA

Nos modelos de DER da Figura 4.3, a chave primária (PK) da entidade CARRO foi digitada como MOD_CODE. Esse atributo foi adicionado manualmente à entidade. Na verdade, a utilização adequada de um software de modelagem de bancos de dados produzirá automaticamente a PK quando o relacionamento for definido. Além disso, o software identificará a PK de maneira adequada e apresentará os detalhes de sua implementação no dicionário de dados. Portanto, ao utilizar softwares de modelagem como o Visio Professional, *nunca digite o atributo FK*; deixe que o software trate dessa tarefa quando o relacionamento entre as entidades estiver definido.

Implementação de atributos multivalorados

Embora o modelo conceitual possa lidar com relacionamentos M:N e atributos multivalorados, *não se deve implementá-los no SGBDR*. Lembre-se de que na tabela relacional, no Capítulo 3, cada intersecção de coluna/linha representa um único valor de dados. Assim, se houver atributos multivalorados, o projetista terá de decidir entre dois cursos de ação possíveis:

1. Na entidade original, criar vários novos atributos, um para cada componente original do atributo multivalorado. Por exemplo, o atributo CARRO_COR da entidade CARRO pode ser dividido, dando origem aos novos atributos CARRO_CORSUP, CAR_CORCARROCERIA e CAR_CORFRISO, relacionados à entidade CARRO. Veja a Figura 4.4.

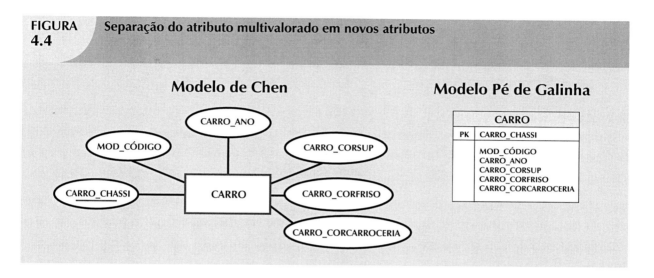

FIGURA 4.4 Separação do atributo multivalorado em novos atributos

Embora essa solução pareça funcionar, sua adoção pode levar a problemas estruturais importantes na tabela. Por exemplo, se forem criados componentes de cor adicional – como cor de logotipo – para alguns carros, a estrutura terá de ser modificada para acomodar a nova seção. Nesse caso, em carros que não tenham essas seções de cores, serão gerados nulos para os componentes não existentes ou inseridas entradas como *NA* para indicar "Não Aplicável". (Imagine como a solução da Figura 4.4 – que separa os vários valores em novos atributos – poderia causar problemas quando aplicada a uma entidade de funcionários que contenha graus e certificações. Se alguns funcionários tiverem 10 desses graus ou certificações, enquanto a maioria tiver poucos ou nenhum, o número de atributos seria de 10 e a maioria de seus valores seria nula para grande parte dos funcionários.) Em resumo, embora tenha sido vista uma aplicação da solução 1, não parece ser aceitável.

2. Criar uma nova entidade composta dos componentes originais do atributo multivalorado (veja a Figura 4.5). A nova entidade (independente) CARRO_COR é relacionada à entidade CARRO original por meio de um relacionamento 1:M. Observe que essa mudança permite que o projetista defina a cor para seções diferentes do carro (veja a Tabela 4.1). Utilizando a abordagem ilustrada na tabela 4.1, obtém-se, ainda, um benefício adicional: agora é possível atribuir quantas cores forem necessárias sem a necessidade de alterar a estrutura da tabela. Observe que o ER da Figura 4.5 reflete os componentes listados na Tabela 4.1. Esse é o modo preferido para lidar com atributos multivalorados. A criação de uma nova entidade em relacionamento 1:M com a entidade original produz diversos benefícios: trata-se de uma solução flexível, que pode ser expandida e é compatível com o modelo relacional!

TABELA 4.1 Componentes do atributo multivalorado

SEÇÃO	COR
Superior	Branca
Carroceria	Azul
Friso	Dourada
Interior	Azul

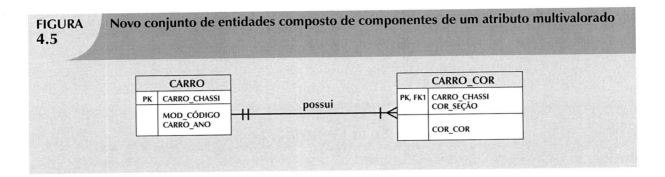

FIGURA 4.5 Novo conjunto de entidades composto de componentes de um atributo multivalorado

Atributos derivados

Por fim, um atributo pode ser classificado como derivado. Um **atributo derivado** é aquele cujo valor é calculado (derivado) a partir de outros atributos. O atributo derivado não precisa estar fisicamente armazenado no banco de dados. Em vez disso, ele pode ser obtido utilizando-se um algoritmo. Por exemplo, a idade de um funcionário FUN_IDADE pode ser encontrada calculando-se o valor inteiro da diferença entre a data atual e o atributo FUN_DATA_NASCIMENTO. Ao utilizar o Microsoft Access, deve-se aplicar a fórmula INT((DATE() – FUN_DATA_NASCIMENTO)/365). No Microsoft SQL Server, seria utilizado SELECT DATEDIFF("ANO", FUN_DATA_NASCIMENT, GETDATE()); em que DATEDIFF é uma função que calcula a diferença entre datas. O primeiro parâmetro indica o resultado, nesse caso, em anos.

Ao utilizar Oracle, aplica-se SYSDATE em vez de DATE(). (Assume-se, é claro, que FUN_DATA_NASCIMENTO esteja armazenado no formato de data Juliana.) De modo similar, o custo total de um pedido pode ser obtido multiplicando-se a quantidade solicitada pelo preço unitário. Ou, ainda, a velocidade média estimada pode ser obtida com a divisão da distância percorrida pelo tempo gasto no percurso. Na notação de Chen, indica-se um atributo derivado por uma linha pontilhada que liga esse atributo à entidade. Veja a Figura 4.6. A notação pé de galinha não possui um método para distinguir o atributo derivado de outros atributos.

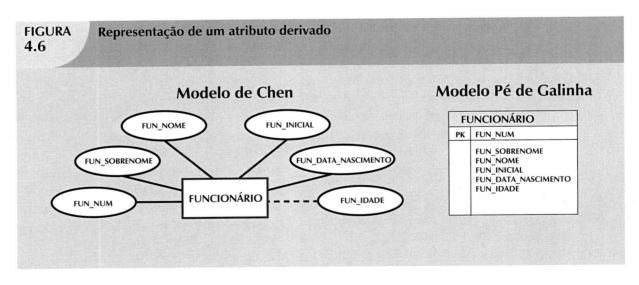

FIGURA 4.6 Representação de um atributo derivado

Às vezes, os atributos derivados são chamados de *atributos computados*. A computação desses atributos pode ser simples como somar dois valores localizados na mesma linha ou o resultado da agregação da soma de valores localizados em várias linhas (da mesma tabela ou de uma tabela diferente). A decisão de armazenar os atributos derivados em tabelas de bancos de dados depende das necessidades e restrições de processamento impostas a uma aplicação em particular. O projetista deveria ser capaz de equilibrar o projeto de acordo com essas restrições. A Tabela 4.2 mostra as vantagens e desvantagens de armazenar (ou não) os atributos derivados no banco de dados.

TABELA 4.2 Vantagens e desvantagens de armazenar atributos derivados

	ATRIBUTO DERIVADO	
	ARMAZENADO	NÃO ARMAZENADO
Vantagens	Poupa ciclos de processamento da CPU Poupa tempo de acesso aos dados O valor dos dados está prontamente disponível Pode ser utilizado para rastrear dados históricos	Poupa espaço de armazenamento Sua computação sempre produz o valor atual
Desvantagens	Exige manutenção constante para garantir que o valor derivado seja atual, especialmente se qualquer valor utilizado na computação se alterar	Utiliza ciclos de processamento da CPU Aumenta o tempo de acesso aos dados Adiciona complexidade de codificação das consultas

RELACIONAMENTOS

Lembre-se do Capítulo 2, em que o relacionamento é uma associação entre entidades. As entidades que participam de um relacionamento são também conhecidas como **participantes** e cada relacionamento é identificado por um nome que o descreve. O nome do relacionamento é um verbo na voz ativa ou passiva. Por exemplo, um ALUNO *frequenta* uma TURMA, um PROFESSOR *ensina* uma TURMA, um DEPARTAMENTO *emprega* um PROFESSOR, uma DIVISÃO *é gerenciada por* um FUNCIONÁRIO e uma AERONAVE *é tripulada por* uma TRIPULAÇÃO.

Os relacionamentos entre entidades sempre operam em ambas as direções. Ou seja, para definir o relacionamento entre as entidades chamadas CLIENTE e FATURA, deve-se especificar que:

Um CLIENTE pode gerar muitas FATURAs.
Cada FATURA é gerada por apenas um CLIENTE.

Tendo conhecimento de ambas as direções do relacionamento entre CLIENTE e FATURA, é fácil ver que esse relacionamento pode ser classificado como 1:M.

A classificação torna-se difícil de estabelecer quando apenas um lado do relacionamento é conhecido. Por exemplo, especificando-se que:

Uma SEÇÃO é gerenciada por um FUNCIONÁRIO.

não é possível saber se o relacionamento é 1:1 ou 1:M. Portanto, deve-se perguntar: "um funcionário pode gerenciar mais de uma seção?". Se a resposta for sim, o relacionamento é 1:M e sua segunda parte é apresentada como:

Um FUNCIONÁRIO pode gerenciar várias SEÇÕES.

Se um funcionário não puder gerenciar mais de uma divisão, o relacionamento é 1:1 e sua segunda parte é apresentada como:

Um FUNCIONÁRIO pode gerenciar apenas uma SEÇÃO.

CONECTIVIDADE E CARDINALIDADE

Você aprendeu no Capítulo 2 que os relacionamentos de entidades podem ser classificados como um para um, um para muitos e muitos para muitos. E, também, aprendeu como esses relacionamentos são representados nas notações de Chen e pé de galinha. O termo **conectividade** é utilizado para descrever a classificação dos relacionamentos.

A **cardinalidade** expressa o número mínimo e máximo de ocorrências de entidades associadas a uma única ocorrência da entidade relacionada. No DER, a cardinalidade é indicada colocando-se os respectivos números ao lado das entidades, utilizando o formato (x, y). O primeiro valor representa o número mínimo de entidades associadas, enquanto o segundo, o número máximo.

Algumas ferramentas de modelagem de ER baseado na notação pé de galinha não apresentam a faixa de cardinalidade numérica no diagrama. Em vez disso, o usuário pode adicioná-la como texto. Na notação pé de galinha, a cardinalidade é denotada pela utilização dos símbolos da Figura 4.7. A faixa de cardinalidade numérica pode ser adicionada utilizando-se a ferramenta de inserção de texto do Visio.

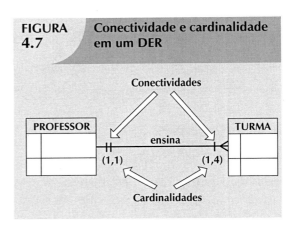

FIGURA 4.7 Conectividade e cardinalidade em um DER

Saber o número mínimo e máximo de ocorrências de entidades é muito útil no nível do software de aplicação. Por exemplo, a Tiny College pode querer assegurar que uma turma não seja oferecida a não ser que tenha, pelo menos, 10 alunos matriculados. De modo similar, se a sala de aula puder receber apenas 30 alunos, o aplicativo deve utilizar essa cardinalidade para limitar as matrículas nessa turma. No entanto, tenha em mente que o SGBD não é capaz de tratar da implementação das cardinalidades no nível da tabela – esse recurso é oferecido por aplicativos ou triggers. Você aprenderá como criar e executar triggers no Capítulo 8, "SQL avançada".

Ao examinar o diagrama pé de galinha da Figura 4.7, lembre-se de que as cardinalidades representam o número de ocorrências na entidade *relacionada*. Por exemplo, a cardinalidade (1, 4) apresentada próxima a entidade TURMA no relacionamento "PROFESSOR ensina TURMA" indica que o valor da chave primária da tabela PROFESSOR ocorre pelo menos uma vez e não mais que quatro vezes como valor de chave estrangeira da tabela TURMA. Se a cardinalidade tivesse sido apresentada como (1,N), não haveria limite superior ao número de turmas que um professor poderia ensinar. De modo similar, a cardinalidade (1,1), apresentada próxima à entidade PROFESSOR indica que cada turma é ensinada por um e somente um professor. Ou seja, cada ocorrência da entidade TURMA está associada a uma e somente uma ocorrência de entidade em PROFESSOR.

As conectividades e cardinalidades são estabelecidas por afirmações muito concisas conhecidas como regras de negócio, que foram apresentadas no Capítulo 2. Essas regras, resultantes da descrição precisa e detalhada do ambiente de dados de uma organização, também estabelecem as entidades, atributos, relacionamentos, conectividades, cardinalidades e restrições do ER. Como as regras de negócio definem os componentes do ER, assegurar que todas estejam identificadas é uma parte importante do trabalho de um projetista de bancos de dados.

> **NOTA**
>
> A localização das cardinalidades no diagrama ER é uma questão de convenção. A notação de Chen as coloca ao lado da entidade relacionada. Os diagramas pé de galinha e em UML posicionam-nas próximo à entidade a que se aplicam.

DEPENDÊNCIA DE EXISTÊNCIA

Diz-se que uma entidade é **dependente de existência** se só puder existir no banco de dados quando estiver associada à outra ocorrência de entidade relacionada. Em termos de implementação, uma entidade é dependente de existência se tiver uma chave estrangeira obrigatória – ou seja, um atributo de chave estrangeira que não puder ser nulo. Por exemplo, se um funcionário quisesse declarar um ou mais dependentes para fins de retenção de impostos, seria adequado o relacionamento "FUNCIONÁRIO declara DEPENDENTE". Nesse caso, a entidade DEPENDENTE é claramente dependente da existência da entidade FUNCIONÁRIO, pois é impossível que um dependente exista de modo independente de um FUNCIONÁRIO no banco de dados.

Se uma entidade puder existir independente de uma ou mais entidades relacionadas, diz-se que ela é **independente de existência**. (Às vezes os projetistas referem-se a essa entidade como *forte* ou *regular*.) Por exemplo, suponha que a Corporação XYZ utilize peças para fabricar seus produtos. Além disso, suponha que algumas dessas peças são produzidas internamente e outras são compradas de fornecedores. Nesse cenário, é bem possível que uma PEÇA exista independente de um FORNECEDOR no relacionamento "a PEÇA é suprida pelo FORNECEDOR", pois pelo menos algumas peças não são. Portanto, PEÇA é independente da existência de FORNECEDOR.

> **NOTA**
>
> O conceito de força de relacionamento não faz parte do ER original. Em vez disso, tal conceito se aplica diretamente aos diagramas pé de galinha. Como esses diagramas são amplamente utilizados no projeto de bancos de dados relacionais, é importante compreender como a força do relacionamento afeta a implementação do banco de dados. A notação do DER de Chen é orientada para a modelagem conceitual e, portanto, não distingue entre relacionamentos fracos e fortes.

FORÇA DO RELACIONAMENTO

O conceito de força do relacionamento baseia-se em como é definida a chave primária de uma entidade relacionada. Para implementar um relacionamento, a chave primária de uma entidade aparece como chave estrangeira da entidade relacionada. Por exemplo, o relacionamento 1:M entre FORNECEDOR e PRODUTO, na Figura 3.3 do Capítulo 3, é implementado pela utilização da chave primária VEND_CODE de FORNECEDOR como uma chave estrangeira de PRODUTO. Há momentos em que a chave estrangeira também é um componente da chave primária da entidade relacionada. Por exemplo, na Figura 4.5, a chave primária da entidade CARRO (CARRO_CHASSI) aparece como componente de chave primária e como chave estrangeira da entidade CARRO_COR. Nesta seção, você aprenderá como as diferentes decisões sobre a força dos relacionamentos afetam a organização de chaves primárias no projeto de bancos de dados.

Relacionamento fraco (não identificado)

O **relacionamento fraco**, também conhecido como **relacionamento não identificado**, ocorre quando a PK da entidade relacionada não contém um componente da PK da entidade pai. Por definição, esses relacionamentos são estabelecidos tendo-se a PK da entidade pai aparecendo como FK da entidade relacionada. Por exemplo, suponha que as entidades DISCIPLINA e TURMA sejam definidas como:

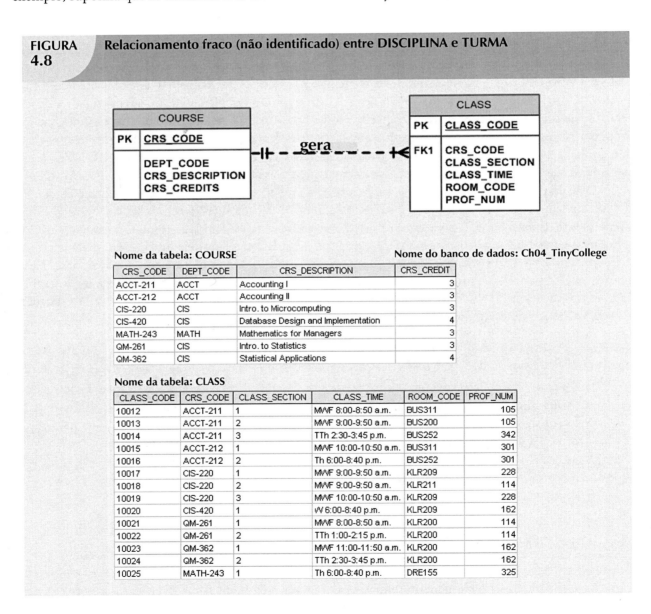

FIGURA 4.8 Relacionamento fraco (não identificado) entre DISCIPLINA e TURMA

Nome da tabela: COURSE

Nome do banco de dados: Ch04_TinyCollege

CRS_CODE	DEPT_CODE	CRS_DESCRIPTION	CRS_CREDIT
ACCT-211	ACCT	Accounting I	3
ACCT-212	ACCT	Accounting II	3
CIS-220	CIS	Intro. to Microcomputing	3
CIS-420	CIS	Database Design and Implementation	4
MATH-243	MATH	Mathematics for Managers	3
QM-261	CIS	Intro. to Statistics	3
QM-362	CIS	Statistical Applications	4

Nome da tabela: CLASS

CLASS_CODE	CRS_CODE	CLASS_SECTION	CLASS_TIME	ROOM_CODE	PROF_NUM
10012	ACCT-211	1	MWF 8:00-8:50 a.m.	BUS311	105
10013	ACCT-211	2	MWF 9:00-9:50 a.m.	BUS200	105
10014	ACCT-211	3	TTh 2:30-3:45 p.m.	BUS252	342
10015	ACCT-212	1	MWF 10:00-10:50 a.m.	BUS311	301
10016	ACCT-212	2	Th 6:00-8:40 p.m.	BUS252	301
10017	CIS-220	1	MWF 9:00-9:50 a.m.	KLR209	228
10018	CIS-220	2	MWF 9:00-9:50 a.m.	KLR211	114
10019	CIS-220	3	MWF 10:00-10:50 a.m.	KLR209	228
10020	CIS-420	1	W 6:00-8:40 p.m.	KLR209	162
10021	QM-261	1	MWF 8:00-8:50 a.m.	KLR200	114
10022	QM-261	2	TTh 1:00-2:15 p.m.	KLR200	114
10023	QM-362	1	MWF 11:00-11:50 a.m.	KLR200	162
10024	QM-362	2	TTh 2:30-3:45 p.m.	KLR200	162
10025	MATH-243	1	Th 6:00-8:40 p.m.	DRE155	325

DISCIPLINA(**CRS_CODE**, DEPT_CODE, CRS_DESCRIPTION, CRS_CREDIT)
TURMA(**CLASS_CODE**, CRS_CODE, CLASS_SECTION, CLASS_TIME, ROOM_CODE, PROF_NUM)

Nesse caso, existe um relacionamento fraco entre DISCIPLINA e TURMA, pois CLASS_CODE é a PK da entidade TURMA, enquanto CRS_CODE em TURMA é apenas uma FK. Nesse exemplo, a PK de TURMA não herdou o componente PK da entidade DISCIPLINA.

A Figura 4.8 mostra como a notação pé de galinha representa um relacionamento fraco, inserindo uma reta de relacionamento tracejada entre as entidades. As tabelas abaixo do DER ilustram como esse relacionamento é implementado.

> **NOTA**
>
> Se estiver habituado a ver diagramas relacionais como os produzidos pelo Microsoft Access, você esperará encontrar a reta de relacionamento *no diagrama relacional* traçada da PK para a FK. No entanto, a convenção do diagrama relacional não se reflete necessariamente no DER. Neste, o foco é nas entidades e nos relacionamentos entre elas, e não no modo como esses relacionamentos são fixados graficamente. Você descobrirá que o posicionamento de retas de relacionamento em um DER complexo que inclua entidades dispostas tanto horizontal como verticalmente é amplamente determinado pela decisão do projetista de aprimorar a prontidão do projeto. (Lembre-se de que o DER é utilizado para a comunicação entre o(s) projetista(s) e os usuários finais.)

Relacionamento forte (de identificação)

O **relacionamento forte**, também conhecido como **relacionamento de identificação**, ocorre quando a PK da entidade relacionada contém um componente de PK da entidade pai. Por exemplo, as definições das entidades DISCIPLINA e TURMA

DISCIPLINA(**CRS_CODE**, DEPT_CODE, CRS_DESCRIPTION, CRS_CREDIT)
TURMA(**CRS_CODE**, **CLASS_SECTION**, CLASS_TIME, ROOM_CODE, PROF_NUM)

indicam que existe um relacionamento forte entre DISCIPLINA e TURMA, pois a PK da entidade TURMA é composta de CRS_CODE + CLASS_SECTION. (Observe que CRS_CODE em TURMA *também* é FK da entidade DISCIPLINA.)

A notação pé de galinha representa o relacionamento forte (de identificação) com uma reta cheia entre as entidades, apresentada na Figura 4.9. O relacionamento entre DISCIPLINA e TURMA ser forte ou fraco depende de como a chave primária da entidade TURMA é definida.

Tenha em mente que *a ordem em que as tabelas são criadas e carregadas é muito importante*. Por exemplo, no relacionamento "DISCIPLINA gera TURMA", a tabela DISCIPLINA deve ser criada antes da tabela TURMA. Afinal, não seria aceitável que a chave estrangeira da tabela TURMA referenciasse uma tabela DISCIPLINA que não existisse.

Na verdade, *deve-se carregar os dados primeiro do lado "1" em um relacionamento 1:M para evitar a possibilidade de erros de integridade referencial*, independente de os relacionamentos serem fracos ou fortes.

Como se pode ver na Figura 4.9, é possível imaginar o que significa o símbolo O próximo à entidade TURMA. Você descobrirá o significado dessa cardinalidade na Seção "Participação em relacionamento".

Lembre-se de que a natureza do relacionamento costuma ser determinada pelo projetista do banco de dados, que deve utilizar o bom senso profissional para determinar que tipo e que força de relacionamento é mais adequado para a transação, eficiência e necessidades de informações do banco. Esse ponto será enfatizado em detalhes!

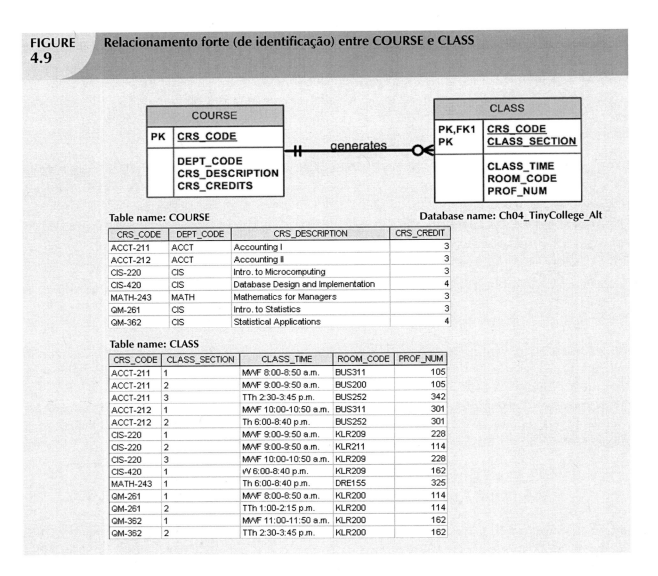

FIGURE 4.9 — Relacionamento forte (de identificação) entre COURSE e CLASS

Table name: COURSE

Database name: Ch04_TinyCollege_Alt

CRS_CODE	DEPT_CODE	CRS_DESCRIPTION	CRS_CREDIT
ACCT-211	ACCT	Accounting I	3
ACCT-212	ACCT	Accounting II	3
CIS-220	CIS	Intro. to Microcomputing	3
CIS-420	CIS	Database Design and Implementation	4
MATH-243	MATH	Mathematics for Managers	3
QM-261	CIS	Intro. to Statistics	3
QM-362	CIS	Statistical Applications	4

Table name: CLASS

CRS_CODE	CLASS_SECTION	CLASS_TIME	ROOM_CODE	PROF_NUM
ACCT-211	1	MWF 8:00-8:50 a.m.	BUS311	105
ACCT-211	2	MWF 9:00-9:50 a.m.	BUS200	105
ACCT-211	3	TTh 2:30-3:45 p.m.	BUS252	342
ACCT-212	1	MWF 10:00-10:50 a.m.	BUS311	301
ACCT-212	2	Th 6:00-8:40 p.m.	BUS252	301
CIS-220	1	MWF 9:00-9:50 a.m.	KLR209	228
CIS-220	2	MWF 9:00-9:50 a.m.	KLR211	114
CIS-220	3	MWF 10:00-10:50 a.m.	KLR209	228
CIS-420	1	W 6:00-8:40 p.m.	KLR209	162
MATH-243	1	Th 6:00-8:40 p.m.	DRE155	325
QM-261	1	MWF 8:00-8:50 a.m.	KLR200	114
QM-261	2	TTh 1:00-2:15 p.m.	KLR200	114
QM-362	1	MWF 11:00-11:50 a.m.	KLR200	162
QM-362	2	TTh 2:30-3:45 p.m.	KLR200	162

ENTIDADES FRACAS

Uma **entidade fraca** é aquela que atende a duas condições:

1. É dependente de existência. Ou seja, não pode existir sem a entidade com a qual possui um relacionamento.
2. A entidade possui uma chave primária que é parcial ou totalmente derivada da entidade pai do relacionamento.

Por exemplo, a política de seguros de uma empresa assegura um funcionário e seus dependentes. Para descrever a política de segurança, um FUNCIONÁRIO pode ou não ter um DEPENDENTE, mas o DEPENDENTE deve estar associado a um FUNCIONÁRIO. Além disso, o DEPENDENTE não pode existir sem o FUNCIONÁRIO, ou seja, uma pessoa não pode obter cobertura de seguros como dependente, a menos que seja dependente de um funcionário. DEPENDENTE é a entidade fraca do relacionamento "FUNCIONÁRIO possui DEPENDENTE". Observe que a notação de Chen na Figura 4.10 identifica a entidade fraca utilizando um retângulo de entidade com parede dupla. A notação pé de galinha gerada pelo Visio Professional utiliza a reta de relacionamento e a designação PK/FK (chave primária/chave estrangeira) para indicar se a entidade relacionada é fraca. Um relacionamento forte (de identificação) indica que a entidade relacionada é fraca. Esse relacionamento significa que ambas as condições da definição de entidades fracas foram atendidas – a entidade relacionada é dependente de existência e sua PK contém um componente da PK da entidade pai. (Algumas versões do DER pé de galinha representam a entidade fraca, traçando um curto segmento de reta em cada um dos quatro vértices da caixa dessa entidade.)

Lembre-se de que a entidade fraca herda parte de sua chave primária da sua correspondente forte. Por exemplo, pelo menos uma parte da chave da entidade DEPENDENTE apresentada na Figura 4.10 foi herdada da entidade FUNCIONÁRIO:

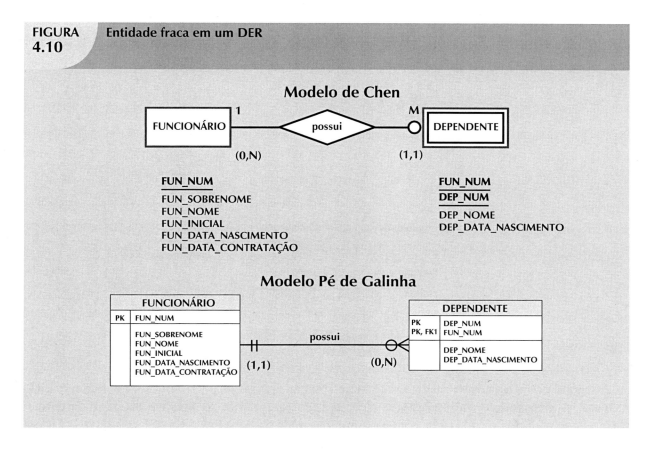

FIGURA 4.10 Entidade fraca em um DER

FUNCIONÁRIO (**FUN_NUM**, FUN_SOBRENOME, FUN_NOME, FUN_INICIAL, FUN_DATA_NASCIMENTO, FUN_DATA_CONTRATAÇÃO)
DEPENDENTE (**FUN_NUM**, **DEP_NUM**, DEP_NOME, DEP_DATA_NASCIMENTO)

A Figura 4.11 ilustra a implementação do relacionamento entre a entidade fraca (DEPENDENTE) e sua correspondente pai ou forte (FUNCIONÁRIO). Observe que a chave primária de DEPENDENTE é composta de dois atributos, FUN_NUM e DEP_NUM, e que FUN_NUM foi herdada de FUNCIONÁRIO. Com esse cenário e a ajuda desse relacionamento, é possível determinar:

Jeanine J. Callifante declara dois dependentes, Annelise e Jorge.

Tenha em mente que o projetista do banco de dados normalmente determina se uma entidade pode ser descrita como fraca com base nas regras de negócio. Um exame do relacionamento entre DISCIPLINA e TURMA da Figura 4.8 poderia levar à conclusão de que TURMA é a entidade fraca de DISCIPLINA.

Afinal, na Figura 4.8, parece claro que uma TURMA não pode existir sem uma DISCIPLINA, havendo, portanto, dependência de existência. Por exemplo, um aluno não pode se matricular na turma Accounting I (Contabilidade I) ACCT-211, Seção 3 (CLASS_CODE 10014), a menos que haja um curso ACCT_211. No entanto, observe que a chave primária da tabela TURMA é CLASS_CODE, que não é derivada da entidade pai DISCIPLINA. Ou seja, TURMA pode ser representada por:

TURMA (**CLASS_CODE**, CRS_CODE, CLASS_SECTION, CLASS_TIME, ROOM_CODE, PROF_NUM)

FIGURA 4.11	Entidade fraca em um relacionamento forte

Nome da tabela: EMPREGADO   Nome do banco de dados: Ch04_ShortCo

EMP_NUM	EMP_LNAME	EMP_FNAME	EMP_INITIAL	EMP_DOB	EMP_HIREDATE
1001	Callifante	Jeanine	J	12-Mar-64	25-May-97
1002	Smithson	William	K	23-Nov-70	28-May-97
1003	Washington	Herman	H	15-Aug-68	28-May-97
1004	Chen	Lydia	B	23-Mar-74	15-Oct-98
1005	Johnson	Melanie		28-Sep-66	20-Dec-98
1006	Ortega	Jorge	G	12-Jul-79	05-Jan-02
1007	O'Donnell	Peter	D	10-Jun-71	23-Jun-02
1008	Brzenski	Barbara	A	12-Feb-70	01-Nov-03

Nome da tabela: DEPENDENTE

EMP_NUM	DEP_NUM	DEP_FNAME	DEP_DOB
1001	1	Annelise	05-Dec-97
1001	2	Jorge	30-Sep-02
1003	1	Suzanne	25-Jan-04
1006	1	Carlos	25-May-01
1008	1	Michael	19-Feb-95
1008	2	George	27-Jun-98
1008	3	Katherine	18-Aug-03

A segunda exigência de entidade fraca não foi atendida; portanto, por definição, a entidade TURMA da Figura 4.8 não pode ser classificada como fraca. Por outro lado, se a chave primária da entidade TURMA fosse definida como composta pela combinação de CRS_CODE e CLASS_SECTION, TURMA poderia ser representada por:

TURMA (**CRS_CODE**, **CLASS_SECTION**, CLASS_TIME, ROOM_CODE, PROF_NUM)

Nesse caso, ilustrado na Figura 4.9, a chave primária TURMA é parcialmente derivada de DISCIPLINA, pois CRS_CODE é a chave primária da tabela DISCIPLINA. Dada essa decisão, TURMA é uma entidade fraca por definição. (Em termos da notação pé de galinha do Visio Professional, o relacionamento entre DISCIPLINA e TURMA é classificado como forte ou de identificação.) Em todo caso, TURMA é sempre dependente da existência de DISCIPLINA, *independente de ser definida como fraca*.

PARTICIPAÇÃO DE RELACIONAMENTO

A participação em um relacionamento de entidades pode ser opcional ou obrigatória. A **participação opcional** indica que uma ocorrência de entidade não *exige* uma ocorrência correspondente em determinado relacionamento. Por exemplo, no relacionamento "DISCIPLINA gera TURMA", notou-se que pelo menos algumas disciplinas não geram turmas. Em outras palavras, uma ocorrência de entidade (linha) da tabela DISCIPLINA não exige necessariamente a existência de uma ocorrência correspondente na tabela TURMA. (Lembre-se de que cada entidade é implementada como uma tabela.) Portanto, a entidade TURMA é considerada *opcional* para a entidade DISCIPLINA. Na notação pé de galinha, um relacionamento opcional entre entidades é exibido traçando um pequeno círculo (O) ao lado da entidade opcional, como ilustrado na Figura 4.9. A presença de uma *entidade opcional* indica que a cardinalidade mínima é 0 para essa entidade. (O termo *opcionalidade* é utilizado para identificar qualquer condição em que ocorram um ou mais relacionamentos opcionais.)

> **NOTA**
>
> Lembre-se de que o ônus de se estabelecer um relacionamento sempre se localiza na entidade que contém a chave estrangeira. Na maioria dos casos, essa será a entidade do lado "muitos" do relacionamento.

A **participação obrigatória** indica que uma ocorrência de entidade *exige* uma ocorrência correspondente em determinado relacionamento. Se não for representado nenhum símbolo de opcionalidade com a entidade, ela aparece em um relacionamento obrigatório com a entidade relacionada. A presença de uma entidade obrigatória indica que a cardinalidade mínima é 1 para essa entidade.

> **NOTA**
>
> É tentador concluir que os relacionamentos sejam fracos quando ocorrem entre entidades de um relacionamento opcional e que sejam fortes quando ocorrem entre entidades de um relacionamento obrigatório. No entanto, essa conclusão não é segura. Tenha em mente que a participação e a força do relacionamento não descrevem a mesma coisa. É provável encontrar um relacionamento forte quando uma entidade é opcional a outra. Por exemplo, o relacionamento entre FUNCIONÁRIO e DEPENDENTE é claramente forte, mas DEPENDENTE é claramente opcional a FUNCIONÁRIO. Afinal, não se pode *exigir* que um funcionário tenha dependentes. Só é possível estabelecer um relacionamento fraco quando uma entidade for obrigatória em relação à outra. *A força do relacionamento depende de como a PK da entidade relacionada é formulada, ao passo que a participação depende de como a regra de negócio é apresentada.* Por exemplo, as regras "Cada peça deve ser suprida por um fornecedor" e "Uma peça pode ou não ser suprida por um fornecedor" criam opcionalidades diferentes para as mesmas entidades! Não compreender essa distinção pode levar a decisões de projeto ruins que causem problemas importantes ao inserir e excluir linhas da tabela.

Como a participação em relacionamentos mostrou-se um componente muito importante do processo de projeto de bancos de dados, examinaremos mais alguns cenários. Suponha que a Tiny College empregue alguns professores que façam pesquisa, mas não dá aulas. Ao examinar o relacionamento "PROFESSOR ensina TURMA", é bem possível que um PROFESSOR não ensine uma TURMA. Portanto, TURMA é *opcional* para PROFESSOR.

Por outro lado, uma TURMA tem de ser ensinada por um PROFESSOR. Portanto, PROFESSOR é *obrigatório* para TURMA. Observe que o modelo de DER da Figura 4.12 mostra a cardinalidade próxima a TURMA como (0,3), indicando, assim, que um professor pode não ensinar nenhuma turma ou até três turmas. Cada linha da tabela TURMA referenciará uma e somente uma linha de PROFESSOR – assumindo-se que cada turma seja ensinada por um e somente um professor, o que é representado pela cardinalidade (1,1) próxima à tabela PROFESSOR.

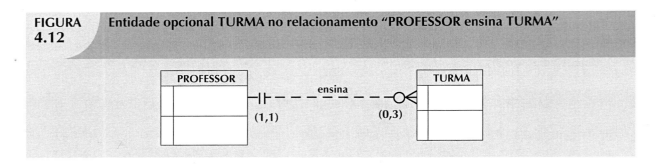

FIGURA 4.12   Entidade opcional TURMA no relacionamento "PROFESSOR ensina TURMA"

Não compreender a distinção entre participação *obrigatória* e *opcional*[1] em relacionamentos pode resultar em projetos nos quais sejam criadas linhas (instâncias de entidades) temporárias inadequadas (e desnecessárias) apenas para acomodar a criação das entidades necessárias. Portanto, é importante compreender claramente os conceitos de participação obrigatória e opcional.

Também é importante entender a semântica de um problema que pode determinar o tipo de participação em um relacionamento. Por exemplo, suponha que a Tiny College ofereça várias disciplinas e que cada uma possua diversas turmas. Observe novamente a distinção entre *turma* e *disciplina* nessa discussão: uma TURMA constitui uma oferta (ou seção) específica de uma DISCIPLINA. (Normalmente, as disciplinas são relacionadas no catálogo da universidade, ao passo que as turmas aparecem na programação de aula que os estudantes utilizam para a matrícula.)

Analisando a contribuição da entidade TURMA para o relacionamento "DISCIPLINA gera TURMA", é fácil perceber que uma TURMA não pode existir sem uma DISCIPLINA. Portanto, pode-se concluir que a entidade DISCIPLINA é *obrigatória* no relacionamento. Mas dois cenários da entidade TURMA podem ser apresentados, conforme as Figuras 4.13 e 4.14. Os diferentes cenários aparecem em função da semântica do problema, ou seja, dependem de como o relacionamento é definido.

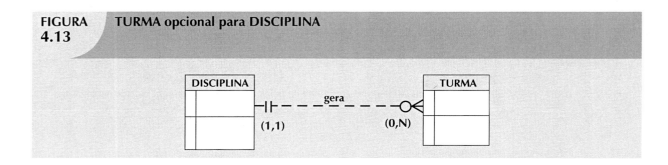

FIGURA 4.13   TURMA opcional para DISCIPLINA

3. *TURMA é opcional.* É possível que o departamento crie a entidade DISCIPLINA primeiro e, em seguida, crie a entidade TURMA, após realizar a atribuição de professores. No mundo real, esse cenário é muito provável. Pode haver disciplinas para as quais não se tenha ainda definido seções

---

[1] A participação de um relacionamento também pode ser chamada de parcial ou total no lugar dos termos opcional e obrigatório. (N.R.T.)

(turmas). Na verdade, algumas disciplinas podem ser oferecidas apenas uma vez por ano, não gerando turmas todos os semestres.

4. *TURMA é obrigatório.* Essa condição é criada pela restrição imposta pela semântica da afirmação "Cada DISCIPLINA gera uma ou mais TURMAs". Em termos de ER, cada DISCIPLINA do relacionamento "gera" deve ter, pelo menos, uma TURMA. Portanto, deve-se criar uma TURMA quando DISCIPLINA for criada para atender à semântica do problema.

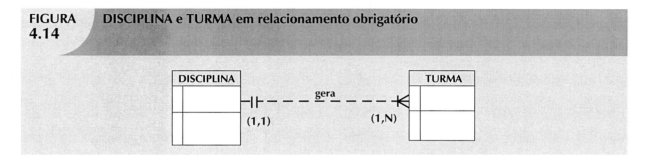

FIGURA 4.14 **DISCIPLINA e TURMA em relacionamento obrigatório**

Tenha em mente os aspectos práticos do cenário apresentado na Figura 4.14. Dada a semântica desse relacionamento, o sistema não deve aceitar uma disciplina que não esteja associada à, pelo menos, uma seção de turma. Esse ambiente rígido é desejável do ponto de vista operacional? Por exemplo, quando uma nova DISCIPLINA é criada, primeiro o banco de dados atualiza a tabela DISCIPLINA, inserindo, assim, uma entidade DISCIPLINA que ainda não tem uma TURMA associada. Naturalmente, o problema aparente parece ser resolvido quando inserem entidades TURMA na tabela TURMA correspondente. No entanto, em virtude do relacionamento obrigatório, o sistema violará temporariamente a restrição da regra de negócio. Para finalidades práticas, não seria desejável classificar TURMA como opcional, produzindo-se um projeto mais flexível.

Por fim, ao examinar os cenários apresentados na Figura 4.13 e 4.14, lembre-se do papel do SGBD. Para manter a integridade de dados, o SGBD deve assegurar que o lado "muitos" (TURMA) esteja associado à DISCIPLINA por meio de regras de chave estrangeira.

Ao criar um relacionamento em Visio, o relacionamento-padrão será obrigatório do lado "1" e opcional do lado "muitos". A Tabela 4.3 mostra as diferentes cardinalidades suportadas pela notação pé de galinha.

TABELA 4.3 Símbolos da notação pé de galinha

SÍMBOLOS DA NOTAÇÃO PÉ DE GALINHA	CARDINALIDADE	COMENTÁRIOS
○⩽	(0,N)	Zero ou muitos. O lado "muitos" é opcional.
⊢⩽	(1,N)	Um ou muitos. O lado "muitos" é obrigatório.
‖	(1,1)	Um e somente um. O lado "1" é obrigatório.
○⊢	(0,1)	Zero ou um. O lado "1" é opcional.

Grau de relacionamento

O **grau de relacionamento** indica o número de entidades ou participantes associados a um relacionamento. Um **relacionamento unário** ocorre quando uma associação é mantida em uma única entidade. Já o **relacionamento binário** se dá quando duas entidades estão associadas. O **relacionamento ternário** ocorre, ainda, quando três entidades estão associadas. Embora haja graus mais altos, eles são raros e não recebem uma denominação específica. (Por exemplo, uma associação de quatro entidades pode ser descrita simplesmente como um *relacionamento de grau quatro*.) A Figura 4.15 mostra esses tipos de graus de relacionamento.

Relacionamentos unários

No caso do relacionamento unário apresentado na Figura 4.15, um funcionário da entidade FUNCIONÁRIO é gerente de um ou mais funcionários nessa mesma entidade. Nesse caso, a existência do relacionamento "gerência" indica que FUNCIONÁRIO exige que outro FUNCIONÁRIO seja o gerente – ou seja, há um relacionamento da entidade FUNCIONÁRIO com ela mesma. Esse relacionamento é conhecido como **relacionamento recursivo (ou autorrelacionamento)**. Os diferentes casos de relacionamentos recursivos serão explorados na Seção "Relacionamentos recursivos".

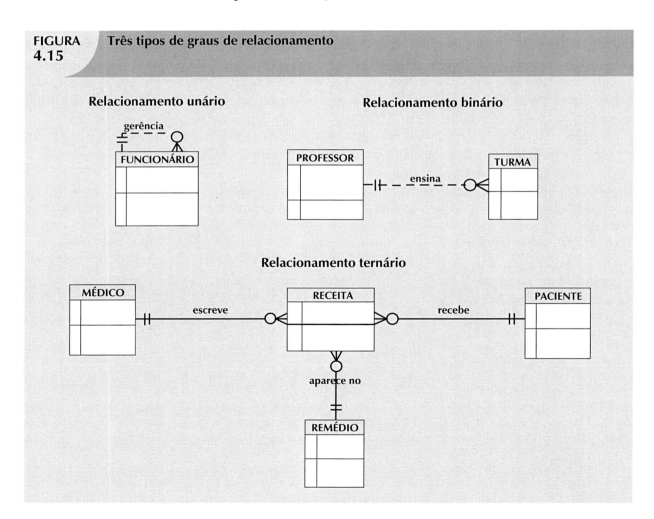

FIGURA 4.15 Três tipos de graus de relacionamento

Relacionamentos binários

O relacionamento binário ocorre quando duas entidades estão associadas em um relacionamento. Trata-se do grau mais comum. Na verdade, para simplificar o projeto conceitual, sempre que possível, a maioria dos relacionamentos de ordem maior (ternário ou superior) é decomposta em relacionamentos binários equivalentes. Na Figura 4.15, o relacionamento "um PROFESSOR ensina uma ou mais TURMAs" representa um relacionamento binário.

Relacionamentos ternários ou de grau maior

Embora a maioria dos relacionamentos seja binária, a utilização de relacionamentos ternários ou de ordem superior confere ao projetista alguma liberdade de ação em relação à semântica de um problema. Um relacionamento ternário indica uma associação entre três entidades diferentes. Observe, por exemplo, os relacionamentos (e suas consequências) da Figura 4.16, representados pelas seguintes regras de negócio:

- Um MÉDICO escreve uma ou mais RECEITAs.
- Um PACIENTE pode receber uma ou mais RECEITAs.
- Um REMÉDIO pode aparecer em uma ou mais RECEITAs. (Para simplificar esse exemplo, assuma que a regra de negócio afirme que cada receita contenha apenas um remédio. Em resumo, se um médico prescrever mais de um remédio, deve escrever uma receita diferente para cada um.)

FIGURA 4.16 Implementação de um relacionamento ternário

Nome da tabela: REMÉDIO

DRUG_CODE	DRUG_NAME	DRUG_PRICE
AF15	Afgapan-15	25.00
AF25	Afgapan-25	35.00
DRO	Droalene Chloride	111.89
DRZ	Druzocholar Cryptolene	18.99
KO15	Koliabar Oxyhexalene	65.75
OLE	Oleander-Drizapan	123.95
TRYP	Tryptolac Heptadimetric	79.45

Nome da tabela: PACIENTE

PAT_NUM	PAT_TITLE	PAT_LNAME	PAT_FNAME	PAT_INITIAL	PAT_DOB	PAT_AREACODE	PAT_PHONE
100	Mr.	Kolmycz	George	D	15-Jun-1942	615	324-5456
101	Ms.	Lewis	Rhonda	G	19-Mar-2005	615	324-4472
102	Mr.	Vandam	Rhett		14-Nov-1958	901	675-8993
103	Ms.	Jones	Anne	M	16-Oct-1974	615	898-3456
104	Mr.	Lange	John	P	08-Nov-1971	901	504-4430
105	Mr.	Williams	Robert	D	14-Mar-1975	615	890-3220
106	Mrs.	Smith	Jeanine	K	12-Feb-2003	615	324-7883
107	Mr.	Diante	Jorge	D	21-Aug-1974	615	890-4567
108	Mr.	Wiesenbach	Paul	R	14-Feb-1966	615	897-4358
109	Mr.	Smith	George	K	18-Jun-1961	901	504-3339
110	Mrs.	Genkazi	Leighla	W	19-May-1970	901	569-0093
111	Mr.	Washington	Rupert	E	03-Nov-1966	615	890-4925
112	Mr.	Johnson	Edward	E	14-May-1961	615	898-4387
113	Ms.	Smythe	Melanie	P	15-Sep-1970	615	324-9006
114	Ms.	Brandon	Marie	G	02-Nov-1932	901	882-0845
115	Mrs.	Saranda	Hermine	R	25-Jul-1972	615	324-5505
116	Mr.	Smith	George	A	08-Nov-1965	615	890-2984

Nome da tabela: MÉDICO

DOC_ID	DOC_LNAME	DOC_FNAME	DOC_INITIAL	DOC_SPECIALTY
29827	Sanchez	Julio	J	Dermatology
32445	Jorgensen	Annelise	G	Neurology
33456	Korenski	Anatoly	A	Urology
33989	LeGrande	George		Pediatrics
34409	Washington	Dennis	F	Orthopaedics
36221	McPherson	Katye	H	Dermatology
36712	Dreifag	Herman	G	Psychiatry
38995	Minh	Tran		Neurology
40004	Chin	Ming	D	Orthopaedics
40028	Feinstein	Denise	L	Gynecology

Nome da tabela: RECEITA

DOC_ID	PAT_NUM	DRUG_CODE	PRES_DOSAGE	PRES_DATE
32445	102	DRZ	2 tablets every four hours -- 50 tablets total	12-Nov-07
32445	113	OLE	1 teaspoon with each meal -- 250 ml total	14-Nov-07
34409	101	KO15	1 tablet every six hours -- 30 tablets total	14-Nov-07
36221	109	DRO	2 tablets with every meal -- 60 tablets total	14-Nov-07
38995	107	KO15	1 tablet every six hours -- 30 tablets total	14-Nov-07

Ao examinar o conteúdo da tabela da Figura 4.16, observe que é possível rastrear todas as transações. Por exemplo, pode-se dizer que a primeira prescrição foi escrita pelo médico 32445 para o paciente 102, utilizando o remédio DRZ.

RELACIONAMENTOS RECURSIVOS

Como mencionado anteriormente, *relacionamento recursivo* é aquele em que pode existir um relacionamento entre ocorrências do mesmo conjunto de entidades. (Naturalmente, essa condição é encontrada em um relacionamento unário.)

Por exemplo, um relacionamento unário 1:M pode ser expresso por "um FUNCIONÁRIO pode gerenciar vários FUNCIONÁRIOs, mas cada FUNCIONÁRIO é gerenciado por um único FUNCIONÁRIO". E, como a poligamia não é legal, o relacionamento unário 1:1 pode ser expresso por "um FUNCIONÁRIO pode estar casado com um e somente um outro FUNCIONÁRIO". Por fim, o relacionamento unário M:N pode ser expresso por "uma DISCIPLINA pode ser um pré-requisito de várias outras DISCIPLINAs e cada DISCIPLINA pode ter diversas outras DISCIPLINAs como pré-requisitos". Esses relacionamentos são apresentados na Figura 4.17.

O relacionamento 1:1 apresentado na Figura 4.17 pode ser implementado em uma única tabela, apresentada na Figura 4.18. Observe que é possível determinar que James Ramirez esteja casado com Louise Ramirez, que está casada com James Ramirez. Além disso, Anne Jones está casada com Anton Shapiro, que está casado com Anne Jones.

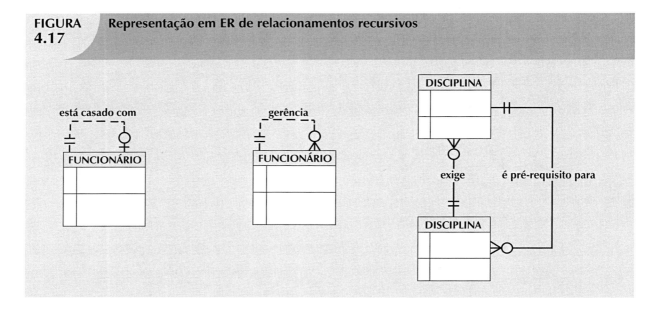

FIGURA 4.17 Representação em ER de relacionamentos recursivos

Os relacionamentos unários são comuns nos setores de manufatura. Por exemplo, a Figura 4.19 ilustra que um conjunto-rotor (C-130) é composto de várias peças, mas cada peça é utilizada para criar apenas um conjunto-rotor. A Figura 4.19 indica que um conjunto-rotor é composto de quatro arruelas de 2,5 cm, duas cavilhas, uma haste de aço de 2,5 cm, quatro lâminas de rotor de 10,25 cm e duas porcas sextavadas de 2,5 cm. O relacionamento implementado na Figura 4.19 permite, assim, o rastreamento de cada peça em cada conjunto-rotor.

Se uma peça puder ser utilizada para montar diferentes tipos de outras peças e for, ela mesma, composta de várias peças, são necessárias duas tabelas para implementar o relacionamento "PEÇA contém PEÇA". A Figura 4.20 ilustra um ambiente assim. O rastreamento

FIGURA 4.18 Relacionamento 1:1 recursivo "FUNCIONÁRIO está casado com FUNCIONÁRIO"

Nome da tabela: FUNCIONÁRIO_V1

EMP_NUM	EMP_LNAME	EMP_FNAME	EMP_SPOUSE
345	Ramirez	James	347
346	Jones	Anne	349
347	Ramirez	Louise	345
348	Delaney	Robert	
349	Shapiro	Anton	346

de peças é cada vez mais importante conforme os gerentes se tornem mais responsáveis pelas consequências legais da criação de um produto complexo. Na verdade, em vários setores, especialmente nos que envolvem aviação, o rastreamento completo de peças é exigido por lei.

FIGURA 4.19 Outro relacionamento unário: "PEÇA contém PEÇA"

Nome da tabela: PEÇA_V1

PART_CODE	PART_DESCRIPTION	PART_IN_STOCK	PART_UNITS_NEEDED	PART_OF_PART
AA21-6	2.5 cm. washer, 1.0 mm. rim	432	4	C-130
AB-121	Cotter pin, copper	1034	2	C-130
C-130	Rotor assembly	36		
E129	2.5 cm. steel shank	128	1	C-130
X10	10.25 cm. rotor blade	345	4	C-130
X34AW	2.5 cm. hex nut	879	2	C-130

FIGURA 4.20 Implementação do relacionamento M:N recursivo "PEÇA contém PEÇA"

Nome da tabela: COMPONENTE

COMP_CODE	PART_CODE	COMP_PARTS_NEEDED
C-130	AA21-6	4
C-130	AB-121	2
C-130	E129	1
C-131A2	E129	1
C-130	X10	4
C-131A2	X10	1
C-130	X34AW	2
C-131A2	X34AW	2

Nome da tabela: PEÇA

PART_CODE	PART_DESCRIPTION	PART_IN_STOCK
AA21-6	2.5 cm. washer, 1.0 mm. rim	432
AB-121	Cotter pin, copper	1034
C-130	Rotor assembly	36
E129	2.5 cm. steel shank	128
X10	10.25 cm. rotor blade	345
X34AW	2.5 cm. hex nut	879

O relacionamento recursivo M:N pode ser mais familiar em um ambiente escolar. Por exemplo, observe como o relacionamento M:N "DISCIPLINA exige DISCIPLINA" ilustrado na Figura 4.17 é implementado na Figura 4.21. Nesse exemplo, MATH-243 é pré-requisito para QM-261 e QM-362, ao passo que tanto MATH-243 e QM-261 são pré-requisitos para QM-362.

Por fim, o relacionamento recursivo 1:M "FUNCIONÁRIO gerencia FUNCIONÁRIO", apresentado na Figura 4.17, é implementado na Figura 4.22.

FIGURA 4.21 — Implementação do relacionamento M:N recursivo "DISCIPLINA exige DISCIPLINA"

Nome da tabela: DISCIPLINA

CRS_CODE	DEPT_CODE	CRS_DESCRIPTION	CRS_CREDIT
ACCT-211	ACCT	Accounting I	3
ACCT-212	ACCT	Accounting II	3
CIS-220	CIS	Intro. to Microcomputing	3
CIS-420	CIS	Database Design and Implementation	4
MATH-243	MATH	Mathematics for Managers	3
QM-261	CIS	Intro. to Statistics	3
QM-362	CIS	Statistical Applications	4

Nome da tabela: PREREQ

CRS_CODE	PRE_TAKE
CIS-420	CIS-220
QM-261	MATH-243
QM-362	MATH-243
QM-362	QM-261

FIGURA 4.22 — Implementação do relacionamento 1:M recursivo "FUNCIONÁRIO gerencia FUNCIONÁRIO"

Nome da tabela: FUNCIONÁRIO_V2

EMP_CODE	EMP_LNAME	EMP_MANAGER
101	Waddell	102
102	Orincona	
103	Jones	102
104	Reballoh	102
105	Robertson	102
106	Deltona	102

ENTIDADES ASSOCIATIVAS (COMPOSTAS)

No ER original descrito por Chen, os relacionamentos não contêm atributos. Você deve se lembrar do Capítulo 3, em que o modelo relacional, em geral, exige a utilização de relacionamentos 1:M. (Lembre-se, também, de que o relacionamento 1:1 tem seu espaço, mas deve ser utilizado com precaução e por um motivo adequado.) Se houver relacionamentos M:N, é necessário criar uma ponte entre as entidades que os apresentam. A entidade associativa é utilizada para implementar um relacionamento M:M entre duas ou mais entidades. Essa entidade associativa (também conhecida como *entidade composta* ou *ponte*) compõe-se das chaves primárias de cada entidade a ser conectada. Um exemplo dessa ponte é apresentado na Figura 4.23. A notação pé de galinha não identifica uma entidade composta dessa maneira. Tal entidade, em vez disso, é identificada por uma reta de relacionamento cheia entre as entidades pai e filho, indicando, assim, a presença do relacionamento forte (de identificação).

Observe que a entidade composta MATRÍCULA da Figura 4.23 é dependente da existência de duas outras entidades; a composição da entidade MATRÍCULA baseia-se nas chaves primárias das entidades conectadas pela entidade composta. Essa entidade também pode conter atributos adicionais que não executem nenhum papel no processo de conexão. Por exemplo, embora a entidade deva ser composta, pelo menos, das chaves primárias de ALUNO e TURMA, ela também pode incluir atributos adicionais, como notas, faltas e outros dados identificados exclusivamente pelo desempenho do aluno em uma turma específica.

FIGURA 4.23   Conversão do relacionamento M:N em dois relacionamentos 1:M

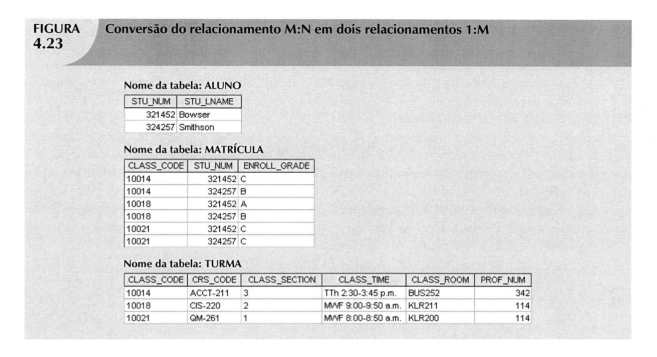

Por fim, tenha em mente que a chave da tabela MATRÍCULA (CLASS_CODE e STU_NUM) é composta inteiramente das chaves primárias das tabelas TURMA e ALUNO. Portanto, não são possíveis entradas nulas nos atributos de chave da tabela MATRÍCULA.

A implementação do pequeno banco de dados apresentado na Figura 4.23 exige a definição clara dos relacionamentos. Especificamente, deve-se saber os lados "1" e "M" de cada relacionamento e se ele é obrigatório ou opcional. Por exemplo, observe os seguintes pontos:

- Uma turma pode existir (pelo menos no início da matrícula) mesmo que não contenha nenhum aluno. Portanto, ao examinar a Figura 4.24, um símbolo opcional deve aparecer no lado ALUNO do relacionamento M:N entre ALUNO e TURMA.
  Pode-se argumentar que, para ser classificado como ALUNO, uma pessoa deve estar matriculada em pelo menos uma TURMA. Portanto, TURMA é obrigatório para ALUNO de um ponto de vista puramente conceitual. No entanto, quando um aluno é admitido na faculdade, ele não se inscreveu (ainda) em nenhuma turma.

FIGURA 4.24   Relacionamento M:N entre ALUNO e TURMA

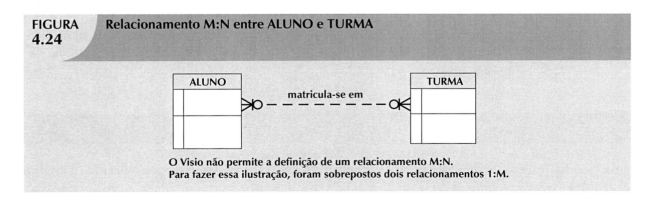

O Visio não permite a definição de um relacionamento M:N. Para fazer essa ilustração, foram sobrepostos dois relacionamentos 1:M.

O Visio não permite a definição de um relacionamento M:N. Para fazer essa ilustração, foram sobrepostos dois relacionamentos 1:M.

Portanto, *pelo menos inicialmente*, TURMA é opcional para ALUNO. Observe que as considerações práticas no ambiente de dados ajudam a determinar a utilização de opcionalidades. Se TURMA *não* for opcional para ALUNO – do ponto de vista do banco de dados –, é necessário que uma turma seja atribuída quando da admissão do aluno. Mas isso *não* corresponde ao modo como o processo realmente funciona, e o banco de dados deve refletir esse funcionamento. Em resumo, a opcionalidade reflete a prática.

Como o relacionamento M:N entre ALUNO e TURMA é decomposto em dois relacionamentos 1:M por meio da tabela MATRÍCULA, as opcionalidades devem ser transferidas para essa tabela. Veja a Figura 4.25. Em outras palavras, agora é possível que uma turma não apareça em MATRÍCULA se nenhum aluno tiver se inscrito nela. Como não é necessário que as turmas apareçam em MATRÍCULA, essa entidade se torna opcional para TURMA. E como a entidade MATRÍCULA é criada antes de qualquer aluno ter se inscrito para uma turma, ela também é opcional para ALUNO, ao menos inicialmente.

FIGURA 4.25 Entidade composta em um DER

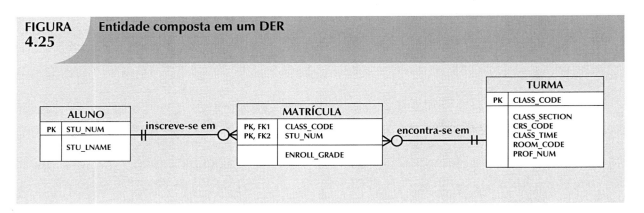

- Conforme os alunos comecem a se inscrever nas turmas, serão inseridos na entidade MATRÍCULA. Naturalmente, se um aluno pegar mais de uma turma, aparecerá mais de uma vez em MATRÍCULA. Por exemplo, observe que na tabela MATRÍCULA da Figura 4.23, STU_NUM = 321452 aparece três vezes. Por outro lado, cada aluno aparece apenas uma vez na entidade ALUNO. (Observe que a tabela ALUNO da Figura 4.23 possui apenas uma entrada STU_NUM = 321452.) Portanto, na Figura 4.25, o relacionamento entre ALUNO e MATRÍCULA é apresentado como 1:M, com M do lado MATRÍCULA.
- Como se pode ver na Figura 4.23, uma turma pode aparecer mais de uma vez na tabela MATRÍCULA. Por exemplo, CLASS_CODE = 10014 ocorre duas vezes. No entanto, CLASS_CODE = 10014 aparece apenas uma vez na tabela TURMA, mostrando que o relacionamento entre TURMA e MATRÍCULA é 1:M. Observe que na Figura 4.25, o M está localizado ao lado MATRÍCULA, enquanto o 1, ao lado TURMA.

DESENVOLVIMENTO DE UM DIAGRAMA ER

O processo de projeto de bancos de dados é mais iterativo do que linear ou sequencial. O verbo *iterar* significa "fazer novamente ou repetidamente". Um **processo iterativo** é, portanto, aquele que se baseia na repetição de processos e procedimentos. A construção de um DER normalmente envolve as seguintes atividades:

- Criação de uma descrição detalhada das operações da organização.
- Identificação das regras de negócio com base na descrição das operações.
- Identificação das entidades e relacionamentos principais a partir das regras de negócio.
- Desenvolvimento do DER inicial.
- Identificação de atributos e chaves primárias que descreva as entidades de maneira adequada.
- Revisão e análise do DER.

Durante o processo de análise, é provável que objetos, atributos e relacionamentos adicionais sejam descobertos. Portanto, o ER básico será modificado de modo a incorporar componentes ER recém-descobertos. Em seguida, outra rodada de análises pode produzir componentes ou esclarecimentos adicionais do diagrama existente. O processo é repetido até que os usuários finais e os projetistas concordem que o DER é uma representação adequada das atividades e funções da organização.

Já durante o processo de projeto, o projetista não dependente apenas das entrevistas como auxílio na definição de entidades, atributos e relacionamentos. Uma quantidade surpreendente de informações pode ser coletada examinando-se os formulários e relatórios comerciais que uma organização utiliza em suas operações diárias.

Para ilustrar a aplicação do processo iterativo que, em última análise, produz um DER funcional, começaremos com uma entrevista inicial com os administradores da Tiny College. O processo de entrevista produz as seguintes regras de negócio:

1. A Tiny College (TC) divide-se em várias escolas: uma escola de negócios, uma de artes e ciências, uma de educação e uma de ciências aplicadas. Cada escola é administrada por um diretor que também é professor. Cada diretor pode administrar apenas uma escola. Portanto, existe um relacionamento 1:1 entre PROFESSOR e ESCOLA. Observe que a cardinalidade pode ser expressa por (1,1) para a entidade PROFESSOR e (1,1) para a entidade ESCOLA. (O menor número de diretores por escola é um, assim como o maior, cada diretor sendo responsável por uma única escola.)

2. Cada escola é composta de vários departamentos. Por exemplo, a escola de negócios possui um departamento de contabilidade, um de administração/marketing, um de economia/finanças e um de sistemas de informação. Observe novamente as regras de cardinalidade: o menor número de departamentos operados por uma escola é um e o maior é indeterminado (N). Por outro lado, cada departamento pertence a uma única escola; assim, a cardinalidade é expressa por (1,1). Ou seja, o número mínimo de escolas à qual um departamento pode pertencer é um, assim como o máximo. A Figura 4.26 ilustra essas duas regras.

3. Cada departamento pode oferecer disciplinas. Por exemplo, o departamento de administração/marketing oferece disciplinas como Introdução à administração, Princípios de marketing e Gerenciamento de produção. O segmento do DER para essa condição é apresentado na Figura 4.27. Observe que esse relacionamento se baseia em como a Tiny College opera. Se, por exemplo, ela tivesse alguns departamentos classificados como "apenas de pesquisa", estes não ofereceriam disciplinas; portanto, a entidade DISCIPLINA seria opcional para a entidade DEPARTAMENTO.

Primeiro segmento do DER da Tiny College

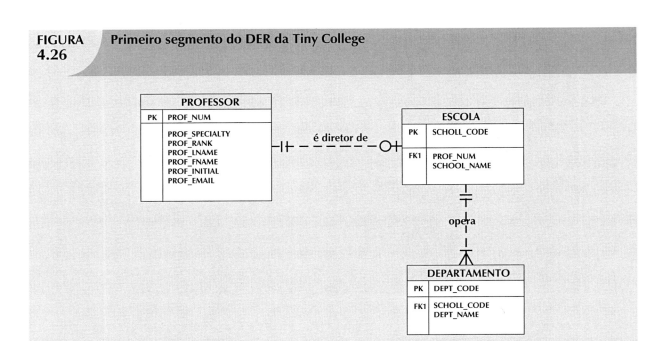

Novamente, é apropriado avaliar o motivo para se manter o relacionamento 1:1 entre PROFESSOR e ESCOLA no relacionamento "PROFESSOR é diretor de ESCOLA". Vale a pena repetir que a existência de relacionamentos 1:1 costuma indicar a identificação equivocada de atributos como entidades. Nesse caso, o relacionamento 1:1 pode ser facilmente eliminado, armazenando-se os atributos de diretores na entidade ESCOLA. Essa solução também facilitaria a resposta às consultas "Quem são os diretores de escolas?" e "Quais são as credenciais desses diretores?". O ponto fraco dessa solução é que ela exige a duplicação de dados que já estão armazenados na tabela PROFESSOR, preparando, assim o terreno para anomalias. No entanto, como cada escola é administrada por um único diretor, o problema da duplicação de dados é ainda menor. A seleção de uma abordagem em relação à outra costuma depender das necessidades de informação, velocidade de transações e bom senso profissional do projetista. Em resumo, não utilize relacionamentos 1:1 abertamente e certifique-se de que todos esses relacionamentos sejam justificáveis no projeto do banco de dados.

Segundo segmento do DER da Tiny College

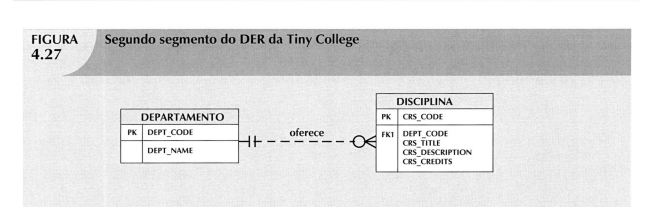

4. O relacionamento entre DISCIPLINA e TURMA foi ilustrado na Figura 4.9. No entanto, vale a pena **repetir** que a TURMA é uma seção de uma DISCIPLINA. Ou seja, o departamento pode oferecer **várias** seções (turmas) do mesmo curso de banco de dados. Cada uma dessas turmas é ensinada **por** um professor em um determinado horário e local. Em resumo, há um relacionamento 1:M entre DISCIPLINA e TURMA. No entanto, como pode haver disciplinas do catálogo da Tiny College que não sejam oferecidas na programação atual de turmas, TURMA é opcional para DISCIPLINA. Portanto, o relacionamento entre DISCIPLINA e TURMA parece com o da Figura 4.28.

FIGURA 4.28   Terceiro segmento do DER da Tiny College

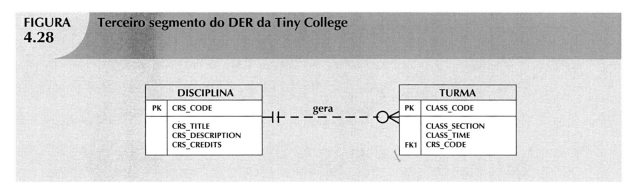

5. Cada departamento pode ter vários professores. Um e somente um professor chefia o departamento e não se exige que nenhum professor aceite a posição de chefe. Portanto, DEPARTAMENTO é opcional para PROFESSOR no relacionamento "chefia". Esses relacionamentos estão resumidos no segmento de ER apresentado na Figura 4.29.

FIGURA 4.29   Quarto segmento do DER da Tiny College

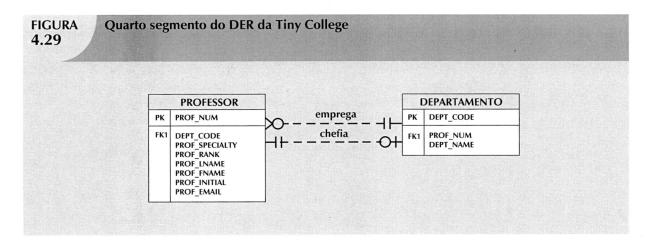

6. Cada professor pode ensinar até quatro turmas; cada turma é uma seção de um curso. Um professor também pode estar sob contrato de pesquisa e não ensinar nenhuma disciplina. O segmento do DER da Figura 4.30 representa essas condições.

7. Um aluno pode se matricular em várias turmas, mas fazer cada uma apenas uma vez durante determinado período de matrícula. Por exemplo, durante o período atual, um aluno pode decidir pegar cinco turmas – Estatística, Contabilidade, Inglês, Banco de dados e História –, mas ele não poderia se matricular na mesma turma de Estatística cinco vezes nesse mesmo período. Cada aluno pode se matricular em até seis turmas, cada uma com até 35 alunos, criando-se, assim, um

relacionamento M:N entre ALUNO e TURMA. Como uma TURMA pode existir inicialmente (no início do período de matrícula) mesmo que nenhum aluno tenha se matriculado nela, ALUNO é opcional para TURMA no relacionamento M:N. Esse relacionamento deve se dividir em relacionamentos 1:M, utilizando a entidade MATRÍCULA apresentada do segmento do DER da Figura 4.31. Observe, no entanto, que o símbolo opcional é apresentado próximo à MATRÍCULA. Se houver uma turma que não tenha alunos matriculados, não aparecerá na tabela MATRÍCULA. Observe também que essa entidade é fraca: depende de existência e sua PK (composta) é formada pelas PKs das entidades ALUNO e TURMA.

FIGURA 4.30	Quinto segmento do DER da Tiny College

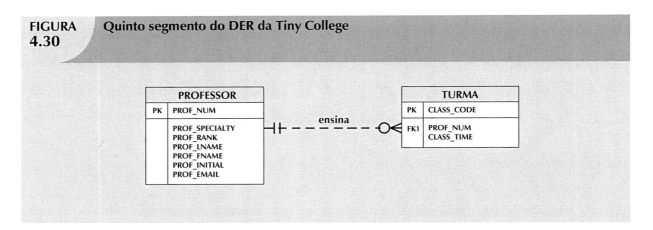

É possível adicionar as cardinalidades (0,6) e (0,35) próximas à entidade MATRÍCULA, refletindo as restrições de regras de negócio, conforme apresentado na Figura 4.31. (O Visio Professional não gera automaticamente essas cardinalidades, mas é possível recorrer a uma caixa de texto para realizar essa tarefa.)

FIGURA 4.31	Sexto segmento do DER da Tiny College

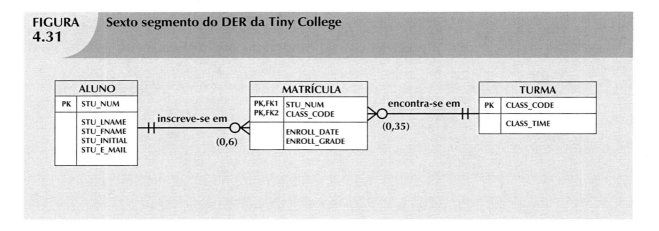

8. Cada departamento possui vários (muitos) alunos cuja área principal de estudos é oferecida por esse departamento. No entanto, cada aluno possui uma única área principal e, portanto, está associada a um único departamento. Veja a Figura 4.32. No entanto, no ambiente da Tiny College, é possível – pelo menos por um tempo – que um aluno não declare uma área. Esse aluno não estaria associado a um departamento; portanto, DEPARTAMENTO é opcional para ALUNO. Vale a pena repetir que os relacionamentos entre entidades e as próprias entidades refletem o ambiente operacional da organização. Ou seja, as regras de negócio definem os componentes do DER.

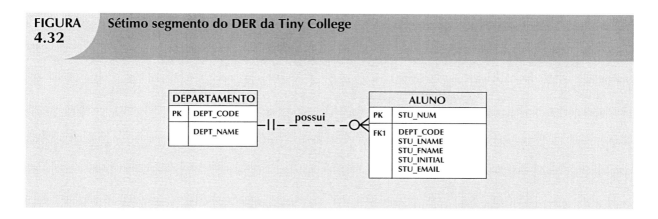

FIGURA 4.32 Sétimo segmento do DER da Tiny College

9. Cada aluno possui um orientador em seu departamento; cada orientador aconselha vários alunos. O orientador é também um professor, mas nem todos os professores orientam alunos. Portanto, ALUNO é opcional para PROFESSOR no relacionamento "PROFESSOR orienta ALUNO". Veja a Figura 4.33.

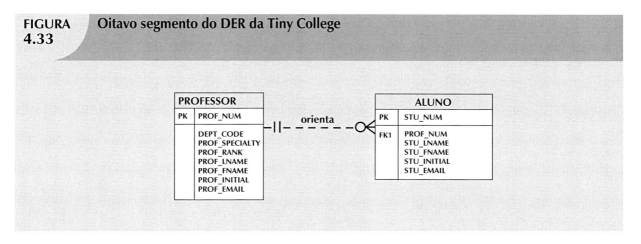

FIGURA 4.33 Oitavo segmento do DER da Tiny College

10. Como você pode ver na Figura 4.34, a entidade TURMA contém um atributo ROOM_CODE (código de sala). Dadas as convenções de nomenclatura, é claro que ROOM_CODE é uma FK para outra entidade. Isso porque uma turma é ensinada em uma sala; é razoável assumir que ROOM_CODE em TURMA seja uma FK para uma entidade chamada SALA (ROOM). Por sua vez, cada sala se localiza em um edifício. Assim, o último DER da Tiny College é criado observando que um EDIFÍCIO pode conter muitas SALAs, mas cada SALA encontra-se em um único EDIFÍCIO. Nesse segmento do DER, fica claro que alguns edifícios não contêm salas (de aula). Por exemplo, o edifício de depósito pode não conter nenhuma sala discriminada.

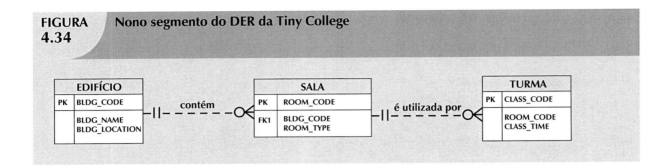

FIGURA 4.34 — Nono segmento do DER da Tiny College

Descobertas as entidades relevantes, é possível definir o conjunto inicial de relacionamentos entre elas. Em seguida, descrevem-se os atributos das entidades. A identificação desses atributos ajuda a compreender melhor os relacionamentos entre entidades. A Tabela 4.4 resume os componentes e nomes das entidades do ER e suas relações.

TABELA 4.4 Componentes do ER

ENTIDADES	RELACIONAMENTO	CONECTIVIDADE	ENTIDADES
ESCOLA	opera	1:M	DEPARTAMENTO
DEPARTAMENTO	possui	1:M	ALUNO
DEPARTAMENTO	emprega	1:M	PROFESSOR
DEPARTAMENTO	oferece	1:M	DISCIPLINA
DISCIPLINA	gera	1:M	TURMA
PROFESSOR	é diretor de	1:1	ESCOLA
PROFESSOR	chefia	1:1	DEPARTAMENTO
PROFESSOR	ensina	1:M	TURMA
PROFESSOR	orienta	1:M	ALUNO
ALUNO	matricula-se em	M:N	TURMA
EDIFÍCIO	contém	1:M	SALA
SALA	é utilizada por	1:M	TURMA
Nota: MATRÍCULA é a entidade composta que implementa o relacionamento M:N "ALUNO matricula-se em TURMA".			

Também é necessário definir a conectividade e a cardinalidade para as relações recém-descobertas com base nas regras de negócio. No entanto, para evitar poluir visualmente o diagrama, as cardinalidades não são exibidas. A Figura 4.35 mostra o DER pé de galinha para a Tiny College. Observe que se trata de um modelo pronto para implementação. Portanto, apresenta a entidade composta MATRÍCULA.

FIGURA 4.35 DER completo da Tiny College

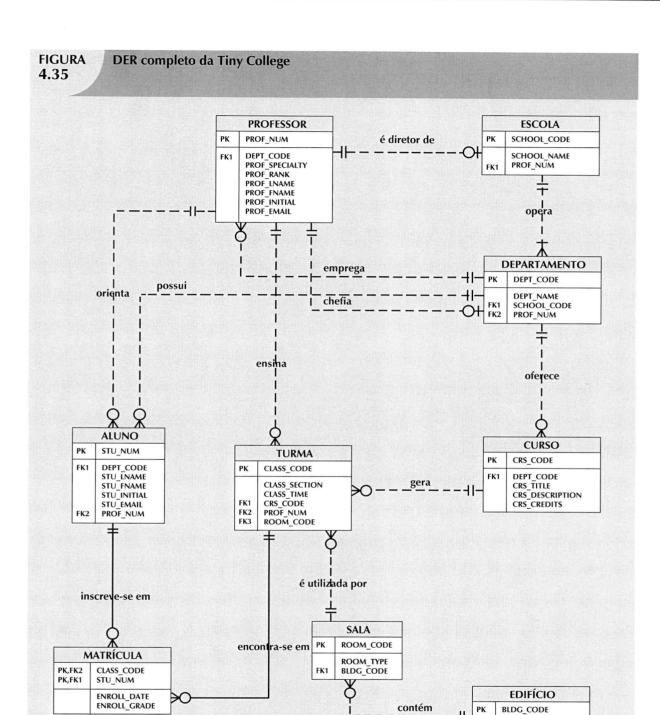

A Figura 4.36 mostra o diagrama de classe conceitual em UML para a Tiny College. Observe que esse diagrama representa o relacionamento M:N entre ALUNO e TURMA. A Figura 4.37 mostra o mesmo diagrama de classes pronto para implementação (observe que a entidade composta MATRÍCULA aparece nesse diagrama).

FIGURA 4.36 Diagrama de classes conceitual em UML para a Tiny College

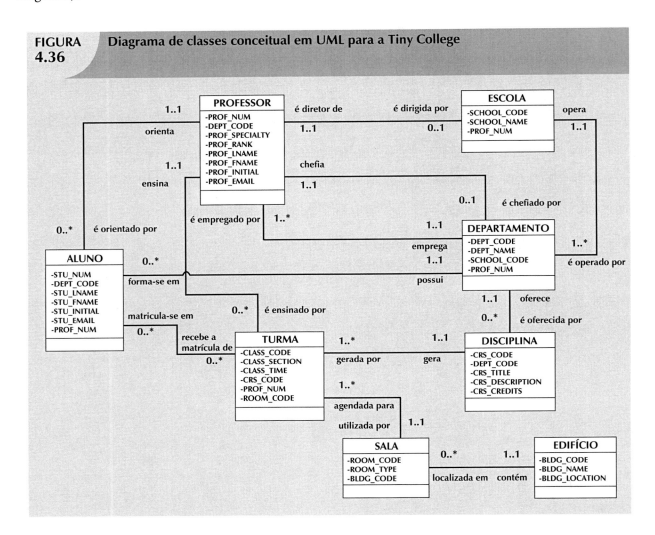

FIGURA 4.37 Diagrama de classes em UML pronto para implementação na Tiny College

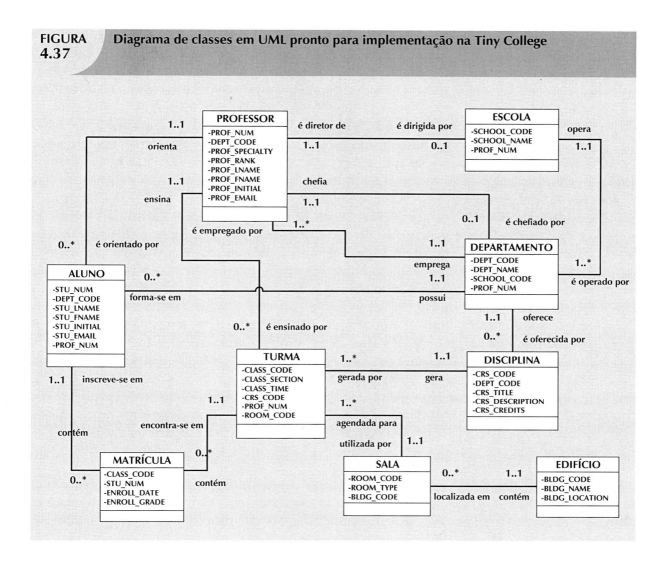

DESAFIOS DE PROJETOS DE BANCO DE DADOS: CONFLITO DE OBJETIVOS

Os projetistas de bancos de dados fazem concessões de projeto causadas por conflitos de objetivos, como conformidade a padrões (elegância) de projeto, velocidade de processamento e necessidades de informação.

- *Padrões de projeto.* O projeto de bancos de dados deve estar em conformidade com padrões de projeto. Esses padrões orientam o desenvolvimento de estruturas lógicas que minimizem as redundâncias de dados, diminuindo, assim, a probabilidade de que ocorram anomalias destrutivas de dados. Você também aprendeu como os padrões prescreviam evitar o máximo possível a ocorrência de nulos. Na verdade, aprendeu que os padrões determinam a apresentação de todos os componentes em um projeto de banco de dados. Em resumo, os padrões de projeto permitem trabalhar com componentes bem definidos e avaliar a interação desses componentes com alguma precisão. Sem esses padrões, é praticamente impossível formular um processo adequado de projeto, avaliar um projeto existente ou rastrear as prováveis consequências lógicas de alterações do projeto.

- *Velocidade de processamento*. Em muitas organizações, especialmente naquelas que geram grande número de transações, a alta velocidade de processamento costuma ser uma das maiores prioridades no projeto de bancos de dados. Alta velocidade significa tempo de acesso mínimo, o que pode ser obtido minimizando-se o número e a complexidade dos relacionamentos desejáveis. Por exemplo, um projeto "perfeito" poderia utilizar um relacionamento 1:1 para evitar nulos, ao passo que um projeto com maior velocidade de transação poderia combinar as duas tabelas para evitar a utilização de um relacionamento adicional, evitando os nulos por meio de entradas simuladas. Se o foco estiver na velocidade de recuperação de dados, pode ser necessário incluir atributos derivados no projeto.
- *Necessidades de informação*. A busca por informações oportunas pode ser o foco do projeto. Necessidade de informações complexas podem exigir transformações de dados e expandir o número de entidades e atributos no projeto. Portanto, o banco de dados pode ter de sacrificar algumas de suas estruturas "limpas" de projeto e/ou parte de sua velocidade de transação para garantir a máxima geração de informações. Por exemplo, suponha que um relatório detalhado de vendas tenha de ser gerado periodicamente. Ele deve incluir todos os subtotais, impostos e totais das faturas; mesmo as linhas da fatura apresentam subtotais. Se o relatório tiver centenas de milhares (ou mesmo milhões) de faturas, calcular os totais, impostos e subtotais provavelmente consumirá algum tempo. Se esses cálculos forem feitos e seus resultados forem armazenados como atributos derivados nas tabelas FATURA e LINHA no momento da transação, a velocidade de transações em tempo real pode cair. Mas essa perda de velocidade só será notada se houver muitas transações simultâneas. O custo de uma ligeira perda de velocidade de transação na extremidade de utilização e a adição de vários atributos derivados provavelmente será compensado quando da geração dos relatórios de venda (para não mencionar o fato de que será mais simples gerar consultas).

Uma meta importante do projeto é suprir a todas as exigências lógicas e convenções. No entanto, se esse projeto perfeito não conseguir atender às necessidades de velocidade de transação e/ou informação do cliente, o projetista não terá feito um trabalho adequado do ponto de vista do usuário final. As concessões são um fato comum no mundo real dos projetos de bancos de dados.

Mesmo ao focar nas entidades, atributos, relacionamentos e restrições, o projetista deve começar a pensar sobre as necessidades do usuário final, como: desempenho, segurança, acesso compartilhado e integridade de dados. Ele deve considerar as exigências de processamento e verificar que todas as opções de atualização, recuperação e exclusão estejam disponíveis. Por fim, um projeto não tem muito valor, a não ser que o produto final seja capaz de oferecer todas as necessidades especificadas de consulta e relatório.

Você provavelmente descobrirá que até o melhor processo de projeto produz um DER que exige mudanças adicionais determinadas por necessidades operacionais. Essas mudanças não devem desestimular a utilização do processo. A modelagem ER é essencial no desenvolvimento de um projeto sólido capaz de atender às demandas de adaptação e crescimento. A utilização de DERs produz talvez o benefício mais rico de todos: a compreensão completa de como uma organização realmente funciona.

Existem problemas ocasionais de projeto e implementação que não resultam em soluções "limpas". Para ter uma noção das escolhas de projeto e implementação com que se depara o projetista, retomaremos o relacionamento 1:1 recursivo "FUNCIONÁRIO está casado com FUNCIONÁRIO", examinado, em princípio, na Figura 4.18. A Figura 4.38 mostra três modos diferentes de implementar esse relacionamento.

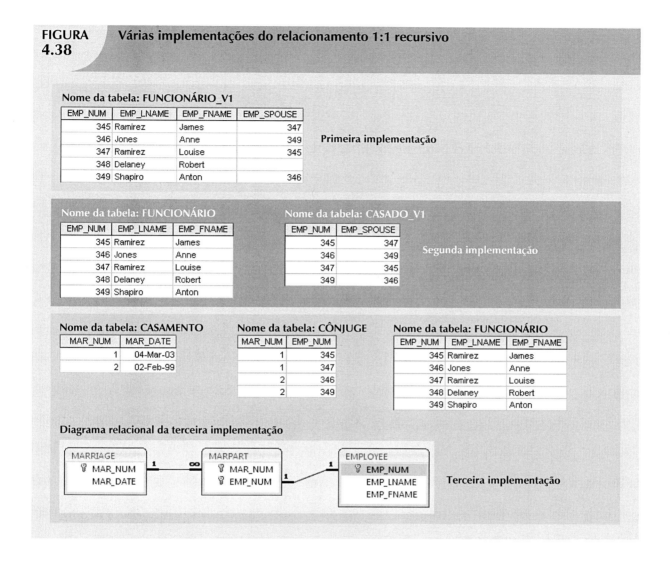

FIGURA 4.38   Várias implementações do relacionamento 1:1 recursivo

TERCEIRA IMPLEMENTAÇÃO

Observe que a tabela FUNCIONÁRIO_V1 da Figura 4.38 provavelmente produzirá anomalias de dados. Por exemplo, se Anne Jones divorciar-se de Anton Shapiro, é necessário atualizar dois registros – estabelecendo os respectivos valores de EMP_SPOUSE como nulos, de modo a refletir essa alteração. Se apenas um registro for atualizado, haverá inconsistência de dados. O problema se torna ainda pior se vários funcionários divorciados vierem a se casar uns com os outros. Além disso, a implementação também produz nulos indesejáveis para funcionários que *não* estejam casados com outros funcionários da empresa.

Outra abordagem seria a criação de uma nova entidade apresentada como CASADO_V1 em relacionamento 1:M com FUNCIONÁRIO. (Veja a Figura 4.38.) Essa segunda implementação elimina os nulos dos funcionários que não estejam casados com alguém que trabalhe na mesma empresa. (Esses empregados não seriam inseridos na tabela CASADO_V1.) No entanto, tal abordagem ainda resulta em possível duplicação de valores. Por exemplo, o casamento entre os funcionários 345 e 347 pode aparecer ainda duas vezes, uma como 345,347 e uma como 347,345. (Como cada uma dessas permutações é única na primeira vez em que aparece, a criação de um único índice não resolveria o problema.)

Como você pode ver, as duas primeiras implementações resultariam em diversos problemas:

- Ambas as soluções utilizam sinônimos. A tabela FUNCIONÁRIO_V1 utiliza EMP_NUM e EMP_SPOUSE para se referir a um funcionário. A tabela CASADO_V1 utiliza os mesmos sinônimos.
- Ambas as soluções provavelmente produzirão dados inconsistentes. Por exemplo, é possível inserir o funcionário 345 como casado com o funcionário 347 e inserir o funcionário 348 como casado com o funcionário 345.
- Ambas as soluções permitem que as entradas de dados apresentem um funcionário casado com vários outros funcionários. Por exemplo, é possível ter pares de dados como 345,347, 348,347 e 349,347, sem que nenhum deles viole as exigências de integridade da entidade, pois todos são únicos.

É necessário que uma terceira abordagem tenha duas novas entidades, CASAMENTO e CÔNJUGE, em relacionamento 1:M. CÔNJUGE contém a chave estrangeira EMP_NUM para FUNCIONÁRIO. (Veja o diagrama relacional da Figura 4.38.) Essa terceira abordagem seria a solução preferível em um ambiente relacional. Mas, mesmo assim, exige alguns refinamentos. Por exemplo, para garantir que um funcionário apareça apenas uma vez em determinado casamento, seria necessário utilizar um índice exclusivo para o atributo EMP_NUM na tabela CÔNJUGE.

Como se pode ver um relacionamento 1:1 recursivo produz diferentes soluções, com variados graus de eficiência e conformidade aos princípios básicos de projeto. Seu trabalho como projetista de bancos de dados é utilizar seu bom senso profissional de modo a produzir uma solução que atenda às exigências impostas pelas regras de negócio, às necessidades de processamento e aos princípios básicos de projeto.

Por fim, documente, documente e documente! Ponha todas as atividades do projeto por escrito. Em seguida, revise o que escreveu. A documentação ajuda o projetista a não se perder durante o processo do projeto, e também permite que ele (ou aqueles que o sucederão) reconstitua o encadeamento do projeto quando chegar o momento de modificá-lo. Embora a necessidade de documentação seja óbvia, um dos problemas que mais afetam o trabalho de análise de bancos de dados e sistemas é que a regra "ponha por escrito" não costuma ser observada em todos os estágios de projeto e implementação. O desenvolvimento de padrões de documentação organizacional é um aspecto muito importante para garantir a compatibilidade e a coerência dos dados.

R E S U M O

O ER utiliza DERs para representar o banco de dados conceitual conforme visto pelo usuário final. Os principais componentes do ER são entidades, relacionamentos e atributos. O DER também inclui notações de conectividade e cardinalidade. Ele também pode mostrar a força, a participação (opcional ou obrigatória) e o grau (unário, binário e ternário) de relacionamentos.

A conectividade descreve a classificação do relacionamento (1:1, 1:M ou M:N). Ela expressa o número específico de ocorrências de entidades associadas à ocorrência de uma entidade relacionada. As conectividades e cardinalidades geralmente se baseiam em regras de negócio.

No ER, o relacionamento M:N é válido no nível conceitual. No entanto, ao implementá-lo em um banco de dados relacional, o relacionamento M:N deve ser mapeado para um conjunto de relacionamentos 1:M por meio de uma entidade composta.

Os DERs podem se basear em ERs muito diferentes. No entanto, independente de qual modelo é selecionado, a modelagem lógica permanece a mesma. Como nenhum ER pode retratar com precisão todas as restrições reais de dados e de ação, deve-se utilizar aplicativos para ampliar a implementação de pelo menos algumas regras de negócio.

Os diagramas de classe em UML (Unified Modeling Language) são utilizados para representar estruturas estáticas de dados em um modelo. Os símbolos utilizados nos diagramas ER e de classes em UML são muito parecidos. Os diagramas de classes em UML podem ser utilizados para representar modelos de dados nos níveis conceitual ou de abstração de implementação.

Os projetistas de bancos de dados, independente de sua capacidade de produzir projetos em conformidade com todas as convenções de modelagem aplicáveis, costumam ter de fazer concessões de projeto. Essas concessões são necessárias quando os usuários finais apresentam exigências vitais de velocidade de transação e/ou de informações que impeçam a utilização da lógica de modelagem "perfeita" e da conformidade a todas as suas convenções. Portanto, os projetistas devem utilizar seu bom senso profissional para determinar como e em que extensão as convenções de modelagem estão sujeitas à modificação. Para garantir que seu bom senso seja sólido, os projetistas devem apresentar um conhecimento detalhado e profundo de tais convenções. Também é importante documentar, do começo ao fim, o processo do projeto, o que ajuda a rastrear esse processo e permite modificá-lo facilmente durante a operação.

Questões de revisão

1. Quais as duas condições devem ser atendidas antes de uma entidade ser classificada como fraca? Dê um exemplo de entidade fraca.
2. O que é um relacionamento forte (ou de identificação) e como é representado no DER com notação pé de galinha?
3. Dada a regra de negócio "um funcionário pode ter vários graus", discuta seu efeito sobre atributos, entidades e relacionamentos. (*Sugestão*: Lembre-se do que é um atributo multivalorado e como pode ser implementado.)
4. O que é uma entidade composta e quando é utilizada?
5. Suponha que você esteja trabalhando na estrutura do modelo conceitual da Figura Q4.1.

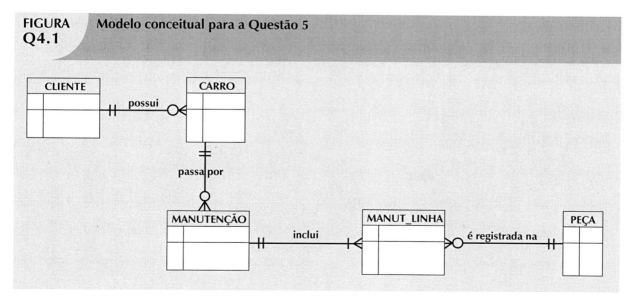

FIGURA Q4.1   Modelo conceitual para a Questão 5

Dado o modelo conceitual da Figura Q4.1:
a. Apresente as regras de negócio nele representadas.
b. Identifique todas as cardinalidades.
6. O que é um relacionamento recursivo? Dê um exemplo.

7. Como você identificaria (graficamente) cada um dos seguintes componentes de ER em uma notação pé de galinha?

   a. uma entidade
   b. a cardinalidade (0,N)
   c. um relacionamento fraco
   d. um relacionamento forte

8. Discuta a diferença entre uma chave composta e um atributo composto. Como cada um seria indicado no DER?

9. Quais os dois cursos de ações disponíveis para um projetista que se depare com um atributo multivalorado?

10. O que é um atributo derivado? Dê um exemplo.

11. Como um relacionamento entre entidades é indicado no DER? Dê um exemplo utilizando a notação pé de galinha.

12. Discuta dois modos como relacionamento 1:M entre DISCIPLINA e TURMA pode ser implementado. (*Sugestão*: Pense sobre a força do relacionamento.)

13. Como uma entidade composta é representada no DER e qual é sua função? Ilustre essa notação pé de galinha.

14. Quais são as três necessidades (geralmente conflitantes) de bancos de dados que devem ser tratadas pelo projeto?

15. Explique, de modo breve mas preciso, a diferença entre atributos com um único valor e atributos simples. Dê um exemplo de cada.

16. O que são os atributos multivalorados e como podem ser tratados no projeto de bancos de dados?

As quatro questões finais baseiam-se no DER da Figura Q4.2.

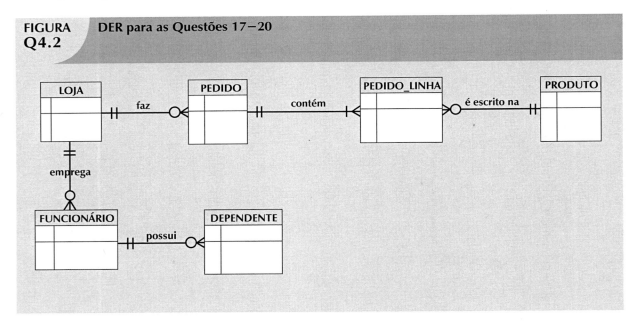

FIGURA Q4.2 DER para as Questões 17–20

17. Apresente as dez cardinalidades adequadas a esse DER.

18. Apresente as regras de negócio representadas nesse DER.

19. Quais são os dois atributos que devem estar contidos na entidade composta entre LOJA e PRODUTO? Utilize a terminologia adequada em sua resposta.

20. Descreva com precisão a composição da chave primária da entidade fraca DEPENDENTE. Utilize a terminologia adequada em sua resposta.

P R O B L E M A S

1. Dadas as seguintes regras de negócio, crie o DER pé de galinha adequado.
   a. Uma empresa opera vários departamentos.
   b. Cada departamento emprega um ou mais funcionários.
   c. Cada funcionário pode ou não ter um ou mais dependentes.
   d. Cada funcionário pode ou não ter um histórico de empregos.

2. A Hudson Engineering Group (HEG) entrou em contato com você sobre a criação de um modelo conceitual cuja aplicação deverá atender às necessidades esperadas de bancos de dados do programa de treinamento da empresa. O administrador da HEG fornece a descrição (veja a seguir) do ambiente operacional do grupo de treinamento.

   (*Sugestão*: Algumas das sentenças seguintes identificam o volume de dados em vez das cardinalidades. Você é capaz de dizer quais?)

   A HEG possui 12 instrutores e pode receber até 30 alunos por turma. Ela oferece cinco cursos de Tecnologia Avançada, sendo possível gerar várias turmas para cada um. Se uma turma tiver menos de 10 alunos, será cancelada. Portanto, é possível que um curso não gere nenhuma classe. Cada turma é ensinada por apenas um instrutor. Cada instrutor pode ensinar até duas turmas ou receber apenas atribuições de pesquisa. Cada aluno pode pegar até duas turmas por ano.

   Dadas essas informações, execute as seguintes tarefas:
   a. Defina todas as entidades e relacionamentos. (Utilize a Tabela 4.4 como orientação.)
   b. Descreva o relacionamento entre instrutor e turma em termos de conectividade, cardinalidade e dependência de existência.

3. Utilize as seguintes regras de negócio para criar um DER pé de galinha. Apresente todas as conectividades e cardinalidades adequadas no DER.
   a. Um departamento emprega muitos funcionários, mas cada funcionário é empregado de apenas um departamento.
   b. Alguns funcionários, conhecidos como "itinerantes", não estão atribuídos a nenhum departamento.
   c. Uma divisão opera vários departamentos, mas cada departamento é operado por apenas uma divisão.
   d. Um funcionário pode receber a atribuição de vários projetos e um projeto pode ser atribuído a vários funcionários.
   e. Um projeto deve ser atribuído a, pelo menos, um funcionário.
   f. Um dos funcionários gerencia um departamento e cada departamento é gerenciado por apenas um funcionário.
   g. Um dos funcionários conduz uma divisão e cada divisão é conduzida por apenas um funcionário.

4. Durante períodos de pico, a Temporary Employment Corporation (TEC) coloca trabalhadores temporários em empresas. O gerente da TEC fornece a seguinte descrição do negócio:

   • A TEC possui um arquivo de candidatos que desejam trabalhar.
   • Se o candidato já trabalhou antes, ele possui um histórico de emprego específico. (Naturalmente, não há histórico de emprego se o candidato nunca trabalhou.) Cada vez que o candidato trabalhou, é criado um registro adicional no histórico.
   • Cada candidato adquiriu diversas qualificações. Cada qualificação pode ser adquirida por mais de um candidato. (Por exemplo, é possível que mais de um candidato tenha adquirido o grau de

bacharel ou um Microsoft Network Certification. E, com certeza, um candidato pode ter adquirido tanto o bacharelado como o certificado.)

- A TEC também possui uma lista de empresas que solicitam temporários.
- Cada vez que uma empresa solicita funcionário temporário, a TEC faz uma entrada na pasta "Vagas". Essa pasta contém o número da vaga, o nome da empresa, as qualificações necessárias, a data de início, data prevista de encerramento e o pagamento por hora.
- Cada vaga exige apenas uma qualificação específica ou principal.
- Quando um candidato atende à qualificação, o emprego é atribuído, sendo feita uma entrada na pasta "Registro de colocações". Essa pasta contém o número da vaga, o número do candidato, o total de horas trabalhadas etc. Além disso, é feita uma entrada no histórico de empregos do candidato.
- Uma vaga pode ser preenchida por vários candidatos e um candidato pode preencher várias vagas.
- A TEC utiliza códigos especiais para descrever as qualificações de um candidato a uma vaga. A lista de códigos é apresentada na Tabela P4.1.

A gerência da TEC deseja rastrear as seguintes entidades:

- EMPRESA
- VAGA
- QUALIFICAÇÃO
- CANDIDATO
- EMPREGO_HISTÓRICO
- COLOCAÇÃO

Dadas essas informações, execute as seguintes tarefas:

a. Crie o DER pé de galinha para essa empresa.
b. Identifique todos os relacionamentos possíveis.
c. Identifique a conectividade de cada relacionamento.
d. Identifique as dependências obrigatórias/opcionais dos relacionamentos.
e. Resolva todos os relacionamentos M:N

TABELA P4.1

CÓDIGOS	DESCRIÇÃO
SEC-45	Trabalho de secretário, pelo menos 45 palavras por minuto
SEC-60	Trabalho de secretário, pelo menos 60 palavras por minuto
BALCONISTA	Trabalho geral de balconista
PRG-VB	Programador, Visual Basic
PRG-C++	Programador, C++
ABD-ORA	Administrador de bancos de dados, Oracle
ABD-DB2	Administrador de bancos de dados, DB2 da IBM
ABD-SQLSERV	Administrador de bancos de dados, MS SQL Server
SYS-1	Analista de sistemas, nível 1
SYS-2	Analista de sistemas, nível 2
NW-NOV	Administrador de redes, experiência em Novell
WD-CF	Desenvolvedor para a Web, ColdFusion

5. A Jonesburgh County Basketball Conference (JCBC) é uma associação amadora de basquete. Cada cidade do país possui uma equipe como sua representante. Cada equipe tem no máximo 12 e no mínimo 9 jogadores. Cada equipe tem, ainda, até três técnicos (ofensivo, defensivo e preparador físico). Durante a temporada, cada equipe joga dois jogos (em casa e como visitante) contra cada uma das outras equipes. Dadas essas condições, execute as seguintes tarefas:

   a. Identifique a conectividade de cada relacionamento.
   b. Identifique o tipo de dependência que ocorre entre CIDADE e EQUIPE.
   c. Identifique a cardinalidade entre equipes e jogadores e entre equipes e cidade.
   d. Identifique a dependência entre técnico e equipe e entre equipe e jogador.
   e. Crie os DERs de Chen e pé de galinha para representar o banco de dados da JCBC.
   f. Crie o diagrama de classes em UML para representar o banco de dados da JCBC.

6. A Automata Inc. produz veículos especiais por contrato. A empresa opera vários departamentos, cada um construindo um veículo particular, como limusine, caminhão, van ou trailer.

   Antes da construção de um novo veículo, o departamento responsável emite um pedido ao departamento de compras, solicitando os componentes específicos. O departamento de compras da Automata está interessado em criar um banco de dados que rastreie os pedidos e acelere o processo de entrega dos materiais.

   O pedido recebido pelo departamento de compras pode conter vários itens diferentes. Mantém-se um estoque para que os itens solicitados com mais frequência sejam entregues de modo quase imediato. Quando chega um pedido, ele é verificado de modo a determinar se o item está no estoque. Se não estiver, deve ser encomendado de um fornecedor. Cada item pode ter vários fornecedores.

   Dada essa descrição funcional dos processos encontrados no departamento de compras da Automata, execute as seguintes tarefas:

   a. Identifique todas as entidades principais.
   b. Defina todas as relações e conectividades entre entidades.
   c. Identifique o tipo de dependência de existência em todos os relacionamentos.
   d. Dê pelo menos dois exemplos dos tipos de relatórios que podem ser obtidos a partir do banco de dados.

7. Crie um DER com base na notação pé de galinha utilizando as seguintes exigências:

   - Uma FATURA é escrita por um REP_VENDAS. Cada representante de vendas pode escrever várias faturas, mas cada fatura é escrita por um único representante de vendas.
   - A FATURA é escrita para um único CLIENTE. No entanto, cada cliente pode ter várias faturas.
   - Uma FATURA pode incluir várias linhas de detalhes (LINHA), cada uma das quais descreve um produto comprado pelo cliente.
   - As informações sobre o produto são armazenadas na entidade PRODUTO.
   - As informações sobre o fornecedor do produto estão na entidade FORNECEDOR.

8. Dado o seguinte resumo das regras de negócio para o serviço de fornecimento da ROBCOR e utilizando a notação de ER pé de galinha, apresente o DER completamente identificado. Certifique-se de incluir todas as entidades, relacionamentos, conectividades e cardinalidades adequadas.

NOTA

Limite seu DER a entidades e relacionamentos baseados nas regras de negócio aqui apresentadas. Em outras palavras, *não* adicione realismo ao seu projeto expandindo ou refinando as regras. No entanto, certifique-se de incluir os atributos que permitam que o modelo seja implementado com sucesso.

Cada jantar baseia-se em uma única entrada, mas cada entrada pode ser servida em vários jantares. Um convidado pode frequentar vários jantares e cada jantar pode ser frequentado por vários convidados. Cada convite de jantar pode ser enviado a vários convidados e cada convidado pode receber vários convites.

9. Utilizando a notação pé de galinha, crie um DER que possa ser implementado em uma clínica médica, utilizando, pelo menos, as seguintes regras de negócio:

    a. Um paciente pode marcar consultas com um ou mais médicos da clínica e cada médico pode aceitar consultas de vários pacientes. No entanto, cada consulta é realizada por apenas um médico e um paciente.

    b. Casos de emergência não precisam marcar consulta. No entanto, para fins de gerenciamento de consultas, as emergências são inseridas no livro de registro de consultas como "não agendadas".

    c. Se mantida, uma consulta resulta em uma visita ao médico nela especificado. A visita resulta em um diagnóstico e, quando necessário, em tratamento.

    d. Em cada visita, os registros do paciente são atualizados para fornecer um histórico médico.

    e. Cada visita de paciente cria uma conta. Cada paciente recebe a conta de um doutor e cada doutor pode enviar a conta a vários pacientes.

    f. Cada conta deve ser paga. No entanto, uma conta pode ser paga em várias parcelas e um pagamento pode cobrir mais de uma conta.

    g. Um paciente pode pagar a conta diretamente ou a conta pode servir como base para uma declaração enviada a uma empresa de seguros.

    h. Se a conta for paga pela empresa de seguros, a franquia é enviada ao paciente para pagamento.

10. Os administradores da Tiny College ficaram tão satisfeitos com seu projeto e implementação do sistema de rastreamento/registro de alunos que desejam expandi-lo de modo a incluir o banco de dados para sua frota de veículos motorizados. Segue uma breve descrição das operações:

    - O corpo docente pode utilizar os veículos de propriedade da Tiny College em viagens aprovadas oficialmente. Por exemplo, podem ser utilizados em viagens a centros de ensino fora do *campus*, a locais em que serão apresentados trabalhos de pesquisa, no transporte de alunos a locais aprovados oficialmente e no deslocamento para fins de serviço público. Os veículos utilizados para essas finalidades são gerenciados pelo Centro VLMD (Viaje para Longe, Mas Devagar) da Faculdade.

    - Utilizando formulários de reserva, cada departamento pode reservar veículos para seus docentes, que são responsáveis por preencher o formulário de conclusão de viagem no fim dela. O formulário de reserva inclui a data esperada da partida, o tipo de veículo necessário, o destino e o nome do docente autorizado. O docente que chega para pegar o veículo deve assinar um formulário de saída para retirá-lo e levar um formulário de conclusão de viagem. (O funcionário do VLMD que libera o veículo para uso também assina o formulário de saída.) O formulário de conclusão de viagem do docente inclui seu código de identificação, a identificação do veículo, as leituras do hodômetro no início e no término da viagem, as queixas de manutenção (se houver), os litros de combustível adquiridos (se houver) e o número do cartão de crédito da Faculdade utilizado para pagar o combustível. Se for adquirido combustível, o recibo do cartão de crédito deve ser grampeado ao formulário de conclusão de viagem. Ao receber esse último formulário, o departamento do docente recebe a conta de uma taxa de milhagem com base no tipo de veículo (automóvel sedã, utilitário, furgão, minivan ou micro-ônibus) utilizado. (*Sugestão: Não* utilize mais entidades do que o necessário. Lembre-se da diferença entre atributos e entidades!)

    - Toda a manutenção do veículo é realizada pelo VLMD. Cada vez que um veículo exige manutenção, uma entrada de registro de manutenção é preenchida em um formulário de registro de manutenção pré-numerado. Esse formulário inclui a identificação do veículo, uma breve descrição do tipo de manutenção necessária, a data da entrada inicial do registro, a data em que a manutenção foi concluída e a identificação do mecânico que liberou o veículo de volta para o serviço. (Apenas mecânicos com autorização de inspeção podem fazer essa liberação.)

- Assim que o formulário de registro for iniciado, seu número é transferido para um formulário de detalhamento da manutenção. O número do formulário de registro é também encaminhado ao gerente do departamento de peças, que preenche um formulário de utilização de peças no qual é inserido o número do registro de manutenção. O formulário de detalhamento da manutenção contém linhas separadas para cada item de manutenção executa, para as peças utilizadas e para a identificação do mecânico que executou o item. Quando todos os itens de manutenção estiverem concluídos, o formulário de detalhamento da manutenção é grampeado ao formulário de registro de manutenção, a data de conclusão é preenchida e o mecânico que libera o veículo assina o formulário. Os formulários grampeados são então arquivados para utilização como fonte em diversos relatórios de manutenção.

- O VLMD mantém um estoque de peças, incluindo óleo, filtros de óleo, filtros de ar e correias de vários tipos. O estoque de peças é verificado diariamente para monitorar a utilização de peças e encomendar aquelas que atinjam o nível de "quantidade mínima disponível". Para rastrear a utilização de peças, o gerente de peças exige que cada mecânico assine pelas peças utilizadas em cada manutenção de veículo. O gerente de peças registra o número do registro de manutenção em que a peça é utilizada.

- A cada mês, o VLMD emite um conjunto de relatórios, no qual incluem a milhagem percorrida por veículo, por departamento e por docente em um departamento. Além disso, vários relatórios de receita são gerados por veículo e departamento. Um relatório detalhado de utilização de peças também é preenchido todos os meses. Por fim, é criado mensalmente um resumo da manutenção de veículos.

  Dado esse breve resumo de operações, crie o DER adequado (e identifique totalmente seus componentes). Utilize a metodologia de Chen para indicar as entidades, relacionamentos, conectividades e cardinalidades.

11. Dadas as seguintes informações, crie um DER – com base na notação pé de galinha – que possa ser implementado. Certifique-se de incluir todas as entidades, relacionamentos, conectividades e cardinalidades adequadas.

    - A empresa EverFail está no negócio de troca de óleo e lubrificantes. Embora os clientes tragam seus carros para um serviço descrito como "troca rápida de óleo", a EverFail também substitui os limpadores de para-brisas, os filtros de óleo e os filtros de ar, conforme a aprovação do cliente.

    - A fatura contém os encargos de óleo e peças utilizadas, além dos de mão de obra. Quando a fatura é apresentada aos clientes, eles pagam em dinheiro, cartão de crédito ou cheque. A EverFail não amplia o crédito. Seu banco de dados foi projetado para rastrear todos os componentes de todas as transações.

    - Dada a alta utilização de peças das operações comerciais, a EverFail deve manter um cuidadoso controle de seu inventário (óleo, limpadores, filtros de óleo e de ar). Portanto, se as peças atingirem uma quantidade mínima disponível, devem ser encomendadas com o fornecedor adequado. A EverFail mantém uma lista de fornecedores que contém aqueles realmente utilizados e alguns potenciais.

    - Periodicamente, com base na data do serviço do carro, a EverFail envia atualizações aos clientes. Ela também rastreia a milhagem do carro de cada cliente.

> **NOTA**
>
> Os Problemas 12 e 13 podem ser utilizados como base para projetos de sala de aula. Eles ilustram o desafio de traduzir uma descrição das operações em um conjunto de regras de negócio que definirão os componentes de DER que podem ser implementados com sucesso. Esses problemas também podem ser utilizados como base para discussões sobre os componentes e o conteúdo de uma descrição adequada de operações. Uma das coisas que você deve aprender, se deseja criar bancos de dados que possam ser implementados com sucesso, é separar o material de suporte genérico dos detalhes que afetam diretamente o projeto. Tenha em mente que muitas restrições não podem ser incorporadas no projeto de bancos de dados. Em vez disso, devem ser tratadas por aplicativos. Embora a descrição das operações no Problema 12 lide com uma empresa com base na web, o foco deve ser nos aspectos de *banco de dados* do projeto, e não em seus detalhes de gerenciamento de interfaces e transações. Na verdade, pode-se argumentar facilmente que a existência de negócios com base na web tornou o projeto de bancos de dados mais importante do que nunca. (Você pode conseguir se virar com um projeto ruim se vender apenas alguns itens por dia, mas os problemas de bancos de dados mal projetados se multiplicam conforme o número de transações aumente.)

12. Utilize as seguintes descrições das operações da RC_Models Company para fazer o exercício.

    A RC_Models Company vende seus produtos – modelos plásticos (aviões, navios e carros) e adesivos adicionais para esses modelos – por meio de seu site na web, *www.rc_models.com*. Os modelos e adesivos estão disponíveis em escalas que variam de 1/144 a 1/32.

    Os clientes utilizam o site da web para selecionar os produtos e pagar com cartão de crédito. Se um produto não estiver disponível, é colocado com pedido pendente a critério do cliente. (Os pedidos pendentes não são cobrados do cliente até que sejam enviados.) Quando um cliente conclui uma transação, a fatura é impressa e os produtos listados na fatura são retirados do inventário para envio. (A fatura inclui um encargo de frete.) A fatura impressa é colocada dentro da embalagem de envio. As cobranças de cartão de crédito do cliente são transmitidas para o CC Bank, onde a RC_Models Company tem uma conta comercial. (*Observação*: O CC Bank *não* faz parte do banco de dados da RC_Models.)

    A RC_Models Company rastreia as compras do cliente e envia periodicamente material promocional. Como a gerência da empresa exige informações detalhadas para conduzir suas operações, vários relatórios estão disponíveis. Esses relatórios incluem aquisições de clientes por categoria e quantidade de produtos, rotatividade de produtos e receitas de produtos e clientes, mas não se limitam a elas. Se um produto não registrou uma venda em quatro semanas de estoque, é removido do estoque e descartado.

    Muitos clientes da lista da RC_Models compraram produtos da RC_Models. No entanto, a empresa também adquiriu uma cópia da lista de assinantes da revista *Modelagem em boa escala* para utilizar no marketing de seus produtos com clientes que ainda não tenham feito compras na RC_Models. Além disso, os dados são registrados quando clientes em potencial solicitam informações sobre produtos.

    A RC_Models Company encomenda seus produtos diretamente dos fabricantes. Por exemplo, os modelos plásticos são encomendados da Tamiya, Academy, Revell/Monogram e outras. Os adesivos são encomendados da Aeromaster, Tauro, WaterMark e outras. (*Observação*: Nem todos os fabricantes do banco de dados da RC_Models receberam encomendas.) Todas as encomendas são feitas por meio dos sites dos fabricantes e seus valores são tratados automaticamente pela conta comercial da RC_Models no CC Bank.

    As encomendas são feitas automaticamente quando o estoque do produto atinge determinada quantidade mínima disponível. (O número de unidades encomendadas depende da quantidade mínima de encomenda especificada para cada produto.)

a. Com essa descrição breve e incompleta das operações da RC_Models Company, apresente todas as regras de negócio aplicáveis para estabelecer as entidades, os relacionamentos, as opcionalidades, as conectividades e as cardinalidades. (*Sugestão*: Utilize as três regras de negócio como exemplos, apresentando as regras restantes no mesmo formato.)

- Um cliente pode gerar muitas faturas.
- Cada fatura é gerada por apenas um cliente.
- Alguns clientes (ainda) não geraram uma fatura.

b. Crie o DER pé de galinha totalmente identificado e implementável com base nas regras de negócio apresentadas no Item (a) deste problema. Inclua todas as entidades, relacionamentos, opcionalidades, conectividades e cardinalidades.

13. Utilize a seguinte descrição das operações da RC_Charter2 Company para fazer o exercício.

A RC_Charter2 Company opera uma frota de aeronaves sob o certificado da Seção 135 (táxi-aéreo ou fretamento) da Regulação Aérea Federal (FAR), aplicada pela FAA. As aeronaves estão disponíveis para operações de táxi-aéreo (fretamento) nos Estados Unidos e no Canadá.

As empresas de fretamento oferecem as chamadas operações "não agendadas" – ou seja, os voos fretados ocorrem apenas quando um cliente reserva a utilização de uma aeronave que voa na data e hora designada por ele para um ou mais destinos também de sua escolha, transportando passageiros, carga ou alguma combinação desses elementos. Um cliente pode, é claro, reservar vários voos (viagens) fretados diferentes durante qualquer período de tempo. No entanto, para fins de cobrança, cada viagem fretada é reservada por um e somente um cliente. Alguns clientes da RC_Charter2 não utilizam as operações de fretamento da empresa. Em vez disso, adquirem combustível, utilizam serviços de manutenção ou outros serviços da RC_Charter2. No entanto, esse projeto de banco de dados focará apenas as operações de fretamento.

Cada viagem fretada produz receita para a RC_Charter2 Company. Essa receita é gerada pelas tarifas pagas pelo cliente quando da conclusão de um voo. As tarifas do voo fretado são uma função do modelo da aeronave utilizada, da distância voada, do tempo de espera, das exigências especiais do cliente e das despesas com tripulação. As tarifas de distância voada são calculadas multiplicando-se as milhas de ida e volta pela tarifa do modelo por milha. As milhas da viagem de ida e volta baseiam-se no caminho navegacional real voado. A rota de exemplo traçada na Figura P4.13 ilustra o procedimento. Observe que o número de milhas de ida e volta é calculado como 130 + 200 + 180 + 390 = 900.

No caso do cliente ter autorização de crédito da RC_Charter2, ele pode:

- Pagar o valor inteiro do fretamento quando da conclusão da viagem fretada.
- Pagar uma parte do valor do fretamento e debitar o restante da conta. A quantia debitada não pode exceder o crédito disponível.
- Debitar o valor inteiro do fretamento da conta. A quantia debitada não pode exceder o crédito disponível.

Os clientes podem pagar todo ou parte do saldo existente de viagens fretadas anteriores. Esses pagamentos podem ser feitos a qualquer momento e não estão vinculados a uma viagem específica. As tarifas de milhagem do fretamento incluem a despesa com pilotos e outra tripulação exigida pela FAR 135. No entanto, se os clientes solicitarem tripulação *adicional não exigida* pela FAR 135, eles serão cobrados por esses membros em base horária. A tarifa horária de membro da tribulação baseia-se nas qualificações de cada membro.

O banco de dados deve ser capaz de tratar das atribuições de tripulação. Cada viagem exige a utilização de uma aeronave e uma tripulação comanda cada aeronave. A menor aeronave de fretamento, com motor de pistão, exige uma tripulação de apenas um piloto. Aeronaves maiores (ou seja, aquelas com peso bruto de decolagem de 12.500 libras ou mais) e movidas a jato exigem um piloto e um copiloto, ao passo que aeronaves maiores para transporte de passageiros podem exigir comissários de bordo na tripulação. Algumas aeronaves mais antigas exigem a atribuição de um engenheiro de voo, e aeronaves de carga maiores exigem a presença de um mestre de carga. Em resumo, a tripulação pode consistir de mais de uma pessoa e nem todos os seus membros são pilotos.

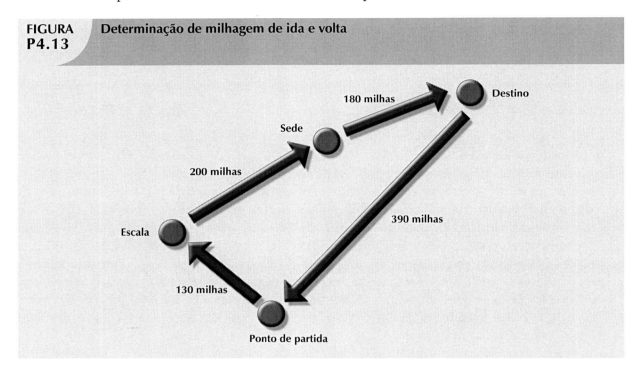

FIGURA P4.13 Determinação de milhagem de ida e volta

As tarifas de espera da aeronave do voo fretado são calculadas multiplicando as horas esperadas pela tarifa horária de espera do modelo. As despesas com tripulação limitam-se a refeições, hospedagem e transporte em terra.

O banco de dados da RC_Charter 2 deve ser projetado para gerar um resumo mensal de todas as viagens fretadas, despesas e receitas resultantes dos registros de fretamentos. Esses registros se baseiam nos dados que cada piloto no comando deve registrar para todas as viagens: data(s) e hora(s) da viagem, destino(s), número da aeronave, dados do piloto (e outra tripulação), distância voada, utilização de combustível e outros dados pertinentes. Esses dados são utilizados para gerar relatórios mensais que detalham as informações de receita e de custos operacionais por cliente, aeronave e piloto. Todos os pilotos e outros membros da tripulação são funcionários da RC_Charter2, ou seja, a empresa não utiliza pilotos ou tripulação terceirizados.

As operações da Seção 135 da FAR são conduzidas sob um conjunto rígido de exigências que determinam a licença e o treinamento dos membros da tripulação. Por exemplo, os pilotos devem obter uma licença comercial ou de Pilotagem de Transporte Aéreo (ATP). Ambas exigem classificações adequadas. As classificações são exigências de competências específicas. Por exemplo:

- Para operar um avião com vários motores projetado para decolagens e aterrissagens apenas em terra, a classificação adequada é MEL (Multiengine Landplane). Quando um avião de vários motores pode decolar e aterrissar na água, a classificação adequada é MES (Multiengine Seaplane), para hidroaviões com vários motores.

- A classificação de instrumentos baseia-se na capacidade demonstrada de conduzir todas as operações de voo apenas com referência à instrumentação da cabine. A classificação de instrumentos é necessária para operar uma aeronave sob condições meteorológicas de instrumento (IMC – Instrument Meteorological Conditions), e todas essas operações são determinadas pelas regras de voo por instrumentos especificados pela FAR (IFR – Instrument Flight Rules). Por outro lado, operações conduzidas em "bom tempo" ou condições de voo *visual* baseiam-se das regras de voo visual (VFR – Visual Flight Rules) da FAR.
- A classificação de tipo é exigida para toda aeronave com peso de decolagem superior a 12.500 libras ou para aeronaves movidas apenas a jato. Se uma aeronave utilizar motores a jato para acionar propulsores, diz-se que é movida a turbopropulsores. Esse tipo de aeronave não exige classificação de tipo a menos que atinja o limite de peso de 12.500 libras.

Embora as licenças e classificações de pilotos não tenham limite de tempo, exercer o privilégio da licença e das classificações sob a Seção 135 exige tanto *um certificado médico atual como um voo de avaliação atual da Seção 135*. As seguintes distinções são importantes:

- O certificado médico pode ser de Classe I ou Classe II. O de Classe I é mais rigoroso do que o de Classe II e deve ser renovado a cada seis meses. O de Classe II pode ser renovado anualmente. Se o certificado médico de Classe I não for renovado em um período de seis meses, automaticamente se converte em certificado de Classe II. Se o certificado de Classe II não for renovado dentro do período especificado, se converte automaticamente em Classe III, que não é válido para operações de voo comercial.
- Um voo de avaliação da Seção 135 é um exame prático de voo que deve ser feito com sucesso a cada seis meses. A avaliação inclui todas as manobras e procedimentos de voo especificadas na Seção 135.

Membros da tripulação que não sejam pilotos também devem ter os certificados adequados para atender às exigências do trabalho específico. Por exemplo, mestres de carga precisam de um certificado adequado, assim como os comissários de bordo. Além disso, membros como mestres de carga e comissários de bordo que possam ser necessários em operações que envolvam grandes aviões (peso de decolagem superior a 12.500 libras e configurações de passageiros superiores a 19) também devem ser aprovados periodicamente em exames escritos e práticos. Exige-se que a RC_Charter2 Company mantenha um registro completo de todos os tipos de teste, datas e resultados de cada membro de tripulação, assim como das datas de exames médicos dos pilotos.

Além disso, todos os membros de tribulação devem passar por um teste periódico de drogas; os resultados também devem ser rastreados. (Observe que membros de tripulação que não sejam pilotos não precisam passar por testes específicos de pilotos, como os voos de avaliação da Seção 135. Os pilotos também não precisam passar por testes de tripulação como os exames práticos de mestres de carga e comissários de bordo.) No entanto, vários membros da tripulação possuem licenças e/ou certificações em diversas áreas. Por exemplo, um piloto pode ter um ATP e um certificado de mestre de carga. Se esse piloto for atribuído como mestre de carga a um determinado voo fretado, será necessário seu certificado nessa área. De modo similar, um comissário de bordo pode ter obtido licença para pilotagem comercial. A Tabela P4.2 apresenta formatos de dados de amostra.

Pilotos e outros membros da tripulação devem receber treinamento adequado recorrente para suas atribuições profissionais. Esse treinamento se baseia em um currículo aprovado pela FAA específico para cada trabalho. Por exemplo, o treinamento de pilotos inclui revisão de todas as normas e regulamentos de voo aplicáveis da Seção 135, interpretação de dados climáticos, exigências das operações de voo da empresa e procedimentos específicos de voo. Exige-se que a RC_Charter2 Company mantenha um registro completo de todo o treinamento recorrente para cada membro de tripulação que passe por ele. Exige-se que a RC_Charter 2 Company mantenha um registro detalhado de todas as credenciais da tripulação e de todo o treinamento imposto pela Seção 135. A empresa deve manter registro completo de cada exigência e de todos os dados de conformidade.

Para conduzir um voo fretado, a empresa deve dispor de uma aeronave em condições adequadas de manutenção. O comandante da aeronave (PIC, *Pilot in Command*) deve atender a todas as exigências de atualização e licença da FAA. Para as aeronaves movidas a motor de pistão ou turbopropulsores e que tenham um peso bruto de decolagem inferior a 12.500 libras, são permitidas operações com um único piloto conforme a Seção 135, contanto que haja um piloto automático em condições adequadas de manutenção. No entanto, mesmo se a Seção 135 da FAR permitir operações com um único piloto, muitos clientes exigem a presença de um copiloto capaz de conduzir as operações de voo segundo essa mesma seção.

O gerente de operações da RC_Charter2 cuida da liberação de aeronaves a jato, que exigem uma tripulação de um piloto e um copiloto. Ambos devem atender às mesmas exigências de licença, classificações e treinamento da Seção 135.

TABELA P4.2

PARTE A – TESTES		
CÓDIGO DO TESTE	DESCRIÇÃO DO TESTE	FREQUÊNCIA DO TESTE
1	Avaliação de voo da Seção 135	6 meses
2	Médico, Classe 1	6 meses
3	Médico, Classe 2	12 meses
4	Prática de mestre de carga	12 meses
5	Prática de comissário de bordo	12 meses
6	Teste de drogas	Aleatório
7	Operações, exame escrito	6 meses

PARTE B – RESULTADOS			
FUNCIONÁRIO	CÓDIGO DO TESTE	DATA DO TESTE	RESULTADO DO TESTE
101	1	12/11/07	Aprovado-1
103	6	23/12/07	Aprovado-1
112	4	23/12/07	Aprovado-2
103	7	11/1/08	Aprovado-1
112	7	16/1/08	Aprovado-1
101	7	16/1/08	Aprovado-1
101	6	11/2/08	Aprovado-2
125	2	15/2/08	Aprovado-1

PARTE C – LICENÇAS E CERTIFICAÇÕES	
LICENÇA OU CERTIFICADO	DESCRIÇÃO DA LICENÇA OU CERTIFICADO
ATP	Pilotagem de transporte aéreo (*Airline Transport Pilot*)
Comm	Licença comercial
Med-1	Certificado médico, classe 1
Med-2	Certificado médico, classe 2
Instr	Classificação de instrumentos
MEL	Classificação de aeronave de terra com vários motores (*Multiengine Land*)
LM	Mestre de carga
FA	Comissário de bordo

PARTE D – LICENÇAS E CERTIFICADOS MANTIDOS POR FUNCIONÁRIOS		
FUNCIONÁRIO	LICENÇA OU CERTIFICADO	DATA DE OBTENÇÃO
101	Comm	12/11/93
101	Instr	28/6/94
101	MEL	09/8/94
103	Comm	21/12/95
112	FA	23/6/02
103	Instr	18/1/96
112	LM	27/11/05

A empresa também libera aeronaves maiores que excedam o peso bruto de decolagem de 12.500 libras. Essa aeronave pode levar a quantidade de passageiros que exige a presença de um ou mais comissários de bordo. Se essa aeronave tiver uma carga que pese mais de 12.500 libras, um mestre de carga deve ser atribuído como membro da tripulação para supervisionar o carregamento e a fixação da carga. *O banco de dados deve ser projetado para fornecer o recurso de atribuição antecipada de tripulação adicional ao fretamento.*

a. Com essa descrição incompleta das operações, apresente todas as regras de negócio aplicáveis para estabelecer as entidades, os relacionamentos, as opcionalidades, as conectividades e as cardinalidades. (*Sugestão*: Utilize essas cinco regras de negócio como exemplos, apresentando as regras restantes no mesmo formato.)

- Um cliente pode solicitar muitas viagens fretadas.
- Cada viagem fretada é solicitada por apenas um cliente.
- Alguns clientes (ainda) não solicitaram uma viagem fretada.
- Um funcionário pode receber a atribuição de membro da tripulação de várias viagens fretadas.
- Cada viagem fretada pode ter vários funcionários atribuídos como membros da tripulação.

b. Crie o DER pé de galinha totalmente identificado e implementável com base nas regras de negócio apresentadas no Item (a) deste problema. Inclua todas as entidades, relacionamentos, opcionalidades, conectividades e cardinalidades.

Neste capítulo, você aprenderá:

- O que é normalização e qual o papel executa no processo de projetos de bancos de dados
- Sobre as formas normais 1NF, 2NF, 3NF, BCNF e 4NF
- Como transformar formas normais mais baixas em formas normais mais altas
- Que a normalização e a modelagem ER devem ser utilizadas de forma simultânea na produção de um bom projeto
- Que algumas situações exigem desnormalização para gerar informações de modo eficiente

TABELAS DE BANCO DE DADOS E NORMALIZAÇÃO

Ter um bom software de bancos de dados relacionais não é suficiente para evitar a redundância de dados discutida no Capítulo 1. Se as tabelas do banco de dados forem tratadas como arquivos em um sistema de arquivos, o SGBDR nunca terá uma chance de mostrar seus recursos superiores no tratamento de dados.

A tabela é o bloco básico de construção no processo de projetos de bancos de dados. Como consequência, sua estrutura é de grande interesse. A princípio, o processo do projeto explorado no Capítulo 4, produz boas estruturas de tabelas. Ainda assim, é possível criar estruturas ruins mesmo com um bom projeto. Desse modo, como podemos reconhecer uma estrutura ruim e como produzimos uma boa? A resposta para ambas as questões envolve a normalização. **Normalização** é um processo para avaliar e corrigir estruturas e tabelas de modo a minimizar as redundâncias de dados, reduzindo, assim, a probabilidade de anomalias. O processo de normalização envolve a designação de atributos a tabelas com base no conceito de determinação, apresentado no Capítulo 3.

A normalização atua por meio de uma série de estágios chamados formas normais. Os três primeiros estágios são descritos como primeira forma normal (1NF), segunda forma normal (2NF) e terceira forma normal (3NF). Do ponto de vista estrutural, 3NF é melhor que 2NF, que, por sua vez, é melhor que 1NF. Para a maioria das finalidades dos projetos de bancos de dados comerciais, 3NF é o mais alto que se precisa ir no processo de normalização. No entanto, você descobrirá na Seção "Processo de normalização" que estruturas 3NF projetadas adequadamente também atendem às exigências da quarta forma normal (4NF).

Embora a normalização seja um ingrediente muito importante do projeto de bancos de dados, não se deve assumir que seu nível mais alto seja sempre o mais desejável. Em geral, quanto mais alta a forma normal, mais operações de união relacional são necessárias para produzir a saída especificada, e mais recursos são exigidos pelo sistema de banco de dados para responder a consultas do usuário final. Um projeto bem-sucedido deve considerar a demanda desse usuário por desempenho rápido. Portanto, em algumas ocasiões, será preciso desnormalizar certas partes de um projeto de banco de dados, de modo a atender às exigências de desempenho. A desnormalização produz uma forma normal mais baixa; ou seja, por meio dela, 3NF pode ser convertido para 2NF. No entanto, o preço a pagar pela melhora de desempenho decorrente da desnormalização é a maior redundância de dados.

NOTA

Embora a palavra *tabela* seja utilizada por todo este capítulo, formalmente, a normalização se refere a *relações*. No Capítulo 3, você aprendeu que os termos *tabela* e *relação* costumam ser utilizados de modo indiferente. Na verdade, é possível dizer que uma tabela é a visualização da implementação de uma relação lógica que atenda a algumas condições específicas (veja a Tabela 3.1). No entanto, por ser mais rigorosa, a relação matemática não permite Tuplas duplicadas, ao passo que estas podem ocorrer em tabelas (veja a Seção "Considerações sobre chaves surrogates").

NECESSIDADE DE NORMALIZAÇÃO

Para ter uma ideia melhor do processo de normalização, considere as atividades simplificadas do banco de dados de uma empresa de construção que gerencie vários projetos. Cada um possui seu próprio número, nome, funcionários designados e assim por diante. Cada funcionário possui número, nome e classificação do cargo, como engenheiro ou técnico de computação.

A empresa cobra seus clientes pelas horas gastas em cada contrato. A taxa de cobrança horária depende da posição do funcionário. Por exemplo, uma hora do tempo do técnico de computação é cobrada a uma taxa diferente de uma hora do tempo do engenheiro. Periodicamente, gera-se um relatório que contém as informações exibidas na Tabela 5.1.

A tarifa total da Tabela 5.1 é um atributo derivado e, nesse momento, não é armazenado na tabela.

Pode parecer que o caminho mais curto e mais fácil, para gerar o relatório solicitado, seja uma tabela cujo conteúdo corresponda a suas exigências. Veja a Figura 5.1.

Observe que os dados da Figura 5.1 refletem a atribuição de funcionários a projetos. Aparentemente, um funcionário pode ser designado para mais de um projeto. Por exemplo, Darlene Smithson (EMP_NUM = 112) recebeu dois projetos: Amber Wave e Starflight. Dada a estrutura do conjunto de dados, cada projeto inclui uma única ocorrência de determinado funcionário. Portanto, saber os valores PROJ_NUM (número de projeto) e o EMP_NUM (número de funcionário) possibilita a localização do seu cargo e da tarifa horária. Além disso, é possível saber o número de horas trabalhadas de determinado funcionário em cada projeto. (A tarifa total – um atributo derivado cujo valor pode ser calculado multiplicando-se as horas cobradas e a tarifa por hora – não foi incluída na Figura 5.1. Não ocorre nenhum problema estrutural se esse atributo for incluído.)

Infelizmente, a estrutura do conjunto de dados da Figura 5.1 não se ajusta às exigências discutidas no Capítulo 3, nem manipula os dados muito bem. Considere as seguintes deficiências:

1. O número de projeto (PROJ_NUM) destina-se, aparentemente, a constituir uma chave primária ou, pelo menos, parte de uma, mas contém nulos. (Dada a discussão anterior, sabe-se que PROJ_NUM + EMP_NUM definem cada linha.)

2. As entradas da tabela induzem a inconsistências de dados. Por exemplo, o valor "Elect. Engineer" (Engenheiro Eletricista) de JOB_CLASS (Classificação de Cargo) pode ser inserido como "Elect. Eng.", em alguns casos, "El. Eng", em outros e, ainda, como "EE".

TABELA 5.1 Exemplo de layout do relatório

NÚMERO DO PROJETO	NOME DO PROJETO	NÚMERO DO FUNCIONÁRIO	NOME DO FUNCIONÁRIO	CLASSIFICAÇÃO DE CARGO	TARIFA/HORA	HORAS COBRADAS	TARIFA TOTAL
15	Evergreen	103	June E. Arbough	Engenheiro Eletricista	$ 85,50	23,8	$ 2.034,90
		101	John G. News	Projetista de Banco de Dados	$105,00	19,4	$ 2.037,00
		105	Alice K. Johnson *	Projetista de Banco de Dados	$105,00	35,7	$ 3.748,50
		106	William Smithfield	Programador	$ 35,75	12,6	$ 450,45
		102	David H. Senior	Analista de Sistemas	$ 96,75	23,8	$ 2.302,65
				Subtotal			**$10.573,50**
18	Amber Wave	114	Annelise Jones	Projetista de Aplicações	$ 48,10	25,6	$ 1.183,26
		118	James J. Frommer	Suporte Geral	$ 18,36	45,3	$ 831,71
		104	Anne K. Ramoras *	Analista de Sistemas	$ 96,75	32,4	$ 3.134,70
		112	Darlene M. Smithson	Analista SSD	$ 45,95	45,0	$ 2.067,75
				Subtotal			**$ 7.265,52**
22	Rolling Tide	105	Alice K. Johnson	Projetista de Banco de Dados	$105,00	65,7	$ 6.998,50
		104	Anne K. Ramoras	Analista de Sistemas	$ 96,75	48,4	$ 4.682,70
		113	Delbert K. Joenbrood	Projetista de Aplicações	$ 48,10	23,6	$ 1.135,16
		111	Geoff B. Wabash	Suporte Escriturário	$ 26,87	22,0	$ 591,14
		106	William Smithfield	Programador	$ 35,75	12,8	$ 457,60
				Subtotal			**$13.765,10**
25	Starflight	107	Maria D. Alonzo	Programador	$ 35,75	25,6	$ 915,20
		115	Travis B. Bawangi	Analista de Sistemas	$ 96,75	45,8	$ 4.431,15
		101	John G. News *	Projetista de Banco de Dados	$105,00	56,3	$ 5.911,50
		114	Annelise Jones	Projetista de Aplicações	$ 48,10	33,1	$ 1.592,11
		108	Ralph B. Washington	Analista de Sistemas	$ 96,75	23,6	$ 2.283,30
		118	James J. Frommer	Suporte Geral	$ 18,36	30,5	$ 559,98
		112	Darlene M. Smithson	Analista SSD	$ 45,95	41,4	$ 1.902,33
				Subtotal			**$17.595,57**
				Total			**$49.199,69**

Observação: * indica o líder do projeto

3. A tabela apresenta redundâncias de dados, que resultam nas seguintes anomalias:

FIGURA 5.1 Exemplo de layout do relatório

Nome da tabela: RPT_FORMA

PROJ_NUM	PROJ_NAME	EMP_NUM	EMP_NAME	JOB_CLASS	CHG_HOUR	HOURS
15	Evergreen	103	June E. Arbough	Engº Eletricista	$ 84,50	23,8
		101	John G. News	Projetista de Bancos de Dados	$ 105,00	19,4
		105	Alice K. Johnson *	Projetista de Bancos de Dados	$ 105,00	35,7
		106	William Smithfield	Programador	$ 35,75	12,6
		102	David H. Senior	Analista de Sistemas	$ 96,75	23,8
18	Amber Wave	114	Annelise Jones	Projetista de Aplicações	$ 48,10	25,6
		118	James J. Frommer	Suporte Geral	$ 18,36	45,3
		104	Anne K. Ramoras *	Analista de Sistemas	$ 96,75	32,4
		112	Darlene M. Smithson	Analista SSD	$ 45,95	45,0
22	Rolling Tide	105	Alice K. Johnson	Projetista de Bancos de Dados	$ 105,00	65,7
		104	Anne K. Ramoras	Analista de Sistemas	$ 96,75	48,4
		113	Delbert K. Joenbrood	Projetista de Aplicações	$ 48,10	23,6
		111	Geoff B. Wabash	Suporte Escriturário	$ 26,87	22,0
		106	William Smithfield	Programador	$ 35,75	12,8
25	Starflight	107	Maria D. Alonzo	Programador	$ 35,75	25,6
		115	Travis B. Bawangi	Analista de Sistemas	$ 96,75	45,8
		101	John G. News *	Projetista de Bancos de Dados	$ 105,00	56,3
		114	Annelise Jones	Projetista de Aplicações	$ 48,10	33,1
		108	Ralph B. Washington	Analista de Sistemas	$ 96,75	23,6
		118	James J. Frommer	Suporte Geral	$ 96,75	30,5
		112	Darlene M. Smithson	Analista SSD	$ 45,95	41,4

a. *Anomalias de atualização*. Modificar o valor JOB_CLASS para o funcionário de número 105 exige (potencialmente) muitas alterações, uma para cada EMP_NUM = 105.

b. *Anomalias de inserção*. Apenas para completar uma definição de linha, deve-se designar um novo funcionário a um projeto. Se o funcionário ainda não tiver sido designado, será necessário criar um projeto fantasma para concluir a entrada de seus dados.

c. *Anomalias de exclusão*. Suponha que apenas um funcionário esteja associado a um determinado projeto. Se ele deixar a empresa e seus dados sejam excluídos, as informações do projeto também serão excluídas. Para evitar a perda das informações do projeto, deve ser criado um funcionário fictício apenas para salvá-las.

Apesar dessas deficiências estruturais, a estrutura da tabela *parece* funcionar; o relatório é gerado com facilidade. Infelizmente, esse relatório pode produzir resultados diferentes, dependendo de qual anomalia de dados ocorreu. Por exemplo, se deseja imprimir um relatório que mostre o valor total de "horas trabalhadas" pelo cargo "Projetista de Bancos de Dados", não devem ser incluídos os dados para as entradas "DB Design" e "Database Design". Tais anomalias de relatório provocam uma vastidão de problemas para os gerentes e não podem ser corrigidas por meio de aplicativos.

Mesmo que uma auditoria cuidadosa das entradas de dados possa eliminar a maioria dos problemas de relatório (a um alto custo), é fácil demonstrar que até uma simples entrada se torna ineficiente. Dada a existência de anomalias de atualização, suponha que Darlene M. Smithson seja designada para trabalhar no projeto Evergreen. O responsável pela entrada de dados deve atualizar o arquivo PROJETO, inserindo:

15   Evergreen   112   Darlene M. Smithson   DSS Analyst $45,95   0,0

para preencher os atributos PROJ_NUM, PROJ_NAME, EMP_NUM, EMP_NAME, JOB_CLASS, CHG_HOUR e HOURS. (Quando a srtª. Smithson tiver acabado de ser designada para o projeto, ainda não terá trabalhado, de modo que o número de horas trabalhadas é 0,0.)

> **NOTA**
>
> Lembre-se de que as convenções de nomenclatura facilitam a percepção do que significa cada atributo e qual a sua provável origem. Por exemplo, PROJ_NAME utiliza o prefixo PROJ para indicar que o atributo está associado à tabela PROJETO, enquanto o componente NAME (nome) é evidente. No entanto, tenha em mente que o comprimento do nome também é um problema, especialmente na atribuição do prefixo. Por isso, foi utilizado o prefixo CHG em vez de CHARGE (tarifa). (Em decorrência do contexto do banco de dados, é improvável que esse prefixo seja compreendido equivocadamente.)

Cada vez que outro funcionário é designado para um projeto, algumas entradas de dados (como PROJ_NAME, EMP_NAME e CHG_HOUR) são repetidas desnecessariamente. Imagine o trabalho que daria fazer 200 ou 300 entradas de dados na tabela! Observe que a entrada do número do funcionário deveria ser suficiente para identificar Darlene M. Smithson, a descrição de seu cargo e sua tarifa horária. Como há apenas uma pessoa identificada pelo número 112, suas características (nome, cargo etc.) não deveriam ser digitadas todas as vezes que o arquivo principal for atualizado. Infelizmente a estrutura apresentada na Figura 5.1 não dá espaço para essa possibilidade.

Sua evidente redundância de dados leva ao desperdício de espaço em disco. Além de, principalmente, produzir anomalias de dados. Por exemplo, suponha que o responsável pela entrada de dados tenha inserido o seguinte:

15	Evergeen	112	Darla Smithson	DCS Analyst	$45,95	0,0

À primeira vista, a inserção parece correta. Mas será que Evergeen é o mesmo projeto que Evergreen? E DCS Analyst corresponde a DSS Analyst? Darla Smithson é a mesma pessoa que Darlene M. Smithson? Essa confusão corresponde a um problema de integridade de dados decorrente da entrada não atender à regra de que todas as cópias de dados redundantes sejam idênticas.

A possibilidade de introduzir problemas de integridade de dados, causada pela redundância, deve ser considerada quando se projeta um banco de dados. O ambiente relacional é especialmente adequado para ajudar o projetista a superar esses problemas.

PROCESSO DE NORMALIZAÇÃO

Nesta seção, você aprenderá como utilizar a normalização para produzir um conjunto de tabelas normalizadas e armazenar os dados que serão utilizados para gerar as informações necessárias. O objetivo da normalização é garantir que todas as tabelas atendam ao conceito de relações bem estabelecidas, ou seja, que tenham as seguintes características:

- Cada tabela representa um único assunto. Por exemplo, uma tabela de disciplina conterá apenas os dados diretamente relativos a disciplinas. De modo similar, uma tabela de alunos conterá apenas dados sobre alunos.

- Nenhum item de dados será armazenado *desnecessariamente* em mais de uma tabela (em resumo, as tabelas possuem redundância mínima controlada). O motivo para essa exigência é garantir que os dados sejam atualizados em apenas um lugar.
- Todos os atributos não primários de uma tabela são dependentes da chave primária – da chave primária inteira e de nada além dela. O motivo dessa exigência é garantir que os dados sejam identificados de modo exclusivo por um valor de chave primária.
- Todas as tabelas estão livres de anomalias de inserção, atualização e exclusão. Isso garante a integridade e a consistência dos dados.

Para conseguir esse objetivo, o processo de normalização passa por algumas etapas que levam a formas normais sucessivamente superiores. As formas mais comuns e suas características básicas estão relacionadas na Tabela 5.2. Você aprenderá os detalhes dessas formas normais nas seções indicadas.

TABELA 5.2 Formas normais

FORMA NORMAL	CARACTERÍSTICA	SEÇÃO
Primeira forma normal (1NF)	Formato de tabela, sem grupos repetidos e com PK identificada	Conversão para a primeira forma normal
Segunda forma normal (2NF)	1NF sem dependências parciais	Conversão para a segunda forma normal
Terceira forma normal (3NF)	2NF sem dependências transitivas	Conversão para a terceira forma normal
Forma normal de Boyce-Codd (BCNF)	Todo determinante é uma chave candidata (caso especial de 3NF)	Forma normal de Boyce--Codd (BCNF)
Quarta forma normal (4NF)	3NF sem dependências multivaloradas independentes	Quarta forma normal (4NF)

Do ponto de vista de quem modela os dados, o objetivo da normalização é garantir que todas as tabelas estejam, pelo menos, na terceira forma normal (3NF). Existem, ainda, formas normais de nível superior. No entanto, essas formas, como a quinta forma normal (5NF) e a forma normal de chave de domínio (DKNF), provavelmente não serão encontradas em um ambiente comercial e possuem principalmente interesse teórico. Normalmente, costumam aumentar as junções (reduzindo o desempenho), sem adicionar qualquer valor à eliminação da redundância de dados. Algumas aplicações muito especializadas, como as de pesquisa estatística, podem exigir normalização superior a 4NF, mas fogem ao escopo da maioria das operações comerciais. Como este livro enfoca as aplicações práticas de técnicas de bancos de dados, as formas normais de nível superior não são cobertas.

Dependência funcional

Antes de descrever o processo de normalização, é interessante revisar os conceitos de determinação e dependência funcional cobertos em detalhes no Capítulo 3. A Tabela 5.3 resume os principais conceitos.

TABELA 5.3 Conceitos de dependência funcional

CONCEITO	DEFINIÇÃO
Dependência funcional	O atributo **B** é dependente, de modo totalmente funcional, do atributo **A** se cada valor de **A** determina um e somente um valor de **B**. Exemplo: PROJ_NUM → PROJ_NAME (leia-se PROJ_NUM determina funcionalmente PROJ_NAME) Nesse caso, PROJ_NUM é conhecido como atributo determinante e PROJ_NAME, como atributo dependente.
Dependência funcional (definição generalizada)	O atributo **A** determina o atributo **B** (ou seja, **B** é funcionalmente dependente de **A**) se todas as linhas da tabela que correspondem em valor ao atributo **A** também correspondem em valor ao atributo **B**.
Dependência totalmente funcional (chave composta)	Se o atributo **B** é funcionalmente dependente de uma chave composta **A**, mas não de qualquer subconjunto dessa chave composta, o atributo **B** apresenta dependência totalmente funcional em relação a **A**.

É fundamental compreender esses conceitos, pois são utilizados para determinar o conjunto de dependências funcionais de determinada relação. O processo de normalização trabalha em uma relação por vez, identificando suas dependências e normalizando-a. Como você verá nas seções subsequentes, a normalização começa pela identificação das dependências de uma determinada relação e pela progressiva separação da relação (tabela) em um conjunto de novas relações (tabelas) baseadas nas dependências identificadas.

CONVERSÃO PARA A PRIMEIRA FORMA NORMAL

Como o modelo relacional vê os dados como parte de uma tabela ou conjunto de tabelas em que todos os valores de chave devem ser identificados, os dados representados na Figura 5.1 não devem ser armazenados da maneira apresentada. Observe que a Figura 5.1 contém aquilo que se conhece como grupos de repetição. Um **grupo de repetição** deve seu nome ao fato de que um grupo de várias entradas do mesmo tipo pode existir para qualquer ocorrência *única* de atributo de chave. Observe na Figura 5.1 que cada ocorrência única de número de projeto (PROJ_NUM) pode se referir a um grupo de entradas de dados relacionadas. Por exemplo, o projeto Evergreen (PROJ_NUM = 15) mostra cinco entradas nesse ponto – que se relacionam, pois compartilham a característica PROJ_NUM = 15. Cada vez que um novo registro é inserido no projeto Evergreen, o número de entidades do grupo cresce uma unidade.

Uma tabela relacional deve conter os grupos de repetição. A existência desses grupos dá evidências de que a tabela RPT_FORMAT da Figura 5.1 não atente sequer às exigências da mais baixa forma normal, refletindo, assim, redundâncias de dados.

A normalização de sua estrutura reduzirá essas redundâncias. Se houver grupos de repetição, eles devem ser eliminados, certificando-se de que cada linha defina uma única entidade. Além disso, as dependências devem ser identificadas para diagnosticar a forma normal. A identificação da forma normal permitirá saber em que passo está no processo de normalização. Esse processo começa com um simples procedimento em três etapas.

Etapa 1: Elimine os grupos de repetição

Comece apresentando os dados em formato de tabela, de modo que cada célula contenha um único valor e não haja grupos de repetição. Para eliminar esses grupos, elimine os nulos, assegurando que cada grupo de repetição contenha um valor de dados adequado. Essa alteração converte a tabela da Figura 5.1 para 1NF na Figura 5.2.

FIGURA 5.2	Tabela na primeira forma normal

Nome da tabela: DATA_ORG_1NF

PROJ_NUM	PROJ_NAME	EMP_NUM	EMP_NAME	JOB_CLASS	CHG_HOUR	HOURS
15	Evergreen	103	June E. Arbough	Elect. Engineer	84.50	23.8
15	Evergreen	101	John G. News	Database Designer	105.00	19.4
15	Evergreen	105	Alice K. Johnson *	Database Designer	105.00	35.7
15	Evergreen	106	William Smithfield	Programmer	35.75	12.6
15	Evergreen	102	David H. Senior	Systems Analyst	96.75	23.8
18	Amber Wave	114	Annelise Jones	Applications Designer	48.10	24.6
18	Amber Wave	118	James J. Frommer	General Support	18.36	45.3
18	Amber Wave	104	Anne K. Ramoras *	Systems Analyst	96.75	32.4
18	Amber Wave	112	Darlene M. Smithson	DSS Analyst	45.95	44.0
22	Rolling Tide	105	Alice K. Johnson	Database Designer	105.00	64.7
22	Rolling Tide	104	Anne K. Ramoras	Systems Analyst	96.75	48.4
22	Rolling Tide	113	Delbert K. Joenbrood *	Applications Designer	48.10	23.6
22	Rolling Tide	111	Geoff B. Wabash	Clerical Support	26.87	22.0
22	Rolling Tide	106	William Smithfield	Programmer	35.75	12.8
25	Starflight	107	Maria D. Alonzo	Programmer	35.75	24.6
25	Starflight	115	Travis B. Bawangi	Systems Analyst	96.75	45.8
25	Starflight	101	John G. News *	Database Designer	105.00	56.3
25	Starflight	114	Annelise Jones	Applications Designer	48.10	33.1
25	Starflight	108	Ralph B. Washington	Systems Analyst	96.75	23.6
25	Starflight	118	James J. Frommer	General Support	18.36	30.5
25	Starflight	112	Darlene M. Smithson	DSS Analyst	45.95	41.4

Etapa 2: Identifique a chave primária

O layout da Figura 5.2 representa mais do que uma mera alteração de aspecto. Mesmo um observador casual notará que PROJ_NUM não é uma chave primária adequada, pois o número de projeto não identifica de modo exclusivo todos os atributos de entidade (linha) restantes. Por exemplo, o valor 15 de PROJ_NUM pode identificar um entre cinco funcionários. Para manter uma chave primária adequada que identifique *exclusivamente* qualquer valor de atributo, ela deve ser composta de uma *combinação* de PROJ_NUM e EMP_NUM. Por exemplo, utilizando os dados apresentados na Figura 5.2, sabendo-se PROJ_NUM = 15 e EMP_NUM = 103, as entradas dos atributos PROJ_NAME, EMP_NAME, JOB_CLASS, CHG_HOUR e HOURS devem ser, respectivamente, Evergreen, June E. Arbough, Elect. Engineer, $84,50 e 23,8.

Etapa 3: Identifique todas as dependências

A identificação da PK na Etapa 2 significa a identificação da seguinte dependência:

PROJ_NUM, EMP_NUM → PROJ_NAME, EMP_NAME, JOB_CLASS, CHG_HOUR, HOURS

Ou seja, os valores de PROJ_NAME, EMP_NAME, JOB_CLASS, CHG_HOUR e HOURS são dependentes da combinação de PROJ_NUM e EMP_NUM (ou seja, determinados por ela). Há dependências adicionais. Por exemplo, o número do projeto identifica (determina) o nome do projeto. Em outras palavras, esse nome é dependente do número do projeto. Pode-se escrever a dependência como:

PROJ_NUM → PROJ_NAME

Além disso, conhecendo-se o número de um funcionário, é possível saber seu nome, cargo e tarifa por hora. Portanto, pode-se identificar a dependência apresentada a seguir:

EMP_NUM → EMP_NAME, JOB_CLASS, CHG_HOUR

No entanto, dados os componentes da dependência anterior, pode-se verificar que conhecer o cargo permite conhecer a tarifa por hora desse cargo. Em outras palavras, é possível identificar uma última dependência:

JOB_CLASS → CHG_HOUR

As dependências que acabamos de examinar também podem ser representadas com a ajuda do diagrama apresentado na Figura 5.3. Como esse diagrama representa todas as dependências encontradas em uma determinada estrutura de tabela, é conhecido como **diagrama de dependência**. Esses diagramas são muito úteis para obter uma visão "de cima" de todos os relacionamentos entre atributos de uma tabela e seu uso torna menos provável a omissão de uma dependência importante.

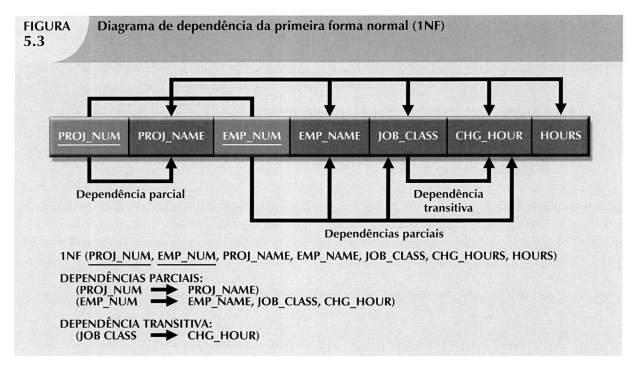

FIGURA 5.3 Diagrama de dependência da primeira forma normal (1NF)

Ao examinar a Figura 5.3, observe os seguintes aspectos do diagrama de dependência:
1. Os atributos de chave primária estão em negrito e sublinhados.
2. As setas acima dos atributos indicam todas as dependências desejáveis, ou seja, aquelas que se baseiam na chave primária. Nesse caso, observe que os atributos da entidade são dependentes da *combinação* de PROJ_NUM e EMP_NUM.
3. As setas abaixo do diagrama indicam dependências menos desejáveis. Essas dependências dividem-se em dois tipos:
   a. *Dependências parciais*. É necessário saber apenas PROJ_NUM para determinar PROJ_NAME; ou seja, este último é dependente de apenas uma parte da chave primária. Outro exemplo é

a necessidade de saber apenas EMP_NUM para obter EMP_NAME, JOB_CLASS e CHG_HOUR. Uma dependência com base em apenas parte de uma chave primária composta é chamada de **dependência parcial**.

b. *Dependências transitivas.* Observe que CHG_HOUR é dependente de JOB_CLASS. Como nenhum dos dois é um atributo primário – ou seja, nenhum deles é pelo menos parte de uma chave –, sua condição é conhecida como dependência transitiva. Em outras palavras, a **dependência transitiva** é uma dependência de um atributo não primário em relação a outro atributo não primário. O problema dessas dependências é que resultam em anomalias de dados.

Observe que a Figura 5.3 inclui o esquema relacional da tabela em 1NF e uma notação textual para cada dependência identificada.

NOTA

O termo **primeira forma normal** (**1NF**) descreve um formato de tabela em que:

- Todos os atributos de chave estão definidos.
- Não há grupos de repetição na tabela. Em outras palavras, cada intersecção de linha/coluna contém um e somente um valor, não um conjunto de valores.
- Todos os atributos são dependentes da chave primária.

Todas as tabelas relacionais satisfazem as exigências de 1NF. O problema da estrutura de tabela 1NF apresentada na Figura 5.3 é que ela contém dependências parciais – ou seja, dependências baseadas em apenas uma parte da chave primária.

Embora, às vezes, as dependências parciais sejam utilizadas por motivo de desempenho, elas devem ser aplicadas com precaução. (Se as necessidades de informações parecerem ditar a utilização de dependências parciais, é hora de avaliar a necessidade de um projeto de data warehouse, discutido no Capítulo 13.) Essa precaução, é necessária, pois uma tabela que contenha dependências parciais ainda está sujeita a redundâncias de dados e, portanto, a várias anomalias. As redundâncias ocorrem, pois todas as entradas de linha exigem duplicação de dados. Por exemplo, se Alice K. Johnson enviasse seus registros de trabalho, o usuário teria de fazer várias entradas durante o curso de um dia. Para cada entrada, EMP_NAME, JOB_CLASS e CHG_HOUR deveriam ser inseridos, mesmo que seus valores fossem idênticos para cada linha. Essa duplicação de esforço é muito ineficiente. E, o mais importante, ela contribui para criar anomalias de dados; nada impede o usuário de digitar versões ligeiramente diferentes do nome do funcionário, cargo e pagamento por hora. Por exemplo, o nome do funcionário com EMP_NUM = 102 poderia ser inserido como Dave Senior ou D. Senior. O nome do projeto também poderia ser inserido corretamente, como Evergreen, ou com erro de grafia, como Evergeen. Essas anomalias de dados violam as regras de integridade e consistência do banco de dados relacional.

CONVERSÃO PARA A SEGUNDA FORMA NORMAL

A conversão para 2NF é feita apenas quando 1NF possuir chave primária composta. Se 1NF tiver chave primária de um único atributo, a tabela está automaticamente em 2NF. A conversão de 1NF para 2NF é simples. Partindo do formato 1NF apresentado na Figura 5.3, faz-se o seguinte:

Etapa 1: Apresente cada componente de chave em uma linha separada

Apresente cada componente da chave em uma linha separada. Em seguida, escreva a chave original (composta) na última linha. Por exemplo:

PROJ_NUM
EMP_NUM
PROJ_NUM   EMP_NUM

Cada componente se tornará a chave de uma nova tabela. Em outras palavras, a tabela original será dividida em três tabelas (PROJETO, FUNCIONÁRIO e DESIGNAÇÃO).

Etapa 2: Distribua os respectivos atributos dependentes

Utilize a Figura 5.3 para determinar os atributos dependentes de outros. As dependências dos componentes da chave original podem ser encontradas examinando-se as setas abaixo do diagrama de dependência apresentado nessa figura. Em outras palavras, as três novas tabelas (PROJETO, FUNCIONÁRIO e DESIGNAÇÃO) são descritas seguindo-se os esquemas relacionais:

PROJETO (**PROJ_NUM**, PROJ_NAME)
FUNCIONÁRIO (**EMP_NUM**, EMP_NAME, JOB_CLASS, CHG_HOUR)
DESIGNAÇÃO (**PROJ_NUM**, **EMP_NUM**, ASSIGN_HOURS)

Como o número de horas gastas em cada projeto por cada funcionário é dependente tanto de PROJ_NUM como de EMP_NUM da tabela DESIGNAÇÃO, essas horas devem ser colocadas nesta tabela como ASSIGN_HOURS (horas de designação).

> **NOTA**
>
> A tabela DESIGNAÇÃO contém uma chave primária composta dos atributos PROJ_NUM e EMP_NUM. Qualquer atributo que faça parte, pelo menos, de uma chave é conhecido como **atributo primário** ou **atributo-chave**. Portanto, tanto PROJ_NUM como EMP_NUM são atributos primários (ou chave). Por outro lado, o **atributo não primário** ou **não chave** não faz parte de nenhuma chave.

Os resultados das Etapas 1 e 2 são apresentados na Figura 5.4. Nesse ponto, a maioria das anomalias discutidas anteriormente foi eliminada. Por exemplo, caso se deseje adicionar, alterar ou excluir um registro de PROJETO, é necessário ir apenas à tabela PROJETO e fazer a alteração de apenas uma linha.

Como a dependência parcial só pode ocorrer quando a chave primária de uma tabela é composta de vários atributos, a tabela cuja chave primária (PK) consiste de um único atributo, uma vez em 1NF, encontra-se automaticamente em 2NF.

A Figura 5.4 mostra uma dependência transitiva, que pode gerar anomalias. Por exemplo, se a tarifa por hora for alterada para um cargo mantido por muitos funcionários, essa alteração deve ser feita para *cada um* desses funcionários. Caso se esqueça de atualizar alguns dos registros de funcionários afetados pela alteração de tarifa, funcionários diferentes com a mesma descrição de cargo gerarão tarifas horárias diferentes.

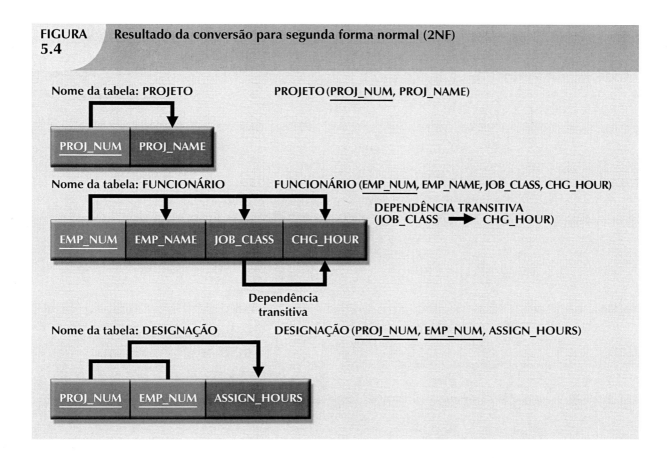

FIGURA 5.4 Resultado da conversão para segunda forma normal (2NF)

Nome da tabela: PROJETO

PROJETO(PROJ_NUM, PROJ_NAME)

| PROJ_NUM | PROJ_NAME |

Nome da tabela: FUNCIONÁRIO

FUNCIONÁRIO (EMP_NUM, EMP_NAME, JOB_CLASS, CHG_HOUR)

DEPENDÊNCIA TRANSITIVA
(JOB_CLASS ➡ CHG_HOUR)

| EMP_NUM | EMP_NAME | JOB_CLASS | CHG_HOUR |

Dependência transitiva

Nome da tabela: DESIGNAÇÃO

DESIGNAÇÃO (PROJ_NUM, EMP_NUM, ASSIGN_HOURS)

| PROJ_NUM | EMP_NUM | ASSIGN_HOURS |

NOTA

A tabela está na **segunda forma normal** (**2NF**) quando:

- Está em 1NF.

e

- Não inclui dependências parciais; ou seja, nenhum atributo é dependente apenas de uma parte da chave primária.

Observe que ainda é possível uma tabela em 2NF apresentar dependência transitiva, ou seja, um ou mais atributos podem ser funcionalmente dependentes de atributos não relacionados à chave.

CONVERSÃO PARA A TERCEIRA FORMA NORMAL

As anomalias de dados criadas pela organização do banco de dados apresentada na Figura 5.4 são facilmente eliminadas seguindo as etapas a seguir:

Etapa 1: Identifique todos os novos determinantes

Para todas as dependências transitivas, apresente seu determinante como PK de uma nova tabela. O **determinante** é qualquer atributo cujo valor determine outros valores na mesma linha. Quando se tem três dependências transitivas distintas, também se tem três determinantes distintas. A Figura 5.4 mostra apenas uma tabela que contém uma dependência transitiva. Portanto, escreva o determinante dessa dependência como:

JOB_CLASS

Etapa 2: Identifique os atributos dependentes

Identifique os atributos dependentes de cada determinante apresentado na Etapa 1 e apresente a dependência. Nesse caso, escreve-se:

JOB_CLASS → CHG_HOUR

O nome da tabela reflete seu conteúdo e função. Nesse caso, CARGO parece adequado.

Etapa 3: Remova os atributos dependentes das dependências transitivas

Elimine todos os atributos dependentes no(s) relacionamento(s) transitivo(s) de cada tabela que apresente esse relacionamento. Neste exemplo, elimine CHG_HOUR da tabela FUNCIONÁRIO apresentada na Figura 5.4 para deixar a definição dessa tabela como:

EMP_NUM → EMP_NAME, JOB_CLASS

Observe que JOB_CLASS (classificação de cargo) permanece na tabela FUNCIONÁRIO, servindo de FK.

Trace um novo diagrama de dependência para mostrar todas as tabelas definidas nas Etapas 1-3. Verifique as novas tabelas, assim como as modificadas na Etapa 3 para assegurar que cada tabela tenha um determinante e que nenhuma contenha dependências inadequadas.

Quando as Etapas 1-3 estiverem concluídas, surgirão os resultados da Figura 5.5. (O procedimento usual é concluir essas etapas simplesmente fazendo-se as revisões ao executá-las.)

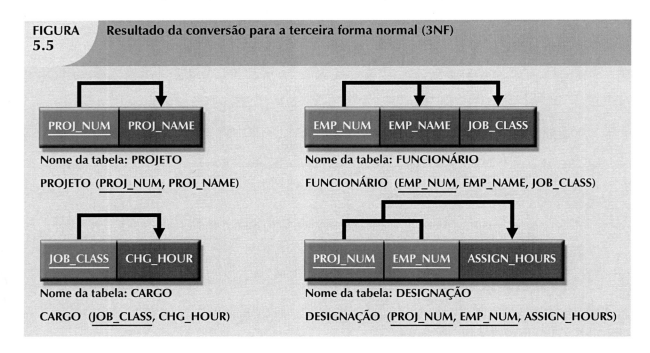

FIGURA 5.5   Resultado da conversão para a terceira forma normal (3NF)

Nome da tabela: PROJETO
PROJETO (PROJ_NUM, PROJ_NAME)

Nome da tabela: FUNCIONÁRIO
FUNCIONÁRIO (EMP_NUM, EMP_NAME, JOB_CLASS)

Nome da tabela: CARGO
CARGO (JOB_CLASS, CHG_HOUR)

Nome da tabela: DESIGNAÇÃO
DESIGNAÇÃO (PROJ_NUM, EMP_NUM, ASSIGN_HOURS)

Em outras palavras, após concluir a conversão para 3NF, o banco de dados conterá quatro tabelas:

PROJETO (**PROJ_NUM**, PROJ_NAME)
FUNCIONÁRIO (**EMP_NUM**, EMP_NAME, JOB_CLASS)
CARGO (**JOB_CLASS**, CHG_HOUR)
DESIGNAÇÃO (**PROJ_NUM**, **EMP_NUM**, ASSIGN_HOURS)

Observe que essa conversão eliminou a dependência transitiva da tabela FUNCIONÁRIO original. Pode-se dizer, agora, que as tabelas estão na terceira forma normal (3NF).

> **NOTA**
>
> A tabela está na **terceira forma normal (3NF)** quando:
>
> • Está em 2NF.
>
> *e*
>
> • Não contém dependências transitivas.

APRIMORAMENTO DO PROJETO

As estruturas da tabela são "limpas" para eliminar as problemáticas dependências transitivas e parciais. Pode-se, então, focar no aprimoramento da capacidade do banco de dados fornecer informações e melhorar suas características operacionais. Nos próximos parágrafos, você aprenderá sobre os diferentes tipos de questões que devem ser tratados para produzir um bom conjunto de tabelas normalizadas. Observe que, por questões de espaço, cada seção apresenta apenas um exemplo – o projetista deve aplicar o princípio a todas as tabelas restantes do projeto. Lembre-se de que não se pode tomar a normalização, por si mesma, como uma garantia de bom projeto. Em vez disso, o valor da normalização se deve à sua ajuda na eliminação de redundâncias de dados.

Avaliação das atribuições de PK

Cada vez que um novo funcionário é inserido na tabela FUNCIONÁRIO, deve-se inserir também um valor JOB_CLASS (classificação de cargo). Infelizmente, é bem fácil cometer erros de entrada de dados que levem a violações de integridade referencial. Por exemplo, inserir "Projetista de BD" em vez de "Projetista de Banco de Dados" nesse atributo da tabela FUNCIONÁRIO provocará essa violação. Portanto, seria melhor inserir um atributo JOB_CODE (código de cargo) para criar um identificador exclusivo. A adição desse atributo produz a dependência:

JOB_CODE → JOB_CLASS, CHG_HOUR

Assumindo-se que JOB_CODE seja uma chave primária adequada, o novo atributo produzirá a dependência transitiva:

JOB_CLASS → CHG_HOUR

A dependência transitiva ocorre porque um atributo não relacionado à chave – JOB_CLASS – determina o valor de outro atributo não relacionado à chave – CHG_HOUR. No entanto, tal dependência transitiva é um preço barato a se pagar. A presença de JOB_CODE reduz a grande probabilidade de violações de integridade referencial. Observe que a nova tabela CARGO possui agora duas chaves candidatas – JOB_CODE e JOB_CLASS. Nesse caso, JOB_CODE é tanto a chave primária escolhida como a chave surrogate. Uma **chave surrogate** é uma PK artificial introduzida pelo projetista com a finalidade de simplificar a atribuição de chaves primárias das tabelas. As chaves surrogates costumam ser numéricas, geradas automaticamente pelo SGBD, livres de conteúdo semântico (não possuem significado especial) e ocultas dos usuários finais. Você aprenderá mais sobre as características e a atribuição de PKs no Capítulo 6, "Modelagem de dados avançada".

Avaliação das convenções de nomenclatura

O melhor a se fazer é atender às convenções de nomenclatura descritas no Capítulo 2. Portanto, CHG_HOUR deve ser alterado para JOB_CHG_HOUR, indicando sua associação com a tabela CARGO (JOB). Além disso, o nome do atributo JOB_CLASS não sugere entradas como Analista de Sistemas, Projetista de Bancos de Dados etc.; a identificação JOB_DESCRIPTION (descrição de cargo) se ajusta melhor às entradas. Além disso, é possível notar que HOURS foi alterado para ASSIGN_HOURS (horas de designação) na conversão de 1NF para 2NF. Essa alteração permite a associação das horas trabalhadas com a tabela DESIGNAÇÃO.

Refinamento da atomicidade de atributos

Em geral, é recomendável prestar atenção à exigência de *atomicidade*. **Atributo atômico** é aquele que não pode ser subdividido em atributos adicionais. Diz-se que esse atributo apresenta **atomicidade**. Claramente, a utilização de EMP_NAME (nome de funcionário) na tabela FUNCIONÁRIO não é indivisível, pois esse atributo pode ser decomposto em sobrenome, nome e inicial. Ampliando-se o grau de atomicidade, ganha-se também flexibilidade de consulta. Por exemplo, utilizando EMP_LNAME, EMP_FNAME e EMP_INITIAL (respectivamente, sobrenome, nome e inicial de funcionário), pode-se gerar facilmente listas classificadas por sobrenome, nome e inicial. Essa tarefa seria muito difícil se os componentes do nome estivessem em um único atributo. Em geral, os projetistas preferem utilizar atributos simples com um único valor, conforme indicado pelas regras de negócio e necessidades de processamento.

Identificação de novos atributos

Se a tabela FUNCIONÁRIO fosse utilizada em um ambiente real, seriam adicionados diversos outros atributos. Por exemplo, seria desejável registrar salários brutos acumulados no ano, pagamentos de Previdência Social e de convênio médico. A adição de um atributo de data de contratação do funcionário (EMP_HIREDATE) poderia ser utilizada para rastrear a longevidade do funcionário no cargo e servir como base para a concessão de bônus para funcionários antigos, além de outras medidas de motivação. O mesmo princípio deve ser aplicado a todas as outras tabelas do projeto.

Identificação de novos relacionamentos

A capacidade do sistema fornecer informações detalhadas sobre o gerente de cada projeto é garantida utilizando-se EMP_NUM (número de funcionário) como chave estrangeira de PROJETO. Essa medida garante a possibilidade de acessar detalhes dos dados sobre o gerente de cada PROJETO sem produzir duplicações de dados desnecessárias e indesejáveis. O projetista deve cuidar de inserir os atributos certos nas tabelas certas por meio dos princípios de normalização.

Refinamento de chaves primárias conforme necessário para a granularidade dos dados

A **granularidade** refere-se ao nível de detalhe representado pelos valores armazenados na linha de uma tabela. Os dados armazenados no menor nível de refinamento são chamados de *dados atômicos*, conforme explicado anteriormente. Na Figura 5.5, a tabela DESIGNAÇÃO em 3NF utiliza o atributo ASSIGN_HOURS (horas de designação) para representar as horas trabalhadas por cada funcionário em um determinado projeto. No entanto, esses valores estão registrados em seu nível mais baixo de granularidade? Em outras palavras: ASSIGN_HOURS representa o total *horário*, *diário*, *semanal*, *mensal* ou *anual*? Fica claro que ASSIGN_HOURS exige uma definição mais cuidadosa. Nesse caso, a questão relevante deveria ser a seguinte: para que período de tempo – hora, dia, semana, mês etc. – deseja-se registrar dos dados de ASSIGN_HOURS?

Por exemplo, assuma que a combinação de EMP_NUM e PROJ_NUM é uma chave primária (composta) aceitável da tabela DESIGNAÇÃO. Essa chave primária é útil para representar apenas o número total de horas que um funcionário trabalhou em um projeto desde o início. A utilização de uma chave primária surrogate, como ASSIGN_NUM, fornece granularidade mais baixa e produz maior flexibilidade. Por exemplo, assuma que a combinação de EMP_NUM e PROJ_NUM seja utilizada como chave primária e, então, um funcionário insere duas entradas de "horas trabalhadas" na tabela DESIGNAÇÃO. Essa ação viola a exigência de integridade de entidade. Mesmo se você adicionar ASSIGN_DATE (data de designação) como parte de uma PK composta, será gerada uma violação dessas, caso qualquer funcionário faça duas ou mais entradas para o mesmo projeto no mesmo dia. (O funcionário pode ter trabalhado em um projeto algumas horas pela manhã e, depois, no mesmo dia, voltou a trabalhar.) A mesma entrada de dados não resulta em problemas quando se utiliza ASSIGN_NUMBER como chave primária.

> **NOTA**
>
> Em um mundo ideal (para o projeto de bancos de dados), o nível de granularidade desejado é determinado no projeto conceitual ou na fase de captação das necessidades. No entanto, como já visto neste capítulo, muitos projetos envolvem o refinamento de necessidades de dados existentes, o que exige modificações de projeto. No ambiente real, a alteração das necessidades de granularidade pode determinar alterações na seleção da chave primária e estas, em última análise, exigem a utilização de chaves surrogates.

Manutenção da precisão histórica

O registro da tarifa horária do cargo na tabela DESIGNAÇÃO é fundamental para manter a precisão histórica dos dados dessa tabela. Seria adequado chamar esse atributo de ASSIGN_CHG_HOUR (tarifa horária de designação). Embora esse atributo pareça ter os mesmos valores de JOB_CHG_HOUR (tarifa horária de cargo), isso se verifica *apenas* se o valor de JOB_CHG_HOUR permanecer o mesmo para sempre. No entanto, é razoável admitir que a tarifa horária do cargo se altere com o passar do tempo. Suponha que as tarifas de cada projeto sejam calculadas (e cobradas) multiplicando-se as horas trabalhadas no projeto, encontradas na tabela DESIGNAÇÃO, pela tarifa horária, disponível na tabela CARGO. Essas tarifas sempre apresentariam a tarifa horária atual armazenada na tabela CARGO, em vez da tarifa horária em vigor no momento da designação.

Avaliação por meio de atributos derivados

Por fim, é possível utilizar um atributo derivado na tabela DESIGNAÇÃO para armazenar a tarifa real cobrada de um projeto. Esse atributo derivado, denominado ASSIGN_CHARGE (tarifa de designação), é o resultado da multiplicação de ASSIGN_HOURS (horas de designação) por ASSIGN_CHG_HOUR (tarifa horária da designação). Do ponto de vista estritamente do banco de dados, esses valores de atributos podem ser calculados quando necessário para gerar relatórios ou faturas. No entanto, o armazenamento do atributo derivado na tabela facilita a programação do aplicativo que produz os resultados desejados. Além disso, se for necessário relatar e/ou resumir muitas transações, a disponibilidade do atributo derivado poupará tempo de relatório. (Se o cálculo for feito no momento da entrada dos dados, ele será concluído quando o usuário pressionar a tecla Enter, acelerando, assim, o processo.)

Os aprimoramentos descritos nas seções precedentes estão ilustrados nas tabelas e diagramas de dependência da Figura 5.6.

FIGURA 5.6 Banco de dados concluído

Nome da tabela: PROJETO

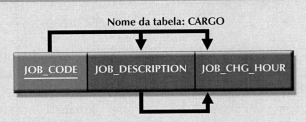

Nome da tabela: CARGO

Nome do banco de dados: Ch05_ConstructCo

Nome da tabela: PROJETO

PROJ_NUM	PROJ_NAME	EMP_NUM
15	Evergreen	105
18	Amber Wave	104
22	Rolling Tide	113
25	Starflight	101

Nome da tabela: CARGO

JOB_CODE	JOB_DESCRIPTION	JOB_CHG_HOUR
500	Programmer	35.75
501	Systems Analyst	96.75
502	Database Designer	105.00
503	Electrical Engineer	84.50
504	Mechanical Engineer	67.90
505	Civil Engineer	55.78
506	Clerical Support	26.87
507	DSS Analyst	45.95
508	Applications Designer	48.10
509	Bio Technician	34.55
510	General Support	18.36

Nome da tabela: DESIGNAÇÃO

Nome da tabela: DESIGNAÇÃO

ASSIGN_NUM	ASSIGN_DATE	PROJ_NUM	EMP_NUM	ASSIGN_HOURS	ASSIGN_CHG_HOUR	ASSIGN_CHARGE
1001	04-Mar-08	15	103	2.6	84.50	219.70
1002	04-Mar-08	18	118	1.4	18.36	25.70
1003	05-Mar-08	15	101	3.6	105.00	378.00
1004	05-Mar-08	22	113	2.5	48.10	120.25
1005	05-Mar-08	15	103	1.9	84.50	160.55
1006	05-Mar-08	25	115	4.2	96.75	406.35
1007	05-Mar-08	22	105	5.2	105.00	546.00
1008	05-Mar-08	25	101	1.7	105.00	178.50
1009	05-Mar-08	15	105	2.0	105.00	210.00
1010	06-Mar-08	15	102	3.8	96.75	367.65
1011	06-Mar-08	22	104	2.6	96.75	251.55
1012	06-Mar-08	15	101	2.3	105.00	241.50
1013	06-Mar-08	25	114	1.8	48.10	86.58
1014	06-Mar-08	22	111	4.0	26.87	107.48
1015	06-Mar-08	25	114	3.4	48.10	163.54
1016	06-Mar-08	18	112	1.2	45.95	55.14
1017	06-Mar-08	18	118	2.0	18.36	36.72
1018	06-Mar-08	18	104	2.6	96.75	251.55
1019	06-Mar-08	15	103	3.0	84.50	253.50
1020	07-Mar-08	22	105	2.7	105.00	283.50
1021	08-Mar-08	25	108	4.2	96.75	406.35
1022	07-Mar-08	25	114	5.8	48.10	278.98
1023	07-Mar-08	22	106	2.4	35.75	85.80

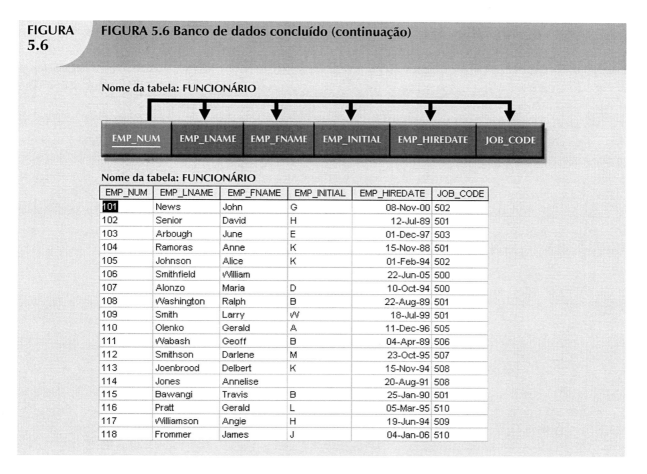

FIGURA 5.6 Banco de dados concluído (continuação)

Nome da tabela: FUNCIONÁRIO

EMP_NUM	EMP_LNAME	EMP_FNAME	EMP_INITIAL	EMP_HIREDATE	JOB_CODE
101	News	John	G	08-Nov-00	502
102	Senior	David	H	12-Jul-89	501
103	Arbough	June	E	01-Dec-97	503
104	Ramoras	Anne	K	15-Nov-88	501
105	Johnson	Alice	K	01-Feb-94	502
106	Smithfield	William		22-Jun-05	500
107	Alonzo	Maria	D	10-Oct-94	500
108	Washington	Ralph	B	22-Aug-89	501
109	Smith	Larry	W	18-Jul-99	501
110	Olenko	Gerald	A	11-Dec-96	505
111	Wabash	Geoff	B	04-Apr-89	506
112	Smithson	Darlene	M	23-Oct-95	507
113	Joenbrood	Delbert	K	15-Nov-94	508
114	Jones	Annelise		20-Aug-91	508
115	Bawangi	Travis	B	25-Jan-90	501
116	Pratt	Gerald	L	05-Mar-95	510
117	Williamson	Angie	H	19-Jun-94	509
118	Frommer	James	J	04-Jan-06	510

A Figura 5.6 representa um amplo aprimoramento em relação ao projeto do banco de dados original. Se o aplicativo for projetado adequadamente, a tabela mais ativa (DESIGNAÇÃO) exigirá a entrada apenas dos valores de PROJ_NUM, EMP_NUM e ASSIGN_HOURS. Os valores dos atributos ASSIGN_NUM e ASSIGN_DATE podem ser gerados pela aplicação. Por exemplo, ASSIGN_NUM pode ser criado utilizando-se um contador e ASSIGN_DATE pode ser a data do sistema lida pela aplicação e inserida de maneira automática na tabela DESIGNAÇÃO. Além disso, os aplicativos podem inserir automaticamente o valor correto de ASSIGN_CHG_HOUR, gravando o valor adequado de JOB_CHG_HOUR da tabela CARGO na tabela DESIGNAÇÃO. (As tabelas CARGO e DESIGNAÇÃO estão relacionadas pelo atributo JOB_CODE.) Se o valor de JOB_CHG_HOUR da tabela CARGO for alterado, a próxima inserção desse valor na tabela DESIGNAÇÃO refletirá a mudança automaticamente. Assim, a estrutura das tabelas minimiza a necessidade de intervenção humana. Na verdade, se o sistema exigir que os funcionários insiram suas próprias horas trabalhadas, eles podem informar seus EMP_NUM para tabela DESIGNAÇÃO utilizando um leitor de cartão magnético que insira suas identidades. Assim, a estrutura da tabela DESIGNAÇÃO pode abrir espaço para a manutenção de um nível de segurança desejado.

CONSIDERAÇÕES SOBRE CHAVES SURROGATES

Embora este projeto atenda às exigências fundamentais de integridade referencial e de entidades, o projetista ainda deve tratar de outros problemas. Por exemplo, a utilização de uma chave primária composta pode se tornar muito trabalhosa conforme o número de atributos cresça. (Fica difícil criar uma chave estrangeira adequada quando a tabela relacionada utiliza uma chave primária composta. Além disso, essa chave composta torna ainda mais difícil programar rotinas de busca.) Ou, ainda, um atributo de chave primária pode simplesmente ter muito conteúdo descritivo para ser útil – é por isso que o atributo JOB_CODE foi adicionado à tabela CARGO para servir como sua chave primária. Quando, por qualquer motivo, a chave primária for considerada inadequada, os projetistas utilizam chaves surrogates.

No nível de implementação, uma chave surrogate é um atributo definido pelo sistema, geralmente criado e gerenciado por meio do SGBD. Normalmente, a chave surrogate definida pelo sistema é numérica e seu valor é automaticamente incrementado em cada linha. Por exemplo, o Microsoft Access utiliza o tipo de dados AutoNumber, o Microsoft SQL Server utiliza uma coluna de identidade e o Oracle utiliza um objeto de sequência.

Lembre-se, da Seção "Aprimoramento do projeto", de que o atributo JOB_CODE foi projetado para ser a chave primária da tabela CARGO. Não se esqueça, no entanto, de que esse atributo não evita que se façam entradas duplicadas, como apresentado em CARGO na Tabela 5.4.

TABELA 5.4 Entradas duplicadas da Tabela Cargo

JOB_CODE	JOB_DESCRIPTION	JOB_CHG_HOUR
511	Programador	$35,75
512	Programador	$35,75

Fica claro que as entradas da Tabela 5.4 são inadequadas, pois duplicam registros existentes – ainda assim, não há violação de integridade referencial ou de entidade. Esse problema de "vários registros duplicados" foi criado quando da adição do atributo JOB_CODE como PK. (Quando JOB_DESCRIPTION foi projetado inicialmente para ser a PK, o SGBD poderia garantir valores exclusivos para todas as entradas de descrição de cargo se lhe fosse solicitado que aplicasse a integridade de entidade. Mas essa opção criava muitos problemas que constituíram o principal motivo da utilização do atributo JOB_CODE!) Em todo caso, se JOB_CODE deve ser a PK surrogate, ainda se deve garantir a existência de valores exclusivos em JOB_DESCRIPTION *por meio da utilização de um índice exclusivo.*

Observe que todas as tabelas restantes (PROJETO, DESIGNAÇÃO e FUNCIONÁRIO) estão sujeitas às mesmas limitações. Por exemplo, utilizando-se o atributo EMP_NUM na tabela FUNCIONÁRIO como PK, é possível fazer várias entradas para o mesmo funcionário. Para evitar esse problema, deve-se criar um índice exclusivo para EMP_LNAME, EMP_FNAME e EMP_INITIAL. Mas como seria possível lidar com dois funcionários chamados Joe B. Smith? Neste caso, seria possível utilizar outro atributo (de preferência definido externamente) como a base para um índice exclusivo.

Vale a pena repetir que o projeto de banco de dados costuma envolver dilemas e o exercício do bom senso profissional. No ambiente real, deve-se obter um equilíbrio entre integridade e flexibilidade do projeto. Por exemplo, é possível projetar a tabela DESIGNAÇÃO de modo a utilizar um índice exclusivo para PROJ_NUM, EMP_NUM e ASSIGN_DATE, caso se deseje limitar um funcionário a apenas uma entrada de ASSIGN_HOURS por data. Essa limitação garantiria que o funcionário não pudesse inserir várias vezes as mesmas horas em determinada data. Infelizmente, essa limitação provavelmente seria indesejável do ponto de vista gerencial. Afinal, se um funcionário trabalhar em vários horários diferentes para um projeto durante determinado dia, deve ser possível fazer várias entradas para esse mesmo funcionário e projeto nesse dia. Nesse caso, a melhor solução seria adicionar um novo atributo definido externamente – como um número de canhoto, comprovante ou tíquete – que garanta a exclusividade. Em todo caso, seria adequado fazer auditorias dos dados com frequência.

FORMAS NORMAIS DE NÍVEL SUPERIOR

As tabelas em 3NF funcionarão, de forma adequada, em um banco de dados transacional de negócios. No entanto, há ocasiões em que as formas normais superiores são úteis. Nesta seção, você aprenderá sobre um caso especial de 3NF, conhecido como forma normal de Boyce-Codd (BCNF), e sobre a quarta forma normal (4NF).

FORMA NORMAL DE BOYCE-CODD (BCNF)

Uma tabela está na **forma normal de Boyce-Codd (BCNF)** quando todos os seus determinantes são chaves candidatas. (Lembre-se, do Capítulo 3, de que uma chave candidata possui as mesmas características de uma chave primária, mas por algum motivo, não foi escolhida para tal.) É claro que, quando uma tabela contém apenas uma chave candidata, 3NF e BCNF são equivalentes. Colocando-se essa proposição de outro modo, BCNF pode ser violada somente quando a tabela contiver mais de uma chave candidata.

> **NOTA**
>
> A tabela está em BCNF quando todos os seus determinantes são chaves candidatas.

A maioria dos projetistas considera BCNF como um caso especial de 3NF. Na verdade, se as técnicas aqui apresentadas forem seguidas, uma vez atingida 3NF, a maioria das tabelas estará em conformidade com as exigências de BCNF. Assim, como uma tabela pode estar em 3NF, mas não em BCNF? Para responder a essa questão, deve-se ter em mente que ocorre uma dependência transitiva quando um atributo não primário é dependente de outro atributo não primário.

Em outras palavras, uma tabela está em 3NF quando apresenta as características de 2NF, mas nenhuma dependência transitiva. No entanto, e quanto ao caso em que um atributo não relacionado à chave é determinante de um atributo de chave? Essa condição não viola 3NF, mas deixa de atender à exigência de BCNF de que todo determinante de uma tabela seja chave candidata.

A situação que acabamos de descrever (uma tabela 3NF que não atenda às exigências de BCNF) é apresentada na Figura 5.7.

Observe as seguintes dependências funcionais nessa figura:

$$A + B \rightarrow C, D$$
$$C \rightarrow B$$

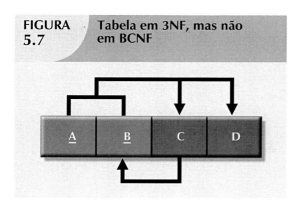

FIGURA 5.7 Tabela em 3NF, mas não em BCNF

A estrutura de tabela apresentada na Figura 5.7 não apresenta dependências parciais, nem contém dependências transitivas. (A condição $C \rightarrow B$ indica que *um atributo não relacionado à chave determina parte da chave primária* – e *essa* dependência *não* é transitiva!) Assim, a estrutura da Figura 5.7 atende às exigências de 3NF. No entanto, a condição $C \rightarrow B$ faz com que a tabela não atenda às exigências de BCNF.

Para converter a estrutura de tabela da Figura 5.7 em estruturas que estejam em 3NF e em BCNF, altere, em princípio, a chave primária para A + C. Essa é uma medida adequada, pois a dependência C → B significa que C é, na verdade, um superconjunto de B. Nesse ponto, a tabela está em 1NF, pois contém uma dependência parcial C → B. Em seguida, siga os procedimentos-padrão de decomposição para produzir o resultado apresentado na Figura 5.8.

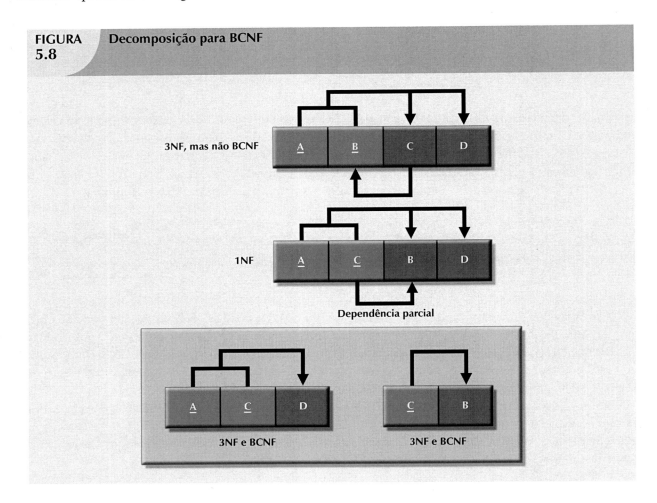

FIGURA 5.8 Decomposição para BCNF

Para ver como esse procedimento pode ser aplicado a um problema real, veja o exemplo de dados da Tabela 5.5.

TABELA 5.5 Exemplo de dados para uma conversão em BCNF

STU_ID	STAFF_ID	CLASS_CODE	ENROLL_GRADE
125	25	21334	A
125	20	32456	C
135	20	28458	B
144	25	27563	C
144	20	32456	B

A Tabela 5.5 reflete as seguintes condições:

- Cada CLASS_CODE identifica exclusivamente uma turma. Essa condição ilustra o caso em que uma disciplina pode gerar várias turmas. Por exemplo, a disciplina identificada como INFS 420 poderia ser oferecida em duas turmas (seções), cada uma identificada por um código exclusivo para facilitar a matrícula. Assim, o CLASS_CODE 32456 poderia identificar INFS 420, seção da turma 1, ao passo que o CLASS_CODE 32457 poderia identificar INFS 420, seção da turma 2. Ou, ainda, o CLASS_CODE 28458 poderia identificar QM 362, seção da turma 5.
- Um aluno (STU_ID) pode pegar várias turmas. Observe, por exemplo, que o aluno 125 pegou tanto 21334 como 32456, obtendo as notas (ENROLL_GRADE) A e C, respectivamente.
- Um membro do corpo docente (STAFF_ID) pode ensinar várias turmas, mas cada turma pode ser ensinada por apenas um membro. Observe que o membro 20 ensina as turmas identificadas como 32456 e 28458.

A estrutura apresentada na Tabela 5.5 reflete o Painel A da Figura 5.9:

STU_ID + STAFF_ID → CLASS_CODE, ENROLL_GRADE
CLASS_CODE → STAFF_ID

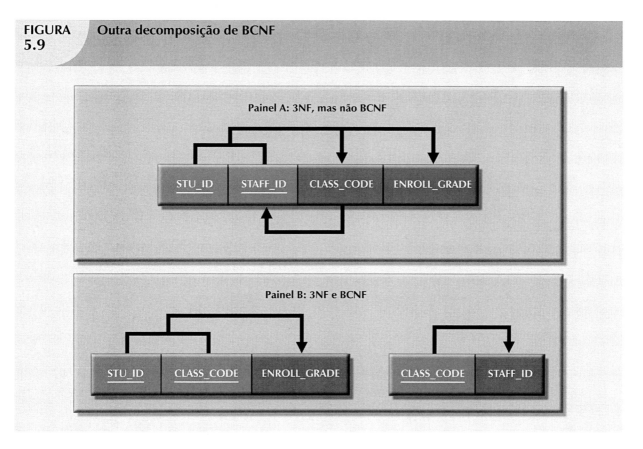

FIGURA 5.9 **Outra decomposição de BCNF**

O Painel A da Figura 5.9 apresenta uma estrutura claramente em 3NF, mas a tabela representada por essa estrutura possui um problema importante, pois tenta descrever duas coisas: atribuição de docentes a turmas e informações de matrícula de alunos. Essa estrutura de tabela com propósito duplo causará anomalias. Por exemplo, se um docente diferente for designado para ensinar a turma 32456, duas linhas exigirão alterações, produzindo-se, assim, uma anomalia de atualização. Além disso, se o aluno 135 deixar a turma

28458, as informações sobre quem a ensina serão perdidas, produzindo-se, assim, uma anomalia de exclusão. A solução para o problema é decompor a estrutura de tabela, seguindo-se o procedimento descrito anteriormente. Observe que a decomposição do Painel B, apresentada na Figura 5.9, produz duas estruturas de tabela em conformidade com as exigências tanto de 3NF como de BCNF.

Lembre-se de que uma tabela está em BCNF quando todos os seus determinantes são chaves candidatas. Portanto, quando uma tabela contém apenas uma chave candidata, 3NF e BCNF são equivalentes.

QUARTA FORMA NORMAL (4NF)

Você pode se deparar com bancos de dados mal projetados ou ser requisitado a converter, em formato de banco de dados, planilhas que contenham diversos atributos com vários valores. Por exemplo, considere a possibilidade de que um funcionário possa ter várias atribuições e estar envolvido em diversas organizações de serviço. Suponha que o funcionário 10123 trabalhe voluntariamente para a Cruz Vermelha e a United Way. Além disso, ele pode ser designado para trabalhar em três projetos: 1, 3 e 4. A Figura 5.10 ilustra como esse conjunto de fatos pode ser registrado de modos muito diferentes.

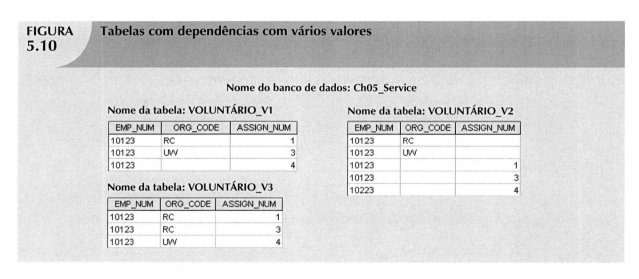

FIGURA 5.10 Tabelas com dependências com vários valores

Nome do banco de dados: Ch05_Service

Nome da tabela: VOLUNTÁRIO_V1

EMP_NUM	ORG_CODE	ASSIGN_NUM
10123	RC	1
10123	UW	3
10123		4

Nome da tabela: VOLUNTÁRIO_V2

EMP_NUM	ORG_CODE	ASSIGN_NUM
10123	RC	
10123	UW	
10123		1
10123		3
10223		4

Nome da tabela: VOLUNTÁRIO_V3

EMP_NUM	ORG_CODE	ASSIGN_NUM
10123	RC	1
10123	RC	3
10123	UW	4

Há um problema com as tabelas da Figura 5.10. Cada atributo ORG_CODE (código de organização) e ASSIGN_NUM (número de designação) pode ter muitos valores diferentes. Ou seja, as tabelas contêm dois conjuntos de dependências independentes com vários valores. (Um funcionário pode ter muitas entradas de serviço e muitas entradas de designação.) A presença de vários conjuntos dessas dependências significa que se as versões 1 e 2 forem implementadas, as tabelas provavelmente conterão poucos valores nulos. Na verdade, as tabelas sequer terão uma chave candidata viável. (Os valores de EMP_NUM não são exclusivos e, portanto, não podem ser PKs. Nenhuma combinação dos atributos das versões 1 e 2 da tabela pode ser utilizada para criar uma PK, pois algumas contêm nulos.) Essa condição não é desejável, especialmente quando há milhares de funcionários, muitos dos quais podendo ter várias atribuições de cargo e atividades de serviço. A versão 3, pelo menos, apresenta uma PK, mas ela é composta de todos os atributos da tabela. Na verdade, a versão 3 atende às exigências de 3NF, embora contenha muitas redundâncias claramente indesejáveis.

A solução é eliminar os problemas provocados por dependências independentes com vários valores. É possível fazer isso criando as tabelas DESIGNAÇÃO e SERVIÇO_V1, ilustradas na Figura 5.11. Observe que, nessa figura, nem a tabela DESIGNAÇÃO nem a SERVIÇO_V1 contêm dependências independentes com vários valores. Diz-se que essas tabelas estão em 4NF.

Seguindo-se os procedimentos adequados de projeto ilustrados neste livro, os problemas descritos anteriormente não devem ser encontrados. De modo mais específico, a discussão sobre 4NF é de essência acadêmica se o projetista se assegurar de que suas tabelas estejam em conformidade com as duas regras seguintes:

1. Todos os atributos devem ser dependentes da chave primária, mas independentes de todos os outros.
2. Nenhuma linha pode conter dois ou mais fatos com vários valores sobre uma entidade.

FIGURA 5.11   Conjunto de tabelas em 4NF

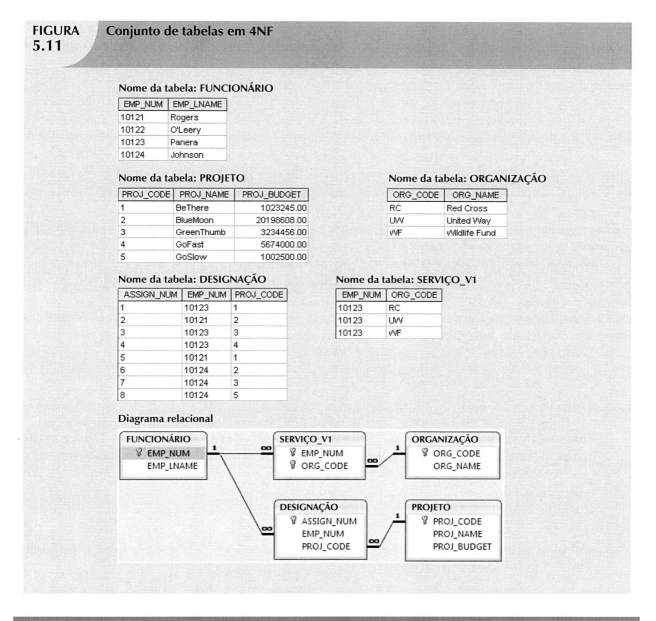

NOTA

A tabela está na **quarta forma normal (4NF)** se estiver em 3NF e não contiver conjuntos múltiplos de dependências com vários valores.

NORMALIZAÇÃO E PROJETO DO BANCO DE DADOS

As tabelas apresentadas na Figura 5.6 ilustram como os procedimentos de normalização podem ser utilizados para produzir boas tabelas a partir de tabelas ruins. Provavelmente, você terá muitas oportunidades de por essa habilidade em prática quando começar a trabalhar com bancos de dados reais. *A normalização deve fazer parte do processo do projeto*. Portanto, certifique-se de que as entidades propostas atendam à forma normal necessária *antes* que as estruturas de tabela sejam criadas. Tenha em mente que, seguindo-se os procedimentos de projeto discutidos nos Capítulos 3 e 4, a probabilidade de anomalias de dados será pequena. Mas sabe-se que mesmo os melhores projetistas cometem erros ocasionais que são detectados durante as verificações de normalização. No entanto, muitos dos bancos de dados reais com os quais você vai se deparar foram projetados de forma inadequada, ou carregados de anomalias se tiverem sido modificados equivocadamente no decorrer do tempo.

Isso significa que pode ocorrer que ao solicitarem um novo projeto ou a modificação de bancos de dados existentes que, na verdade, são armadilhas de anomalias. Portanto, é necessário estar atento aos princípios e procedimentos do bom projeto, assim como aos procedimentos de normalização.

Em primeiro lugar, deve-se criar um DER por meio de um processo iterativo. Comece identificando as entidades relevantes, seus atributos e relacionamentos. Em seguida, utilize os resultados para identificar entidades e atributos adicionais. O DER fornece o panorama geral, ou a visualização macro, das necessidades e operações de dados de uma organização.

Em segundo lugar, a normalização foca as características de entidades específicas; ou seja, representa uma visualização micro das entidades do DER. Conforme você aprendeu nas seções anteriores, deste capítulo, o processo de normalização pode resultar em entidades e atributos adicionais a serem incorporados ao DER. Portanto, é difícil separar o processo de normalização do de modelagem ER; as duas técnicas são utilizadas em um processo iterativo e incremental.

Para ilustrar o papel adequado da normalização no processo do projeto, reexaminemos as operações da empresa contratante cujas tabelas foram normalizadas nas seções precedentes. Essas operações podem ser resumidas utilizando-se as seguintes regras de negócio:

- A empresa gerencia diversos projetos.
- Cada projeto exige os serviços de vários funcionários.
- Um funcionário pode ser designado a projetos diferentes.
- Alguns funcionários não são designados a nenhum projeto e executam atividades não relacionadas a um projeto específico. Alguns funcionários fazem parte de um conjunto de mão de obra a ser compartilhado por todas as equipes de projeto. Por exemplo, o secretário-executivo da empresa não deve ser designado para nenhum dos projetos particulares.
- Cada funcionário possui uma única classificação de cargo principal. Essa classificação determina sua taxa de cobrança horária.
- Muitos funcionários podem ter a mesma classificação de cargo. Por exemplo, a empresa emprega mais de um engenheiro eletricista.

Dada essa simples descrição das operações da empresa, definem-se, inicialmente, duas entidades e seus atributos:

- PROJETO (**PROJ_NUM**, PROJ_NAME)
- FUNCIONÁRIO (**EMP_NUM**, EMP_LNAME, EMP_FNAME, EMP_INITIAL, JOB_DESCRIPTION, JOB_CHG_HOUR)

Essas duas entidades constituem o DER inicial apresentado na Figura 5.12.

Após a criação do DER inicial apresentado na Figura 5.12, são definidas as formas normais:

- PROJETO está em 3NF e não precisa de qualquer modificação neste momento.
- FUNCIONÁRIO exige inspeção adicional. O atributo JOB_DESCRIPTION define classificações de cargo como Analista de Sistemas, Projetista de Banco de Dados e Programador. Essas classificações, por sua vez, determinam a taxa de cobrança JOB_CHG_HOUR. Portanto, FUNCIONÁRIO contém uma dependência transitiva.

A remoção dessa dependência produz três entidades:

- PROJETO (**PROJ_NUM**, PROJ_NAME)
- FUNCIONÁRIO (**EMP_NUM**, EMP_LNAME, EMP_FNAME, EMP_INITIAL, JOB_CODE)
- CARGO (**JOB_CODE**, JOB_DESCRIPTION, JOB_CHG_HOUR)

Como o processo de normalização resulta em uma entidade adicional (CARGO), o DER inicial é modificado conforme a Figura 5.13.

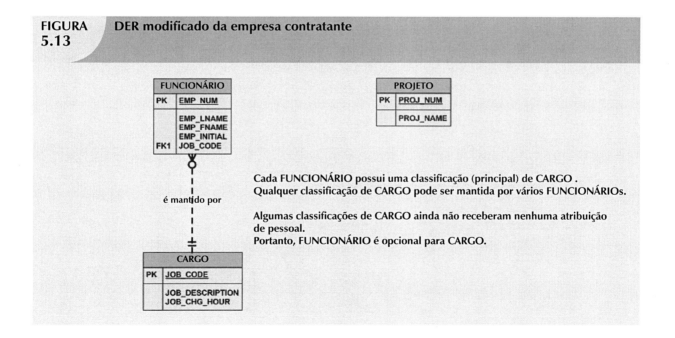

FIGURA 5.12 DER inicial da empresa contratante

FIGURA 5.13 DER modificado da empresa contratante

Cada FUNCIONÁRIO possui uma classificação (principal) de CARGO.
Qualquer classificação de CARGO pode ser mantida por vários FUNCIONÁRIOs.

Algumas classificações de CARGO ainda não receberam nenhuma atribuição de pessoal.
Portanto, FUNCIONÁRIO é opcional para CARGO.

Para representar os relacionamentos M:N entre FUNCIONÁRIO e PROJETO, pode-se pensar na utilização de dois relacionamentos 1:M – um funcionário pode ser designado a muitos projetos e cada projeto pode receber a designação de muitos funcionários. Veja a Figura 5.14. Infelizmente, essa representação resulta em um projeto que não pode ser implementado corretamente.

FIGURA 5.14 Representação de um relacionamento M:N incorreto

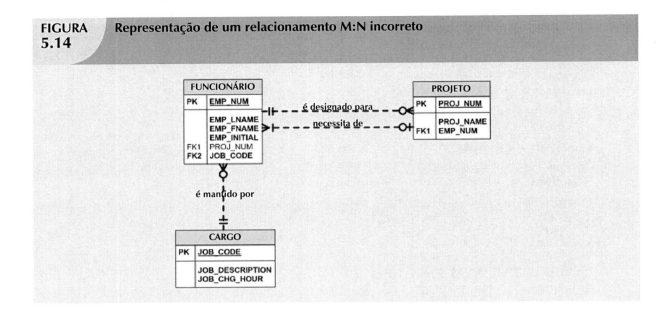

Como o relacionamento M:N entre FUNCIONÁRIO e PROJETO não pode ser implementado, o DER da Figura 5.14 deve ser modificado de modo a incluir a entidade DESIGNAÇÃO para rastrear as designações de funcionários a projetos, produzindo, assim, o DER apresentado na Figura 5.15. A entidade DESIGNAÇÃO dessa figura utiliza as chaves primárias das entidades PROJETO e FUNCIONÁRIO como chaves estrangeiras. Observe, no entanto, que nessa implementação, a chave primária surrogate da entidade DESIGNAÇÃO é ASSIGN_NUM (número de designação), evitando-se a utilização de uma chave primária composta. Portanto, o relacionamento *entra em* de FUNCIONÁRIO com DESIGNAÇÃO e *necessita de* entre PROJETO e DESIGNAÇÃO são apresentados como fracos ou de não identificação.

FIGURA 5.15 DER final da empresa contratante

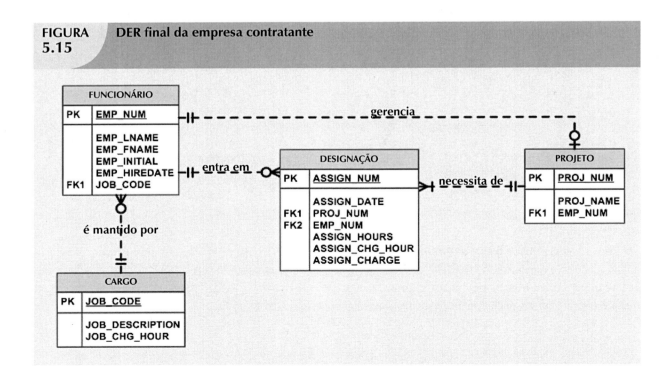

Observe que na Figura 5.15, ASSIGN_HOURS (horas de designação) é atribuído à entidade composta chamada DESIGNAÇÃO. Como é provável que sejam necessárias mais informações sobre o gerente de cada projeto, a criação de um relacionamento "gerencia" é útil. Esse relacionamento é implementado por meio de uma chave estrangeira em PROJETO. Por fim, alguns atributos adicionais podem ser criados para aprimorar a capacidade de o sistema gerar informações adicionais. Por exemplo, pode-se querer incluir a data em que um funcionário foi contratado (EMP_HIREDATE) para rastrear sua longevidade. Com base nessa última modificação, o modelo deve incluir quatro entidades e seus atributos.

FIGURA 5.16 — Banco de dados implementado

Nome da tabela: FUNCIONÁRIO

EMP_NUM	EMP_LNAME	EMP_FNAME	EMP_INITIAL	EMP_HIREDATE	JOB_CODE
101	News	John	G	08-Nov-00	502
102	Senior	David	H	12-Jul-89	501
103	Arbough	June	E	01-Dec-97	503
104	Ramoras	Anne	K	15-Nov-88	501
105	Johnson	Alice	K	01-Feb-94	502
106	Smithfield	William		22-Jun-05	500
107	Alonzo	Maria	D	10-Oct-94	500
108	Washington	Ralph	B	22-Aug-89	501
109	Smith	Larry	W	18-Jul-99	501
110	Olenko	Gerald	A	11-Dec-96	505
111	Wabash	Geoff	B	04-Apr-89	506
112	Smithson	Darlene	M	23-Oct-95	507
113	Joenbrood	Delbert	K	15-Nov-94	508
114	Jones	Annelise		20-Aug-91	508
115	Bawangi	Travis	B	25-Jan-90	501
116	Pratt	Gerald	L	05-Mar-95	510
117	Williamson	Angie	H	19-Jun-94	509
118	Frommer	James	J	04-Jan-06	510

Nome da tabela: CARGO

JOB_CODE	JOB_DESCRIPTION	JOB_CHG_HOUR
500	Programmer	35.75
501	Systems Analyst	96.75
502	Database Designer	105.00
503	Electrical Engineer	84.50
504	Mechanical Engineer	67.90
505	Civil Engineer	55.78
506	Clerical Support	26.87
507	DSS Analyst	45.95
508	Applications Designer	48.10
509	Bio Technician	34.55
510	General Support	18.36

Nome da tabela: PROJETO

PROJ_NUM	PROJ_NAME	EMP_NUM
15	Evergreen	105
18	Amber Wave	104
22	Rolling Tide	113
25	Starflight	101

Nome da tabela: DESIGNAÇÃO

ASSIGN_NUM	ASSIGN_DATE	PROJ_NUM	EMP_NUM	ASSIGN_HOURS	ASSIGN_CHG_HOUR	ASSIGN_CHARGE
1001	04-Mar-08	15	103	2.6	84.50	219.70
1002	04-Mar-08	18	118	1.4	18.36	25.70
1003	05-Mar-08	15	101	3.6	105.00	378.00
1004	05-Mar-08	22	113	2.5	48.10	120.25
1005	05-Mar-08	15	103	1.9	84.50	160.55
1006	05-Mar-08	25	115	4.2	96.75	406.35
1007	05-Mar-08	22	105	5.2	105.00	546.00
1008	05-Mar-08	25	101	1.7	105.00	178.50
1009	05-Mar-08	15	105	2.0	105.00	210.00
1010	06-Mar-08	15	102	3.8	96.75	367.65
1011	06-Mar-08	22	104	2.6	96.75	251.55
1012	06-Mar-08	15	101	2.3	105.00	241.50
1013	06-Mar-08	25	114	1.8	48.10	86.58
1014	06-Mar-08	22	111	4.0	26.87	107.48
1015	06-Mar-08	25	114	3.4	48.10	163.54
1016	06-Mar-08	18	112	1.2	45.95	55.14
1017	06-Mar-08	18	118	2.0	18.36	36.72
1018	06-Mar-08	18	104	2.6	96.75	251.55
1019	06-Mar-08	15	103	3.0	84.50	253.50
1020	07-Mar-08	22	105	2.7	105.00	283.50
1021	08-Mar-08	25	108	4.2	96.75	406.35
1022	07-Mar-08	25	114	5.8	48.10	278.98
1023	07-Mar-08	22	106	2.4	35.75	85.80

PROJETO (**PROJ NUM**, PROJ_NAME, EMP_NUM)
FUNCIONÁRIO (**EMP NUM**, EMP_LNAME, EMP_FNAME, EMP_INITIAL, EMP_HIREDATE, JOB_CODE)
CARGO (**JOB CODE**, JOB_DESCRIPTION, JOB_CHG_HOUR)
DESIGNAÇÃO (**ASSIGN NUM**, ASSIGN_DATE, PROJ_NUM, EMP_NUM, ASSIGN_HOURS, ASSIGN_CHG_HOUR, ASSIGN_CHARGE)

O processo do projeto está agora no caminho certo. O DER representa as operações com precisão e as entidades refletem sua conformidade a 3NF. A combinação de normalização e modelagem ER produz um DER útil, cujas entidades podem agora ser traduzidas em estruturas de tabela adequadas. Na Figura 5.15, observe que PROJETO é opcional para FUNCIONÁRIO no relacionamento "gerencia". Essa opcionalidade ocorre porque nem todos os funcionários gerenciam projetos. O conteúdo final do banco de dados é apresentado na Figura 5.16.

DESNORMALIZAÇÃO

É importante lembrar que a implementação ideal do banco de dados relacional exige que todas as tabelas estejam, pelo menos, na terceira forma normal (3NF). Um bom SGBD relacional distingue-se pelo gerenciamento de relações normalizadas, ou seja, relações isentas de quaisquer redundâncias desnecessárias que possam causar anomalias. Embora a criação dessas relações seja um objetivo importante do projeto de banco de dados, trata-se de apenas um entre vários objetivos importantes. O bom projeto de bancos de dados também leva em consideração as necessidades e a velocidade de processamento (e de relatório). O problema da normalização é que, conforme as tabelas sejam decompostas para atender a suas exigências, o número de tabelas no banco de dados se amplia. Portanto, para gerar informações, os dados devem ser reunidos a partir de diversas tabelas. A junção de grande número de tabelas exige operações adicionais de entrada/saída (E/S) e lógica de processamento, reduzindo, assim, a velocidade do sistema. A maioria dos sistemas de banco de dados relacionais é capaz de tratar das junções de modo muito eficiente. No entanto, circunstâncias raras e ocasionais podem permitir algum grau de desnormalização de modo a aumentar a velocidade de processamento.

Tenha em mente que a vantagem de uma velocidade de processamento maior deve ser cuidadosamente ponderada em relação à desvantagem de anomalias de dados. Por outro lado, algumas anomalias possuem interesse apenas teórico. Por exemplo, as pessoas de um ambiente real de banco de dados devem se preocupar se um atributo CEP_NUM determinar a CIDADE em uma tabela CLIENTE cuja chave primária é o número de cliente? Será que é realmente prático criar uma tabela separada chamada

CEP (**CEP NUM**, CIDADE)

para eliminar a dependência transitiva da tabela CLIENTE? (Talvez sua resposta a essa questão mude se você estiver no negócio de produção de listas de correspondência.) Como explicado anteriormente, o problema das relações desnormalizadas e dos dados redundantes é que a integridade de dados pode ser comprometida em decorrência da possibilidade de anomalias (de inserção, atualização e exclusão). O conselho é simples: utilize o bom senso durante o processo de normalização.

Além disso, o processo do projeto de bancos de dados pode, em alguns casos, introduzir um pequeno grau de dados redundantes no modelo (conforme o exemplo anterior). Isso, na verdade, cria relações "desnormalizadas". A Tabela 5.6 mostra alguns exemplos comuns de redundância de dados que, em geral, são encontrados em implementações de bancos.

TABELA 5.6 Exemplos comuns de desnormalização

CASO	EXEMPLO	MOTIVO E CONTROLES
Dados redundantes	Armazenamento dos atributos CEP e CIDADE na tabela CLIENTE quando CEP determina CIDADE (veja a Tabela 1.3).	• Evita operações adicionais de junção. • Um programa pode validar a cidade (menu suspenso) com base no CEP.
Dados derivados	Armazenamento de STU_HRS (créditos-hora do aluno) e STU_CLASS (classificação do aluno) quando STU_HRS determina STU_CLASS (veja a Figura 3.29).	• Evita operações adicionais de junções. • Um programa pode validar a classificação (verificação) com base nos créditos-hora do aluno.
Dados pré--agregados (também dados derivados)	Armazenamento do valor agregado da média das notas do aluno (STU_GPA) na tabela ALUNO quando esse valor pode ser calculado a partir das tabelas MATRÍCULA e CURSO (veja a Figura 3.29).	• Evita operações adicionais de junção. • Um programa calcula a média todas as vezes que uma nota é inserida ou atualizada. • O atributo STU_GPA pode ser atualizado apenas por meio de rotina administrativa.
Necessidades de informação	Utilização de uma tabela desnormalizada temporária para manter dados de relatório. Isso é necessário ao se criar um relatório em tabela no qual as colunas representem dados armazenados na tabela como linhas (veja as Figuras 5.17 e 5.18).	• Impossível gerar os dados necessários do relatório utilizando SQL comum. • Não é necessário manter a tabela. A tabela temporária é excluída uma vez realizado o relatório. • A velocidade de processamento não é um problema.

Um exemplo mais amplo da necessidade de desnormalização decorrente de exigências de relatório ocorre no caso de um relatório de avaliação de corpo docente em que cada linha relaciona as pontuações obtidas durante os últimos quatro semestres de ensino. Veja a Figura 5.17.

FIGURA 5.17 Relatório de avaliação de corpo docente

Relatório de Avaliação de Corpo Docente

Professor	Departamento	Semestre (I)	Média (I)	Semestre (II)	Média (II)	Semestre (III)	Média (III)	Semestre (IV)	Média (IV)	Média dos dois últimos semestres
Alton	INFS	2005S	2,91	2004F	2,84	2004S	2,55	2003F	2,51	2,875
Ames	INFS	2005S	3,24	2004F	3,26	2004S	3,31	2003F	3,19	3,250
Crandon	INFS	2005S	3,93	2004F	3,95	2004S	3,91	2003F	3,88	3,940
Dumas	MGMT	2004F	3,66	2004S	3,69	2003F	3,56	2003S	3,72	3,675
Landon	BMOM	2005S	3,57	2004F	3,64	2004F	3,39	2003F	3,57	3,605
Lohar	ECON	1999F	3,53	1998F	3,53					3,530
Rolman	INFS	1996S	3,50							3,500

Embora esse relatório pareça bastante simples, o problema surge do fato de os dados estarem armazenados em uma tabela normalizada cujas linhas representam uma pontuação diferente de um determinado docente em um dado semestre. Veja a Figura 5.18.

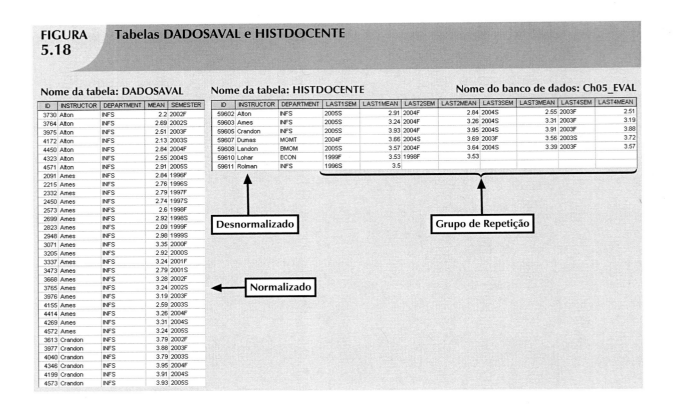

FIGURA 5.18 Tabelas DADOSAVAL e HISTDOCENTE

A dificuldade de transpor os dados em várias linhas para dados em várias colunas está no fato de que os últimos quatro semestres não são necessariamente os mesmos para todos os membros do corpo docente (alguns podem ter tirado licença, outros se dedicado à pesquisa, outros, ainda, podem ser novos membros com apenas dois semestres no cargo, e assim por diante). Para gerar esse relatório foram utilizadas as duas tabelas apresentadas na Figura 5.18. A tabela DADOSAVAL é a tabela mestre de dados que contém as pontuações de avaliação de cada membro do corpo docente para cada semestre de ensino; essa tabela está normalizada. A tabela HISTDOCENTE contém os últimos quatro itens de dados – ou seja, pontuação de avaliação e semestre – de cada membro. A HISTDOCENTE é uma tabela desnormalizada temporária, criada a partir da tabela DADOSAVAL por meio de uma série de consultas. (A tabela HISTDOCENTE é a base do relatório apresentado na Figura 5.17.)

Como visto no relatório de avaliação de corpo docente, os conflitos entre eficiência de projeto, necessidades de informações e desempenho costumam ser resolvidos por meio de comprometimentos que incluam desnormalização. Neste caso, assumindo que haja suficiente espaço de armazenamento, as escolhas do projetista poderiam ser limitadas a:

- Armazenar os dados em uma tabela desnormalizada permanente. Essa não é a solução recomendada, pois a tabela desnormalizada está sujeita a anomalias de dados (de inserção, atualização e exclusão). Essa solução é viável somente se o desempenho for um problema.
- Criar uma tabela desnormalizada temporária a partir da(s) tabela(s) normalizada(s) permanente(s). Como a tabela desnormalizada existe apenas durante o tempo necessário para gerar o relatório, ela desaparece após sua conclusão. Portanto, não há problemas de anomalias de dados. Essa solução é prática somente se o desempenho não for um problema e não houver outras opções viáveis de processamento.

Conforme demonstrado, costuma ser difícil manter a pureza da normalização no ambiente moderno de bancos de dados. No Capítulo 13 você aprenderá que formas mais baixas de normalização ocorrem (e são até mesmo necessárias) em bancos de dados conhecidos como *data warehouses*. Esses bancos de dados especiais refletem a demanda crescente por uma maior extensão e profundidade dos dados de que cada vez mais dependem os sistemas de suporte a decisões. Você descobrirá que os *data warehouses* normalmente utilizam estruturas de 2NF em seu ambiente de dados complexo, com vários níveis e fontes. Em resumo, embora a normalização seja muito importante, especialmente no chamado ambiente de banco de dados de produção, 2NF não é mais desconsiderada como foi outrora.

Embora nem sempre seja possível evitar a forma 2NF, não pode ser minimizado o problema de se trabalhar com tabelas que contenham dependências parciais e/ou transitivas em um ambiente de banco de dados de produção. Além da possibilidade de anomalias problemáticas de dados, as tabelas não normalizadas em um banco de produção tendem a apresentar as seguintes deficiências:

- As atualizações de dados são menos eficientes, pois os programas que leem e atualizam a tabela têm de lidar com tabelas maiores.
- A indexação é mais trabalhosa. Simplesmente não é prático criar todos os índices necessários aos muitos atributos que podem se localizar em uma única tabela não normalizada.
- Tabelas não normalizadas não resultam em estratégias simples para a criação de tabelas virtuais conhecidas como *visualizações*. Você aprenderá como criar e utilizar visualizações no Capítulo 7, "Introdução à linguagem SQL (Structured Query Language)".

Lembre-se de que um bom projeto não pode ser criado pelos aplicativos que utilizam o banco de dados. Também tenha em mente que as tabelas não normalizadas costumam levar a vários desastres de redundância de dados em bancos de produção como os até aqui examinados. Em outras palavras, utilize a desnormalização com cuidado e certifique-se de que seja possível explicar por que tabelas não normalizadas são uma escolha melhor em certas situações do que as normalizadas correspondentes.

Resumo

- A normalização é uma técnica utilizada para projetar tabelas em que as redundâncias de dados sejam minimizadas. As três primeiras formas normais (1NF, 2NF e 3NF) são encontradas com mais frequência. Do ponto de vista estrutural, formas normais superiores são melhores do que as inferiores, pois produzem relativamente menos redundâncias no banco de dados. Quase todos os projetos comerciais utilizam 3NF como uma forma normal ideal. Um caso especial e mais restrito de 3NF, conhecido como Forma Normal de Boyce-Codd, ou BCNF, também é utilizado.

- Uma tabela está em 1NF quando todos os seus atributos de chave são definidos e todos os atributos restantes são dependentes da chave primária. No entanto, uma tabela em 1NF pode conter, ainda, dependências parciais e transitivas. (Dependência parcial é aquela em que um atributo é funcionalmente dependente apenas de uma parte de uma chave primária com vários atributos. Dependência transitiva é quando um atributo é funcionalmente dependente de outro atributo não relacionado à chave.) Uma tabela com uma chave primária de um único atributo não pode apresentar dependências parciais.

- Uma tabela está em 2NF quando está em 1NF e não contém dependências parciais. Portanto, uma tabela em 1NF encontra-se automaticamente em 2NF se sua chave primária basear-se apenas em um único atributo. Uma tabela em 2NF pode conter, ainda, dependências transitivas.

- Uma tabela está em 3NF quando está em 2NF e não contém dependências transitivas. Dada essa definição de 3NF, a Forma Normal de Boyce-Codd (BCNF) é apenas um caso especial em que todas as chaves determinantes são chaves candidatas. Quando uma tabela possui apenas uma chave candidata, sua forma 3NF encontra-se automaticamente em BCNF.

- Uma tabela que não esteja em 3NF pode ser separada em novas tabelas até que todas atendam às exigências dessa forma normal. Esse processo é ilustrado nas Figuras 5.19 a 5.21.

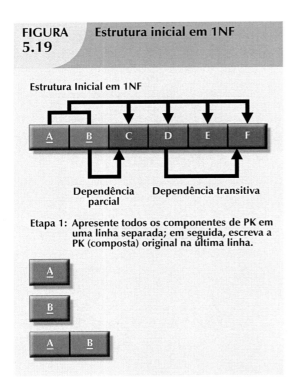

FIGURA 5.19   **Estrutura inicial em 1NF**

FIGURA 5.20   Identificação de atributos possíveis de PK

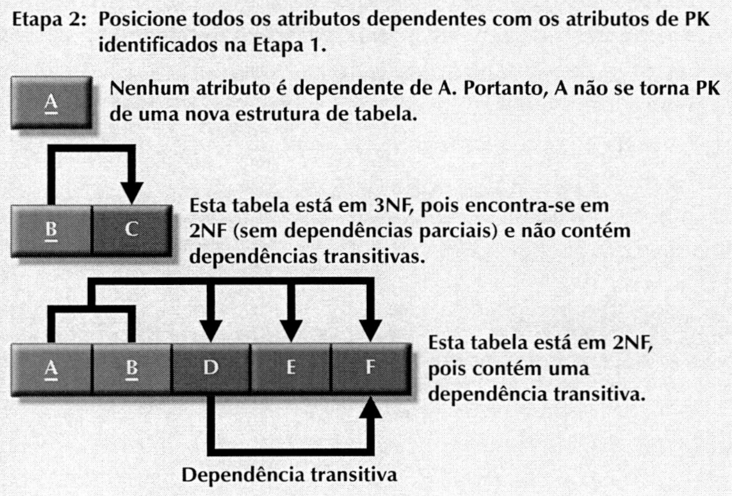

Etapa 2: Posicione todos os atributos dependentes com os atributos de PK identificados na Etapa 1.

A — Nenhum atributo é dependente de A. Portanto, A não se torna PK de uma nova estrutura de tabela.

B C — Esta tabela está em 3NF, pois encontra-se em 2NF (sem dependências parciais) e não contém dependências transitivas.

A B D E F — Esta tabela está em 2NF, pois contém uma dependência transitiva.

Dependência transitiva

FIGURA 5.21   Estruturas de tabela com base nas PKs selecionadas

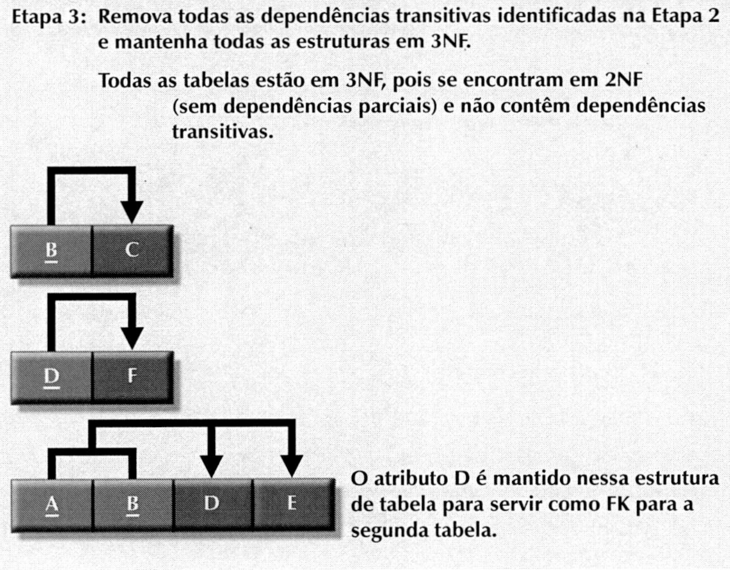

Etapa 3: Remova todas as dependências transitivas identificadas na Etapa 2 e mantenha todas as estruturas em 3NF.

Todas as tabelas estão em 3NF, pois se encontram em 2NF (sem dependências parciais) e não contêm dependências transitivas.

B C

D F

A B D E — O atributo D é mantido nessa estrutura de tabela para servir como FK para a segunda tabela.

■ A normalização é uma parte importante – mas apenas uma parte – do processo de projeto. Conforme se definam as entidades e atributos no processo de modelagem ER, submeta todas as entidades (conjunto de entidades) a verificações de normalização e forme novas entidades (conjuntos) conforme necessário. Incorpore as entidades normalizadas ao DER e continue o processo de ER iterativo até que todas as entidades e seus atributos sejam definidos e todas as tabelas equivalentes se encontrem em 3NF.

- Uma tabela em 3NF pode conter dependências com vários valores que produzam muitos valores nulos ou dados redundantes. Portanto, pode ser necessário converter uma tabela 3NF para a quarta forma normal (4NF), separando a tabela para remover tais dependências. Assim, uma tabela está em 4NF quando está em 3NF e não contém dependências com vários valores.

- Quanto maior o número de tabelas, mais operações de E/S e lógica de processamento são necessárias para executar uma operação de junção. Portanto, às vezes as tabelas são desnormalizadas, produzindo menos E/S e aumentando a velocidade de processamento. Infelizmente, com tabelas maiores, paga-se o preço do aumento de velocidade com a perda de eficiência nas atualizações de dados, com o aumento do trabalho de indexação e com a introdução de dados de redundâncias que provavelmente causarão anomalias. No projeto de produção de bancos de dados, utilize a desnormalização com moderação e cuidado.

QUESTÕES DE REVISÃO

1. O que é normalização?
2. Quando uma tabela está em 1NF?
3. Quando uma tabela está em 2NF?
4. Quando uma tabela está em 3NF?
5. Quando uma tabela está em BCNF?
6. Dado o diagrama de dependência apresentado na Figura Q5.1, responda os Itens 6a–6c.

FIGURA Q5.1 **Diagrama de dependência para a Questão 6**

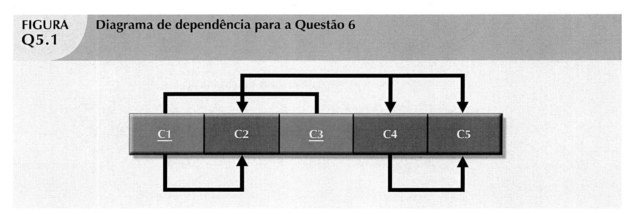

a. Identifique e discuta todas as dependências indicadas.
b. Crie um banco de dados cujas tabelas estejam pelo menos em 2NF, apresentando os diagramas de dependência de cada tabela.
c. Crie um banco de dados cujas tabelas estejam pelo menos em 3NF, apresentando os diagramas de dependência de cada tabela.
7. O que é dependência parcial? Com que forma normal está associada?
8. Quais as três anomalias que provavelmente resultarão da redundância de dados? Como podem ser eliminadas?
9. Defina e discuta o conceito de dependência transitiva.
10. O que é chave surrogate e quando se deve utilizá-la?
11. Por que uma tabela cuja chave primária consiste de um único atribuo encontra-se automaticamente em 2NF ao estar em 1NF?

12. Como você descreveria a condição em que um atributo é dependente de outro atributo, sendo que nenhum deles faz parte da chave primária?

13. Suponha que alguém lhe diga que um atributo que não faz parte de uma chave primária composta também é um atributo candidato. Como você responderia a essa afirmação?

14. Uma tabela está na _____ forma normal quando está em _____ e não contém dependências transitivas.

PROBLEMAS

1. Utilizando a estrutura de tabela FATURA mostrada abaixo, apresente o esquema relacional, trace seu diagrama de dependência e identifique todas as dependências, inclusive as parciais e transitivas. Você pode assumir que a tabela não contém grupos de repetição e que um número de fatura referencia mais de um produto. (*Sugestão*: Essa tabela utiliza uma chave primária composta.)

TABELA P5.1

NOME DO ATRIBUTO	VALOR DE EXEMPLO	VALOR DE EXEMPLO	VALOR DE EXEMPLO	VALOR DE EXEMPLO	VALOR DE EXEMPLO
FAT_NUM	211347	211347	211347	211348	211349
PROD_NUM	AA-E3422QW	QD-300932X	RU-995748G	AA-E3422QW	GH-778345P
VENDA_DATA	15/1/2008	15/1/2008	15/1/2008	15/1/2008	16/1/2008
PROD_NOME	Lixadeira rotativa	Broca de 0,25"	Serra de fita	Lixadeira rotativa	Furadeira elétrica
FORN_CÓDIGO	211	211	309	211	157
FORN_NOME	NeverFail, Inc.	NeverFail, Inc.	BeGood, Inc.	NeverFail, Inc.	ToughGo, Inc.
QUANT_VENDIDA	1	8	1	2	1
PROD_PREÇO	$49,95	$3,45	$39,99	$49,95	$87,75

2. Utilizando a resposta do Problema 1, remova todas as dependências parciais, apresente o esquema relacional e trace todos os diagramas de dependência. Identifique as formas normais de cada estrutura de tabela criada.

NOTA

Pode-se assumir que um dado produto é suprido por um único fornecedor, mas um fornecedor pode suprir vários produtos. Portanto, é adequado concluir que existe a seguinte dependência:

PROD_NUM → PROD_DESCRIÇÃO, PROD_PREÇO, FORN_CÓDIGO, FORN_NOME

(*Sugestão*: Suas ações devem produzir três diagramas de dependência.)

3. Utilizando a resposta do Problema 2, remova todas as dependências transitivas, apresente o esquema relacional e trace todos os diagramas de dependência. Identifique também as formas normais de cada estrutura de tabela criada.

4. Utilizando os resultados do Problema 3, trace o DER pé de galinha.

5. Utilizando a estrutura ALUNO mostrada na Tabela P5.2, apresente o esquema relacional e trace seu diagrama de dependência. Identifique todas as dependências, inclusive as transitivas.

TABELA P5.2

NOME DO ATRIBUTO	VALOR DE EXEMPLO	VALOR DE EXEMPLO	VALOR DE EXEMPLO	VALOR DE EXEMPLO	VALOR DE EXEMPLO
ALU_NUM	211343	200128	199876	199876	223456
ALU_SOBRENOME	Stephanos	Smith	Jones	Ortiz	McKulski
ALU_CURSO	Contabilidade	Contabilidade	Marketing	Marketing	Estatística
DEPT_CÓDIGO	CONT	CONT	MKTG	MKTG	MATE
DEPT_NOME	Contabilidade	Contabilidade	Marketing	Marketing	Matemática
DEPT_TEL	4356	4356	4378	4378	3420
FACULDADE_NOME	Administração de Negócios	Administração de Negócios	Administração de Negócios	Administração de Negócios	Artes e Ciências
ORIENTADOR_ SOBRENOME	Grastrand	Grastrand	Gentry	Tillery	Chen
ORIENTADOR_ GABINETE	T201	T201	T228	T356	J331
ORIENTADOR_ EDIFÍCIO	Edifício Torre	Edifício Torre	Edifício Torre	Edifício Torre	Edifício Jones
ORIENTADOR_TEL	2115	2115	2123	2159	3209
ALU_MÉDIA	3,87	2,78	2,31	3,45	3,58
ALU_CRÉDITOS	75	45	117	113	87
ALU_CLASS	3º ano	2º ano	4º ano	4º ano	3º ano

6. Utilizando a resposta do Problema 5, apresente o esquema relacional e trace o diagrama de dependência de modo a atender às exigências de 3NF na maior extensão prática possível. Caso acredite que as considerações práticas impõem o uso de uma estrutura em 2NF, explique por que sua decisão é adequada. Se necessário, adicione ou modifique atributos para criar determinantes adequados e atender às convenções de nomenclatura.

NOTA

Embora os créditos concluídos do aluno (ALU_CRÉDITOS) determinem sua classificação (ALU_CLASS), essa dependência não é tão óbvia como se poderia assumir inicialmente. Por exemplo, um aluno é considerado do 3º ano se tiver concluído entre 61 e 90 créditos-hora. Portanto, um aluno assim classificado pode ter concluído 66, 72 ou 87 créditos ou qualquer outro número no interior da faixa especificada. Em suma, qualquer valor de créditos dentro da faixa especificada define a classificação.

7. Utilizando os resultados do Problema 6, trace o DER pé de galinha.

> **NOTA**
>
> Esse DER constitui um pequeno segmento de um projeto completo da universidade. Por exemplo, esse segmento poderia ser combinado com a apresentação da Tiny College no Capítulo 4.

8. Para rastrear a mobília, computadores, impressoras de escritório, a empresa FOUNDIT utiliza a estrutura apresentada na Tabela P5.3.

TABELA P5.3

NOME DO ATRIBUTO	VALOR DE EXEMPLO	VALOR DE EXEMPLO	VALOR DE EXEMPLO
ITEM_ID	231134-678	342245-225	254668-449
ITEM_NOME	HP DeskJet 895Cse	HP Toner	DT Scanner
SALA_NÚMERO	325	325	123
EDIFÍCIO_CÓDIGO	NTC	NTC	CSF
EDIFÍCIO_NOME	Nottooclear	Nottoclear	Canseefar
EDIFÍCIO_GERENTE	I. B. Rightonit	I. B. Rightonit	May B. Next

Com essas informações, apresente o esquema relacional e trace o diagrama de dependência. Certifique-se de identificar as dependências transitivas e/ou parciais.

9. Utilizando a resposta do Problema 8, apresente o esquema relacional e trace um conjunto de diagramas de dependência que atendam às exigências de 3NF. Renomeie os atributos para atender às convenções de nomenclatura e crie novas entidades e atributos conforme necessário.

10. Com os resultados do Problema 9, trace o DER pé de galinha.

> **NOTA**
>
> Os Problemas 11–14 podem ser combinados como um estudo de caso ou miniprojeto.

11. A estrutura apresentada na Tabela P5.4 contém muitos componentes e características insatisfatórias. Por exemplo, há diversos atributos com vários valores, violações das convenções de nomenclatura e alguns atributos não indivisíveis.

TABELA P5.4

FUN_NUM	1003	1018	1019	1023
FUN_SOBRENOME	Willaker	Smith	McGuire	McGuire
FUN_ENSINO	Graduação, MBA	Graduação		Bacharelado, Mestrado, Doutorado
CARGO_CLASS	VDS	VDS	ZLD	ABD
FUN_DEPENDENTES	Gerald (cônjuge), Mary (filha), John (filho)		JoAnne (cônjuge),	George (cônjuge), Jill (filha)
DEPT_CÓDIGO	MKTG	MKTG	SVC	SINF
DEPT_NOME	Marketing	Marketing	Serviços Gerais	Sistemas de Informação
DEPT_GERENTE	Jill H. Martin	Jill H. Martin	Hank B. Jones	Carlos G. Ortez
FUN_FUNÇÃO	Corretor de Vendas	Corretor de Vendas	Zelador	Administrador de Bancos de Dados
FUN_DATA_NASCIMENTO	23/12/1968	28/3/1979	18/5/1982	20/7/1959
FUN_DATA_CONTRATAÇÃO	14/10/1997	15/1/2006	21/4/2003	15/7/1999
FUN_TREINAMENTO	L1, L2	L1	L1	L1, L3, L8, L15
FUN_SALÁRIO_BASE	$38.255,00	$30.500,00	$19.750,00	$127.900,00
FUN_TAXA_COMISSÃO	0,015	0,010		

Dada a estrutura mostrada na Tabela P5.4, apresente o esquema relacional e trace seu diagrama de dependência. Identifique todas as dependências transitivas e/ou parciais.

12. Utilizando a resposta o Problema 11, trace os diagramas de dependência que estão em 3NF. (*Sugestão*: Pode ser necessário criar alguns novos atributos. Certifique-se também de que os novos diagramas de dependência contenham atributos que atendam aos critérios de projeto adequado; ou seja, assegure que não haja atributos com vários valores, que as convenções de nomenclatura sejam atendidas etc.)

13. Utilizando os resultados do Problema 12, trace o diagrama relacional.

14. Com os resultados do Problema 13, trace o DER pé de galinha.

NOTA

Os problemas 15-17 podem ser combinados como um estudo de caso ou miniprojeto.

15. Suponha que você receba as seguintes regras de negócio para formar a base de um projeto de banco de dados. O banco deve permitir que o gerente do clube de jantares de uma empresa envie, pelo correio, convites aos membros para planejar refeições, controlar quem frequenta o jantar etc.

- Cada jantar serve vários membros e cada membro pode frequentar vários jantares.
- Um membro recebe vários convites e cada convite é enviado a vários membros.
- Um jantar baseia-se em um único prato principal, mas cada prato principal pode ser utilizado como a base de vários jantares. Por exemplo, um jantar pode ser composto de um prato principal de peixe com arroz e milho, ou de um prato principal de peixe com batata assada e vagens.
- Um membro pode frequentar vários jantares e cada jantar pode ser frequentado por vários membros.

Como o gerente não é um especialista em bancos de dados, a primeira tentativa de criar o banco utilizou a estrutura apresentada na Tabela P5.5.

TABELA P5.5

NOME DO ATRIBUTO	VALOR DE EXEMPLO	VALOR DE EXEMPLO	VALOR DE EXEMPLO
MEMBRO_NUM	214	235	214
MEMBRO_NOME	Alice B. VanderVoort	Gerald M. Gallega	Alice B. VanderVoort
MEMBRO_ENDEREÇO	325 Meadow Park	123 Rose Court	325 Meadow Park
MEMBRO_CIDADE	Murkywater	Highlight	Murkywater
MEMBRO_CEP	12345	12349	12345
CONVITE_NUM	8	9	10
CONVITE_DATA	23/2/2008	12/3/2008	23/2/2008
ACEITE_DATA	27/2/2008	15/3/2008	27/2/2008
JANTAR_DATA	15/3/2008	17/3/2008	15/3/2008
JANTAR_COMPARECIMENTO	Sim	Sim	Não
JANTAR_CÓDIGO	DI5	DI5	DI2
JANTAR_DESCRIÇÃO	Delícia Incandescente do Mar	Delícia Incandescente do Mar	Fazenda Soberba
PRATOPRINC_CÓDIGO	PP3	PP3	PP5
PRATOPRINC_DESCRIÇÃO	Caranguejo recheado	Caranguejo recheado	Carne marinada
SOBREMESA_CÓDIGO	SM8	SM5	SM2
SOBREMESA_DESCRIÇÃO	Musse de chocolate com calda de framboesa	Cerejas festivas	Torta de maçã com crosta de mel

Dada a estrutura mostrada na Tabela P5.5, apresente o esquema relacional e trace seu diagrama de dependência. Identifique todas as dependências transitivas e/ou parciais. (*Sugestão*: Essa estrutura utiliza uma chave primária composta.)

16. Separe o diagrama de dependência traçado no Problema 15 de modo a produzir diagramas que estejam em 3NF. Apresente o esquema relacional. (*Sugestão*: Pode ser necessário criar alguns novos atributos. Certifique-se também de que os novos diagramas de dependência contenham atributos que atendam aos critérios de projeto adequado; ou seja, assegure que não haja atributos com vários valores, que as convenções de nomenclatura sejam atendidas etc.)
17. Utilizando os resultados do Problema 16, trace o DER pé de galinha.

NOTA

Os Problemas 18-20 podem ser combinados como um estudo de caso ou miniprojeto.

18. O gerente de uma empresa de consultoria solicitou que você avaliasse um banco de dados que contenha a estrutura apresentada na Tabela P5.6.

TABELA P5.6

NOME DO ATRIBUTO	VALOR DE EXEMPLO	VALOR DE EXEMPLO	VALOR DE EXEMPLO
CLIENTE_NUM	298	289	289
CLIENTE_NOME	Marianne R. Brown	James D. Smith	James D. Smith
CLIENTE_REGIÃO	Centro-oeste	Sudeste	Sudeste
CONTRATO_DATA	10/2/2008	15/2/2008	12/3/2008
CONTRATO_NUM	5841	5842	5843
CONTRATO_VALOR	$2.985.000,00	$670.300,00	$1.250.000,00
CONSULT_CLASS_1	Administração de Bancos de Dados	Serviços de internet	Projeto de Bancos de Dados
CONSULT_CLASS_2	Aplicações da web		Administração de Bancos de Dados
CONSULT_CLASS_3			Instalação de Rede
CONSULT_CLASS_4			
CONSULTOR_NUM_1	29	34	25
CONSULTOR_NOME_1	Rachel G. Carson	Gerald K. Ricardo	Angela M. Jamison
CONSULTOR_REGIÃO_1	Centro-oeste	Sudeste	Sudeste
CONSULTOR_NUM_2	56	38	34
CONSULTOR_NOME_2	Karl M. Spenser	Anne T. Dimarco	Gerald K. Ricardo
CONSULTOR_REGIÃO_2	Centro-oeste	Sudeste	Sudeste
CONSULTOR_NUM_3	22	45	
CONSULTOR_NOME_3	Julian H. Donatello	Geraldo J. Rivera	
CONSULTOR_REGIÃO_3	Centro-oeste	Sudeste	
CONSULTOR_NUM_4		18	
CONSULTOR_NOME_4		Donald Chen	
CONSULTOR_REGIÃO_4		Oeste	

A Tabela P5.6 foi criada para permitir que o gerente combine clientes e consultores. O objetivo é combinar um cliente de determinada região com um consultor dessa região e certificar-se de que a necessidade do cliente para os serviços específicos de consultora seja atendida adequadamente pela especialidade do consultor. Por exemplo, se o cliente precisar de ajuda com o projeto de bancos de dados e estiver localizado no Sudeste, o objetivo é combinar com um consultor que esteja no Sudeste e que seja especialista em projetos de bancos de dados. (Embora o gerente da empresa de consultoria tente combinar os locais de consultor e cliente para minimizar o gasto com viagem, nem sempre isso é possível.) As seguintes regras de negócio são mantidas:

- Cada cliente se localiza em uma única região.
- Uma região pode conter muitos clientes.
- Cada consultor pode trabalhar em vários contratos.
- Cada contrato pode exigir os serviços de vários consultores.
- Um cliente pode assinar mais de um contrato, mas cada contrato é assinado por apenas um cliente.
- Cada contrato pode cobrir várias classificações de consultoria. (Por exemplo, um contrato pode relacionar serviços de consultoria em projeto de bancos de dados e rede.)
- Cada consultor se localiza em uma única região.
- Uma região pode conter muitos consultores.
- Cada consultor tem uma ou mais áreas de especialização (classe). Por exemplo, um consultor pode ser classificado como especialista tanto em projetos de bancos de dados como em redes.
- Cada área de especialização (classe) pode ter vários consultores. Por exemplo, a empresa de consultoria pode empregar vários consultores que sejam especialistas em redes.

Dada essa breve descrição das necessidades e das regras de negócio, apresente o esquema relacional e trace o diagrama de dependência para a estrutura de tabela (muito ruim) precedente. Identifique todas as dependências transitivas e/ou parciais.

19. Separe o diagrama de dependência traçado no Problema 18 de modo a produzir diagramas que estejam em 3NF. Apresente o esquema relacional. (*Sugestão*: Pode ser necessário criar alguns novos atributos. Certifique-se também de que os novos diagramas de dependência contenham atributos que atendam aos critérios de projeto adequado; ou seja, assegure que não haja atributos com vários valores, que as convenções de nomenclatura sejam atendidas etc.)

20. Utilizando os resultados do Problema 19, trace o DER pé de galinha.

21. Dados os exemplos de registros da estrutura FRETAMENTO apresentada na Tabela P5.7, apresente o esquema relacional e trace o diagrama de dependência da estrutura de tabela. Certifique-se de identificar todas as dependências. FRET_PAS indica o número de passageiros transportados. A entrada FRET_MILHAS baseia-se nas milhas da viagem de ida e volta, inclusive pontos de parada. (*Sugestão*: Observe os valores de dados para determinar a natureza dos relacionamentos. Por exemplo, note que o funcionário Melton fez duas viagens fretadas como piloto e uma como copiloto.)

TABELA P5.7

NOME DO ATRIBUTO	VALOR DE EXEMPLO	VALOR DE EXEMPLO	VALOR DE EXEMPLO	VALOR DE EXEMPLO
FRET_VIAGEM	10232	10233	10234	10235
FRET_DATA	15/1/2008	15/1/2008	16/1/2008	17/1/2008
FRET_CIDADE	STL	MIA	TYS	ATL
FRET_MILHAS	580	1.290	524	768
CLIENTE_NUM	784	231	544	784
CLIENTE_SOBRENOME	Brown	Hanson	Bryana	Brown
FRET_PAS	5	12	2	5
FRET_CARGA	235 libras	18.940 libras	348 libras	155 libras
PILOTO	Melton	Chen	Henderson	Melton
COPILOTO		Henderson	Melton	
ENGENHEIRO_VOO		O'Shaski		
MESTRE_CARGA		Benkasi		
CONTA_NUM	1234Q	3456Y	1234Q	2256W
MODELO_CÓDIGO	PA31-350	CV-580	PA31-350	PA31-350
MODELO_ASSENTOS	10	38	10	10
MODELO_TARIFA_MILHA	$2,79	$23,36	$2,79	$2,79

22. Decomponha o diagrama de dependência traçado na resolução do Problema 21 de modo a criar estruturas de tabela que estejam em 3NF. Apresente o esquema relacional. Certifique-se de identificar todas as dependências.

23. Trace o DER pé de galinha de modo a refletir os diagramas de dependência decompostos criados no Problema 22. Certifique-se de que o DER resulte em um banco de dados que rastreie todos os dados apresentados no Problema 21. Mostre todas as entidades, relacionamentos, conectividades, opcionalidades e cardinalidades.

Nota

Utilize o diagrama de dependência apresentado na Figura P5.24 para elaborar os Problemas 24-26.

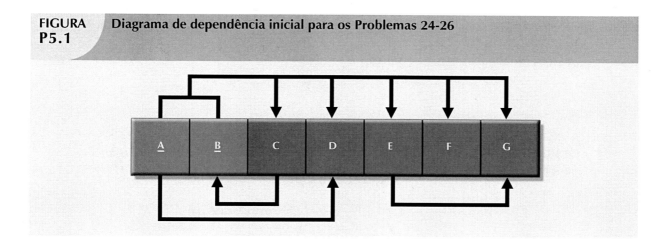

FIGURA P5.1 Diagrama de dependência inicial para os Problemas 24-26

24. Separe o diagrama de dependência apresentado na Figura P5.1, criando dois novos diagramas, um em 3NF e um em 2NF.

25. Modifique os diagramas criados no Problema 24, produzindo um conjunto de diagramas de dependência que estejam em 3NF. Para manter a coleção inteira de atributos reunida, copie o diagrama de dependência em 3NF do Problema 24. Em seguida, apresente os novos diagramas que também estão em 3NF. (*Sugestão*: Um de seus diagramas estará em 3NF, mas não em BCNF.)

26. Modifique os diagramas criados no Problema 25, produzindo um conjunto de diagramas de dependência que estejam em 3NF e BCNF. Para garantir que todos os atributos sejam levados em consideração, copie os diagramas em 3NF do Problema 25. Em seguida, apresente os novos diagramas de dependência em 3NF e BCNF.

27. Suponha que você receba a estrutura e os dados apresentados na Tabela P5.8, importados de uma planilha de Excel. Os dados mostram que um professor pode ter vários orientandos, trabalhar em várias comissões e editar mais de um periódico.

TABELA P5.8

NOME DO ATRIBUTO	VALOR DE EXEMPLO	VALOR DE EXEMPLO	VALOR DE EXEMPLO	VALOR DE EXEMPLO
FUN_NUM	123	104	118	
PROF_CATEG	Professor	Professor Assistente	Professor Associado	Professor Associado
FUN_NOME	Ghee	Rankin	Ortega	Smith
DEPT_CÓDIGO	SIC	QUIM	SIC	ING
DEPT_NOME	Sistemas de Informação Computacionais	Química	Sistemas de Informação Computacionais	Inglês
PROF_GABINETE	KDD-567	BLF-119	KDD-562	PRT-345
ORIENTANDO	1215, 2312, 3233, 2218, 2098	3102, 2782, 3311, 2008, 2876, 2222, 3745, 1783, 2378	2134, 2789, 3456, 2002, 2046, 2018, 2764	2873, 2765, 2238, 2901, 2308
COMISSÃO_CÓDIGO	PROMO, TRAF, APPL, DEV	DEV	SPR, TRAF	PROMO, SPR, DEV
PERIÓDICO_CÓDIGO	JMIS, QED, JMGT		JCIS, JMGT	

Dadas as informações da Tabela P5.8:

   a. Trace o diagrama de dependência.

   b. Identifique as dependências com vários valores.

   c. Crie os diagramas de dependência para produzir um conjunto de estruturas de tabela em 3NF.

   d. Elimine as dependências com vários valores, convertendo as estruturas de tabela afetadas para 4NF.

   e. Trace o DER pé de galinha de modo a refletir os diagramas de dependência traçados no Item (c). (*Observação*: Pode ser necessário criar atributos adicionais para definir as PKs e FKs adequadas. Certifique-se de que todos os seus atributos estejam em conformidade às convenções de nomenclatura.)

Neste capítulo, você aprenderá:

- Sobre o modelo de entidade-relacionamento estendido (EER)
- Como os grupos de entidades são utilizados para representar múltiplas entidades e relacionamentos
- As características de uma boa chave primária e como selecioná-la
- De que modo utilizar soluções flexíveis para casos especiais de modelagem de dados
- Que problemas verificar ao desenvolver modelos de dados com base em diagramas EER

O MODELO ENTIDADE-RELACIONAMENTO ESTENDIDO

Conforme aumenta a complexidade das estruturas de dados a serem modeladas e as exigências de aplicativos se tornam mais estritas, ocorre uma necessidade crescente na obtenção de mais informações no modelo de dados. O **modelo de entidade-relacionamento estendido** (**EERM**, sigla em inglês para *extended entity relationship model*), às vezes citado como modelo de entidade-relacionamento aprimorado, é o resultado da adição de mais estruturas semânticas ao modelo original de entidade-relacionamento (ER). Como seria de se esperar, um diagrama que utilize esse modelo é chamado **diagrama EER** (**EERD**, *extended entity relationship diagram*, ou seja, diagrama entidade-relacionamento estendido). Nas seções que se seguem, você aprenderá sobre as principais estruturas do modelo de EER – supertipos, subtipos e agrupamento de entidades – e verá como são representadas nos DERs.

SUPERTIPOS E SUBTIPOS DE ENTIDADES

Como a maioria dos funcionários possui ampla faixa de habilidades e qualificações especiais, os modelos de dados devem encontrar diversos modos de agrupá-los com base em suas características. Por exemplo, uma empresa de varejo poderia agrupar os funcionários como assalariados e pagos por hora, ao passo que uma universidade poderia utilizar grupos como corpo docente, funcionários e administradores.

O agrupamento para a criação de vários *tipos* de funcionários traz dois benefícios importantes:

- Evita nulos desnecessários nos atributos do funcionário quando alguns deles possuem características não compartilhadas por outros.
- Permite que determinado tipo de funcionário participe de relacionamentos que lhe sejam exclusivos.

Para ilustrar esses benefícios, exploraremos o caso de uma empresa de aviação. Essa empresa emprega pilotos, mecânicos, secretárias, contadores, gerentes de bancos de dados e outras classes de funcionários. A Figura 6.1 ilustra como os pilotos compartilham certas características com outros funcionários, como sobrenome (EMP_LNAME) e data de contratação (EMP_HIRE_DATE). Por outro lado, muitas características dos pilotos não são compartilhadas por outros funcionários. Por exemplo, diferente de outros funcionários, os pilotos devem atender a exigências especiais, como restrições de horas de voo, verificações de voo e treinamento periódico. Portanto, se todas as características e qualificações especiais dos funcionários fossem armazenadas em uma única entidade FUNCIONÁRIO, haveria vários nulos ou seria preciso inserir muitas entradas simuladas desnecessárias. Nesse caso, as características especiais dos pilotos, como EMP_LICENSE, EMP_RATINGS e EMP_MED_TYPE (respectivamente licença de voo, classificação e tipo de autorização médica de funcionário), gerariam nulos para funcionários que não fossem pilotos. Além disso, os pilotos participam de alguns relacionamentos exclusivos para suas qualificações. Por exemplo, nem todos os funcionários podem pilotar aviões, apenas os pilotos podem participar do relacionamento "funcionário pilota avião".

FIGURA 6.1   Nulos criados por atributos exclusivos

EMP_NUM	EMP_LNAME	EMP_FNAME	EMP_INITIAL	EMP_LICENSE	EMP_RATINGS	EMP_MED_TYPE	EMP_HIRE_DATE
100	Kolmycz	Xavier	T				15-Mar-88
101	Lewis	Marcos		ATP	SEL/MEL/Instr/CFII	1	25-Apr-89
102	Vandam	Jean					20-Dec-93
103	Jones	Victoria	R				28-Aug-03
104	Lange	Edith		ATP	SEL/MEL/Instr	1	20-Oct-97
105	Williams	Gabriel	U	COM	SEL/MEL/Instr/CFI	2	08-Nov-97
106	Duzak	Mario		COM	SEL/MEL/Instr	2	05-Jan-04
107	Diante	Venite	L				02-Jul-97
108	Wiesenbach	Joni					18-Nov-95
109	Travis	Brett	T	COM	SEL/MEL/SES/Instr/CFII	1	14-Apr-01
110	Genkazi	Stan					01-Dec-03

Com base na discussão precedente, pode-se deduzir corretamente que a entidade PILOTO deve armazenar apenas os atributos exclusivos para pilotos, e a entidade FUNCIONÁRIO, os que são comuns a todos os funcionários. Com base nessa hierarquia, conclui-se que PILOTO é um *subtipo* de FUNCIONÁRIO e que FUNCIONÁRIO é o *supertipo* de PILOTO. Em termos de modelagem, um **supertipo de entidade** é uma entidade genérica que se relaciona com um ou mais **subtipos de entidade**, de modo que o supertipo contenha todas as características comuns e cada subtipo contenha suas características específicas. Na próxima seção, você aprenderá como os supertipos e subtipos de entidades se relacionam em uma hierarquia de especialização.

HIERARQUIA DE ESPECIALIZAÇÃO

Os supertipos e subtipos de entidades estão organizados em uma **hierarquia de especialização**, que representa a disposição de supertipos de entidades de nível superior (entidades pai) e subtipos de entidade de nível inferior (entidades filho). A Figura 6.2 mostra essa hierarquia formada por um supertipo FUNCIONÁRIO e três subtipos – PILOTO, MECÂNICO e CONTADOR. A hierarquia de especialização reflete o relacionamento 1:1 entre FUNCIONÁRIO e seus subtipos. Por exemplo, uma ocorrência do subtipo PILOTO está relacionada a uma instância do supertipo FUNCIONÁRIO, do mesmo modo que uma ocorrência do subtipo MECÂNICO. A terminologia e os símbolos da Figura 6.2 serão explicados no decorrer de todo este capítulo.

FIGURA 6.2 Hierarquia de especialização

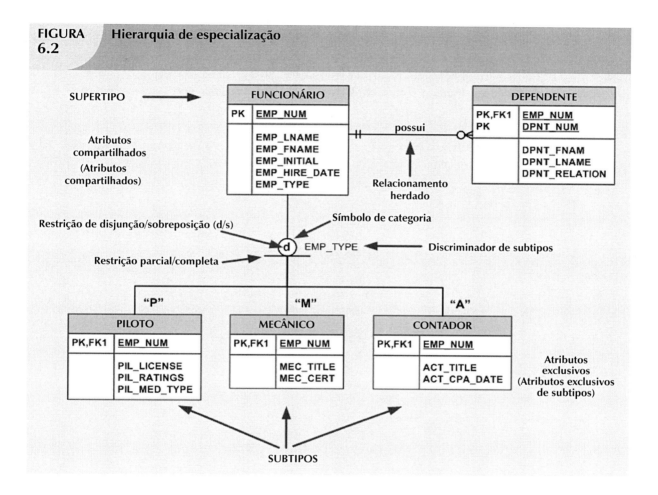

Os relacionamentos representados na hierarquia de especialização às vezes são descritos em termos de relacionamentos "é um". Por exemplo, piloto *é um* funcionário, mecânico *é um* funcionário e contador *é um* funcionário. É importante compreender que em uma hierarquia de especialização pode ocorrer um subtipo apenas no interior do contexto de um supertipo, e cada subtipo pode ter apenas um supertipo ao qual está diretamente relacionado. No entanto, uma hierarquia de especialização pode apresentar vários níveis de relacionamentos supertipo/subtipo – ou seja, é possível encontrar hierarquias em que um subtipo tenha vários subtipos que, por sua vez, sejam o supertipo de outros subtipos de nível inferior.

Como você pode ver na Figura 6.2, a organização dos supertipos e subtipos em uma hierarquia é mais do que uma comodidade estética. A hierarquia permite que o modelo de dados capture conteúdo semântico (significado) adicional no DER. Uma hierarquia de especialização fornece meios para:

- Suporte a herança de atributos.
- Definição de um atributo de supertipo especial, conhecido como discriminador de subtipos.
- Definição de restrições de disjunção/sobreposição e de restrições totais/parciais.

As seguintes seções cobrem essas características e restrições com mais detalhes.

Herança

A propriedade de **herança** permite que um subtipo de entidade herde os atributos e relacionamentos do supertipo. Como discutido anteriormente, o supertipo contém os atributos comuns a todos os seus subtipos. Por outro lado, os subtipos contêm apenas os atributos exclusivos de cada um. Por exemplo, a Figura 6.2 ilustra que todos os pilotos, mecânicos e contadores herdam o número de funcionário, sobrenome, nome inicial e do meio, data de contratação etc. da entidade FUNCIONÁRIO. No entanto, essa figura também ilustra que os pilotos possuem atributos exclusivos, assim como mecânicos e contadores. *Uma característica importante da herança é que todos os subtipos de entidades herdam seu atributo de chave primária do respectivo supertipo.* Observe na Figura 6.2 que o atributo EMP_NUM é a chave primária de todos os subtipos.

No nível da implementação, o supertipo e seu(s) subtipo(s) representados na hierarquia de especialização mantêm um relacionamento 1:1. Por exemplo, a hierarquia permite substituir a indesejável estrutura de tabela FUNCIONÁRIO da Figura 6.1 por duas tabelas – uma representando o supertipo FUNCIONÁRIO e outra o subtipo PILOTO. (Veja a Figura 6.3.)

FIGURA 6.3 Relacionamento supertipo/subtipo entre FUNCIONÁRIO e PILOTO

Nome da tabela: FUNCIONÁRIO

EMP_NUM	EMP_LNAME	EMP_FNAME	EMP_INITIAL	EMP_HIRE_DATE	EMP_TYPE
100	Kolmycz	Xavier	T	15-Mar-88	
101	Lewis	Marcos		25-Apr-89	P
102	Vandam	Jean		20-Dec-93	A
103	Jones	Victoria	R	28-Aug-03	
104	Lange	Edith		20-Oct-97	P
105	Williams	Gabriel	U	08-Nov-97	P
106	Duzak	Mario		05-Jan-04	P
107	Diante	Venite	L	02-Jul-97	M
108	Wiesenbach	Joni		18-Nov-95	M
109	Travis	Brett	T	14-Apr-01	P
110	Genkazi	Stan		01-Dec-03	A

Nome da tabela: PILOTO

EMP_NUM	PIL_LICENSE	PIL_RATINGS	PIL_MED_TYPE
101	ATP	SEL/MEL/Instr/CFII	1
104	ATP	SEL/MEL/Instr	1
105	COM	SEL/MEL/Instr/CFI	2
106	COM	SEL/MEL/Instr	2
109	COM	SEL/MEL/SES/Instr/CFII	1

Os subtipos de entidade herdam todos os relacionamentos de que o supertipo participa. Por exemplo, a Figura 6.2 apresenta o supertipo FUNCIONÁRIO participando de um relacionamento 1:M com uma entidade DEPENDENTE. Por meio da herança, todos os subtipos também participam desse relacionamento. Em hierarquias de especialização com vários níveis de supertipos/subtipos, um subtipo de nível mais baixo herda todos os atributos e relacionamentos de todos os seus supertipos de nível superior.

Discriminador de subtipos

O **discriminador de subtipo** é o atributo de uma entidade supertipo que determina a qual subtipo a ocorrência de supertipo está relacionada. Conforme visto na Figura 6.2, o discriminador de subtipos é o tipo de funcionário (EMP_TYPE).

É prática comum mostrar o discriminador de subtipos e seu valor para cada subtipo no diagrama ER, conforme visto na Figura 6.2. Porém, nem todas as ferramentas de modelagem ER seguem essa prática. Por exemplo, o MS Visio mostra o discriminador de subtipos, mas não seu valor. Na Figura 6.2, a ferramenta de texto do Visio foi utilizada para adicionar manualmente o valor do discriminador acima do subtipo, próximo à linha de conexão. Utilizando a Figura 6.2 como orientação, observe que os supertipos são relacionados ao subtipo PILOTO se EMP_TYPE apresenta o valor "P". Já se esse atributo apresenta valor "M", o supertipo é relacionado ao subtipo MECÂNICO. Finalmente, se esse atributo apresenta valor "A", o supertipo é relacionado ao subtipo CONTADOR.

É importante observar que a condição-padrão de comparação para o atributo discriminador de subtipos é a comparação de igualdade. No entanto, pode haver situações em que o discriminador não se baseia necessariamente nesse tipo de comparação. Por exemplo, com base nas exigências comerciais, é possível criar dois novos subtipos de piloto, qualificado para PIC (piloto-comandante) e qualificado apenas para copiloto. O piloto qualificado para PIC pode ser qualquer um com mais de 1.500 horas de voo como PIC. Nesse caso, o discriminador de subtipos seria "Flight_Hours" (horas de voo) e o critério, >1.500 ou <= 1.500, respectivamente.

Nota

No Visio, o discriminador de subtipos é selecionado ao criar uma categoria utilizando o formato Categoria dentre os formatos disponíveis. O formato Categoria é um pequeno círculo com uma linha horizontal sobre ele que conecta o supertipo aos seus subtipos.

Restrições de disjunção e sobreposição

Um supertipo de entidade pode ter subtipos deslocados ou sobrepostos. Por exemplo, no exemplo da empresa de aviação, um funcionário pode ser piloto ou mecânico ou contador. Assuma que uma das regras de negócio imponha que um funcionário não possa pertencer a mais de um subtipo por vez, ou seja, ele não pode ser piloto e mecânico ao mesmo tempo. Os **subtipos disjuntos**, também conhecidos como **subtipos de não sobrepostos**, são os que contêm um subconjunto *exclusivo* do conjunto do supertipo. Em outras palavras, cada instância do supertipo pode aparecer em apenas um dos subtipos. Por exemplo, na Figura 6.2, um funcionário (supertipo) que seja piloto (subtipo) pode aparecer apenas no subtipo PILOTO, mas não pode aparecer em qualquer um dos outros subtipos. No Visio, esses subtipos deslocados são indicados pela letra *d* no interior do formato categoria.

Por outro lado, se a regra de negócio especificar que os funcionários possam ter várias classificações, o supertipo FUNCIONÁRIO pode conter subtipos *sobrepostos* de classificações de cargo. Os **subtipos sobrepostos** são os que contêm subconjuntos não exclusivos do conjunto da entidade supertipo, ou seja, cada instância da entidade do supertipo pode aparecer em mais de um subtipo. Por exemplo, em um ambiente universitário, uma pessoa pode ser funcionário, aluno ou ambos. Por sua vez, um funcionário pode ser tanto professor como administrador. Como um funcionário também pode ser aluno, ALUNO e FUNCIONÁRIO são subtipos sobrepostos do supertipo PESSOA, assim como PROFESSOR e ADMINISTRADOR são subtipos sobrepostos do supertipo FUNCIONÁRIO. A Figura 6.4 ilustra os subtipos sobrepostos com a utilização da letra *o* dentro do formato categoria.

FIGURA 6.4   Hierarquia de especialização com subtipos de sobreposição

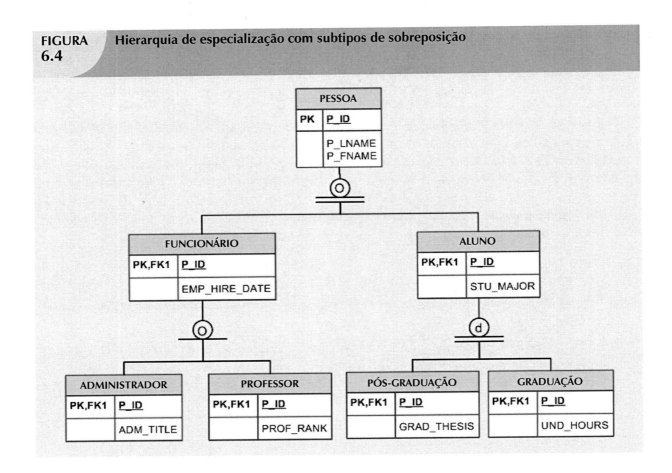

FIGURA 6.4   Hierarquia de especialização com subtipos de sobreposição

É prática comum apresentar os símbolos de disjunção/sobreposição no DER (veja as Figuras 6.2 e 6.4). Porém, nem todas as ferramentas de modelagem ER seguem essa prática. Por exemplo, por padrão, o Visio mostra apenas o discriminador de subtipos (utilizando o formato categoria), mas não o símbolo de disjunção/sobreposição. Portanto, a ferramenta de texto do Visio foi utilizada para adicionar manualmente os símbolos *d* e *o* nas Figuras 6.2 e 6.4.

NOTA

Existem notações alternativas para representar os subtipos de disjunção/sobrepostos. Por exemplo, Toby J. Teorey popularizou a utilização de *G* e *Gs* para indicar esses subtipos.

Conforme você aprendeu anteriormente nesta seção, a implementação de subtipos deslocados baseia-se no valor do atributo discriminador no supertipo. No entanto, a implementação de subtipos sobrepostos exige a utilização de um atributo discriminador para cada subtipo. Por exemplo, no caso do projeto do banco de dados da Tiny College descrito no Capítulo 4, um professor também pode ser administrador. Portanto, o supertipo FUNCIONÁRIO teria os atributos e valores discriminadores de subtipos apresentados na Tabela 6.1.

TABELA 6.1 Atributos discriminadores com subtipos sobrepostos

ATRIBUTOS DISCRIMINADORES		COMENTÁRIO
PROFESSOR	ADMINISTRADOR	
"S"	"N"	O Funcionário é membro do subtipo Professor.
"N"	"S"	O Funcionário é membro do subtipo Administrador.
"S"	"S"	O Funcionário é tanto Professor como Administrador.

Restrição de integralidade

A **restrição de integralidade** especifica se cada ocorrência de supertipo de entidade também deve ser membro de, pelo menos, um subtipo. A restrição de integralidade pode ser parcial ou total. A **integralidade parcial** (representada por um círculo sobre uma única linha) significa que nem toda ocorrência de supertipo é membro de um subtipo, ou seja, podem haver algumas ocorrências de supertipos que não sejam membros de nenhum subtipo. A **integralidade total** (representada por um círculo sobre linha dupla) implica que toda ocorrência de supertipo deve ser membro de, pelo menos, um subtipo.

Os DERs das Figuras 6.2 e 6.4 representam a restrição de integralidade com base na forma Categoria do Visio. Uma única linha horizontal sob o círculo representa restrição de integralidade parcial; a linha horizontal dupla sob o círculo representa restrição de integralidade total.

NOTA

Existem notações alternativas para representar a restrição de integralidade. Por exemplo, algumas notações utilizam uma linha única (parcial) ou dupla (total) para conectar o supertipo ao formato Categoria.

Dados os subtipos disjuntos/sobrepostos e as restrições de integralidade, são possíveis os cenários de restrição de hierarquia de especialização apresentados na Tabela 6.2.

TABELA 6.2 Cenários de restrição de hierarquia de especialização

TIPO	RESTRIÇÃO DE DISJUNÇÃO	RESTRIÇÃO DE SOBREPOSIÇÃO
Parcial	O supertipo possui subtipos opcionais.	O supertipo possui subtipos opcionais.
	O discriminador de subtipos pode ser nulo.	Os discriminadores de subtipos podem ser nulos.
	Os conjuntos de subtipos são exclusivos.	Os conjuntos de subtipos não são exclusivos.
Total	Todas as ocorrências de supertipos são membros de (pelo menos) um subtipo.	Todas as ocorrências de supertipos são membros de (pelo menos) um subtipo.
	O discriminador de subtipos não pode ser nulo.	Os discriminadores de subtipos não podem ser nulos.
	Os conjuntos de subtipos são exclusivos.	Os conjuntos de subtipos não são exclusivos.

ESPECIALIZAÇÃO E GENERALIZAÇÃO

É possível utilizar diversas abordagens de desenvolvimento de supertipos e subtipos de entidades. Por exemplo, pode-se identificar primeiro uma entidade regular e, em seguida, identificar todos os subtipos de entidade firmados em suas características distintivas. Também é possível iniciar pela identificação de vários tipos de entidades e, em seguida, extrair as características comuns dessas entidades para criar um supertipo de entidades de alto nível.

A **especialização** é o processo de identificação, de cima para baixo, dos subtipos de entidade de nível inferior, a partir de um supertipo de nível superior. A especialização baseia-se no agrupamento de características e relacionamentos exclusivos dos subtipos. No exemplo da empresa de aviação, utilizou-se especialização para identificar vários subtipos de entidades a partir do supertipo de funcionário original. A **generalização** é o processo de identificação, de baixo para cima, de um supertipo de entidade mais genérico de nível superior, a partir de subtipos de nível inferior. A generalização baseia-se no agrupamento de características e relacionamentos comuns dos subtipos. Por exemplo, é possível identificar vários tipos de instrumentos musicais: piano, violino e violão. Utilizando a abordagem de identificação, pode-se identificar o supertipo de entidade de "instrumento de corda" para manter as características comuns dos vários subtipos.

AGRUPAMENTO DE ENTIDADES

O desenvolvimento de um diagrama ER exige a descoberta de possivelmente centenas de tipos de entidade e seus respectivos relacionamentos. Em geral, o modelador de dados desenvolverá um DER inicial que contenha algumas entidades. Quando o projeto se aproximar da conclusão, o DER terá centenas de entidades e relacionamentos que preencherão o diagrama a ponto de torná-lo uma ferramenta de comunicação ilegível e ineficiente. Nesses casos, é possível utilizar grupos de entidades para minimizar o número de entidades apresentadas no DER.

Um **grupo de entidades**[1] é um tipo de entidade "virtual" utilizado para representar várias entidades e relacionamentos no DER. É formado pela combinação de várias entidades inter-relacionadas em um único objeto abstrato de entidades. O grupo de entidades é considerado "virtual" ou "abstrato" no sentido de que não é realmente uma entidade no DER final. Pelo contrário, trata-se de uma entidade temporária utilizada para representar várias entidades e relacionamentos, com a finalidade de simplificar o DER e, assim, aprimorar sua legibilidade.

A Figura 6.5 ilustra a utilização de grupos de entidades com base no exemplo da Tiny College do Capítulo 4. Observe que o DER contém dois grupos de entidades:

- OFERTA, que agrupa as entidades e relacionamentos de DISCIPLINA e TURMA.
- LOCAL, que agrupa as entidades e relacionamentos de SALA e EDIFÍCIO.

Observe também que o DER da Figura 6.5 não mostra os atributos das entidades. Ao utilizar grupos, os atributos de chave das entidades agrupadas não ficam mais disponíveis. Sem os atributos de chave, as regras de herança da chave primária se alteram. Por sua vez, a alteração das regras de herança pode ter consequências indesejáveis, como mudanças em relacionamentos – de identificação para não identificação ou vice-versa – e perda de atributos de chave estrangeira de algumas entidades. Para eliminar esses problemas, a regra geral é *evitar a apresentação de atributos quando se utilizam grupos de entidades*.

---

[1] Agrupamento de entidades é também chamado de Agregação de Entidades ou somente Agregação. (N.R.T.)

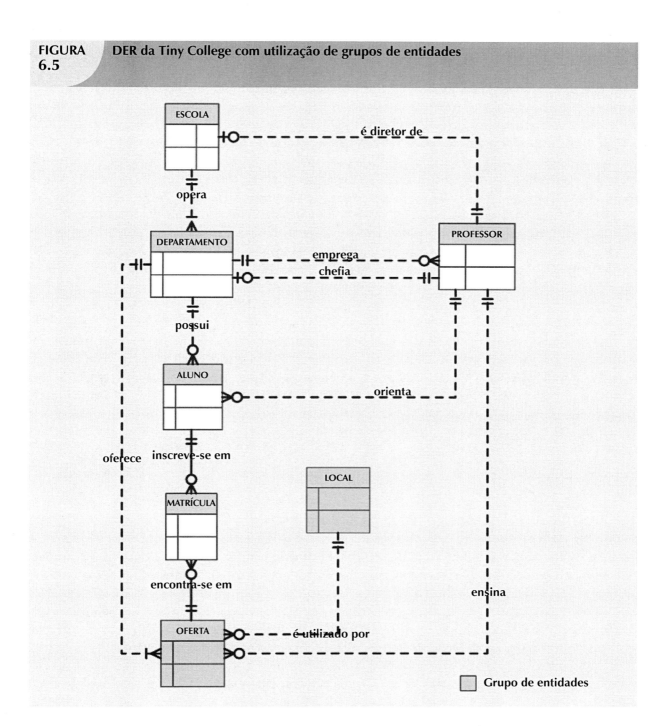

FIGURA 6.5 DER da Tiny College com utilização de grupos de entidades

INTEGRIDADE DE ENTIDADES: SELEÇÃO DE CHAVES PRIMÁRIAS

Pode-se dizer que a característica mais importante de uma entidade é sua chave primária (um único atributo ou uma combinação de atributos), que identifica exclusivamente cada instância da entidade. A função da chave primária é garantir a integridade de entidade. Além disso, as chaves primárias e estrangeiras atuam em conjunto para implementar relacionamentos no modelo relacional. Portanto, a importância de seleção adequada de chaves primárias possui um efeito direto sobre a eficiência e a eficácia da implementação do banco de dados.

CHAVES NATURAIS E CHAVES PRIMÁRIAS

O conceito de um identificador exclusivo é normalmente encontrado no mundo real. Por exemplo, utilizam-se números de turma (ou seção) para a matrícula em turmas, números de fatura para identificar faturas específicas, números de conta corrente para identificar cartões de crédito e assim por diante. Esses exemplos ilustram os identificadores ou chaves naturais. A **chave natural** ou **identificador natural** é um identificador real, amplamente aceito, utilizado para distinguir – ou seja, identificar exclusivamente – objetos reais. Como seu nome sugere, uma chave natural é familiar aos usuários finais e faz parte de seu vocabulário comercial cotidiano.

Normalmente, se uma entidade *tiver* um identificador natural, o modelador de dados deve utilizá-lo como chave primária da entidade que estiver sendo modelada. Em geral, a maioria das chaves naturais constitui identificadores aceitáveis para a chave primária. No entanto, há ocasiões em que a entidade sendo modelada não apresenta uma chave primária natural ou esta não é uma *boa* chave primária. Por exemplo, suponha uma entidade DESIGNAÇÃO, composta dos seguintes atributos:

DESIGNAÇÃO (DESIGN_DATA, PROJ_NUM, FUN_NUM, DESIGN_HORAS, DESIGN_TARIFA_HORA, DESIGN_TARIFA)

Qual atributo (ou combinação de atributos) seria uma boa chave primária? No Capítulo 5 você aprendeu que há dilemas associados à seleção de diferentes combinações de atributos como chave primária da tabela DESIGNAÇÃO. Você também aprendeu sobre a utilização de chaves surrogates. Dado esse conhecimento, a chave primária composta (DESING_DATA, PROJ_NUM, FUN_NUM) é uma *boa* chave primária? Ou uma chave surrogate seria uma escolha melhor? Por quê? A próxima seção apresenta algumas diretrizes básicas para a seleção de chaves primárias.

DIRETRIZES DE CHAVES PRIMÁRIAS

A chave primária é uma designação ou uma combinação de atributos que identifica exclusivamente as instâncias de um conjunto de entidades. Mas a chave primária pode se basear em, digamos, 12 atributos? E quão longa ela pode ser? Nos exemplos anteriores, por que EMP_NUM foi selecionado como chave primária de FUNCIONÁRIO, e não uma combinação de EMP_LNAME, EMP_FNAME, EMP_INITIAL e EMP_DOB? Um único atributo de texto de 256 bytes pode ser uma boa chave primária? Não há uma resposta única para essas questões, mas existe um conjunto de práticas que os especialistas em bancos de dados construíram através dos anos. Esta seção examina esse conjunto de práticas documentadas.

Em primeiro lugar, deve-se compreender a função de uma chave primária. Sua principal função é identificar exclusivamente uma instância ou linha de entidade em uma tabela. Em particular, dado o valor da chave primária – ou seja, o determinante –, o modelo relacional é capaz de determinar o valor de todos os atributos dependentes que "descrevem" a entidade. Observe que "*identificação*" e "*descrição*" são estruturas semânticas separadas no modelo. *A função da chave primária é garantir a integridade de entidade, não "descrever" a entidade.*

Em segundo lugar, as chaves primárias e as chaves estrangeiras são utilizadas para implementar relacionamentos entre entidades. No entanto, a implementação desses relacionamentos é feita, principalmente, nos "bastidores", oculta dos usuários finais. Na realidade, os usuários finais identificam objetos com base nas características que conhecem sobre eles. Por exemplo, ao fazermos compras em uma mercearia, selecionamos os produtos pegando-os na prateleira e lendo seus rótulos, não olhando o número de estoque. É prudente que as aplicações do banco de dados imitem o processo de seleção humana o mais rápido possível. Portanto, essas aplicações devem permitir que o usuário final escolha entre diversas descrições de diferentes objetos utilizando os valores de chave primária "nos bastidores". Tendo em mente esses conceitos, veja a Tabela 6.3, que resume as características desejáveis de chaves primárias.

TABELA 6.3 Características desejáveis de chaves principais

CARACTERÍSTICAS DE PK	MOTIVO
Valores exclusivos	A PK deve identificar de modo exclusivo cada instância de entidade. Uma chave primária deve ser capaz de garantir valores exclusivos. Ela não pode conter nulos.
Não intuitiva	A PK não deve apresentar conteúdo semântico incorporado (não deve se relacionar a um fato). Um atributo com conteúdo semântico provavelmente é mais bem utilizado como característica descritiva da entidade e não como identificador. Em outras palavras, seria preferível a ID de aluno 650973 como chave primária do que Smith, Martha L. Em resumo, a PK não deve ter conteúdo factual.
Sem alteração com o passar do tempo	Se um atributo possui conteúdo semântico, pode estar sujeito a atualizações. Por isso, nomes não constituem boas chaves primárias. Tendo-se Vickie Smith como chave primária, o que ocorre quando ela se casar? Se a chave primária estiver sujeita a mudança, os valores de chave estrangeira devem ser atualizados, contribuindo, assim, para a carga de trabalho do banco de dados. Além disso, a alteração de um valor de chave primária significa que se está basicamente alterando a identidade de uma entidade. Em resumo, a PK deve ser permanente e imutável.
Preferencialmente de um único atributo	Uma chave primária deve ter o número mínimo de atributos possível (irredutível). As chaves primárias com um único atributo são desejáveis, mas não necessárias. Elas simplificam a implementação de chaves estrangeiras. Ter chaves primárias com vários atributos pode fazer com que chaves primárias de entidades relacionadas cresçam em razão da possível adição de vários atributos, contribuindo, assim, para a carga de trabalho do banco de dados e tornando mais trabalhosa a codificação (de aplicações).
Preferencialmente numérica	Valores exclusivos podem ser mais bem gerenciados quando são numéricos, pois o banco de dados pode utilizar rotinas internas para implementar um atributo com contador que incremente automaticamente os valores quando da adição de cada nova coluna. Na verdade, a maioria dos sistemas de bancos de dados inclui a possibilidade de utilizar estruturas especiais, como o Autonumber do Microsoft Access, para dar suporte a atributos de chave primária autoincrementados.
Segurança adequada	A chave primária selecionada não deve ser composta de atributos que possam ser considerados um risco ou violação de segurança. Por exemplo, utilizar o número da Previdência Social como PK de uma tabela FUNCIONÁRIO não é uma boa ideia, pois, nos Estados Unidos, ele pode ser usado em fraudes.

QUANDO UTILIZAR CHAVES PRIMÁRIAS COMPOSTAS

Na seção anterior, você aprendeu sobre as características desejáveis das chaves primárias. Por exemplo, a chave primária deve utilizar o menor número de atributos possível. No entanto, isso *não* significa que chaves primárias compostas sejam proibidas em modelos. Na verdade, esse tipo de chave é especialmente útil em dois casos:

- Com identificadores de entidades compostas, em que cada combinação de chave primária é permitida somente uma vez no relacionamento M:N.
- Como identificadores de entidades fracas, em que essa entidade possui uma relação de identificação forte com a entidade pai.

Para ilustrar o primeiro caso, suponha um conjunto de entidades ALUNO e um conjunto de entidades TURMA. Além disso, suponha que esses dois conjuntos estejam em um relacionamento M:N mediado pelo conjunto de entidades MATRÍCULA, no qual cada combinação de aluno/turma pode aparecer apenas uma vez. A Figura 6.6 apresenta o DER que representa esse relacionamento.

Conforme apresentado nessa figura, a chave primária composta proporciona automaticamente o benefício de garantir que não haja valores duplicados – ou seja, garante que o mesmo aluno não se matricule mais de uma vez na mesma turma.

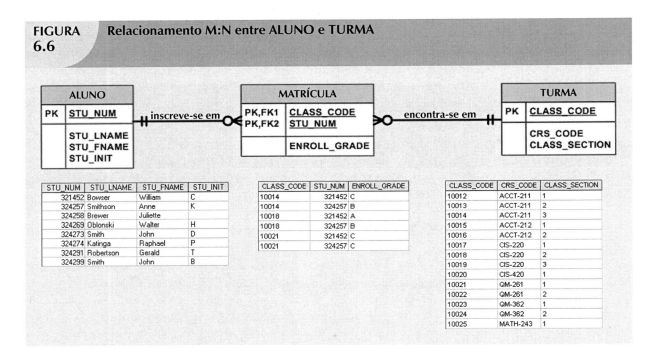

FIGURA 6.6   Relacionamento M:N entre ALUNO e TURMA

No segundo caso, uma entidade fraca em uma relação de identificação forte com uma entidade pai normalmente é utilizada para representar uma dessas duas situações:

1. *Um objeto real dependente da existência de outro objeto real.* Esses tipos de objetos são distinguíveis no mundo real. Um dependente e um funcionário são duas pessoas diferentes que existem independente uma da outra. No entanto, esses objetos só podem ocorrer no modelo quando estão relacionados entre si em um relacionamento de identificação forte. Por exemplo, o relacionamento entre FUNCIONÁRIO e DEPENDENTE é de dependência de existência. Nesse relacionamento, a chave primária da entidade dependente é uma chave composta que contém a chave da entidade pai.

2. *Um objeto real representado no modelo de dados como duas entidades distintas em um relacionamento de identificação forte.* Por exemplo, o objeto real de fatura é representado por duas entidades em um modelo de dados: FATURA e LINHA. É claro que a entidade LINHA não existe na realidade como um objeto independente, mas faz parte de uma FATURA.

Em ambas as situações, ter um relacionamento de identificação forte garante que a entidade dependente possa existir apenas quando estiver relacionada com a entidade pai. Em suma, a seleção de uma chave primária composta para tipos de entidades compostas ou fracas proporciona benefícios que aprimoram a integridade e a consistência do modelo.

QUANDO UTILIZAR CHAVES SURROGATES COMO CHAVES PRIMÁRIAS

Há alguns casos em que uma chave primária não existe no mundo real ou a chave natural existente pode não ser uma chave primária adequada. Por exemplo, considere o caso das instalações de recreação de um parque que alugue salões para pequenas festas. O gerente das instalações rastreia todos os eventos, utilizando uma pasta com o formato apresentado na Tabela 6.4.

TABELA 6.4 Dados utilizados para o rastreamento de eventos

DATA	HORA_INÍCIO	HORA_FINAL	SALÃO	EVENTO_NOME	FESTA_ CONVIDADOS
17/6/08	11h00	14h00	Allure	Casamento dos Burton	60
17/6/08	11h00	14h00	Bonanza	Escritório Adams	12
17/6/08	15h00	17h30	Allure	Família Smith	15
17/6/08	15h30	17h30	Bonanza	Escritório Adams	12
18/6/08	13h00	15h00	Bonanza	Escoteiros	33
18/6/08	11h00	14h00	Allure	Instituição de Caridade March of Dimes	25
18/6/08	11h00	12h30	Bonanza	Família Smith	12

Considerando-se as datas da Tabela 6.4, a entidade EVENTO deve ser modelada como:

EVENTO (DATA, HORA_INÍCIO, HORA_FINAL, SALÃO, EVENTO_NOME, FESTA_ CONVIDADOS)

Que chave primária você sugeriria? Nesse caso, não há uma chave natural simples que possa ser utilizada como chave primária no modelo. Com base nos conceitos de chave primária que você aprendeu nos capítulos anteriores, seria possível sugerir uma das seguintes opções:

(**DATA, HORA INÍCIO, SALÃO**) ou (**DATA, HORA FINAL, SALÃO**)

Suponha que você selecione a chave primária composta (**DATA, HORA_INÍCIO, SALÃO**). Em seguida, determina que um EVENTO possa utilizar vários RECURSOs (como mesas, projetores, PCs e estandes), e que o mesmo RECURSO possa ser utilizado para diversos EVENTOs. A entidade RECURSO seria representada pelos seguintes atributos:

RECURSO (**RCRS ID**, RCRS_DESCRIÇÃO, RCRS_TIPO, RCRS_QTD, RCRS_PREÇO)

Dadas as regras de negócio, o relacionamento M:N entre RECURSO e EVENTO seria representado por meio da entidade composta EVENTORCRS com uma chave primária composta, da seguinte maneira:

EVENTORCRS (**DATA**, **HORA_INÍCIO**, **SALÃO**, **RCRS_ID**, QTD_UTILIZADA)

Tem-se agora uma chave primária com quatro atributos de comprimento. O que aconteceria se a chave primária da entidade EVENTORCRS fosse herdada por outra entidade dependente de existência? Agora podemos ver que a chave primária composta poderia tornar a implementação do banco de dados e a codificação de programas desnecessariamente complexas.

Como modelador de dados, você provavelmente notou que a chave primária selecionada da entidade EVENTO pode não ter sido bem-sucedida, dadas as diretrizes da Tabela 6.3. No caso, essa chave contém informações semânticas incorporadas e é formada pelas colunas dados com data, hora e texto. Além disso, a chave selecionada resultaria em chaves primárias longas nas entidades dependentes de existência. A solução para o problema é utilizar uma chave primária surrogate com um único atributo numérico.

As chaves surrogates constituem uma prática aceita nos complexos ambientes de dados atuais. Elas são especialmente úteis quando não há chave natural, quando a chave candidata selecionada possui conteúdo semântico incorporado ou é muito longa ou trabalhosa. No entanto, há um dilema: quando se utiliza uma chave surrogate, deve-se garantir que a chave candidata da entidade em questão funcione adequadamente por meio da utilização de restrições de "índice exclusivo" e "ausência de nulos".

CASOS DE PROJETOS: BANCO DE DADOS FLEXÍVEL

A modelagem e o projeto de dados exigem habilidades adquiridas com a experiência. A experiência, por sua vez, é adquirida por meio da prática – a repetição regular e frequente, e a aplicação dos conceitos aprendidos a problemas de projeto específicos e diferentes. Esta seção apresenta quatro casos especiais que enfatizam a importância de projetos flexíveis, identificação adequada de chaves primárias e disposição das chaves estrangeiras.

NOTA

A descrição dos diferentes conceitos de modelagem neste livro foca os modelos relacionais. Além disso, em razão da ênfase na natureza prática dos projetos de bancos de dados, todas as questões de projeto são tratadas tendo em mente objetivos de implementação. Portanto, não há uma linha clara de demarcação entre projeto e implementação.

No estágio conceitual puro do projeto, as chaves estrangeiras não fazem parte do diagrama ER. O DER apresenta apenas as entidades e relacionamentos. As primeiras são apontadas por identificadores que podem se tornar chaves primárias. Durante o projeto, o modelador tenta compreender e definir as entidades e relacionamentos. As chaves estrangeiras são o mecanismo por meio do qual o relacionamento *projetado* em um DER é *implementado* em um modelo relacional. Se você utiliza o Visio Professional como ferramenta de modelagem, descobrirá que a metodologia deste livro se reflete na prática do Visio.

CASO DE PROJETO 1: IMPLEMENTAÇÃO DE RELACIONAMENTOS 1:1

As chaves estrangeiras funcionam em conjunto com as chaves primárias para identificar adequadamente os relacionamentos no modelo relacional. A regra básica é muito simples: coloque a chave primária do lado "um" (a entidade pai) como chave estrangeira do lado "muitos" (a entidade dependente). No entanto, onde colocar a chave estrangeira quando se trabalha com um relacionamento 1:1? Por exemplo, vamos tomar o caso de um relacionamento 1:1 entre FUNCIONÁRIO e DEPARTAMENTO, com base na regra de negócio "um FUNCIONÁRIO é gerente de um DEPARTAMENTO e um DEPARTAMENTO é gerenciado por um FUNCIONÁRIO". Nesse caso, há duas opções para a seleção e o posicionamento da chave estrangeira:

1. *Colocar a chave estrangeira em ambas as entidades.* Essa opção decorre da regra básica aprendida no Capítulo 4. Coloque FUN_NUM como chave estrangeira de DEPARTAMENTO e DEPT_ID como chave estrangeira de FUNCIONÁRIO. No entanto, essa solução não é recomendada, pois duplicaria o trabalho e poderia entrar em conflito com outros relacionamentos existentes. (Lembre-se de que DEPARTAMENTO e FUNCIONÁRIO também participam de um relacionamento 1:M – um departamento emprega muitos funcionários.)

2. *Colocar a chave estrangeira em uma das entidades.* Nesse caso, a chave primária de uma entidade aparece como chave estrangeira da outra. Essa é a solução preferível; mas resta ainda uma questão: *qual* chave primária deve ser utilizada como chave estrangeira? A resposta a essa questão encontra-se na Tabela 6.5, que apresenta o motivo para se selecionar a chave estrangeira de um relacionamento 1:1 com base nas propriedades do relacionamento no DER.

TABELA 6.5 Seleção de chave estrangeira em um relacionamento 1:1

CASO	RESTRIÇÕES DO RELACIONAMENTO ER	AÇÃO
I	Um lado é obrigatório e outro é opcional.	Coloque a PK da entidade do lado obrigatório como FK da entidade do lado opcional e torne a PK obrigatória.
II	Ambos os lados são opcionais.	Selecione a FK que resulta no menor número de nulos ou coloque a FK na entidade em que o papel (do relacionamento) é executado.
III	Ambos os lados são obrigatórios.	Veja o Caso II ou considere a revisão do modelo para garantir que as duas entidades não pertençam a uma única entidade.

A Figura 6.7 ilustra o relacionamento "FUNCIONÁRIO gerencia DEPARTAMENTO". Observe que, nesse caso, FUNCIONÁRIO é obrigatório para DEPARTAMENTO. Portanto, FUN_NUM é colocado como chave estrangeira em DEPARTAMENTO. Por outro lado, também se poderia argumentar que o papel de "gerente" é executado pelo FUNCIONÁRIO no DEPARTAMENTO.

Como projetista, você deve reconhecer que existem relacionamentos 1:1 na realidade e, portanto, devem ser suportados no modelo de dados. Na verdade, um relacionamento 1:1 é utilizado para garantir que dois conjuntos de entidades não sejam posicionados na mesma tabela. Em outras palavras, FUNCIONÁRIO e DEPARTAMENTO estão claramente separados e são tipos de entidade exclusivos que não pertencem a uma única entidade. Se você agrupá-los em uma entidade, como se chamaria?

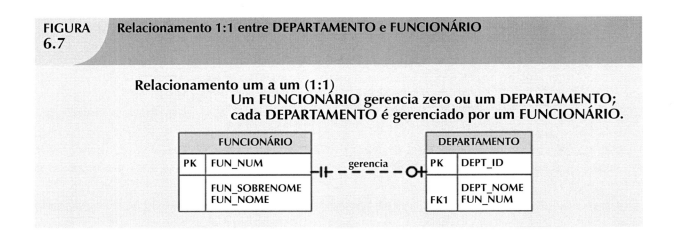

FIGURA 6.7 Relacionamento 1:1 entre DEPARTAMENTO e FUNCIONÁRIO

Relacionamento um a um (1:1)
Um FUNCIONÁRIO gerencia zero ou um DEPARTAMENTO;
cada DEPARTAMENTO é gerenciado por um FUNCIONÁRIO.

CASO DE PROJETO 2: MANUTENÇÃO DE HISTÓRICO DE DADOS QUE VARIAM NO TEMPO

Os gerentes de empresas costumam pensar que boas tomadas de decisões baseiam-se nas informações geradas pelos dados armazenados em bancos de dados. Esses dados refletem eventos atuais e passados. Na verdade, os gerentes utilizam os dados armazenados em bancos para responder a questões do tipo: "como estão os lucros atuais da empresa em comparação aos de anos anteriores?" e "quais as tendências de vendas do produto XYZ?". Em outras palavras, os dados armazenados no banco refletem não apenas valores atuais, mas também históricos.

Normalmente, as mudanças de dados são gerenciadas substituindo-se o valor existente do atributo pelo novo valor, sem se preocupar com o anterior. No entanto, há situações em que deve ser preservado o histórico dos valores de determinado atributo. Do ponto de vista da modelagem, os **dados variáveis no tempo** são aqueles cujos valores se alteram com o passar do tempo e para os quais é *necessário* manter um histórico de alterações. Pode-se argumentar que todos os dados de um banco de dados estão sujeitos a alterações no tempo e, portanto, são variáveis no tempo. No entanto, alguns valores de atributos, como datas de nascimento e números de Seguro Social, não o são. Por outro lado, atributos como a média das notas de um aluno ou o saldo de contas bancárias estão sujeitos a mudanças. Às vezes, essas mudanças se originam externamente e são induzidas por um evento, como a mudança de preço de um produto. Em outras ocasiões, as alterações baseiam-se em programações bem definidas, como os valores diários de "abertura" e "fechamento" da cotação de uma ação.

Em todo caso, manter o histórico de dados variáveis no tempo é equivalente a ter um atributo com diversos valores em sua entidade. Para modelar esse tipo de dado, deve-se criar uma nova entidade em um relacionamento 1:M com a entidade original. Essa nova entidade conterá o novo valor, a data da alteração e qualquer outro atributo pertinente ao evento que está sendo modelado. Por exemplo, caso se deseje rastrear o gerente atual, bem como o histórico de gerentes do departamento através do tempo, pode-se criar o modelo apresentado na Figura 6.8.

Observe que nessa figura a entidade GRT_HIST possui um relacionamento 1:M com FUNCIONÁRIO e um relacionamento 1:M com DEPARTAMENTO, de modo a refletir o fato de que, com o passar do tempo, um funcionário pode ser gerente de vários departamentos e um departamento pode ter diversos gerentes dentre os funcionários. Como se deseja registrar dados variáveis no tempo, se deve armazenar o atributo DATA_DESIGN na entidade GRT_HIST de modo a fornecer a data em que o funcionário (FUN_NUM) se tornou gerente do departamento. A chave primária de GRT_HIST permite que o mesmo funcionário seja gerente do mesmo departamento, mas em datas diferentes. Se não for essa a situação do ambiente em questão – se, por exemplo, um funcionário for o gerente de um departamento apenas uma vez – pode-se tornar DATA_DESIGN um atributo não primário da entidade GRT_HIST.

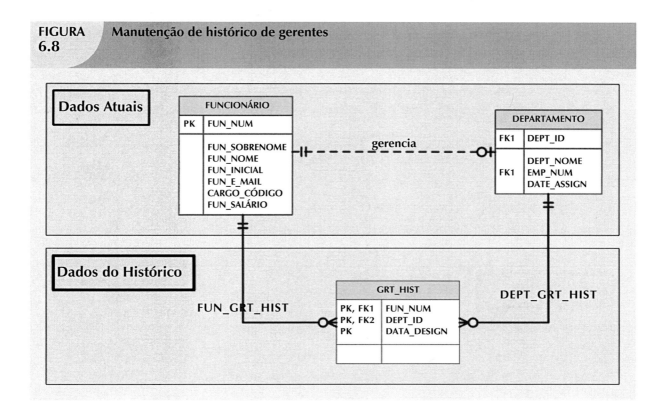

FIGURA 6.8 — Manutenção de histórico de gerentes

Observe na Figura 6.8 que o relacionamento "gerencia" é opcional em teoria e redundante na prática. A qualquer momento, se pode descobrir quem é o gerente de um departamento recuperando a data mais recente em DATA_DESIGN do GRT_HIST de determinado departamento. Por outro lado, o DER da Figura 6.8 diferencia entre os dados atuais e os históricos. O relacionamento do gerente *atual* é implementado pelo relacionamento "gerencia" entre FUNCIONÁRIO e DEPARTAMENTO. Além disso, os dados históricos são gerenciados por meio de FUN_GRT_HIST e DEPT_GRT_HIST. O dilema desse modelo é que a cada vez que um novo gerente é designado a um departamento, há duas modificações de dados: uma atualização da entidade DEPARTAMENTO e uma inserção na entidade GRT_HIST.

A flexibilidade do modelo proposto na Figura 6.8 torna-se mais aparente quando adiciona-se o relacionamento 1:M "um departamento emprega vários funcionários". Nesse caso, a PK do lado "1" (DEPT_ID) aparece como chave estrangeira do lado "muitos" (FUNCIONÁRIO). Suponha, agora, que se deseje rastrear o histórico de cargo de cada funcionário da empresa, provavelmente incluindo o armazenamento de departamento, código de cargo, data da designação e salário. Para realizar essa tarefa, deve-se modificar o modelo da Figura 6.8, adicionando a entidade CARGO_HIST. A Figura 6.9 mostra a utilização dessa nova entidade para manter o histórico dos funcionários.

Novamente, vale a pena enfatizar que os relacionamentos "gerencia" e "emprega" são opcionais em teoria e redundantes na prática. Pode-se sempre descobrir onde cada funcionário trabalha olhando-se o histórico de cargos e selecionando apenas a linha de dados mais recente do funcionário. No entanto, como descobriremos no Capítulo 7, "Introdução à linguagem SQL (Structured Query Language)" e no Capítulo 8, "SQL avançada", descobrir onde cada funcionário trabalha não é uma tarefa trivial. Portanto, o modelo representado na Figura 6.9 inclui os relacionamentos redundantes, mas inquestionavelmente úteis "gerencia" e "emprega" para separar os dados atuais dos históricos.

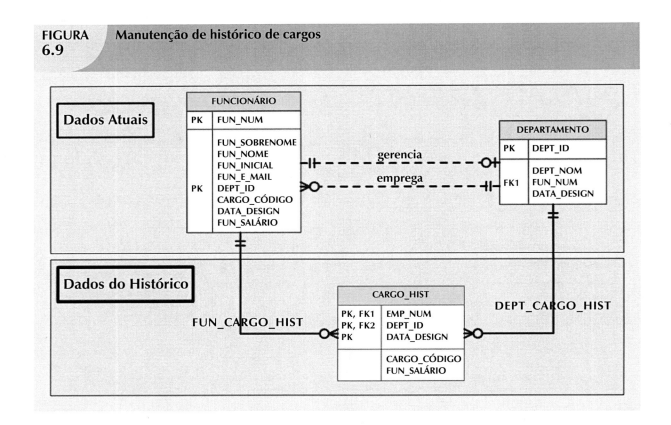

FIGURA 6.9 Manutenção de histórico de cargos

CASO DE PROJETO 3: FAN TRAPS

A criação de um modelo de dados exige a identificação adequada dos relacionamentos entre entidades. No entanto, em decorrência das falhas de comunicação ou compreensão incompleta das regras ou processos de negócio, não é incomum a identificação incorreta desses relacionamentos. Nessas circunstâncias, o DER pode conter uma armadilha de projeto. Uma **armadilha de projeto** ocorre quando um relacionamento é identificado de maneira inadequada ou incompleta, sendo representado, portanto, de um modo inconsistente em relação à realidade. A mais comum é a *fan trap*.

Uma **fan trap** ocorre quando uma entidade está em dois relacionamentos 1:M com outras entidades, produzindo, assim, uma associação entre as outras entidades que não é expressa no modelo. Por exemplo, suponha que a liga de basquete JCB tenha várias divisões. Cada divisão possui vários jogadores e equipes. Dadas essas regras de negócio "incompletas", pode-se criar um DER que pareça com o da Figura 6.10.

Como você pode ver nessa figura, DIVISÃO encontra-se em um relacionamento 1:M com EQUIPE e em um relacionamento 1:M com JOGADOR. Embora essa representação esteja semanticamente correta, os relacionamentos não estão identificados de forma adequada. Por exemplo, não há como identificar quais jogadores atuam em quais equipes. A Figura 6.10 também apresenta um exemplo de representação de relacionamentos de instâncias no DER. Observe que as linhas de relacionamento das instâncias de DIVISÃO espalham-se para as instâncias das entidades EQUIPE e JOGADOR – daí o nome "fan trap".

A Figura 6.11 mostra o DER correto após a eliminação dessa armadilha. Observe que, nesse caso, DIVISÃO encontra-se em um relacionamento 1:M com EQUIPE. Esse atributo, por sua vez, encontra-se em um relacionamento 1:M com JOGADOR. A Figura 6.11 também mostra a representação dos relacionamentos de instâncias após a eliminação da fan trap.

FIGURA 6.10   **DER incorreto com problema de fan trap**

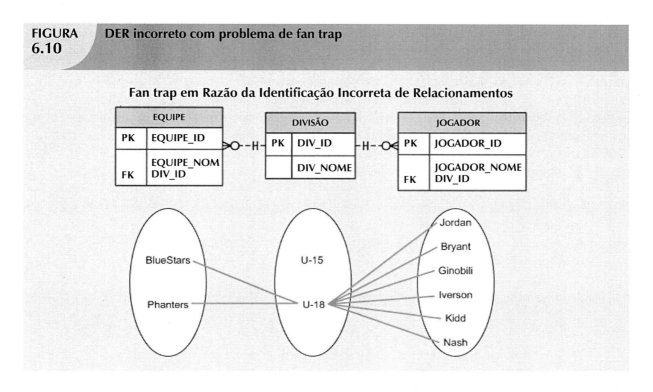

FIGURA 6.11   **DER corrigido após remoção da fan trap**

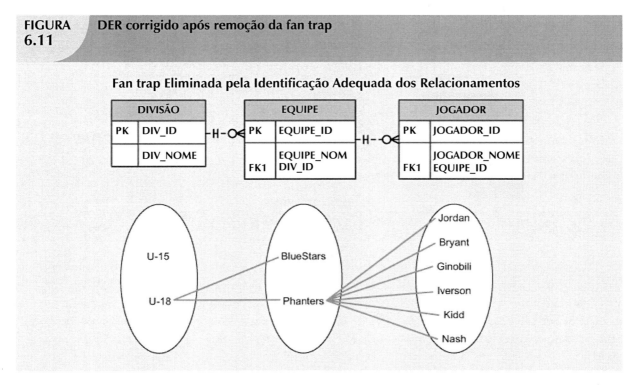

Dado o projeto da Figura 6.11, observe como é fácil ver quais jogadores atuam em quais equipes. No entanto, para descobrir quais jogadores atuam em quais divisões, é necessário, primeiro, ver que equipes pertencem a cada divisão e, em seguida, que jogadores atuam em cada equipe. Em outras palavras, há um relacionamento transitivo entre DIVISÃO e JOGADOR por meio da entidade EQUIPE.

CASO DE PROJETO 4: RELACIONAMENTOS REDUNDANTES

Embora seja comum a redundância ter aspectos positivos em ambientes computacionais (vários backups em diferentes lugares, por exemplo), ela raramente é boa no ambiente de banco de dados. (Como você aprendeu no Capítulo 3, elas podem provocar anomalias de dados.) Os relacionamentos redundantes ocorrem quando há vários caminhos de relacionamento entre as entidades relacionadas. A principal preocupação quanto aos relacionamentos redundantes é que permaneçam consistentes por todo o modelo. No entanto, é importante observar que alguns projetos utilizam esse tipo de relacionamento como um modo de simplificação.

Um exemplo disso foi apresentado pela primeira vez na Figura 6.8 durante a discussão sobre a manutenção de um histórico de dados variáveis no tempo. No entanto, a utilização dos relacionamentos "gerencia" e "emprega" foi justificada pelo fato de que lidavam com os dados atuais, e não com os históricos. Outro exemplo mais específico de um relacionamento redundante está representado na Figura 6.12.

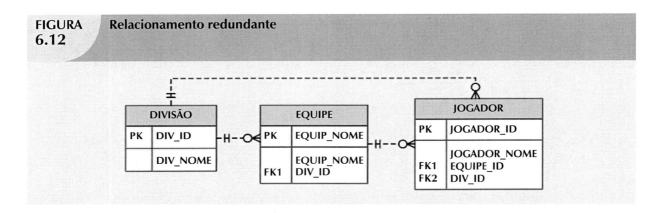

FIGURA 6.12 Relacionamento redundante

Na Figura 6.12, observe o relacionamento 1:M transitivo entre DIVISÃO e JOGADOR por meio do conjunto de entidades EQUIPE. Portanto, o relacionamento que conecta DIVISÃO e JOGADOR é, para todas as finalidades práticas, redundante. Nesse caso, ele poderia seguramente ser excluído sem a perda de qualquer capacidade de geração de informações no modelo.

LISTA DE VERIFICAÇÃO DE MODELAGEM DE DADOS

A modelagem de dados traduz um ambiente real específico em um modelo de dados que representa dados, usuários, processos e interações reais. Você aprendeu, neste capítulo, como o EERM permite que o projetista adicione maior conteúdo semântico ao modelo. Aprendeu também sobre os dilemas e complicações da seleção de chaves primárias e estudou a modelagem de dados variáveis no tempo. As técnicas de modelagem apresentadas até agora fornecem as ferramentas necessárias para a criação de projetos de bancos de dados bem-sucedidos. No entanto, assim como todo bom piloto utiliza uma lista de verificação para garantir que tudo esteja em ordem para um bom voo, a lista de modelagem de dados apresentada na

Tabela 6.6 ajudará a garantir a execução adequada das tarefas de modelagem de dados. (Essa lista se baseia nos conceitos e ferramentas apresentados no início do Capítulo 3.) Portanto, assumimos que você esteja familiarizado com os termos e identificações utilizadas na lista, como *sinônimos*, *alias* e *3NF*.

TABELA 6.6 Lista de verificação de modelagem de dados

REGRAS DE NEGÓCIO
- Documente e verifique adequadamente todas as regras de negócio com os usuários finais.
- Garanta que todas as regras sejam escritas de modo preciso, claro e simples, pois devem ajudar a identificar as entidades, atributos, relacionamentos e restrições.
- Identifique a fonte de todas as regras de negócio e garanta que sejam acompanhadas do motivo de sua existência e da data e pessoa(s) responsável(is) por sua verificação e aprovação.

MODELAGEM DE DADOS

Convenções de nomenclatura: Todos os nomes devem ter comprimento limitado (tamanho dependente do banco de dados).
- **Nomes de Entidades:**
  - Devem ser substantivos curtos, significativos e familiares aos negócios.
  - Devem incluir abreviaturas, sinônimos e *alias* para cada entidade.
  - Devem ser exclusivos no interior do modelo.
  - Para entidades compostas, pode incluir uma combinação de nomes abreviados das entidades ligadas por meio dessa entidade.
- **Nomes de Atributos:**
  - Devem ser exclusivos no interior da entidade.
  - Devem utilizar a abreviatura ou prefixo da entidade.
  - Devem ser descritivos da característica.
  - Devem utilizar sufixos como _ID, _NUM ou _CÓDIGO para atributo de FK.
  - Não devem ser uma palavra reservada.
  - Não devem conter espaços ou caracteres especiais como @, ! ou &.
- **Nomes de Relacionamentos:**
  - Devem ser verbos na voz ativa ou passiva que indiquem claramente a natureza do relacionamento.

Entidades:
- Cada entidade deve representar um único assunto.
- Cada entidade deve representar um conjunto de instâncias de entidades distinguíveis.
- Todas as entidades devem estar em 3NF ou superior.
- A granularidade da instância de entidade é claramente definida.
- A PK é claramente definida e dá suporte à granularidade de dados selecionada.

Atributos:
- Devem ser simples e monovalorados (dados atômicos).
- Devem incluir valores-padrão, restrições, sinônimos e *alias*.
- Atributos derivados devem ser claramente identificados e incluir fonte(s).
- Não devem ser redundantes, a menos que sejam necessários para precisão de transações, manutenção de histórico ou chave estrangeira.
- Atributos que não são chave devem ser totalmente dependentes do atributo de PK.

Relacionamentos:
- Devem identificar claramente seus participantes.
- Devem definir claramente as regras de participação e de cardinalidade.

Modelo ER:
- Deve ser validado em relação aos processos esperados: inserções, atualizações e exclusões.
- Devem avaliar onde, quando e como manter um histórico.
- Não devem conter relacionamentos redundantes, exceto quando necessário (veja atributos).
- Devem minimizar a redundância de dados para garantir atualizações em um único local.
- Devem se adequar à regra dos dados mínimos: tudo o que é necessário está à disposição e tudo o que está à disposição é necessário.

RESUMO

- O modelo de entidade-relacionamento estendido (EER) adiciona semântica ao modelo de ER por meio de supertipos, subtipos e grupos de entidades. Um supertipo é um tipo genérico de entidade relacionado a um ou mais subtipos.

- A hierarquia de especialização representa a organização e os relacionamentos entre supertipos e subtipos de entidades. A herança significa que um subtipo de entidade herda os atributos e relacionamentos do supertipo. Os subtipos podem ser deslocados ou sobrepostos. Utiliza-se um discriminador de subtipos para determinar a qual subtipo de entidade a ocorrência de supertipo está relacionada. Os subtipos podem apresentar integralidade parcial ou total. Há basicamente duas abordagens para desenvolver hierarquias de especialização de subtipos e supertipos de entidades: especialização e generalização.

- O grupo de entidades é um tipo de entidade "virtual" utilizado para representar várias entidades e relacionamentos no DER. É formado pela combinação de várias entidades inter-relacionadas e relacionamentos em um único objeto abstrato de entidades.

- As chaves naturais são identificadores existentes na realidade. Às vezes, constituem boas chaves primárias, mas isso não é necessariamente verdadeiro. As chaves primárias devem apresentar as seguintes características: ter valores exclusivos, não serem intuitivas, não mudar com o passar do tempo e serem preferencialmente numéricas e compostas de um único atributo.

- As chaves compostas são úteis para representar relacionamentos M:N e entidades fracas (de identificação forte).

- As chaves primárias surrogates são úteis quando não há chave natural que possa ser uma chave primária adequada e quando a chave primária é composta de vários tipos diferentes de dados ou é muito longa para ser utilizada.

- Em um relacionamento 1:1, coloque a PK da entidade obrigatória como chave estrangeira da entidade opcional, como FK na entidade que provoque o menor número de nulos ou como PK no local em que o papel é executado.

- Os dados variáveis no tempo são aqueles cujos valores se alteram com o passar do tempo e cujas necessidades impõem a manutenção de um histórico de alterações de dados. Para manter o histórico desses dados, deve-se criar uma entidade que contenha o novo valor, a data de alteração e quaisquer outros dados relevantes sobre tempo. Essa entidade mantém um relacionamento 1:M com a entidade para a qual o histórico é sustentado.

- Uma fan trap quando uma entidade está em dois relacionamentos 1:M com outras entidades e há uma associação entre as outras entidades que não é expressa no modelo. Os relacionamentos redundantes ocorrem quando há vários caminhos de relacionamento entre as entidades relacionadas. A principal preocupação quanto aos relacionamentos redundantes é que permaneçam consistentes por todo o modelo.

- A lista de verificação de modelagem de dados propicia um modo de o projetista verificar se o DER atende a um conjunto de exigências mínimas.

QUESTÕES DE REVISÃO

1. O que é um supertipo de entidades e por que é utilizado?
2. Que tipos de dados você armazenaria em um subtipo de entidades?
3. O que é uma hierarquia de especialização?

4. O que é um discriminador de subtipos? Dê um exemplo de seu uso.

5. O que é um subtipo sobreposto? Dê um exemplo.

6. Qual é a diferença entre integralidade parcial e integralidade total?

7. O que é um grupo de entidades e quais vantagens são obtidas quando utilizadas?

8. Quais características de chaves primárias são consideradas desejáveis? Explique *por que* cada característica é considerada desejável.

9. Sob quais circunstâncias as chaves primárias compostas são adequadas?

10. O que é chave primária surrogate e quando você a utilizaria?

11. Ao implementar um relacionamento 1:1, onde você colocaria a chave estrangeira se um lado fosse obrigatório e o outro, opcional? A chave estrangeira deve ser obrigatória ou opcional?

12. O que são dados variáveis no tempo e como você lidaria como eles do ponto de visa do projeto de bancos de dados?

13. Qual é a armadilha de projeto mais comum e como ocorre?

14. Utilizando a lista de verificação de projetos apresentada neste capítulo, quais convenções de nomenclatura você deve utilizar?

15. Utilizando a lista de verificação de projetos apresentada neste capítulo, quais características as entidades devem apresentar?

PROBLEMAS

1. A AVANTIVE Corporation é uma empresa especializada na comercialização de peças de automóveis. Ela possui dois tipos de clientes: varejo e atacado. Todos os clientes possuem ID, nome, endereço, número telefônico, endereço de entrega-padrão, data da última compra e data do último pagamento. Os clientes de varejo possuem esses atributos, mais tipo de cartão, número e data de validade do cartão de crédito e endereço de e-mail. Os clientes de atacado possuem aqueles atributos, mais nome, telefone e endereço de e-mail de contato, número e data de pedido de compra, porcentagem de desconto, endereço de cobrança, estatuto fiscal (se isento) e número de identificação de contribuinte. Um cliente de varejo não pode ser um cliente de atacado e vice-versa. Dadas essas informações, crie o DER que contenha todas as chaves primárias, chaves estrangeiras e atributos primários.

2. A AVANTIVE Corporation possui cinco departamentos: administração, marketing, vendas, entregas e compras. Cada departamento emprega vários funcionários. Cada funcionário possui um ID, nome, endereço residencial, telefone residencial, salário e ID de contribuinte (número na Previdência Social). Alguns são classificados como representantes de vendas, outros como suporte técnico e outros, ainda, como administradores. Os representantes de vendas recebem comissão com base nas vendas. Exige-se que os funcionários de suporte técnico sejam certificados em suas áreas de especialização. Por exemplo, alguns são certificados como especialistas em sistemas de transmissão, outros em sistemas elétricos. Todos os administradores devem ter um grau e uma bonificação. Dadas essas informações, crie o DER que contenha todas as chaves primárias, chaves estrangeiras e atributos primários.

3. A AVANTIVE Corporation opera sob as seguintes regras de negócio:

   • Mantém uma lista de modelos de carros com informações sobre fabricante, modelo e ano. Mantém várias peças em estoque. Uma peça possui ID, descrição, preço unitário e quantidade disponível. Uma peça pode ser utilizada em vários modelos de carros e um modelo de carro possui várias peças.

   • Um cliente de varejo, normalmente, paga com cartão de crédito e é cobrado pelo preço listado de cada item adquirido. Já um cliente de atacado, normalmente, paga por meio de ordem de compra com prazos de 30 dias corridos, sendo cobrado um preço com desconto para cada item adquirido. (O desconto varia de cliente para cliente.)

- Um cliente (varejo ou atacado) pode fazer vários pedidos. Cada pedido possui número, data, endereço de entrega, endereço de cobrança e uma lista de códigos de peças, quantidades, preços unitários e linha expandida com os totais. Cada pedido também possui um ID de representante de vendas (um funcionário) para identificar a pessoa que fez a venda, subtotal, total de impostos sobre pedido, custo de entrega, data de envio, custo total, pagamento total e andamento (aberto, concluído ou cancelado).

Dadas essas informações, crie o DER completo que contenha todas as chaves primárias, chaves estrangeiras e atributos primários.

4. No Capítulo 4, acompanhamos a criação do banco de dados da Tiny College. Esse projeto refletiu regras de negócio como "um professor pode orientar vários alunos" e "um professor pode chefiar um departamento". Modifique o projeto apresentado na Figura 4.36 para incluir as seguintes regras:

- Um funcionário pode ser membro da equipe, professor ou administrador.
- Um professor também pode ser um administrador.
- Funcionários de equipe possuem classificação de nível de trabalho, como Nível I e Nível II.
- Apenas professores podem chefiar um departamento. Um departamento é chefiado por um único professor.
- Apenas professores podem ser diretores de uma faculdade. Cada faculdade possui apenas um diretor.
- Um professor pode ensinar várias turmas.
- Os administradores possuem um grau de posição.
- Dadas essas informações, crie o DER completo que contenha todas as chaves primárias, chaves estrangeiras e atributos primários.

5. A Tiny College deseja rastrear o histórico de todas as suas nomeações administrativas (datas de nomeação e de encerramento). (*Sugestão*: Os dados variáveis no tempo estão atuando.) O reitor da Tiny College talvez queira saber quantos diretores trabalharam na Faculdade de Negócios entre 1º de janeiro de 1960 e 1º de janeiro de 2008, ou quem era o diretor da Faculdade de Educação em 1990. Dadas essas informações, crie o DER completo que contenha todas as chaves primárias, chaves estrangeiras e atributos primários.

6. Alguns funcionários de equipe da Tiny College são técnicos de tecnologia da informação (TI). Parte do pessoal de TI dá suporte de tecnologia para programas acadêmicos. Outra parte dá suporte à infraestrutura de tecnologia. Parte, ainda, suporte de tecnologia para programas acadêmicos e a infraestrutura de tecnologia. O pessoal de TI não é professor. Exige-se que o pessoal de TI passe por treinamento periódico para a manutenção de sua especialização técnica. A Tiny College rastreia todo o treinamento de pessoal de TI por data, tipo e resultado (concluído *vs.* não concluído). Dadas essas informações, crie o DER completo que contenha todas as chaves primárias, chaves estrangeiras e atributos primários.

7. A FlyRight Aricraft Maintenance (FRAM), divisão da FlyRight Corporation (FRC), executa toda a manutenção dos aviões da FRC. Crie um segmento de modelo de dados que reflita as seguintes regras de negócio.

- Todos os mecânicos são funcionários da FRC. Nem todos os funcionários são mecânicos.
- Alguns mecânicos são especializados em manutenção de motores (MO). Outros são especializados em manutenção de fuselagem de aviões (FU). Outros, ainda, são especializados em

manutenção da aviônica (AV). (Aviônicos são os componentes eletrônicos de aviões, utilizados para comunicação e navegação.) Todos os mecânicos fazem cursos periódicos de reciclagem para permanecerem atualizados em suas áreas de especialização. A FRC rastreia todos os cursos feitos por cada mecânico: data, tipo de curso, certificação (S/N) e desempenho.

- A FRC mantém um histórico do emprego de todos os mecânicos. Esse histórico inclui data de contratação, data de promoção, data de demissão etc. (*Observação*: O componente "etc.", obviamente, não é uma exigência real. Pelo contrário, foi utilizado aqui para limitar o número de atributos exibidos em seu projeto.)

Dadas essas necessidades, crie o segmento de DER pé de galinha.

8. Foi solicitado que você criasse um projeto de banco de dados para a BoingX Aircraft Company (BAC), que possui dois produtos de HUD (heads-up display, um instrumento de navegação aérea): TRX-5A e TRX-5B. O banco de dados deve permitir ao gerente rastrear plantas de projetos, peças e software para cada HUD, utilizando as seguintes regras de negócio:

- Em nome da simplicidade, você pode assumir que a unidade de TRX-5A baseia-se em duas plantas de projeto de engenharia e a de TRX-5B, em três plantas. Sinta-se livre para criar seus próprios nomes para as plantas.
- Todas as peças utilizadas em TRX-5A e TRX-5B são classificadas como hardware. Em nome da simplicidade, você pode assumir que a unidade de TRX-5A utiliza três peças e a de TRX-5B, quatro. Sinta-se livre para criar seus próprios nomes para as peças.

> **NOTA**
>
> Algumas peças são supridas por fornecedores, enquanto outras são pela BoingX Aircraft Company. Os fornecedores de peças devem ser capazes de atender às exigências de especificações técnicas (EETs) estabelecidas pela BoingX Aircraft Company. Qualquer fornecedor de peças que atenda a essas exigências pode ser contratado. Portanto, qualquer peça pode ser suprida por vários fornecedores e um fornecedor pode suprir várias peças diferentes.

- A BAC deseja rastrear todas as alterações de preços de peças e suas datas.
- A BAC deseja rastrear todo o software de TRX-5A e TRX-5B. Em nome da simplicidade, você pode assumir que a unidade de TRX-5A utiliza dois componentes de software discriminados, assim como a de TRX-5B. Sinta-se livre para criar seus próprios nomes de software.
- A BAC deseja rastrear todas as alterações feitas nas plantas e no software. Essas alterações devem refletir sua data e hora, descrição, pessoa que as autorizou, pessoa que as realizou efetivamente e motivo.
- A BAC deseja rastrear todos os dados de testes de HUD por tipo, data e resultado do teste.

Dadas essas necessidades, crie o DER pé de galinha.

> **NOTA**
>
> O Problema 9 é complexo o suficiente para servir como projeto de classe.

9. A Global Computer Solutions (GCS) é uma empresa de consultoria em tecnologia da informação com diversos escritórios localizados por todos os Estados Unidos. O sucesso da empresa tem como base a capacidade de maximizar seus recursos – ou seja, combinar funcionários altamente capacitados com projetos de acordo com a região. Para melhor gerenciar seus projetos, a GCS entrou em contato com você para projetar um banco de dados, de modo que os gerentes da GBS possam rastrear seus clientes, funcionários, projetos, programações de projetos, designações e faturas.

O banco de dados da GCS deve dar suporte a todas as necessidades de operações e informações da empresa. Segue uma descrição básica das principais entidades:

- Os *funcionários* que trabalham para a GBS possuem ID, sobrenome, inicial do meio, nome, região e data de contratação.
- As *regiões* válidas são as seguintes: Noroeste (NW), Sudoeste (SW), Centro-Oeste/Norte (MN), Centro-Oeste/Sul (MS), Nordeste (NE) e Sudeste (SE).
- Cada funcionário possui várias habilidades e vários funcionários possuem a mesma habilidade.
- Cada *habilidade* possui ID, descrição e taxa de pagamento. As habilidades válidas são: entrada de dados I, entrada de dados II, analista de sistemas I, analista de sistemas II, projetista de bancos de dados I, projetista de bancos de dados II, Cobol I, Cobol II, C++ I, C++ II, VB I, VB II, ColdFusion I, ColdFusion II, ASP I, ASP II, ABD Oracle, ABD MS SQL Server, engenheiro de redes I, engenheiro de redes II, administrador da web, redator técnico e gerente de projetos. A Tabela P6.1a apresenta um exemplo do resumo de habilidades.
- A GCS possui diversos *clientes*. Cada cliente possui ID, nome, número de telefone e região.
- A GCS trabalha por *projetos*. Um projeto baseia-se em um contrato entre o cliente e a GCS para projetar, desenvolver e implementar uma solução computadorizada. Cada projeto possui características específicas, como ID, cliente a que pertence, descrição breve, data (ou seja, data em que o contrato do projeto foi assinado), data de início (estimada), data de conclusão (também estimada), orçamento (custo estimado total do projeto), data real de início, data real de conclusão, custo real e um funcionário designado como gerente.
- O custo real é atualizado todas as sextas-feiras, somando-se o custo da respectiva semana (calculado multiplicando-se as horas trabalhadas de cada funcionário pela taxa de pagamento de cada habilidade) ao custo real.

TABELA P6.1a

HABILIDADE	FUNCIONÁRIO
Entrada de Dados I	Seaton Amy; Williams Josh; Underwood Trish
Entrada de Dados II	Williams Josh; Seaton Amy
Analista de Sistemas I	Craig Brett; Sewell Beth; Robbins Erin; Bush Emily; Zebras Steve
Analista de Sistemas II	Chandler Joseph; Burklow Shane; Robbins Erin
Projetista de BD I	Yarbrough Peter; Smith Mary
Projetista de BD II	Yarbrough Peter; Pascoe Jonathan
Cobol I	Kattan Chris; Ephanor Victor; Summers Anna; Ellis Maria
Cobol II	Kattan Chris; Ephanor Victor, Batts Melissa
C++ I	Smith Jose; Rogers Adam; Cope Leslie
C++ II	Rogers Adam; Bible Hanah
VB I	Zebras Steve; Ellis Maria
VB II	Zebras Steve; Newton Christopher
ColdFusion I	Duarte Miriam; Bush Emily
ColdFusion II	Bush Emily; Newton Christopher
ASP I	Duarte Miriam; Bush Emily
ASP II	Duarte Miriam; Newton Christopher
ABD Oracle	Smith Jose; Pascoe Jonathan
ABD SQL Server	Yarbrough Peter; Smith Jose
Engenheiro de Redes I	Bush Emily; Smith Mary
Engenheiro de Redes II	Bush Emily; Smith Mary
Administrador da web	Bush Emily; Smith Mary; Newton Christopher
Redator Técnico	Kilby Surgena; Bender Larry
Gerente de projetos	Paine Brad; Mudd Roger; Kenyon Tiffany; Connor Sean

- O funcionário gerente do projeto deve preencher uma *programação de projeto* que, na verdade, é um plano de projeto e desenvolvimento. Nessa programação (ou plano), o gerente deve determinar as tarefas que serão executadas para levar o projeto do início ao fim. Cada tarefa possui ID, descrição breve, data de início e conclusão, tipo de habilidade necessária e número de funcionários (com as habilidades necessárias) exigidos. As tarefas gerais são: entrevista inicial, projeto do banco de dados e do sistema, implementação, codificação, teste, avaliação final e encerramento. Por exemplo, a GCS pode ter a programação de projeto apresentada na Tabela P6.1b.

TABELA P6.1b

ID DE PROJETO:1	DESCRIÇÃO: SISTEMA DE GERENCIAMENTO DE VENDAS	
EMPRESA: SEE ROCKS	DATA DO CONTRATO: 12/2/2008	REGIÃO:NW
DATA DE INÍCIO: 1º/3/2008	DATA DE CONCLUSÃO: 1º/7/2008	ORÇAMENTO: $15.500

DATA DE INÍCIO	DATA DE CONCLUSÃO	DESCRIÇÃO DE TAREFAS	HABILIDADE(S) NECESSÁRIA(S)	QUANTIDADE NECESSÁRIA
1º/3/08	6/3/08	Entrevista inicial	Gerente de Projetos	1
			Analista de Sistemas II	1
			Projetista de BD I	1
11/3/08	15/3/08	Projeto de bancos de dados	Projetista de BD I	1
11/3/08	12/4/08	Projeto de sistema	Analista de Sistemas II	1
			Analista de Sistemas I	2
18/3/08	22/3/08	Implementação do banco de dados	ABD Oracle	1
25/3/08	20/5/08	Codificação e teste do sistema	Cobol I	2
			Cobol II	1
			ABD Oracle	1
25/3/08	7/6/08	Documentação do sistema	Redator Técnico	1
10/6/08	14/6/08	Avaliação final	Gerente de Projetos	1
			Analista de Sistemas II	1
			Projetista de BD I	1
			Cobol II	1
6/17/08	21/6/08	Carregamento dos dados e disponibilização do sistema no local do cliente	Gerente de Projetos	1
			Analista de Sistemas II	1
			Projetista de BD I	1
			Cobol II	1
1º/7/08	1º/7/08	Encerramento	Gerente de Projetos	1

- **Designações:** A GCS reúne todos os seus funcionários por região e, a partir desse conjunto, são designados para uma tarefa específica agendada pelo gerente de projetos. Por exemplo, para a programação do primeiro projeto, sabe-se que no período de 1º/3/08 a 6/3/08 são necessários um Analista de Sistemas II, um Projetista de Bancos de Dados I e um Gerente de Projetos. (O gerente de Projetos é designado quando o projeto é criado e permanece durante o projeto.) Utilizando essa informação, o GCS busca os funcionários localizados na mesma região do cliente, combinando as habilidades necessárias e designando-os para a tarefa do projeto.

TABELA P6.1c

ID DE PROJETO:1		DESCRIÇÃO: SISTEMA DE GERENCIAMENTO DE VENDAS			
EMPRESA:SEEROCKS		DATA DO CONTRATO: 12/2/2008		A PARTIR DE:29/3/08	
DATA DE INÍCIO: 1º/03/2008		DATA DE CONCLUSÃO: 1º/7/2008		ORÇAMENTO: $15.500	
PROGRAMADO			DESIGNAÇÕES REAIS		

TAREFA DO PROJETO	DATA DE INÍCIO	DATA DE CONCLUSÃO	HABILIDADE	FUNCIONÁRIO	DATA DE INÍCIO	DATA DE CONCLUSÃO
ENTREVISTA INICIAL	1º/3/08	6/3/08	GERENTE DE PROJETOS	101CONNOR S.	1º/3/08	6/3/08
			ANALISTA DE SISTEMAS II	102BURKLOW S.	1º/3/08	6/3/08
			PROJETISTA DE BD I	103SMITH M.	1º/3/08	6/3/08
PROJETO DE BANCOS DE DADOS	11/3/08	15/3/08	PROJETISTA DE BD I	104SMITH M.	11/3/08	14/3/08
PROJETO DE SISTEMA	11/3/08	12/4/08	ANALISTA DE SISTEMAS II	105BURKLOW S.	11/3/08	
			ANALISTA DE SISTEMAS I	106BUSH E.	11/3/08	
			ANALISTA DE SISTEMAS I	107ZEBRAS S.	11/3/08	
IMPLEMENTAÇÃO DO BANCO DE DADOS	18/3/08	22/3/08	ABD ORACLE	108SMITH J.	15/3/08	19/3/08
CODIFICAÇÃO E TESTE DO SISTEMA	25/3/08	20/5/08	COBOL I	109SUMMERS A.	21/3/08	
			COBOL I	110ELLIS M.	21/3/08	
			COBOL II	111EPHANOR V.	21/3/08	
			ABD ORACLE	112SMITH J.	21/3/08	
DOCUMENTAÇÃO DO SISTEMA	25/3/08	7/6/08	REDATOR TÉCNICO	113KILBY S.	25/3/08	
AVALIAÇÃO FINAL	10/3/08	14/6/08	GERENTE DE PROJETOS			
			ANALISTA DE SISTEMAS II			
			PROJETISTA DE BD I			
			COBOL II			
CARREGAMENTO DOS DADOS E DISPONIBILIZAÇÃO DO SISTEMA NO LOCAL DO CLIENTE	17/6/08	21/6/08	GERENTE DE PROJETOS			
			ANALISTA DE SISTEMAS II			
			PROJETISTA DE BD I			
			COBOL II			
ENCERRAMENTO	1º/7/08	1º/7/08	GERENTE DE PROJETOS			

- Cada tarefa da programação do projeto pode ter diversos funcionários designados e um determinado funcionário pode trabalhar em várias tarefas do projeto. No entanto, um funcionário pode trabalhar em apenas uma tarefa por vez. Por exemplo, se um funcionário já estiver designado para trabalhar em uma tarefa de 20/2/08 a 3/3/08, não poderá trabalhar em outra tarefa até que a atual termine. A data em que uma designação é concluída não coincide necessariamente com a data de conclusão da tarefa na programação do projeto, pois pode ser concluída com antecedência ou com atraso.

- Dadas as informações precedentes, pode-se ver que a designação associa um funcionário a uma tarefa de projeto, utilizando a programação. Portanto, para rastrear a *designação*, são necessárias, pelo menos, as seguintes informações: ID de designação, funcionário, tarefa na programação do projeto, data de início da designação, data de encerramento da designação (que pode ser qualquer data, já que alguns projetos atrasam ou adiantam a programação). A Tabela P6.1c apresenta um exemplo de forma de designação.

- (*Observação*: O número de designação é apresentado como prefixo do nome do funcionário; por exemplo, 101, 102.) Assuma que as designações apresentadas anteriormente sejam as únicas existentes a partir de sua data. O número de designação pode ser qualquer número que atenda a seu projeto de banco de dados.

- As horas que um funcionário trabalha são mantidas em um *registro de trabalho* que contém um registro das horas reais trabalhadas por funcionário em determinada designação. O registro de trabalho é um formulário semanal que o funcionário preenche no fim de cada semana (sexta-feira) ou no fim de cada mês. O formulário contém a data (de cada sexta-feira do mês ou do último dia de trabalho do mês, caso não caia em uma sexta-feira), a ID de designação, o total de horas trabalhadas na semana (ou até o término do mês) e o número da conta em que a entrada do registro de trabalho é cobrada. Obviamente, cada entrada pode se relacionar a apenas uma conta. Uma lista de exemplo das entradas do registro de trabalho para o projeto do primeiro exemplo é apresentada na Tabela P6.1d.

- Por fim, a cada 15 dias uma *conta* é emitida e enviada ao cliente, totalizando as horas trabalhadas no projeto nesse período. Quando a GBS gera uma conta, utiliza o número de conta para atualizar as entradas de registro de trabalho que fazem parte dessa conta. Em resumo, uma conta pode se referir a várias entradas do registro de trabalho, e cada entrada pode estar relacionada a apenas uma conta. A GCS enviou uma conta em 15/3/08 para o primeiro projeto (Xerox), com o total de horas trabalhadas entre 1º/3/08 e 15/3/08. Portanto, pode-se assumir com segurança que há apenas uma conta nessa tabela e que essa conta cobre as entradas do registro de trabalho apresentadas no formulário citado.

Sua tarefa é criar um banco de dados que cumpra as operações descritas nesse problema. As entidades mínimas necessárias são: funcionário, habilidade, cliente, região, projeto, programação de projeto, designação, registro de trabalho e conta. (Há entidades adicionais necessárias que não estão listadas.)

- Crie todas as tabelas e todos os relacionamentos necessários.
- Crie os índices necessários para manter a integridade de entidade ao utilizar chaves primárias surrogates.
- Preencha as tabelas conforme necessário (como indicado no exemplo de dados e formulários).

TABELA P6.1d

NOME DO FUNCIONÁRIO	FIM DA SEMANA	NÚMERO DA DESIGNAÇÃO	HORAS TRABALHADAS	NÚMERO DA CONTA
Burklow S.	1º/3/08	1-102	4	xxx
Connor S.	1º/3/08	1-101	4	xxx
Smith M.	1º/3/08	1-103	4	xxx
Burklow S.	8/3/08	1-102	24	xxx
Connor S.	8/3/08	1-101	24	xxx
Smith M.	8/3/08	1-103	24	xxx
Burklow S.	15/3/08	1-105	40	xxx
Bush E.	15/3/08	1-106	40	xxx
Smith J.	15/3/08	1-108	6	xxx
Smith M.	15/3/08	1-104	32	xxx
Zebras S.	15/3/08	1-107	35	xxx
Burklow S.	22/3/08	1-105	40	
Bush E.	22/3/08	1-106	40	
Ellis M.	22/3/08	1-110	12	
Ephanor V.	22/3/08	1-111	12	
Smith J.	22/3/08	1-108	12	
Smith J.	22/3/08	1-112	12	
Summers A.	22/3/08	1-109	12	
Zebras S.	22/3/08	1-107	35	
Burklow S.	29/3/08	1-105	40	
Bush E.	29/3/08	1-106	40	
Ellis M.	29/3/08	1-110	35	
Ephanor V.	29/3/08	1-111	35	
Kilby S.	29/3/08	1-113	40	
Smith J.	29/3/08	1-112	35	
Summers A.	29/3/08	1-109	35	
Zebras S.	29/3/08	1-107	35	

Observação: xxx representa o ID da conta. Utilize o número que corresponda ao número da conta em seu banco de dados.

PARTE

3

PROJETO E IMPLEMENTAÇÃO AVANÇADOS

Utilização de consultas para marcar pontos

Descrição de Aplicação

Hoje em dia, podemos contar com a capacidade de combinar grande quantidade de dados para encontrar um único item que atenda a várias exigências, ou vários itens que compartilhem recursos comuns. Quando consultamos uma biblioteca, tiramos extratos de conta bancária, ligamos para a Central de Informações para obter um número de telefone ou buscamos uma crítica de cinema ou um restaurante na internet, estamos interagindo com bancos de dados que não existiam há 40 anos. O impacto da revolução da informação é bastante evidente no cotidiano de nossas vidas. O que é menos evidente é como essa revolução tem mudado lentamente a sociedade, determinando o sucesso e o fracasso na escola, nos negócios e até mesmo nos esportes.

Antigamente, o dinheiro era o principal fator que estabelecia quais equipes iriam para a *World Series* (finais de campeonatos de beisebol, EUA). As equipes ricas poderiam buscar e comprar os melhores jogadores. Consequentemente, os Yankees dominaram o beisebol, jogando e ganhando muito mais campeonatos do que qualquer outra equipe da Major League. Hoje, os bancos de dados estão sendo utilizados até no campo de jogo.

No fim da década de 1990, os Yankees contrataram a E Solutions, empresa de TI sediada na cidade de Tampa, para realizar um projeto de software personalizado de análise de relatórios de olheiros. A E Solutions percebeu o potencial e desenvolveu o ScoutAdvisor, um programa que executa consultas em dados sobre jogadores de beisebol coletados em várias fontes. Essas fontes incluem o Departamento de Olheiros da Major League Baseball, que fornece dados do perfil psicológico de jogadores, enquanto a SportsTicker traz relatórios de jogos e o STATS oferece estatísticas das partidas, como onde as bolas aterrissaram no campo após serem rebatidas ou tipos de lançamento.

O banco de dados do ScoutAdvisor armazena informações sobre futuros e atuais jogadores, a respeito de velocidade de corrida, habilidade de interceptação e de rebatida e frieza de rebatida. Os gerentes podem executar consultas para encontrar um lançador com grande força e precisão nos braços e velocidade de arremesso. Eles podem verificar contusões e problemas de disciplina. Também é possível executar consultas para determinar se o desempenho de um jogador justifica seu custo. Além disso, o banco de dados armazena atualizações automáticas diárias dos jogadores. Os gerentes podem executar consultas para determinar se a velocidade de arremesso de um lançador está aumentando ou se a tendência de um rebatedor a acertar no primeiro lançamento está diminuindo. O ScoutAdvisor é personalizável; assim os gerentes também podem projetar suas próprias consultas.

O resultado é que cada vez mais as equipes de beisebol estão contratando a E Solutions, pois fica claro que gerenciar informações está se tornando tão importante para uma equipe de sucesso como gerenciar dinheiro e jogadores.

INTRODUÇÃO À LINGUAGEM SQL

SETE

Neste capítulo, você aprenderá:

- Comandos e funções básicas de SQL
- Como utilizar SQL para a administração de dados (criar tabelas, índices e visualizações)
- De que modo usar SQL para a manipulação de dados (adicionar, modificar, excluir e recuperar dados)
- Como utilizar SQL para consultar informações úteis em um banco de dados

INTRODUÇÃO À SQL

Em tese, uma linguagem de bancos de dados permite a criação de bancos e estruturas de tabelas para executar tarefas básicas de gerenciamento de dados (adicionar, excluir e modificar) e consultas complexas, transformando dados brutos em informações úteis. Além disso, essa linguagem deve executar essas funções básicas exigindo o menor esforço possível do usuário, com uma estrutura e sintaxe de comandos fáceis de aprender. Por fim, deve ser portátil, ou seja, adequar-se a um padrão básico para que os usuários não tenham de reaprender o básico quando passarem de um SGBDR para outro. A SQL atende bem a essas exigências ideais de linguagens de banco de dados.

Suas funções se enquadram em duas amplas categorias:

- *Linguagem de definição de dados* (*DDL*): a SQL inclui comandos para criar objetos de bancos de dados como tabelas, índices e visualizações, bem como comandos para definir direitos de acesso a esses objetos. Os comandos de definição de dados apresentados neste capítulo estão relacionados na Tabela 7.1.
- *Linguagem de manipulação de dados* (*DML*): a SQL inclui comandos para inserir, atualizar, excluir e recuperar dados em tabelas de bancos de dados. Os comandos de manipulação de dados apresentados neste capítulo estão relacionados na Tabela 7.2.

TABELA 7.1 Comandos de definição de dados em SQL

COMANDO OU OPÇÃO	DESCRIÇÃO
CREATE SCHEMA AUTHORIZATION	Cria um esquema de banco de dados
CREATE TABLE	Cria nova tabela no esquema de banco de dados do usuário
NOT NULL	Assegura que uma coluna não contenha valores nulos
UNIQUE	Assegura que uma coluna não contenha valores duplicados
PRIMARY KEY	Define a chave primária de uma tabela
FOREIGN KEY	Define a chave estrangeira de uma tabela
DEFAULT	Define o valor-padrão de uma coluna (quando nenhum valor é fornecido)
CHECK	Valida os dados de um atributo
CREATE INDEX	Cria um índice para uma tabela
CREATE VIEW	Cria um subconjunto dinâmico de linhas/colunas a partir de uma ou mais tabelas
ALTER TABLE	Modifica uma definição de tabelas (adiciona, modifica ou exclui atributos ou restrições)
CREATE TABLE AS	Cria nova tabela com base em uma consulta no esquema de banco de dados do usuário
DROP TABLE	Exclui uma tabela (e seus dados) de forma permanente
DROP INDEX	Exclui um índice de forma permanente
DROP VIEW	Exclui uma visualização de forma permanente

TABELA 7.2 Comandos de manipulação de dados em SQL

COMANDO OU OPÇÃO	DESCRIÇÃO
INSERT	Insere linha(s) em uma tabela
SELECT	Seleciona atributos a partir de linhas de uma ou mais tabelas ou visualizações
WHERE	Restringe a seleção de linhas com base em uma expressão condicional
GROUP BY	Agrupa as linhas selecionadas com base em um ou mais atributos
HAVING	Restringe a seleção de linhas agrupadas com base em uma condição
ORDER BY	Ordena as linhas selecionadas com base em um ou mais atributos
UPDATE	Modifica valores de atributos em uma ou mais linhas de tabelas
DELETE	Exclui uma ou mais linhas de uma tabela
COMMIT	Salva as alterações de dados de forma permanente
ROLLBACK	Restaura os dados a seus valores originais

TABELA 7.2 Comandos de manipulação de dados em SQL (continuação)

COMANDO OU OPÇÃO	DESCRIÇÃO
OPERADORES DE COMPARAÇÃO	
=, <, >, <=, >=, <>	Utilizados em expressões condicionais
OPERADORES LÓGICOS	
AND/OR/NOT	Utilizados em expressões condicionais
OPERADORES ESPECIAIS	Utilizados em expressões condicionais
BETWEEN	Verifica se o valor de um atributo está dentro de uma faixa
IS NULL	Verifica se o valor de um atributo é nulo
LIKE	Verifica se o valor de um atributo coincide com determinado padrão de cadeia de caracteres
IN	Verifica se o valor de um atributo coincide com qualquer valor de uma lista de valores
EXISTS	Verifica se uma subconsulta retorna alguma linha
DISTINCT	Limita os valores a valores exclusivos
FUNÇÕES AGREGADAS	Utilizadas com SELECT para retornar resumos matemáticos de colunas
COUNT	Retorna o número de linhas com valores não nulos de determinada coluna
MIN	Retorna o valor mínimo do atributo encontrado em determinada coluna
MAX	Retorna o valor máximo do atributo encontrado em determinada coluna
SUM	Retorna a soma de todos os valores de determinada coluna
AVG	Retorna a média de todos os valores de determinada coluna

Você ficará contente em saber que a SQL é relativamente fácil de aprender. Seu conjunto básico de comandos possui um vocabulário com menos de 100 palavras. E, o que é melhor, a SQL é uma linguagem não procedural: basta inserir o comando sobre *o que* deve ser feito. Não é necessário se preocupar com *como* deve ser feito. O Instituto Nacional Americano de Padrões (ANSI, American National Standards Institute) recomenda um padrão de SQL – a versão atual é conhecida como SQL-99 ou SQL3. Os padrões SQL ANSI também são aceitos pela Organização Internacional de Padronização (ISO), um consórcio composto de instituições nacionais de padrões de mais de 150 países. Embora o atendimento ao padrão SQL ANSI/ISO normalmente seja exigido em especificações contratuais de bancos de dados comerciais ou governamentais, muitos fornecedores de SGBDRs adicionam seus próprios aprimoramentos especiais. Consequentemente, é quase impossível passar de uma aplicação com base em SQL de um SGBDR a outra sem fazer algumas alterações.

No entanto, embora haja vários "dialetos" de SQL, a diferença entre eles é pequena. Se você utilizar Oracle, Microsoft SQL Server, MySQL, DB2 da IBM, Microsoft Access ou qualquer outro SGBDR bem estabelecido e tiver conhecimento do material apresentado neste capítulo, o manual do software deverá ser suficiente para mantê-lo por dentro.

O coração da SQL é a consulta. No Capítulo 1, você aprendeu que a consulta é uma pergunta momentânea. Na verdade, no ambiente de SQL, a palavra *consulta* inclui tanto perguntas como ações. A maioria das consultas de SQL é utilizada para responder a questões como: "quais produtos atualmente mantidos em estoques possuem preço superior a US$ 100, e qual a quantidade disponível de cada um deles?", "quantos funcionários foram contratados desde 1º de janeiro de 2006 por departamento da empresa?". No entanto, muitas consultas de SQL são utilizadas para executar ações, como adicionar ou excluir linhas de tabelas ou alterar valores de atributos em tabelas. Outras consultas SQL criam, ainda, novas tabelas ou índices. Em resumo, para um SGBD, uma consulta é simplesmente um comando de SQL que deve ser executado. Mas antes de podermos utilizar a SQL para consultar um banco de dados, devemos definir o ambiente do banco para a SQL, com seus comandos de definição de dados.

COMANDOS DE DEFINIÇÃO DE DADOS

Antes de examinar a sintaxe de SQL para criação e definição de tabelas e outros elementos, examinaremos primeiro um modelo simples de banco de dados e as tabelas que formarão a base de muitos exemplos de SQL a serem explorados neste capítulo.

MODELO DE BANCO DE DADOS

Um banco de dados simples, composto das seguintes tabelas, será utilizado para ilustrar os comandos de SQL neste capítulo: CUSTOMER (cliente), INVOICE (fatura), LINE (linha), PRODUCT (produto) e VENDOR (fornecedor). Esse modelo de banco de dados é apresentado na Figura 7.1.

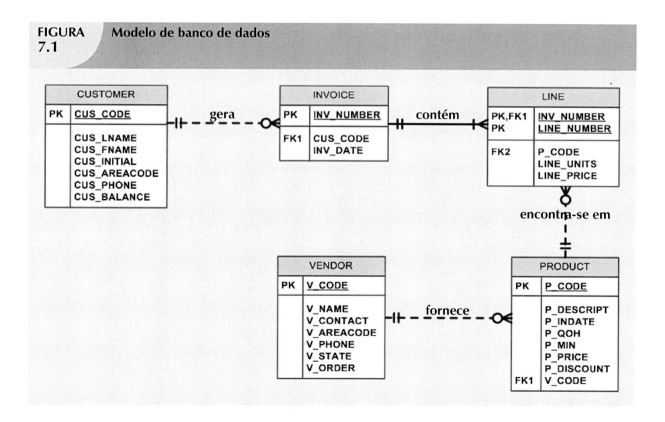

FIGURA 7.1   **Modelo de banco de dados**

O modelo de banco de dados da Figura 7.1 reflete as seguintes regras de negócio:

- Um cliente pode gerar muitas faturas. Cada fatura é gerada por apenas um cliente.
- Uma fatura contém uma ou mais linhas. Cada linha da fatura está associada a uma única fatura.
- Cada linha da fatura está relacionada um único produto. Um produto pode estar em várias linhas da fatura. (É possível vender mais de um martelo a mais de um cliente.)
- Um fornecedor *pode* suprir vários produtos. Alguns fornecedores (ainda?) não fornecem produtos. (Por exemplo, uma lista pode incluir *potenciais* fornecedores.)
- Se um produto é suprido por um fornecedor, esse produto é suprido por um único fornecedor.
- Alguns produtos não são supridos por um fornecedor. (Por exemplo, podem ser produzidos internamente ou comprados no mercado.)

Como você pode observar na Figura 7.1, o modelo de banco de dados contém várias tabelas. No entanto, para ilustrar o conjunto inicial de comandos de definição de dados, focaremos a atenção nas tabelas PRODUCT (produto) e VENDOR (fornecedor). Haverá oportunidades de utilizar as tabelas restantes posteriormente neste capítulo e na seção de problemas.

Para que você possa ter um ponto de referência na compreensão do efeito das consultas de SQL, o conteúdo das tabelas PRODUCT e VENDOR será listado na Figura 7.2.

FIGURA 7.2 **Tabelas VENDOR e PRODUCT**

Nome da tabela: VENDOR

V_CODE	V_NAME	V_CONTACT	V_AREACODE	V_PHONE	V_STATE	V_ORDER
21225	Bryson, Inc.	Smithson	615	223-3234	TN	Y
21226	SuperLoo, Inc.	Flushing	904	215-8995	FL	N
21231	D&E Supply	Singh	615	228-3245	TN	Y
21344	Gomez Bros.	Ortega	615	889-2546	KY	N
22567	Dome Supply	Smith	901	678-1419	GA	N
23119	Randsets Ltd.	Anderson	901	678-3998	GA	Y
24004	Brackman Bros.	Browning	615	228-1410	TN	N
24288	ORDVA, Inc.	Hakford	615	898-1234	TN	Y
25443	B&K, Inc.	Smith	904	227-0093	FL	N
25501	Damal Supplies	Smythe	615	890-3529	TN	N
25595	Rubicon Systems	Orton	904	456-0092	FL	Y

Nome da tabela: PRODUCT

P_CODE	P_DESCRIPT	P_INDATE	P_QOH	P_MIN	P_PRICE	P_DISCOUNT	V_CODE
11QER/31	Power painter, 15 psi., 3-nozzle	03-Nov-07	8	5	109.99	0.00	25595
13-Q2/P2	7.25-in. pwr. saw blade	13-Dec-07	32	15	14.99	0.05	21344
14-Q1/L3	9.00-in. pwr. saw blade	13-Nov-07	18	12	17.49	0.00	21344
1546-QQ2	Hrd. cloth, 1/4-in., 2x50	15-Jan-08	15	8	39.95	0.00	23119
1558-QW1	Hrd. cloth, 1/2-in., 3x50	15-Jan-08	23	5	43.99	0.00	23119
2232/QTY	B&D jigsaw, 12-in. blade	30-Dec-07	8	5	109.92	0.05	24288
2232/QWE	B&D jigsaw, 8-in. blade	24-Dec-07	6	5	99.87	0.05	24288
2238/QPD	B&D cordless drill, 1/2-in.	20-Jan-08	12	5	38.95	0.05	25595
23109-HB	Claw hammer	20-Jan-08	23	10	9.95	0.10	21225
23114-AA	Sledge hammer, 12 lb.	02-Jan-08	8	5	14.40	0.05	
54778-2T	Rat-tail file, 1/8-in. fine	15-Dec-07	43	20	4.99	0.00	21344
89-WRE-Q	Hicut chain saw, 16 in.	07-Feb-08	11	5	256.99	0.05	24288
PVC23DRT	PVC pipe, 3.5-in., 8-ft	20-Feb-08	188	75	5.87	0.00	
SM-18277	1.25-in. metal screw, 25	01-Mar-08	172	75	6.99	0.00	21225
SW-23116	2.5-in. wd. screw, 50	24-Feb-08	237	100	8.45	0.00	21231
WR3/TT3	Steel matting, 4'x8'x1/6", .5" mesh	17-Jan-08	18	5	119.95	0.10	25595

Observe os seguintes aspectos sobre essas tabelas (os recursos correspondem às regras de negócio que aparecem no DER apresentado na Figura 7.1):

- A tabela VENDOR contém fornecedores que não estão relacionados na tabela PRODUCT. Os projetistas denotam essa possibilidade dizendo que PRODUCT é *opcional* a VENDOR. Um fornecedor pode existir sem referência a um produto. Examinamos em detalhes esses relacionamentos opcionais no Capítulo 4.
- Os valores V_CODE (código de fornecedor) existentes na tabela PRODUCT devem possuir (e de fato possuem) um correspondente na tabela VENDOR, garantindo a integridade referencial.
- Alguns produtos são fornecidos direto da fábrica, alguns são fabricados internamente e outros, ainda, podem ter sido comprados em estabelecimentos comerciais. Em outras palavras, um produto não é necessariamente suprido por um fornecedor. Portanto, VENDOR é opcional para PRODUCT.

Algumas das condições descritas anteriormente foram criadas com o intuito de ilustrar recursos específicos de SQL. Por exemplo, foram utilizados valores nulos de V_CODE na tabela PRODUCT para ilustrar (posteriormente) como é possível rastrear esses nulos utilizando SQL.

CRIAÇÃO DE BANCO DE DADOS

Antes de podermos utilizar um novo SGBDR, é necessário realizar duas tarefas: primeiro, criar a estrutura do banco de dados e, segundo, criar as tabelas que manterão os dados do usuário final. Para realizar a primeira tarefa, o SGBDR cria os arquivos físicos que conterão o banco de dados. Quando se origina um novo banco, o SGBDR cria automaticamente as tabelas de dicionário de dados para armazenar os metadados, além de um administrador-padrão de tabelas. A criação dos arquivos físicos que conterão o banco exige a interação com o sistema operacional e com os sistemas de arquivos por ele suportados. Portanto, a criação da estrutura do banco é um aspecto que tende a diferir significativamente de um SGBDR para outro. A boa notícia é que é relativamente fácil criar uma estrutura de banco de dados, independente de qual SGBDR se utiliza.

No Microsoft Access, essa criação é simples: inicie o Access, selecione **Arquivo/Novo/Banco de dados em branco**, especifique a pasta em que deseja armazenar o banco e, em seguida, atribua-lhe um nome. No entanto, ao trabalhar em um ambiente de banco de dados normalmente utilizado por organizações maiores, você trabalhará com SGBDRs empresariais, como Oracle, SQL Server, MySQL ou DB2. Dadas suas exigências de segurança e maior complexidade, esses produtos demandam um processo mais elaborado de criação de bancos de dados. (Você aprenderá como criar e gerenciar uma estrutura de banco de dados Oracle no Capítulo 15, "Administração e segurança de bancos de dados".)

É reconfortante saber que, *com exceção do processo de criação de bancos de dados*, a maioria dos fornecedores de SGBDRs utiliza uma SQL que desvia pouco do SQL padrão ANSI. Por exemplo, grande parte desses sistemas exige que cada comando de SQL termine com ponto e vírgula. No entanto, algumas implementações não utilizam esse sinal. As diferenças importantes de sintaxe entre implementações serão destacadas nas caixas de Notas.

Quando se utiliza um SGBDR empresarial, antes de começar a criar tabelas é necessário ser autenticado por esse sistema. A **autenticação** é o processo por meio do qual um SGBD garante que somente usuários registrados possam acessar o banco de dados. Para ser autenticado, deve-se fazer logon no SGBDR utilizando uma ID de usuário e uma senha criada pelo administrador do banco de dados. Em um SGBDR empresarial, toda ID de usuário está associada a um esquema de banco de dados.

ESQUEMA DE BANCO DE DADOS

No ambiente de SQL, **esquema** é um grupo de objetos de banco de dados – como tabelas e índices – relacionados entre si. Geralmente, o esquema pertence a um único usuário ou aplicação. Um único banco de dados pode manter vários esquemas que pertençam a vários usuários ou aplicações. Pense no esquema como um agrupamento lógico de objetos de bancos de dados, como tabelas, índices e visualizações. Eles são úteis, pois agrupam as tabelas por proprietário (ou função) e aplicam o primeiro nível de segurança, permitindo que cada usuário veja apenas as tabelas que lhe pertencem.

Os padrões de SQL ANSI definem um comando para a criação de um esquema de banco de dados:

CREATE SCHEMA AUTHORIZATION {criador};

Portanto, se o criador for JONES, utilize o comando:

CREATE SCHEMA AUTHORIZATION JONES;

A maioria dos SGBDRs empresariais dá suporte a esse comando. No entanto, é raro utilizar o comando diretamente – ou seja, na linha de comando. (Ao criar um usuário, o SGBD atribui automaticamente um esquema a ele.) Quando o SGBD é utilizado, o comando CREATE SCHEMA AUTHORIZATION deve ser emitido pelo usuário que tem propriedade do esquema. Ou seja, ao fazer logon como JONES, só é possível utilizar CREATE SCHEMA AUTHORIZATION JONES.

Para a maioria dos SGBDRs, o comando CREATE SCHEMA AUTHORIZATION é opcional. Por isso, este capítulo está focado nos comandos de SQL ANSI necessários para criar e manipular tabelas.

TIPOS DE DADOS

Após a criação do esquema de banco de dados, estamos prontos para definir as estruturas das tabelas PRODUCT e VENDOR no banco de dados. Os comandos de SQL para a criação de tabelas utilizados no exemplo têm base no dicionário de dados apresentado na Tabela 7.3.

No dicionário de dados na Tabela 7.3, observe especialmente os tipos de dados selecionados. Lembre-se de que a seleção de tipos de dados costuma ser determinada pela natureza dos dados e pela utilização pretendida. Por exemplo:

- P_PRICE claramente exige alguma forma de tipo de dados numérico. Não é aceitável defini-lo como um campo de caracteres.
- Do mesmo modo, é claro que o nome do fornecedor é um candidato óbvio para o tipo de dados de caracteres. Por exemplo, VARCHAR2(35) é bem adequado, pois os nomes de fornecedores são strings de caracteres com comprimento variável e, nesse caso, essas strings podem ter até 35 caracteres de comprimento.
- As abreviaturas de estados possuem sempre dois caracteres; portanto, CHAR(2) é uma escolha lógica.
- A seleção de P_INDATE como um campo de DATA (Juliana), em vez de um campo de caracteres, é desejável, pois datas Julianas permitem a realização de comparações simples e de aritmética de datas. Por exemplo, utilizando campos DATA, é possível determinar quantos dias há entre esses campos.

Também é possível determinar qual será a data, digamos, 60 dias após determinada P_INDATE, utilizando P_INDATE + 60. Além disso, também se pode utilizar a data do sistema do SGBDR – SYSDATE

TABELA 7.3 Dicionário de dados para o banco de dados

NOME DA TABELA	NOME DO ATRIBUTO	CONTEÚDO	TIPO	FORMATO	FAIXA*	NECESSÁRIO	PK OU FK	TABELA REFERENCIADA POR FK
PRODUCT	P_CODE	Código de produto	CHAR(10)	XXXXXXXXX	NA	S	PK	
	P_DESCRIPT	Descrição de produto	VARCHAR(35)	Xxxxxxxxxx	NA	S		
	P_INDATE	Data de estocagem	DATE	DD-MMM-AAAA	NA	S		
	P_QOH	Unidades disponíveis	SMALLINT	####	0-9999	S		
	P_MIN	Unidades mínimas	SMALLINT	####	0-9999	S		
	P_PRICE	Preço de produto	NUMBER(8,2)	####.##	0,00-9999,00	S		
	P_DISCOUNT	Taxa de desconto	NUMBER(5,2)	0.##	0,00-0,20	S		
	V_CODE	Código de fornecedor	INTEGER	###	100-999		FK	VENDOR
VENDOR	V_CODE	Código de fornecedor	INTEGER	#####	1000-9999	S	PK	
	V_NAME	Nome de fornecedor	CHAR(35)	Xxxxxxxxxxxx	NA	S		
	V_CONTACT	Contato pessoal	CHAR(25)	Xxxxxxxxxxxx	NA	S		
	V_AREACODE	Código de área	CHAR(3)	999	NA	S		
	V_PHONE	Telefone	CHAR(8)	999-9999	NA	S		
	V_STATE	Estado	CHAR(2)	XX	NA	S		
	V_ORDER	Pedido anterior	CHAR(1)	X	S ou N	S		

FK   =   Chave estrangeira.
PK   =   Chave primária.
CHAR   =   Dados com quantidade fixa de caracteres, 1 a 255 caracteres.
VARCHAR   =   Dados com quantidade variável de caracteres, 1 a 2.000 caracteres. VARCHAR é convertido automaticamente para VARCHAR 2 em Oracle.
NUMBER   =   Dados numéricos. NUMBER(9,2) é utilizado para especificar números com duas casas decimais e até nove dígitos, incluindo-se as casas decimais. Alguns SGBDRs permitem a utilização de tipo de dados MONEY (dinheiro) ou CURRENCY (moeda).
INT   =   Apenas valores inteiros.
SMALLINT =   Apenas pequenos valores inteiros.

Os formatos de DATE (data) variam. Normalmente, aceitam-se os seguintes formatos: DD-MMM-AAAA, DD-MMM-AA, MM/DD/AAAA ou MM/DD/AA.

* Nem todas as faixas apresentadas aqui serão ilustradas neste capítulo. No entanto, é possível utilizar essas restrições para praticar a escrita de suas próprias restrições.

no Oracle, GETDATE() em MS SQL Server e Date() em Access – para determinar a resposta de perguntas como "qual será a data daqui a 60 dias?". Por exemplo, pode-se utilizar SYSDATE + 60 (no Oracle); GETDATE() + 60 (no MS SQL Server) ou Date() + 60 (no Access).

O recurso de aritmética de datas é especialmente útil em cobranças. Talvez se deseje que o sistema comece a cobrar juros sobre o saldo de um cliente 60 dias após a geração da fatura. Essa simples aritmética de datas seria impossível se tivesse sido utilizado um tipo de dados de caracteres.

A seleção do tipo de dados às vezes exige bom senso profissional. Por exemplo, deve-se tomar a decisão sobre o tipo de dados do V_CODE da seguinte maneira:

- Caso deseje que o computador gere novos códigos de fornecedores adicionando 1 ao maior código registrado, deve-se classificar V_CODE como um atributo numérico. (Não se pode executar procedimentos matemáticos em dados de caracteres.) A designação INTEGER garante que apenas números contáveis (inteiros) possam ser utilizados. A maioria das implementações de SQL também permite o uso de SMALLINT para valores inteiros de até seis dígitos.
- Caso não deseje executar procedimentos matemáticos em V_CODE, deve-se classificá-lo como um atributo de caracteres, mesmo que seja composto inteiramente por números. Os dados de caracteres são "mais rápidos" de processar em consultas. Portanto, quando não houver necessidade de fazer procedimentos matemáticos em um atributo, armazene-o como atributo de caracteres.

A primeira opção será utilizada para demonstrar os procedimentos de SQL neste capítulo.

TABELA 7.4 Alguns tipos de dados comuns em SQL

TIPO DE DADOS	FORMATO	COMENTÁRIOS
Numérico	NUMBER(L,D)	A declaração NUMBER(7,2) indica que os números serão armazenados com duas casas decimais e até sete dígitos de comprimento, incluindo o símbolo e as casas decimais. Exemplos: 12,32; –134,99.
	INTEGER	Pode ser abreviado como INT. Inteiros (integers) são números contáveis que não podem ser utilizados para armazenar valores que precisem de casas decimais.
	SMALLINT	Igual a INTEGER, mas limitado a valores inteiros de até seis dígitos. Se os valores inteiros forem relativamente pequenos, utilize SMALLINT ao invés de INT.
	DECIMAL(L,D)	Como a especificação NUMBER, mas o comprimento a ser armazenado é uma especificação *mínima*. Ou seja, são aceitáveis comprimentos maiores, mas não menores. DECIMAL(9,2), DECIMAL(9) e DECIMAL são todos aceitáveis.
Caractere	CHAR(L)	Dados de caracteres de comprimento fixo de até 255 caracteres. Ao armazenar cadeias de caracteres cujo comprimento seja menor do que o valor do parâmetro de CHAR, os espaços restantes são deixados sem uso. Portanto, quando se especifica CHAR(25), cadeias de caracteres como Smith e Katzenjammer são armazenadas como 25 caracteres. No entanto, os códigos de área dos EUA têm sempre três dígitos de comprimento; portanto, é adequado utilizar CHAR(3) para armazenar esses códigos.
	VARCHAR(L) ou VARCHAR2(L)	Dados de caracteres com comprimento variável. A designação VARCHAR2(25) permite armazenar até 25 caracteres de comprimento. No entanto, VARCHAR não deixará espaços não utilizados. O Oracle converte automaticamente VARCHAR para VARCHAR2.
Data	DATE	Armazena datas no formato Juliana.

Quando se define o tipo de dados do atributo, deve-se prestar muita atenção à sua utilização pretendida para fins de classificação e recuperação de dados. Por exemplo, em uma aplicação imobiliária, um atributo que represente o número de banheiros de uma casa (C_BANH_NUM) pode receber o tipo de dados CHAR(3), pois é muito improvável que a aplicação tenha de fazer qualquer adição, multiplicação ou divisão com o número de banheiros. Com base na definição do tipo de dados CHAR(3), seriam valores válidos de C_BANH_NUM '2','1','2,5', '10'. No entanto, essa definição cria problemas potenciais. Por exemplo, se a aplicação classificar as casas pelo número de banheiros, uma consulta "veria" o valor '10' como menor que '2', o que é claramente incorreto. Assim, deve-se refletir um pouco sobre a utilização esperada dos dados para definir adequadamente o tipo de dados do atributo.

O dicionário de dados da Tabela 7.3 contém apenas alguns tipos suportados por SQL. Para fins didáticos, a seleção de tipos de dados é limitada, garantindo que quase todos os SGBDRs possam ser utilizados na implementação dos exemplos. Um SGBDR que atenda totalmente à SQL ANSI dará suporte a muito mais tipos de dados do que os apresentados na Tabela 7.4. Além disso, muitos SGBDRs dão suporte para mais tipos de dados do que os especificados em SQL ANSI.

Além dos apresentados na Tabela 7.4, a SQL dá suporte a muitos outros tipos de dados, incluindo TIME (hora), TIMESTAMP (registro de data e hora), REAL (número real), DOUBLE (duplo), FLOAT (flutuante), e intervalos como INTERVAL DAY TO HOUR. Muitos SGBDRs também expandiram a lista para incluir outros tipos de dados, como LOGICAL (lógico), CURRENCY (moeda), AutoNumber (numeração automática, no Access) e sequência (no Oracle). No entanto, como esse capítulo foi concebido para apresentar os elementos básicos de SQL, a discussão se limitará aos tipos de dados resumidos na Tabela 7.4.

CRIAÇÃO DE ESTRUTURAS DE TABELAS

Agora estamos prontos para a implementação das estruturas de tabelas PRODUCT e VENDOR com ajuda da SQL, utilizando a sintaxe **CREATE TABLE** apresentada a seguir.

CREATE TABLE *nome da tabela* (
    coluna1   *tipo de dados*   *[restrição]* [,

    coluna2   *tipo de dados*   *[restrição]* [,
    PRIMARY KEY   (*coluna1*   [, *coluna2*])] [,
    FOREIGN KEY   (*coluna1*   [, *coluna2*]) REFERENCES *nome da tabela*] [,
    CONSTRAINT   *restrição*]);

Para facilitar a leitura do código de SQL, a maioria dos programadores utiliza uma linha por definição de coluna (atributo). Além disso, são utilizados espaços para alinhar as características e restrições dos atributos. Por fim, tanto os nomes de tabelas como de atributos aparecem totalmente em letras maiúsculas. Essas convenções são utilizadas nos seguintes exemplos que criam as tabelas VENDOR e PRODUCT, e por todo este livro.

> **NOTA**
>
> SINTAXE DE SQL
>
> A notação de sintaxe de comandos SQL utilizada neste livro é a seguinte:
>
> | | |
> |---|---|
> | MAIÚSCULAS | Palavra chave necessária do comando de SQL |
> | *itálicos* | Parâmetro fornecido pelo usuário final (geralmente necessário) |
> | {a \| b \| ..} | Parâmetro obrigatório; utiliza uma opção da lista separada por \| |
> | [......] | Parâmetro opcional – qualquer elemento no interior dos colchetes é opcional |
> | *Nome da tabela* | Nome de uma tabela |
> | *Coluna* | Nome de um atributo de uma tabela |
> | *tipo de dados* | Definição válida de tipo de dados |
> | *restrição* | Definição válida de restrição |
> | *condição* | Expressão condicional válida (avalia como verdadeira ou falsa) |
> | *lista de colunas* | Um ou mais nomes de colunas ou expressões separados por vírgulas |
> | *lista de tabelas* | Um ou mais nomes de tabelas separados por vírgulas |
> | *lista de condições* | Uma ou mais expressões condicionais separadas por operadores lógicos |
> | *expressão* | Valor simples (como 75 ou Casado) ou fórmula (como P_PRICE - 10) |

```
CREATE TABLE VENDOR (
V_CODE              INTEGER         NOT NULL        UNIQUE,
V_NAME              VARCHAR(35)     NOT NULL,
V_CONTACT           VARCHAR(15)     NOT NULL,
V_AREACODE          CHAR(3)         NOT NULL,
V_PHONE             CHAR(8)         NOT NULL,
V_STATE             CHAR(2)         NOT NULL,
V_ORDER             CHAR(1)         NOT NULL,
PRIMARY KEY (V_CODE));


CREATE TABLE PRODUCT (
P_CODE              VARCHAR(10)     NOT NULL        UNIQUE,
P_DESCRIPT          VARCHAR(35)     NOT NULL,
P_INDATE            DATE            NOT NULL,
P_QOH               SMALLINT        NOT NULL,
P_MIN               SMALLINT        NOT NULL,
P_PRICE             NUMBER(8,2)     NOT NULL,
P_DISCOUNT          NUMBER(5,2)     NOT NULL,
V_CODE              INTEGER,
PRIMARY KEY (P_CODE),
FOREIGN KEY (V_CODE) REFERENCES VENDOR ON UPDATE CASCADE);
```

> **NOTA**
>
> - Como a tabela PRODUCT contém uma chave estrangeira que referencia a tabela VENDOR, crie esta última primeiro. (Na verdade, o lado M de um relacionamento sempre referencia o lado 1. Portanto, em um relacionamento 1:M, deve-se *sempre* criar a tabela do lado 1.)
> - Se seu SGBDR não der suporte aos formatos VARCHAR2 e FCHAR, utilize CHAR.
> - O Oracle aceita o tipo de dados VARCHAR e o converte automaticamente para VARCHAR2.
> - Caso seu SGBDR não dê suporte a SINT ou SMALLINT, utilize INTEGER ou INT. Se não suportar INTEGER, utilize NUMBER.
> - Se o sistema for Access, é possível utilizar o tipo de dados NUMBER, mas não os delimitadores de números no nível de SQL. Por exemplo, a utilização de NUMBER(8,2) para indicar números com até oito caracteres e duas casas decimais funciona em Oracle; mas não é necessário utilizá-lo no Access – deve-se aplicar NUMBER sem delimitadores.
> - Caso seu SGBDR não dê suporte às designações PRIMARY KEY (chave primária) e FOREIGN KEY (chave estrangeira) ou à especificação UNIQUE, exclua-as do código de SQL aqui apresentado.
> - Ao utilizar a designação PRIMARY KEY (chave primária) no Oracle, não são necessárias as especificações NOT NULL e UNIQUE.
> - A cláusula ON UPDATE CASCADE faz parte do padrão ANSI, mas pode não ser suportada por seu SGBDR. Nesse caso, exclua-a.

Ao examinar a sequência de comandos de criação de tabelas em SQL, observe os seguintes aspectos:

- As especificações NOT NULL dos atributos garantem que seja feita uma entrada de dados. Quando for indispensável haver dados disponíveis, a especificação NOT NULL não permitirá que o usuário deixe o atributo vazio (sem nenhuma entrada de dados). Como essa especificação é feita no nível da tabela e armazenada no dicionário de dados, os aplicativos podem utilizá-la para criar a validação do dicionário automaticamente.
- A especificação UNIQUE cria um índice exclusivo no respectivo atributo. Utilize-a para evitar a duplicação de valores em uma coluna.
- Os atributos de chave primária contêm tanto uma especificação NOT NULL como uma UNIQUE. Elas garantem as exigências de integridade de entidades. Se essas especificações não forem suportadas, utilize PRIMARY KEY sem elas. (Por exemplo, ao designar a PK em MS Access, as especificações NOT NULL e UNIQUE são assumidas automaticamente e não são escritas.)
- A definição de tabela inteira fica entre parênteses. Utiliza-se uma vírgula para separar cada definição de elemento da tabela (atributos, chave primária e chave estrangeira).
- A especificação ON UPDATE CASCADE garante que uma mudança no V_CODE de qualquer VENDOR aplique-se automaticamente a todas as referências de chave estrangeira no sistema (cascata), garantindo a manutenção da integridade referencial. (Embora a cláusula ON UPDATE CASCADE faça parte do padrão ANSI, alguns SGBDRs, como o Oracle, não dão suporte a ela. Se esse for o caso de seu sistema, exclua a cláusula do código aqui apresentado.)
- O SGBDR aplicará automaticamente integridade referencial às chaves estrangeiras. Ou seja, não é possível haver uma entrada inválida na coluna de chave estrangeira. Ao mesmo tempo, não se pode excluir uma linha de fornecedor enquanto uma linha de produto referenciar esse fornecedor.
- A sequência de comandos termina com ponto e vírgula. (Lembre-se, seu SGBDR pode exigir a omissão do ponto e vírgula.)

NOTA

Quando se trabalha como uma chave primária composta, todos os atributos de chave primária são contidos nos parênteses e separados por vírgulas. Por exemplo, a tabela LINE da Figura 7.1 possui uma chave primária que consiste de dois atributos, INV_NUMBER e LINE_NUMBER. Portanto, deve-se definir sua chave primária digitando-se:

PRIMARY KEY (INV_NUMBER, LINE_NUMBER),

A ordem dos componentes da chave primária é importante, pois a indexação começa como o atributo mencionado primeiro, prosseguindo na ordem designada. Neste exemplo, os números de linha seriam ordenados no interior de cada número de fatura:

INV_NUMBER	LINE_NUMBER
1001	1
1001	2
1002	1
1003	1
1003	2

NOTA

OBSERVAÇÃO SOBRE NOMES DE COLUNAS

Não utilize símbolos matemáticos como +, - e / em seus nomes de colunas. Em vez disso, utilize um traço inferior para separar as palavras, se necessário. Por exemplo, PER-NUM pode gerar uma mensagem de erro, mas PER_NUM é aceitável. Além disso, *não* utilize palavras reservadas. As **palavras reservadas** são utilizadas por SQL para executar funções específicas. Por exemplo, em alguns SGBDRs, o nome de coluna INITIAL gerará a mensagem de nome inválido.

RESTRIÇÕES DE SQL

No Capítulo 3, você aprendeu que o atendimento às regras de integridade de entidades e referencial é fundamental em um ambiente de banco de dados relacional. Felizmente, a maioria das implementações de SQL dá suporte a ambas as regras. A integridade de entidades é aplicada automaticamente quando se especifica a chave primária na sequência de comandos CREATE TABLE. Por exemplo, é possível criar a estrutura de tabela VENDOR e preparar a aplicação das regras de integridade de entidades utilizando:

PRIMARY KEY (V_CODE)

Na sequência CREATE TABLE da tabela PRODUCT, observe que a integridade referencial foi aplicada especificando-se o seguinte na tabela produto:

FOREIGN KEY (V_CODE) REFERENCES VENDOR ON UPDATE CASCADE

NOTA

OBSERVAÇÃO PARA USUÁRIOS DE ORACLE

Ao pressionar a tecla Enter após a digitação de cada linha, é gerado automaticamente um número de linha, contanto que você não digite ponto e vírgula antes de pressionar aquela tecla. Por exemplo, a execução do comando CREATE TABLE pelo Oracle será similar a isso:

CREATE TABLE PRODUCT (

```
2     P_CODE           VARCHAR2(10)
3     CONSTRAINT       PRODUCT_P_CODE_PK PRIMARY KEY,
4     P_DESCRIPT       VARCHAR2(35)              NOT NULL,
5     P_INDATE         DATE                      NOT NULL,
6     P_QOH            NUMBER                    NOT NULL,
7     P_MIN            NUMBER                    NOT NULL,
8     P_PRICE          NUMBER(8,2)               NOT NULL,
9     P_DISCOUNT       NUMBER(5,2)               NOT NULL,
10    V_CODE           NUMBER,
11    CONSTRAINT PRODUCT_V_CODE_FK
12    FOREIGN KEYV_CODE REFERENCES VENDOR
13
```

Na sequência anterior de comandos de SQL, observe o seguinte:

- A definição de atributo para P_CODE começa na linha 2 e termina com uma vírgula no fim da linha 3.
- A cláusula CONSTRAINT (linha 3) permite definir e nomear uma restrição no Oracle. É possível nomeá-la de modo a atender às próprias convenções de nomenclatura. Nesse caso, a restrição foi nomeada PRODUCT_P_CODE_PK.
- Exemplos de restrições: NOT NULL, UNIQUE, PRIMARY KEY, FOREIGN KEY e CHECK. Para mais detalhes sobre restrições, veja a seguir.
- Para definir uma restrição PRIMARY KEY, pode-se também utilizar a seguinte sintaxe: P_CODE VARCHAR2(10) PRIMARY KEY.
- Nesse caso, o Oracle nomearia automaticamente a restrição.
- As linhas 11 e 12 definem PRODUCT_V_CODE como nome de uma restrição FOREIGN KEY para o atributo V_CODE. A cláusula CONSTRAINT costuma ser utilizada no fim da sequência de comandos CREATE TABLE.
- Se você não nomear as restrições, o Oracle fará automaticamente. Infelizmente, o nome automático atribuído só faz sentido para o Oracle, portanto, você terá dificuldade para decifrá-lo posteriormente. Deve-se atribuir um nome que faça sentido aos seres humanos!

A definição de restrição de chave estrangeira garante que:

- Não seja possível excluir um fornecedor da respectiva tabela se pelo menos uma linha de produto referenciar esse fornecedor. Esse é o padrão de comportamento no tratamento de chaves estrangeiras.
- Por outro lado, se uma alteração for feita em um V_CODE existente da tabela VENDOR, essa alteração deve se refletir automaticamente em qualquer referência desse atributo na tabela PRODUCT (ON UPDATE CASCADE). Essa restrição torna impossível existir um valor de V_CODE na tabela PRODUCT que aponte para um valor de V_CODE inexistente na tabela VENDOR. Em outras

palavras, a especificação ON UPDATE CASCADE garante a preservação da integridade referencial. (O Oracle não dá suporte a ON UPDATE CASCADE.)

Em geral, a SQL ANSI permite a utilização das cláusulas ON DELETE e ON UPDATE para cobrir as funções de CASCADE, SET NULL ou SET DEFAULT.

NOTA

OBSERVAÇÃO SOBRE AÇÕES DE RESTRIÇÃO REFERENCIAL

O suporte a ações de restrição referencial varia de produto para produto. Por exemplo:

- MS Access, o SQL Server e o Oracle dão suporte a ON DELETE CASCADE.
- O MS Access e o SQL Server dão suporte a ON UPDATE CASCADE.
- O Oracle não dá suporte a ON UPDATE CASCADE.
- O Oracle dá suporte a SET NULL.
- O MS Access e o SQL Server não dão suporte a SET NULL.

Consulte os manuais do produto para informações adicionais sobre restrições referenciais.

Apesar de não fornecer suporte a ON DELETE CASCADE ou ON UPDATE CASCADE no nível da linha de comando de SQL, o MS Access dá suporte por meio da interface da janela de relacionamentos. Na prática, sempre que você tentar estabelecer um relacionamento entre duas tabelas no Access, a interface da janela de relacionamentos aparecerá automaticamente.

Além de PRIMARY KEY e FOREIGN KEY, o padrão SQL ANSI também define as seguintes restrições:

- NOT NULL garante que uma coluna não aceite nulos.
- UNIQUE garante que todos os valores de uma coluna sejam exclusivos.
- DEFAULT atribui um valor a um atributo quando uma nova linha é adicionada à tabela. O usuário final pode, evidentemente, inserir um valor diferente desse padrão.
- CHECK é utilizado para validar dados quando é inserido um valor de atributo. A restrição CHECK não é exatamente o que seu nome sugere: ela verifica se uma condição especificada ocorre. Alguns exemplos dessa restrição são:
  - *O valor mínimo de pedidos deve ser 10.*
  - *A data deve ser posterior a 15 de abril de 2008.*

Se a restrição CHECK for atendida em determinado atributo (ou seja, a condição for verdadeira), os dados são aceitos. Se a condição encontrada for falsa, gera-se uma mensagem de erro e os dados não são aceitos.

Observe que o comando CREATE TABLE permite definir restrições em dois locais diferentes:

- Quando se cria a definição de coluna (conhecida como *restrição de coluna*)
- Quando se utiliza a palavra-chave CONSTRAINT (conhecida como *restrição de tabela*)

Uma restrição de coluna aplica-se a apenas uma coluna. Uma restrição de tabela pode se aplicar a várias colunas. Essas restrições são suportadas em diversos níveis de conformidade pelos SGBDRs.

Neste capítulo, o Oracle é utilizado para ilustrá-las. Observe, por exemplo, que a seguinte sequência de comando de SQL utiliza as restrições DEFAULT e CHECK para definir a tabela chamada CUSTOMER.

```
CREATE TABLE CUSTOMER (
CUS_CODE        NUMBER          PRIMARY KEY,
CUS_LNAME       VARCHAR(15)     NOT NULL,
CUS_FNAME       VARCHAR(15)     NOT NULL,
CUS_INITIAL     CHAR(1),
CUS_AREACODE    CHAR(3)         DEFAULT '615'                            NOT NULL
                                CHECK(CUS_AREACODE IN ('615','713','931')),
CUS_PHONE       CHAR(8)         NOT NULL,
CUS_BALANCE     NUMBER(9,2)     DEFAULT 0.00,
CONSTRAINT CUS_UI1 UNIQUE (CUS_LNAME, CUS_FNAME));
```

Nesse caso, o atributo CUS_AREACODE recebe um valor-padrão '615'. Portanto, se for adicionada uma nova linha de tabela CUSTOMER e o usuário final não fizer entradas no código de área, será registrado o valor '615'. Observe também que a condição CHECK restringe os valores de código de área dos clientes a 615, 713 e 931; quaisquer outros valores serão rejeitados.

É importante notar que o valor DEFAULT aplica-se apenas quando novas linhas são adicionadas à tabela e, em seguida, nenhum valor é inserido no código de área do cliente. (O valor-padrão não é utilizado ao modificar a tabela.) Por outro lado, a condição CHECK é validada se uma linha de cliente for adicionada *ou modificada*. No entanto, embora a condição CHECK possa incluir qualquer expressão válida, ela se aplica apenas a atributos que estejam sendo verificados na tabela. Caso deseje verificar condições que incluam atributos em outras tabelas, deve utilizar triggers (veja o Capítulo 8, "SQL avançada"). Por fim, a última linha da sequência de comandos CREATE TABLE cria uma restrição de índice exclusivo (chamada CUS_UI1) para o sobrenome e o nome do cliente (CUS_LNAME e CUS_FNAME, respectivamente). O índice evitará a entrada de dois clientes com o mesmo sobrenome e nome. (Esse índice simplesmente ilustra o processo. É claro que deve ser possível haver mais de uma pessoa chamada John Smith na tabela CUSTOMER.)

NOTA

OBSERVAÇÃO PARA USUÁRIOS DE MS ACCESS

O MS Access não aceita as restrições DEFAULT e CHECK. No entanto, aceitará a linha CONSTRAINT CUS_UI1 UNIQUE (CUS_LNAME, CUS_FNAME) e criará um índice exclusivo.

No seguinte comando de SQL, para a criação da tabela INVOICE, a restrição DEFAULT atribui uma data-padrão à nova fatura e a restrição CHECK valida se sua data é posterior a 1º de janeiro de 2008.

```
CREATE TABLE INVOICE (
INV_NUMBER      NUMBER      PRIMARY KEY,
CUS_CODE        NUMBER      NOT NULL REFERENCES CUSTOMER(CUS_CODE),
INV_DATE        DATE        DEFAULT SYSDATE NOT NULL,
CONSTRAINT INV_CK1 CHECK (INV_DATE > TO_DATE('01-JAN-2008','DD-MON-YYYY')));
```

Nesse caso, observe o seguinte:

- A definição de atributo CUS_CODE contém REFERENCES CUSTOMER (CUS_CODE) para indicar que CUS_CODE é uma chave estrangeira. Esse é outro modo de definir a chave estrangeira.

- A restrição DEFAULT utiliza a função especial SYSDATE. Essa função sempre retorna a data de hoje.
- O atributo de data da fatura (INV_DATE) recebe automaticamente a data de hoje (retornada pelo SYSDATE) quando uma nova linha é adicionada e nenhum valor é inserido no atributo.
- Utiliza-se uma restrição CHECK para validar se a data da fatura é posterior a 1º de janeiro de 2008 ('January 1, 2008'). Ao comparar determinada data a outra inserida manualmente em uma cláusula CHECK, o ORACLE exige a utilização da função TO_DATE. Essa função assume dois parâmetros, a data literal e o formato de data utilizado.

A última sequência de comandos de SQL cria a tabela LINE. Essa tabela possui uma chave primária (INV_NUMBER, LINE_NUMBER) e utiliza uma restrição UNIQUE em INV_NUMBER e P_CODE para garantir que o mesmo produto não seja pedido duas vezes na mesma fatura.

```
CREATE TABLE LINE (
INV_NUMBER          NUMBER              NOT NULL,
LINE_NUMBER         NUMBER(2,0)         NOT NULL,
P_CODE              VARCHAR(10)         NOT NULL,
LINE_UNITS          NUMBER(9,2)         DEFAULT 0,00       NOT NULL,
LINE_PRICE          NUMBER(9,2)         DEFAULT 0.00       NOT NULL,
PRIMARY KEY (INV_NUMBER, LINE_NUMBER),
FOREIGN KEY (INV_NUMBER) REFERENCES INVOICE ON DELETE CASCADE,
FOREIGN KEY (P_CODE) REFERENCES PRODUCT(P_CODE),
CONSTRAINT LINE_UI1 UNIQUE(INV_NUMBER, P_CODE));
```

Na criação da tabela LINE, observe que é adicionada uma restrição UNIQUE para evitar a duplicação de uma linha da fatura. Essa restrição é aplicada por meio da criação de um índice exclusivo. Observe também que a ação ON DELETE CASCADE da chave estrangeira aplica a integridade referencial. A utilização de ON DELETE CASCADE é recomendada a entidades fracas para garantir que a exclusão de uma linha na entidade forte acione automaticamente a exclusão das linhas correspondentes na entidade dependente. Nesse caso, a exclusão de uma linha de INVOICE excluirá automaticamente todas as linhas da tabela LINE relacionadas à fatura. Na seção seguinte, você aprenderá mais sobre índices e sobre como utilizar os comandos de SQL para criá-los.

Índices em SQL

No Capítulo 3 você aprendeu que os índices podem ser utilizados para aprimorar a eficiência de buscas e evitar a duplicação de valores de colunas. Na seção anterior, viu como declarar índices exclusivos em atributos selecionados quando da criação de tabelas. Na verdade, quando se declara uma chave primária, o SGBD cria automaticamente um índice exclusivo. Mesmo com esse recurso, é comum precisarmos de índices adicionais. A capacidade de criar índices de modo rápido e eficiente é importante. Utilizando o comando **CREAT INDEX**, é possível criar índices com base em qualquer atributo selecionado. A sintaxe é:

CREATE [UNIQUE] INDEX *nome do índice* ON *nome da tabela*(*coluna1* [, *coluna2*])

Por exemplo, com base no atributo P_INDATE, armazenado na tabela PRODUCT, o comando abaixo cria um índice chamado P_INDATEX:

CREATE INDEX P_INDATEX ON PRODUCT(P_INDATE);

A SQL não permite a gravação sobre um índice existente sem alertar o primeiro usuário, preservando, assim, a estrutura de índice no dicionário de dados. Utilizando o qualificador de índice UNIQUE, é possível criar até mesmo um índice que evite a utilização de um valor que já tenha sido usado antes. Esse recurso é especialmente útil quando o atributo é uma chave candidata cujos valores não possam ser duplicados.

CREATE UNIQUE INDEX P_CODEX ON PRODUCT(P_CODE);

Agora, se o usuário tentar inserir um valor de P_CODE duplicado, a SQL produz uma mensagem de erro "duplicate value in index". Muitos SGBDRs, incluindo o Access, criam automaticamente um índice exclusivo para os atributos de PK quando de sua declaração.

Uma prática comum é criar um índice para qualquer campo que seja utilizado como chave de busca, em operações de comparação de uma expressão condicional ou quando se deseja listar linhas em uma ordem específica. Por exemplo, caso queira criar um relatório de todos os produtos por fornecedor, seria útil criar um índice para o atributo V_CODE na tabela PRODUCT. Lembre-se de que um fornecedor pode suprir vários produtos. Portanto, *não* se deve criar um índice UNIQUE nesse caso. Para tornar a busca o mais eficiente possível, recomenda-se, ainda, um índice composto.

Os índices compostos costumam ser utilizados para evitar duplicações de dados. Considere, por exemplo, o caso ilustrado na Tabela 7.5, no qual são armazenadas pontuações de funcionários em testes exigidos. (Um funcionário pode fazer um teste apenas uma vez em determinada data.) Dada a estrutura da Tabela 7.5, a PK é EMP_NUM + TEST_NUM. A terceira entrada de teste do funcionário 111 atende às exigências de integridade de entidades – a combinação 111,3 é exclusiva – ainda que a entrada do teste WEA esteja claramente duplicada.

TABELA 7.5 Registro de teste duplicado

EMP_NUM	TEST_NUM	TEST_CODIGO	TEST_DATA	TEST_PONT
110	1	WEA	15/1/2008	93
110	2	WEA	12/1/2008	87
111	1	HAZ	14/12/2007	91
111	2	WEA	18/2/2008	95
111	3	WEA	18/2/2008	95
112	1	CHEM	17/8/2007	91

Essa duplicação poderia ter sido evitada utilizando um índice composto exclusivo com os atributos EMP_NUM, TEST_CODIGO e TEST_DATA:

CREATE UNIQUE INDEX EMP_TESTDEX ON TEST(EMP_NUM, TEST_CODIGO, TEST_DATA);

Por padrão, todos os índices produzem resultados listados em ordem crescente, mas é possível criar um índice que apresente um produto em ordem decrescente. Por exemplo, caso imprima com frequência um relatório que liste todos os produtos em ordem decrescente de preço, é possível criar um índice chamado PROD_PRICEX, digitando-se:

CREATE INDEX PROD_PRICEX ON PRODUCT(P_PRICE DESC);

Para excluir um índice, utilize o comando **DROP INDEX**:

DROP INDEX *nome do índice*

Por exemplo, caso queira eliminar o índice PROD_PRICEX, digite:

DROP INDEX PROD_PRICEX;

Após a criação das tabelas e de alguns índices, já estaremos prontos para começar a inserir dados. As seções seguintes utilizam duas tabelas (VENDOR e PRODUCT) para demonstrar a maioria dos comandos de manipulação de dados.

COMANDOS DE MANIPULAÇÃO DE DADOS

Nesta seção, você aprenderá como utilizar os comandos básicos de manipulação de dados em SQL: INSERT, SELECT, COMMIT, UPDATE, ROLLBACK e DELETE.

INSERÇÃO DE LINHAS NA TABELA

A SQL exige a utilização do comando **INSERT** para inserir dados em uma tabela. A sintaxe básica desse comando possui o seguinte aspecto:

INSERT INTO *nome da tabela* VALUES (*valor1, valor2, ... , valoen*)

Como a tabela PRODUCT utiliza seu V_CODE para referenciar o mesmo atributo da tabela VENDOR, pode ocorrer uma violação de integridade se não existirem valores de V_CODE nesta última tabela. Portanto, é necessário inserir as linhas de VENDOR antes das de PRODUCT. Dada a estrutura de tabela de VENDOR definida anteriormente e os exemplos de dados apresentados na Figura 7.2, deve-se inserir as duas primeiras linhas de dados da seguinte maneira:

INSERT INTO VENDOR
        VALUES (21225,'Bryson, Inc.','Smithson','615','223-3234','TN','Y');
INSERT INTO VENDOR
        VALUES (21226,'Superloo, Inc.','Flushing','904','215-8995','FL','N');

e assim por diante, até que todos os registros da tabela VENDOR tenham sido inseridos.
(Para ver o conteúdo dessa tabela, utilize o comando SELECT * FROM VENDOR.)

As linhas da tabela PRODUCT devem ser inseridas do mesmo modo, utilizando os dados apresentados na Figura 7.2. Por exemplo, as duas primeiras linhas de dados seriam inseridas da seguinte maneira, pressionando-se a tecla Enter ao término de cada linha:

INSERT INTO PRODUCT
        VALUES ('11QER/31','Power painter, 15 psi., 3-nozzle', '03-Nov-07',8,5,109.99,0.00,25595);
INSERT INTO PRODUCT
        VALUES ('13-Q2/P2','7.25-in. pwr. saw blade','13-Dec-07',32,15,14.99, 0.05, 21344);

(Para ver o conteúdo dessa tabela, utilize o comando SELECT * FROM PRODUCT.)

NOTA

A entrada de dados depende do formato de data esperado pelo SGBD. Por exemplo, 25 de março de 2008 pode ser apresentado como 25-Mar-2008 no Access e no Oracle, ou em outros formatos conforme o SGBDR. O MS Access exige a utilização dos delimitadores # ao executar quaisquer cálculos ou comparações com base em atributos de data, tais como P_INDATE >= #25-Mar-08#.

Nas linhas de entrada de dados citadas, observe que:

- O conteúdo da linha é inserido entre parênteses. Observe que o primeiro caractere após VALUES é um parêntese, assim como o último caractere da sequência de comando.
- Os valores de caracteres (string) e datas devem ser inseridos entre apóstrofos (' ').
- As entradas numéricas *não* são cercadas por apóstrofos.
- As entradas de atributos são separadas por vírgulas.
- É necessário um valor para cada coluna da tabela.

Essa versão dos comandos INSERT adiciona uma única linha de tabela por vez.

Inserção de linhas com atributos nulos

Até o momento, inserimos linhas com todos os valores de atributos especificados. Mas o que fazer se um produto não tiver um fornecedor ou se ainda não se souber o código de fornecedor? Nesses casos, deve-se deixar o código de fornecedor como nulo. Para inserir um nulo, utilize a seguinte sintaxe:

INSERT INTO PRODUCT
        VALUES ('BRT-345','Titanium drill bit','18-Oct-07', 75, 10, 4.50, 0.06, NULL);

Nesse caso, observe que a entrada NULL é aceita apenas porque o atributo V_CODE é opcional – a declaração NOT NULL não foi utilizada no comando CREATE TABLE desse atributo.

Inserção de linhas com atributos opcionais

Pode haver ocasiões em que é opcional mais de um atributo. Em vez de declarar cada atributo como NULL no comando INSERT, é possível indicar apenas os atributos que tenham valores obrigatórios. Isso pode ser feito listando os nomes de atributos entre parênteses após o nome da tabela. Para esse exemplo, assuma que os únicos atributos necessários da tabela PRODUCT sejam P_CODE e P_DESCRIPT.

INSERT INTO PRODUCT(P_CODE, P_DESCRIPT) VALUES ('BRT-345','Titanium drill bit');

Salvando alterações na tabela

Quaisquer alterações feitas no conteúdo de uma tabela não são salvas no disco até que o usuário feche o banco de dados, feche o programa que está utilizando ou aplique o comando **COMMIT**. Se o banco de dados estiver aberto e ocorrer uma queda de energia ou outra interrupção antes do usuário emitir o comando COMMIT, as alterações serão perdidas e apenas o conteúdo da tabela original será mantido. A sintaxe do comando COMMIT é:

COMMIT [WORK]

Esse comando salva permanentemente *todas* as alterações – tais como linhas adicionadas, atributos modificados ou linhas excluídas – feitas a qualquer tabela do banco de dados. Portanto, caso deseje tornar permanentes as alterações feitas à tabela PRODUCT, é uma boa ideia salvá-las utilizando:

COMMIT;

> **NOTA**
>
> OBSERVAÇÃO PARA USUÁRIOS DE MS ACCESS
>
> O MS Access não fornece suporte ao comando COMMIT, pois ele salva automaticamente as alterações após a execução de cada comando de SQL.

No entanto, a finalidade do comando COMMIT não é apenas salvar alterações. Na verdade, o propósito principal dos comandos COMMIT e ROLLBACK (veja a Seção "Restauração de conteúdo da tabela") é garantir a integridade de atualização do banco de dados no gerenciamento de transações. (Você verá como esses problemas devem ser tratados no Capítulo 10, "Gerenciamento de transações e controle de concorrência".)

Listagem de linhas da tabela

O comando **SELECT** é utilizado para listar o conteúdo de uma tabela. A sintaxe desse comando é a seguinte:

SELECT   *lista de colunas*   FROM *nome da tabela*

A *lista de colunas* representa um ou mais atributos separados por vírgulas. Pode-se utilizar * (asterisco) como caractere coringa para listar todos os atributos. O **caractere coringa** é um símbolo que pode ser utilizado como substituto geral para outros caracteres ou comandos. Por exemplo, para listar todos os atributos e todas as linhas da tabela PRODUCT, utilize:

SELECT * FROM PRODUCT;

A Figura 7.3 apresenta a saída gerada por esse comando. (Ela mostra todas as linhas da tabela PRODUCT que servirão de base para discussões subsequentes. Caso tenha inserido apenas os dois primeiros registros dessa tabela, conforme apresentado na seção anterior, a saída do comando SELECT apresentará apenas as linhas inseridas. Não se preocupe com a diferença entre o seu resultado de

SELECT e o mostrado na Figura 7.3. Ao concluir o trabalho desta seção, você terá criado e preenchido as tabelas VENDOR e PRODUCT com as linhas corretas para utilização em seções futuras.)

FIGURA 7.3 Conteúdo da tabela PRODUCT

P_CODE	P_DESCRIPT	P_INDATE	P_QOH	P_MIN	P_PRICE	P_DISCOUNT	V_CODE
11QER/31	Power painter, 15 psi., 3-nozzle	03-Nov-07	8	5	109.99	0.00	25595
13-Q2/P2	7.25-in. pwr. saw blade	13-Dec-07	32	15	14.99	0.05	21344
14-Q1/L3	9.00-in. pwr. saw blade	13-Nov-07	18	12	17.49	0.00	21344
1546-QQ2	Hrd. cloth, 1/4-in., 2x50	15-Jan-08	15	8	39.95	0.00	23119
1558-QW1	Hrd. cloth, 1/2-in., 3x50	15-Jan-08	23	5	43.99	0.00	23119
2232/QTY	B&D jigsaw, 12-in. blade	30-Dec-07	8	5	109.92	0.05	24288
2232/QWE	B&D jigsaw, 8-in. blade	24-Dec-07	6	5	99.87	0.05	24288
2238/QPD	B&D cordless drill, 1/2-in.	20-Jan-08	12	5	38.95	0.05	25595
23109-HB	Claw hammer	20-Jan-08	23	10	9.95	0.10	21225
23114-AA	Sledge hammer, 12 lb.	02-Jan-08	8	5	14.40	0.05	
54778-2T	Rat-tail file, 1/8-in. fine	15-Dec-07	43	20	4.99	0.00	21344
89-WRE-Q	Hicut chain saw, 16 in.	07-Feb-08	11	5	256.99	0.05	24288
PVC23DRT	PVC pipe, 3.5-in., 8-ft	20-Feb-08	188	75	5.87	0.00	
SM-18277	1.25-in. metal screw, 25	01-Mar-08	172	75	6.99	0.00	21225
SW-23116	2.5-in. wd. screw, 50	24-Feb-08	237	100	8.45	0.00	21231
WR3/TT3	Steel matting, 4'x8'x1/6", .5" mesh	17-Jan-08	18	5	119.95	0.10	25595

NOTA

Sua listagem pode não estar na ordem apresentada na Figura 7.3. As listagens dessa figura são resultado de operações de índices com base em chaves primárias controladas pelo sistema. Posteriormente você aprenderá como controlar a saída de modo que ela se ajuste à ordem especificada.

NOTA

OBSERVAÇÃO PARA USUÁRIOS DE ORACLE

Algumas implementações de SQL (com as do Oracle) cortam as identificações dos atributos para encaixá-las na largura da coluna. No entanto, o Oracle permite configurar a largura da coluna exibida para mostrar o nome completo do atributo. Também é possível alterar o formato exibido, independente de como os dados estão armazenados na tabela. Por exemplo, caso queira exibir símbolos de dólares e pontos de milhar na saída de P_PRICE, é possível declarar:

COLUMN P_PRICE FORMAT $99,999.99

para alterar a saída 12347,67 para $12,347.67.

Do mesmo modo, para mostrar apenas os 12 primeiros caracteres do atributo P_DESCRIPT, utilize:

COLUMN P_DESCRIPT FORMAT A12 TRUNCATE

Embora os comandos de SQL possam ser agrupados em uma única linha, sequências complexas são mais bem apresentadas em linhas separadas, com espaço entre os comandos e seus componentes. Utilizar essas convenções de formatação torna muito mais fácil visualizar os componentes dos comandos SQL, ajudando o rastreamento da lógica SQL e, se necessário, as correções. O número de espaços utilizados no recuo depende do usuário. Por exemplo, observe o seguinte formato de um comando mais complexo:

SELECT   P_CODE, P_DESCRIPT, P_INDATE, P_QOH, P_MIN, P_PRICE, P_DISCOUNT,
                             V_CODE
FROM   PRODUCT;

Ao executar um comando SELECT em uma tabela, o SGBDR retorna um conjunto de uma ou mais linhas que tenham as mesmas características de uma tabela relacional. Além disso, esse comando lista todas as linhas da tabela especificadas na cláusula FROM. Essa é uma característica muito importante dos comandos de SQL. Por padrão, a maioria dos comandos de manipulação de dados opera em uma tabela (ou relação) inteira. Por isso, se diz que os comandos de SQL são *orientados a conjuntos*. Esse tipo de comando atua sobre um conjunto de linhas. Tal conjunto pode incluir uma ou mais colunas e zero ou mais linhas de uma ou mais tabelas.

ATUALIZAÇÃO DE LINHAS DA TABELA

Utilize o comando **UPDATE** para modificar os dados de uma tabela. A sintaxe desse comando é:

UPDATE   *nome da tabela*
SET   *nome da coluna = expressão* [, *nome da coluna = expressão*]
[WHERE   *lista de condições*];

Por exemplo, caso deseje alterar P_INDATE de 13 de dezembro de 2007 para 18 de janeiro de 2008 na segunda linha da tabela PRODUCT (veja a Figura 7.3), utilize a chave primária (13-Q2/P2) para localizar a linha correta (segunda). Portanto, digite:

UPDATE   PRODUCT
SET   P_INDATE = '18-JAN-2008'
WHERE   P_CODE = '13-Q2/P2';

Se mais de um atributo deve ser atualizado na linha, separe as correções com vírgulas:

UPDATE   PRODUCT
SET   P_INDATE = '18-JAN-2008', P_PRICE = 17.99, P_MIN = 10
WHERE   P_CODE = '13-Q2/P2';

O que teria acontecido se o comando anterior UPDATE não tivesse incluído a condição WHERE? Os valores P_INDATE, P_PRICE e P_MIN teriam sido alterados em *todas* as linhas da tabela PRODUCT. Lembre-se de que o comando UPDATE é um operador orientado a conjuntos. Portanto, caso não especifique uma condição WHERE, o comando UPDATE aplicará as alterações a todas as linhas da tabela especificada.

Confirme as correções utilizado o seguinte comando SELECT para verificar a listagem da tabela PRODUCT:

SELECT * FROM PRODUCT;

RESTAURAÇÃO DE CONTEÚDO DA TABELA

Caso o comando COMMIT ainda não tiver sido utilizado para armazenar permanentemente as alterações no banco de dados, é possível restaurar o banco a sua condição anterior com o comando **ROLLBACK**. Esse comando desfaz quaisquer alterações desde o último comando COMMIT e retorna os dados para os valores existentes antes de as alterações serem feitas. Para restaurar os dados a sua condição "pré--alterações", digite:

ROLLBACK;

e em seguida pressione a tecla Enter. Utilize o comando SELECT novamente para ver que ROLLBACK, de fato, restaurou os dados aos valores originais.

COMMIT e ROLLBACK funcionam apenas com comandos de manipulação de dados utilizados para adicionar, modificar e excluir linhas de tabelas. Por exemplo, suponha a execução das seguintes ações:
1. CREATE uma tabela chamada SALES (vendas).
2. INSERT 10 linhas na tabela SALES.
3. UPDATE duas linhas da tabela SALES.
4. Comando ROLLBACK é executado.

A tabela SALES será removida pelo comando ROLLBACK? Não, ROLLBACK desfaz *apenas* os resultados dos comandos INSERT e UPDATE. Todos os comandos de definição de dados (CREATE TABLE) são automaticamente gravados (COMMIT) no dicionário de dados e não podem ser desfeitos. Os comandos COMMIT e ROLLBACK serão examinados com mais detalhes no Capítulo 10.

NOTA

OBSERVAÇÃO PARA USUÁRIOS DE MS ACCESS

O MS Access não fornece suporte ao comando ROLLBACK.

Alguns SGBDRs, como o Oracle, aplicam automaticamente COMMIT a alterações de dados quando são emitidos comandos de definição de dados. Por exemplo, caso se utilizasse o comando CREATE INDEX após a atualização das duas linhas do exemplo anterior, todas as alterações teriam sido comprometidas automaticamente. Nada seria desfeito ao fazer ROLLBACK em seguida. *Verifique o manual de seu SGBDR para compreender essas diferenças sutis.*

EXCLUSÃO DE LINHAS DA TABELA

É fácil excluir uma linha da tabela utilizando o comando **DELETE**; a sintaxe é:

DELETE FROM   *nome da tabela*
[WHERE   *lista de condições*];

Por exemplo, caso queira excluir da tabela PRODUCT o produto adicionado anteriormente com código (P_CODE) 'BRT-345', deve ser usado:

DELETE FROM   PRODUCT
WHERE   P_CODE = 'BRT-345';

Nesse exemplo, o valor da chave primária permite que a SQL encontre o registro exato a ser excluído. No entanto, as exclusões não se limitam a correspondências de chaves primárias. Qualquer atributo pode ser utilizado. Por exemplo, em sua tabela PRODUCT, há vários produtos cujo atributo P_MIN é igual a 5. Utilize o seguinte comando para excluir todas as linhas da tabela PRODUCT que tenham P_MIN igual a 5:

DELETE FROM   PRODUCT
WHERE   P_MIN = 5;

Verifique novamente o conteúdo da tabela PRODUCT para checar se todos os produtos com P_MIN igual a 5 foram excluídos.

Por fim, lembre-se de que o comando DELETE é um operador orientado a conjuntos. E tenha em mente que a condição WHERE é opcional. Portanto, se ela não for especificada, *todas* as linhas da tabela especificada serão excluídas.

INSERÇÃO DE LINHAS NA TABELA COM UMA SUBCONSULTA DE SELEÇÃO

Você aprendeu na Seção "Inserção de linhas na tabela" como utilizar o comando INSERT para adicionar linhas a uma tabela. Naquela seção, foi adicionada uma linha por vez. Nesta, você aprenderá como adicionar várias linhas a uma tabela utilizando outra tabela como fonte dos dados. A sintaxe do comando INSERT é:

INSERT INTO *nome da tabela*   SELECT *lista de colunas*   FROM *nome da tabela*;

Nesse caso, o comando INSERT utiliza uma subconsulta SELECT. A **subconsulta**, também conhecida como **consulta integrada** ou **consulta interna**, é aquela incorporada (ou integrada) no interior de outra consulta. Primeiro, ela é sempre executada pelo SGBDR. Dado o comando anterior de SQL, a parte INSERT representa a consulta externa e a parte SELECT, a subconsulta. É possível integrar consultas (colocar consultas no interior de consultas) em muitos níveis de profundidade. Em todo caso, a saída da consulta interna é utilizada como entrada da consulta externa (de nível superior). No Capítulo 8, você aprenderá mais sobre os diversos tipos de subconsultas.

Os valores retornados pela subconsulta em SELECT devem corresponder aos atributos e aos tipos de dados da tabela no comando INSERT. Se a tabela na qual as linhas estão sendo inseridas possui um atributo de data, um atributo de números e um atributo de caracteres, a subconsulta em SELECT deve retornar uma ou mais linhas nas quais a primeira coluna tenha valores de data, a segunda, valores numéricos e a terceira, valores de caracteres.

Preenchimento das tabelas VENDOR e PRODUCT

As etapas a seguir orientam o processo de preenchimento das tabelas VENDOR e PRODUCT com os dados utilizados no resto do capítulo. Para realizar essa tarefa, serão utilizadas duas tabelas, chamadas V e P, como fonte de dados. V e P possuem a mesma estrutura de tabela (atributos) de VENDOR e PRODUCT.

Siga as etapas seguintes para preencher as tabelas VENDOR e PRODUCT. (Se você ainda não criou essas tabelas para praticar os comandos de SQL nas seções anteriores, faça-o antes de realizar estas etapas.)

1. Exclua todas as linhas das tabelas PRODUCT e VENDOR.
   – DELETE FROM PRODUCT;

– DELETE FROM VENDOR;

2. Adicione as linhas a VENDOR copiando todas as linhas de V.
   – Se estiver utilizando MS Access, digite:
     INSERT INTO VENDOR SELECT * FROM V;
   – Se estiver utilizando Oracle, digite:
     INSERT INTO VENDOR SELECT * FROM TEACHER.V;

3. Adicione as linhas a PRODUCT copiando todas as linhas de P.
   – Se estiver utilizando MS Access, digite:
     INSERT INTO PRODUCT SELECT * FROM P;
   – Se estiver utilizando Oracle, digite:
     INSERT INTO PRODUCT SELECT * FROM TEACHER.P;
   – Os usuários de Oracle devem salvar permanentemente as alterações, emitindo o comando COMMIT.

Se você seguiu essas etapas corretamente, as tabelas VENDOR e PRODUCT estão preenchidas com os dados a serem utilizados nas seções restantes do capítulo.

CONSULTAS DE SELEÇÃO

Nesta seção, você aprenderá como refinar o comando de seleção (SELECT), adicionando restrições aos critérios de busca. O SELECT, aliado a condições de busca adequadas, é uma ferramenta incrivelmente poderosa que permite a transformação dos dados em informações. Por exemplo, nas seções seguintes, você aprenderá como criar consultas que possam ser utilizadas para responder a perguntas como: "Quais produtos foram supridos por determinado fornecedor?", "Quais produtos têm preço inferior a US$ 10?" ou "Quantos produtos supridos por determinado fornecedor foram vendidos entre 5 de janeiro de 2008 e 20 de março de 2008?".

SELEÇÃO DE LINHAS COM CONDIÇÕES RESTRITAS

É possível selecionar o conteúdo de uma tabela parcial colocando restrições para as linhas a serem incluídas no resultado. Isso é feito com a utilização da cláusula WHERE para adicionar restrições condicionais ao comando SELECT. A sintaxe a seguir permite especificar quais linhas serão selecionadas:

SELECT   *lista de colunas*
FROM   *lista de tabelas*
[WHERE   *lista de condições*];

O comando SELECT recupera todas as linhas que atendam às condições especificadas – também conhecidas como *critérios condicionais* – na cláusula WHERE. A *lista de condições* em WHERE é representada por uma ou mais expressões condicionais, separadas por operadores lógicos. A cláusula WHERE é opcional. Se nenhuma linha atender aos critérios especificados nessa cláusula, o usuário verá uma tela em branco ou uma mensagem dizendo que nenhuma linha foi recuperada. Por exemplo, a consulta:

SELECT   P_DESCRIPT, P_INDATE, P_PRICE, V_CODE
FROM   PRODUCT
WHERE   V_CODE = 21344;

retorna descrição, data e preço dos produtos com código de fornecedor 21344, conforme mostrado na Figura 7.4.

Os usuários de MS Access podem utilizar o gerador de consultas Access QBE (*query by example*, ou seja, consulta por exemplo). Embora o Access QBE gere sua própria versão "nativa" de SQL, também é possível optar por digitar a SQL padrão na janela Access SQL, conforme apresentado no final da Figura 7.5. Essa figura apresenta a tela do Access QBE, a SQL gerada pelo QBE na janela de SQL e a relação da SQL modificada.

FIGURA 7.4	Atributos selecionados da tabela PRODUCT para o código de fornecedor 21344

P_DESCRIPT	P_INDATE	P_PRICE	V_CODE
7.25-in. pwr. saw blade	13-Dec-07	14.99	21344
9.00-in. pwr. saw blade	13-Nov-07	17.49	21344
Rat-tail file, 1/8-in. fine	15-Dec-07	4.99	21344

FIGURA 7.5	Microsoft Access QBE e sua SQL

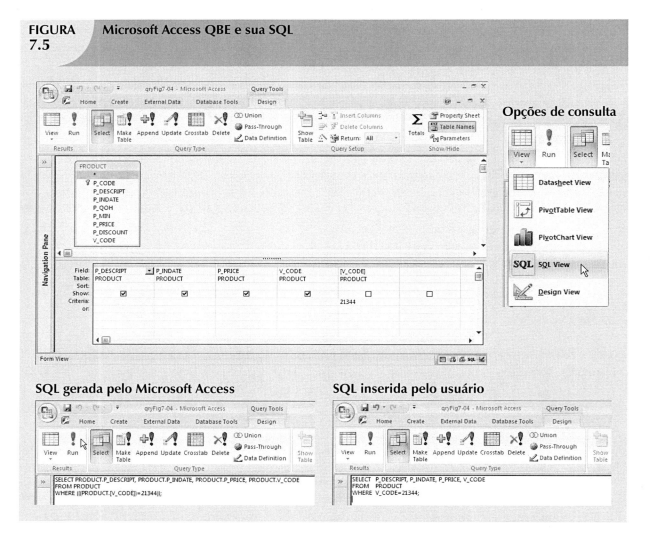

Várias restrições condicionais podem ser colocadas para o conteúdo de tabelas selecionadas. Por exemplo, é possível utilizar os operadores de comparação apresentados na Tabela 7.6 para restringir o resultado.

OBSERVAÇÃO PARA USUÁRIOS DE MS ACCESS

A interface do MS Access QBE designa automaticamente a fonte de dados utilizando o nome de tabela como prefixo. Posteriormente, você descobrirá que o prefixo do nome de tabela é utilizado para evitar ambiguidade quando o mesmo nome de coluna aparece em várias tabelas. Por exemplo, tanto a tabela VENDOR como a PRODUCT contém o atributo V_CODE. Portanto, se ambas forem utilizadas – como no caso de uma junção –, seria necessário especificar a fonte desse atributo.

TABELA 7.6 Operadores de comparação

SÍMBOLO	SIGNIFICADO
=	Igual a
<	Menor que
<=	Menor ou igual a
>	Maior que
>=	Maior ou igual a
<> ou !=	Diferente de

FIGURA 7.6 Atributos selecionados da tabela PRODUCT para códigos de fornecedores diferentes de 21344

P_DESCRIPT	P_INDATE	P_PRICE	V_CODE
Power painter, 15 psi., 3-nozzle	03-Nov-07	109.99	25595
Hrd. cloth, 1/4-in., 2x50	15-Jan-08	39.95	23119
Hrd. cloth, 1/2-in., 3x50	15-Jan-08	43.99	23119
B&D jigsaw, 12-in. blade	30-Dec-07	109.92	24288
B&D jigsaw, 8-in. blade	24-Dec-07	99.87	24288
B&D cordless drill, 1/2-in.	20-Jan-08	38.95	25595
Claw hammer	20-Jan-08	9.95	21225
Hicut chain saw, 16 in.	07-Feb-08	256.99	24288
1.25-in. metal screw, 25	01-Mar-08	6.99	21225
2.5-in. wd. screw, 50	24-Feb-08	8.45	21231
Steel matting, 4'x8'x1/6", .5" mesh	17-Jan-08	119.95	25595

FIGURA 7.7 Atributos selecionados da tabela PRODUCT com uma restrição de P_PRICE

P_DESCRIPT	P_QOH	P_MIN	P_PRICE
Claw hammer	23	10	9.95
Rat-tail file, 1/8-in. fine	43	20	4.99
PVC pipe, 3.5-in., 8-ft	188	75	5.87
1.25-in. metal screw, 25	172	75	6.99
2.5-in. wd. screw, 50	237	100	8.45

O exemplo seguinte utiliza o operador "diferente de":

```
SELECT    P_DESCRIPT, P_INDATE, P_PRICE,
          V_CODE
FROM      PRODUCT
WHERE     V_CODE <> 21344;
```

O resultado, apresentado na Figura 7.6, lista todas as linhas cujo código de fornecedor *não* é 21344.

Observe que, nessa figura, as linhas com nulos na coluna V_CODE (veja a Figura 7.3) não são incluídas no resultado do comando SELECT.

A sequência de comandos:

```
SELECT    P_DESCRIPT, P_QOH, P_MIN, P_
          PRICE
FROM      PRODUCT
WHERE     P_PRICE <= 10;
```

produz o resultado apresentado na Figura 7.7.

Utilização de operadores de comparação em atributos de caracteres

Como os computadores identificam todos os caracteres por seus códigos (numéricos) em ASCII (*American Standard Code for Information Interchange*, ou seja, código-padrão para intercâmbio de informação), os operadores de comparação podem inclusive ser utilizados para colocar restrições em atributos com base em caracteres. Portanto, o comando:

```
SELECT    P_CODE, P_DESCRIPT, P_QOH, P_
          MIN, P_PRICE
FROM      PRODUCT
WHERE     P_CODE < '1558-QW1';
```

FIGURA 7.8	Atributos selecionados da tabela PRODUCT: efeito do código ASCII			
P_CODE	P_DESCRIPT	P_QOH	P_MIN	P_PRICE
11QER/31	Power painter, 15 psi., 3-nozzle	8	5	109.99
13-Q2/P2	7.25-in. pwr. saw blade	32	15	14.99
14-Q1/L3	9.00-in. pwr. saw blade	18	12	17.49
1546-QQ2	Hrd. cloth, 1/4-in., 2x50	15	8	39.95

seria correto e produziria uma lista de todas as linhas em que o P_CODE é alfabeticamente menor que 1558-QW1. (Como o valor do código de ASCII da letra *B* é maior do que o da letra *A*, segue-se que *A* seja menor que *B*.) Portanto, o resultado será gerado conforme o exibido na Figura 7.8.

As comparações de strings (caracteres) são feitas da esquerda para a direita. Essa ordem é particularmente útil quando se comparam atributos como nomes. Por exemplo, a string "Ardmore" seria considerada *maior que* a string "Aarenson", mas *menor que* a string "Brown"; esses resultados podem ser utilizados para gerar listas alfabéticas como as de um diretório de telefones. Se os caracteres 0-9 forem armazenados como strings, as mesmas comparações da esquerda para a direita podem levar a aparentes anomalias. Por exemplo, o código ASCII do caractere "5" é, como esperado, *maior que* o código do caractere "4". No entanto, o mesmo "5" será considerado *maior que* a string "44", pois o *primeiro* caractere desta string é menor que "5". Por esse motivo, podem-se obter alguns resultados inesperados em comparação de datas e outros números armazenados em formato de caracteres. Isso também se aplica a comparações de datas. Por exemplo, a comparação de caracteres de ASCII da esquerda para a direita levaria à conclusão de que a data "01/01/2008" ocorreu *antes* de "31/12/2007". Como o caractere mais à esquerda "0", na primeira data, é *menor que* o caractere mais à esquerda "1", na segunda, "01/01/2008" é *menor que* "31/12/2007". Naturalmente, se as strings de datas forem armazenadas em um formato aaaa/mm/dd, as comparações produzirão resultados adequados, mas essa é uma apresentação não padronizada de datas. Por isso, todos os SGBDRs atuais dão suporte a tipos de dados de "data"; deve-se utilizá-los. Além disso, a utilização desses tipos de dados propicia o benefício da aritmética de datas.

Utilização de operadores de comparação em datas

Os procedimentos de datas costumam ser mais específicos de software do que os outros procedimentos de SQL. Por exemplo, a consulta para listar todas as linhas em que a data de estoque em estoque ocorreu em ou após 20 de janeiro de 2008 terá o seguinte aspecto:

```
SELECT      P_DESCRIPT, P_QOH, P_MIN, P_PRICE, P_INDATE
FROM        PRODUCT
WHERE       P_INDATE >= '20-Jan-2008';
```

(Lembre-se de que os usuários de MS Access devem utilizar os delimitadores # para datas. Por exemplo, usaríamos #20-Jan-08# na cláusula WHERE acima.) O produto restrito pela data é apresentado na Figura 7.9.

Utilização de colunas computadas e *alias* de colunas

Suponha que se queira determinar o valor total de cada produto atualmente mantido em estoque. É lógico que essa determinação exige a multiplicação da quantidade de cada produto disponível por seu preço atual. É possível realizar essa tarefa com o seguinte comando:

```
SELECT      P_DESCRIPT, P_QOH, P_PRICE,
            P_QOH * P_PRICE
FROM        PRODUCT;
```

FIGURA 7.9	Atributos selecionados da tabela PRODUCT: restrição de data			
P_DESCRIPT	P_QOH	P_MIN	P_PRICE	P_INDATE
B&D cordless drill, 1/2-in.	12	5	38.95	20-Jan-08
Claw hammer	23	10	9.95	20-Jan-08
Hicut chain saw, 16 in.	11	5	256.99	07-Feb-08
PVC pipe, 3.5-in., 8-ft	188	75	5.87	20-Feb-08
1.25-in. metal screw, 25	172	75	6.99	01-Mar-08
2.5-in. wd. screw, 50	237	100	8.45	24-Feb-08

FIGURA 7.10 Comando SELECT com uma coluna computada

P_DESCRIPT	P_QOH	P_PRICE	Expr1
Power painter, 15 psi., 3-nozzle	8	109.99	879.92
7.25-in. pwr. saw blade	32	14.99	479.68
9.00-in. pwr. saw blade	18	17.49	314.82
Hrd. cloth, 1/4-in., 2x50	15	39.95	599.25
Hrd. cloth, 1/2-in., 3x50	23	43.99	1011.77
B&D jigsaw, 12-in. blade	8	109.92	879.36
B&D jigsaw, 8-in. blade	6	99.87	599.22
B&D cordless drill, 1/2-in.	12	38.95	467.40
Claw hammer	23	9.95	228.85
Sledge hammer, 12 lb.	8	14.40	115.20
Rat-tail file, 1/8-in. fine	43	4.99	214.57
Hicut chain saw, 16 in.	11	256.99	2826.89
PVC pipe, 3.5-in., 8-ft	188	5.87	1103.56
1.25-in. metal screw, 25	172	6.99	1202.28
2.5-in. wd. screw, 50	237	8.45	2002.65
Steel matting, 4'x8'x1/6", .5" mesh	18	119.95	2159.10

FIGURA 7.11 Comando SELECT com uma coluna computada e um *alias*

P_DESCRIPT	P_QOH	P_PRICE	TOTVALUE
Power painter, 15 psi., 3-nozzle	8	109.99	879.92
7.25-in. pwr. saw blade	32	14.99	479.68
9.00-in. pwr. saw blade	18	17.49	314.82
Hrd. cloth, 1/4-in., 2x50	15	39.95	599.25
Hrd. cloth, 1/2-in., 3x50	23	43.99	1011.77
B&D jigsaw, 12-in. blade	8	109.92	879.36
B&D jigsaw, 8-in. blade	6	99.87	599.22
B&D cordless drill, 1/2-in.	12	38.95	467.40
Claw hammer	23	9.95	228.85
Sledge hammer, 12 lb.	8	14.40	115.20
Rat-tail file, 1/8-in. fine	43	4.99	214.57
Hicut chain saw, 16 in.	11	256.99	2826.89
PVC pipe, 3.5-in., 8-ft	188	5.87	1103.56
1.25-in. metal screw, 25	172	6.99	1202.28
2.5-in. wd. screw, 50	237	8.45	2002.65
Steel matting, 4'x8'x1/6", .5" mesh	18	119.95	2159.10

A inserção desse comando de SQL em Access gera o resultado apresentado na Figura 7.10.

A SQL aceita quaisquer expressões (ou fórmulas) válidas nas colunas computadas. Essas fórmulas podem conter quaisquer operadores e funções matemáticas válidas que sejam aplicadas a atributos de qualquer tabela especificada na cláusula FROM do comando SELECT. Observe também que o Access adiciona automaticamente uma identificação Expr a todas as colunas computadas. (A primeira coluna computada seria identificada como Expr1; a segunda, Expr2, e assim por diante.) O Oracle utiliza o próprio texto da fórmula como a identificação da coluna computada.

Para facilitar a leitura do resultado, o padrão SQL permite o uso de *alias* em qualquer coluna de um comando SELECT. Um *alias* é um nome alternativo dado a uma coluna ou tabela em qualquer comando de SQL.

Por exemplo, é possível reescrever o comando anterior como:

```
SELECT    P_DESCRIPT, P_QOH, P_PRICE,
          P_QOH * P_PRICE AS TOTVALUE
FROM      PRODUCT;
```

O resultado desse comando é apresentado na Figura 7.11.

Também é possível utilizar uma coluna computada, um *alias* e a aritmética de datas em uma única consulta. Por exemplo, suponha que se queira obter uma lista de produtos fora da garantia que tenham sido armazenados há mais de 90 dias. Nesse caso, P_INDATE é, pelo menos, 90 dias menor que a data atual (do sistema). A versão para MS Access dessa consulta pode ser apresentada como:

```
SELECT    P_CODE, P_INDATE, DATE() - 90 AS CUTDATE
FROM      PRODUCT
WHERE     P_INDATE <= DATE() - 90;
```

A versão para Oracle da mesma consulta é apresentada a seguir:

```
SELECT    P_CODE, P_INDATE, SYSDATE - 90 AS CUTDATE
FROM      PRODUCT
WHERE     P_INDATE <= SYSDATE - 90;
```

Observe que DATE() e SYSDATE são funções especiais que retornam a data de hoje no MS Access e no Oracle, respectivamente. É possível utilizar essas funções em qualquer lugar em que deva ser utilizada uma data literal, como na lista de valores de um comando INSERT, em um comando UPDATE de alteração do valor de um atributo de data ou em um comando SELECT como apresentado aqui. É claro que o resultado da consulta anterior mudaria de acordo com a data de hoje.

Suponha que um gerente queira uma lista de todos os produtos, das datas de seus recebimentos e das datas de expiração da garantia (90 dias após a data do recebimento). Para gerar essa lista, digite:

```
SELECT      P_CODE, P_INDATE, P_INDATE + 90 AS EXPDATE
FROM        PRODUCT;
```

Observe que é possível utilizar todos os operadores aritméticos em atributos de data, assim como em atributos numéricos.

OPERADORES ARITMÉTICOS: REGRA DA PRECEDÊNCIA

TABELA 7.7 Operadores aritméticos

OPERADORES ARITMÉTICOS	DESCRIÇÃO
+	Somar
-	Subtrair
*	Multiplicar
/	Dividir
^	Elevar à potência de (algumas aplicações utilizam ** em vez de ^)

Como visto no exemplo anterior, é possível utilizar operadores aritméticos com atributos de tabela em uma lista de colunas ou em uma expressão condicional. Na verdade, os comandos de SQL costumam ser utilizados em conjunto com os operadores aritméticos apresentados na Tabela 7.7.

Não confunda o símbolo de multiplicação (*) com o símbolo coringa utilizado por algumas implementações de SQL como o MS Access; o segundo é utilizado apenas em comparações de strings, enquanto o primeiro é utilizado em conjunto com procedimentos matemáticos.

Ao executar operações matemáticas em atributos, lembre-se das regras de precedência. Como o nome sugere, as **regras de precedência** estabelecem a ordem em que os cálculos são feitos. Por exemplo, observe a ordem da sequência computacional a seguir:

1. Efetuar operações entre parênteses.
2. Efetuar operações de potenciação.
3. Efetuar multiplicações e divisões.
4. Efetuar somas e subtrações.

A aplicação das regras de precedência diz que $8 + 2 * 5 = 8 + 10 = 18$, mas $(8 + 2) * 5 = 10 * 5 = 50$. De modo similar, $4 + 5^2 * 3 = 4 + 25 * 3 = 79$, mas $(4 + 5)^2 * 3 = 81 * 3 = 243$, ao passo que a operação expressa por $(4 + 5^2) * 3$ produz a resposta $(4 + 25) * 3 = 29 * 3 = 87$.

OPERADORES LÓGICOS: AND, OR e NOT

No mundo real, a busca de dados normalmente envolve diversas condições. Por exemplo, quando se está comprando uma nova casa, busca-se certa área, determinado número de quartos, banheiros, andares etc. Do mesmo modo, a SQL permite a utilização de várias condições em uma consulta por meio de operadores lógicos. Os operadores lógicos são AND, OR e NOT. Por exemplo, caso se deseje uma lista do conteúdo da tabela para V_CODE = 21344 **ou** V_CODE = 24288, pode-se utilizar o operador **OR**, como na seguinte sequência de comandos:

```
SELECT      P_DESCRIPT, P_INDATE, P_PRICE, V_CODE
FROM        PRODUCT
WHERE       V_CODE = 21344 OR V_CODE = 24288;
```

Esse comando gera as seis linhas apresentadas na Figura 7.12, que atendem à restrição lógica.

O operador lógico **AND** apresenta o mesmo requisito sintático de SQL. O comando a seguir gera uma lista de todas as linhas em que P_PRICE é menor que US$ 50 e P_INDATE é uma data posterior a 15 de janeiro de 2008.

```
SELECT      P_DESCRIPT, P_INDATE, P_PRICE,
            V_CODE
FROM        PRODUCT
WHERE       P_PRICE < 50
AND         P_INDATE > '15-Jan-2008';
```

Esse comando produzirá o resultado apresentado na Figura 7.13.

É possível combinar o operador lógico OR com o AND para colocar restrições adicionais para o resultado. Por exemplo, suponha que se queira uma tabela listando as seguintes condições:

- P_INDATE é posterior a 15 de janeiro de 2008 e P_PRICE é menor que US$ 50.
- Ou V_CODE é 24288.

A lista necessária pode ser produzida utilizando-se:

```
SELECT      P_DESCRIPT, P_INDATE, P_PRICE,
            V_CODE
FROM        PRODUCT
WHERE       (P_PRICE < 50 AND P_INDATE >
            '15-Jan-2008')
OR          V_CODE = 24288;
```

FIGURA 7.12 Atributos selecionados da tabela PRODUCT: operador lógico OR

P_DESCRIPT	P_INDATE	P_PRICE	V_CODE
7.25-in. pwr. saw blade	13-Dec-07	14.99	21344
9.00-in. pwr. saw blade	13-Nov-07	17.49	21344
B&D jigsaw, 12-in. blade	30-Dec-07	109.92	24288
B&D jigsaw, 8-in. blade	24-Dec-07	99.87	24288
Rat-tail file, 1/8-in. fine	15-Dec-07	4.99	21344
Hicut chain saw, 16 in.	07-Feb-08	256.99	24288

FIGURA 7.13 Atributos selecionados da tabela PRODUCT: operador lógico AND

P_DESCRIPT	P_INDATE	P_PRICE	V_CODE
B&D cordless drill, 1/2-in.	20-Jan-08	38.95	25595
Claw hammer	20-Jan-08	9.95	21225
PVC pipe, 3.5-in., 8-ft	20-Feb-08	5.87	
1.25-in. metal screw, 25	01-Mar-08	6.99	21225
2.5-in. wd. screw, 50	24-Feb-08	8.45	21231

FIGURA 7.14 Atributos selecionados da tabela PRODUCT: operadores lógicos AND e OR

P_DESCRIPT	P_INDATE	P_PRICE	V_CODE
B&D jigsaw, 12-in. blade	30-Dec-07	109.92	24288
B&D jigsaw, 8-in. blade	24-Dec-07	99.87	24288
B&D cordless drill, 1/2-in.	20-Jan-08	38.95	25595
Claw hammer	20-Jan-08	9.95	21225
Hicut chain saw, 16 in.	07-Feb-08	256.99	24288
PVC pipe, 3.5-in., 8-ft	20-Feb-08	5.87	
1.25-in. metal screw, 25	01-Mar-08	6.99	21225
2.5-in. wd. screw, 50	24-Feb-08	8.45	21231

Observe a utilização de parênteses para combinar restrições lógicas. O local onde os parênteses devem ser colocados depende de como se deseja que as restrições lógicas sejam executadas. As condições listadas entre parênteses são sempre executadas primeiro. A consulta precedente produz o resultado apresentado na Figura 7.14.

Observe que as três linhas com V_CODE = 24288 são incluídas independente de suas entradas de P_INDATE e P_PRICE.

A utilização dos operadores lógicos OR e AND pode ser muito complexa quando se colocam várias restrições a uma consulta. Na verdade, há um campo de especialidade em matemática, conhecido como **álgebra booleana**, dedicado à utilização desses operadores.

O operador lógico **NOT** é utilizado para negar o resultado de uma expressão condicional. Ou seja, em SQL, todas as expressões condicionais são avaliadas como verdadeiras ou falsas. Se uma expressão for verdadeira, a linha é selecionada; se for falsa, a linha não é selecionada. O operador lógico NOT costuma ser utilizado para encontrar linhas que *não* atendam a determinada condição. Por exemplo, caso se queira listar todas as linhas cujo código de fornecedor não seja 21344, deve-se utilizar a sequência de comandos:

```
SELECT      *
FROM        PRODUCT
WHERE       NOT (V_CODE = 21344);
```

Observe que a condição é colocada entre parênteses. Essa prática é opcional, mas altamente recomendada por motivo de clareza. O operador lógico NOT pode ser combinado a AND e OR.

> **NOTA**
>
> Se sua versão de SQL não der suporte ao operador NOT, é possível gerar o resultado necessário utilizando a condição:
>
> WHERE V_CODE <> 21344
>
> Se sua versão de SQL não der suporte a <>, utilize:
>
> WHERE V_CODE != 21344

OPERADORES ESPECIAIS

A SQL do padrão ANSI permite a utilização de operadores especiais com a cláusula WHERE. Esses operadores incluem:

BETWEEN – Utilizado para verificar se o valor de um atributo está dentro de uma faixa.

IS NULL – Utilizado para verificar se o valor de um atributo é nulo.

LIKE – Utilizado para verificar se o valor de um atributo coincide com um determinado padrão de caractere.

IN – Utilizado para verificar se o valor de um atributo coincide com qualquer valor de uma lista.

EXISTS – Utilizado para verificar se uma subconsulta retorna alguma linha.

Operador especial BETWEEN

Quando se utiliza um software que implementa a SQL padrão, o operador BETWEEN pode ser utilizado para verificar se um valor de atributo está dentro de uma faixa de valores. Por exemplo, caso queira listar todos os produtos cujos preços estejam entre US$ 50 e US$ 100, deve-se utilizar a sequência de comandos a seguir:

```
SELECT      *
FROM        PRODUCT
WHERE       P_PRICE BETWEEN 50.00 AND 100.00;
```

Se seu SGBD não der suporte a BETWEEN, utilize:

```
SELECT      *
FROM        PRODUCT
WHERE       P_PRICE > 50.00 AND P_PRICE < 100.00;
```

Operador especial IS NULL

A SQL padrão permite a utilização de IS NULL para verificar valores de atributos nulos. Suponha, por exemplo, que se queira listar todos os produtos que não tenham um fornecedor designado (V_CODE é nulo). Essas entradas nulas podem ser encontradas utilizando-se a sequência de comandos:

```
SELECT      P_CODE, P_DESCRIPT, V_CODE
FROM        PRODUCT
WHERE       V_CODE IS NULL;
```

De modo similar, caso queira verificar entradas de datas nulas, a sequência de comando é:

```
SELECT      P_CODE, P_DESCRIPT, P_INDATE
FROM        PRODUCT
WHERE       P_INDATE IS NULL;
```

Observe que a SQL utiliza um operador especial para testar os nulos. Por quê? Não seria possível simplesmente inserir uma condição como "V_CODE = NULL"? Não. Tecnicamente, NULL não é um "valor" como o número 0 (zero) ou um espaço em branco. Em vez disso, trata-se de uma propriedade especial de um atributo que representa precisamente a ausência de qualquer valor.

Operador especial LIKE

O operador especial LIKE é utilizado com coringas para encontrar padrões em atributos de strings. A SQL padrão permite a utilização dos caracteres coringas do sinal de porcentagem (%) e do traço inferior (_) para obter correspondências quando a string inteira é desconhecida.

- % significa que todos e quaisquer caracteres *seguintes* ou precedentes podem ser escolhidos. Por exemplo,

  'J%' inclui Johnson, Jones, Jernigan, July e J-231Q.
  'Jo%' inclui Johnson e Jones.
  '%n' inclui Johnson e Jernigan.

- _ significa que *um único* caractere qualquer pode ser substituído pelo traço. Por exemplo,

  '_23-456-6789' inclui 123-456-6789, 223-456-6789 e 323-456-6789.
  '_23-_56-678_' inclui 123-156-6781, 123-256-6782 e 823-956-6788.
  '_o_es' inclui Jones, Cones, Cokes, totes e roles.

Por exemplo, a consulta seguinte encontraria todas as linhas de VENDOR para contatos cujo sobrenome comece com *Smith*.

```
SELECT        V_NAME, V_CONTACT, V_AREACODE, V_PHONE
FROM          VENDOR
WHERE         V_CONTACT LIKE 'Smith%';
```

Se você verificar novamente os dados originais de VENDOR na Figura 7.2, verá que essa consulta produz três registros: dois Smiths e um Smithson.

Lembre-se de que a maioria das implementações de SQL produz buscas que diferenciam maiúsculas de minúsculas. Por exemplo, o Oracle não incluirá *Jones* no resultado se o usuário utilizar o delimitador coringa 'jo%' em uma busca de sobrenomes. Isso ocorre porque *Jones* começa com *J* maiúsculo e sua busca de coringa começa como *j* minúsculo. Por outro lado, as buscas de MS Access não diferenciam maiúsculas de minúsculas.

Suponha, por exemplo, a digitação da seguinte consulta no Oracle:

```
SELECT        V_NAME, V_CONTACT, V_AREACODE, V_PHONE
FROM          VENDOR
WHERE         V_CONTACT LIKE 'SMITH%';
```

Nenhuma linha será retornada, pois as consultas com base em caracteres podem diferenciar maiúsculas de minúsculas. Ou seja, um caractere em maiúscula possui um código de ASCII diferente de um caractere em minúscula, fazendo com que as entradas *SMITH*, *Smith* e *smith* sejam consideradas diferentes. Como a tabela não contém nenhum fornecedor cujo sobrenome comece com *SMITH* (em maiúscula), o delimitador 'SMITH%' utilizado na consulta não encontra nenhuma correspondência. As correspondências só ocorrem quando a entrada da consulta é escrita exatamente como a entrada da tabela.

Alguns SGBDRs, como o Microsoft Access, fazem automaticamente as conversões necessárias para eliminar essa diferenciação. Outros, como o Oracle, fornecem uma função especial UPPER para converter tanto as entradas de caracteres da tabela como as da consulta para maiúsculas. (A conversão é feita apenas na memória do computador; ela não tem nenhum efeito sobre como os dados são efetivamente armazenados na tabela.) Assim, caso deseje evitar um resultado sem correspondências em função da diferenciação entre maiúsculas e minúsculas, e caso o SGBDR permita o uso da função UPPER, pode-se gerar os mesmos resultados por meio da consulta:

```
SELECT        V_NAME, V_CONTACT, V_AREACODE, V_PHONE
FROM          VENDOR
WHERE         UPPER(V_CONTACT) LIKE 'SMITH%';
```

A consulta citada produz uma lista que inclui todas as linhas que contenham um sobrenome começando com *Smith*, independente de combinações de letras maiúsculas ou minúsculas como *Smith*, *smith* e *SMITH*.

Os operadores lógicos podem ser utilizados com operadores especiais. Por exemplo, a consulta:

```
SELECT        V_NAME, V_CONTACT, V_AREACODE, V_PHONE
FROM          VENDOR
WHERE         V_CONTACT NOT LIKE 'Smith%';
```

produzirá um resultado com todos os fornecedores cujos sobrenomes não comecem com *Smith*.

Suponha que não se saiba se o nome de uma pessoa é escrito como Johnson ou Johnsen. O caractere coringa _ permite encontrar correspondências para ambas as grafias. A busca adequada seria empreendida pela consulta:

```
SELECT        *
FROM          VENDOR
WHERE         V_CONTACT LIKE 'Johns_n';
```

Assim, os coringas permitem obter correspondências quando se conhece apenas grafias aproximadas. Os caracteres coringas podem ser utilizados em combinações. Por exemplo, a busca com base na string '_l%' pode resultar nas strings Al, Alton, Elgin, Blakeston, blank, bloated e eligible.

Operador especial IN

Muitas consultas que exigiriam a utilização do operador lógico OR podem ser tratadas mais facilmente com a ajuda do operador especial IN. Por exemplo, a consulta:

```
SELECT        *
FROM          PRODUCT
WHERE         V_CODE = 21344
OR            V_CODE = 24288;
```

pode ser tratada de modo mais eficiente com:

```
SELECT        *
FROM          PRODUCT
WHERE         V_CODE IN (21344, 24288);
```

Observe que o operador IN utiliza uma lista de valores. Todos os valores da lista devem ter o mesmo tipo de dados. Cada um dos valores da lista é comparado ao atributo – neste caso, V_CODE. Se o valor de V_CODE corresponder a qualquer valor da lista, a linha é selecionada. Neste exemplo, as linhas selecionadas serão apenas aquelas em que o V_CODE é 21344 ou 24288.

Se o atributo utilizado for de tipo de dados de caracteres, os valores da lista devem ficar entre aspas. Por exemplo, se V_CODE for definido como CHAR(5) quando da criação da tabela, a consulta anterior seria escrita assim:

```
SELECT        *
FROM          PRODUCT
WHERE         V_CODE IN ('21344', '24288');
```

O operador IN é especialmente útil quando utilizado com subconsultas. Por exemplo, suponha que se deseje listar V_CODE e V_NAME apenas dos fornecedores que suprem produtos. Nesse caso, pode-se utilizar uma subconsulta no operador IN para gerar automaticamente a lista de valores. A consulta seria:

```
SELECT        V_CODE, V_NAME
FROM          VENDOR
WHERE         V_CODE IN (SELECT V_CODE FROM PRODUCT);
```

A consulta precedente será executada em duas etapas:

1. A consulta interior ou subconsulta gerará uma lista de valores de V_CODE das tabelas PRODUCT. Esses valores representam os fornecedores que suprem produtos.

2. O Operador IN comparará os valores gerados pela subconsulta com os valores de V_CODE na tabela VENDOR e selecionará apenas as linhas com valores correspondentes – ou seja, os fornecedores que suprem produtos.

O operador especial IN receberá maior atenção no Capítulo 8, em que você aprenderá mais sobre subconsultas.

Operador especial EXISTS

O operador especial EXISTS pode ser utilizado sempre que for necessário executar um comando com base no resultado de outra consulta. Ou seja, se uma subconsulta retornar quaisquer linhas, deve-se executar a consulta principal; do contrário, não. Por exemplo, a seguinte consulta listará todos os fornecedores, mas apenas se houver produtos a encomendar:

```
SELECT          *
FROM            VENDOR
WHERE           EXISTS (SELECT * FROM PRODUCT WHERE P_QOH <= P_MIN);
```

Esse operador especial é utilizado no exemplo a seguir para listar todos os fornecedores, mas apenas se houver produtos com quantidade disponível menor do que o dobro da quantidade mínima:

```
SELECT          *
FROM            VENDOR
WHERE           EXISTS (SELECT * FROM PRODUCT WHERE P_QOH < P_MIN * 2);
```

O operador especial EXISTS receberá mais atenção no Capítulo 8, em que você aprenderá mais sobre subconsultas.

COMANDOS AVANÇADOS DE DEFINIÇÃO DE DADOS

Nesta seção, você aprenderá como alterar estruturas de tabelas mudando características de atributos e adicionando colunas. Em seguida, mostraremos como fazer atualizações avançadas de dados em novas colunas. Por fim, você aprenderá como copiar tabelas ou partes de tabelas e como excluí-las.

Todas as alterações na estrutura da tabela são feitas utilizando o comando **ALTER TABLE**, seguido por uma palavra-chave que produz a alteração específica desejada. Há três opções disponíveis: ADD, MODIFY e DROP. Utiliza-se ADD para adicionar uma coluna, MODIFY para alterar as características de uma coluna e DROP para excluir uma coluna de uma tabela. A maioria dos SGBDRs não permite a exclusão de uma coluna (a menos que ela não contenha nenhum valor), pois essa ação pode excluir dados fundamentais utilizados por outras tabelas. A sintaxe básica para adicionar ou modificar colunas é:

ALTER TABLE *nome da tabela*
{ADD | MODIFY} (*nome da coluna tipo de dados* [{ADD | MODIFY} *nome da coluna tipo de dados*]) ;

O comando ALTER TABLE também pode ser utilizado para adicionar restrições de tabelas. Nesses casos, a sintaxe seria:

> ALTER TABLE *nome da tabela*
>   ADD *restrição* [ADD *restrição*] ;

em que *restrição* se refere a uma definição de restrição similar à apresentada na Seção "Restrições de SQL".

Também é possível utilizar o comando ALTER TABLE para remover uma restrição de coluna ou tabela. A sintaxe seria a seguinte:

> ALTER TABLE *nome da tabela*
>   DROP{PRIMARY KEY | COLUMN *nome da coluna* | CONSTRAINT *nome da restrição* };

Observe que, ao remover uma restrição, é necessário especificar seu nome. Por isso, deve-se sempre nomear as restrições nos comandos CREATE TABLE e ALTER TABLE.

ALTERAÇÃO DO TIPO DOS DADOS DA COLUNA

Utilizando a sintaxe de ALTER, o V_CODE (inteiro) da tabela PRODUCT pode ser alterado para V_CODE de caracteres utilizando-se:

> ALTER TABLE PRODUCT
>   MODIFY (V_CODE CHAR(5));

Alguns SGBDRs, como o Oracle, não permitem fazer alterações de tipos de dados a menos que a coluna alterada esteja vazia. Por exemplo, caso deseje alterar o campo V_CODE da definição numérica atual para uma definição de caracteres, o comando acima resultará em uma mensagem de erro, pois essa coluna já contém dados. A mensagem de erro pode ser facilmente explicada. Lembre-se de que V_CODE em PRODUCT referencia V_CODE em VENDOR. Se V_CODE for alterado, o tipo de dados não coincide e ocorre uma violação de integridade referencial, acionando, assim, a mensagem de erro. Se a coluna V_CODE não contiver dados, a sequência de comandos precedente produzirá a alteração esperada na estrutura da tabela (caso a referência de chave estrangeira não tivesse sido especificada durante a criação da tabela PRODUCT).

ALTERAÇÃO DA CARACTERÍSTICA DOS DADOS DA COLUNA

Se a coluna a ser alterada já contém dados, é possível fazer alterações em suas características desde que não se altere o *tipo* de dados. Por exemplo, caso deseje aumentar a largura da coluna P_PRICE para nove dígitos, utilize o comando:

> ALTER TABLE PRODUCT
>   MODIFY (P_PRICE DECIMAL(9,2));

Agora, ao listar o conteúdo da tabela, a largura da coluna de P_PRICE aparecerá acrescentada de um dígito.

> **NOTA**
>
> Alguns SGBDs impõem limitações sobre quando é possível alterar características de atributos. Por exemplo, o Oracle permite aumentar (mas não reduzir) o tamanho de uma coluna. O motivo para essa restrição é que uma modificação de atributo afetará a integridade dos dados no banco. De fato, algumas alterações só podem ser feitas quando não houver nenhum dado nas linhas do atributo afetado.

ADICIONANDO UMA COLUNA

É possível alterar uma tabela existente inserindo uma ou mais colunas. No exemplo a seguir, adiciona-se a coluna chamada P_SALECODE à tabela PRODUCT. (Essa coluna será utilizada posteriormente para determinar se os bens que estejam em estoque por certo período de tempo devem ser colocados em condições especiais de venda.)

Suponha que se espere que as entradas de P_SALECODE sejam 1, 2 ou 3. Como não será feita aritmética com seus valores, P_SALECODE pode ser classificada como atributo de um único caractere. Observe a inclusão de todas as informações necessárias no seguinte comando ALTER:

```
ALTER TABLE PRODUCT
    ADD (P_SALECODE CHAR(1));
```

Ao realizar uma adição, tenha cuidado para não incluir a cláusula NOT NULL na nova coluna. Isso causará uma mensagem de erro. Se a nova coluna for adicionada a uma tabela que já tenha linhas, as linhas existentes terão por padrão um valor nulo nessa coluna. Portanto, não é possível adicionar a cláusula NOT NULL nessa nova coluna. (Pode-se, é claro, adicionar essa cláusula na estrutura de tabela após todos os dados da nova coluna terem sido inseridos e a coluna não contiver mais nulos.)

EXCLUINDO UMA COLUNA

Ocasionalmente, pode-se querer modificar uma tabela excluindo uma coluna. Suponha que se deseje excluir o atributo V_ORDER da tabela VENDOR. Para isso, deve-se utilizar o seguinte comando:

```
ALTER TABLE VENDOR
    DROP COLUMN V_ORDER;
```

Novamente, alguns SGBDRs impõem restrições para a exclusão de atributos. Por exemplo, não é possível excluir atributos envolvidos em relacionamentos de chaves estrangeiras, nem o atributo de uma tabela que contenha apenas esse único atributo.

ATUALIZAÇÕES DE DADOS AVANÇADAS

Para fazer entradas de dados em colunas de uma linha existente, a SQL fornece o comando UPDATE. Esse comando atualiza apenas os dados de linhas existentes. Por exemplo, para inserir o valor de P_SALECODE '2' na quarta linha, utilize o comando UPDATE com a chave primária P_CODE '1546-QQ2'. Insira o valor utilizando a sequência de comandos:

```
UPDATE        PRODUCT
SET           P_SALECODE = '2'
WHERE         P_CODE = '1546-QQ2';
```

Os dados subsequentes podem ser inseridos do mesmo modo, definindo cada local de entrada por sua chave primária (P_CODE) e seu local de coluna (P_SALECODE). Por exemplo, para inserir o valor de P_SALECODE '1' nos valores de P_CODE '2232/QWE' e '2232/QTY', utiliza-se:

```
UPDATE        PRODUCT
SET           P_SALECODE = '1'
WHERE         P_CODE IN ('2232/QWE', '2232/QTY');
```

Se seu SGBDR não der suporte a IN, pode-se utilizar o seguinte comando:

```
UPDATE        PRODUCT
SET           P_SALECODE = '1'
WHERE         P_CODE = '2232/QWE' OR P_CODE = '2232/QTY';
```

Os resultados dessa tarefa podem ser verificados utilizando-se:

```
SELECT        P_CODE, P_DESCRIPT, P_INDATE, P_PRICE, P_SALECODE
FROM          PRODUCT;
```

Embora as sequências de UPDATE apresentadas permitam inserir valores em células especificadas da tabela, o processo é muito trabalhoso. Felizmente, se for possível estabelecer um relacionamento entre as entradas e as colunas existentes, esse relacionamento pode ser utilizado para atribuir os valores a suas posições adequadas. Suponha, por exemplo, que se deseje colocar códigos de vendas com base em P_INDATE na tabela, utilizando a seguinte programação:

P_INDATE	P_SALECODE
antes de 25 de dezembro de 2007	2
entre 16 de janeiro de 2008 e 10 de fevereiro de 2008	1

Utilizando a tabela PRODUCT, as duas sequências de comandos seguintes fazem as atribuições adequadas:

```
UPDATE        PRODUCT
SET           P_SALECODE = '2'
WHERE         P_INDATE < '25-Dec-2007';
```

```
UPDATE        PRODUCT
SET           P_SALECODE = '1'
WHERE         P_INDATE >= '16-Jan-2008'
              AND P_INDATE <='10-Feb-2008';
```

Para verificar os resultados dessas duas sequências de comandos, utilize:

SELECT	P_CODE, P_DESCRIPT, P_INDATE, P_PRICE, P_SALECODE
FROM	PRODUCT;

Caso você tenha feito *todas* as atualizações apresentadas nesta seção utilizando o Oracle, sua tabela PRODUCT deve se parecer com a da Figura 7.15. *Certifique-se de emitir um comando COMMIT para salvar essas alterações.*

FIGURA 7.15 Efeito cumulativo das várias atualizações na tabela PRODUCT (Oracle)

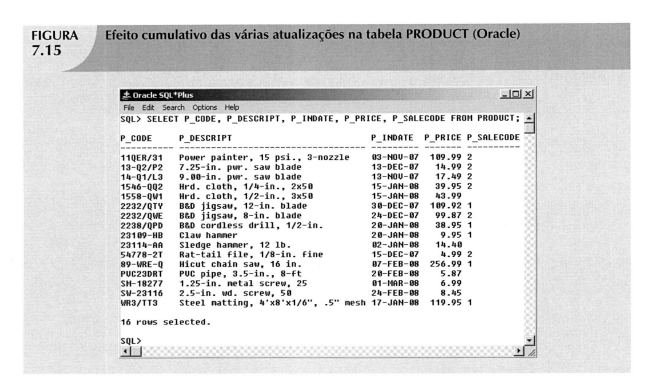

Os operadores aritméticos são especialmente úteis em atualizações de dados. Por exemplo, se a quantidade disponível na tabela PRODUCT cair abaixo do valor mínimo desejável, deve-se encomendar mais do produto. Suponha, por exemplo, que foram encomendadas 20 unidades do produto 2232/QWE. Quando as 20 unidades chegarem, deverão ser adicionadas ao estoque, utilizando-se:

UPDATE	PRODUCT
SET	P_QOH = P_QOH + 20
WHERE	P_CODE = '2232/QWE';

Caso queira adicionar 10% ao preço de todos os produtos que tenham preços atuais abaixo de US$ 50, pode utilizar:

UPDATE	PRODUCT
SET	P_PRICE = P_PRICE * 1.10
WHERE	P_PRICE < 50.00;

Se estiver utilizando Oracle, emita um comando ROLLBACK para desfazer as alterações realizadas pelos dois últimos comandos UPDATE.

COPIANDO PARTES DE TABELAS

Como você descobrirá nos capítulos posteriores sobre projeto de bancos de dados, às vezes é necessário separar a estrutura de uma tabela em várias partes componentes (ou tabelas menores). Felizmente, a SQL permite copiar o conteúdo das colunas de tabela selecionados para que não seja necessário reinserir os dados manualmente nas tabelas recém-criadas. Por exemplo, para copiar P_CODE, P_DESCRIPT, P_ PRICE e V_CODE da tabela PRODUCT para uma nova tabela chamada PART, deve-se, primeiro, criar a estrutura da tabela PART, do seguinte modo:

```
CREATE TABLE PART(
PART_CODE              CHAR(8)          NOT NULL        UNIQUE,
PART_DESCRIPT          CHAR(35),
PART_PRICE             DECIMAL(8,2),
V_CODE                 INTEGER,
PRIMARY KEY (PART_CODE));
```

Observe que os nomes das colunas de PART não precisam ser idênticos aos da tabela original. Também não é necessário que a nova tabela tenha o mesmo número de colunas da original. Nesse caso, a primeira coluna da tabela PART é PART_CODE, em vez da original P_CODE encontrada na tabela PRODUCT. Além disso, a tabela PART contém apenas quatro colunas, em vez das sete encontradas em PRODUCT. No entanto, as características das colunas devem coincidir. Não é possível copiar um atributo com base em caracteres para uma estrutura numérica e vice-versa.

Em seguida, é necessário adicionar as linhas à nova tabela PART, utilizando as linhas de PRODUCT. Para isso, utilize o comando INSERT conforme ensinado na Seção "Inserção de linhas na tabela com uma subconsulta de seleção". A sintaxe é:

```
INSERT INTO    nome da tabela_alvo[(nome da coluna_alvo)]
SELECT         lista da coluna_fonte
FROM           nome da tabela_fonte;
```

Observe que a lista de colunas-alvo é necessária se a lista de colunas-fonte não coincidir totalmente com os nomes e características da tabela-alvo (incluindo a ordem das colunas). Do contrário, não é necessário especificar a lista de colunas-alvo. Neste exemplo, deve-se especificar essa lista no comando INSERT a seguir, pois os nomes de colunas da tabela-alvo são diferentes:

```
INSERT INTO     PART (PART_CODE, PART_DESCRIPT, PART_PRICE, V_CODE)
SELECT          P_CODE, P_DESCRIPT, P_PRICE, V_CODE FROM PRODUCT;
```

O conteúdo da tabela PART pode ser examinada utilizando-se a consulta:

SELECT * FROM PART;

para gerar o novo conteúdo, apresentado na Figura 7.16.

A SQL também fornece outro modo de criar rapidamente uma nova tabela com base em colunas e linhas selecionadas de uma tabela existente. Nesse caso, a nova tabela copiará os nomes de atributos, as características de dados e as linhas da tabela original. A versão do comando para Oracle é:

```
CREATE TABLE PART AS
SELECT          P_CODE AS PART_CODE, P_DESCRIPT AS PART_DESCRIPT,
                P_PRICE AS PART_PRICE, V_CODE
FROM            PRODUCT;
```

Se a tabela PART já existir, não será permitido, no Oracle, sobrescrever a tabela existente. Para executar esse comando, deve-se primeiro excluir a tabela PART existente (veja a Seção "Excluindo uma tabela do banco de dados").

A versão desse comando para MS Access é:

```
SELECT          P_CODE AS PART_CODE, P_
                DESCRIPT AS
                PART_DESCRIPT,
                P_PRICE AS PART_PRICE,
                V_CODE INTO PART
FROM            PRODUCT;
```

Se a tabela PART já existir, o MS Access perguntará se você deseja deletar a tabela existente e continuará a criação da nova tabela.

O comando de SQL apresentado cria nova tabela PART com as colunas PART_CODE, PART_DESCRIPT, PART_PRICE e V_CODE. Além disso, todas as linhas de dados (das colunas selecionadas) serão copiadas automaticamente. *Observe, no entanto, que nenhuma regra de integridade de entidades (chave primária) e integridade referencial (chave estrangeira) foi aplicada automaticamente à nova tabela.* Na próxima seção, você aprenderá como definir a PK para aplicar a integridade de entidades e a FK para aplicar a integridade referencial.

| FIGURA 7.16 | Atributos da tabela PART copiados da tabela PRODUCT |

PART_CODE	PART_DESCRIPT	PART_PRICE	V_CODE
11QER/31	Power painter, 15 psi., 3-nozzle	109.99	25595
13-Q2/P2	7.25-in. pwr. saw blade	14.99	21344
14-Q1/L3	9.00-in. pwr. saw blade	17.49	21344
1546-QQ2	Hrd. cloth, 1/4-in., 2x50	39.95	23119
1558-QW1	Hrd. cloth, 1/2-in., 3x50	43.99	23119
2232/QTY	B&D jigsaw, 12-in. blade	109.92	24288
2232/QWE	B&D jigsaw, 8-in. blade	99.87	24288
2238/QPD	B&D cordless drill, 1/2-in.	38.95	25595
23109-HB	Claw hammer	9.95	21225
23114-AA	Sledge hammer, 12 lb.	14.4	
54778-2T	Rat-tail file, 1/8-in. fine	4.99	21344
89-WRE-Q	Hicut chain saw, 16 in.	256.99	24288
PVC23DRT	PVC pipe, 3.5-in., 8-ft	5.87	
SM-18277	1.25-in. metal screw, 50	6.99	21225
SW-23116	2.5-in. wd. screw, 50	8.45	21231
WR3/TT3	Steel matting, 4'x8'x1/6", .5" mesh	119.95	25595

ADICIONANDO DESIGNAÇÕES DE CHAVES PRIMÁRIAS E ESTRANGEIRAS

Quando uma nova tabela é criada com base em outra, não inclui as regras de integridade da tabela anterior. Em particular, não há chave primária. Para definir a chave primária da nova tabela PART, utilize o seguinte comando:

```
ALTER TABLE            PART
    ADD                PRIMARY KEY (PART_CODE);
```

Além do fato de que as regras de integridade não são transferidas automaticamente a uma nova tabela que obtém seus dados de outras tabelas, muitas situações diferentes podem levar à ausência de integridade de entidades e referencial. Por exemplo, pode-se esquecer de definir as chaves primárias e estrangeiras ao criar tabelas originais. Ou, ao importar tabelas de diferentes bancos de dados, é possível descobrir que o procedimento de importação não transfere as regras de integridade. Em todo caso, é possível restabelecer essas regras utilizando o comando ALTER. Por exemplo, se a chave estrangeira da tabela PART ainda não foi designada, pode designá-lo com:

```
ALTER TABLE            PART
    ADD                FOREIGN KEY (V_CODE) REFERENCES VENDOR;
```

Uma alternativa, se nem a chave primária nem a estrangeira da tabela PART estiver designada, é incorporar as duas alterações de uma vez, utilizando:

```
ALTER TABLE            PART
    ADD                PRIMARY KEY (PART_CODE)
    ADD                FOREIGN KEY (V_CODE) REFERENCES VENDOR;
```

Pode-se, até mesmo, designar chaves primárias compostas e chaves estrangeiras múltiplas em um único comando de SQL. Por exemplo, para aplicar as regras de integridade à tabela LINE apresentada na Figura 7.1, pode-se utilizar:

```
ALTER TABLE            LINE
    ADD                PRIMARY KEY (INV_NUMBER, LINE_NUMBER)
    ADD                FOREIGN KEY (INV_NUMBER) REFERENCES INVOICE
    ADD                FOREIGN KEY (PROD_CODE) REFERENCES PRODUCT;
```

EXCLUINDO UMA TABELA DO BANCO DE DADOS

Pode-se excluir uma tabela do banco de dados utilizando o comando **DROP TABLE**. Por exemplo, exclua a recém-criada tabela PART com:

```
DROP TABLE PART;
```

É possível excluir uma tabela apenas se ela não for "um" lado de um relacionamento. Caso se tente excluir uma tabela desse tipo, o SGBDR gerará uma mensagem de erro indicando a ocorrência de uma violação de integridade de chave estrangeira.

CONSULTAS DE SELEÇÃO AVANÇADAS

Uma das vantagens mais importantes de SQL é sua capacidade de produzir consultas complexas com forma livre. Os operadores lógicos apresentados anteriormente para a atualização do conteúdo de tabelas funcionam de modo muito similar ao do ambiente de consulta. Além disso, a SQL fornece funções úteis que contam, encontram valores mínimos e máximos, calculam médias etc. Melhor do que isso, a SQL permite que o usuário limite as consultas apenas às entradas que não estejam duplicadas ou cujas duplicações possam ser agrupadas.

ORDENANDO UMA LISTA

A cláusula **ORDER BY** é especialmente útil quando a ordem da listagem é importante. A sintaxe é:

```
SELECT        lista de colunas
FROM          lista de tabelas
[WHERE        lista de condições ]
[ORDER BY     lista de colunas [ASC | DESC] ] ;
```

Embora haja a opção de declarar o tipo de ordem – crescente (ASC) ou decrescente (DESC) – a ordem-padrão é crescente. Por exemplo, caso deseje listar o conteúdo da tabela PRODUCT por P_PRICE em ordem crescente, utilize:

```
SELECT        P_CODE, P_DESCRIPT, P_INDATE, P_PRICE
FROM          PRODUCT
ORDER BY      P_PRICE;
```

O resultado é apresentado na Figura 7.17. Observe que ORDER BY produz uma listagem de preços em ordem crescente.

Comparando a listagem da Figura 7.17 com o conteúdo real da tabela apresentada na Figura 7.2, é possível ver que, no primeiro caso, o produto de menor preço é listado primeiro, seguido pelo segundo menor preço e assim por diante. No entanto, embora ORDER BY produza resultado classificado, o conteúdo real da tabela não é afetado por esse comando.

Para produzir uma lista em ordem decrescente, deve-se inserir:

```
SELECT        P_CODE, P_DESCRIPT, P_
              INDATE, P_PRICE
FROM          PRODUCT
ORDER BY      P_PRICE DESC;
```

FIGURA 7.17	Atributos selecionados da tabela PRODUCT: ordenação por ordem (crescente) de P_PRICE

P_CODE	P_DESCRIPT	P_INDATE	P_PRICE
54778-2T	Rat-tail file, 1/8-in. fine	15-Dec-07	4.99
PVC23DRT	PVC pipe, 3.5-in., 8-ft	20-Feb-08	5.87
SM-18277	1.25-in. metal screw, 25	01-Mar-08	6.99
SW-23116	2.5-in. wd. screw, 50	24-Feb-08	8.45
23109-HB	Claw hammer	20-Jan-08	9.95
23114-AA	Sledge hammer, 12 lb.	02-Jan-08	14.40
13-Q2/P2	7.25-in. pwr. saw blade	13-Dec-07	14.99
14-Q1/L3	9.00-in. pwr. saw blade	13-Nov-07	17.49
2238/QPD	B&D cordless drill, 1/2-in.	20-Jan-08	38.95
1546-QQ2	Hrd. cloth, 1/4-in., 2x50	15-Jan-08	39.95
1558-QW1	Hrd. cloth, 1/2-in., 3x50	15-Jan-08	43.99
2232/QWE	B&D jigsaw, 8-in. blade	24-Dec-07	99.87
2232/QTY	B&D jigsaw, 12-in. blade	30-Dec-07	109.92
11QER/31	Power painter, 15 psi., 3-nozzle	03-Nov-07	109.99
WR3/TT3	Steel matting, 4'x8'x1/6", .5" mesh	17-Jan-08	119.95
89-WRE-Q	Hicut chain saw, 16 in.	07-Feb-08	256.99

As listagens ordenadas são utilizadas com frequência. Suponha, por exemplo, que se queira criar um diretório de telefones. Seria útil poder produzir uma sequência ordenada (sobrenome, nome, inicial) em três estágios:

1. ORDER BY sobrenome.
2. No interior dos sobrenomes, ORDER BY nome.
3. No interior dos nomes e sobrenomes, ORDER BY inicial do meio.

Essa sequência ordenada em vários níveis é conhecida como **sequência de ordem em cascata** e pode ser criada facilmente, listando diversos atributos separados por vírgulas após a cláusula ORDER BY.

A sequência de ordem em cascata é a base de qualquer diretório telefônico. Para ilustrá-la, utilize o comando de SQL a seguir na tabela EMPLOYEE (funcionário):

```
SELECT          EMP_LNAME, EMP_FNAME, EMP_INITIAL, EMP_AREACODE,
                EMP_PHONE
FROM            EMPLOYEE
ORDER BY        EMP_LNAME, EMP_FNAME, EMP_INITIAL;
```

Esse comando produz os resultados apresentados na Figura 7.18.

FIGURA 7.18 **Resultado de consulta de lista de telefones**

EMP_LNAME	EMP_FNAME	EMP_INITIAL	EMP_AREACODE	EMP_PHONE
Brandon	Marie	G	901	882-0845
Diante	Jorge	D	615	890-4567
Genkazi	Leighla	W	901	569-0093
Johnson	Edward	E	615	898-4387
Jones	Anne	M	615	898-3456
Kolmycz	George	D	615	324-5456
Lange	John	P	901	504-4430
Lewis	Rhonda	G	615	324-4472
Saranda	Hermine	R	615	324-5505
Smith	George	A	615	890-2984
Smith	George	K	901	504-3339
Smith	Jeanine	K	615	324-7883
Smythe	Melanie	P	615	324-9006
Vandam	Rhett		901	675-8993
Washington	Rupert	E	615	890-4925
Wiesenbach	Paul	R	615	897-4358
Williams	Robert	D	615	890-3220

A cláusula ORDER BY é útil em muitas aplicações, especialmente porque pode ser utilizado o qualificador DESC (decrescente). Por exemplo, listar os itens mais recentes primeiro é um procedimento-padrão. Normalmente, as datas de pagamento de faturas são listadas em ordem decrescente. Mas, ao examinar orçamentos, provavelmente será útil listar primeiro os itens orçamentários maiores.

Também é possível utilizar a cláusula ORDER BY em conjunto com outros comandos de SQL. Por exemplo, observe a utilização de restrições de data e preço na seguinte sequência de comandos:

```
SELECT          P_DESCRIPT, V_CODE, P_INDATE, P_PRICE
FROM            PRODUCT
WHERE           P_INDATE < '21-Jan-2008' AND P_PRICE <= 50.00
ORDER BY        V_CODE, P_PRICE DESC;
```

O resultado é apresentado na Figura 7.19. Observe que, no interior de cada V_CODE, os valores de P_PRICE estão em ordem decrescente.

FIGURA 7.19	Consulta com base em várias restrições

P_DESCRIPT	V_CODE	P_INDATE	P_PRICE
B&D cordless drill, 1/2-in.	25595	20-Jan-08	38.95
Hrd. cloth, 1/2-in., 3x50	23119	15-Jan-08	43.99
Hrd. cloth, 1/4-in., 2x50	23119	15-Jan-08	39.95
9.00-in. pwr. saw blade	21344	13-Nov-07	17.49
7.25-in. pwr. saw blade	21344	13-Dec-07	14.99
Rat-tail file, 1/8-in. fine	21344	15-Dec-07	4.99
Claw hammer	21225	20-Jan-08	9.95
Sledge hammer, 12 lb.		02-Jan-08	14.40

NOTA

Se a coluna sendo ordenada tiver nulos, eles são listados no início ou no fim, dependendo do SGBDR.

A cláusula ORDER BY sempre deve ser listada por último na sequência de comandos SELECT.

LISTANDO VALORES ÚNICOS

FIGURA 7.20	Uma Listagem de valores distintos de V_CODE na tabela PRODUCT

V_CODE
21225
21231
21344
23119
24288
25595

TABELA 7.8 Algumas funções agregadas básicas de SQL

FUNÇÃO	RESULTADO
COUNT	Número de linhas que contém valores não nulos
MIN	Valor mínimo do atributo encontrado em determinada coluna
MAX	Valor máximo do atributo encontrado em determinada coluna
SUM	Soma de todos os valores de determinada coluna
AVG	Média aritmética de uma coluna especificada

Quantos fornecedores *diferentes* são representados atualmente na tabela PRODUCT? Uma listagem simples (SELECT) não é muito útil se a tabela contiver milhares de linhas, sendo necessário peneirar manualmente os códigos de vendedor. Felizmente, a cláusula de SQL **DISTINCT** produz uma lista que contém apenas os valores diferentes uns dos outros. Por exemplo, o comando:

```
SELECT          DISTINCT V_CODE
FROM            PRODUCT;
```

retorna apenas os códigos de fornecedor (V_CODE) diferentes que estão na tabela PRODUCT, conforme apresentado na Figura 7.20. Observe que a primeira linha do resultado mostra o nulo. (Por padrão, o Access posiciona o V_CODE nulo no topo da lista, ao passo que o Oracle o coloca no fim. O posicionamento de nulos não afeta o conteúdo da lista. No Oracle, é possível utilizar ORDER BY V_CODE NULLS FIRST para colocar os nulos no topo da lista.)

FUNÇÕES DE AGREGAÇÃO

A SQL pode executar vários resumos matemáticos, como contagem do número de linhas que apresentem uma condição especificada, obtenção dos valores máximo e mínimo de um determinado atributo, soma e média dos valores de uma coluna escolhida. Essas funções agregadas são apresentadas na Tabela 7.8.

Para ilustrar outro formato-padrão de comando de SQL, a maioria das sequências de entrada e saída são apresentadas utilizando o SGBDR Oracle.

COUNT

A função **COUNT** é utilizada para contar o número de valores não nulos de um atributo. Ela pode ser utilizada com a cláusula DISTINCT. Suponha, por exemplo, que se queira obter quantos fornecedores diferentes há na tabela PRODUCT. A resposta, gerada pelo primeiro conjunto de códigos de SQL apresentado na Figura 7.21 é 6. Isso indica que seis códigos diferentes de fornecedores (VENDOR) são encontrados na tabela PRODUCT. (Observe que os nulos não são contados como valores de V_CODE.)

FIGURA 7.21	Exemplos de resultados da função COUNT

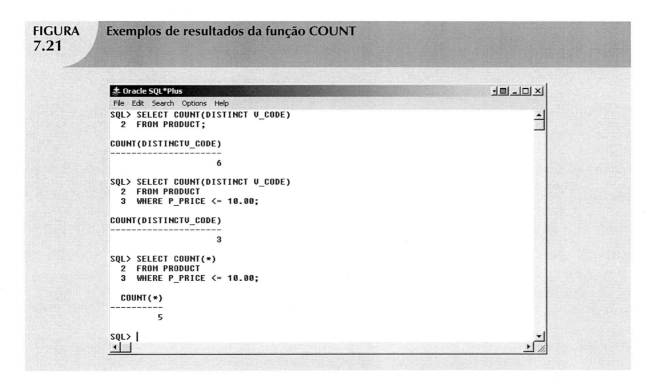

```
Oracle SQL*Plus
File  Edit  Search  Options  Help
SQL> SELECT COUNT(DISTINCT V_CODE)
  2  FROM PRODUCT;

COUNT(DISTINCTV_CODE)
---------------------
                    6

SQL> SELECT COUNT(DISTINCT V_CODE)
  2  FROM PRODUCT
  3  WHERE P_PRICE <= 10.00;

COUNT(DISTINCTV_CODE)
---------------------
                    3

SQL> SELECT COUNT(*)
  2  FROM PRODUCT
  3  WHERE P_PRICE <= 10.00;

  COUNT(*)
----------
         5

SQL>
```

É possível combinar as funções agregadas com os comandos de SQL explorados anteriormente. Por exemplo, o segundo conjunto de comandos na Figura 7.21 dá a resposta para a pergunta: "Quantos fornecedores referenciados na tabela PRODUCT supriram produtos com preços menores ou iguais a US$ 10?". A resposta é três, o que indica que três fornecedores referenciados na tabela PRODUCT supriram produtos que atendam à especificação de preço.

A função agregada COUNT utiliza um parâmetro entre parênteses, geralmente um nome de coluna, como COUNT(V_CODE) ou COUNT(P_CODE). O parâmetro também pode ser uma expressão do tipo COUNT(DISTINCT V_CODE) ou COUNT(P_PRICE+10). Utilizando essa sintaxe, COUNT sempre retorna o número de valores não nulos na coluna determinada. (É indiferente que os valores da coluna sejam computados ou apresentem valores de linha armazenados.) Por outro lado, a sintaxe COUNT(*) retorna o número de linhas totais encontradas pela consulta, incluindo as com nulos. No exemplo da Figura 7.21, SELECT COUNT(P_CODE) FROM PRODUCT e SELECT COUNT(*) FROM PRODUCT produzirá a mesma resposta, pois não há valores nulos na coluna de chave primária P_CODE.

Observe que o terceiro conjunto de comandos na Figura 7.21 utiliza COUNT(*) para responder a pergunta: "Quantas linhas da tabela PRODUCT possuem um valor de P_PRICE menor ou igual a US$ 10?". A resposta é cinco e indica que cinco produtos possuem um preço listado que atende à especificação. A função agregada COUNT(*) é utilizada para contar linhas do conjunto de resultados de uma consulta. Por outro lado, a função agregada COUNT(*coluna*) conta o número de valores não nulos de determinada coluna. Por exemplo, na Figura 7.20, a função COUNT(*) retornaria um valor de 7, indicando que a consulta retornou sete linhas. A função COUNT(V_CODE) retornaria um valor de 6 para indicar os seis códigos de fornecedor não nulos.

NOTA

OBSERVAÇÃO PARA USUÁRIOS DE MS ACCESS

O MS Access não dá suporte à utilização de COUNT com a cláusula DISTINCT. Caso deseje fazer essas consultas, crie subconsultas com as cláusulas DISTINCT e NOT NULL. Por exemplo, as consultas de MS Access equivalentes às duas primeiras apresentadas na Figura 7.21 são:

```
SELECT          COUNT(*)
FROM            (SELECT DISTINCT V_CODE FROM PRODUCT WHERE V_CODE IS NOT NULL)
```

e

```
SELECT          COUNT(*)
FROM            (SELECT DISTINCT(V_CODE)
                FROM
                (SELECT V_CODE, P_PRICE FROM PRODUCT
                WHERE V_CODE IS NOT NULL AND P_PRICE < 10))
```

O MS Access adiciona uma marca no fim da consulta após sua execução, mas é possível excluir essa marca na próxima vez em que se utilizar a consulta.

MAX e MIN

As funções **MAX** e **MIN** ajudam a encontrar respostas para problemas como:

- O maior (máximo) preço na tabela PRODUCT.
- O menor (mínimo) preço na tabela PRODUCT.

O maior preço, US$ 256,99, é fornecido pelo primeiro conjunto de comandos de SQL da Figura 7.22. O segundo conjunto apresentado nessa figura resulta no preço mínimo de US$ 4,99.

O terceiro mostra que as funções numéricas podem ser utilizadas em conjunto com consultas mais complexas. No entanto, lembre-se de que *as funções numéricas produzem apenas um valor* com base em todos os valores encontrados na tabela: um único valor máximo, um único valor mínimo, uma única contagem ou um único valor médio. *É fácil negligenciar essa advertência.* Por exemplo, examine a questão: "Que produto possui o maior preço?".

Embora essa consulta pareça muito simples, a sequência de comandos de SQL:

```
SELECT          P_CODE, P_DESCRIPT, P_PRICE
FROM            PRODUCT
WHERE           P_PRICE = MAX(P_PRICE);
```

não produz os resultados esperados. Isso ocorre porque a utilização de MAX(P_PRICE) ao lado direito de um operador de comparação é incorreta, produzindo, assim, uma mensagem de erro. A função agregada MAX (*nome da coluna*) pode ser utilizada apenas na lista de colunas de um comando SELECT. Além disso, em uma comparação que utilize o símbolo de igualdade, é possível utilizar apenas um valor do lado direito do sinal de igual.

Portanto, para responder à pergunta, deve-se computar primeiro o preço máximo e, em seguida, compará-lo a cada preço retornado pela consulta. Para fazer isso, é necessária uma consulta integrada. Nesse caso, tal consulta compõe-se de duas partes:

- *consulta interna*, executada primeiro.
- *consulta externa*, executada por último. (Lembre-se de que a consulta externa é sempre o primeiro comando de SQL encontrado – nesse caso, SELECT.)

FIGURA 7.22	Exemplos de resultados das funções MAX e MIN

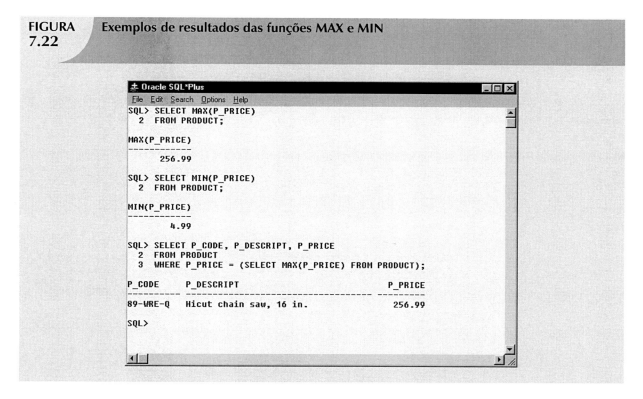

Utilizando a seguinte sequência de comandos como exemplo, observe que a consulta interna encontra primeiro o valor máximo, que é armazenado na memória. Como a consulta externa agora dispõe de um valor para comparar cada P_PRICE, a consulta é executada adequadamente.

```
SELECT      P_CODE, P_DESCRIPT, P_PRICE
FROM        PRODUCT
WHERE       P_PRICE = (SELECT MAX(P_PRICE) FROM PRODUCT);
```

A execução dessa consulta integrada produz a resposta correta apresentada abaixo do terceiro conjunto de comandos de SQL (integrada) na Figura 7.22.

As funções agregadas MAX e MIN também podem ser utilizadas com colunas de datas. Por exemplo, para encontrar o produto que possui a data mais antiga, deve-se utilizar MIN(P_INDATE). Do mesmo modo, para encontrar o produto mais recente, utiliza-se MAX(P_INDATE).

SUM

A função **SUM** calcula a soma total de um atributo especificado, utilizando quaisquer condições impostas. Por exemplo, para calcular a quantidade total devida pelos clientes, pode-se utilizar o seguinte comando:

```
SELECT          SUM(CUS_BALANCE) AS TOTBALANCE
FROM            CUSTOMER;
```

Também é possível calcular a soma total de uma expressão. Por exemplo, para encontrar o valor total de todos os itens mantidos em estoque, deve-se utilizar:

```
SELECT          SUM(P_QOH * P_PRICE) AS TOTVALUE
FROM            PRODUCT;
```

pois o valor total é a soma do produto, para todos os itens, da quantidade disponível pelo preço. Veja a Figura 7.23.

FIGURA 7.23 **Valor total de todos os itens da tabela PRODUCT**

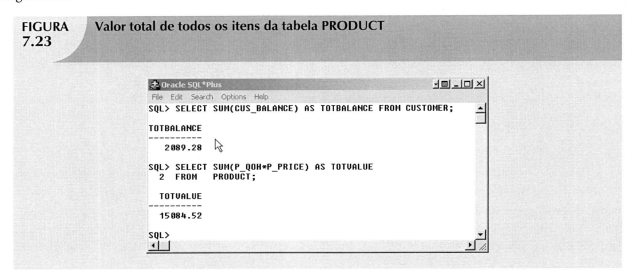

AVG

O formato da função **AVG** é similar ao da MIN e MAX e está sujeito às mesmas restrições de operação. O primeiro conjunto de comandos de SQL apresentado na Figura 7.24 mostra como um simples valor médio P_PRICE pode ser gerado para obter o valor médio calculado de 56,42125. O segundo conjunto dessa figura produz um resultado de cinco linhas, que descreve produtos cujos preços excedem o preço médio. Observe que a segunda consulta utiliza comandos de SQL integrada e a cláusula ORDER BY examinada anteriormente.

FIGURA 7.24	Exemplos de resultados da função AVG

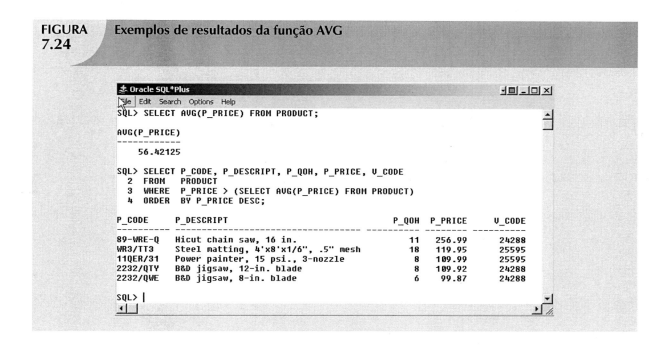

AGRUPANDO DADOS

As distribuições de frequência podem ser criadas de modo rápido e fácil utilizando a cláusula **GROUP BY** no comando SELECT. A sintaxe é:

SELECT   *lista de colunas*
FROM   *lista de tabelas*
[WHERE   *lista de condições*]
[GROUP BY   *lista de colunas*]
[HAVING   *lista de condições*]
[ORDER BY   *lista de colunas* [ASC | DESC]] ;

A cláusula GROUP BY geralmente é utilizada quando se tem colunas de atributos combinadas com funções agregadas no comando SELECT. Por exemplo, para determinar o preço mínimo de cada código de vendas, utilize o primeiro conjunto de comandos de SQL apresentado na Figura 7.25.

O segundo conjunto dessa figura gera o preço médio de cada código de vendas. Observe que os nulos de P_SALECODE são incluídos no agrupamento.

A cláusula GROUP BY é válida apenas quando utilizada em conjunto com uma das funções agregadas de SQL, como COUNT, MIN, MAX, AVG e SUM. Por exemplo, como apresentado no primeiro conjunto de comandos da Figura 7.26, ao tentar agrupar o resultado utilizando:

SELECT   V_CODE, P_CODE, P_DESCRIPT, P_PRICE
FROM   PRODUCT
GROUP BY   V_CODE;

gera-se uma mensagem de erro "not a GROUP BY expression" (não é uma expressão GROUP BY). No entanto, escrevendo-se a sequência comandos de SQL precedente com uma função agregada, a cláusula

GROUP BY funciona adequadamente. A segunda sequência de comandos de SQL na Figura 7.26 responde adequadamente à questão: "Quantos produtos são fornecidos por cada fornecedor?", pois utiliza uma função agregada COUNT.

FIGURA 7.25 Exemplos de resultados da cláusula GROUP BY

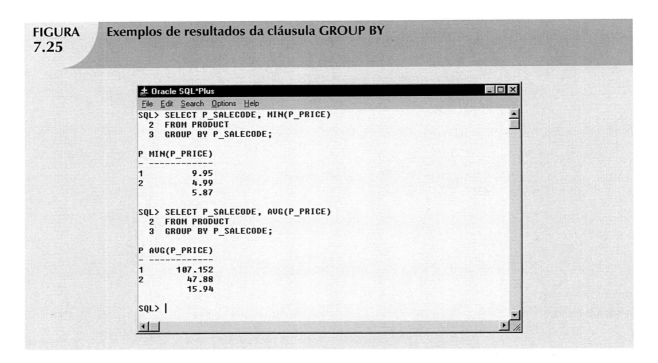

FIGURA 7.26 Utilização incorreta e correta da cláusula GROUP BY

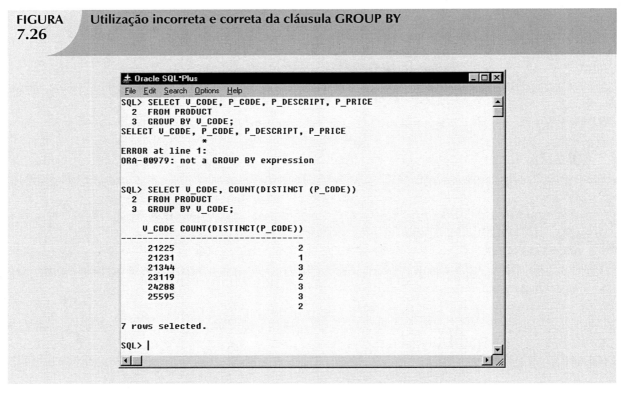

Observe que a última linha do resultado da Figura 7.26 mostra um nulo para V_CODE, indicando que dois produtos não foram supridos por um fornecedor. Talvez esses produtos tenham sido produzidos internamente ou comprados por um canal diferente. É possível, ainda, que a pessoa que fez a entrada dos dados tenha simplesmente esquecido de inserir um código de fornecedor. (Lembre-se de que nulos podem ser o resultado de muitas coisas.)

> **NOTA**
>
> Ao utilizar a cláusula GROUP BY em um comando SELECT:
>
> - A *lista de colunas* de SELECT deve incluir uma combinação de nomes de colunas e funções agregadas.
> - A *lista de colunas* das cláusulas GROUP BY incluem todas as colunas de funções não agregadas especificadas na *lista de colunas* de SELECT. Se necessário, também é possível agrupar por qualquer coluna de função agregada que aparecer na *lista de colunas* de SELECT.
> - A *lista de colunas* da cláusula GROUP BY pode incluir quaisquer colunas das tabelas na cláusula FROM do comando SELECT, mesmo que não apareçam na *lista de colunas* de SELECT.

Cláusula HAVING do recurso GROUP BY

Uma extensão especialmente útil do recurso GROUP BY é a cláusula **HAVING**. Ela opera de modo muito parecido com a cláusula WHERE do comando SELECT. No entanto, WHERE aplica-se a colunas e expressões de linhas individuais, enquanto HAVING é aplicada ao resultado de uma operação GROUP BY. Suponha, por exemplo, que queira gerar uma listagem do número de produtos em estoque supridos por fornecedor. Mas desta vez, quer-se limitar a listagem a produtos cujos preços têm média inferior a US$ 10. A primeira parte da exigência pode ser satisfeita com a ajuda da cláusula GROUP BY, conforme ilustrado no primeiro conjunto de comandos de SQL da Figura 7.27. Observe que a cláusula HAVING é utilizada com a cláusula GROUP BY no segundo conjunto dessa figura, gerando o resultado desejado.

Se for utilizada a cláusula WHERE em vez da HAVING, o segundo conjunto de comandos da Figura 7.27 produzirá uma mensagem de erro.

Também é possível combinar várias cláusulas e funções agregadas. Por exemplo, considere os seguintes comandos:

```
SELECT      V_CODE, SUM(P_QOH * P_PRICE) AS TOTCOST
FROM        PRODUCT
GROUP BY    V_CODE
HAVING      (SUM(P_QOH * P_PRICE) > 500)
ORDER BY    SUM(P_QOH * P_PRICE) DESC;
```

Esse comando fará o seguinte:

- Agregar o custo total de produtos agrupados por V_CODE.
- Selecionar apenas as linhas que possuam totais superiores a US$ 500.
- Listar os resultados em ordem decrescente por custo total.

Observe a sintaxe utilizada nas cláusulas HAVING e ORDER BY. Em ambos, deve-se especificar a expressão (fórmula) da coluna utilizada na lista do comando SELECT, e não o *alias* da coluna (TOTCOST). Alguns SGBDRs permitem a substituição da expressão da coluna pelo *alias*, mas outros não.

FIGURA 7.27 Aplicação da cláusula HAVING

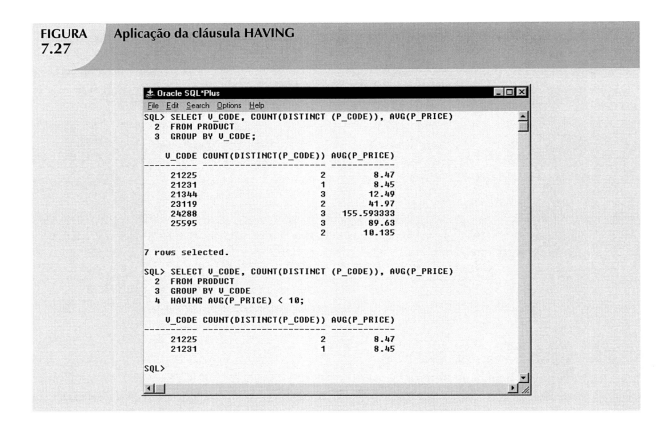

TABELAS VIRTUAIS: CRIANDO UMA VISUALIZAÇÃO

Como você aprendeu anteriormente, o resultado de um operador relacional como SELECT é outra relação (ou tabela). Suponha que, no fim de cada dia, deseje-se obter uma lista de todos os produtos que devem ser encomendados, ou seja, produtos cuja quantidade disponível é menor ou igual a uma quantidade mínima. Em vez de digitar a mesma consulta no fim de cada dia, não seria melhor salvar essa consulta de forma permanente no banco de dados? Essa é a função de uma visualização relacional. Uma **visualização** é uma tabela virtual baseada em uma consulta SELECT. A consulta pode conter colunas, colunas computadas, *alias* e funções agregadas de uma ou mais tabelas. As tabelas em que a visualização se baseia são chamadas **tabelas de base**.

É possível criar uma visualização utilizando o comando **CREATE VIEW**:

CREATE VIEW *nome da visualização* AS SELECT *consulta*

CREATE VIEW é um comando de definição de dados que armazena a especificação da subconsulta – o comando SELECT utilizado para gerar a tabela virtual – no dicionário de dados.

O primeiro conjunto de comandos de SQL da Figura 7.28 mostra a sintaxe utilizada para criar uma visualização chamada PRICEGT50. Essa visualização contém apenas os três atributos designados (P_DESCRIPT, P_QOH e P_PRICE, respectivamente, descrição, quantidade disponível e preço do produto) e as linhas em que o preço é superior a US$ 50. A segunda sequência dessa figura mostra as linhas que constituem a visualização.

FIGURA 7.28 — Criação de tabela virtual com o comando CREATE VIEW

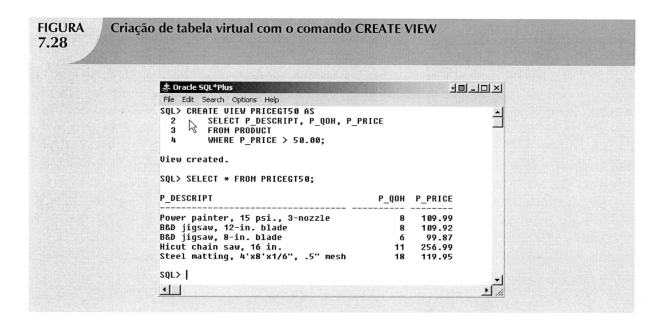

A visualização relacional possui várias características especiais:

- É possível utilizar o nome de uma visualização em qualquer posição de comandos de SQL em que deva ser inserido o nome de uma tabela.
- As visualizações são atualizadas dinamicamente. Ou seja, a visualização é recriada a cada vez em que for solicitada. Portanto, se forem adicionados (ou excluídos) novos produtos que atendam ao critério P_PRICE > 50.00, esses novos produtos aparecerão (ou desaparecerão) automaticamente na visualização PRICEGT50 na próxima vez em que for solicitada.
- As visualizações fornecem um nível de segurança no banco de dados, pois podem restringir o acesso dos usuários apenas às colunas e linhas especificadas. Por exemplo, no caso de uma empresa com centenas de funcionários em diversos departamentos, pode-se fornecer à secretária de cada departamento uma visualização apenas de certos atributos e de funcionários que pertençam ao seu departamento.
- As visualizações também podem ser utilizadas como base para relatórios. Por exemplo, se houver a necessidade de exibir um resumo das estatísticas de custo total de produto e quantidade disponível, agrupadas por fornecedor, é possível criar uma visualização PROD_STATS:

```
CREATE VIEW PROD_STATS AS
SELECT      V_CODE, SUM(P_QOH*P_PRICE) AS TOTCOST, MAX(P_QOH) AS
            MAXQTY, MIN(P_QOH) AS MINQTY, AVG(P_QOH) AS AVGQTY
FROM        PRODUCT
GROUP BY    V_CODE;
```

No Capítulo 8, você aprenderá mais sobre visualizações e, especialmente atualizações de dados em tabelas de base por meio de visualizações.

JUNÇÃO DE TABELAS DE BANCOS DE DADOS

A capacidade de combinar tabelas em atributos comuns talvez seja a distinção mais importante entre o banco de dados relacional e os outros bancos. Executa-se uma junção quando os dados são recuperados de mais de uma tabela ao mesmo tempo. (Se necessário, reveja as definições e exemplos de junção do Capítulo 3.)

Para juntar tabelas, basta listá-las na cláusula FROM do comando SELECT. O SGBD criará o produto cartesiano de todas as tabelas dessa cláusula. (Reveja o Capítulo 3 para retomar esses termos, se necessário.) No entanto, para obter o resultado correto – ou seja, uma junção natural – deve-se selecionar apenas as linhas em que os valores de atributos comuns coincidem. Para fazer isso, utilize a cláusula WHERE para indicar os atributos comuns utilizados para ligar as tabelas (essa cláusula WHERE às vezes é referida como *condição de junção*.)

A condição de junção costuma ser composta por uma comparação de igualdade entre a chave estrangeira e a chave primária das tabelas relacionadas. Por exemplo, suponha que se deseje juntar duas tabelas: VENDOR e PRODUCT. Como V_CODE é a chave estrangeira de PRODUCT e a chave primária de VENDOR, estabelece-se uma ligação nesse atributo (veja a Tabela 7.9).

TABELA 7.9 Criação de ligações por meio de chaves estrangeiras

TABELA	ATRIBUTOS A SEREM EXIBIDOS	ATRIBUTO DE LIGAÇÃO
PRODUCT	P_DESCRIPT, P_PRICE	V_CODE
VENDOR	V_COMPANY, V_PHONE	V_CODE

Quando o mesmo nome de atributo aparece em mais de uma tabela juntada, deve-se definir a tabela-fonte dos atributos listados na sequência de comandos SELECT. Para juntar PRODUCT e VENDOR, utiliza-se a sequência abaixo, que produz o resultado apresentado na Figura 7.29:

```
SELECT      P_DESCRIPT, P_PRICE, V_NAME, V_
            CONTACT, V_AREACODE, V_PHONE
FROM        PRODUCT, VENDOR
WHERE       PRODUCT.V_CODE = VENDOR.V_CODE;
```

Seu resultado pode aparecer em ordem diferente, pois o comando de SQL produz uma listagem em que a ordem das colunas não é relevante. Na verdade, é provável obter uma ordem diferente da mesma listagem se o comando for executado novamente. No entanto, é possível gerar uma lista mais previsível utilizando a cláusula ORDER BY:

```
SELECT      P_DESCRIPT, P_PRICE, V_NAME, V_CONTACT, V_AREACODE, V_PHONE
FROM        PRODUCT, VENDOR
WHERE       PRODUCT.V_CODE = VENDOR.V_CODE
ORDER BY    P_PRICE;
```

FIGURA 7.29	Resultados de uma junção

P_DESCRIPT	P_PRICE	V_NAME	V_CONTACT	V_AREACODE	V_PHONE
Claw hammer	9.95	Bryson, Inc.	Smithson	615	223-3234
1.25-in. metal screw, 25	6.99	Bryson, Inc.	Smithson	615	223-3234
2.5-in. wd. screw, 50	8.45	D&E Supply	Singh	615	228-3245
7.25-in. pwr. saw blade	14.99	Gomez Bros.	Ortega	615	889-2546
9.00-in. pwr. saw blade	17.49	Gomez Bros.	Ortega	615	889-2546
Rat-tail file, 1/8-in. fine	4.99	Gomez Bros.	Ortega	615	889-2546
Hrd. cloth, 1/4-in., 2x50	39.95	Randsets Ltd.	Anderson	901	678-3998
Hrd. cloth, 1/2-in., 3x50	43.99	Randsets Ltd.	Anderson	901	678-3998
B&D jigsaw, 12-in. blade	109.92	ORDVA, Inc.	Hakford	615	898-1234
B&D jigsaw, 8-in. blade	99.87	ORDVA, Inc.	Hakford	615	898-1234
Hicut chain saw, 16 in.	256.99	ORDVA, Inc.	Hakford	615	898-1234
Power painter, 15 psi., 3-nozzle	109.99	Rubicon Systems	Orton	904	456-0092
B&D cordless drill, 1/2-in.	38.95	Rubicon Systems	Orton	904	456-0092
Steel matting, 4'x8'x1/6", .5" mesh	119.95	Rubicon Systems	Orton	904	456-0092

Nesse caso, sua listagem sempre será organizada do menor para o maior preço.

NOTA

Os nomes de tabelas foram utilizados como prefixos na sequência de comandos de SQL precedentes. Por exemplo, utilizou-se PRODUCT.P_PRICE, e não P_PRICE. A maioria dos SGBDRs da geração atual não exige que os nomes de tabelas sejam utilizados como prefixos a menos que o mesmo nome de atributo ocorra em várias das tabelas sendo juntadas. Nesse caso, V_CODE é utilizado como chave estrangeira de PRODUCT e como chave primária de VENDOR. Portanto, é necessário utilizar os nomes de tabelas como prefixos na cláusula WHERE. Em outras palavras, pode-se escrever a consulta anterior como:

```
SELECT      P_DESCRIPT, P_PRICE, V_NAME, V_CONTACT, V_AREACODE, V_PHONE
FROM        PRODUCT, VENDOR WHERE PRODUCT.V_CODE = VENDOR.V_CODE;
```

Naturalmente, se um nome de atributo ocorrer em vários locais, sua origem (tabela) deve ser especificada. Sem essa especificação, a SQL gerará uma mensagem de erro, indicando que há ambiguidade quanto à origem dos atributos.

A sequência de comandos de SQL precedente une uma linha da tabela PRODUCT com uma linha da tabela VENDOR, nos casos em que os valores de V_CODE dessas linhas sejam os mesmos, conforme indicado pela condição da cláusula WHERE. Como qualquer fornecedor pode suprir qualquer número de produtos encomendados, a tabela PRODUCT pode conter várias entradas para cada V_CODE da tabela VENDOR. Em outras palavras, cada V_CODE em VENDOR pode corresponder a várias linhas de V_CODE em PRODUCT.

Se você não especificar a cláusula WHERE, o resultado será o produto cartesiano de PRODUCT e VENDOR. Como a tabela PRODUCT contém 16 linhas e a VENDOR contém 11, o produto cartesiano produziria uma listagem de (16 × 11) = 176 linhas. (Cada linha de PRODUCT seria juntada com cada linha de VENDOR.)

Todos os comandos de SQL podem ser utilizados em tabelas juntadas. Por exemplo, a sequência a seguir é bastante aceitável e produz o resultado apresentado na Figura 7.30:

```
SELECT          P_DESCRIPT, P_PRICE, V_NAME, V_CONTACT,
                V_AREACODE, V_PHONE
FROM            PRODUCT, VENDOR
WHERE           PRODUCT.V_CODE = VENDOR.V_CODE
AND             P_INDATE > '15-Jan-2008';
```

FIGURA 7.30	Listagem ordenada e limitada após uma junção

P_DESCRIPT	P_PRICE	V_NAME	V_CONTACT	V_AREACODE	V_PHONE
1.25-in. metal screw, 25	6.99	Bryson, Inc.	Smithson	615	223-3234
2.5-in. wd. screw, 50	8.45	D&E Supply	Singh	615	228-3245
Claw hammer	9.95	Bryson, Inc.	Smithson	615	223-3234
B&D cordless drill, 1/2-in.	38.95	Rubicon Systems	Orton	904	456-0092
Steel matting, 4'x8'x1/6", .5" mesh	119.95	Rubicon Systems	Orton	904	456-0092
Hicut chain saw, 16 in.	256.99	ORDVA, Inc.	Hakford	615	898-1234

Ao juntar três ou mais tabelas, é necessário especificar uma condição de junção para cada par de tabelas. O número de condições é sempre N – 1, em que N representa o número de tabelas listadas na cláusula FROM. Por exemplo, se houver três tabelas, devem existir duas condições de junção; se forem cinco tabelas, são necessárias quatro condições etc.

Lembre-se, a condição de junção corresponderá à chave estrangeira de uma tabela com a chave primária da tabela relacionada. Por exemplo, utilizando a Figura 7.1, caso deseje a lista de sobrenome de clientes, número e data de fatura e descrições de produtos de todas as listas do cliente 10014, é necessário digitar o seguinte:

```
SELECT          CUS_LNAME, INV_NUMBER, INV_DATE, P_DESCRIPT
FROM            CUSTOMER, INVOICE, LINE, PRODUCT
WHERE           CUSTOMER.CUS_CODE = INVOICE.CUS_CODE
AND             INVOICE.INV_NUMBER = LINE.INV_NUMBER
AND             LINE.P_CODE = PRODUCT.P_CODE
AND             CUSTOMER.CUS_CODE = 10014
ORDER BY        INV_NUMBER;
```

Por fim, tenha cuidado para não criar condições de junções circulares. Por exemplo, se a Tabela A for relacionada com a Tabela B, a Tabela B com a Tabela C e a Tabela C com a Tabela A, crie apenas duas condições de junção: una A com B e B com C. Não una C com A!

JUNÇÃO DE TABELAS COM ALIAS

O *alias* pode ser utilizado para identificar a tabela-fonte da qual os dados foram pegos. Os *alias* P e V serão utilizados para identificar as tabelas PRODUCT e VENDOR na próxima sequência de comandos. Qualquer nome de tabela válido pode ser utilizado como *alias*. (Observe, também, que não há prefixos de nomes de tabelas, pois a listagem de atributos não contém nomes duplicados no comando SELECT.)

```
SELECT          P_DESCRIPT, P_PRICE, V_NAME, V_CONTACT, V_AREACODE, V_PHONE
FROM            PRODUCT P, VENDOR V
WHERE           P.V_CODE = V.V_CODE
ORDER BY        P_PRICE;
```

JUNÇÕES RECURSIVAS

O *alias* é especialmente útil quando uma tabela deve ser juntada a ela mesma em uma **consulta recursiva**. Suponha, por exemplo, que se esteja trabalhando com a tabela EMP (funcionário) apresentada na Figura 7.31.

| FIGURA 7.31 | Conteúdo da tabela EMP |

EMP_NUM	EMP_TITLE	EMP_LNAME	EMP_FNAME	EMP_INITIAL	EMP_DOB	EMP_HIRE_DATE	EMP_AREACODE	EMP_PHONE	EMP_MGR
100	Mr.	Kolmycz	George	D	15-Jun-42	15-Mar-85	615	324-5456	
101	Ms.	Lewis	Rhonda	G	19-Mar-65	25-Apr-86	615	324-4472	100
102	Mr.	Vandam	Rhett		14-Nov-58	20-Dec-90	901	675-8993	100
103	Ms.	Jones	Anne	M	16-Oct-74	28-Aug-94	615	898-3456	100
104	Mr.	Lange	John	P	08-Nov-71	20-Oct-94	901	504-4430	105
105	Mr.	Williams	Robert	D	14-Mar-75	08-Nov-98	615	890-3220	
106	Mrs.	Smith	Jeanine	K	12-Feb-68	05-Jan-89	615	324-7883	105
107	Mr.	Diante	Jorge	D	21-Aug-74	02-Jul-94	615	890-4567	105
108	Mr.	Wiesenbach	Paul	R	14-Feb-66	18-Nov-92	615	897-4358	
109	Mr.	Smith	George	K	18-Jun-61	14-Apr-89	901	504-3339	108
110	Mrs.	Genkazi	Leighla	W	19-May-70	01-Dec-90	901	569-0093	108
111	Mr.	Washington	Rupert	E	03-Jan-66	21-Jun-93	615	890-4925	105
112	Mr.	Johnson	Edward	E	14-May-61	01-Dec-83	615	898-4387	100
113	Ms.	Smythe	Melanie	P	15-Sep-70	11-May-99	615	324-9006	105
114	Ms.	Brandon	Marie	G	02-Nov-56	15-Nov-79	901	882-0845	108
115	Mrs.	Saranda	Hermine	R	25-Jul-72	23-Apr-93	615	324-5505	105
116	Mr.	Smith	George	A	08-Nov-65	10-Dec-88	615	890-2984	108

| FIGURA 7.32 | Utilização de *alias* para juntar uma tabela a ela mesma |

EMP_NUM	A.EMP_LNAME	EMP_MGR	B.EMP_LNAME
112	Johnson	100	Kolmycz
103	Jones	100	Kolmycz
102	Vandam	100	Kolmycz
101	Lewis	100	Kolmycz
115	Saranda	105	Williams
113	Smythe	105	Williams
111	Washington	105	Williams
107	Diante	105	Williams
106	Smith	105	Williams
104	Lange	105	Williams
116	Smith	108	Wiesenbach
114	Brandon	108	Wiesenbach
110	Genkazi	108	Wiesenbach
109	Smith	108	Wiesenbach

Utilizando os dados da tabela EMP, é possível gerar uma lista de todos os funcionários com os nomes de seus gerentes, unindo a tabela EMP com ela mesma. Nesse caso, deve-se também utilizar *alias* para diferenciar a própria tabela. A sequência de comandos de SQL teria o seguinte aspecto:

```
SELECT          E.EMP_MGR, M.EMP_LNAME,
                E.EMP_NUM, E.EMP_LNAME
FROM            EMP E, EMP M
WHERE           E.EMP_MGR=M.EMP_NUM
ORDER BY        E.EMP_MGR;
```

O resultado dessa sequência de comandos é apresentado na Figura 7.32.

Junções externas

A Figura 7.29 apresentou os resultados da junção das tabelas PRODUCT e VENDOR. Ao examinar esse resultado, observe que são listadas 14 linhas de produtos. Compare o resultado da tabela PRODUCT da Figura 7.2 e observe que estão faltando dois produtos. Por quê? Porque há dois produtos com nulos no atributo V_CODE. Como não há "valor" nulo correspondente no atributo V_CODE da tabela VENDOR, os produtos não parecem no resultado final baseado na junção. Além disso, observe que na tabela VENDOR da Figura 7.2, vários fornecedores não possuem V_CODE correspondente na tabela PRODUCT. Para incluir essas linhas no resultado final da junção, deve-se utilizar uma junção externa.

> **Nota**
>
> Em MS Access, adicione AS à sequência de comandos de SQL anterior, escrevendo:
>
> | | |
> |---|---|
> | SELECT | E.EMP_MGR,M.EMP_LNAME,E.EMP_NUM,E.EMP_LNAME |
> | FROM | EMP AS E, EMP AS M |
> | WHERE | E.EMP_MGR = M.EMP_NUM |
> | ORDER BY | E.EMP_MGR; |

Há dois tipos de junções externas: à esquerda e à direita (veja o Capítulo 3). Em razão do conteúdo das tabelas PRODUCT e VENDOR, a seguinte junção externa à esquerda apresentará todas as linhas de VENDOR e todas as linhas correspondentes de PRODUCT:

```
SELECT      P_CODE, VENDOR.V_CODE, V_NAME
FROM        VENDOR LEFT JOIN PRODUCT
            ON VENDOR.V_CODE = PRODUCT.V_CODE;
```

A Figura 7.33 mostra o resultado gerado pelo comando de junção externa à esquerda no MS Access. O Oracle produz o mesmo resultado, mas o mostra em ordem diferente.

A junção externa à direita unirá ambas as tabelas e mostrará todas as linhas de produtos com todas as linhas de fornecedores correspondentes. O comando de SQL para a junção externa à direita é:

```
SELECT      PRODUCT.P_CODE, VENDOR.V_CODE, V_NAME
FROM        VENDOR RIGHT JOIN PRODUCT
            ON VENDOR.V_CODE = PRODUCT.V_CODE;
```

A Figura 7.34 mostra o resultado gerado pelo comando de junção externa à direita no MS Access. Novamente, o Oracle produz o mesmo resultado, mas o mostra em ordem diferente.

No Capítulo 8, você aprenderá mais sobre junções e como utilizar as sintaxes mais recentes do padrão SQL ANSI.

FIGURA 7.33	Resultados da junção externa à esquerda

P_CODE	V_CODE	V_NAME
23109-HB	21225	Bryson, Inc.
SM-18277	21225	Bryson, Inc.
	21226	SuperLoo, Inc.
SW-23116	21231	D&E Supply
13-Q2/P2	21344	Gomez Bros.
14-Q1/L3	21344	Gomez Bros.
54778-2T	21344	Gomez Bros.
	22567	Dome Supply
1546-QQ2	23119	Randsets Ltd.
1558-QW1	23119	Randsets Ltd.
	24004	Brackman Bros.
2232/QTY	24288	ORDVA, Inc.
2232/QWE	24288	ORDVA, Inc.
89-WRE-Q	24288	ORDVA, Inc.
	25443	B&K, Inc.
	25501	Damal Supplies
11QER/31	25595	Rubicon Systems
2238/QPD	25595	Rubicon Systems
WR3/TT3	25595	Rubicon Systems

FIGURA 7.34	Resultados da junção externa à direita

P_CODE	V_CODE	V_NAME
23114-AA		
PVC23DRT		
23109-HB	21225	Bryson, Inc.
SM-18277	21225	Bryson, Inc.
SW-23116	21231	D&E Supply
13-Q2/P2	21344	Gomez Bros.
14-Q1/L3	21344	Gomez Bros.
54778-2T	21344	Gomez Bros.
1546-QQ2	23119	Randsets Ltd.
1558-QW1	23119	Randsets Ltd.
2232/QTY	24288	ORDVA, Inc.
2232/QWE	24288	ORDVA, Inc.
89-WRE-Q	24288	ORDVA, Inc.
11QER/31	25595	Rubicon Systems
2238/QPD	25595	Rubicon Systems
WR3/TT3	25595	Rubicon Systems

RESUMO

- Os comandos de SQL podem ser divididos em duas categorias gerais: comandos de linguagem de definição de dados (DDL) e de linguagem de manipulação de dados (DML).

- Os tipos de dados do padrão ANSI são suportados por todos os fornecedores de SGBDRs em diferentes modos. Os tipos básicos de dados são NUMBER (numérico), INTEGER (inteiro), CHAR (de caracteres), VARCHAR (de tamanho variável de caracteres) e DATE (data).

- Os comandos básicos de definição de dados permitem a criação de tabelas, índices e visualizações. É possível aplicar muitas restrições de SQL a colunas. Os comandos são CREATE TABLE, CREATE INDEX, CREATE VIEW, ALTER TABLE, DROP TABLE, DROP VIEW e DROP INDEX.

- Os comandos de DML permitem adicionar, modificar e excluir linhas das tabelas. Os comandos básicos de DML são SELECT, INSERT, UPDATE, DELETE, COMMIT e ROLLBACK.

- O comando INSERT é utilizado para adicionar novas linhas a tabelas. O comando UPDATE é empregado para modificar valores de dados em linhas existentes de uma tabela. O comando DELETE é usado para excluir linhas de tabelas. Os comandos COMMIT e ROLLBACK são utilizados para salvar permanentemente ou desfazer as alterações realizadas em linhas. Após comprometer (COMMIT) as alterações, não é possível desfazê-las como o comando ROLLBACK.

- SELECT é o principal comando de recuperação de dados em SQL. Ele possui a seguinte sintaxe:

```
SELECT       lista de colunas
FROM         lista de tabelas
[WHERE       lista de condições ]
[GROUP BY    lista de colunas ]
[HAVING      lista de condições ]
[ORDER BY    lista de colunas [ASC | DESC] ] ;
```

- A lista de colunas representa um ou mais nomes de colunas separados por vírgulas. A lista também pode incluir colunas computadas, alias e funções agregadas. Uma coluna computada é representada por uma expressão ou fórmula (por exemplo, P_PRICE * P_QOH). A cláusula FROM contém uma lista de nomes de tabelas ou de visualizações.

- A cláusula WHERE pode ser utilizada com os comandos SELECT, UPDATE e DELETE para restringir as linhas afetadas pelo comando DDL. A lista de condições representa uma ou mais expressões condicionais separadas por operadores lógicos (AND, OR e NOT). A expressão condicional pode conter qualquer operador de comparação (=, >, <, >=, <=, e <>) ou operador especial (BETWEEN, IS NULL, LIKE, IN e EXISTS).

- As funções agregadas (COUNT, MIN, MAX e AVG) são funções especiais que executam cálculos aritméticos em um conjunto de linhas. As funções agregadas costumam ser utilizadas em conjunto com a cláusula GROUP BY para agrupar o resultado de computações agregadas para um ou mais atributos. A cláusula HAVING é usada para restringir o resultado da cláusula GROUP BY, selecionando apenas as linhas agregadas que atendam a determinada condição.

- A cláusula ORDER BY serve para classificar o resultado de um comando SELECT. Essa classificação pode ser feita em uma ou mais colunas e utilizar ordem crescente ou decrescente.

- Também é possível juntar o resultado de várias tabelas com o comando SELECT. A operação de junção ocorre sempre que forem especificadas duas ou mais tabelas na cláusula FROM e utilizada uma condição de junção na cláusula WHERE de modo que a chave estrangeira de uma tabela corresponda à chave primária da tabela relacionada. Se não for especificada uma condição de junção, o SGBD executará automaticamente um produto cartesiano das tabelas especificadas na cláusula FROM.

  - A junção natural utiliza a condição de junção para obter a correspondência apenas nas linhas com valores iguais nas colunas especificadas. Também é possível fazer uma junção externa à esquerda ou à direita para selecionar as linhas que não tenham valores correspondentes na outra tabela relacionada.

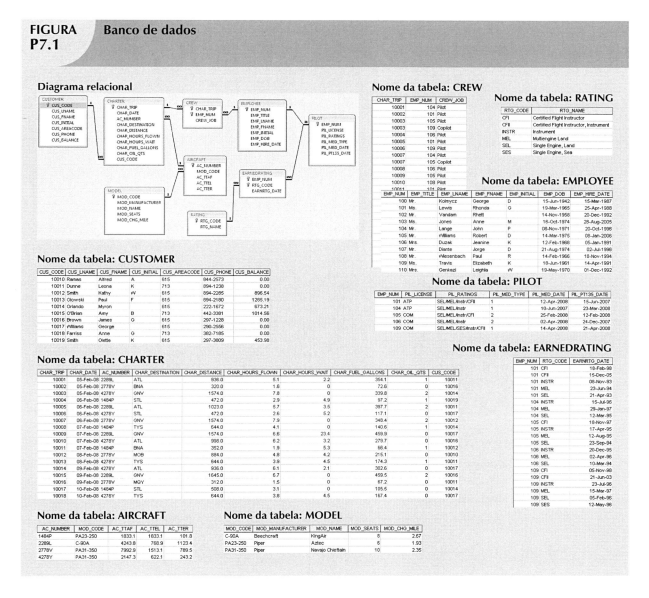

FIGURA P7.1   Banco de dados

Antes de tentar escrever consultas em SQL, familiarize-se com a estrutura e o conteúdo do banco de dados apresentado na Figura P7.1. Embora o esquema relacional não apresente as relações opcionais, lembre-se de que todos os pilotos são funcionários, mas nem todos os funcionários são membros de tripulação. (Embora neste banco de dados as designações de membros da tripulação envolvam pilotos e copilotos, o projeto é suficientemente flexível para acomodar outras designações – como mestre de carga e comissários de bordo – de pessoal que não seja piloto. Por isso, o relacionamento entre CHARTER (fretamento) e EMPLOYEE (funcionário) é implementado por meio de CREW (tripulação). Observe também que essa implementação de projeto não inclui atributos com diversos valores. Por exemplo, classificações múltiplas, como as de instrutor de certificado de voo e instrumento são armazenadas na tabela (composta) EARNEDRATINGS (classificação obtida). A tabela CHARTER também não inclui designações múltiplas de tripulação que são armazenadas adequadamente na tabela CREW.

1. Escreva o código de SQL para listar apenas os primeiros quatro valores da tabela CHARTER.
2. Utilizando o conteúdo da tabela CHARTER, escreva a consulta de SQL para produzir o resultado apresentado na Figura P7.2. Observe que esse resultado se limita aos atributos selecionados para o número de aeronave 2778V.

FIGURA P7.2 Resultados da consulta do Problema 2

CHAR_DATE	AC_NUMBER	CHAR_DESTINATION	CHAR_DISTANCE	CHAR_HOURS_FLOWN
05-Feb-08	2778V	BNA	320	1.6
06-Feb-08	2778V	GNV	1574	7.9
08-Feb-08	2778V	MOB	884	4.8
09-Feb-08	2778V	MQY	312	1.5

3. Crie uma tabela virtual (chamada AC2778V) que contenha o resultado apresentado no Problema 2.
4. Produza o resultado apresentado na Figura P7.3 para a aeronave 2778V. Observe que esse resultado inclui dados das tabelas CHARTER e CUSTOMER. (*Sugestão*: Utilize JOIN nesta consulta.)

FIGURA P7.3 Resultados da consulta do Problema 4

CHAR_DATE	AC_NUMBER	CHAR_DESTINATION	CUS_LNAME	CUS_AREACODE	CUS_PHONE
08-Feb-08	2778V	MOB	Ramas	615	844-2573
09-Feb-08	2778V	MQY	Dunne	713	894-1238
06-Feb-08	2778V	GNV	Smith	615	894-2285
05-Feb-08	2778V	BNA	Brown	615	297-1228

5. Produza o resultado apresentado na Figura P7.4. Esse resultado, decorrente das tabelas CHARTER e MODEL, limita-se a 6 de fevereiro de 2008. (*Sugestão*: A junção passa por outra tabela. Observe que a "conexão" entre CHARTER e MODEL exige a existência de AIRCRAFT, pois a primeira tabela não contém uma chave estrangeira para a segunda. No entanto, CHARTER contém AC_NUMBER, uma chave estrangeira para AIRCRAFT, que contém uma chave estrangeira para MODEL.)

FIGURA P7.4 Resultados da consulta do Problema 5

CHAR_DATE	CHAR_DESTINATION	AC_NUMBER	MOD_NAME	MOD_CHG_MILE
06-Feb-08	STL	1484P	Aztec	1.93
06-Feb-08	ATL	2289L	KingAir	2.67
06-Feb-08	STL	4278Y	Navajo Chieftain	2.35
06-Feb-08	GNV	2778V	Navajo Chieftain	2.35

6. Modifique a consulta do Problema 5 de modo a incluir dados da tabela CUSTOMER. Desta vez, o resultado limita-se aos registros de fretamento gerados desde 9 de fevereiro de 2008. (Os resultados da consulta são apresentados na Figura P7.5.)

FIGURA P7.5 — Resultados da consulta do Problema 6

CHAR_DATE	CHAR_DESTINATION	AC_NUMBER	MOD_NAME	MOD_CHG_MILE	CUS_LNAME
09-Feb-08	ATL	4278Y	Navajo Chieftain	2.35	Williams
09-Feb-08	MQY	2778V	Navajo Chieftain	2.35	Dunne
09-Feb-08	GNV	2289L	KingAir	2.67	Brown
10-Feb-08	TYS	4278Y	Navajo Chieftain	2.35	Williams
10-Feb-08	STL	1484P	Aztec	1.93	Orlando

7. Modifique a consulta do Problema 6 para produzir o resultado apresentado na Figura P7.6. A limitação de data daquele problema se aplica também a este. Observe que essa consulta inclui dados das tabelas CREW e EMPLOYEE. (*Observação*: Talvez você esteja se perguntando por que a restrição de data parece gerar mais registros do que no Problema 6. Na verdade, o número de registros (CHARTER) é o mesmo, mas vários deles são listados duas vezes para refletir uma tripulação dupla: um piloto e um copiloto. Por exemplo, o registro do voo de 9 de fevereiro de 2008 para GNV, utilizando a aeronave 2289L, demandou uma tribulação de um piloto (Lange) e um copiloto (Lewis).)

FIGURA P7.6 — Resultados da consulta do Problema 7

CHAR_DATE	CHAR_DESTINATION	AC_NUMBER	MOD_CHG_MILE	CHAR_DISTANCE	EMP_NUM	CREW_JOB	EMP_LNAME
09-Feb-08	GNV	2289L	2.67	1,645	104	Pilot	Lange
09-Feb-08	GNV	2289L	2.67	1,645	101	Copilot	Lewis
09-Feb-08	MQY	2778V	2.35	312	109	Pilot	Travis
09-Feb-08	MQY	2778V	2.35	312	105	Copilot	Williams
09-Feb-08	ATL	4278Y	2.35	936	106	Pilot	Duzak
10-Feb-08	STL	1484P	1.93	508	101	Pilot	Lewis
10-Feb-08	TYS	4278Y	2.35	644	105	Pilot	Williams
10-Feb-08	TYS	4278Y	2.35	644	104	Copilot	Lange

8. Modifique a consulta do Problema 5 para incluir o atributo computado (derivado) "combustível por hora". (*Sugestão*: É possível utilizar SQL para produzir "atributos" computados que não estejam armazenados em nenhuma tabela. Por exemplo, a consulta:

```
SELECT     CHAR_DISTANCE, CHAR_FUEL_GALLONS/CHAR_DISTANCE
FROM       CHARTER;
```

é perfeitamente aceitável. Ela produz o valor de "galões de combustível por milha voada".) Utilize uma técnica similar em tabelas unidas para produzir o resultado de "galões por hora" apresentado na Figura P7.7. (Observe que 67,2 galões/1,5 hora produz 44,8 galões por hora.)

FIGURA P7.7 **Resultados da consulta do Problema 8**

CHAR_DATE	AC_NUMBER	MOD_NAME	CHAR_HOURS_FLOWN	CHAR_FUEL_GALLONS	Expr1
09-Feb-08	2778V	Navajo Chieftain	1.5	67.2	44.8
09-Feb-08	2289L	KingAir	6.7	459.5	68.5820895522388
09-Feb-08	4278Y	Navajo Chieftain	6.1	302.6	49.6065573770492
10-Feb-08	4278Y	Navajo Chieftain	3.8	167.4	44.0526315789474
10-Feb-08	1484P	Aztec	3.1	105.5	34.0322580645161

O resultado de consultas como a de "galões por hora", apresentada na Figura P7.7, fornecem aos gerentes informações muito importantes. Neste caso, por que o combustível gasto no voo de Navajo Chieftain 4278Y em 9 de fevereiro de 2008 foi muito maior do que o do mesmo avião em 10 de fevereiro de 2008? O resultado dessa consulta pode levar a consultas adicionais para descobrir quem comandou o voo ou em que circunstâncias especiais ocorreram. A diferença de consumo se deve ao mau gerenciamento de combustível pelo piloto, reflete um problema de mensuração ou ocorreu um erro de registro? A capacidade de gerar resultados úteis em consultas é um importante ativo de gerenciamento.

> **NOTA**
>
> O formato do resultado é determinado pelo SGBDR utilizado. Neste exemplo, o Access colocou, por padrão, um cabeçalho intitulado Expr1 para indicar a expressão resultante da divisão:
>
> [CHARTER]![CHAR_FUEL_GALLONS]/[CHARTER]![CHAR_HOURS]
>
> projetada por seu criador de expressões. O Oracle coloca, por padrão, a identificação completa da divisão. Deve-se aprender a controlar o formato do resultado com a ajuda do utilitário de seu SGBDR.

9. Crie uma consulta para produzir o resultado apresentado na Figura P7.8. Observe que, neste caso, o atributo computado exige dados que estão em duas tabelas diferentes. (*Sugestão*: A tabela MODEL contém a tarifa por milha e a CHARTER, o total de milhas voadas.) Desta vez, o resultado limita-se aos registros de fretamento gerados desde 9 de fevereiro de 2008. Além disso, o resultado é ordenado por data e, dentro de cada data, por sobrenome de cliente.

FIGURA P7.8 **Resultados da consulta do Problema 9**

CHAR_DATE	CUS_LNAME	CHAR_DISTANCE	MOD_CHG_MILE	Mileage Charge
09-Feb-08	Brown	1645	2.67	4392.15
09-Feb-08	Dunne	312	2.35	733.20
09-Feb-08	Williams	936	2.35	2199.60
10-Feb-08	Orlando	508	1.93	980.44
10-Feb-08	Williams	644	2.35	1513.40

10. Utilize as técnicas que produziram o resultado do Problema 9 para obter as tarifas apresentadass na Figura P7.9. A tarifa total para o cliente é computada do seguinte modo:

- Milhas voadas * tarifa por milha.
- Horas de espera * US$ 50 por hora.

O valor de milhas voadas (CHAR_DISTANCE) está na tabela CHARTER, o valor da tarifa por milha (MOD_CHG_MILE) está na tabela MODEL e o valor das horas de espera (CHAR_HOURS_WAIT) está na tabela CHARTER.

FIGURA P7.9 — Resultados da consulta do Problema 10

CHAR_DATE	CUS_LNAME	Mileage Charge	Waiting Charge	Total Charge
09-Feb-08	Brown	4392.15	0.00	4392.15
09-Feb-08	Dunne	733.20	0.00	733.20
09-Feb-08	Williams	2199.60	105.00	2304.60
10-Feb-08	Orlando	980.44	0.00	980.44
10-Feb-08	Williams	1513.40	225.00	1738.40

11. Crie uma consulta de SQL para produzir uma lista de clientes que tenham saldo pendente. O resultado necessário é apresentado na Figura P7.10. Observe que os saldos são listados em ordem decrescente.

12. Obtenha a média do saldo dos clientes, o saldo mínimo e máximo e o total dos saldos pendentes. Os valores resultantes são apresentados na Figura P7.11.

13. Utilizando a tabela CHARTER como fonte, agrupe os dados de aeronaves. Em seguida, utilize as funções de SQL para produzir o resultado apresentado na Figura P7.12. (Foi aplicado um utilitário para modificar os cabeçalhos; portanto, no seu banco de dados, eles podem parecer diferentes.)

FIGURA P7.10 — Lista de clientes com saldo pendente

CUS_LNAME	CUS_FNAME	CUS_INITIAL	CUS_BALANCE
Olowski	Paul	F	1285.19
O'Brian	Amy	B	1014.56
Smith	Kathy	W	896.54
Orlando	Myron		673.21
Smith	Olette	K	453.98

FIGURA P7.11 — Resumo de saldos de clientes

Average Balance	Minimum Balance	Maximum Balance	Total Unpaid Bills
432.35	0.00	1285.19	4323.48

FIGURA P7.12 — Demonstrativo resumido dos dados de AIRCRAFT

AC_NUMBER	Number of Trips	Total Distance	Average Distance	Total Hours	Average Hours
1484P	4	1976	494.0	12.0	3.0
2289L	4	5178	1294.5	24.1	6.0
2778V	4	3090	772.5	15.8	4.0
4278Y	6	5268	878.0	30.4	5.1

14. Escreva o código de SQL para gerar o resultado apresentado na Figura P7.13. Observe que a listagem inclui todos os voos CHARTER que não continham designação de copiloto na tripulação. (*Sugestão*: As designações de tripulação são listadas na tabela CREW. Observe também que o sobrenome do piloto exige acesso à tabela funcionário, ao passo que MOD_CODE exige acesso à tabela MODEL.)

FIGURA P7.13 Voos de fretamento que não utilizam copiloto

CHAR_TRIP	CHAR_DATE	AC_NUMBER	MOD_NAME	CHAR_HOURS_FLOWN	EMP_LNAME	CREW_JOB
10001	05-Feb-08	2289L	KingAir	5.1	Lange	Pilot
10002	05-Feb-08	2778V	Navajo Chieftain	1.6	Lewis	Pilot
10004	06-Feb-08	1484P	Aztec	2.9	Duzak	Pilot
10005	06-Feb-08	2289L	KingAir	5.7	Lewis	Pilot
10006	06-Feb-08	4278Y	Navajo Chieftain	2.6	Travis	Pilot
10008	07-Feb-08	1484P	Aztec	4.1	Duzak	Pilot
10009	07-Feb-08	2289L	KingAir	6.6	Williams	Pilot
10010	07-Feb-08	4278Y	Navajo Chieftain	6.2	Wiesenbach	Pilot
10012	08-Feb-08	2778V	Navajo Chieftain	4.8	Lewis	Pilot
10013	08-Feb-08	4278Y	Navajo Chieftain	3.9	Williams	Pilot
10014	09-Feb-08	4278Y	Navajo Chieftain	6.1	Duzak	Pilot
10017	10-Feb-08	1484P	Aztec	3.1	Lewis	Pilot

15. Escreva uma consulta que liste as idades dos funcionários e a data em que a consulta foi executada. O resultado necessário é apresentado na Figura P7.14. (Como você pode ver, a consulta foi executada em 16 de maio de 2007; portanto, as idades dos funcionários são correspondentes a essa data.)

FIGURA P7.14 Idades de funcionários e data de consulta

EMP_NUM	EMP_LNAME	EMP_FNAME	EMP_HIRE_DATE	EMP_DOB	Age	Query Date
100	Kolmycz	George	15-Mar-1987	15-Jun-1942	64	15-Apr-07
101	Lewis	Rhonda	25-Apr-1988	19-Mar-1965	42	15-Apr-07
102	Vandam	Rhett	20-Dec-1992	14-Nov-1958	48	15-Apr-07
103	Jones	Anne	28-Aug-2005	16-Oct-1974	32	15-Apr-07
104	Lange	John	20-Oct-1996	08-Nov-1971	35	15-Apr-07
105	Williams	Robert	08-Jan-2006	14-Mar-1975	32	15-Apr-07
106	Duzak	Jeanine	05-Jan-1991	12-Feb-1968	39	15-Apr-07
107	Diante	Jorge	02-Jul-1996	21-Aug-1974	32	15-Apr-07
108	Wiesenbach	Paul	18-Nov-1994	14-Feb-1966	41	15-Apr-07
109	Travis	Elizabeth	14-Apr-1991	18-Jun-1961	45	15-Apr-07
110	Genkazi	Leighla	01-Dec-1992	19-May-1970	36	15-Apr-07

A estrutura e o conteúdo do banco de dados são apresentados na Figura P7.15. Utilize esse banco para responder os problemas seguintes. Salve cada consulta como QXX, sendo XX o número do problema.

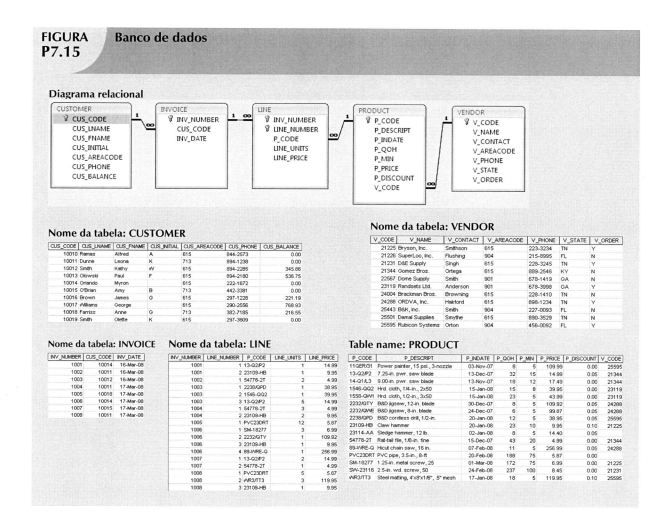

FIGURA P7.15 Banco de dados

Diagrama relacional

Nome da tabela: CUSTOMER

CUS_CODE	CUS_LNAME	CUS_FNAME	CUS_INITIAL	CUS_AREACODE	CUS_PHONE	CUS_BALANCE
10010	Ramas	Alfred	A	615	844-2573	0.00
10011	Dunne	Leona	K	713	894-1238	0.00
10012	Smith	Kathy	W	615	894-2285	345.86
10013	Olowski	Paul	F	615	894-2180	536.75
10014	Orlando	Myron		615	222-1672	0.00
10015	O'Brian	Amy	B	713	442-3381	0.00
10016	Brown	James	G	615	297-1228	221.19
10017	Williams	George		615	290-2556	768.93
10018	Farriss	Anne	G	713	382-7185	216.55
10019	Smith	Olette	K	615	297-3809	0.00

Nome da tabela: VENDOR

V_CODE	V_NAME	V_CONTACT	V_AREACODE	V_PHONE	V_STATE	V_ORDER
21225	Bryson, Inc.	Smithson	615	223-3234	TN	Y
21226	SuperLoo, Inc.	Flushing	904	215-8995	FL	N
21231	D&E Supply	Singh	615	228-3245	TN	Y
21344	Gomez Bros.	Ortega	615	889-2546	KY	N
22567	Dome Supply	Smith	901	678-1419	GA	N
23119	Randsets Ltd.	Anderson	901	678-3998	GA	Y
24004	Brackman Bros.	Browning	615	228-1410	TN	N
24288	ORDVA, Inc.	Hakford	615	898-1234	TN	Y
25443	B&K, Inc.	Smith	904	227-0093	FL	N
25501	Damal Supplies	Smythe	615	890-3529	TN	N
25595	Rubicon Systems	Orton	904	456-0092	FL	Y

Nome da tabela: INVOICE

INV_NUMBER	CUS_CODE	INV_DATE
1001	10014	16-Mar-08
1002	10011	16-Mar-08
1003	10012	16-Mar-08
1004	10011	17-Mar-08
1005	10018	17-Mar-08
1006	10014	17-Mar-08
1007	10015	17-Mar-08
1008	10011	17-Mar-08

Nome da tabela: LINE

INV_NUMBER	LINE_NUMBER	P_CODE	LINE_UNITS	LINE_PRICE
1001	1	13-Q2/P2	1	14.99
1001	2	23109-HB	1	9.95
1002	1	54778-2T	2	4.99
1003	1	2238/QPD	1	38.95
1003	2	1546-QQ2	1	39.95
1003	3	13-Q2/P2	5	14.99
1004	1	54778-2T	3	4.99
1004	2	23109-HB	2	9.95
1005	1	PVC23DRT	12	5.87
1006	1	SM-18277	3	6.99
1006	2	2232/QTY	1	109.92
1006	3	23109-HB	1	9.95
1006	4	89-WRE-Q	1	256.99
1007	1	13-Q2/P2	2	14.99
1007	2	54778-2T	1	4.99
1008	1	PVC23DRT	5	5.87
1008	2	WR3/TT3	3	119.95
1008	3	23109-HB	1	9.95

Table name: PRODUCT

P_CODE	P_DESCRIPT	P_INDATE	P_QOH	P_MIN	P_PRICE	P_DISCOUNT	V_CODE
11QER/31	Power painter, 15 psi., 3-nozzle	03-Nov-07	8	5	109.99	0.00	25595
13-Q2/P2	7.25-in. pwr. saw blade	13-Dec-07	32	15	14.99	0.05	21344
14-Q1/L3	9.00-in. pwr. saw blade	13-Nov-07	18	12	17.49	0.00	21344
1546-QQ2	Hrd. cloth, 1/4-in., 2x50	15-Jan-08	15	8	39.95	0.00	23119
1558-QW1	Hrd. cloth, 1/2-in., 3x50	15-Jan-08	23	5	43.99	0.00	23119
2232/QTY	B&D jigsaw, 12-in. blade	30-Dec-07	8	5	109.92	0.05	24288
2232/QWE	B&D jigsaw, 8-in. blade	24-Dec-07	6	5	99.87	0.05	24288
2238/QPD	B&D cordless drill, 1/2-in.	20-Jan-08	12	5	38.95	0.05	25595
23109-HB	Claw hammer	20-Jan-08	23	10	9.95	0.10	21225
23114-AA	Sledge hammer, 12 lb.	02-Jan-08	8	5	14.40	0.05	
54778-2T	Rat-tail file, 1/8-in. fine	15-Dec-07	43	20	4.99	0.00	21344
89-WRE-Q	Hicut chain saw, 16 in.	07-Feb-08	11	5	256.99	0.05	24288
PVC23DRT	PVC pipe, 3.5-in., 8-ft	20-Feb-08	188	75	5.87	0.00	
SM-18277	1.25-in. metal screw, 25	01-Mar-08	172	75	6.99	0.00	21225
SW-23116	2.5-in. wd. screw, 50	24-Feb-08	237	100	8.45	0.00	21231
WR3/TT3	Steel matting, 4'x8'x1/6", .5" mesh	17-Jan-08	18	5	119.95	0.10	25595

16. Escreva uma consulta que conte o número de faturas.

17. Escreva uma consulta que conte o número de clientes com saldo superior a US$ 500.

18. Gere uma listagem de todas as compras feitas por clientes, utilizando como orientação o resultado apresentado na Figura P7.16. (*Sugestão*: Utilize a cláusula ORDER BY para ordenar as linhas resultantes apresentadas na Figura P7.16.)

Lista de compras de clientes

CUS_CODE	INV_NUMBER	INV_DATE	P_DESCRIPT	LINE_UNITS	LINE_PRICE
10011	1002	16-Mar-08	Rat-tail file, 1/8-in. fine	2	4.99
10011	1004	17-Mar-08	Claw hammer	2	9.95
10011	1004	17-Mar-08	Rat-tail file, 1/8-in. fine	3	4.99
10011	1008	17-Mar-08	Claw hammer	1	9.95
10011	1008	17-Mar-08	PVC pipe, 3.5-in., 8-ft	5	5.87
10011	1008	17-Mar-08	Steel matting, 4'x8'x1/6", .5" mesh	3	119.95
10012	1003	16-Mar-08	7.25-in. pwr. saw blade	5	14.99
10012	1003	16-Mar-08	B&D cordless drill, 1/2-in.	1	38.95
10012	1003	16-Mar-08	Hrd. cloth, 1/4-in., 2x50	1	39.95
10014	1001	16-Mar-08	7.25-in. pwr. saw blade	1	14.99
10014	1001	16-Mar-08	Claw hammer	1	9.95
10014	1006	17-Mar-08	1.25-in. metal screw, 25	3	6.99
10014	1006	17-Mar-08	B&D jigsaw, 12-in. blade	1	109.92
10014	1006	17-Mar-08	Claw hammer	1	9.95
10014	1006	17-Mar-08	Hicut chain saw, 16 in.	1	256.99
10015	1007	17-Mar-08	7.25-in. pwr. saw blade	2	14.99
10015	1007	17-Mar-08	Rat-tail file, 1/8-in. fine	1	4.99
10018	1005	17-Mar-08	PVC pipe, 3.5-in., 8-ft	12	5.87

19. Utilizando como orientação o resultado apresentado na Figura P7.17, gere uma lista de compras de clientes, incluindo os subtotais de cada número de linha de fatura. (*Sugestão*: Modifique o formato da consulta utilizada para produzir a lista de compras de clientes do Problema 18, exclua a coluna INV_DATE e adicione o atributo derivado (computado) LINE_UNITS * LINE_PRICE para calcular os subtotais.)

Resumo de compras de clientes com subtotais

CUS_CODE	INV_NUMBER	P_DESCRIPT	Units Bought	Unit Price	Subtotal
10011	1002	Rat-tail file, 1/8-in. fine	2	4.99	9.98
10011	1004	Claw hammer	2	9.95	19.90
10011	1004	Rat-tail file, 1/8-in. fine	3	4.99	14.97
10011	1008	Claw hammer	1	9.95	9.95
10011	1008	PVC pipe, 3.5-in., 8-ft	5	5.87	29.35
10011	1008	Steel matting, 4'x8'x1/6", .5" mesh	3	119.95	359.85
10012	1003	7.25-in. pwr. saw blade	5	14.99	74.95
10012	1003	B&D cordless drill, 1/2-in.	1	38.95	38.95
10012	1003	Hrd. cloth, 1/4-in., 2x50	1	39.95	39.95
10014	1001	7.25-in. pwr. saw blade	1	14.99	14.99
10014	1001	Claw hammer	1	9.95	9.95
10014	1006	1.25-in. metal screw, 25	3	6.99	20.97
10014	1006	B&D jigsaw, 12-in. blade	1	109.92	109.92
10014	1006	Claw hammer	1	9.95	9.95
10014	1006	Hicut chain saw, 16 in.	1	256.99	256.99
10015	1007	7.25-in. pwr. saw blade	2	14.99	29.98
10015	1007	Rat-tail file, 1/8-in. fine	1	4.99	4.99
10018	1005	PVC pipe, 3.5-in., 8-ft	12	5.87	70.44

20. Modifique a consulta utilizada no Problema 19 para produzir o resumo apresentado na Figura P7.18.

21. Modifique a consulta do Problema 20 de modo a incluir o número de compras individuais de produtos feitas por cliente. (Em outras palavras, se a fatura do cliente basear-se em três produtos, um por número de linha (LINE_NUMBER), deve-se contar três compras de produtos. Observe que, nos dados da fatura original, o cliente 10011 gerou três faturas que continham um total de seis linhas, cada uma representando a compra de um produto.) Os valores de seus resultados devem coincidir com os apresentados na Figura P7.19.

22. Utilize uma consulta para computar a quantia média de compras por produto feita por cliente. (*Sugestão*: Utilize os resultados do Problema 21 como base desta consulta.) Os valores de seus resultados devem coincidir com os apresentados na Figura P7.20. Observe que a quantia média de compras é igual ao total de compras dividido pelo número de compras.

23. Crie uma consulta para produzir as compras totais por fatura, gerando os resultados apresentados na Figura P7.21. O total da fatura é a soma das compras de produtos em LINE que correspondem à fatura (INVOICE).

FIGURA P7.18 — Resumo de compras de clientes

CUS_CODE	CUS_BALANCE	Total Purchases
10011	0.00	444.00
10012	345.86	153.85
10014	0.00	422.77
10015	0.00	34.97
10018	216.55	70.44

FIGURA P7.19 — Quantias totais e número de compras por clientes

CUS_CODE	CUS_BALANCE	Total Purchases	Number of Purchases
10011	0.00	444.00	6
10012	345.86	153.85	3
10014	0.00	422.77	6
10015	0.00	34.97	2
10018	216.55	70.44	1

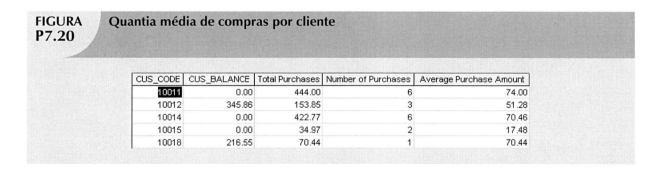

FIGURA P7.20 — Quantia média de compras por cliente

CUS_CODE	CUS_BALANCE	Total Purchases	Number of Purchases	Average Purchase Amount
10011	0.00	444.00	6	74.00
10012	345.86	153.85	3	51.28
10014	0.00	422.77	6	70.46
10015	0.00	34.97	2	17.48
10018	216.55	70.44	1	70.44

FIGURA P7.21 — Totais de faturas

INV_NUMBER	Invoice Total
1001	24.94
1002	9.98
1003	153.85
1004	34.87
1005	70.44
1006	397.83
1007	34.97
1008	399.15

FIGURA P7.22 — Totais de faturas por clientes

CUS_CODE	INV_NUMBER	Invoice Total
10011	1002	9.98
10011	1004	34.87
10011	1008	399.15
10012	1003	153.85
10014	1001	24.94
10014	1006	397.83
10015	1007	34.97
10018	1005	70.44

24. Utilize uma consulta para mostrar as faturas e totais de faturas conforme apresentado na Figura P7.22. (*Sugestão*: Agrupe por CUS_CODE.)

25. Escreva uma consulta que produza o número de faturas e as quantias totais de compras por cliente, utilizando como orientação o resultado da Figura P7.23. (Compare esse resumo aos resultados apresentados no Problema 24.)

26. Utilizando os resultados do Problema 25 como base, escreva uma consulta que gere o número total de faturas, o total de todas as faturas, o menor e maior valor de fatura, e o valor médio de todas as faturas. (*Sugestão*: Verifique o resultado da figura do Problema 25.) Seu resultado deve corresponder à Figura P7.24.

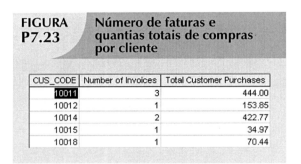

FIGURA P7.23 Número de faturas e quantias totais de compras por cliente

CUS_CODE	Number of Invoices	Total Customer Purchases
10011	3	444.00
10012	1	153.85
10014	2	422.77
10015	1	34.97
10018	1	70.44

FIGURA P7.24 Número de faturas; totais de faturas; mínimo, máximo e média de vendas

Total Invoices	Total Sales	Minimum Sale	Largest Sale	Average Sale
8	1126.03	34.97	444.00	225.21

27. Liste as características dos saldos dos clientes que fizeram compras durante o ciclo atual de faturas – ou seja, dos clientes que aparecem na tabela INVOICE. Os resultados dessa consulta são apresentados na Figura P7.25.

28. Utilizando os resultados da consulta criada no Problema 27, forneça um resumo das características dos saldos de clientes, conforme a Figura P7.26.

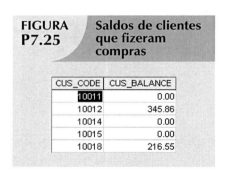

FIGURA P7.25 Saldos de clientes que fizeram compras

CUS_CODE	CUS_BALANCE
10011	0.00
10012	345.86
10014	0.00
10015	0.00
10018	216.55

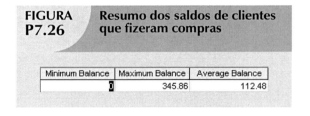

FIGURA P7.26 Resumo dos saldos de clientes que fizeram compras

Minimum Balance	Maximum Balance	Average Balance
0	345.86	112.48

29. Crie uma consulta que encontre as características de saldos de todos os clientes, incluindo o total de saldos a receber. Os resultados dessa consulta são apresentados na Figura P7.27.

30. Obtenha a listagem de clientes que não fizeram compras durante o período de faturamento. Seus resultados devem coincidir com os apresentados na Figura P7.28.

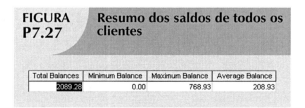

FIGURA P7.27 Resumo dos saldos de todos os clientes

Total Balances	Minimum Balance	Maximum Balance	Average Balance
2089.28	0.00	768.93	208.93

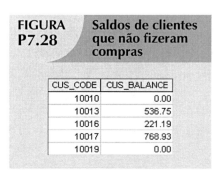

FIGURA P7.28 Saldos de clientes que não fizeram compras

CUS_CODE	CUS_BALANCE
10010	0.00
10013	536.75
10016	221.19
10017	768.93
10019	0.00

31. Obtenha o resumo dos saldos de todos os clientes que não fizeram compras durante o período atual de faturamento. Os resultados são apresentados na Figura P7.29.

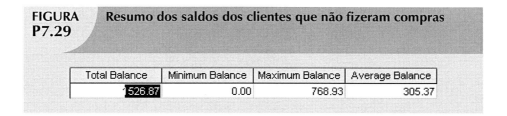

FIGURA P7.29 Resumo dos saldos dos clientes que não fizeram compras

Total Balance	Minimum Balance	Maximum Balance	Average Balance
526.87	0.00	768.93	305.37

32. Crie uma consulta para produzir o resumo do valor dos produtos atualmente em estoque. Observe que o valor de cada produto é obtido pela multiplicação das unidades atualmente em estoque pelo preço unitário. Utilize a cláusula ORDER BY para obter a ordem apresentada na Figura P7.30.

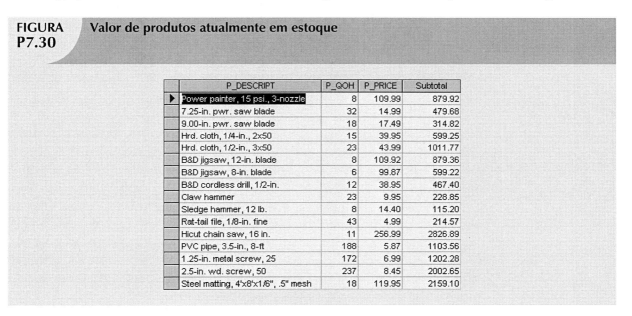

FIGURA P7.30 Valor de produtos atualmente em estoque

P_DESCRIPT	P_QOH	P_PRICE	Subtotal
Power painter, 15 psi., 3-nozzle	8	109.99	879.92
7.25-in. pwr. saw blade	32	14.99	479.68
9.00-in. pwr. saw blade	18	17.49	314.82
Hrd. cloth, 1/4-in., 2x50	15	39.95	599.25
Hrd. cloth, 1/2-in., 3x50	23	43.99	1011.77
B&D jigsaw, 12-in. blade	8	109.92	879.36
B&D jigsaw, 8-in. blade	6	99.87	599.22
B&D cordless drill, 1/2-in.	12	38.95	467.40
Claw hammer	23	9.95	228.85
Sledge hammer, 12 lb.	8	14.40	115.20
Rat-tail file, 1/8-in. fine	43	4.99	214.57
Hicut chain saw, 16 in.	11	256.99	2826.89
PVC pipe, 3.5-in., 8-ft	188	5.87	1103.56
1.25-in. metal screw, 25	172	6.99	1202.28
2.5-in. wd. screw, 50	237	8.45	2002.65
Steel matting, 4'x8'x1/6", .5" mesh	18	119.95	2159.10

33. Utilizando os resultados da consulta criada no Problema 32, obtenha o valor total do estoque de produtos. Os resultados são apresentados na Figura P7.31.

FIGURA P7.31 Valor total dos produtos em estoque

Total Value of Inventory
5084.52

8

SQL Avançada

OITO

Neste capítulo, você aprenderá:

- Sobre os operadores de conjuntos relacionais UNION, UNION ALL, INTERSECT e MINUS
- Como utilizar a sintaxe avançada do operador de SQL JOIN
- Sobre os diferentes tipos de subconsultas e consultas correlacionadas
- Como utilizar as funções de SQL para manipular datas, strings e outros dados
- Como criar e utilizar visualizações atualizáveis
- Como criar e utilizar triggers e procedimentos armazenados
- Como criar SQL incorporada

OPERADORES DO CONJUNTO RELACIONAL

No Capítulo 3 você aprendeu os oito operadores relacionais gerais. Nesta seção, aprenderá como utilizar três comandos de SQL (UNION, INTERSECT e MINUS) para implementar os operadores relacionais de união, intersecção e diferença.

Nos capítulos anteriores, mostramos que os comandos de manipulação de dados são orientados a conjuntos, ou seja, operam em conjuntos inteiros de linhas e colunas (tabelas) de uma vez. A utilização de conjuntos permite combinar dois ou mais deles para formar novos conjuntos (ou relações). É exatamente isso que os comandos UNION, INTERSECT e MINUS fazem. Em termos de bancos de dados relacionais, é possível utilizar as palavras "conjuntos", "relações" e "tabelas" indiferentemente, pois todas fornecem uma visão conceitual do conjunto de dados conforme apresentado ao usuário desse tipo de banco.

UNION, INTERSECT e MINUS funcionam adequadamente somente se as relações forem **compatíveis para união**, *o que* significa que os nomes dos atributos de relações devem ser os mesmos e seus tipos de dados devem ser semelhantes. Na prática, alguns fornecedores de SGBDRs exigem que os tipos de dados sejam "compatíveis", mas sem a necessidade de serem "exatamente iguais". Por exemplo, são compatíveis os tipos de dados VARCHAR (35) e CHAR (15). Nesse caso, ambos os atributos armazenam valores de caracteres (string); a única diferença é o tamanho da string. Outro exemplo de tipos de dados compatíveis são NUMBER e SMALLINT. Esses dois tipos são utilizados para armazenar valores numéricos.

NOTA

O padrão SQL define as operações que todos os SGBDs devem executar sobre os dados, mas deixa os detalhes de implementação para os fornecedores de sistemas. Portanto, alguns recursos avançados de SQL podem não funcionar em todas as implementações de SGBDs. Além disso, alguns fornecedores podem implementar recursos adicionais não encontrados no padrão.

UNION, INTERSECT e MINUS são nomes dos comandos de SQL implementados no Oracle. O padrão SQL utiliza a palavra-chave EXCEPT para se referir ao operador relacional de diferença (MINUS). Outros fornecedores de SGBDR podem utilizar um nome de comando diferente ou não implementar determinado comando.

Para aprender mais sobre os padrões de SQL ANSI/ISO, verifique o site da ANSI na web (*www.ansi.org*) para saber como obter os documentos dos últimos padrões em formato eletrônico. Até o momento, o padrão mais recente publicado é o SQL-2003. Ele faz revisões e adições ao padrão anterior; o mais evidente é o suporte aos dados em XML.

NOTA

Alguns produtos de SGBD podem exigir que tabelas compatíveis para união tenham tipos de dados *idênticos*.

UNION

Suponha que a SaleCo tenha comprado outra empresa. A gerência da SaleCo deseja ter certeza de que a lista de clientes da empresa adquirida seja fundida adequadamente com sua própria lista de clientes. Como é muito provável que alguns clientes tenham comprado artigos de ambas as empresas, as duas listas podem conter nomes comuns. A gerência da SaleCo quer certificar-se de que os registros de clientes não sejam duplicados quando da fusão das duas listas. A consulta UNION é a ferramenta perfeita para gerar uma listagem combinada de clientes que exclua registros duplicados.

Esse comando combina linhas de duas ou mais consultas *sem incluir linhas duplicadas*. A sintaxe do comando UNION é:

consulta UNION *consulta*

Em outras palavras, o comando UNION combina o resultado de duas consultas SELECT. (Lembre-se de que o comando SELECT deve ser compatível para união, ou seja, deve retornar os mesmos nomes de atributos e tipos de dados similares.)

Para demonstrar a utilização do comando UNION em SQL, utilizaremos as tabelas CUSTOMER (cliente) e CUSTOMER_2 do banco de dados. Para mostrar os registros combinados de CUSTOMER e CUSTOMER_2 sem valores duplicados, a consulta UNION é escrita da seguinte maneira:

```
SELECT          CUS_LNAME, CUS_FNAME, CUS_INITIAL, CUS_AREACODE, CUS_PHONE
FROM            CUSTOMER
UNION
SELECT          CUS_LNAME, CUS_FNAME, CUS_INITIAL, CUS_AREACODE, CUS_PHONE
FROM            CUSTOMER_2;
```

A Figura 8.1 mostra o conteúdo das tabelas CUSTOMER e CUSTOMER_2 e o resultado da consulta UNION. Embora o MS Access seja aqui utilizado para mostrar os resultados, o Oracle obteria um resultado similar.

Observe os seguintes aspectos da Figura 8.1:

- A tabela CUSTOMER contém 10 linhas, ao passo que a CUSTOMER_2 contém 7 linhas.
- Os clientes Dunne e Olowski são incluídos tanto na tabela CUSTOMER como na CUSTOMER_2.
- A consulta UNION produz 15 registros, pois não são inseridos os registros duplicados dos clientes Dunne e Olowski. Em resumo, a consulta UNION produz um conjunto exclusivo de registros.

> **NOTA**
>
> O padrão SQL propõe a eliminação das linhas duplicadas quando da utilização do comando UNION SQL. No entanto, alguns fornecedores podem não atender a esse padrão. Verifique o manual de seu SGBD para ver se o comando UNION é suportado e, se for o caso, *como* se dá esse suporte.

FIGURA 8.1   Resultados da consulta UNION

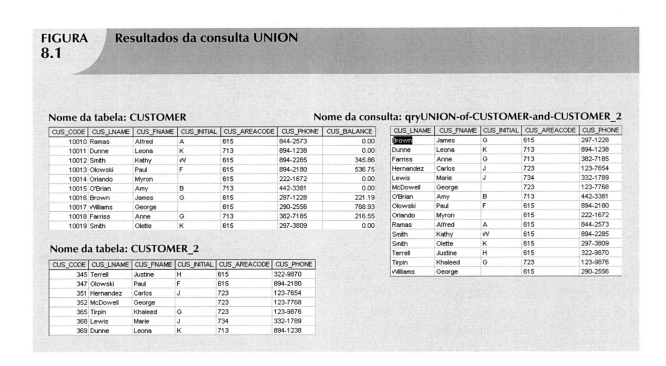

Nome da tabela: CUSTOMER

CUS_CODE	CUS_LNAME	CUS_FNAME	CUS_INITIAL	CUS_AREACODE	CUS_PHONE	CUS_BALANCE
10010	Ramas	Alfred	A	615	844-2573	0.00
10011	Dunne	Leona	K	713	894-1238	0.00
10012	Smith	Kathy	W	615	894-2285	345.86
10013	Olowski	Paul	F	615	894-2180	536.75
10014	Orlando	Myron		615	222-1672	0.00
10015	O'Brian	Amy	B	713	442-3381	0.00
10016	Brown	James	G	615	297-1228	221.19
10017	Williams	George		615	290-2556	768.93
10018	Farriss	Anne	G	713	382-7185	216.55
10019	Smith	Olette	K	615	297-3809	0.00

Nome da consulta: qryUNION-of-CUSTOMER-and-CUSTOMER_2

CUS_LNAME	CUS_FNAME	CUS_INITIAL	CUS_AREACODE	CUS_PHONE
Brown	James	G	615	297-1228
Dunne	Leona	K	713	894-1238
Farriss	Anne	G	713	382-7185
Hernandez	Carlos	J	723	123-7654
Lewis	Marie	J	734	332-1789
McDowell	George		723	123-7768
O'Brian	Amy	B	713	442-3381
Olowski	Paul	F	615	894-2180
Orlando	Myron		615	222-1672
Ramas	Alfred	A	615	844-2573
Smith	Kathy	W	615	894-2285
Smith	Olette	K	615	297-3809
Terrell	Justine	H	615	322-9870
Tirpin	Khaleed	G	723	123-9876
Williams	George		615	290-2556

Nome da tabela: CUSTOMER_2

CUS_CODE	CUS_LNAME	CUS_FNAME	CUS_INITIAL	CUS_AREACODE	CUS_PHONE
345	Terrell	Justine	H	615	322-9870
347	Olowski	Paul		615	894-2180
351	Hernandez	Carlos	J	723	123-7654
352	McDowell	George		723	123-7768
365	Tirpin	Khaleed	G	723	123-9876
368	Lewis	Marie	J	734	332-1789
369	Dunne	Leona	K	713	894-1238

O comando UNION pode ser utilizado para unir mais do que apenas duas consultas. Por exemplo, assuma que se tenham quatro consultas compatíveis para união chamadas T1, T2, T3 e T4. Como o comando UNION, é possível combinar a saída das quatro em um único conjunto de resultados. O comando de SQL será similar ao seguinte:

```
SELECT lista de colunas FROM T1
UNION
SELECT lista de colunas FROM T2
UNION
SELECT lista de colunas FROM T3
UNION
SELECT lista de colunas FROM T4
```

UNION ALL

Se a gerência da SaleCo quiser saber quantos clientes há em *ambas* as listas CUSTOMER e CUSTOMER_2, a consulta UNION ALL pode ser utilizada para produzir uma relação que conserve as linhas duplicadas. Portanto, a seguinte consulta manterá todas as linhas de ambas as tabelas (inclusive as duplicadas) e retornará 17 linhas:

```
SELECT      CUS_LNAME, CUS_FNAME, CUS_INITIAL, CUS_AREACODE, CUS_PHONE
FROM        CUSTOMER
UNION ALL
SELECT      CUS_LNAME, CUS_FNAME, CUS_INITIAL, CUS_AREACODE, CUS_PHONE
FROM        CUSTOMER_2;
```

A execução dessa consulta produz o resultado apresentado na Figura 8.2.
Como UNION, o comando UNION ALL pode ser utilizado para unir mais do que apenas duas consultas.

FIGURA 8.2 Resultados da consulta UNION ALL

Nome da tabela: CUSTOMER

CUS_CODE	CUS_LNAME	CUS_FNAME	CUS_INITIAL	CUS_AREACODE	CUS_PHONE	CUS_BALANCE
10010	Ramas	Alfred	A	615	844-2573	0.00
10011	Dunne	Leona	K	713	894-1238	0.00
10012	Smith	Kathy	W	615	894-2285	345.86
10013	Olowski	Paul	F	615	894-2180	536.75
10014	Orlando	Myron		615	222-1672	0.00
10015	O'Brian	Amy	B	713	442-3381	0.00
10016	Brown	James	G	615	297-1228	221.19
10017	Williams	George		615	290-2556	768.93
10018	Farriss	Anne	G	713	382-7185	216.55
10019	Smith	Olette	K	615	297-3809	0.00

Nome da tabela: CUSTOMER_2

CUS_CODE	CUS_LNAME	CUS_FNAME	CUS_INITIAL	CUS_AREACODE	CUS_PHONE
345	Terrell	Justine	H	615	322-9870
347	Olowski	Paul	F	615	894-2180
351	Hernandez	Carlos	J	723	123-7654
352	McDowell	George		723	123-7768
365	Tirpin	Khaleed	G	723	123-9876
368	Lewis	Marie	J	734	332-1789
369	Dunne	Leona	K	713	894-1238

Nome da consulta: qryUNION-ALL-of-CUSTOMER-and-CUSTOMER_2

CUS_LNAME	CUS_FNAME	CUS_INITIAL	CUS_AREACODE	CUS_PHONE
Ramas	Alfred	A	615	844-2573
Dunne	Leona	K	713	894-1238
Smith	Kathy	W	615	894-2285
Olowski	Paul	F	615	894-2180
Orlando	Myron		615	222-1672
O'Brian	Amy	B	713	442-3381
Brown	James	G	615	297-1228
Williams	George		615	290-2556
Farriss	Anne	G	713	382-7185
Smith	Olette	K	615	297-3809
Terrell	Justine	H	615	322-9870
Olowski	Paul	F	615	894-2180
Hernandez	Carlos	J	723	123-7654
McDowell	George		723	123-7768
Tirpin	Khaleed	G	723	123-9876
Lewis	Marie	J	734	332-1789
Dunne	Leona	K	713	894-1238

INTERSECT

Se a gerência da SaleCo quiser saber quais registros de clientes estão duplicados nas tabelas CUSTOMER e CUSTOMER_2, o comando INTERSECT pode ser utilizado para combinar linhas de duas consultas, retornando apenas as que aparecem em ambos os conjuntos. A sintaxe do comando INTERSECT é:

consulta INTERSECT *consulta*

Para gerar a lista de registros de clientes duplicados, pode-se utilizar:

SELECT	CUS_LNAME, CUS_FNAME, CUS_INITIAL, CUS_AREACODE, CUS_PHONE
FROM	CUSTOMER
INTERSECT	
SELECT	CUS_LNAME, CUS_FNAME, CUS_INITIAL, CUS_AREACODE, CUS_PHONE
FROM	CUSTOMER_2;

O comando INTERSECT pode ser utilizado para gerar informações úteis adicionais sobre clientes. Por exemplo, a consulta a seguir retorna os códigos de todos os clientes localizados no código de área 615 e quem fez as compras. (Se um cliente tiver feito uma compra, deverá haver um registro de fatura desse cliente.)

SELECT	CUS_CODE FROM CUSTOMER WHERE CUS_AREACODE = '615'
INTERSECT	
SELECT	DISTINCT CUS_CODE FROM INVOICE;

A Figura 8.3 apresenta ambos os conjuntos de comandos de SQL e seu resultado.

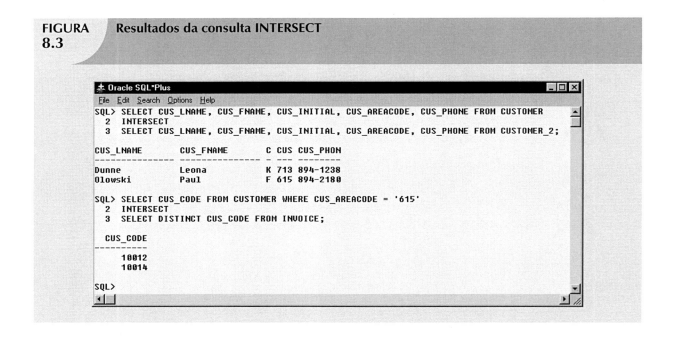

FIGURA 8.3 **Resultados da consulta INTERSECT**

> **NOTA**
>
> O MS Access não dá suporte à consulta INTERSECT nem a outras consultas complexas exploradas neste capítulo. Pelo menos em alguns casos, o Access pode ser capaz de fornecer os resultados desejados utilizando um formato ou procedimento de consulta alternativo. Por exemplo, embora esse aplicativo não dê suporte a triggers de SQL e procedimentos armazenados, pode-se utilizar código de Visual Basic para executar ações similares. No entanto, o objetivo deste livro é mostrar como alguns recursos importantes de SQL padrão podem ser utilizados.

MINUS

O comando MINUS de SQL combina linhas de duas consultas e retorna apenas as que aparecem no primeiro conjunto, mas não no segundo. A sintaxe do comando MINUS é:

consulta MINUS *consulta*

Por exemplo, se os gerentes da SaleCo quiserem saber quais clientes da tabela CUSTOMER não estão na tabela CUSTOMER_2, podem utilizar:

```
SELECT          CUS_LNAME, CUS_FNAME, CUS_INITIAL, CUS_AREACODE, CUS_PHONE
FROM            CUSTOMER
MINUS
SELECT          CUS_LNAME, CUS_FNAME, CUS_INITIAL, CUS_AREACODE, CUS_PHONE
FROM            CUSTOMER_2;
```

Se os gerentes quiserem saber quais clientes da tabela CUSTOMER_2 não estão na tabela CUSTOMER_2, basta trocar as designações das tabelas:

```
SELECT          CUS_LNAME, CUS_FNAME, CUS_INITIAL, CUS_AREACODE, CUS_PHONE
FROM            CUSTOMER_2
MINUS
SELECT          CUS_LNAME, CUS_FNAME, CUS_INITIAL, CUS_AREACODE, CUS_PHONE
FROM            CUSTOMER;
```

É possível extrair muitas informações úteis combinando MINUS com diversas cláusulas como WHERE. Por exemplo, a seguinte consulta retorna os códigos de todos os clientes localizados no código de área 615 menos os que fizeram compras, deixando apenas os clientes no código de área 615 que não fizeram compras.

```
SELECT          CUS_CODE FROM CUSTOMER WHERE CUS_AREACODE = '615'
MINUS
SELECT          DISTINCT CUS_CODE FROM INVOICE;
```

A Figura 8.4 mostra os três últimos comandos de SQL e seu resultado.

FIGURA
8.4

Resultados da consulta MINUS

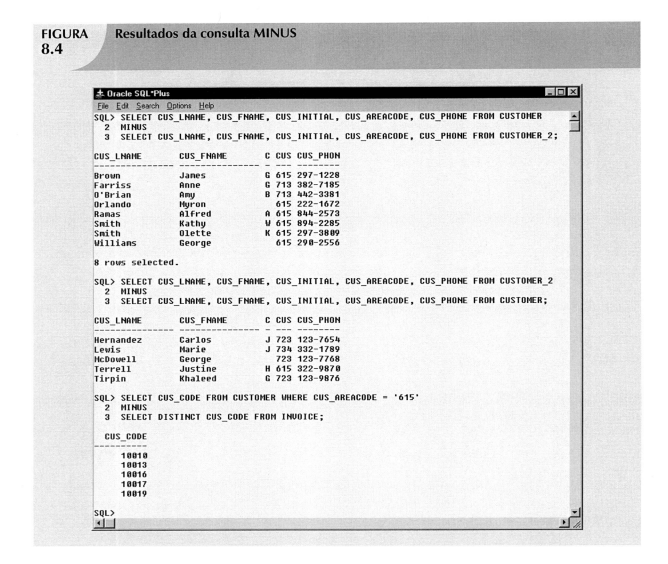

Alguns produtos de SGBDs não dão suporte aos comandos INTERSECT ou MINUS, ao passo que outros podem implementar o operador de diferença relacional de SQL, como EXCEPT. Consulte o manual de seu SGBD para ver se ele dá suporte aos comandos aqui ilustrados.

ALTERNATIVAS DE SINTAXE

Se seu SGBD não der suporte aos comandos INTERSECT ou MINUS, é possível utilizar as subconsultas IN e NOT IN para obter resultados similares. Por exemplo, a seguinte subconsulta produzirá os mesmos resultados da consulta INTERSECT apresentada na Seção INTERSEC.

```
SELECT          CUS_CODE FROM CUSTOMER
WHERE           CUS_AREACODE = '615' AND
                CUS_CODE IN (SELECT DISTINCT CUS_CODE FROM INVOICE);
```

A Figura 8.5 mostra a utilização da alternativa a INTERSECT.

FIGURA 8.5   **Alternativa a INTERSECT**

Nome da tabela: CUSTOMER

CUS_CODE	CUS_LNAME	CUS_FNAME	CUS_INITIAL	CUS_AREACODE	CUS_PHONE	CUS_BALANCE
10010	Ramas	Alfred	A	615	844-2573	0.00
10011	Dunne	Leona	K	713	894-1238	0.00
10012	Smith	Kathy	W	615	894-2285	345.86
10013	Olowski	Paul	F	615	894-2180	536.75
10014	Orlando	Myron		615	222-1672	0.00
10015	O'Brian	Amy	B	713	442-3381	0.00
10016	Brown	James	G	615	297-1228	221.19
10017	Williams	George		615	290-2556	768.93
10018	Farriss	Anne	G	713	382-7185	216.55
10019	Smith	Olette	K	615	297-3809	0.00

Nome da tabela: INVOICE

INV_NUMBER	CUS_CODE	INV_DATE
1001	10014	16-Jan-08
1002	10011	16-Jan-08
1003	10012	16-Jan-08
1004	10011	17-Jan-08
1005	10018	17-Jan-08
1006	10014	17-Jan-08
1007	10015	17-Jan-08
1008	10011	17-Jan-08

Nome da consulta: qry-INTERSECT-Alternative

CUS_CODE
10012
10014

NOTA

O MS Access gerará uma solicitação de resultado para CUS_AREACODE se forem utilizados apóstrofos em volta do código de área. (Se for fornecido o código de área 615, a consulta será executada adequadamente.) Esse problema pode ser eliminado por meio da utilização do padrão de aspas duplas, escrevendo a cláusula WHERE na segunda linha do comando precedente como:

WHERE CUS_AREACODE = "615" AND

O MS Access também aceitará aspas simples.

Utilizando a mesma alternativa para MINUS, é possível gerar o resultado da terceira consulta MINUS apresentada na Seção MINUS, por meio de:

```
SELECT          CUS_CODE FROM CUSTOMER
WHERE           CUS_AREACODE = '615' AND
                CUS_CODE NOT IN (SELECT DISTINCT CUS_CODE FROM INVOICE);
```

Os resultados dessa consulta são apresentados na Figura 8.6. Observe que esse resultado inclui apenas os clientes no código de área 615 que não tenham feito nenhuma compra e, portanto, não tenham gerado faturas.

OPERADORES DE JUNÇÃO DE SQL

A operação de junção relacional funde linhas de duas tabelas e retorna as linhas com uma das seguintes condições:

- Tenham valores comuns em colunas comunas (junção natural).

- Atendam a determinada condição de junção (igualdade ou desigualdade).
- Tenham valores comuns em colunas comuns ou não tenham valores correspondentes (junção externa).

No Capítulo 7, você aprendeu como utilizar o comando SELECT em conjunto com a cláusula WHERE para juntar duas ou mais tabelas. Por exemplo, pode-se juntar as tabelas PRODUCT (produto) e VENDOR (fornecedor) por meio de seu atributo comum V_CODE, escrevendo:

SELECT	P_CODE, P_DESCRIPT, P_PRICE, V_NAME
FROM	PRODUCT, VENDOR
WHERE	PRODUCT.V_CODE = VENDOR.V_CODE;

FIGURA 8.6   **Alternativa a MINUS**

Nome da tabela: CUSTOMER

CUS_CODE	CUS_LNAME	CUS_FNAME	CUS_INITIAL	CUS_AREACODE	CUS_PHONE	CUS_BALANCE
10010	Ramas	Alfred	A	615	844-2573	0.00
10011	Dunne	Leona	K	713	894-1238	0.00
10012	Smith	Kathy	W	615	894-2285	345.86
10013	Olowski	Paul	F	615	894-2180	536.75
10014	Orlando	Myron		615	222-1672	0.00
10015	O'Brian	Amy	B	713	442-3381	0.00
10016	Brown	James	G	615	297-1228	221.19
10017	Williams	George		615	290-2556	768.93
10018	Farriss	Anne	G	713	382-7185	216.55
10019	Smith	Olette	K	615	297-3809	0.00

Nome da tabela: INVOICE

INV_NUMBER	CUS_CODE	INV_DATE
1001	10014	16-Jan-08
1002	10011	16-Jan-08
1003	10012	16-Jan-08
1004	10011	17-Jan-08
1005	10018	17-Jan-08
1006	10014	17-Jan-08
1007	10015	17-Jan-08
1008	10011	17-Jan-08

Nome da consulta: qry-MINUS-Alternative

CUS_CODE
10010
10013
10016
10017
10019

A sintaxe junção de SQL precedente algumas vezes é chamada de junção no "estilo antigo". Observe que a cláusula FROM contém as tabelas que estão sendo juntadas e que a cláusula WHERE contém as condições utilizadas para juntar essas tabelas.

Observe os seguintes aspectos sobre a consulta precedente:

- A cláusula FROM indica quais tabelas devem ser juntadas. Se forem incluídas três ou mais tabelas, a operação de junção ocorre em duas tabelas por vez, da esquerda para a direita. Por exemplo, se as tabelas T1, T2 e T3 estiverem sendo juntadas, a primeira junção é da tabela T1 com a T2. Os resultados dessa junção são, em seguida, juntados à tabela T3.
- A condição de junção na cláusula WHERE diz ao comando SELECT quais linhas serão retornadas. Nesse caso, o comando SELECT retorna todas as linhas para as quais os valores de V_CODE nas tabelas PRODUCT (produto) e VENDOR (fornecedor) são iguais.
- O número de condições de junção é sempre igual ao número de tabelas sendo juntadas menos um. Por exemplo, ao juntar três tabelas (T1, T2 e T3), são necessárias duas condições de junção (j1 e j2). Todas as condições são conectadas por um operador lógico AND. A primeira condição (j1) define os critérios de junção de T1 e T2. A segunda condição (j2) define os critérios da junção do resultado da primeira com T3.

- Em geral, a condição de junção é um comparador de igualdade da chave primária de uma tabela com a chave estrangeira relacionada da segunda tabela.

As operações de junção podem ser classificadas como internas ou externas. A **junção interna** é a operação tradicional na qual apenas as linhas que atendam a determinados critérios são selecionadas. Os critérios de junção podem ser condição de igualdade (também chamada de junção natural ou equitativa) ou de desigualdade (também chamada de junção teta). A **junção externa** retorna não apenas as linhas correspondentes, mas também as com valores de atributos sem correspondência em uma ou ambas as tabelas a serem unidas. O padrão SQL também introduz um tipo especial de junção que retorna o mesmo resultado do produto cartesiano dos dois conjuntos ou tabelas.

TABELA 8.1 Estilos de expressões de junção em SQL

CLASSIFICAÇÃO DA JUNÇÃO	TIPO DE JUNÇÃO	EXEMPLO DE SINTAXE DE SQL	DESCRIÇÃO
CROSS (cruzada)	CROSS JOIN	SELECT * FROM T1, T2	Retorna o produto cartesiano de T1 e T2 (estilo antigo).
		SELECT * FROM T1 CROSS JOIN T2	Retorna o produto cartesiano de T1 e T2.
INNER (interna)	JOIN no estilo antigo	SELECT * FROM T1, T2 WHERE T1.C1=T2.C1	Retorna apenas as linhas que atendam à condição de junção na cláusula WHERE (estilo antigo). São selecionadas apenas linhas com valores correspondentes.
	NATURAL JOIN (junção natural)	SELECT * FROM T1 NATURAL JOIN T2	Retorna apenas as linhas com valores correspondentes nas colunas correspondentes. As colunas correspondentes devem ter os mesmos nomes e tipos de dados similares.
	JOIN USING	SELECT * FROM T1 JOIN T2 USING (C1)	Retorna apenas as linhas com valores correspondentes nas colunas indicadas pela cláusula USING.
	JOIN ON	SELECT * FROM T1 JOIN T2 ON T1.C1=T2.C1	Retorna apenas as linhas que atendam à condição de junção na cláusula ON.
OUTER (externa)	LEFT JOIN (junção à esquerda)	SELECT * FROM T1 LEFT OUTER JOIN T2 ON T1.C1=T2.C1	Retorna linhas com valores correspondentes e inclui todas as colunas da tabela à esquerda (T1) sem valores correspondentes.
	RIGHT JOIN (junção à direita)	SELECT * FROM T1 RIGHT OUTER JOIN T2 ON T1.C1=T2.C1	Retorna linhas com valores correspondentes e inclui todas as colunas da tabela à direita (T2) sem valores correspondentes.
	FULL JOIN (junção completa)	SELECT * FROM T1 FULL OUTER JOIN T2 ON T1.C1=T2.C1	Retorna linhas com valores correspondentes e inclui todas as colunas da tabela de ambas as tabelas (T1 e T2) sem valores correspondentes.

Nesta seção, você aprenderá vários modos de expressar operações de junção que atendam ao padrão SQL ANSI, descritos na Tabela 8.1. É útil lembrar que nem todos os fornecedores de SGBDs oferecem o mesmo nível de suporte a SQL e que alguns não dão suporte aos estilos de junção apresentados nesta seção. O Oracle 10g é utilizado para demonstrar a utilização das consultas que se seguem. Consulte o manual de seu SGBD se estiver utilizando outro sistema.

JUNÇÃO CRUZADA

A **junção cruzada** executa um produto relacional (também conhecido como produto cartesiano) de duas tabelas. A sintaxe da junção cruzada é:

SELECT *lista de colunas* FROM *tabela1* CROSS JOIN *tabela2*

Por exemplo,

SELECT * FROM INVOICE CROSS JOIN LINE;

executa a junção cruzada das tabelas INVOICE (fatura) e LINE (linha). A consulta CROSS JOIN gera 144 linhas. (Há 8 linhas de INVOICE e 18 de LINE, resultando, assim, em 8 × 18 = 144 linhas.)

Também é possível executar uma junção cruzada que produza apenas os atributos especificados. Por exemplo, pode-se especificar:

```
SELECT        INVOICE.INV_NUMBER, CUS_CODE, INV_DATE, P_CODE
FROM          INVOICE CROSS JOIN LINE;
```

Os resultados gerados por esse comando de SQL também podem ser gerados utilizando a seguinte sintaxe:

```
SELECT        INVOICE.INV_NUMBER, CUS_CODE, INV_DATE, P_CODE
FROM          INVOICE, LINE;
```

JUNÇÃO NATURAL

Lembre-se do Capítulo 3, no qual uma junção natural retorna todas as linhas com valores correspondentes nas colunas correspondentes e elimina colunas duplicadas. Esse estilo de consulta é utilizado quando as tabelas compartilham um ou mais atributos comuns com nomes comuns. A sintaxe da junção natural é:

SELECT *lista de colunas* FROM *tabela1* NATURAL JOIN *tabela2*

A junção natural executará as seguintes tarefas:

- Determinar os atributos comuns, buscando atributos com nomes idênticos e tipos de dados compatíveis.
- Selecionar apenas as linhas com valores comuns nos atributos comuns.
- Se não houver atributos comuns, retornar o produto relacional das duas tabelas.

O exemplo a seguir executa uma junção natural das tabelas CUSTOMER (cliente) e INVOICE (fatura) e retorna apenas os atributos selecionados.

SELECT	CUS_CODE, CUS_LNAME, INV_NUMBER, INV_DATE
FROM	CUSTOMER NATURAL JOIN INVOICE;

O código de SQL e seus resultados são apresentados na parte superior da Figura 8.7.

FIGURA 8.7 Resultados de NATURAL JOIN

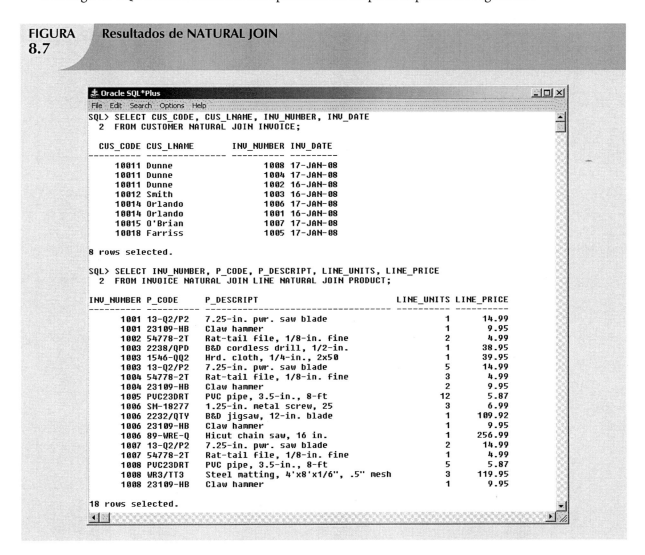

A execução de uma junção natural não se limita a duas tabelas. Por exemplo, é possível realizar a junção de INVOICE, LINE e PRODUCT e projetar apenas atributos selecionados, escrevendo:

SELECT	INV_NUMBER, P_CODE, P_DESCRIPT, LINE_UNITS, LINE_PRICE
FROM	INVOICE NATURAL JOIN LINE NATURAL JOIN PRODUCT;

O código de SQL e seus resultados são apresentados na parte inferior da Figura 8.7.

Uma diferença importante entre a junção natural e a sintaxe de junção no "estilo antigo" é que a natural não exige a utilização de um qualificador de tabelas para atributos comuns. No primeiro exemplo de junção natural, projeta-se CUS_CODE. No entanto, a projeção não exige qualquer qualificador de tabela, mesmo que o atributo CUS_CODE apareça tanto em CUSTOMER como em INVOICE. Pode-se dizer o mesmo do atributo INV_NUMBER do segundo exemplo de junção natural.

CLÁUSULA DE JUNÇÃO USING

Um segundo modo de expressar uma junção é por meio da palavra-chave USING. Essa consulta retorna apenas as linhas com valores correspondentes na coluna indicada nessa cláusula (essa coluna deve ocorrer em ambas tabelas). A sintaxe é:

SELECT *lista de colunas* FROM *tabela1* JOIN *tabela2* USING (*coluna comum*)

Para ver como a consulta JOIN USING funciona, executaremos uma junção das tabelas INVOICE e LINE, escrevendo:

```
SELECT      INV_NUMBER, P_CODE, P_DESCRIPT, LINE_UNITS, LINE_PRICE
FROM        INVOICE JOIN LINE USING (INV_NUMBER) JOIN PRODUCT USING
            (P_CODE);
```

Os procedimentos desse comando de SQL são apresentados na Figura 8.8.

FIGURA 8.8 Resultados de JOIN USING

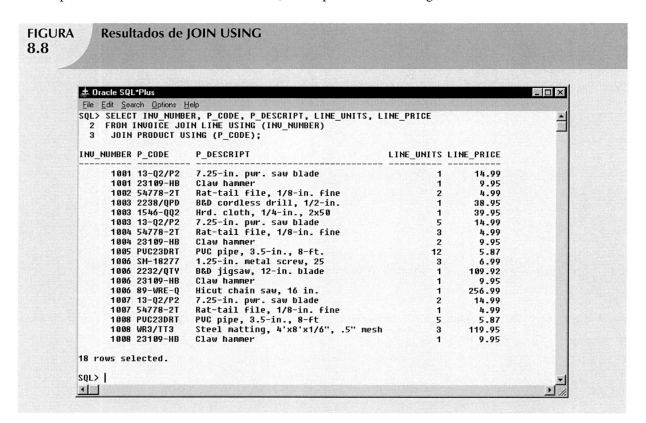

Como no caso do comando NATURAL JOIN, o operando JOIN USING não exige qualificadores de tabelas. De fato, o Oracle retornará um erro se for especificado o nome da tabela na cláusula USING.

Cláusula JOIN ON

Os dois estilos de junção anteriores utilizavam nomes de atributos comuns nas tabelas a serem unidas. Outro modo de expressar uma junção, quando as tabelas não têm nomes de atributos em comum, é utilizar o operando JOIN ON. Essa consulta retornará apenas as linhas que atendam à condição de junção indicada. Essa condição normalmente incluirá uma expressão de comparação de igualdade de duas colunas. (As colunas podem ou não compartilhar o mesmo nome, mas, obviamente, devem apresentar tipos de dados comparáveis.) A sintaxe é:

SELECT *lista de colunas* FROM *tabela1* JOIN *tabela2* ON *condição de junção*

O exemplo seguinte executa uma junção das tabelas INVOICE e LINE utilizando a cláusula ON. O resultado é apresentado na Figura 8.9.

SELECT	INVOICE.INV_NUMBER, P_CODE, P_DESCRIPT, LINE_UNITS, LINE_PRICE
FROM	INVOICE JOIN LINE ON INVOICE.INV_NUMBER = LINE.INV_NUMBER
	JOIN PRODUCT ON LINE.P_CODE = PRODUCT.P_CODE;

FIGURA 8.9   Resultados de JOIN ON

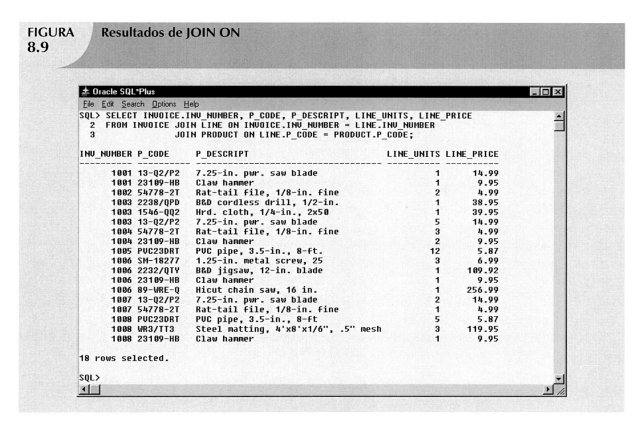

Observe que, diferente dos operandos NATURAL JOIN e JOIN USING, a cláusula JOIN ON exige um qualificador de tabela para os atributos comuns. Se esse qualificador não for identificado, o sistema retornará uma mensagem de erro de "coluna definida de modo ambíguo".

Lembre-se de que a sintaxe de JOIN ON permite executar a junção mesmo que as tabelas não compartilhem um nome de atributo. Por exemplo, para gerar uma lista de todos os funcionários com os nomes de seus gerentes, pode-se utilizar a seguinte consulta (recursiva):

SELECT	E.EMP_MGR, M.EMP_LNAME, E.EMP_NUM, E.EMP_LNAME
FROM	EMP E JOIN EMP M ON E.EMP_MGR = M.EMP_NUM
ORDER BY	E.EMP_MGR;

JUNÇÕES EXTERNAS

A junção externa retorna não apenas as linhas que atendam à condição de junção (ou seja, as com valores correspondentes nas colunas comuns), mas também as sem valores correspondentes. O padrão ANSI define três tipos de junções externas: à esquerda, à direita e completa. As designações à esquerda e à direita referem-se à ordem em que as tabelas são processadas pelo SGBD. Lembre-se de que as operações de junção se dão em duas tabelas por vez. A primeira tabela indicada na cláusula FROM será o lado esquerdo e a segunda, o direito. Se três ou mais tabelas estiverem sendo juntadas, o resultado da junção das duas primeiras torna-se o lado esquerdo e a terceira tabela, o direito.

A junção externa à esquerda retorna não apenas as linhas que atendam à condição de junção (ou seja, as com valores correspondentes na coluna comum), mas também as linhas da tabela do lado esquerdo sem valores correspondentes na tabela do lado direito. A sintaxe é:

SELECT	lista de colunas
FROM	*tabela1* LEFT [OUTER] JOIN *tabela2* ON *condição de junção*

Por exemplo, a seguinte consulta lista o código de produto, de fornecedor e o nome de fornecedor de todos os produtos, e inclui os fornecedores sem produtos correspondentes:

SELECT	P_CODE, VENDOR.V_CODE, V_NAME
FROM	VENDOR LEFT JOIN PRODUCT ON VENDOR.V_CODE = PRODUCT.V_CODE;

O código de SQL precedente e seus resultados são apresentados na Figura 8.10.

A junção externa à direita retorna não apenas as linhas que atendam à condição de junção (ou seja, as com valores correspondentes na coluna comum), mas também as linhas da tabela do lado direito sem valores correspondentes na tabela do lado esquerdo. A sintaxe é:

SELECT	lista de colunas
FROM	*tabela1* RIGHT [OUTER] JOIN *tabela2* ON *condição de junção*

Por exemplo, a seguinte consulta lista o código de produto, de fornecedor e o nome de fornecedor de todos os produtos, e inclui os produtos que não tenham código de fornecedor correspondente:

SELECT	P_CODE, VENDOR.V_CODE, V_NAME
FROM	VENDOR RIGHT JOIN PRODUCT ON VENDOR.V_CODE = PRODUCT.V_CODE;

FIGURA 8.10	Resultados de LEFT JOIN

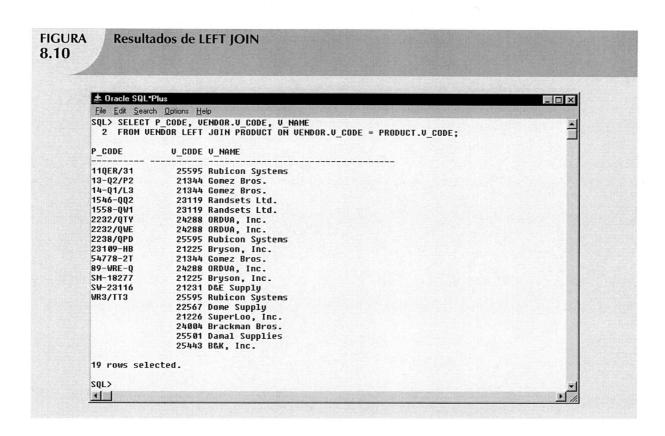

O código de SQL e seu resultado são apresentados na Figura 8.11.

A junção externa completa retorna não apenas as linhas que atendam à condição de junção (ou seja, as com valores correspondentes nas colunas comuns), mas também todas as colunas sem valores correspondentes nas tabelas de ambos os lados. A sintaxe é:

SELECT	lista de colunas
FROM	*tabela1* FULL [OUTER] JOIN *tabela2* ON *condição de junção*

Por exemplo, a seguinte consulta lista o código de produto, de fornecedor e o nome de fornecedor de todos os produtos, e inclui todas as linhas de produtos (sem fornecedores correspondentes) e todas as linhas de fornecedores (sem produtos correspondentes).

SELECT	P_CODE, VENDOR.V_CODE, V_NAME
FROM	VENDOR FULL JOIN PRODUCT ON VENDOR.V_CODE = PRODUCT.V_CODE;

O código de SQL e seus resultados são apresentados na Figura 8.12.

FIGURA
8.11

Resultados de RIGHT JOIN

```
± Oracle SQL*Plus                                                    _ □ ×
File  Edit  Search  Options  Help
SQL> SELECT P_CODE, VENDOR.V_CODE, V_NAME
  2  FROM VENDOR RIGHT JOIN PRODUCT ON VENDOR.V_CODE = PRODUCT.V_CODE;

P_CODE       V_CODE V_NAME
----------  ---------- ------------------------------------
SM-18277     21225 Bryson, Inc.
23109-HB     21225 Bryson, Inc.
SW-23116     21231 D&E Supply
54778-2T     21344 Gomez Bros.
14-Q1/L3     21344 Gomez Bros.
13-Q2/P2     21344 Gomez Bros.
1558-QW1     23119 Randsets Ltd.
1546-QQ2     23119 Randsets Ltd.
89-WRE-Q     24288 ORDVA, Inc.
2232/QWE     24288 ORDVA, Inc.
2232/QTY     24288 ORDVA, Inc.
WR3/TT3      25595 Rubicon Systems
2238/QPD     25595 Rubicon Systems
11QER/31     25595 Rubicon Systems
PVC23DRT
23114-AA

16 rows selected.

SQL>
```

FIGURA
8.12

Resultados de FULL JOIN

```
± Oracle SQL*Plus                                                    _ □ ×
File  Edit  Search  Options  Help
SQL> SELECT P_CODE, VENDOR.V_CODE, V_NAME
  2  FROM VENDOR FULL JOIN PRODUCT ON VENDOR.V_CODE = PRODUCT.V_CODE;

P_CODE       V_CODE V_NAME
----------  ---------- ------------------------------------
11QER/31     25595 Rubicon Systems
13-Q2/P2     21344 Gomez Bros.
14-Q1/L3     21344 Gomez Bros.
1546-QQ2     23119 Randsets Ltd.
1558-QW1     23119 Randsets Ltd.
2232/QTY     24288 ORDVA, Inc.
2232/QWE     24288 ORDVA, Inc.
2238/QPD     25595 Rubicon Systems
23109-HB     21225 Bryson, Inc.
54778-2T     21344 Gomez Bros.
89-WRE-Q     24288 ORDVA, Inc.
SM-18277     21225 Bryson, Inc.
SW-23116     21231 D&E Supply
WR3/TT3      25595 Rubicon Systems
             22567 Dome Supply
             21226 SuperLoo, Inc.
             24004 Brackman Bros.
             25501 Damal Supplies
             25443 B&K, Inc.
23114-AA
PVC23DRT

21 rows selected.

SQL>
```

SUBCONSULTAS E CONSULTAS CORRELACIONADAS

A utilização de junções em um banco de dados relacional permite a obtenção de informações de duas ou mais tabelas. Por exemplo, a seguinte consulta possibilita obter dados de clientes com suas respectivas faturas, juntando as tabelas CUSTOMER e INVOICE.

```
SELECT          INV_NUMBER, INVOICE.CUS_CODE, CUS_LNAME, CUS_FNAME
FROM            CUSTOMER, INVOICE
WHERE           CUSTOMER.CUS_CODE = INVOICE.CUS_CODE;
```

Na consulta anterior, os dados de ambas as tabelas (CUSTOMER e INVOICE) são processados de uma vez, combinando as linhas com valores compartilhados de CUS_CODE.

No entanto, frequentemente é necessário processar dados com base em *outros* dados processados. Suponha, por exemplo, que se deseje gerar uma lista de fornecedores que suprem produtos. (Lembre-se de que nem todos os fornecedores da tabela VENDOR já forneceram produtos – alguns são apenas *potenciais* fornecedores.) No Capítulo 7, você aprendeu que é possível gerar essa lista escrevendo a seguinte consulta:

```
SELEC           V_CODE, V_NAME FROM VENDOR
WHERE           V_CODE NOT IN (SELECT V_CODE FROM PRODUCT);
```

De modo similar, para gerar uma lista de todos os produtos com preço maior ou igual ao preço médio dos produtos, pode-se escrever a seguinte consulta:

```
SELECT          P_CODE, P_PRICE FROM PRODUCT
WHERE           P_PRICE >= (SELECT AVG(P_PRICE) FROM PRODUCT);
```

Nesses dois casos, é necessário obter informações previamente desconhecidas:

- Quais fornecedores suprem produtos?
- Qual é o preço médio de todos os produtos?

Em ambos os casos, utilizou-se uma subconsulta para gerar as informações solicitadas que puderam, então, ser utilizadas na pesquisa original.

Você aprendeu como utilizar subconsultas no Capítulo 7. Vamos revisar as características básicas:

- A subconsulta é uma consulta (comando SELECT) no interior de outra consulta.
- A subconsulta normalmente é expressa entre parênteses.
- A primeira consulta no comando de SQL é conhecida como consulta externa.
- A consulta no interior do comando de SQL é conhecida como consulta interna.
- A consulta interna é executada primeiro.
- A saída de uma consulta interna é utilizada como entrada da consulta externa.
- O comando SQL inteiro, às vezes, é chamado de consulta integrada.

Nesta seção, você aprenderá mais sobre as utilizações práticas de subconsultas. Você já sabe que a subconsulta tem como base a utilização do comando SELECT para retornar um ou mais valores a outra consulta. Mas as subconsultas apresentam ampla faixa de utilizações. Por exemplo, pode-se aplicar a subconsulta em comandos de linguagem de manipulação de dados (DML) em SQL (como INSERT, UPDATE ou DELETE), em que se espera um valor ou lista de valores (como vários códigos de fornecedores ou uma tabela). A tabela 8.2 utiliza exemplos simples para resumir a aplicação de consultas SELECT em comandos de DML.

TABELA 8.2 Exemplos de subconsultas SELECT

EXEMPLOS DE SUBCONSULTAS SELECT	EXPLICAÇÃO
INSERT INTO PRODUCT SELECT * FROM P;	Insere todas as linhas da Tabela P na tabela PRODUCT. Ambas tabelas devem ter os mesmos atributos. A subconsulta retorna todas as linhas da Tabela P.

UPDATE PRODUCT
SET   P_PRICE = (SELECT AVG(P_PRICE)
                  FROM PRODUCT)
WHERE V_CODE IN (SELECT V_CODE
                  FROM VENDOR
                  WHERE V_AREACODE = '615')
	Atualiza o preço dos produtos para seu preço médio, mas apenas para os supridos por fornecedores com código de área igual a 615. A primeira subconsulta retorna o preço médio; a segunda retorna a lista de fornecedores com código de área igual a 615.

DELETE FROM PRODUCT
WHERE V_CODE IN (SELECT V_CODE
                  FROM VENDOR
                  WHERE V_AREACODE = '615')
	Exclui as linhas da tabela PRODUCT supridas por fornecedores com código de área igual a 615. A subconsulta retorna a lista de códigos de fornecedores com código de área igual a 615.

Utilizando os exemplos apresentados na Tabela 8.2, observe que a subconsulta está sempre ao lado direito de uma expressão de comparação ou atribuição. Além disso, a subconsulta pode retornar um ou vários valores. Para ser preciso, a subconsulta pode retornar:

- *Um único valor (uma coluna e uma linha).* Essa subconsulta é utilizada em qualquer posição de comando em que deva haver um único valor, como no lado direito de uma expressão de comparação (como no exemplo precedente de UPDATE quando se atribui o preço médio ao preço do produto). Obviamente, quando um valor é atribuído a um atributo, esse valor deve ser único, não uma lista. Portanto, é necessário que a subconsulta retorne apenas um valor (uma coluna, uma linha). Se a consulta retornar vários valores, o SGBD gerará um erro.
- *Uma lista de valores (uma coluna e várias linhas).* Esse tipo de subconsulta é utilizado em qualquer posição de comando em que deva haver uma lista de valores, como ao se utilizar a cláusula IN (ou seja, ao se comparar o código de fornecedor a uma lista de fornecedores). Nesse caso, novamente, há uma única coluna de dados com várias instâncias de valores. Esse tipo de subconsulta é utilizado, com frequência, em conjunto com o operador IN de uma expressão condicional WHERE.
- *Uma tabela virtual (conjunto de valores de várias colunas e várias linhas).* Esse tipo de subconsulta pode ser utilizado em qualquer posição de comando em que deva haver uma tabela, como ao utilizar a cláusula FROM. Esse tipo de consulta será visto posteriormente neste capítulo.

É importante observar que uma subconsulta pode não retornar nenhum valor, ou seja, um NULO. Nesses casos, o resultado da consulta externa pode provocar um erro ou conjunto vazio de nulos, dependendo de onde for utilizada (em uma comparação, expressão ou conjunto de tabelas).

Nas seções seguintes, você aprenderá como escrever subconsultas dentro do comando SELECT para recuperar dados.

Subconsultas WHERE

O tipo mais comum de subconsulta utiliza uma subconsulta SELECT interna ao lado direito da expressão de comparação WHERE. Por exemplo, para obter todos os produtos com preço maior ou igual ao preço médio dos produtos, escreva a seguinte consulta:

```
SELECT          P_CODE, P_PRICE FROM PRODUCT
WHERE           P_PRICE >= (SELECT AVG(P_PRICE) FROM PRODUCT);
```

O resultado da consulta precedente é apresentado na Figura 8.13. Observe que esse tipo de consulta, quando utilizado em uma expressão condicional >, <, =, >= ou <=, exige uma subconsulta que retorne um único valor (uma coluna, uma linha). O valor gerado pela subconsulta deve apresentar um tipo de dado "comparável". Se o atributo à esquerda do símbolo de comparação é um tipo de caracteres, a subconsulta deve retornar uma string de caracteres. Além disso, se a consulta retornar mais de um valor, o SGBD gerará um erro.

FIGURA 8.13 Exemplo de subconsulta WHERE

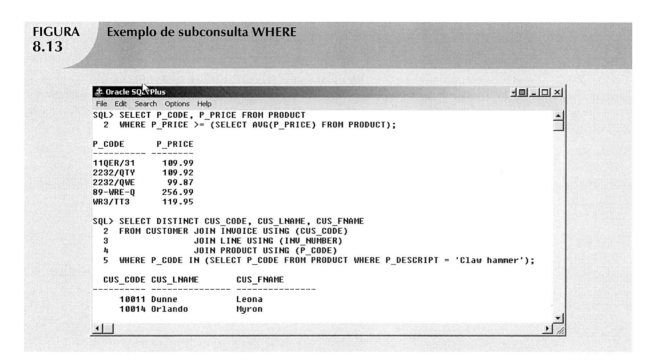

As subconsultas também podem ser utilizadas em conjunto com junções. Por exemplo, a consulta seguinte lista todos os clientes que pediram o produto "Claw hammer" (martelo de orelhas):

```
SELECT   DISTINCT CUS_CODE, CUS_LNAME, CUS_FNAME
FROM     CUSTOMER JOIN INVOICE USING (CUS_CODE)
                  JOIN LINE USING (INV_NUMBER)
                  JOIN PRODUCT USING (P_CODE)
WHERE    P_CODE = (SELECT P_CODE FROM PRODUCT WHERE P_DESCRIPT = 'Claw hammer');
```

O resultado dessa consulta também é apresentado na Figura 8.13.

No exemplo anterior, a consulta interna encontra o P_CODE do produto "Claw hammer". O P_CODE é, em seguida, utilizado para restringir as linhas selecionadas apenas àquelas em que esse atributo da tabela LINE coincida com o P_CODE de "Claw hammer". Observe que a consulta anterior poderia ter sido escrita desse modo:

```
SELECT   DISTINCT CUS_CODE, CUS_LNAME, CUS_FNAME
FROM     CUSTOMER JOIN INVOICE USING (CUS_CODE)
                JOIN LINE USING (INV_NUMBER)
                JOIN PRODUCT USING (P_CODE)
WHERE    P_DESCRIPT = 'Claw hammer';
```

Mas o que acontece se a consulta original encontrar a string "Claw hammer" em mais de uma descrição de produto? Obtém-se uma mensagem de erro. Para comparar um valor a uma lista de valores, deve-se utilizar o operando IN, conforme apresentado na próxima seção.

SUBCONSULTAS IN

O que você faria se quisesse encontrar todos os clientes que compraram um "martelo" ou qualquer tipo de serra ou lâmina de serra? Observe que a tabela de produtos possui dois tipos diferentes de martelos: "Claw hammer" (martelo de orelhas) e "Sledge hammer" (marreta). Observe, também, que há várias ocorrências de produtos que contêm "saw" em suas descrições. Há lâminas de serra, serras de vaivém etc. Nesses casos, é necessário comparar o P_CODE não a um código de produto (único valor), mas a uma lista de valores de códigos. Quando se deseja comparar um único atributo a uma lista de valores, utiliza-se o operador IN. Se os valores de P_CODE forem desconhecidos de antemão, mas puderem ser derivados utilizando uma consulta, deve-se aplicar a subconsulta IN. O próximo exemplo lista todos os clientes que compraram martelos, serras ou lâminas de serra.

FIGURA 8.14 Exemplo de subconsulta IN

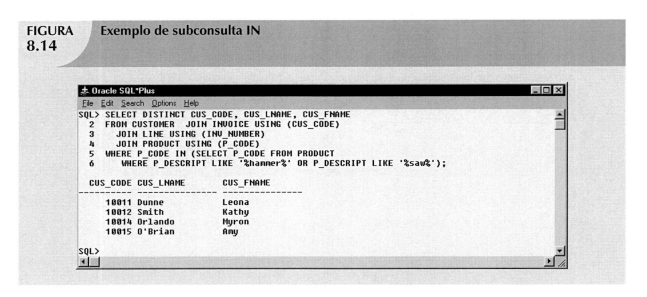

```
SELECT    DISTINCT CUS_CODE, CUS_LNAME, CUS_FNAME
FROM      CUSTOMER JOIN INVOICE USING (CUS_CODE)
                   JOIN LINE USING (INV_NUMBER)
                   JOIN PRODUCT USING (P_CODE)
WHERE   P_CODE IN (SELECT      P_CODE FROM PRODUCT
                   WHERE       P_DESCRIPT LIKE '%hammer%'
                   OR          P_DESCRIPT LIKE '%saw%');
```

O resultado dessa consulta é apresentado na Figura 8.14.

Subconsultas HAVING

Assim como se pode utilizar subconsultas com a cláusula WHERE, também é possível aplicá-la com a cláusula HAVING. Lembre-se de que essa cláusula é utilizada para restringir o resultado de uma consulta GROUP BY, aplicando um critério condicional às linhas agrupadas. Por exemplo, para listar todos os produtos com a quantidade vendida total maior que a média de quantidade vendida, deve-se escrever a seguinte consulta:

```
SELECT         P_CODE, SUM(LINE_UNITS)
FROM           LINE
GROUP BY       P_CODE
HAVING         SUM(LINE_UNITS) > (SELECT AVG(LINE_UNITS) FROM LINE);
```

O resultado dessa consulta é apresentado na Figura 8.15.

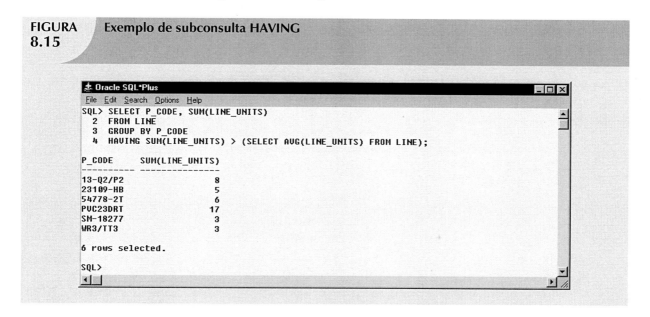

FIGURA 8.15   Exemplo de subconsulta HAVING

Operadores de subconsulta em várias linhas: ANY e ALL

Até agora, você aprendeu que se deve utilizar uma subconsulta IN quando é necessário comparar um valor a uma lista de valores. Mas a subconsulta IN utiliza um operador de igualdade, ou seja, ela seleciona apenas as linhas que correspondem (são iguais) a pelo menos um dos valores da lista. O que acontece se for necessário fazer uma comparação de desigualdade (> ou <) de um valor a uma lista de valores?

Suponha, por exemplo, que se queira saber quais produtos possui custo maior do que todos os custos de produtos individuais supridos por fornecedores da Flórida.

```
SELECT    P_CODE, P_QOH * P_PRICE
FROM      PRODUCT
WHERE     P_QOH * P_PRICE > ALL (SELECT   P_QOH * P_PRICE
                                FROM      PRODUCT
                                WHERE     V_CODE IN (SELECT V_CODE
                                          FROM    VENDOR
                                          WHERE   V_STATE = 'FL'));
```

O resultado dessa consulta é apresentado na Figura 8.16.

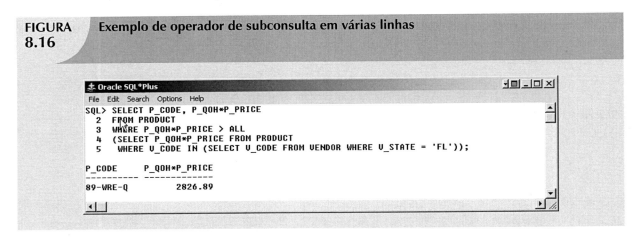

FIGURA 8.16 Exemplo de operador de subconsulta em várias linhas

```
Oracle SQL*Plus
File  Edit  Search  Options  Help
SQL> SELECT P_CODE, P_QOH*P_PRICE
  2    FROM PRODUCT
  3    WHERE P_QOH*P_PRICE > ALL
  4    (SELECT P_QOH*P_PRICE FROM PRODUCT
  5      WHERE V_CODE IN (SELECT V_CODE FROM VENDOR WHERE V_STATE = 'FL'));

P_CODE      P_QOH*P_PRICE
----------  -------------
89-WRE-Q         2826.89
```

É importante observar os seguintes pontos sobre a consulta e seu resultado na Figura 8.16:

- Trata-se de um exemplo típico de consulta integrada.
- A consulta possui um comando SELECT externo com uma subconsulta SELECT (chamaremos de sq^A) contendo uma segunda subconsulta SELECT (chamaremos de sq^B).
- A última subconsulta SELECT (sq^B) é executada primeiro e retorna uma lista de todos os fornecedores da Flórida.
- A primeira subconsulta SELECT (sq^A) utiliza o resultado da subconsulta SELECT (sq^B). A subconsulta sq^A retorna a lista de custo de todos os produtos supridos por fornecedores da Flórida.
- A utilização do operador ALL permite comparar um único valor (P_QOH * P_PRICE) a uma lista de valores retornada pela primeira subconsulta (sq^A), utilizando um operador de comparação diferente do igual.
- Para que uma linha apareça no conjunto de resultados, deve atender ao critério P_QOH * P_PRICE > ALL, ou seja, todos os valores individuais retornados pela subconsulta sq^A. Os valores retornados por sq^A são uma lista de custos de produtos. Na verdade, "maior que ALL" é equivalente a "maior que o maior custo de produto da lista". Do mesmo modo, uma condição de "menor que ALL" é equivalente a "menor que o menor custo de produto da lista".

Outro operador poderoso para várias linhas é o ANY (parente próximo do operador ALL). O operador ANY permite comparar um único valor a uma lista de valores, selecionando apenas as linhas para as quais o custo de estoque seja maior ou menor do que qualquer valor da lista. Pode-se utilizar a igualdade com ANY, o que equivaleria ao operador IN.

Subconsultas FROM

Até aqui, vimos como o comando SELECT utiliza subconsultas no interior dos comandos WHERE, HAVING e IN e como os operadores ANY e ALL são utilizados para subconsultas em várias linhas. Em todos esses casos, a subconsulta fazia parte de uma expressão condicional e sempre aparecia do lado direito dessa expressão. Nesta seção, você aprenderá como utilizar subconsultas na cláusula FROM.

Como já sabe, essa cláusula especifica as tabelas a partir das quais os dados serão obtidos. Como o resultado de um comando SELECT é outra tabela (ou, mais precisamente, uma tabela "virtual"), é possível utilizar uma subconsulta SELECT na cláusula FROM. Por exemplo, suponha que se queira saber todos os clientes que tenham comprado os produtos 13-Q2/P2 e 23109-HB. Todas as compras de produtos são armazenadas na tabela LINE. É fácil descobrir que comprou determinado produto buscando o atributo P_CODE na tabela LINE. Mas nesse caso, deseja-se saber todos os clientes que compraram ambos os produtos, não apenas um. Assim, pode-se escrever a seguinte consulta:

```
SELECT    DISTINCT CUSTOMER.CUS_CODE, CUSTOMER.CUS_LNAME
FROM      CUSTOMER,(SELECT INVOICE.CUS_CODE FROM INVOICE NATURAL JOIN LINE
          WHERE P_CODE = '13-Q2/P2') CP1,
          (SELECT INVOICE.CUS_CODE FROM INVOICE NATURAL JOIN LINE
          WHERE P_CODE = '23109-HB') CP2
WHERE     CUSTOMER.CUS_CODE = CP1.CUS_CODE AND CP1.CUS_CODE = CP2.CUS_CODE;
```

O resultado dessa consulta é apresentado na Figura 8.17.

Observe nessa figura que a primeira subconsulta retorna todos os clientes que compraram o produto 13-Q2/P2, enquanto a segunda retorna todos os que compraram 23109-HB. Portanto, na subconsulta FROM, está se unindo a tabela CUSTOMER com duas tabelas virtuais. A condição de junção seleciona apenas as linhas com valores correspondentes de CUS_CODE em cada tabela (de base ou virtual).

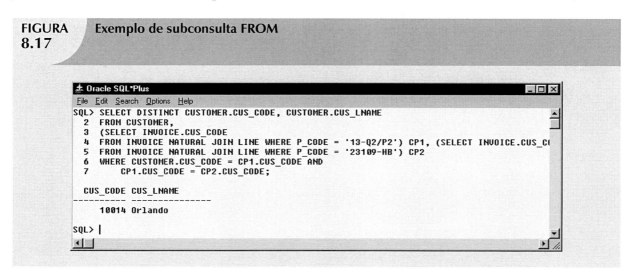

FIGURA 8.17   Exemplo de subconsulta FROM

No capítulo anterior, você aprendeu que uma visualização também é uma tabela virtual. Portanto, é possível utilizar um nome de visualização em qualquer posição de comando em que deve haver uma tabela.

Então, neste exemplo, é possível criar duas novas visualizações: uma listando todos os clientes que compraram o produto 13-Q2/P2 e outra listando todos os clientes que compraram o produto 23109-HB. Para fazer isso, deve-se escrever a consulta como:

```
CREATE VIEW CP1 AS
SELECT              INVOICE.CUS_CODE FROM INVOICE NATURAL JOIN LINE
WHERE              P_CODE = '13-Q2/P2';

CREATE VIEW CP2 AS
SELECT              INVOICE.CUS_CODE FROM INVOICE NATURAL JOIN LINE
WHERE              P_CODE = '23109-HB';

SELECT              DISTINCT CUS_CODE, CUS_LNAME
FROM               CUSTOMER NATURAL JOIN CP1 NATURAL JOIN CP2;
```

Talvez você esteja imaginando que essa consulta possa ser escrita utilizando a seguinte sintaxe:

```
SELECT              CUS_CODE, CUS_LNAME
FROM               CUSTOMER NATURAL JOIN INVOICE NATURAL JOIN LINE
WHERE              P_CODE = '13-Q2/P2' AND P_CODE = '23109-HB';
```

Mas ao examinar essa pesquisa com cuidado, notará que P_CODE não pode ser igual a dois valores diferentes ao mesmo tempo. Portanto, a consulta não retornará nenhuma linha.

SUBCONSULTAS DE LISTAS DE ATRIBUTOS

O comando SELECT utiliza a lista de atributos para indicar quais colunas devem ser projetadas no conjunto resultante. Essas colunas podem ser atributos de tabelas de base ou atributos computados ou o resultado de uma função agregada. A lista de atributos também pode incluir uma expressão de subconsulta, também conhecida como subconsulta em série. Uma subconsulta na lista de atributos deve retornar um único valor; do contrário, é emitido um código de erro. Por exemplo, pode-se utilizar uma simples consulta em série para listar a diferença entre o preço de cada produto e o preço médio dos produtos.

```
SELECT              P_CODE, P_PRICE, (SELECT AVG(P_PRICE) FROM PRODUCT) AS AVGPRICE,
                    P_PRICE – (SELECT AVG(P_PRICE) FROM PRODUCT) AS DIFF
FROM               PRODUCT;
```

A Figura 8.18 mostra o resultado dessa consulta.

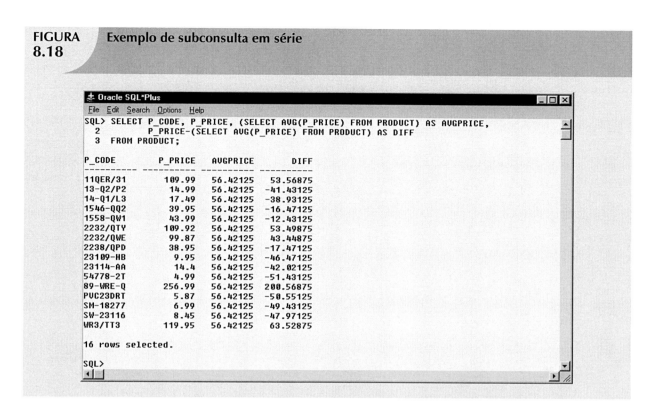

FIGURA 8.18 Exemplo de subconsulta em série

Na Figura 8.18, observe que o resultado da consulta em série retorna um único valor (o preço médio dos produtos) e que o valor é igual em todas as linhas. Observe também que a consulta utilizou a expressão completa e não os *alias* de colunas ao calcular a diferença. De fato, caso tente utilizar o *alias* na expressão da diferença, será gerada uma mensagem de erro. O *alias* de coluna não pode ser utilizado em computações na lista de atributos, quando ele é definido na mesma lista. Essa exigência do SGBD se deve ao modo como o sistema analisa sintaticamente e executa as consultas.

Outro exemplo ajudará a compreender a utilização de subconsultas de listas de atributos e *alias* de colunas. Suponha que deseje saber o código de produto, as vendas totais por produto e a contribuição por funcionário nas vendas de cada produto. Para obter as vendas por produto, é necessário utilizar apenas a tabela LINE. Para computar a contribuição por funcionário, deve-se saber o número de funcionários (a partir da tabela EMPLOYEE (funcionário). Ao estudar as estruturas das tabelas, pode-se ver que LINE e EMPLOYEE não compartilham nenhum atributo. Na verdade, não é necessário um atributo comum. Deve-se saber apenas o número total de funcionários, não o total de funcionários relacionados a cada produto. Assim, para responder à consulta, escreve-se o seguinte código:

```
SELECT      P_CODE, SUM(LINE_UNITS * LINE_PRICE) AS SALES,
            (SELECT COUNT(*) FROM EMPLOYEE) AS ECOUNT,
            SUM(LINE_UNITS * LINE_PRICE)/(SELECT COUNT(*) FROM
            EMPLOYEE) AS CONTRIB
FROM        LINE
GROUP BY    P_CODE;
```

O resultado dessa consulta é apresentado na Figura 8.19.

Nessa figura pode ser visto que o número de funcionários permanece o mesmo para cada linha do conjunto de resultados. A utilização desse tipo de subconsulta limita-se a certos casos em que é necessário incluir dados de outras tabelas que não estejam relacionadas diretamente à(s) tabela(s) principal(is) da consulta. O valor permanecerá o mesmo para cada linha, como uma constante de linguagem de programação. (Você aprenderá outra utilização das subconsultas em série da Seção "Subconsultas correlacionadas".) Observe que não é possível utilizar *alias* na lista de atributos para escrever a expressão que computa a contribuição por funcionário.

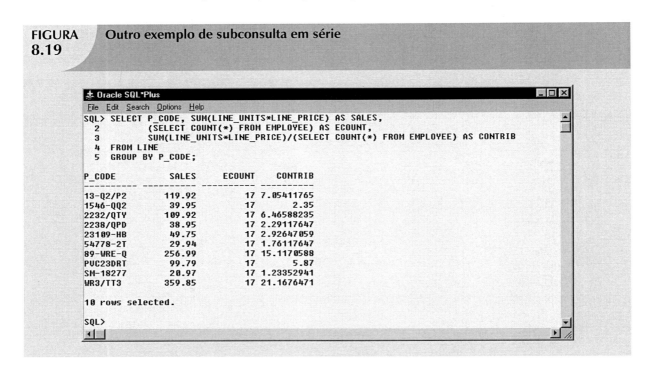

FIGURA 8.19 Outro exemplo de subconsulta em série

Outro modo de escrever a mesma consulta utilizando *alias* de coluna exige recorrer a uma subconsulta na cláusula FROM, da seguinte maneira:

```
SELECT          P_CODE, SALES, ECOUNT, SALES/ECOUNT AS CONTRIB
FROM            (SELECT      P_CODE, SUM(LINE_UNITS * LINE_PRICE) AS SALES,
                             (SELECT COUNT(*) FROM EMPLOYEE) AS ECOUNT
                FROM         LINE
GROUP BY        P_CODE;
```

Nesse caso, duas consultas são efetivamente utilizadas. A subconsulta da cláusula FROM é executada primeiro e retorna uma tabela virtual com três colunas: P_CODE, SALES e ECOUNT. A subconsulta FROM contém a subconsulta em série que retorna o número de funcionários como ECOUNT. Como a consulta externa recebe o resultado da interna, agora é possível referir-se às colunas na subconsulta externa utilizando seus *alias*.

SUBCONSULTAS CORRELACIONADAS

Até agora, todas as subconsultas aprendidas possuem execução independente. Ou seja, cada subconsulta de uma sequência de comandos é executada de modo serial, uma após a outra. A subconsulta interna é executada primeiro; seu resultado é utilizado pela consulta externa, que, em seguida, é executada, e assim sucessivamente até a última consulta externa (o primeiro comando de SQL no código).

Por outro lado, a **subconsulta correlacionada** é executada uma vez para cada linha na pesquisa externa. Esse processo é similar ao loop integrado típico de linguagem de programação. Por exemplo:

```
FOR X = 1 TO 2
        FOR Y = 1 TO 3
                PRINT "X = "X, "Y = "Y
        END
END
```

produzirá o resultado

X = 1	Y = 1
X = 1	Y = 2
X = 1	Y = 3
X = 2	Y = 1
X = 2	Y = 2
X = 2	Y = 3

Observe que o loop externo X = 1 TO 2 inicia o processo estabelecendo X = 1. Em seguida, o loop interno Y = 1 TO 3 é realizado para cada valor de X do loop externo. O SGBD relacional utiliza a mesma sequência para produzir resultados de consultas correlacionadas:

1. Ele inicia a consulta externa.
2. Para cada linha do conjunto de resultados da consulta externa, ele executa a consulta interna, passando a linha externa para essa consulta.

Esse processo é o oposto das subconsultas vistas até aqui. A consulta é chamada *correlacionada*, pois a consulta interna é *relacionada* à externa pelo fato de a interna referenciar uma coluna da subconsulta externa.

Para ver como a subconsulta correlacionada funciona, suponha que deseje saber todas as vendas de produtos nas quais o valor das unidades vendidas seja maior que o valor médio das unidades vendidas *de determinado produto* (diferente da média de *todos* os produtos). Nesse caso, deve ser realizado o seguinte procedimento:

1. Calcule o valor médio das unidades vendidas do produto.
2. Compare a média calculada na Etapa 1 com as unidades vendidas em cada linha de vendas; em seguida, selecione apenas as linhas em que o número de unidades vendidas seja maior.

A seguinte consulta correlacionada executa as duas etapas desse processo:

```
SELECT    INV_NUMBER, P_CODE, LINE_UNITS
FROM      LINE LS
WHERE     LS.LINE_UNITS > (SELECT    AVG(LINE_UNITS)
                           FROM      LINE LA
                           WHERE     LA.P_CODE = LS.P_CODE);
```

O primeiro exemplo da Figura 8.20 mostra o resultado dessa consulta.

Na consulta superior e em seu resultado na Figura 8.20, observe que a tabela LINE é utilizada mais de uma vez; portanto, deve-se aplicar *alias* de tabelas. Nesse caso, a consulta interna calcula a média de unidades vendidas do produto cujo P_CODE corresponde ao P_CODE da consulta externa. Ou seja, a consulta interna é executada uma vez utilizando o primeiro código de produto encontrado na tabela LINE (externa) e retorna a venda média desse produto. Quando o número de unidades vendidas nessa linha da tabela LINE (externa) é maior que a média calculada, a linha é adicionada ao resultado. Então, a consulta interna é executada novamente, desta vez utilizando o segundo código de produto encontrado na tabela LINE (externa). O processo se repete até que a consulta interna tenha sido executada para todas as linhas da tabela LINE (externa). Nesse caso, a consulta interna será repetida quantas vezes forem necessárias enquanto houver linhas na consulta externa.

Para verificar os resultados e fornecer um exemplo de como é possível combinar subconsultas, pode-se adicionar uma subconsulta em série correlacionada ao exemplo anterior. Essa subconsulta mostrará coluna de média de unidades vendidas de cada produto. (Veja a segunda consulta e seus resultados na Figura 8.20.) Como se pode ver, a nova consulta contém a subconsulta em série correlacionada que calcula a média de unidades vendidas para cada produto. É possível não apenas obter uma resposta, mas também verificar se ela está correta.

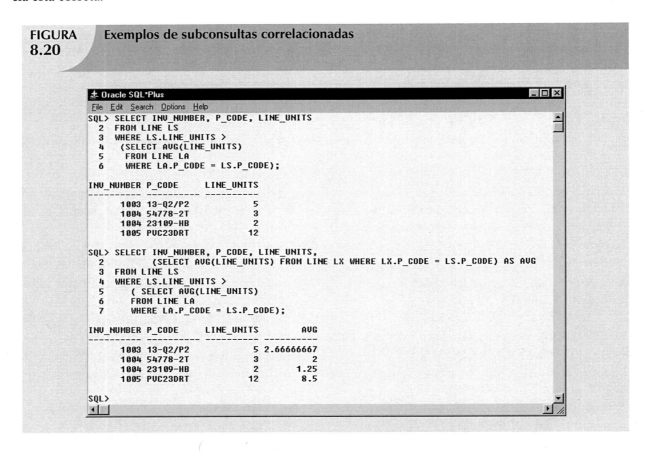

FIGURA 8.20 Exemplos de subconsultas correlacionadas

As subconsultas correlacionadas também podem ser utilizadas com o operador especial EXISTS. Suponha, por exemplo, que queira saber todos os clientes que tenham feito um pedido ultimamente. Nesse caso, é possível utilizar uma subconsulta correlacionada como a primeira apresentada na Figura 8.21:

```
SELECT    CUS_CODE, CUS_LNAME, CUS_FNAME
FROM      CUSTOMER
WHERE EXISTS (SELECT          CUS_CODE FROM INVOICE
              WHERE          INVOICE.CUS_CODE = CUSTOMER.CUS_CODE);
```

O segundo exemplo de uma subconsulta correlacionada EXISTS da Figura 8.21 ajudará na compreensão de como utilizar consultas correlacionadas. Suponha, por exemplo, que queira saber quais fornecedores devem ser contatados para iniciar o pedido de produtos que estejam chegando ao valor mínimo de quantidade disponível. Em particular, deseja-se saber o código e o nome dos fornecedores dos produtos com quantidade disponível inferior ao dobro da quantidade mínima. A consulta que responde a essa questão é a seguinte:

```
SELECT    V_CODE, V_NAME
FROM      VENDOR
WHERE EXISTS (SELECT *
              FROM         PRODUCT
              WHERE        P_QOH < P_MIN * 2
              AND          VENDOR.V_CODE = PRODUCT.V_CODE);
```

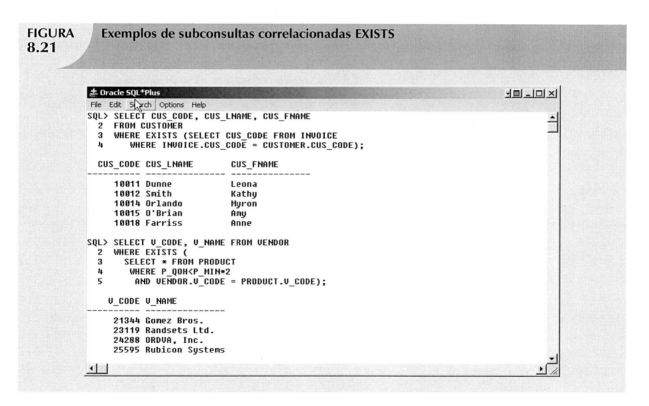

FIGURA 8.21   **Exemplos de subconsultas correlacionadas EXISTS**

Na segunda consulta da Figura 8.21, observe que:
1. A subconsulta correlacionada interna é executada utilizando-se o primeiro fornecedor.
2. Se um produto atender à condição (quantidade disponível inferior ao dobro da quantidade mínima), o código e o nome do fornecedor são listados no resultado.
3. A subconsulta correlacionada é executada utilizando-se o segundo fornecedor e o processo se repete até que todos os fornecedores sejam utilizados.

FUNÇÕES DA SQL

Os dados de bancos de dados são a base de informações fundamentais de negócios. A geração de informações a partir dos dados costuma exigir muitas manipulações. Às vezes, essa manipulação envolve a decomposição de elementos de dados. Por exemplo, a data de nascimento de um funcionário pode ser subdividida em dia, mês e ano. O código de fabricação de um produto (por exemplo, SE-05-2-09-1234-1-3/12/04-19:26:48) pode ser projetado para registrar a região, planta, turno, linha de produção, número de funcionário, data e hora de fabricação. Por anos, as linguagens de programação convencionais possuíam funções especiais que permitiam que os programadores executassem transformações de dados como essas decomposições. Se você conhece a linguagem de programação moderna, é muito provável que a função de SQL desta seção lhe pareça familiar.

As funções de SQL são ferramentas muito úteis. Será necessário utilizar funções quando quiser listar todos os funcionários ordenados por ano de nascimento ou quando o departamento de marketing desejar gerar uma lista de todos os clientes ordenados por CEP e pelos três primeiros dígitos de seus números telefônicos. Em ambos, será necessário utilizar elementos de dados que não estão presentes dessa forma no banco de dados. Em vez disso, deve-se recorrer a uma função de SQL capaz de derivá-los a partir do atributo existente. As funções sempre utilizam um valor numérico, de data ou de caracter. O valor pode fazer parte do próprio comando (uma constante ou literal) ou por ser um atributo localizado em uma tabela. Portanto, a função pode aparecer em qualquer posição de um comando de SQL em que um valor ou atributo pode ser utilizado.

Há muitos tipos de funções de SQL, como aritméticas, trigonométricas, de caracter, de data e de hora. Esta seção não explica todos esses tipos em detalhes, mas fornece uma breve visão geral daquelas que são mais úteis.

> **NOTA**
>
> Embora os principais fornecedores de SGBDs deem suporte às funções de SQL aqui cobertas, a sintaxe ou grau de suporte provavelmente diferirá. Na verdade, os fornecedores de SGBDs sempre adicionam suas próprias funções aos produtos para atrair novos clientes. As funções cobertas nesta seção representam apenas pequena parte das funções suportadas por seu SGBD. Leia o manual de referência de SQL do seu SGBD para uma lista completa de funções disponíveis.

FUNÇÕES DE DATA E HORA

Todos os SGBDs do padrão SQL dão suporte a funções de data e hora. Todas as funções de data tomam um parâmetro (de um tipo de dados de data ou de caracteres) e retornam um valor (do tipo caracter, numérico ou data). Infelizmente, os tipos de dados de data/hora são implementados de modo diferente por fornecedores diferentes de SGBDs. O problema ocorre porque o padrão SQL ANSI define os tipos de dados de data, mas não diz como esses tipos de dados devem ser armazenados. Em vez disso, ele permite que o fornecedor trate dessa questão.

Como as funções de data/hora diferem de fornecedor para fornecedor, esta seção cobrirá as funções básicas de MS Access/SQL Server e de Oracle. A Tabela 8.3 mostra uma lista de funções selecionadas de data/hora em MS Access/SQL Server.

TABELA 8.3 Funções selecionadas de data/hora em MS Access/SQL Server

FUNÇÃO	EXEMPLO(S)
YEAR Retorna um ano de quatro dígitos Sintaxe: YEAR(valor-de-data)	Lista todos os funcionários nascidos em 1966: SELECT EMP_LNAME, EMP_FNAME, EMP_DOB, YEAR(EMP_DOB) AS YEAR FROM EMPLOYEE WHERE YEAR(EMP_DOB) = 1966;
MONTH Retorna um mês de dois dígitos Sintaxe: MONTH(valor-de-data)	Lista todos os funcionários nascidos em novembro: SELECT EMP_LNAME, EMP_FNAME, EMP_DOB, MONTH (EMP_DOB) AS MONTH FROM EMPLOYEE WHERE MONTH(EMP_DOB) = 11;
DAY Retorna o número do dia Sintaxe: DAY(valor-de-data)	Lista todos os funcionários nascidos no 14º dia do mês: SELECT EMP_LNAME, EMP_FNAME, EMP_DOB, DAY(EMP_DOB) AS DAY FROM EMPLOYEE WHERE DAY(EMP_DOB) = 14;

DATE() — MS Access
 	
GETDATE() —— SQL Server
 	
Retorna a data de hoje
	Lista quantos dias faltam para o Natal:
	
	SELECT #25-Dec-2008# – DATE();
	Observe dois aspectos:
	
	    • **Não há cláusula FROM que seja aceitável em MS Access.**
	    • **A data de Natal fica entre sinais de #, pois está realizando aritmética de datas.**
	
	No MS SQL Server:
	
	Utilize GETDATE() para obter a data atual do sistema. Para calcular a diferença entre datas, utilize a função DATEDIFF (veja a seguir).

DATEADD — SQL Server Soma um número de períodos de tempo selecionados a uma data Sintaxe: **DATEADD(parte de data, número, data)**	Soma um **número** de **partes de data** a determinada data. As partes de data podem ser minutos, horas, dias, semanas, meses, trimestres ou anos. Por exemplo: SELECT DATEADD(day,90, P_INDATE) AS DueDate FROM PRODUCT; O exemplo acima adiciona 90 dias a P_INDATE. Em MS Access, utilize: SELECT P_INDATE+90 AS DueDate FROM PRODUCT;
DATEDIFF — SQL Server Subtrai duas datas Sintaxe: **DATEDIFF(parte de data, data inicial, data final)**	Retorna a diferença entre duas datas expressas em uma **parte de data** selecionada. Por exemplo: SELECT DATEDIFF(day, P_INDATE, GETDATE()) AS DaysAgo FROM PRODUCT; Em MS Access, utilize: SELECT DATE() - P_INDATE AS DaysAgo FROM PRODUCT;

TABELA 8.4 Funções selecionadas de data/hora no Oracle

FUNÇÃO	EXEMPLO(S)

TO_CHAR
 	
Retorna uma string de caracteres ou formatada a partir de um valor de data
 	
Sintaxe:
 	
TO_CHAR(valor de data, fmt)
 	
fmt = formato utilizado, podendo ser:
 	
MONTH: nome do mês
 	
MON: nome do mês com três letras
 	
MM: nome do mês com dois dígitos
 	
D: número do dia da semana
 	
DD: número do dia do mês
 	
DAY: nome do dia da semana
 	
YYYY: valor do ano com quatro dígitos
 	
YY: valor do ano com dois dígitos
	Lista de todos os funcionários nascidos em 1982:
	
	SELECT EMP_LNAME, EMP_FNAME, EMP_DOB,
	             TO_CHAR(EMP_DOB, 'YYYY') AS YEAR
	FROM EMPLOYEE
	WHERE TO_CHAR(EMP_DOB, 'YYYY') = '1982';
	
	Lista de todos os funcionários nascidos em novembro:
	
	SELECT EMP_LNAME, EMP_FNAME, EMP_DOB,
	             TO_CHAR(EMP_DOB, 'MM') AS MONTH
	FROM EMPLOYEE
	WHERE TO_CHAR(EMP_DOB, 'MM') = '11';
	
	Lista de todos os funcionários nascidos no 14º dia do mês:
	
	SELECT EMP_LNAME, EMP_FNAME, EMP_DOB,
	             TO_CHAR(EMP_DOB, 'DD') AS DAY
	FROM EMPLOYEE
	WHERE TO_CHAR(EMP_DOB, 'DD') = '14';

TO_DATE
 	
Retorna o valor de data utilizando uma string de caractere e uma máscara de formato de data; também utilizado para traduzir uma data entre formatos
 	
Sintaxe:
 	
TO_DATE(valor-de-caract, fmt)
 	
fmt = formato utilizado, podendo ser:
 	
MONTH: nome do mês
 	
MON: nome do mês com três letras
 	
MM: nome do mês com dois dígitos
 	
D: número do dia da semana
 	
DD: número do dia do mês
 	
DAY: nome do dia da semana
 	
YYYY: valor do ano com quatro dígitos
 	
YY: valor do ano com dois dígitos
	Lista a idade aproximada dos funcionários no décimo aniversário da empresa (25/11/2008):
	
	SELECT EMP_LNAME, EMP_FNAME,
	                  EMP_DOB, '11/25/2008' AS ANIV_DATE,
	                  TO_DATE('11/25/1998','MM/DD/YYYY') - EMP_DOB)/365
	                  AS YEARS
	FROM EMPLOYEE
	ORDER BY YEARS;
	
	Observe o seguinte:
	
	• **'11/25/2008' é uma string de texto, não uma data.**
	• **A função TO_DATE traduz a string de texto para uma data válida de Oracle utilizada em aritmética de datas.**
	
	Há quantos dias entre o Dia de Ação de Graças e o Natal de 2008?
	
	SELECT TO_DATE('2008/12/25','YYYY/MM/DD') –
	             TO_DATE('NOVEMBER 27, 2008','MONTH DD, YYYY')
	FROM DUAL;
	
	Observe o seguinte:
	
	• **A função TO_DATE traduz a string de texto para uma data válida de Oracle utilizada em aritmética de datas.**
	• **DUAL é a pseudotabela utilizada pelo Oracle apenas nos casos em que uma tabela não é realmente necessária.**

TABELA 8.4 Funções selecionadas de data/hora no Oracle (continuação)

FUNÇÃO	EXEMPLO(S)
SYSDATE Retorna a data de hoje	Lista quantos dias faltam para o Natal: SELECT TO_DATE('25-Dec-2008','DD-MON-YYYY') SYSDATE FROM DUAL; Observe duas coisas: • DUAL é a pseudotabela utilizada pelo Oracle apenas nos casos em que uma tabela não é realmente necessária. • A data de Natal é inserida no interior de uma função TO_DATE para traduzir a data para um formato válido.
ADD_MONTHS Adiciona um número de meses a uma data; útil para a adição de meses ou anos à data. Sintaxe: ADD_MONTHS(valor-de-data, n) n = número de meses	Lista todos os produtos com suas respectivas datas de expiração (dois anos após a data de aquisição): SELECT P_CODE, P_INDATE, ADD_MONTHS(P_INDATE,24) FROM PRODUCT ORDER BY ADD_MONTHS(P_INDATE,24);
LAST_DAY Retorna a data do último dia do mês fornecido em uma data Sintaxe: LAST_DAY(valor-de-data)	Lista todos os funcionários contratados nos últimos sete dias de um mês: SELECT EMP_LNAME, EMP_FNAME, EMP_HIRE_DATE FROM EMPLOYEE WHERE EMP_HIRE_DATE >=LAST_DAY(EMP_HIRE_DATE)-7;

A Tabela 8.4 mostra as funções equivalentes de data/hora utilizadas no Oracle. Observe que o Oracle aplica a mesma função (TO_CHAR) para extrair diferentes partes de uma data. Além disso, é utilizada outra função (TO_DATE) para converter strings de caracteres em formato de data válido no Oracle, permitindo sua utilização em aritmética de datas.

FUNÇÕES NUMÉRICAS

As funções numéricas podem ser agrupadas de vários modos diferentes, como algébrico, trigonométrico e logarítmico. Nesta seção, você aprenderá duas funções muito úteis. Não confunda as funções agregadas de SQL, vistas no capítulo anterior, com as funções numéricas desta seção. O primeiro grupo opera em um conjunto de valores (várias linhas – daí seu nome de *funções agregadas*), ao passo que as funções numéricas aqui cobertas operam sobre uma única linha. Elas tomam um parâmetro numérico e retornam um valor. A Tabela 8.5 mostra um grupo selecionado de funções numéricas disponíveis.

TABELA 8.5 Funções numéricas selecionadas

FUNÇÃO	EXEMPLO(S)
ABS Retorna o valor absoluto de um número Sintaxe: ABS(valor numérico)	Em Oracle, utilize: SELECT 1.95, -1.93, ABS(1.95), ABS(-1.93) FROM DUAL; Em MS Access/SQL Server, utilize: SELECT 1.95, -1.93, ABS(1.95), ABS(-1.93);

ROUND
 	
Arredonda um valor por determinada precisão (número de dígitos)
 	
Sintaxe:
 	
ROUND(valor numérico, p)
 	
p = precisão
	Lista os preços de produtos arredondados para uma ou nenhuma casa decimal:
	
	SELECT P_CODE, P_PRICE,
	             ROUND(P_PRICE,1) AS PRICE1,
	             ROUND(P_PRICE,0) AS PRICE0
	FROM PRODUCT;

CEIL/CEILING/FLOOR Retornam, respectivamente, o menor inteiro que seja maior ou igual a um número, ou retorna o maior inteiro que seja menor ou igual a um número. Sintaxe: CEIL(valor numérico) Oracle CEILING(valor numérico) SQL Server FLOOR(valor numérico)	Lista o preço dos produtos, o menor inteiro que seja maior ou igual e o maior inteiro que seja menor ou igual a esse preço. Em Oracle, utilize: SELECT P_PRICE, CEIL(P_PRICE), FLOOR(P_PRICE) FROM PRODUCT; Em SQL Server, utilize: SELECT P_PRICE, CEILING(P_PRICE), FLOOR(P_PRICE) FROM PRODUCT; O MS Access não dá suporte a essas funções.

Funções de string

As manipulações de strings estão entre as funções mais utilizadas em programação. Se você já criou um relatório utilizando qualquer linguagem de programação, sabe a importância de concatenar adequadamente as strings de caracteres, imprimir nomes em maiúscula e saber o tamanho de determinado atributo. A Tabela 8.6 apresenta um subconjunto de funções úteis de manipulação de strings.

TABELA 8.6 Funções de string selecionadas

FUNÇÃO	EXEMPLO(S)
Concatenação **|| -Oracle** **+ - MS Access/SQL Server** Concatena dados a partir de duas colunas de caracteres diferentes e retorna uma única coluna. Sintaxe: valor de string || valor de string valor de string + valor de string	Lista todos os nomes de funcionários (concatenados). Em Oracle, utilize: SELECT EMP_LNAME || ', ' || EMP_FNAME AS NAME FROM EMPLOYEE; Em MS Access/SQL Server, utilize: SELECT EMP_LNAME + ', ' + EMP_FNAME AS NAME FROM EMPLOYEE;
UPPER/LOWER Retorna uma string em maiúsculas (UPPER) ou minúsculas (LOWER) Sintaxe: UPPER(valor de string) LOWER(valor de string)	Lista todos os nomes de funcionários (concatenados) em letras maiúsculas. Em Oracle, utilize: SELECT UPPER(EMP_LNAME) || ', ' || UPPER(EMP_FNAME) AS NAME FROM EMPLOYEE; Em SQL Server, utilize: SELECT UPPER(EMP_LNAME) + ', ' + UPPER(EMP_FNAME) AS NAME FROM EMPLOYEE; Lista todos os nomes de funcionários (concatenados) em letras minúsculas. Em Oracle, utilize: SELECT LOWER(EMP_LNAME) || ', ' || LOWER(EMP_FNAME) AS NAME FROM EMPLOYEE; Em SQL Server, utilize: SELECT LOWER(EMP_LNAME) + ', ' + LOWER(EMP_FNAME) AS NAME FROM EMPLOYEE; Não suportado por MS Access.
SUBSTRING Retorna uma substring ou parte de determinado parâmetro de string Sintaxe: SUBSTR(valor de string, p, l) Oracle SUBSTRING(valor de string,p,l) SQL Server p = posição inicial l = comprimento de caracteres	Lista os três primeiros caracteres de todos os números telefônicos de funcionários. Em Oracle, utilize: SELECT EMP_PHONE, SUBSTR(EMP_PHONE,1,3) AS PREFIX FROM EMPLOYEE; Em SQL Server, utilize: SELECT EMP_PHONE, SUBSTRING(EMP_PHONE,1,3) AS PREFIX FROM EMPLOYEE; Não suportado por MS Access.
LENGTH Retorna o número de caracteres de um valor de string Sintaxe: LENGTH(valor de string) Oracle LEN(valor de string) SQL Server	Lista todos os sobrenomes de funcionários e seus comprimentos, em ordem decrescente de comprimento. Em Oracle, utilize: SELECT EMP_LNAME, LENGTH(EMP_LNAME) AS NAMESIZE FROM EMPLOYEE; Em MS Access/SQL Server, utilize: SELECT EMP_LNAME, LEN(EMP_LNAME) AS NAMESIZE FROM EMPLOYEE;

FUNÇÕES DE CONVERSÃO

As funções de conversão permitem tomar um valor de determinado tipo de dado e convertê-lo para o valor equivalente de outro tipo. Na Seção "Funções de data e hora", você aprendeu suas funções básicas de conversão de SQL para Oracle. TO_CHAR e TO_DATE. Observe que a função TO_CHAR toma um valor de dados e retorna uma string de caracteres, representando dia, mês ou ano. Do mesmo modo, a função TO_DATE toma uma string de caracteres representando uma dada e retorna uma data real em formato Oracle. O SQL Server utiliza as funções CAST e CONVERT para converter um tipo de dados em outro. Um resumo das funções selecionadas é mostrado na Figura 8.7.

TABELA 8.7 Funções de conversão selecionadas

FUNÇÃO	EXEMPLO(S)

Numéricos para caracteres:
 	
TO_CHAR – Oracle
 	
CAST – SQL Server
 	
CONVERT – SQL Server
 	
Retorne uma string de caracteres a partir de um valor numérico.
 	
Sintaxe:
 	
Oracle: TO_CHAR(valor numérico, fmt)
 	
SQL Server:
 	
CAST (valor numérico AS varchar(comprimento))
 	
CONVERT(varchar(comprimento), valor numérico)
	Lista todos os preços, quantidade disponível, desconto percentual e custo de estoque total de produtos utilizando valores formatados.
	
	Em Oracle, utilize:
	
	SELECT P_CODE,
	             TO_CHAR(P_PRICE,'999.99') AS PRICE,
	             TO_CHAR(P_QOH,'9,999.99') AS QUANTITY,
	             TO_CHAR(P_DISCOUNT,'0.99') AS DISC,
	             TO_CHAR(P_PRICE*P_QOH,'99,999.99')
	             AS TOTAL_COST
	FROM PRODUCT;
	
	Em SQL Server, utilize:
	
	SELECT P_CODE, CAST(P_PRICE AS VARCHAR(8)) AS PRICE,
	             CONVERT(VARCHAR(4),P_QOH) AS QUANTITY,
	             CAST(P_DISCOUNT AS VARCHAR(4)) AS DISC,
	             CAST(P_PRICE*P_QOH AS VARCHAR(10)) AS TOTAL_COST
	FROM PRODUCT;
	
	Não suportado por MS Access.

TABELA 8.7 Funções de conversão selecionadas (continuação)

FUNÇÃO	EXEMPLO(S)

Data para caracteres:
 	
TO_CHAR – Oracle
 	
CAST – SQL Server
 	
CONVERT – SQL Server
 	
Retorna uma string de caracteres ou formatada a partir de um valor de data
 	
Sintaxe:
 	
Oracle: TO_CHAR(valor de data, fmt)
 	
SQL Server:
 	
CAST (valor de data AS varchar(comprimento))
 	
CONVERT(varchar(comprimento), valor de data)
	Lista todas as datas de nascimento de funcionários (EMP_DOB), utilizando diferentes formatos de dados.
	
	Em Oracle, utilize:
	
	SELECT EMP_LNAME, EMP_DOB,
	             TO_CHAR(EMP_DOB, DAY, MONTH DD, YYYY)
	             AS DATEOFBIRTH
	FROM EMPLOYEE;
	
	SELECT EMP_LNAME, EMP_DOB,
	             TO_CHAR(EMP_DOB, YYYY/MM/DD)
	             AS DATEOFBIRTH
	FROM EMPLOYEE;
	
	Em SQL Server, utilize:
	
	SELECT EMP_LNAME, EMP_DOB,
	             CONVERT(varchar(11),EMP_DOB) AS DATE OF BIRTH
	FROM EMPLOYEE;
	
	SELECT EMP_LNAME, EMP_DOB,
	             CAST(EMP_DOB as varchar(11)) AS DATE OF BIRTH
	FROM EMPLOYEE;
	
	Não suportado por MS Access.

String para número:
 	
TO_NUMBER
 	
Retorna um número formatado a partir de uma string de caracteres que utilize determinado formato
 	
Sintaxe:
 	
Oracle:
 	
TO_NUMBER(valor de caract, fmt)
 	
fmt = formato utilizado, podendo ser:
 	
9 = mostra um dígito
 	
0 = mostra um zero à esquerda
 	
, = mostra uma vírgula
 	
. = mostra o ponto para decimais (no padrão americano)
 	
$ = mostra o cifrão
 	
B = espaço em branco à esquerda
 	
S = sinal à esquerda
 	
MI = sinal de menos à direita
	Converte strings de texto em valores numéricos ao importar dados para uma tabela a partir de outra fonte em formato de texto; por exemplo, a consulta apresentada a seguir utiliza a função TO_NUMBER para converter o texto formatado em valores numéricos do padrão Oracle utilizando as máscaras de formato dadas.
	
	Em Oracle, utilize:
	
	SELECT TO_NUMBER('-123.99', 'S999.99'),
	             TO_NUMBER('99.78-','B999.99MI')
	FROM DUAL;
	
	Em SQL Server, utilize:
	
	SELECT CAST('-123.99' AS NUMERIC(8,2)),
	             CAST('-99.78' AS NUMERIC(8,2))
	
	A função CAST do SQL Server não dá suporte a sinal à direita na string de caracteres.
	
	Não suportado por MS Access.

TABELA 8.7 Funções de conversão selecionadas (continuação)

FUNÇÃO	EXEMPLO(S)

CASE – SQL Server
 DECODE – Oracle
 Compara um atributo ou expressão com uma série de valores e retorna um valor associado ou um valor-padrão se não for encontrada correspondência
 Sintaxe:
 Oracle:
 DECODE(*e, x, y, d*)
 e = atributo ou expressão
 x = valor a ser comparado com *e*
 y = valor a ser retornado se *e* = *x*
 d = valor a ser retornado se *e* não for igual a *x*
 SQL Server:
 CASE When *condição*
 THEN valor1 ELSE valor2 END
	O exemplo seguinte retorna a taxa de imposto de vendas para os estados especificados:
	
	 • **Compara V_STATE a 'CA'; se os valores coincidirem, retorna 0,08 (.08).**
	 • **Compara V_STATE a 'FL'; se os valores coincidirem, retorna 0,05 (.05).**
	 • **Compara V_STATE a 'TN'; se os valores coincidirem, retorna 0,085 (.085).**
	
	 Se não houver correspondência, retorna 0,00 (valor-padrão).
	
	 SELECT V_CODE, V_STATE,
	              DECODE(V_STATE,'CA',.08,'FL',.05, 'TN',.085, 0.00)
	              AS TAX
	 FROM VENDOR
	 Em SQL Server, utilize:
	
	 SELECT V_CODE, V_STATE,
	              CASE WHEN V_STATE = 'CA' THEN .08
	                    WHEN V_STATE = 'FL' THEN .05
	                    WHEN V_STATE = 'TN' THEN .085
	              ELSE 0.00 END AS TAX
	 FROM VENDOR
	 Não suportado por MS Access.

SEQUÊNCIAS ORACLE

Se você utiliza MS Access, deve conhecer o tipo de dados AutoNumber, que pode ser utilizado para definir uma coluna de tabela preenchida automaticamente com valores numéricos exclusivos. Com efeito, quando se cria uma tabela em MS Access e se esquece de definir uma chave primária, o aplicativo oferecerá a criação de uma coluna de PK. Se aceita, observe que o MS Access cria uma coluna chamada *ID* com tipo de dados AutoNumber. Após definir uma coluna como AutoNumber, todas as vezes em que uma linha for inserida na tabela, o MS Access adicionará automaticamente um valor a essa coluna, começando com 1 e aumentando em uma unidade a cada nova linha adicionada. Além disso, não é possível incluir essa coluna em comandos INSERT – o Access não permite editar esse valor de modo algum. O MS SQL Server utiliza a propriedade da coluna "Identity" (Identidade) para atender a uma finalidade similar. Em MS SQL Server, uma tabela pode ter, no máximo, uma coluna definida como "Identity". Essa coluna se comporta de modo similar à coluna do MS Access com tipo de dados AutoNumber.

O Oracle não dá suporte ao tipo de dados AutoNumber ou à propriedade de coluna "Identity". Em vez disso, pode-se utilizar uma "sequência" para atribuir valores a uma coluna de tabela. Mas as sequências do Oracle são muito diferentes do AutoNumber do Access e merecem uma análise mais detalhada.

- São um objeto independente no banco de dados (não são um tipo de dados).
- Possuem um nome e podem ser utilizadas em qualquer posição de comando em que se espere um valor.
- Não são atreladas a uma tabela ou coluna.

- Geram um valor numérico automático que pode ser atribuído a qualquer coluna de qualquer tabela.
- O atributo de tabela ao qual é atribuído um valor com base em sequência pode ser editado e modificado.
- É possível criar e excluir uma sequência do Oracle a qualquer momento.

A sintaxe básica para criar essa sequência é:

CREATE SEQUENCE *nome* [START WITH *n*] [INCREMENT BY *n*] [CACHE | NOCACHE]

em que:

- *nome* corresponde ao nome da sequência.
- *n* é um valor inteiro que pode ser positivo ou negativo.
- *START WITH* especifica o valor inicial da sequência. (O valor-padrão é 1.)
- *INCREMENT BY* determina o valor pelo qual a sequência é incrementada. (O valor-padrão de incremento é 1. O incremento da sequência pode ser positivo ou negativo, permitindo a criação de sequências crescentes e decrescentes.)
- A cláusula *CACHE* ou a *NOCACHE* indicam se o Oracle pré-alocará os números da sequência na memória. (Por padrão, o Oracle pré-aloca 20 valores.)

Por exemplo, é possível criar uma sequência para atribuir automaticamente valores ao código de cliente sempre que um novo cliente é adicionado e criar outra sequência para atribuir valores ao número de fatura sempre que uma nova fatura for criada. O código de SQL para realizar essas tarefas é:

CREATE SEQUENCE CUS_CODE_SEQ START WITH 20010 NOCACHE;
CREATE SEQUENCE INV_NUMBER_SEQ START WITH 4010 NOCACHE;

Pode-se verificar todas as sequências criadas utilizando o seguinte comando de SQL, ilustrado na Figura 8.22:

SELECT * FROM USER_SEQUENCES;

FIGURA 8.22   **Sequência de Oracle**

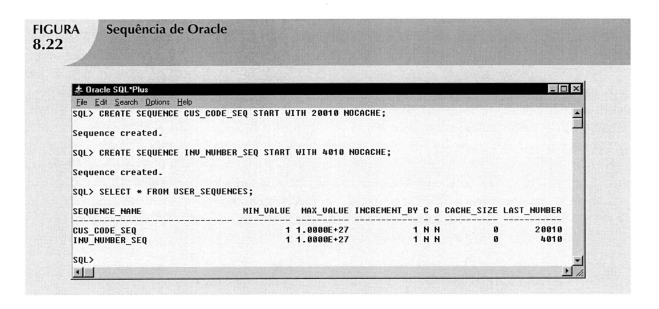

Para utilizar sequências durante a entrada de dados, é necessário recorrer a duas pseudocolunas especiais: NEXTVAL e CURRVAL. NEXTVAL recupera o próximo valor disponível e CURRVAL, o valor atual de uma sequência. Por exemplo, pode-se utilizar o seguinte código para inserir um novo cliente:

INSERT INTO CUSTOMER
VALUES (CUS_CODE_SEQ.NEXTVAL, 'Connery', 'Sean', NULL, '615', '898-2008', 0.00);

O comando precedente de SQL adiciona um novo cliente à tabela CUSTOMER e atribui o valor 20010 ao atributo CUS_CODE. Examinaremos algumas características importantes das sequências:

- CUS_CODE_SEQ.NEXTVAL recupera o próximo valor disponível a partir da sequência.
- Cada vez que se utiliza NEXTVAL, a sequência é incrementada.
- Uma vez utilizado um valor da sequência (por meio de NEXTVAL), ele não pode ser aplicado novamente. Se, por algum motivo, um comando de SQL for desfeito, *o valor da sequência não é desfeito.* Ao emitir outro comando de SQL (com outro NEXTVAL), retornará o próximo valor de sequência disponível ao usuário – parecerá que a sequência pulou um número.
- Pode-se emitir um comando INSERT sem utilizar a sequência.

CURRVAL recupera o valor atual de uma sequência – ou seja, o último número utilizado, que foi gerado com NEXTVAL. Não é possível utilizar CURRVAL a menos que NEXTVAL tenha sido emitido previamente na mesma seção. A principal utilização de CURRVAL é para inserir linhas em tabelas independentes. Por exemplo, as tabelas INVOICE (fatura) e LINE (linha) estão em um relacionamento de um para muitos por meio do atributo INV_NUMBER. Pode-se utilizar a sequência INV_NUMBER_SEQ para gerar automaticamente números de fatura. Em seguida, utilizando CURRVAL, pode-se obter o último INV_NUMBER utilizado e atribuí-lo ao atributo de chave estrangeira INV_NUMBER relacionada na tabela LINE. Por exemplo:

INSERT INTO INVOICE   VALUES (INV_NUMBER_SEQ.NEXTVAL, 20010, SYSDATE);
INSERT INTO LINE   VALUES (INV_NUMBER_SEQ.CURRVAL, 1, '13-Q2/P2', 1, 14.99);
INSERT INTO LINE   VALUES (INV_NUMBER_SEQ.CURRVAL, 2, '23109-HB', 1, 9.95);
COMMIT;

Os resultados são indicados na Figura 8.23.

Nos exemplos apresentados na Figura 8.23, INV_NUMBER_SEQ.NEXTVAL recupera o próximo número disponível da sequência (4010) e atribui-o à coluna INV_NUMBER da tabela INVOICE. Observe também a utilização do atributo SYSDATE para inserir automaticamente a data atual no atributo INV_DATE. Logo após, os dois comandos INSERT seguintes adicionam os produtos que estão sendo vendidos à tabela LINE. Nesse caso, INV_NUMBER_SEQ.CURRVAL refere-se ao último número utilizado da sequência INV_NUMBER_SEQ (4010). Desse modo, o relacionamento entre INVOICE e LINE é estabelecido automaticamente. O comando COMMIT no fim da sequência de comandos torna as alterações permanentes. É claro que é possível emitir um comando ROLLBACK, caso em que as linhas inseridas nas tabelas INVOICE e LINE seriam desfeitas (mas lembre-se de que o número da sequência não seria). Uma vez utilizado um número de sequência (com NEXTVAL), não há como reutilizá-lo! Essa característica de "não reutilização" é projetada para garantir que a sequência sempre gere valores exclusivos.

Lembre-se desses pontos ao pensar sobre as sequências:

- Sua utilização é opcional. É possível inserir os valores manualmente.
- A sequência não é associada a uma tabela. Como nos exemplos da Figura 8.23, foram criadas duas sequências distintas (uma para valores de código de clientes, outra para valores de número de fatura), mas seria possível criar apenas uma e utilizá-la para gerar valores exclusivos em ambas as tabelas.

Por fim, é possível excluir uma sequência de um banco de dados com o comando DROP SEQUENCE. Por exemplo, para excluir sequências criadas anteriormente, deve-se digitar:

DROP SEQUENCE CUS_CODE_SEQ;
DROP SEQUENCE INV_NUMBER_SEQ;

FIGURA 8.23   **Exemplos de sequências de Oracle**

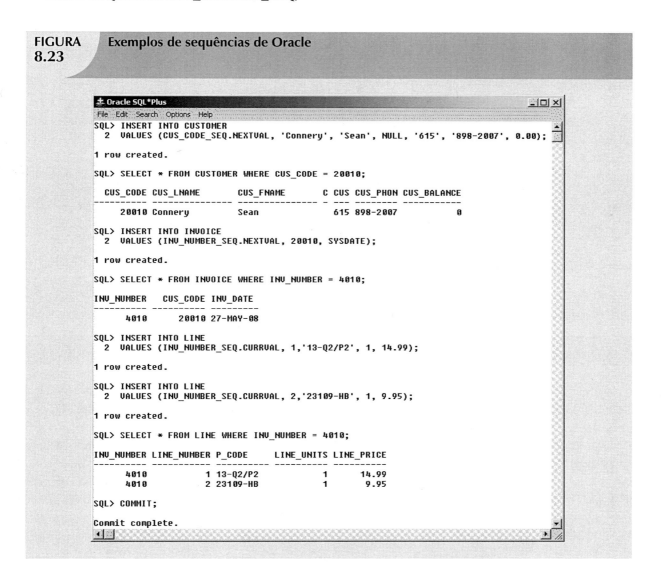

> **NOTA**
>
> O padrão mais recente de SQL (SQL-2003) define a utilização de colunas "Identity" e objetos de sequência. No entanto, alguns fornecedores de SGBDs podem não atender ao padrão. Verifique a documentação de seu sistema.

A exclusão de uma sequência não exclui os valores atribuídos aos atributos de tabela (CUS_CODE e INV_NUMBER), mas apenas o objeto de sequência do banco de dados. Os *valores* atribuídos às colunas das tabelas (CUS_CODE e INV_NUMBER) permanecem no banco de dados.

Como as tabelas CUSTOMER e INVOICE são utilizadas nos próximos exemplos, é desejável manter o conjunto de dados original. Portanto, é possível remover as linhas de CUSTOMER, INVOICE e LINE que acabamos de adicionar, utilizando os seguintes comandos:

```
DELETE FROM INVOICE WHERE INV_NUMBER = 4010;
DELETE FROM CUSTOMER WHERE CUS_CODE = 20010;
COMMIT;
```

Esses comandos excluem o cliente e a fatura recém-adicionados, com todas as linhas associadas a eles (a chave estrangeira INV_NUMBER da tabela LINE foi definida com a opção ON DELETE CASCADE). O comando COMMIT salva todas as alterações em armazenamento permanente.

> **NOTA**
>
> Nesse momento, será necessário recriar as sequências CUS_CODE_SEQ e INV_NUMBER_SEQ, pois serão utilizadas posteriormente no capítulo. Insira:
>
> CREATE SEQUENCE CUS_CODE_SEQ START WITH 20010 NOCACHE;
>
> CREATE SEQUENCE INV_NUMBER_SEQ START WITH 4010 NOCACHE;

VISUALIZAÇÕES ATUALIZÁVEIS

No Capítulo 7, você aprendeu como criar uma visualização, e como e por que é utilizada. Trataremos agora de como as visualizações podem ser feitas para atender a tarefas comuns de gerenciamento executadas pelos administradores de bancos de dados.

Uma das operações mais comuns de ambientes de bancos de dados de produção é a utilização de rotinas de atualização de batch para atualizar um atributo (campo) de uma tabela mestre com dados transacionais. Como o nome diz, a **rotina de atualização de batch** coloca todas as transações em um lote (batch) para atualizar uma tabela mestre em uma única operação. Por exemplo, costuma-se utilizar uma rotina de batch para atualizar a quantidade disponível de um produto com base em resumo de transações de vendas. Essas rotinas normalmente são executadas como tarefas de um dia para o outro que atualizam a quantidade

FIGURA 8.24   Tabelas **PRODMASTER** e **PRODSALES**

Nome do banco de dados: Ch08_UV

Nome da tabela: PRODMASTER

PROD_ID	PROD_DESC	PROD_QOH
A123	SCREWS	60
BX34	NUTS	37
C583	BOLTS	50

Nome da tabela: PRODSALES

PROD_ID	PS_QTY
A123	7
BX34	3

disponível de produtos em estoque. As transações de vendas executadas, por exemplo, por corretores em viagem podem ter sido inseridas durante períodos em que o sistema estava fora do ar.

Para demonstrar uma rotina de atualização de batch, começaremos definindo a tabela mestre de produtos (PRODMASTER) e a tabela de vendas totais de produtos (PRODSALES) apresentadas na Figura 8.24. Observe o relacionamento 1:1 entre as duas tabelas.

Com as tabelas da Figura 8.24, vamos atualizar a tabela PRODMASTER, subtraindo a quantidade de vendas mensais de produtos da tabela PRODSALES do PROD_QOH (quantidade disponível) da tabela PRODMASTER. Para produzir a atualização necessária, a consulta de atualização deve ser escrita assim:

```
UPDATE       PRODMASTER, PRODSALES
SET          PRODMASTER.PROD_QOH = PROD_QOH – PS_QTY
WHERE        PRODMASTER.PROD_ID = PRODSALES.PROD_ID;
```

Observe que o comando de atualização reflete a seguinte sequência de eventos:

- Junção das tabelas PRODMASTER e PRODSALES.
- Atualização do atributo PROD_QOH (utilizando o valor PS_QTY da tabela PRODSALES) para cada linha da tabela PRODMASTER com valores PROD_ID correspondentes na tabela PRODSALES.

Para serem usados em uma atualização de batch, os dados de PRODSALES devem estar armazenados em uma tabela de base, e não em uma visualização. Essa consulta funcionará bem em Access, mas o Oracle retornará a mensagem de erro apresentada na Figura 8.25.

FIGURA 8.25 Mensagem de erro de UPDATE em Oracle

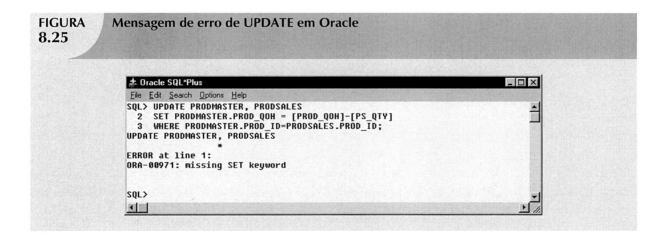

O Oracle produziu a mensagem de erro, pois espera encontrar um único nome de tabela no comando UPDATE. De fato, não é possível unir tabelas com esse comando no Oracle. Para resolver tal problema, é necessário criar uma visualização *atualizável*. Como o nome sugere, **visualização atualizável** é aquela que pode ser usada para atualizar atributos nas tabelas de base utilizadas na visualização. Perceba que *nem todas as visualizações são atualizáveis*. Na verdade, várias restrições determinam as visualizações atualizáveis, algumas sendo específicas de cada fornecedor.

> **NOTA**
>
> Lembre-se de que os exemplos desta seção são gerados em Oracle. Para ver quais restrições são impostas às visualizações atualizáveis do SGBD que você está utilizando, verifique a respectiva documentação do sistema.

As restrições mais comuns das visualizações atualizáveis são as seguintes:

- Não é possível utilizar expressões GROUP BY e funções agregadas.
- Não é possível utilizar operadores de conjunto como UNION, INTERSECT e MINUS.
- A maioria das restrições baseia-se na utilização de JOINs ou operadores de grupos nas visualizações.

Para atender às limitações do Oracle, foi criada uma visualização atualizável chamada PSVUPD, como mostrado na Figura 8.26.

FIGURA 8.26	Criação de uma visualização atualizável em Oracle

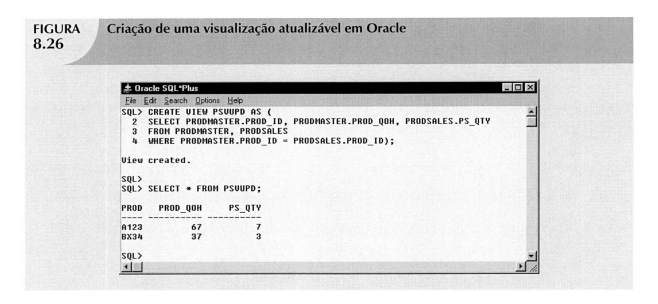

Um modo fácil de determinar se uma visualização pode ser usada para atualizar uma tabela de base é examinar seu resultado. Se as colunas de chave primária da tabela de base a ser atualizada ainda tiverem valores exclusivos na visualização, essa tabela é atualizável. Por exemplo, se a coluna PROD_ID da visualização retornar os valores A123 ou BX34 mais de uma vez, a tabela PRODMASTER não pode ser atualizada por meio da visualização.

Após criar a visualização atualizável apresentada na Figura 8.26, é possível utilizar o comando UPDATE para atualizar a visualização e, portanto, a tabela PRODMASTER. A Figura 8.27 mostra como o comando UPDATE é utilizado e qual é o conteúdo final da tabela PRODMASTER após sua execução.

Embora o procedimento de atualização de batch ilustrado acima atenda ao objetivo de atualizar uma tabela mestre com dados de uma tabela de transações, a solução preferível no mundo real é utilizar SQL procedural, que será apresentada a seguir.

FIGURA 8.27	Atualização da tabela PRODMASTER, utilizando uma visualização atualizável

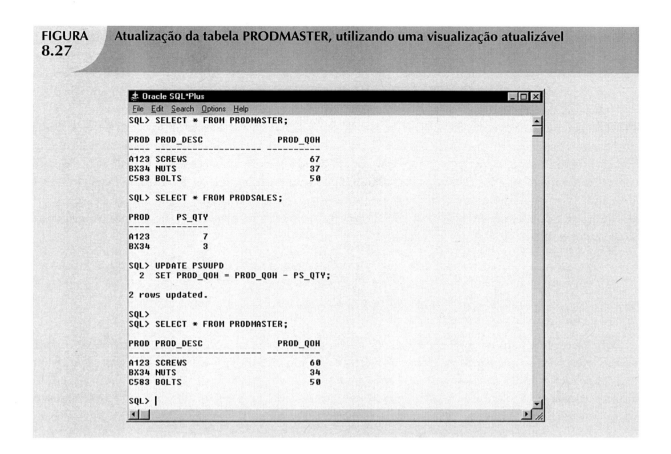

SQL PROCEDURAL

Até o momento, você aprendeu a utilizar SQL para ler, gravar e excluir dados de bancos de dados. Por exemplo, você já sabe atualizar valores, adicionar e excluir registros. Infelizmente, a SQL não dá suporte à execução *condicional* de procedimentos, normalmente suportada pelas linguagens de programação no formato geral:

IF <condição>
THEN <executar procedimento>
ELSE <executar outro procedimento>
END IF

A SQL também não dá suporte a operações de loop que permitam a execução de ações repetitivas normalmente encontradas no ambiente de programação. O formato típico é:

DO WHILE
<executar procedimento>
END DO

Tradicionalmente, caso queira executar um tipo de operação condicional (IF-THEN-ELSE) ou de loop (DO-WHILE), ou seja, um tipo procedural de programação, utilize uma linguagem como Visual Basic.NET, C# ou COBOL. Por isso muitas aplicações comerciais antigas (chamadas "legadas") baseiam-se em números enormes de linhas de programação COBOL. Embora essa abordagem ainda seja comum, ela costuma envolver a duplicação de códigos de aplicações em muitos programas. Portanto, quando são necessárias alterações procedurais, as modificações têm de ser feitas em muitos programas diferentes. Um ambiente caracterizado por essas redundâncias cria frequentemente problemas de gerenciamento de dados.

Uma abordagem melhor é isolar o código fundamental e, em seguida, fazer com que todos os aplicativos chamem esse código compartilhado. A vantagem de tal abordagem modular é que o código de aplicação é isolado em um único programa, resultando, assim, em melhor controle de manutenção e lógica. Em todo caso, o surgimento de bancos de dados distribuídos (veja o Capítulo 12, "Sistemas de gerenciamento de bancos de dados distribuídos") e orientados a objetos exigiu que mais códigos de aplicação fossem armazenados e executados no interior do banco de dados. Para atender a essa necessidade, a maioria dos fornecedores de SGBDs criaram diversas extensões de linguagem de programação. Essas extensões incluem:

- Estruturas de programação procedural de controle de fluxo (IF-THEN-ELSE, DO-WHILE) para representação lógica.
- Declaração e designação variável nos procedimentos.
- Gerenciamento de erros.

Para resolver a falta de funcionalidade procedural em SQL e fornecer alguma padronização dentre as várias ofertas dos fornecedores, o padrão SQL-99 definiu a utilização de módulos permanentemente armazenados. O **módulo armazenamento persistente (MAP)** é um bloco de código contendo comandos--padrão e extensões procedurais de SQL, armazenado e executado no servidor de SGBD. O MAP representa a lógica de negócios que pode ser condensada, armazenada e compartilhada entre vários usuários do banco de dados. Ele permite que o administrador atribua direitos de acesso específicos a um módulo armazenado, garantindo que apenas usuários autorizados possam utilizá-lo. A implementação do suporte aos módulos permanentemente armazenados é deixada a cargo de cada fornecedor. Na verdade, por muitos anos, alguns SGBDs (como Oracle, SQL Server e DB2) deram suporte a módulos de procedimentos armazenados em bancos de dados antes que o padrão oficial fosse promulgado.

O MS SQL Server implementa módulos permanentemente armazenados por meio da Transact-SQL e de outras extensões de linguagem, sendo que a mais conhecida delas é a família .NET de linguagens de programação. O Oracle implementa MAPs por meio de sua linguagem de SQL procedural. A **SQL procedural (PL/SQL)** é uma linguagem que possibilita a utilização e o armazenamento de código procedural e comandos de SQL no banco de dados e a fusão de SQL com estruturas de programação tradicional, como variáveis, processamento condicional (IF-THEN-ELSE), loops básicos (FOR e WHILE) e localização de erros. Ao ser chamado (direta ou indiretamente) pelo usuário final, o código procedural é executado como uma unidade pelo SGBD. Os usuários finais podem utilizar PL/SQL para criar:

- Blocos de PL/SQL anônimos.
- Triggers (cobertos na Seção "Triggers").
- Procedimentos armazenados (coberto nas Seções "Procedimentos armazenados" e "Processamento de PL/SQL com cursores").
- Funções de PL/SQL (cobertas na Seção "Funções armazenadas de PL/SQL").

Não confunda funções de PL/SQL com funções agregadas embutidas de SQL como MIN e MAX. Essas funções podem ser utilizadas apenas em comandos de SQL, enquanto as funções de PL/SQL são utilizadas principalmente em programas próprios, como triggers e procedimentos armazenados. As funções também podem ser chamadas dentre de comandos de SQL, contanto que se ajustem a regras muito específicas que dependem de cada ambiente de SGBD.

A utilização do SQL*Plus do Oracle permite escrever um bloco de código de PL/SQL inserindo o comando entre as cláusulas BEGIN e END. Por exemplo, o bloco a seguir insere uma nova linha na tabela VENDOR (fornecedor), conforme apresentado na Figura 8.28.

```
BEGIN
      INSERT INTO VENDOR
      VALUES (25678,'Microsoft Corp. ', 'Bill Gates','765','546-8484','WA','N');
END;
/
```

FIGURA 8.28   Exemplos de bloco PL/SQL anônimo

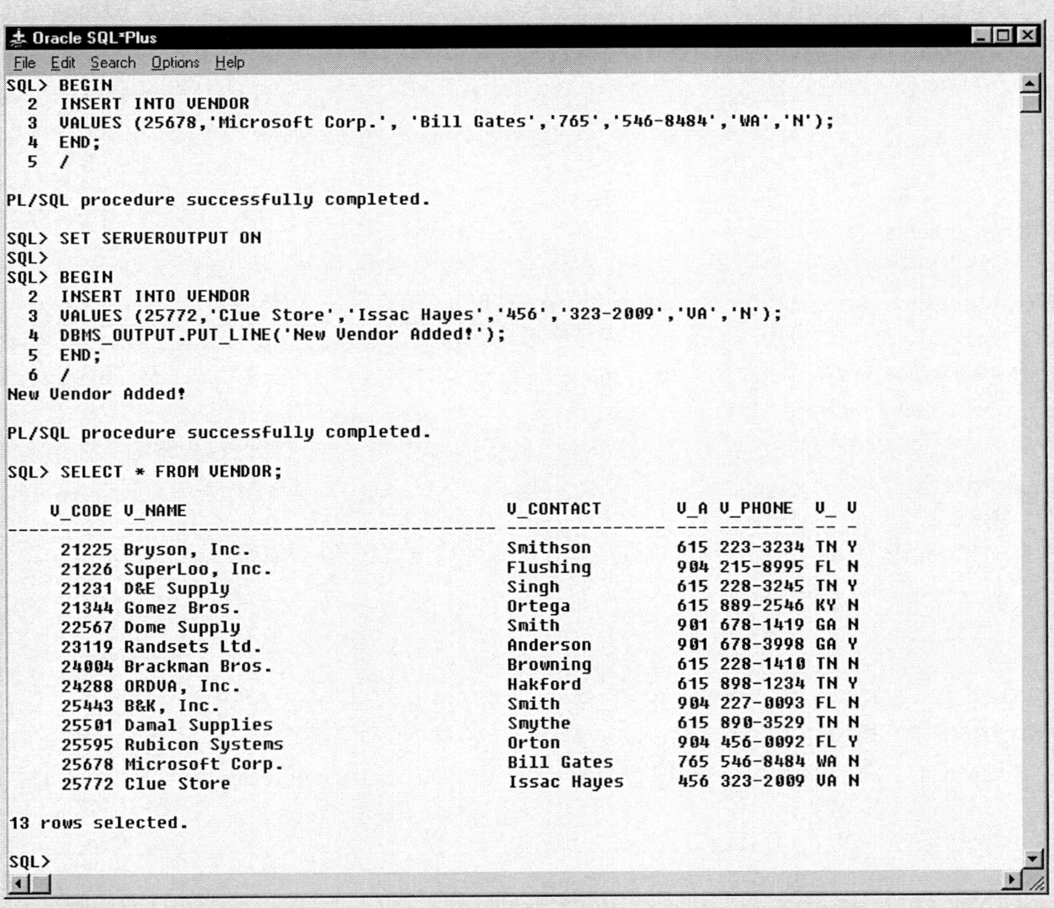

O bloco apresentado na Figura 8.28 é conhecido como **bloco PL/SQL anônimo**, pois não recebeu um nome específico. (Observe que, incidentalmente, que a última linha do bloco utiliza uma barra inclinada para a direita ("/") a fim de indicar o fim da entrada da linha de comando.) Esse tipo de bloco PL/SQL é executado assim que se pressiona a tecla Enter após a digitação da barra para a direita. Após a execução do bloco, é apresentada a mensagem "PL/SQL procedure successfully completed" (procedimento de PL/SQL concluído com sucesso).

Suponha, no entanto, que deseje a exibição de uma mensagem mais específica na tela do SQL*Plus após a conclusão do procedimento, como "New Vendor Added" (novo fornecedor adicionado). Para produzir uma mensagem mais específica, deve-se fazer duas coisas:

1. No prompt de SQL, digite SET SERVEROUTPUT ON. Esse comando de SQL*Plus possibilita que o console cliente (SQL*Plus) receba mensagens do lado do servidor (SGBD Oracle). Lembre-se de que, assim como a SQL padrão, o código de PL/SQL (blocos anônimos, triggers e procedimentos) é executado do lado do servidor, não do cliente. (Para parar de receber mensagens do servidor, insira SET SERVEROUT OFF.)

2. Para enviar mensagens do bloco PL/SQL para o console do SQL*Plus, utilize a função DBMS_OUTPUT.PUT_LINE.

O bloco PL/SQL anônimo a seguir insere uma linha na tabela VENDOR e mostra a mensagem "New Vendor Added!" (veja a Figura 8.28).

```
BEGIN
      INSERT INTO VENDOR
      VALUES (25772,'Clue Store', 'Issac Hayes', '456','323-2009', 'VA', 'N');
      DBMS_OUTPUT.PUT_LINE('New Vendor Added!');
END;
/
```

Em Oracle, pode-se utilizar o comando de PL/SQL SHOW ERRORS para ajudar a diagnosticar erros encontrados nesses blocos. Tal comando produz informações adicionais de depuração sempre que for gerado um erro após a criação ou execução de um bloco PL/SQL.

O seguinte exemplo de bloco anônimo demonstra várias estruturas suportadas pela linguagem procedural. Lembre-se de que a sintaxe exata da linguagem depende do fornecedor. Na verdade, muitos fornecedores aprimoram seus produtos com recursos próprios.

```
DECLARE
W_P1 NUMBER(3) := 0;
W_P2 NUMBER(3) := 10;
W_NUM NUMBER(2) := 0;
BEGIN
WHILE W_P2 < 300 LOOP
      SELECT COUNT(P_CODE) INTO W_NUM FROM PRODUCT
      WHERE P_PRICE BETWEEN W_P1 AND W_P2;
      DBMS_OUTPUT.PUT_LINE('There are ' || W_NUM || ' Products with price between ' || W_P1
                        || ' and ' || W_P2);
      W_P1 := W_P2 + 1;
      W_P2 := W_P2 + 50;
END LOOP;
END;
/
```

O código e a execução do bloco são apresentados na Figura 8.29.

FIGURA 8.29   **Bloco PL/SQL anônimo com variáveis e loops**

```
≛ Oracle SQL*Plus                                                                          _□×
File  Edit  Search  Options  Help
SQL> DECLARE
   2   W_P1  NUMBER(3)  :=  0;
   3   W_P2  NUMBER(3)  :=  10;
   4   W_NUM NUMBER(2)  :=  0;
   5   BEGIN
   6   WHILE W_P2 < 300 LOOP
   7     SELECT COUNT(P_CODE) INTO W_NUM FROM PRODUCT
   8     WHERE P_PRICE BETWEEN W_P1 AND W_P2;
   9     DBMS_OUTPUT.PUT_LINE('There are ' || W_NUM || ' Products with price between ' || W_P1 || ' and ' || W_P2);
  10     W_P1 := W_P2 + 1;
  11     W_P2 := W_P2 + 50;
  12   END LOOP;
  13   END;
  14   /
There are 5 Products with price between 0 and 10
There are 6 Products with price between 11 and 60
There are 3 Products with price between 61 and 110
There are 1 Products with price between 111 and 160
There are 0 Products with price between 161 and 210
There are 1 Products with price between 211 and 260

PL/SQL procedure successfully completed.

SQL>
```

TABELA 8.8 Tipos básicos de dados de PL/SQL

TIPO DE DADOS	DESCRIÇÃO
CHAR	Valores de caracteres de tamanho fixo; por exemplo: W_ZIPCHAR(5)
VARCHAR2	Valores de caracteres de tamanho variável; por exemplo: W_FNAMEVARCHAR2(15)
NUMBER	Valores numéricos; por exemplo: W_PRICENUMBER(6,2)
DATE	Valores de data; por exemplo: W_EMP_DOBDATE
%TYPE	Herda o tipo de dados de uma variável declarada anteriormente ou de um atributo de uma tabela do banco de dados; por exemplo: W_PRICEPRODUCT.P_PRICE%TYPE Atribui a W_PRICE o mesmo tipo de dados da coluna P_PRICE da tabela PRODUCT (produto).

O bloco PL/SQL apresentado na Figura 8.29 tem as seguintes características:

- Começa com a seção DECLARE, na qual são declarados os nomes de variáveis, tipos de dados e, se desejado, um valor inicial. Os tipos de dados suportados são apresentados na Tabela 8.8.

- Utiliza-se um loop WHILE. Observe a sintaxe:

WHILE *condição* LOOP
    comandos de PL/SQL;
END LOOP

- O comando SELECT utiliza a palavra-chave INTO para atribuir o resultado da consulta a uma variável de PL/SQL. Pode-se utilizar essa palavra-chave apenas em um bloco de código de PL/SQL. Se o comando SELECT retornar mais de um valor, será exibido um erro.
- Observe a utilização do símbolo de concatenação de string "||" para exibir o resultado.
- Cada comando no código de PL/SQL deve terminar com ponto e vírgula ";".

NOTA

Os blocos de PL/SQL podem conter apenas comandos de linguagem de manipulação de dados (DML) de SQL padrão, como SELECT, INSERT, UPDATE e DELETE. A utilização de comandos de linguagem de definição de dados (DDL) não é suportada diretamente em blocos de PL/SQL.

O recurso mais útil desses blocos é a possibilidade de criar códigos que possam ser nomeados, armazenados e executados – implícita ou explicitamente – pelo SGBD. Essa capacidade é especialmente desejável quando for necessário utilizar triggers e procedimentos armazenados, que serão explorados a seguir.

TRIGGERS

A automação de procedimentos de negócios e a manutenção automática de integridade e consistência de dados são fundamentais no ambiente empresarial moderno. Um dos procedimentos mais importantes é o gerenciamento adequado de estoque. Suponha, por exemplo, que queira ter certeza de que as atuais vendas de produtos possam ser atendidas com disponibilidade suficiente. Portanto, é necessário garantir que o pedido de um produto seja notificado a um fornecedor quando o estoque desse produto cair abaixo de sua quantidade disponível mínima admissível. E, melhor ainda, se pudéssemos garantir que essa tarefa fosse cumprida automaticamente?

Para realizar o pedido automático de produtos, certifique-se primeiro de que a quantidade disponível do produto reflete um valor atualizado e consistente. Após terem sido estabelecidas as exigências adequadas de disponibilidade de produtos, devem ser tratadas duas questões principais:

1. A lógica dos negócios exige uma atualização da quantidade disponível dos produtos cada vez que ocorre uma venda.
2. Se a quantidade disponível cair abaixo do nível mínimo do estoque admissível (quantidade disponível), o produto deve ser encomendado.

Para realizar essas duas tarefas, podem ser escritos alguns comandos de SQL: um para atualizar a quantidade disponível de produtos e outro para atualizar o flag de encomenda de produtos. Em seguida, executa-se cada comando na ordem correta cada vez que houver uma nova venda. Esse processo em vários estágios seria ineficiente, pois uma série de comandos de SQL deve ser escrita e executada cada vez que um produto é vendido. E, o que é pior, esse ambiente exige que alguém sempre se lembre de executar as tarefas de SQL.

O **trigger** é o código de SQL procedural chamado *automaticamente* pelo SGBDR quando da ocorrência de determinado evento de manipulação de dados. É útil lembrar-se de que:

- O trigger é chamado antes ou após uma linha de dados ser inserida, atualizada ou excluída.
- O trigger é associado a uma tabela do banco de dados.
- Cada tabela pode ter um ou mais triggers.
- O trigger é executado como parte da transação que o acionou.

Os triggers são fundamentais para o gerenciamento e a operação adequados de bancos de dados. Por exemplo:

- Podem ser utilizados para aplicar restrições que não possam ser aplicadas nos níveis de projeto e implementação de SGBDs.
- Os triggers adicionam funcionalidade, automatizando ações críticas e fornecendo avisos adequados e sugestões de ações corretivas. De fato, uma das utilizações mais comuns de triggers é para facilitar a aplicação de integridade referencial.
- Os triggers podem ser utilizados para atualizar valores de tabelas, inserir registros e chamar outros procedimentos armazenados.

Os triggers executam papel fundamental para tornar o banco de dados realmente útil. Eles também adicionam capacidade de processamento ao SGBDR e ao sistema de banco de dados como um todo. O Oracle recomenda triggers para:

- Objetivos de auditoria (criação de logs de auditoria).
- Geração automática de valores de colunas derivados.
- Aplicação de restrições de negócios e segurança.
- Criação de réplicas de tabelas para fins de backup.

FIGURA 8.30 Tabela PRODUCT

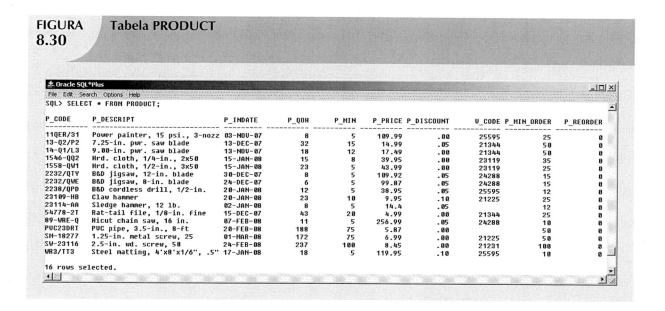

Para ver como um trigger é criado e utilizado, examinaremos um problema simples de gerenciamento de estoque. Por exemplo, se a quantidade disponível de um produto for atualizada quando de sua venda, o sistema deve verificar automaticamente se essa quantidade cai abaixo de seu valor mínimo admissível. Para demonstrar esse processo, utilizaremos a tabela PRODUCT na Figura 8.30. Observe a utilização das colunas de quantidade mínima de pedido (P_MIN_ORDER) e de flag de encomenda de produtos (P_REORDER). O atributo P_MIN_ORDER indica a quantidade mínima de uma encomenda de reabastecimento. A coluna P_REORDER é um campo numérico que indica se o produto precisa ser encomendado (1 = Sim, 0 = Não). Os valores iniciais de P_REORDER serão estabelecidos como 0 (Não) para servir como base do desenvolvimento do trigger.

Dada a listagem da tabela PRODUCT apresentada na Figura 8.30, criaremos um trigger para avaliar a quantidade disponível do produto (P_QOH). Se essa quantidade estiver abaixo da quantidade mínima apresentada em P_MIN, o trigger estabelecerá a coluna P_REORDER como 1. (Lembre-se de que o número 1 nessa coluna representa "Sim".) A sintaxe básica para criar um trigger no Oracle é:

```
CREATE OR REPLACE TRIGGER nome do trigger
[BEFORE / AFTER] [DELETE / INSERT / UPDATE OF nome da coluna] ON nome da tabela
[FOR EACH ROW]
[DECLARE]
        [tipo de dados do nome da variável[:=valor inicial] ]
BEGIN
        instruções de PL/SQL;
        ..........
END;
```

Como se pode ver, uma definição de trigger contém as seguintes partes:

- O momento do trigger: BEFORE ou AFTER. Esse momento indica quando o código de PL/SQL é executado. Nesse caso, antes (BEFORE) ou depois (AFTER) da conclusão do comando de acionamento.
- O evento do trigger: comando que causa a execução do trigger (INSERT, UPDATE ou DELETE).
- O nível do trigger. Há dois tipos de triggers: triggers no nível de comando e triggers no nível de linha.
  - Assume-se o **trigger de nível de comando** quando se omitem as palavras-chave FOR EACH ROW. Esse tipo de trigger é executado uma vez, antes ou após a conclusão do comando de trigger. Trata-se do caso padrão.
  - O **trigger no nível de linha** exige a utilização das palavras-chave FOR EACH ROW. Esse tipo de trigger é executado uma vez para cada linha afetada pelo comando de trigger. (Em outras palavras, se forem atualizadas 10 linhas, o trigger é executado 10 vezes.)
- A ação do trigger: o código de PL/SQL inserido entre as palavras-chave BEGIN e END. Cada comando no código de PL/SQL deve terminar com ponto e vírgula ";".

No caso da tabela PRODUCT, será criado um trigger no nível de comando implicitamente executado após (AFTER) uma atualização (UPDATE) do atributo P_QOH de uma linha existente ou após (AFTER) a inserção (INSERT) de uma nova linha na tabela PRODUCT. A ação do trigger executa um comando UPDATE que compara o P_QOH com a coluna P_MIN. Se o valor de P_QOH for menor ou igual a P_MIN, o trigger atualiza P_REORDER para 1. Para criar o trigger, será utilizado o SQL*Plus do Oracle. O código do trigger é apresentado na Figura 8.31.

FIGURA 8.31	Criação do trigger TRG_PRODUCT_REORDER

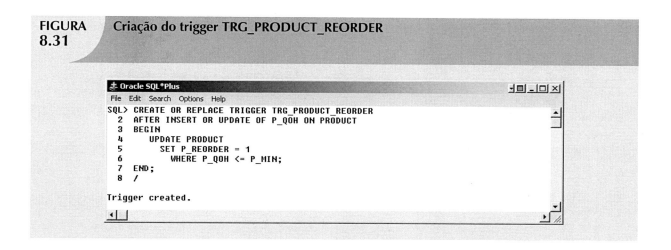

```
SQL> CREATE OR REPLACE TRIGGER TRG_PRODUCT_REORDER
  2   AFTER INSERT OR UPDATE OF P_QOH ON PRODUCT
  3   BEGIN
  4     UPDATE PRODUCT
  5       SET P_REORDER = 1
  6         WHERE P_QOH <= P_MIN;
  7   END;
  8   /

Trigger created.
```

Para testar o trigger TRG_PRODUCT_REORDER, atualizaremos a quantidade disponível do produto '11QER/31' para 4. Após a conclusão da atualização, o trigger é ativado automaticamente e o comando UPDATE (no interior do código do trigger) estabelece P_REORDER como 1 para todos os produtos abaixo do mínimo. Veja a Figura 8.32.

FIGURA 8.32	Verificação da execução do trigger TRG_PRODUCT_REORDER

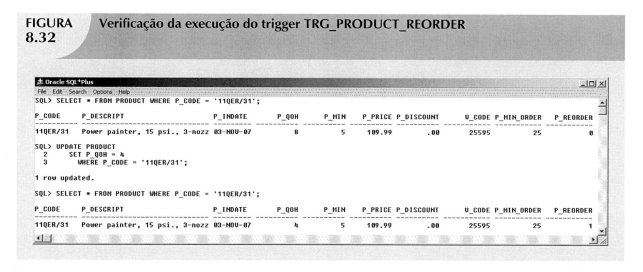

```
SQL> SELECT * FROM PRODUCT WHERE P_CODE = '11QER/31';

P_CODE    P_DESCRIPT                  P_INDATE    P_QOH    P_MIN    P_PRICE  P_DISCOUNT    V_CODE  P_MIN_ORDER   P_REORDER
--------- --------------------------- ----------- -------- -------- -------- ----------- -------- ------------- -----------
11QER/31  Power painter, 15 psi., 3-nozz 03-NOV-07     8        5    109.99        .00     25595          25            0

SQL> UPDATE PRODUCT
  2    SET P_QOH = 4
  3      WHERE P_CODE = '11QER/31';

1 row updated.

SQL> SELECT * FROM PRODUCT WHERE P_CODE = '11QER/31';

P_CODE    P_DESCRIPT                  P_INDATE    P_QOH    P_MIN    P_PRICE  P_DISCOUNT    V_CODE  P_MIN_ORDER   P_REORDER
--------- --------------------------- ----------- -------- -------- -------- ----------- -------- ------------- -----------
11QER/31  Power painter, 15 psi., 3-nozz 03-NOV-07     4        5    109.99        .00     25595          25            1
```

O trigger apresentado na Figura 8.32 parece funcionar bem, mas o que aconteceria se a quantidade mínima do produto '2232/QWE' fosse reduzida? A Figura 8.33 mostra que quando essa quantidade é atualizada, a quantidade mínima disponível do produto '2232/QWE' cai abaixo do novo valor mínimo, mas o flag de encomenda continua 0. Por quê?

FIGURA
8.33
Erro do valor de P_REORDER após atualização do atributo P_MIN

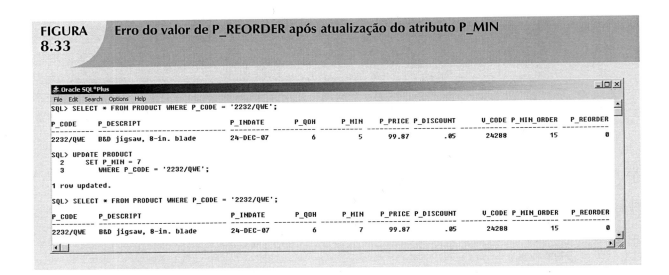

A resposta é simples: a coluna P_MIN foi atualizada, mas o trigger nunca é executado. TRG_ PRODUCT_ REORDER é executado somente *após* uma atualização da coluna P_QOH! Para evitar essa inconsistência, deve-se modificar o evento de trigger para ser executado também após uma atualização do campo P_MIN. O código do trigger atualizado é apresentado na Figura 8.34.

FIGURA
8.34
Segunda versão do trigger TRG_PRODUCT_REORDER

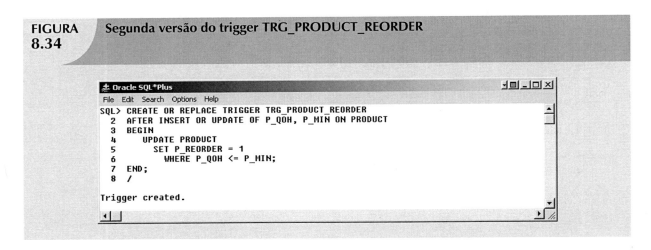

Para testar o trigger TRG_PRODUCT_REORDER, atualizaremos a quantidade disponível do produto '23114-AA' para 8. Após essa atualização, o trigger garante que o flag de encomenda seja configurado adequadamente para todos os produtos da tabela PRODUCT. Veja a Figura 8.35.

FIGURA
8.35

Execução bem-sucedida de trigger após atualização do valor de P_MIN

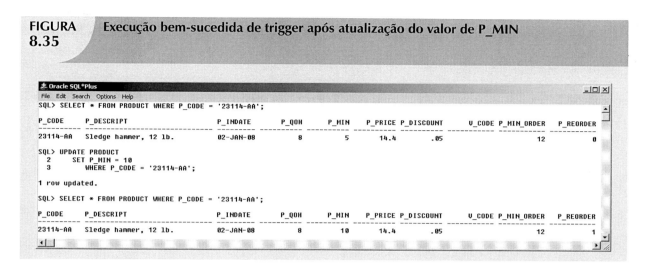

Essa segunda versão do trigger parece funcionar bem, mas o que aconteceria se fosse alterado o valor de P_QOH do produto '11QER/31', conforme apresentado na Figura 8.36? Nada! (Observe que o flag de encomenda *continua* estabelecida como 1.) Por que o trigger não alterou o flag de encomenda para 0?

FIGURA
8.36

Erro do valor de P_REORDER após aumento do valor de P_QOH

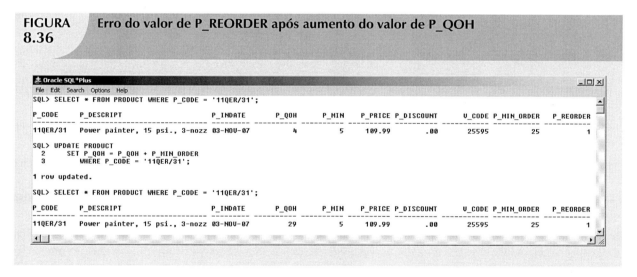

A resposta é que o trigger não considera todos os casos possíveis. Examinaremos a segunda versão do código do trigger TRG_PRODUCT_REORDER (Figura 8.34) em mais detalhes:

- O trigger é acionado após a conclusão do comando de trigger. Portanto, o SGBD sempre executa dois comandos (INSERT e UPDATE ou UPDATE e UPDATE). Ou seja, após fazer uma atualização de P_MIN ou P_QOH ou inserir uma nova linha na tabela PRODUCT, o trigger executa outro comando automaticamente.
- A ação do trigger executa um UPDATE que atualiza *todas* as linhas da tabela PRODUCT, *mesmo que o comando de trigger atualize apenas uma linha!* Isso pode afetar o desempenho do banco de dados. Imagine o que aconteceria se houvesse uma tabela PRODUCT com 519.128 linhas e fosse inserido um único produto. O trigger atualizaria todas as 519.129 linhas (519.128 linhas originais mais a inserida), incluindo as linhas que não precisassem de atualização!
- O trigger estabelece o valor de P_REORDER apenas para 1. Ele não o restabelece para 0, mesmo se essa ação for claramente necessária quando o nível do estoque voltar para um valor maior que o mínimo.

Em resumo, a segunda versão do trigger TRG_PRODUCT_REORDER ainda não executou todas as etapas necessárias. Agora, modificaremos o trigger para tratar de todos os cenários de atualização, conforme mostrado na Figura 8.37.

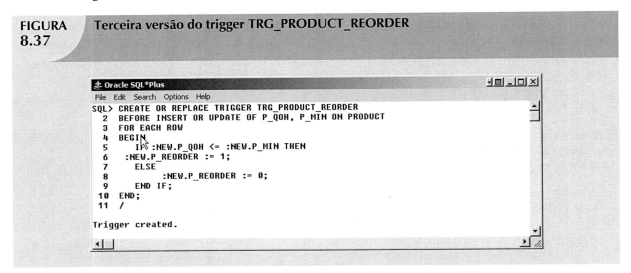

FIGURA 8.37 Terceira versão do trigger TRG_PRODUCT_REORDER

```
SQL> CREATE OR REPLACE TRIGGER TRG_PRODUCT_REORDER
  2   BEFORE INSERT OR UPDATE OF P_QOH, P_MIN ON PRODUCT
  3   FOR EACH ROW
  4   BEGIN
  5     IF :NEW.P_QOH <= :NEW.P_MIN THEN
  6   :NEW.P_REORDER := 1;
  7     ELSE
  8         :NEW.P_REORDER := 0;
  9     END IF;
 10   END;
 11   /

Trigger created.
```

O trigger da Figura 8.37 apresenta diversos aspectos novos:

- É executado *antes* que o comando de trigger real seja concluído. Na Figura 8.37, o momento do trigger é definido na linha 2, BEFORE INSERT OR UPDATE. Isso indica claramente que o comando de trigger é executado antes da conclusão de INSERT ou UPDATE, diferente dos exemplos anteriores.
- Trata-se de um trigger no nível de linha, e não de comando. As palavras-chave FOR EACH ROW constituem um trigger desse tipo. Portanto, é executado uma vez para cada linha afetada pelo comando de trigger.
- A ação de trigger utiliza a referência de atributo :NEW para alterar o valor de P_REORDER.

A utilização das referências de atributo :NEW merece uma explicação mais detalhada. Para compreender sua utilização, deve-se primeiro considerar um princípio básico de computação: *todas as alterações são feitas primeiro na memória principal. Em seguida, são transferidas para a memória permanente.* Em outras palavras, o computador não é capaz de alterar nada no armazenamento permanente (disco). Primeiro, ele deve ler os dados desse armazenamento para a memória principal. Em seguida, faz a alteração na memória principal. Por fim, grava os dados alterados de volta na memória permanente (disco).

O SGBD faz o mesmo e uma coisa a mais. Como é fundamental garantir a integridade de dados, o SGBD cria duas cópias de cada linha sendo alterada por um comando de DML (INSERT, UPDATE ou DELETE). (Você aprenderá mais sobre isso no Capítulo 10, "Gerenciamento de transações e controle de concorrência".) A primeira cópia contém os valores originais ("antigos") dos atributos antes das alterações. A segunda contém os valores alterados ("novos") dos atributos que serão salvos permanentemente no banco de dados (após quaisquer alterações feitas por INSERT, UPDATE ou DELETE). Pode-se utilizar :OLD para se referir aos valores originais e :NEW para se referir aos valores alterados (os valores que serão armazenados na tabela). As referências de atributos :NEW e :OLD só podem ser utilizadas no interior do código de PL/SQL de uma ação de trigger de banco de dados. Por exemplo:

- IF :NEW.P_QOH < = :NEW.P_MIN compara a quantidade disponível com a quantidade mínima de um produto. Lembre-se de que se trata de um trigger no nível de linha. Portanto, essa comparação é feita para cada linha atualizada pelo comando de trigger.

- Embora o trigger apresente BEFORE, não significa que o comando de trigger ainda não tenha sido executado. Pelo contrário, esse comando já ocorreu, de outro modo, o trigger não teria sido acionado e os valores :NEW não existiriam. Lembre-se, BEFORE significa *antes* das alterações serem salvas permanentemente no disco, mas *após* elas serem feitas na memória.

- O trigger utiliza a referência :NEW para atribuir um valor à coluna P_REORDER antes dos resultados de UPDATE ou INSERT serem armazenados permanentemente na tabela. A atribuição sempre é feita ao valor :NEW (nunca ao :OLD) e utiliza o operador "=". Os valores :OLD são de *apenas leitura*; não é possível alterá-los. Observe que :NEW.P_REORDER := 1; atribui o valor 1 à coluna P_REORDER e :NEW.P_REORDER := 0; atribui o valor 0 à coluna P_REORDER.

- Essa nova versão do trigger não utiliza nenhum comando de DML!

Antes de testar o novo trigger, observe que o produto '11QER/31' possui atualmente uma quantidade disponível acima da quantidade mínima, mas o flag de encomenda está configurado como 1. Em função de tal condição, esse flag deve ser 0. Após criar o novo trigger, é possível executar um comando UPDATE para acioná-lo, conforme apresentado na Figura 8.38.

FIGURA 8.38	Execução da terceira versão do trigger

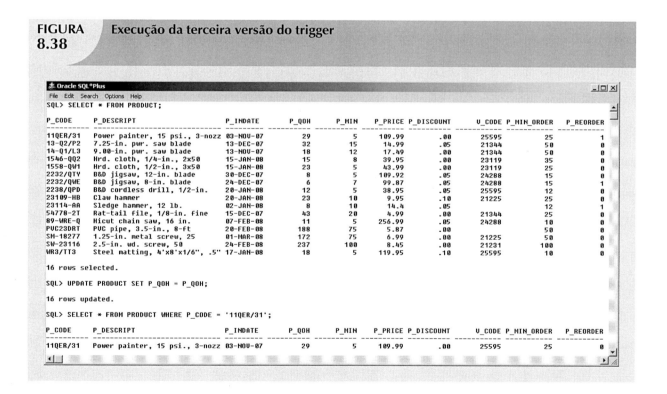

Observe os seguintes aspectos importantes do código da Figura 8.38.

- O trigger é chamado automaticamente para cada linha afetada – nesse caso, todas as linhas da tabela PRODUCT. Se seu comando de trigger tivesse afetado apenas três linhas, nem todas as linhas de PRODUCT teriam o valor correto de P_REORDER configurado. Por isso, o comando de trigger foi estabelecido do modo apresentado na Figura 8.38.

- O trigger será executado apenas se houver a inserção de um novo produto ou a atualização de P_QOH ou P_MIN. Se outro atributo for atualizado, o trigger não será executado.

Também é possível utilizar um trigger para atualizar um atributo de uma tabela diferente daquele que está sendo modificado. Suponha, por exemplo, que queira criar um trigger que reduza automaticamente a quantidade disponível de um produto em cada venda. Para realizar essa tarefa, deve-se criar um trigger para a tabela LINE que atualize uma linha da tabela PRODUCT. O código de exemplo para esse trigger é apresentado na Figura 8.39.

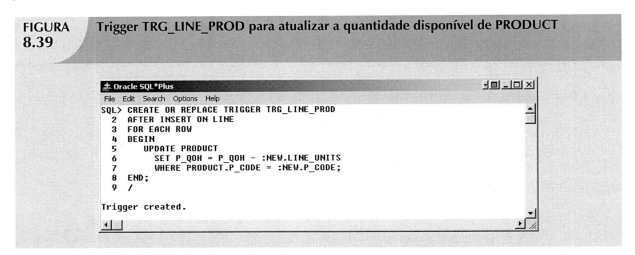

FIGURA 8.39   Trigger TRG_LINE_PROD para atualizar a quantidade disponível de PRODUCT

```
Oracle SQL*Plus
File  Edit  Search  Options  Help
SQL> CREATE OR REPLACE TRIGGER TRG_LINE_PROD
  2    AFTER INSERT ON LINE
  3    FOR EACH ROW
  4    BEGIN
  5      UPDATE PRODUCT
  6        SET P_QOH = P_QOH - :NEW.LINE_UNITS
  7        WHERE PRODUCT.P_CODE = :NEW.P_CODE;
  8    END;
  9  /

Trigger created.
```

Observe que o trigger no nível de linha TRG_LINE_PROD é executado após a inserção da linha (LINE) de uma nova fatura e reduz, pelo número de unidades vendidas, a quantidade do produto que acabou de ser comercializado. Esse trigger no nível de linha atualiza uma linha de uma tabela diferente (PRODUCT), utilizando os valores :NEW doa linha recém-adicionada em LINE.

Um terceiro exemplo de trigger mostra a utilização de variáveis no trigger. Nesse caso, quer-se atualizar o saldo de clientes (CUS_BALANCE) na tabela CUSTOMER (cliente) após a inserção de cada nova linha de LINE. O código para esse trigger é apresentado na Figura 8.40.

Examinemos cuidadosamente o trigger dessa figura.

- É um trigger no nível de linha executado após cada nova inserção de linha em LINE.
- A seção DECLARE no trigger é utilizada para declarar quaisquer variáveis utilizadas no interior do código.
- É possível declarar uma variável, atribuindo-lhe um nome, um tipo de dados e (opcionalmente) um valor inicial, como no caso de W_TOT.
- A primeira etapa do código do trigger é obter o código de cliente (CUS_CODE) da tabela INVOICE (fatura) relacionada. Observe que o comando SELECT retorna apenas um atributo (CUS_CODE) da tabela INVOICE. Observe também que esse atributo retorna apenas um valor conforme especificado pela utilização da cláusula WHERE *para restringir o resultado da consulta a um único valor*.
- Observe a utilização da cláusula INTO no interior do comando SELECT. Utiliza-se essa cláusula para atribuir um valor de um comando SELECT a uma variável (W_CUS) usada no trigger.
- A segunda etapa do código de trigger calcula o total da linha, multiplicando :NEW.LINE_UNITS por :NEW.LINE_PRICE e atribuindo o resultado à variável W_TOT.

FIGURA
8.40

Trigger TRG_LINE_CUS para atualizar o saldo de clientes

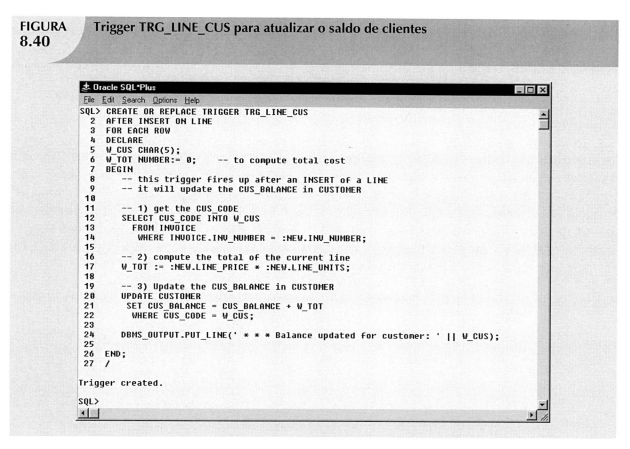

```
SQL> CREATE OR REPLACE TRIGGER TRG_LINE_CUS
  2  AFTER INSERT ON LINE
  3  FOR EACH ROW
  4  DECLARE
  5  W_CUS CHAR(5);
  6  W_TOT NUMBER:= 0;    -- to compute total cost
  7  BEGIN
  8     -- this trigger fires up after an INSERT of a LINE
  9     -- it will update the CUS_BALANCE in CUSTOMER
 10
 11     -- 1) get the CUS_CODE
 12     SELECT CUS_CODE INTO W_CUS
 13       FROM INVOICE
 14        WHERE INVOICE.INV_NUMBER = :NEW.INV_NUMBER;
 15
 16     -- 2) compute the total of the current line
 17     W_TOT := :NEW.LINE_PRICE * :NEW.LINE_UNITS;
 18
 19     -- 3) Update the CUS_BALANCE in CUSTOMER
 20     UPDATE CUSTOMER
 21       SET CUS_BALANCE = CUS_BALANCE + W_TOT
 22        WHERE CUS_CODE = W_CUS;
 23
 24     DBMS_OUTPUT.PUT_LINE(' * * * Balance updated for customer: ' || W_CUS);
 25
 26  END;
 27  /

Trigger created.

SQL>
```

- A etapa final atualiza o saldo de clientes, utilizando um comando UPDATE e as variáveis de trigger W_TOT e W_CUS.
- São utilizados traços duplos "--" para indicar comentários dentro do bloco PL/SQL.

Segue um resumo dos triggers criados nesta seção:

- TRG_PROD_REORDER é um trigger no nível de linha que atualiza P_REORDER em PRODUCT quando um novo produto é adicionado ou as colunas P_QOH ou P_MIN são atualizadas.
- TRG_LINE_PROD é um trigger no nível de linha que reduz automaticamente o P_QOH de PRODUCT quando uma nova linha é adicionada à tabela LINE.
- TRG_LINE_CUS é um trigger no nível de linha que aumenta automaticamente o CUS_BALANCE de CUSTOMER quando uma nova linha é adicionada à tabela LINE.

A utilização de triggers facilita a automação de várias tarefas de gerenciamento de dados. Embora os triggers sejam objetos independentes, estão associados a tabelas de bancos de dados. Quando uma tabela é excluída, todos os seus objetos de trigger são excluídos com ela. No entanto, se for necessário excluir um trigger sem excluir sua tabela, pode-se utilizar o seguinte comando:

DROP TRIGGER *nome do trigger*

Ação do trigger com base em predicados condicionais de DML

Também é possível criar triggers cujas ações dependam do tipo de comando de DML (INSERT, UPDATE ou DELETE) que os aciona. Por exemplo, é possível criar um trigger que seja executado após uma inserção, atualização ou exclusão na tabela PRODUCT. Mas como é possível saber qual dos três comandos causou a execução do trigger? Nesses casos, pode-se utilizar a sintaxe a seguir:

```
IF INSERTING THEN ... END IF;
IF UPDATING THEN ... END IF;
IF DELETING THEN ... END IF;
```

PROCEDIMENTOS ARMAZENADOS

Um **procedimento armazenado** (em inglês, *stored procedure*) é uma coleção denominada de comandos procedurais e de SQL. Assim como os triggers, esses procedimentos são armazenados no banco de dados. Uma de suas principais vantagens é a possibilidade de utilizá-los para englobar e representar transações de negócios. Por exemplo, pode-se criar um procedimento armazenado para representar uma venda de produto, uma atualização de crédito ou a adição de um novo cliente. Fazendo isso, é possível inserir os comandos de SQL em um único procedimento armazenado e executá-los como uma única transação. Há duas vantagens claras para a utilização desses procedimentos:

- Os procedimentos armazenados reduzem significativamente o tráfego de rede e aumentam o desempenho. Como o procedimento é armazenado no servidor, não há transmissão de comandos de SQL individual pela rede. Sua utilização melhora o desempenho do sistema, pois todas as transações são executadas localmente no SGBDR, de modo que o comando de SQL não tenha de atravessar a rede.
- Os procedimentos armazenados ajudam a reduzir a duplicação do código, que é isolado e compartilhado (criando módulos únicos de PL/SQL chamados pelos aplicativos), o que minimiza a chance de erros e o custo de desenvolvimento e manutenção de aplicações.

Para criar um procedimento armazenado, utilize a seguinte sintaxe:

CREATE OR REPLACE PROCEDURE *nome do procedimento* [(*argumento* [IN/OUT] *tipo de dados*, ...)] [IS/AS][*tipo de dados do nome da variável*[:=*valor inicial*]]
BEGIN
    comandos de SQL ou PL/SQL;
    ...
END;

Observe os seguintes pontos importantes sobre procedimentos armazenados e sua sintaxe:

- O *argumento* especifica os parâmetros transmitidos ao procedimento armazenado, que pode conter nenhum ou mais argumentos ou parâmetros.
- *IN/OUT* indica se o parâmetro é de entrada, saída ou ambos.
- O *tipo de dados* corresponde a um dos tipos de dados de SQL procedural utilizados no SGBDR. Os tipos de dados normalmente correspondem aos utilizados no comando de criação de tabelas do SGBDR.
- As variáveis podem ser declaradas entre as palavras-chave IS e BEGIN. É necessário especificar o nome da variável, seu tipo de dados e (opcionalmente) um valor inicial.

Para ilustrar os procedimentos armazenados, suponha que se queira criar um procedimento (PRC_PROD_DISCOUNT) para atribuir um desconto adicional de 5% a todos os produtos quando sua quantidade disponível seja maior ou igual ao dobro da quantidade mínima. A Figura 8.41 mostra como o procedimento armazenado é criado.

FIGURA 8.41 Criação do procedimento armazenado PRC_PROD_DISCOUNT

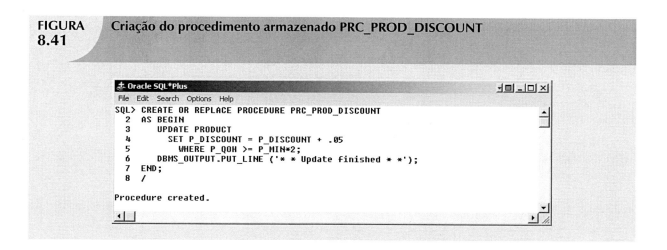

```
Oracle SQL*Plus
File  Edit  Search  Options  Help
SQL> CREATE OR REPLACE PROCEDURE PRC_PROD_DISCOUNT
  2  AS BEGIN
  3     UPDATE PRODUCT
  4        SET P_DISCOUNT = P_DISCOUNT + .05
  5           WHERE P_QOH >= P_MIN*2;
  6     DBMS_OUTPUT.PUT_LINE ('* * Update finished * *');
  7  END;
  8  /

Procedure created.
```

Observe na Figura 8.41 que o procedimento armazenado PROC_PROD_DISCOUNT utiliza a função DBMS_OUTPUT.PUT_LINE para exibir uma mensagem quando ele é executado. (Essa ação assume que se execute anteriormente SET SERVEROUTPUT ON.)

Para executar o procedimento armazenado, deve-se utilizar a seguinte sintaxe:

EXEC *nome do procedimento*[(*lista de parâmetros*)];

Por exemplo, para ver os resultados da execução do procedimento armazenado PRC_PROD_DISCOUNT, é possível utilizar o comando EXEC PRC_PROD_DISCOUNT apresentado na Figura 8.42.

Utilizando essa figura como orientação, é possível ver como o atributo de desconto para todos os produtos com quantidade disponível maior ou igual ao dobro da quantidade mínima foi aumentado de 5%. (Compare a listagem da primeira tabela PRODUCT à da segunda.)

FIGURA 8.42 Resultados do procedimento armazenado PRC_PROD_DISCOUNT

```
Oracle SQL*Plus                                                                      _|□|x|
File  Edit  Search  Options  Help
SQL> SELECT * FROM PRODUCT;

P_CODE     P_DESCRIPT                   P_INDATE     P_QOH   P_MIN   P_PRICE P_DISCOUNT   V_CODE P_MIN_ORDER   P_REORDER
---------  ---------------------------  ---------   ------  ------  -------- ----------   ------ -----------   ---------
11QER/31   Power painter, 15 psi., 3-nozz 03-NOV-07    29       5    109.99       .00     25595          25           0
13-Q2/P2   7.25-in. pwr. saw blade      13-DEC-07      32      15     14.99       .05     21344          50           0
14-Q1/L3   9.00-in. pwr. saw blade      13-NOV-07      18      12     17.49       .00     21344          50           0
1546-QQ2   Hrd. cloth, 1/4-in., 2x50    15-JAN-08      15       8     39.95       .00     23119          35           0
1558-QW1   Hrd. cloth, 1/2-in., 3x50    15-JAN-08      23       5     43.99       .00     23119          25           0
2232/QTY   B&D jigsaw, 12-in. blade     30-DEC-07       8       5    109.92       .05     24288          15           0
2232/QWE   B&D jigsaw, 8-in. blade      24-DEC-07       6       7     99.87       .05     24288          15           1
2238/QPD   B&D cordless drill, 1/2-in.  20-JAN-08      12       5     38.95       .05     25595          12           0
23109-HB   Claw hammer                  20-JAN-08      23      10      9.95       .10     21225          25           0
23114-AA   Sledge hammer, 12 lb.        02-JAN-08       8      10      14.4       .05                    12           1
54778-2T   Rat-tail file, 1/8-in. fine  15-DEC-07      43      20      4.99       .00     21344          25           0
89-WRE-Q   Hicut chain saw, 16 in.      07-FEB-08      11       5    256.99       .05     24288          10           0
PVC23DRT   PVC pipe, 3.5-in., 8-ft      20-FEB-08     188      75      5.87       .00                    50           0
SM-18277   1.25-in. metal screw, 25     01-MAR-08     172      75      6.99       .00     21225          50           0
SW-23116   2.5-in. wd. screw, 50        24-FEB-08     237     100      8.45       .00     21231         100           0
WR3/TT3    Steel matting, 4'x8'x1/6", .5" 17-JAN-08     18       5    119.95       .10     25595          10           0

16 rows selected.

SQL> EXEC PRC_PROD_DISCOUNT;

PL/SQL procedure successfully completed.

SQL> SELECT * FROM PRODUCT;

P_CODE     P_DESCRIPT                   P_INDATE     P_QOH   P_MIN   P_PRICE P_DISCOUNT   V_CODE P_MIN_ORDER   P_REORDER
---------  ---------------------------  ---------   ------  ------  -------- ----------   ------ -----------   ---------
11QER/31   Power painter, 15 psi., 3-nozz 03-NOV-07    29       5    109.99       .05     25595          25           0
13-Q2/P2   7.25-in. pwr. saw blade      13-DEC-07      32      15     14.99       .10     21344          50           0
14-Q1/L3   9.00-in. pwr. saw blade      13-NOV-07      18      12     17.49       .00     21344          50           0
1546-QQ2   Hrd. cloth, 1/4-in., 2x50    15-JAN-08      15       8     39.95       .00     23119          35           0
1558-QW1   Hrd. cloth, 1/2-in., 3x50    15-JAN-08      23       5     43.99       .05     23119          25           0
2232/QTY   B&D jigsaw, 12-in. blade     30-DEC-07       8       5    109.92       .05     24288          15           0
2232/QWE   B&D jigsaw, 8-in. blade      24-DEC-07       6       7     99.87       .05     24288          15           1
2238/QPD   B&D cordless drill, 1/2-in.  20-JAN-08      12       5     38.95       .10     25595          12           0
23109-HB   Claw hammer                  20-JAN-08      23      10      9.95       .15     21225          25           0
23114-AA   Sledge hammer, 12 lb.        02-JAN-08       8      10      14.4       .05                    12           1
54778-2T   Rat-tail file, 1/8-in. fine  15-DEC-07      43      20      4.99       .05     21344          25           0
89-WRE-Q   Hicut chain saw, 16 in.      07-FEB-08      11       5    256.99       .10     24288          10           0
PVC23DRT   PVC pipe, 3.5-in., 8-ft      20-FEB-08     188      75      5.87       .05                    50           0
SM-18277   1.25-in. metal screw, 25     01-MAR-08     172      75      6.99       .05     21225          50           0
SW-23116   2.5-in. wd. screw, 50        24-FEB-08     237     100      8.45       .05     21231         100           0
WR3/TT3    Steel matting, 4'x8'x1/6", .5" 17-JAN-08     18       5    119.95       .15     25595          10           0

16 rows selected.
```

Uma das principais vantagens dos procedimentos é a possibilidade de transmitir valores a eles. Por exemplo, o procedimento PRC_PRODUCT_DISCOUNT anterior funcionou bem, mas o que aconteceria se quisesse tornar o aumento porcentual uma variável de entrada? Nesse caso, é possível transmitir um argumento para representar a taxa de aumento ao procedimento. A Figura 8.43 mostra o código desse procedimento.

A Figura 8.44 mostra a execução da segunda versão do procedimento armazenado PRC_PROD_DISCOUNT. Observe que se o procedimento exige argumentos, estes devem estar entre parênteses e separados por vírgulas.

FIGURA 8.43 Segunda versão do procedimento armazenado PRC_PROD_DISCOUNT

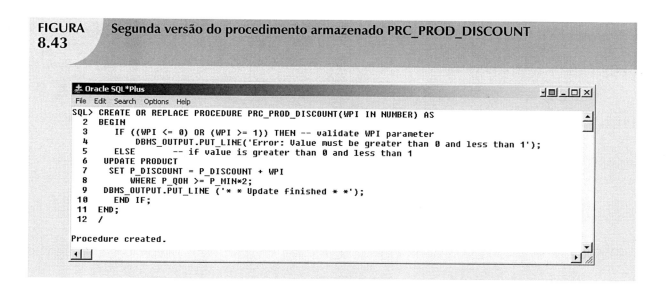

FIGURA 8.44 Resultados da segunda versão do procedimento armazenado PRC_PROD_DISCOUNT

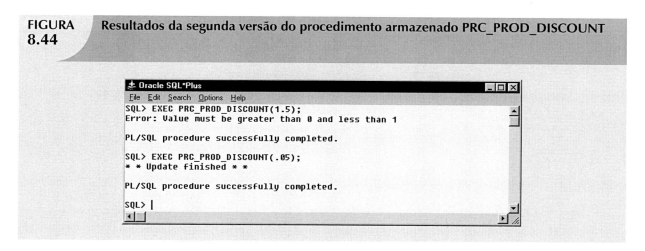

Os procedimentos armazenados também são úteis para inserir o código compartilhado que representa transações de negócios. Por exemplo, pode-se criar um procedimento simples para adicionar um novo cliente. Utilizando procedimentos armazenados, todos os programas podem chamar por seu nome sempre que houver a inserção de um novo cliente. Naturalmente se os atributos do novo cliente forem adicionados posteriormente, será necessário modificar o procedimento. No entanto, os programas que o utilizam não teriam de saber o nome do atributo recém-adicionado, tendo apenas de adicionar um novo parâmetro à chamada ao procedimento. (Observe o procedimento armazenado PRC_CUS_ADD apresentado na Figura 8.45.)

Ao examinar a Figura 8.45, observe esses aspectos:

- O procedimento PRC_CUS_ADD utiliza vários parâmetros, um para cada atributo necessário da tabela CUSTOMER.
- O procedimento armazenado utiliza a sequência CUS_CODE_SEQ para gerar um novo código de cliente.

FIGURA 8.45   Procedimento armazenado PRC_CUS_ADD

```
Oracle SQL*Plus                                                    _|□|×|
File  Edit  Search  Options  Help
SQL> CREATE OR REPLACE PROCEDURE PRC_CUS_ADD
  2   (W_LN IN VARCHAR, W_FN IN VARCHAR, W_INIT IN VARCHAR, W_AC IN VARCHAR, W_PH IN VARCHAR)
  3   AS
  4   BEGIN
  5   -- note that the procedure uses the CUS_CODE_SEQ sequence created earlier
  6   -- attribute names are required when not giving values for all table attributes
  7     INSERT INTO CUSTOMER(CUS_CODE,CUS_LNAME, CUS_FNAME, CUS_INITIAL, CUS_AREACODE, CUS_PHONE)
  8       VALUES (CUS_CODE_SEQ.NEXTVAL, W_LN, W_FN, W_INIT, W_AC, W_PH);
  9     DBMS_OUTPUT.PUT_LINE ('Customer ' || W_LN || ', ' || W_FN || ' added.');
 10   END;
 11   /

Procedure created.

SQL> EXEC PRC_CUS_ADD('Walker','James',NULL,'615','84-HORSE');
Customer Walker, James added.

PL/SQL procedure successfully completed.

SQL> SELECT * FROM CUSTOMER WHERE CUS_LNAME = 'Walker';

  CUS_CODE CUS_LNAME        CUS_FNAME        C CUS CUS_PHON CUS_BALANCE
---------- ---------------- ---------------- - --- -------- -----------
     20010 Walker           James              615 84-HORSE           0

SQL> EXEC PRC_CUS_ADD('Lowery', 'Denisee', NULL, NULL, NULL);
BEGIN PRC_CUS_ADD('Lowery', 'Denisee', NULL, NULL, NULL); END;

*
ERROR at line 1:
ORA-01400: cannot insert NULL into ("STUDENT"."CUSTOMER"."CUS_AREACODE")
ORA-06512: at "STUDENT.PRC_CUS_ADD", line 7
ORA-06512: at line 1
```

- Os parâmetros necessários – aqueles especificados na definição da tabela – devem ser incluídos e podem ser nulos *somente* quando as especificações da tabela permitirem. Por exemplo, observe que a adição do segundo cliente não funcionou, pois CUS_AREACODE (código de área de cliente) é um atributo necessário e não pode ser nulo.
- O procedimento exibe uma mensagem no console de SQL*Plus que permite que o usuário saiba se o cliente foi adicionado.

Os dois exemplos a seguir ilustram melhor a utilização de sequências em procedimentos armazenados. Nesse caso, criaremos dois desses procedimentos:

1. PRC_INV_ADD, que adiciona uma nova fatura.
2. PRC_LINE_ADD, que adiciona uma nova linha de produto em uma determinada fatura.

Ambos os procedimentos são apresentados na Figura 8.46. Observe a utilização de uma variável no procedimento PRC_LINE_ADD para obter o preço do produto a partir da tabela PRODUCT.

Para testar os procedimentos apresentados na Figura 8.46:

1. Chame o procedimento PRC_INV_ADD com os novos dados de fatura como argumentos.
2. Chame o procedimento PRC_LINE_ADD e transmita os argumentos de linha de produto.

FIGURA 8.46 Procedimentos armazenados PRC_INV_ADD e PRC_LINE_ADD

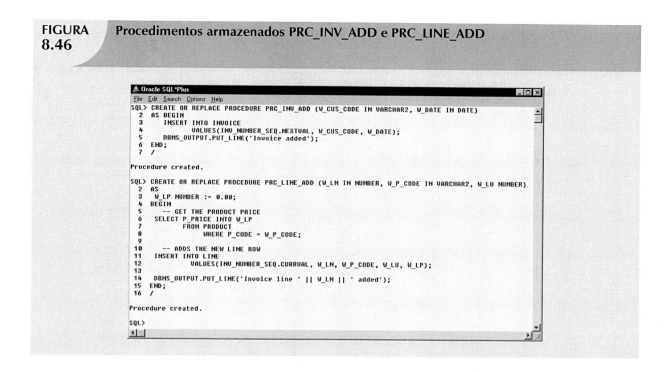

Esse processo é ilustrado na Figura 8.47.

FIGURA 8.47 Teste dos procedimentos PRC_INV_ADD e PRC_LINE_ADD

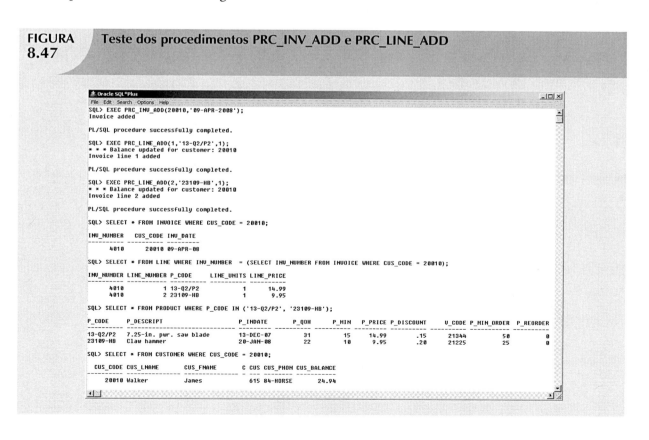

Processamento de PL/SQL com cursores

Até agora, todos os comandos de SQL utilizados em um bloco PL/SQL (trigger ou procedimento armazenado) retornaram um único valor. Se o comando de SQL retornar mais de um valor, será gerado um erro. Caso queira utilizar, no código de PL/SQL, um comando de SQL que retorne mais de um valor, é necessário recorrer a um cursor. O **cursor** é uma estrutura especial utilizada em SQL procedural para manter as linhas de dados provenientes de uma consulta de SQL. Pode-se considerar o cursor como uma área reservada da memória em que o resultado da consulta é armazenado na forma de uma matriz que contém linhas e colunas. Os cursores são mantidos em uma área de memória reservada no servidor do SGBD, não no computador cliente.

Há dois tipos de cursores: implícitos e explícitos. O **cursor implícito** é criado automaticamente em SQL procedural quando a sentença de SQL retorna apenas um valor. Até agora, todos os exemplos criaram um cursor implícito. O **cursor explícito** é criado para manter o produto de um comando de SQL que tenha permissão para retornar duas ou mais linhas (mas que possa retornar nenhuma ou apenas uma linha). Para criar um cursor explícito, utilize a seguinte sintaxe no interior de uma seção de DECLARE em PL/SQL:

CURSOR *nome do cursor* IS *consulta de seleção*;

Uma vez declarado o cursor, é possível utilizar comandos de processamento específicos (OPEN, FETCH e CLOSE) em qualquer posição entre as palavras-chave BEGIN e END do bloco PL/SQL. A Tabela 8.9 resume a principal utilização de cada um desses comandos.

TABELA 8.9 Comandos de processamento de cursores

COMANDO DE CURSORES	EXPLICAÇÃO
OPEN	Executa o comando de SQL e preenche o cursor com dados, abrindo-o para processamento. O comando de declaração do cursor apenas reserva uma área denominada na memória; ele não preenche o cursor com dados. Antes de utilizá-lo, é necessário abri-lo. Por exemplo: OPEN *nome do cursor*
FETCH	Uma vez aberto o cursor, é possível utilizar o comando FETCH para recuperar seus dados e copiá-los em variáveis de PL/SQL para processamento. A sintaxe é: FETCH *nome do cursor* INTO variável1 [, variável2, …] As variáveis de PL/SQL utilizadas para manter os dados devem ser declaradas na seção DECLARE e ter tipos de dados compatíveis com as colunas recuperadas pelo comando de SQL. Se o comando do cursor retornar cinco colunas, deve haver cinco variáveis de PL/SQL para receber os dados do cursor. Esse tipo de processamento se assemelha ao de um registro utilizado em modelos anteriores de bancos de dados. Na primeira vez em que a recuperação (fetch) é realizada no cursor, sua primeira linha de dados é copiada nas variáveis de PL/SQL; na segunda vez, a segunda linha de dados é colocada nessas variáveis, e assim por diante.
CLOSE	O comando CLOSE fecha o cursor para processamento.

O processamento por cursores envolve a recuperação de dados de uma linha por vez. Uma vez aberto, o cursor torna-se um conjunto de dados ativo. Esse conjunto contém um ponteiro da linha "atual". Portanto, após a abertura, a linha atual é a primeira linha do cursor.

Quando a recuperação (fetch) é realizada, os dados da linha "atual" do cursor são copiados nas variáveis de PL/SQL. Após a recuperação, o ponteiro da linha "atual" passa para a linha seguinte do conjunto e continua até atingir o fim do cursor.

Como é possível saber a quantidade de linhas no cursor? Ou quando se chegou ao fim do conjunto de dados do cursor? Esses aspectos podem ser conhecidos em função de atributos especiais que portam informações importantes. A Tabela 8.10 resume os atributos de cursores.

TABELA 8.10 Atributos de cursores

ATRIBUTO	DESCRIÇÃO
%ROWCOUNT	Retorna o número de linhas extraídas até o momento. Se o cursor não estiver aberto, retorna um erro. Se nenhuma recuperação (FETCH) tiver sido feita, mas o cursor estiver aberto, retorna 0.
%FOUND	Retorna TRUE (verdadeiro) se a última recuperação retornou uma linha, e FALSE (falso) em caso contrário. Se o cursor não estiver aberto, retorna um erro. Se nenhuma recuperação tiver sido feita, o atributo contém um nulo.
%NOTFOUND	Retorna TRUE (verdadeiro) se a última recuperação não retornou nenhuma linha e FALSE (falso) em caso contrário. Se o cursor não estiver aberto, retorna um erro. Se nenhuma recuperação tiver sido feita, o atributo contém um nulo.
%ISOPEN	Retorna TRUE (verdadeiro) se o cursor estiver aberto (pronto para processamento) ou FALSE (falso) se o cursor estiver fechado. Lembre-se de que, antes de utilizar um cursor, é necessário abri-lo.

Para ilustrar a aplicação de cursores, utilizaremos um exemplo simples de procedimento armazenado que lista todos os produtos com quantidade disponível maior que a média de todos os produtos. O código é apresentado na Figura 8.48.

Ao examinar o código do procedimento armazenado apresentado na Figura 8.48, observe as seguintes características importantes:

- As linhas 2 e 3 utilizam o tipo de dados %TYPE na seção de definição de variável. Como indicado na Tabela 8.8, o tipo de dados %TYPE é utilizado para indicar que a variável dada herda o tipo de dados de uma variável declarada anteriormente ou de um atributo de tabela do banco de dados. Nesse caso, utiliza-se %TYPE para indicar que o W_P_CODE e W_P_DESCRIPT terão o mesmo tipo de dados das respectivas colunas na tabela PRODUCT. Desse modo, garante-se que a variável de PL/SQL terá um tipo de dados compatível.
- A linha 5 declara o cursor PROD_CURSOR.
- A linha 12 abre o cursor PROD_CURSOR e o preenche.
- A linha 13 utiliza o comando LOOP para criar um loop pelos dados do cursor, recuperando uma linha por vez.
- A linha 14 utiliza o comando FETCH para recuperar uma linha do cursor e colocá-la nas respectivas variáveis de PL/SQL.
- A linha 15 utiliza o comando EXIT para avaliar quando não há mais linhas no cursor (utilizando o atributo %NOTFOUND) e para sair do loop.
- A linha 19 utiliza o atributo %ROWCOUNT para obter o número total de linhas processadas.
- A linha 21 emite o comando CLOSE PROD_CURSOR para fechar o cursor.

FIGURA 8.48

Exemplo simples de cursor de processamento PRC_CURSOR_EXAMPLE

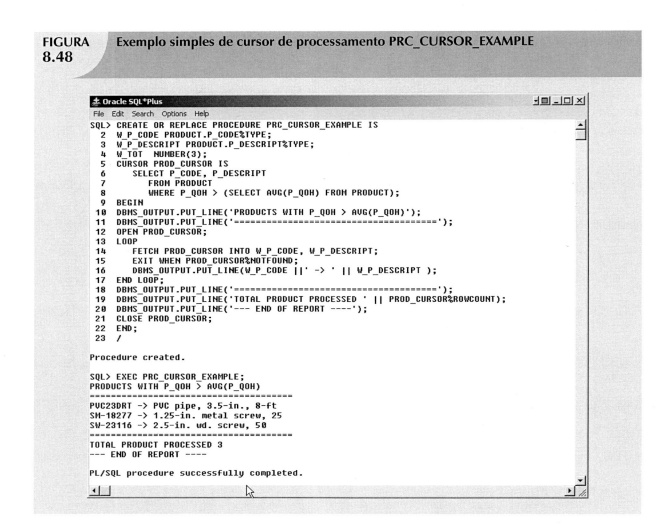

```
Oracle SQL*Plus
File  Edit  Search  Options  Help
SQL> CREATE OR REPLACE PROCEDURE PRC_CURSOR_EXAMPLE IS
  2  W_P_CODE PRODUCT.P_CODE%TYPE;
  3  W_P_DESCRIPT PRODUCT.P_DESCRIPT%TYPE;
  4  W_TOT  NUMBER(3);
  5  CURSOR PROD_CURSOR IS
  6     SELECT P_CODE, P_DESCRIPT
  7        FROM PRODUCT
  8        WHERE P_QOH > (SELECT AVG(P_QOH) FROM PRODUCT);
  9  BEGIN
 10  DBMS_OUTPUT.PUT_LINE('PRODUCTS WITH P_QOH > AVG(P_QOH)');
 11  DBMS_OUTPUT.PUT_LINE('====================================');
 12  OPEN PROD_CURSOR;
 13  LOOP
 14     FETCH PROD_CURSOR INTO W_P_CODE, W_P_DESCRIPT;
 15     EXIT WHEN PROD_CURSOR%NOTFOUND;
 16     DBMS_OUTPUT.PUT_LINE(W_P_CODE ||' -> ' || W_P_DESCRIPT );
 17  END LOOP;
 18  DBMS_OUTPUT.PUT_LINE('====================================');
 19  DBMS_OUTPUT.PUT_LINE('TOTAL PRODUCT PROCESSED ' || PROD_CURSOR%ROWCOUNT);
 20  DBMS_OUTPUT.PUT_LINE('--- END OF REPORT ----');
 21  CLOSE PROD_CURSOR;
 22  END;
 23  /

Procedure created.

SQL> EXEC PRC_CURSOR_EXAMPLE;
PRODUCTS WITH P_QOH > AVG(P_QOH)
====================================
PVC23DRT -> PVC pipe, 3.5-in., 8-ft
SM-18277 -> 1.25-in. metal screw, 25
SW-23116 -> 2.5-in. wd. screw, 50
====================================
TOTAL PRODUCT PROCESSED 3
--- END OF REPORT ----

PL/SQL procedure successfully completed.
```

A utilização de cursores, combinada à SQL padrão, torna os bancos de dados relacionais muito interessantes, pois os programadores podem trabalhar no melhor de dois mundos: processamento orientado a conjuntos e processamento orientado a registros. Todo programador experiente sabe utilizar a ferramenta que melhor se ajusta ao trabalho. Em alguns casos, será melhor manipular dados em um ambiente orientado a conjuntos; em outros, talvez seja melhor utilizar um ambiente orientado a registros. Com a SQL procedural, você pode assoviar e tocar flauta ao mesmo tempo. A SQL procedural oferece funcionalidades que aprimoram os recursos do SGBD, ao mesmo tempo em que mantém um alto grau de gerenciabilidade.

FUNÇÕES ARMAZENADAS DE PL/SQL

Utilizando SQL programável ou procedural, também é possível criar suas próprias funções armazenadas. Os procedimentos e funções armazenadas são muito parecidos. Uma **função armazenada** é basicamente um grupo denominado de comandos procedurais e de SQL que retorna um valor (indicado por um comando RETURN em seu código de programação). Para criar uma função, utilize a seguinte sintaxe:

CREATE FUNCTION *nome da função* (*argumento* IN *tipo de dados*, …) RETURN *tipo de dados* [IS]
BEGIN
        comandos de PL/SQL;
        …
        RETURN (*valor ou expressão*);
END;

As funções armazenadas podem ser chamadas apenas a partir de procedimentos armazenados ou triggers, não podendo ser inseridas em comandos de SQL (a menos que a função siga algumas regras muito específicas de conformidade). Lembre-se: não confunda funções de SQL embutida (como MIN, MAX e AVG) com funções armazenadas.

SQL EMBUTIDA

Não há muita dúvida de que a popularidade da SQL como linguagem de manipulação de dados deve-se, em parte, à sua facilidade de uso e a seus recursos poderosos de recuperação de dados. Mas, no mundo real, os sistemas de bancos de dados estão relacionados a outros sistemas e programas e ainda precisam de uma linguagem de programação convencional como Visual Basic.Net, C# ou COBOL para se integrarem a esses outros programas e sistemas. Quem desenvolve aplicações para a web provavelmente estará mais familiarizado com Visual Studio.Net, Java, ASP ou ColdFusion. No entanto, quase independente das ferramentas utilizadas, se uma aplicação da web ou sistema de GUI baseado em Windows exige acesso a bancos de dados como MS Access, SQL Server, Oracle ou DB2, provavelmente será necessário utilizar SQL para manipular os dados no banco.

SQL embutida é um termo utilizado para se referir a comandos de SQL no interior de uma linguagem de programação de aplicações como Visual Basic .Net, COBOL, C#, e Java. O programa em desenvolvimento pode ser um executável binário padrão Windows ou Linux ou uma aplicação de web projetada para execução na internet. Independente da linguagem utilizada, se contiver comandos de SQL, será chamada de **linguagem hospedeira**. A SQL embutida ainda é a linguagem mais comum para manter recursos procedurais em aplicações com base em SGBDs. No entanto, misturar a SQL com linguagens procedurais exige a compreensão de algumas diferenças fundamentais entre ela e essas linguagens.

- *Correspondência incorreta durante a execução*: Lembre-se de que a SQL é uma linguagem não procedural, ou seja, cada instrução é analisada e sua sintaxe é verificada, sendo executada uma instrução por vez.[1] Todo o processamento ocorre ao lado do servidor. Por sua vez, a linguagem hospedeira costuma ser um programa executável binário (também conhecido como programa compilado). O programa hospedeiro normalmente é executado do lado do cliente em seu próprio espaço de memória (diferente do ambiente do SGBD).
- *Correspondência incorreta de processamento*: As linguagens de programação convencional (COBOL, ADA, FORTRAN, PASCAL, C++ e PL/I) processam um elemento de dados por vez. Embora seja possível utilizar matrizes para manter dados, seus elementos ainda serão processados em uma linha por vez. Isso se verifica particularmente na manipulação de arquivos, em que a linguagem hospedeira costuma manipular um registro de dados por vez. No entanto, ambientes de programação mais recentes, como o Visual Studio.Net adotaram várias extensões orientadas a objetos que ajudam o programador a manipular conjuntos de dados de modo coeso.

---

[1] Os autores são especialmente gratos aos comentários cuidadosos enviados por Emil T. Cipolla, que leciona no Mount Saint Mary College e cuja experiência na IBM é a base de sua considerável especialidade prática.

- *Correspondência incorreta de tipos de dados*: A SQL fornece diversos tipos de dados, mas alguns podem não corresponder aos tipos utilizados em diferentes linguagens hospedeiras (por exemplo, os tipos de data e varchar2).

Para cobrir as diferenças, o padrão de SQL embutida[2] define um modelo para integrar a SQL em diversas linguagens de programação. O modelo de SQL incorporada define o seguinte:

- Uma sintaxe-padrão para identificar o código de SQL incorporada na linguagem hospedeira (EXEC SQL/END-EXEC).
- Uma sintaxe-padrão para identificar variáveis hospedeiras. Trata-se das variáveis na linguagem hospedeira que recebem dados do banco (por meio do código de SQL incorporada) e processam-no nessa linguagem. Todas as variáveis hospedeiras são precedidas por ponto e vírgula (":").
- É utilizada uma área de comunicação para trocar informações de *status* e erro entre a SQL e a linguagem hospedeira. Essa área contém duas variáveis: SQLCODE e SQLSTATE.

Outro modo de realizar a interface entre linguagens hospedeiras e SQL é pela utilização de uma interface de nível de chamada (INC)[3], na qual o programador escreve uma interface de programação de aplicações (API). Uma INC comum em Windows é fornecida pela interface de conectividade de bancos de dados abertos (ODBC).

Antes de continuar, exploraremos o processo necessário para a criação e execução de um programa executável com comandos de SQL incorporada. Se você já programou em COBOL ou C++, estará familiarizado com as diversas etapas necessárias para gerar o programa executável final. Embora os detalhes específicos variam conforme a linguagem e os fornecedores de SGBDs, as etapas gerais a seguir são o padrão:

1. O programador escreve o código de SQL incorporada nas instruções da linguagem hospedeira. O código segue a sintaxe-padrão exigida pela linguagem hospedeira e SQL incorporada.
2. Utiliza-se um pré-processador para transformar a SQL incorporada em chamadas especializadas de procedimentos específicas para a linguagem e o SGBD. O pré-processador é oferecido pelo fornecedor do SGBD e é específico para a linguagem hospedeira.
3. O programa é compilado utilizando-se o compilador da linguagem hospedeira. O compilador cria um módulo de código de objetos para o programa que contém as chamadas de procedimentos do SGBD.
4. O código de objetos é vinculado aos respectivos módulos de biblioteca e gera o programa executável. Esse processo vincula as chamadas de procedimentos do SGBD às bibliotecas de execução desse sistema. Além disso, o processo de vinculação normalmente cria um módulo de "plano de acesso" que contém instruções para executar o código incorporado.
5. O executável é executado e o comando de SQL incorporada recupera dados do banco.

Observe que é possível incorporar comandos individuais de SQL ou mesmo de um bloco PL/SQL inteiro. Até este ponto do livro, foi utilizada uma aplicação oferecida pelo SGBD (SQL*Plus) para escrever comandos de SQL e blocos SQL de modo interpretativo para tratar de solicitações únicas ou *ad hoc*. No

---

[2] Obtenha mais detalhes sobre o padrão de SQL embutida em *www.ansi.org*, em "SQL/Bindings", na Parte II – seção "SQL/Foundation" do padrão SQL-2003.

[3] Obtenha informações adicionais sobre o padrão de interface de nível de chamada de SQL em *www.ansi.org*, na Parte 3 de SQL: seção "Call Level Interface (SQL/CLI)" do padrão SQL-2003.

entanto, é extremamente difícil e trabalhoso utilizar consultas *ad hoc* para processar transações no interior da linguagem hospedeira. Os programadores normalmente incorporam comandos de SQL em uma linguagem compilada uma vez e executada sempre que necessário. Para incorporar a SQL na linguagem hospedeira, siga a sintaxe abaixo:

```
EXEC SQL
      comando de SQL;
END-EXEC.
```

Essa sintaxe funcionará com comandos SELECT, INSERT, UPDATE e DELETE. Por exemplo, o seguinte código de SQL incorporada exclui o funcionário 109 George Smith da tabela EMPLOYEE (funcionário):

```
EXEC SQL
      DELETE FROM EMPLOYEE WHERE EMP_NUM = 109;
END-EXEC.
```

Lembre-se de que o comando precedente de SQL embutida é compilado para gerar um comando executável. Portanto, é estabelecido permanentemente e não pode ser alterado (ao menos, é claro, que o programador o altere). A cada vez que o programa é executado, ele deleta a mesma linha. Em suma, o código precedente serve apenas para a primeira execução. Todas as execuções subsequentes provavelmente gerarão um erro. Obviamente, esse código seria mais útil se pudesse especificar uma variável que indicasse o número de funcionário a ser excluído.

Em SQL embutida, todas as variáveis hospedeiras são precedidas por ponto e vírgula (":"). Essas variáveis podem ser utilizadas para enviar dados da linguagem hospedeira para a SQL incorporada ou receber dados da SQL incorporada. Para utilizar uma variável hospedeira, deve-se primeiro declará-la nessa linguagem. A prática comum é utilizar nomes de variável similares aos atributos-fonte na SQL. Por exemplo, ao utilizar COBOL, é possível definir as variáveis hospedeiras na seção de armazenamento de dados de trabalho (*Working Storage*). Em seguida, deve-se referi-las na seção de SQL incorporada, antepondo-lhes um ponto e vírgula (":"). Por exemplo, para excluir um funcionário cujo número seja representado pela variável W_EMP_NUM, pode-se escrever o seguinte código:

```
EXEC SQL
      DELETE FROM EMPLOYEE WHERE EMP_NUM = :W_EMP_NUM;
END-EXEC.
```

No momento da execução, o valor da variável hospedeira será utilizado para executar o comando de SQL incorporada. O que aconteceria se o funcionário que se está tentando excluir não existisse no banco de dados? Como se poderia saber que o comando foi concluído sem erros? Conforme mencionado anteriormente, o padrão de SQL incorporada define uma área de comunicação para manter informações de *status* e erro. Em COBOL, essa área é conhecida como SQLCA, sendo definida na divisão de dados (*Data Division*) da seguinte maneira:

```
EXEC SQL
      INCLUDE SQLCA
END-EXEC.
```

A área SQLCA contém duas variáveis de comunicação de *status* e erro. A Tabela 8.11 mostra alguns dos principais valores retornados pelas variáveis e seus significados.

TABELA 8.11 Variáveis de comunicação de *status* e erro de SQL

NOME DA VARIÁVEL	VALOR	EXPLICAÇÃO
SQLCODE		Comunicação de erro em estilo antigo, suportada apenas para compatibilidade com sistemas anteriores; retorna um valor inteiro (positivo ou negativo).
	0	Conclusão de comando com sucesso.
	100	Sem dados; o comando de SQL não retornou, selecionou, atualizou ou excluiu nenhuma linha.
	-999	Qualquer valor negativo indica a ocorrência de um erro.
SQLSTATE		Adicionada pelo padrão SQL-92 para fornecer códigos predefinidos de erros; estabelecida como string de caracteres (5 caracteres de comprimento).
	00000	Conclusão de comando com sucesso.
		Diversos valores no formato XXYYY, em que: XX-> representa o código de classe. YYY-> representa o código de subclasse.

O seguinte código de SQL incorporada ilustra a utilização de SQLCODE no interior de um programa em COBOL.

```
EXEC SQL
EXEC SQL
    SELECT    EMP_LNAME, EMP_LNAME INTO :W_EMP_FNAME, :W_EMP_LNAME
              WHERE EMP_NUM = :W_EMP_NUM;
END-EXEC.
IF SQLCODE = 0 THEN
        PERFORM DATA_ROUTINE
ELSE
        PERFORM ERROR_ROUTINE
END-IF.
```

Nesse exemplo, a variável hospedeira SQLCODE é verificada para determinar se a consulta foi concluída com sucesso. Se for o caso, é executada a rotina de dados (DATA_ROUTINE); do contrário, executa-se a rotina de erro (ERROR_ROUTINE).

Assim como em PL/SQL, a SQL incorporada exige a utilização de cursores para receber dados de uma consulta que retorne mais de um valor. Se for utilizada COBOL, o cursor pode ser declarado tanto na seção de armazenamento de dados de trabalho (*Working Storage*) como na de divisão de procedimentos (*Procedure Division*). O cursor deve ser declarado e processado conforme exposto anteriormente na Seção "Processamento de PL/SQL com cursores". Para declarar um cursor, utilize a sintaxe apresentada no seguinte exemplo:

```
EXEC SQL
      DECLARE PROD_CURSOR FOR
            SELECT      P_CODE, P_DESCRIPT FROM PRODUCT
            WHERE       P_QOH > (SELECT AVG(P_QOH) FROM PRODUCT);
END-EXEC.
```

Em seguida, abra o cursor, deixando pronto para processamento:

```
EXEC SQL
      OPEN PROD_CURSOR;
END-EXEC.
```

Para processar as linhas de dados no cursor, utilize o comando FETCH, que recupera uma linha por vez e coloca seus valores nas variáveis hospedeiras. O código de SQLCODE deve ser verificado para garantir a conclusão do comando FETCH com sucesso. Essa seção de código normalmente faz parte de uma rotina do programa em COBOL. Essa rotina é executada com o comando PERFORM. Por exemplo:

```
EXEC SQL
      FETCH PROD_CURSOR INTO :W_P_CODE, :W_P_DESCRIPT;
END-EXEC.
IF SQLCODE = 0 THEN
      PERFORM DATA_ROUTINE
ELSE
      PERFORM ERROR_ROUTINE
END-IF.
```

Quando todas as linhas tiverem sido processadas, feche o cursor da seguinte maneira:

```
EXEC SQL
      CLOSE PROD_CURSOR;
END-EXEC.
```

Até agora, vimos exemplos de SQL incorporada em que o programador utilizou comandos e parâmetros de SQL predefinidos. Portanto, os usuários finais dos programas ficam limitados às ações especificadas na programação das aplicações. Esse estilo de SQL incorporada é conhecido como **SQL estática**, o que significa que os comandos não se alteram enquanto a aplicação estiver sendo executada. Por exemplo, o comando de SQL pode ser escrito assim:

```
SELECT      P_CODE, P_DESCRIPT, P_QOH, P_PRICE
FROM        PRODUCT
WHERE       P_PRICE > 100;
```

Observe que os atributos, tabelas e condições são conhecidos no comando precedente de SQL. Infelizmente, é raro os usuários finais trabalharem em um ambiente estático. Provavelmente exigirão a flexibilidade de definir as necessidades de acesso aos dados durante o trabalho. Portanto, os usuários finais precisam de uma SQL tão dinâmica quanto tais necessidades.

SQL dinâmica é um termo utilizado para descrever um ambiente em que o comando de SQL não é previamente conhecido; pelo contrário, ele é gerado durante a execução. No momento da execução de um ambiente de SQL dinâmica, um programa pode gerar o comando de SQL necessário para responder consultas *ad hoc*. Nesse ambiente, nem o programador nem o usuário final provavelmente saberão precisamente que tipo de consulta deve ser gerada ou como tais consultas devem ser estruturadas. Por exemplo, uma SQL dinâmica equivalente ao exemplo anterior seria:

```
SELECT          :W_ATTRIBUTE_LIST
FROM            :W_TABLE
WHERE           :W_CONDITION;
```

Observe que a lista de atributos e a condição não são conhecidas até que o usuário final as especifique. W_TABLE, W_ATRIBUTE_LIST e W_CONDITION são variáveis de texto que contêm os valores de entrada do usuário final utilizados na geração da consulta. Como o programa utiliza a entrada do usuário final para construir essas variáveis, esse usuário pode executar o mesmo programa várias vezes e gerar resultados diferentes. Por exemplo, em um caso, o usuário final quer saber quais produtos têm preço inferior a US$ 100; em outro, quantas unidades de determinado produto estão disponíveis para venda em determinado momento.

Embora a SQL dinâmica seja claramente flexível, essa flexibilidade tem um preço. Ela tende a ser muito mais lenta do que a SQL estática. Além disso, exige mais recursos do computador (sobrecarga). Por fim, é mais provável encontrar níveis de inconsistência de suporte e incompatibilidades entre os diferentes fornecedores de SGBD.

RESUMO

- A SQL fornece operadores de conjuntos relacionais para combinar o resultado de duas consultas e gerar uma nova relação. Os operadores de conjuntos UNION e UNION ALL combinam o resultado de duas (ou mais consultas) e produzem uma nova relação com todas as linhas exclusivas (UNION) ou duplicadas (UNION ALL) dessas consultas. O operador de conjuntos relacionais INTERSECT seleciona apenas as linhas comuns. O operador de conjuntos MINUS seleciona apenas as linhas diferentes. UNION, INTERSECT e MINUS exigem relações compatíveis para união.

- As operações que unem tabelas podem ser classificadas como internas ou externas. A junção interna é a operação tradicional na qual apenas as linhas que atendam a determinados critérios são selecionadas. A junção externa retorna as linhas correspondentes, bem como as com valores de atributos sem correspondência em uma ou ambas as tabelas a serem unidas.

- A junção natural retorna todas as linhas com valores correspondentes nas colunas correspondentes e elimina colunas duplicadas. Esse estilo de consulta é utilizado quando as tabelas compartilham um atributo comum com nome comum. Uma diferença importante entre a sintaxe de junção natural e a de junção no "estilo antigo" é que a natural não exige a utilização de um qualificador de tabelas para atributos comuns.

- As junções podem utilizar palavras-chave como USING e ON. Se for utilizada a cláusula USING, a consulta retornará apenas as linhas com valores correspondentes na coluna indicada nessa cláusula. Essa coluna tem de ocorrer em ambas tabelas. Se for utilizada a cláusula ON, a consulta retornará apenas as linhas que atendam à condição de junção especificada.

- As subconsultas e consultas correlacionadas são utilizadas quando necessárias ao processamento de dados com base em *outros* dados processados. Ou seja, a consulta utiliza resultados previamente desconhecidos gerados por outra consulta. As subconsultas podem ser utilizadas com as cláusulas FROM, WHERE, IN e HAVING em um comando SELECT. Uma subconsulta pode retornar uma única linha ou várias linhas.

- A maioria das subconsultas é executada de modo serial. Ou seja, a consulta externa inicia a solicitação de dados e, em seguida, a subconsulta interna é executada. Por outro lado, a subconsulta correlacionada é a executada uma vez para cada linha na pesquisa externa. Esse processo é similar ao loop integrado típico de linguagem de programação. A consulta correlacionada é assim chamada, pois a consulta interna é relacionada à externa – a interna referencia uma coluna da subconsulta externa.

- As funções de SQL são utilizadas para extrair e transformar dados. As funções utilizadas com mais frequência são as de data e hora. Os resultados da função podem ser utilizados para armazenar valores em uma tabela de banco de dados e para servir de base à computação de variáveis derivadas ou à comparação de dados. Os formatos das funções podem ser específicos de cada fornecedor. Além das funções de data e hora, há as numéricas e de string, bem como as de conversão, que convertem um formato de dados em outro.

- As sequências de Oracle podem ser utilizadas para gerar valores a serem atribuídos a um registro. Por exemplo, pode-se aplicar uma sequência para numerar faturas automaticamente. O MS Access utiliza o tipo de dados AutoNumber para gerar sequências numéricas. O MS SQL Server utiliza a propriedade da coluna "Identity" para designar a coluna que terá valores numéricos sequenciais automaticamente atribuídos. Só pode haver uma coluna "Identity" por tabela de SQL Server.

- A SQL procedural (PL/SQL) pode ser utilizada para criar triggers, procedimentos armazenados e funções. O trigger é o código de SQL procedural automaticamente chamado pelo SGBDR quando da ocorrência de um evento especificado de manipulação de dados (UPDATE, INSERT e DELETE). Os triggers são fundamentais para o gerenciamento e a operação adequados de bancos de dados. Eles ajudam a automatizar diversos processos de gerenciamento de dados e transações e podem ser utilizados para aplicar restrições que não sejam aplicadas nos níveis de projeto e implementação de SGBDs.

- O procedimento armazenado é uma coleção denominada de comandos de SQL. Assim como os triggers, esses procedimentos são armazenados no banco de dados. Uma de suas principais vantagens é a possibilidade de utilizá-los para englobar e representar transações de negócios completas. A utilização de procedimentos armazenados reduz significativamente o tráfego de rede e aumenta o desempenho do sistema. Os procedimentos armazenados ajudam a reduzir a duplicação do código, criando módulos únicos de PL/SQL que são chamados pelos aplicativos, o que minimiza a chance de erros e o custo de desenvolvimento e manutenção de aplicações.

- Quando os comandos de SQL são projetados para retornar mais de um valor no interior do código de PL/SQL, é necessário um cursor. Pode-se considerar o cursor como uma área reservada da memória em que o resultado da consulta é armazenado na forma de uma matriz que contém linhas e colunas. Os cursores são mantidos em uma área de memória reservada no servidor do SGBD, não no computador cliente. Há dois tipos de cursores: implícitos e explícitos.

- A SQL embutida refere-se à utilização de comandos de SQL no interior de uma linguagem de programação de aplicações como Visual Basic.Net, C#, COBOL e Java. A linguagem em que os comandos de SQL são incorporados é chamada linguagem hospedeira. A SQL incorporada ainda é a linguagem mais comum para manter recursos procedurais em aplicações com base em SGBDs.

QUESTÕES DE REVISÃO

1. Os operadores de conjuntos relacionais UNION, INTERSECT e MINUS só funcionam adequadamente em relações compatíveis para união. O que significa *compatível para união* e como essa condição pode ser verificada?

2. Qual é a diferença entre UNION e UNION ALL? Escreva a sintaxe de cada um.

3. Suponha duas tabelas: EMPLOYEE e EMPLOYEE_1. A tabela EMPLOYEE contém os registros de três funcionários: Alice Cordoza, John Cretchakov e Anne McDonald. A tabela EMPLOYEE_1 contém os registros dos funcionários John Cretchakov e Mary Chen. Dadas essas informações, liste o resultado da consulta UNION.

4. Dadas as informações de funcionários da Questão 3, liste o resultado da consulta UNION ALL.

5. Dadas as informações de funcionários da Questão 3, liste o resultado da consulta INTERSECT.

6. Dadas as informações de funcionários da Questão 3, liste o resultado da consulta MINUS.

7. O que é junção cruzada (CROSS JOIN)? Dê um exemplo de sua sintaxe.

8. Quais são os três tipos de junção que se incluem na classificação de junção externa (OUTER JOIN)?

9. Utilizando tabelas chamadas T1 e T2, escreva um exemplo de consulta para cada um dos três tipos de junção descritos na Questão 8. Assuma que T1 e T2 compartilhem uma coluna comum chamada C1.

10. O que é subconsulta e quais são suas características básicas?

11. O que é subconsulta correlacionada? Dê um exemplo.

12. Qual função de MS Access/SQL Server deve ser utilizada para calcular o número de dias entre a data atual e 25 de janeiro de 1999?

13. Qual função de Oracle deve ser utilizada para calcular o número de dias entre a data atual e 25 de janeiro de 1999?

14. Suponha que uma tabela PRODUCT (produto) contenha dois atributos, PROD_CODE (código de produto) e VEND_CODE (código de fornecedor). Esses dois atributos possuem, respectivamente,

os valores ABC, 125, DEF, 124, GHI, 124 e JKL, 123. A tabela VENDOR (fornecedor) contém um único atributo, VEND_CODE (código de fornecedor), com os valores 123, 124, 125 e 126. (O atributo VEND_CODE da tabela PRODUCT é uma chave estrangeira para o VEND_CODE da tabela VENDOR.) Dadas essas informações, qual seria o resultado de:

a. Uma consulta UNION com base nas duas tabelas?

b. Uma consulta UNION ALL com base nas duas tabelas?

c. Uma consulta INTERSECT com base nas duas tabelas?

d. Uma consulta MINUS com base nas duas tabelas?

15. Que função de string deve ser utilizada para listar os três primeiros caracteres dos valores de EMP_NAME de uma empresa? Dê um exemplo que utilize uma tabela chamada EMPLOYEE (funcionário). Dê exemplos para Oracle e SQL Server.

16. O que é sequência de Oracle? Escreva sua sintaxe.

17. O que é trigger e qual é sua finalidade? Dê um exemplo.

18. O que é procedimento armazenado e por que é particularmente útil? Dê um exemplo.

19. O que é SQL embutida e como é utilizada?

20. O que é SQL dinâmica e como difere da SQL estática?

PROBLEMAS

Utilize as tabelas do banco de dados da Figura P8.1 como base para os Problemas 1–18.

1. Crie as tabelas. (Utilize o exemplo de MS Access apresentado na Figura P8.1 para ver quais nomes e atributos utilizar.)

2. Insira os dados nas tabelas criadas no Problema 1.

3. Escreva a consulta para gerar uma lista combinada de clientes (das tabelas CUSTOMER e CUSTOMER_2) que não inclua registros duplicados. (Observe que apenas o cliente chamado Juan Ortega aparece em ambas as tabelas de clientes.)

4. Escreva a consulta para gerar uma lista combinada de clientes que inclua os registros duplicados.

5. Escreva a consulta para apresentar apenas os registros de clientes duplicados.

6. Escreva a consulta para gerar apenas registros exclusivos da tabela CUSTOMER_2.

7. Escreva a consulta para apresentar o número, a data e a quantia de fatura e o número e nome de cliente para todos os clientes com saldo de US$ 1.000 ou mais.

FIGURA P8.1   **Tabelas do banco de dados**

Nome da tabela: CUSTOMER

CUST_NUM	CUST_LNAME	CUST_FNAME	CUST_BALANCE
1000	Smith	Jeanne	1050.11
1001	Ortega	Juan	840.92

Nome da tabela: CUSTOMER_2

CUST_NUM	CUST_LNAME	CUST_FNAME
2000	McPherson	Anne
2001	Ortega	Juan
2002	Kowalski	Jan
2003	Chen	George

Nome da tabela: INVOICE

INV_NUM	CUST_NUM	INV_DATE	INV_AMOUNT
8000	1000	23-Mar-08	235.89
8001	1001	23-Mar-08	312.82
8002	1001	30-Mar-08	528.10
8003	1000	12-Apr-08	194.78
8004	1000	23-Apr-08	619.44

8. Escreva a consulta que apresentará (para todas as faturas) o número e quantia da fatura, a quantia média das faturas e a diferença entre essa média e a quantia real de cada fatura.

9. Escreva a consulta que produzirá sequências de Oracle para valores automáticos de número de clientes e número de faturas. Comece com os números de clientes em 1000 e os de faturas em 5000.

10. Modifique a tabela CUSTOMER (cliente) para incluir dois novos atributos: CUST_DOB e CUST_AGE (respectivamente, data de nascimento e idade de cliente). O cliente 1000 nasceu em 15 de março de 1979 e o 1001, em 22 de dezembro de 1988.

11. Assumindo a conclusão do Problema 10, escreva a consulta que liste os nomes e idades de seus clientes.

12. Assumindo que a tabela CUSTOMER contenha um atributo CUST_AGE (idade do cliente), escreva a consulta que atualize os valores desse atributo. (*Sugestão*: Utilize os resultados da consulta anterior.)

13. Escreva a consulta que liste a idade média de seus clientes. (Assuma que a tabela CUSTOMER tenha sido modificada para incluir o atributo CUST_DOB e o derivado CUST_AGE.)

14. Escreva o trigger para atualizar CUST_BALANCE (saldo de cliente) na tabela CUSTOMER quando for inserido um novo registro de fatura. (Assuma que a venda seja a crédito.) Teste o trigger, utilizando o seguinte registro de fatura (INVOICE):

    8005, 1001, '27-APR-08', 225.40

    Nomeio o trigger como **trg_updatecustbalance**.

15. Escreva um procedimento para adicionar um novo cliente à tabela CUSTOMER. Utilize os seguintes valores no novo registro:

    1002, 'Rauthor', 'Peter', 0.00

    Nomeie o procedimento como **prc_cust_add**. Execute uma consulta para ver se o registro foi adicionado.

16. Escreva um procedimento para adicionar uma nova fatura à tabela INVOICE. Utilize os seguintes valores no novo registro:

    8006, 1000, '30-APR-08', 301.72

    Nomeie o procedimento como **prc_invoice_add**. Execute uma consulta para ver se o registro foi adicionado.

17. Escreva um trigger para atualizar o saldo de clientes quando da exclusão de uma fatura. Nomeie o trigger como **trg_updatecustbalance2**.

18. Escreva um procedimento para excluir uma fatura, fornecendo seu número como parâmetro. Nomeie o procedimento como **prc_inv_delete**. Teste o procedimento excluindo as faturas 8005 e 8006.

NOTA

Os conjuntos de problemas seguintes podem servir como base para um projeto ou caso em sala de aula.

Utilize o banco de dados apresentado na Figura P8.2 para desenvolver os problemas 19–22.

FIGURA P8.2 Tabelas do banco de dados

Nome da tabela: CUSTOMER

CUS_CODE	CUS_LNAME	CUS_FNAME	CUS_INITIAL	CUS_AREACODE	CUS_PHONE	CUS_BALANCE
10010	Ramas	Alfred	A	615	844-2573	0.00
10011	Dunne	Leona	K	713	894-1238	0.00
10012	Smith	Kathy	W	615	894-2285	345.86
10013	Olowski	Paul	F	615	894-2180	536.75
10014	Orlando	Myron		615	222-1672	0.00
10015	O'Brian	Amy	B	713	442-3381	0.00
10016	Brown	James	G	615	297-1228	221.19
10017	Williams	George		615	290-2556	768.93
10018	Farriss	Anne	G	713	382-7185	216.55
10019	Smith	Olette	K	615	297-3809	0.00

Nome da tabela: PRODUCT

P_CODE	P_DESCRIPT	P_INDATE	P_QOH	P_MIN	P_PRICE	P_DISCOUNT	V_CODE
11QER/31	Power painter, 15 psi., 3-nozzle	03-Nov-07	8	5	109.99	0.00	25595
13-Q2/P2	7.25-in. pwr. saw blade	13-Dec-07	32	15	14.99	0.05	21344
14-Q1/L3	9.00-in. pwr. saw blade	13-Nov-07	18	12	17.49	0.00	21344
1546-QQ2	Hrd. cloth, 1/4-in., 2x50	15-Jan-08	15	8	39.95	0.00	23119
1558-QW1	Hrd. cloth, 1/2-in., 3x50	15-Jan-08	23	5	43.99	0.00	23119
2232/QTY	B&D jigsaw, 12-in. blade	30-Dec-07	8	5	109.92	0.05	24288
2232/QWE	B&D jigsaw, 8-in. blade	24-Dec-07	6	5	99.87	0.05	24288
2238/QPD	B&D cordless drill, 1/2-in.	20-Jan-08	12	5	38.95	0.05	25595
23109-HB	Claw hammer	20-Jan-08	23	10	9.95	0.10	21225
23114-AA	Sledge hammer, 12 lb.	02-Jan-08	8	5	14.40	0.05	
54778-2T	Rat-tail file, 1/8-in. fine	15-Dec-07	43	20	4.99	0.00	21344
89-WRE-Q	Hicut chain saw, 16 in.	07-Feb-08	11	5	256.99	0.05	24288
PVC23DRT	PVC pipe, 3.5-in., 8-ft	20-Feb-08	188	75	5.87	0.00	
SM-18277	1.25-in. metal screw, 25	01-Mar-08	172	75	6.99	0.00	21225
SW-23116	2.5-in. wd. screw, 50	24-Feb-08	237	100	8.45	0.00	21231
WR3/TT3	Steel matting, 4'x8'x1/6", .5" mesh	17-Jan-08	18	5	119.95	0.10	25595

Nome da tabela: VENDOR

V_CODE	V_NAME	V_CONTACT	V_AREACODE	V_PHONE	V_STATE	V_ORDER
21225	Bryson, Inc.	Smithson	615	223-3234	TN	Y
21226	SuperLoo, Inc.	Flushing	904	215-8995	FL	N
21231	D&E Supply	Singh	615	228-3245	TN	Y
21344	Gomez Bros.	Ortega	615	889-2546	KY	N
22567	Dome Supply	Smith	901	678-1419	GA	N
23119	Randsets Ltd.	Anderson	901	678-3998	GA	Y
24004	Brackman Bros.	Browning	615	228-1410	TN	N
24288	ORDVA, Inc.	Hakford	615	898-1234	TN	Y
25443	B&K, Inc.	Smith	904	227-0093	FL	N
25501	Damal Supplies	Smythe	615	890-3529	TN	N
25595	Rubicon Systems	Orton	904	456-0092	FL	Y

Nome da tabela: INVOICE

INV_NUMBER	CUS_CODE	INV_DATE	INV_SUBTOTAL	INV_TAX	INV_TOTAL
1001	10014	16-Jan-08	24.90	1.99	26.89
1002	10011	16-Jan-08	9.98	0.80	10.78
1003	10012	16-Jan-08	153.85	12.31	166.16
1004	10011	17-Jan-08	34.97	2.80	37.77
1005	10018	17-Jan-08	70.44	5.64	76.08
1006	10014	17-Jan-08	397.83	31.83	429.66
1007	10015	17-Jan-08	34.97	2.80	37.77
1008	10011	17-Jan-08	399.15	31.93	431.08

Nome da tabela: LINE

INV_NUMBER	LINE_NUMBER	P_CODE	LINE_UNITS	LINE_PRICE	LINE_TOTAL
1001	1	13-Q2/P2	1	14.99	14.99
1001	2	23109-HB	1	9.95	9.95
1002	1	54778-2T	2	4.99	9.98
1003	1	2238/QPD	1	38.95	38.95
1003	2	1546-QQ2	1	39.95	39.95
1003	3	13-Q2/P2	5	14.99	74.95
1004	1	54778-2T	3	4.99	14.97
1004	2	23109-HB	2	9.95	19.90
1005	1	PVC23DRT	12	5.87	70.44
1006	1	SM-18277	3	6.99	20.97
1006	2	2232/QTY	1	109.92	109.92
1006	3	23109-HB	1	9.95	9.95
1006	4	89-WRE-Q	1	256.99	256.99
1007	1	13-Q2/P2	2	14.99	29.98
1007	2	54778-2T	1	4.99	4.99
1008	1	PVC23DRT	5	5.87	29.35
1008	2	WR3/TT3	3	119.95	359.85
1008	3	23109-HB	1	9.95	9.95

19. Crie um trigger chamado **trg_line_total** para gravar o valor de LINE_TOTAL na tabela LINE sempre que for adicionada uma nova linha em LINE. O valor de LINE_TOTAL é o produto dos valores de LINE_UNITS (unidades do produto da linha) e LINE_PRICE (preço do produto da linha).

20. Crie um trigger chamado **trg_line_prod** para atualizar automaticamente a quantidade disponível de cada produto vendido após a adição de uma nova linha em LINE.

21. Crie um procedimento armazenado chamado **prc_inv_amounts** para atualizar INV_SUBTOTAL, INV_TAX e INV_TOTAL (respectivamente, subtotal, impostos e total de fatura). O procedimento toma o número de fatura como parâmetro. O INV_SUBTOTAL é a soma das quantias LINE_TOTAL da fatura, o INV_TAX o produto de INV_SUBTOTAL e da taxa de imposto (8%) e INV_TOTAL é a soma de INV_SUBTOTAL e INV_TAX.

22. Crie um procedimento chamado **prc_cus_balance_update** para tomar o número de fatura como parâmetro e atualizar o saldo de cliente. (*Sugestão*: É possível utilizar a seção DECLARE para definir a variável numérica TOTINV, que mantém o total calculado da fatura.)

    Utilize o banco de dados para desenvolver os problemas 23–34, apresentado na Figura P8.23.

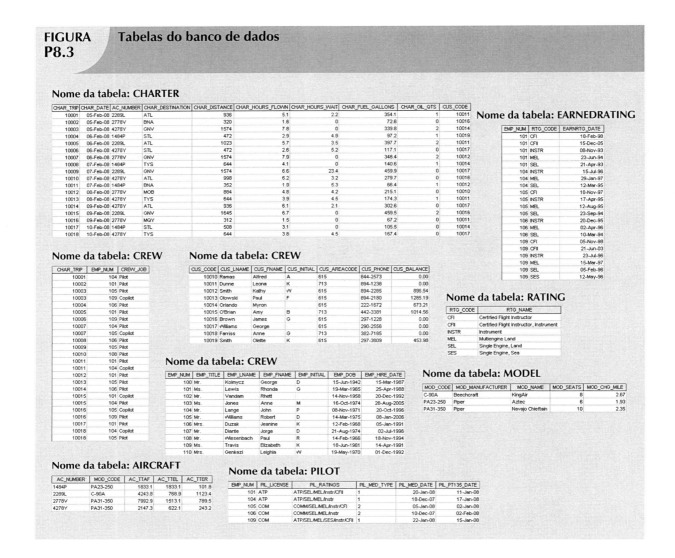

FIGURA P8.3 Tabelas do banco de dados

23. Modifique a tabela MODEL para adicionar o atributo e inserir os valores apresentados na seguinte tabela:

NOME DO ATRIBUTO	DESCRIÇÃO DO ATRIBUTO	TIPO DE ATRIBUTO	VALORES DO ATRIBUTO
MOD_WAIT_CHG	Tarifa de espera por hora de cada modelo	Numérico	US$ 100 para C-90A
			US$ 50 para PA23-250
			US$ 75 para PA31-350

24. Escreva as consultas para atualizar os valores do atributo MOD_WAIT_CHG com base no Problema 23.

25. Modifique a tabela CHARTER para adicionar os atributos apresentados na seguinte tabela:

NOME DO ATRIBUTO	DESCRIÇÃO DO ATRIBUTO	TIPO DE ATRIBUTO
CHAR_WAIT_CHG	Tarifa de espera de cada modelo (copiada da tabela MODEL)	Numérico
CHAR_FLT_CHG_HR	Tarifa de voo por milha de cada modelo (copiada da tabela MODEL utilizando o atributo MOD_CHG_MILE)	Numérico
CHAR_FLT_CHG	Tarifa de voo (calculada por CHAR_HOURS_FLOWN (horas voadas no fretamento) x CHAR_FLT_CHG_HR (tarifa por hora de voo do fretamento))	Numérico
CHAR_TAX_CHG	CHAR_FLT_CHG (tarifa de voo do fretamento) x taxa de imposto (8%)	Numérico
CHAR_TOT_CHG	CHAR_FLT_CHG + CHAR_TAX_CHG	Numérico
CHAR_PYMT	Quantia paga pelo cliente	Numérico
CHAR_BALANCE	Saldo remanescente após o pagamento	Numérico

26. Escreva a sequência de comandos necessária para atualizar os valores do atributo CHAR_WAIT_CHG na tabela CHARTER. (*Sugestão*: Utilize uma visualização atualizável ou um procedimento armazenado.)
27. Escreva a sequência de comandos necessária para atualizar os valores do atributo CHAR_FLT_CHG_HR na tabela CHARTER. (*Sugestão*: Utilize uma visualização atualizável ou um procedimento armazenado.)
28. Escreva o comando necessário para atualizar os valores do atributo CHAR_FLT_CHG na tabela CHARTER.
29. Escreva o comando necessário para atualizar os valores do atributo CHAR_TAX_CHG na tabela CHARTER.
30. Escreva o comando necessário para atualizar os valores do atributo CHAR_TOT_CHG na tabela CHARTER.
31. Modifique a tabela PILOT para adicionar o atributo apresentado na seguinte tabela:

NOME DO ATRIBUTO	DESCRIÇÃO DO ATRIBUTO	TIPO DE ATRIBUTO
PIL_PIC_HRS	Horas de piloto como comandante (PIC, *pilot in command*); atualizado adicionando-se CHAR_HOURS_FLOWN (horas voadas no fretamento) da tabela CHARTER a PIL_PIC_HRS quando a tabela CREW apresentar CREW_JOB (cargo de tripulante) como piloto.	Numérico

32. Crie um trigger chamado **trg_char_hours** para atualizar automaticamente a tabela AIRCRAFT quando for adicionada uma nova linha a CHARTER. Utilize CHAR_HOURS_FLOWN da tabela CHARTER para atualizar os valores de AC_TTAF, AC_TTEL e AC_TTER da tabela AIRCRAFT.
33. Crie um trigger chamado **trg_pic_hours** para atualizar automaticamente a tabela PILOT quando for inserida uma nova linha a CREW e essa tabela tiver uma entrada 'pilot' (piloto) em CREW_JOB. Utilize CHAR_HOURS_FLOWN da tabela CHARTER para atualizar PIL_PIC_HRS da tabela PILOTO apenas quando a tabela CREW tiver uma entrada 'pilot' (piloto) em CREW_JOB.
34. Crie um trigger chamado **trg_cust_balance** para atualizar automaticamente CUST_BALANCE da tabela CUTOMER quando for adicionada uma nova linha a CHARTER. Utilize CHAR_TOT_CHG da tabela CHARTER como fonte da atualização. (Assuma que todas as tarifas de fretamento sejam cobradas no saldo do cliente.)

9

Neste capítulo, você aprenderá:

- Que projetos bem-sucedidos de bancos de dados devem refletir o sistema de informação do qual o banco faz parte
- Que sistemas de informação bem-sucedidos são desenvolvidos dentro de um modelo conhecido como ciclo de vida do desenvolvimento de sistemas (CVDS)
- A que sistemas de informação, a maioria dos bancos de dados bem-sucedidos está frequentemente sujeita a avaliações e revisões em um modelo conhecido como ciclo de vida de bancos de dados (CVBD)
- Como conduzir avaliações e revisões em modelos de CVDS e CVBD
- Sobre estratégias de projeto de bancos de dados: projeto top-down *versus* bottom-up e projeto centralizado *versus* descentralizado

SISTEMA DE INFORMAÇÃO

Basicamente, um banco de dados é um depósito de fatos cuidadosamente projetado e estruturado. Ele faz parte de um todo maior conhecido como **sistema de informação**, que fornece para a coleta de dados o armazenamento e recuperação deles. Esses sistemas também facilitam a transformação de dados em informações e permitem o seu gerenciamento e dos dados. Assim, um sistema de informação completo é composto de pessoas, hardware, software, bancos de dados, aplicativos e procedimentos. A **análise de sistemas** é um processo que estabelece a necessidade e a extensão de um sistema de informações. O processo de criação de sistemas de informação é conhecido como **desenvolvimento de sistemas**.

Uma característica essencial dos sistemas atuais é o valor estratégico das informações na presente era de negócios globais. Portanto, devem sempre estar alinhados às metas estratégicas de negócios. A perspectiva de sistemas isolados e independentes não é mais válida. Os novos sistemas de informação sempre devem estar integrados à arquitetura de sistemas de toda a empresa.

NOTA

Este capítulo não tem por objetivo cobrir todos os aspectos de análise e desenvolvimento de sistemas. Eles normalmente são tratados em um curso ou livro distinto. No entanto, deve ajudar a desenvolver uma melhor compreensão das questões associadas a projeto, implementação e gerenciamento de bancos de dados afetadas pelo sistema de informação do qual o banco de dados é um componente fundamental.

No modelo de desenvolvimento de sistemas, as aplicações transformam os dados em informações, que constituem a base da tomada de decisões.

Normalmente, as aplicações produzem relatórios formais, tabelas e exibições de gráficos projetados para gerar a compreensão das informações. A Figura 9.1 ilustra que toda aplicação é composta de duas partes: os dados e o código (instruções de programação) por meio do qual são transformados em informações. Ambos trabalham juntos para representar as funções e atividades reais dos negócios. Em determinado momento, os dados fisicamente armazenados representam um retrato instantâneo dos negócios. Mas a situação não está completa sem a compreensão dessas atividades, representada pelo código.

FIGURA 9.1 Geração de informações para a tomada de decisões

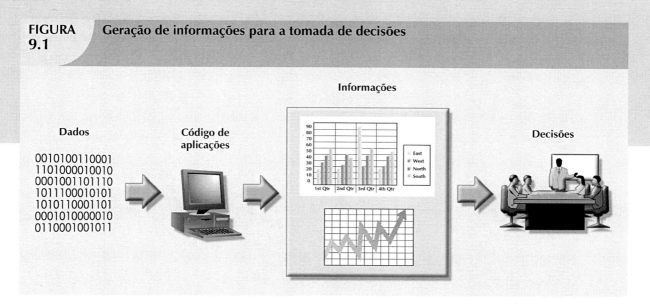

O desempenho de um sistema de informação depende de três fatores:

- Projeto e implementação do banco de dados.
- Projeto e implementação de aplicações.
- Procedimentos administrativos.

Dentre os três, este livro enfatiza o segmento de projeto e implementação do banco de dados, que pode ser considerado o mais importante. No entanto, deixar de tratar dos outros dois segmentos provavelmente resultará em mau funcionamento. A criação de um sistema sólido constitui um trabalho árduo: a análise e o desenvolvimento de sistemas exigem muito planejamento para garantir que todas as atividades farão interfaces uma com a outra, que se complementarão e que estarão concluídas dentro do prazo.

Em um sentido amplo, o termo **desenvolvimento de bancos de dados** descreve o processo de projeto e implementação de bancos. O principal objetivo de um projeto é criar modelos conceituais, lógicos e físicos de bancos de dados que sejam completos, normalizados, não redundantes (o máximo possível) e totalmente integrados. A fase de implementação inclui a criação da estrutura de armazenamento, o carregamento dos dados e o oferecimento de gerenciamento de dados.

Para tornar amplamente aplicáveis os procedimentos discutidos neste capítulo, focaremos nos elementos comuns a todos os sistemas de informação. A maioria dos processos e procedimentos aqui descritos não depende do tamanho, tipo ou complexidade do banco de dados a ser implementado. No entanto, os procedimentos a serem utilizados para projetar pequenos bancos, como o de uma loja de sapatos de bairro, não são exatamente uma escala reduzida dos procedimentos necessários para o projeto de banco de dados de uma grande empresa ou mesmo de parte dessa empresa. Para fazer uma analogia, a construção de uma pequena casa exige uma planta, assim como a da Ponte Golden Gate. Mas para essa ponte, é necessário planejamento, análise e projeto muito mais complexos e amplos do que para a casa.

A seção seguinte delineará o ciclo de vida do desenvolvimento de sistemas em geral e o ciclo de vida de bancos de dados relacionado. Quando você estiver familiarizado com esses processos e procedimentos, aprenderá sobre as diferentes abordagens, como o projeto top-down *versus* bottom-up e o centralizado *versus* descentralizado.

NOTA

O ciclo de vida do desenvolvimento de sistemas (CVDS) é um modelo geral por meio do qual se pode rastrear e compreender as atividades necessárias para desenvolver e manter sistemas de informação. Nesse modelo, há diversos modos de se concluir as várias tarefas especificadas no CVDS. Por exemplo, o foco deste texto são as questões de modelagem ER e de implementação de banco relacional, que constituem o foco utilizado no presente capítulo. No entanto, há metodologias alternativas como:

- A Linguagem de Modelagem Unificada (UML, sigla de *Unified Modeling Language*) oferece ferramentas orientadas a objetos para dar suporte a tarefas associadas ao desenvolvimento de sistemas de informação.
- O Desenvolvimento Rápido de Aplicações (RAD, sigla de *Rapid Application Development*)[1] é uma metodologia interativa de desenvolvimento de software que utiliza protótipos, ferramentas CASE e gerenciamento flexível para desenvolver sistemas de aplicações. A RAD começou como uma alternativa ao desenvolvimento estruturado tradicional, que apresentava grandes prazos de entrega e necessidades não atendidas.
- O Desenvolvimento Eficiente de Software[2] é um modelo de desenvolvimento de aplicações de software que divide o trabalho em subprojetos menores para obter itens úteis a serem entregues em períodos de tempo menores e com melhor integração. Esse método enfatiza a comunicação intensa entre todos os usuários e a avaliação contínua com a finalidade de aumentar a satisfação do cliente.

Embora as *metodologias* de desenvolvimento possam ser alteradas, o modelo básico no qual são utilizadas não se altera.

CICLO DE VIDA DO DESENVOLVIMENTO DE SISTEMAS (CVDS)

O **ciclo de vida do desenvolvimento de sistemas (CVDS[3])** traça a história (ciclo de vida) de um sistema de informação. Mas o que talvez seja mais importante para o projetista de bancos de dados é que o CVDS fornece a principal imagem de mapeamento e avaliação do projeto e do desenvolvimento de aplicações.

Conforme ilustrado na Figura 9.2, o CVDS tradicional divide-se em cinco fases: planejamento, análise, projeto detalhado, implementação e manutenção. O CVDS é um processo mais iterativo do que sequencial. Por exemplo, os detalhes do estudo de viabilidade podem ajudar a refinar a avaliação inicial, e os detalhes descobertos durante a parte de necessidades do usuário do CVDS podem auxiliar o aprimoramento desse estudo.

---

[1] Veja Martin, James. *Rapid Application Development*. Prentice-Hall, Macmillan College Division, 1991.

[2] Pode-se obter mais informações sobre o Desenvolvimento Eficiente de Software (*Agile Software Development*) em www.agilealliance.org. (N.R.T.)

[3] System Development Life Cycle (SDLC). (N.R.T.)

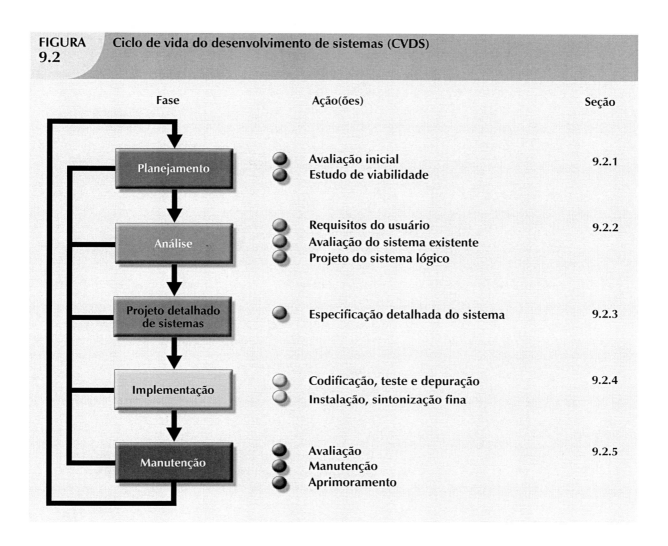

FIGURA 9.2 Ciclo de vida do desenvolvimento de sistemas (CVDS)

Fase	Ação(ões)	Seção
Planejamento	Avaliação inicial Estudo de viabilidade	9.2.1
Análise	Requisitos do usuário Avaliação do sistema existente Projeto do sistema lógico	9.2.2
Projeto detalhado de sistemas	Especificação detalhada do sistema	9.2.3
Implementação	Codificação, teste e depuração Instalação, sintonização fina	9.2.4
Manutenção	Avaliação Manutenção Aprimoramento	9.2.5

Como o ciclo de vida do banco de dados (CVBD) ajusta-se e assemelha-se ao ciclo de vida do desenvolvimento de sistemas (CVDS), será suficiente uma breve descrição.

PLANEJAMENTO

A fase de planejamento do CVDS produz uma visão geral da empresa e de seus objetivos. Deve-se fazer uma avaliação inicial das necessidades de fluxo e extensão de informações durante esse momento de descobertas do CVDS. Tal avaliação deve responder a algumas perguntas importantes:

- *Os sistemas existentes devem permanecer?* Se o gerador de informações estiver executando bem seu trabalho, não há razão para modificá-lo ou substituí-lo. Para lembrar um velho ditado: "não se deve mexer em time que está ganhando".
- *Os sistemas existentes devem ser modificados?* Se a avaliação inicial indicar deficiências na extensão e no fluxo das informações, devem ser aplicadas pequenas (ou mesmo grandes) modificações. Ao considerar essas modificações, os membros da avaliação inicial devem ter em mente a distinção entre aquilo que se quer e aquilo que se precisa.

- *Os sistemas existentes devem ser substituídos?* A avaliação inicial pode indicar que as falhas do sistema atual não podem ser simplesmente corrigidas. Em razão do esforço necessário para se criar um novo sistema, uma distinção cuidadosa entre desejos e necessidades talvez seja ainda mais importante neste caso do que na modificação do sistema.

Os membros da avaliação inicial do CVDS devem começar a estudar e avaliar soluções alternativas. Caso seja necessário um novo sistema, a próxima pergunta deve tratar de sua viabilidade. O estudo de viabilidade trata dos seguintes itens:

- *Aspectos técnicos de hardware e exigências de software.* As decisões podem não ser (ainda) específicas de cada fornecedor, mas devem tratar da natureza das exigências de hardware (computador de desktop, com vários processadores, mainframe ou supercomputador) e de software (sistemas operacionais de um ou vários usuários, tipo e software de banco de dados, linguagens de programação a serem utilizadas pelas aplicações etc.).
- *Custo do sistema.* A questão reconhecidamente banal: "podemos pagar por isso?" é fundamental. (E a resposta a essa questão pode exigir uma revisão cuidadosa da avaliação inicial.) Cabe repetir que uma solução de um milhão de dólares para um problema de mil dólares não é razoável.
- *Custo operacional.* A empresa possui os recursos humanos, técnicos e financeiros para manter a operacionalidade do sistema? O custo contabiliza o gerenciamento e o suporte ao usuário final necessários para aplicar os procedimentos operacionais que garantam o sucesso do sistema?

ANÁLISE

Os problemas definidos durante a fase de planejamento são examinados com mais detalhes durante a fase de análise. A macroanálise deve ser feita tanto para as necessidades individuais como para as operacionais, tratando de questões como:

- Quais são as necessidades dos usuários finais do sistema atual?
- Elas se ajustam às exigências gerais de informações?

A fase de análise do CVDS é, de fato, uma *auditoria* completa dos requisitos dos usuários.

Os sistemas de hardware e software existentes também são estudados durante essa fase, que deve resultar em uma melhor compreensão das áreas funcionais, dos problemas reais e potenciais e das oportunidades do sistema.

Os usuários finais e os projetistas do sistema devem trabalhar juntos para identificar processos e descobrir áreas com potenciais problemas. Essa cooperação é vital para definir os objetivos adequados de desempenho por meio dos quais o novo sistema poderá ser avaliado.

Em conjunto com um estudo das exigências do usuário e dos sistemas existentes, a fase de análise também inclui a criação de um projeto lógico. Ele deve especificar o modelo de dados conceitual adequado, as entradas, os processos e as necessidades de saídas esperadas.

Ao criar um projeto lógico, o projetista pode utilizar ferramentas como diagramas de fluxo de dados (DFDs), diagramas hierárquicos de entrada-processo-saída (HIPO, sigla de *hierarchical input process output*) e diagramas de entidade-relacionamento (ER). As atividades de modelagem de dados do projeto ocorrem neste momento para descobrir e descrever todas as entidades, atributos e relacionamentos do banco.

A definição do sistema lógico também produz descrições funcionais dos componentes (módulos) do sistema para cada processo no ambiente de banco de dados. Todas as transformações (processos) de dados são descritas e documentadas utilizando ferramentas de análise de sistemas como os DFDs. O modelo de dados conceitual é validado em relação a esses processos.

Projeto detalhado dos sistemas

Nesta fase, o projetista conclui o projeto detalhado dos processos do sistema. Esse projeto inclui todas as especificações técnicas necessárias de telas, menus, relatórios e outros dispositivos que podem ser utilizados para melhorar a eficiência da geração de informações pelo sistema. As etapas são estruturadas para a conversão do sistema antigo para o novo. Os princípios e metodologias de treinamento também são planejados e devem ser submetidos à aprovação da gerência.

Nota

Como a atenção focou nos detalhes do processo de projetos de sistemas, o livro, até este ponto, não levou em conta o fato de que é necessária a aprovação da gerência em todas as etapas. A necessidade dessa aprovação se deve ao fato de as decisões de PROSSEGUIR exigirem fundos. Há muitos pontos de decisão de PROSSEGUIR/ NÃO PROSSEGUIR em todo o trajeto de um projeto completo de sistemas!

Implementação

Durante a fase de implementação, o hardware, o software de SGBD e os aplicativos devem ser instalados e o projeto é implementado. Durante os estágios iniciais da fase de implementação, o sistema entra em um ciclo de codificação, teste e depuração até que esteja pronto para a entrega. O banco de dados atual é criado e o sistema é personalizado com a criação de tabelas e visualizações, autorizações de usuários etc.

O conteúdo do banco de dados pode ser carregado interativamente ou em modo de batch, utilizando diversos métodos e dispositivos:

- Programas personalizados de usuários.
- Programas de interface de bancos de dados.
- Programas de conversão que importam os dados de uma estrutura de arquivo diferente, utilizando programas de batch, utilitários de bancos de dados ou ambos.

O sistema deve ser submetido a testes exaustivos antes de ser considerado pronto para a utilização. Tradicionalmente, a implementação e o teste de um novo sistema consomem de 50% a 60% do tempo total de desenvolvimento. No entanto, o surgimento de geradores sofisticados de aplicações e de ferramentas de depuração reduziu significativamente o tempo de codificação e teste. Após a conclusão do teste, a documentação final é revista e impressa, e os usuários finais são treinados. O sistema está em operação total no final desta fase, mas deverá ser continuamente avaliado e passar por sintonização fina.

Manutenção

Assim que o sistema estiver operacional, os usuários provavelmente começarão a solicitar alterações. Essas alterações geram as atividades de manutenção do sistema, que podem ser agrupadas em três tipos:

- *Manutenção corretiva*, responsável por erros dos sistemas.
- *Manutenção adaptativa*, encarregada de alterações no ambiente de negócios.
- *Manutenção de aperfeiçoamento*, para aprimorar o sistema.

Como toda solicitação de alteração estrutural exige nova execução das etapas do CVDS, em certo sentido o sistema está sempre em algum estágio desse ciclo.

Cada sistema possui amplitude predeterminada de vida operacional. Essa amplitude depende da utilidade atribuída ao sistema. Há vários motivos para a redução da vida operacional de determinados sistemas. A rápida mudança tecnológica é um deles, especialmente em sistemas com base em velocidade e capacidade de expansão de processamento. Outro motivo comum é o custo de manutenção.

Se esse custo for alto, seu valor torna-se duvidoso. A tecnologia de **engenharia de sistemas assistida por computador** (**CASE**, sigla para *Computer-aided system engineering*), como os aplicativos System Architect e Visio Professional, ajuda a produção de sistemas menores dentro de uma quantidade de tempo e a custo razoável. Além disso, as aplicações produzidas com CASE são mais estruturadas, documentadas e, principalmente, *padronizadas*, o que tende a prolongar a vida operacional de sistemas, pois torna as atividades de atualização e manutenção mais baratas e fáceis. Por exemplo, quando se utiliza o Visio Professional da Microsoft para desenvolver um projeto de banco de dados, já se sabe que essa ferramenta testará a consistência interna dos DERs quando da criação dos relacionamentos. O Visio Professional implementa as FKs de acordo com os tipos de entidades (forte ou fraca) do projeto e a natureza do relacionamento (de identificação ou não identificação) entre essas entidades. Quando se vê os resultados da implementação, pode-se perceber imediatamente se correspondem aos objetivos pretendidos. Além disso, se houver argumentos circulares no projeto, o Visio Professional os tornará evidentes. Portanto, será possível apontar os problemas do projeto antes que se tornem permanentes.

CICLO DE VIDA DO BANCO DE DADOS (CVBD)

No interior de um grande sistema de informação, o banco de dados também está sujeito a um ciclo de vida. O **ciclo de vida de bancos de dados** (**CVBD**) contém seis fases conforme a Figura 9.3: estudo inicial, projeto, implementação e carregamento, teste e avaliação, operação, e manutenção e evolução.

ESTUDO INICIAL DO BANCO DE DADOS

Quando um projetista é chamado, provavelmente o sistema atual não foi capaz de realizar funções consideradas vitais pela empresa. (Você não chama o encanador se não houver vazamento nos canos.) Assim, além de examinar a operação do sistema atual no interior da empresa, o projetista deve determinar como e por que esse sistema falhou. Isso significa gastar um bom tempo falando com (e principalmente ouvindo) os usuários finais. Embora o projeto seja uma atividade técnica, ele também é orientado a pessoas. Os projetistas devem ser excelentes comunicadores e ter habilidades interpessoais bastante receptivas.

Dependendo da complexidade e do escopo do ambiente de bancos de dados, o projetista pode ser um único operador ou parte de uma equipe de desenvolvimento de sistemas composta de um líder de projeto, um ou mais analistas de sistemas seniores e juniores. A palavra *projetista* é aqui utilizada, em geral, para cobrir uma ampla faixa de composições da equipe de projeto.

As finalidades gerais do estudo inicial do banco de dados são:

- Analisar a situação da empresa.
- Definir os problemas e restrições.
- Definir os objetivos.
- Definir o escopo e as fronteiras.

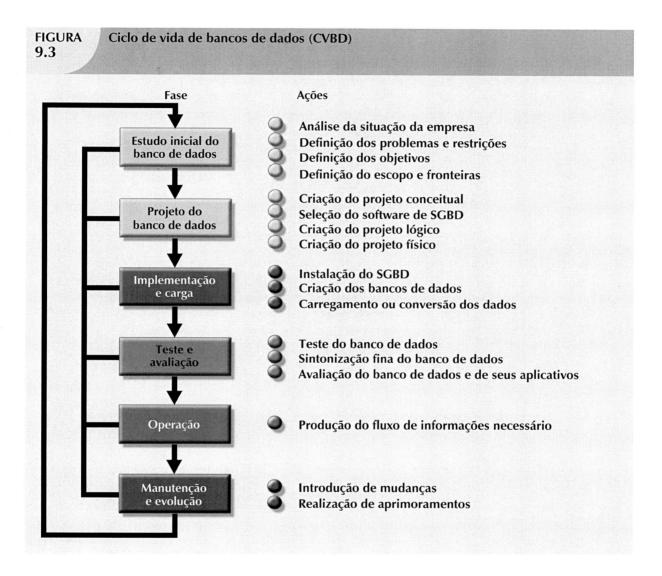

FIGURA 9.3 Ciclo de vida de bancos de dados (CVBD)

A Figura 9.4 representa os processos interativos e iterativos necessários para concluir com sucesso a primeira fase do CVBD. Ao examinar essa figura, observe que a fase de estudo inicial leva ao desenvolvimento dos objetivos do sistema de bancos de dados. Utilizando a Figura 9.4 como modelo de discussão, examinaremos cada um de seus componentes com mais detalhes.

Análise da situação da empresa

A *situação da empresa* descreve as condições gerais em que opera, sua estrutura organizacional e sua missão. Para analisar essa situação, o projetista de bancos de dados deve descobrir quais são os componentes operacionais da empresa, como funcionam e como interagem.

As seguintes perguntas devem ser respondidas:

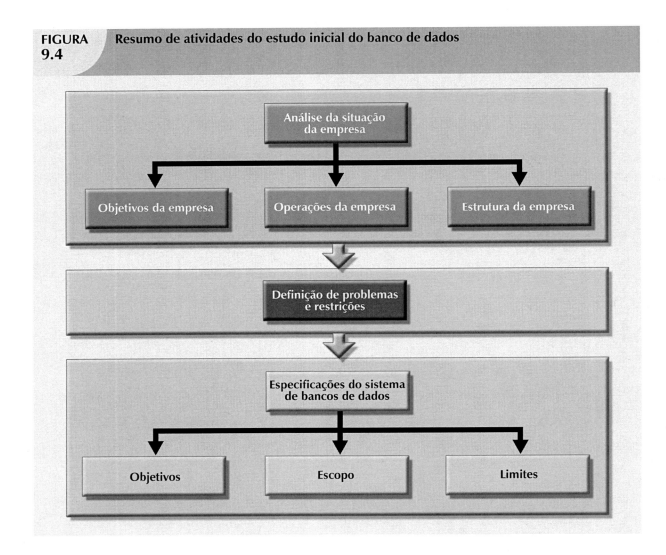

FIGURA 9.4 Resumo de atividades do estudo inicial do banco de dados

- *Qual é o ambiente operacional geral da organização e qual sua missão nesse ambiente?* O projeto deve satisfazer as demandas operacionais criadas pela missão da organização. Por exemplo, uma empresa de pedidos por correio provavelmente terá exigências operacionais de banco de dados muito diferente das de uma empresa de manufatura.
- *Qual é a estrutura da organização?* Saber quem controla o que e quem se reporta a quem é muito útil ao tentar definir as necessidades de fluxos de informações, relatórios específicos, formatos de consulta etc.

Definição de problemas e restrições

O projetista possui fontes de informação formais e informais. Se a empresa existe há algum tempo, já possui algum tipo de sistema em operação (seja manual ou com base em computadores). Como o sistema existente funciona? Que entrada exige? Que documentos gera? Por quem e como os dados de saída do sistema são utilizados? Estudar a trilha teórica pode ser muito informativo. Além da versão oficial da operação do sistema, há também a real, mais informal. O projetista deve ser inteligente o suficiente para ver a diferença entre elas.

O processo de definição de problemas pode inicialmente parecer não estruturado. Os usuários finais, com frequência, não são capazes de descrever com precisão o escopo mais amplo das operações da empresa e identificar os problemas reais encontrados. É comum que a visão gerencial dessas operações e de seus problemas seja diferente da dos usuários finais, que executam efetivamente a rotina de trabalho.

Durante o processo de definição do problema inicial, o projetista provavelmente coletará uma descrição muito ampla de problemas. Por exemplo, observe as seguintes preocupações expostas pelo presidente de uma empresa transnacional de fabricação que está em rápido crescimento:

Embora o rápido crescimento seja gratificante, os membros da equipe de gerenciamento estão preocupados que esteja começando a minar a capacidade de manter um alto padrão de serviço ao cliente e, o que talvez seja pior, reduzir o controle de normas de fabricação.

O processo de definição do problema leva rapidamente a um conjunto de descrições gerais. Por exemplo, o gerente de marketing comenta:

Estou trabalhando com um sistema de arquivamento antiquado. Fabricamos mais de 1.700 peças de máquinas especializadas. Quando um cliente regular liga, não somos capazes de obter uma varredura rápida do estoque. Se um novo cliente ligar, não conseguiremos uma busca das peças em estoque utilizando uma descrição simples. Assim, é comum fazermos uma configuração de máquina para uma peça que esteja em estoque. Isso é um desperdício. E, é claro, alguns dos novos clientes ficam irritados quando não conseguimos dar uma resposta rápida.

O gerente de produção comenta:

No melhor dos casos, a geração dos relatórios que preciso para fins de agendamento leva horas. Não tenho tempo para mudanças rápidas. É difícil gerenciar uma coisa sobre a qual não tenho informações.

Não disponho de um encaminhamento rápido de solicitação de produtos. Veja a configuração de máquinas. Neste exato momento, tenho operadores esperando pelo material certo ou pegando-o, eles mesmos, para a produção agendada de uma nova peça. Não posso pagar para ter um operador fazendo tarefas que deveriam estar sendo feitas por um trabalhador com remuneração muito menor. Há muito tempo de espera no processo de agendamento atual. Estou perdendo muito tempo e minhas agendas andam para trás. Nossa conta de tempo perdido é ridícula.

Às vezes, produzo peças que já estão em estoque, pois parece que não somos capazes de combinar o que temos em estoque com o que foi agendado. A área de envios reclama comigo, pois não entrego as partes e, frequentemente, eles as obtêm antes no estoque. Às vezes isso nos custa um bom dinheiro.

Os novos relatórios podem levar dias ou até semanas para chegarem a meu escritório. E preciso de uma tonelada de relatórios para agendar pessoal, tempos de indisponibilidade, treinamento etc. Não consigo obter os relatórios necessários AGORA. O que eu preciso é de capacidade para obter atualizações rápidas sobre percentual de defeitos, percentual de trabalho refeito, efetividade do treinamento, ou o que quer que você queira. Preciso desses relatórios por turno, data e por quaisquer características que possam me ajudar a gerenciar o agendamento, treinamento ou o que mais for.

Um operador de máquinas comenta:

Levo longo tempo para organizar minhas coisas. Se minha agenda é prejudicada por John não obter a papelada a tempo, eu prossigo, buscando especificações de configuração, material inicial, atribuições de recipientes e outras coisas. Às vezes, gasto duas ou três horas apenas na organização. Agora você sabe por que não consigo cumprir a agenda. Tento ser produtivo, mas gasto muito tempo organizando as coisas para fazer meu trabalho.

Após as declarações iniciais, o projetista de bancos de dados deve continuar a investigar cuidadosamente para gerar informações adicionais que venham a ajudar a definição dos problemas no modelo mais amplo das operações da empresa. Como o problema com clientes do gerente de marketing se encaixa no conjunto mais amplo de atividades de seu departamento? Como a solução ao problema do cliente ajuda a atender aos objetivos do departamento de marketing e do resto da empresa? Como as atividades do departamento de marketing se relacionam com as de outros departamentos? Essa última questão é especialmente importante. Observe que há ameaças comuns nos problemas descritos pelos gerentes dos departamentos de marketing e de produção. Se o processo de consulta ao estoque puder ser aprimorado, ambos os departamentos provavelmente encontrarão soluções simples para alguns dos problemas, pelo menos.

A obtenção de respostas precisas é importante, especialmente quanto aos relacionamentos operacionais entre unidades da empresa. Se o sistema proposto resolver os problemas do departamento de marketing, mas ampliar os do departamento de produção, não se terá feito muito progresso. Utilizando uma analogia, suponha que a conta de água de sua casa esteja muito alta. Você identificou o problema: as torneiras estão vazando. A solução? Você sai e corta o suprimento de água da casa. Essa é uma solução adequada? Ou a substituição das torneiras seria uma forma mais eficaz de resolver o problema? Talvez você considere simplista o cenário das torneiras em vazamento, mas quase todos os projetistas experientes podem encontrar casos similares de uma suposta resolução de problemas de bancos de dados (normalmente mais complicados e menos óbvios).

Mesmo a definição mais completa e precisa do problema pode não levar a uma solução perfeita. O mundo real normalmente interfere, impondo restrições que limitam até mesmo o projeto do banco de dados mais elegante. Essas restrições incluem tempo, orçamento, pessoal etc. Se for necessário obter uma solução em um mês, com um orçamento de US$ 12.000, uma solução que leve dois anos de desenvolvimento a um custo de US$ 100.000 não merece esse nome. *O projetista deve aprender a distinguir entre o que é perfeito e o que é possível.*

Definição dos objetivos

Um sistema proposto de banco de dados deve ser projetado para ajudar a resolver pelo menos os principais problemas identificados durante o processo de detecção. Conforme a lista de problemas aumente, várias fontes comuns provavelmente serão descobertas. No exemplo anterior, tanto o gerente de marketing como o de produção parecem estar incomodados com as ineficiências de estoque. Se o projetista for capaz de criar um banco de dados que estabeleça um gerenciamento mais eficiente de peças, ambos os departamentos terão a ganhar. O objetivo inicial, portanto, pode ser criar um sistema eficiente de consulta e gerenciamento de estoque.

> **NOTA**
>
> Ao tentar desenvolver soluções, o projetista de bancos de dados deve buscar a *fonte* dos problemas. Há muitos casos de sistemas que não foram capazes de satisfazer os usuários finais, pois foram projetados para tratar os *sintomas* dos problemas, não sua fonte.

Observe que a fase de estudo inicial também produz soluções de problemas propostos. O trabalho do projetista é assegurar que os objetivos do sistema, sob seu ponto de vista, correspondam aos observados pelos usuários finais. Em todo caso, o projetista deve começar pelos seguintes questionamentos:

- Qual é o objetivo inicial do sistema proposto?
- O sistema fará interface com outros sistemas existentes ou futuros da empresa?
- O sistema compartilhará os dados com outros sistemas ou usuários?

Definição do escopo e fronteiras

O projetista deve reconhecer a existência de dois conjuntos de limites: escopo e fronteiras. O **escopo** de um sistema define a extensão do projeto de acordo com as exigências operacionais. O projeto de banco de dados englobará a organização inteira, um ou mais departamentos da organização, ou uma ou mais funções de um único departamento? O projetista deve saber o "tamanho do parque de diversões". Conhecer o escopo ajuda a definir as estruturas de dados necessárias, o tipo e o número de entidades, o tamanho físico do banco etc.

O sistema proposto também está sujeito aos limites conhecidos como **fronteiras**, que são externos. Será que algum projetista já ouviu a frase "Temos todo o tempo do mundo" ou "Utilize um orçamento ilimitado e quantas pessoas forem necessárias para fazer o projeto acontecer"? As fronteiras também são impostas pelo hardware e software existente. Em tese, o projetista pode escolher o hardware e o software que melhor realizará as metas do sistema. De fato, a seleção de software é um aspecto importante do ciclo de vida do desenvolvimento de sistemas. Infelizmente, no mundo real, é comum que um sistema tenha de ser projetado em um hardware existente. Assim, o escopo e as fronteiras tornam-se os fatores que forçam o projeto a se encaixar em um molde específico. O trabalho do projetista é projetar o melhor sistema possível dentro dessas restrições. (Observe que as definições de problemas e os objetivos às vezes têm de ser reestruturados para atender ao escopo e às fronteiras do sistema.)

FIGURA 9.5 Duas visões de dados: gerente comercial e projetista de bancos de dados

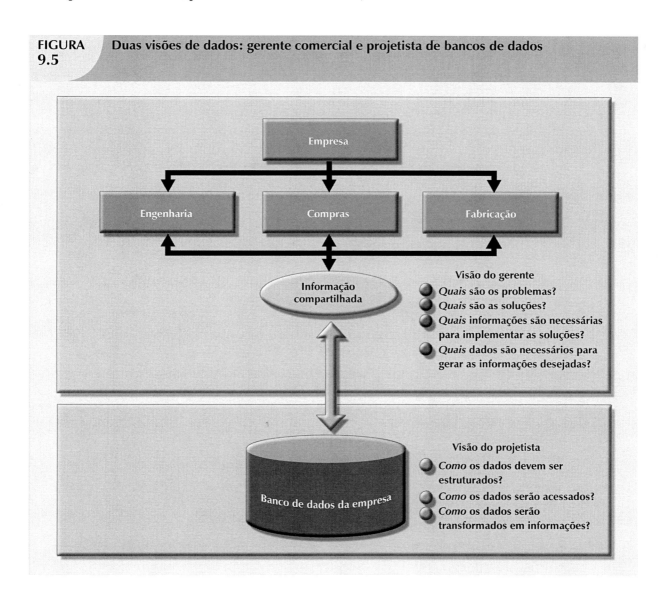

PROJETO DE BANCO DE DADOS

A segunda fase foca no projeto do modelo de banco de dados que dará suporte às operações e objetivos da empresa. Pode-se dizer que essa é a fase mais importante do CVBD: assegurar que o produto final atenda às necessidades do usuário e do sistema. No processo de projeto, deve-se concentrar nas características necessárias para a construção do modelo de banco de dados. Neste momento, há duas visões dos dados no sistema: a visão dos negócios, que tomam os dados como uma fonte de informações, e a visão do projetista da estrutura de dados, de seu acesso e das atividades necessárias para transformá-los em informações. A Figura 9.5 contrasta essas visões. Observe que é possível resumir as diferentes visões por meio das expressões *o que* e *como*. A definição dos dados é parte integral da segunda fase do CVBD.

Ao examinar os procedimentos necessários para concluir a fase de projeto, lembre-se dos seguintes pontos:

- O processo de projeto de banco de dados relaciona-se fracamente com a análise e o projeto de um sistema mais amplo. O componente de dados é apenas um elemento de um sistema de informação maior.
- Os analistas e programadores de sistemas estão encarregados de projetar os outros componentes. Suas atividades devem criar os procedimentos que ajudarão a transformar os dados do banco em informações úteis.
- O projeto do banco de dados não constitui um processo sequencial. Em vez disso, trata-se de um processo iterativo que oferece feedback contínuo designado a rastrear as etapas anteriores.

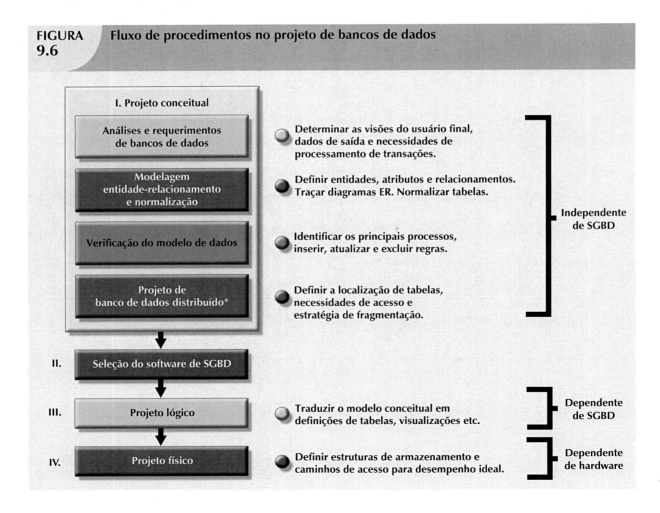

FIGURA 9.6 Fluxo de procedimentos no projeto de bancos de dados

O processo de projeto de bancos de dados é ilustrado na Figura 9.6. Veja o fluxo de procedimentos dessa figura.

Agora, exploraremos em detalhes cada um dos componentes da Figura 9.6. Conhecer esses detalhes ajudará a projetar e implementar banco de dados com sucesso em um cenário real.

I. Projeto conceitual

No estágio de **projeto conceitual**, a modelagem de dados é utilizada para criar uma estrutura abstrata de banco de dados que represente objetos reais do modo mais realista possível. O modelo conceitual deve incorporar uma compreensão clara dos negócios e de suas áreas funcionais. Nesse nível de abstração, ainda é possível não identificar o tipo de hardware e/ou modelo de banco de dados a ser utilizado. Portanto, o projeto deve ser independente de software e de hardware, de modo que o sistema possa ser configurado em qualquer plataforma escolhida posteriormente.

Lembre-se da **regra dos dados mínimos**:

Tudo o que é necessário está à disposição, e tudo o que está à disposição é necessário.

Em outras palavras, certifique-se de que todos os dados necessários estejam no modelo e que todos os dados no modelo sejam necessários. Todos os elementos de dados solicitados por transações de bancos de dados devem estar definidos no modelo, e todos os elementos definidos no modelo devem ser utilizados por, pelo menos, uma transação de banco de dados.

No entanto, ao aplicar a regra dos dados mínimos, evite um viés excessivo para o curto prazo. Foque não apenas nas necessidades imediatas dos negócios, mas também nas futuras. Assim, o projeto de bancos de dados deve abrir espaço para modificações e adições futuras, garantindo que o investimento da empresa em recursos de informação perdure.

Observe na Figura 9.6 que o projeto conceitual exige quatro etapas, examinadas nas próximas seções:

1. Análise e necessidades de dados
2. Modelagem entidade-relacionamento e normalização
3. Verificação do modelo de dados
4. Projeto de bancos de dados distribuídos

Análise e necessidades de dados

A primeira etapa do projeto conceitual é descobrir as características dos elementos de dados. Um banco de dados eficiente é uma fábrica de informações que produz os ingredientes fundamentais para a tomada de decisões bem-sucedidas. As características adequadas dos elementos de dados são as que podem ser transformadas em informações adequadas. Portanto, os esforços do projetista focam-se em:

*   *Necessidades de informação*. Que tipo de informação é necessário – ou seja, que dados de saída (relatórios e consultas) devem ser gerados pelo sistema, quais informações o sistema atual gera e em que medida essa informação é adequada?
*   *Usuários de informações*. Quem utilizará as informações? Como as informações devem ser utilizadas? Quais são as diferentes visões de dados do usuário final?
*   *Fontes de informação*. Onde as informações devem ser encontradas? Uma vez encontradas, como serão extraídas?

- *Constituição de informação.* Quais elementos de dados são necessários para produzir as informações? Quais são os atributos de dados? Que relacionamentos ocorrem entre os dados? Qual é o volume de dados? Com que frequência os dados são utilizados? Quais transformações de dados serão utilizadas para gerar as informações necessárias?

O projetista obtém as respostas a essas perguntas a partir de diversas fontes utilizadas para compilar as informações necessárias. Observe-as:

- *Desenvolvimento e coleta das visualizações de dados dos usuários finais.* O projetista e os usuários interagem para desenvolver, em conjunto, uma descrição precisa das visualizações de dados dos usuários finais, que serão utilizadas para identificar os principais elementos de dados do banco.
- *Observação direta do sistema atual: dados de saída existentes e desejados.* O usuário final normalmente possui um sistema em operação, seja manual ou com base em computadores. O projetista revisa o sistema existente para identificar os dados e suas características. O projetista examina as formas e arquivos (tabelas) de saída para descobrir os tipos e volume de dados. Se o usuário final já tiver um sistema automatizado em operação, o projetista deve examinar cuidadosamente os relatórios atuais e desejados para descrever os dados necessários para lhes dar suporte.
- *Interface com o grupo de projeto de sistemas.* Como observado anteriormente neste capítulo, o processo de projeto de bancos de dados faz parte do ciclo de vida do desenvolvimento de sistemas (CVDS). Em alguns casos, os analistas de sistemas encarregados de projetar um novo sistema também desenvolverão o modelo de banco de dados conceitual. (Isso costuma ser verificado em ambientes descentralizados.) Em outros casos, esse projeto é considerado parte do trabalho do administrador de bancos de dados. A presença de um administrador (DBA) normalmente implica a existência de um departamento formal de processamento de dados. O DBA projeta o banco de dados de acordo com as especificações criadas pelo analista de sistemas.

Para desenvolver um modelo de dados preciso, o projetista deve ter compreensão completa dos tipos de dados da empresa, de sua extensão e de seu uso. Mas apenas os dados não produzem, por si mesmos, a compreensão necessária do negócio como um todo. Do ponto de vista do banco de dados, o conjunto de dados adquire significado apenas quando as regras de negócio são definidas. Lembre-se, do Capítulo 2, que a regra de negócio é uma descrição breve de uma política, procedimento ou princípio no ambiente de determinada organização. As regras de negócio decorrentes de uma descrição detalhada das operações de uma organização ajudam a criar e aplicar ações no interior de seu ambiente organizacional. Escritas adequadamente, as regras de negócio definem entidades, atributos, relacionamentos e restrições.

Para serem eficientes, as regras de negócio devem ser fáceis de compreender e amplamente disseminadas, garantindo que todos na organização compartilhem de uma interpretação comum. Utilizando linguagem simples, essas regras descrevem as características principais e particulares dos dados *conforme vistos pela empresa.* Os seguintes itens são exemplos de regras de negócio:

- Um cliente pode fazer vários pagamentos em conta.
- Cada pagamento em conta é creditado de um único cliente.
- Um cliente pode gerar várias faturas.
- Cada fatura é gerada por apenas um cliente.

Com esse papel fundamental no projeto de bancos de dados, as regras de negócio não devem ser estabelecidas de modo vago. Regras mal definidas ou imprecisas levam a projetos e implementações incapazes de atender aos usuários finais da organização.

Em tese, as regras de negócio decorrem de uma **descrição de operações** formal, que é o documento que fornece uma descrição precisa, atualizada e completamente revisada das atividades que definem o ambiente operacional de uma organização. (Para o projetista de bancos de dados, o ambiente operacional é tanto a fonte como o usuário de dados.) Naturalmente, o ambiente operacional depende da missão da organização. Por exemplo, o ambiente de uma universidade seria muito diferente de uma metalúrgica de aço, de uma empresa aérea ou de uma enfermaria. Mas independente das diferenças entre as organizações, o componente de *análise e exigências de dados* do processo de projeto de banco de dados é aprimorado quando o ambiente e a utilização dos dados são descritos com precisão.

Em um ambiente de negócios, as principais fontes de informações para a descrição das operações – e, portanto, das regras de negócio – são os gerentes de empresa, os elaboradores de políticas, os gerentes de departamento e as documentações por escrito, como os manuais de procedimentos, padrões e operações de uma companhia. Um modo mais rápido e direto de obter essas regras é entrevistar diretamente os usuários finais. Infelizmente, como as percepções diferem, esses usuários podem ser uma fonte menos confiável quando se trata de especificar regras de negócio. Por exemplo, um mecânico do departamento de manutenção pode acreditar que qualquer mecânico tenha permissão para iniciar um procedimento de manutenção, quando, na verdade, apenas mecânicos com autorização de inspeção podem executar essa tarefa. Tal distinção pode parecer trivial, mas tem consequências legais importantes. Embora a contribuição dos usuários finais seja fundamental para o desenvolvimento das regras de negócio, é difícil verificar suas percepções. Com frequência, as entrevistas com muitas pessoas que executam o mesmo trabalho produzem diferentes percepções dos componentes de atuação. Embora uma descoberta assim possa indicar "problemas de gerenciamento", esse diagnóstico geral não ajuda o projetista de bancos de dados. Em função da descoberta desses problemas, o trabalho do projetista é conciliar essas diferenças e verificar os resultados da conciliação para garantir que as regras de negócio sejam adequadas e precisas.

Conhecer tais regras possibilita que o projetista compreenda totalmente como os negócios funcionam e qual papel os dados executam no interior das operações da empresa. Consequentemente, cabe ao projetista identificar as regras de negócio da empresa e analisar seu impacto sobre a natureza, papel e escopo de dados.

As regras de negócio trazem vários benefícios importantes no projeto de novos sistemas:

- Ajudam a padronizar a visualização dos dados de uma empresa.
- Constituem uma ferramenta de comunicação entre os usuários e os projetistas.
- Permitem que o projetista compreenda a natureza, o papel e o escopo dos dados.
- Permitem que o projetista compreenda os processos comerciais.
- Permitem que o projetista desenvolva regras adequadas de participação em relacionamentos e restrições de chave estrangeira. (Veja o Capítulo 4.)

O último ponto vale uma observação especial: determinado relacionamento ser obrigatório ou opcional depende da regra de negócio aplicável.

Modelagem entidade-relacionamento e normalização

Antes de criar o modelo ER, o projetista deve comunicar e aplicar os padrões adequados a serem utilizados na documentação do projeto. Esses padrões incluem a utilização de diagramas e símbolos, estilo de escrita de documentação, layout e quaisquer outras convenções a serem seguidas. Os projetistas costumam supervisionar essa exigência muito importante, especialmente quando trabalham como membros de uma equipe de projeto. Com frequência, a falha de padronização da documentação significa falhas de comunicação posterior que, por sua vez, levam a uma má operação do projeto. Por outro lado, padrões bem definidos e aplicados tornam essa operação mais fácil e prometem (mas não garantem) uma integração suave de todos os componentes do sistema.

Como as regras de negócio normalmente definem a natureza dos relacionamentos entre as entidades, o projetista deve incorporá-las ao modelo conceitual. O processo de definição dessas regras e de desenvolvimento do modelo conceitual utilizando diagramas ER pode ser descrito pelas etapas apresentadas na Tabela 9.1.[4]

TABELA 9.1 Desenvolvimento do modelo conceitual utilizando diagramas ER

ETAPA	ATIVIDADE
1	Identificação, análise e refinamento das regras de negócio.
2	Identificação das principais entidades, utilizando os resultados da Etapa 1.
3	Definição dos relacionamentos entre as entidades, utilizando os resultados das Etapas 1 e 2.
4	Definição dos atributos, chaves primárias e chaves estrangeiras de cada entidade.
5	Normalização das entidades. (Lembre-se de que as entidades são implementadas como tabelas em um SGBDR.)
6	Conclusão do diagrama ER inicial.
7	Submeter o modelo da Etapa 6 à verificação dos usuários finais quanto a dados, informações e necessidades de processamento.
8	Modificação do diagrama ER, utilizando os resultados da Etapa 7.

Algumas etapas da Tabela 9.1 ocorrem simultaneamente. E em certos casos, como no processo de normalização, pode ser gerada uma demanda por entidades e/ou atributos adicionais, fazendo com que o projetista revise o modelo ER. Por exemplo, ao identificar as duas entidades principais, o projetista pode identificar também a entidade ponte composta que representa o relacionamento muitos para muitos entre essas duas entidades.

Para revisar, suponha que esteja criando um modelo conceitual para a JollyGood Movie Rental Corporation, cujos usuários finais queiram rastrear os aluguéis de filmes pelos clientes. O diagrama ER simples apresentado na Figura 9.7 mostra uma entidade composta que ajuda a rastrear os clientes e seus aluguéis. As regras de negócio definem a natureza opcional dos relacionamentos entre as entidades VÍDEO e CLIENTE ilustradas na Figura 9.7. (Por exemplo, não é necessário que um cliente alugue um vídeo. Para que um vídeo exista na prateleira, não é necessário que seja alugado. Um cliente pode alugar vários vídeos e um vídeo pode ser alugado por vários clientes.) Observe, especialmente, a entidade composta ALUGUEL, que conecta as duas entidades principais.

---

[4] Veja "Linking Rules to Models". Alice Sandifer e Barbara von Halle. *Database Programming and Design*, 4, 3, março de 1991, p. 13–16. Embora a referência pareça datada, permanece sendo o padrão atual. A tecnologia foi alterada significativamente, mas não o processo.

FIGURA 9.7 Entidade composta

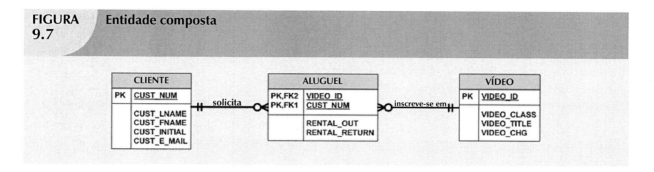

Como você provavelmente descobrirá, o modelo ER inicial pode ser submetido a várias revisões antes de conseguir atender às necessidades do sistema. Esse processo de revisão é muito natural. Lembre-se de que o modelo ER é uma ferramenta de comunicação, bem como uma planta do projeto. Portanto, em reuniões com os usuários do sistema proposto, o modelo ER inicial deve levantar questões como "é isso mesmo que vocês queriam?". Por exemplo, o DER apresentado na Figura 9.7 está longe de estar completo. Obviamente, deve-se definir muito mais atributos e verificar as dependências antes do projeto ser implementado. Além disso, esse projeto ainda não pode dar suporte ao ambiente típico de transações de aluguel de vídeos. Por exemplo, cada vídeo provavelmente terá mais cópias disponíveis para aluguel. No entanto, se a entidade VÍDEO apresentada na Figura 9.7 for utilizada para armazenar os títulos e as cópias, o projeto ativará as redundâncias de dados da Tabela 9.2.

TABELA 9.2 Redundâncias de dados na tabela VÍDEO

VIDEO_ID	VIDEO_TITLE (TÍTULO DE VÍDEO)	VIDEO_COPY (CÓPIA DE VÍDEO)	VIDEO_CHG (TARIFA DE VÍDEO)	VIDEO_DAYS (DIAS DE ALUGUEL DE VÍDEO)
SF-12345FT-1	Adventures on Planet III	1	US$ 4,50	1
SF-12345FT-2	Adventures on Planet III	2	US$ 4,50	1
SF-12345FT-3	Adventures on Planet III	3	US$ 4,50	1
WE-5432GR-1	TipToe Canu and Tyler 2: A Journey	1	US$ 2,99	2
WE-5432GR-2	TipToe Canu and Tyler 2: A Journey	2	US$ 2,99	2

O DER inicial apresentado na Figura 9.7 deve ser modificado para refletir a resposta à pergunta "há mais de uma cópia disponível para cada título?". Além disso, deve-se dar suporte a transações de pagamento. (Haverá uma oportunidade para modificar esse projeto inicial no Problema 5 no fim do capítulo.)

A partir da discussão precedente, pode-se ter a impressão de que as atividades de modelagem ER (definição de entidade/atributo, normalização e verificação) ocorrem em uma sequência precisa. De fato, uma vez concluído o modelo ER inicial, é provável que se tenha de voltar e avançar entre as atividades até satisfazer a exigência de que ele represente com precisão um projeto de banco de dados capaz de atender às demandas do sistema. As atividades costumam ocorrer paralelamente e o processo é iterativo. A Figura 9.8 resume as interações do processo de modelagem ER. A Figura 9.9 resume a matriz de ferramentas de projeto e fontes de informação que o projetista pode utilizar para produzir o modelo conceitual.

Todos os objetos (entidades, atributos, relações, visualizações etc.) estão definidos em um dicionário de dados utilizado em conjunto com o processo de normalização para ajudar a eliminar problemas de anomalias e redundâncias de dados. Durante esse processo de modelagem ER, o projetista deve:

- Definir entidades, atributos, chaves primárias e chaves estrangeiras. (As chaves estrangeiras servem como base dos relacionamentos entre entidades.)
- Tomar decisões sobre a adição de novos atributos de chave primária que satisfaçam as necessidades de processamento e/ou do usuário final.
- Tomar decisões sobre o tratamento de atributos com vários valores.
- Tomar decisões sobre a adição de atributos derivados para satisfazer as necessidades de processamento.
- Tomar decisões sobre o posicionamento de chaves estrangeiras em relacionamentos 1:1. (Se necessário, reveja os relacionamentos de supertipos/subtipos no Capítulo 6.)
- Evitar relacionamentos ternários desnecessários.
- Traçar o diagrama ER correspondente.
- Normalizar as entidades.
- Incluir todas as definições de elementos de dados no dicionário.
- Tomar decisões sobre as convenções de nomenclatura padronizadas.

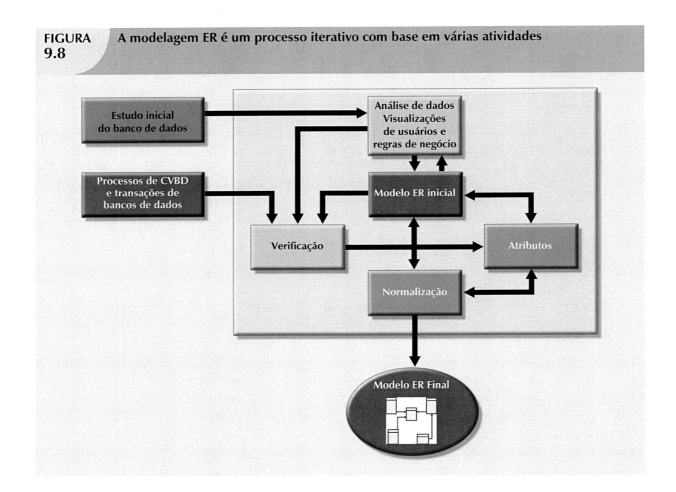

FIGURA 9.8 A modelagem ER é um processo iterativo com base em várias atividades

A exigência de convenções de nomenclatura é importante, mas frequentemente ignorada por conta do projetista. O projeto de banco de dados reais normalmente é realizado por equipes. Portanto, é importante garantir que seus membros trabalhem em um ambiente no qual os padrões de nomenclatura estejam definidos e aplicados. A documentação adequada é fundamental para a conclusão bem-sucedida do projeto. Portanto, é muito útil estabelecer procedimentos efetivamente autoevidentes.

FIGURA 9.9 Ferramentas de projeto conceitual e fontes de informação

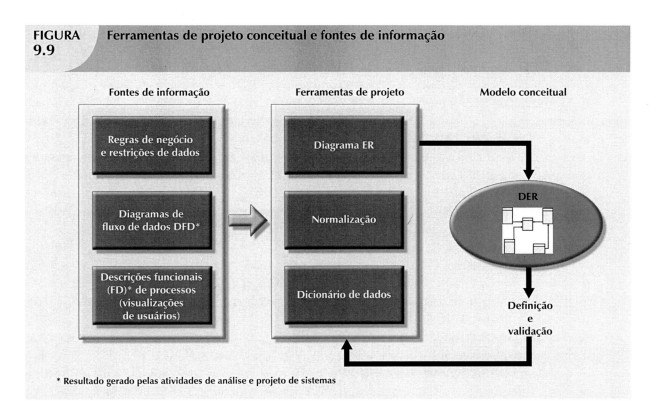

Fontes de informação → Ferramentas de projeto → Modelo conceitual

* Resultado gerado pelas atividades de análise e projeto de sistemas

Embora algumas convenções úteis de nomenclatura de entidades e atributos tenham sido estabelecidas no Capítulo 4, elas serão revisadas com mais detalhes aqui. Lembre-se, no entanto, de que essas convenções às vezes estão sujeitas a restrições impostas pelo software de SGBD. Em um ambiente de banco de dados de uma empresa inteira, o menor denominador comum prevalece. Por exemplo, o Microsoft Access considera o nome de atributo LINHA_NÚMERO_ITEM perfeitamente aceitável. Muitos SGBDs mais antigos, no entanto, provavelmente truncarão esses nomes longos quando forem exportados de um sistema para outro, o que torna a documentação mais difícil. Portanto, as necessidades de exportação de tabelas podem impor a utilização de nomes mais curtos. (O mesmo é válido para os tipos de dados. Por exemplo, muitos SGBDs mais antigos não são capazes de lidar com formatos OLE ou de memorandos.)

Este livro utiliza convenções de nomenclatura que provavelmente serão aceitáveis em uma faixa relativamente ampla de SGBDs e atenderão o máximo possível às necessidades de autoevidência. Conforme os SGBDs mais antigos sumirem de cena, as convenções se tornarão aplicáveis de modo mais amplo. Você deve procurar obedecer às seguintes convenções:

- Utilize nomes descritivos de entidades e atributos sempre que possível. Por exemplo, no laboratório de informática universitário, a entidade USUÁRIO (USER) contém dados sobre os usuários de laboratórios, e a LOCALIZAÇÃO (LOCATION) relaciona-se à localização dos ITEMs que o diretor do laboratório deseja rastrear.
- As entidades compostas normalmente recebem um nome que descreve o relacionamento representado por elas. Por exemplo, no banco de dados do laboratório de informática universitário, um ITEM pode estar armazenado em mais de uma LOCALIZAÇÃO e uma LOCALIZAÇÃO pode ter mais de um ITEM armazenado. Portanto, a entidade (ponte) composta que liga ITEM e LOCALIZAÇÃO será chamada ARMAZENAMENTO (STORAGE). Ocasionalmente, o projetista pode considerar necessário apresentar quais entidades estão sendo ligadas pela entidade composta. Nesses casos, o nome da entidade composta pode tomar segmentos dos nomes das outras entidades. Por exemplo, ALU_TURMA pode ser a entidade composta que liga ALUNO e TURMA. No

entanto, essa convenção de nomenclatura pode tornar o próximo nível mais trabalhoso. Portanto, deve ser utilizada com parcimônia. (Uma escolha melhor seria uma entidade composta chamada MATRÍCULA que indicasse que o ALUNO matricula-se em uma TURMA.)

- Um nome de atributo deve ser descritivo e conter um prefixo que ajude a identificar a tabela na qual se encontra. Para os propósitos deste livro, o comprimento máximo do prefixo será de cinco caracteres. Por exemplo, a tabela FORNECEDOR pode conter atributos como FORN_ID e FORN_TEL. De modo similar, a tabela ITEM pode conter nomes de atributos como ITEM_ID e ITEM_DESCRIÇÃO. A vantagem dessa convenção é que identifica imediatamente a chave estrangeira de uma tabela. Por exemplo, se a tabela FUNCIONÁRIO contiver atributos como FUN_ID, FUN_SOBRENOME e DEPT_CÓDIGO, é imediato perceber que DETP_CÓDIGO é a chave estrangeira que provavelmente liga FUNCIONÁRIO a DEPARTAMENTO. Naturalmente, a existência de nomes de relacionamentos e tabelas que comecem com os mesmos caracteres pode impor subversão ocasional dessa convenção, conforme o item seguinte.

- Se uma tabela se chamar PEDIDO e sua contraparte fraca se chamar PEDIDO_ITEM, o prefixo PED deverá ser utilizado para indicar um atributo originado naquela tabela. O prefixo ITEM identificará um atributo originado na tabela ITEM. Obviamente, não é possível utilizar ORD como prefixos dos atributos originados na tabela ORDER_IDEM, devendo-se recorrer a uma combinação de caracteres, como OI, para o prefixo dos nomes de atributos dessa tabela. Apesar dessa limitação, é possível, em geral, atribuir prefixos que identifiquem a origem de um atributo. (Lembre-se de que alguns SGBDRs utilizam uma lista de "palavras reservadas". Por exemplo, ORDER (pedido) pode ser interpretado como uma palavra reservada de um comando SELECT. Nesse caso, seria necessário utilizar um nome de tabela diferente.)

Como se pode ver, nem sempre é possível seguir estritamente as convenções de nomenclatura. Às vezes, a necessidade de limitar o comprimento dos nomes torna-os menos descritivos. Além disso, com um grande número de entidades e atributos em um projeto complexo, pode ser necessária alguma criatividade para a utilização adequada de prefixos. Mas, nesse caso, esses prefixos serão menos úteis na identificação da fonte precisa do atributo. No entanto, a utilização consistente de prefixos reduzirá significativamente as dúvidas quanto às origens. Por exemplo, se não é óbvio que o prefixo AL não remete à tabela ALUGUEL, é tão pouco óbvio o fato de que ele não se origina em AFASTADO, ITEM ou USUÁRIO.

A conformidade às convenções de nomenclatura que acabamos de descrever atende bem às necessidades de projetistas de bancos de dados. Na verdade, uma frase comum dos usuários parece ser a seguinte: "Eu não entendia por que você foi tão exigente quanto às convenções de nomenclatura, mas agora que estou fazendo a coisa na prática, passei realmente a acreditar nelas".

Verificação do modelo de dados

O modelo ER deve ser verificado quanto aos processos de sistema propostos, de modo a corroborar para que os processos pretendidos possam ser suportados pelo banco de dados. A verificação exige que o modelo passe por uma série de testes sobre:

- Visualizações de dados dos usuários finais e transações necessárias: operações SELECT, INSERT, UPDATE e DELETE, consultas e relatórios.
- Caminhos de acesso e segurança.
- Exigências e restrições de dados impostas pelos negócios.

A revisão do projeto original do banco de dados começa com uma reavaliação cuidadosa das entidades, seguida por exame detalhado dos atributos que as descrevem. Esse processo atende a várias finalidades importantes:

- Surgimento de detalhes de atributos que possam levar a uma revisão das próprias entidades. Talvez alguns dos componentes considerados, a princípio, como entidades passem a ser atributos dentro de outras entidades. Ou, ainda, o que foi considerado originalmente um atributo pode passar a conter um número suficiente de subcomponentes que garanta a introdução de uma ou mais novas entidades.

- Foco nos detalhes de atributos pode fornecer pistas sobre a natureza dos relacionamentos conforme sejam definidos pelas chaves primária e estrangeira. Relacionamentos definidos inadequadamente levam, primeiro, a problemas de implementação e, posteriormente, a problemas de desenvolvimento.

- Para satisfazer às necessidades de processamento e/ou do usuário final, pode ser útil criar uma nova chave primária que substitua outra já existente. Por exemplo, no caso do faturamento ilustrado na Figura 3.30 do Capítulo 3, a chave primária composta de INV_NUMBER e LINE_NUMBER substitui a chave primária original composta de INV_NUMBER e PROD_CODE. Essa alteração garantiu que os itens da fatura sempre apareçam na mesma ordem em que foram inseridos. Para simplificar as consultas e aumentar a velocidade de processamento, pode-se criar uma chave primária de um único atributo para substituir uma existente com vários atributos.

- A menos que os detalhes de entidades (os atributos e suas características) sejam precisamente definidos, é difícil avaliar a extensão da normalização do projeto. O conhecimento dos níveis de normalização ajuda a proteger contra redundâncias indesejadas.

- Revisão cuidadosa da planta inicial do projeto de banco de dados provavelmente levará a revisões, que ajudarão a garantir que o projeto seja capaz de atender às exigências dos usuários finais.

Como o projeto de banco de dados reais geralmente é feito por equipes, deve-se buscar a organização dos componentes principais do projeto em módulos. Um **módulo** é um componente de sistemas de informação que trata de uma função específica, como estoque, pedidos, folha de pagamento etc. No nível de projeto, módulo é um segmento de ER integrado ao modelo ER geral. A criação e utilização de módulos atende a várias finalidades importantes:

- Módulos (inclusive os segmentos dentro deles) podem ser atribuídos a grupos de projetos em equipes, acelerando em grande parte o trabalho de desenvolvimento.

- Simplificam o trabalho de projeto. O grande número de entidades dentro de um projeto complexo pode ser assustador. Cada módulo contém um número mais gerenciável de entidades.

- Pode-se fazer rapidamente protótipos de módulos. Os pontos de problemas de implementação e aplicativos podem ser identificados com maior prontidão. (O protótipo rápido também contribui para aprimorar muito a confiança.)

- Mesmo se o sistema inteiro não puder ser colocado on-line rapidamente, a implementação de um ou mais módulos demonstrará que está fazendo progresso e que pelo menos parte do sistema está pronta para começar a atender aos usuários finais.

Por mais úteis que sejam os módulos, eles representam fragmentos de modelos ER. A fragmentação traz um problema potencial: os fragmentos podem não incluir todos os componentes do modelo ER e, portanto, não serem capazes de dar suporte a todos os processos necessários. Para evitar esse problema, os módulos devem ser verificados em relação ao modelo ER completo. Esse processo de verificação é detalhado na Tabela 9.3.

Lembre-se de que o processo de verificação exige a verificação contínua das transações de negócios, bem como das necessidades de sistemas e usuários. A sequência de verificação deve ser repetida para cada módulo do sistema. A Figura 9.10 ilustra a natureza iterativa do processo.

TABELA 9.3 Processo de verificação de modelos ER

ETAPA	ATIVIDADE
1	Identificação da entidade central dos modelos ER.
2	Identificação de cada módulo e de seus componentes.
3	Identificação das necessidades de transação de cada módulo: Internas: Atualizações/Inserções/Exclusões/Consultas/Relatórios Externas: Interfaces de módulos.
4	Verificação de todos os processos em relação ao modelo ER.
5	Execução de todas as alterações sugeridas na Etapa 4.
6	Repetição das Etapas 2-5 para todos os módulos.

O processo de verificação começa com a seleção da entidade central (mais importante). Essa entidade é definida em termos de sua participação na maioria dos relacionamentos do modelo, sendo o foco da maior parte das operações do sistema. Em outras palavras, para identificar a entidade central, o projetista seleciona a entidade envolvida no maior número de relacionamentos. O diagrama ER trata da entidade que possui mais linhas ligadas a ela.

A etapa seguinte é identificar o módulo ou subsistema ao qual a entidade central pertence e definir as fronteiras e o escopo desse módulo. A entidade pertence ao módulo que a utiliza com mais frequência. Uma vez identificado cada módulo, a entidade central é posicionada dentro da estrutura do módulo, permitindo focar a atenção em seus detalhes.

FIGURA 9.10 Processo iterativo de verificação de modelos ER

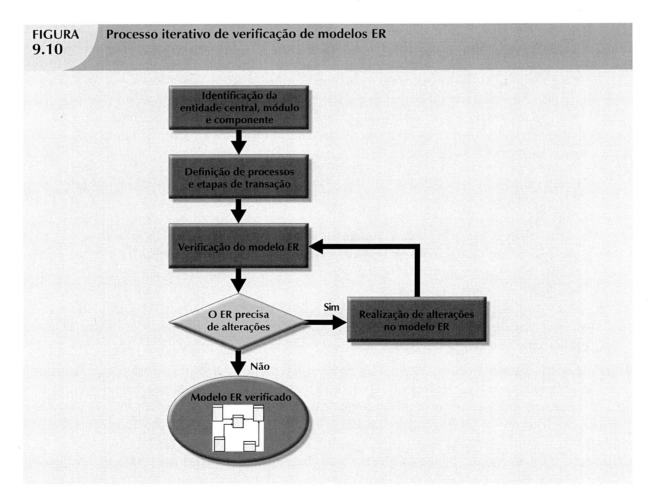

Na estrutura da entidade/módulo central, deve-se:

- *Garantir a coesão do módulo.* O termo **coesão** descreve a força dos relacionamentos encontrados entre as entidades do módulo. O módulo deve apresentar *alta coesão* – ou seja, deve ser completo e autossuficiente, com entidades fortemente relacionadas.
- *Analisar cada relacionamento do módulo com outros módulos para tratar do acoplamento modular.* O **acoplamento modular** descreve a extensa independência dos módulos entre si. Os módulos devem apresentar *baixo acoplamento*, o que indica que são independentes de outros módulos. O baixo acoplamento reduz dependências desnecessárias entre módulos, permitindo, assim, a criação de um sistema efetivamente modular e eliminando relacionamentos desnecessários entre entidades.

Os processos podem ser classificados de acordo com:

- Frequência (diária, semanal, mensal, anual ou excepcional).
- Tipo operacional (INSERT ou ADD, UPDATE ou CHANGE, DELETE, consultas e relatórios, batch, manutenção e backup).

Todos os processos identificados devem ser verificados em relação ao modelo ER. Se necessário, devem ser implementadas as mudanças adequadas. A verificação de processo é repetida para todos os módulos do modelo. Pode-se esperar que entidades e atributos adicionais sejam incorporados no modelo conceitual durante a validação.

Nesse ponto, o modelo conceitual foi definido como independente de hardware e software. Tal independência garante a portabilidade do sistema entre plataformas. A portabilidade pode ampliar a vida do banco de dados, possibilitando a migração para outro SGBD ou outra plataforma de hardware.

Projeto de banco de dados distribuídos

As partes de um banco de dados podem residir em várias localizações físicas. Os processos que acessam o banco de dados também podem variar de um local para outro. Por exemplo, um processo de varejo e um de armazenamento em data warehouse provavelmente estarão em localizações diferentes. Se o processo de banco de dados for distribuído pelo sistema, o projetista também deve desenvolver estratégias de distribuição e alocação para o banco. As complicações de projeto introduzidas por processos distribuídos são examinadas em detalhes no Capítulo 12, "Sistemas de banco de dados distribuído".

II. Seleção do software do SGBD

A seleção do software do SGBD é fundamental para uma operação regular do sistema de informação. Consequentemente, as vantagens e desvantagens do software proposto devem ser cuidadosamente estudadas. Para evitar falsas expectativas, o usuário final deve estar ciente das limitações do SGBD e do banco de dados.

Embora os fatores que afetam a decisão de compra variem de empresa para empresa, alguns dos mais comuns são:

- *Custo.* Inclui o preço original de compra, além de custos operacionais, de manutenção, licença, instalação, treinamento e conversão.
- *Recursos e ferramentas do SGBD.* Alguns softwares de bancos de dados incluem diversas ferramentas que facilitam a tarefa de desenvolvimento de aplicações. Por exemplo, a disponibilidade de consulta de exemplo (QBE), utilitários de criação gráfica de telas, geradores de relatórios e de aplicações, dicionário de dados etc., ajudam a criar um ambiente de trabalho mais aprazível tanto para os usuários finais como para os programadores de aplicações. Os recursos de administração de banco de dados e de consultas, a facilidade de uso, o desempenho, a segurança, o controle de concorrência, o processamento de transações e o suporte a terceiros também influenciam a seleção do software do SGBD.

- *Modelo subjacente.* Ele pode ser hierárquico, em rede, relacional, objeto/relacional ou orientado a objetos.
- *Portabilidade.* O SGBD pode ser portátil entre plataformas, sistemas e idiomas.
- *Necessidades de hardware do SGBD.* Os itens a serem considerados incluem processador(es), memória RAM, espaço em disco etc.

III. Projeto lógico

O **projeto lógico** traduz o projeto conceitual no modelo interno de um sistema de gerenciamento de bancos de dados (SGBD) selecionado, como DB2, SQL Server, MySQL, Oracle e Access. Portanto, o projeto lógico é dependente de software.

Ele exige que todos os objetos do modelo sejam mapeados conforme as estruturas específicas utilizadas pelo software selecionado. Por exemplo, o projeto lógico de um SGBD relacional inclui a especificação de tabelas, índices, visualizações, transações, autorizações de acesso etc. Na discussão que se segue, uma pequena parte do modelo conceitual simples apresentado na Figura 9.11 é convertida em um projeto lógico com base no modelo relacional.

| FIGURA 9.11 | Modelo conceitual simples |

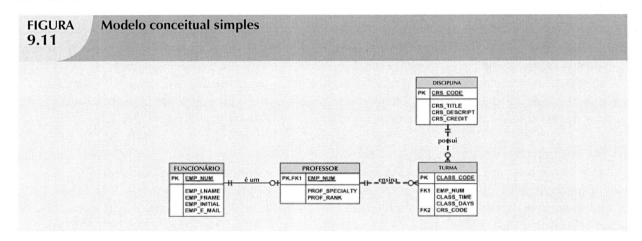

A tradução do modelo conceitual da Figura 9.11 exige a definição dos domínios de atributos, o projeto das tabelas necessárias e os formatos adequados de restrição de acesso. Por exemplo, as definições de domínio dos atributos CLASS_CODE (código de turma), CLASS_DAYS (dias de turma) e CLASS_TIME (horário de turma) apresentados na entidade TURMA da Figura 9.11 são escritos do seguinte modo:

CLASS_CODE   é um código de turma válido.
         Tipo: numérico
         Faixa: menor valor = 1000 maior valor = 9999
         Formato de exibição: 9999
         Comprimento: 4
CLASS_DAYS   é um código de turma válido.
         Tipo: caractere
         Formato de exibição: XXX
         Entradas válidas: SegQuaSex, TerQui, Seg, Ter, Qua, Qui, Sex, Sáb
         Comprimento: 3

CLASS_TIME   é um horário válido.
                              Tipo: caractere
                              Formato de exibição: 99:99 (horário de 24 horas)
                              Faixa de exibição: 06:00 às 22:00
                              Comprimento: 5

As tabelas do projeto lógico devem corresponder às entidades (FUNCIONÁRIO, PROFESSOR, DISCIPLINA e TURMA) apresentadas no projeto conceitual da Figura 9.11 e as colunas de tabelas devem corresponder aos atributos especificados no projeto conceitual. Por exemplo, o layout da tabela inicial de DISCIPLINA pode se parecer com a Tabela 9.4.

TABELA 9.4 Exemplo de layout da tabela DISCIPLINA

CRS_CODE (CÓDIGO DE DISCIPLINA)	CRS_TITLE (TÍTULO DE DISCIPLINA)	CRS_DESCRIPT (DESCRIÇÃO DE DISCIPLINA)	CRS_CREDIT (CRÉDITO DE DISCIPLINA)
CIS-4567	Projeto de Sistemas de Banco de Dados	Projeto e implementação de sistemas de banco de dados; inclui projeto conceitual, projeto lógico, implementação e gerenciamento; pré-requisitos: CIS 2040, CIS 2345, CIS 3680 e mais da metade dos créditos concluídos	4
QM-3456	Estatística II	Aplicações estatísticas; curso exige utilização de software estatístico (MINITAB e SAS) para interpretação de dados; pré-requisitos: MATH 2345 e QM 2233	3

O direito de utilização do banco de dados também é especificado durante a fase de projeto lógico. Quem terá permissão para utilizar as tabelas e que partes das tabelas serão disponibilizadas a quais usuários? Dentro de uma estrutura relacional, as respostas a essas questões exigem a definição de direitos de acesso e visualizações adequados.

O projeto lógico traduz o modelo conceitual independente de software em um modelo dependente de software, estabelecendo as definições de domínio adequadas, as tabelas e as restrições de acesso necessárias. Temos agora condições de definir as necessidades físicas que permitem que o sistema funcione dentro do ambiente de hardware selecionado.

IV. Projeto físico

O **projeto físico** é o processo de seleção das características de armazenamento e acesso aos dados do banco de dados. As características de armazenamento são funções dos tipos de dispositivos suportados pelo hardware, dos tipos de métodos de acesso aos dados suportados pelo sistema e do SGBD. O projeto físico afeta não apenas a localização dos dados nos dispositivos de armazenamento, mas também o desempenho do sistema.

Trata-se de uma tarefa bastante técnica, mais comum no universo de cliente/servidor e mainframe do que no de PCs. Mas mesmo em ambientes completos de porte médio ou de mainframe, o software de bancos de dados moderno assumiu boa parte dos encargos da parte física do projeto e de sua implementação.

Apesar do fato de os modelos relacionais tenderem a ocultar as complexidades das características físicas do computador, o desempenho dos bancos de dados desse tipo é afetado por essas características. Por exemplo, os recursos da mídia de armazenamento, com tempo de busca, tamanho de setor e bloco (página), tamanho de buffer e número de pratos de disco e de cabeçotes de leitura/gravação podem afetar o desempenho. Além disso, fatores como a criação de índice podem ter um efeito considerável sobre o desempenho do banco de dados relacional, ou seja, sobre a velocidade e eficiência de acesso aos dados.

Até mesmo o tipo de solicitação de dados deve ser analisado cuidadosamente para determinar o método ideal de acesso que atenda às necessidades das aplicações, estabelecendo o volume de dados a ser armazenado e estimando o desempenho. Alguns SGBDs reservam automaticamente o espaço necessário para armazenar a definição do banco de dados e os dados do usuário em dispositivos permanentes de armazenamento. Isso garante que os dados sejam armazenados em locais sequencialmente adjacentes, reduzindo, assim, o tempo de acesso aos dados e aprimorando o desempenho. (A sintonização de desempenho de bancos de dados é coberto em mais detalhes no Capítulo 11, "Sintonização de desempenho de bancos de dados e otimização de consultas".)

O projeto físico torna-se mais complexo quando os dados são distribuídos em locais diferentes, pois o desempenho é afetado pela saída da mídia de comunicação. Em razão dessas complexidades, não é de surpreender que os projetistas deem preferência a softwares de bancos de dados que ocultem o máximo possível as atividades no nível físico.

As seções precedentes dividiram as discussões de atividades de projeto lógico e físico. Na prática, esses dois tipos de projetos podem ser executados em paralelo, tabela por tabela (ou arquivo por arquivo). Eles também podem ser realizados paralelamente quando o projetista trabalha com modelos hierárquicos e em rede. Essas atividades exigem que o projetista disponha de uma compreensão completa de hardware e software para aproveitar ao máximo as características de ambas as instâncias.

FIGURA 9.12 Organização física de um ambiente de banco de dados DB2

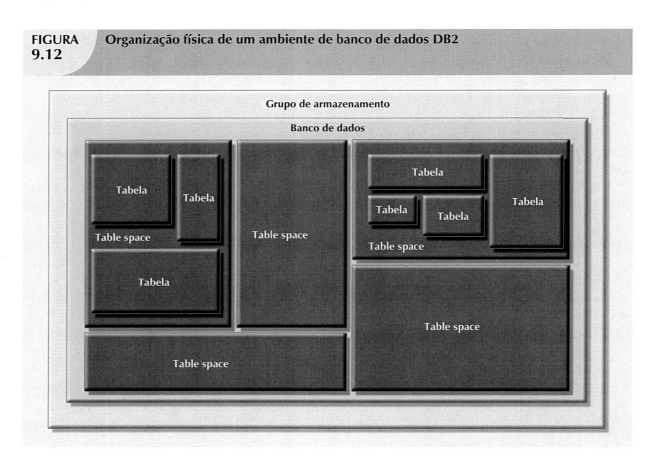

IMPLEMENTAÇÃO E CARGA

Nos SGBDs mais modernos, como o IBM DB2, o Microsoft SQL Server e o Oracle, uma nova implementação de banco de dados exige a criação de estruturas especiais relacionadas ao armazenamento para abrigar as tabelas do usuário final. Essa estrutura normalmente inclui o grupo de armazenamento, o table space e as tabelas. Veja a Figura 9.12. Observe que o table space pode conter mais de uma tabela.

Por exemplo, a implementação do projeto lógico no DB2 da IBM exige:

1. *Criar o grupo de armazenamento do banco de dados.* Essa etapa (realizada pelo administrador de sistema ou SISADM) é obrigatória para bancos de dados de mainframe como o DB2. Outros softwares de SGBD podem criar automaticamente grupos de armazenamento equivalentes quando da criação de um banco de dados (veja a Etapa 2). Consulte a documentação de seu SGBD para ver se é necessário criar um grupo de armazenamento e, se afirmativo, qual deve ser a sintaxe do comando.
2. Criar o banco de dados dentro do grupo de armazenamento (também realizado pelo SISADM).
3. Atribuir os direitos de utilização do banco de dados a um administrador (DBADM).
4. Criar os espaços de tabela no banco de dados (normalmente realizado pelo DBADM).
5. Criar as tabelas no table space (normalmente realizado pelo DBADM). A criação de uma tabela genérica de SQL seria similar a:

```
CREATE TABLE COURSE (
CRS_CODE              CHAR(10) NOT NULL,
CRS_TITLE             CHAR(C15) NOT NULL,
CRS_DESCRIPT          CHARC(8) NOT NULL
CRS_CREDIT NUMBER,
PRIMARY KEY (CRS_CODE));
CREATE TABLE CLASS (
CLASS_CODE            CHAR(4) NOT NULL,
CLASS_DAYS            CHAR(3) NOT NULL,
CLASS_TIME            CHAR(14) NOT NULL,
CLASS_DAY             CHAR(3) NOT NULL,
CRS_CODE              CHAR(10) NOT NULL,
PRIMARY KEY (CLASS_CODE),
FOREIGN KEY (CRS_CODE) REFERENCES COURSE;
```

   (Observe que a tabela COURSE (disciplina) é criada primeiro, pois é referenciada pela tabela CLASS (turma)).
6. Atribuir direitos de acesso aos espaços de tabelas e às tabelas dentro dos espaços especificados (outra responsabilidade do DBADM). Os direitos de acesso podem ser limitados a visualizações, em vez de tabelas inteiras. A criação de visualizações não é necessária ao acesso de banco de dados no ambiente relacional, mas são desejáveis do ponto de vista da segurança.

Os direitos de acesso a uma tabela chamada PROFESSOR podem ser concedidos a uma pessoa cujo código de identificação seja PROB, digitando-se:

```
GRANT USE OF TABLE PROFESSOR
TO PROB;
```

Uma visualização chamada PROF pode ser substituída pela tabela PROFESSOR:

```
CREATE VIEW PROF
SELEC          TEMP_LNAME
FROM           EMPLOYEE
WHERE          PROFESSOR.EMP_NUM = EMPLOYEE.EMP_NUM;
```

Após a criação do banco, os dados devem ser carregados em suas tabelas. Caso os dados estejam armazenados atualmente em um formato diferente do exigido pelo novo SGBD, devem ser convertidos antes da carga.

> **NOTA**
>
> O resumo seguinte das atividades de implementação de banco de dados assume a utilização de um SGBD sofisticado. Toda a geração atual de SGBDs oferece os recursos discutidos a seguir.

Durante a fase de implementação e carga, deve-se também tratar de desempenho, segurança, backup e recuperação, integridade e padrões da empresa. Esses aspectos serão discutidos a seguir.

Desempenho

O desempenho do banco de dados é um dos fatores mais importantes de determinadas implementações. O Capítulo 11 trata do assunto com mais detalhes. No entanto, nem todos os SGBDs possuem ferramentas de monitoramento de desempenho e sintonização fina incorporadas em seu software, dificultando as avaliações.

A avaliação de desempenho também se torna mais difícil, pois não há padrões de medidas relacionados a esse aspecto do banco de dados. O desempenho varia de acordo com o ambiente de hardware e software utilizado. Naturalmente, o tamanho do banco também afeta seu desempenho: uma busca de 10 Tuplas será mais rápida do que uma de 100.000 Tuplas.

Os fatores importantes de desempenho de bancos de dados também incluem os parâmetros de configuração do sistema e do banco, como posicionamento de dados, definição de caminhos de acesso, utilização de índices e tamanho de buffers.

Segurança

Os dados armazenados no banco da empresa devem estar protegidos do acesso de pessoas não autorizadas. (Não é necessário ter muita imaginação para prever os prováveis resultados caso os alunos tenham acesso ao banco com suas informações ou os funcionários acessem os dados de folha de pagamento!) Consequentemente, deve-se fornecer (pelo menos) o seguinte:

- *Segurança física* permite que apenas pessoal autorizado tenha acesso físico a áreas específicas. Dependendo do tipo de implementação de banco de dados, no entanto, o estabelecimento desse tipo de segurança nem sempre é viável. Por exemplo, o banco de dados de pesquisas de alunos de uma universidade não é um provável candidato para segurança física. A existência de redes de PCs com vários servidores também produz inviabilidade.
- *Segurança com senha* permite a atribuição de direitos de acesso a usuários autorizados específicos. Esse tipo de segurança normalmente é aplicado no momento do log-on no nível de sistema operacional.
- *Direitos de acesso* podem ser estabelecidos por meio da utilização de software de bancos de dados. A atribuição de direitos de acesso pode restringir operações (CREATE, UPDATE, DELETE etc.) em objetos predeterminados como bancos de dados, tabelas, visualizações, consultas e relatórios.

- *Trilhas de auditoria* normalmente são fornecidas pelo SGBD para verificar violações de acesso. Embora seja um dispositivo a ser usado após o evento, sua mera existência pode desencorajar a utilização não autorizada.
- *Criptografia de dados* pode ser utilizada para tornar os dados inúteis a usuários não autorizados que possam ter violado alguma camada de segurança.
- *Estações de trabalho sem disco* permitem aos usuários finais acessar o banco de dados sem a possibilidade de fazer download de informações para suas estações.

Para uma discussão mais detalhada das questões de segurança, consulte o Capítulo 15, "Administração e segurança de banco de dados".

Backup e recuperação

A disponibilidade de dados no momento adequado é fundamental para a maioria dos bancos. Infelizmente, os bancos de dados podem estar sujeitos a perdas resultantes da exclusão não intencional de dados, quedas de energia etc. Os procedimentos de backup e recuperação (restauração) de dados criam uma válvula segura que permite ao administrador de bancos de dados garantir a disponibilidade de dados consistentes. Normalmente, os fornecedores de bancos incentivam a utilização de componentes de tolerância a falhas, como unidades de fonte de energia não interrompíveis (UPS), dispositivos de armazenamento RAID, servidores em clusters e tecnologias de replicação de dados, garantindo a operação contínua do banco de dados em caso de falha de hardware. Mesmo com esses componentes, as funções de backup e restauração constituem um componente muito importante das operações diárias de bancos de dados. Alguns SGBDs oferecem funções que permitem que o administrador agende backups automáticos para dispositivos de armazenamento permanente, como discos, DVDs e fitas. Os backups de bancos de dados podem ser executados em níveis diferentes:

- **Backup completo** do banco, ou *despejo* do banco inteiro. Nesse caso, todos os objetos passam por backup.
- **Backup diferencial**, em que apenas as últimas modificações do banco (em comparação com a cópia de backup completa existente) são copiadas. Nesse caso, apenas os objetos atualizados desde o último backup completo passam pelo processo.
- **Backup do log de transações**, que faz backup apenas das operações do log de transações que não se encontram na cópia anterior do backup do banco de dados. Nesse caso, apenas o log de transações passa por backup; o processo não ocorre em nenhum dos outros objetos. (Para uma explicação completa da utilização do log de transações, veja o Capítulo 10, "Gerenciamento de transações e controle de concorrência".)

O backup de banco de dados é armazenado em local seguro, normalmente em um edifício diferente do prédio do banco e protegido contra riscos de incêndio, roubo, alagamento e outras potenciais calamidades. A principal finalidade do backup é garantir a restauração do banco após falhas de sistema (hardware/software).

As falhas que afetam bancos de dados e sistemas geralmente são induzidas por software, hardware, programação de isenções, transações ou fatores externos. A Tabela 9.5 resume brevemente as fontes mais comuns de falhas.

TABELA 9.5 Fontes comuns de falhas de bancos de dados

FONTE	DESCRIÇÃO	EXEMPLO
Software	As falhas induzidas por software são rastreáveis até o sistema operacional, o software de SGBD, os aplicativos ou vírus.	O worm SQL.Slammer afetou muitos sistemas MS SQL Server não atualizados em 2003, provocando danos avaliados em milhões de dólares.
Hardware	As falhas induzidas por hardware podem incluir erros de chips de memória, falhas, setores defeituosos e erros totais de disco.	Um módulo defeituoso da memória ou uma falha múltipla de disco rígido em um sistema de banco de dados pode causar falha repentina no sistema de banco de dados.
Programação de isenções	Aplicativos ou usuários finais podem desfazer transações quando certas condições estão definidas. A programação de isenções também pode ser provocada por código malicioso ou inadequadamente testado, passíveis de exploração por hackers.	Os hackers buscam constantemente a exploração de sistemas desprotegidos na web.
Transações	O sistema detecta deadlocks e aborta uma das transações (veja o Capítulo 10).	O deadlock ocorre quando da execução de diversas transações simultâneas.
Fatores externos	Os backups são especialmente importantes quando um sistema sofre destruição completa em razão de incêndio, terremoto, alagamento ou outro desastre natural.	Em 2008, o furacão Katrina provocou perdas de dados de milhões de dólares em Nova Orleans.

Dependendo do tipo e da extensão da falha, o processo de recuperação varia de uma pequena inconveniência de curto prazo a uma reconstrução importante no longo prazo. Independente da extensão do processo de recuperação necessário, não será possível sem um backup útil.

O processo de recuperação de bancos de dados geralmente segue um cenário previsível. Em primeiro lugar, são determinados o tipo e a extensão da recuperação. Se o banco de dados inteiro precisar ser recuperado a um estado consistente, a recuperação utiliza a cópia de backup mais recente que esteja nesse estado. Essa cópia é restabelecida para restaurar todas as transações subsequentes, utilizando as informações do log de transações. Se o banco de dados precisar ser recuperado, mas a parte comprometida ainda for útil, o processo de recuperação utiliza o log de transações para "desfazer" todas as transações não consolidadas.

Integridade

A integridade de dados é aplicada pelo SGBD por meio da utilização adequada das regras de chave primária e estrangeira. Além disso, também resulta na implementação adequada de políticas de gerenciamento de dados. Tais políticas fazem parte de um modelo amplo de administração de dados. Para um estudo mais detalhado desse assunto, veja a seção "Função gerencial de DBA" no Capítulo 15.

Padrões da empresa

Os padrões de bancos de dados podem ser definidos parcialmente por exigências específicas da empresa. O administrador deve implementar e aplicar esses padrões.

TESTE E AVALIAÇÃO

Uma vez carregados os dados no banco, o DBA testa e refina a sintonização quanto a desempenho, integridade, acesso concorrente e restrições de segurança. A fase de teste e avaliação ocorre paralelamente à de programação de aplicações.

Os programadores utilizam as ferramentas do banco de dados para criar *protótipos* das aplicações durante a codificação dos programas. As ferramentas como os geradores de relatórios, os utilitários de criação gráfica de telas e os geradores de menus são especialmente úteis para os programadores durante a fase de protótipo.

Se a implementação do banco de dados não atender a alguns critérios de avaliação do sistema, várias opções podem ser consideradas para aprimorá-lo:

- Para questões relacionadas a desempenho, o projetista deve considerar a sintonização fina pelos parâmetros de configuração específicos do sistema e do SGBD. As melhores fontes de informações são os manuais de referência técnica de software e hardware.
- Modificar o projeto físico. (Por exemplo, a utilização adequada de índices tende a ser particularmente eficiente para facilitar movimentos de ponteiros, aprimorando o desempenho.)
- Modificar o projeto lógico.
- Atualizar ou alterar o software de SGBD e/ou a plataforma de hardware.

OPERAÇÃO

Tendo sido aprovado no estágio de avaliação, o banco de dados é considerado operacional. A partir desse ponto, o banco, seu gerenciamento, seus usuários e seus aplicativos constituem um sistema de informação completo.

O começo da fase operacional inicia invariavelmente o processo de evolução do sistema. Assim que todos os usuários finais pretendidos tiverem entrado na fase de operações, os problemas não previstos durante a fase de testes começarão a aparecer. Alguns deles são sérios o suficiente para exigir um trabalho de emergência, enquanto outros não passam de pequenas perturbações. Por exemplo, se o projeto é implementado para fazer interface com a web, o volume total de transações pode fazer com que até mesmo um sistema bem projetado fique lento. Nesse caso, cabe aos projetistas identificar as fontes dos gargalos e criar soluções alternativas. Essas soluções podem incluir a utilização de software de balanceamento de carga, para distribuir as transações entre os diversos computadores, a ampliação do cache disponível para o SGBD etc. Em todo caso, a demanda por alterações é uma preocupação constante do projetista, o que leva à fase 6, manutenção e evolução.

MANUTENÇÃO E EVOLUÇÃO

O administrador de banco de dados deve estar preparado para executar atividades de manutenção de rotina no banco de dados. As tarefas periódicas de manutenção incluem:

- Manutenção preventiva (backup).
- Manutenção corretiva (recuperação).
- Manutenção adaptativa (aprimoramento de desempenho, adição de entidades e atributos etc.).
- Atribuição de permissões de acesso e manutenção para usuários novos e antigos.

- Geração de estatísticas de acesso ao banco de dados para aprimorar a eficiência e a utilidade de auditorias e monitorar o desempenho do sistema.
- Auditorias de segurança periódicas com base nas estatísticas geradas pelo sistema.
- Resumos periódicos (mensais, trimestrais, anuais) de utilização do sistema para fins de cobrança interna e orçamentos.

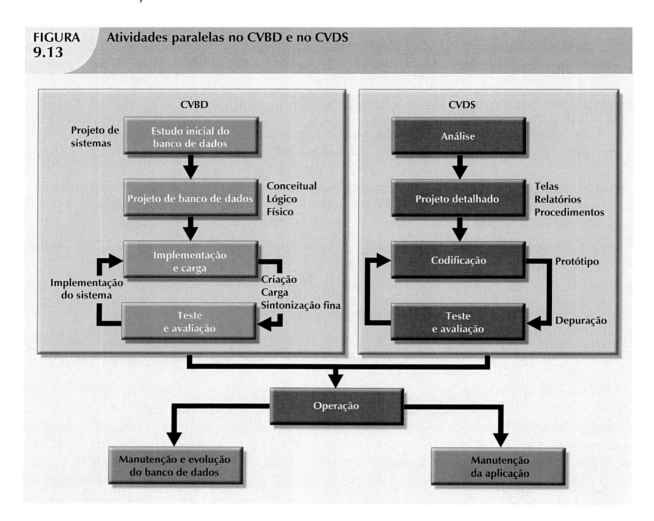

FIGURA 9.13 Atividades paralelas no CVBD e no CVDS

A probabilidade de novas necessidades de informação e a demanda por relatórios adicionais e novos formatos de consultas exigem alterações de aplicações e possíveis alterações menores nos componentes e no conteúdo de bancos de dados. Essas alterações podem ser implementadas facilmente apenas quando o projeto de banco de dados é flexível e toda a documentação está atualizada on-line. Eventualmente, até o melhor projeto de ambiente de banco de dados não será mais capaz de incorporar essas alterações evolucionárias. Nesse caso, todo o processo de CVBD começa novamente.

Você não deve se surpreender ao descobrir que muitas das atividades descritas no ciclo de vida de bancos de dados (CVBD) lembram as do ciclo de vida do desenvolvimento de sistemas (CVDS). Afinal, o CVDS representa um modelo dentro do qual as atividades do CVBD ocorrem. A Figura 9.13 apresenta um resumo das atividades paralelas que ocorrem no CVDS e no CVBD.

ESTRATÉGIAS DE PROJETOS DE BANCO DE DADOS

Há duas abordagens clássicas no projeto de banco de dados:

- **Projeto top-down** começa identificando os conjuntos de dados. Em seguida, define os elementos de dados de cada um desses conjuntos. Esse processo envolve a identificação de diferentes tipos de entidade e a definição de cada atributo.
- **Projeto bottom-up** identifica primeiro os elementos de dados (itens). Em seguida, agrupa-os em conjuntos de dados. Em outras palavras, ele define primeiro os atributos e, em seguida, agrupa-os para formar entidades.

As duas abordagens são ilustradas na Figura 9.14. A seleção de uma ênfase principal nos procedimentos top-down ou bottom-up costuma depender do escopo do problema ou de preferências pessoais. Embora as duas metodologias sejam complementares, e não mutuamente exclusivas, a ênfase principal em uma abordagem bottom-up pode ser mais produtiva para pequenos bancos de dados com poucas entidades, atributos, relações e transações. Em situações em que o número, variedade e complexidade de entidades, relações e transações for de grande vulto, uma abordagem primordialmente top-down pode ser mais fácil de gerenciar. A maioria das empresas possui padrões já estabelecidos de desenvolvimento de sistemas e projeto de banco de dados.

FIGURA 9.14   **Sequência de projeto top-down *versus* bottom-up**

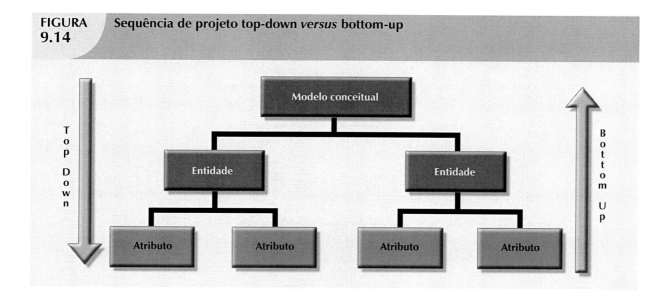

NOTA

Mesmo quando selecionada primordialmente uma abordagem top-down, o processo de normalização que revisa as estruturas de tabelas existentes é (inevitavelmente) uma técnica bottom-up. Os modelos ER constituem um processo de top-down mesmo quando a seleção de atributos e entidades puder ser descrita como bottom-up. Tanto o modelo ER como as técnicas de normalização formam a base da maioria do sistema, o debate "top-down *versus* bottom-up" pode basear-se em uma distinção teórica, e não em uma diferença real.

PROJETO CENTRALIZADO *VERSUS* DESCENTRALIZADO

As duas abordagens gerais (top-down e bottom-up) do projeto de banco de dados podem ser influenciadas por fatores como escopo e tamanho do sistema, estilo de gerenciamento e estrutura da empresa (centralizada ou descentralizada). Dependendo desses fatores, o projeto de banco de dados pode basear-se em duas filosofias de projeto muito diferentes: centralizada e descentralizada.

O **projeto centralizado** é produtivo quando o componente de dados é composto de um número relativamente pequeno de objetos e procedimentos. O projeto pode ser realizado e representado em um banco de dados relativamente simples. O projeto centralizado é típico de bancos de dados mais simples ou pequenos e pode ser feito por uma única pessoa (administrador de banco de dados ou por uma pequena equipe de projeto informal). As operações da empresa e o escopo do problema são limitados o suficiente para permitir que até mesmo um único projetista defina os problemas, crie o projeto conceitual, verifique esse projeto com as visões dos usuários, defina os processos de sistema e restrições de dados para garantir a eficácia e assegure que o projeto atenderá às exigências. (Embora o projeto centralizado seja típico de pequenas empresas, não cometa o erro de assumir que ele se limita a esse tipo de companhia. Mesmo grandes empresas podem operar em um ambiente de bancos de dados relativamente simples.) A Figura 9.15 resume a opção de projeto centralizado. Observe que um único projeto conceitual é concluído e, em seguida, validado na abordagem de projeto centralizado.

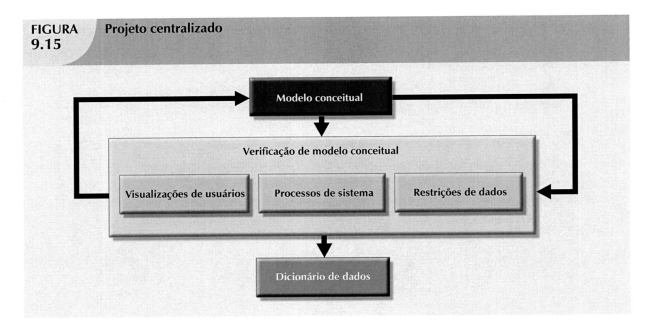

FIGURA 9.15 Projeto centralizado

O **projeto descentralizado** pode ser utilizado quando o componente de dados do sistema possui um número considerável de entidades e relações complexas nas quais são executadas operações muito complexas. O projeto descentralizado provavelmente é o mais empregado quando o problema está disperso em vários locais operacionais e cada elemento é subconjunto de um conjunto de dados inteiro. Veja a Figura 9.16.

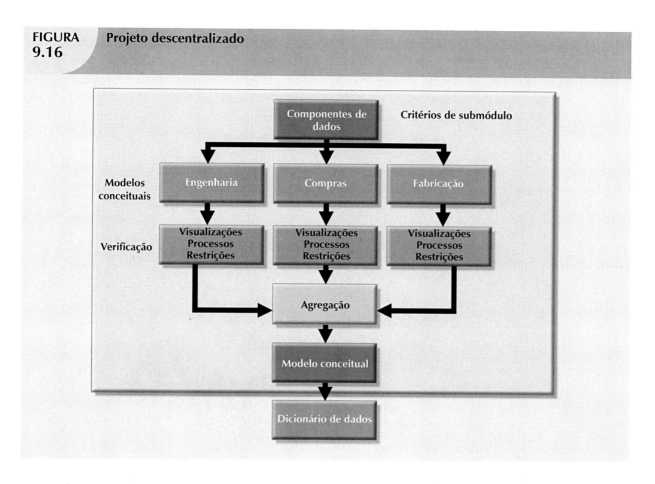

FIGURA 9.16 Projeto descentralizado

Em bancos grandes e complexos, o projeto normalmente não pode ser feito por uma única pessoa. Em vez disso, é empregada uma equipe cuidadosamente selecionada de projetistas para realizar esse projeto complexo. No modelo descentralizado, a tarefa de projetar bancos de dados é dividida em vários módulos. Uma vez estabelecidos os critérios de projeto, o projetista líder atribui subconjuntos ou módulos a grupos de projeto dentro da equipe.

Como cada grupo de projeto foca na modelagem de um subconjunto do sistema, a definição de fronteiras e a inter-relação entre os subconjuntos de dados deve ser muito precisa. Cada grupo de projeto cria um modelo de dados conceitual que corresponde ao subconjunto sendo modelado. Em seguida, cada modelo conceitual é verificado quanto a visualizações de usuários, processos e restrições de cada módulo. Concluído o processo de verificação, todos os módulos são integrados em um modelo conceitual. Como o dicionário de dados descreve as características de todos os objetos no modelo de dados conceitual, ele executa um papel vital no processo de integração. Naturalmente, após a agregação dos subconjuntos em um modelo conceitual maior, o projetista líder deve verificar se o modelo conceitual acordado ainda é capaz de dar suporte a todas as transações necessárias.

Lembre-se de que o processo de agregação exige que o projetista crie um único modelo em que vários problemas sejam tratados. Veja a Figura 9.17.

- *Sinônimos e homônimos.* Diversos departamentos podem conhecer o mesmo objeto por diferentes nomes (sinônimos) ou utilizar o mesmo nome para tratar de objetos distintos (homônimos). O objeto pode ser uma entidade, um atributo ou um relacionamento.

- *Entidade e subtipos de entidades.* Um subtipo de entidade pode ser visto como uma entidade separada por um ou mais departamentos. O projetista deve integrar esses subtipos em uma entidade de nível mais alto.
- *Definições conflitantes de objetos.* Os atributos podem ser registrados como tipos diferentes (caractere, numérico), ou vários domínios podem ser definidos para o mesmo atributo. As definições de restrições também podem variar. O projetista deve remover esses conflitos do modelo.

FIGURA 9.17 **Resumo dos problemas de agregação**

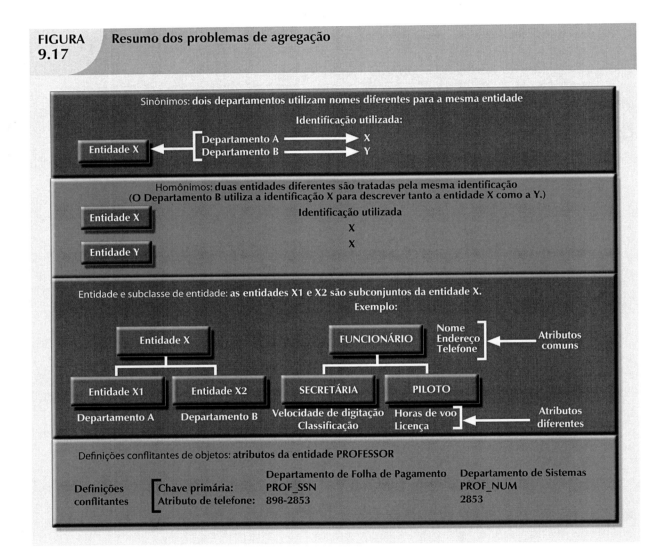

RESUMO

- O sistema de informação é projetado para facilitar a transformação de dados em informações e gerenciar ambos. Portanto, o banco de dados é parte muito importante do sistema de informação. A análise de sistemas é um processo que estabelece a necessidade e a extensão de um sistema de informações. O desenvolvimento de sistemas é o processo de criação de um sistema de informação.

- O ciclo de vida do desenvolvimento de sistemas (CVDS) traça a história (ciclo de vida) de uma aplicação dentro do sistema de informação. Pode ser dividido em cinco fases: planejamento, análise, projeto detalhado, implementação e manutenção. O CVDS é um processo mais iterativo do que sequencial.

- O ciclo de vida do banco de dados (CVBD) descreve a história do banco de dados em um sistema de informação. É composto de seis fases: estudo inicial, projeto, implementação e carga, teste e avaliação, operação, e manutenção e evolução. Como o CVDS, o CVBD é iterativo, e não sequencial.

- O processo de projeto e implementação de bancos de dados passa por uma série de estágios bem definidos: estudo inicial, projeto, implementação e carga, teste e avaliação, operação, e manutenção e evolução.

- A parte conceitual do projeto pode ser submetida a diversas variações com base em duas filosofias básicas de projeto: top-down *versus* bottom-up e centralizado *versus* descentralizado.

QUESTÕES DE REVISÃO

1. O que é sistema de informação? Qual a sua finalidade?
2. Como a análise e o desenvolvimento de sistemas se encaixam na discussão sobre sistemas de informação?
3. O que significa a sigla CVDS e o que retrata?
4. O que significa a sigla CVBD e o que retrata?
5. Discuta a distinção entre projeto centralizado e descentralizado de bancos de dados.
6. O que é a regra dos dados mínimos no projeto conceitual? Por que é importante?
7. Discuta a distinção entre as abordagens top-down e bottom-up no projeto de banco de dados.
8. O que são regras de negócio? Por que são importantes para o projetista de bancos de dados?
9. Qual é a função do dicionário de dados no projeto de bancos de dados?
10. Que etapas são necessárias no desenvolvimento de um diagrama ER? (*Sugestão*: Veja a Tabela 9.1.)
11. Liste e explique resumidamente as atividades envolvidas na verificação de um modelo ER.
12. Quais fatores são importantes na seleção de um software de SGBD?
13. Quais os três níveis de backup que podem ser utilizados no gerenciamento de recuperação de bancos de dados? Descreva resumidamente o que faz cada um desses três níveis.

P R O B L E M A S

1. A ABC Centrais de Serviços e Reparos de Automóveis é de propriedade da concessionária SILENT. Ela faz serviços e reparos apenas em carros da SILENT. Três centros da ABC fornecem serviços e reparos para todo o estado.

   Cada um deles é gerenciado de modo independente e operado por um gerente de loja, um recepcionista e pelo menos oito mecânicos. Cada centro mantém um estoque totalmente estocado de peças. Cada centro mantém também um sistema de arquivos manual em que é mantido o histórico de manutenção de cada carro: reparos realizados, peças utilizadas, custos, datas de serviços, proprietário etc. São mantidos arquivos para rastrear estoque, compras, cobranças, horários de funcionários e folhas de pagamento.

   O gerente de um dos centros entrou em contato com você, solicitando o projeto e a implementação de um sistema de banco de dados computadorizado. Dadas as informações precedentes, execute as seguintes tarefas:

   a. Indique a sequência mais adequada de atividades, identificando cada uma das seguintes etapas com a ordem correta. (Por exemplo, se você acha que "Carregar o banco de dados" é a primeira etapa adequada, identifique-a com "1".)

   _____ Normalizar o modelo conceitual.
   _____ Obter a descrição geral das operações da empresa.
   _____ Carregar o banco de dados.
   _____ Criar uma descrição de cada processo do sistema.
   _____ Testar o sistema.
   _____ Traçar um diagrama de fluxo de dados e organogramas do sistema.
   _____ Criar um modelo conceitual utilizando diagramas ER.
   _____ Criar os aplicativos.
   _____ Entrevistar os mecânicos.
   _____ Criar as estruturas de arquivos (tabelas).
   _____ Entrevistar o gerente de loja.

   b. Descreva os diversos modos que você acredita que o sistema deve incluir.

   c. Como o dicionário de dados ajudará a desenvolver o sistema? Dê exemplos.

   d. Quais recomendações gerais (de sistema) você poderia fazer ao gerente? (Por exemplo, se o sistema tiver integração, quais módulos serão integrados? Quais benefícios decorreriam desse sistema integrado? Inclua várias recomendações gerais.)

   e. Qual é a melhor abordagem para o projeto de banco de dados conceitual? Por quê?

   f. Nomeie e descreva pelo menos quatro relatórios que o sistema deve ter. Explique sua utilização. Quem utilizará esses relatórios?

2. Suponha que você tenha sido chamado para criar um sistema de informação de uma planta de fabricação que produza porcas e parafusos de diversos formatos, tamanhos e funções. Quais perguntas você faria e como as respostas afetariam o projeto de banco de dados?

   a. Como você visualiza o CVDS?

   b. Como você visualiza o CVBD?

3. Suponha que você esteja executando as mesmas funções apontadas no Problema 2 em uma operação maior de criação de data warehouse. Em que os dois conjuntos de procedimentos são similares? Em que e por que eles diferem?

4. Utilizando os mesmos procedimentos e conceitos empregados no Problema 1, como você criaria um sistema de informação para o exemplo da Tiny College no Capítulo 4?

5. Escreva a sequência adequada de atividades no projeto de um banco de dados de aluguel de vídeos. (O DER inicial foi apresentado na Figura 9.7.) O projeto deve dar suporte a todas as atividades de aluguel, ao rastreamento de pagamento de clientes e a agendas de trabalho de funcionários, bem como ao controle de quais funcionários alugaram os vídeos aos clientes. Após concluir a sequência de atividades do projeto, faça o DER para garantir que ele seja implementado com sucesso. (Certifique-se de que o projeto esteja normalizado adequadamente e que possa dar suporte às transações necessárias.)

PARTE

4

CONCEITOS AVANÇADOS DE BANCOS DE DADOS

CRISE DO BANCO DE DADOS DA JETBLUE

Durante a tempestade de neve do dia dos namorados de 2007, a JetBlue, abençoada como modelo de sucesso de linhas aéreas com desconto, praticamente destruiu sua reputação em um único dia quando, em vez de cancelar os voos do aeroporto JFK de Nova York, a empresa enviou os aviões para a pista, esperando uma pausa no tempo ruim. Mas o clima piorou e os aviões ficaram no solo. Os passageiros passaram a manhã inteira e a tarde esperando no interior das aeronaves. Por fim, a empresa enviou ônibus até os aviões parados para retirar os passageiros. Então, ocorreu o verdadeiro desastre. Ao chegarem ao terminal, os passageiros descontentes tiveram apenas um método para fazer novas reservas de seus voos: o telefone. Diferente de suas competidoras maiores que ofereciam guichês no aeroporto e reservas pela internet, a JetBlue confiou exclusivamente no sistema de reservas Navitaire Open Skies, configurado para acomodar apenas 650 agentes que, trabalhando em casa, faziam log-in no sistema pela web. Enquanto os gerentes da empresa chamavam agentes de reserva que estavam de folga para trabalhar durante a crise, a Navitaire esforçava-se para ampliar o número de usuários concorrentes que o sistema era capaz de receber. A Navitaire descobriu que só poderia aumentar o número de usuários simultâneos para 950 sem que o sistema começasse a falhar. Muitos passageiros esperaram mais de uma hora para conseguir falar com um agente de reservas. Outros não conseguiram de modo algum chegar a um agente.

A Navitaire havia criado o Open Skies, um sistema de reserva que atendia a 50 empresas aéreas, em computadores de mini-mainframe HP3000, com sistema operacional e produtos de bancos de dados de propriedade da HP. Antes da crise, a empresa sabia que o sistema estava chegando ao limite de sua capacidade de processamento para os clientes maiores. Em 2006, a empresa decidiu ampliar a capacidade de processamento, transferindo o Open Skies para uma nova plataforma com Microsoft SQL Server 2005 em servidores de bancos de dados com base em processador Intel de 8 CPUs e 64 bits. Ela criou um novo sistema com o Microsoft Visual Studio e o Microsoft .NET Framework. Espera-se que o sistema tenha um desenvolvimento mais rápido e recursos mais fáceis de gerenciamento de bancos de dados.

Mas o problema do Open Skies da JetBlue foi apenas um dentre as diversas crises de banco de dados com que a empresa se deparou. Por exemplo, o banco de dados que armazenava informações de reserva e *check-in* rastreava os números de identificação de etiqueta de malas, mas não o local em que as malas foram carregadas. As malas perdidas eram sempre recuperadas manualmente. No passado, essa abordagem funcionou em função da política da JetBlue de evitar cancelamentos de voos. Nesse caso, uma equipe de TI chegou ao aeroporto, pegou as malas desviadas da rota e passou três dias construindo uma aplicação de banco de dados com Microsoft SQL Server e dispositivos manuais de leitura, aplicação que os agentes passaram a acessar para localizar bagagens extraviadas.

Após seis dias e mais de 1000 voos cancelados, a crise foi abrandada. No entanto, a reputação da JetBlue foi profundamente prejudicada. Para melhorar sua posição pública, a empresa publicou uma carta de direitos do cliente. Ao mesmo tempo, internamente, focou a atenção na revisão de seus sistemas de bancos de dados para responder, em tempo adequado, a situações que demandem cancelamentos de voos e rastreiem efetivamente as bagagens para que a empresa não fique incapacitada em momentos de crise.

DEZ

Neste capítulo, você aprenderá:

- Sobre transações de bancos de dados e suas propriedades
- O que é controle de concorrência e que papel executa na manutenção da integridade dos bancos de dados
- O que são métodos de bloqueio e como funcionam
- Como os métodos de time stamping são utilizados para controle de concorrência
- Como os métodos otimistas são utilizados para controle de concorrência
- Como o gerenciamento de recuperação de bancos de dados é utilizado para manter a integridade

O QUE É UMA TRANSAÇÃO?

Para ilustrar o que são transações e como funcionam, bem como o diagrama relacional desse banco utilizaremos o banco de dados apresentado na Figura 10.1.

NOTA

Embora sejam utilizados comandos de SQL para ilustrar várias questões de transações e controle de concorrência, provavelmente você será capaz de acompanhar as discussões mesmo se não tiver estudado os Capítulos 7 e 8. Caso não conheça SQL, ignore esses comandos e foque nas discussões. Se você tiver conhecimento funcional de SQL, pode utilizar o banco de dados da Figura 10.1 para gerar seus próprios exemplos de SELECT e UPDATE e ampliar o material apresentado nos Capítulos 7 e 8, escrevendo triggers e procedimentos armazenados.

Ao examinar o diagrama relacional da Figura 10.1, observe os seguintes aspectos:

- O projeto armazena o valor do saldo de clientes (CUST_BALANCE) na tabela CUSTOMER (cliente) para indicar a quantia total devida pelo cliente. O atributo CUST_BALANCE é aumentado quando o cliente faz uma compra a crédito e reduzido quando faz um pagamento. A inclusão do saldo atual da conta de clientes nessa tabela facilita muito a escrita de consultas para determinar o saldo atual de qualquer cliente e gerar resumos importantes, como saldo total, médio, mínimo e máximo.
- A tabela ACCT_TRANSACTION (transação de conta) registra todas as compras e pagamentos de clientes para rastrear os detalhes da atividade da conta.

FIGURA 10.1   Diagrama relacional do banco de dados

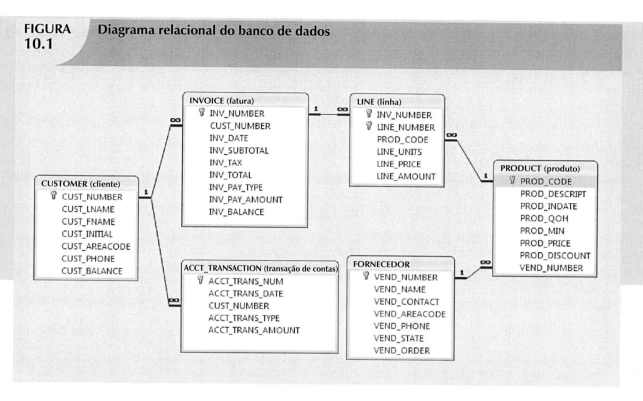

Naturalmente, pode-se alterar o projeto desse banco de dados de modo a refletir mais precisamente a prática contábil, mas a implementação aqui fornecida permitirá um rastreamento de transações bom o suficiente para atender aos propósitos de discussão deste capítulo.

Para compreender o conceito de transação, suponha que se venda um produto a um cliente. Além disso, suponha que o cliente possa debitar a compra em sua conta. Nesse cenário, sua transação de vendas consiste, pelo menos, das seguintes etapas:

- Deve-se fazer uma nova fatura de cliente.
- Deve-se reduzir a quantidade disponível no estoque do produto.
- Deve-se atualizar as transações de conta.
- Deve-se atualizar o saldo de clientes.

Essa transação de vendas deve se refletir no ambiente de dados. Em termos de banco de dados, a **transação** é qualquer ação que lê ou grava em um banco. Ela pode consistir de um simples comando SELECT que gere uma lista de conteúdo de tabela, de uma série de comandos UPDATE relacionados que alterem os valores de atributos em diferentes tabelas, de diversos comandos INSERT que adicionem linhas a uma ou mais tabelas ou de uma combinação desses três tipos de comandos. Os exemplos de transações de vendas incluem uma combinação de comandos INSERT e UPDATE.

Em função da discussão precedente, pode-se ampliar a definição de transação. A transação é uma unidade *lógica* de trabalho que deve ser concluída ou abortada inteiramente. Não são aceitos estágios intermediários. Em outras palavras, uma transação com vários componentes, como a venda mencionada anteriormente, não pode ser parcialmente concluída. A atualização apenas do estoque ou apenas das contas a receber não é aceitável. Todos os comandos de SQL da transação devem ser concluídos com sucesso. Se um desses comandos falhar, toda a transação é desfeita até o estado original de banco de dados que existia antes de seu início. Uma transação bem-sucedida altera o banco de dados de um estado consistente para outro. Um **banco de dados em estado consistente** é aquele em que são satisfeitas as restrições de integridade de todos os dados.

Para assegurar a consistência do banco de dados, toda transação deve começar com o banco de dados em um estado considerado consistente. Se ele não estiver nesse estado, a transação resultará em um banco de dados inconsistente que violará suas regras de integridade e de negócio. Por esse motivo, conforme limitações discutidas posteriormente, todas as transações são controladas e executadas pelo SGBD para garantir a integridade do banco.

A maioria das transações reais é formada por duas ou mais solicitações. A **solicitação de banco de dados** é o equivalente a um único comando de SQL em um aplicativo ou transação. Por exemplo, se uma transação for composta de dois comandos UPDATE e um comando INSERT, ela deve utilizar três solicitações de bancos de dados. Por sua vez, cada solicitação de banco de dados gera várias operações de entrada/saída (E/S) que leem ou gravam no meio de armazenamento físico.

AVALIAÇÃO DOS RESULTADOS DE TRANSAÇÕES

Nem todas as transações atualizam o banco de dados. Suponha que se queira examinar a tabela CLIENTE para determinar o saldo atual do cliente número 10016. Essa transação pode ser realizada utilizando o código de SQL:

```
SELECT      CUST_NUMBER, CUST_BALANCE
FROM        CUSTOMER
WHERE       CUST_NUMBER = 10016;
```

Embora essa consulta não faça qualquer alteração na tabela CUSTOMER, o código de SQL representa uma transação, pois *acessa* o banco de dados. Se esse banco estava em estado consistente antes do acesso, permanecerá nesse estado após o acesso, pois a transação não o alterou.

Lembre-se de que uma transação pode consistir de um único comando ou de um conjunto de comandos relacionados de SQL. Retomemos o exemplo anterior de vendas para ilustrar uma transação mais complexa utilizando o banco de dados da Figura 10.1. Suponha que em 18 de janeiro de 2008 registre-se a venda a crédito de uma unidade do produto 89-WRE-Q para o cliente 10016 no valor de US$ 277,55. A transação solicitada afeta as tabelas INVOICE (fatura), LINE (linha), PRODUCT (produto), CUSTOMER (cliente) e ACCT_TRANSACTION (transação de conta). Os comandos de SQL que representam essa transação são os seguintes:

```
INSERT INTO INVOICE
      VALUES (1009, 10016,'18-Jan-2008', 256.99, 20.56, 277.55, 'cred', 0.00, 277.55);
INSERT INTO LINE
      VALUES (1009, 1, '89-WRE-Q', 1, 256.99, 256.99);
UPDATE PRODUCT
      SET PROD_QOH = PROD_QOH – 1
            WHERE       PROD_CODE = '89-WRE-Q';
UPDATE CUSTOMER
      SET CUST_BALANCE = CUST_BALANCE + 277.55
            WHERE       CUST_NUMBER = 10016;
INSERT INTO ACCT_TRANSACTION
      VALUES (10007, '18-Jan-08', 10016, 'charge', 277.55);
COMMIT;
```

Os resultados da transação concluída com sucesso são apresentados na Figura 10.2. (Observe que foram destacados todos os registros envolvidos na transação.)

Para ampliar a compreensão desses resultados, observe o seguinte:

- Foi adicionada uma nova linha 1009 à tabela INVOICE. Nessa linha, foram armazenados valores dos atributos derivados para subtotal, imposto total e saldo de fatura.
- A linha de LINE para a fatura 1009 foi adicionada para refletir a compra de uma unidade do produto 89-WRE-Q ao preço de US$ 256,99. Nessa linha, foram armazenados os valores de atributo derivado da quantia do item de fatura (LINE).
- A quantidade disponível (PROD_QOH) do produto 89-WRE-Q na tabela PRODUCT foi reduzida uma unidade (o valor inicial era 12), deixando uma quantidade de 11.
- O saldo de cliente (CUST_BALANCE) do cliente 10016 foi atualizado adicionando US$ 277,55 ao saldo existente (o valor inicial era US$ 0,00).
- Uma nova linha foi adicionada à tabela ACCT_TRANSACTION para refletir o novo número de transação de conta, 10007.
- O comando COMMIT é utilizado para encerrar a transação (veja a Seção "Gerenciamento de transações com SQL").

FIGURA 10.2   Rastreando a transação no banco de dados

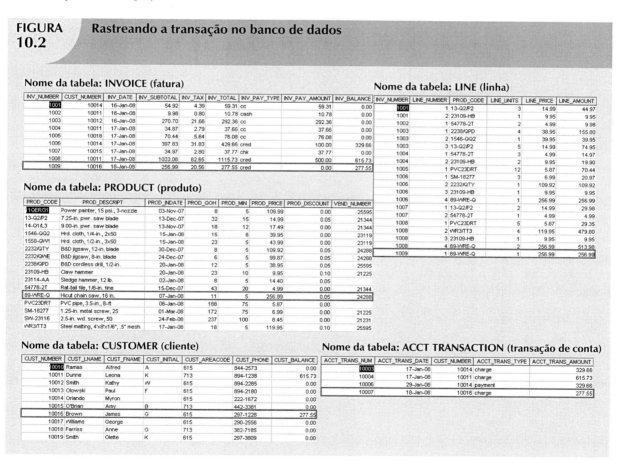

Suponha agora que o SGBD conclua os três primeiros comandos de SQL. Suponha também que durante a execução do quarto comando (a atualização, UPDATE, do valor de CUST_BALANCE na tabela CUSTOMER do cliente 10016), o sistema de computadores passe por uma queda de energia elétrica. Se o computador não tiver uma fonte de energia de reserva, a transação não poderá ser concluída. Portanto, foram adicionadas linhas a INVOICE e LINE, a tabela PRODUCT foi atualizada para representar a venda do produto 89-WER-Q, mas o cliente 10016 não foi cobrado e o registro solicitado não foi feito na tabela ACCT_TRANSACTION. O banco de dados está agora em estado inconsistente e não pode ser utilizado para transações subsequentes. Assumindo que o SGBD dê suporte ao gerenciamento de transações, *ele retornará o banco de dados para o estado consistente anterior.*

> **NOTA**
>
> Por padrão, o MS Access não dá suporte a gerenciamento de transação conforme discutido aqui. SGBDs mais sofisticados, como o Oracle, o SQL Server e o DB2 dão suporte aos componentes de gerenciamento de transação tratados neste capítulo.

Embora o SGBD seja projetado para recuperar um banco de dados a seu estado consistente anterior, quando uma interrupção evita a conclusão de uma transação, esta é definida pelo usuário final ou programador e deve estar semanticamente correta. *O SGBD não pode garantir que o significado semântico da transação represente efetivamente o evento real.* Suponha, por exemplo, que, após a seguinte venda de 10 unidades do produto 89-WRE-Q, os comandos de atualização de estoque sejam escritos da seguinte maneira:

```
UPDATE      PRODUCT
SET         PROD_QOH = PROD_QOH + 10
WHERE       PROD_CODE = '89-WRE-Q';
```

A venda deveria ter *reduzido* o valor de PROD_QOH (quantidade disponível) do produto 89-WRE-Q em 10 unidades. Em vez disso, o UPDATE *somou* 10 ao valor de PROD_QOH do produto 89-WRE-Q.

Embora a sintaxe do comando UPDATE esteja correta, sua utilização produz resultados incorretos. Mas o SGBD executará a transação assim mesmo. Ele não é capaz de avaliar se a transação representa o evento real corretamente; essa responsabilidade é do usuário final. Esses usuários e os programadores podem introduzir muitos erros desse tipo. Imagine as consequências de reduzir a quantidade disponível do produto 1546-QQ2 em vez do 89-WRE-Q, ou de creditar o valor de CUST_BALANCE do cliente 10012 em vez do 10016.

É óbvio que transações inadequadas ou incompletas podem ter efeito devastador sobre a integridade do banco de dados. Alguns SGBDs – *especialmente* os do tipo relacional – fornecem meios pelos quais os usuários podem definir restrições aplicáveis com base nas regras de negócio. Outras regras, como as que controlam a integridade referencial e de entidades, são aplicadas automaticamente pelo SGBD quando as estruturas de tabelas estão definidas de modo adequado, permitindo, assim, que o sistema valide algumas transações. Por exemplo, se uma transação inserir um novo número de cliente na respectiva tabela e esse número já existir, o SGBD encerrará a transação com um código de erro para indicar uma violação da regra de integridade de chave primária.

PROPRIEDADES DAS TRANSAÇÕES

Toda transação individual deve apresentar *indivisibilidade, consistência, isolamento e durabilidade*. Às vezes, essas propriedades são referidas como teste ACID. Além disso, ao executar várias transações, o SGBD deve escalonar a execução concorrente de suas operações. O escalonamento dessas operações de transação deve apresentar a propriedade de *ser serializável*. Vejamos brevemente cada uma dessas propriedades.

- A **indivisibilidade** exige que *todas* as operações (solicitações de SQL) de uma transação estejam concluídas. Caso contrário, a transação é abortada. Se uma transação T1 tiver quatro solicitações de SQL, todas devem ser concluídas com sucesso, senão a transação inteira é abortada. Em outras palavras, uma transação é tratada como única e indivisível unidade lógica de trabalho.
- A **consistência** indica a permanência do estado consistente do banco de dados. A transação leva o banco de dados de um estado consistente a outro. Quando é concluída, o banco deve estar em um estado consistente. Se qualquer parte da transação violar uma restrição de integridade, toda a transação é abortada.
- O **isolamento** significa que os dados utilizados durante a execução de uma transação não podem ser utilizados por uma segunda transação até que a primeira seja concluída. Em outras palavras, se uma transação T1 estiver sendo executada e utilizar o item de dado X, esse item não pode ser acessado por nenhuma outra transação (T2 ... Tn) até que T1 termine. Essa propriedade é especialmente útil em ambientes de bancos de dados multiusuário, pois vários usuários podem acessar e atualizar o banco simultaneamente.
- A **durabilidade** garante que, uma vez feitas (consolidadas) alterações pelas transações, elas não podem ser desfeitas ou perdidas, mesmo em caso de falha de sistema.
- Ser **serializável** garante que o escalonador da execução atual das transações produza resultados consistentes. Essa propriedade é importante em bancos de dados distribuídos e de multiusuário, em que várias transações provavelmente serão executadas de modo simultâneo. Naturalmente, se apenas uma transação for executada, a serialização não é problema.

Por sua natureza, o sistema de bancos de dados monousuário garante a serialização e o isolamento do banco, pois apenas uma transação é executada por vez. A atomicidade, consistência e durabilidade de transações devem ser garantidas pelos SGBDs monousuários. (Mesmo esse tipo de sistema deve gerenciar a recuperação de erros criados por interrupções induzidas pelo sistema operacional, quedas de energia e execuções inadequadas de aplicações.)

Os bancos de dados de multiusuário normalmente estão sujeitos a várias transações concorrentes. Portanto, esses sistemas devem implementar controles para garantir a serialização e o isolamento de transações – além de atomicidade e durabilidade – de modo a proteger a consistência e a integridade do banco de dados. Por exemplo, se várias transações concorrentes forem executadas sobre o mesmo conjunto de dados e a segunda transação atualizar o banco de dados antes do término da primeira, a propriedade de isolamento será violada e o banco de dados não será mais consistente. O SGBD deve gerenciar as transações utilizando técnicas de controle de concorrência para evitar essas situações indesejáveis.

GERENCIAMENTO DE TRANSAÇÕES COM SQL

O Instituto Nacional Americano de Padrões (ANSI) definiu os padrões que determinam as transações de bancos de dados em SQL. O suporte a transações é fornecido por dois comandos de SQL: COMMIT e ROLLBACK. Os padrões da ANSI exigem que, quando uma sequência de transações é iniciada pelo usuário ou por um aplicativo, ela deve prosseguir por todos os comandos de SQL subsequentes até ocorrer um dos seguintes eventos:

- Chegar a um comando COMMIT, caso em que todas as alterações são registradas de maneira permanente no banco de dados. Esse comando encerra automaticamente a transação de SQL.
- Chegar a um comando ROLLBACK, caso em que todas as alterações são abortadas e o banco de dados retorna a seu estado consistente anterior.

- Chegar com sucesso ao fim de um programa, caso em que todas as alterações são registradas de maneira permanente no banco de dados. Essa ação é equivalente a COMMIT.
- O programa seja encerrado de modo anormal, caso em que todas as alterações feitas no banco de dados são abortadas e retorna a seu estado consistente anterior. Essa ação é equivalente a ROLLBACK.

A utilização de COMMIT é ilustrada no seguinte exemplo simplificado de vendas, que atualiza a quantidade disponível (PROD_QOH) de um produto e o saldo do cliente quando compra duas unidades do produto 1558-QW1, ao preço de US$ 43,99 por unidade (em um total de US$ 87,98) e debita a compra na conta do cliente:

UPDATE	PRODUCT
SET	PROD_QOH = PROD_QOH – 2
WHERE	PROD_CODE = '1558-QW1';
UPDATE	CUSTOMER
SET	CUST_BALANCE = CUST_BALANCE + 87.98
WHERE	CUST_NUMBER = '10011';
COMMIT;	

(Observe que o exemplo é simplificado para facilitar a demonstração da transação. No banco de dados, a transação envolveria várias atualizações adicionais de tabelas.)

Na verdade, o comando COMMIT utilizado nesse exemplo não é necessário se o comando UPDATE for a última ação da aplicação e se encerrar normalmente. No entanto, a boa prática de programação impõe a inclusão desse comando no final de uma declaração de transação.

A transação começa implicitamente quando é encontrado o primeiro comando de SQL. Nem todas as implementações dessa linguagem seguem o padrão ANSI; algumas (como o SQL Server) utilizam comandos de gerenciamento de transações como:

BEGIN TRANSACTION;

para indicar o início de uma nova transação. Outras implementações de SQL permitem atribuir características das transações como parâmetros do comando BEGIN. Por exemplo, o SGBDR Oracle utiliza o comando SET TRANSACTION para declarar o início e as propriedades de uma nova transação.

LOG DE TRANSAÇÕES

O SGDB utiliza o **log de transações** para rastrear todas as transações que atualizam o banco de dados. As informações armazenadas nesse log são utilizadas pelo SGBD em uma solicitação de recuperação acionada pelo comando ROLLBACK, pelo encerramento anormal de um programa ou por uma falha de sistema, como discrepância de rede ou falha de disco. Alguns SGBDRs utilizam o log de transações para recuperar um estado consistente de banco de dados, *refazendo* operações perdidas. Por exemplo, após uma falha de servidor, o Oracle desfaz automaticamente as transações não consolidadas e refaz as transações consolidadas mas ainda não gravadas no banco de dados físico. Esse comportamento é necessário para a correção das transações e é comum em qualquer SGBD transacional.

Enquanto o SGBD executa transações que modificam o banco de dados, também atualiza automaticamente o log de transações. Esse log armazena:

- Um registro do início da transação.
- Para cada componente de transação (comando de SQL):
  - Tipo de operação sendo executada (atualização, exclusão, inserção).
  - Nomes dos objetos afetados pela transação (nome da tabela).
  - Valores de "antes" e "depois" nos campos sendo atualizados.
  - Ponteiros para as entradas anteriores e posteriores da mesma transação no log.
- O fim (COMMIT) da transação.

Embora a utilização de log de transações aumente a carga de processamento do SGBD, a possibilidade de restaurar um banco de dados corrompido faz com que valha a pena.

A Tabela 10.1 ilustra um log de transações simplificado que reflete uma transação básica composta de dois comandos UPDATE de SQL. Se ocorrer uma falha de sistema, o SGBD examinará todas as transações não consolidadas ou incompletas nesse log e restaurará (ROLLBACK) o banco de dados a seu estado anterior com base nessas informações. Concluído o processo de recuperação, o SGBD gravará no log todas as transações consolidadas que não tenham sido gravadas fisicamente no banco antes da ocorrência da falha.

TABELA 10.1 Log de transações

TRL_ID	TRX_NUM	PTR ANTERIOR	PTR SEGUINTE	OPERAÇÃO	TABELA	ID DE LINHA	ATRIBUTO	VALOR ANTES	VALOR DEPOIS
341	101	Nulo	352	START	****Início da Transação				
352	101	341	363	UPDATE	PRODUCT	1558-QW1	PROD_QOH	25	23
363	101	352	365	UPDATE	CLIENTE	10011	CUST_BALANCE	525,75	615,73
365	101	363	Nulo	COMMIT	**** Fim da Transação				

TRL_ID = ID de registro no log de transações

TRX_NUM = Número de transação

(*Observação*: O número de transação é atribuído automaticamente pelo SGBD.)

PTR = Ponteiro para uma ID de registro no log de transações

Se for emitido um comando ROLLBACK antes do encerramento de uma transação, o SGBD restaurará o banco de dados apenas para essa transação específica, não para todas, mantendo a *durabilidade* das transações anteriores. Em outras palavras, as transações consolidadas não são desfeitas.

O log de transações é parte fundamental do banco de dados e normalmente é implementado como um ou mais arquivos gerenciados separadamente dos arquivos reais do banco. Esse log está sujeito a riscos comuns, como situações de disco cheio ou de falha de disco. Como ele contém alguns dos dados mais importantes de um SGBD, certas implementações dão suporte a logs em vários discos diferentes, reduzindo as consequências de falha de sistema.

CONTROLE DE CONCORRÊNCIA

A coordenação da execução simultânea de transações em um sistema de banco de dados multiusuário é conhecida como **controle de concorrência**. O objetivo desse controle é garantir a serialização das transações nesse tipo de ambiente. O controle de concorrência é importante porque a execução simultânea de transações em um banco de dados compartilhado pode dar origens a diversos problemas de integridade e consistência de dados. Os três principais problemas são as atualizações perdidas, os dados não consolidados e as recuperações inconsistentes.

ATUALIZAÇÕES PERDIDAS

O problema das **atualizações perdidas** ocorre quando duas transações concorrentes, T1 e T2, estão atualizando o mesmo elemento de dados e uma das atualizações é perdida (sobrescrita por outra aplicação). Para ver um exemplo de atualizações perdidas, examinemos uma tabela simples de produtos (PRODUCT). Um dos atributos dessa tabela é a quantidade disponível (PROD_QOH). Suponha que haja um produto cujo valor atual de PROD_QOH seja 35. Suponha também que existam duas transações concorrentes, T1 e T2, que atualizam o valor de PROD_QOH para o mesmo item da tabela PRODUCT. As transações são apresentadas na Tabela 10.2.

TABELA 10.2 Duas transações concorrentes para atualizar a quantidade disponível

TRANSAÇÃO	COMPUTAÇÃO
T1: compra 100 unidades	PROD_QOH = PROD_QOH + 100
T2: vende 30 unidades	PROD_QOH = PROD_QOH - 30

A Tabela 10.3 mostra a execução em série dessas transações sob circunstâncias normais, produzindo o resultado correto PROD_QOH = 105.

TABELA 10.3 Execução em série das duas transações

TEMPO	TRANSAÇÃO	ETAPA	VALOR ARMAZENADO
1	T1	Leitura de PROD_QOH	35
2	T1	PROD_QOH = 35 + 100	
3	T1	Gravação de PROD_QOH	135
4	T2	Leitura de PROD_QOH	135
5	T2	PROD_QOH = 135 − 30	
6	T2	Gravação de PROD_QOH	105

Suponha, no entanto, que uma transação seja capaz de ler o valor de PROD_QOH de um produto da tabela *antes* da transação anterior (que utiliza o *mesmo* produto) ser consolidada. A sequência representada na Tabela 10.4 mostra como pode surgir o problema de atualizações perdidas. Observe que a primeira transação (T1) ainda não foi consolidada quando da execução da segunda (T2). Portanto, T2 ainda opera com o valor de 35 e o resultado de sua subtração na memória é 5. Enquanto isso, T1 grava o valor 135 no disco, que é imediatamente sobrescrito por T2. Em suma, a adição de 100 unidades é "perdida" durante o processo.

TABELA 10.4 Atualizações perdidas

TEMPO	TRANSAÇÃO	ETAPA	VALOR ARMAZENADO
1	T1	Leitura de PROD_QOH	35
2	T2	Leitura de PROD_QOH	35
3	T1	PROD_QOH = 35 + 100	
4	T2	PROD_QOH = 35 – 30	
5	T1	Gravação PROD_QOH (**Atualização perdida**)	135
6	T2	Gravação de PROD_QOH	5

Dados não consolidados

O fenômeno de **dados não consolidados (não salvos)** ocorre quando duas transações, T1 e T2, são executadas de modo concorrente e a primeira (T1) é desfeita após a segunda (T2) ter acessado os dados não consolidados, violando, assim, a propriedade do isolamento de transações. Para ilustrar essa possibilidade, utilizaremos a mesma transação descrita durante a discussão sobre atualizações perdidas. T1 possui duas partes indivisíveis, uma das quais é a atualização do estoque, sendo a outra, possivelmente, a atualização do total de fatura (não considerada). É necessário desfazer T1 em função de um erro durante a atualização do total de fatura. Assim, é totalmente abortada, desfazendo também a atualização de estoque. Nesse caso, a transação T1 é desfeita eliminando-se a adição de 100 unidades (Tabela 10.5). Como T2 subtrai 30 das 35 unidades originais, a resposta correta deve ser 5.

TABELA 10.5 Transações que criam o problema de dados não consolidados

TRANSAÇÃO	COMPUTAÇÃO
T1: compra 100 unidades	PROD_QOH = PROD_QOH + 100 (**Desfeita**)
T2: vende 30 unidades	PROD_QOH = PROD_QOH – 30

A Tabela 10.6 mostra como, sob circunstâncias normais, a execução em série dessas transações produz o resultado correto.

TABELA 10.6 Execução correta das duas transações

TEMPO	TRANSAÇÃO	ETAPA	VALOR ARMAZENADO
1	T1	Leitura de PROD_QOH	35
2	T1	PROD_QOH = 35 + 100	
3	T1	Gravação de PROD_QOH	135
4	T1	*****ROLLBACK *****	35
5	T2	Leitura de PROD_QOH	35
6	T2	PROD_QOH = 35 – 30	
7	T2	Gravação de PROD_QOH	5

A Tabela 10.7 mostra como o problema de dados não consolidados pode surgir quando o comando ROLLBACK é concluído após T2 ter começado sua execução.

TABELA 10.7 Problema de dados não consolidados

TEMPO	TRANSAÇÃO	ETAPA	VALOR ARMAZENADO
1	T1	Leitura de PROD_QOH	35
2	T1	PROD_QOH = 35 + 100	
3	T1	Gravação de PROD_QOH	135
4	T2	Leitura de PROD_QOH (Leitura de dados não consolidados)	135
5	T2	PROD_QOH = 135 − 30	
6	T1	***** **ROLLBACK** *****	35
7	T2	Gravação de PROD_QOH	105

RECUPERAÇÕES INCONSISTENTES

As **recuperações inconsistentes** ocorrem quando uma transação acessa dados antes e após outras transações terminarem de trabalhar com esses dados. Por exemplo, esse problema ocorreria se a transação T1 calcular uma função de sumarização (agregada) de um conjunto de dados, enquanto outra transação (T2) estiver atualizando os mesmos dados. O problema é que a transação pode ler alguns dados antes de serem alterados e outros *após* a alteração, produzindo, assim, resultados inconsistentes.

Para ilustrar esse problema, suponha as seguintes condições:

1. T1 calcula a quantidade total disponível dos produtos armazenados na tabela PRODUCT.
2. Ao mesmo tempo, T2 atualiza a quantidade disponível (PROD_QOH) de dois produtos dessa mesma tabela.

As duas transações são apresentadas na Figura 10.8.

TABELA 10.8 Recuperação durante atualização

TRANSAÇÃO T1		TRANSAÇÃO T2	
SELECT FROM	SUM(PROD_QOH) PRODUCT	UPDATE SET WHERE	PRODUCT PROD_QOH = PROD_QOH + 10 PROD_CODE = '1546-QQ2'
		UPDATE SET WHERE	PRODUCT PROD_QOH = PROD_QOH − 10 PROD_CODE = '1558-QW1'
		COMMIT;	

Enquanto T1 calcula a quantidade total disponível (PROD_QOH) de todos os itens, T2 representa a correção de um erro de digitação: o usuário adiciona 10 unidades a PROD_QOH do produto 1558-QW01, mas *queria* adicionar 10 unidades ao mesmo atributo do produto 1546-QQ2. Para corrigir o problema, o usuário soma 10 a PROD_QOH do produto 1546-QQ2 e subtrai 10 desse atributo do produto 1558-QW1.

(Veja os dois comandos UPDATE na Tabela 10.7.) Os valores, inicial e final de PROD_QOH, aparecem na Tabela 10.9. (São apresentados apenas alguns valores de PROD_CODE da tabela PRODUCT. Para ilustrar a ideia, a soma dos valores de PROD_QOH é dada por esses poucos produtos.)

TABELA 10.9 Resultados da transação: correção de entrada de dados

	ANTES	DEPOIS
PROD_CODE	PROD_QOH	PROD_QOH
11QER/31	8	8
13-Q2/P2	32	32
1546-QQ2	15	(15 + 10) → 25
1558-QW1	23	(23 − 10) → 13
2232-QTY	8	8
2232-QWE	6	6
Total	92	92

Embora os resultados finais apresentados na Tabela 10.8 estejam corretos após o ajuste, a Tabela 10.10 demonstra que são possíveis recuperações inconsistentes durante a execução de transações, tornando incorreto o resultado de T1. O somatório de "Depois", apresentado na Tabela 10.9, reflete o fato de que o valor 25 do produto 1546-QQ2 foi lido *após* a conclusão do comando WRITE. Portanto, o total de "Depois" é 40 + 25 = 65. O total de "Antes" reflete o fato de que o valor 23 do produto 1558-QW1 foi lido *antes* do comando WRITE seguinte ser concluído para apresentar a atualização correta de 13. Portanto, o total de "Antes" é 65 + 23 = 88.

TABELA 10.10 Recuperações inconsistentes

TEMPO	TRANSAÇÃO	AÇÃO	VALOR	TOTAL
1	T1	Leitura de PROD_QOH para PROD_CODE = '11QER/31'	8	8
2	T1	Leitura de PROD_QOH para PROD_CODE = '13-Q2/P2'	32	40
3	T2	Leitura de PROD_QOH para PROD_CODE = '1546-QQ2'	15	
4	T2	PROD_QOH = 15 + 10		
5	T2	Gravação de PROD_QOH para PROD_CODE = '1546-QQ2'	25	
6	T1	Leitura de PROD_QOH para PROD_CODE = '1546-QQ2'	25	(Depois) 65
7	T1	Leitura de PROD_QOH para PROD_CODE = '1558-QW1'	23	(Antes) 88
8	T2	Leitura de PROD_QOH para PROD_CODE = '1558-QW1'	23	
9	T2	PROD_QOH = 23 − 10		
10	T2	Gravação de PROD_QOH para PROD_CODE = '1558-QW1'	13	
11	T2	***** **COMMIT** *****		
12	T1	Leitura de PROD_QOH para PROD_CODE = '2232-QTY'	8	96
13	T1	Leitura de PROD_QOH para PROD_CODE = '2232-QWE'	6	102

É óbvio que a resposta calculada 102 está errada, pois sabemos, da Tabela 10.9, que a resposta correta é 92. A menos que o SGBD aplique o controle de concorrência, um ambiente de banco de dados de multiusuário pode criar catástrofes no sistema de informação.

ESCALONADOR

Agora você sabe que podem aparecer problemas graves quando são executadas duas ou mais transações concorrentes. Sabe também que uma transação de bancos de dados envolve uma série de operações de E/S que levam o banco de um estado consistente a outro. Finalmente, sabe que se pode garantir a consistência do banco de dados apenas antes e depois da execução de transações. Um banco de dados sempre passa por um temporário e inevitável estado de inconsistência durante a execução de uma transação se ela atualizar várias tabelas/linhas. (Se a transação contiver apenas uma atualização, não haverá inconsistência temporária.) Essa inconsistência ocorre porque o computador executa as operações em série, uma após a outra. Durante esse processo, a propriedade de isolamento evita que as transações acessem os dados ainda não liberados por outras transações. O trabalho do escalonador é ainda mais importante nos dias de hoje, com a utilização de processadores de vários núcleos que possuem a capacidade de executar diversas instruções ao mesmo tempo. O que aconteceria se duas transações fossem executadas de modo concorrente e acessassem os mesmos dados?

Nos exemplos anteriores, as operações dentro de uma transação eram executadas em ordem arbitrária. Contanto que duas transações, T1 e T2, acessem dados *não relacionados*, não há conflito e a ordem da execução é irrelevante para o resultado final. Mas se as transações operarem sobre dados relacionados (ou sobre os mesmos dados), há a possibilidade de conflito entre seus componentes e a seleção de determinada ordem de execução pode ter consequências indesejáveis. Sendo assim, como se pode determinar a ordem correta e quem faz isso? Felizmente, o SGBD trata dessa atribuição traiçoeira utilizando um escalonador embutido.

Um **escalonador** é um processo especial do SGBD que estabelece a ordem em que são executadas operações de transações concorrentes. O escalonador *intercala* a execução de operações de banco de dados, garantindo a serialização e o isolamento das transações. Para determinar a ordem adequada, o escalonador baseia suas ações em algoritmos de controle de concorrência, como os métodos de bloqueio ou *time stamping*, explicados nas próximas seções. No entanto, é importante compreender que nem todas as transações são serializáveis. O SGBD determina quais transações são serializáveis e procede intercalando a execução de suas operações. Em geral, as transações que não são serializáveis são executadas pelo SGBD por ordem de chegada. O principal trabalho do escalonador é criar uma escala serializável de operações de transação. Uma **escala serializável** é uma escala de operações transacionais na qual a execução intercalada das transações (T1, T2, T3 etc.) produz o mesmo resultado, como se as transações fossem executadas em ordem serial (uma após a outra).

O escalonador também assegura que a unidade central de processamento (CPU) e os sistemas de armazenamento do computador sejam utilizados de modo eficiente. Se não houvesse um modo de escalonar a execução de transações, todas seriam executadas por ordem de chegada. O problema com essa abordagem é que se desperdiçaria tempo de processamento, pois a CPU teria de esperar que as operações de READ ou WRITE terminassem, perdendo vários ciclos de processamento. Em suma, o escalonamento por ordem de chegada tende a resultar em tempos de resposta inaceitáveis no ambiente de SGBDs de multiusuário. Portanto, é necessário outro método de escalonamento para aprimorar a eficiência do sistema em geral.

Além disso, o escalonador facilita o isolamento de dados, garantindo que duas transações não atualizem o mesmo elemento simultaneamente. As operações de bancos de dados podem exigir ações de leitura e/ou gravação que causem conflitos. Por exemplo, a Tabela 10.11 mostra possíveis cenários de conflito em que duas transações, T1 e T2, são executadas de modo concorrente sobre os mesmos dados. Observe que, nessa tabela, duas operações entram em conflito quando acessam os mesmos dados e pelo menos uma delas utilize uma operação de gravação (WRITE).

TABELA 10.11 Cenários de conflito de leitura/gravação: matriz de operações conflitantes de banco de dados

| | TRANSAÇÕES | | |
	T1	T2	Resultado
Operações	Leitura	Leitura	Sem conflito
	Leitura	Gravação	Conflito
	Gravação	Leitura	Conflito
	Gravação	Gravação	Conflito

Foram propostos vários métodos para escalonar a execução de operações conflitantes de transações concorrentes. Esses métodos foram classificados como bloqueio, *time stamping* e otimista. Os métodos de bloqueio, discutidos a seguir, são utilizados com mais frequência.

CONTROLE DE CONCORRÊNCIA COM MÉTODOS DE BLOQUEIO

O **bloqueio** garante a utilização exclusiva de um item de dados por uma transação atual. Em outras palavras, a transação T2 não tem acesso a um item de dados que esteja atualmente sendo utilizado pela transação T1. As transações adquirem um bloqueio antes de acessar os dados. O bloqueio é liberado (desbloqueado) quando a transação é concluída, de modo que outra transação possa bloquear o item de dados para seu uso exclusivo.

Lembre-se das discussões anteriores ("Avaliação dos resultados de transações" e "Propriedades de transações") que a consistência de dados não pode ser garantida *durante* uma transação. O banco pode estar em um estado inconsistente temporário quando muitas transações são executadas. Portanto, os bloqueios são necessários para evitar que outras transações leiam dados inconsistentes.

A maioria dos SGBDs de multiusuário inicia e aplica automaticamente os procedimentos de bloqueio. Todas as informações bloqueadas são gerenciadas pelo **gerente de bloqueio**, responsável por atribuir e inspecionar os bloqueios utilizados pelas transações.

GRANULARIDADE DE BLOQUEIO

A **granularidade de bloqueio** indica o nível de utilização de bloqueio. Ele pode ocorrer nos seguintes níveis: banco de dados, tabela, página, linha e campo (atributo).

Nível de banco de dados

Em um **bloqueio no nível de banco de dados**, o banco inteiro é bloqueado, evitando, assim, a utilização de qualquer uma de suas tabelas pela transação T2 enquanto a transação T1 estiver sendo executada. Esse nível de bloqueio é bom para processos de batch, mas inadequado para SGBDs multiusuário. Imagine quão l-e-n-t-o seria o acesso a dados se milhares de transações tivessem de esperar a conclusão da transação anterior antes de poderem reservar o banco de dados inteiro. A Figura 10.3 ilustra o bloqueio no nível de banco de dados. Observe que em razão desse bloqueio, as transações T1 e T2 não podem acessar o mesmo banco de dados simultaneamente, *ainda que utilizem tabelas diferentes*.

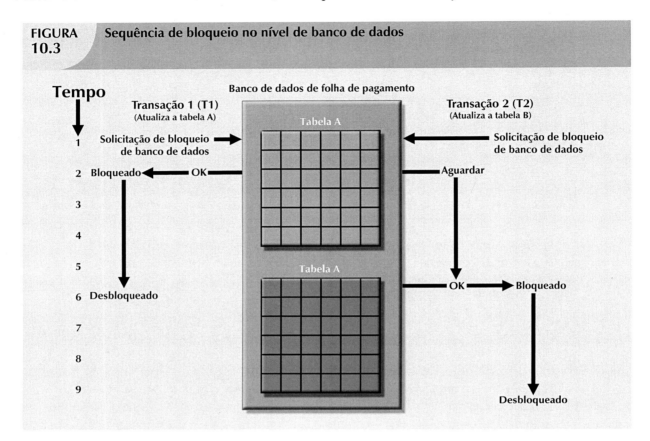

FIGURA 10.3 Sequência de bloqueio no nível de banco de dados

Nível de tabela

Em um **bloqueio no nível de tabela**, a tabela inteira é bloqueada, impedindo que a transação T2 acesse qualquer linha enquanto a transação T1 estiver utilizando a tabela. Se uma transação solicitar acesso a várias tabelas, todas podem ser bloqueadas. No entanto, duas transações podem acessar o mesmo banco de dados contanto que acessem tabelas diferentes.

Os bloqueios no nível de tabela, embora menos restritivos do que os no nível de banco de dados, provocam congestionamentos quando muitas transações esperam para acessar a mesma tabela. Essa situação é especialmente desagradável se o bloqueio forçar um atraso quando transações diferentes solicitarem acesso a partes diferentes da mesma tabela, caso em que as transações não interfeririam entre si. Consequentemente, os bloqueios nesse nível não são adequados a SGBDs de multiusuário. A Figura 10.4 ilustra o efeito de um bloqueio no nível de tabela. Observe que, nessa figura, as transações T1 e T2 não podem acessar a mesma tabela, mesmo se tentarem utilizar linhas diferentes; T2 tem de esperar até que T1 desbloqueie a tabela.

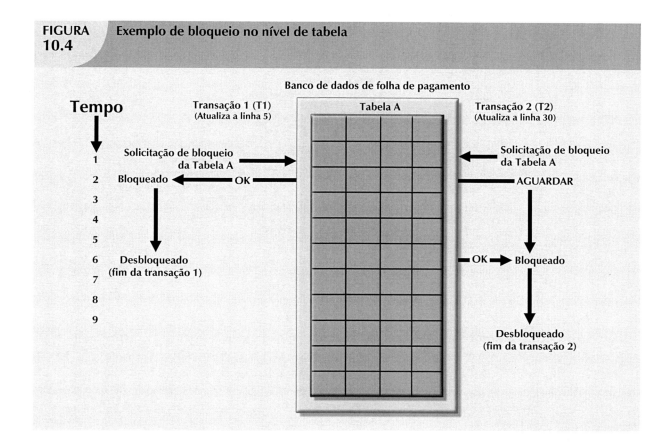

FIGURA 10.4 Exemplo de bloqueio no nível de tabela

Nível de página

Em um **bloqueio no nível de página**, o SGBD bloqueia uma página de disco inteira. A **página de disco**, ou simplesmente **página**, é o equivalente a um *bloco de discos*, que pode ser descrito como uma seção diretamente endereçável de um disco. Uma página tem tamanho fixo, como 4K, 8K ou 16K. Por exemplo, caso deseje gravar apenas 73 bytes em uma página de 4K, essa página inteira tem de ser lida do disco, atualizada na memória e gravada de volta no disco. Uma tabela pode usar várias páginas e uma página pode conter várias linhas de uma ou mais tabelas. Os bloqueios no nível de página são atualmente o método mais utilizado em SGBDs de multiusuário. Um exemplo desse tipo de bloqueio é apresentado na Figura 10.5. Observe que T1 e T2 acessam a mesma tabela, enquanto bloqueiam páginas de disco diferentes. Se T2 solicitar a utilização de uma linha localizada em uma página bloqueada por T1, T2 deve esperar até que a página seja desbloqueada por T1.

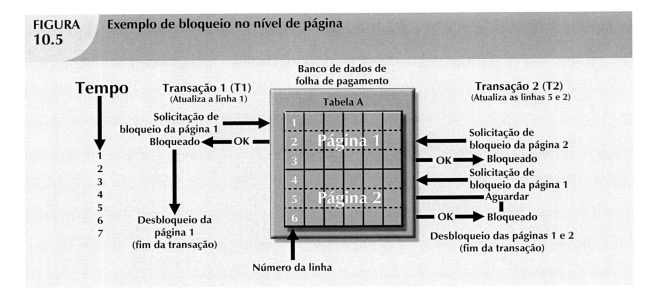

FIGURA 10.5 Exemplo de bloqueio no nível de página

Nível de linha

O **bloqueio no nível de linha** é muito menos restritivo do que os discutidos anteriormente. O SGBD permite que transações concorrentes acessem linhas diferentes da mesma tabela, mesmo quando estas estiverem localizadas na mesma página. Embora esse tipo de abordagem de bloqueio aumente a disponibilidade de dados, seu gerenciamento exige alta carga de processamento, pois há um bloqueio para cada linha de uma tabela do banco de dados envolvida em uma transação conflitante. Os SGBDs modernos passam automaticamente o bloqueio do nível de linha para o nível de página quando a seção de aplicação solicita vários bloqueios na mesma página. A Figura 10.6 ilustra a utilização de um bloqueio no nível de linha.

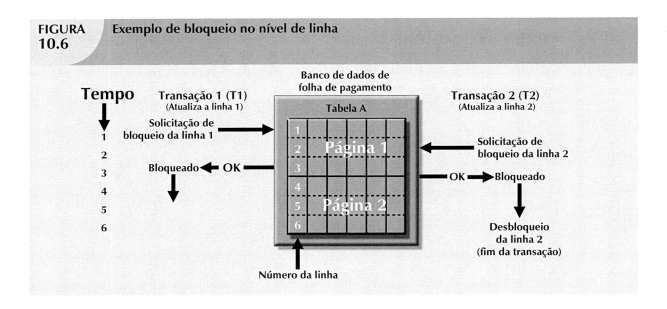

FIGURA 10.6 Exemplo de bloqueio no nível de linha

Observe na Figura 10.6 que ambas as transações podem ser executadas simultaneamente mesmo se as linhas solicitadas estiverem na mesma página. T2 tem de esperar se solicitar a mesma linha de T1.

Nível de campo

O **bloqueio no nível de campo** permite que transações concorrentes acessem a mesma linha, contanto que solicitem a utilização de campos (atributos) diferentes nessa linha. Embora esse tipo de bloqueio resulte claramente no acesso mais flexível de dados de multiusuário, raramente é implementado no SGBD, pois exige um nível extremamente alto de carga do computador e, na prática, o bloqueio no nível de linha é muito mais útil.

TIPOS DE BLOQUEIO

Independente do nível de bloqueio, o SGBD pode utilizar diferentes tipos: binário ou compartilhado/exclusivo.

Bloqueios binários

O **bloqueio binário** possui apenas dois estados: bloqueado (1) e desbloqueado (0). Se um objeto – ou seja, um banco de dados, tabela, página ou linha – for bloqueado por uma transação, nenhuma outra pode utilizá-lo. Se um objeto estiver desbloqueado, qualquer transação pode bloqueá-lo para seu uso. Toda operação de banco de dados exige que o objeto afetado esteja bloqueado. Como regra, uma transação deve desbloquear o objeto após seu encerramento. Portanto, todas as transações solicitam uma operação de bloqueio e desbloqueio para cada item de dados acessado. Essas operações são gerenciadas e escalonadas automaticamente pelo SGBD. O usuário não precisa se preocupar sobre o bloqueio e desbloqueio de itens de dados. (Todo SGBD possui um mecanismo-padrão de bloqueio. Se o usuário final quiser substituir o padrão, existe, entre outros comandos de SQL, o LOCK TABLE, que realiza essa tarefa.)

A técnica de bloqueio binário é ilustrada na Tabela 10.12, que utiliza o problema de atualizações perdidas da Tabela 10.4. Observe que os recursos de bloqueio e desbloqueio eliminam o problema de atualizações perdidas, pois o item não é liberado até que o comando de gravação (WRITE) esteja concluído. Portanto, o valor de PROD_QOH não pode ser utilizado até que tenha sido adequadamente atualizado. No entanto, os bloqueios binários são considerados atualmente muito restritivos para produzir condições ideais de concorrência. Por exemplo, o SGBD não permitirá que duas transações leiam o mesmo objeto de banco de dados mesmo que nenhuma delas atualize o banco e, portanto, não possa ocorrer nenhum problema de concorrência. Lembre-se da Tabela 10.11, em que os conflitos de concorrência ocorrem apenas quando duas transações são executadas simultaneamente e uma delas atualiza o banco.

TABELA 10.12 Exemplo de bloqueio binário

TEMPO	TRANSAÇÃO	ETAPA	VALOR ARMAZENADO
1	T1	Bloqueio de PRODUCT	
2	T1	Leitura de PROD_QOH	15
3	T1	PROD_QOH = 15 + 10	
4	T1	Gravação de PROD_QOH	25
5	T1	Desbloqueio de PRODUCT	
6	T2	Bloqueio de PRODUCT	
7	T2	Leitura de PROD_QOH	23
8	T2	PROD_QOH = 23 − 10	
9	T2	Gravação de PROD_QOH	13
10	T2	Desbloqueio de PRODUCT	

Bloqueios compartilhados/exclusivos

As identificações "compartilhado" e "exclusivo" indicam a natureza do bloqueio. O **bloqueio exclusivo** ocorre quando o acesso é reservado especificamente para a transação que bloqueou o objeto. Ele deve ser utilizado quando houver potencial para conflitos. (Veja a Tabela 10.9, LEITURA *versus* GRAVAÇÃO.). O **bloqueio compartilhado** ocorre quando transações concorrentes recebem acesso de leitura com base em um bloqueio comum. Ele não produz conflitos, contanto que todas as transações sejam apenas para leitura.

O bloqueio compartilhado é emitido quando uma transação deseja ler dados a partir de um banco, sem que outra transação tenha bloqueio exclusivo sobre esses dados. O bloqueio exclusivo é emitido quando uma transação deseja atualizar (gravar) um item de dados sem que haja qualquer bloqueio atual de outra transação nesse item. Utilizando o conceito de compartilhamento/exclusividade, um bloqueio pode apresentar três estados: desbloqueado, compartilhado (leitura) e exclusivo (gravação).

Conforme apresentado na Tabela 10.11, duas transações entram em conflito somente quando pelo menos uma delas for de gravação (WRITE). Como é possível executar duas transações de leitura (READ) com segurança, os bloqueios compartilhados permitem que várias dessas transações leiam o mesmo item de dados simultaneamente. Por exemplo, se a transação T1 possuir um bloqueio compartilhado sobre o item de dados X e a T2 quiser ler esse mesmo item, ela também pode obter um bloqueio compartilhado sobre ele.

Para a transação T2 atualizar o item X, ela solicita um bloqueio exclusivo sobre tal item. *O bloqueio exclusivo é concedido se e somente se nenhum outro bloqueio for mantido sobre o item de dados.*

Portanto, se a transação T1 já tiver um bloqueio compartilhado ou exclusivo sobre o item X, não será possível conceder um bloqueio exclusivo para a transação T2 e ela deverá aguardar até a consolidação (COMMIT) de T1. Essa condição é conhecida como **regra da exclusividade mútua:** apenas uma transação por vez pode possuir bloqueio exclusivo sobre o mesmo objeto.

Embora a utilização de bloqueios compartilhados torne mais eficiente o acesso aos dados, esse tipo de esquema aumenta a carga do gerente de bloqueio por vários motivos:

- O tipo de bloqueio mantido deve ser conhecido antes que um bloqueio possa ser concedido.
- Há três operações de bloqueio: READ_LOCK (para verificar o tipo de bloqueio), WRITE_LOCK (para emitir o bloqueio) e UNLOCK (para liberar o bloqueio).
- O esquema foi aprimorado para permitir a atualização para um nível superior (de compartilhado para exclusivo) e inferior (de exclusivo para compartilhado) de bloqueio.

Embora os bloqueios evitem inconsistências de dados graves, podem levar a dois problemas importantes:

- A escala de transações resultante pode não ser serializável.
- A escala pode criar deadlocks. O **deadlock** de bancos de dados, equivalente ao tráfego caótico de uma grande cidade, ocorre quando duas ou mais transações aguardam a liberação dos dados pela outra.

Felizmente, ambos os problemas podem ser gerenciados: a serialização é garantida por meio de um protocolo de bloqueio conhecido, como bloqueio de duas fases, e os deadlocks podem ser gerenciados utilizando técnicas de detecção e prevenção. Essas técnicas serão examinadas nas duas seções seguintes.

BLOQUEIO DE DUAS FASES PARA ASSEGURAR A SERIALIZAÇÃO

O **bloqueio de duas fases** define como as transações obtêm e liberam bloqueios. Ele garante a serialização, mas não evita deadlocks. As duas fases são:

1. Fase de crescimento, em que uma transação adquire todos os bloqueios solicitados sem desbloquear nenhum dado. Adquiridos todos os bloqueios, a transação está no ponto bloqueado.

2. Fase de redução, em que uma transação libera todos os bloqueios e não pode obter novos.

O protocolo de bloqueio de duas fases é determinado pelas seguintes regras:

- Duas transações não podem apresentar bloqueios conflitantes.
- Nenhuma operação de desbloqueio pode preceder uma operação de bloqueio na mesma transação.
- Nenhum dado é afetado até que todos os bloqueios sejam obtidos – ou seja, até que a transação esteja em seu ponto bloqueado.

A Figura 10.7 ilustra o protocolo de bloqueio de duas fases.

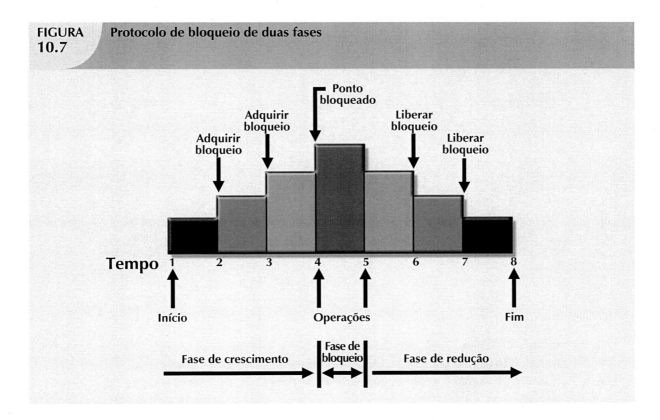

FIGURA 10.7 Protocolo de bloqueio de duas fases

Nesse exemplo, a transação adquire todos os bloqueios necessários até atingir o ponto bloqueado. (No caso, a transação solicita dois bloqueios.) Atingido esse ponto, os dados são modificados conforme as necessidades da transação. Por fim, a transação é concluída, liberando todos os bloqueios adquiridos na primeira fase.

O bloqueio de duas fases aumenta o custo de processamento de transações e pode provocar outros efeitos indesejáveis. Um deles é a possibilidade de criação de deadlocks.

DEADLOCKS

Um **deadlock** ocorre quando duas transações aguardam indefinidamente que a outra desbloqueie dados. Por exemplo, se houver duas transações, T1 e T2, do seguinte modo, ocorrerá um deadlock:

T1 = acessa os itens de dados X e Y
T2 = acessa os itens de dados Y e X

Se T1 não tiver desbloqueado o item de dados Y, T2 não poderá iniciar. Se T2 não tiver desbloqueado o item de dados X, T1 não poderá continuar. Consequentemente, T1 e T2 esperam que a outra desbloqueie o item de dados solicitado. Esse deadlock também é conhecido como **interbloqueio fatal**. A Tabela 10.13 mostra como se cria uma condição de deadlock.

TABELA 10.13 Criação de uma condição de deadlock

TEMPO	TRANSAÇÃO	RESPOSTA	*STATUS* DE BLOQUEIO	
0			Dado X	Dado Y
1	T1:LOCK(X)	OK	Desbloqueado	Desbloqueado
2	T2:LOCK(Y)	OK	Bloqueado	Desbloqueado
3	T1:LOCK(Y)	Aguardar	Bloqueado	Bloqueado
4	T2:LOCK(X)	Aguardar	Bloqueado	Bloqueado
5	T1:LOCK(Y)	Aguardar	Bloqueado	Bloqueado
6	T2:LOCK(X)	Aguardar	Bloqueado	Bloqueado
7	T1:LOCK(Y)	Aguardar	Bloqueado	Bloqueado
8	T2:LOCK(X)	Aguardar	Bloqueado	Bloqueado
9	T1:LOCK(Y)	Aguardar	Bloqueado	Bloqueado
...	....	....	....	....
...	....	....	....	....
...	....	....	....	....
...	....	....	....	....

O exemplo precedente utilizava apenas duas transações concorrentes para mostrar uma condição de deadlock. Em um SGBD real, pode-se executar muito mais transações simultaneamente, aumentando, assim, a probabilidade de geração de deadlocks. Observe que eles são possíveis apenas quando uma das transações obtiver um bloqueio exclusivo sobre o item de dados. Não pode haver situação de deadlock entre bloqueios *compartilhados*.

As três técnicas básicas de controle são:

• *Prevenção de deadlocks*. Uma transação que solicite novo bloqueio é abortada se houver a possibilidade de ocorrer um deadlock. Se a transação for abortada, todas as alterações feitas por ela serão desfeitas e todos os bloqueios obtidos serão liberados. Em seguida, a transação recebe novo escalonamento de execução. A prevenção de deadlocks funciona, pois evita condições que levem a eles.

• *Detecção de deadlocks*. O SGBD testa periodicamente o banco de dados em busca de deadlocks. Se for encontrado, uma das transações (a "vítima") é abortada (desfeita e reiniciada) e a outra continua.

• *Evasão de deadlocks*. A transação deve obter todos os bloqueios necessários antes de iniciar a execução. Essa técnica evita a necessidade de desfazer transações conflitantes, exigindo que os bloqueios sejam obtidos em sequência. No entanto, a atribuição serial de bloqueio necessária para a evasão de deadlocks aumenta os tempos de resposta a ações.

A escolha do melhor método de controle de deadlocks depende do ambiente de banco de dados. Por exemplo, se a probabilidade de deadlocks for baixa, recomenda-se a detecção. No entanto, se a probabilidade for alta, a prevenção é mais adequada. Se o tempo de resposta não estiver entre as maiores prioridades do sistema, pode ser empregada a evasão. Todos os SGBDs atuais dão suporte à detenção de deadlocks em bancos transacionais, ao passo que alguns utilizam uma combinação de técnicas de prevenção e evasão em outros tipos de dados, como os de data warehouses ou em XML.

CONTROLE DE CONCORRÊNCIA COM MÉTODOS DE TIME STAMPING

A abordagem de **time stamping** para escalonar transações correntes atribui um registro global e exclusivo a cada transação. Esse valor produz uma ordem explícita em que as transações são enviadas ao SGBD. O método time stamping deve apresentar duas propriedades: exclusividade e monotonicidade. **A exclusividade** garante que não existam valores iguais do registro e a **monotonicidade**[1] assegura que os valores sejam sempre maiores.

Todas as operações de bancos de dados (leitura e gravação) dentro da mesma transação devem ter o mesmo registro. O SGBD executa operações conflitantes conforme a ordem do método time stamping, garantindo, assim, a serialização das transações. Se duas transações estiverem em conflito, uma é interrompida, desfeita, reescalonada e recebe um novo valor de time stamping.

A desvantagem dessa abordagem é que cada valor armazenado no banco de dados exige dois campos adicionais: um para a última vez em que o campo foi lido e outro para a última atualização. Portanto, o método time stamping aumenta as necessidades de memória e a carga de processamento do banco de dados. Ele também demanda muitos recursos do sistema, pois é possível que diversas transações tenham de ser interrompidas, reescalonadas e recebam um novo time stamping.

ESQUEMAS WAIT/DIE E WOUND/WAIT

Você aprendeu que os métodos de time stamping são utilizados para gerenciar a execução de transações concorrentes. Nesta seção, você aprenderá dois esquemas utilizados para decidir qual transação é desfeita e qual continua sendo executada: o esquema wait/die e o esquema wound/wait.[2] O exemplo seguinte ilustra a diferença. Suponha que haja duas transações conflitantes: T1 e T2, cada uma com um time stamping exclusivo. Suponha que T1 tenha como time stamping 11548789 e T2 tenha 19562545. Pode-se deduzir dos time stampings que T1 é a transação mais antiga (com menor valor de time stamping) e T2 é a mais recente. Em função desse cenário, há quatro resultados possíveis, apresentados na Tabela 10.14.

---

[1] O termo *monotonicidade* faz parte do vocabulário-padrão de controle de concorrência. A primeira apresentação desse termo e de sua utilização correta por autores foi em um artigo de W. H. Kohler. A Survey of Techniques for Synchronization and Recovery in Decentralized Computer Systems, *Computer Surveys*, 3, 2, junho 1981, p. 149–283.

[2] O procedimento foi descrito pela primeira vez por R. E. Stearnes e P. M. Lewis II em "System-level Concurrency Control for Distributed Database Systems", *ACM Transactions on Database Systems*, nº 2, junho de 1978, p. 178–198.

TABELA 10.14 Esquemas de controle de concorrência wait/die e wound/wait

TRANSAÇÃO QUE SOLICITA BLOQUEIO	TRANSAÇÃO QUE POSSUI BLOQUEIO	ESQUEMA WAIT/DIE	ESQUEMA WOUND/WAIT
T1 (11548789)	T2 (19562545)	• T1 aguarda até que T2 seja concluída e libere seus bloqueios.	• T1 tem prioridade (desfaz) sobre T2. • T2 é reescalonada utilizando o mesmo registro.
T2 (19562545)	T1 (11548789)	• T2 é recusada (desfeita). • T2 é reescalonada utilizando o mesmo registro.	• T2 aguarda até que T1 seja concluída e libere seus bloqueios.

Utilizando o esquema wait/die:

- Se a transação que solicita o bloqueio for a mais velha dentre as duas, ela *aguardará* até que a outra transação seja concluída e seus bloqueios liberados.
- Se a transação que solicita o bloqueio for a mais nova dentre as duas, ela será *recusada* (desfeita) e reescalonada utilizando o mesmo time stamping.

Em resumo, no esquema **wait/die**, a transação mais antiga aguarda que a mais nova seja concluída e libere seus bloqueios.

No esquema wound/wait:

- Se a transação que solicita o bloqueio for a mais velha dentre as duas, terá precedência (*prioridade*) sobre a transação mais nova (desfazendo-a). T1 tem prioridade sobre T2 quando T1 desfaz T2. A transação mais nova, preterida, é reescalonada utilizando o mesmo time stamping.
- Se a transação que solicita o bloqueio for a mais nova dentre as duas, aguardará até que a outra transação seja concluída e seus bloqueios liberados.

Resumindo, no esquema **wound/wait**, a transação mais antiga desfaz a mais nova e a reescalona.

Em ambos os casos, uma das transações aguarda que a outra termine e libere os bloqueios. No entanto, em muitos casos, uma transação solicita vários bloqueios. Por quanto tempo uma transação tem de esperar por uma solicitação de bloqueio? Obviamente, esse cenário pode fazer com que algumas transações aguardem indefinidamente, provocando um deadlock. Para evitar isso, cada solicitação de bloqueio possui um valor associado de contagem de tempo. Se o bloqueio não for concedido antes que essa contagem termine, a transação é desfeita.

CONTROLE DE CONCORRÊNCIA COM MÉTODOS OTIMISTAS

A **abordagem otimista** baseia-se no pressuposto de que a maioria das operações de bancos de dados não entre em conflito. Ela não exige nem as técnicas de bloqueio nem as de time stamping. Em vez disso, a transação é executada sem restrições até ser consolidada (COMMIT). Em uma abordagem otimista, cada transação passa por duas ou três fases, chamadas *leitura*, *validação* e *gravação*.[3]

---

[3] A abordagem otimista de controle de concorrência foi descrita em um artigo de H. T. King e J. T. Robinson. Optimistic Methods for Concurrency Control, *ACM Transactions on Database Systems*, 6, 2, junho 1981, p. 213–226. Até mesmo o software mais atual é construído sobre padrões conceituais desenvolvidos há mais de duas décadas.

- Durante a *fase de leitura*, a transação lê o banco de dados, executa as computações necessárias e faz as atualizações em uma cópia privada dos valores do banco. Todas as operações de atualização são registradas em um arquivo temporário, que não é acessado pelas transações remanescentes.
- Durante a *fase de validação*, a transação é validada, garantindo que as alterações feitas não afetem a integridade e a consistência do banco de dados. Se o teste de validação for positivo, a transação passa para a fase de gravação. Se for negativo, é reiniciada e as alterações são descartadas.
- Durante a *fase de gravação*, as alterações são aplicadas permanentemente ao banco de dados.

A abordagem otimista é aceitável na maioria dos sistemas de bancos de dados de leitura e consulta que exigem poucas transações de atualização.

Em um ambiente densamente utilizado, o gerenciamento de deadlocks – prevenção e detecção – constitui uma função importante do SGBD. O SGBD utilizará uma ou mais técnicas discutidas aqui, bem como suas variações. No entanto, às vezes o deadlock é pior do que a doença que os bloqueios deveriam curar. Portanto, pode ser necessário empregar técnicas de recuperação de bancos de dados para restaurar o banco para um estado consistente.

GERENCIAMENTO DE RECUPERAÇÃO DE BANCO DE DADOS

A **recuperação de bancos de dados** restaura o banco de determinado estado (normalmente inconsistente) para o estado consistente anterior. As técnicas de recuperação baseiam-se na **propriedade de transações indivisíveis:** todas as partes da transação devem ser tratadas como única unidade lógica de trabalho em que todas as operações são aplicadas e concluídas para produzir um banco consistente. Se, por algum motivo, uma operação de transação não puder ser concluída, a transação deve ser abortada e quaisquer mudanças no banco de dados devem ser desfeitas. Em resumo, a recuperação de transações reverte todas as alterações feitas pela transação no banco de dados antes de ser abortada.

Embora este capítulo tenha enfatizado a recuperação de *transações*, as técnicas também se aplicam ao *banco de dados* e ao *sistema* após a ocorrência de algum tipo de erro grave. Os eventos graves podem fazer com que um banco de dados se torne não operacional e comprometer a integridade dos dados. São exemplos desse tipo de evento:

- *Falhas de hardware/software.* Falhas desse tipo podem ocorrer em função de um problema de disco rígido, de um mau funcionamento de capacitor da placa-mãe ou de um banco de memória com defeito. Outras causas de erros nessa categoria incluem erros de aplicativos ou sistema operacional que façam com que dados sejam sobrescritos, excluídos ou perdidos. Alguns administradores de bancos de dados dizem que essa é uma das fontes mais comuns de problemas.
- *Incidentes causados por humanos.* Esse tipo de evento pode ser classificado como não intencional ou intencional.
  - Uma falha não intencional é causada por descuido dos usuários finais. Esses erros incluem a exclusão de linhas erradas, o pressionamento da tecla incorreta do teclado ou o desligamento acidental do servidor principal de bancos de dados.
  - Os eventos intencionais são de natureza mais grave e normalmente indicam que os dados da empresa estão em sério risco. Sob essa categoria estão as ameaças causadas por hackers que tentam obter acesso não autorizado aos recursos de dados e ataques de vírus por funcionários descontentes que queiram comprometer a operação do banco de dados e causar danos para a empresa.
- *Desastres naturais.* Essa categoria inclui incêndios, terremotos, alagamentos e quedas de energia.

Seja qual for a falha, um erro grave pode levar o banco de dados a um estado inconsistente. A seção seguinte introduz as diversas técnicas utilizadas para recuperar o banco de dados de um estado inconsistente para um consistente.

RECUPERAÇÃO DE TRANSAÇÕES

Na Seção "Log de transações", você aprendeu sobre o log de transações e sobre como ele contém dados para fins de recuperação de bancos. A recuperação de transações de bancos de dados utiliza os dados do log de transações para recuperar o banco de dados de um estado inconsistente para um consistente.

Antes de continuar, examinaremos quatro conceitos importantes que afetam o processo de recuperação:

- O **protocolo de log gravação direta** garante que os logs de transações sejam sempre escritos *antes* de os dados do banco serem atualizados. Ele garante que, em caso de falha, o banco de dados possa ser recuperado posteriormente para um estado consistente, utilizando os dados do log de transações.
- Os **logs de transações redundantes** (várias cópias do log de transações) garantem que a falha física de um disco não prejudique a capacidade do SGBD de recuperar dados.
- Os **buffers** de bancos de dados são áreas de armazenamento temporário na memória principal utilizadas para acelerar as operações de disco. Para melhorar o tempo de processamento, o software de SGBD lê os dados do disco físico e armazena uma cópia deles em um "buffer" na memória principal. Ao atualizar os dados, uma transação, na verdade, atualiza a cópia dos dados no buffer, pois esse processo é muito mais rápido do que acessar o disco físico todas as vezes. Posteriormente, todos os buffers que contenham dados atualizados são gravados em um disco físico durante uma única operação, poupando, assim, tempo significativo de processamento.
- Os **pontos de verificação** do banco de dados são operações em que o SGBD grava todos os buffers atualizados no disco. Enquanto isso ocorre, o sistema não executa nenhuma outra solicitação. A operação de ponto de verificação também é registrada no log de transações. Como resultado dessa operação, o banco de dados físico e o log de transações ficam em sincronia. Essa sincronização é necessária em razão de as operações de atualização alterarem a cópia dos dados nos buffers, não no banco físico. Os pontos são escalonados automaticamente pelo SGBD várias vezes por hora. Como veremos a seguir, eles também executam um papel importante na recuperação de transações.

O processo de recuperação de bancos de dados envolve o retorno do banco a um estado consistente após uma falha. Os procedimentos de recuperação de transações geralmente recorrem a técnicas de gravação protelada e de gravação indireta.

Quando um procedimento de recuperação utiliza uma **técnica de gravação protelada** (também chamada de **atualização protelada**), as operações de transações não atualizam imediatamente o banco de dados físico. Em vez disso, apenas o log de transações é atualizado. A atualização do banco físico só é realizada após a transação atingir o ponto de consolidação, utilizando as informações do log de transações. Se a transação for abortada antes de chegar a esse ponto, nenhuma alteração (de ROLLBACK ou desfazer) precisará ser executada no banco de dados, pois ele não terá sido atualizado. O processo de recuperação de todas as transações iniciadas e consolidadas (antes da falha) segue essas etapas:

1. Identificação do último ponto de verificação no log de transações. Essa é a última vez que os dados de transações são salvos fisicamente no disco.
2. Para uma transação iniciada e consolidada antes do último ponto de verificação, nada precisa ser feito, pois os dados já estão salvos.

3. Para uma transação que executou operação de consolidação (COMMIT) após o último ponto de verificação, o SGBD utiliza os registros do log para refazer a transação e atualizar o banco de dados, utilizando os valores de "Depois" nesse log. As alterações são feitas em ordem crescente, da mais antiga para a mais nova.

4. Para qualquer transação que tenha uma operação ROLLBACK após o último ponto de verificação ou que tenha sido deixada ativa (sem COMMIT ou ROLLBACK) antes da ocorrência da falha, nada precisa ser feito, pois o banco de dados não chegou a ser atualizado.

Quando o procedimento de recuperação utiliza uma **técnica de gravação indireta** (também chamada de **atualização imediata**), as operações de transação são atualizadas imediatamente no banco de dados durante a sua execução, inclusive antes de a transação atingir o ponto de consolidação. Se a transação for abortada antes de atingir esse ponto, será necessário fazer uma operação de ROLLBACK para restaurar o banco de dados a um estado consistente. Nesse caso, essa operação utilizará os valores de "Antes" no log de transações. O processo de recuperação segue essas etapas:

1. Identificação do último ponto de verificação no log de transações. Essa é a última vez que os dados de transações são salvos fisicamente no disco.

2. Para uma transação iniciada e consolidada antes do último ponto de verificação, nada precisa ser feito, pois os dados já estão salvos.

3. Para uma transação consolidada após o último ponto de verificação, o SGBD refaz a transação utilizando os valores de "Depois" no log de transações. As alterações são aplicadas em ordem crescente, da mais antiga para a mais nova.

4. Para qualquer transação que tenha uma operação ROLLBACK após o último ponto de verificação ou que tenha sido deixada ativa (sem COMMIT ou ROLLBACK) antes da ocorrência da falha, o SGBD utiliza os registros do log de transações para desfazer as operações, utilizando os valores de "Antes" nesse log. As alterações são aplicadas em ordem reversa, da mais nova para a mais antiga.

Utilize o log de transações da Tabela 10.15 para traçar um processo simples de recuperação de bancos de dados. Para garantir que você tenha compreendido esse processo, será utilizado um log de transações simples que inclui três transações e um ponto de verificação. Esse log inclui os componentes de transações utilizados anteriormente no capítulo; assim, você já deve estar familiarizado com o processo básico. Dada essa transação, o log possui as seguintes características:

- A transação 101 consiste de dois comandos UPDATE que reduzem a quantidade disponível do produto 54778-2T e aumentam o saldo do cliente 10011 para venda a crédito de duas unidades desse produto.
- A transação 106 é o mesmo evento de vendas a crédito visto na Seção "Avaliação dos resultados de transações". Essa transação representa a venda a crédito de uma unidade do produto 89-WRE-Q para o cliente 10016 no valor de US$ 277,55. Ela consiste de cinco comandos de DML de SQL: três comandos INSERT e dois UPDATE.
- A transação 155 representa uma atualização simples de estoque. Ela consiste de um comando UPDATE que aumenta a quantidade disponível do produto 2232/QWE de 6 para 26 unidades.
- O ponto de verificação do banco de dados grava todos os buffers atualizados no disco. Esse evento grava apenas as alterações de todas as transações consolidadas previamente. Nesse caso, o ponto de verificação aplica todas as alterações feitas pela transação 101 nos arquivos de dados do banco.

TABELA 10.15 Log de transações para exemplos de recuperação

TRL ID	TRX NUM	PTR ANTERIOR	PTR SEGUINTE	OPERAÇÃO	TABELA	ID DE LINHA	ATRIBUTO	VALOR ANTES	VALOR DEPOIS
341	101	Nulo	352	START	****Início da Transação				
352	101	341	363	UPDATE	PRODUCT	54778-2T	PROD_QOH	45	43
363	101	352	365	UPDATE	CUSTOMER	10011	CUST_BALANCE	615,73	675,62
365	101	363	Nulo	COMMIT	**** Fim da Transação				
397	106	Nulo	405	START	****Início da Transação				
405	106	397	415	INSERT	FATURA	1009			1009,10016, ...
415	106	405	419	INSERT	LINE	1009,1			1009,1, 89-WRE-Q,1, ...
419	106	415	427	UPDATE	PRODUCT	89-WRE-Q	PROD_QOH	12	11
423				CHECKPOINT					
427	106	419	431	UPDATE	CUSTOMER	10016	CUST_BALANCE	0,00	277,55
431	106	427	457	INSERT	ACCT_TRANSACTION	10007			1007,18-JAN-2008, ...
457	106	431	Nulo	COMMIT	**** Fim da transação				
521	155	Nulo	525	START	****Início da Transação				
525	155	521	528	UPDATE	PRODUCT	2232/QWE	PROD_QOH	6	26
528	155	525	Nulo	COMMIT	**** Fim da Transação				

*****F*A*L*H*A*****

Utilizando a Tabela 10.15, pode-se agora traçar o processo de recuperação do banco de um SGBD, utilizando o método de atualização protelada do seguinte modo:

1. Identificação do último ponto de verificação. Nesse caso, o último ponto foi TRL ID 423. Essa foi a última vez em que os buffers do banco de dados foram salvos fisicamente no disco.

2. Observe que a transação 101 começou e terminou antes do último ponto de verificação. Portanto, todas as alterações já foram gravadas no disco, não sendo necessária nenhuma ação adicional.

3. Para cada transação consolidada após o último ponto de verificação (TLR ID 423), o SGBD utilizará os dados do log de transações para gravar as alterações no disco utilizando os valores "Depois". Por exemplo, para a transação 106:

   a. Encontra-se COMMIT (TRL ID 457).

   b. Utilizam-se os valores de ponteiro anterior para localizar o início da transação (TRL ID 397).

   c. Utilizam-se os valores de ponteiro seguinte para localizar cada comando de DML e aplicar as alterações ao disco com os valores "Depois". (Comece com TRL ID 405, em seguida, 415, 419, 427 e 431.) Lembre-se de que TRL ID 457 era o comando COMMIT dessa transação.

   d. Repita o processo para a transação 155.

4. Quaisquer outras transações serão ignoradas. Portanto, para transações que terminaram com ROLLBACK ou que foram deixadas ativas (aquelas que não terminaram como COMMIT ou ROLLBACK), nada é feito, pois nenhuma alteração foi gravada no disco.

RESUMO

- A transação é uma sequência de operações que acessam o banco de dados. Ela representa um evento real. A transação deve ser uma unidade lógica de trabalho, ou seja, nenhuma parte dela pode existir por si mesma. Ou todas as partes são executadas ou a transação é abortada. A transação leva o banco de dados de um estado consistente a outro. O banco de dados em estado consistente é aquele em que as restrições de integridade de todos os dados são satisfeitas.

- As transações possuem quatro propriedades principais: *indivisibilidade* (todas as partes são executadas; do contrário, a transação é abortada), *consistência* (o estado consistente do banco de dados é mantido), *isolamento* (os dados utilizados por uma transação não podem ser acessados por outra até que a primeira esteja concluída) e *durabilidade* (as alterações feitas por uma transação não podem ser desfeitas após sua consolidação). Além disso, os escalonamentos de transações possuem a propriedade de *serialização* (o resultado da execução concorrente de transações é igual ao da execução das transações em ordem serial).

- A SQL dá suporte a transações por meio de dois comandos: COMMIT (salva alterações no disco) e ROLLBACK (restaura o estado anterior do banco de dados).

- As transações de SQL são formadas por vários comandos e solicitações de bancos de dados. Cada solicitação origina várias operações de E/S no banco de dados.

- O log de transações rastreia todas as transações que modificam o banco. As informações armazenadas nesse log são utilizadas para fins de recuperação (ROLLBACK).

- O controle de concorrência coordena a execução simultânea de transações. A execução concorrente de transações pode resultar em três problemas principais: atualizações perdidas, dados não consolidados e recuperações inconsistentes.

- O escalonador é responsável por estabelecer a ordem em que operações de transações concorrentes são executadas. Essa ordem é fundamental e garante a integridade do banco de dados em sistemas de multiusuário. O bloqueio, o time stamping e os métodos otimistas são utilizados pelo escalonador para garantir a serialização de transações.

- O bloqueio garante o acesso exclusivo a um item de dados por uma transação. Ele evita que uma transação utilize um item ao mesmo tempo de outra. Há vários níveis de bloqueio: banco de dados, tabela, página, linha e campo.

- É possível utilizar dois tipos de bloqueios em sistemas de bancos de dados: binários e compartilhados/exclusivos. O bloqueio binário pode ter apenas dois estados: bloqueado (1) e desbloqueado (0). O bloqueio compartilhado é utilizado quando uma transação deseja ler dados a partir de um banco e nenhuma outra transação está atualizando os mesmos dados. Pode haver vários bloqueios compartilhados ou de "leitura" para um item específico. O bloqueio exclusivo é emitido quando uma transação deseja atualizar (gravar) o banco de dados e nenhum outro bloqueio (compartilhado ou exclusivo) é mantido para os dados.

- A serialização de escalonamentos é garantida por meio da utilização de bloqueio de duas fases. Esse esquema possui uma fase de crescimento, em que a transação adquire todos os bloqueios necessários sem desbloquear nenhum dado, e uma fase de encolhimento, em que a transação libera todos os bloqueios sem adquirir novos.

- Quando duas ou mais transações aguardam indefinidamente que a outra libere um bloqueio, elas se encontram em deadlock, também chamado de interbloqueio fatal. Há três técnicas de controle de deadlocks: prevenção, detecção e evasão.

- O controle de concorrência com time stamping atribui um registro exclusivo a cada transação e escala a execução de transações conflitantes por ordem desse registro. São utilizados dois esquemas para decidir qual transação é desfeita e qual continua a execução: o esquema wait/die e o esquema wound/wait.

- O controle de concorrência com métodos otimistas assume que a maioria das transações de bancos de dados não entra em conflito e são executadas de modo concorrente, utilizando cópias privadas temporárias dos dados. No momento de consolidar (COMMIT), essas cópias são atualizadas no banco.
- A recuperação de bancos de dados restaura o banco de determinado estado para um estado consistente anterior. Ela é acionada quando da ocorrência de um evento grave, como um erro de hardware ou de aplicação.

QUESTÕES DE REVISÃO

1. Explique a seguinte afirmação: transação é uma unidade lógica de trabalho.
2. O que é estado consistente de banco de dados e como é obtido?
3. O SGBD não garante que o significado semântico da transação represente efetivamente o evento real. Quais são as possíveis consequências dessa limitação? Dê um exemplo.
4. Liste e discuta as quatro propriedades de transações.
5. O que é log de transações e qual é sua função?
6. O que é escalonador, o que faz e por que sua atividade é importante para o controle de concorrência?
7. O que é bloqueio e como, em geral, funciona?
8. O que é controle de concorrência e qual é seu objetivo?
9. O que é bloqueio exclusivo e sob quais circunstâncias é concedido?
10. O que é deadlock e como pode ser evitado? Discuta diversas estratégias para lidar com eles.
11. Quais são os três tipos de eventos fundamentais de bancos de dados que podem acionar o processo de recuperação? Dê alguns exemplos de cada um.

PROBLEMAS

1. Suponha que você seja o fabricante do produto ABC, composto pelas peças A, B e C. Cada vez que um novo produto ABC é criado, é necessário adicioná-lo ao estoque utilizando o PROD_QOH de uma tabela chamada PRODUTO. E a cada vez que o produto é criado, as peças A, B e C de estoque devem ser reduzidas de uma unidade cada, utilizando PEÇA_QOH da tabela chamada PEÇA. O conteúdo de exemplo do banco de dados é apresentado nas seguintes tabelas.

TABELA P10.1

NOME DA TABELA: PRODUTO	
PROD_CODIG	PROD_ QOH
ABC	1.205

NOME DA TABELA: PEÇA	
PEÇA_CODIG	PEÇA_ QOH
A	567
B	98
C	549

Com essas informações, responda às questões "a" a "e".

     a. Quantas solicitações de bancos de dados você pode identificar para uma atualização de estoque de PRODUTO e PEÇA?

     b. Utilizando SQL, apresente todas as solicitações identificadas na Etapa "a".

     c. Apresente as transações completas.

     d. Apresente o log de transações, utilizando a Tabela 10.1 como modelo.

     e. Utilizando o log de transações criado na Etapa "d", trace sua utilização na recuperação do banco de dados.

2. Descreva os três problemas mais comuns de execução de transações concorrentes. Explique como o controle de concorrência pode ser utilizado para evitá-los.

3. Qual componente de SGBD é responsável pelo controle de concorrência? Como esse recurso é utilizado para resolver conflitos?

4. Utilizando um exemplo simples, explique a utilização de bloqueios binários e compartilhados/exclusivos em um SGBD.

5. Suponha que seu sistema de banco de dados sofra uma falha. Descreva o processo de recuperação do banco e utilize as técnicas de gravação protelada e de gravação indireta.

6. A ABC Markets vende produtos a clientes. O diagrama relacional apresentado na Figura P10.1 representa as principais entidades de seu banco de dados. Observe as seguintes características importantes:

- Um cliente pode fazer várias compras, cada uma representada por uma fatura.
  - O CUS_BALANCE (saldo de cliente) é atualizado a cada compra a crédito ou pagamento e representa a quantia devida pelo cliente.
  - Esse atributo aumenta (+) com cada compra a crédito e diminui (–) com cada pagamento.
  - A data da última compra é atualizada a cada nova compra feita pelo cliente.
  - A data do último pagamento é atualizada a cada novo pagamento feito pelo cliente.
- Uma fatura representa a compra de produto por um cliente.
  - Uma INVOICE (fatura) pode ter várias LINEs (linhas), uma para cada produto adquirido.
  - O atributo INV_TOTAL representa o custo total da fatura, incluindo impostos.
  - INV_TERMS (prazo da fatura) pode ser "30", "60" ou "90" (representando o número de dias de crédito), ou "CASH" (dinheiro), "CHECK" (cheque) ou "CC" (cartão de crédito).
  - O *status* da fatura pode ser "OPEN" (aberta), "PAID" (paga) ou "CANCEL" (cancelada).
- A quantidade disponível de um produto (P_QTYOH) é atualizada (reduzida) a cada nova venda de produto.
- Um cliente pode fazer vários pagamentos. O tipo de pagamento (PMT_TYPE) pode ser um dos seguintes:
  - "CASH" para pagamentos em dinheiro.
  - "CHECK" para pagamentos em cheque.
  - "CC" para pagamentos em cartão de crédito.
- Os detalhes de pagamento (PMT_DETAILS) são utilizados para registrar dados sobre pagamentos em cheque ou cartão de crédito:
  - Banco, número de conta e número de cheque no caso de pagamentos em cheque.
  - Bandeira, número do cartão e data de validade para pagamentos com cartão de crédito.

Observação: Nem todas as entidades e atributos são representados neste exemplo. Utilize apenas os atributos indicados.

FIGURA P10.1	Diagrama relacional da ABC Markets

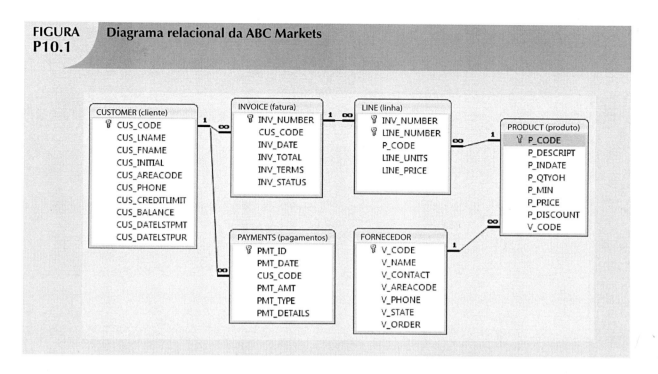

Utilizando esse banco de dados, escreva o código de SQL para representar cada uma das seguintes transações. Utilize BEGIN TRANSACTION e COMMIT para agrupar os comandos de SQL em transações lógicas.

    a. Em 11 de maio de 2008, o cliente 10010 faz uma compra a crédito (30 dias) de uma unidade do produto 11QER/31 ao preço unitário de US$ 110,00 e taxa de imposto de 8%. O número de fatura é 10983 e essa fatura contém apenas uma linha de produto.

    b. Em 3 de junho de 2008, o cliente 10010 faz um pagamento de US$ 100 em dinheiro. A ID do pagamento é 3428.

    c. Crie um log simples de transações (utilizando o formato apresentado na Tabela 10.14) para representar as ações das duas transações anteriores.

ONZE

Neste capítulo, você aprenderá:

- Conceitos básicos de sintonização de desempenho de banco de dados
- Como o SGBD processa consultas de SQL
- Sobre a importância de índices no processamento de consultas
- Sobre os tipos de decisões que o otimizador de consultas tem de tomar
- Algumas práticas comuns utilizadas para escrever códigos eficientes de SQL
- Como formular consultas e realizar a sintonização do SGBD para desempenho ideal

---

NOTA

Como este livro foca em banco de dados, o presente capítulo cobre apenas os fatores que afetam diretamente o desempenho de *bancos de dados*. Além disso, como as técnicas de sintonização de desempenho podem ser específicas de cada SGBD, é possível que o material deste capítulo não se aplique em quaisquer circunstâncias nem corresponda, necessariamente, a todos os tipos de SGBDs. Este capítulo foi projetado para construir os fundamentos de compreensão geral dos problemas de sintonização e para ajudar na escolha adequada de estratégias. (Para informações mais atuais sobre a sintonização de seu banco de dados, consulte a documentação dos fornecedores.)

W

Uma das principais funções de um sistema de banco de dados é fornecer respostas aos usuários finais dentro de um tempo adequado. Os usuários interagem com o SGBD por meio de consultas que geram informações, utilizando a seguinte sequência:

1. A aplicação do usuário final (extremidade do cliente) gera uma consulta.
2. A consulta é enviada ao SGBD (extremidade do servidor).
3. O SGBD (extremidade do servidor) executa a consulta.
4. O SGBD envia o conjunto de dados resultante para a aplicação do usuário final (extremidade do cliente).

Os usuários finais esperam que suas consultas retornem resultados o mais rápido possível. Como se pode saber se o desempenho do banco de dados é bom? Isso é difícil de avaliar. Como se pode saber se um tempo de resposta de 1,06 segundo é bom o suficiente? É mais fácil identificar o mau desempenho do que o bom – basta ouvir as queixas dos usuários finais quanto à lentidão de retorno das consultas. Infelizmente, a mesma consulta pode funcionar bem um dia e não tão bem dois meses depois. Independente da percepção dos usuários finais, *o objetivo do desempenho de banco de dados é executar as consultas o mais rápido possível.* Portanto, esse desempenho deve ser estritamente monitorado e passar por sintonizações regulares. A **sintonização de desempenho de banco de dados** refere-se a um conjunto de atividades e procedimentos projetados para reduzir o tempo de resposta de um sistema de banco de dados – ou seja, para assegurar que uma consulta do usuário final seja processada pelo SGBD no período mínimo de tempo.

O tempo necessário para que uma consulta retorne um *conjunto de resultados* depende de vários fatores. Esses fatores tendem a ser muito amplos e diversificados conforme o ambiente e o fornecedor. O desempenho de um SGBD comum é restringido por três fatores principais: a capacidade de processamento da CPU, a memória principal disponível (RAM) e a taxa de transmissão de entrada/saída (disco rígido e rede). A Tabela 11.1 lista alguns componentes de sistema e resume as diretrizes gerais para a obtenção de melhor desempenho de consultas.

TABELA 11.1 Diretrizes gerais para melhor desempenho de sistema

	RECURSOS DO SISTEMA	CLIENTE	SERVIDOR
Hardware	CPU	O mais rápido possível CPU *dual core* ou superior	O mais rápido possível Vários processadores (tecnologia *quad-core*)
	RAM	O máximo possível	O máximo possível
	Disco Rígido	Disco rígido SATA/EIDE rápido, como espaço livre suficiente	Vários discos rígidos de alta velocidade e capacidade (SCSI / SATA / Firewire / Fibre Channel) em configuração RAID
	Rede	Conexão de alta velocidade	Conexão de alta velocidade
Software	Sistema Operacional	Sintonização fina para melhor desempenho de aplicações de cliente	Sintonização fina para melhor desempenho de aplicações de servidor
	Rede	Sintonização fina para melhor taxa de transmissão	Sintonização fina para melhor taxa de transmissão
	Aplicação	Otimizar SQL em aplicações de cliente	Otimizar servidor de SGBD para o melhor desempenho

Naturalmente, o sistema funcionará melhor quando seus recursos de hardware e software estão otimizados. No entanto, no mundo real, raramente os recursos são ilimitados. Sempre existem restrições internas e externas. Portanto, os componentes de sistemas devem ser otimizados para obter o melhor processamento possível com os recursos existentes (geralmente limitados); esse é o motivo da sintonização de desempenho de bancos de dados ser tão importante.

A boa sintonização de um sistema exige uma abordagem holística. Ou seja, *todos* os fatores devem ser verificados para garantir que cada um opere em seu nível ideal e tenha recursos suficientes para minimizar a ocorrência de gargalos. Como o projeto de banco de dados é um fator muito importante na determinação da eficiência de desempenho do sistema de banco de dados, vale a pena repetir o mantra deste livro:

Um bom desempenho de banco de dados começa com um bom projeto de banco de dados. *Não há uma sintonização refinada que seja boa o suficiente para fazer com que um banco de dados mal projetado funcione tão bem quanto um bem projetado. Isso é especialmente válido quando se reelabora o projeto de* bancos de dados existente, caso em que o usuário final costuma esperar ganhos de desempenho irreais dos velhos bancos de dados.

O que constitui um projeto bom e eficiente? Do ponto de vista da sintonização de desempenho, o projetista de banco de dados deve assegurar que o projeto utilize os recursos disponíveis no SGBD para garantir a integridade e o desempenho ideal do banco. Este capítulo fornece o conhecimento fundamental que ajudará a otimização do desempenho de banco de dados, por meio da seleção da configuração adequada de servidor, da utilização de índices, da compreensão sobre organização do armazenamento de tabelas e a localização de dados, e da implementação da sintaxe mais eficiente de consulta em SQL.

SINTONIZAÇÃO DE DESEMPENHO: CLIENTE E SERVIDOR

Em geral, as atividades de sintonização de desempenho de bancos de dados podem ser divididas entre as que ocorrem do lado do cliente e as que ocorrem do lado do servidor.

- Do lado do cliente, o objetivo é gerar uma consulta de SQL que retorne a resposta correta no menor período de tempo, utilizando a quantidade mínima de recursos na extremidade do servidor. A atividade necessária para atingir essa meta normalmente é chamada de **sintonização de desempenho de SQL**.
- Do lado do servidor, o ambiente de SGBD deve ser configurado adequadamente para responder a solicitações de clientes do modo mais rápido possível, utilizando de modo ideal os recursos existentes. As atividades necessárias para atingir essa meta normalmente são chamadas de **sintonizações de desempenho de SGBD**.

Lembre-se de que as implementações de SGBD normalmente são mais complexas do que uma simples configuração cliente/servidor em dois níveis. No entanto, mesmo em ambientes cliente/servidor de vários níveis (extremidade de interface do cliente, aplicações de middleware e interface do servidor de banco de dados), as atividades de sintonização de desempenho costumam ser divididas em subtarefas que garantem o tempo de resposta mais curto entre quaisquer dois pontos componentes.

Este capítulo cobre as práticas de sintonização de desempenho de SQL do lado do cliente e de sintonização de desempenho de SGBD do lado do servidor. Mas antes de começarmos a aprender sobre esses processos, é necessário primeiro conhecer melhor os componentes e processos arquiteturais do SGBD e como interagem para responder às solicitações dos usuários finais.

ARQUITETURA DE SGBD

A arquitetura de um SGBD é representada pelos processos e estruturas (na memória ou em armazenamento permanente) utilizados para gerenciar o banco de dados. Esses processos colaboram entre si para executar funções específicas. A Figura 11.1 ilustra a arquitetura básica de SGBDs.

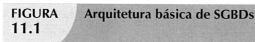

FIGURA 11.1 Arquitetura básica de SGBDs

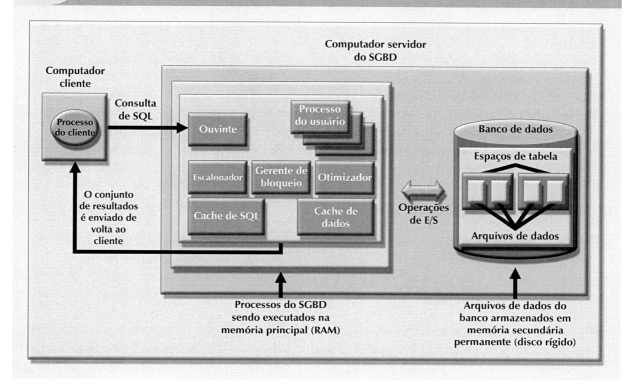

Observe os seguintes componentes e funções na Figura 11.1:

- Todos os dados em um banco de dados são armazenados em **arquivos de dados**. O banco de dados típico de uma empresa normalmente é composto de vários desses arquivos. Um arquivo de dados pode conter linhas de uma única tabela ou de várias tabelas diferentes. O administrador de bancos de dados (DBA) determina o tamanho inicial dos arquivos de dados que constituem o banco. No entanto, conforme a necessidade, esses arquivos podem se expandir automaticamente em aumentos predefinidos conhecidos como **expansão**. Por exemplo, se for necessário mais espaço, o DBA pode definir que cada nova expansão terá aumentos de 10 KB ou 10 MB.

- Os arquivos de dados geralmente são reunidos em grupos de arquivos ou table space. Uma **table space** ou **grupo de arquivos** é um agrupamento lógico de vários arquivos que armazenam dados com características similares. Por exemplo, pode haver uma table space de *sistema* em que os dados da tabela do dicionário de dados são armazenados; a table space de *dados de usuário* armazena dados criados pelos usuários; a table space de *índices* mantém todos os índices; e a table space *temporária* realiza as classificações, agrupamentos e outras atividades temporárias. Cada vez que um novo banco de dados é criado, o SGBD cria automaticamente um conjunto mínimo de espaços de tabela.

- O **cache de dados** ou **buffer de cache** é uma área da memória reservada e compartilhada que armazena na RAM os blocos de dados acessados mais recentemente. É nele que os dados dos arquivos de dados são armazenados após sua leitura e antes de sua gravação de volta nesses arquivos. Ele também mantém em cache os dados de catálogo de sistema e o conteúdo dos índices.

- O **cache de SQL**, ou **cache de procedimentos**, é uma área de memória compartilhada e reservada que armazena os comandos de SQL ou procedimentos de PL/SQL, inclusive triggers e funções, executados mais recentemente. (Para aprender mais sobre procedimentos de PL/SQL, triggers e funções de SQL, estude o Capítulo 8.) O cache de SQL não armazena a SQL escrita pelo usuário final. Em vez disso, ele mantém a versão "processada" da SQL lida para a execução pelo SGBD.

- Para trabalhar com os dados, o SGBD deve recuperá-los do armazenamento permanente (dos arquivos de dados em que estão armazenados) e colocá-los na memória RAM (cache de dados).

- Para passar os dados do armazenamento permanente (arquivos de dados) para a RAM (cache de dados), o SGBD emite solicitações de E/S e aguarda respostas. A **solicitação de entrada/saída (E/S)** é uma operação de acesso de dados de baixo nível (leitura ou gravação) de e para dispositivos computacionais como memória, discos rígidos, vídeo e impressoras. A finalidade da operação de E/S é passar os dados de e para os diferentes componentes e dispositivos computacionais. Observe que a operação de E/S de leitura de disco recupera um bloco físico inteiro, geralmente contendo várias linhas, do dispositivo permanente para o cache de dados, mesmo se for utilizado apenas um atributo de apenas uma linha. O tamanho do bloco físico de disco depende do sistema operacional e pode ser de 4K, 8K, 16K, 32K, 64K ou maior. Além disso, dependendo das circunstâncias, o SGBD pode emitir uma solicitação de leitura de um único bloco ou de vários blocos.

- Trabalhar com dados em cache é muito mais rápido do que com dados em arquivos, pois o SGBD não tem de aguardar que o disco rígido os recupere. Isso se deve ao fato de não ser necessária nenhuma operação de E/S de disco rígido para trabalhar na memória cache.

- A maioria das atividades de sintonização de desempenho foca na minimização do número de operações de E/S, pois seu uso é muito mais lento do que a leitura de dados a partir do cache. Por exemplo, até o momento, os tempos de acesso à memória RAM variam de 5 a 70 ns (nanossegundos), enquanto os tempos de acesso ao disco rígido ficam na faixa de 5 a 15 ms (milissegundos). Isso significa que os discos rígidos são cerca de seis ordens de magnitude (um milhão de vezes) mais lentos do que a RAM.[1]

Também estão ilustrados na Figura 11.1 alguns processos típicos de SGBDs. Embora o número de processos e seus nomes variem conforme o fornecedor, os recursos são similares. Os seguintes processos estão representados na Figura 11.1.

- *Listener.* O processo listener recebe as solicitações do cliente e trata do processamento do código de SQL para outros processos do SGBD. Recebida uma solicitação, o ouvinte a transmite para o processo de usuário adequado.

- *Usuário.* O SGBD cria um processo de usuário para gerenciar cada sessão de cliente. Portanto, quando alguém faz log-on no SGBD, recebe um processo de usuário. Esse processo trata de todas as solicitações enviadas por determinado usuário ao servidor. Há muitos processos de usuário – pelo menos um para cada cliente que fez log-in.

- *Escalonador.* O processo escalonador organiza a execução concorrente de solicitações de SQL. (Veja o Capítulo 10).

- *Gerente de bloqueio.* Esse processo gerencia todos os bloqueios impostos a objetos de bancos de dados, incluindo páginas de disco (veja o Capítulo 10).

- *Otimizador.* O otimizador de consulta analisa consultas de SQL e encontra o modo mais eficiente de acessar os dados. Aprenderemos mais sobre esse processo posteriormente neste capítulo.

---

[1] Low Latency, Eliminating Application Jitters with Solaris. White Paper, maio 2007, Sun Microsystems, *http://www.sun.com/solutions/documents/white-papers/fn_lowlatency_solaris.pdf.*

ESTATÍSTICAS DE BANCO DE DADOS

Outro processo de SGBD que executa um papel importante na otimização de consultas é a coleta de estatísticas de banco de dados. O termo **estatística de banco de dados** refere-se a diversas medidas sobre objetos do banco, como o número de processadores utilizados, a velocidade do processador e o espaço temporário disponível. Essas estatísticas fornecem um retrato instantâneo das características do banco de dados.

Como aprenderemos posteriormente neste capítulo, o SGBD utiliza as estatísticas para tomar decisões fundamentais sobre o aprimoramento da eficiência do processamento de consultas. As estatísticas de banco de dados podem ser coletadas manualmente pelo DBA ou automaticamente pelo SGBD. Por exemplo, muitos fornecedores de SGBD dão suporte ao comando de SQL ANALYZE, que coleta estatísticas. Além disso, vários fornecedores possuem suas próprias rotinas para isso. Por exemplo, o DB2 da IBM utiliza o procedimento RUNSTATS, enquanto o SQL da Microsoft aplica o UPDATE STATISTICS e fornece as opções Auto-Update e Auto-Create Statistics em seus parâmetros de inicialização. A Tabela 11.2 apresenta exemplos das medidas que o SGBD pode coletar sobre diversos objetos de banco de dados.

TABELA 11.2 Exemplos de medidas estatísticas de bancos de dados

OBJETO DE BANCOS DE DADOS	EXEMPLOS DE MEDIDAS
Tabelas	Número de linhas, número de blocos de disco utilizados, comprimento da linha, número de coluna em cada linha, número de valores distintos em cada coluna, valor máximo em cada coluna, valor mínimo em cada coluna e colunas que possuem índices.
Índices	Número e nome de colunas na chave de índice, número de valores de chave no índice, número de valores de chave distintos na chave de índice, histograma de valores de chave em um índice e número de páginas de disco utilizadas pelo índice.
Recursos do Ambiente	Tamanho físico e lógico de blocos de disco, localização e tamanho de arquivos de dados e número de expansões por arquivo de dados.

Se houver estatística de objetos, o SGBD as utilizará no processamento de consultas. Embora alguns SGBDs mais recentes (como Oracle, SQL Server e DB2) coletem estatísticas automaticamente, outros exigem que o DBA o faça manualmente. Para gerar as estatísticas de objetos de banco de dados manualmente, pode-se utilizar a seguinte sintaxe.

ANALYZE <TABLE/INDEX> nome_do_objeto COMPUTE STATISTICS;

(No SQL Server, utilize UPDATE STATISTICS <nome_do_objeto>, em que "nome_do_objeto" refere-se a uma tabela ou visualização.)

Por exemplo, para gerar estatísticas da tabela VENDOR (fornecedor), pode-se utilizar o seguinte comando:

ANALYZE TABLE VENDOR COMPUTE STATISTICS;

(No SQL Server, utilize UPDATE STATISTICS VENDOR;.)

Ao gerar estatísticas de uma tabela, todos os índices relacionados também são analisados. No entanto, é possível gerar estatísticas de um único índice, utilizando o seguinte comando:

ANALYZE INDEX VEND_NDX COMPUTE STATISTICS;

Nesse exemplo, VEND_NDX é o nome do índice.

(No SQL Server, utilize UPDATE STATISTICS <nome_de_tabela> <nome_de_índice>. Por exemplo: UPDATE STATISTICS VENDOR VEND_NDX;)

As estatísticas de bancos de dados são armazenadas no catálogo de sistema em tabelas especialmente projetadas. É comum gerar periodicamente novas estatísticas, especialmente dos objetos sujeitos a alterações frequentes. Por exemplo, no caso de uma locadora de vídeo com SGBD, o sistema provavelmente utilizará a tabela RENTAL (aluguel) para armazenar os aluguéis diários. Essa tabela (e seus índices associados) estará sujeita a inserções e atualizações constantes, conforme os aluguéis e devoluções cotidianos forem registrados. Portanto, as estatísticas da tabela RENTAL geradas na semana anterior não representam uma imagem precisa da tabela no momento presente. Quanto mais atuais as estatísticas, maior a probabilidade de que o SGBD selecione adequadamente o modo mais rápido de executar determinada consulta.

Conhecendo a estrutura básica dos processos e estruturas de memória e a importância e periodicidade das estatísticas de banco de dados coletadas pelo sistema, estamos prontos para aprender como o SGBD processa uma solicitação de consulta de SQL.

PROCESSAMENTO DE CONSULTAS

O que acontece na extremidade do servidor do SGBD quando o comando de SQL do cliente é recebido? Em termos simples, o SGBD processa uma consulta em três fases:

1. *Análise sintática.* O SGBD analisa a consulta de SQL e escolhe o plano de acesso/execução mais eficiente.
2. *Execução.* O SGBD executa a consulta de SQL utilizando o plano de execução escolhido.
3. *Extração.* O SGBD extrai os dados e envia o conjunto de resultados de volta para o cliente.

O processamento de comandos de DDL de SQL (como CREATE TABLE) é diferente do processamento solicitado por comandos de DML. A diferença é que o comando de DDL, na verdade, atualiza as tabelas de dicionário de dados ou o catálogo de sistema, enquanto o comando de DML (SELECT, INSERT, UPDATE e DELETE) na maioria das vezes manipula dados do usuário final. A Figura 11.2 mostra as etapas gerais necessárias para o processamento de consultas. Cada etapa será discutida nas seções seguintes.

FASE DE ANÁLISE DO SQL

O processo de otimização inclui o desmembramento – análise – da consulta em unidades menores e sua transformação em uma versão ligeiramente diferente do código original, mas totalmente equivalente e mais eficiente. *Totalmente equivalente* significa que os resultados da consulta otimização são sempre iguais aos da consulta original. *Mais eficiente* significa que a consulta otimizada quase sempre será executada de modo mais rápido do que a consulta original. (Observe que ela *quase* sempre é executada de modo mais rápido pois, como explicado anteriormente, muitos fatores afetam o desempenho de um banco de dados. Esses fatores incluem a rede, os recursos do computador do cliente e outras consultas sendo executadas simultaneamente no mesmo banco.) Para determinar o modo mais eficiente de executar a consulta, o SGBD pode utilizar a estatística de bancos de dados sobre a qual aprendemos anteriormente.

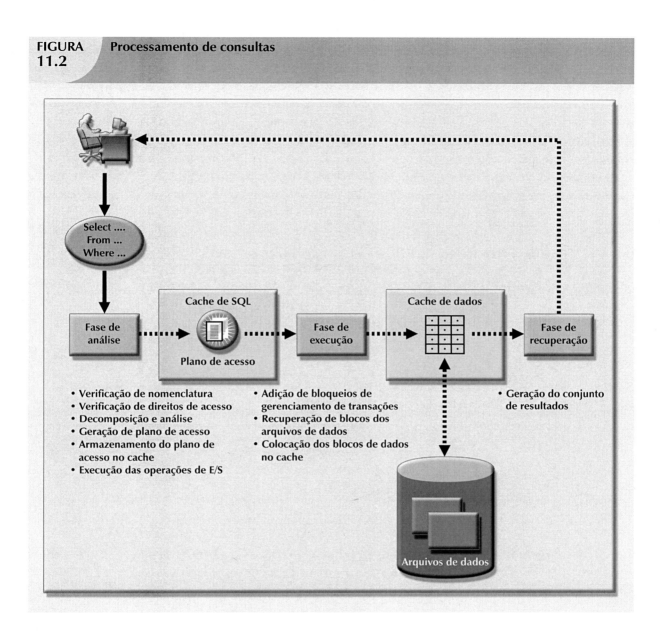

FIGURA 11.2 Processamento de consultas

As atividades de análise do SQL são executadas pelo **otimizador de consultas**, que analisa a consulta de SQL e encontra o modo mais eficiente de acessar os dados. Esse processo constitui a fase que mais consome tempo no processamento de consultas. A análise de uma consulta de SQL exige diversas etapas, nas quais a consulta é:

- Validada quanto à adequação sintática.
- Validada em relação ao dicionário de dados para garantir que as tabelas e nomes de colunas estejam corretos.
- Validada em relação ao dicionário de dados para garantir que o usuário tenha direitos de acesso adequados.
- Analisada e decomposta em componentes mais elementares.
- Otimizada pela transformação em uma consulta totalmente equivalente, porém mais eficiente.
- Preparada para execução, determinando o plano de execução ou acesso mais eficiente.

Uma vez transformado o comando de SQL, o SGBD cria o que normalmente se conhece como plano de acesso ou execução. O **plano de acesso** é o resultado da análise de um comando de SQL. Contém a série de etapas que o SGBD utilizará para executar a consulta e retornar o conjunto de resultados do modo mais eficiente possível. Em primeiro lugar, o SGBD verifica se já existe um plano de acesso para a consulta no cache de SQL. Se existir, ele reutiliza esse plano para poupar tempo. Caso contrário, o otimizador avalia os diferentes planos e toma decisões sobre quais índices utilizar e como melhor executar as operações de junção. O plano de acesso escolhido para a consulta é, em seguida, colocado no cache de SQL e disponibilizado para uso e reuso futuro.

Esses planos são específicos de cada SGBD e traduzem a consulta de SQL do cliente em uma série de operações de E/S complexas que leem os dados dos arquivos físicos e geram o conjunto de resultados. Algumas operações de E/S normalmente encontradas estão ilustradas na Tabela 11.3.

TABELA 11.3 Exemplos de operações de E/S em planos de acesso de SGBDs

OPERAÇÃO	DESCRIÇÃO
Varredura de Tabela (completa)	Lê sequencialmente a tabela inteira, da primeira à última linha, uma linha por vez (o processo mais lento)
Acesso a Tabela (ID de linha)	Lê diretamente uma linha de tabela utilizando um valor de ID de linha (o processo mais rápido)
Varredura de Índice (faixa)	Lê o índice primeiro para obter as IDs de linhas e, em seguida, acessa diretamente as linhas de tabelas (processo mais rápido do que a varredura de tabela)
Acesso ao Índice (único)	Utilizado quando uma tabela possui um índice exclusivo em uma coluna
Loop Aninhado	Lê e compara o conjunto de valores a outro conjunto de valores, utilizando o estilo de loop integrado (lento)
Fusão	Funde dois conjuntos de dados (lento)
Ordenação	Ordenação do conjunto de dados (lento)

A Tabela 11.3 mostra apenas algumas operações de E/S de acesso a bancos de dados. (Esses exemplos se baseiam no SGBD Oracle.) No entanto, essa tabela apresenta os tipos de operações que a maioria dos SGBDs executa ao acessar e manipular conjuntos de dados.

Observe que o acesso à tabela utilizando ID de linha é o método mais rápido. A ID de linha é uma identificação exclusiva de cada linha salva em armazenamento permanente. Pode ser utilizada para acessar a linha diretamente. Conceitualmente, essa ID é similar ao tíquete que se recebe em alguns estacionamentos de aeroporto. Ele contém o número da seção e o número da vaga. Utilizando essa informação, pode-se ir diretamente até o carro, sem ter de procurar por todas as seções e vagas.

FASE DE EXECUÇÃO DE SQL

Nessa fase, são executadas todas as operações de E/S indicadas no plano de acesso. Quando essa execução ocorre, os bloqueios adequados – se necessário – são atribuídos aos dados sendo acessados e estes são recuperados dos arquivos de dados e colocados no cache do SGBD. Todos os comandos de gerenciamento de transações são processados durante as fases de análise e execução.

Fase de recuperação do SQL

Após a conclusão das fases de análise e execução, todas as linhas que atendam às condições especificadas são recuperadas, ordenadas, agrupadas e/ou agregadas (se necessário). Durante a fase de recuperação, as linhas do conjunto de resultados da consultas são reenviadas ao cliente. O SGBD pode utilizar um espaço de tabela temporário para armazenar esses dados. Nesse estágio, o servidor de banco de dados coordena a passagem das linhas do conjunto de resultados, do cache do servidor para o cache do cliente. Por exemplo, se determinado conjunto de resultados de consulta tivesse 9.000 linhas, o servidor enviaria as 100 primeiras linhas ao cliente e, em seguida, aguardaria que este solicitasse o próximo conjunto de linhas, até que todos os resultados tenham sido enviados.

Gargalos de processamento de consultas

O principal objetivo do processamento de consultas é executar determinada consulta do modo mais rápido possível com a quantidade mínima de recursos. Como acabamos de ver, a execução de uma consulta exige que o SGBD a desmembre em uma série de operações de E/S independentes a serem executadas de modo colaborativo. Quanto mais complexa a consulta, mais complexas são essas operações, e provavelmente mais gargalos haverá. O **gargalo de processamento de consultas** é um atraso introduzido no processamento de uma operação de E/S que faz com o que sistema em geral fique mais lento. Do mesmo modo, quanto mais componentes um sistema tiver, mais as interfaces entre os sistemas serão exigidas e haverá a probabilidade de ocorrer mais gargalos. Em um SGBD, há cinco componentes que normalmente causam esse problema:

- *CPU*. A capacidade de processamento da CPU deve corresponder à carga de trabalho esperada do sistema. Uma alta utilização da CPU pode indicar que a velocidade do processador é muito baixa para a quantidade de trabalho executado. No entanto, essa utilização pesada pode ser decorrente de outros fatores, como defeitos de componentes, memória RAM insuficiente (a CPU gasta muito tempo fazendo swap de blocos de memória), driver de dispositivo mal escrito ou processo invasor. O gargalo da CPU afetará não apenas o SGBD, mas todos os processos em execução no sistema.
- *Memória RAM*. O SGBD aloca memória para utilização específica, como cache de dados e de SQL. A memória RAM deve ser compartilhada entre todos os processos em execução (sistema operacional, SGBD etc.). Se não houver memória RAM disponível, a movimentação de dados entre os componentes que estão competindo pela memória escassa pode criar um gargalo.
- *Disco rígido*. Outra causa comum de gargalos é a velocidade do disco rígido e as taxas de transferência de dados. A tecnologia atual de armazenamento permite maior capacidade do que no passado. No entanto, o espaço em disco é utilizado para mais finalidades do que apenas armazenar dados do usuário final. Os sistemas operacionais atuais também utilizam o disco rígido como *memória virtual*, que consistem em copiar áreas da memória RAM para o disco conforme necessário, abrindo espaço nessa memória para tarefas mais urgentes. Portanto, quanto maior o espaço de armazenamento no disco rígido e maiores as taxas de transferência de dados, menor a probabilidade de gargalos.
- *Rede*. Em um ambiente de banco de dados, o servidor e os clientes são conectados por uma rede. Todas as redes possuem quantidade limitada de largura de banda compartilhada entre todos os clientes. Quando muitos nós acessam a rede ao mesmo tempo, é provável que ocorram gargalos.
- *Código de aplicação*. Nem todos os gargalos são provocados por recursos de hardware limitados. Uma das fontes mais comuns é o código de aplicações mal escrito. Nenhuma quantidade de codificação poderá fazer com que um banco de dados mal projetado funcione melhor. Devemos

acrescentar: é possível aplicar recursos ilimitados em uma aplicação mal escrita e, ainda assim, ela será executada como uma aplicação mal escrita!

O principal foco deste capítulo é aprender como evitar esses gargalos e, assim, otimizar o desempenho de banco de dados.

ÍNDICES E OTIMIZAÇÃO DE CONSULTAS

Os índices são fundamentais para acelerar o acesso aos dados, pois facilitam a busca, classificação e utilização de funções agregadas e, até mesmo, de operações de junção. A melhora da velocidade de acesso aos dados se deve ao fato de o índice ser um conjunto ordenado de valores que contém a chave de índice e os ponteiros. Os ponteiros são as IDs para as linhas das tabelas reais. Conceitualmente, o índice de dados é semelhante ao de um livro. Ao utilizar o índice de um livro, busca-se uma palavra, que corresponde à chave de índice, e os números de página que a acompanham, correspondentes aos ponteiros. Estes orientam o leitor para as páginas adequadas.

A varredura de índice é mais eficiente do que a varredura completa de uma tabela, pois os dados no índice são preordenados e sua quantidade geralmente é muito menor. Portanto, ao executar buscas, quase sempre é melhor que o SGBD utilize o índice para acessar uma tabela, e não a varredura sequencial de todas as suas linhas. Por exemplo, a Figura 11.3 mostra a representação de índice de uma tabela cliente, como 14.786 linhas e o índice STATE_NDX do atributo CUS_STATE (estado do cliente).

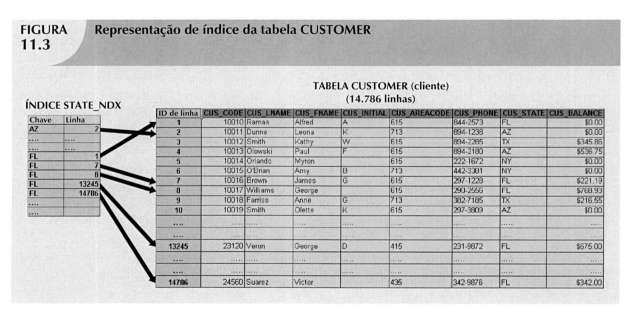

FIGURA 11.3 Representação de índice da tabela CUSTOMER

Suponha que seja enviada a seguinte consulta:

```
SELECT        CUS_NAME, CUS_STATE
FROM          CUSTOMER
WHERE         CUS_STATE = 'FL';
```

Se não houver índice, o SGBD executará uma varredura completa da tabela, lendo, assim, 14.786 linhas de clientes. Supondo-se que seja criado (e analisado) o índice STATE_NDX, o SGBD o utilizará automaticamente para localizar o primeiro cliente com um estado igual a 'FL' e, em seguida, prosseguirá lendo todas as linhas subsequentes de CUSTOMER, utilizando as IDs de linha do índice como guia. Admitindo-se que apenas cinco linhas atendessem à condição CUS_STATE = 'FL', haveria cinco acessos ao índice e cinco acessos aos dados, com um total de dez acessos de E/S. O SGBD pouparia aproximadamente 14.776 solicitações de E/S para linhas de clientes que não atendam ao critério. São muitos ciclos da CPU!

Se os índices são tão importantes, por que não se indexam todas as colunas de todas as tabelas? Não é viável fazer isso. A indexação de todas as colunas exige muito do SGBD em termos de processamento de manutenção de índices, especialmente se a tabela tiver muitos atributos, muitas linhas e/ou exigir muitas inserções, atualizações ou exclusões.

Uma medida que determina a necessidade de um índice é a *esparsividade* dos dados da coluna que se deseja indexar. A **esparsividade dos dados** refere-se ao número de valores diferentes que uma coluna pode ter. Por exemplo, a coluna STU_SEX (sexo do aluno) de uma tabela STUDENT (aluno) pode ter apenas dois valores possíveis, M ou F. Portanto, diz-se que essa coluna é pouco esparsa. Por outro lado, a coluna STU_DOB, que armazena a data de nascimento, pode ter muitos valores diferentes, portanto, diz-se que ela é muito esparsa. Conhecer a esparsividade ajuda a decidir sobre a utilização de um índice adequado. Por exemplo, quando se executa uma busca em uma coluna pouco esparsa, provavelmente será inevitável ler uma alta porcentagem das linhas; assim sendo, o processamento de índices pode ser um trabalho desnecessário. Na Seção "Sintonização de desempenho de SQL", aprenderemos como determinar quando um índice é recomendável.

A maioria dos SGBDs implementa índices utilizando uma das seguintes estruturas de dados:

- *Índices de hash*. Utiliza-se um algoritmo para criar um valor de hash a partir de uma coluna de chave. Esse valor aponta para uma entrada em uma tabela de hash que, por sua vez, aponta para a localização real da linha dos dados. Esse tipo de índice é apropriado para operações de busca simples e rápida.
- *Índices de árvore B*. Trata-se do tipo-padrão mais comum de índice utilizado em bancos de dados. O índice de árvore B é utilizado principalmente em tabelas nas quais os valores de coluna repetem-se em um número relativamente menor de vezes. O índice de árvore B é uma estrutura de dados ordenada, organizada como uma árvore descendente. Essa árvore é armazenada separadamente dos dados. As "folhas" de menor nível do índice contêm ponteiros para as linhas de dados reais. Os índices de árvore B são "autoequilibrados", ou seja, exigem a mesma quantidade de acessos para encontrar qualquer linha determinada.
- *Índices de bitmap*. Utilizado em aplicações de dados warehouse, para tabelas com grande número de linhas, nas quais um pequeno número de valores de coluna se repete muitas vezes. Os índices de bitmap tendem a utilizar menos espaço que os de árvore B, pois utilizam bits (e não bytes) para armazenar seus dados.

Com as características de índices citadas, o projetista de bancos de dados pode determinar o melhor tipo de índice a utilizar. Suponha, por exemplo, uma tabela CUSTOMER (cliente) com milhares de linhas. Essa tabela possui duas colunas utilizadas extensivamente para consulta: CUS_LNAME (sobrenome de cliente), que representa o sobrenome de cliente, e REGION_CODE (código de região), que pode ter um dentre quatro valores possíveis (NE, NO, SO e SE). Com base nessas informações, pode-se concluir que:

- Como a coluna CUS_LNAME contém muitos valores diferentes que se repetem um número relativamente pequeno de vezes (em comparação com o número total de linhas da tabela), deve-se utilizar um índice de árvore de índice B.

- Como a coluna REGION_CODE contém muito poucos valores diferentes que se repetem um número relativamente grande de vezes (em comparação com o número total de linhas da tabela), deve-se utilizar um índice de bitmap. A Figura 11.4 mostra as representações de árvore B e de bitmap para uma tabela CUSTOMER utilizada na discussão anterior.

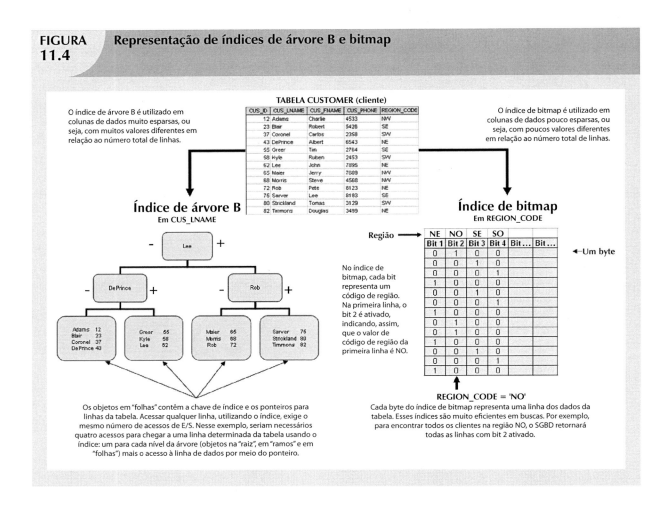

FIGURA 11.4   Representação de índices de árvore B e bitmap

Os SGBDs da geração atual são inteligentes o suficiente para indicar o melhor tipo de índice a ser utilizado sob determinadas condições (contanto que o sistema tenha estatísticas atualizadas do banco de dados). Seja qual for o índice escolhido, o SGBD define o melhor plano para executar determinada consulta. A seção seguinte percorre um exemplo simplificado do tipo de escolha que o otimizador de consultas deve fazer.

ESCOLHAS DE OTIMIZADORES

A otimização é a atividade central na fase de análise sintática do processamento de consultas. Nessa fase, o SGBD deve escolher quais índices utilizar, como executar operações de junção, qual tabela utilizar primeiro etc. Cada SGBD possui seus próprios algoritmos para a determinação do modo mais eficiente de acessar os dados. O otimizador de consultas pode operar em dois modos:

- O **otimizador com base em regras** utiliza regras e pontos preestabelecidos para determinar a melhor abordagem de execução de uma consulta. As regras atribuem um "custo fixo" a cada operação de SQL. Os custos são, em seguida, somados para produzir o custo do plano de execução. Por exemplo, a varredura de uma tabela completa possui um custo determinado de 10, ao passo que o acesso à tabela por meio de uma ID de linha possui um custo determinado de 3.
- O **otimizador com base em custos** utiliza algoritmos sofisticados com base em estatísticas sobre os objetos a serem acessados para determinar a melhor abordagem de execução de uma consulta. Nesse caso, o processo do otimizador soma os custos de processamento, de E/S e de recursos (RAM e outros espaços temporários) para obter o custo total de determinado plano de execução.

O objetivo do otimizador é encontrar modos alternativos de executar uma consulta, avaliar o "custo" de cada alternativa e, finalmente, escolher aquela com o menor custo. Para compreender sua função, utilizaremos um exemplo simples. Suponha que se queira listar todos os produtos supridos por um fornecedor sediado na Flórida. Para obter essa informação, seria possível escrever a seguinte consulta:

```
SELECT      P_CODE, P_DESCRIPT, P_PRICE, V_NAME, V_STATE
FROM        PRODUCT, VENDOR
WHERE       PRODUCT.V_CODE = VENDOR.V_CODE
            AND VENDOR.V_STATE = 'FL';
```

TABELA 11.4 Comparação dos planos de acesso e custos de E/S

PLANO	ETAPA	OPERAÇÃO	OPERAÇÕES DE E/S.	CUSTO DE E/S	LINHAS DO CONJUNTO RESULTANTE	CUSTO TOTAL DE E/S
A	A1	Produto cartesiano (PRODUCT, VENDOR)	7.000 + 300	7.300	2.100.000	7.300
	A2	Seleção de linhas em A1 com códigos de fornecedores correspondentes	2.100.000	2.100.000	7.000	2.107.300
	A3	Seleção de linhas em A2 com V_STATE = 'FL'	7.000	7.000	1.000	**2.114.300**
B	B1	Seleção de linhas em VENDOR com V_STATE = 'FL'	300	300	10	300
	B2	Produto cartesiano (PRODUCT, B1)	7.000 + 10	7.010	70.000	7.310
	B3	Seleção de linhas em B2 com códigos de fornecedores correspondentes	70.000	70.000	1.000	**77.310**

Além disso, assumiremos que as estatísticas do banco de dados indicam que:

- A tabela PRODUCT (produto) contém 7.000 linhas.
- A tabela VENDOR (fornecedor) contém 300 linhas.
- Dez fornecedores localizam-se na Flórida.
- Mil produtos provêm de fornecedores da Flórida.

É importante observar que apenas os dois primeiros itens estão disponíveis para o otimizador. Pressupomos os dois últimos itens para ilustrar as escolhas que o otimizador deve fazer. Munido das informações dos dois primeiros itens, o otimizador tentaria encontrar o modo mais eficiente de acessar os dados. O fator principal na determinação do melhor plano de acesso é o custo de E/S. (Lembre-se de que o SGBD sempre tenta minimizar as operações de E/S.) A Tabela 11.4 mostra dois exemplos de planos de acesso da consulta anterior e seus respectivos custos de E/S.

Para tornar os exemplos mais fáceis de serem compreendidos, as colunas de Operações de E/S e Custo de E/S da Tabela 11.4 estimam apenas o número de leituras de E/S no disco que o SGBD tem de executar. Em nome da simplicidade, assume-se que não há índices e que cada leitura de linha possui custo 1 de E/S. Por exemplo, na etapa A1, o SGBD deve executar o produto cartesiano de PRODUCT e VENDOR. Para isso, é necessário ler todas as linhas de PRODUCT (7.000) e todas as linhas de VENDOR (300), produzindo um total de 7.300 operações de E/S. O mesmo cálculo é feito em todas as etapas. Na Tabela 11.4, pode-se ver como o plano A possui um custo total de E/S quase 30 vezes maior do que o plano B. Nesse caso, o otimizador escolherá o plano B para executar a SQL.

> **NOTA**
>
> Nem todos os SGBDs otimizam consultas de SQL do mesmo modo. Na verdade, o Oracle analisa as consultas de modo diferente do que está descrito nas diversas seções deste capítulo. Leia sempre a documentação para examinar as exigências de otimização de sua implementação de SGBD.

Dadas as condições apropriadas, algumas consultas podem ser respondidas inteiramente utilizando apenas um índice. Suponha, por exemplo, a tabela PRODUCT e o índice P_QOH_NDX do atributo P_QOH (quantidade disponível). Assim, uma consulta como SELECT MIN(P_QOH) FROM PRODUCT pode ser solucionada lendo-se apenas a primeira entrada do índice P_QDOH_NDX, não sendo necessário acessar nenhum dos blocos de dados da tabela PRODUCT. (Lembre-se de que o padrão do índice é apresentar em ordem crescente.)

Na Seção "Índices e otimização de consultas", você aprendeu que colunas pouco esparsas não são boas candidatas à criação de índices. No entanto, há casos em que o índice de uma coluna pouco esparsa pode ser útil. Por exemplo, suponha que a tabela EMPLOYEE (funcionário) tenha 122.483 linhas. Caso queira encontrar quantas funcionárias do sexo feminino há na empresa, deve escrever uma consulta como:

SELECT COUNT(EMP_SEX) FROM EMPLOYEE WHERE EMP_SEX = 'F';

Se não houvesse um índice da coluna EMP_SEX (sexo do funcionário), a consulta teria de executar uma varredura completa da tabela, lendo todas as linhas de funcionários (e cada linha completa inclui atributos que não são necessários). No entanto, dispondo de um índice de EMP_SEX, a consulta pode ser respondida lendo-se apenas os dados do índice, sem a necessidade de acessar os dados de funcionários.

UTILIZAÇÃO DE SUGESTÕES QUE AFETAM ESCOLHAS DE OTIMIZADORES

Embora o otimizador geralmente funcione muito bem na maioria das circunstâncias, em alguns casos pode não escolher o melhor plano de execução. Lembre-se: o otimizador toma decisões com base nas estatísticas existentes. Se as estatísticas são antigas, é possível que o otimizador não faça um bom trabalho na seleção do melhor plano de execução. Mesmo com estatísticas atuais, a escolha do otimizador pode não ser a mais eficiente. Há certas ocasiões em que o usuário final pode querer alterar o modo do otimizador para o comando atual de SQL. Para isso, é necessário utilizar sugestões. As **sugestões otimizadoras** são instruções especiais para o otimizador, embutidas no interior do texto de comandos de SQL. A Tabela 11.5 resume algumas sugestões otimizadoras mais comuns, utilizadas no padrão de SQL.

TABELA 11.5 Sugestões otimizadoras

SUGESTÃO	UTILIZAÇÃO
ALL_ROWS	Instrui o otimizador a minimizar o tempo geral de execução, ou seja, o tempo necessário para retornar todas as linhas do conjunto de resultados da consulta. Em geral, essa sugestão é utilizada para processos em modo de batch. Por exemplo: SELECT /*+ ALL_ROWS */ * FROM PRODUCT WHERE P_QOH < 10;
FIRST_ROWS	Instrui o otimizador a minimizar o tempo necessário para processar o primeiro conjunto de linhas, ou seja, para retornar apenas esse primeiro conjunto nos resultados da consulta. Em geral, essa sugestão é utilizada para processos em modo interativo. Por exemplo: SELECT /*+ FIRST_ROWS */ * FROM PRODUCT WHERE P_QOH < 10;
INDEX (nome)	Faz com que o otimizador utilize o índice P_QOH_NDX para processar essa consulta. Por exemplo: SELECT /*+ INDEX(P_QOH_NDX) */ * FROM PRODUCT WHERE P_QOH < 10;

Agora que você está familiarizado com o modo como o SGBD processa consultas de SQL, voltaremos nossa atenção para algumas recomendações gerais de codificação de SQL que facilitam o trabalho do otimizador.

SINTONIZAÇÃO DE DESEMPENHO DE SQL

A sintonização de desempenho de SQL é avaliada a partir da perspectiva do cliente. Portanto, o objetivo é ilustrar as práticas comuns utilizadas para escrever códigos de SQL eficientes. São adequadas algumas palavras de precaução:

1. A maioria dos SGBDs da atual geração executam otimização automática de consultas na extremidade do servidor.

2. A maioria das técnicas de otimização de desempenho de SQL são específicas de cada SGBD e, portanto, raramente são portáteis, mesmo entre diferentes versões do mesmo sistema. Parte do motivo desse comportamento é o avanço constante das tecnologias de bancos de dados.

Isso significa que você não precisa se preocupar com o modo como a consulta será escrita, pois o SGBD sempre a otimizará? Não, porque há um espaço considerável para aprimoramentos. (O SGBD utiliza técnicas *gerais* de otimização, em vez de focar em técnicas específicas determinadas pelas circunstâncias especiais da execução da consulta.) Uma consulta de SQL mal escrita pode colocar, *e normalmente coloca*, o sistema de banco de dados de joelhos quanto ao desempenho. A maioria dos problemas atuais de desempenho relaciona-se a código de SQL mal escrito. Portanto, embora o SGBD forneça serviços gerais de otimização, uma consulta escrita com cuidado sempre se sai melhor do que uma mal escrita.

Apesar de a linguagem de manipulação de SQL incluir vários comandos (como INSERT, UPDATE, DELETE e SELECT), a maioria das recomendações desta seção relaciona-se ao uso do comando SELECT e, em especial, dos índices e de como escrever expressões condicionais.

SELETIVIDADE DE ÍNDICE

Os índices constituem a técnica mais importante utilizada na otimização de desempenho de SQL. O fundamental é saber quando utilizá-lo. Como regra geral, os índices provavelmente serão utilizados:

- Quando uma coluna indexada aparecer nos critérios de busca de uma cláusula WHERE ou HAVING.
- Quando uma coluna indexada aparecer em uma cláusula GROUP BY ou ORDER BY.
- Quando as funções MAX ou MIN forem aplicadas a uma coluna indexada.
- Quando a esparsividade dos dados da coluna indexada for alta.

Os índices são muito úteis quando se deseja selecionar, com base em determinada condição, um pequeno subconjunto de linhas a partir de uma grande tabela. Se houver um índice da coluna inserida na seleção, o SGBD pode optar por utilizá-lo. O objetivo é criar índices com alta seletividade. A **seletividade de índices** é uma medida de quão provável um índice será utilizado no processamento de consultas. Seguem-se algumas diretrizes gerais para a criação e utilização de índices:

- *Crie índices para cada atributo utilizado nas cláusulas WHERE, HAVING, ORDER BY ou GROUP BY.* Criando índices para todos os atributos *utilizados em condições de busca*, o SGBD acessará a tabela utilizando varredura de índice e não varredura completa da tabela. Por exemplo, caso se tenha um índice para P_PRICE (preço de produto), a condição P_PRICE > 10,00 pode ser resolvida acessando o índice em vez da varredura sequencial de todas as linhas da tabela e da avaliação de P_PRICE em cada linha. Os índices também são utilizados em expressões de junção, como CUSTOMER.CUS_CODE = INVOICE.CUS_CODE.
- *Não utilize índices em tabelas pequenas ou pouco esparsas.* Lembre-se: as tabelas pequenas e as pouco esparsas não são a mesma coisa. Uma condição de busca em tabela pouco esparsa pode retornar uma alta porcentagem de linhas de qualquer maneira, tornando a operação do índice muito custosa e viabilizando a varredura completa da tabela. Utilizando a mesma lógica, não crie índices para tabelas com poucas linhas e poucos atributos – *a menos que deseje garantir a existência de valores exclusivos em uma coluna.*
- *Declare as chaves primárias e estrangeiras de modo que o otimizador possa utilizar os índices para unir operações.* Todas as junções naturais e em estilo antigo se beneficiarão se as chaves primárias

e estrangeiras forem declaradas, pois o otimizador utilizará os índices disponíveis no momento da junção. (A declaração de um PK ou FK criará automaticamente um índice para a coluna declarada.) Além disso, pelo mesmo motivo, é melhor escrever junções utilizando a sintaxe do comando JOIN de SQL (veja o Capítulo 8).

- *Declare índices de colunas de junção que não sejam de PK e FK.* Ao realizar operações de junção em colunas que não sejam de chave primária ou estrangeira, é melhor declarar os índices dessas colunas.

Nem sempre é possível utilizar um índice para aprimorar o desempenho. Por exemplo, utilizando os dados apresentados na Tabela 11.6 da próxima seção, a criação de um índice de P_MIN não ajudará a condição de busca P_QOH > P_MIN * 1.10. Isso ocorre porque em alguns SGBDs *os índices são ignorados quando se utilizam funções nos atributos de tabela.* No entanto, os bancos de dados mais importantes (como Oracle, SQL Server e DB2) agora dão suporte a índices com base em função. O **índice com base em função** tem base em uma função ou expressão específica de SQL. Por exemplo, pode-se criar um índice para YEAR(INV_DATE). Os índices com base em função são particularmente úteis quando se lida com atributos derivados. Por exemplo, pode-se criar um índice para EMP_SALARY + EMP_COMMISSION (ou seja, salário e comissão de funcionário).

Quantos índices devem ser criados? Cabe repetir que não se deve criar um índice para todas as colunas de uma tabela. Muitos índices deixarão as operações INSERT, UPDATE e DELETE mais lentas, especialmente se a tabela contiver milhares de linhas. Além disso, alguns otimizadores de consultas escolherão apenas um índice para orientar o processamento, mesmo se a consulta utilizar condições em diversas colunas indexadas. Qual índice ele vai utilizar? Para o otimizador com base em custos, a resposta mudará com o tempo, conforme novas linhas forem adicionadas ou excluídas das tabelas. Em todo caso, devem ser criados índices em todas as colunas de busca e deixar o otimizador escolher. É importante avaliar constantemente a utilização de índices: monitorá-la, testá-la, avaliá-la e aprimorá-la se o desempenho não estiver adequado.

EXPRESSÕES CONDICIONAIS

Uma expressão condicional normalmente é expressa nas cláusulas WHERE e HAVING de um comando de SQL. Também conhecida como critério condicional, essa expressão restringe o resultado de uma consulta apenas às linhas que atendam a determinada condição. Em geral, esses critérios assumem a forma apresentada na Tabela 11.6.

Observe, na Tabela 11.6, que um operando pode ser:

- Um simples nome de coluna como P_PRICE e V_STATE.
- Uma string ou uma constante, como o valor 10.00 ou o texto 'FL'.
- Uma expressão como P_MIN * 1.10.

TABELA 11.6 Critérios condicionais

OPERANDO 1	OPERADOR CONDICIONAL	OPERANDO 2
P_PRICE	>	10.00
V_STATE	=	FL
V_CONTACT	LIKE	Smith%
P_QOH	>	P_MIN * 1.10

A maioria das técnicas de otimização de consultas mencionadas a seguir é projetada para tornar mais fácil o trabalho do otimizador. Examinaremos algumas práticas comuns utilizadas para escrever expressões condicionais eficientes no código de SQL.

- *Utilize colunas simples ou strings como operandos em uma expressão condicional – sempre que possível evite a utilização de expressões com funções.* Comparar o conteúdo de uma única coluna a strings é mais rápido do que comparar a expressões. Por exemplo, P_PRICE > 10.00 é mais rápido do que P_QOH > P_MIN * 1.10, pois o SGBD tem de calcular primeiro a expressão P_MIN * 1.10. A utilização de funções em expressões também adiciona o tempo total de execução de consultas. Por exemplo, se sua condição for UPPER (V_NAME) = 'JIM', tente utilizar V_NAME = 'Jim' se todos os nomes dessa coluna forem armazenados com maiúsculas e minúsculas corretas.
- *As comparações de campos numéricos são mais rápidas que as de caracteres, datas e NULL.* Em condições de busca, a comparação de um atributo numérico a uma string numérica é mais rápida do que a de um atributo de caracteres a uma string de caracteres. Em geral, a CPU trata mais rapidamente de comparações numéricas (inteiros ou decimais) do que comparações de caracteres e datas. Como os índices não armazenam referências a valores nulos, as condições com NULL envolvem processamento adicional e, portanto, tendem a ser as mais lentas entre todos os operandos.
- *As comparações de igualdade são mais rápidas do que as de desigualdade.* Como regra geral, as comparações de igualdade são processadas mais rapidamente do que as comparações de desigualdade. Por exemplo, o processamento de P_PRICE = 10.00 é mais rápido, pois o SGBD pode fazer uma busca direta utilizando o índice da coluna. Se não houver correspondências exatas, a condição é avaliada como falsa. No entanto, se for utilizado um símbolo de desigualdade (>, >=, <, <=), o SGBD tem de executar processamento adicional para concluir a solicitação. Isso ocorre porque quase sempre haverá mais valores "maior que" ou "menor que" do que valores exatamente "iguais a" no índice. Com exceção de NULL, o mais lento de todos os operadores de comparação é o LIKE como símbolos coringa, como V_CONTACT LIKE "%glo%". Além disso, a utilização do símbolo "diferente de" (<>) resulta em buscas mais lentas, especialmente quando a esparsividade dos dados é alta, ou seja, quando há muito mais valores diferentes do que valores iguais.
- *Sempre que possível, transforme as expressões condicionais para utilizar strings.* Por exemplo, se a condição for P_PRICE – 10 = 7, dev ser alterada para P_PRICE = 17. Além disso, se houver uma condição composta como:

  P_QOH < P_MIN AND P_MIN = P_REORDER AND P_QOH = 10

  deve ser alterada para:

  P_QOH = 10 AND P_MIN = P_REORDER AND P_MIN > 10

- *Ao utilizar várias expressões condicionais, escreva primeiro as condições de igualdade.* Observe que isso foi feito no exemplo anterior. Lembre-se: as condições de igualdade são mais rápidas de processar do que as de desigualdade. Embora a maioria dos SGBDs faça isso automaticamente, prestar atenção a esse detalhe alivia a carga do otimizador de consultas. Ele não precisará fazer o que o usuário já fez.
- *Ao utilizar várias condições AND, escreva primeiro a condição com maior probabilidade de ser falsa.* Se essa técnica for utilizada, o SGBD interromperá a avaliação do resto das condições assim que encontrar uma expressão condicional avaliada como falsa. Lembre-se: para que várias condições AND sejam consideradas verdadeiras, todas devem ser avaliadas como tal. Se uma das condições for considerada falsa, todo o conjunto também será. Quando essa técnica é utilizada, o SGBD não gasta tempo desnecessário avaliando condições adicionais. Naturalmente, a utilização dessa técnica implica um conhecimento implícito da esparsividade do conjunto de dados. Por exemplo, veja a seguinte lista de condições:

  P_PRICE > 10 AND V_STATE = 'FL'

Sabendo que apenas alguns vendedores localizam-se na Flórida, pode-se reescrever essa condição como:

V_STATE = 'FL' AND P_PRICE > 10

- *Ao utilizar várias condições OR, coloque primeiro a condição com maior probabilidade de ser verdadeira.* Fazendo isso, o SGBD interromperá a avaliação das condições restantes assim que encontrar uma expressão condicional avaliada como verdadeira. Lembre-se: para que várias condições OR sejam consideradas verdadeiras, apenas uma deve ser avaliada como tal.

NOTA

O Oracle não avalia as consultas conforme descrito aqui. Em vez disso, a ordem de avaliação vai da última condição para a primeira.

- *Sempre que possível, tente evitar a utilização do operador lógico NOT.* É melhor transformar uma expressão de SQL que contenha o operador lógico NOT em outra expressão equivalente. Por exemplo:

NOT (P_PRICE > 10.00) pode ser escrito como P_PRICE <= 10.00.

Ou, NOT (EMP_SEX = 'M') pode ser escrito como EMP_SEX = 'F'.

FORMULAÇÃO DE CONSULTAS

As consultas normalmente são escritas para responder perguntas. Por exemplo, se um usuário final lhe fornecer um resultado de amostra e pedir-lhe que atenda a esse formato de resultado, você deve escrever a SQL correspondente. Para fazer esse trabalho, é necessário avaliar cuidadosamente quais colunas, tabelas e cálculos a geração do resultado desejado exige. E para isso, deve-se ter uma boa compreensão do ambiente de bancos de dados e do banco de dados que será o foco de seu código de SQL.

Esta seção foca em consultas SELECT, pois são encontradas na maioria das aplicações. Para formular uma consulta, normalmente se seguem as etapas descritas a seguir.

1. *Identifique quais colunas e cálculos são necessários.* A primeira etapa é determinar claramente quais valores de dados deseja retornar. O objetivo é obter apenas os nomes e endereços, ou também é necessário incluir alguns cálculos? Lembre-se de que todas as colunas do comando SELECT devem retornar valores únicos.
   a. São necessárias expressões simples? Ou seja, é preciso multiplicar o preço pela quantidade disponível para gerar o custo total de inventário? Talvez sejam necessárias algumas funções de um único atributo, como DATE(), SYSDATE() ou ROUND().
   b. São necessárias funções agregadas? Caso deseje calcular as vendas totais por produto, deve utilizar uma cláusula GROUP BY. Em algumas circunstâncias, talvez seja necessário utilizar subconsultas.
   c. Determine a granularidade dos dados brutos necessários para seu resultado. Às vezes, pode ser necessário resumir os dados que não estão imediatamente disponíveis em nenhuma tabela. Nesses casos, pode considerar o desmembramento da consulta em diversas subconsultas e seu

armazenamento como visualizações. Assim, pode criar uma consulta de alto nível que una essas visualizações e gere o resultado final.

2. *Identifique as tabelas de fonte.* Sabendo quais colunas são necessárias, pode determinar as tabelas fontes utilizadas na consulta. Alguns atributos aparecem em mais de uma tabela. Nesses casos, tente utilizar o menor número de tabelas em sua consulta para minimizar o número de operações de junção.

3. *Determine como juntar as tabelas.* Conhecidas as tabelas necessárias para o comando de consulta, deve identificar adequadamente como juntá-las. Na maioria dos casos, será utilizado algum tipo de junção natural, mas, às vezes, pode ser necessário recorrer a junções externas.

4. *Determine quais critérios de seleção são necessários.* A maioria das consultas envolve algum tipo de critério de seleção. Nesse caso, deve determinar quais operandos e operadores são necessários nesse critério. Assegure-se de que o tipo e a granularidade dos dados do critério de comparação estejam corretos.

    a. *Comparação simples.* Na maioria dos casos, comparam-se valores únicos. Por exemplo, P_PRICE > 10.

    b. *Valor único a vários valores.* Ao comparar um valor único a vários valores, pode ser necessário utilizar um operador de comparação IN. Por exemplo, V_STATE IN ('FL', 'TN', 'GA').

    c. *Comparações integradas.* Em outros casos, pode ser necessário haver um critério de seleção integrado que envolva subconsultas. Por exemplo: P_PRICE > = (SELECT AVG(P_PRICE) FROM PRODUCT).

    d. *Seleção de dados agrupados.* Em outras ocasiões, os critérios de seleção podem se aplicar não a dados brutos, mas a dados agregados. Nesses casos, será necessário recorrer à cláusula HAVING.

5. *Determine em que ordem exibir o resultado.* Por fim, o resultado necessário pode ser ordenado por uma ou mais colunas. Nesses casos, será necessário recorrer à cláusula ORDER BY. Lembre-se de que essa cláusula é uma das operações que mais exigem recursos do SGBD.

SINTONIZAÇÃO DE DESEMPENHO DE SGBD

A sintonização de desempenho de SGBD inclui tarefas globais, como o gerenciamento de processos do sistema na memória principal (alocação de memória para cache) e o gerenciamento das estruturas de armazenamento físico (alocação de espaço para arquivos de dados).

A boa sintonização de desempenho do SGBD também inclui a aplicação de várias práticas examinadas na seção anterior. Por exemplo, o DBA deve trabalhar com os desenvolvedores para garantir que as consultas sejam executadas conforme esperado – criando índices que acelerem o tempo de resposta a consultas e gerando as estatísticas de bancos de dados exigidas por otimizadores com base em custos.

A sintonização de desempenho de SGBD do lado do servidor foca a configuração de parâmetros utilizados para:

- *Cache de dados.* A configuração do tamanho do cache de dados deve ser grande o suficiente para que a maior quantidade possível de solicitações de dados seja atendida. Cada SGBD possui configurações que controlam o tamanho do cache. Alguns podem exigir a reinicialização. Esse cache é compartilhado entre todos os usuários de bancos de dados. A maior parte dos recursos de memória principal será alocada para o cache de dados.

- *Cache de SQL.* O cache de SQL armazena os comandos de SQL executados mais recentemente (após terem sido analisados pelo otimizador). Em geral, se houver uma aplicação com vários usuários acessando o banco de dados, a *mesma* consulta provavelmente será enviada por diferentes pessoas. Nesses casos, o SGBD analisará a consulta apenas uma vez e a executará várias vezes, utilizando o mesmo plano de acesso. Desse modo, as solicitações subsequentes, da mesma consulta, serão atendidas a partir do cache de SQL, pulando a fase de análise.

- *Cache de classificação.* O cache de classificação é utilizado como uma área de armazenamento temporário para as operações de ORDER BY e GROUP BY, bem como para as funções de criação de índices.
- *Modo do otimizador.* A maioria dos SGBDs opera em um dentre dois modos de otimização: com base em custos ou com base em regras. Outros determinam automaticamente esse modo a partir da disponibilidade de estatísticas. Por exemplo, o DBA é responsável por gerar as estatísticas de banco de dados utilizadas pelo otimizador com base em custos. Se elas não estiverem disponíveis, o SGBD utiliza um otimizador com base em regras.

O gerenciamento dos detalhes de armazenamento físico dos arquivos de dados também executa papel importante na sintonização de desempenho de banco de dados. A seguir, são apresentadas algumas recomendações gerais para a criação de banco de dados.

- Utilize o **RAID** (*redundant array of independent disks*, ou seja, matriz redundante de discos independentes) para obter equilíbrio entre desempenho e tolerância a falhas. Sistemas com RAID utilizam vários discos para criar discos virtuais (volumes de armazenamento) formados por diversos discos individuais. Eles fornecem aprimoramentos de desempenho e tolerância a falhas. A Tabela 11.7 mostra as configurações mais comuns de RAID.

TABELA 11.7 Configurações comuns de RAID

NÍVEL DE RAID	DESCRIÇÃO
0	Os blocos de dados são dispersados por unidades separadas. Também conhecido como matriz particionada. Fornece desempenho aprimorado, mas sem tolerância a falhas. (A tolerância a falhas significa que caso isso ocorra, os dados podem ser reconstruídos ou recuperados.) Exige no mínimo duas unidades.
1	Os mesmos blocos de dados são gravados (duplicados) em unidades separadas. Também chamado de espelhamento ou duplicação. Fornece desempenho aprimorado de leitura e tolerância a falhas por meio de redundância de dados. Exige no mínimo duas unidades.
3	Os dados são distribuídos por unidades separadas e os dados de paridade são computados e armazenados em uma unidade dedicada. (Dados de paridade são dados gerados de modo especial que permitem a reconstrução se perdidos ou corrompidos.) Fornece bom desempenho de leitura e tolerância a falhas por meio de dados de paridade. Exige no mínimo três unidades.
5	Os dados e a paridade são distribuídos por unidades separadas. Fornece bom desempenho de leitura e tolerância a falhas por meio de dados de paridade. Exige no mínimo três unidades.

- Minimize a contenção de disco. Utilize vários volumes independentes de armazenamento com spindles independentes (spindle é um disco giratório) para minimizar os ciclos de disco rígido. Lembre-se: um banco de dados é composto de muitas table spaces, cada uma com função específica. Por sua vez, cada table space é composta de vários arquivos de dados nos quais os dados são, de fato, armazenados. O banco de dados deve ter, pelo menos, as seguintes table space:
  - *Table space de sistema.* É utilizada para armazenar tabelas de dicionário de dados. Trata-se da table space armazenada com mais frequência, devendo ser armazenada em seu próprio volume.
  - *Table space de dados de usuário.* É utilizado para armazenar dados do usuário final. Deve criar tantos espaços de tabela e arquivos de dados de usuário quantos forem necessários para equilibrar desempenho e praticidade. Por exemplo, pode-se criar e atribuir uma table space

diferente para cada aplicação e/ou grupo distinto de usuários, mas não necessariamente para cada usuário.

– *Table space de índice.* É utilizado para armazenar índices. Pode criar e atribuir um espaço de tabela de índice diferente para cada aplicação e/ou grupo de usuários. Os arquivos de dados do espaço de tabela de índice devem ser mantidos em um volume de armazenamento separados dos arquivos de dados de usuários e de sistema.

– *Table space temporária.* É utilizada como área de armazenamento temporário para fusão, ordenação ou conjunto de operações agregadas. Pode criar e atribuir uma table space temporária diferente para cada aplicação e/ou grupo de usuário.

– *Table space de segmentos de recuo.* É utilizado para fins de recuperação de transações.

- Coloque as tabelas com alta utilização em suas próprias table spaces. Fazendo isso, o banco de dados minimiza o conflito com outras tabelas.

- Atribua arquivos de dados separados em volumes de armazenamento separados por índices, sistemas e tabelas de alta utilização. Isso garante que as operações de índice não entrem em conflito com operações de acesso a tabelas de dados de usuários finais ou de dicionário de dados. Outra vantagem dessa abordagem é a possibilidade de utilizar diferentes tamanhos de blocos de disco em cada volume. Por exemplo, o volume de dados pode utilizar um tamanho de bloco de 16K, enquanto o de índice pode utilizar um de 8K. Lembre-se de que o tamanho do registro de índice geralmente é menor e, reduzindo o tamanho do bloco, reduz-se a contenção e/ou minimizam-se as operações de E/S. Isso é muito importante; muitos administradores de bancos de dados negligenciam os índices como fonte de contenção. Utilizando volumes de armazenamento separado e diferentes tamanhos de bloco, as operações de E/S em dados e índices ocorrerão de modo assíncrono (em momentos diferentes) e, o que é mais importante, a probabilidade de operações de gravação bloquearem operações de leitura é reduzida (pois os bloqueios de página tendem a se aplicar a menos registros).

- Aproveite as diferentes organizações de armazenamento de tabela disponíveis no banco de dados, Por exemplo, no Oracle, considere a utilização de tabelas organizadas de índice (IOT); no SQL Server, leve em conta as tabelas de índices agrupados. A **tabela organizada de índice** (ou **tabela de índices agrupados**) armazena os dados do usuário final e de índice em locais consecutivos de armazenagem permanente. Esse tipo de organização propicia uma vantagem de desempenho para tabelas normalmente acessadas por determinada ordem de índice. Isso se deve ao fato de que o índice contém a chave de índice, bem como as linhas de dados e, portanto, o SGBD tende a executar menos operações de E/S.

- Particione as tabelas com base na utilização. Alguns SGBDRs dão suporte ao particionamento horizontal de tabelas com base em atributos (veja o Capítulo 12, "Sistemas de gerenciamento de bancos de dados distribuídos"). Fazendo isso, uma única solicitação de SQL pode ser processada por diversos processadores de dados. Coloque as partições de tabelas o mais próximo possível do local em que são mais utilizadas.

- Utilize tabelas desnormalizadas quando for adequado. Outra técnica de aprimoramento de desempenho envolve passar uma tabela de uma forma normal superior para uma inferior – normalmente, da terceira para a segunda forma normal. Essa técnica acrescenta duplicação de dados, mas minimiza as operações de junção. (A desnormalização foi discutida no Capítulo 5.)

- Armazene os atributos computados e agregados em tabelas. Em suma, utilize os atributos derivados nas tabelas. Por exemplo, pode-se adicionar o total de fatura, a quantia de impostos e o total final na tabela INVOICE. A utilização de atributos derivados minimiza os cálculos em consultas e operações de junção.

RESUMO

- A sintonização de desempenho de banco de dados refere-se a um conjunto de atividades e procedimentos que asseguram que uma consulta do usuário final seja processada pelo SGBD no período mínimo de tempo.

- Do lado do cliente, a sintonização de desempenho de SQL refere-se a atividades projetadas para gerar um código de SQL que retorne a resposta correta no menor período de tempo, utilizando a quantidade mínima de recursos na extremidade do servidor.

- Do lado do servidor, a sintonização de desempenho de SGBDs refere-se a atividades orientadas a garantir que o sistema esteja configurado adequadamente para responder a solicitações de clientes da maneira mais rápida possível, utilizando de modo ideal os recursos existentes.

- A arquitetura do SGBD é representada pelos diversos processos e estruturas (na memória ou em armazenamento permanente) utilizados para gerenciar o banco de dados.

- As estatísticas de banco de dados referem-se a diversas medidas coletadas pelo SGBD que apresentam um retrato instantâneo das características de seus objetos. O SBGD coleta estatísticas sobre objetos como tabelas, índices e recursos disponíveis, como número de processadores utilizados, velocidade do processador e disponibilidade de espaço temporário. O SGBD utiliza as estatísticas para tomar decisões fundamentais sobre a melhoria da eficiência de processamento de consultas.

- Os SGBDs processam as consultas em três fases:

  - *Análise*. O SGBD analisa a consulta de SQL e escolhe o plano de acesso/execução mais eficiente.
  - *Execução*. O SGBD executa a consulta de SQL, utilizando o plano de execução escolhido.
  - *Extração*. O SGBD extrai os dados e envia o conjunto de resultados de volta para o cliente.

- Os índices são fundamentais no processo que acelera o acesso aos dados. Eles facilitam a busca, classificação e utilização de funções agregadas e operações de junção. A melhora da velocidade de acesso aos dados se deve ao fato de o índice ser um conjunto ordenado de valores que contém a chave de índice e os ponteiros. A esparsividade dos dados refere-se ao número de valores diferentes que uma coluna pode ter. Recomenda-se a aplicação de índices em colunas muito esparsas utilizadas em condições de busca.

- Durante a otimização de consultas, o SGBD deve escolher quais índices utilizar, como executar operações de junção, qual tabela utilizar primeiro etc. Cada SGBD possui seus próprios algoritmos para a determinação do modo mais eficiente de acessar os dados. As duas abordagens mais comuns são a otimização com base em regras e a com base em custos.

  - O otimizador com base em regras utiliza regras e pontos preestabelecidos para determinar a melhor abordagem de execução de uma consulta. As regras atribuem um "custo fixo" a cada operação de SQL. Os custos são, em seguida, somados para produzir o custo do plano de execução.
  - O otimizador com base em custos utiliza algoritmos sofisticados com base em estatísticas sobre os objetos a serem acessados para determinar a melhor abordagem de execução de uma consulta. Nesse caso, o processo do otimizador soma os custos de processamento de E/S e de recursos (RAM e outros espaços temporários) para obter o custo total de determinado plano de execução.

- As sugestões são utilizadas para alterar o modo do otimizador para o comando atual de SQL. São instruções especiais para o otimizador, embutidas no interior do texto de comandos de SQL.

- A sintonização de desempenho de SQL lida com a escrita de consultas que utilizam bem as estatísticas. Em particular, as consultas devem aplicar bem os índices. Os índices são muito úteis quando se deseja selecionar, com base em uma condição, um pequeno subconjunto de linhas a partir de uma grande tabela. Se houver um índice da coluna inserida na seleção, o SGBD pode optar por utilizá-lo. O objetivo é criar índices com alta seletividade. A seletividade de índices é uma medida de quão provável um índice será utilizado no processamento de consultas. Também é importante escrever comandos condicionais que utilizem alguns princípios comuns.

■ A formulação de consultas lida com a tradução de questões de negócios em códigos específicos de SQL que gerem os resultados necessários. Para isso, é necessário avaliar cuidadosamente quais colunas, tabelas e cálculos a geração do resultado desejado exige.

■ A sintonização de desempenho de SGBD inclui tarefas como o gerenciamento de processos do sistema na memória principal (alocação de memória para cache) e o gerenciamento das estruturas de armazenamento físico (alocação de espaço para arquivos de dados).

QUESTÕES DE REVISÃO

1. O que é sintonização de desempenho de SQL?
2. O que é sintonização de desempenho de banco de dados?
3. Qual é o foco da maioria das atividades de sintonização de desempenho e a que se deve esse foco?
4. O que são estatísticas de banco de dados e por que são importantes?
5. Como essas estatísticas são obtidas?
6. Quais medidas de estatísticas de banco de dados são comuns para tabelas, índices e recursos?
7. Como o processamento de comandos de DDL de SQL (como CREATE TABLE) difere do processamento solicitado por comandos de DML.
8. Em termos simples, o SGBD processa as consultas em três fases. Quais são essas fases e o que é feito em cada uma delas?
9. Se os índices são tão importantes, por que não se indexam todas as colunas de todas as tabelas? (Inclua uma breve discussão do papel executado pela esparsividade de dados.)
10. Qual é a diferença entre o otimizador com base em regras e o com base em custos?
11. O que são sugestões otimizadoras e como são utilizadas?
12. Quais são algumas das diretrizes gerais para a criação e utilização de índices?
13. A maioria das técnicas de otimização de consultas é projetada para tornar mais fácil o trabalho do otimizador. Quais fatores devem ser mantidos em mente quando se tenta escrever expressões condicionais no código de SQL?
14. Que recomendações você faria para o gerenciamento dos arquivos de dados de um SGBD com muitas tabelas e índices?
15. Para que serve o RAID e quais são os níveis normalmente utilizados?

PROBLEMAS

Os Problemas 1 e 2 baseiam-se na seguinte consulta:

```
SELECT      EMP_LNAME, EMP_FNAME, EMP_AREACODE, EMP_SEX
FROM        EMPLOYEE
WHERE       EMP_SEX = 'F' AND EMP_AREACODE = '615'
ORDER BY    EMP_LNAME, EMP_FNAME;
```

1. Qual é a esparsividade dos prováveis dados da coluna EMP_SEX?
2. Quais índices devem ser criados? Escreva os comandos de SQL necessários.
3. Utilizando a Tabela 11.4 como exemplo, crie dois planos de acesso alternativos. Utilize os seguintes pressupostos:
   a. Há 8.000 funcionários.
   b. Há 4.150 funcionárias.
   c. Há 370 funcionários no código de área 615.
   d. Há 190 funcionárias no código de área 615.

   Os Problemas 4–6 baseiam-se na seguinte consulta:

SELECT	EMP_LNAME, EMP_FNAME, EMP_DOB, YEAR(EMP_DOB) AS YEAR
FROM	EMPLOYEE
WHERE	YEAR(EMP_DOB) = 1966;

4. Qual é a esparsividade dos prováveis dados da coluna EMP_DOB?
5. Deve-se criar um índice para essa coluna? Por que sim ou por que não?
6. Que tipo de operações de E/S de banco de dados provavelmente será utilizado pela consulta (veja a Tabela 11.3)?

   Os Problemas 7–10 baseiam-se no modelo ER apresentado na Figura P11.1 e na consulta apresentada após a figura. Considerando a seguinte consulta:

SELECT	P_CODE, P_PRICE
FROM	PRODUCT
WHERE	P_PRICE >= (SELECT AVG(P_PRICE) FROM PRODUCT);

7. Supondo que não haja estatísticas de tabela, que tipo de otimização o SGBD utilizará?
8. Que tipo de operações de E/S de banco de dados provavelmente será utilizado pela consulta (veja a Tabela 11.3)?
9. Qual é a esparsividade dos prováveis dados da coluna P_PRICE?
10. Deve-se criar um índice? Por que sim ou por que não?

    Os Problemas 11–14 baseiam-se na seguinte consulta:

SELECT	P_CODE, SUM(LINE_UNITS)
FROM	LINE
GROUP	BY P_CODE
HAVING	SUM(LINE_UNITS) > (SELECT MAX(LINE_UNITS) FROM LINE);

11. Qual é a esparsividade dos prováveis dados da coluna LINE_UNITS?
12. Deve-se criar um índice? Se afirmativo, qual seria(m) a(s) coluna(s) do índice e por que você o criaria? Caso contrário, explique seu raciocínio.
13. Deve-se criar um índice de P_CODE? Se afirmativo, escreva o comando de SQL para criar esse índice. Caso contrário, explique seu raciocínio.
14. Escreva o comando para criar as estatísticas dessa tabela.

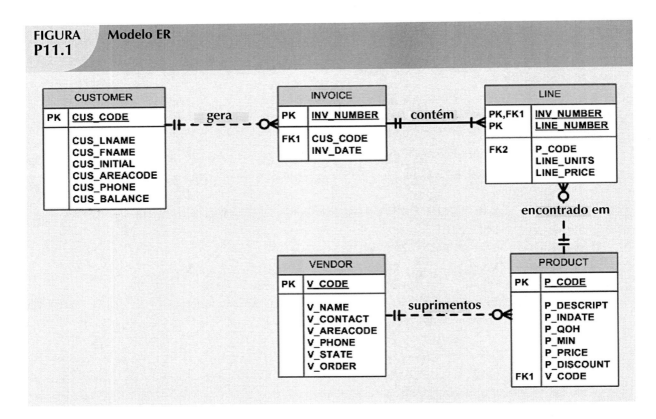

FIGURA P11.1   Modelo ER

Os Problemas 15 e 16 baseiam-se na seguinte consulta:

```
SELECT      P_CODE, P_QOH*P_PRICE
FROM        PRODUCT
WHERE       P_QOH*P_PRICE > (SELECT AVG(P_QOH*P_PRICE) FROM PRODUCT)
```

15. Qual é a esparsividade dos prováveis dados das colunas P_QOH e P_PRICE?
16. Se fosse criar um índice, qual(is) seria(m) a(s) coluna(s) de índice e por que você o criaria?

Os Problemas 17–21 baseiam-se na seguinte consulta:

```
SELECT      V_CODE, V_NAME, V_CONTACT, V_STATE
FROM        VENDOR
WHERE       V_STATE = 'TN'
ORDER BY    V_NAME;
```

17. Quais índices devem ser criados e por quê? Escreva o comando de SQL para criar os índices.
18. Suponha que haja 10.000 fornecedores distribuídos conforme a Tabela P11.1. Qual porcentagem de linhas será retornada pela consulta?
19. Que tipo de operações de E/S de banco de dados provavelmente seria utilizado para executar a consulta?
20. Utilizando a Tabela 11.4 como exemplo, crie dois planos de acesso alternativos.
21. Assuma que haja 10.000 produtos diferentes armazenados da tabela PRODUCT e que esteja programando uma interface baseada na web para listar todos os produtos com quantidade disponível (P_QOH) menor ou igual à quantidade mínima, P_MIN. Que sugestão otimizadora você usaria

para garantir que sua consulta retorne o conjunto de resultados para a interface da web no menor tempo possível? Escreva o código de SQL.

TABELA P 11.1

ESTADO	NÚMERO DE FORNECEDORES	ESTADO	NÚMERO DE FORNECEDORES
AK	15	MS	47
AL	55	NC	358
AZ	100	NH	25
CA	3244	NJ	645
CO	345	NV	16
FL	995	OH	821
GA	75	OK	62
HI	68	PA	425
IL	89	RI	12
IN	12	SC	65
KS	19	SD	74
KY	45	TN	113
LA	29	TX	589
MD	208	UT	36
MI	745	VA	375
MO	35	WA	258

Os Problemas 22–24 baseiam-se na seguinte consulta:

```
SELECT      P_CODE, P_DESCRIPT, P_PRICE, P.V_CODE, V_STATE
FROM        PRODUCT P, VENDOR V
WHERE       P.V_CODE = V.V_CODE
            AND V_STATE = 'NY'
            AND V_AREACODE = '212'
ORDER BY    P_PRICE;
```

22. Quais índices você recomendaria?
23. Escreva os comandos necessários para criar os índices recomendados no Problema 22.
24. Escreva o(s) comando(s) utilizados para gerar as estatísticas das tabelas PRODUCT e VENDOR.

Os Problemas 25 e 26 baseiam-se na seguinte consulta:

```
SELECT      P_CODE, P_DESCRIPT, P_QOH, P_PRICE, V_CODE
FROM        PRODUCT
WHERE       V_CODE = '21344'
ORDER BY    P_CODE;
```

25. Que índice você recomendaria e qual comando utilizaria?

26. Como você reescreveria a consulta para garantir que ela utilizasse o índice criado na solução do Problema 25?

Os Problemas 27 e 28 baseiam-se na seguinte consulta:

```
SELECT      P_CODE, P_DESCRIPT, P_QOH, P_PRICE, V_CODE
FROM        PRODUCT
WHERE       P_QOH < P_MIN
    AND P_MIN = P_REORDER
    AND P_REORDER = 50
ORDER BY    P_QOH;
```

27. Utilize as recomendações fornecidas na Seção "Expressões condicionais" para reescrever a consulta de modo a produzir os resultados necessários de modo mais eficiente.

28. Quais índices você recomendaria? Escreva os comandos para criar os índices.

Os Problemas 29–32 baseiam-se na seguinte consulta:

```
SELECT      CUS_CODE, MAX(LINE_UNITS*LINE_PRICE)
FROM        CUSTOMER NATURAL JOIN INVOICE NATURAL JOIN LINE
WHERE       CUS_AREACODE = '615'
GROUP BY    CUS_CODE;
```

29. Supondo que sejam geradas 15.000 faturas por mês, que recomendação você faria ao projetista sobre a utilização de atributos derivados?

30. Supondo que se sigam as recomendações do Problema 29, como a consulta seria reescrita?

31. Quais índices você recomendaria para a consulta escrita no Problema 30 e quais comandos de SQL utilizaria?

32. Como você reescreveria a consulta para garantir que o índice criado na solução do Problema 31 fosse utilizado?

Neste capítulo, você aprenderá:

- O que é um sistema de gerenciamento de banco de dados distribuídos (SGBDD) e quais são seus componentes
- Como a implementação do banco de dados é afetada pelos diferentes níveis de distribuição de dados e processo
- Como as transações são gerenciadas em um ambiente de banco de dados distribuído
- Como o projeto é afetado pelo ambiente de banco de dados distribuído

A EVOLUÇÃO DOS SISTEMAS DE GERENCIAMENTO DE BANCO DE DADOS DISTRIBUÍDOS

Um **sistema de gerenciamento de banco de dados distribuídos (SGBDD)** controla o armazenamento e processamento de dados relacionados logicamente por meio de sistemas computacionais interconectados, em que tanto os dados como as funções de processamento são distribuídos entre os diversos locais. Para compreender como e por que o SGBDD é diferente do SGBD, é útil examinar brevemente as alterações do ambiente empresarial que prepararam o terreno para o desenvolvimento do SGBDD.

Durante a década de 1970, as corporações implementaram sistemas de gerenciamento de bancos de dados centralizados para atender a suas necessidades de informações estruturadas. Esse tipo de informação normalmente é apresentado como relatórios formais emitidos regularmente em um formato-padrão. Essas informações, geradas por linguagens de programação procedural, são criadas pelos especialistas em resposta a solicitações precisamente direcionadas. Portanto, as necessidades de informações estruturadas são bem atendidas por sistemas centralizados.

A utilização de um banco de dados centralizado exigia que os dados corporativos fossem armazenados em um único local central, normalmente um mainframe. O acesso aos dados era fornecido por meio de terminais sem capacidade de processamento. A abordagem centralizada, ilustrada na Figura 12.1, funcionava bem para atender às necessidades de informações estruturadas das corporações, mas era insuficiente quando eventos de mudanças rápidas exigiam mais agilidade de tempo de resposta e de acesso às informações. A lenta progressão da solicitação das informações para a aprovação, para o especialista e para o usuário, não atendia bem aos tomadores de decisões em um ambiente dinâmico. Era necessário acesso rápido e não estruturado aos banco de dados, utilizando consultas *ad hoc* para gerar informações no momento.

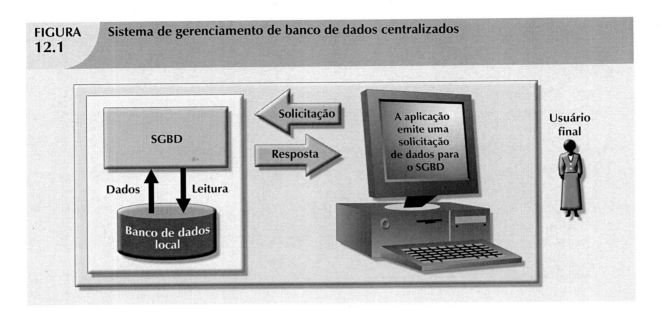

FIGURA 12.1 Sistema de gerenciamento de banco de dados centralizados

Os sistemas de gerenciamento de banco de dados com base no modelo relacional eram capazes de oferecer o ambiente para o atendimento de necessidades de informações não estruturadas, empregando consultas *ad hoc*. Os usuários finais tinham a possibilidade de acessar os dados quando necessário. Infelizmente, as implementações anteriores do modelo relacional ainda não apresentavam capacidade de transmissão aceitável quando comparadas aos bem estabelecidos modelos hierárquico e em rede.

As duas últimas décadas deram origem a uma série de importantes mudanças sociais e tecnológicas que afetaram o desenvolvimento e o projeto de banco de dados. Algumas dessas mudanças são:

- As operações comerciais se tornaram descentralizadas.
- A competição aumentou no nível global.
- As demandas dos clientes e as necessidades de mercado favoreceram um estilo de gerenciamento descentralizado.
- A rápida mudança tecnológica criou computadores de baixo custo com capacidade semelhante à de um mainframe, impressionantes dispositivos sem fio portáteis de várias funções como telefone celular e serviços de dados, e redes cada vez mais rápidas e complexas para conectar tudo isso. Consequentemente, as corporações adotaram cada vez mais tecnologias avançadas de rede como plataforma para suas soluções computadorizadas.
- O grande número de aplicações com base em SGBDs e a necessidade de proteger investimentos em software de SGBDs centralizados tornou atraente a ideia de compartilhamento de dados. Cada vez mais os domínios de dados estão convergindo no mundo digital. Consequentemente, aplicações únicas gerenciam tipos diferentes de dados (voz, vídeo, música, imagens etc.), que podem ser acessados a partir de diferentes localizações dispersas geograficamente.

Esses fatores criaram um ambiente comercial dinâmico no qual as empresas tinham de responder rapidamente a pressões competitivas e tecnológicas. Conforme as unidades comerciais se reestruturaram para realizar operações dispersas, mais eficientes e competitivas, e de reação rápida, sobressaíram-se duas necessidades de bancos de dados:

- O *rápido acesso* ad hoc *aos dados* tornou-se crucial em um ambiente que exige tomada de decisões a partir de reações ágeis.
- A descentralização *das estruturas de gerenciamento* com base na descentralização das unidades comerciais tornou necessários os banco de dados descentralizados com acesso e localização múltipla.

Nos últimos anos, os fatores que acabamos de descrever se arraigaram de modo mais consistente. No entanto, o modo como foram tratados sofreu forte influência dos seguintes aspectos:

- *Aceitação crescente da internet como plataforma de acesso e distribuição de dados.* A *World Wide Web* (WWW ou simplesmente web) é, na verdade, um *repositório* para dados distribuídos.
- *Revolução sem fio.* A disseminação do uso de dispositivos digitais sem fio, caso dos PDAs (*personal digital assistants*) como o Palm e o BlackBerry e dos "telefones inteligentes" (*smart phones*) com diversas finalidades como o iPhone, criou uma alta demanda por acesso aos dados. Esses dispositivos acessam os dados a partir de localizações geograficamente dispersas e exigem variadas trocas de dados em diversos formatos (dados, voz, vídeo, música, imagens etc.). Embora o acesso distribuído não signifique necessariamente que o banco de dados seja distribuído, as exigências de desempenho e tolerância a falhas utilizam técnicas de replicação de dados similares às encontradas nesse tipo de banco.
- *Crescimento acelerado de empresas que fornecem serviços de aplicações.* Esse novo tipo de serviço oferece aplicações remotas às empresas que queiram terceirizar o desenvolvimento, manutenção e operação das aplicações. Os dados da empresa geralmente ficam armazenados em servidores locais e não são necessariamente distribuídos. Assim como no acesso sem fio, esse tipo de serviço pode não exigir funcionalidade totalmente distribuída de dados. No entanto, outros fatores, como desempenho e tolerância a falhas costumam exigir a utilização de técnicas de replicação de dados similares às encontradas em bancos distribuídos.
- *Aumento* do *foco na análise de dados, o que leva ao data mining e ao data warehouse.* Embora um data warehouse normalmente não seja um banco distribuído, ele depende de técnicas como replicação e consultas distribuídas que facilitam a extração e a integração dos dados. (O projeto, a implementação e a utilização de data warehouses são discutidos no Capítulo 13, "Business intelligence e data warehouses".)

Atualmente, o impacto a longo prazo da internet e da revolução sem fio sobre o projeto e o gerenciamento de bancos de dados *distribuídos* ainda não é claro. Talvez o sucesso da internet e das tecnologias sem fio impulsione a utilização de bancos distribuídos quando a largura de banda tornar-se um problema de gargalo mais sério. Ou, talvez, a resolução de problemas de banda simplesmente confirme o padrão de bancos de dados centralizados. Em todo caso, existem bancos de dados distribuídos e muitos de seus conceitos e componentes operacionais provavelmente encontrarão um lugar em futuros desenvolvimentos de bancos de dados.

O banco de dados descentralizado é especialmente desejável, pois o gerenciamento de bancos de dados centralizados está sujeito a problemas como:

- *Queda de desempenho* em razão do número crescente de localizações remotas com grandes distâncias.
- *Altos custos* associados à manutenção e operação de grandes sistemas centrais (mainframe).
- *Problemas de confiabilidade* criados pela dependência de um local central (síndrome do único ponto de falha) e necessidade de replicação de dados.
- *Problemas de escalabilidade* associados aos limites físicos impostos por uma única localização (capacidade, condicionamento de ar e consumo de energia).
- *Rigidez organizacional* imposta pelo fato de o banco de dados eventualmente não dar suporte à flexibilidade e à agilidade exigidas pelas organizações modernas.

O ambiente dinâmico de negócios e as limitações do banco de dados centralizado geraram demanda por aplicações baseadas no acesso aos dados de diferentes fontes em diversas localizações. Esse ambiente com várias fontes/localizações é mais bem gerenciado por um sistema de gerenciamento de banco de dados distribuídos (SGBDD).

VANTAGENS E DESVANTAGENS DO SGBDD

Os sistemas de gerenciamento de banco de dados distribuídos apresentam diversas vantagens em relação aos sistemas tradicionais. Ao mesmo tempo, estão sujeitos a alguns problemas. A Tabela 12.1 resume as vantagens e desvantagens associadas ao SGBDD.

TABELA 12.1 Vantagens e desvantagens do SGBD distribuído

VANTAGENS	DESVANTAGENS
• *Os dados ficam localizados próximos do local de maior demanda.* Os dados em um sistema de banco de dados distribuído são dispersos para atender às necessidades comerciais. • *Maior rapidez de acesso aos dados.* Os usuários finais costumam trabalhar apenas com um subconjunto dos dados da empresa, armazenado localmente. • *Maior rapidez de processamento de dados.* Um sistema de gerenciamento de bancos de dados distribuídos divide a carga de trabalho do sistema, processando dados em vários locais. • *Facilidade de ampliação.* É possível adicionar novos locais à rede sem afetar as operações de outros locais. • *Aprimoramento das comunicações.* Como os sites locais são menores e mais próximos dos clientes, promovem melhor comunicação entre os departamentos e entre os clientes e a equipe da empresa. • *Custos operacionais reduzidos.* Do ponto de vista dos custos, é mais eficiente adicionar estações de trabalho a uma rede do que atualizar um sistema de mainframe. O trabalho de desenvolvimento é feito de modo mais rápido e barato em PCs de baixo custo do que em mainframes. • *Interface amigável.* Os PCs e as estações de trabalho costumam ser equipados com interface gráfica de usuário (GUI) fácil de usar. A GUI simplifica o treinamento e a utilização dos usuários finais. • *Menor risco de falha em ponto único.* Quando um componente dos computadores falha, o trabalho é mantido por outras estações. Os dados também são distribuídos em vários locais. • *Independência do processador.* O usuário final é capaz de acessar todas as cópias disponíveis dos dados e suas solicitações são processadas por qualquer processador no local dos dados.	• *Complexidade de gerenciamento e controle.* As aplicações devem reconhecer a localização dos dados e ter a capacidade de integrá-los a partir de vários locais. É necessário que os administradores tenham capacidade de coordenar as atividades do banco de dados, evitando sua degradação em função de anomalias. • *Dificuldade tecnológica.* É necessário tratar e solucionar a integridade de dados, o gerenciamento de transações, o controle de concorrência, o backup, a recuperação, a otimização de consultas, a seleção do caminho de acesso etc. • *Segurança.* A probabilidade de falhas de segurança aumenta quando os dados são armazenados em vários locais. A responsabilidade do gerenciamento dos dados será compartilhada por diferentes pessoas em diversos locais. • *Falta de padrões.* Não há protocolos de comunicação padronizados *no nível de banco de dados.* (Embora o TCP/IP seja, na prática, um padrão no nível de rede, não há padronização no nível de aplicação.) Por exemplo, diferentes fornecedores de bancos de dados empregam técnicas diferentes e geralmente incompatíveis de gerenciamento da distribuição de dados e processamento no ambiente de SGBDD. • *Ampliação das necessidades de armazenamento e infraestrutura.* São necessárias várias cópias de dados em diferentes locais, exigindo, assim, espaço adicional de armazenamento em disco. • *Aumento de custos com treinamento.* Os custos com treinamento costumam ser mais elevados em modelos distribuídos do que em centralizados, às vezes a ponto de compensar as economias operacionais e de hardware. • *Custos.* Os bancos de dados distribuídos exigem infraestrutura duplicada para operar (localização física, ambiente, pessoal, software, licenciamento etc.).

Os bancos de dados distribuídos têm sido utilizados com sucesso, mas o caminho a ser percorrido é longo até que resultem na flexibilidade e potência completa da qual eles, em tese, são capazes. A complexidade inerente ao ambiente de dados distribuídos acentua a urgência de protocolos-padrão que determinem o gerenciamento de transações, o controle de concorrência, a segurança, o backup, a recuperação, a otimização de consultas, a seleção de caminhos de acesso etc. Essas questões devem ser tratadas e resolvidas antes que a tecnologia de SGBDD seja amplamente adotada.

O restante deste capítulo explora os componentes e conceitos básicos desse tipo de banco de dados. Como eles, geralmente, se baseiam no modelo relacional, utilizaremos a terminologia desse modelo para explicar tais conceitos e componentes.

PROCESSAMENTO DISTRIBUÍDO E BANCO DE DADOS DISTRIBUÍDOS

No **processamento distribuído**, o processamento lógico do banco de dados é compartilhado entre dois ou mais locais fisicamente independentes, conectados por uma rede. Por exemplo, a entrada/saída (E/S), a seleção e a validação de dados podem ser executadas em um computador, e um relatório com base nesses dados pode ser criado em outro.

Um ambiente básico é apresentado na Figura 12.2, que mostra que um sistema de processamento distribuído compartilha o trabalho de processamento entre três locais conectados por uma rede de comunicação. Embora o banco de dados resida em apenas um local (Miami), cada local pode acessar os dados e atualizar o banco de dados. O banco de dados localiza-se no Computador A em rede, conhecido como *servidor do banco de dados*.

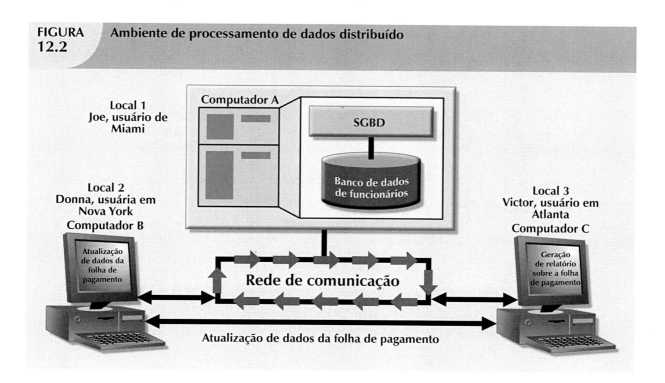

FIGURA 12.2 Ambiente de processamento de dados distribuído

O **banco de dados distribuído**, por sua vez, armazena o banco relacionado logicamente por dois ou mais locais físicos independentes. Esses locais são conectados por meio de uma rede de computadores. Por outro lado, o sistema de processamento distribuído utiliza apenas um banco de dados em um único local, mas compartilha o trabalho de processamento entre diversos locais. Em um sistema de banco de dados distribuídos, o banco é composto de várias partes conhecidas como **fragmentos de banco de dados**. Esses fragmentos se localizam em locais diferentes e podem ser replicados em vários desses locais. Cada fragmento, por sua vez, é gerenciado por seu processo de banco de dados local. Um exemplo de ambiente de banco de dados distribuído é apresentado na Figura 12.3.

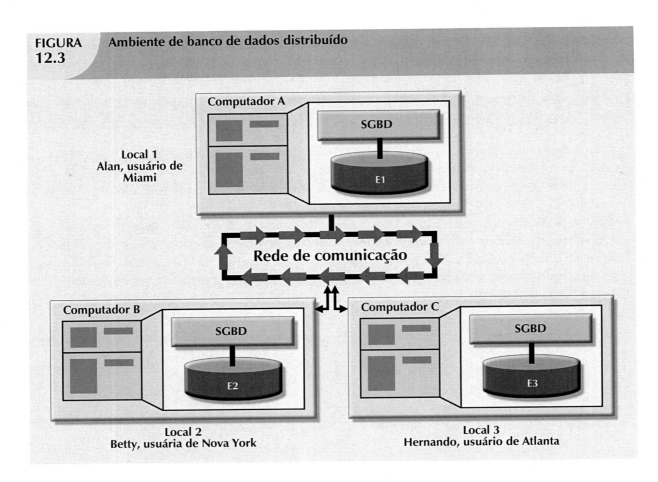

FIGURA 12.3 Ambiente de banco de dados distribuído

O banco de dados da Figura 12.3 está dividido em três fragmentos (E1, E2 e E3), situados em locais diferentes. Os computadores são conectados por um sistema de rede. Em um banco de dados totalmente distribuído, os usuários Alan, Betty e Hernando não precisam saber o nome ou a localização de cada fragmento para acessar o banco. Além disso, os usuários podem estar em locais que não Miami, Nova York ou Atlanta e continuarem tendo acesso ao banco de dados como uma única unidade lógica.

Ao examinar as Figuras 12.2 e 12.3, tenha em mente os seguintes pontos:

- O processamento distribuído não exige banco de dados distribuído, mas o banco de dados distribuído exige processamento distribuído (cada fragmento é gerenciado pelo próprio processo local do banco).
- O processamento distribuído pode basear-se em um único banco de dados localizado em um único computador. Para que ocorra o gerenciamento de dados distribuídos, cópias ou partes das funções de processamento do banco devem ser distribuídas a todos os locais de armazenamento.
- Tanto o processamento como os bancos de dados distribuídos exigem uma rede que conecte todos os componentes.

CARACTERÍSTICAS DOS SISTEMAS DE GERENCIAMENTO DE BANCOS DE DADOS DISTRIBUÍDOS

O SGBDD controla o armazenamento e processamento de dados relacionados logicamente por meio de sistemas computacionais interconectados, em que tanto os dados como as funções de processamento são distribuídos entre diversos locais. Para ser classificado como distribuído, deve apresentar, pelo menos, as seguintes funções:

- *Interface de aplicação* para interagir com usuários finais, aplicativos e outros SGBDs no interior do banco de dados distribuído.
- *Validação* para analisar as solicitações de dados quanto à correção sintática.
- *Transformação* para decompor solicitações de dados complexas em seus componentes indivisíveis.
- *Otimização de consulta* para encontrar a melhor estratégia de acesso. (Quais fragmentos do banco de dados devem ser acessados pela consulta e como as atualizações de dados, quando presentes, devem ser sincronizadas?)
- *Mapeamento* para determinar a localização dos dados de fragmentos locais ou remotos.
- *Interface de E/S* para ler e gravar dados de/para armazenamento local permanente.
- *Formatação* para preparar a apresentação dos dados ao usuário final ou a um aplicativo.
- *Segurança* para fornecer privacidade de dados tanto em bancos de dados locais como remotos.
- *Backup e recuperação* para garantir que o banco de dados seja disponível e recuperável em caso de falha.
- *Recursos de administração de BD* para o administrador do banco de dados.
- *Controle de concorrência* para gerenciar acessos simultâneos e garantir a consistência de dados entre os fragmentos do banco no SGBDD.
- *Gerenciamento de transações* para garantir que os dados passem de um estado consistente para outro. Essa atividade inclui a sincronização de transações locais e remotas, bem como de transações entre diversos segmentos distribuídos.

Um sistema de gerenciamento de banco de dados totalmente distribuído deve executar todas as funções de um SGBD centralizado, conforme a seguir:

1. Receber solicitações de aplicativos (ou do usuário final).
2. Validar, analisar e decompor a solicitação, que deve incluir operações matemáticas e/ou lógicas como: selecionar todos os clientes com saldo superior a US$ 1.000. A solicitação pode pedir dados de apenas uma tabela ou acesso a várias tabelas.
3. Mapear os componentes da solicitação de dados lógicos para dados físicos.
4. Decompor a solicitação em várias operações de E/S.
5. Buscar, localizar, ler e validar os dados.
6. Garantir a consistência, segurança e integridade do banco de dados.
7. Validar os dados para as condições especificadas pela solicitação, caso existam.
8. Apresentar os dados selecionados no formato solicitado.

Além disso, o SGBD distribuído deve lidar com todas as funções necessárias impostas pela distribuição de dados e do processamento, e executar essas funções de modo *transparente* para o usuário final. Os recursos transparentes do SGBDD para acesso aos dados estão ilustrados na Figura 12.4.

O banco de dados lógico único, dessa figura, consiste de dois fragmentos, A1 e A2, situados nos locais 1 e 2, respectivamente. Mary pode consultar o banco como se fosse um banco de dados local, assim como Tom. Ambos os usuários "veem" um único banco de dados lógico e *não precisam saber os nomes dos fragmentos*. Na verdade, os usuários finais sequer precisam saber que o banco de dados está dividido em fragmentos; *também não precisam saber onde esses fragmentos estão localizados*.

Para compreender melhor os diferentes tipos de cenários de bancos de dados distribuídos, vamos primeiro definir os componentes desses sistemas.

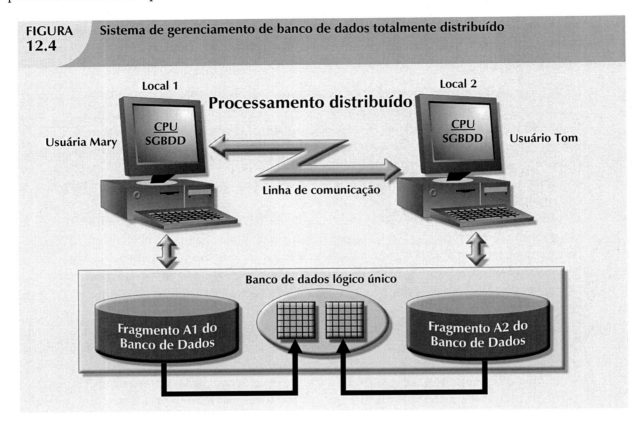

FIGURA 12.4 Sistema de gerenciamento de banco de dados totalmente distribuído

COMPONENTES DOS SGBDD

O SGBDD deve incluir, no mínimo, os seguintes componentes:

- *Estações de trabalho* (locais ou nós) que formem um sistema de rede. O sistema de banco de dados distribuído deve ser independente do hardware do sistema do computador.
- *Componentes de hardware e software de rede* que residam em cada estação. Os componentes de rede permitem que todos os locais interajam e troquem dados. Como esses componentes – computadores, sistemas operacionais, hardware de rede etc. – provavelmente serão supridos por fornecedores diferentes, é melhor garantir que as funções do banco distribuído possam ser executadas em diversas plataformas.
- *Meios de comunicação* que levem os dados de uma estação a outra. O SGBDD deve ser independente dos meios de comunicação, ou seja, deve ser capaz de dar suporte a diversos tipos desses meios.
- **Processador de transações (PT)**, que é o componente de software encontrado em cada computador que solicita dados. Esse processador recebe e processa as solicitações de dados das aplicações (remotas e locais). O PT também é conhecido como **processador de aplicações (PA)** e **gerente de transações (GT)**.
- **Processador de dados (PD)**, que é o componente de software residente em cada computador, armazenando e recuperando dados existentes no local. O PD também é conhecido como **gerente de dados (GD)**. O processador de dados pode ser até mesmo um SGBD centralizado.

A Figura 12.5 ilustra a disposição dos componentes e sua interação. A comunicação entre PTs e PDs apresentada nessa figura é possível por meio de um conjunto específico de regras ou *protocolos*, utilizados pelo SGBDD.

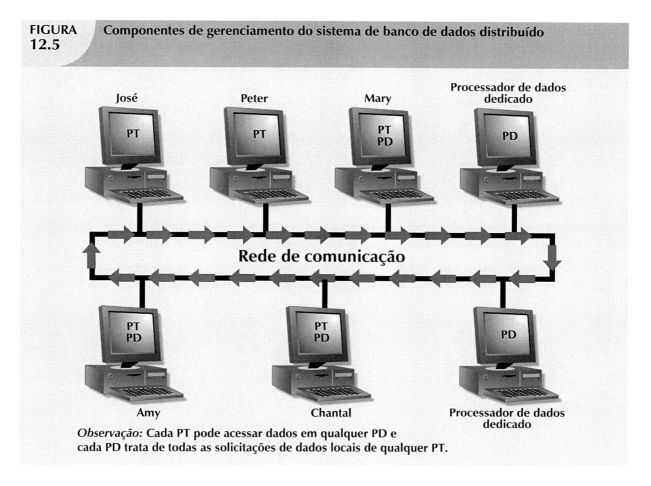

FIGURA 12.5 Componentes de gerenciamento do sistema de banco de dados distribuído

Observação: Cada PT pode acessar dados em qualquer PD e cada PD trata de todas as solicitações de dados locais de qualquer PT.

Os protocolos determinam como o sistema de banco de dados é distribuído:

- Faz interface com a rede para transmitir dados e comandos entre os processadores de dados (PDs) e os de transações (PTs).
- Sincroniza todos os dados recebidos dos PDs (lado do PT) e encaminha os dados recuperados para os PTs adequados (lado do PD).
- Assegura funções comuns de bancos de dados no sistema distribuído. Essas funções incluem segurança, controle de concorrência, backup e recuperação.

Os PDs e PTs podem ser adicionados ao sistema sem afetar a operação dos outros componentes. É possível que residam no mesmo computador, permitindo que o usuário final acesse dados locais e remotos de modo transparente. Em teoria, o PD pode ser um SGBD centralizado independente com interfaces adequadas para dar suporte a acesso remoto de outros SGBDs independentes na rede.

NÍVEIS DE DADOS E DISTRIBUIÇÃO DE PROCESSOS

Os sistemas atuais de banco de dados podem ser classificados com base em como a distribuição de processos e a distribuição de dados são suportadas. Por exemplo, um SGBD pode armazenar dados em um único local (BD centralizado) ou em vários locais (BD distribuído) e dar suporte ao processamento de dados em um único local ou em vários locais. A Tabela 12.2 utiliza uma única matriz para classificar os sistemas de bancos de dados de acordo com a distribuição de dados e processos. Esses tipos de processos são discutidos nas seções que se seguem.

TABELA 12.2 Sistemas de banco de dados: níveis de distribuição de dados e de processos

	DADOS EM UM ÚNICO LOCAL	DADOS EM VÁRIOS LOCAIS
Processamento em um único local	SGBD hospedeiro	Não aplicável (Exige processamento em vários locais)
Processamento em vários locais	Servidor de arquivos SGBD cliente/servidor (SGBD em LAN)	Totalmente distribuído SGBDD cliente/servidor

PROCESSAMENTO EM UM ÚNICO LOCAL, DADOS EM UM ÚNICO LOCAL (SPSD)

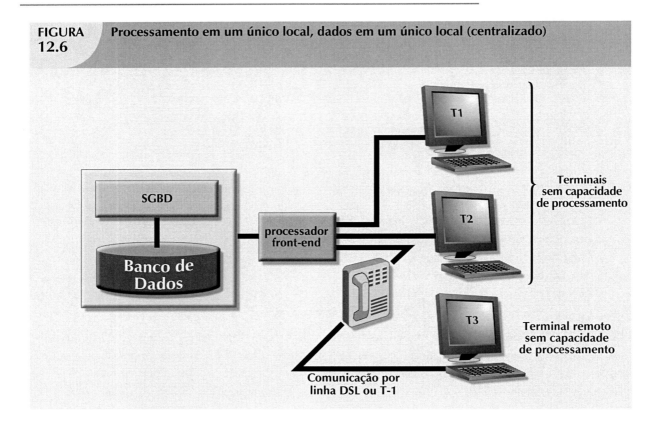

FIGURA 12.6 Processamento em um único local, dados em um único local (centralizado)

No cenário com **processamento em um único local, dados em um único local** (**SPSD**, sigla em inglês para *single-site processing, single-site data*), todo o processamento é feito em um computador hospedeiro (servidor com um único processador, servidor com vários processadores, sistema de mainframe) e todos os dados são armazenados no sistema do disco local desse computador. O processamento não pode ser feito pelo usuário final do sistema. Esse cenário é típico da maioria dos SGBDs de mainframe ou de computadores servidores de médio porte. O SGBD localiza-se no computador hospedeiro que é acessado por terminais sem capacidade de processamento a ele conectados. Veja a Figura 12.6. Esse cenário é comum na primeira geração de bancos de dados para microcomputadores de um único usuário.

Utilizando a Figura 12.6 como exemplo, é possível que as funções do PT e do PD estejam incorporadas ao SGBD localizado em um único computador. O SGBD geralmente é utilizado em um sistema operacional multitarefas de compartilhamento de tempo, permitindo que vários processos sejam executados ao mesmo tempo no computador hospedeiro que acessa um único PD. Todo o armazenamento e processamento de dados é tratado por um único computador hospedeiro.

PROCESSAMENTO EM VÁRIOS LOCAIS, DADOS EM UM ÚNICO LOCAL (MPSD)

No cenário com **processamento em vários locais, dados em um único local** (**MPSD**, sigla em inglês para *multiple-site processing, single-site data*), vários processos são executados em diferentes computadores que compartilham um único depósito de dados. Normalmente, o cenário MPSD exige um servidor de arquivos que execute aplicações convencionais a serem acessadas por rede. Muitas aplicações de contabilidade de multiusuário executadas em uma rede de computadores pessoais se ajustem a essa descrição (Veja a Figura 12.7).

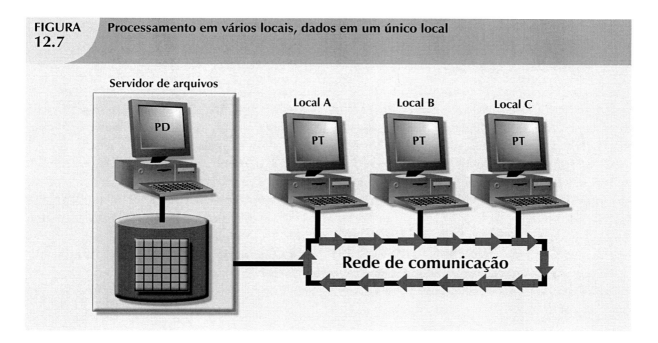

FIGURA 12.7 Processamento em vários locais, dados em um único local

Ao examinar a Figura 12.7, observe que:

- O PT de cada estação funciona apenas como direcionador para encaminhar todas as solicitações de dados de rede para o servidor de arquivos.
- O usuário final vê o servidor de arquivos simplesmente como outro disco rígido. Como apenas a entrada/saída (E/S) do armazenamento de dados é tratada pelo computador desse servidor, o MPSD oferece recursos limitados de processamento distribuído.
- O usuário final tem de fazer referência direta ao servidor de arquivos para acessar dados remotos. Todas as atividades de bloqueio de registros e arquivos são feitas no local do usuário final.

- Todas as funções de seleção, busca e atualização de dados ocorrem na estação, exigindo, assim, que arquivos inteiros atravessem a rede para ser processados. Essa exigência aumenta o tráfego na rede, reduz o tempo de resposta e eleva os custos de comunicação.

A ineficiência da última condição pode ser facilmente ilustrada. Por exemplo, suponha que o computador do servidor de arquivos armazene uma tabela CLIENTE que contenha 10.000 linhas de dados, 50 das quais com saldo superior a US$ 1.000. Suponha que o local A emita a seguinte consulta de SQL:

```
SELECT          *
FROM            CLIENTE
WHERE           CLI_SALDO > 1000;
```

Todas as 10.000 linhas de CLIENTE têm de atravessar a rede para serem avaliadas no local A.

Uma variante da abordagem com processamento em vários locais, dados em um único local é conhecida como arquitetura cliente/servidor. A **arquitetura cliente/servidor** é similar à de servidor de arquivos de rede, *exceto pelo fato de que todo o processamento do banco de dados é feito pelo servidor, reduzindo, assim, o tráfego na rede.* Embora tanto o servidor de arquivos de rede como os sistemas cliente/servidor executem processamento em vários locais, no segundo caso esse processamento é distribuído. Observe que a abordagem de servidor de arquivos de rede exige que o banco de dados localize-se em um único local. Por outro lado, a arquitetura cliente/servidor é capaz de dar suporte a dados em vários locais.

PROCESSAMENTO EM VÁRIOS LOCAIS, DADOS EM VÁRIOS LOCAIS (MPMD)

O cenário com **processamento em vários locais, dados em vários locais** (**MPMD**, sigla em inglês para *multiple-site processing, multiple-site data*) descreve um SGBD totalmente distribuído com suporte para vários processadores de dados e de transações em diversos locais. Dependendo do nível de suporte e diferentes tipos de SGBDs centralizados, os SGBDDs são classificados como homogêneos ou heterogêneos.

Os **SGBDDs homogêneos** integram apenas um tipo de SGBD centralizado na rede. Assim, o mesmo sistema será executado em diferentes plataformas de servidores (servidor com um único processador, com vários processadores, cluster de servidores ou servidor blade). Por outro lado, os **SGBDDs heterogêneos** integram tipos diferentes de SGBDs centralizados na rede (Veja a Figura 12.8). Um **SGBDD totalmente heterogêneo** dá suporte a SGBDs distintos que podem até mesmo aceitar diferentes modelos (relacional, hierárquico ou em rede) executados em diversos sistemas de computadores, como mainframes e PCs.

Algumas implementações de SGBDDs dão suporte a várias plataformas, sistemas operacionais e redes, permitindo acesso a dados remotos de outro SGBD. No entanto, esses SGBDDs ainda estão sujeitos a certas restrições. Por exemplo:

- Acesso remoto é fornecido somente para leitura e não dá suporte a privilégios de gravação.
- Há restrições sobre o número de tabelas remotas que podem ser acessadas em uma única transação.
- Há restrições sobre o número de bancos de dados distintos que podem ser acessados.
- Há restrições sobre o modelo de banco de dados que pode ser acessado. Assim, é possível o acesso a bancos de dados relacionais, mas não a bancos hierárquicos ou em rede.

A lista de restrições acima não é, de modo algum, exaustiva. A tecnologia de SGBDDs continua mudando rapidamente e novos recursos são adicionados com frequência. O gerenciamento de dados em vários locais leva a alguns problemas que devem ser tratados e compreendidos. A próxima seção examinará diversos recursos fundamentais dos sistemas de gerenciamento de bancos de dados distribuídos.

FIGURA 12.8	Cenário de banco de dados distribuído heterogêneo

	Platform	SGBD	Sistema Operacional	Protocolo de Comunicação de Rede
	IBM 3090	DB2	MVS	APPC LU 6.2
	DEC/VAX	VAX rdb	OpenVMS	DECnet
	IBM AS/400	SQL/400	OS/400	3270
	Computador RISC	Informix	UNIX	TCP/IP
	CPU Pentium	Oracle	Windows Server 2003	TCP/IP

RECURSOS DE TRANSPARÊNCIA DE BANCO DE DADOS DISTRIBUÍDOS

O sistema de bancos de dados distribuídos exige características funcionais que podem ser agrupadas e descritas como recursos de transparência. Esses recursos apresentam, em comum, a propriedade de permitir que o usuário final sinta-se como o monousuário do banco. Em outras palavras, o usuário acredita que está trabalhando em um SGBD centralizado, de modo que todas as complexidades do banco de dados distribuídos sejam ocultas ou transparentes.

Os recursos de transparência dos SGBDDs são:

- **Transparência de distribuição**, que permite que um banco de dados distribuído seja tratado como um único banco lógico. Se o SGBDD apresenta transparência de distribuição, o usuário não precisa saber:

– Que os dados estão particionados – o que significa que as linhas e colunas da tabela estão separadas horizontal ou verticalmente e armazenadas em vários locais.

– Que os dados podem estar replicados em vários locais.

– A localização dos dados.

- **Transparência de transação**, que permite que uma transação atualize os dados em mais de um local de rede. Essa transparência garante que a transação seja inteiramente concluída ou abortada, mantendo-se, assim, a integridade do banco de dados.
- **Transparência de falhas**, que garante que o sistema continue a operar no caso de falha de um nó. As funções perdidas em função da falha serão recuperadas por outro nó da rede.
- **Transparência de desempenho**, que permite que o sistema apresente um desempenho compatível com o de um SGBD centralizado. O sistema não sofrerá qualquer degradação de desempenho em função de sua utilização em rede ou de diferenças de plataformas da rede. A transparência de desempenho também garante que o sistema encontre o caminho mais eficiente para acessar dados remotos.
- **Transparência de heterogeneidade**, que permite a integração de vários SGBDs locais diferentes (relacionais, em rede e hierárquicos) sob um esquema comum ou global. O SGBDD é responsável pela tradução das solicitações de dados do esquema global para o esquema do SGBD local.

Os recursos de transparência de distribuição, transação e desempenho serão examinados com mais detalhes nos próximos itens.

TRANSPARÊNCIA DE DISTRIBUIÇÃO

A transparência de distribuição permite que um banco de dados fisicamente disperso seja gerenciado como se estivesse centralizado. O nível de transparência suportado pelo SGBDD varia de sistema para sistema. São reconhecidos três níveis de transparência de distribuição:

- **Transparência de fragmentação** é o maior nível de transparência. O usuário final e o programador não precisam saber que o banco de dados está particionado. Portanto, nem os nomes, nem as localizações dos fragmentos são especificados antes do acesso aos dados.
- **Transparência de localização** se dá quando o usuário final ou o programador deve especificar os nomes dos fragmentos do banco de dados, mas não precisa especificar onde esses fragmentos se localizam.
- **Transparência de mapeamento local** ocorre quando o usuário final ou o programador deve especificar tanto os nomes dos fragmentos como suas localizações.

Os recursos de transparência estão resumidos na Tabela 12.3.

TABELA 12.3 Resumo dos recursos de transparência

SE O COMANDO DE SQL EXIGE:			
NOME DO FRAGMENTO?	NOME DA LOCALIZAÇÃO?	ENTÃO, O SGBD DÁ SUPORTE A	NÍVEL DE TRANSPARÊNCIA DE DISTRIBUIÇÃO
Sim	Sim	Mapeamento local	Baixo
Sim	Não	Transparência de localização	Médio
Não	Não	Transparência de fragmentação	Alto

Ao examinar a Tabela 12.3, você pode se perguntar por que não há referência à situação em que a necessidade de nome do fragmento é "Não" e a de nome da localização é "Sim". O motivo por que esse cenário não foi incluído é simples: é impossível haver um nome de localização que não referencie um fragmento existente. (Se não é necessário especificar o nome do fragmento, sua localização certamente é irrelevante.)

Para ilustrar a utilização de diferentes níveis de transparência, suponha uma tabela FUNCIONÁRIO que contenha os atributos FUN_NOME, FUN_DATA_NASCIMENTO, FUN_ENDEREÇO, FUN_DEPARTAMENTO e FUN_SALÁRIO. Os dados de FUNCIONÁRIO estão distribuídos por três localizações diferentes: Nova York, Atlanta e Miami. A tabela está dividida por localização, ou seja, os dados de funcionários em Nova York estão armazenados no fragmento E1, em Atlanta, no fragmento E2, e em Miami, no fragmento E3. Veja a Figura 12.9.

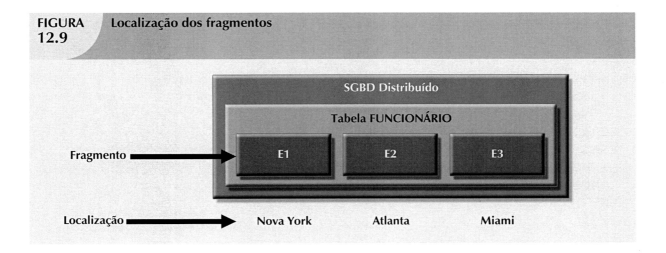

FIGURA 12.9 Localização dos fragmentos

Suponha, agora, que o usuário final queira listar todos os funcionários com data de nascimento anterior a 1º de janeiro de 1960. Para focar nas questões de transparência, suponha também que a tabela FUNCIONÁRIO esteja fragmentada e que cada fragmento seja exclusivo. A condição de **fragmento exclusivo** indica que cada linha é exclusiva, independente de qual fragmento se localize. Por fim, assuma que nenhuma parte do banco de dados esteja replicada em outro local da rede.

Dependendo do nível de suporte a transparência de distribuição, é possível examinar três casos de consulta.

Caso 1: Banco de dados dá suporte à transparência de fragmentação

A consulta assume o formato de banco de dados não distribuído, ou seja, não especifica nomes ou localização de fragmentos. A consulta fica:

```
SELECT       *
FROM         FUNCIONÁRIO
WHERE        FUN_DATA_NASCIMENTO < '01-JAN-1960';
```

Caso 2: Banco de dados dá suporte à transparência de localização

Os nomes dos fragmentos devem ser especificados na consulta, mas a localização não. A consulta fica:

```
SELECT        *
FROM          E1
WHERE         FUN_DATA_NASCIMENTO < '01-JAN-1960';
UNION
SELECT        *
FROM          E2
WHERE         FUN_DATA_NASCIMENTO < '01-JAN-1960';
UNION
SELECT        *
FROM          E3
WHERE         FUN_DATA_NASCIMENTO < '01-JAN-1960';
```

Caso 3: Banco de dados dá suporte à transparência de mapeamento local

Tanto o nome como a localização do fragmento devem ser especificados na consulta. Utilizando pseudo-SQL:

```
SELECT        *
FROM          E1 NÓ NY
WHERE         FUN_DATA_NASCIMENTO < '01-JAN-1960';
UNION
SELECT        *
FROM          E2 NÓ ATL
WHERE         FUN_DATA_NASCIMENTO < '01-JAN-1960';
UNION
SELECT        *
FROM          E3 NÓ MIA
WHERE         FUN_DATA_NASCIMENTO < '01-JAN-1960';
```

> **NOTA**
>
> O NÓ indica a localização do fragmento do banco de dados. Ele é utilizado para fins de ilustração e não faz parte da sintaxe-padrão de SQL.

Ao examinar os formatos de consulta precedentes, é possível ver como a transparência de distribuição afeta o modo como usuários finais e programadores interagem com o banco de dados.

A transparência de distribuição é suportada por um **dicionário de dados distribuídos (DDD)** ou **catálogo de dados distribuídos (CDD)**. O CDD contém a descrição de todo o banco de dados conforme visto pelo administrador. A descrição do banco, conhecida como **esquema global distribuído**, corresponde ao esquema comum do banco de dados utilizado pelos PTs locais para traduzir as solicitações de usuários em subconsultas (consultas remotas) a serem processadas por PDs diferentes. O próprio CDD é distribuído e replicado nos nós de rede. Portanto, deve manter a consistência por meio da atualização de todos os locais.

Tenha em mente que algumas implementações atuais de SGBDDs impõem limitações ao nível de suporte à transparência. Por exemplo, em alguns casos, é possível distribuir o banco de dados, mas não uma tabela, por vários locais. Essa condição indica que o SGBDD dá suporte à transparência de localização, mas não à de fragmentação.

TRANSPARÊNCIA DE TRANSAÇÃO

A transparência de transação é uma propriedade de SGBDDs que assegura que as transações de bancos de dados manterão a integridade e a consistência do banco de dados distribuído. Lembre-se de que uma transação de SGBDD pode atualizar dados armazenados em muitos computadores diferentes conectados a uma rede. A transparência de transação garante que ela só será concluída quando todos os locais envolvidos do banco de dados concluírem suas partes da transação.

Os sistemas de bancos de dados distribuídos exigem mecanismos complexos para gerenciar transações e garantir a consistência e a integridade do banco de dados. Para compreender como as transações são gerenciadas, deve-se saber os conceitos básicos que determinam as solicitações e transações remotas e distribuídas.

SOLICITAÇÕES DISTRIBUÍDAS E TRANSAÇÕES DISTRIBUÍDAS[1]

Distribuída ou não, uma transação é formada por uma ou mais solicitações de banco de dados. A diferença básica entre uma transação não distribuída e uma distribuída é que a segunda pode atualizar ou solicitar dados a partir de vários locais remotos diferentes de uma rede. Para melhor ilustrar os conceitos de transação distribuída, começaremos estabelecendo a diferença entre transações remotas e distribuídas, utilizando o formato de transação BEGIN WORK e COMMIT WORK. Assuma a existência de transparência de localização para evitar a necessidade de especificar a localização dos dados.

Uma **solicitação remota**, ilustrada na Figura 12.10, permite que um único comando de SQL acesse os dados a serem processados por um único processador remoto do banco de dados. Em outras palavras, o comando de SQL (ou solicitação) pode referenciar dados em apenas um local remoto.

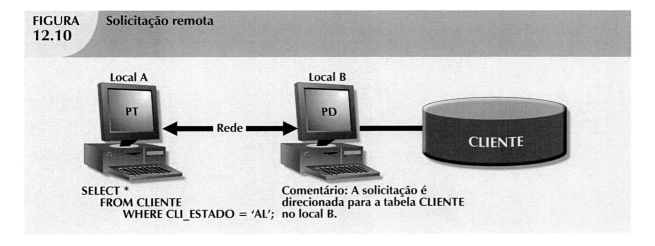

FIGURA 12.10 Solicitação remota

Local A — PT

Rede

Local B — PD

CLIENTE

SELECT *
FROM CLIENTE
WHERE CLI_ESTADO = 'AL';

Comentário: A solicitação é direcionada para a tabela CLIENTE no local B.

De modo similar, uma **transação remota** composta de várias solicitações, acessa os dados em um único local remoto. A transação remota é ilustrada na Figura 12.11.

---

[1] Os detalhes das solicitações e transações distribuídas foram descritos originalmente em David McGoveran e Colin White, "Clarifying Client/Server", *DBMS,* 3, 12, novembro de 1990, p. 78–89.

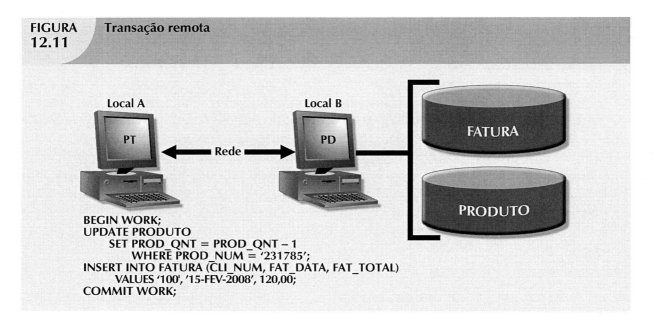

FIGURA 12.11 Transação remota

Ao examinar a Figura 12.11, observe os seguintes aspectos da transação remota:

- A transação atualiza as tabelas PRODUTO e FATURA (localizadas no local B).
- A transação remota é enviada e executada no local remoto B.
- A transação pode referenciar apenas um PD remoto.
- Cada comando de SQL (ou solicitação) pode referenciar apenas um (o mesmo) PD remoto em determinado momento, e a transação toda só pode referenciar e ser executada em um único PD remoto.

A **transação distribuída** permite que uma transação referencie vários locais de PD, remotos ou não. Embora uma solicitação possa referenciar apenas um local de PD, remoto ou não, a transação como um todo é capaz de referenciar vários locais de PD, dada a possibilidade de cada solicitação referenciar um local diferente. O processo de transação distribuída é ilustrado na Figura 12.12.

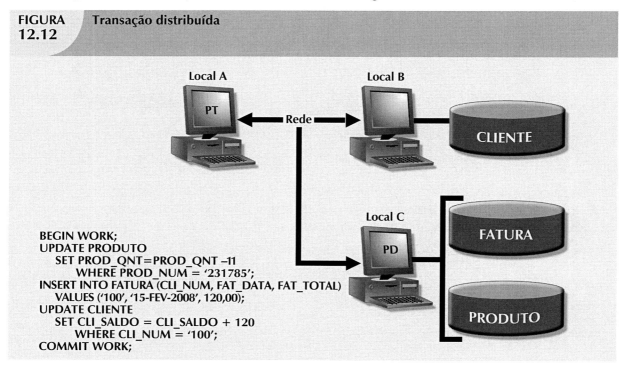

FIGURA 12.12 Transação distribuída

Observe os seguintes aspectos da Figura 12.12:

- A transação referencia dois locais remotos (B e C).
- As duas primeiras solicitações (UPDATE PRODUTO e INSERT INTO FATURA) são processadas pelo PD no local remoto C e a última (UPDATE CLIENTE) é processada pelo PD no local remoto B.
- Cada solicitação pode acessar apenas um local remoto por vez.

A terceira característica pode criar problemas. Suponha, por exemplo, que a tabela PRODUTO esteja dividida em dois fragmentos, PROD1 e PROD2, localizados, respectivamente, nos locais B e C. Dado esse cenário, a transação distribuída anterior não pode ser executada, pois a solicitação:

```
SELECT          *
FROM            PRODUTO
WHERE           PROD_NUM = &'231785';
```

não pode acessar dados de mais de um local remoto. Portanto, o SGBD deve ser capaz de dar suporte à solicitação distribuída.

A **solicitação distribuída** permite que um único comando de SQL referencie dados localizados em vários locais de PD, remotos ou não. Como cada solicitação (comando de SQL) pode acessar dados de mais de um local de PD, remoto ou não, ela tem acesso a vários locais. A capacidade de executar solicitações distribuídas fornece recursos de processamento de banco de dados totalmente distribuído, pois possibilita:

- Particionar uma tabela do banco de dados em vários fragmentos.
- Referenciar um ou mais desses fragmentos com apenas uma solicitação. Em outras palavras, há transparência de fragmentação.

A localização e o particionamento dos dados devem ser transparentes para o usuário final. A Figura 12.13 ilustra a solicitação distribuída. Ao examinar essa figura, observe que a transação utiliza um único comando SELECT para referenciar duas tabelas: CLIENTE e FATURA. As duas tabelas localizam-se em dois locais diferentes, B e C.

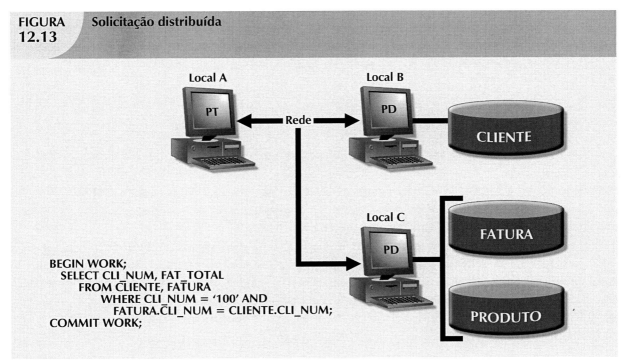

FIGURA 12.13 Solicitação distribuída

O recurso de solicitação distribuída também permite que uma única solicitação referencie uma tabela fisicamente particionada. Suponha, por exemplo, que a tabela CLIENTE esteja dividida em dois fragmentos, C1 e C2, localizados, respectivamente, nos locais B e C. Suponha também que o usuário final queira obter uma lista de todos os clientes cujos saldos excedam US$ 250. A solicitação é ilustrada na Figura 12.14. O suporte completo à transparência de fragmentação pode ser fornecido apenas por um SGBDD que dê suporte a solicitações distribuídas.

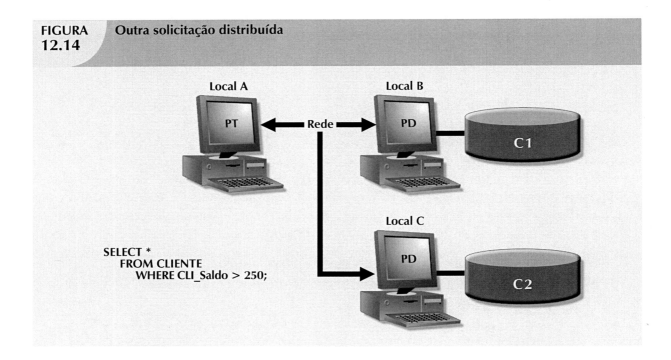

FIGURA 12.14 Outra solicitação distribuída

Compreender os diferentes tipos de solicitações de bancos de dados nos sistemas distribuídos ajuda a tratar, de modo mais eficiente, os problemas de transparência de transação. A transparência de transação garante que as transações distribuídas sejam tratadas como centralizadas, garantindo a serializável das transações. (Reveja o Capítulo 10 se necessário.) Ou seja, a execução de transações concorrentes, sejam elas distribuídas ou não, levará o banco de dados de um estado consistente a outro.

CONTROLE DE CONCORRÊNCIA DISTRIBUÍDA

O controle de concorrência torna-se especialmente importante no ambiente de banco de dados distribuído, pois é mais provável que operações de vários locais e processos criem inconsistências de dados e transações em deadlock do que no caso de sistemas em um único local. Por exemplo, o componente de PT de um SGBDD deve garantir que todas as partes da transação estejam concluídas em todos os locais antes que seja emitido um comando COMMIT final para registrar a transação.

Suponha que cada operação de transação fosse comprometida (comando COMMIT) pelo respectivo PD local, e um dos PDs não conseguisse comprometer os resultados da transação. Esse cenário produziria os problemas ilustrados na Figura 12.15: a(s) transação(ões) produziu(ram) um banco de dados inconsistente, com seus inevitáveis problemas de integridade, pois os dados consolidados não poderiam ser desconsolidados. A solução para o problema ilustrado na Figura 12.15 é um *protocolo de consolidação de duas fases*, que será explorado a seguir.

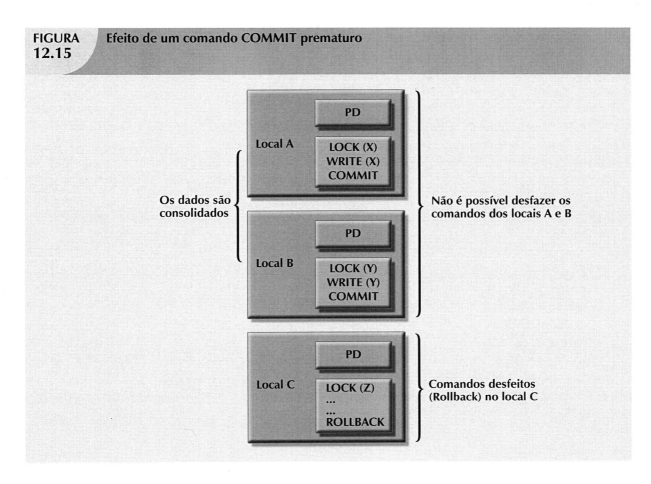

FIGURA 12.15 Efeito de um comando COMMIT prematuro

PROTOCOLO DE CONSOLIDAÇÃO DE DUAS FASES

Os bancos de dados centralizados exigem um único PD. Todas as operações de bancos de dados ocorrem em apenas um local e as consequências são imediatamente conhecidas pelo SGBD. Por outro lado, os bancos distribuídos possibilitam que uma transação acesse dados em vários locais. O comando COMMIT final não deve ser emitido até que todos os locais tenham consolidado suas partes da transação. O **protocolo de consolidação de duas fases** garante que, se parte de uma operação de transação não puder ser consolidada, todas as alterações feitas em outros locais participantes da transação serão desfeitas para manter um estado consistente do banco de dados.

Cada PD mantém seu próprio log de transações. O protocolo de consolidação de duas fases exige que o log de entrada da transação em cada PD seja gravado antes do fragmento do banco de dados ser efetivamente atualizado (Veja o Capítulo 10). Portanto, o protocolo de consolidação de duas fases exige um protocolo FAZER-DESFAZER-REFAZER e um protocolo de gravação direta.

O **protocolo FAZER-DESFAZER-REFAZER** é utilizado pelo PD para desfazer ou refazer transações com auxílio das entradas do log de transações do sistema. Esse protocolo define três tipos de operações:

- FAZER (DO) executa a operação e registra os valores de "antes" e "depois" no log de transações.
- DESFAZER (UNDO) reverte uma operação, utilizando as entradas do log gravadas pela parte FAZER (DO) da sequência.
- REFAZER (REDO) refaz uma operação, utilizando as entradas do log gravadas pela parte FAZER (DO) da sequência.

Para garantir que as operações FAZER, DESFAZER e REFAZER possam permanecer após um colapso do sistema durante sua execução, utiliza-se um protocolo de gravação direta. O **protocolo de gravação direta** impõe que a entrada de log seja gravada em armazenamento permanente antes que a operação efetivamente ocorra.

O protocolo de consolidação de duas fases define as operações entre dois tipos de nós: o **coordenador** e um ou mais **subordinados** ou *companheiros*. Os nós participantes devem concordar com o coordenador. Em geral, o papel de coordenador é atribuído ao nó que inicia a transação. No entanto, sistemas diferentes implementam métodos de seleção diversos e mais sofisticados. O protocolo é implementado em duas fases:

Fase 1: Preparação

O coordenador envia uma mensagem PREPARE TO COMMIT (preparar para comprometimento) a todos os subordinados.

1. Eles recebem a mensagem, gravam o log de transações utilizando o protocolo de gravação direta, e enviam a mensagem de confirmação (YES/PREPARED TO COMMIT ou NO/NOT PREPARED) ao coordenador.
2. O coordenador certifica-se de que todos os nós estejam prontos para o comprometimento ou aborta a ação.

Se todos os nós estiverem preparados, a transação passa para a fase 2. Se um ou mais nós responderem NO ou NOT PREPARED (ou seja, não preparado), o coordenador envia a mensagem ABORT (abortar) a todos os subordinados.

Fase 2: COMMIT final

1. O coordenador envia uma mensagem COMMIT (consolidar) a todos os subordinados e aguarda as respostas.
2. Cada subordinado recebe a mensagem COMMIT e, em seguida, atualiza o banco de dados utilizando o protocolo FAZER.
3. Os subordinados respondem com a mensagem COMMITTED (consolidado) ou NOT COMMITED (não consolidado) para o coordenador.

Se um ou mais subordinados não obtiver a consolidação, o coordenador envia uma mensagem ABORT, forçando-os, assim, a DESFAZER todas as alterações.

O objetivo da consolidação de duas fases é garantir que cada nó consolide sua parte da transação; do contrário, ela é abortada. Se um dos nós não consolidar, as informações necessárias para recuperar o banco de dados estarão no log de transações e o banco de dados poderá ser recuperado com o protocolo FAZER-DESFAZER-REFAZER. (Lembre-se de que as informações do log foram atualizadas por meio do protocolo de gravação direta.)

TRANSPARÊNCIA DE DESEMPENHO E OTIMIZAÇÃO DE CONSULTAS

Uma das funções mais importantes de um banco de dados é a capacidade de disponibilizar dados. Como todos os dados residem em um único local do banco de dados centralizados, o SGBD deve avaliar todas as solicitações e encontrar o modo mais eficiente de acessar os dados locais. Por outro lado, o SGBDD possibilita o particionamento do banco de dados em diversos fragmentos, tornando, assim, a tradução de consultas mais complicadas, pois o SGBD deve decidir qual fragmento do banco acessar. Além disso, os dados também podem estar replicados em diversos locais. A replicação torna os problemas de acesso ainda mais complexos, pois o banco tem de decidir qual cópia dos dados acessar. O SGBDD utiliza técnicas de otimização de consulta para lidar com esses problemas e garantir um desempenho adequado do banco de dados.

O objetivo de uma rotina de otimização de consulta é minimizar o custo total associado à execução de consultas. Esses custos de solicitação são em função de:

- Custo do tempo (E/S) envolvido no acesso a dados físicos armazenados em disco.
- Custo de comunicação associado à transmissão de dados entre nós do sistema de banco de dados distribuído.
- Custo de tempo da CPU, associado à carga de processamento para gerenciar transações distribuídas.

Embora seja frequente classificar os custos como de comunicação ou processamento, é difícil separar os dois casos. Nem todos os algoritmos de otimização de consulta utilizam os mesmos parâmetros e nenhum atribui o mesmo peso a cada parâmetro. Por exemplo, alguns algoritmos minimizam o tempo total; outros, o tempo de comunicação; outros, ainda, não levam em conta o tempo da CPU, considerando-o insignificante em relação a outras fontes de custo.

> **NOTA**
>
> O Capítulo 11 fornece detalhes adicionais sobre a otimização.

Para avaliar a otimização de consulta, tenha em mente que o PT deve receber dados do PD, sincronizá-los, montar a resposta e apresentá-la ao usuário final ou aplicação. Embora esse seja o processo-padrão, deve-se considerar que uma consulta específica pode ser executada em qualquer um entre vários locais diferentes. É difícil determinar o tempo de resposta associado aos locais remotos, pois alguns nós são capazes de concluir sua parte da consulta em menos tempo do que outros.

Uma das características mais importantes da otimização de consultas em sistemas de bancos de dados distribuídos é que ela deve fornecer transparência de distribuição e transparência de réplica. (A transparência de distribuição foi explicada anteriormente neste capítulo.) A **transparência de réplica** refere-se à capacidade do SGBDD de ocultar do usuário a existência de várias cópias de dados.

A maioria dos algoritmos propostos para otimização de consultas baseia-se em dois princípios:

- Seleção do melhor pedido de execução.
- Seleção de locais a serem acessados de modo a minimizar os custos de comunicação.

Dentro desses dois princípios, um algoritmo de otimização de consultas pode ser avaliado com base em seu *modo de operação* e na *temporização adequada de sua otimização.*

Os modos de operação podem ser classificados como manuais ou automáticos. A **otimização automática de consultas** indica que o SGBDD encontra o caminho de acesso mais eficiente sem a intervenção do usuário. A **otimização manual de consultas** exige que a melhor solução seja selecionada ou programada pelo usuário final ou programador. É claro que a otimização automática é mais desejável do ponto de vista do usuário final, mas o custo desse benefício é o aumento de carga imposto ao SGBDD.

Os algoritmos de otimização também podem ser classificados de acordo com o momento em que a otimização é realizada. Nessa classificação quanto à temporização adequada, os algoritmos podem ser estáticos ou dinâmicos.

- A **otimização estática de consultas** ocorre no momento da compilação. Em outras palavras, a melhor estratégia de otimização é selecionada quando a consulta for compilada pelo SGBD. Essa abordagem é comum quando comandos de SQL estiverem incorporados a linguagens de programação procedural, como C# ou Visual Basic .NET. Quando o programa é submetido ao SGBD para compilação, cria o plano necessário para acessar o banco de dados. Quando o programa é executado, o SGBD utiliza esse plano para acessar o banco.

- A **otimização dinâmica de consultas** ocorre no momento da execução. A estratégia de acesso ao banco de dados é definida quando o programa é executado. Portanto, essa estratégia é determinada dinamicamente pelo SGBD no momento da execução, utilizando as informações mais atualizadas sobre o banco. Embora a otimização dinâmica de consultas seja eficiente, seu custo é medido pela carga de processamento no momento da execução. A melhor estratégia é determinada a cada vez que se executa a consulta. Isso pode ocorrer várias vezes no mesmo programa.

Por fim, as técnicas de otimização de consultas podem ser classificadas de acordo com o tipo de informação utilizada para otimizá-las. Por exemplo, as consultas podem se fundamentar em algoritmos com base em estatísticas ou em regras.

- O **algoritmo de otimização de consultas com base em estatísticas** utiliza informações estatísticas sobre o banco de dados. As estatísticas fornecem informações sobre características como tamanho, número de registros, tempo médio de acesso, número de solicitações atendidas e número de usuários com direitos de acesso. Essas estatísticas são então utilizadas pelo SGBD para determinar a melhor estratégia de acesso.
- As informações estatísticas são gerenciadas pelo SGBDD e podem ser geradas de dois modos diferentes: dinâmico ou manual. No **modo dinâmico de geração de estatísticas**, o SGBDD avalia e atualiza automaticamente as estatísticas após cada acesso. No **modo de geração manual de estatísticas**, elas devem ser atualizadas periodicamente por meio de um utilitário selecionado pelo usuário, como o comando RUNSTAT, utilizado pelo SGBDs do DB2 da IBM.
- O **algoritmo de otimização com base em regras** fundamenta-se em um conjunto de regras definidas pelo usuário para determinar a melhor estratégia de acesso da consulta. As regras são inseridas pelo usuário ou administrador do banco de dados e, normalmente, são bastante gerais por natureza.

PROJETO DE BANCO DE DADOS DISTRIBUÍDOS

Seja o banco de dados distribuído ou não, ainda se aplicam os princípios e conceitos de projeto descritos nos Capítulos 3, 4 e 5. No entanto, o projeto de um banco de dados distribuído introduz três novas questões:

- Como particionar o banco de dados em fragmentos?
- Quais fragmentos replicar?
- Onde posicionar esse fragmentos e réplicas?

A fragmentação e a replicação de dados relacionam-se com as duas primeiras questões; a alocação de dados, com a terceira.

FRAGMENTAÇÃO DE DADOS

A **fragmentação de dados** permite separar um objeto simples em dois ou mais segmentos ou fragmentos. O objeto pode ser um banco de dados do usuário ou do sistema, ou uma tabela. Cada fragmento pode ser armazenado em qualquer local de uma rede de computadores. As informações sobre a fragmentação de dados são armazenadas no catálogo de dados distribuídos (CDD), a partir do qual elas são acessadas pelo PT para as solicitações do usuário do processo.

As estratégias de fragmentação de dados, conforme aqui discutido, baseiam-se no nível das tabelas e consistem da divisão da tabela em fragmentos lógicos. Exploraremos três tipos de estratégias de fragmentação: horizontal, vertical e mista. (Tenha em mente que uma tabela fragmentada pode ser sempre recriada a partir de suas partes fragmentadas por uma combinação de junções.)

- A **fragmentação horizontal** refere-se à divisão de uma relação em subconjuntos (fragmentos) de Tuplas (linhas). Cada fragmento é armazenado em um nó diferente e possui linhas exclusivas. No entanto, todas essas linhas possuem os mesmos atributos (colunas). Em suma, cada fragmentação representa o equivalente a um comando SELECT, com a cláusula WHERE em um único atributo.
- A **fragmentação vertical** refere-se à divisão de uma relação em subconjuntos de atributos (colunas). Cada subconjunto (fragmento) é armazenado em um nó diferente e possui colunas exclusivas – com exceção da coluna de chave, que é comum a todos os fragmentos. Isso equivale ao comando PROJECT de SQL.
- A **fragmentação mista** refere-se a uma combinação das estratégias horizontal e vertical. Em outras palavras, uma tabela pode ser dividida em vários subconjuntos horizontais (linhas), cada um com um subconjunto de atributos (colunas).

Para ilustrar as estratégias de fragmentação, utilizaremos a tabela CLIENTE da Empresa XYZ, representada na Figura 12.16. A tabela contém os atributos CUS_NUM, CUS_NAME, CUS_ADDRESS, CUS_STATE, CUS_LIMIT, CUS_BAL, CUS_RATING e CUS_DUE (referentes, respectivamente, a número, nome, endereço, estado, limite, saldo, classificação e dívidas do cliente).

FIGURA 12.16 Exemplo da tabela CLIENTE

Nome da tabela: CLIENTE

CUS_NUM	CUS_NAME	CUS_ADDRESS	CUS_STATE	CUS_LIMIT	CUS_BAL	CUS_RATING	CUS_DUE
10	Sinex, Inc.	12 Main St.	TN	3500.00	2700.00	3	1245.00
11	Martin Corp.	321 Sunset Blvd.	FL	6000.00	1200.00	1	0.00
12	Mynux Corp.	910 Eagle St.	TN	4000.00	3500.00	3	3400.00
13	BTBC, Inc.	Rue du Monde	FL	6000.00	5890.00	3	1090.00
14	Victory, Inc.	123 Maple St.	FL	1200.00	550.00	1	0.00
15	NBCC Corp.	909 High Ave.	GA	2000.00	350.00	2	50.00

Fragmentação horizontal

Suponha que a gerência corporativa da Empresa XYZ precise de informações sobre seus clientes nos três estados, mas as filiais locais da empresa em cada estado (TN/Tennessee, FL/Flórida e GA/Georgia) precisem apenas de dados relativos aos clientes locais. Com base nessas necessidades, você decide distribuir os dados por estado. Portanto, define os fragmentos horizontais de acordo com a estrutura apresentada na Tabela 12.4.

TABELA 12.4 Fragmentação horizontal da Tabela Cliente por estado

NOME DO FRAGMENTO	LOCALIZAÇÃO	CONDIÇÃO	NOME DO NÓ	NÚMEROS DOS CLIENTES	NÚMERO DE LINHAS
CUST_H1	Tennessee	CUS_STATE = 'TN'	NAS	10, 12	2
CUST_H2	Georgia	CUS_STATE = 'GA'	ATL	15	1
CUST_H3	Flórida	CUS_STATE = 'FL'	TAM	11, 13, 14	3

Cada fragmento horizontal pode apresentar um número diferente de linhas, mas *deve* apresentar os mesmos atributos. Os fragmentos resultantes produzem as três tabelas ilustradas na Figura 12.17.

FIGURA 12.17 Fragmentos da tabela em três localizações

Nome da tabela: CUST_H1   Localização: Tennessee   Nó: NAS

CUS_NUM	CUS_NAME	CUS_ADDRESS	CUS_STATE	CUS_LIMIT	CUS_BAL	CUS_RATING	CUS_DUE
10	Sinex, Inc.	12 Main St.	TN	3500.00	2700.00	3	1245.00
12	Mynux Corp.	910 Eagle St.	TN	4000.00	3500.00	3	3400.00

Nome da tabela: CUST_H2   Localização: Georgia   Nó: ATL

CUS_NUM	CUS_NAME	CUS_ADDRESS	CUS_STATE	CUS_LIMIT	CUS_BAL	CUS_RATING	CUS_DUE
15	NBCC Corp.	909 High Ave.	GA	2000.00	350.00	2	50.00

Nome da tabela: CUST_H3   Localização: Flórida   Nó: TAM

CUS_NUM	CUS_NAME	CUS_ADDRESS	CUS_STATE	CUS_LIMIT	CUS_BAL	CUS_RATING	CUS_DUE
11	Martin Corp.	321 Sunset Blvd.	FL	6000.00	1200.00	1	0.00
13	BTBC, Inc.	Rue du Monde	FL	6000.00	5890.00	3	1090.00
14	Victory, Inc.	123 Maple St.	FL	1200.00	550.00	1	0.00

Fragmentação vertical

Também é possível dividir a relação CLIENTE em fragmentos verticais compostos de um conjunto de atributos. Por exemplo, suponha que uma empresa se divida em dois departamentos: serviços e cobranças. Cada departamento localiza-se em um edifício diferente e tem interesse por apenas alguns atributos da tabela CLIENTE. Nesse caso, os fragmentos são definidos conforme apresentado na Tabela 12.5.

TABELA 12.5 Fragmentação vertical da tabela Cliente

NOME DO FRAGMENTO	LOCALIZAÇÃO	NOME DO NÓ	NOMES DOS ATRIBUTOS
CUST_V1	Prédio de serviços	SVC	CUS_NUM, CUS_NAME, CUS_ADDRESS, CUS_STATE
CUST_V2	Prédio de cobranças	ARC	CUS_NUM, CUS_LIMIT, CUS_BAL, CUS_RATING, CUS_DUE

Cada fragmento vertical deve ter o mesmo número de linhas, mas a inclusão de atributos diferentes depende da coluna de chave. Os resultados da fragmentação vertical são apresentados na Figura 12.18. Observe que o atributo de chave (CUS_NUM) é comum a ambos os fragmentos, CUST_V1 e CUST_V2.

FIGURA
12.18

FIGURA 12.18 Conteúdo da tabela fragmentada verticalmente

Nome da tabela: CUST_V1   Localização: Prédio de Serviços   Nó: SVC

CUS_NUM	CUS_NAME	CUS_ADDRESS	CUS_STATE
10	Sinex, Inc.	12 Main St.	TN
11	Martin Corp.	321 Sunset Blvd.	FL
12	Mynux Corp.	910 Eagle St.	TN
13	BTBC, Inc.	Rue du Monde	FL
14	Victory, Inc.	123 Maple St.	FL
15	NBCC Corp.	909 High Ave.	GA

Nome da tabela: CUST_V2   Localização: Prédio de Cobranças   Nó: ARC

CUS_NUM	CUS_LIMIT	CUS_BAL	CUS_RATING	CUS_DUE
10	3500.00	2700.00	3	1245.00
11	6000.00	1200.00	1	0.00
12	4000.00	3500.00	3	3400.00
13	6000.00	5890.00	3	1090.00
14	1200.00	550.00	1	0.00
15	2000.00	350.00	2	50.00

Fragmentação mista

A estrutura da Empresa XYZ exige que os dados de CLIENTE sejam fragmentados horizontalmente para atender às diferentes localizações da empresa. No interior das localizações, os dados devem ser fragmentados verticalmente, atendendo aos dois departamentos (serviços e cobranças). Em suma, a tabela CLIENTE precisa de fragmentação mista.

A fragmentação mista exige um procedimento de duas etapas. Primeiro, deve-se introduzir a fragmentação horizontal para cada local com base na localização de estado (CUS_STATE). A fragmentação horizontal resulta em subconjuntos de Tuplas de clientes (fragmentos horizontais) em cada local. Como os departamentos se localizam em edifícios diferentes, a fragmentação vertical é utilizada em cada fragmento horizontal para dividir os atributos, atendendo, assim, às necessidades de informações de cada departamento em cada sublocal. A fragmentação mista produz os resultados apresentados na Tabela 12.6.

TABELA 12.6 Fragmentação mista da Tabela Cliente por estado

NOME DO FRAGMENTO	LOCALIZAÇÃO	CRITÉRIOS HORIZONTAIS	NOME DO NÓ	LINHAS RESULTANTES NO LOCAL	ATRIBUTOS DE CRITÉRIOS VERTICAIS EM CADA FRAGMENTO
CUST_M1	TN-Serviços	CUS_STATE = 'TN'	NAS-S	10, 12	CUS_NUM, CUS_NAME CUS_ADDRESS, CUS_STATE
CUST_M2	TN-Cobranças	CUS_STATE = 'TN'	NAS-C	10, 12	CUS_NUM, CUS_LIMIT, CUS_BAL, CUS_RATING, CUS_DUE
CUST_M3	GA-Serviços	CUS_STATE = 'GA'	ATL-S	15	CUS_NUM, CUS_NAME CUS_ADDRESS, CUS_STATE
CUST_M4	GA-Cobranças	CUS_STATE = 'GA'	ATL-C	15	CUS_NUM, CUS_LIMIT, CUS_BAL, CUS_RATING, CUS_DUE
CUST_M5	FL-Serviços	CUS_STATE = 'FL'	TAM-S	11, 13, 14	CUS_NUM, CUS_NAME CUS_ADDRESS, CUS_STATE
CUST_M6	FL-Cobranças	CUS_STATE = 'FL'	TAM-C	11, 13, 14	CUS_NUM, CUS_LIMIT, CUS_BAL, CUS_RATING, CUS_DUE

Cada fragmento apresentado na Tabela 12.6 contém dados de clientes por estado e, dentro de cada estado, por localização de departamento, atendendo às necessidades de cada departamento. As tabelas correspondentes aos fragmentos listados são apresentadas na Figura 12.19.

FIGURA 12.19	Conteúdo da tabela após o processo de fragmentação mista

Nome da tabela: CUST_M1   Localização: TN-Serviços   Nó: NAS-S

CUS_NUM	CUS_NAME	CUS_ADDRESS	CUS_STATE
10	Sinex, Inc.	12 Main St.	TN
12	Mynux Corp.	910 Eagle St.	TN

Nome da tabela: CUST_M2   Localização: TN-Cobranças   Nó: NAS-C

CUS_NUM	CUS_LIMIT	CUS_BAL	CUS_RATING	CUS_DUE
10	3500.00	2700.00	3	1245.00
12	4000.00	3500.00	3	3400.00

Nome da tabela: CUST_M3   Localização: GA-Serviços   Nó: ATL-S

CUS_NUM	CUS_NAME	CUS_ADDRESS	CUS_STATE
15	NBCC Corp.	909 High Ave.	GA

Nome da tabela: CUST_M4   Localização: GA-Cobranças   Nó: ATL-C

CUS_NUM	CUS_LIMIT	CUS_BAL	CUS_RATING	CUS_DUE
15	2000.00	350.00	2	50.00

Nome da tabela: CUST_M5   Localização: FL-Serviços   Nó: TAM-S

CUS_NUM	CUS_NAME	CUS_ADDRESS	CUS_STATE
11	Martin Corp.	321 Sunset Blvd.	FL
13	BTBC, Inc.	Rue du Monde	FL
14	Victory, Inc.	123 Maple St.	FL

Nome da tabela: CUST_M6   Localização: FL-Cobranças   Nó: TAM-C

CUS_NUM	CUS_LIMIT	CUS_BAL	CUS_RATING	CUS_DUE
11	6000.00	1200.00	1	0.00
13	6000.00	5890.00	3	1090.00
14	1200.00	550.00	1	0.00

REPLICAÇÃO DE DADOS

A **replicação de dados** refere-se ao armazenamento de cópias de dados em vários locais servidos por uma rede de computador. As cópias dos fragmentos podem ser armazenadas nesses diversos locais para atender a necessidades específicas de informação. Como a existência de cópias de fragmentos pode aprimorar a disponibilidade de dados e o tempo de resposta, elas ajudam a reduzir os custos totais de comunicação e consulta.

Suponha que o banco de dados A seja dividido em dois fragmentos, A1 e A2. Dentro de um banco distribuído replicado, o cenário ilustrado na Figura 12.20 é possível: o fragmento A1 é armazenado nos locais S1 e S2, enquanto o A2 é armazenado nos locais S2 e S3.

Os dados replicados estão sujeitos à regra da consistência mútua. A **regra da consistência mútua** exige que todas as cópias de fragmentos de dados sejam idênticas. Portanto, para manter a consistência de dados entre as réplicas, o SGBDD deve garantir que a atualização do banco de dados seja executada em todos os locais onde houver réplicas.

Embora a replicação traga alguns benefícios (como disponibilidade de dados aprimorada, melhor distribuição de carga, maior tolerância a falhas e custos de consulta reduzidos), também impõe cargas adicionais de processamento ao SGBDD, pois cada cópia de dados deve ser mantida pelo sistema. Além disso, como os dados são replicados em outro local, há custos associados de armazenamento e ampliação dos tempos das transações (pois os dados devem ser atualizados em vários sites ao mesmo tempo para atender à regra da consistência mútua). Para ilustrar a carga de réplica imposta ao SGBDD, considere o processo a ser executado pelo sistema para utilizar o banco de dados.

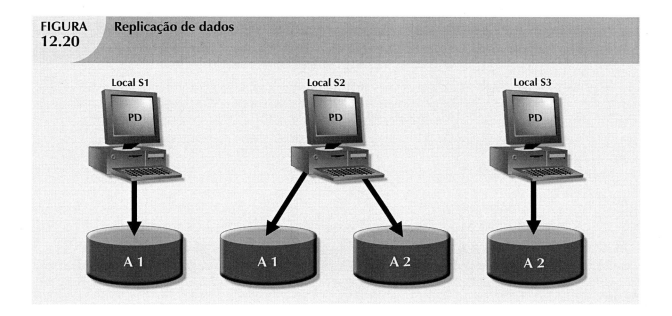

FIGURA 12.20 Replicação de dados

- Se o banco de dados estiver fragmentado, o SGBDD deve decompor uma consulta em *subconsultas* para acessar os fragmentos adequados.
- Se o banco de dados estiver replicado, o SGBDD deve decidir qual cópia acessar. A operação READ seleciona a *cópia mais próxima* para atender à transação. A operação WRITE exige que *todas as cópias* sejam selecionadas e atualizadas para atender à regra da consistência mútua.
- O PT (processador de transação) envia uma solicitação de dados a cada PD (processador de dados) selecionado para a execução.
- O PD recebe e executa cada solicitação e envia os dados de volta para o PT.
- O PT monta as respostas do PD.

O problema fica ainda mais complexo quando se considera outros fatores, como topologia de rede e capacidade de transmissão da comunicação.

Há três situações de replicação: o banco de dados pode estar totalmente replicado, parcialmente replicado ou não replicado.

- Um **banco de dados totalmente replicado** armazena diversas cópias de *cada* um de seus fragmentos em vários locais. Nesse caso, todos os fragmentos do banco são replicados. Esse tipo de banco pode ser inviável pela quantidade de carga imposta ao sistema.
- Um **banco de dados parcialmente replicado** armazena diversas cópias de *alguns* de seus fragmentos em vários locais. A maioria dos SGBDDs é capaz de lidar bem com bancos parcialmente replicados.
- O **banco de dados não replicado** armazena cada um de seus fragmentos em um único local. Portanto, não há fragmentos duplicados no banco de dados.

Vários fatores influenciam a decisão de utilizar replicação de dados:

- Tamanho do banco de dados. A quantidade de dados replicados terá impacto sobre as necessidades de armazenamento e os custos de transmissão de dados. Replicar grandes quantidades de dados exige uma janela de tempo e maior largura de banda de rede, o que pode afetar outras aplicações.
- Frequência de utilização. A frequência de utilização dos dados determina a frequência necessária de atualização dos dados. Dados utilizados com frequência precisam ser atualizados mais vezes, por exemplo, do que conjuntos de dados utilizados uma vez a cada trimestre.
- Custos, incluindo os de desempenho, carga de software e gerenciamento, associados à sincronização de transações e seus componentes, em comparação com os benefícios da replicação de dados quando há tolerância a falhas.

Quando a frequência de utilização de dados localizados remotamente for alta e o banco de dados for grande, a replicação pode reduzir o custo de solicitações. As informações sobre os dados replicados são armazenadas no catálogo de dados distribuídos (CDD), cujo conteúdo é utilizado pelo PT para decidir que cópia do fragmento de banco de dados acessar. A replicação de dados possibilita a recuperação de dados perdidos.

ALOCAÇÃO DE DADOS

A **alocação de dados** descreve o processo de decidir onde posicionar os dados. As estratégias de alocação de dados são:

- Com a **alocação centralizada de dados**, todo o banco de dados é armazenado em um único local.
- Com a **alocação particionada de dados**, o banco de dados é dividido em duas ou mais partes separadas (fragmentos) e armazenado em dois ou mais locais.
- Com a **alocação replicada de dados**, cópias de um ou mais fragmentos do banco de dados são armazenadas em vários locais.

A distribuição de dados por uma rede de computadores é obtida por meio do particionamento, da replicação ou da combinação de ambos. A alocação de dados relaciona-se intimamente com o modo como o banco é dividido ou fragmentado. A maioria dos estudos de alocação de dados foca em uma questão: *quais* dados localizar e *onde*.

Os algoritmos de alocação levam em consideração vários fatores, entre os quais:

- Objetivos de desempenho e disponibilidade de dados.
- Tamanho, número de linhas e número de colunas das relações que uma entidade mantém com outras.
- Tipos de transações a serem aplicados ao banco de dados e aos atributos acessados por essas transações.
- Operações desconectadas para usuários móveis. Em alguns casos, o projeto pode considerar a utilização de fragmentos fracamente desconectados para usuários móveis, em especial dados somente de leitura que não exigem atualizações frequentes e cujas janelas de atualização de réplicas (a quantidade de tempo disponível para executar uma determinada tarefa de processamento de dados que não possa ser executada de modo concorrente com outra tarefa) possam ser maiores.

Alguns algoritmos incluem dados externos, como topologia ou capacidade de transmissão da rede. Não há, ainda, um algoritmo ideal ou aceito universalmente e poucos algoritmos foram implementados até o momento.

CLIENTE/SERVIDOR *VERSUS* SGBDD

Como a tendência de bancos de dados distribuídos está solidamente estabelecida, muitos fornecedores têm utilizado a identificação "cliente/servidor" para indicar o recurso de distribuição. No entanto, os bancos distribuídos nem sempre refletem precisamente as características para identificação como cliente/servidor.

A arquitetura cliente/servidor refere-se ao modo como os computadores interagem para formar um sistema. Essa arquitetura se caracteriza por apresentar um *usuário* de recursos, ou seja, um cliente, e um *fornecedor* de recursos, um servidor. Pode ser utilizada na implementação de um SGBD em que o cliente seja o PT, e o servidor, o PD.

As interações cliente/servidor em um SGBDD cuidadosamente determinadas. O cliente (PT) interage com o usuário final e envia uma solicitação ao servidor (PD). Este recebe, programa e executa a solicitação, *selecionando apenas os registros necessários para o cliente*. O servidor, em seguida, envia os dados ao cliente *apenas* quando este último os solicita.

As aplicações cliente/servidor oferecem diversas vantagens.

- Suas soluções são menos dispendiosas do que as de minicomputadores ou mainframes alternativos, em termos de necessidades de infraestrutura de inicialização.
- Suas soluções permitem que o usuário final utilize a GUI do microcomputador, aprimorando, assim, a funcionalidade e a simplicidade. Em particular, a utilização do navegador da web, universalmente disponível, em conjunto com modelos de Java e .NET, fornece uma interface familiar ao usuário final.
- Mais pessoas no mercado de trabalho possuem habilidades com PC do que com mainframe. A maior parte dos alunos da nova geração está aprendendo habilidades de programação em Java e .NET.
- O PC é bem estabelecido no local de trabalho. Além disso, o crescimento do uso da internet como um canal de negócios, aliado aos avanços de segurança (SSL, Redes Privadas Virtuais, autenticação de multifatores etc.), fornece plataforma mais confiável e segura para as transações comerciais.
- Existem várias ferramentas de análise e consulta de dados para facilitar a interação com muitos SGBDs disponíveis no mercado de PCs.
- Há uma considerável vantagem de custos para o desenvolvimento de aplicações offloading do mainframe para PCs poderosos.

As aplicações cliente/servidor também estão sujeitas a algumas desvantagens.

- A arquitetura cliente/servidor cria um ambiente mais complexo no qual diferentes plataformas (LANs, sistemas operacionais etc.) costumam ser difíceis de gerenciar.
- Um aumento do número de usuários e de locais de processamento costuma abrir espaço para problemas de segurança.
- O ambiente cliente/servidor torna possível a disseminação do acesso aos dados a um círculo de usuários muito mais amplos. Esse ambiente amplia a demanda por pessoal com profundo conhecimento de computadores e aplicativos. Os encargos de treinamento elevam o custo de manutenção do ambiente.

OS DOZE MANDAMENTOS DE C. J DATE PARA BANCO DE DADOS DISTRIBUÍDOS

A noção de banco de dados distribuídos está presente há, pelo menos, 20 anos. Com a ascensão dos bancos de dados relacionais, a maioria dos fornecedores implementou seus próprios bancos distribuídos, em geral destacando os pontos fortes de seus respectivos produtos. Para tornar mais fácil a comparação de bancos de dados distribuídos, C. J. Date formulou doze "mandamentos" ou princípios básicos desse tipo de banco.[2] Embora nenhum SGBDD atual atenda a todos, trata-se de uma meta útil. As doze regras são as seguintes:

1. *Independência de local.* Cada local pode atuar como um SGBD centralizado, independente e autônomo. Cada local é responsável por segurança, controle de concorrência, backup e recuperação.

2. *Independência do local central.* Nenhum local da rede depende de um local central ou de outro local. Todos os locais apresentam os mesmos recursos.

3. *Independência de falhas.* O sistema não é afetado por falhas de nós. Ele permanece em operação contínua mesmo em caso de falha de nó ou expansão da rede.

4. *Transparência de localização.* O usuário não precisa saber a localização dos dados para poder recuperá-los.

5. *Transparência de fragmentação.* A fragmentação de dados é transparente ao usuário, que vê um único banco de dados lógico. O usuário não precisa saber o nome dos fragmentos do banco de dados para poder recuperá-los.

6. *Transparência de replicação.* O usuário vê um único banco de dados lógico. O SGBDD seleciona de modo transparente o fragmento a ser acessado. Para o usuário, o SGBDD gerencia todos os fragmentos de modo transparente.

7. *Processamento de consultas distribuídas.* Uma consulta distribuída pode ser executada em vários locais de PD diferentes. A otimização de consultas é executada de modo transparente pelo SGBDD.

8. *Processamento de transações distribuídas.* Uma transação pode atualizar os dados em vários locais diferentes, sendo executada de modo transparente.

9. *Independência de hardware.* O sistema deve ser executado em qualquer plataforma de hardware.

10. *Independência de sistema operacional.* O sistema deve ser executado em qualquer plataforma de sistema operacional.

11. *Independência de rede.* O sistema deve ser executado em qualquer plataforma de rede.

12. *Independência de banco de dados.* O sistema deve dar suporte a produtos de banco de dados de qualquer fornecedor.

---

[2] Date, C. J. 'Twelve Rules for a Distributed Database", *Computer World*, 8 de junho de 1987, 2, 23, p. 77–81.

RESUMO

- O banco de dados distribuído armazena dados relacionados logicamente em dois ou mais locais fisicamente independentes conectados por uma rede de computadores. O banco de dados é dividido em fragmentos, que podem ser horizontais (conjunto de linhas) ou verticais (conjunto de atributos). Cada fragmento pode ser alocado para um nó de rede diferente.

- O processamento distribuído é a divisão do processamento do banco de dados lógico entre dois ou mais nós de rede. Os bancos de dados distribuídos exigem processamento distribuído. O sistema de gerenciamento de bancos de dados distribuídos (SGBDD) determina o processamento e o armazenamento de dados logicamente relacionados por meio de sistemas de computadores interconectados.

- Os principais componentes do SGBDD são o processador de transações (PT) e o processador de dados (PD). O componente processador de transações é o software residente em cada nó que solicita dados. O componente processador de dados é o software residente em cada computador que armazena e recupera dados.

- Os sistemas de banco de dados atuais podem ser classificados pela profundidade com que dão suporte à distribuição de processamento e dados. São utilizadas três categorias principais para classificar os sistemas distribuídos: (1) processamento em um único local, dados em um único local (SPSD); (2) processamento em vários locais, dados em um único local (MPSD); e (3) processamento em vários locais, dados em vários locais (MPMD).

- O sistema de banco de dados distribuído homogêneo integra apenas um tipo particular de SGBD por meio de uma rede. O sistema de banco de dados distribuído heterogêneo integra vários tipos diferentes de SGBDs por meio de uma rede.

- As características dos SGBDDs são mais bem descritas como um conjunto de transparências: de distribuição, de transação de falha, de heterogeneidade e de desempenho. Todas as transparências compartilham o objetivo comum de fazer com que o banco de dados distribuído se comporte como se fosse um sistema centralizado; ou seja, o usuário final vê os dados como parte de um único banco lógico e não toma conhecimento das complexidades do sistema.

- A transação é composta de uma ou mais solicitações de banco de dados. A transação não distribuída atualiza ou solicita dados de um único local. A transação distribuída pode atualizar ou solicitar dados de vários locais.

- O controle de concorrência distribuída é necessário em uma rede de bancos de dados distribuídos. O protocolo COMMIT (consolidação) de duas fases é utilizado para garantir que todas as partes de uma transação sejam concluídas.

- O SGBD distribuído avalia todas as solicitações de dados para encontrar o melhor caminho de acesso. O SGBDD deve otimizar a consulta para reduzir os custos de acesso, comunicação e CPU associados a cada uma.

- O projeto de um banco de dados distribuído deve considerar a fragmentação e a replicação de dados. O projetista também deve decidir como alocar cada fragmento ou réplica para obter o melhor tempo de resposta geral e garantir a disponibilidade para o usuário final.

- Um banco de dados pode ser replicado por vários locais diferentes de uma rede. A replicação dos fragmentos do banco tem o objetivo de aprimorar a disponibilidade de dados, reduzindo, assim, o tempo de acesso. Um banco de dados pode estar parcialmente replicado, totalmente replicado ou não replicado. As estratégias de alocação de dados são projetadas para determinar a localização de fragmentos ou réplicas do banco de dados.

- Os fornecedores costumam identificar o software como produtos de banco de dados cliente/servidor. A identificação da arquitetura cliente/servidor refere-se ao modo como dois computadores interagem, por meio de uma rede, para formar um sistema.

QUESTÕES DE REVISÃO

1. Descreva a evolução dos SGBDs centralizados para os distribuídos.
2. Relacione e discuta alguns dos fatores que influenciaram a evolução do SGBDD.
3. Quais são as vantagens do SGBDD?
4. Quais são as desvantagens do SGBDD?
5. Explique a diferença entre banco de dados distribuído e processamento distribuído.
6. O que é um sistema de gerenciamento de banco de dados totalmente distribuído?
7. Quais são os componentes do SGBDD?
8. Relacione e explique os recursos de transparência do SGBDD.
9. Defina e explique os diferentes tipos de transparência de distribuição.
10. Descreva os diferentes tipos de solicitações e transações de bancos de dados.
11. Explique a necessidade do protocolo de consolidação de duas fases. Em seguida, descreva as duas fases.
12. Qual é o objetivo das funções de otimização de consultas?
13. A que recurso de transparência as funções de otimização de consultas estão relacionadas?
14. Quais são os diferentes tipos de algoritmos de otimização de consultas?
15. Descreva as três estratégias de fragmentação de dados. Dê alguns exemplos de cada uma.
16. O que é replicação de dados e quais são as três estratégias de replicação?
17. Explique a diferença entre bancos de dados distribuídos e arquitetura cliente/servidor.

PROBLEMAS

O primeiro problema baseia-se no cenário de SGBDD da Figura P12.1.

FIGURA P12.1 Cenário de SGBDD para o Problema 1

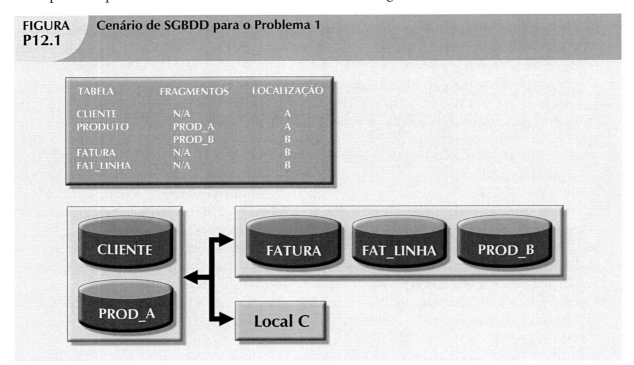

TABELA	FRAGMENTOS	LOCALIZAÇÃO
CLIENTE	N/A	A
PRODUTO	PROD_A	A
	PROD_B	B
FATURA	N/A	B
FAT_LINHA	N/A	B

1. Especifique o(s) tipo(s) mínimo(s) de operação que o banco de dados deve dar suporte (solicitação remota, transação remota, transação distribuída ou solicitação distribuída) para executar as seguintes operações:

No local C
a. SELECT   *
    FROM   CLIENTE;

b. SELECT   *
    FROM   FATURA
    WHERE   FAT_TOT > 1000;

c. SELECT   *
    FROM   PRODUTO
    WHERE   PROD_ DISPON < 10;

d. BEGIN WORK;
    UPDATE   CLIENTE
    SET   CLI_SALDO = CLI_SAL + 100
    WHERE   CLI_NUM = '10936';
    INSERT   INTO FATURA(FAT_NUM, CLI_NUM, FAT_DATA, FAT_TOTAL)
                  VALUES('986391', '10936', '15-FEV-2008', 100);
    INSERT   INTO LINHA(FAT_NUM, PROD_NUM, LINHA_PREÇO)
                  VALUES('986391', '1023', 100);
    UPDATE   PRODUTO
    SET   PROD_DISPN = PROD_ DISPON –1
    WHERE   PROD_NUM = '1023'; COMMIT WORK;

e. BEGIN WORK;
    INSERT   INTO CLIENTE(CLI_NUM, CLI_NOME, CLI_ENDEREÇO, CLI_SALDO)
                  VALUES ('34210', 'Victor Ephanor', '123 Main St.', 0,00);
    INSERTINTO FATURA(FAT_NUM, CLI_NUM, FAT_DATA, FAT_TOTAL)
                  VALUES ('986434', '34210', '10-AGO-2007', 2,00);
    COMMIT WORK;

No local A
f. SELECT   CLI_NUM,CLI_NOME,FAT_TOTAL
    FROM   CLIENTE, FATURA
    WHERE   CLIENTE.CLI_NUM = FATURA.CLI_NUM;

g. SELECT   *
    FROM   FATURA
    WHERE   FAT_TOTAL > 1000;

h. SELECT   *
    FROM   PRODUTO
    WHERE   PROD_DISPON < 10;

No local B
i. SELECT   *
    FROM   CLIENTE;

```
     j. SELECT        CLI_NOME, FAT_TOTAL
        FROM          CLIENTE, FATURA
        WHERE         FAT_TOTAL > 1000
                      AND CLIENTE.CLI_NUM = FATURA.CLI_NUM;
     k. SELECT        *
        FROM          PRODUTO
        WHERE         PROD_DISPON < 10;
```

2. A seguinte estrutura de dados e suas restrições aplicam-se a uma empresa que publica revistas:
   a. A empresa publica uma revista regional em cada um dos seguintes estados: Flórida (FL), Carolina do Sul (SC), Georgia (GA) e Tennessee (TN).
   b. A empresa possui 300.000 clientes (assinantes) distribuídos por todos os quatro estados listados no Item a.
   c. No primeiro dia de cada mês, uma FATURA de assinatura anual é impressa e enviada a cada cliente, cuja assinatura precisa de renovação. A entidade FATURA contém um atributo REGIÃO que indica o estado (FL, SC, GA, TN) em que o cliente reside:

   CLIENTE (CLI_NUM, CLI_NOME, CLI_ENDEREÇO, CLI_CIDADE, CLI_CEP, CLI_DATAASSIN)
   FATURA (FAT_NUM, FAT_REGIÃO, CLI_NUM, FAT_DATA, FAT_TOTAL)

   A gerência da empresa está ciente dos problemas associados ao gerenciamento centralizado e decidiu descentralizar o gerenciamento de assinaturas para suas quatro subsidiárias regionais. Cada local de subscrição tratará de seus próprios dados de clientes e faturas. O gerenciamento na sede da empresa, no entanto, terá acesso a esses dados para gerar relatórios anuais e emitir consultas *ad hoc* como:

   - Lista de todos os clientes por região.
   - Lista de todos os novos clientes por região.
   - Todas as faturas por cliente e por região.

   Dadas essas necessidades, como você deve particionar o banco de dados?

3. Dado o cenário e as necessidades do Problema 2, responda às seguintes perguntas:
   a. Que recomendações você fará em relação ao tipo e às características do sistema de banco de dados necessário?
   b. Que tipo de fragmentação de dados é necessário para cada tabela?
   c. Quais critérios devem ser utilizados para particionar cada banco?
   d. Projete os fragmentos do banco de dados. Apresente um exemplo com os nomes de nós, localização, nomes de fragmentos, nomes de atributos e dados de demonstração.
   e. Que tipo de operações de bancos de dados distribuídos devem ser suportadas em cada local remoto?
   f. Que tipo de operações de bancos de dados distribuídos devem ser suportadas na sede da empresa?

Neste capítulo, você aprenderá:

- Como a business intelligence fornece um amplo modelo de suporte à tomada de decisões de negócios
- Como os dados operacionais diferem dos dados de suporte a decisões
- O que é data warehouse, como preparar os dados para ele e como implementá-los
- O que são esquemas estrela e como são construídos
- O que é mineração de dados e que papel executa no suporte a decisões
- Sobre o processamento analítico on-line (OLAP)
- Como extensões de SQL são utilizadas para dar suporte a manipulações de dados do tipo OLAP

NECESSIDADE DA ANÁLISE DE DADOS

As organizações tendem a crescer e prosperar quando obtêm melhor compreensão de seu ambiente. A maioria dos gerentes deseja rastrear as transações diárias para avaliar o fluxo dos trabalhos. Recorrendo ao banco de dados operacional, a gerência pode desenvolver estratégias que atendam às metas organizacionais. Além disso, a análise de dados pode fornecer informações sobre estratégias e avaliações táticas de curto prazo como as seguintes: nossas promoções de vendas estão funcionando? Que porcentagem do mercado controlamos? Estamos atraindo novos clientes? As decisões táticas e estratégicas também são moldadas por uma pressão constante de forças externas e internas, incluindo a globalização, o ambiente legal, cultural e (talvez o mais importante) a tecnologia.

Em razão das muitas e variadas pressões do ambiente de competição, os gerentes estão sempre procurando novas vantagens competitivas por meio do desenvolvimento e manutenção de produtos, serviços, posicionamento no mercado, promoções de venda etc. Os gerentes compreendem que o clima dos negócios é dinâmico e, assim, exigem sua pronta reação às mudanças para a manutenção da competitividade. Além disso, o clima moderno de negócios impõe que os gerentes tratem de problemas cada vez mais complexos, envolvendo variáveis internas e externas que se multiplicam rapidamente. Também não é de surpreender que esteja crescendo o interesse pela criação de sistemas de suporte dedicados a facilitar a rápida tomada de decisões em um ambiente complexo.

Diferentes níveis gerenciais apresentam necessidades distintas de suporte a decisões. Por exemplo, os sistemas de processamento de transações, com base em bancos de dados operacionais, podem ser adaptados para servir às necessidades de informações de pessoas que lidem com estoque, contas a pagar e aquisições no curto prazo. Gerentes de nível intermediário, gerentes gerais, vice-presidentes e presidentes focam na tomada de decisões estratégicas e táticas. Eles precisam de informações detalhadas, projetadas de modo a ajudá-los a tomar decisões em um ambiente complexo de dados e de análise.

As empresas e os fornecedores de softwares cuidaram desses vários níveis de necessidades de suporte a decisões criando aplicações independentes que se ajustem às necessidades de áreas específicas (finanças, gerenciamento de clientes, recursos humanos, suporte a produtos etc.). As aplicações foram adaptadas a diferentes setores como educacional, varejista, médico e financeiro. Essa abordagem funcionou bem por algum tempo, mas mudanças no mundo dos negócios (globalização, mercados em expansão, fusões e aquisições, regulamentação ampliada etc.) demandaram novos modos de integrar e gerenciar dados por todos os níveis e setores. Esse modelo mais amplo e integrado de suporte a decisões no interior das organizações ficou conhecido como business intelligence.

BUSINESS INTELLIGENCE

Business intelligence (BI)[1] é um termo utilizado para descrever um conjunto amplo, coeso e integrado de ferramentas e processos utilizados para captar, coletar, integrar, armazenar e analisar dados para a geração e a apresentação de informações que deem suporte à tomada de decisões de negócios. Como o próprio nome diz, BI trata da criação de inteligência sobre um negócio. Essa inteligência se baseia no aprendizado e na compreensão de fatos sobre o ambiente de negócios. BI é um modelo que permite à empresa transformar dados em informações, informações em conhecimento e conhecimento em sabedoria. BI tem potência para afetar positivamente a cultura de uma empresa, criando "sabedoria sobre os negócios" e distribuindo-a para todos os usuários na organização. Essa sabedoria possibilita aos usuários tomar sólidas decisões com base no conhecimento acumulado sobre os negócios, conforme ele se reflita nos fatos registrados (histórico de dados operacionais). A Tabela 13.1 fornece alguns exemplos reais de empresas que implementaram ferramentas de BI (data warehouse, data mart, OLAP e/ou ferramentas de mineração de dados) e mostra como sua utilização beneficiou as organizações.

O BI representa um amplo esforço, pois engloba todos os processos de negócios em uma organização. Os *processos de negócios* são as unidades centrais de operação de uma empresa. A implementação de BI em uma organização envolve a captação não apenas de dados de negócios (internos e externos), mas também de metadados, ou seja, conhecimento sobre os dados. Na prática, o BI é uma proposta complexa que exige compreensão e alinhamento profundo dos processos de negócios, dos dados internos e externos e das necessidades de informações dos usuários em todos os níveis de uma organização.

O BI não é, por si só, um produto, mas um modelo de conceitos, práticas, ferramentas e tecnologias que auxiliam uma empresa a compreender melhor seus recursos centrais, fornecem um retrato instantâneo da situação da companhia e identificam oportunidades fundamentais para criar vantagens competitivas. Na prática, o BI fornece um modelo bem orquestrado para o gerenciamento de dados, funcionando em todos os níveis da organização. Envolve as seguintes etapas gerais:

1. Coleta e armazenamento de dados operacionais.
2. Agregação de dados operacionais em dados de suporte a decisões.
3. Análise de dados de suporte a decisões para gerar informações.
4. Apresentação dessas informações ao usuário final para dar suporte a decisões de negócios.
5. Tomada de decisões de negócios, o que, por sua vez, gera mais dados que são coletados, armazenados etc. (reiniciando o processo).

---

[1] Em 1989, quando trabalhava na Gartner Inc., Howard Dresner popularizou a "BI" como um termo geral para descrever um conjunto de conceitos e métodos para melhorar a tomada de decisões de negócios, utilizando sistemas de suporte a decisões com base em fatos. Fonte: *http://www.computerworld.com/action/article.do?command=viewArticleBasic&articleId=266298*.

TABELA 13.1 Resolução de problemas de negócios e adição de valor com ferramentas BI

EMPRESA	PROBLEMA	BENEFÍCIO
MOEN Fabricante de móveis e utensílios para cozinha e banheiro Fonte: Cognos Corp. *www.cognos.com*	• Geração muito limitada de informações e com grande consumo de tempo. • Como extrair dados utilizando uma 3GL conhecida por apenas cinco pessoas. • Tempo de resposta inaceitável para fins de tomada de decisões por gerentes.	• Forneceu respostas rápidas a perguntas *ad hoc* para a tomada de decisões. • Forneceu acesso a dados para fins de tomada de decisões. • Recebeu uma visão profunda do desempenho de produtos e das margens de clientes.
NASDAQ Maior organização de comércio de ações do setor eletrônico nos EUA Fonte: Oracle *www.oracle.com*	• Incapacidade de fornecer consultas *ad hoc* em tempo real e relatórios-padrão a executivos, analistas comerciais e outros usuários. • Custos de armazenamento excessivos para muitos terabytes de dados.	• Custo reduzido de armazenamento passando para uma solução de armazenamento em várias camadas. • Implementou um novo centro de data warehouse com suporte a consulta e relatório *ad hoc* e acesso aos dados quase em tempo real para os usuários finais.
Sega of America, Inc. Sistemas interativos de entretenimento e videogames Fonte: Oracle Corp. *www.oracle.com*	• Precisava de um modo de analisar rapidamente grande quantidade de dados. • Necessitava rastrear publicidade, cupons promocionais e descontos associados a efeitos de mudanças de preço. • Costumava fazer isso em planilhas do Excel, levando a erros humanos.	• Eliminou erros de entrada de dados. • Identificou estratégias de mercado bem-sucedidas para dominar nichos de entretenimento interativo. • Utilizou análise de produtos para melhor identificar oferta de mercados/produtos.
Owens and Minor, Inc. Distribuidor de suprimentos médicos e cirúrgicos Fonte: *CFO Magazine* *www.cfomagazine.com*	• Perdeu seu maior cliente, que representava 10% de sua receita anual (US$ 360 milhões). • Ações despencaram 23%. • Processo trabalhoso para obter informações de um sistema antiquado de mainframe.	• Aumento dos ganhos por ação em apenas cinco meses. • Conseguiu mais negócios, graças à abertura do data warehouse a seus clientes. • Gerentes obtiveram rápido acesso a dados para fins de tomada de decisões.
Amazon.com Líder de varejo na internet Fonte: *PC Week Online* *whitepapers.zdnet. com/whitepaper. aspx?docid=241748*	• Dificuldade em gerar um ambiente de dados em rápido crescimento. • Soluções existentes de data warehouse incapazes de dar suporte ao crescimento extremamente rápido. • Necessitava de uma solução de data warehouse mais flexível e confiável para proteger seus investimentos em dados e infraestrutura.	• Implementou um novo data warehouse, como escalabilidade e desempenho superior. • Aprimorou o business intelligence. • Aperfeiçoou o gerenciamento do fluxo de produtos por toda a cadeia de fornecimento. • Aprimorou a experiência do cliente.

6. Monitoramento para avaliar os resultados das decisões de negócios (fornecendo mais dados a serem coletados, armazenados etc.)

Para implementar todas essas etapas, o BI utiliza diversos componentes e tecnologias. Nas seções seguintes, você aprenderá sobre a arquitetura e as implementações básicas de BI.

ARQUITETURA DE BUSINESS INTELLIGENCE

O BI cobre uma faixa de tecnologias e aplicações para o gerenciamento de todo o ciclo de vida dos dados, da aquisição ao armazenamento, transformação, integração, análise, monitoramento, apresentação e arquivamento. Os recursos de BI vão da simples coleta e extração de dados a complexas aplicações de análise e apresentação. Não há uma única arquitetura de BI; pelo contrário, ela se estende de aplicações altamente integradas de um único fornecedor a ambientes menos integrados de vários fornecedores. No entanto, há alguns tipos gerais de recursos, compartilhados por todas as implementações de BI.

Como qualquer infraestrutura importante de TI, a arquitetura de BI é composta de dados, pessoas, processos, tecnologia e gerenciamento desses componentes. A Figura 13.1 ilustra como todos esses componentes são reunidos no modelo de BI.

Lembre-se de que o foco principal de BI é coletar, integrar e armazenar dados de negócios para fins de criação de informações. Conforme ilustrado na Figura 13.1, o BI integra pessoas e processos utilizando tecnologia para agregar valor aos negócios. Esse valor decorre de como os usuários finais utilizam essas informações em suas atividades diárias e, em particular, de sua tomada de decisões de negócios no dia a dia. Observe também que os componentes de tecnologia BI são variados. Este capítulo explicará tais componentes em mais detalhes nas seções seguintes.

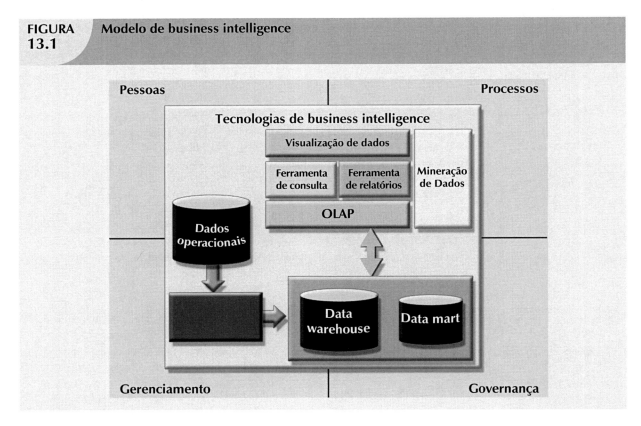

FIGURA 13.1 Modelo de business intelligence

O foco dos sistemas de informação tradicionais era em automação operacional e relatórios. Por outro lado, as ferramentas de BI focam na utilização estratégica e tática de informações. Para atingir esse objetivo, o BI reconhece que a tecnologia, por si mesma, não é suficiente. Portanto, utiliza um conjunto das melhores práticas de gerenciamento para administrar os dados como um bem corporativo. Um dos desenvolvimentos mais recentes nessa área é a utilização de técnicas de gerenciamento mestre de dados. O **gerenciamento mestre de dados (MDM – *master data management*)** é um conjunto de conceitos, técnicas e processos para a identificação, definição e gerenciamento adequados de elementos de dados em uma organização. A meta do MDM é fornecer uma definição ampla e consistente de todos os dados no interior de uma organização. O MDM garante que todos os recursos da empresa (pessoas, procedimentos e sistemas de TI) que operem sobre dados tenham visões uniformes e consistentes dos dados da empresa.

Um benefício adicionado por essa abordagem meticulosa do gerenciamento de dados e da tomada de decisões é o fornecimento de um modelo para a governança empresarial. A **governança** é um método ou processo de administração. Nesse caso, o BI proporciona um método de controle e monitoramento da saúde dos negócios e de tomada de decisões consistentes. Além disso, dispor dessa governança cria responsabilidade sobre as decisões de negócios. Na atual era de fluxos comerciais, a responsabilidade é cada vez mais importante. Se a governança fosse, alguns anos atrás, tão importante para as operações de negócios, as crises provocadas por acontecimentos similares aos da Enron, WorldCom e Arthur Andersen poderiam ter sido evitadas.

O monitoramento da saúde dos negócios é fundamental para compreender onde uma empresa se encontra e para onde está se dirigindo. Para realizar isso, o BI utiliza extensamente um tipo especial de métrica conhecido como indicadores de desempenho. Os **indicadores chaves de desempenho (ICD)** são medidas quantificáveis (numéricas ou baseadas em escala) que avaliam a eficiência ou o sucesso da empresa em alcançar suas metas estratégicas e operacionais. Há vários ICDs diferentes utilizados por diversos setores. Alguns exemplos são:

- *Gerais*. Medidas anuais de lucro por linha de negócios, vendas comparáveis de lojas, rotatividade e *recalls* de produtos, vendas por promoção, por funcionário etc.
- *Financeiros*. Ganhos por ação, margem de lucro, receita por funcionário, porcentagem de vendas em relação a contas a receber, ativos à venda etc.
- *Recursos humanos*. Candidatos a cargos abertos, rotatividade e longevidade de funcionários etc.
- *Educação*. Taxa de formandos, número de calouros ingressantes, taxa de retenção de alunos etc.

Os ICDs são determinados após a definição das principais metas estratégicas, táticas e operacionais. Para atender ao plano mestre de estratégias de uma organização, o ICD deve ser comparado a uma meta desejada em um intervalo de tempo específico. Por exemplo, em um ambiente acadêmico, pode haver o interesse em modos de medir a satisfação ou a retenção dos alunos. Nesse caso, uma meta seria "aumentar as notas médias dos exames de conclusão de graduandos do 4º ano de 9 para 12 até o 2º semestre de 2010. Outro exemplo de ICD seria: "aumentar a taxa de retorno de alunos do primeiro para o segundo ano de 60% para 75% até 2012". Nesse caso, esses indicadores de desempenho seriam medidos e monitorados com base anual, implementando-se planos para atingir essas metas.

Outro modo de compreender a arquitetura de BI é descrevendo os componentes básicos que fazem parte de sua infraestrutura. Alguns componentes possuem recursos adicionais. No entanto, há quatro componentes básicos que todos os ambientes de BI devem fornecer, descritos na Tabela 13.2 e ilustrados na Figura 13.2.

TABELA 13.2 Componentes arquiteturais básicos de BI

COMPONENTE	DESCRIÇÃO
Ferramentas de extração, transformação e carregamento (ETL) de dados	Esse componente é encarregado de coletar, filtrar, integrar e agregar dados operacionais a serem salvos em um armazenamento de dados otimizado para o suporte a decisões. Por exemplo, para determinar a participação relativa de mercado por linhas de produtos selecionadas, são necessários dados de produtos competidores. Esses dados podem se localizar em bancos externos fornecidos por grupos de setor ou por empresas que comercializam os dados. Como o nome diz, esse componente extrai os dados, filtra os dados extraídos para selecionar os registros relevantes e empacota os dados no formato certo para ser adicionado ao componente de armazenamento de dados.
Armazenamento de dados	O armazenamento de dados é otimizado para o suporte a decisões e costuma ser representado por um data warehouse ou data mart. Ele contém dados de negócios extraídos de bancos operacionais e de fontes externas. Esses dados são armazenados em estruturas otimizadas para a velocidade de análise e consulta. As fontes de dados externos fornecem dados que não podem ser encontrados no interior da empresa, mas que são relevantes para os negócios, como preços de ações, indicadores de mercado, informações de marketing (como as demográficas) e dados de competidores.
Ferramentas de consulta e análise de dados	Esse componente executa as tarefas de recuperação, análise e mineração, utilizando os dados no armazenamento e os modelos de análise de dados de negócios. Tal componente é utilizado pelo analista de dados para criar as consultas que acessam o banco. Dependendo da implementação, a ferramenta de consulta acessa tanto o banco de dados operacional como, o que é mais comum, o armazenamento de dados. Essa ferramenta orienta o usuário sobre quais dados selecionar e como construir um modelo de dados confiável. Tal componente costuma aparecer na forma de uma ferramenta OLAP.
Ferramentas de apresentação e visualização de dados	Esse componente é encarregado de apresentar os dados ao usuário final de vários modos. É utilizado pelo analista de dados para organizar e apresentar os dados. Essa ferramenta ajuda o usuário final a selecionar o formato de apresentação mais adequado, como relatório resumido, mapa, gráfico de pizza ou barra ou gráficos mistos. A ferramenta de consulta e a ferramenta de apresentação são a extremidade final do ambiente de BI.

Cada componente de BI apresentado na Tabela 13.2 gerou um mercado, em rápido crescimento, de ferramentas especializadas. E graças ao avanço de tecnologias cliente/servidor, tais componentes podem interagir com outros componentes para formar uma arquitetura genuinamente aberta. De fato, é possível integrar várias ferramentas de diferentes fornecedores em um único modelo de BI. A Tabela 13.3 apresenta algumas ferramentas comuns de BI e fornecedores.

Embora o BI tenha papel inquestionável em operações modernas de negócios, tenha em mente que o *gerente* deve iniciar o processo de suporte a decisões fazendo as perguntas certas. O ambiente BI existe para auxiliar o gerente, não para substituir a função de gerenciamento. Se o gerente não fizer as perguntas certas, os problemas não serão identificados e resolvidos e as oportunidades serão perdidas. Apesar da presença muito poderosa do BI, o componente humano ainda é o centro da tecnologia de negócios.

NOTA

Embora o termo BI inclua diversos componentes e ferramentas, este capítulo enfatiza seu componente de data warehouse.

TABELA 13.3 Algumas ferramentas de business intelligence

FERRAMENTA	DESCRIÇÃO	ALGUNS FORNECEDORES
Sistemas de suporte a decisões	O sistema de suporte a decisões (SSD) é uma combinação de ferramentas computacionais utilizadas para auxiliar a tomada de decisões gerenciais no âmbito comercial. Esses sistemas foram os precursores dos modernos sistemas de BI. Um SSD normalmente possui um foco e um alcance bem mais restrito do que a solução BI.	SAP Teradata IBM Proclarity
Painéis de monitoramento de atividade dos negócios	Os painéis utilizam tecnologias com base na web para apresentar os principais indicadores ou informações de desempenho dos negócios em uma visualização única e integrada, geralmente utilizando gráficos de modo claro, conciso e de fácil compreensão.	*Salesforce* VisualCalc Cognos BusinessObjects Information Builders Actuate
Portais	Os portais propiciam um ponto de entrada unificado para a distribuição de informações. Provida de uma tecnologia com base na web que utiliza navegadores para integrar dados de diversas fontes em uma única página da web. Tipos diferentes de recursos BI podem ser acessados por meio de um portal.	Oracle Portal Actuate Microsoft
Ferramentas de análise de dados e relatório	Ferramentas avançadas utilizadas na consulta de várias fontes de dados distintas para a criação de relatórios integrados.	Mircrosoft Reporting Services Information Builders Eclipse BIRT MicroStrategy SAS WebReportStudio
Ferramentas de mineração de dados	Ferramentas que fornecem análise estatística avançada para revelar problemas e oportunidades ocultos no interior dos dados de negócios.	MicroStrategy Intelligence Server MS Analytics Services
Data warehouses	O data warehouse é o fundamento sobre o qual é construída a infraestrutura de BI. Os dados são capturados a partir do sistema OLTP e posicionados no DW em base quase de tempo real. O BI proporciona integração de dados de toda a empresa e recursos para responder a questões de negócios no tempo oportuno.	Microsoft Oracle IBM MicroStrategy
Ferramentas OLAP	O processamento analítico on-line proporciona análise de dados multidimensionais.	Cognos BusinessObjects Oracle Microsoft
Visualização de dados	Ferramentas que fornecem análises e técnicas visuais avançadas, aprimorando a compreensão dos dados de negócios.	Advanced Visual Systems Dundas iDashboards

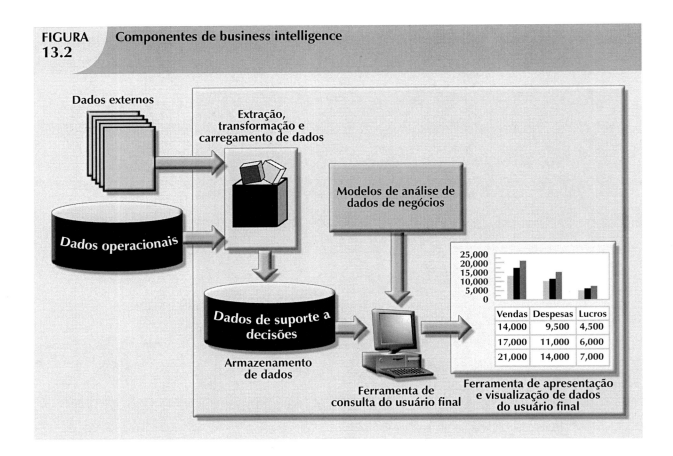

FIGURA 13.2   Componentes de business intelligence

DADOS DE SUPORTE A DECISÕES

Embora o BI seja utilizado nos níveis gerenciais estratégicos e táticos das organizações, *sua eficiência depende da qualidade dos dados coletados no nível operacional*. No entanto, os dados operacionais raramente são adequados às tarefas de suporte a decisões. A diferença entre os dados operacionais e os de suporte a decisões é examinada na seção seguinte.

DADOS OPERACIONAIS *VERSUS* DADOS DE SUPORTE A DECISÕES

Os dados operacionais e os dados de suporte a decisões servem a distintos propósitos. Portanto, não é surpreendente descobrir que seus formatos e estruturas diferem.

A maioria dos dados operacionais é armazenada em bancos relacionais nos quais as estruturas (tabelas) tendem a ser altamente normalizadas. O armazenamento de dados operacionais é otimizado para dar suporte a transações que representam as operações diárias. Por exemplo, cada vez que um item é vendido, sua venda deve ser contabilizada. Dados de clientes, de estoque e outros são atualizados com frequência. Para fornecer desempenho eficiente de atualização, os sistemas operacionais armazenam os dados em várias tabelas, cada uma com um número mínimo de campos. Assim, uma simples transação de vendas pode ser representada por cinco ou mais tabelas diferentes (por exemplo, fatura, linha da fatura, desconto, loja e departamento). Embora essa organização seja excelente no banco de dados operacional, não é eficiente para o processamento de consultas. Por exemplo, para extrair uma única fatura, seria necessário unir várias tabelas. Os dados operacionais são úteis para capturar transações diárias, enquanto os dados de suporte a decisões lhes fornecem significado tático e estratégico de negócios. Do ponto de vista do analista de dados, os dados de suporte a decisões diferem dos operacionais em três áreas principais: período de tempo, granularidade e dimensionalidade.

- *Período de tempo.* Os dados operacionais cobrem um curto espaço de tempo. Por outro lado, os de suporte a decisões tendem a cobrir um período maior. Os gerentes raramente se interessam por uma fatura específica do cliente X; pelo contrário, tendem a se deter nas vendas geradas durante o mês ou no ano passado, ou nos últimos cinco dias.
- *Granularidade (nível de agregação).* Os dados de suporte a decisões devem ser apresentados em diferentes níveis de agregação, altamente resumidos a quase indivisíveis. Por exemplo, se os gerentes tiverem de analisar as vendas por região, devem poder acessar dados que mostrem as vendas por região, por cidades da região, por lojas da cidade da região e assim por diante. Nesse caso, são necessários dados resumidos para comparar as regiões, mas também dados em uma estrutura que permita ao gerente **decompô-los (drill down)** em componentes menos divisíveis (ou seja, dados mais refinados em menores níveis de agregação). Por outro lado, ao **agrupá-los (roll up)**, agregam-se os dados em um nível mais alto.
- *Dimensionalidade.* Os dados operacionais focam na representação de transações individuais, e não em efeitos das transações através do tempo. Por outro lado, os analistas de dados tendem a incluir muitas dimensões de dados e estão interessados em como se relacionam por essas dimensões. Por exemplo, um analista pode querer saber como o produto X se saiu em relação ao produto Z durante os últimos seis meses por região, estado, cidade, loja e cliente. Nesse caso, tanto o lugar como o tempo fazem parte da representação.

A Figura 13.3 mostra como os dados de suporte a decisões podem ser examinados a partir de várias dimensões (como produto, região e ano), utilizando diversos filtros para produzir cada dimensão. A capacidade de analisar, extrair e apresentar as informações de modo que tenham significado é uma das diferenças entre os dados de suporte a decisões e os dados operacionais que apresentam uma transação por vez.

Do ponto de vista do projetista, as diferenças entre dados operacionais e de suporte a decisões são as seguintes:

- Os dados operacionais representam transações conforme elas ocorrem em tempo real. Os dados de suporte a decisões são um retrato instantâneo dos dados operacionais em determinado ponto do tempo. Portanto, os dados de suporte a decisões são históricos, representando os dados operacionais de um período de tempo.
- Os dados operacionais e os de suporte a decisões são diferentes em termos do *tipo* e do *volume* de transações. Enquanto os dados operacionais são caracterizados por transações atualizadas, os de suporte a decisões caracterizam-se principalmente por transações de *consulta* (apenas leitura). Os dados de suporte a decisões também exigem atualizações *periódicas* para carregar novos dados, a serem resumidos a partir dos dados operacionais. Por fim, o volume de transações concorrentes nos dados operacionais tende a ser muito alto em comparação com os níveis de baixo a médio dos dados de suporte a decisões.
- Os dados operacionais costumam ser armazenados em diversas tabelas e representar informações apenas sobre uma determinada transação. Os dados de suporte a decisões são, em geral, armazenados em poucas tabelas que mantêm dados provenientes de bancos operacionais. Os dados de suporte a decisões não incluem os detalhes de cada transação operacional. Pelo contrário, representam *resumos* de transações. Portanto, seus bancos armazenam dados integrados, agregados e resumidos para fins de suporte a decisões.
- O grau em que os dados de suporte a decisões são resumidos é muito alto em comparação com os dados operacionais. Portanto, os dados derivados assumirão grande importância em

bancos de suporte a decisões. Por exemplo, em vez de armazenar todas as 10.000 transações de vendas de determinada loja em determinado dia, o banco de dados de suporte a decisões pode simplesmente armazenar o número total de unidades vendidas e o dinheiro total de vendas gerado durante esse dia. Os dados de suporte a decisões podem ser coletados para monitorar agregados como as vendas totais de cada loja ou de cada produto. O propósito dos resumos é simples: eles devem ser utilizados para estabelecer e avaliar tendências de vendas, comparações de vendas entre produtos etc., que sirvam às necessidades de decisão. (Como estão as vendas dos itens? Esse produto deve ser descontinuado? A publicidade tem sido eficiente quanto ao aumento mensurado de vendas?)

- Os modelos que tratam de dados operacionais são diferentes dos de dados de suporte a decisões. As atualizações rápidas e frequentes dos bancos de dados operacionais tornam as anomalias de dados um problema potencialmente devastador. Portanto, as necessidades de dados de um sistema de transações relacionais (operacionais) comuns costumam exigir estruturas normalizadas, o que resulta em muitas tabelas, cada uma contendo o número mínimo de atributos. Por outro lado, o banco de dados de suporte a decisões não está sujeito a essas atualizações de transações e seu foco é a capacidade de consulta. Dessa forma, esses bancos tendem a ser não normalizados e incluir poucas tabelas, cada uma contendo grande quantidade de atributos.

FIGURA 13.3	Transformação de dados operacionais em dados de suporte a decisões

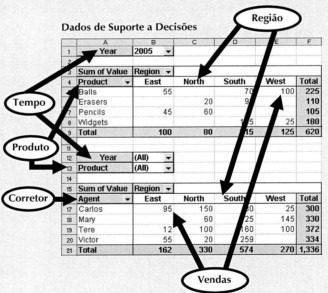

Dados Operacionais

	A	B	C	D	E
3	Year	Region	Agent	Product	Value
4	2004	East	Carlos	Erasers	50
5	2004	East	Tere	Erasers	12
6	2004	North	Carlos	Widgets	120
7	2004	North	Tere	Widgets	100
8	2004	North	Carlos	Widgets	30
9	2004	South	Victor	Balls	145
10	2004	South	Victor	Balls	34
11	2004	South	Victor	Balls	80
12	2004	West	Mary	Pencils	89
13	2004	West	Mary	Pencils	56
14	2005	East	Carlos	Pencils	45
15	2005	East	Victor	Balls	55
16	2005	North	Mary	Pencils	60
17	2005	North	Victor	Erasers	20
18	2005	South	Carlos	Widgets	30
19	2005	South	Mary	Widgets	75
20	2005	South	Mary	Widgets	50
21	2005	South	Tere	Balls	70
22	2005	South	Tere	Erasers	90
23	2005	West	Carlos	Widgets	25
24	2005	West	Tere	Balls	100

Dados operacionais possuem um intervalo de tempo estreito, baixa granularidade e foco único. Esses dados normalmente são apresentados em formato de tabela, em que cada linha representa uma única transação. Esse formato costuma tornar difícil a obtenção de informações úteis.

Dados de Suporte a Decisões

	A	B	C	D	E	F
1	Year	2005 ▼				
2						
3	Sum of Value	Region ▼				
4	Product ▼	East	North	South	West	Total
5	Balls	55		70	100	225
6	Erasers		20	90		110
7	Pencils	45	60			105
8	Widgets			155	25	180
9	Total	100	80	315	125	620
10						
11						
12	Year	(All) ▼				
13	Product	(All) ▼				
14						
15	Sum of Value	Region ▼				
16	Agent ▼	East	North	South	West	Total
17	Carlos	95	150	30	25	300
18	Mary		60	125	145	330
19	Tere	12	100	160	100	372
20	Victor	55	20	259		334
21	Total	162	330	574	270	1,336

Os dados de sistemas de suporte a decisões (SSDs) focam um período de tempo mais amplo, tendem a ter altos níveis de granularidade e podem ser examinados em várias dimensões. Por exemplo, observe estas três agregações possíveis:

- Vendas por produto, região, corretor etc.
- Vendas em todos os anos ou em apenas alguns anos selecionados.
- Vendas de todos os produtos ou de apenas alguns produtos selecionados.

- A atividade de consulta (frequência e complexidade) no banco de dados operacional tende a ser baixa para permitir ciclos de processamento adicionais para as transações de atualização mais importantes. Portanto, as consultas a dados operacionais normalmente são de escopo limitado, baixa complexidade e importantes quanto à velocidade. Por outro lado, os dados de suporte a decisões existem com o único propósito de atender a necessidades de consultas. As consultas a esses dados normalmente são de escopo amplo, alta complexidade e menos importantes quanto à velocidade.
- Por fim, os dados de suporte a decisões são caracterizados por sua grande quantidade de dados. O grande volume de dados resulta de dois fatores. Em primeiro lugar, os dados são armazenados em estruturas não normalizadas que provavelmente apresentam muitas redundâncias e duplicações de dados. Em segundo lugar, os mesmos dados podem ser categorizados em diversos modos para representar diferentes perspectivas. Por exemplo, os dados de vendas podem ser armazenados em relação a produto, loja, cliente, região e gerente.

A Tabela 13.4 resume as diferenças entre dados operacionais e de suporte a decisões do ponto de vista do projetista de banco de dados.

TABELA 13.4 Comparação das características de dados operacionais e de suporte a decisões

CARACTERÍSTICA	DADOS OPERACIONAIS	DADOS DE SUPORTE A DECISÕES
Atualidade dos dados	Operações correntes Dados em tempo real	Dados históricos Retrato instantâneo dos dados da empresa Componente temporal (semana/mês/ano)
Granularidade	Dados detalhados no nível indivisível	Dados resumidos
Nível de resumo	Baixo; alguns resultados agregados	Alto; vários níveis de agregação
Modelo de dados	Altamente normalizado Principalmente SGBD relacional	Não normalizado Estrutura complexa Principalmente em SGBD multidimensional, embora com alguns aspectos relacionais
Tipo de transação	Principalmente atualizações	Principalmente consulta
Volumes de transação	Alto volume de atualizações	Cargas periódicas e cálculos resumidos
Velocidade de transação	As atualizações são fundamentais	As recuperações são fundamentais
Atividade de consulta	De baixa a média	Alta
Escopo da consulta	Pequena amplitude	Grande amplitude
Complexidade da consulta	De simples a média	Muito complexa
Volumes de dados	Centenas de megabytes, até gigabytes	Centenas de gigabytes, até terabytes

As muitas diferenças entre os dados operacionais e os de suporte a decisões constituem bons indicadores das necessidades do banco de dados de suporte a decisões descritas na seção seguinte.

NECESSIDADES DE BANCO DE DADOS DE SUPORTE A DECISÕES

Um banco de dados de suporte a decisões é um SGBD especializado em fornecer respostas rápidas a consultas complexas. Há quatro necessidades principais em um banco de dados de suporte a decisões: esquema de bancos de dados, extração e carregamento de dados, interface analítica do usuário final e tamanho do banco de dados.

Esquema de banco de dados

O esquema de banco de dados de suporte a decisões deve proporcionar representação de dados complexos (não normalizados). Como observado anteriormente, o banco de dados de suporte a decisões deve conter dados que estejam agregados e resumidos. Além de atender a essas exigências, as consultas devem ser capazes de extrair períodos de tempo multidimensionais. Ao utilizar um SGBDR, as condições sugerem a utilização de dados não normalizados e, até mesmo, duplicados. Para verificar por que isso deve ser verdade, olhe o histórico de vendas em dez anos de uma única loja contendo um único departamento. Nesse ponto, os dados estão totalmente normalizados em uma única tabela, conforme apresentado acima.

Essa estrutura funciona bem quando se tem apenas uma loja com um único departamento. No entanto, é muito improvável que um ambiente tão simples tenha grande necessidade de um banco de dados de suporte a decisões. É possível supor que um banco de dados de suporte a decisões torne-se um fator importante quando se lida com mais de uma loja, cada uma com mais de um departamento. Para dar suporte a todas as necessidades de suporte a decisões, o banco de dados deve conter dados de todas as lojas e de todos os departamentos – e ser capaz de dar suporte a consultas multidimensionais que rastreiem as vendas por lojas, departamentos e através do tempo. Para simplificar, suponha que haja apenas duas lojas (A e B) e dois departamentos (1 e 2) em cada loja. Mudaremos também a dimensão de tempo para incluir dados anuais. A Tabela 13.6 mostra os números de vendas sob as condições especificadas. São exibidos apenas os anos de 1998, 2002 e 2007; as reticências (...) são utilizadas para indicar a omissão de valores de dados. É possível verificar na Tabela 13.6 que o número de linhas e atributos se multiplica rapidamente e que a tabela apresenta várias redundâncias.

TABELA 13.5 Histórico de vendas em dez anos de um único departamento em milhões de dólares

ANO	VENDAS
1998	8.227
1999	9.109
2000	10.104
2001	11.553
2002	10.018
2003	11.875
2004	12.699
2005	14.875
2006	16.301
2007	19.986

Suponha agora que a empresa tenha dez departamentos por loja e 20 lojas em todo o país. Suponha também que se deseje acessar resumos *anuais* de vendas. Agora, estamos lidando com 200 linhas e 12 atributos de vendas mensais por linha. (Na verdade, há 13 atributos por linha se for adicionado o total de vendas por ano de cada loja.)

O esquema de bancos de dados de suporte a decisões também deve ser otimizado para a recuperação de consultas (apenas leitura). Para otimizar a velocidade de consulta, o SGBD deve dar suporte a recursos como índices de bitmap e particionamento de dados, aumentando a velocidade de busca. Além disso, o otimizador de consultas do SGBD deve ser aprimorado de modo a dar suporte às estruturas não normalizadas e complexas encontradas nos bancos de dados de suporte a decisões.

TABELA 13.6 Resumo anual de vendas, duas lojas e dois departamentos por loja, em milhões de dólares

ANO	LOJA	DEPARTAMENTO	VENDAS
1998	A	1	1.985
1998	A	2	2.401
1998	B	1	1.879
1998	B	2	1.962
...	...	...	...
2002	A	1	3.912
2002	A	2	4.158
2002	B	1	3.426
2002	B	2	1.203
...	...	...	...
2007	A	1	7.683
2007	A	2	6.912
2007	B	1	3.768
2007	B	2	1.623

Extração e filtragem de dados

O banco de dados de suporte a decisões é criado, em grande parte, pela extração de dados do banco operacional e pela importação de dados adicionais de fontes externas. Assim, o SGBD deve dar suporte a ferramentas avançadas de extração e filtragem de dados. Para minimizar o impacto sobre o banco de dados operacional, os recursos de extração de dados devem permitir a extração de dados em batch e programada. Os recursos de extração também devem dar suporte a diferentes fontes de dados: banco de dados de arquivo, hierárquicos, em rede e relacional, de vários fornecedores. Os recursos de filtragem devem incluir a capacidade de verificar dados inconsistentes ou regras de validação de dados. Por fim, para filtrar e integrar os dados operacionais no banco de suporte a decisões, o SGBD deve ser capaz de integração, agregação e classificação avançada de dados.

A utilização de dados de diversas fontes externas também costuma exigir a resolução de conflitos de formatos de dados. Por exemplo, dados como números de Seguro Social e datas podem aparecer em formatos diferentes, medidas podem basear-se em escalas distintas e os mesmos elementos de dados podem apresentar diferentes nomes. Em resumo, os dados devem ser filtrados e purificados, garantindo-se que apenas os dados pertinentes ao suporte a decisões sejam armazenados no banco e que seu armazenamento ocorra em formato-padrão.

Interface analítica do usuário final

O SGBD de suporte a decisões deve ser capaz de operar ferramentas avançadas de modelagem e apresentação de dados. A utilização dessas ferramentas facilita para que os analistas de dados definam a natureza e a extensão dos problemas comerciais. Uma vez definidos os problemas, o SGBD de suporte a decisões deve gerar as consultas necessárias para recuperar os dados adequados do banco de suporte. Se necessário, os resultados das consultas podem, então, ser avaliados com as ferramentas de análise de dados operadas pelo SGBD. Como as consultas produzem informações fundamentais para os tomadores de decisões, elas devem ser otimizadas para rápido processamento. A interface analítica do usuário final é um dos componentes mais importantes do SGBD. Quando adequadamente implementada, permite que o usuário navegue pelos dados, simplificando e acelerando o processo de tomada de decisões.

Tamanho do banco de dados

Os bancos de dados de suporte a decisões tendem a ser muito grandes. Não é incomum chegarem à faixa dos gigabytes ou terabytes. Por exemplo, em 2005, o Walmart, a maior empresa do mundo, possuía 260 terabytes de dados em seus data warehouses. Como mencionado anteriormente, o banco de suporte a decisões normalmente contém dados redundantes e duplicados para aprimorar a recuperação de dados e simplificar a geração de informações. Portanto, o SGBD deve ser capaz de dar suporte a **bancos de dados muito grandes (VLDBs – very large databases)**. Para que isso ocorra adequadamente, pode ser necessário que o SGBD utilize hardware avançado, como matrizes de disco múltiplas e, o que é ainda mais importante, suporte a tecnologias com vários processadores, como o multiprocessador simétrico (SMP) ou processador paralelo em massa (MPP).

As necessidades de informações complexas e a demanda crescente por análise sofisticada de dados incentivaram a criação de um novo tipo de depósito de dados. Esse depósito contém dados em formatos que facilitam sua extração, análise e a tomada de decisões. É conhecido como data warehouse e se tornou o fundamento de uma nova geração de sistemas de suporte a decisões.

DATA WAREHOUSE

Bill Inmon, conhecido como o "pai" do **data warehouse**, define o termo como "um conjunto de dados *integrado, orientado por assunto, variável no tempo* e *não volátil* (itálicos adicionados para dar ênfase) que fornece suporte à tomada de decisões".[2] Para compreender essa definição, podemos dar uma olhada mais detalhada em seus componentes.

- *Integrado*. O data warehouse é um banco de dados consolidado e centralizado que integra dados provenientes de toda a organização e de várias fontes, com diversos formatos. Integração significa que todas as entidades comerciais, elementos e características de dados e métricas de negócios *estão descritas do mesmo modo em toda a empresa*. Embora essa exigência pareça lógica, é espantoso descobrir quantas medidas diferentes para "desempenho de vendas" podem existir em uma organização. A mesma situação se verifica para qualquer outro elemento de negócios. Por exemplo, o andamento de um pedido pode ser indicado com textos como "aberto", "recebido", "cancelado" e "fechado" em um departamento, e como "1", "2", "3" e "4" em outro. A classificação de um aluno pode ser definida como "calouro", "segundoanista", "terceiroanista" ou "quartoanista" no departamento de contabilidade e como "1A", "2A", "3A" ou "4A" no departamento de sistemas de informação computacional. Para evitar potenciais confusões, os dados em data warehouse devem adequar-se a um formato comum aceito por toda a organização. Essa integração pode consumir tempo, mas, uma vez realizada, aprimora a tomada de decisões e ajuda os gerentes a compreender melhor as operações da empresa. Essa compreensão pode ser traduzida no reconhecimento de oportunidades estratégicas de negócios.

---

[2] Inmon, Bill & Chuck Kelley. The Twelve Rules of Data Warehouse for a Client/Server World, *Data Management Review*, 4, 5, maio de 1994, p. 6-16.

- *Orientado por assunto*. Os dados em data warehouse são dispostos e otimizados de modo a fornecerem respostas a perguntas provenientes de diversas áreas funcionais de uma empresa. São organizados e resumidos por temas, como vendas, marketing, finanças, distribuição e transporte. Para cada tema, o data warehouse contém assuntos de interesse específico – produtos, clientes, departamentos, regiões, promoções etc. Essa forma de organização de dados é muito diferente da disposição mais funcional ou orientada a processo dos sistemas comuns de transações. Por exemplo, o projetista de um sistema de faturamento se concentra no projeto de estruturas de dados normalizadas (tabelas relacionais) para dar suporte ao processo dos negócios, armazenando componentes de fatura em duas tabelas: FATURA e FATLINHA. Por outro lado, o data warehouse possui orientação por *assunto*. Seus projetistas focam especificamente nos dados, em vez de nos processos que modificam dados. (Afinal, os dados em data warehouse não estão sujeitos a numerosas atualizações em tempo real!) Portanto, em vez de armazenar uma fatura, o data warehouse armazena seus componentes de "vendas por produto" e "vendas por cliente", pois as atividades de suporte a decisões exigem a recuperação de resumos de vendas por produto ou cliente.
- *Variável no tempo*. Ao contrário dos dados operacionais que focam nas transações correntes, os dados em data warehouse representam o fluxo através do tempo. O data warehouse pode conter até mesmo dados de projeções geradas por estatística ou outros modelos. Também é variável no tempo, no sentido de que, uma vez que os dados são carregados periodicamente no data warehouse, todas as agregações dependentes do tempo são recalculadas. Por exemplo, quando os dados de vendas da semana passada são carregados no data warehouse, também se atualizam os agregados semanais, mensais, anuais e de outras periodicidades para os produtos, clientes, lojas e outras variáveis. Como os dados de um data warehouse constituem um retrato instantâneo do histórico da empresa conforme medido por suas variáveis, o componente de tempo é fundamental. O data warehouse contém uma ID de tempo utilizada para gerar resumos e agregações por semana, mês, trimestre, ano etc. Quando um dado é inserido, a ID atribuída não pode ser alterada.
- *Não volátil*. Uma vez inserido um dado no data warehouse, ele nunca será removido. Como os dados no data warehouse representam o histórico da empresa, os dados operacionais, que constituem o histórico de curto prazo, são sempre adicionados a ele. Como os dados nunca são excluídos e novos dados são inseridos continuamente, o data warehouse está sempre crescendo. Por isso, o SGBD deve ser capaz de dar suporte a banco de dados com vários gigabytes ou, até mesmo, terabytes, operando em hardware com diversos processadores. A Tabela 13.7 resume as diferenças entre data warehouses e banco de dados operacionais

Em suma, o data warehouse normalmente é um banco de dados apenas de leitura, otimizado para processamento de análises e consultas. Geralmente, os dados são extraídos de várias fontes e, em seguida, transformados e integrados – em outras palavras, passam por um filtro de dados – antes de serem carregados no data warehouse. Os usuários acessam os dados por meio de ferramentas front-end e/ou aplicativos do usuário final que extraem os dados para uma forma útil. A Figura 13.4 ilustra como o data warehouse é criado a partir dos dados contidos em um banco operacional.

Embora o data warehouse integrado e centralizado possa ser uma proposta muito atraente que resulte em vários benefícios, os gerentes podem relutar em adotar essa estratégia. A criação de um data warehouse exige tempo, dinheiro e considerável esforço gerencial. Portanto, não é surpreendente que muitas empresas iniciem sua incursão no data warehouse focando em conjuntos de dados mais gerenciáveis, orientados para atender às necessidades especiais de pequenos grupos no interior da organização. Esses armazenamentos menores são chamados data marts. Um **data mart** é um pequeno subconjunto de um data warehouse, sobre um único assunto, que fornece suporte às decisões de um pequeno grupo de pessoas. Além disso, o data mart também pode ser criado a partir de dados extraídos de um data warehouse maior, com a finalidade específica de dar suporte a um acesso mais rápido por determinado grupo ou função. Ou seja, data marts e data warehouses podem coexistir em um ambiente de business intelligence.

TABELA 13.7 Características de dados em data warehouse e em banco de dados operacionais

CARACTERÍSTICA	DADOS EM BANCOS OPERACIONAIS	DADOS EM DATA WAREHOUSE
Integrado	Dados similares podem ter várias representações ou significados. Por exemplo, números de Seguro Social podem ser armazenados como ###-##-#### ou como ########, e uma determinada condição pode ser identificada como V/F, 0/1 ou S/N. Um valor de vendas pode ser apresentado em milhares ou milhões.	Fornece uma visão unificada de todos os elementos de dados, com definição e representação comum para todas as unidades de negócios.
Orientado por assunto	Os dados são armazenados com uma orientação funcional ou a processos. Por exemplo, os dados podem ser armazenados para faturas, pagamentos e valores de crédito.	Os dados são armazenados com uma orientação por assunto que facilita as visualizações múltiplas e a tomada de decisões. Por exemplo, as vendas podem ser registradas por produto, divisão, gerente ou região.
Variável no tempo	Os dados são registrados como transações correntes. Por exemplo, os dados podem se relacionar à venda de um produto em determinada data, como US$ 342,78 em 12/5/08.	Os dados são registrados tendo-se em vista uma perspectiva histórica. Portanto, adiciona-se uma dimensão temporal para facilitar a análise de dados e as comparações de momentos diferentes.
Não volátil	As atualizações de dados são frequentes e comuns. Por exemplo, a quantidade de um estoque se altera a cada venda. Portanto, o ambiente de dados é fluido.	Os dados não podem ser alterados. Os dados são adicionados apenas periodicamente a partir de sistemas históricos. Uma vez que os dados tenham sido armazenados adequadamente, não são permitidas alterações. Portanto, o ambiente de dados é relativamente estático.

Algumas organizações optam por implementar data marts não apenas em razão de seu custo mais baixo e menor tempo de implementação, mas também por seus avanços tecnológicos atuais e pelas inevitáveis "questões pessoais", que os tornam atrativos. Computadores poderosos são capazes de fornecer sistemas personalizados de suporte a decisões para pequenos grupos, de modo que poderiam não ser possíveis em um sistema centralizado. Além disso, a cultura de uma empresa pode predispor seus funcionários a resistirem a mudanças importantes, mas permitir que aceitem rapidamente a alterações menores que levem a um suporte a decisões demonstravelmente aprimorado. Além disso, pessoas em níveis organizacionais diferentes provavelmente necessitarão de dados com formatos diferentes de resumo, agregação e apresentação. Os data marts podem servir como veículo de teste para que as empresas explorem os potenciais benefícios dos data warehouses. Migrando gradualmente de data marts para data warehouses, as necessidades de suporte a decisões de determinado departamento podem ser tratadas dentro de um período de tempo mais razoável (de seis meses a um ano) em comparação com períodos maiores geralmente necessários para implementar um data warehouse (de um a três anos). Os departamentos de tecnologia da informação (TI) também se beneficiam dessa abordagem, pois seu pessoal tem a oportunidade de compreender os problemas e desenvolver as habilidades necessárias à criação de um data warehouse.

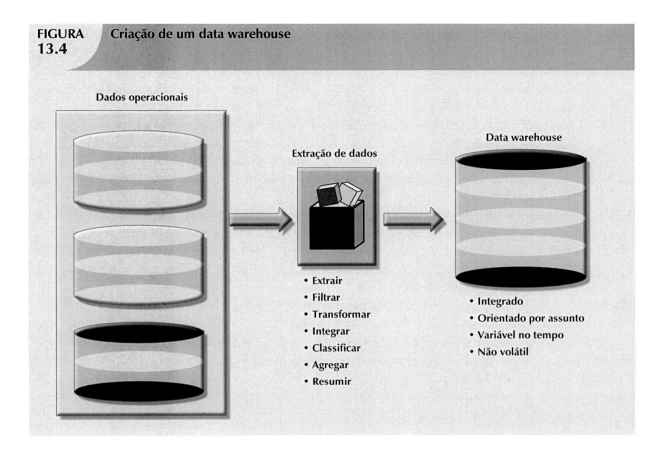

FIGURA 13.4 Criação de um data warehouse

A única diferença entre um data mart e um data warehouse é o tamanho e o escopo do problema a ser resolvido. Portanto, as definições de problemas e as exigências de dados são essencialmente a elas para ambos. Para ser útil, o data warehouse deve adequar-se a estruturas e formatos uniformes, evitando conflitos de dados e fornecendo suporte à tomada de decisões. Na verdade, antes que um banco de suporte a decisões possa ser considerado um verdadeiro data warehouse, deve adequar-se às regras descritas na seção seguinte.

DOZE REGRAS QUE DEFINEM UM DATA WAREHOUSE

Em 1994, William H. Inmon e Chuck Kelley criaram 12 regras que definem um data warehouse e resumem os principais pontos deste capítulo sobre o assunto.[3]

1. Os ambientes operacional e de data warehouse são separados.
2. Os dados em data warehouse são integrados.
3. O data warehouse contém dados históricos por um longo tempo.
4. Os dados em data warehouse constituem um retrato instantâneo tirado em determinado ponto do tempo.
5. Os dados em data warehouse são orientados por assunto.
6. Os dados em data warehouse são essencialmente apenas para leitura, com atualizações periódicas em batch dos dados operacionais. Não são permitidas atualizações on-line.

---

[3] Inmon, Bill, Chuck Kelley. The Twelve Rules of Data Warehouse for a Client/Server World, *Data Management Review*, 4, 5, maio de 1994, p. 6-16.

7. O ciclo de vida do desenvolvimento do data warehouse difere do desenvolvimento dos sistemas tradicionais. O desenvolvimento do data warehouse é orientado para os dados, e a abordagem, para os processos.

8. O data warehouse contém dados com vários níveis de detalhe: dados atuais em detalhes, dados antigos em detalhes, dados levemente resumidos e dados altamente resumidos.

9. O ambiente de data warehouse é caracterizado por transações de apenas leitura para conjuntos de dados muito grandes. O ambiente operacional é caracterizado por numerosas transações de atualização para poucas entidades de dados ao mesmo tempo.

10. O ambiente de data warehouse possui um sistema que rastreia fontes, transformações e armazenamento.

11. Os metadados de data warehouse são um componente fundamental desse ambiente. Eles identificam e definem todos os elementos de dados. Os metadados fornecem fonte, transformação, integração, armazenamento, utilização, relacionamentos e histórico de cada elemento de dados.

12. O data warehouse contém um mecanismo de retorno da utilização de recursos que leva à aplicação ideal dos dados pelos usuários finais.

Observe como essas 12 regras englobam o ciclo de vida completo do data warehouse – de sua introdução como entidade separada do armazenamento de dados operacionais até seus componentes, recursos e processos de gerenciamento. A seção seguinte ilustra o desenvolvimento histórico dos estilos arquiteturais de suporte a decisões. Essa discussão ajudará na compreensão de como os componentes de armazenamento de dados evoluíram para produzir o data warehouse.

ESTILOS DE ARQUITETURAS DE SUPORTE A DECISÕES

Estão disponíveis vários estilos arquiteturais de suporte a decisões. Essas arquiteturas fornecem recursos avançados e algumas são capazes de dar acesso à análise de dados multidimensionais. A Tabela 13.8 resume os principais estilos arquiteturais encontrados com mais frequência em ambientes de bancos de dados de suporte a decisões.

Talvez seja tentador pensar o data warehouse simplesmente como um grande banco de dados resumido. A discussão precedente indica que um bom data warehouse é muito mais que isso. Sua arquitetura completa inclui capacidade de armazenamento de dados de suporte a decisões, filtro de extração e integração de dados e interface de apresentação especializada. Na seção seguinte, você aprenderá mais sobre um estilo arquitetural comum de suporte a decisões conhecido como processamento analítico on-line (OLAP).

PROCESSAMENTO ANALÍTICO ON-LINE

A necessidade de suporte a decisões mais intensivo levou à introdução de uma nova geração de ferramentas. Essas novas ferramentas, chamadas de **processamento analítico on-line** (**OLAP**, sigla em inglês para *Online Analytical Processing*), criam um ambiente avançado de análise de dados que dá suporte à tomada de decisões, modelagem comercial e pesquisa operacional. Os sistemas OLAP compartilham quatro características principais:

- Utilizam técnicas de análise de dados multidimensionais.
- Proporcionam suporte avançado a bancos de dados.

- Fornecem interface fácil de utilizar para os usuários finais.
- Dão suporte a arquitetura cliente/servidor.

Examinaremos cada uma dessas características.

TÉCNICAS DE ANÁLISE DE DADOS MULTIDIMENSIONAIS

A característica mais evidente das modernas ferramentas OLAP é a capacidade de análise multidimensional. Nesse tipo de análise, os dados são processados e visualizados como parte de uma estrutura multidimensional. Esse tipo de análise é especialmente atrativo para os tomadores de decisões de negócios, pois eles tendem a ver os dados comerciais em suas relações uns com os outros.

Para compreender melhor essa visão, examinaremos como um analista de dados comerciais poderia examinar os números de vendas. Nesse caso, ele provavelmente estaria interessado na relação dos números de vendas com outras variáveis comerciais, como clientes e tempo. Em outras palavras, os clientes e o tempo são vistos como dimensões diferentes de vendas. A Figura 13.5 ilustra como a visualização operacional (unidimensional) das vendas difere da multidimensional.

Observe na Figura 13.5 que a visualização em tabela (operacional) dos dados de vendas não é adequada ao suporte a decisões, pois o relacionamento entre FATURA e LINHA não fornece uma perspectiva comercial dos dados de vendas. Por outro lado, a visão desses dados pelo usuário final, *a partir de uma perspectiva comercial*, é representada de modo mais fiel pela visualização multidimensional das vendas do que pela visualização de tabelas separadas. Observe também que a visualização multidimensional permite que os usuários finais consolidem ou agreguem os dados em diferentes níveis: números totais de vendas por clientes e por data. Por fim, essa visualização permite que um analista de dados comerciais troque facilmente as perspectivas (dimensões) comerciais de vendas por clientes para vendas por divisão, por região etc.

As técnicas de análise de dados multidimensionais são ampliadas pelas seguintes funções:

- *Funções avançadas de apresentação de dados.* Gráficos 3D, tabelas pivô, tabulações cruzadas, rotação de dados e cubos tridimensionais. Esses recursos são compatíveis com planilhas, pacotes estatísticos e pacotes de consulta e relatório em computadores pessoais.
- *Funções avançadas de agregação, consolidação e classificação de dados.* Permitem que o analista de dados crie vários níveis de agregação, detalhamento de dados (veja a Seção "Interface fácil de utilizar para os usuários finais") e drill down e roll up de dados em diferentes dimensões e níveis de agregação. Por exemplo, a agregação de dados pela dimensão temporal (por semana, mês, trimestre e ano) permite que o analista decomponha e agrupe nessas dimensões.
- *Funções computacionais avançadas.* Incluem variáveis orientadas para os negócios (participação de mercado, comparações de períodos, margens de vendas, margens de produtos e alterações percentuais), relações financeiras e contábeis (lucratividade, despesas gerais, alocações de custos e retornos) e funções estatísticas e de previsão. Essas funções são fornecidas automaticamente e o usuário final não precisa redefinir seus componentes cada vez que são acessados.
- *Funções avançadas de modelagem de dados.* Dão suporte para cenários de simulação, avaliação de variáveis, contribuições de variáveis para o resultado, programação linear e outras ferramentas de modelagem.

Como muitas funções de análise e apresentação são comuns em pacotes de planilhas para computadores pessoais, a maioria dos fornecedores de OLAP integrou intensamente seus sistemas com planilhas como Microsoft Excel e IBM Lotus 1-2-3. Utilizando os recursos disponíveis em interfaces gráficas de usuário final, como o Windows, o menu do OLAP torna-se simplesmente uma opção adicional na barra

TABELA 13.8 Estilos arquiteturais de suporte a decisões

TIPO DE SISTEMA	DADOS-FONTE	PROCESSO DE EXTRAÇÃO/INTEGRAÇÃO DE DADOS	ARMAZENAMENTO DE DADOS DE SUPORTE A DECISÕES	FERRAMENTA DE CONSULTA DO USUÁRIO FINAL	FERRAMENTA DE APRESENTAÇÃO DO USUÁRIO FINAL
Processamento on-line tradicional de transações com base em mainframe (OLTP)	Dados operacionais	Nenhum Relatórios, leituras e resumos de dados diretamente a partir dos dados operacionais	Nenhum Arquivos temporários utilizados para fins de relatório	Muito básica Formatos de relatório predefinidos Classificação, totalização e média básicas	Muito básica Relatórios predefinidos, orientados por menos, com apenas textos e números
Sistema de informação gerencial (MIS) com linguagem de terceira geração (3GL)	Dados operacionais	Extração e agregação básicas Leitura, filtragem e resumo de dados operacionais para armazenamento de dados intermediários	Dados levemente agregados em SGBDR	Igual ao acima, além de alguns relatórios *ad hoc* utilizando SQL	Igual ao anterior, além de algumas definições de relatórios de colunas *ad hoc*
SSD departamental da primeira geração	Dados operacionais	Extração de dados e processo de integração para preencher o armazenamento de dados de SSD; é executado periodicamente	Primeira geração de bancos de dados de SSD Geralmente SGBDR	Ferramenta de consulta com alguns recursos analíticos e relatórios predefinidos	Ferramentas avançadas de apresentação com recurso de plotagem e gráficos
Data warehouse empresarial da primeira geração utilizando SGBDR	Dados operacionais Dados externos (dados censitários)	Ferramentas avançadas de extração e integração de dados Recursos incluem acesso a diversas fontes de dados, transformações, filtros, agregações, classificações, programação e resolução de conflitos	Banco de dados de suporte a decisões integrado, como data warehouse, para atender a toda a organização Utiliza tecnologia de SGBDR otimizada para fins de consultas Modelo de esquema estrela	Igual ao anterior, além de suporte a funções mais avançadas de consulta e análise, com extensões	Igual ao anterior, além de ferramentas adicionais de apresentação multidimensional com recursos de drill down
Data warehouse da segunda geração, utilizando sistema de gerenciamento de bancos de dados multidimensional (SGBDM)	Dados operacionais Dados externos (dados de grupos setoriais)	Igual ao acima	O data warehouse armazena dados utilizando tecnologia de SGBDM, com base em estruturas de dados conhecidas como cubos de várias dimensões	Igual ao anterior, mas utiliza interface diferente de consulta para acessar o SGBDM (proprietário)	Igual ao anterior, mas utiliza cubos e matrizes multidimensionais Limitado em termos do tamanho dos cubos

de menus da planilha, conforme apresentado na Figura 13.6. Essa integração ilimitada é uma vantagem dos fornecedores de sistemas OLAP e de planilhas, pois os usuários finais obtêm acesso a recursos avançados de análise de dados utilizando programas e interfaces familiares. Portanto, os custos de treinamento e desenvolvimento adicional são minimizados.

FIGURA 13.5	Visualização operacional *versus* visualização multidimensional de vendas

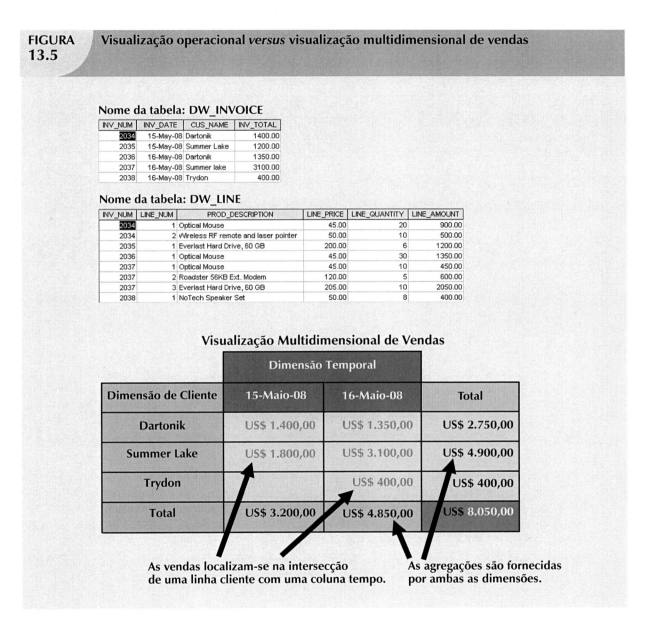

Nome da tabela: DW_INVOICE

INV_NUM	INV_DATE	CUS_NAME	INV_TOTAL
2034	15-May-08	Dartonik	1400.00
2035	15-May-08	Summer Lake	1200.00
2036	16-May-08	Dartonik	1350.00
2037	16-May-08	Summer lake	3100.00
2038	16-May-08	Trydon	400.00

Nome da tabela: DW_LINE

INV_NUM	LINE_NUM	PROD_DESCRIPTION	LINE_PRICE	LINE_QUANTITY	LINE_AMOUNT
2034	1	Optical Mouse	45.00	20	900.00
2034	2	Wireless RF remote and laser pointer	50.00	10	500.00
2035	1	Everlast Hard Drive, 60 GB	200.00	6	1200.00
2036	1	Optical Mouse	45.00	30	1350.00
2037	1	Optical Mouse	45.00	10	450.00
2037	2	Roadster 56KB Ext. Modem	120.00	5	600.00
2037	3	Everlast Hard Drive, 60 GB	205.00	10	2050.00
2038	1	NoTech Speaker Set	50.00	8	400.00

Visualização Multidimensional de Vendas

Dimensão de Cliente	Dimensão Temporal		Total
	15-Maio-08	16-Maio-08	
Dartonik	US$ 1.400,00	US$ 1.350,00	US$ 2.750,00
Summer Lake	US$ 1.800,00	US$ 3.100,00	US$ 4.900,00
Trydon		US$ 400,00	US$ 400,00
Total	US$ 3.200,00	US$ 4.850,00	US$ 8.050,00

As vendas localizam-se na intersecção de uma linha cliente com uma coluna tempo.

As agregações são fornecidas por ambas as dimensões.

SUPORTE AVANÇADO DE BANCO DE DADOS

Para apresentar suporte eficiente a decisões, as ferramentas OLAP devem ter recursos avançados de acesso a dados. Tais recursos incluem:

- Acesso a vários tipos de SGBDs, arquivos fora do banco de dados (flat files) e fontes de dados internas e externas.

- Acesso a dados agregados de data warehouse, assim como a dados detalhados encontrados em bancos de dados operacionais.
- Recursos avançados de navegação de dados, como drill down e roll up.
- Tempo rápido e consistente de resposta a consultas.

FIGURA 13.6	Integração de OLAP em um programa de planilha

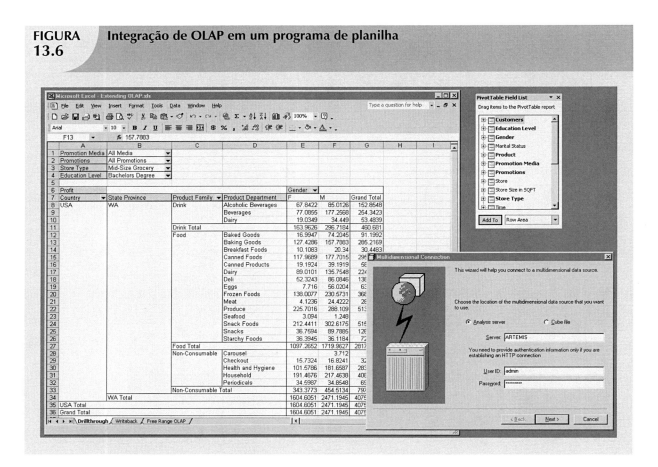

- Capacidade de mapear solicitações de usuários finais, expressas em termos de negócios ou de modelo, para a fonte adequada de dados e, em seguida, para a linguagem adequada de acesso aos dados (normalmente SQL). O código de consulta deve ser otimizado conforme a fonte de dados, independente de a fonte ser de dados operacionais ou em data warehouse.
- Suporte a bancos de dados muito grandes. Como já explicado, o data warehouse pode crescer fácil e rapidamente para vários gigabytes ou, até mesmo, terabytes.

Para fornecer uma interface contínua, as ferramentas OLAP mapeiam os elementos de dados do data warehouse e do banco operacional em seus próprios dicionários. Esses metadados são utilizados para traduzir as solicitações de análise de dados do usuário final em códigos de consulta (otimizados) adequados que são, em seguida, direcionados para a(s) fonte(s) de dados correta(s).

INTERFACE FÁCIL DE UTILIZAR PARA OS USUÁRIOS FINAIS

Os recursos avançados OLAP são mais úteis quando o acesso a eles permanece simples. Os fornecedores de ferramentas OLAP aprenderam cedo essa lição e supriram suas ferramentas sofisticadas de análise e extração de dados com interfaces gráficas fáceis de utilizar. Muitos recursos de interface foram "emprestados" de gerações anteriores de ferramentas de análise de dados já familiares aos usuários finais. Essa familiaridade torna a OLAP facilmente aceita e prontamente utilizada.

ARQUITETURA CLIENTE/SERVIDOR

A arquitetura cliente/servidor fornece um modelo em que novos sistemas podem ser projetados, desenvolvidos e implementados. O ambiente cliente/servidor possibilita que um sistema OLAP seja dividido em vários componentes que definem sua arquitetura. Esses componentes podem, então, ser colocados no mesmo computador ou distribuídos entre diversas máquinas. Assim, o OLAP é projetado para atender a exigências de facilidade de utilização, ao mesmo tempo em que mantém a flexibilidade do sistema.

ARQUITETURA OLAP

As características operacionais de OLAP podem ser divididas em três módulos principais:

- Interface gráfica de usuário (GUI).
- Lógica de processamento analítico.
- Lógica de processamento de dados.

No ambiente cliente/servidor, esses três módulos possibilitam os recursos decisivos de OLAP: análise de dados multidimensionais, suporte avançado de bancos de dados e interface fácil de utilizar. A Figura 13.7 ilustra os componentes e atributos cliente/servidor de OLAP.

Como ilustra a Figura 13.7, os sistemas OLAP são projetados para utilizar tanto dados operacionais como de data warehouse. Essa figura apresenta os componentes do sistema OLAP localizados em um único computador, mas esse cenário é apenas um entre vários possíveis. Na verdade, um problema da instalação aqui apresentada é que cada analista de dados deve ter um computador potente para armazenar o sistema OLAP e executar localmente todos os processamentos de dados. Além disso, cada analista utiliza uma cópia separada dos dados. Portanto, as cópias precisam ser sincronizadas para garantir que os analistas trabalhem com os mesmos dados. Em outras palavras, cada usuário final deve ter sua própria cópia (extrato) "privada" dos dados e programas, o que nos leva de volta aos problemas das *ilhas de informação*, discutidos no Capítulo 1. Essa abordagem não proporciona os benefícios de uma imagem única dos negócios compartilhada por todos os usuários.

Uma arquitetura mais comum e prática é aquela em que o GUI de OLAP executa em estações de trabalho clientes, enquanto o mecanismo OLAP, ou servidor, composto da lógica de processamento analítico e de processamento de dados, é executado em um computador compartilhado. Nesse caso, o servidor será um front end para os dados de suporte a decisões do data warehouse. Esse front end ou camada intermediária (porque se localiza entre o data warehouse e a GUI de usuário final) aceita e processa as solicitações de processamento de dados geradas por diversas ferramentas analíticas de usuário final. A GUI de usuário final pode ser um programa personalizado ou, mais provavelmente, um módulo de plugin integrado ao Lotus 1-2-3, Microsoft Excel ou uma terceira ferramenta de análise e consulta de dados. A Figura 13.8 ilustra uma organização assim.

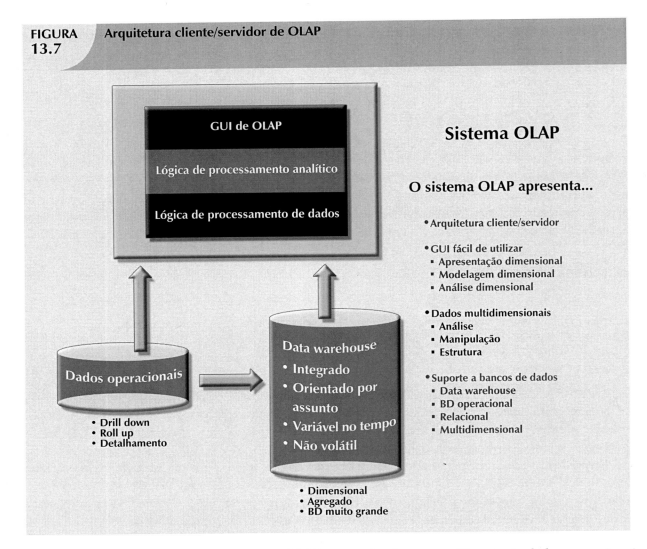

FIGURA 13.7 Arquitetura cliente/servidor de OLAP

Como ilustra a Figura 13.7, os sistemas OLAP são projetados para utilizar tanto dados operacionais como de data warehouse. Essa figura apresenta os componentes do sistema OLAP localizados em um único computador, mas esse cenário é apenas um entre vários possíveis. Na verdade, um problema da instalação aqui apresentada é que cada analista de dados deve ter um computador potente para armazenar o sistema OLAP e executar localmente todos os processamentos de dados. Além disso, cada analista utiliza uma cópia separada dos dados. Portanto, as cópias precisam ser sincronizadas para garantir que os analistas trabalhem com os mesmos dados. Em outras palavras, cada usuário final deve ter sua própria cópia (extrato) "privada" dos dados e programas, o que nos leva de volta aos problemas das *ilhas de informação*, discutidos no Capítulo 1. Essa abordagem não proporciona os benefícios de uma imagem única dos negócios compartilhada por todos os usuários.

Uma arquitetura mais comum e prática é aquela em que o GUI de OLAP executa em estações de trabalho clientes, enquanto o mecanismo OLAP, ou servidor, composto da lógica de processamento analítico e de processamento de dados, é executado em um computador compartilhado. Nesse caso, o servidor será um front end para os dados de suporte a decisões do data warehouse. Esse front end ou camada intermediária (porque se localiza entre o data warehouse e a GUI de usuário final) aceita e processa as solicitações de processamento de dados geradas por diversas ferramentas analíticas de usuário final. A GUI de usuário final pode ser um programa personalizado ou, mais provavelmente, um módulo de plugin integrado ao Lotus 1-2-3, Microsoft Excel ou uma terceira ferramenta de análise e consulta de dados. A Figura 13.8 ilustra uma organização assim.

FIGURA
13.8

Sistema OLAP

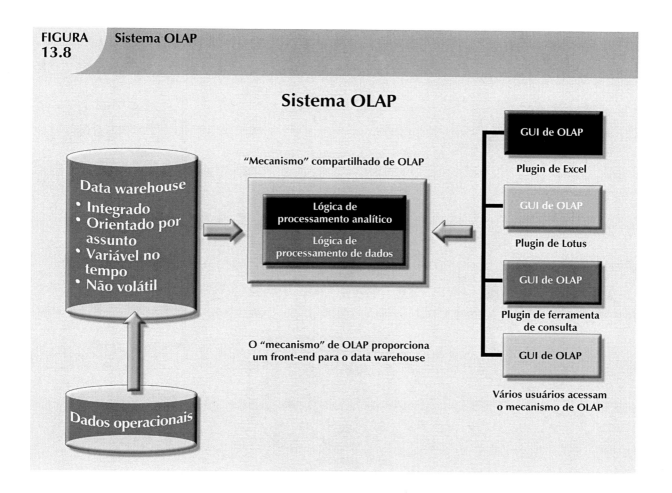

Sistema OLAP

"Mecanismo" compartilhado de OLAP

Data warehouse
* Integrado
* Orientado por assunto
* Variável no tempo
* Não volátil

Dados operacionais

Lógica de processamento analítico

Lógica de processamento de dados

O "mecanismo" de OLAP proporciona um front-end para o data warehouse

GUI de OLAP

Plugin de Excel

GUI de OLAP

Plugin de Lotus

GUI de OLAP

Plugin de ferramenta de consulta

GUI de OLAP

Vários usuários acessam o mecanismo de OLAP

Observe na Figura 13.8 que o data warehouse é criado e mantido por um processo ou ferramenta de software independente do sistema OLAP, que executa a extração, filtragem e integração de dados necessárias para transformar os dados operacionais em dados de data warehouse. Esse cenário reflete o fato de que na maioria dos casos, as atividades de criação de data warehouses e análise de dados são tratadas separadamente.

Nesse ponto, talvez você esteja se perguntado por que é preciso um data warehouse se o OLAP fornece a análise multidimensional necessária dos dados operacionais. A resposta reside na definição de OLAP. O OLAP é definido como "um ambiente avançado de análise de dados que dá suporte à tomada de decisões, modelagem comercial e atividades de pesquisa". A palavra-chave aqui é *ambiente*, que inclui tecnologia cliente/servidor. O ambiente é definido como "arredores" ou "atmosfera". E uma atmosfera fica ao redor de um núcleo. *Nesse caso, o núcleo é composto por todas as atividades de negócios de uma organização, conforme representadas pelos dados operacionais.* Assim como há várias camadas na atmosfera, existem diversas camadas de processamento de dados. Cada camada mais exterior representa uma análise de dados mais agregados. O fato é que um sistema OLAP pode acessar ambos os tipos de armazenamento de dados (operacional ou data warehouse) ou apenas um, dependendo da implementação do fornecedor para o produto selecionado. Em todo caso, a análise multidimensional de dados exige algum tipo de representação de dados multidimensionais, o que normalmente é fornecido pelo mecanismo de OLAP.

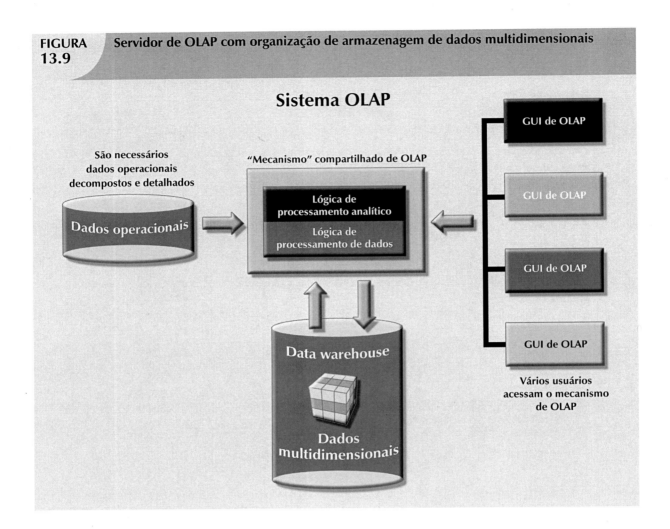

FIGURA 13.9 Servidor de OLAP com organização de armazenagem de dados multidimensionais

Na maioria das implementaçãoes, o data warehouse e o OLAP constituem ambientes complementares inter-relacionados. Enquanto o data warehouse mantém dados de suporte a decisões integrados, orientados por assunto, variáveis no tempo e não voláteis, o sistema OLAP fornece o front end por meio do qual os usuários finais acessam e analisam esses dados. No entanto, o sistema OLAP pode acessar diretamente os dados operacionais, transformando-os e armazenando-os em estruturas multidimensionais. Em outras palavras, é capaz de fornecer um componente de armazenamento de dados multidimensionais, conforme apresentado na Figura 13.9.

A Figura 13.9 representa um cenário em que o mecanismo de OLAP extrai dados de um banco de dados operacional e, em seguida, armazena-os em uma estrutura multidimensional para análises adicionais. O processo de extração segue as mesmas convenções utilizadas nos data warehouses. Portanto, o OLAP fornece um minicomponente de data warehouse que se parece notavelmente com o data mart mencionado nas seções anteriores. Nesse cenário, o mecanismo de OLAP tem de executar todas as funções de extração, filtragem, integração, classificação e agregação de dados que o data warehouse normalmente fornece. Na verdade, quando implementado adequadamente, o data warehouse executa todas as funções de preparação dos dados, sem deixar esse trabalho para o OLAP; consequentemente, não há duplicação de funções. E, o que é melhor, o data warehouse trata do componente de dados de modo mais eficiente do que o OLAP. Assim, é possível apreciar os benefícios de se ter um servidor de data warehouse central como o grande banco de dados de suporte a decisões de uma empresa.

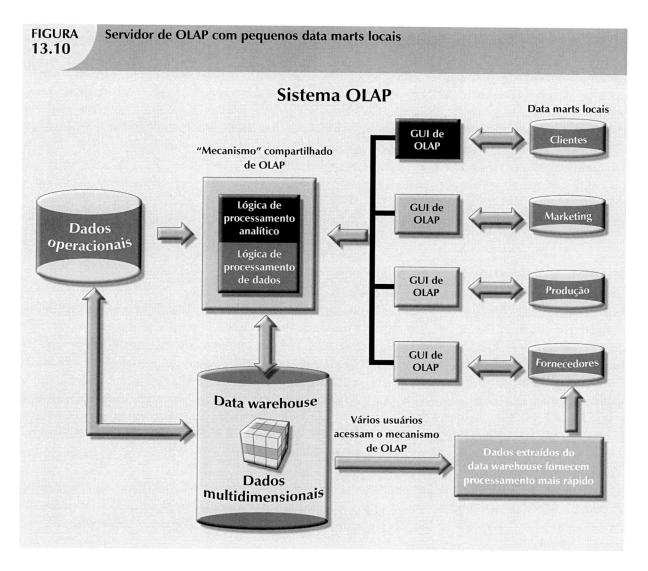

FIGURA 13.10 Servidor de OLAP com pequenos data marts locais

Para fornecer melhor desempenho, alguns sistemas OLAP fundem as abordagens de data warehouse e data mart, armazenando todos os extratos pequenos do data warehouse nas estações de trabalho dos usuários finais. O objetivo é aumentar a velocidade de acesso e visualização dos dados (as representações gráficas de tendências e características de dados). A lógica por trás dessa abordagem é o pressuposto de que a maioria dos usuários finais costuma trabalhar com subconjuntos relativamente pequenos e estáveis do data warehouse. Por exemplo, um analista de vendas provavelmente trabalhará mais com dados de vendas, enquanto um representante de clientes provavelmente utilizará mais os dados de clientes. A Figura 13.10 ilustra esse cenário.

Seja qual for a disposição dos componentes de OLAP, uma coisa é certa: o indicado é utilizar dados multidimensionais. Mas qual o melhor modo de gerenciar e armazenar esses dados? Os defensores do OLAP estão radicalmente divididos. Alguns preferem a utilização de banco de dados relacionais para armazenar os dados multidimensionais. Outros defendem a superioridade de bancos multidimensionais especializados. As características básicas de cada abordagem são examinadas a seguir.

OLAP RELACIONAL

O **processamento analítico on-line relacional** (**ROLAP**, sigla em inglês para *relational online analytical processing*) fornece recursos de OLAP utilizando bancos de dados relacionais e ferramentas familiares de consulta relacional para armazenar e analisar dados multidimensionais. Essa abordagem se estrutura a partir de tecnologias relacionais existentes e representa uma extensão natural para todas as empresas que já utilizem sistemas de gerenciamento de banco de dados relacionais em suas organizações. O ROLAP adiciona as seguintes extensões à tecnologia de SGBDR tradicional:

- Suporte a esquemas de dados multidimensionais no SGBDR.
- Linguagem de acesso a dados e desempenho de consulta otimizados para dados multidimensionais.
- Suporte a bancos de dados muito grandes (VLDBs).

Suporte a esquemas de dados multidimensionais no SGBDR

A tecnologia relacional utiliza tabelas normalizadas para armazenar dados. A dependência da normalização como metodologia de projetos de banco de dados relacionais é vista como um obstáculo à sua utilização em sistemas OLAP. A normalização divide as entidades de negócios em partes menores para produzir tabelas normalizadas. Por exemplo, os componentes de dados de vendas podem ser armazenados em quatro ou cinco tabelas diferentes. O motivo de se utilizar tabelas normalizadas é reduzir as redundâncias, eliminando anomalias, e facilitar a atualização de dados. Infelizmente, para fins de suporte a decisões, é mais fácil compreender os dados quando são vistos em relação a outros dados (veja o exemplo na Figura 13.5). Em decorrência dessa visão do ambiente de dados, este livro enfatizou que os dados de suporte a decisões tendem a ser não normalizados, duplicados e pré-agregados. Essas características parecem impedir a utilização de técnicas-padrão de projeto relacional e SGBDRs como fundamentos para dados multidimensionais.

Felizmente para aqueles que investiram pesadamente em tecnologia relacional, o ROLAP utiliza uma técnica especial de projeto que permite à tecnologia SGBDR dar suporte a representações de dados multidimensionais. Essa técnica é conhecida como esquema estrela, que será coberto em detalhes na Seção "Esquema estrela".

O esquema estrela é projetado para otimizar operações de consultas, e não operações de atualizações de dados. Naturalmente, alterar o fundamento do projeto de dados significa que as ferramentas utilizadas para acessar esses dados terão de mudar. Os usuários finais familiarizados com as ferramentas tradicionais de consulta relacional descobrirão que elas não funcionam de modo eficiente no novo esquema estrela. No entanto, o ROLAP resolve esse problema adicionando suporte ao esquema estrela quando da utilização de ferramentas de consulta comuns. Ele fornece funções avançadas de análise de dados e aprimora os métodos de otimização de consultas e visualização de dados.

Linguagem de acesso a dados e desempenho de consulta otimizados para dados multidimensionais

Outra crítica dos bancos de dados relacionais é que a SQL não é adequada para executar análise avançada de dados. A maioria das solicitações de dados de suporte a decisões exige o uso de consultas de SQL *multiple pass* (capaz de fazer várias passagens de processamento) ou vários comandos de SQL integrada. Para responder a essa crítica, o ROLAP estende a SQL de modo que ela possa diferenciar entre exigências de acesso para dados de data warehouse (baseados em esquema estrela) e dados operacionais (tabelas normalizadas). Desse modo, o sistema ROLAP é capaz de gerar o código SQL necessário para acessar dados de esquema estrela.

Também se aprimora o desempenho das consultas, pois o otimizador é modificado para identificar os alvos de consulta pretendidos pelo código de SQL. Por exemplo, se o alvo da consulta for o data warehouse, o otimizador transmite as solicitações para ele. No entanto, se o usuário final realizar consultas *drill down* de dados relacionais, o otimizador identifica essa operação e otimiza adequadamente as solicitações de SQL antes de transmiti-las ao SGBD operacional.

Outra fonte de desempenho aprimorado de consultas é a utilização de técnicas avançadas de indexação, como índices de bitmap em bancos de dados relacionais. Como o nome sugere, um índice de bitmap baseia-se nos bits 0 e 1 para representar determinada condição. Por exemplo, se o atributo REGIÃO da Figura 13.3 possui apenas quatro resultados possíveis – Norte, Sul, Leste e Oeste – podem ser representados conforme apresentado na Tabela 13.9. (Apenas as 10 primeiras linhas da Figura 13.3 são representadas na Tabela 13.9. O "1" representa "bit ativado" e o "0" representa "bit desativado". Por exemplo, para representar uma linha com atributo REGIÃO = "Leste", apenas o bit de "Leste" estaria ativado. Observe que cada linha deve ser representada na tabela dos índices.)

TABELA 13.9 Representação de bitmap dos valores de região

NORTE	SUL	LESTE	OESTE
0	0	1	0
0	0	1	0
1	0	0	0
1	0	0	0
1	0	0	0
0	1	0	0
0	1	0	0
0	1	0	0
0	0	0	1
0	0	0	1

FIGURA 13.11 Arquitetura comum de ROLAP cliente/servidor

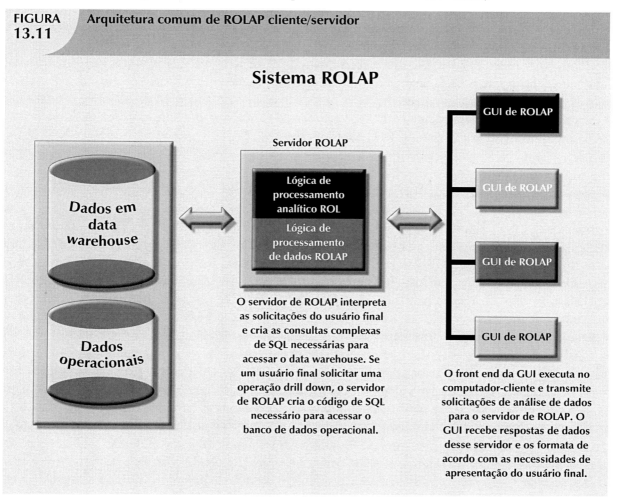

Sistema ROLAP

O servidor de ROLAP interpreta as solicitações do usuário final e cria as consultas complexas de SQL necessárias para acessar o data warehouse. Se um usuário final solicitar uma operação drill down, o servidor de ROLAP cria o código de SQL necessário para acessar o banco de dados operacional.

O front end da GUI executa no computador-cliente e transmite solicitações de análise de dados para o servidor de ROLAP. O GUI recebe respostas de dados desse servidor e os formata de acordo com as necessidades de apresentação do usuário final.

Observe que o índice da Tabela 13.9 ocupa uma quantidade mínima de espaço. Portanto, os índices de bitmap são mais eficientes no tratamento de grandes quantidades de dados do que os índices normalmente encontrados em vários bancos de dados relacionais. No entanto, tenha em mente que esses índices são utilizados principalmente em situações em que o número de valores possíveis de um atributo (em outras palavras, o domínio do atributo) é relativamente pequeno. Por exemplo, REGIÃO possui apenas quatro resultados possíveis neste exemplo. Estado civil – casado, solteiro, viúvo, divorciado – seria outro bom candidato a bitmap, assim como gênero – M ou F.

As ferramentas de ROLAP são principalmente produtos cliente/servidor em que a interface do usuário final, o processamento analítico e o processamento de dados ocorrem em computadores diferentes. A Figura 13.11 mostra a interação dos componentes de ROLAP cliente/servidor.

Suporte a banco de dados muito grandes

Lembre-se de que o suporte a VLDBs é necessário aos banco de dados de suporte a decisões. Portanto, quando o banco de dados relacional é utilizado em uma função suporte a decisões, ele também deve ser capaz de armazenar grandes quantidades de dados. A capacidade de armazenamento e o processo de carregamento dos dados no banco são fundamentais. Portanto, o SGBDR deve dispor das ferramentas adequadas para importar, integrar e preencher o data warehouse com dados. Os dados de suporte a decisões são normalmente carregados em massa (batch) a partir dos dados operacionais. No entanto, as operações de batch exigem que tanto o banco de dados de origem como o de destino estejam reservados (bloqueados). A velocidade das operações de carregamento é importante, especialmente quando se sabe que a maioria dos sistemas operacionais é executada 24 horas por dia, 7 dias por semana, 52 semanas por ano. Portanto, a janela de oportunidade para a manutenção e o carregamento em batch é aberta apenas brevemente, em geral durante períodos de ociosidade.

Em uma arquitetura cliente/servidor aberta, o ROLAP fornece recursos avançados de suporte a decisões que podem chegar à escala de toda a empresa. Evidentemente, o ROLAP é uma escolha lógica para as empresas que já utilizem bancos relacionais para seus dados operacionais. Dado o tamanho de mercado de bancos de dados relacionais, não é de surpreender que a maioria dos fornecedores de SGBDR atuais ampliou seus produtos para dar suporte à data warehouses.

OLAP MULTIDIMENSIONAL

O **processamento analítico on-line multidimensional** (**MOLAP,** sigla em inglês para *Multidimensional Online Analytical Processing*) amplia os recursos de OLAP para **sistemas de gerenciamento de banco de dados multidimensionais** (**SGBDMs**). (O SGBDM utiliza técnicas especiais de propriedade para armazenar dados em matrizes de *n* dimensões.) O pressuposto do MOLAP é que os bancos de dados multidimensionais são os mais adequados para gerenciar, armazenar e analisar dados multidimensionais. A maioria das técnicas de propriedade utilizadas em SGBDMs decorre de campos da engenharia como CAD/CAM (projeto/fabricação assistidos por computador) e sistemas de informação geográfica (GIS).

Conceitualmente, os usuários finais de SGBDM visualizam os dados armazenados como um **cubo de dados**. A localização de cada valor de dado no cubo é uma função dos eixos *x*, *y* e *z* em um espaço tridimensional. Os eixos *x*, *y* e *z* representam as dimensões do valor do dado. Os cubos podem crescer até um número *n* de dimensões, tornando-se, assim, *hipercubos*. Os cubos são criados extraindo-se os dados de bancos operacionais e data warehouses. Uma característica importante dos cubos é que são estáticos, ou seja, não estão sujeitos a alterações e devem ser criados antes de sua utilização. Eles não podem ser criados por consultas *ad hoc*. Em vez disso, a consulta é feita em cubos pré-criados com eixos definidos. Por exemplo, um cubo de vendas terá as dimensões de produto, localização e tempo, permitindo a consulta apenas dessas dimensões. Portanto, o processo de criação do cubo de dados é fundamental e exige um trabalho profundo de projeto front end. Esse trabalho se justifica, pois sabe-se que os bancos de dados MOLAP são muito mais rápidos do que seus correspondentes ROLAP, em especial ao lidar com conjuntos de dados pequenos ou médios. Para acelerar o acesso aos dados, os cubos normalmente são mantidos na memória do chamado **cache de cubos**. (O cubo de dados é apenas uma janela para um subconjunto predefinido de dados de um banco. *Cubo de dados* e *banco de dados* não são a mesma coisa.) Como o MOLAP também utiliza infraestrutura cliente/servidor, o cache de cubos pode se localizar no servidor de MOLAP, no cliente ou em ambos os locais. A Figura 13.12 mostra a arquitetura básica de MOLAP.

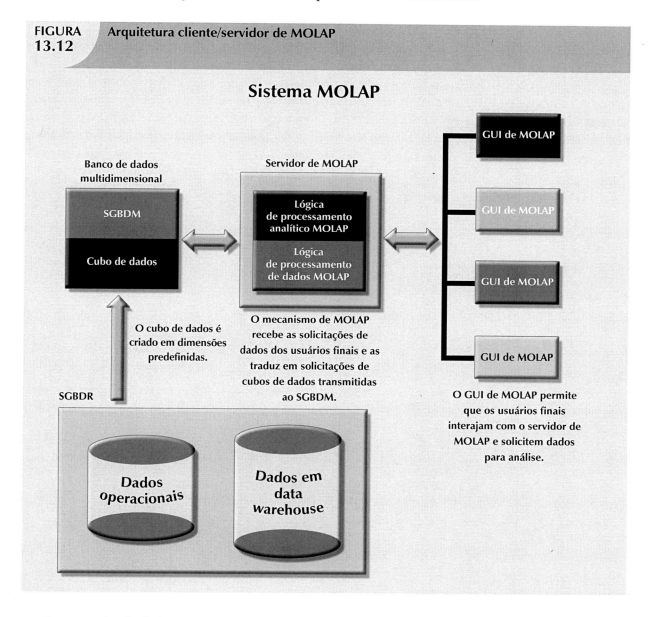

FIGURA 13.12 Arquitetura cliente/servidor de MOLAP

Como o cubo de dados é predefinido com um número estabelecido de dimensões, para adicionar uma nova dimensão é necessário recriar o cubo inteiro. Esse processo de recriação consome tempo. Portanto, quando se criam cubos com muita frequência, o SGBDM perde um pouco de sua vantagem de velocidade em relação ao banco de dados relacional. Além disso, embora os SGBDMs tenham vantagens de desempenho, são mais adequados para conjuntos de dados pequenos ou médios. A escalabilidade é um pouco limitada, pois o tamanho do cubo é restrito para evitar tempos longos de acesso aos dados provocados por pouco espaço de trabalho (memória) disponível para o sistema operacional e para os aplicativos. Além disso, o SGBDM utiliza técnicas de propriedade para armazenamento de dados, as quais, por sua vez, exigem métodos de propriedade de acesso que utilizam linguagem de consulta multidimensional.

A análise de dados multidimensionais também é afetada pelo modo como o sistema trata da dispersão. A **dispersão** é uma medida da densidade dos dados mantidos no cubo e é calculada pela divisão do número total de valores presentes no cubo pelo número total de células no cubo. Como as dimensões do cubo são predefinidas, nem todas as células são preenchidas. Em outras palavras, algumas células ficam vazias. Voltando ao exemplo de vendas, pode haver vários produtos que não sejam vendidos durante determinado período de tempo em certa localização. Na verdade, é comum encontrar menos de 50% das células de um cubo de dados preenchidos. Em todo caso, os bancos multidimensionais devem tratar a dispersão de modo eficiente para reduzir a sobrecarga de processamento e as necessidades de recursos.

Os defensores dos sistemas relacionais também argumentam que a utilização de soluções de propriedade dificulta a integração do SGBDM com outras fontes e ferramentas de dados utilizadas na empresa. Embora seja necessário um investimento significativo de tempo e esforço para integrar a nova tecnologia e a arquitetura existente de sistemas de informação, o MOLAP pode ser uma boa solução naquelas situações em que predominem bancos de dados de tamanho pequeno ou médio, e a velocidade dos aplicativos seja importante.

OLAP RELACIONAL *VERSUS* MULTIDIMENSIONAL

A Tabela 13.10 resume alguns prós e contras do OLAP e do MOLAP. Lembre-se, também, de que a seleção de um ou outro costuma depender do ponto favorável ao avaliador. Por exemplo, uma avaliação adequada do

TABELA 13.10 OLAP relacional *versus* multidimensional

CARACTERÍSTICA	ROLAP	MOLAP
Esquema	Utiliza esquema estrela É possível acrescentar dimensões adicionais dinamicamente	Utiliza cubos de dados Dimensões adicionais exigem a recriação do cubo de dados
Tamanho do banco de dados	Médio a grande	Pequeno a médio
Arquitetura	Cliente/servidor Com base em padrões Aberta	Cliente/servidor Propriedade
Acesso	Suporte a solicitações *ad hoc* Dimensões ilimitadas	Limitado a dimensões predefinidas
Recursos	Altos	Muito altos
Flexibilidade	Alta	Baixa
Escalabilidade	Alta	Baixa
Velocidade	Boa com pequenos conjuntos de dados; razoável para conjuntos médios ou grandes	Mais rápido com conjuntos de dados pequenos ou médios; razoável para conjuntos médios

OLAP deve incluir preço, plataformas de hardware suportadas, compatibilidade com SGBD existente, necessidades de programação, desempenho e disponibilidade de ferramentas administrativas. O resumo da Tabela 13.10 fornece um ponto de partida útil para a comparação.

Os fornecedores de ROLAP e MOLAP têm trabalhado em direção à integração de suas respectivas soluções em um modelo unificado de suporte a decisões. Muitos produtos de OLAP são capazes de lidar com dados em tabela e multidimensionais com a mesma facilidade. Por exemplo, ao utilizar o recurso de OLAP do Excel, conforme apresentado anteriormente na Figura 13.6, é possível acessar dados relacionais de OLAP em um servidor de SQL, bem como cubos (dados multidimensionais) no computador local. No entanto, os bancos de dados relacionais utilizam com sucesso o projeto de esquema estrela para tratar de dados multidimensionais e sua participação de mercado torna improvável que sua popularidade caia no curto prazo.

ESQUEMA ESTRELA

O **esquema estrela** é uma técnica de modelagem de dados utilizada para mapear dados multidimensionais de suporte a decisões em um banco de dados relacional. Na prática, o esquema estrela cria um equivalente próximo do esquema de banco de dados multidimensional a partir do banco relacional existente. O esquema estrela foi desenvolvido, pois as técnicas de modelagem relacional, ER e normalização existentes não produziam uma estrutura de banco de dados que atendesse às necessidades de análise avançada de dados.

Os esquemas estrela produzem um modelo de fácil implementação para a análise de dados multidimensionais, ao mesmo tempo em que preserva as estruturas relacionais em que o banco operacional foi criado. O esquema estrela básico possui quatro componentes: fatos, dimensões, atributos e hierarquias de atributos.

FATOS

Os **fatos** são medidas numéricas (valores) que representam um aspecto ou atividade específica dos negócios. Por exemplo, os números de vendas são medidas que representam as vendas de produtos e/ou serviços. Os fatos normalmente utilizados em análise de dados comerciais são unidades, custos, preços e receitas. Os fatos costumam ser armazenados em uma tabela de fatos que constitui o centro do esquema estrela. A **tabela de fatos** contém fatos vinculados por meio de suas dimensões, que serão explicadas na próxima seção.

Os fatos também podem ser computados ou derivados no momento da execução. Esses fatos computados e derivados, às vezes, são chamados de **métricas** para diferenciá-los dos fatos armazenados. A tabela de fatos passa por atualizações periódicas (diárias, semanais, mensais etc.) dos dados de bancos operacionais.

DIMENSÕES

As **dimensões** são características de qualificação que fornecem perspectivas adicionais a um determinado fato. Lembre-se de que as dimensões são interessantes, pois *os dados de suporte a decisões são quase sempre vistos relacionados a outros dados*. Por exemplo, as vendas podem ser comparadas por produto, entre regiões e entre períodos. O tipo de problema normalmente tratado por um sistema de BI pode ser a comparação das vendas da unidade X por região, nos primeiros semestres de 1998 a 2007. Nesse exemplo, as vendas contêm as dimensões de produto, localização e tempo. Na verdade, as dimensões são as lentes de amplificação por meio das quais são estudados os fatos. Essas dimensões normalmente são armazenadas em **tabelas de dimensões**. A Figura 13.13 representa um esquema estrela para vendas com as dimensões de produto, localização e tempo.

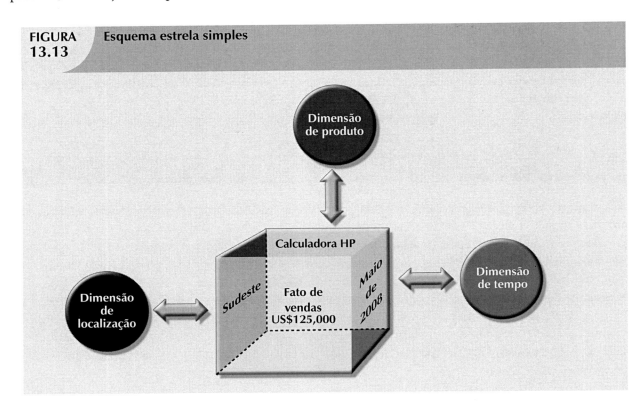

FIGURA 13.13 Esquema estrela simples

ATRIBUTOS

Cada tabela de dimensões contém atributos. Os atributos costumam ser utilizados para buscar, filtrar e classificar fatos. *As dimensões fornecem características descritivas sobre os fatos por meio de seus atributos.* Portanto, o projetista de data warehouses deve definir atributos de negócios comuns a serem utilizados pelo analista de dados para estreitar buscas, agrupar informações ou descrever dimensões. Utilizando o exemplo de vendas, alguns atributos possíveis de cada dimensão são ilustrados na Tabela 13.11.

TABELA 13.11 Atributos possíveis para dimensões de vendas

NOME DA DIMENSÃO	DESCRIÇÃO	ATRIBUTOS POSSÍVEIS
Localização	Qualquer dado que forneça descrição da localização. Por exemplo, Nashville, Loja 101, Região Sul e TN (Tennessee)	Região, estado, cidade, loja etc.
Produto	Qualquer dado que forneça descrição do produto vendido. Por exemplo, produto de cuidados com cabelo, marca Natural Essence, frasco de 150 ml e líquido azul	Tipo de produto, ID de produto, marca, embalagem, apresentação, cor, tamanho etc.
Tempo	Qualquer dado que forneça período de tempo para o fato de vendas. Por exemplo, ano de 2008, mês de julho, data de 29/7/2008 e hora de 16h46	Ano, trimestre, mês, semana, dia, hora do dia etc.

Essas dimensões de produto, localização e tempo adicionam uma perspectiva de negócios aos fatos de vendas. O analista de dados pode, então, agrupar os números de vendas de determinado produto, em determinada região e em determinado período de tempo. O esquema estrela, por meio de seus fatos e dimensões, pode fornecer os dados no formato e no momento necessários. E ele pode fazer isso sem impor o ônus de dados adicionais e desnecessários (como número de pedido, número de pedido de compra e andamento) que normalmente ocorrem em bancos operacionais.

Conceitualmente, o modelo de dados multidimensional do exemplo de vendas é mais bem representado por um cubo tridimensional. É claro que isso não implica que haja um limite para o número de dimensões que podem ser associadas a uma tabela de fatos. Não há limite matemático para o número de dimensões utilizadas. No entanto, usar um modelo tridimensional torna mais fácil a visualização do problema. Neste exemplo em três dimensões, na terminologia de análise de dados multidimensionais, o cubo ilustrado na Figura 13.14 representa uma visão das vendas dimensionadas por produto, localização e tempo.

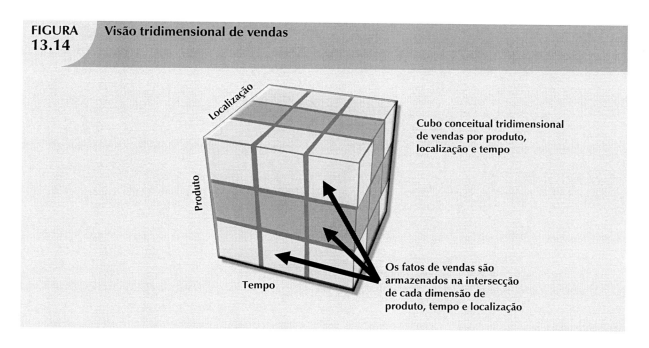

FIGURA 13.14 Visão tridimensional de vendas

Cubo conceitual tridimensional de vendas por produto, localização e tempo

Os fatos de vendas são armazenados na intersecção de cada dimensão de produto, tempo e localização

Observe que cada valor de venda armazenado no cubo da Figura 13.14 está associado às dimensões de localização, produto e tempo. No entanto, tenha em mente que esse cubo é apenas uma representação *conceitual* de dados multidimensionais e não mostra como os dados estão fisicamente armazenados no data warehouse. O mecanismo de ROLAP armazena dados em SGBDR e utiliza sua própria lógica de análise de dados e a GUI do usuário final para executar análises multidimensionais. O sistema MOLAP armazena os dados em um SGBDM, utilizando tecnologia de matriz proprietária para simular esse cubo multidimensional.

Seja qual for a tecnologia de banco de dados subjacente, um dos principais recursos da análise multidimensional é sua capacidade de focar em "fatias" específicas do cubo. Por exemplo, o gerente de produtos pode estar interessado em examinar as vendas de um produto, ao passo que o gerente de loja tem interesse em examinar as vendas feitas por uma loja específica. Em termos multidimensionais, a capacidade de focar em "fatias" do cubo para executar uma análise mais detalhada é conhecida como **detalhamento**. A Figura 13.15 ilustra esse conceito. Ao examinar a Figura 13.15, observe que cada corte através do cubo produz uma fatia. A intersecção de fatias produz pequenos cubos de dados.

Para o detalhamento, deve ser possível identificar cada fatia do cubo. Isso é feito utilizando-se os valores de cada atributo em determinada dimensão. Por exemplo, para utilizar a dimensão de localização, é necessário definir um atributo LOJA_ID de modo a focar em determinada loja.

Em função da necessidade de valores de atributos em um ambiente de detalhamento, examinaremos novamente a Tabela 13.11. Observe que cada atributo adiciona uma perspectiva adicional aos fatos de vendas, abrindo espaço para a descoberta de novos modos de busca, classificação e possível agregação de informação. Por exemplo, a dimensão de localização adiciona perspectiva geográfica de onde as vendas ocorreram: região, estado, cidade, loja etc. Todos os atributos são selecionados com o objetivo de fornecer dados de suporte a decisões aos usuários finais de modo que possam estudar as vendas pelo atributo de cada dimensão.

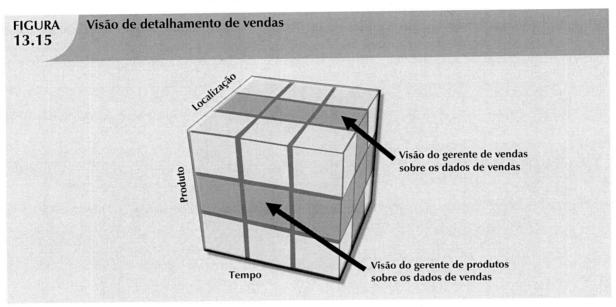

FIGURA 13.15 Visão de detalhamento de vendas

O tempo é uma dimensão especialmente importante. A dimensão de tempo fornece um modelo a partir do qual é possível analisar e eventualmente prever padrões de vendas. Além disso, essa dimensão executa um papel importante quando o analista de dados está interessado em ver as vendas agregadas por trimestre, mês, semana etc. Dada a importância e a universalidade da dimensão de tempo pela perspectiva dos analistas de dados, muitos fornecedores adicionaram recursos automáticos de gerenciamento dessa dimensão a seus produtos de criação de data warehouse.

HIERARQUIAS DE ATRIBUTOS

Os atributos no interior de dimensões podem ser ordenados em hierarquias bem definidas. A **hierarquia de atributos** fornece uma organização vertical utilizada para duas finalidades principais: agregação e análise de dados por *drill down* ou *roll up*. Por exemplo, a Figura 13.16 mostra como os atributos da dimensão de localização podem ser organizados em uma hierarquia por região, estado, cidade e loja.

A hierarquia de atributos fornece a possibilidade de executar buscas de *drill down* ou *roll up* no data warehouse. Suponha, por exemplo, que um analista de dados procure as respostas para a consulta: "Como é o desempenho de vendas mensais de 2007 acumulado no ano em comparação com o desempenho de vendas mensais de 2008 acumulado no ano?". O analista de dados percebe uma acentuada queda de vendas em março de 2008. Ele pode decompor o mês de março para ver como estão as vendas por região em comparação com o ano anterior. Fazendo isso, o analista pode determinar se as baixas vendas de março se refletiram em todas as regiões ou em uma região em particular. Esse tipo de operação de decomposição pode ser estendido até que o analista identifique a loja que está operando abaixo do normal.

O cenário de vendas de março é possível, pois a hierarquia de atributos permite que os sistemas de data warehouse e OLAP tenham um caminho definido para identificar como os dados devem ser dissociados ou agregados em operações de *drill down* ou *roll up*. Não é necessário que todos os atributos façam parte de uma hierarquia; alguns existem apenas para fornecer descrições das dimensões. No entanto, lembre-se de que atributos de dimensões diferentes podem ser agrupados para formar uma hierarquia. Por exemplo, após decompor cidade em loja, talvez se queira uma decomposição que utilize a dimensão produto. Assim, o gerente pode identificar produtos com vendas fracas na loja. A dimensão de produto pode ser baseada no grupo (laticínios, carne etc.) ou na marca de produtos (Marca A, Marca B etc.).

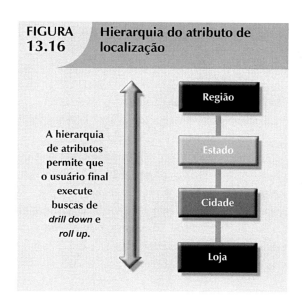

FIGURA 13.16 Hierarquia do atributo de localização

A hierarquia de atributos permite que o usuário final execute buscas de *drill down* e *roll up*.

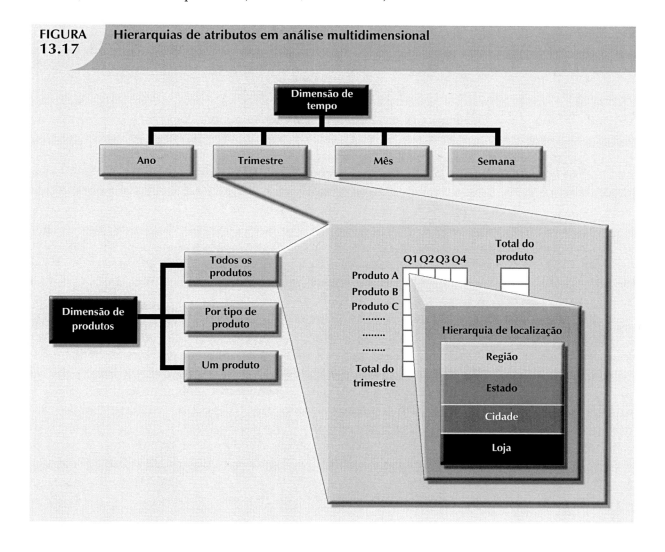

FIGURA 13.17 Hierarquias de atributos em análise multidimensional

A Figura 13.17 ilustra um cenário em que o analista de dados estuda fatos de vendas utilizando as dimensões de produto, tempo e localização. Nesse exemplo, a dimensão de produto é estabelecida como "Todos os produtos", o que significa que o analista de dados verá todos os produtos no eixo y. A dimensão de tempo (eixo x) é estabelecida com "Trimestre", indicando que os dados estão agregados por trimestre (por exemplo, vendas totais dos produtos A, B e C em T1, T2, T3 e T4). Por fim, a dimensão de localização é inicialmente estabelecida para "Região", garantindo, assim, que cada célula contenha as vendas regionais totais de determinado produto em determinado trimestre.

O simples cenário de análise de dados ilustrado na Figura 13.17 fornece ao analista de dados três diferentes caminhos de informação. Na dimensão de produto (eixo y), o analista pode solicitar a visualização de todos os produtos, produtos agrupados por tipo ou apenas um produto. Na dimensão de tempo (eixo x), ele pode solicitar dados variáveis no tempo em diferentes níveis de agregação: ano, trimestre, mês ou semana. Cada valor de venda apresenta, inicialmente, as vendas totais, por região, de cada produto. Quando se utiliza GUI, clicar na célula região possibilita ao analista de dados decompor as vendas por estados na região. Clicar novamente em um dos valores de estado resulta nas vendas para cada cidade do estado, e assim por diante.

Conforme ilustram os exemplos anteriores, as hierarquias de atributos determinam como os dados do data warehouse são extraídos e apresentados. A informação da hierarquia é armazenada no dicionário de dados do SGBD e utilizada pela ferramenta OLAP para acessar o data warehouse adequadamente. Uma vez garantido esse acesso, as ferramentas de consulta devem estar intensamente integradas com os metadados do data warehouse e dar suporte a poderosos recursos analíticos.

REPRESENTAÇÃO EM ESQUEMA ESTRELA

Os fatos e dimensões normalmente são representados por tabelas físicas no banco de dados do data warehouse. A tabela de fatos é relacionada com cada tabela de dimensões em um relacionamento "muitos para um" (M:1). Em outras palavras, várias linhas de fatos se relacionam a cada linha de dimensão. Utilizando o exemplo de vendas, pode-se concluir que cada produto aparece várias vezes na tabela de fatos VENDAS.

As tabelas de fatos e dimensões são relacionadas por chaves estrangeiras e estão sujeitas às restrições comuns de chave primária/estrangeira. A chave primária do lado "1", a tabela de dimensões, é armazenada como parte da chave primária do lado "muitos", a tabela de fatos. *Como a tabela de fatos está relacionada com várias tabelas de dimensões, a chave primária da tabela de fatos é composta.* A Figura 13.18 ilustra os relacionamentos entre tabelas de fatos de vendas e as tabelas das dimensões de produto, localização e tempo. Para mostrar como o esquema estrela pode ser expandido facilmente, foi adicionada uma dimensão de cliente ao conjunto. A adição dessa dimensão exigiu apenas a inclusão de CLI_ID na tabela de fatos VENDAS e a adição da tabela CLIENTE ao banco de dados.

A chave primária da tabela de fatos VENDAS é composta de TEMPO_ID, LOC_ID, CLI_ID e PROD_ID. Cada registro dessa tabela é identificado exclusivamente pela combinação dos valores de cada uma de suas chaves estrangeiras. *Por padrão, a chave primária da tabela de fatos é sempre formada combinando-se as chaves estrangeiras que apontam para as tabelas de dimensões à qual está relacionada.* Nesse caso, cada registro de vendas representa um produto vendido a um cliente específico, em data e hora específica e em uma localização específica. Nesse esquema, a tabela da dimensão TEMPO representa períodos diários. Portanto, a tabela de fatos VENDAS representa agregados de vendas diárias por produto e por cliente. Como a tabela de fatos contém os valores efetivamente utilizados no processo de suporte a decisões, tais valores se repetem muitas vezes nessa tabela. Portanto, as tabelas de fatos são sempre as maiores no esquema estrela. Como as tabelas de dimensões contêm apenas informações não repetitivas (todos os vendedores únicos, todos os produtos únicos etc.), são sempre menores do que as tabelas de fatos.

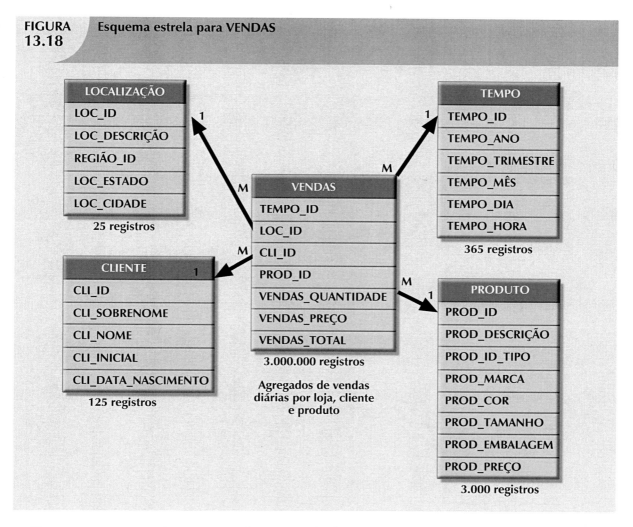

FIGURA 13.18 Esquema estrela para VENDAS

Em um esquema estrela comum, cada registro de dimensão é relacionado a milhares de registros de fatos. Por exemplo, "coisa" aparece apenas uma vez na dimensão de produto, mas têm milhares de registros correspondentes na tabela de fatos VENDAS. Essa característica do esquema estrela facilita as funções de recuperação de dados, pois, na maior parte do tempo, o analista procurará os fatos por meio dos atributos da dimensão. Portanto, um SGBD de data warehouse otimizado para o suporte a decisões busca primeiro as menores tabelas de dimensões antes de acessar as maiores.

Os data warehouses geralmente apresentam muitas tabelas de fatos. Cada uma é projetada para responder questões específicas de suporte a decisões. Por exemplo, suponha que surja um novo interesse por pedidos, mas mantendo-se o interesse por vendas. Nessa situação, devem-se manter as tabela de fatos PEDIDO e VENDAS no mesmo data warehouse. Se os pedidos forem considerados um interesse fundamental da organização, a tabela PEDIDO deve ser o centro de um esquema estrela que pode ter as dimensões de fornecedor, produto e tempo. Nesse caso, o interesse por fornecedores produz uma nova dimensão, representada por nova tabela FORNECEDOR no banco de dados. A dimensão de produto é representada pela mesma tabela do esquema estrela inicial de vendas. No entanto, em função do interesse tanto por pedidos como por vendas, a dimensão de tempo exige atenção especial. Se o departamento de pedidos utiliza os mesmos períodos que o de vendas, a dimensão de tempo pode ser representada por uma única tabela. Se forem utilizados períodos diferentes, deve-se criar outra tabela, talvez chamada PEDIDO_TEMPO, para representar os períodos utilizados pelo departamento de pedidos. Na Figura 13.19, o esquema estrela de pedidos compartilha as dimensões de produto, fornecedor e tempo.

Também é possível criar várias tabelas de fatos em razão de desempenho ou semântica. A seção seguinte explica várias técnicas de aprimoramento de desempenho que podem ser utilizadas no esquema estrela.

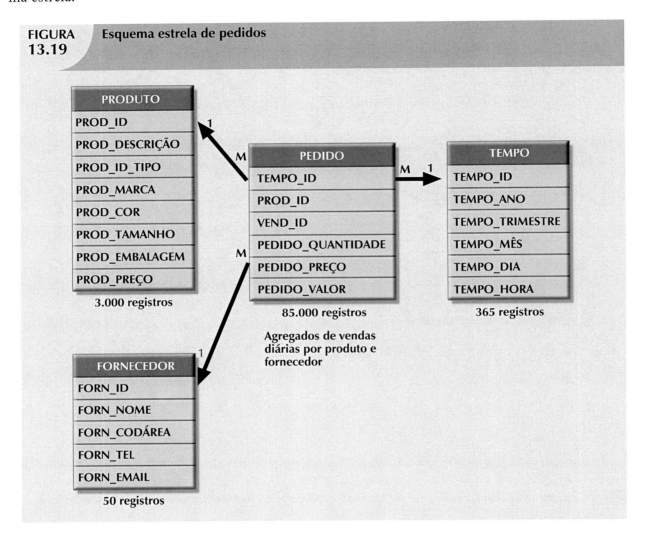

FIGURA 13.19 Esquema estrela de pedidos

TÉCNICAS DE APRIMORAMENTO DO DESEMPENHO DO ESQUEMA ESTRELA

A criação de um banco de dados que forneça respostas rápidas e precisas a consultas de análise de dados é o principal objetivo do data warehouse. Portanto, as medidas de aprimoramento de desempenho podem objetivar a velocidade das consultas, facilitando o código de SQL e melhorando a representação semântica das dimensões de negócios. Costuma-se utilizar quatro técnicas para otimizar o projeto de data warehouse:

- Normalização de tabelas dimensionais.
- Manutenção de várias tabelas de fatos para representar diferentes níveis de agregação.
- Desnormalização de tabelas de fatos.
- Particionamento e replicação de tabelas.

Normalização de tabelas dimensionais

As tabelas dimensionais são normalizadas para se obter simplicidade semântica e facilitar a navegação do usuário final pelas dimensões. Por exemplo, se a tabela da dimensão de localização contém dependências transitivas entre região, estado e cidade, é possível revisar esses relacionamentos para 3NF (terceira forma normal) conforme apresentado na Figura 13.20. (Se necessário, reveja as técnicas de normalização no Capítulo 5.) O esquema apresentado na Figura 13.20 é conhecido como **esquema de flocos de neve**, que é um tipo de esquema estrela no qual as tabelas de dimensões podem ter suas próprias tabelas de dimensões. O esquema de flocos de neve resulta normalmente da normalização de tabelas de dimensão.

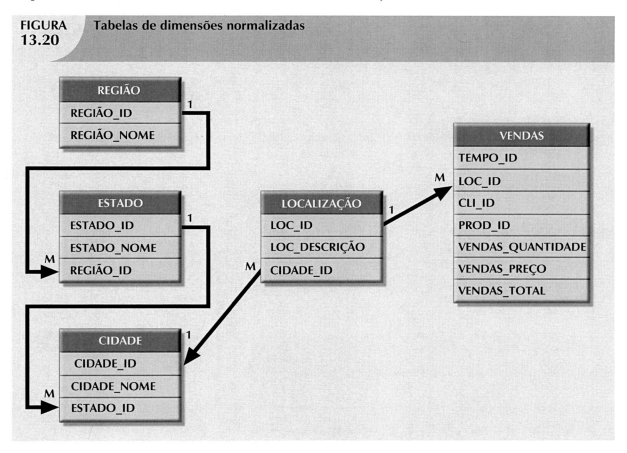

FIGURA 13.20 Tabelas de dimensões normalizadas

Normalizando essas dimensões, é possível simplificar as operações de filtragem de dados relacionadas a dimensões. Neste exemplo, região, estado, cidade e localização contêm muito poucos registros em comparação com a tabela de fatos VENDAS. Apenas a tabela de localização está relacionada diretamente com a tabela de fatos de vendas.

> **NOTA**
>
> Embora a utilização das tabelas de dimensões apresentadas na Figura 13.20 forneça simplicidade estrutural, há um preço a pagar por ela. Por exemplo, caso deseje agregar os dados por região, deve-se utilizar uma junção de quatro tabelas, aumentando, assim, a complexidade dos comandos de SQL. O esquema estrela da Figura 13.18 utiliza uma tabela de dimensão LOCALIZAÇÃO que facilita enormemente a recuperação de dados, eliminando várias operações de junção. Esse é outro exemplo dos dilemas que os projetistas devem levar em consideração.

Manutenção de várias tabelas de fatos que representem diferentes níveis de agregação

Também é possível acelerar as operações de consulta criando e mantendo várias tabelas de fatos relacionadas a cada nível de agregação (região, estado e cidade) na dimensão de localização. Essas tabelas agregadas são computadas previamente na fase de carregamento de dados, e não no momento da execução. A finalidade dessa técnica é poupar ciclos do processador durante a execução, acelerando, assim, a análise de dados. Uma ferramenta de consulta de usuário final otimizada para a análise de decisão pode, então, acessar adequadamente as tabelas de fatos resumidas em vez de computar os valores acessando um nível mais baixo de detalhe dessa tabela. Essa técnica é ilustrada na Figura 13.21, que adiciona tabelas agregadas de fatos para região, estado e cidade ao exemplo inicial de vendas.

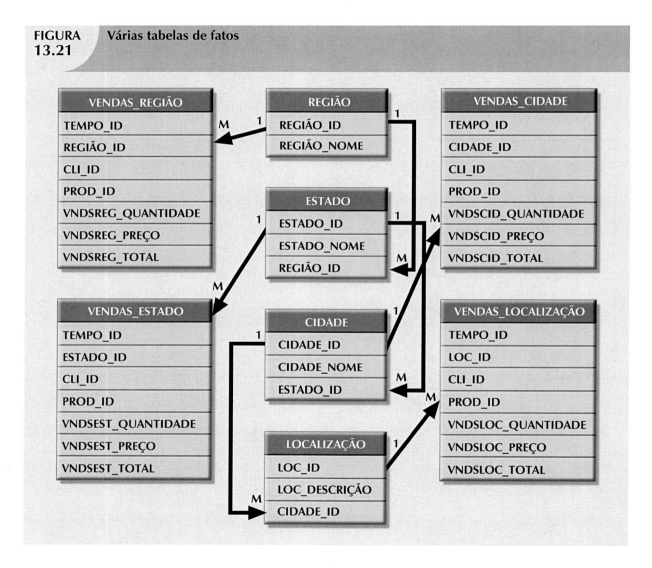

FIGURA 13.21 Várias tabelas de fatos

O projetista de data warehouses deve identificar quais níveis de agregação devem ser computados previamente e armazenados no banco de dados. Essas várias tabelas agregadas de fatos são atualizadas em cada ciclo de carga no modo de batch. Como o objetivo é minimizar o tempo de acesso e processamento, conforme a frequência esperada de utilização e o tempo de processamento necessário para calcular um nível de agregação durante a execução, o projetista deve selecionar que tabelas agregadas criar.

Desnormalização de tabelas de fatos

A desnormalização de tabelas de fatos aprimora o desempenho de acesso a dados e poupa espaço de armazenamento. O segundo objetivo, no entanto, está se tornando um problema menor. Os custos de armazenamento de dados caem quase diariamente e as limitações de SGBD que restringem o tamanho dos bancos de dados, das tabelas e dos registros, além do número máximo de registros em uma única tabela, apresentam muito mais efeitos negativos do que os custos de espaço de armazenamento bruto.

A desnormalização aprimora o desempenho utilizando um único registro para armazenar dados que normalmente ocupam vários registros. Por exemplo, para computar as vendas totais de todos os produtos em todas as regiões, pode ser necessário acessar os agregados de vendas das regiões e resumir todos os registros dessa tabela. Se houver 300.000 vendas de produtos, será necessário resumir, pelo menos, 300.000 linhas. Embora isso possa não ser uma operação muito onerosa para o SGBD, uma comparação, por exemplo, do valor de vendas nos últimos 10 anos pode começar a prejudicar o sistema. Nesses casos, é útil ter tabelas agregadas especiais que estejam desnormalizadas. Por exemplo, uma tabela ANO_TOTAIS pode conter os seguintes campos: ANO_ID, MÊS_1, MÊS_2 ... MÊS_12 e o total de cada ano. Essas tabelas podem ser facilmente utilizadas como base para comparações ano a ano nos níveis de melhores meses, de trimestre ou de ano. Novamente, os critérios de projeto, como frequência de utilização e necessidades de desempenho são avaliados em relação à possível sobrecarga imposta ao SGBD no gerenciamento de relações desnormalizadas.

Particionamento e replicação de tabelas

Como o particionamento e a replicação de tabelas foram cobertos em detalhes no Capítulo 12, essas técnicas serão discutidas aqui apenas em suas especificidades para data warehouses. O particionamento e a replicação são especialmente importantes quando um sistema de BI é implementado em áreas geograficamente dispersas. O **particionamento** separa a tabela em subconjuntos de linhas ou colunas e coloca esses subconjuntos próximos ao computador cliente, melhorando o tempo de acesso. A **replicação** faz uma cópia da tabela e a coloca em uma localização diferente, também para aprimorar o tempo de acesso.

Independente do esquema de aprimoramento de desempenho, o tempo é a dimensão mais usual na análise de dados de negócios. Portanto, é comum haver uma tabela de fatos para cada nível de agregação definido na dimensão de tempo. No exemplo de vendas, pode haver cinco tabelas agregadas de fatos de vendas: diária, semanal, mensal, trimestral e anual, que devem apresentar uma periodicidade definida implícita ou explicitamente. A **periodicidade**, geralmente expressa apenas como ano atual, anos anteriores ou todos os anos, fornece informações sobre o período de tempo dos dados armazenados na tabela.

Ao término de cada ano, as vendas diárias do ano atual são movidas para outra tabela, que contém apenas as vendas diárias dos anos anteriores. Essa tabela, na verdade, contém todos os registros de venda desde o início das operações, com exceção do ano atual. Os dados na tabela do ano atual e na de anos anteriores representam, portanto, o histórico completo de vendas da empresa. A tabela de anos anteriores pode ser replicada em várias localizações, evitando acessos remotos aos dados históricos que podem causar lentidão de tempo de resposta. O tamanho a que essa tabela pode chegar é suficiente para intimidar até os mais valentes otimizadores de consultas. Esse é um caso em que a desnormalização seria útil!

IMPLEMENTAÇÃO DE UM DATA WAREHOUSE

O desenvolvimento de sistemas de informação das dimensões de uma organização inteira está sujeito a várias restrições. Algumas se devem aos fundos disponíveis. Outras são uma função da visão da gerência sobre o papel executado por um departamento de SI e a extensão e profundidade das necessidades de informações. Adicione as restrições impostas pela cultura corporativa e você compreenderá por que nenhuma fórmula simples é capaz de descrever o desenvolvimento perfeito de um data warehouse. Portanto, em vez de propor uma única metodologia de projeto e implementação de data warehouses, esta seção identifica alguns fatores que parecem ser comuns a eles.

DATA WAREHOUSE COMO MODELO ATIVO DE SUPORTE A DECISÕES

Talvez o primeiro ponto a ser lembrado seja que o data warehouse não é um banco de dados estático. Em vez disso, trata-se de um modelo dinâmico de suporte a decisões que é, quase por definição, sempre um trabalho em andamento. Como o data warehouse constitui o fundamento do ambiente moderno de BI, seu projeto e sua implementação significam o envolvimento no projeto e na implementação de uma infraestrutura completa de desenvolvimento de sistema de banco de dados para o suporte a decisões de uma empresa inteira. Embora seja fácil focar no banco de dados de data warehouse como o depósito central de dados de BI, devemos lembrar que a infraestrutura de suporte a decisões inclui hardware, software, pessoas e procedimentos, assim como dados. O argumento de que o data warehouse é o único componente *fundamental* para o sucesso do BI é tão enganoso como o argumento de que um ser humano precisa apenas de um coração ou de um cérebro para viver. O data warehouse é um componente fundamental do ambiente moderno de BI, mas certamente não é o único. Portanto, seu projeto e implementação devem ser examinados à luz da infraestrutura toda.

UM ESFORÇO DE TODA A EMPRESA QUE EXIGE O ENVOLVIMENTO DOS USUÁRIOS

Projetar um data warehouse significa receber a oportunidade de ajudar a desenvolver um modelo integrado que capture os dados considerados essenciais para a organização, tanto da perspectiva do usuário final como da perspectiva dos negócios. Os dados do data warehouse atravessam os limites departamentais e as fronteiras geográficas. Como ele representa uma tentativa de modelar todos os dados de uma organização, o projetista provavelmente descobrirá que os componentes organizacionais (divisões, departamentos, grupos de suporte etc.) frequentemente apresentam metas conflitantes, sendo fácil encontrar inconsistências de dados e redundâncias danosas. Informação é poder e o controle de suas fontes e usos provavelmente desencadeará disputas abertas, resistência dos usuários finais e lutas por poder em todos os níveis. A construção de um data warehouse perfeito não trata apenas da questão de saber como criar um esquema estrela. Exige habilidades gerenciais para lidar com a resolução, mediação e arbitragem de conflitos. Em suma, o projetista deve:

- Envolver os usuários finais no processo.
- Garantir o engajamento dos usuários finais desde o início.
- Solicitar *feedback* contínuo dos usuários finais.
- Gerenciar as expectativas dos usuários finais.
- Estabelecer procedimentos para a resolução de conflitos.

SATISFAÇÃO DA TRILOGIA: DADOS, ANÁLISE E USUÁRIOS

Grandes habilidades gerenciais, é claro, não se bastam. Os aspectos técnicos do data warehouse também devem ser tratados. O velho ditado de entrada-processo-saída repete-se aqui. O projetista do data warehouse deve satisfazer:

- Critérios de integração e carregamento de dados.
- Recursos de análise de dados com desempenho aceitável de consulta.
- Necessidades de análise de dados do usuário final.

A preocupação técnica mais evidente na implementação de um data warehouse é fornecer ao usuário final suporte a decisões com recursos avançados de análise de dados – no momento certo, no formato certo, com os dados certos e ao custo certo.

APLICAÇÃO DE PROCEDIMENTOS DE PROJETO DE BANCO DE DADOS

Você aprendeu sobre o ciclo de vida e o processo de projetos de banco de dados no Capítulo 9. Portanto, talvez seja prudente revisar os procedimentos tradicionais de projeto. Esses procedimentos devem ser adaptados para atender às necessidades de data warehouse. Se você lembrar que o data warehouse obtém seus dados do banco operacional, compreenderá por que é importante um fundamento sólido no projeto desse banco. (É difícil produzir bons dados de data warehouse quando os dados do banco operacional estão corrompidos.) A Figura 13.22 ilustra um processo simplificado de implementação de data warehouse.

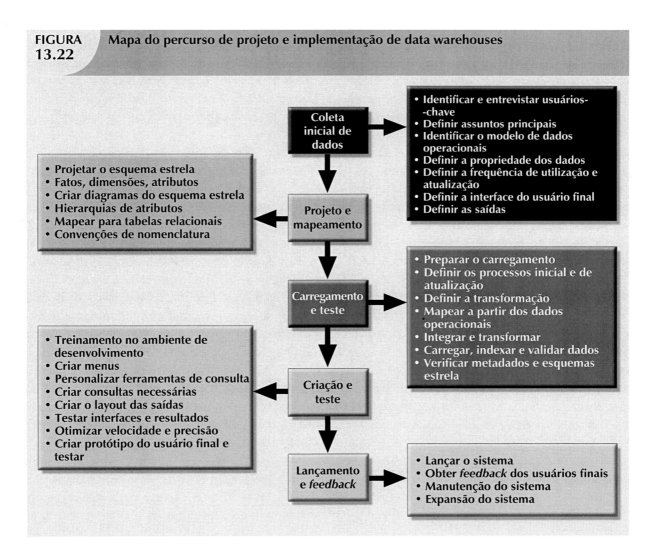

FIGURA 13.22 Mapa do percurso de projeto e implementação de data warehouses

Como observado, o desenvolvimento do data warehouse é um esforço de toda a empresa, exigindo muitos recursos: humanos, financeiros e técnicos. Fornecer suporte a decisões para uma empresa inteira exige sólida arquitetura com base em uma combinação de habilidades pessoais, tecnologia e procedimentos gerenciais. Frequentemente, isso é difícil de obter e implementar. Por exemplo:

- A quantidade enorme e frequentemente confusa de dados de suporte a decisões provavelmente exigirá o software e hardware mais recente, ou seja, computadores avançados com vários processadores, sistemas de bancos de dados avançados e unidades de armazenamento com grande capacidade. Em um passado não muito distante, essas exigências normalmente levavam à utilização de um sistema com base em mainframe. A tecnologia cliente/servidor atual oferece diversas outras escolhas para a implementação de um data warehouse.
- São necessários procedimentos muito detalhados para coordenar o fluxo de dados dos bancos operacionais para o data warehouse. O controle desse fluxo inclui extração, validação e integração de dados.
- Para implementar e dar suporte à arquitetura de data warehouse, também é necessário pessoal com habilidades avançadas em projeto de banco de dados, integração de software e gerenciamento.

MINERAÇÃO DE DADOS (DATA MINING)

A finalidade da análise de dados é descobrir previamente características, relacionamentos, dependências ou tendências desconhecidas dos dados. Essas descobertas, então, tornam-se parte do modelo de informações a partir do qual as decisões são construídas. *Uma típica ferramenta de análise de dados depende de os usuários finais definirem o problema, selecionarem os dados e iniciarem as análises adequadas, de modo a gerar informações que auxiliem na modelagem e resolução dos problemas descobertos por esses usuários.* Em outras palavras, os usuários finais reagem a um estímulo externo – a descoberta do próprio problema. Se esses usuários não detectarem o problema, nenhuma medida será tomada. Em razão dessa limitação, alguns ambientes atuais de BI dão suporte a diferentes tipos de alertas automatizados. Esses alertas são agentes de software que monitoram constantemente certos parâmetros, como indicadores de vendas ou níveis de estoque e, assim, executam ações especificadas (enviar e-mail ou mensagens de alerta, executar programas etc.) quando tais parâmetros atingem níveis predefinidos.

Ao contrário das ferramentas tradicionais de BI (reativas), a mineração de dados é *proativa*. Em vez de o usuário de dados definir o problema e selecionar os dados e os meios de análise, *as ferramentas de mineração de dados buscam automaticamente anomalias e possíveis relacionamentos de dados, identificando, assim, problemas ainda não identificados pelo usuário final.* Em outras palavras, a **mineração de dados** refere-se às atividades que analisam os dados, descobrem problemas e oportunidades ocultos em seus relacionamentos, formam modelos computacionais com base nessas descobertas e, então, utilizam esses modelos para prever o comportamento do negócio – exigindo a mínima intervenção do usuário final. Portanto, esse usuário pode utilizar as descobertas do sistema para obter conhecimentos capazes de produzir vantagens competitivas. A mineração de dados corresponde a uma nova espécie de ferramentas especializadas de suporte a decisões que automatizam a análise de dados. Em resumo, essas ferramentas *iniciam* as análises para criar conhecimento. Tal conhecimento pode ser utilizado para tratar de um número ilimitado de problemas de negócios. Por exemplo, empresas bancárias e de cartões de crédito utilizam a análise baseada em conhecimento para detectar fraudes, reduzindo, assim, as transações fraudulentas.

Para colocar a mineração de dados em perspectiva, veja a pirâmide da Figura 13.23, que representa como o conhecimento é extraído dos dados. Os *dados* formam a base da pirâmide e representam o que a maioria das organizações coleta em seus bancos operacionais. O segundo nível contém *informações* que representam dados purificados e processados. As informações formam a base da tomada de decisão e da compreensão dos negócios. O *conhecimento* está no ápice da pirâmide e representa informações altamente especializadas.

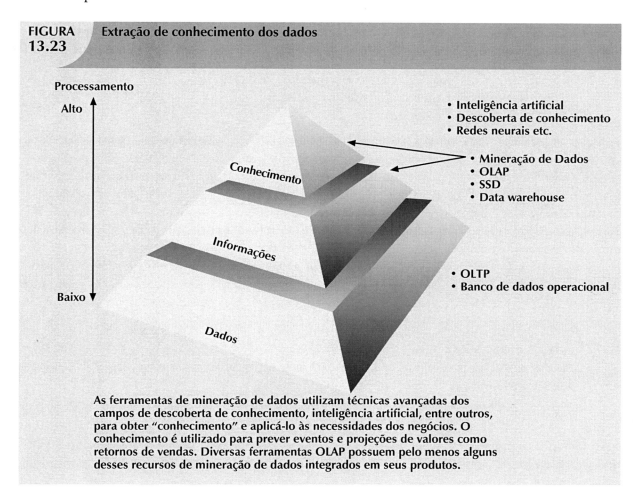

FIGURA 13.23   Extração de conhecimento dos dados

As ferramentas de mineração de dados utilizam técnicas avançadas dos campos de descoberta de conhecimento, inteligência artificial, entre outros, para obter "conhecimento" e aplicá-lo às necessidades dos negócios. O conhecimento é utilizado para prever eventos e projeções de valores como retornos de vendas. Diversas ferramentas OLAP possuem pelo menos alguns desses recursos de mineração de dados integrados em seus produtos.

É difícil fornecer uma lista precisa das características das ferramentas de mineração de dados. Para um único aspecto, a geração atual dessas ferramentas contém diversas variações de projeto e aplicação, de modo a atender às necessidades de mineração de dados. Além disso, há muitas variações, pois não existem padrões estabelecidos que orientem a criação de ferramentas de mineração de dados. Cada uma delas parece ser determinada por uma abordagem e um foco diferentes, gerando, assim, famílias de ferramentas que se concentram em nichos de mercado, como marketing, varejo, finanças, saúde, investimentos, seguros e bancos. Em determinado nicho, essas ferramentas podem utilizar certos algoritmos, que podem ser implementados de diversos modos e/ou aplicados a dados diferentes.

Apesar da falta de padrões precisos, a mineração de dados está sujeita a quatro fases gerais:

1. Preparação de dados.
2. Análise e classificação de dados.
3. Aquisição de conhecimento.
4. Prognóstico.

Na *fase de preparação de dados*, os principais conjuntos de dados a serem utilizados pela operação de mineração de dados são identificados e quaisquer impurezas são eliminadas. Como os dados de data warehouses já estão integrados e filtrados, costumam ser o conjunto-alvo das operações de minerações de dados.

A *fase de classificação e análise de dados* estuda os dados para identificar características e padrões comuns. Durante essa fase, a ferramenta de mineração de dados utiliza algoritmos específicos para encontrar:

- Agrupamentos, classificações, grupos ou sequências de dados.
- Dependências, vínculos ou relacionamentos de dados.
- Padrões, tendências e desvios de dados.

A *fase de aquisição de conhecimento* utiliza os resultados da fase de análise e classificação. Durante essa fase, a ferramenta de mineração de dados (com possível intervenção do usuário final) seleciona os algoritmos adequados de modelagem e aquisição de conhecimento. Os algoritmos mais comuns baseiam-se em redes neurais, árvores de decisões, indução de regras, classificação ou regressão, algoritmos genéticos, raciocínio com base em memória e visualização de dados, e vizinho mais próximo. A ferramenta de mineração de dados pode utilizar vários desses algoritmos, em qualquer combinação, para gerar um modelo de computador que reflita o comportamento do conjunto-alvo de dados.

Embora várias dessas ferramentas parem na fase de aquisição de conhecimento, outras continuam até a *fase de prognóstico*. Nessa fase, as descobertas de mineração de dados são utilizadas para prever o comportamento futuro e projetar resultados de negócios. Alguns exemplos dessas descobertas poderiam ser:

- 65% dos clientes que não utilizaram o cartão de crédito nos últimos seis meses têm 88% de probabilidade de cancelar a conta.
- 82% dos clientes que compraram TVs de 27 polegadas ou maiores têm 90% de probabilidade de adquirir um *home theater* nos próximos quatro meses.
- Se a idade < 30, a renda <= 25.000, classificação de crédito < 3 e o limite de crédito > 25.000, o prazo mínimo de empréstimo é de 10 anos.

O conjunto completo de descobertas pode ser representado em uma árvore de decisão, em uma rede neural, em um modelo de projeção ou em uma interface de apresentação visual utilizada para projetar eventos ou resultados futuros. Por exemplo, a fase de prognóstico pode projetar o resultado provável do lançamento de um novo produto ou de uma nova promoção de marketing. A Figura 13.24 ilustra as diferentes fases das técnicas de mineração de dados.

Como essa tecnologia ainda está em seus primórdios, algumas descobertas de mineração de dados podem sair dos limites esperados pelos gerentes de negócios. Por exemplo, uma ferramenta pode descobrir um relacionamento próximo entre a marca favorita de refrigerante de um cliente e a marca dos pneus do seu carro. É evidente que esse relacionamento não deve ser motivo de grande consideração por parte dos gerentes de vendas. (Em análise de regressão, esses relacionamentos costumam ser descritos pelo nome de "correlação estúpida".) Felizmente, a mineração de dados geralmente produz resultados mais significativos. Na verdade, ele tem se mostrado muito útil na descoberta de relacionamentos práticos entre dados que ajudam a definir padrões de compra dos clientes, aprimoram o desenvolvimento e a aceitação de produtos, reduzem fraudes em sistemas de saúde, analisam mercados de ações etc.

Em tese, pode-se esperar o desenvolvimento de bancos de dados que não apenas armazenem dados e diferentes estatísticas sobre sua utilização, mas também possuam a capacidade de aprender e extrair conhecimento dos dados armazenados. Esses sistemas de gerenciamento de bancos de dados, conhecidos como bancos indutivos ou inteligentes, são foco de pesquisa intensa em diversos laboratórios. Embora esses bancos de dados ainda tenham muito a alcançar para ter uma penetração substancial no mercado, as ferramentas "add-on" e integradas ao SGBD têm proliferado no mercado de banco de dados de data warehouse.

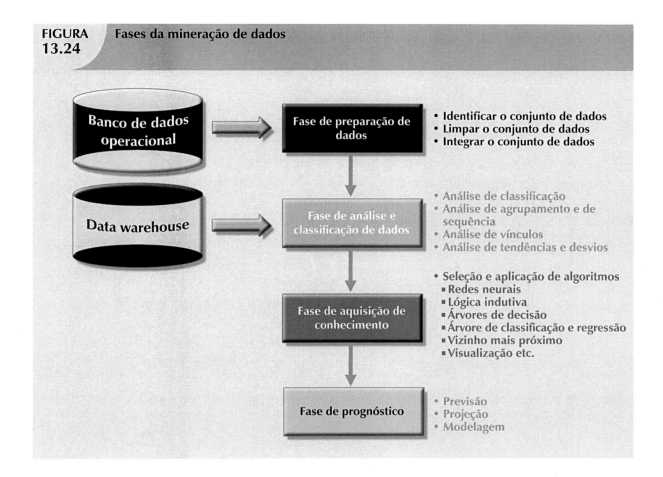

FIGURA 13.24   Fases da mineração de dados

EXTENSÕES DE SQL PARA OLAP

A proliferação de ferramentas OLAP promoveu o desenvolvimento de extensões de SQL para suporte de análise de dados multidimensionais. A maioria das inovações em SQL resulta de aprimoramentos de produtos centrados no fornecedor. No entanto, muitas dessas inovações encontraram seu espaço em SQL-padrão. Esta seção introduz algumas das novas extensões de SQL criadas para dar suporte a manipulações de dados no tipo OLAP.

O esquema de flocos de neve da SaleCo, apresentado na Figura 13.25, será usado para demonstrar a utilização das extensões de SQL. Observe que esse esquema possui uma tabela de fatos central DWSALESFACT (fatos de vendas do DW) e três tabelas de dimensões: DWCUSTOMER, DWPRODUCT e DWTIME (respectivamente, cliente, produto e tempo). A tabela de fatos central representa as vendas diárias por produto e cliente. No entanto, ao examinar com mais cuidado o esquema estrela apresentado na Figura 13.5, observa-se que as tabelas de dimensões DWCUSTOMER e DWPRODUCT possuem tabelas de dimensões próprias: DWREGION e DWVENDOR (respectivamente, região e fornecedor).

Lembre-se de que um banco de dados está no núcleo de todos os data warehouses. Portanto, todos os comandos de SQL (como CREATE, INSERT, UPDATE, DELETE e SELECT) funcionarão no data warehouse conforme esperado. Porém, a maioria das consultas executadas em data warehouse tende a incluir muitos agrupamentos e agregações de dados em várias colunas. Por isso, esta seção introduz duas extensões especialmente úteis à cláusula GROUP BY: ROLLUP e CUBE. Além disso, você aprenderá sobre a utilização de visualizações materializadas para armazenar linhas pré-agregadas no banco de dados.

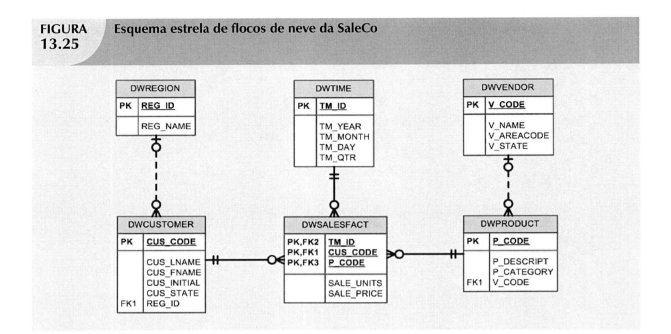

FIGURA 13.25 Esquema estrela de flocos de neve da SaleCo

NOTA

Esta seleção utiliza o SGBDR da Oracle para demonstrar a utilização de extensões de SQL no suporte a recursos de OLAP. Ao utilizar outros SGBDs, consulte a documentação para verificar se o fornecedor dá suporte a recursos similares e saber qual a sintaxe adequada ao sistema.

EXTENSÃO ROLLUP

A extensão ROLLUP é utilizada com a cláusula GROUP BY para gerar agregados por diferentes dimensões. Como você sabe, a cláusula GROUP BY gerará apenas um agregado para cada nova combinação de valores de atributos nela listados. A extensão ROLLUP dá um passo adiante; ela permite obter um subtotal para cada coluna listada, exceto para a última, que obtém um total final. A sintaxe de GROUP BY ROLLUP é a seguinte:

```
SELECT      coluna1, coluna2 [, ...], função_agregada(expressão)
FROM        tabela1 [,tabela2, ...]
[WHERE      condição]
GROUP BY    ROLLUP (coluna1, coluna2 [, ...])
[HAVING     condição]
[ORDER BY   coluna1 [, coluna2, ...]]
```

A ordem da lista de colunas dentro de GROUP BY ROLLAP é muito importante. A última coluna da lista gerará o total final. Todas as outras colunas gerarão subtotais. Por exemplo, a Figura 13.26 mostra a utilização da extensão de ROLLUP para gerar subtotais por fornecedor e produto.

Observe que a Figura 13.26 apresenta subtotais por código de fornecedor (V_CODE) e total final para todos os códigos de produtos (P_CODE). Compare esse resultado com a cláusula normal GROUP BY, que geraria apenas os subtotais de cada combinação de fornecedor e produto, e não os subtotais *por fornecedor* e o total final de *todos os produtos*. A extensão ROLLUP é especialmente útil quando se deseja obter vários subtotais integrados de uma hierarquia de dimensões. Por exemplo, na hierarquia de localização, pode-se utilizar ROLLUP para gerar subtotais por região, estado, cidade e loja.

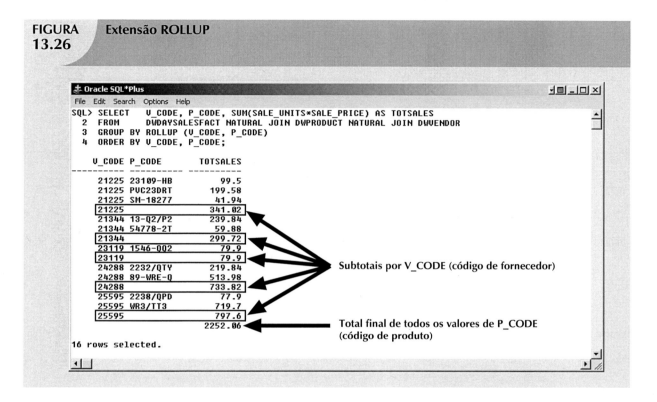

FIGURA 13.26 Extensão ROLLUP

Extensão CUBE

A extensão CUBE também é utilizada com a cláusula GROUP BY para gerar agregados por colunas listadas, inclusive a última. Essa extensão permitirá a obtenção de um subtotal para cada coluna listada na expressão, além de um total final para a última coluna da lista. A sintaxe de GROUP BY CUBE é a seguinte:

```
SELECT      coluna1 [, coluna2, ...], função_agregada(expressão)
FROM        tabela1 [,tabela2, ...]
[WHERE      condição]
GROUP BY    CUBE (coluna1, coluna2 [, ...])
[HAVING     condição]
[ORDER BY   coluna1 [, coluna2, ...]]
```

Por exemplo, a Figura 13.27 mostra a utilização da extensão CUBE para computar os subtotais de vendas por mês e por produto, bem como o total final.

Observe, nessa figura, que a extensão CUBE gera os subtotais de cada combinação de mês e produto, além de subtotais por mês e por produto e um total final. Essa extensão é particularmente útil quando se deseja computar todos os subtotais possíveis de agrupamentos baseados em várias dimensões. As tabulações cruzadas são candidatas especialmente adequadas à aplicação da extensão CUBE.

FIGURA 13.27 Extensão CUBE

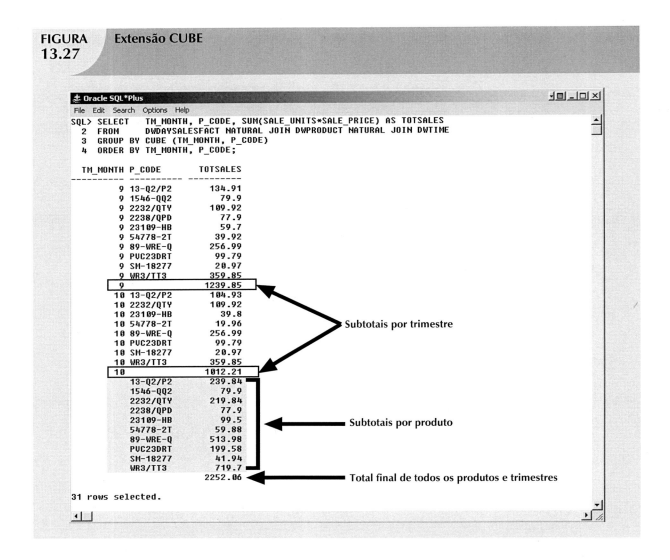

VISUALIZAÇÕES MATERIALIZADAS

O data warehouse normalmente contém tabelas de fatos para armazenar medidas específicas do interesse de uma organização. Essas medidas são organizadas em diferentes dimensões. A grande maioria das análises OLAP de negócios sobre as "atividades cotidianas" baseia-se em comparações de dados agregados em diferentes níveis como total por fornecedor, por produto ou por loja.

Como as empresas normalmente utilizam um conjunto predefinido de resumos para benchmark, é razoável predefinir esses resumos para uso futuro, criando as tabelas de fatos de resumos. No entanto, criar muitas tabelas de fatos de resumo que utilizem consultas GROUP BY com várias junções de tabelas pode tornar-se uma operação de consumo intensivo de recursos. Além disso, os data warehouses também devem ser capazes de manter dados resumidos atualizados em todos os momentos. Sendo assim, o que ocorre com as tabelas de fatos de resumo após a adição de novas vendas às tabelas de fatos básicas? Em circunstâncias normais, a tabela de resumo é recriada. Essa operação exige que o código de SQL seja executado novamente para recriar todas as linhas resumidas, mesmo quando apenas algumas delas precisem ser atualizadas. É claro que esse é um processo que consome tempo.

Para poupar tempo de processamento de consulta, a maioria dos fornecedores de banco de dados implementou um "recurso" adicional para gerenciar resumos agregados de modo mais eficiente. Esse novo recurso se assemelha às visualizações-padrão de SQL nas quais o código é predefinido no banco de dados. No entanto, a diferença adicionada é que as visualizações também armazenam as linhas pré-agregadas, de modo um pouco parecido com uma tabela de resumo. Por exemplo, o Microsoft SQL Server fornece visualizações indexadas, ao passo que o Oracle proporciona visualizações materializadas. Esta seção explica o uso destas últimas.

A **visualização materializada** é uma tabela dinâmica que contém não apenas o comando de consulta de SQL para gerar as linhas, mas também armazena as próprias linhas. Ela é criada quando a consulta é executada pela primeira vez, e as linhas resumidas são armazenadas na tabela. As linhas de visualização materializada são atualizadas quando da atualização das tabelas de base. Assim, o administrador do data warehouse criará a visualização, mas não terá de preocupar-se em atualizá-la. A utilização das visualizações materializadas é totalmente transparente para o usuário final. O usuário do OLAP pode criar consultas desse tipo usando as tabelas-padrão de fatos, e o recurso de otimização de consultas do SGBD utilizará automaticamente as visualizações materializadas se elas proporcionarem melhor desempenho.

A sintaxe básica dessa visualização é:

```
CREATE MATERIALIZED VIEW nome_visualização
BUILD {IMMEDIATE | DEFERRED}
REFRESH {[FAST | COMPLETE | FORCE]} ON COMMIT
[ENABLE QUERY REWRITE]
AS selecionar_consulta;
```

A cláusula BUILD indica quando as linhas da visualização materializada são efetivamente preenchidas. IMMEDIATE indica que elas são preenchidas logo após a inserção do comando. DEFERRED indica que o preenchimento deve ocorrer posteriormente. Até lá, a visualização materializada fica em estado "inutilizável". O SGBD fornece uma rotina especial que o administrador deve executar para preencher as visualizações.

A cláusula REFRESH permite ao usuário indicar quando e como atualizar a visualização materializada se novas linhas forem adicionadas às tabelas básicas. FAST indica que, sempre que uma mudança for feita nas tabelas básicas, a visualização materializada atualiza apenas as linhas afetadas. COMPLETE indica que será feita uma atualização completa para todas as linhas quando da resposta à consulta de seleção em que se baseia a visualização. FORCE indica que o SGBD tentará primeiro fazer uma atualização FAST; se não tiver sucesso, fará uma atualização COMPLETE. A cláusula ON COMMIT indica que as atualizações da visualização materializada ocorrerão como parte do processo de comprometimento (COMMIT) do comando de DML subjacente, ou seja, como parte do comprometimento da transação de DML que atualizou as tabelas básicas. A opção ENABLE QUERY REWRITE permite que o SGBD utilize a visualização materializada na otimização de consultas.

Para criar visualizações materializadas, é necessário ter privilégios especificados e concluir pré-requisitos de etapas designadas. Como sempre, deve-se consultar a documentação do SGBD sobre as últimas atualizações. No caso do Oracle, é necessário criar logs de visualização materializada nas tabelas básicas da visualização. A Figura 13.28 mostra as etapas necessárias para criar a visualização materializada de MONTH_SALES_MV no SGBD Oracle.

FIGURA 13.28 Criação de uma visualização materializada

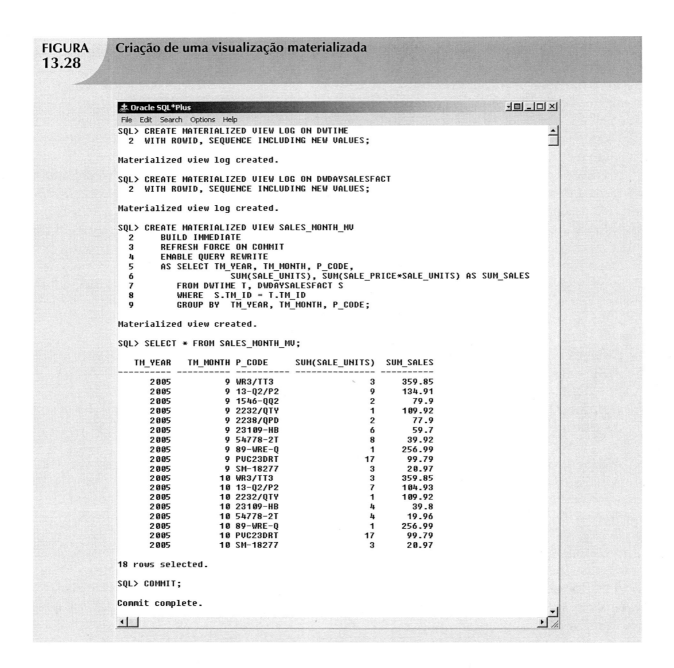

A visualização materializada da Figura 13.28 computa as vendas mensais totais de unidades e as vendas totais agregadas por produto. A visualização materializada de SALES_MONTH_MV é configurada para ser atualizada automaticamente após cada mudança nas tabelas básicas. Observe que a última linha de SALES_MONTH_MV indica que, em outubro, as vendas do produto 'SM-18277' são de três unidades, com um total de US$ 20,97. A Figura 13.29 mostra os efeitos de uma atualização da tabela básica DWDAYSALESFACT.

FIGURA 13.29   Atualização de uma visualização materializada

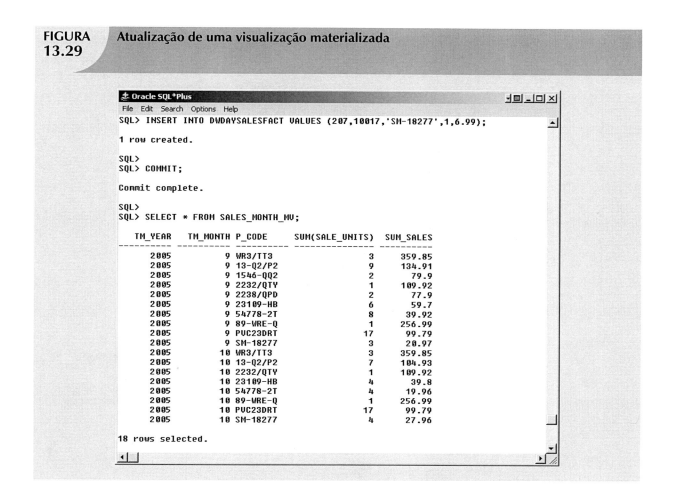

A Figura 13.29 mostra como a visualização materializada foi atualizada automaticamente após a inserção de uma nova linha na tabela DWDAYSALESFACT. Observe que a última linha de SALES_MONTH_MV agora mostra que, em outubro, as vendas do produto 'SM-18277' são de três unidades, com um total de US$ 27.96.

Embora todos os exemplos desta seção foquem nas extensões de SQL para suporte de relatório OLAP em um SGBD Oracle, vimos apenas uma pequena parte dos vários recursos de business intelligence atualmente proporcionados pela maioria dos fornecedores de SGBDs. Por exemplo, quase todos esses fornecedores apresentam ricas interfaces gráficas de usuários para manipular, analisar e apresentar os dados em vários formatos. A Figura 13.30 mostra duas telas de exemplo, uma do Oracle e outra de produtos OLAP da Microsoft.

FIGURA 13.30 Exemplo de aplicações OLAP

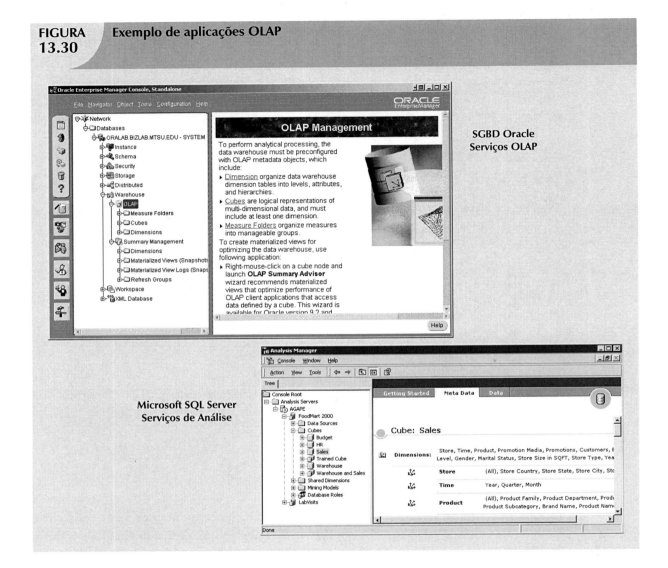

SGBD Oracle
Serviços OLAP

Microsoft SQL Server
Serviços de Análise

- **Business intelligence (BI)** é um termo utilizado para descrever um conjunto amplo, coeso e integrado de aplicações utilizadas para captar, coletar, integrar, armazenar e analisar dados para a geração e a apresentação de informações que deem suporte à tomada de decisões de negócios.

- O BI cobre uma faixa de tecnologias e aplicações para o gerenciamento de todo o ciclo de vida dos dados, da aquisição ao armazenamento, transformação, integração, análise, monitoramento, apresentação e arquivamento. Os recursos de BI vão da simples coleta e extração de dados à análise e apresentação complexas.

- O sistema de suporte a decisões (SSD) refere-se a uma combinação de ferramentas computacionais utilizadas para auxiliar a tomada de decisões gerenciais no âmbito comercial. O SSD foi o precursor original da geração atual de sistemas de BI.

- Os dados operacionais não são adequados ao suporte a decisões. Do ponto de vista do usuário final, os dados de suporte a decisões diferem dos operacionais em três principais áreas: período de tempo, granularidade e dimensionalidade.

- As necessidades um SGBD de suporte a decisões estão divididas em quatro categorias principais: esquema de bancos de dados, extração e carregamento de dados, interface analítica do usuário final e necessidades de tamanho do banco de dados.

- O data warehouse é um conjunto integrado, orientado por assunto, variável no tempo e não volátil de dados que fornecem suporte à tomada de decisões. Ele normalmente é um banco de dados apenas de leitura, otimizado para processamento de análises e consultas. O data mart é um pequeno subconjunto de um data warehouse, sobre um único assunto, que fornece suporte às decisões de um pequeno grupo de pessoas.

- O processamento analítico on-line (OLAP) refere-se a um ambiente avançado de análise de dados que dá suporte à tomada de decisões, modelagem comercial e pesquisa operacional. Os sistemas OLAP apresentam quatro características principais: utilização de técnicas de análise de dados multidimensionais, suporte avançado a banco de dados, interfaces de usuário final fáceis de utilizar e arquitetura cliente/servidor.

- O processamento analítico on-line relacional (ROLAP) fornece recursos de OLAP utilizando bancos de dados relacionais e ferramentas familiares de consulta relacional para armazenar e analisar dados multidimensionais. O processamento analítico on-line multidimensional (MOLAP) fornece recursos de OLAP utilizando sistemas de gerenciamento de bancos de dados multidimensionais (SGBDMs) para armazenar e analisar dados multidimensionais.

- O esquema estrela é uma técnica de modelagem de dados utilizada para mapear dados multidimensionais de suporte a decisões em um banco relacional com a finalidade de executar análises avançadas de dados. O esquema estrela básico possui quatro componentes: fatos, dimensões, atributos e hierarquias de atributos. Os fatos são medidas numéricas (valores) que representam um aspecto ou atividade específica dos negócios. As dimensões são categorias gerais de qualificação que fornecem perspectivas adicionais a determinado fato. Conceitualmente, o modelo de dados multidimensional é mais bem representado por um cubo tridimensional. Os atributos podem ser ordenados em hierarquias bem definidas. A hierarquia de atributos fornece uma organização vertical utilizada para duas finalidades principais: permitir agregação e fornecer análise de dados por *drill down* ou *roll up*.

- Costuma-se utilizar quatro técnicas para otimizar o projeto de data warehouse: normalização de tabelas dimensionais, manutenção de várias tabelas de fatos que representem níveis de agregação diferentes, desnormalização de tabelas de fatos e particionamento e replicação de tabelas.

■ A mineração de dados automatiza a análise de dados operacionais com o objetivo de encontrar características, relacionamentos, dependências e/ou tendências previamente desconhecidos. O processo de mineração de dados possui quatro fases: preparação de dados, classificação e análise de dados, aquisição de conhecimento e prognóstico.

■ A SQL foi aprimorada com extensões que dão suporte a processamento e geração de dados do tipo OLAP.

QUESTÕES DE REVISÃO

1. O que é business intelligence?
2. Descreva o modelo de BI.
3. O que são sistemas de suporte a decisões e qual papel executam no ambiente de negócios?
4. Explique como os principais componentes da arquitetura de BI interagem para formar um sistema.
5. Quais são as diferenças mais relevantes entre dados operacionais e de suporte a decisões?
6. O que é data warehouse e quais são suas principais características?
7. Dê três exemplos de problemas provavelmente encontrados quando dados operacionais são integrados ao data warehouse.

Utilize o seguinte cenário para responder às Questões 8–14.

Trabalhando como analista de bancos de dados para uma organização nacional de vendas, você foi convocado para participar da equipe de projeto de data warehouse.

8. Prepare um resumo de alto nível das principais necessidades de avaliação dos produtos de SGBD para a criação de data warehouses de dados.
9. Seu grupo de projeto de criação de data warehouse está debatendo sobre fazer ou não um protótipo do data warehouse antes da implementação. Os membros do grupo estão especialmente preocupados com a necessidade de adquirir algumas habilidades de data warehouse antes de implementar o sistema em toda a empresa. O que você recomendaria? Explique suas recomendações.
10. Suponha que você esteja convencendo os usuários sobre a ideia do data warehouse. Como você definiria a análise multidimensional para eles? Como explicaria as vantagens do sistema?
11. Antes de assumir um compromisso, o grupo de projeto de criação do data warehouse o convidou a apresentar uma visão geral de OLAP. Os membros do grupo estão particularmente preocupados com as exigências da arquitetura cliente/servidor de OLAP e em como esse sistema se ajustará ao ambiente existente. Seu trabalho é explicar os principais componentes e arquiteturas de cliente/servidor de OLAP.
12. Um dos fornecedores recomenda a utilização de SGBDM. Como você explicaria essa recomendação ao líder de projeto?
13. O grupo de projeto está pronto para tomar a decisão final de escolha entre ROLAP e MOLAP. Qual deve ser a base para essa decisão? Por quê?
14. O grupo de trabalho de data warehouse está na fase de projeto. Explique aos seus colegas projetistas como você utilizaria um esquema estrela no projeto.
15. Discuta sucintamente os estilos arquiteturais de suporte a decisões e sua evolução. Quais as principais tecnologias que influenciaram essa evolução?
16. O que é OLAP e quais são suas principais características?

17. Explique o ROLAP e dê os motivos por que você recomendaria sua utilização em um ambiente de dados relacional.

18. Explique a utilização de fatos, dimensões e atributos no esquema estrela.

19. Explique os cubos multidimensionais e descreva como a técnica do detalhamento se ajusta a esse modelo.

20. No contexto do esquema estrela, o que são hierarquias de atributos e níveis de agregação e qual sua finalidade?

21. Discuta a maioria das técnicas de aprimoramento de desempenho utilizadas em esquemas estrela.

22. Explique algumas das questões mais importantes na implementação de data warehouses.

23. O que é mineração de dados e como difere das ferramentas de suporte a decisões tradicionais?

24. Como funciona a mineração de dados? Discuta as diferentes fases de seu processo.

PARTE
5

BANCO DE DADOS
E INTERNET

CONECTIVIDADE DE BANCO DE DADOS E TECNOLOGIAS DA WEB	**14**

A Casio aprimora a experiência do cliente na web

Líder global, a Casio Computer Co. Ltd., desenvolve equipamentos eletrônicos de consumo desde 1957. Enquanto a empresa criava dispositivos de alta tecnologia, como TVs de LCD, câmeras digitais, computadores de mão e outros aparelhos, seu site na web estava atrasado no tempo. Ele havia sido escrito apenas em HTML, com pouco conteúdo e uma página de comércio eletrônico com gerenciamento terceirizado.

"Era um bom site, mas não constituía o tipo de experiência marcante que gostaríamos de oferecer a nossos clientes", disse o gerente de serviços de internet da Casio, Michael McCormick.

A empresa desejava atualizar a aparência e adicionar novas funcionalidades, incluindo melhores recursos de promoção de vendas e carrinho de compras mais amplo. Ela optou pelo ColdFusion MX da Macromedia rodando em uma plataforma Linux. (Recentemente, a Macromedia fundiu-se com a Adobe e o produto passou a se chamar Adobe ColdFusion.) Uma equipe de 15 pessoas, incluindo projetistas, programadores e testadores, passou cinco meses criando o novo site. A linguagem com base em tags do ColdFusion, sua possibilidade de reutilizar módulos de código e suas ferramentas de depuração aceleraram esse desenvolvimento. O servidor de aplicações de web com arquitetura aberta do ColdFusion também facilitou a integração com o sistema empresarial da companhia. Agora, os usuários podem navegar por milhares de produtos, fazer compras facilmente e rastrear seus pedidos.

A Casio também desfruta de muito mais funcionalidades administrativas, como o acesso a números de estoque, relatórios de vendas, informações sobre inscrições de membros e dados sobre processamento e atendimento de pedidos pelo site. Além disso, a empresa pode agora gerenciar o próprio conteúdo do site, em vez de recorrer a seu parceiro de desenvolvimento de web, a Pipeline Interactive, sempre que precisar atualizar uma de suas 50.000 telas de conteúdo.

No entanto, o aspecto mais importante do novo site é sua capacidade de oferecer produtos complementares ou adicionais. "Podemos oferecer uma impressora como complemento quando alguém compra uma câmera digital", explica McCormick. "Também é possível sugerir cartuchos adicionais de tinta quando alguém compra uma impressora. Se determinado item de estoque estiver faltando, sugerimos produtos substitutos que sejam similares – talvez em uma cor diferente."

O resultado é que as vendas de comércio eletrônico da Casio dobraram desde que seu site foi lançado. Ele ostenta mais de 700.000 usuários registrados, com mais de um milhão de visualizações de páginas por dia.

CONECTIVIDADE DE BANCO DE DADOS E TECNOLOGIAS DA WEB

QUATORZE

Neste capítulo, você aprenderá:

- Sobre as diferentes tecnologias de conectividade de banco de dados
- Como o middleware entre web e banco de dados é utilizado para integrar os bancos com a internet
- Sobre plugins e extensões do navegador da web
- Quais serviços são propiciados pelos servidores de aplicações da web
- O que é XML (*Extensible Markup Language*) e por que é importante para o desenvolvimento de bancos de dados na web

CONECTIVIDADE DE BANCOS DE DADOS

O termo *conectividade de banco de dados* refere-se a mecanismos por meio dos quais os aplicativos se conectam e se comunicam com depósitos de dados. O software de conectividade também é conhecido como **middleware de banco de dados**, pois realiza a interface entre aplicativos e o banco. O depósito de dados, também conhecido como *fonte de dados*, representa a aplicação de gerenciamento de dados (ou seja, um SGBDR Oracle, um SGBD SQL Server ou um SGBD IBM) a ser utilizada para armazenar os dados gerados pelo aplicativo. Em tese, uma fonte de dados ou depósito de dados pode estar localizada em qualquer lugar e receber qualquer tipo de dado. Por exemplo, a fonte de dados pode ser um banco relacional ou hierárquico, uma planilha ou arquivo de texto.

A necessidade de um padrão de interfaces de conectividade de banco de dados não pode ser superestimada. Assim que a SQL se tornou efetivamente a linguagem de manipulação de dados, surgiu a necessidade de um padrão de interface de conectividade que permitisse às aplicações se conectarem aos repositórios de dados. Há muitas maneiras diferentes de obter a conectividade de banco de dados. Esta seção cobrirá apenas as seguintes interfaces:

- Conectividade de SQL nativa (suprida por fornecedor).
- Conectividade de Banco de Dados Abertos da Microsoft (ODBC).
- Objetos de Acesso de Dados (DAO) e Objetos de Dados Remotos (RDO).
- Ligação e Incorporação de Objetos de Banco de Dados da Microsoft (OLE-DB).
- Objetos de Dados do ActiveX da Microsoft (ADO.NET).
- Conectividade de Banco de Dados em Java da Sun (JDBC)

Não é de surpreender que grande parte das interfaces comumente encontradas seja oferecida pela Microsoft. Afinal, as aplicações clientes se conectam a bancos de dados e, geralmente, são executadas em computadores operados por alguma versão do Microsoft Windows. As interfaces de conectividade de dados ilustradas aqui são os agentes dominantes no mercado e, o que é mais importante, possuem suporte da maioria dos fornecedores de bancos de dados. Na verdade, ODBC, OLE-DB e ADO.NET formam a espinha dorsal da arquitetura **UDA** (*Universal Data Access*, ou seja, acesso universal a dados) da Microsoft, um conjunto de tecnologias utilizadas para acessar qualquer tipo de fonte de dados e gerenciar dados por uma interface comum. Como você verá, as interfaces de conectividade da Microsoft evoluíram com o passar do tempo: cada uma estrutura-se a partir do topo da outra, fornecendo, assim, funcionalidades, recursos, flexibilidade e suporte aprimorados.

CONECTIVIDADE DE SQL NATIVA

Grande parte dos fornecedores de SGBDs oferece métodos próprios para a conexão de seus banco de dados. A conectividade da SQL nativa refere-se à interface de conexão fornecida, exclusiva do fornecedor específico do banco de dados. O melhor exemplo desse tipo de interface nativa é o SGBDR Oracle. Para conectar uma aplicação cliente a um banco de dados Oracle, deve-se instalar e configurar a interface SQL*NET do Oracle no computador cliente. A Figura 14.1 mostra a configuração da interface SQL*NET do Oracle nesse computador.

As interfaces nativas de conectividade são otimizadas para "seus" SGBDs e dão suporte ao acesso da maioria, se não todos, dos recursos do banco de dados. No entanto, manter várias interfaces nativas para banco de dados diferentes pode sobrecarregar o programador. Portanto, surge a necessidade de conectividade "universal". Normalmente, a interface nativa de conectividade de banco de dados oferecida pelo fornecedor não é o único modo de fazer conexões. A maior parte dos produtos de SGBD atuais dá suporte a outros padrões de conectividade, sendo o ODBC o mais comum.

ODBC, DAO E RDO

Desenvolvido no início da década de 1990, o **ODBC** (*Open Database Connectivity*, ou seja, Conectividade de banco de dados abertos) é uma implementação da Microsoft de um superconjunto do padrão de **interface de nível de chamada** (INC do inglês *call level interface*) do Grupo de Acesso de SQL para acesso a bancos de dados. O ODBC provavelmente é a interface de conectividade mais amplamente suportada. Ele permite que qualquer aplicação de Windows acesse fontes de dados relacionais, utilizando SQL por meio de um padrão de uma **API** (interface de programação de aplicações, do inglês *application programming interface*). O dicionário on-line Webopedia (*www.webopedia.com*) define uma API como "conjunto de rotinas, protocolos e ferramentas para criação de aplicativos". Uma boa API facilita o desenvolvimento de programas, fornecendo todos os blocos de construção; ao programador, cabe apenas reuni-los. A maioria dos ambientes operacionais, como o Microsoft Windows, fornece uma API para que os programadores possam escrever aplicações consistentes com ele. Embora as APIs sejam projetadas para programadores, são, em última análise, boas para os usuários, pois garantem que todos os programas que utilizem uma API comum tenham interfaces similares. Isso facilita que os usuários aprendam novos programas.

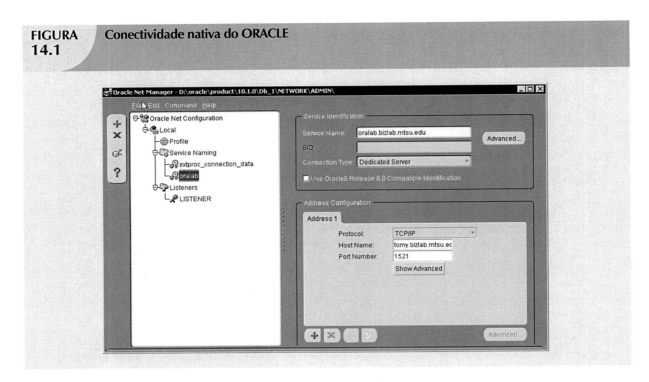

FIGURA
14.1

Conectividade nativa do ORACLE

O ODBC foi o primeiro padrão de middleware ampla e rapidamente adotado nas aplicações para Windows. Conforme as linguagens de programação se desenvolveram, o ODBC não forneceu funcionalidades significativas além da capacidade de executar SQL para manipular dados de estilo relacional. Portanto, os programadores precisaram de um modo melhor de acessar os dados. Para responder a essa necessidade, a Microsoft desenvolveu duas outras interfaces de acesso:

- O **DAO** (*Data Access Objects*, ou seja, Objetos de acesso de dados) é uma API orientada a objetos e utilizada para acessar bancos de dados do MS Access, MS FoxPro e dBase (utilizando o mecanismo de dados Jet) a partir de programas de Visual Basic. O DAO fornecia uma interface otimizada que expunha a funcionalidade do mecanismo de dados Jet (no qual se baseia o banco de dados do MS Access) para os programadores. A interface DAO também pode ser utilizada para acessar outras fontes de dados de estilo relacional.
- O **RDO** (*Remote Data Objects*, ou seja, Objetos de dados remotos) é uma interface de nível superior para aplicações orientadas a objetos, utilizada para acessar servidores de bancos de dados remotos. O RDO utiliza DAO e ODBC de nível inferior para direcionar o acesso aos bancos de dados. Foi otimizado para lidar com bancos de dados baseados em servidor, como MS SQL Server, Oracle e DB2.

A Figura 14.2 ilustra como as aplicações de Windows podem utilizar ODBC, DAO e RDO para acessar fontes de dados locais ou remotas.

Como se pode ver examinando a Figura 14.2, as aplicações clientes podem utilizar o ODBC para acessar fontes de dados relacionais. No entanto, as interfaces de objeto DAO e RDO proporcionam mais funcionalidades. Elas utilizam os serviços dados subjacentes do ODBC. O ODBC, o DAO e o RDO são implementados como um código compartilhado, dinamicamente vinculado ao ambiente operacional do Windows por meio de DLL (bibliotecas de vínculos dinâmicos, em inglês, *dynamic link-libraries*) armazenadas como arquivos com extensão .dll. Executado como DLL, o código melhora os tempos de carregamento e execução.

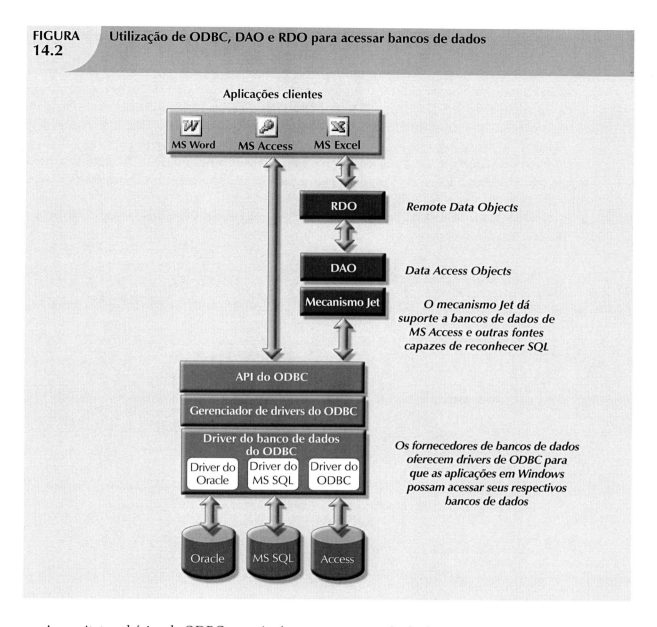

FIGURA 14.2 Utilização de ODBC, DAO e RDO para acessar bancos de dados

A arquitetura básica de ODBC possui três componentes principais:

- *API de ODBC* de alto nível, por meio da qual os aplicativos acessam funcionalidades de ODBC.
- *Gerenciador de drivers* encarregado de gerenciar todas as conexões do banco de dados.
- *Driver de ODBC* que se comunica diretamente com o SGBD.

A definição de uma fonte de dados é a primeira etapa na utilização do ODBC. Para defini-la, é necessário criar um **DSN** (*data source name*, ou seja, nome de fonte de dados) para a fonte. Para criar um DSN, é necessário:

- *Um driver de ODCB.* Deve-se identificar o driver a ser utilizado para a conexão à fonte de dados. O driver de ODBC normalmente é suprido pelo fornecedor do banco de dados, embora a Microsoft ofereça vários drivers que se conectam aos bancos de dados mais comuns. Por exemplo, caso se utilize um SGBD Oracle, pode-se selecionar o driver de ODBC desse sistema fornecido pela Oracle ou, se desejado, o fornecido pela Microsoft.

- Um *nome de DSN*. Trata-se de um nome exclusivo pelo qual a fonte de dados será conhecida pelo ODBC e, portanto, pelas aplicações. O ODBC oferece dois tipos de fontes de dados: de usuário e de sistema. *Fontes de dados de usuário* ficam disponíveis apenas para o usuário. *Fontes de dados de sistema* ficam disponíveis a todos os usuários, incluindo os serviços do sistema operacional.
- *Parâmetros do driver de ODBC*. A maioria dos drivers de ODBC exige parâmetros específicos para estabelecer uma conexão ao banco de dados. Por exemplo, caso utilize um banco de dados de MS Access, deve-se apontar para a localização do arquivo do Access (.mdb) e, se necessário, fornecer um nome de usuário e uma senha. Caso esteja utilizando um servidor de SGBD, é preciso fornecer o nome do servidor, o nome do banco de dados, o nome de usuário e a senha necessários para a conexão ao banco de dados. A Figura 14.3 apresenta as telas de ODBC exigidas para a criação de uma fonte de dados de ODBC de sistema em um SGBD Oracle. Observe que alguns drivers de ODBC utilizam o driver nativo oferecido pelo fornecedor.

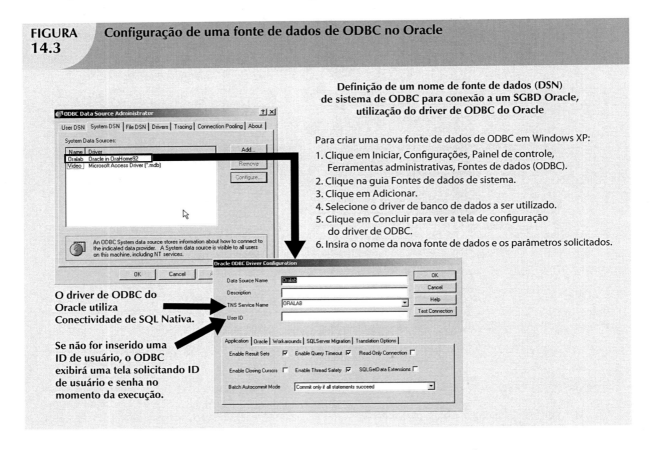

FIGURA 14.3 — Configuração de uma fonte de dados de ODBC no Oracle

Definição de um nome de fonte de dados (DSN) de sistema de ODBC para conexão a um SGBD Oracle, utilização do driver de ODBC do Oracle

Para criar uma nova fonte de dados de ODBC em Windows XP:

1. Clique em Iniciar, Configurações, Painel de controle, Ferramentas administrativas, Fontes de dados (ODBC).
2. Clique na guia Fontes de dados de sistema.
3. Clique em Adicionar.
4. Selecione o driver de banco de dados a ser utilizado.
5. Clique em Concluir para ver a tela de configuração do driver de ODBC.
6. Insira o nome da nova fonte de dados e os parâmetros solicitados.

O driver de ODBC do Oracle utiliza Conectividade de SQL Nativa.

Se não for inserido uma ID de usuário, o ODBC exibirá uma tela solicitando ID de usuário e senha no momento da execução.

Uma vez definida a fonte de dados de ODBC, os programadores podem escrever de acordo com a API, inserindo comandos específicos e fornecendo os parâmetros necessários. O Gerenciador de drivers de ODBC orientará as chamadas à fonte de dados adequada. O padrão de API do ODBC define três níveis de conformidade: Núcleo, Nível 1 e Nível 2, que fornecem graus crescentes de funcionalidade. Por exemplo, o Nível 1 pode dar suporte à maioria dos comandos de DDL e DML em SQL, incluindo subconsultas e funções agregadas, mas não a cursores ou SQL procedural. Os fornecedores de banco de dados podem escolher a que nível dar suporte. No entanto, para interagir com ODBC, o fornecedor deve implementar todos os recursos indicados em determinado nível de suporte a API de ODBC.

A Figura 14.4 mostra como utilizar o MS Excel para recuperar dados de um SGBDR Oracle utilizando ODBC. Como boa parte das funcionalidades fornecidas por essas interfaces é orientada ao acesso de fontes de dados relacionais, a utilização das interfaces era limitada quando utilizadas com outros tipos de fontes de dados. Com o surgimento das linguagens de programação orientadas a objetos, tornou-se mais importante dar acesso a outras fontes de dados não relacionais.

FIGURA 14.4   **O MS EXCEL utiliza ODBC para se conectar a um banco de dados de Oracle**

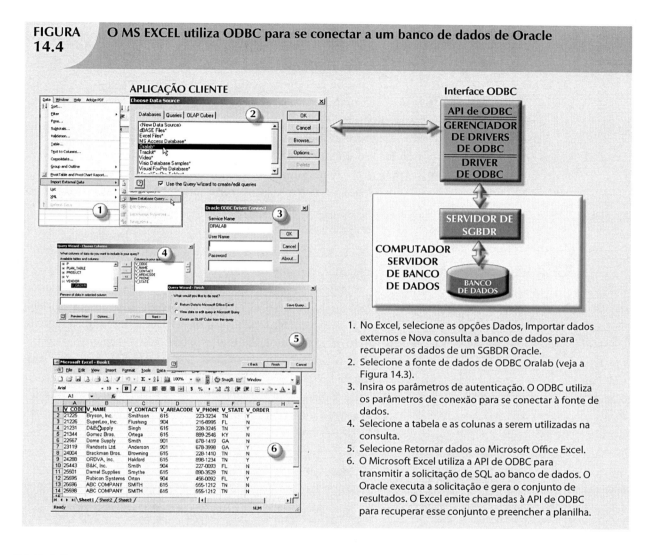

1. No Excel, selecione as opções Dados, Importar dados externos e Nova consulta a banco de dados para recuperar os dados de um SGBDR Oracle.
2. Selecione a fonte de dados de ODBC Oralab (veja a Figura 14.3).
3. Insira os parâmetros de autenticação. O ODBC utiliza os parâmetros de conexão para se conectar à fonte de dados.
4. Selecione a tabela e as colunas a serem utilizadas na consulta.
5. Selecione Retornar dados ao Microsoft Office Excel.
6. O Microsoft Excel utiliza a API de ODBC para transmitir a solicitação de SQL ao banco de dados. O Oracle executa a solicitação e gera o conjunto de resultados. O Excel emite chamadas à API de ODBC para recuperar esse conjunto e preencher a planilha.

OLE-DB

Embora ODBC, DAO e RDO fossem amplamente utilizados, não forneciam suporte a dados não relacionais. Para atender a essa necessidade e simplificar a conectividade de dados, a Microsoft desenvolveu o **OLE-DB** (*Object Linking and Embedding for Database*, ou seja, ligação e incorporação de objetos de bancos de dados). Baseado no modelo de objeto componente (COM, em inglês *Component Object Model*) da Microsoft, o OLE-DB é um middleware de bancos de dados que adiciona funcionalidades orientadas a objetos para acessar dados relacionais e não relacionais. O OLE-DB constituiu a primeira parte da estratégia da Microsoft de fornecer um modelo unificado, orientado a objetos, para o desenvolvimento de aplicações da próxima geração.

Ele é composto de uma série de objetos COM, que fornecem, às aplicações, conectividade de baixo nível aos bancos de dados. Como o OLE-DB baseia-se no COM, os objetos contêm dados e métodos, também conhecidos como interface. O modelo OLE-DB é mais bem compreendido quando suas funcionalidades são divididas em dois tipos de objetos:

- *Consumidores* são objetos (aplicações ou processos) que solicitam e utilizam dados. O consumidor solicita dados invocando os métodos expostos pelos objetos do provedor de dados (interface pública) e transmitindo os parâmetros necessários.
- *Provedores* são objetos que gerenciam a conexão com a fonte de dados e fornecem os dados aos consumidores. Dividem-se em duas categorias: provedores de dados e provedores de serviços.
  - Os *provedores de dados* fornecem dados aos processos. Os fornecedores de bancos de dados criam objetos de provedor que expõem as funcionalidades das fontes de dados mais importantes (relacional, orientada a objetos, texto etc.).
  - Os *provedores de serviços* fornecem funcionalidades adicionais aos consumidores. Eles se localizam entre o provedor de dados e o consumidor. O provedor de serviços solicita os dados do provedor de dados, transforma-os e, em seguida, fornece os dados transformados ao consumidor. Em outras palavras, o provedor de serviços atua como um consumidor do provedor de dados e como provedor do consumidor de dados (aplicação do usuário final). Por exemplo, o provedor de serviços pode oferecer gerenciamento de cursor ou de transação, processamento de consultas e indexação.

É prática comum de muitos fornecedores oferecer objetos OLE-DB para ampliar seu suporte de ODBC, criando efetivamente uma camada de objetos compartilhados na superfície da conectividade existente de bancos de dados (ODBC ou nativa) por meio da qual as aplicações podem interagir. Os objetos de OLE-DB expõem as funcionalidades do banco de dados. Por exemplo, há objetos que lidam com dados relacionais, dados hierárquicos e dados de arquivo de texto puro. Além disso, os objetos implementam tarefas específicas, como o estabelecimento conexões, a execução de consultas, a invocação de procedimentos armazenados ou de uma função OLAP, ou a definição de transações. Utilizando objetos OLE-DB, o fornecedor do banco de dados pode escolher quais funcionalidades implementar em modo modular, em vez de sempre ter de incluir todos os recursos. A Tabela 14.1 mostra um exemplo das classes orientadas a objetos utilizadas pelo OLE-DB e alguns métodos (interfaces) expostos pelos objetos.

TABELA 14.1 Exemplo de classes e interfaces de OLE-DB

CLASSE DE OBJETOS	UTILIZAÇÃO	EXEMPLO DE INTERFACES
Sessão	Utilizada para criar uma seção de OLE-DB entre uma aplicação consumidora de dados e um provedor de dados.	IGetDataSource ISessionProperties
Comando	Utilizado para processar comandos de modo a manipular os dados do provedor. Em geral, o objeto de comando criará objetos de RowSet (conjunto de linhas) para manter os dados retornados pelo provedor.	ICommandPrepare ICommandProperties
RowSet	Utilizado para manter o conjunto de resultados retornado por um banco de dados de estilo relacional ou que suporte SQL. Representa um conjunto de linhas em formato de tabela.	IRowsetInfo IRowsetFind IRowsetScroll

O OLE-DB fornecia recursos adicionais para as aplicações que acessavam os dados. No entanto, não dava suporte a linguagens de script, especialmente as utilizadas no desenvolvimento para a web, como ASP (*Active Server Pages*) e ActiveX. (Um **script** é escrito em linguagem de programação que não é compilada, mas interpretada e executada durante a execução). Para oferecer esse suporte, a Microsoft desenvolveu um novo modelo de objetos chamado **ADO** (*ActiveX Data Objects*, ou seja, objetos de dados do ActiveX), que fornece interface de alto nível orientada a aplicações para interação com OLE-DB, DAO e RDO. O ADO fornece interface unificada para o acesso de dados a partir de qualquer linguagem de programação que utilize objetos abrangidos por OLE-DB. A Figura 14.5 ilustra a arquitetura ADO/OLE-DB, mostrando como interage com o ODBC e opções de conectividade nativa.

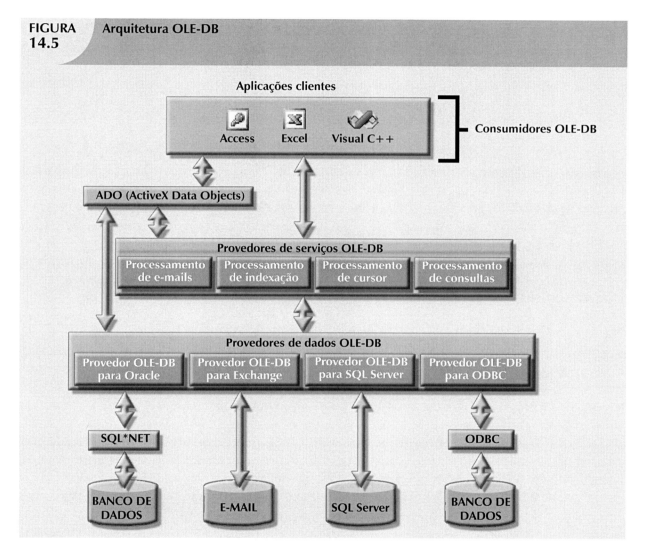

FIGURA 14.5 Arquitetura OLE-DB

O ADO introduziu um modelo de objetos mais simples, composto apenas de alguns objetos em interação para fornecer os serviços de manipulação de dados solicitados pelas aplicações. Na Tabela 14.2, você verá exemplos de objetos em ADO.

Embora o modelo ADO constitua um grande aprimoramento em relação ao OLE-DB, a Microsoft incentiva enfaticamente os programadores a utilizarem seu novo modelo de acesso a dados, o ADO.NET.

TABELA 14.2 Exemplo de objetos ADO

CLASSE DE OBJETOS	UTILIZAÇÃO
Conexão	Utilizada para configurar e estabelecer conexão com uma fonte de dados. O ADO pode se conectar a qualquer fonte de dados OLE-DB. Essa fonte pode ser de qualquer tipo.
Comando	Utilizado para executar comandos em relação a uma conexão específica (fonte de dados).
Recordset	Contém os dados gerados pela execução de um comando. Também contém quaisquer novos dados a serem gravados na fonte de dados. O Recordset (conjunto de registros) pode ser desconectado da fonte.
Campos	Contêm um conjunto de descrições de campos de cada coluna em Recordset.

ADO.NET

Com base no ADO, o **ADO.NET** é o componente de acesso a dados do modelo de desenvolvimento de aplicações .NET da Microsoft. O **framework .NET da Microsoft** é uma plataforma baseada em componentes para o desenvolvimento de aplicações distribuídas, heterogêneas e interoperáveis, que objetivem manipular quaisquer tipos de dados por qualquer rede e em qualquer sistema operacional e linguagem de programação. Uma ampla cobertura do framework .NET transcende o escopo deste livro. Portanto, esta seção apenas introduzirá o componente básico de acesso a dados da arquitetura ADO.NET.

É importante compreender que o framework .NET amplia e aprimora a funcionalidade fornecida pela dupla ADO/OLE-DB. O ADO.NET introduz dois novos recursos fundamentais para o desenvolvimento de aplicações distribuídas: suporte a DataSets e a XML.

Para compreender a importância desse novo modelo, é necessário saber que o **DataSet** é uma representação do banco de dados desconectada e residente na memória. Ou seja, o DataSet contém tabelas, colunas, linhas, relacionamentos e restrições. Uma vez lidos a partir de um provedor, os dados são colocados em um DataSet residente na memória, o qual é, então, desconectado do provedor. A aplicação consumidora interage com os dados do objeto DataSet para fazer alterações (inserções, atualizações e exclusões) no DataSet. Feito o processamento, os dados do DataSet são sincronizados com os da fonte e as alterações se tornam permanentes.

O DataSet é armazenado internamente em formato XML (você aprenderá sobre XML mais adiante neste capítulo) e seus dados podem se converter em documentos permanentes nesse formato. Isso é fundamental para os ambientes distribuídos de hoje. Em resumo, é possível pensar o DataSet como um banco de dados na memória, com base em XML que representa os dados permanentes armazenados na fonte de dados. A Figura 14.6 ilustra os principais componentes do modelo de objetos ADO.NET.

A estrutura ADO.NET consolida todas as funcionalidades de acesso a dados em um único modelo de objeto integrado. Nesse modelo, vários objetos interagem para executar funções específicas de manipulação de dados. Esses objetos podem ser agrupados como provedores e consumidores de dados.

Os objetos provedores são oferecidos pelos fornecedores de bancos de dados. No entanto, o ADO.NET vem com dois provedores-padrão: um provedor de dados para fontes OLE-DB e um para SQL Server. Desse modo, o ADO.NET pode trabalhar com qualquer banco de dados previamente suportado, incluindo um banco de dados ODBC com um provedor OLE-DB. Ao mesmo tempo, o ADO.NET inclui um provedor de dados altamente otimizado para SQL Server.

Seja qual for o provedor, ele deve dar suporte a um conjunto de objetos específicos para manipular os dados na fonte. Alguns desses objetos são apresentados na Figura 14.6. A seguir, uma breve descrição dos objetos.

- *Conexão.* O objeto de Conexão define a fonte de dados utilizada, o nome do servidor, o banco de dados etc. Esse objeto permite à aplicação do cliente abrir e fechar uma conexão com o banco de dados.
- *Comando.* O objeto Comando representa um comando a ser executado em uma conexão especificada de um banco de dados. Esse objeto contém o código real de SQL ou uma chamada de procedimento armazenado a ser executada pelo banco. Quando se executa uma sentença SELECT, o objeto Comando retorna um conjunto de linhas e colunas.
- *DataReader.* O objeto DataReader é especializado em criar uma seção apenas para leitura junto no banco de dados para recuperar dados sequencialmente (apenas adiante) de um modo muito rápido.
- *DataAdapter.* O objeto DataAdapter é encarregado de gerenciar um objeto DataSet. Trata-se do objeto mais especializado no framework ADO.NET. O DataAdapter contém os seguintes objetos que ajudam a gerenciar os dados do DataSet: SelectCommand, InsertCommand, UpdateCommand e DeleteCommand (respectivamente, comandos de seleção, inserção, atualização e exclusão). Ele utiliza esses objetos para preencher e sincronizar o DataSet com os dados permanentes da fonte.
- *DataSet.* O objeto DataSet é a representação na memória dos dados do banco. Contém dois objetos principais. O objeto DataTableCollection contém um conjunto de objetos DataTable, que constituem o banco de dados "na memória", e o objeto DataRelationCollection contém um conjunto de objetos que descrevem os relacionamentos de dados e modo de associação da linha de uma tabela com a linha relacionada de outra.
- *DataTable.* O objeto DataTable representa os dados em formato de tabela. Esse objeto possui uma propriedade muito importante: PrimaryKey (chave primária) que permite a aplicação da integridade de entidades. Por sua vez, o objeto DataTable é composto de três objetos principais:
  - *DataColumnCollection* contém descrições de uma ou mais colunas. Cada descrição possui propriedades como nome da coluna, tipos de dados, permissão de nulos, valor máximo e valor mínimo.
  - *DataRowCollection* contém nenhuma, uma ou mais linhas com os dados descritos em DataColumnCollection.
  - *ConstraintCollection* contém a definição das restrições da tabela. São suportados dois tipos de restrições: ForeignKeyConstraint e UniqueConstraint (respectivamente, restrição de chave estrangeira e restrição exclusiva).

Como se pode ver, um DataSet, na verdade, é um banco de dados simples com tabelas, linhas e restrições. E ainda mais importante: não exige uma conexão permanente com a fonte de dados. O DataAdapter utiliza o objeto SelectCommand para preencher o DataSet a partir de uma fonte de dados. No entanto, uma vez preenchido o DataSet, ele é completamente independente da fonte; por isso, é chamado de "desconectado".

Além disso, os objetos DataTable de um DataSet podem vir de diferentes fontes. Isso significa que é possível haver uma tabela FUNCIONÁRIO de um banco de dados Oracle e uma tabela VENDAS de um banco de dados SQL Server. Assim, pode-se criar um DataSet que relacione ambas as tabelas como se estivessem localizadas no mesmo banco de dados. Em suma, o objeto DataSet abre caminho para o suporte de bancos de dados distribuídos realmente heterogêneos nas aplicações.

O framework ADO.NET é otimizado para trabalhar em ambientes desconectados. Nesse tipo de ambiente, as aplicações trocam mensagens no formato solicitação/resposta. O exemplo mais comum de um sistema desconectado é a internet. As aplicações modernas dependem da internet como plataforma de rede e do navegador da web como interface gráfica de usuário. Na seção seguinte, você aprenderá detalhes sobre como funcionam os bancos de dados da internet.

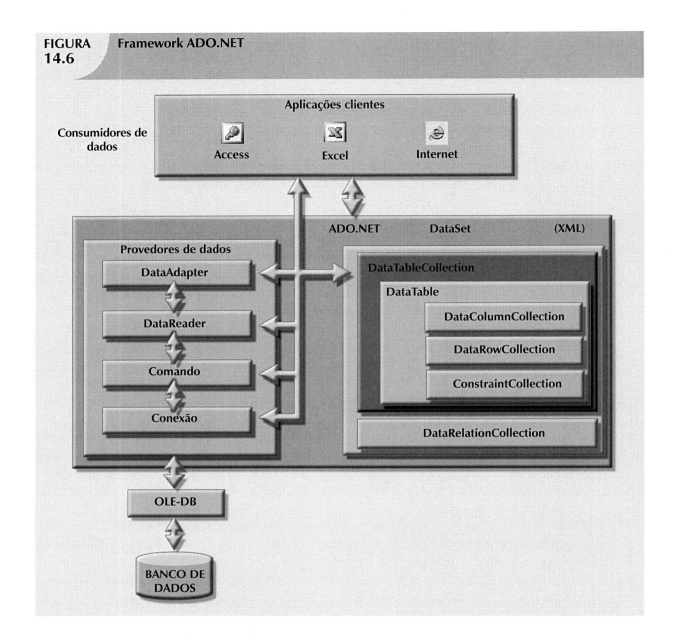

FIGURA 14.6 Framework ADO.NET

Conectividade de banco de dados em Java (JDBC)

Java é uma linguagem de programação orientada a objetos desenvolvida pela Sun Microsystems e executada na superfície do software de navegação na web. Trata-se de uma das linguagens de programação mais comuns de desenvolvimento para web. A Sun Microsystems criou o Java como um ambiente do tipo "escreva uma vez, execute em qualquer lugar". Isso significa que um programador pode escrever uma aplicação Java uma vez e, em seguida, sem qualquer modificação, executá-la em vários ambientes (Microsoft Windows, Apple OS X, IBM AIX etc.). Os recursos de plataforma cruzada de Java baseiam-se em sua arquitetura portável. Seu código normalmente é armazenado em partes pré-processadas conhecidas como "applets" executadas em um ambiente de máquina virtual no sistema operacional hospedeiro. Esse ambiente possui limites bem definidos e toda a sua interatividade é estritamente monitorada. A Sun oferece ambientes de execução de Java para a maioria dos sistemas operacionais (de computadores a dispositivos de mão e conversores de TV). Outra vantagem de utilizar Java é sua arquitetura "sob encomenda". Quando uma aplicação Java é carregada, pode fazer o download dinâmico de todos os módulos ou componentes necessários pela internet.

Se essas aplicações tiverem de acessar dados fora do ambiente de aplicação Java, devem utilizar interfaces de programação de aplicações predefinidas. A **JDBC** (*Java Database Connectivity*, ou seja, conectividade de bancos de dados em Java) é uma interface de programação de aplicações que permite que um programa em Java interaja com uma ampla faixa de fontes de dados (bancos de dados relacionais, fontes tabulares, planilhas e arquivos de texto). Ela possibilita que um programa em Java estabeleça conexão com uma fonte de dados, prepare e envie o código de SQL ao servidor e processe o conjunto de resultados.

Uma das principais vantagens da JDBC é permitir que as empresas alavanquem seu investimento existente em tecnologia e treinamento de pessoal. Ela permite que os programadores utilizem suas habilidades de SQL para manipular os dados dos bancos da empresa. Efetivamente, a JDBC permite acesso direto ao servidor de bancos de dados ou acesso por middleware. Além disso, fornece um modo de se conectar a banco de dados por meio de um driver de ODBC. A Figura 14.7 ilustra a arquitetura básica de JDBC e os diferentes estilos de acesso ao banco de dados.

FIGURA 14.7 Arquitetura JDBC

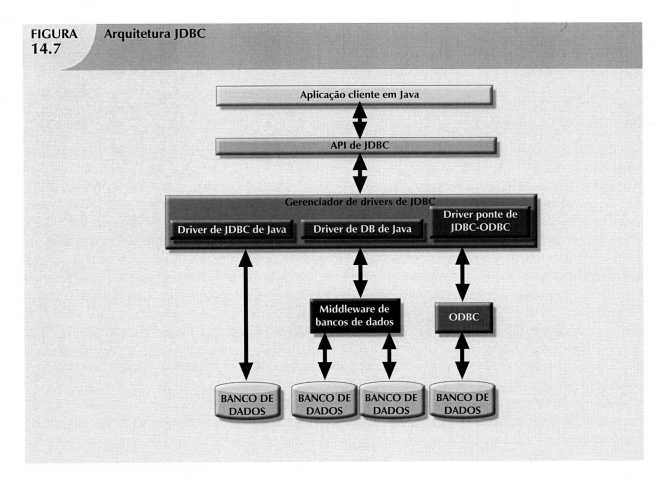

Como se pode ver nessa figura, a arquitetura de acesso ao banco de dados em JDBC é muito similar à de ODBC/OLE/ADO.NET. Todo middleware de acesso a bancos de dados compartilha componentes e funcionalidades similares. Uma vantagem da JDBC em relação a outros middlewares é que não exige configuração do lado do cliente. O driver de JDBC é transferido automaticamente e instalado como parte do applet de Java. Como Java é uma tecnologia com base na web, as aplicações podem se conectar diretamente a um banco de dados utilizando uma simples URL. Uma vez chamada a URL, a arquitetura Java é acionada, é feita a transferência dos applets necessários no cliente (incluindo o driver de banco de dados de JDBC e todas as informações de configuração) e, finalmente, os applets são executados com segurança no ambiente de execução do cliente.

Todos os dias, cada vez mais empresas estão investindo recursos no desenvolvimento e na expansão de sua presença na web e encontrando modos de fazer mais negócios pela internet. Esses negócios gerarão quantidades crescentes de dados a serem armazenados nos bancos. Java e o framework .NET fazem parte da tendência de dependência crescente em relação à internet como um recurso fundamental dos negócios. De fato, tem-se dito que a internet se tornará a plataforma de desenvolvimento do futuro. Na seção seguinte, você aprenderá mais sobre bancos de dados da internet e como são utilizados.

BANCO DE DADOS DA INTERNET

Milhões de pessoas em todo o mundo utilizam computadores e navegadores para acessar a internet, conectando-se a bancos de dados pela web. A conectividade de bancos de dados na web abre a porta para serviços inovadores que:

- Permitem respostas ágeis a pressões competitivas, trazendo novos serviços e produtos ao mercado rapidamente.
- Aumentam a satisfação do cliente por meio da criação de serviços de suporte com base na web.
- Produzem disseminação rápida e efetiva de informações por meio de acesso universal a partir do outro lado da rua ou do outro lado do mundo.

Em função dessas vantagens, muitas organizações confiam em seus departamentos de SI (Sistemas de Informação) para criar arquiteturas universais de acesso a dados com base em padrões da internet. A Tabela 14.3 mostra exemplos das características das tecnologias da internet e dos benefícios que proporcionam.

No ambiente atual de negócios e informações globais, é fácil ver por que muitos profissionais de bancos de dados consideram a conexão do SGBD à internet um elemento fundamental no desenvolvimento de SI. Como você aprenderá nas seções seguintes, o desenvolvimento de aplicações de bancos de dados – e, especialmente, a criação e o gerenciamento de interfaces de usuário e de conectividade de bancos – é profundamente afetado pela web. No entanto, ter uma interface de banco de dados com base na web não anula as questões de projeto e implementação tratadas nos capítulos anteriores. Na análise final, caso se faça uma compra pela internet ou por telefone, os detalhes da transação no nível de sistema são essencialmente os mesmos e exigem as mesmas estruturas e relacionamentos básicos de banco de dados. Se existe uma lição que deve ser imediatamente aprendida, é a seguinte: *os efeitos de projeto, implementação e gerenciamento ruins são multiplicados em um ambiente em que as transações possam chegar não a centenas, mas a centenas de milhares por dia.*

A internet está alterando rapidamente o modo como as informações são geradas, acessadas e distribuídas. No centro dessa mudança está a capacidade da web de acessar dados em bancos (locais e remotos), a simplicidade da interface e a funcionalidade (heterogênea) que engloba várias plataformas. A web ajudou a criar um novo padrão de disseminação de informações.

As seções seguintes examinam como a middleware entre web e banco de dados possibilita que os usuários finais interajam com bancos de dados por meio da internet.

TABELA 14.3 Características e benefícios de tecnologias da internet

CARACTERÍSTICAS DA INTERNET	BENEFÍCIO
Independência de hardware e software	Economia em aquisição de equipamentos/softwares
	Capacidade de execução na maioria do equipamento existente
	Independência e portabilidade de plataforma
	Sem necessidade de desenvolvimento de plataformas múltiplas
Interface de usuário comum e simples	Tempo e custo de treinamento reduzidos
	Suporte reduzido ao usuário final
	Sem necessidade de desenvolvimento de plataformas múltiplas
Independência de localização	Acesso global pela infraestrutura da internet
	Necessidades (e custos!) reduzidos de conexões dedicadas
Rápido desenvolvimento a custos gerenciáveis	Disponibilidade de diversas ferramentas de desenvolvimento
	Ferramentas de desenvolvimento plug-and-play (padrões abertos)
	Desenvolvimento mais interativo
	Tempos de desenvolvimento reduzidos
	Ferramentas relativamente baratas
	Ferramentas gratuitas para acesso dos clientes (navegadores da web)
	Baixos custos de entrada. Disponibilidade frequente de servidores da web gratuitos
	Custos reduzidos de manutenção de redes privadas
	Processamento e escalabilidade distribuídos, utilizando vários servidores

MIDDLEWARE ENTRE WEB E BANCOS DE DADOS: EXTENSÕES DO LADO DO SERVIDOR

Em geral, o servidor de web é o principal meio pelo qual todos os serviços da internet são acessados. Por exemplo, quando um usuário utiliza um navegador para consultar dinamicamente um banco de dados, esse navegador do cliente solicita uma página da web. Ao receber a solicitação, o servidor procura a página no disco rígido. Ao encontrá-la (por exemplo, a cotação de uma ação, informações de catálogo de produtos ou lista de tarifas aéreas), ele a envia para o cliente.

As páginas dinâmicas de web são o coração da geração atual de sites. Nessa situação de consulta de banco de dados, o servidor de web gera o conteúdo da página antes de enviá-la ao navegador do cliente. O único problema com o cenário de consulta anterior é que o servidor deve incluir o resultado da consulta na página *antes* de enviá-la ao cliente. Infelizmente, nem o navegador nem o servidor sabem como se conectar e ler dados do banco. Portanto, para dar suporte a esse tipo de solicitação (consulta de banco de dados), os recursos do servidor de web devem ser estendidos, de modo que possa compreender e processar as solicitações. Esse trabalho é feito por uma extensão ao lado do servidor.

Uma **extensão ao lado do servidor** é um programa que interage diretamente com o servidor de web para tratar de tipos específicos de solicitações. No exemplo precedente de consulta de banco de dados, o programa de extensão do lado do servidor recupera dados a partir dos bancos e os transmite ao servidor de web, que os envia ao navegador do cliente para exibição. A extensão ao lado do servidor possibilita recuperar e apresentar resultados de consultas, mas, o que é mais importante, *fornece seus serviços ao servidor de web de modo totalmente transparente para o navegador do cliente*. Em resumo, a extensão do lado do servidor adiciona funcionalidades significativas ao servidor de web e, portanto, à internet.

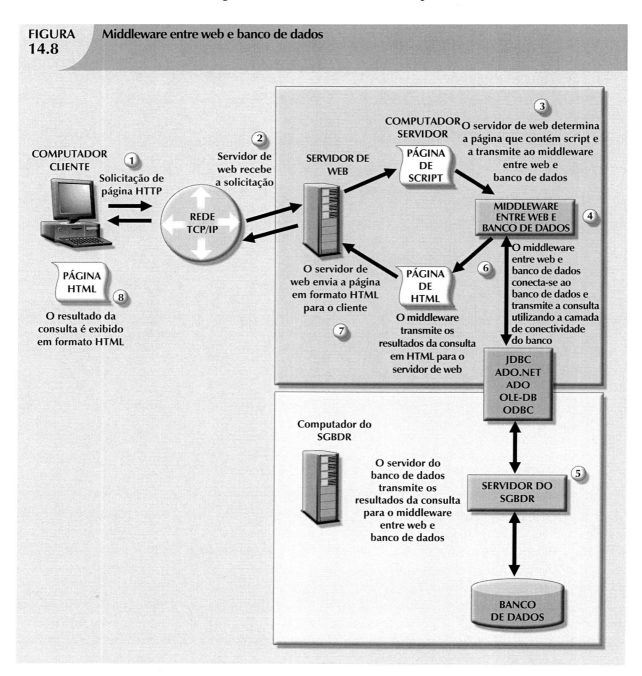

FIGURA 14.8   Middleware entre web e banco de dados

O programa da extensão do lado do servidor também é conhecido como **middleware entre web e banco de dados**. A Figura 14.8 mostra a interação entre o navegador, o servidor de web e o middleware entre web e banco de dados.

Siga as ações do middleware na Figura 14.8:

1.   O cliente envia uma solicitação de página ao servidor de web.

2. O servidor recebe e valida a solicitação. Neste caso, o servidor transmitirá a solicitação ao middleware para processamento. Em geral, a página solicitada contém algum tipo de linguagem de script para permitir a interação com o banco de dados.

3. O middleware lê, valida e executa o script. Nesse caso, ele se conecta ao banco de dados e transmite a consulta utilizando a camada de conectividade do banco.

4. O servidor do banco de dados executa a consulta e transmite o resultado ao middleware.

5. O middleware compila o conjunto de resultados, gera dinamicamente uma página em formato HTML que inclui os dados recuperados do banco e envia ao servidor de web.

6. O servidor retorna a página HTML recém-criada, que agora inclui o resultado da consulta, ao navegador do cliente.

7. O navegador exibe a página no computador local.

A interação entre o servidor de web e o middleware entre web e banco de dados é fundamental para o desenvolvimento de uma implementação bem-sucedida. Portanto, o middleware deve estar bem integrado a outros serviços da internet e aos componentes envolvidos em seu uso. Por exemplo, ao ser instalado, o middleware deve verificar o tipo de servidor de web utilizado e adequar-se a suas necessidades. Além disso, a qualidade da interação entre o servidor e o serviço de mediação entre web e banco de dados depende das interfaces suportadas pelo servidor.

INTERFACES DE SERVIDORES DA WEB

Ampliar as funcionalidades do servidor de web implica que esse servidor e o middleware se comuniquem adequadamente entre si. (Os profissionais de bancos de dados costumam utilizar a palavra *interoperar* para indicar que cada parte é capaz de responder às comunicações da outra. A utilização de *comunicar* neste livro pressupõe a interoperação.) Se um servidor de web deve se comunicar com um programa externo, é necessário que ambos utilizem um modo-padrão de trocar mensagens e responder a solicitações. A interface do servidor de web define como ele se comunica com programas externos. Atualmente, há duas interfaces bem definidas:

- Interface de gateway comum (CGI).
- Interfaces de programação de aplicação (API).

O **CGI** (*Common Gateway Interface*, ou seja, interface de gateway comum) utiliza arquivos de script que executam funções específicas baseadas nos parâmetros de um cliente, transmitidos ao servidor de web. O arquivo de script é um pequeno programa que contém comandos escritos em uma linguagem de programação – geralmente Perl, C++ ou Visual Basic. O conteúdo desse arquivo pode ser utilizado para se conectar ao banco e recuperar dados a partir dele utilizando os parâmetros transmitidos pelo servidor. Em seguida, o script converte os dados recuperados para o formato HTML e os transmite ao servidor, que envia a página HTML ao cliente.

A principal desvantagem de utilizar scripts de CGI é que o arquivo é um programa externo individualmente executado para cada solicitação do usuário final. Esse cenário diminui o desempenho do sistema. Por exemplo, se houver 200 solicitações concorrentes, o script será carregado 200 vezes de maneiras *diferentes*, o que consome recursos significativos de CPU e memória do servidor. A linguagem e o método utilizados para criar o script também podem afetar o desempenho do sistema. Por exemplo, o desempenho é prejudicado quando se utiliza uma linguagem interpretada ou se escreve o script de modo ineficiente.

A interface de programação de aplicações (API) é um padrão mais recente de interface de servidor web que apresenta mais eficiência e rapidez do que o script CGI. As API são mais eficientes, pois são implementadas como código compartilhado ou como bibliotecas de vínculos dinâmicos (DLLs). Isso significa que a API é tratada como parte do programa do servidor de web chamado dinamicamente quando necessário.

As APIs são mais rápidas do que os scripts, pois o código reside na memória. Portanto, não é necessário executar um programa externo para cada solicitação. Em vez disso, a mesma API serve a todas as solicitações. Outra vantagem é que uma API pode utilizar conexão compartilhada com o banco de dados em vez de criar uma nova conexão todas as vezes, como é o caso dos scripts CGI.

Embora as APIs sejam mais eficientes no tratamento das solicitações, apresentam algumas desvantagens. Como compartilham o mesmo espaço de memória que o servidor de web, um erro de API pode derrubar o servidor. A outra desvantagem é que as APIs são específicas para o servidor e para o sistema operacional.

No momento em que este livro é escrito, há quatro APIs bem estabelecidas de servidores de web:

- API do Netscape (NSAPI) para servidores de Netscape.
- API de servidor de internet (ISAPI) para servidores de web da Microsoft.
- API de WebSite (WSAPI) para servidores de Web O'Reilly.
- JDBC para fornecer conectividade de banco de dados a aplicações de Java.

Os vários tipos de interfaces de web são ilustrados na Figura 14.9.

Independente do tipo de interface de servidor de web, o programa de middleware deve ser capaz de se conectar ao banco de dados. Essa conexão pode ser realizada de dois modos:

- Utilize o middleware de SQL nativa oferecido pelo fornecedor. Por exemplo, pode-se utilizar o SQL*Net caso o sistema seja o Oracle.
- Utilize os serviços dos padrões gerais de conectividade geral de bancos de dados, como ODBC (conectividade de bancos de dados abertos), OLE-DB (ligação e incorporação de objetos de bancos de dados), ADO (objetos de dados ActiveX), interface ADO.NET (objetos de dados ActiveX para .NET) ou JDBC para conectividade em Java.

NAVEGADOR DA WEB

O navegador da web é o aplicativo do computador cliente, como o Microsoft Internet Explorer, o Apple Safari ou o Mozilla Firefox, que permite aos usuários finais navegar pela web. Cada vez que o usuário final clica em um hyperlink, o navegador gera uma solicitação de página HTTP GET que é enviada ao servidor de web designado, utilizando um protocolo de internet TCP/IP.

A função do navegador é *interpretar* o código HTML recebido do servidor e apresentar os diferentes componentes de página em um formato-padrão. Infelizmente, os recursos de interpretação e a apresentação do navegador não são suficientes para o desenvolvimento de aplicações com base na web. Isso ocorre porque a web é um **sistema sem estado** (*stateless system*), o que significa que, em determinado momento, um servidor de web não sabe o *status* de nenhum dos clientes que se comunica com ele. Ou seja, não há linha de comunicação aberta entre o servidor e cada cliente que o acessa, o que, obviamente, seria inviável em uma rede mundial! Em vez disso, os computadores cliente e servidor interagem em "conversas" curtas que seguem o modelo solicitação-resposta. Por exemplo, o navegador concentra-se apenas na página *atual*; portanto, não há como a segunda página saber o que foi feito na anterior. O único momento em que o cliente e o servidor se comunicam é quando o cliente solicita uma página – quando o usuário clica em um link – e o servidor envia a página solicitada ao cliente. Uma vez recebida essa página e seus componentes, a comunicação cliente/servidor é encerrada. Sendo assim, embora ao navegarmos por uma página *pareça-nos* que a comunicação está aberta, na verdade estamos apenas navegando pelo documento HTML armazenado no cache local (diretório temporário) do navegador. O servidor não tem a menor ideia do que o usuário final está fazendo com o documento, de quais dados são inseridos em um formulário, que opção é selecionada etc. Na web, caso se deseje acionar uma seleção do cliente, é necessário passar para uma nova página (voltar ao servidor de web), perdendo, portanto, o rastreamento de tudo o que foi feito antes!

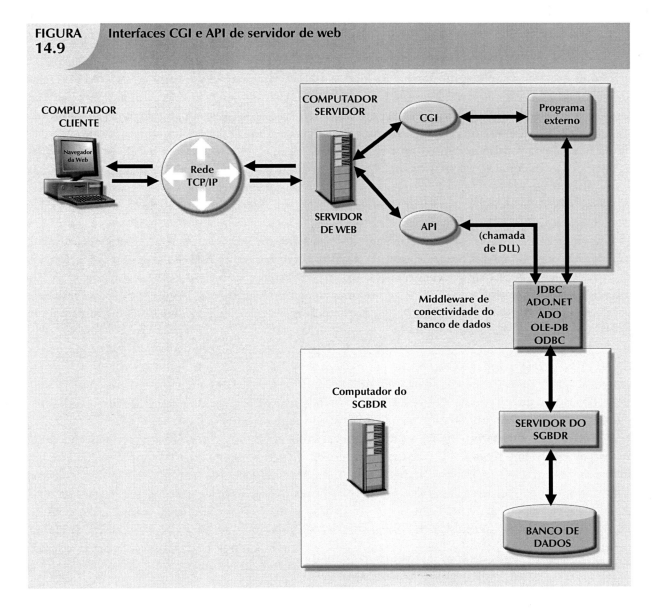

FIGURA 14.9 Interfaces CGI e API de servidor de web

A função de um navegador é exibir uma página no computador cliente. O navegador – por meio do uso de HTML – não possui recursos adicionais além de formatar o texto de saída e aceitar entradas de campos de formulário. Mesmo quando o navegador aceita dados de campos de formulários, não há como executar validação imediata da entrada. Portanto, para realizar esses processamentos fundamentais no cliente, a web recorre a outras linguagens de programação, como Java, JavaScript e VBScript. O navegador se assemelha a um terminal sem capacidade de processamento, que apenas exibe os dados e é capaz de executar somente processos rudimentares, como a aceitação de entradas de dados em formulários. Para melhorar os recursos do lado do cliente do navegador, é necessário utilizar plugins e outras extensões. Do lado do servidor, os servidores de aplicações de web proporcionam a capacidade necessária de processamento.

Extensões ao lado do cliente

As **extensões ao lado do cliente** adicionam funcionalidades ao navegador da web. Embora as extensões ao lado do cliente estejam disponíveis em várias formas, as mais comuns são:

- Plugins.
- Java e JavaScript.
- ActiveX e VBScript.

Um **plugin** é uma aplicação externa chamada automaticamente pelo navegador quando necessário. Como se trata de uma aplicação *externa*, o plugin é específico do sistema operacional. Ele é associado a um objeto de dados – geralmente utilizando uma extensão de arquivo – para permitir que o servidor trate adequadamente de dados que não sejam originalmente suportados. Por exemplo, se um dos componentes da página for um documento PDF, o servidor receberá os dados, reconhecerá como um objeto em "formato de documento portátil" e inicializará o Adobe Acrobat Reader para apresentar o documento no computador cliente.

Como observado anteriormente, as aplicações Java são executadas na superfície do software do navegador. Elas são compiladas e armazenadas no servidor de web. (Em vários aspectos, Java se assemelha a C++.) As chamadas a rotinas em Java são integradas na página HTML. Quando o navegador encontra essas chamadas, ele faz a transferência das classes (códigos) de Java do servidor de web e executa esse código no computador cliente. A principal vantagem dessa linguagem é que permite desenvolver aplicações uma única vez e executá-las em vários ambientes. (No desenvolvimento de aplicações de web, a interoperabilidade é uma questão muito importante. Infelizmente, os diferentes navegadores clientes não são totalmente interoperáveis, limitando, assim, a portabilidade.)

O **JavaScript** é uma linguagem de script (ou seja, possibilita a execução de uma série de comandos ou macros) que permite aos criadores de web projetarem sites interativos. Como o JavaScript é mais simples de gerar do que o Java, é mais fácil de aprender. O código de JavaScript é incorporado às páginas da web. Ele é transferido com a página e ativado quando da ocorrência de um evento específico, como o clique em um objeto ou o carregamento de uma página do servidor para a memória.

O **ActiveX** é a alternativa da Microsoft para Java. Trata-se de uma especificação para a escrita de programas executados em um navegador cliente da Microsoft (Internet Explorer). Como o ActiveX é orientado principalmente para aplicações de Windows, tem baixa portabilidade. Ele amplia o navegador adicionando "controles" às páginas da web. (São exemplos desses controles as listas suspensas, escalas deslizantes, calendários e calculadoras.) Esses controles, baixados do servidor de web, quando necessários, permitem a manipulação de dados no interior do navegador. Os controles de ActiveX podem ser criados em linguagens de programação universais; C++ e Visual Basic são as mais comuns. O framework .NET da Microsoft permite uma interoperabilidade mais ampla de aplicações com base em ActiveX (como o ADO.NET) em diversos ambientes operacionais.

O **VBScript** é outro produto da Microsoft utilizado para ampliar as funcionalidades do navegador. Ele provém do Microsoft Visual Basic. Assim como o Java Script, o código de VBScript é incorporado na página HTML e ativado por eventos como o clique em um link.

Do ponto de vista do desenvolvedor, a utilização de rotinas que permitem a validação de dados ao lado do cliente é uma necessidade absoluta. Por exemplo, quando se inserem dados em um formulário da web e nenhuma validação é feita do lado do cliente, é necessário enviar o conjunto inteiro de dados ao servidor. Esse cenário exige que o servidor execute toda a validação, consumindo, assim, valiosos ciclos de processamento. Portanto, a validação da entrada de dados no lado do cliente é uma das exigências mais elementares para as aplicações da web. A maioria das rotinas de validação é feita em Java, JavaScript, ActiveX ou VBScript.

SERVIDORES E APLICAÇÕES DA WEB

O **servidor de aplicações da web** é uma aplicação de middleware que amplia as funcionalidades de servidores de web, ligando-os a uma ampla faixa de serviços, como bancos de dados, sistemas de diretórios e mecanismos de busca. Esse servidor oferece um ambiente consistente para a execução de aplicações da web.

Eles podem ser utilizados para:

- Conectar e consultar um banco de dados a partir de uma página da web.
- Apresentar dados de bancos de dados em uma página da web, utilizando diversos formatos.
- Criar páginas de busca dinâmicas na web.
- Criar páginas para inserir, atualizar e excluir dados de bancos.
- Aplicar integridade referencial à lógica do aplicativo.
- Utilizar consultas simples e integradas e lógica de programação para representar regras de negócios.

Os servidores de aplicações da web oferecem recursos como:

- Ambiente integrado de desenvolvimento com gerenciamento de sessões e suporte a variáveis permanentes de aplicações.
- Segurança e autenticação de usuários por meio de IDs de usuário e senhas.
- Linguagens computacionais para representar e armazenar lógica de negócios no servidor de aplicações.
- Geração automática de páginas HTML integradas com Java, JavaScript, VBScript, ASP etc.
- Recursos de desempenho e tolerância a falhas.
- Acesso a bancos de dados com recursos de gerenciamento de transações.
- Acesso a serviços diversos, como transferências de arquivos (FTP), conectividade de bancos de dados, e-mail e serviços de diretório.

Até o momento da escrita deste livro, os servidores populares de aplicações da web incluem o ColdFusion do Adobe, o Oracle Application Server da Oracle, o WebLogic da BEA Systems, o NetDynamics da Sun Microsystems, o Fusion da NetObjects, o Visual Studio.NET da Microsoft e o WebObjects da Apple. Todos os servidores de aplicações oferecem a possibilidade de conectar servidores de web a diversas fontes de dados e outros serviços. Eles variam em termos de amplitude de recursos disponíveis, robustez, escalabilidade, facilidade de utilização, compatibilidade com outras ferramentas da web e de bancos de dados e extensão do ambiente de desenvolvimento.

Os sistemas da atual geração envolvem mais do que apenas o desenvolvimento de aplicações de bancos de dados habilitadas para a web. Eles também exigem aplicações capazes de se intercomunicar com outros sistemas não baseados na web. É claro que esses sistemas devem ser capazes de trocar dados em um formato-padrão. Esse é o papel da XML.

LINGUAGEM XML (EXTENSIBLE MARKUP LANGUAGE)

A internet fez surgir novas tecnologias que facilitam a troca de dados de negócios entre parceiros comerciais e clientes. As empresas têm utilizado a internet para criar novos tipos de sistemas que integrem seus dados de modo a aumentar a eficiência e reduzir custos. O comércio eletrônico (e-commerce) permite que todos os tipos de organizações vendam produtos e serviços em um mercado global de milhões de usuários. As transações de comércio eletrônico – a venda de produtos ou serviços – podem ser executados entre empresas (business-to-business ou B2B) ou entre uma empresa e um cliente (business-to-consumer ou B2C).

A maioria dessas transações ocorre entre empresas. Como o comércio eletrônico B2B integra processos de negócios entre empresas, ele exige a transferência de informações comerciais entre as diferentes entidades. Mas o modo como os dados são representados, identificados e utilizados tende a diferir significativamente de empresa para empresa. (Um *código de produto* é a mesma coisa que um *ID de item*?)

Até recentemente, a expectativa era que um pedido de compra transmitido pela internet assumisse a forma de um documento HTML. A página HTML exibida no browser incluiria tags de formatação, bem como detalhes do pedido. As **tags** de HTML descrevem como algo *aparece* na página da web, como fonte em negrito ou estilo de cabeçalho e costumam ser utilizadas em pares para iniciar e encerrar aspectos de formatação. Por exemplo, as seguintes tags de HTML colocariam as palavras À VENDA em negrito e fonte Arial:

<font face=Arial>À VENDA</font>

Se uma aplicação quiser obter os dados do pedido de uma página da web, não será fácil extrair os detalhes (como número e data do pedido, número de cliente, item, quantidade, preço, detalhes de pagamento) do documento HTML. Ele é capaz apenas de descrever o modo como o pedido deve ser exibido em um navegador e não permite a manipulação de elementos de dados como data, informações de envio e de produto, detalhes de pagamento etc. Para resolver esse problema, foi desenvolvida uma nova linguagem de marcação, conhecida como linguagem de marcação extensível ou XML.

A **linguagem de marcação extensível** (**XML**, sigla em inglês para Extensible Markup Language) é uma metalinguagem utilizada para representar e manipular elementos de dados. É projetada para facilitar a troca de documentos estruturados, como pedidos e faturas pela internet. O Consórcio World Wide Web (W3C)[1] publicou a primeira definição de padrão da XML 1.0 em 1998. Esse padrão abriu espaço para fornecer à XML seu apelo real de ser uma plataforma realmente independente de fornecedor. Portanto, não é de surpreender que a XML tenha se tornado rapidamente o padrão de troca de dados para aplicações de comércio eletrônico.

A metalinguagem de XML permite a definição de novas tags, como <PrecoProd>, para descrever os elementos de dados utilizados no documento. Essa possibilidade de *estender* a linguagem explica o *X* de XML: diz-se que a linguagem é *extensível*. A XML provém do padrão de linguagem de marcação generalizada (SGML), um padrão internacional para a publicação e distribuição de documentos técnicos altamente complexos. Por exemplo, os documentos utilizados pelo setor de aviação e por serviços militares são muito complexos e de difícil manipulação para a web. Assim como HTML, que também surgiu a partir da SGML, o documento XML é um arquivo de texto. No entanto, tem algumas características adicionais muito importantes, como as seguintes:

- XML permite a definição de novas tags para descrever elementos de dados, como <IdProduto>.
- XML diferencia maiúsculas e minúsculas: <IDProduto> é diferente de <Idproduto>.
  - As tags de XML devem ser completas, ou seja, é necessário que cada tag de abertura tenha uma tag de fechamento correspondente. Por exemplo, a identificação de produto exigiria o formato <IdProduto>2345-AA</IdProduto>.
  - As tags de XML devem ser integradas adequadamente. Por exemplo, uma tag bem integrada teria o seguinte aspecto: <Produto><IdProduto>2345-AA</IdProduto></Produto>.
- É possível utilizar os símbolos <-- e --> para inserir comentários no documento XML.
- Os prefixos *XML* e *xml* são reservados apenas para tags de XML.

---

[1] Visite a página da Web do W3C em *www.w3.org*, para obter informações adicionais sobre os esforços realizados para o desenvolvimento do padrão XML.

A XML *não* é uma nova versão ou uma substituta para a HTML. A XML concentra-se na descrição e representação de dados e não no modo como são exibidos. Ela fornece uma semântica que facilita o compartilhamento, troca e manipulação de documentos estruturados para além das fronteiras organizacionais. Em suma, XML e HTML executam funções complementares, não sobrepostas. A linguagem de marcação de hipertexto extensível (XHTML, sigla em inglês para *Extensible Hypertext Markup Language*) é a próxima geração de HTML com base no modelo XML. Sua especificação expande o padrão de HTML para incluir recursos de XML. Embora mais poderosa do que a HTML, a XHTML exige maior cumprimento das exigências sintáticas.

Como ilustração do uso de XML para a troca de dados, considere um exemplo de B2B em que a Empresa A utiliza essa linguagem para trocar dados de produtos com a Empresa B pela internet. A Figura 14.10 mostra o conteúdo do documento ProductList.xml.

FIGURA 14.10 Conteúdo do documento productlist.xml

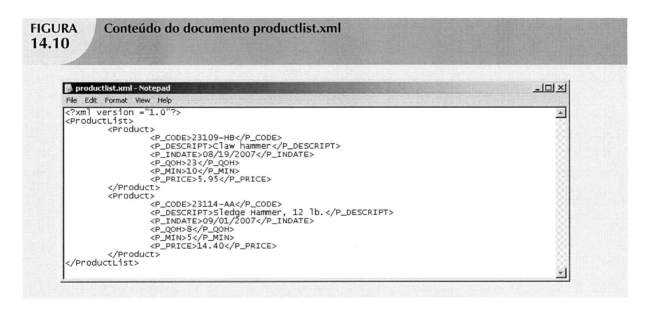

O exemplo de XML apresentado na Figura 14.10 ilustra vários aspectos importantes, como os seguintes:

- A primeira linha representa a declaração do documento XML e é obrigatória.
- Todo documento XML possui um *elemento raiz*. No exemplo, a segunda linha declara o ProductList como elemento raiz.
- O elemento raiz contém *elementos filhos* ou subelementos. No exemplo, a linha 3 declara Product como elemento filho de ProductList.
- Cada elemento pode conter *subelementos*. Por exemplo, cada elemento Product é composto de vários elementos filhos, representados por P_CODE, P_DESCRIPT, P_INDATE, P_QOH, P_MIN e P_PRICE.
- O documento XML reflete a estrutura de árvore hierárquica em que os elementos são ligados em um relacionamento pai-filho. Cada elemento pai pode ter vários elementos filhos. Por exemplo, o elemento raiz é ProductList. Product é o elemento filho de ProductList. Ele possui seis elementos filhos: P_CODE, P_DESCRIPT, P_INDATE, P_QOH, P_MIN e P_PRICE.

Uma vez que a Empresa B receba o documento ProductList.xml, ela pode processá-lo – assumindo que a mesma compreenda as tags criadas pela Empresa A. O significado das tags de XML no exemplo apresentado na Figura 14.10 é razoavelmente evidente, mas não há um modo fácil de validar os dados ou de verificar se estão completos. Por exemplo, pode-se encontrar um valor de P_INDATE de "25/14/2007" – mas esse valor é correto? E o que aconteceria se a Empresa B esperasse também um elemento Vendor (fornecedor)? Como as empresas podem compartilhar descrições sobre seus elementos de dados de negócios? A seção seguinte mostrará como as definições de tipo de documento e os esquemas de XML são utilizados para tratar desses problemas.

DEFINIÇÕES DE TIPOS DE DOCUMENTOS (DTD) E ESTRUTURAS DE XML

As soluções B2B exigem alto grau de integração comercial entre as empresas. Empresas que utilizam transações B2B devem ter um modo de compreender e validar as tags umas das outras. Um modo de realizar essa tarefa é por meio do uso de definições de tipos de documentos. A **definição de tipo de documento (DTD)** é um arquivo com extensão .dtd que descreve elementos de XML – na prática, um arquivo DTD fornece a composição do modelo lógico do banco de dados e define as regras sintáticas ou tags válidas para cada tipo de documento XML. (O componente DTD assemelha-se a um dicionário de dados público para os dados de negócios.) As empresas que pretendem entrar em transações de comércio eletrônico devem desenvolver e compartilhar DTDs. A Figura 14.11 mostra o documento productlist.dtd para o documento productlist.xml apresentado anteriormente na Figura 14.10.

FIGURA 14.11	Conteúdo do documento productlist.dtd

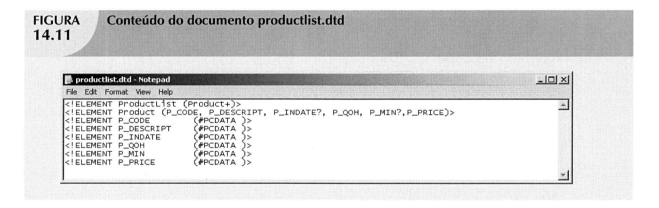

Na Figura 14.11, observe que o arquivo productlist.dtd fornece definições dos elementos do documento productlist.xml. Observe particularmente que:

- A primeira linha declara o elemento raiz de ProductList.
- Esse elemento raiz possui um filho, o elemento Product.
- O símbolo de mais "+" indica que Product ocorre uma ou mais vezes em ProductList.
- O asterisco "*" indicaria que o elemento filho ocorre nenhuma ou mais vezes.
- Um ponto de interrogação "?" indicaria que o elemento filho é opcional.
- A segunda linha descreve o elemento Product.
- O ponto de interrogação "?" após P_INDATE e P_MIN indica que há elementos opcionais.
- Da terceira à oitava linha mostra-se que o elemento Product possui seis elementos filhos.
- A palavra-chave #PCDATA representa o texto dos dados reais.

Para utilizar um arquivo DTD na definição dos elementos de um documento XML, deve estar referenciado no interior desse documento. A Figura 14.12 mostra o documento productlistv2.xml que inclui a referência a productlist.dtd na segunda linha.

FIGURA 14.12	Conteúdo do documento productlistv2.xml

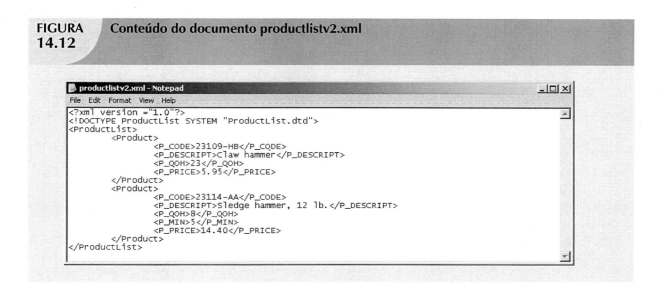

Na Figura 14.12, observe que P_INDATE e P_MIN não aparecem em todas as definições de Product, pois foram declarados como elementos opcionais. A DTD pode ser referenciada por vários documentos XML do mesmo tipo. Por exemplo, se a Empresa A troca constantemente dados de produtos com a Empresa B, será necessário criar a DTD apenas uma vez. Todos os documentos XML subsequentes farão referência a DTD e a Empresa B será capaz de verificar os dados sendo recebidos.

Para melhor demonstrar a utilização de XML e DTD em trocas de dados de comércio eletrônico, suponha o caso de duas empresas que troquem dados de pedidos. A Figura 14.13 mostra os documentos DTD e XML dessa situação.

Embora a utilização de DTDs seja um grande aprimoramento no compartilhamento de dados pela web, elas fornecem apenas informações descritivas para a compreensão de como os elementos – raiz, pai, filho, obrigatório ou opcional – se relacionam. A DTD fornece valor semântico adicional limitado, como suporte a tipos de dados ou regras de validação de dados. Essa informação é muito importante para administradores de bancos de dados encarregados de grandes bancos de comércio eletrônico. Para resolver o problema da DTD, o W3C publicou um padrão de Esquema XML em maio de 2001, fornecendo um modo melhor de descrever os dados nesse formato.

O **esquema XML** é uma linguagem de definição de dados avançada, utilizada para descrever a estrutura (elementos, tipos de dados e de relacionamentos, faixas e valores-padrão) de documentos de dados em XML. Uma das principais vantagens de um esquema XML é que ele mapeia com mais precisão a terminologia e os recursos do banco de dados. Por exemplo, um esquema XML será capaz de definir tipos de bancos de dados comuns, como valores de datas, inteiros ou decimais, mínimos e máximos, lista de valores válidos e elementos exigidos. Utilizando o esquema XML, uma empresa seria capaz de validar os dados para valores fora da faixa, datas incorretas, valores válidos e assim por diante. Por exemplo, a aplicação de uma universidade deve ser capaz de especificar que o valor da média do aluno esteja entre zero e 4,0 (no padrão americano) e de detectar uma data de nascimento inválida como "14/13/1987". (Não há um 13º mês.) Muitos fornecedores estão adotando esse novo padrão e oferecendo ferramentas para traduzir documentos DTD em documentos de definição de esquema XML (XSD). Espera-se amplamente que os esquemas XML substituam as DTDs como método de descrever dados em XML.

FIGURA 14.13 — Documentos DTD e XML de dados de pedidos

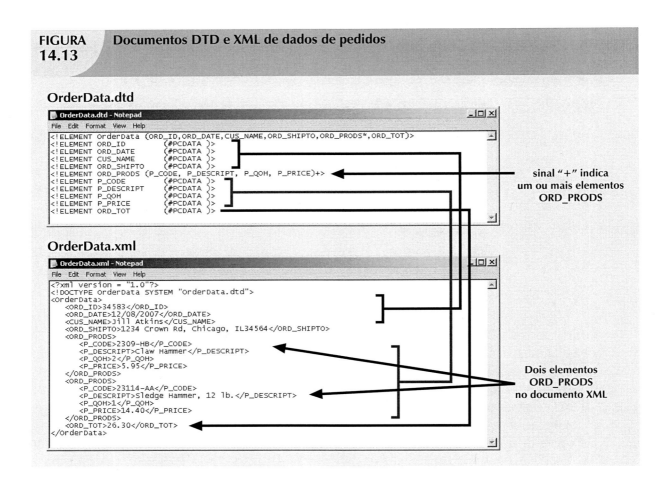

OrderData.dtd

```
OrderData.dtd - Notepad
File  Edit  Format  View  Help
<!ELEMENT orderData (ORD_ID,ORD_DATE,CUS_NAME,ORD_SHIPTO,ORD_PRODS*,ORD_TOT)>
<!ELEMENT ORD_ID        (#PCDATA )>
<!ELEMENT ORD_DATE      (#PCDATA )>
<!ELEMENT CUS_NAME      (#PCDATA )>
<!ELEMENT ORD_SHIPTO    (#PCDATA )>
<!ELEMENT ORD_PRODS (P_CODE, P_DESCRIPT, P_QOH, P_PRICE)+>
<!ELEMENT P_CODE        (#PCDATA )>
<!ELEMENT P_DESCRIPT    (#PCDATA )>
<!ELEMENT P_QOH         (#PCDATA )>
<!ELEMENT P_PRICE       (#PCDATA )>
<!ELEMENT ORD_TOT       (#PCDATA )>
```

sinal "+" indica um ou mais elementos ORD_PRODS

OrderData.xml

```
OrderData.xml - Notepad
File  Edit  Format  View  Help
<?xml version = "1.0"?>
<!DOCTYPE orderData SYSTEM "OrderData.dtd">
<orderData>
    <ORD_ID>34583</ORD_ID>
    <ORD_DATE>12/08/2007</ORD_DATE>
    <CUS_NAME>Jill Atkins</CUS_NAME>
    <ORD_SHIPTO>1234 Crown Rd, Chicago, IL34564</ORD_SHIPTO>
    <ORD_PRODS>
        <P_CODE>2309-HB</P_CODE>
        <P_DESCRIPT>Claw Hammer</P_DESCRIPT>
        <P_QOH>2</P_QOH>
        <P_PRICE>5.95</P_PRICE>
    </ORD_PRODS>
    <ORD_PRODS>
        <P_CODE>23114-AA</P_CODE>
        <P_DESCRIPT>Sledge Hammer, 12 lb.</P_DESCRIPT>
        <P_QOH>1</P_QOH>
        <P_PRICE>14.40</P_PRICE>
    </ORD_PRODS>
    <ORD_TOT>26.30</ORD_TOT>
</orderData>
```

Dois elementos ORD_PRODS no documento XML

Diferente do documento DTD, que utiliza uma sintaxe exclusiva, o arquivo de **definição de esquema XML (XSD)** utiliza uma sintaxe semelhante à de um documento XML. A Figura 14.14 mostra o documento XSD do arquivo XML OrderData.

FIGURA 14.14 — Documento de esquema XML dos dados de pedidos

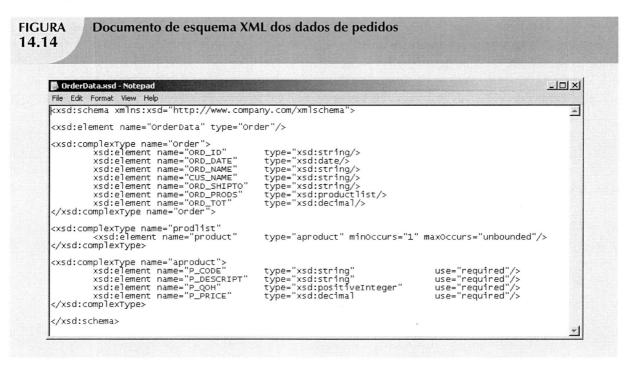

```
OrderData.xsd - Notepad
File  Edit  Format  View  Help
<xsd:schema xmlns:xsd="http://www.company.com/xmlschema">

<xsd:element name="OrderData" type="order"/>

<xsd:complexType name="order">
        <xsd:element name="ORD_ID"      type="xsd:string/>
        <xsd:element name="ORD_DATE"    type="xsd:date/>
        <xsd:element name="ORD_NAME"    type="xsd:string/>
        <xsd:element name="CUS_NAME"    type="xsd:string/>
        <xsd:element name="ORD_SHIPTO"  type="xsd:string/>
        <xsd:element name="ORD_PRODS"   type="xsd:productlist/>
        <xsd:element name="ORD_TOT"     type="xsd:decimal/>
</xsd:complexType name="order">

<xsd:complexType name="prodlist"
        <xsd:element name="product"     type="aproduct" minoccurs="1" maxoccurs="unbounded"/>
</xsd:complexType>

<xsd:complexType name="aproduct">
        <xsd:element name="P_CODE"      type="xsd:string"          use="required"/>
        <xsd:element name="P_DESCRIPT"  type="xsd:string"          use="required"/>
        <xsd:element name="P_QOH"       type="xsd:positiveInteger" use="required"/>
        <xsd:element name="P_PRICE"     type="xsd:decimal          use="required"/>
</xsd:complexType>

</xsd:schema>
```

O código apresentado na Figura 14.14 é uma versão simplificada do documento de esquema XML. Como você pode ver, a sintaxe desse esquema é similar à do documento XML. Além disso, o esquema introduz informações semânticas adicionais ao documento XML OrderData, como os tipos de dados de string, de data e decimal, os elementos necessários e as cardinalidades mínimas e máximas dos elementos.

APRESENTAÇÃO DE XML

Um dos principais benefícios da XML é que ela separa a estrutura de dados de sua apresentação e processamento. Separando-se dados e apresentação, é possível apresentar os mesmos dados de modos diferentes – o que é equivalente às visualizações em SQL. Mas quais mecanismos são utilizados para apresentar os dados?

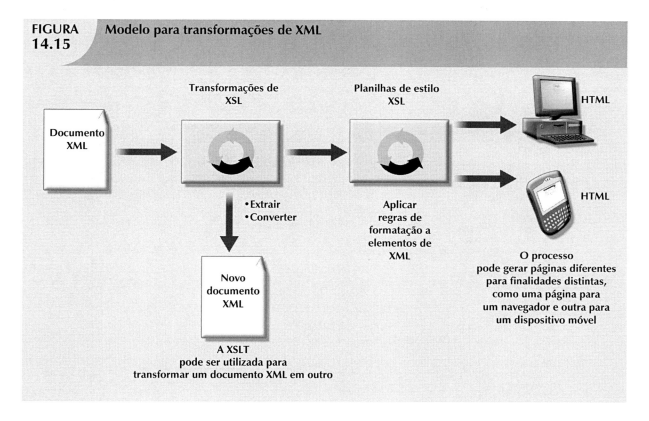

FIGURA 14.15 Modelo para transformações de XML

A especificação da linguagem de estilo extensível (XSL) fornece o mecanismo para a exibição de dados em XML. A XSL (*Extensible Style Language*) é utilizada para definir as regras conforme as quais os dados em XML devem ser formatados e exibidos. A especificação XSL é dividida em duas partes: XSLT (Transformações de XSL) e planilhas de estilo XSL.

- A *XSLT* (*Extensible Style Language Transformation*, ou seja, Transformação de Linguagem de Estilo Extensível) descreve o mecanismo geral utilizado para extrair e processar dados de um documento XML e possibilita sua transformação em outro documento. Utilizando a XSLT, é possível extrair dados de um documento XML e convertê-los em um arquivo de texto, uma página HTML ou uma página da web formatada para um dispositivo móvel. Nesses casos, o que os usuários recebem é uma visualização (ou representação em HTML) dos dados reais em XML. A XSLT também pode ser utilizada para extrair certos elementos de um documento XML, como códigos e preços de produtos, para criar um catálogo de produtos. A XSLT pode até mesmo ser utilizada para transformar um documento XML em outro documento XML.

- As *planilhas de estilo XSL* definem as regras de apresentação aplicadas a elementos em XML – similar a modelos de apresentação. A planilha de estilo XSL descreve as opções de formatação a serem aplicadas a elementos em XML quando de sua exibição em um navegador, telefone celular, tela de PDA etc.

A Figura 14.15 ilustra o modelo utilizado pelos diferentes componentes para traduzir documentos XML em páginas de web visualizáveis, em documento XML ou algum outro formato.

Para exibir o documento XML no Microsoft Internet Explorer (MSIE) 5.0 ou posterior, insira sua URL na barra de endereços do navegador. A Figura 14.16 baseia-se no documento productlist.xml criado anteriormente. Ao examinar essa figura, observe que o MSIE mostra os dados de XML em uma estrutura em forma de árvore, articulada e codificada. (Na verdade, essa é a planilha de estilo padrão do MSIE utilizada para gerar documentos XML.)

FIGURA 14.16 Exibição de documentos XML

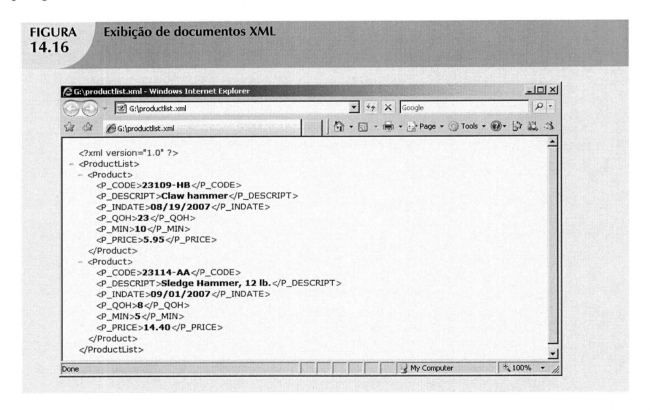

O Internet Explorer também fornece *vinculação de dados* em XML a documentos HTML. A Figura 14.17 mostra o código de HTML utilizado para vincular um documento XML a uma tabela de HTML. O exemplo utiliza a tag <xml> para incluir os dados de XML no documento HTML para depois vinculá-los à tabela. Esse exemplo funciona em MSIE 5.0 ou posterior.

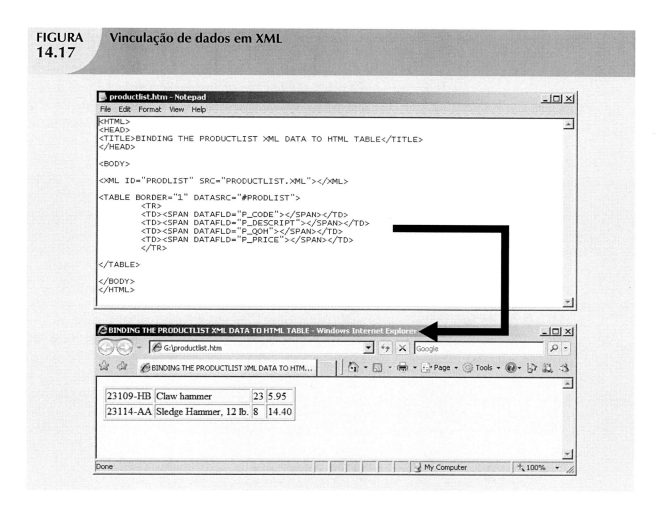

FIGURA 14.17 Vinculação de dados em XML

APLICAÇÕES DE XML

Agora que temos alguma ideia do que é XML, a próxima questão deve ser: como utilizá-la? Que tipos de aplicações prestam-se particularmente bem à XML? Esta seção listará algumas utilizações dessa linguagem. Lembre-se de que a utilização futura de XML limita-se apenas à imaginação e à criatividade de desenvolvedores, projetistas e programadores.

- *Trocas B2B.* Como observado anteriormente, a XML permite a troca de dados B2B, fornecendo o padrão para todas as organizações que necessitem trocar dados com parceiros, competidores, governo ou clientes. Em particular, a XML está posicionada para substituir o EDI como padrão da automação da rede de fornecimento, pois é mais barata e flexível.
- *Integração de sistemas legados.* A XML proporciona a "cola" para integrar dados de sistemas legados com sistemas modernos de comércio eletrônico na web. A web e as tecnologias de XML podem ser utilizadas para dar nova vida a aplicações legadas "antigas, mas confiáveis". Outro exemplo é a utilização de XML para importar dados de transações de vários sistemas operacionais para um banco de dados de data warehouse.
- *Desenvolvimento de páginas da web.* A XML fornece diversos recursos que a tornam bastante adequada para certas situações de desenvolvimento para a web. Por exemplo, portais com grandes quantidades de dados personalizados podem utilizar a XML para obter dados de fontes externas

(como notícias, clima e ações) e aplicar diferentes regras de apresentação para formatar as páginas em computadores de desktop e dispositivos móveis.

- *Suporte a banco de dados.* Os bancos de dados são o coração das aplicações de comércio eletrônico. Um SGBD que dê suporte a trocas em XML será capaz de se integrar a sistemas externos (web, dados móveis, sistemas legados etc.) e, assim, possibilitar a criação de novos tipos de sistemas. Esses bancos de dados podem importar e exportar dados em formato XML ou gerar documentos XML a partir de consultas de SQL, ao mesmo tempo em que ainda armazenam os dados utilizando seu formato de modelo de dados nativo. Por outro lado, o SGBD pode também dar suporte a tipos de dados em XML para armazenar dados em XML em seu formato nativo. As implicações desses recursos vão longe – seria até mesmo possível armazenar uma estrutura de árvore do tipo hierárquica no interior de uma estrutura relacional. É claro que essas atividades também exigiriam que a linguagem de consultas fosse estendida para dar suporte a consultas de dados em XML.

- *Metadicionários de banco de dados.* A XML também pode ser utilizada para criar metadicionários ou vocabulários de banco de dados. Esses metadicionários podem ser utilizados por aplicações que precisem acessar outras fontes de dados externas. (Até agora, cada vez que uma aplicação desejasse trocar dados com outra, era necessário criar uma nova interface para essa finalidade.) Os fornecedores de SGBDs podem publicar metadicionários para facilitar as trocas de dados e a criação de visualizações de dados a partir de várias aplicações – hierárquicas, relacionais, orientadas a objetos, relacionais de objetos ou relacionais estendidas. Todos os metadicionários utilizariam uma linguagem comum independente do tipo de SGBD. Espera-se o desenvolvimento de metadicionários específicos por setor. Eles permitiriam a criação de interações B2B complexas, como as que costumam ser encontradas nos setores de aviação, automotivo e farmacêutico. Também são prováveis iniciativas específicas de aplicações, que gerariam metadicionários em XML para a criação de data warehouses, gerenciamento de sistemas e aplicações estatísticas complexas. Até mesmo as Nações Unidas e a Oasis, organização sem fins lucrativos para a promoção de padrões, estão trabalhando em uma nova especificação chamada *ebXML* que criará um vocabulário-padrão de XML para os negócios eletrônicos. Outros exemplos de metadicionários são a HR-XML do setor de recursos humanos, os padrões de codificação e transmissão de metadados (METS) da Biblioteca do Congresso, o padrão de troca de dados de informações de contabilidade clínica (CLAIM) para intercâmbio de dados de pacientes em sistemas eletrônicos de serviços médicos, e o padrão de linguagem extensível de relatórios de negócios (XBRL) para a troca de informações comerciais e financeiras.

- *Banco de dados em XML.*[2] Em função do enorme número esperado de trocas de dados com base em XML, as empresas já buscam formas de melhor gerenciar e utilizar os dados. Atualmente, há muitos produtos diferentes no mercado para tratar desse problema. A amplitude de abordagens vai de um simples software de middleware de XML, a banco de dados de objetos com interfaces XML, até mecanismos e servidores completos de bancos de dados em XML. A atual geração de bancos relacionais está configurada para o armazenamento de linhas normalizadas, ou seja, para a manipulação de uma linha de dados por vez. Como os dados comerciais nem sempre se ajustam a essa necessidade, os bancos de dados em XML fornecem armazenamento de dados em relacionamentos complexos. Por exemplo, um banco em XML seria bastante adequado para armazenar o conteúdo de um livro. (A estrutura do livro determinaria a estrutura de seu banco de dados: um livro normalmente consiste de capítulos, seções, parágrafos, figuras, gráficos, notas de rodapé, notas de fim etc.) Exemplos de banco de dados em XML são o Oracle, o DB2 da IBM, o MS SQL Server, o Ipedo

---

[2] Para uma ampla análise dos produtos de bancos de dados em XML, veja "XML Database Products", de Ronald Bourret, em *www.rpbourret.com*.

XML Database (*www.ipedo.com*), o Tamino da Software AG (*www.softwareag.com), e o* dbXML de fonte aberta, em *http://sourceforge.net/projects/dbxml-core.*

- *Serviços de XML.* Muitas empresas já estão trabalhando no desenvolvimento de um novo grupo de serviços com base em XML e tecnologias da web. Esses serviços prometem quebrar as barreiras da interoperabilidade entre sistemas e empresas. A XML fornece infraestrutura para facilitar que sistemas heterogêneos trabalhem juntos do outro lado da mesa, da rua ou do mundo. Os serviços utilizariam XML e outras tecnologias da internet para publicar suas interfaces. Outros serviços, objetivando a interação com os serviços existentes, consistiriam em localizá-los e aprender seu vocabulário (solicitações e respostas de serviços) para estabelecer uma "conversa".

RESUMO

- A conectividade de banco de dados refere-se a mecanismos por meio dos quais os aplicativos se conectam e se comunicam com depósitos de dados. O software de conectividade também é conhecido como *middleware de banco de dados*. O depósito de dados também é conhecido como *fonte de dados*, pois representa a aplicação de gerenciamento de dados (ou seja, SGBDR Oracle, SGBD SQL Server ou SGBD IBM) a ser utilizada para armazenar os dados gerados pelo aplicativo.

- As interfaces de conectividade de banco de dados da Microsoft são os agentes dominantes no mercado e desfrutam de suporte da maioria dos fornecedores de bancos. Na verdade, o ODBC, o OLE-DB e o ADO.NET formam a espinha dorsal da arquitetura UDA (Acesso universal a dados) da Microsoft. A UDA é uma coleção de tecnologias utilizada para acessar qualquer tipo de fonte de dados e gerenciar qualquer tipo de dados por meio de uma interface comum.

- A conectividade nativa do banco de dados refere-se à interface de conexão fornecida, exclusiva do fornecedor específico do banco de dados. O ODBC (Conectividade de bancos de dados abertos) é uma implementação da Microsoft de um superconjunto do padrão de interface de nível de chamada (INC) do Grupo de Acesso de SQL para acesso a bancos de dados. O ODBC provavelmente é a interface de conectividade mais amplamente suportada. Ele permite que qualquer aplicação de Windows acesse fontes de dados relacionais, utilizando SQL padrão. O DAO (Objetos de acesso de dados) é uma API orientada a objetos e utilizada para acessar bancos de dados do MS Access, MS FoxPro e dBase (utilizando o mecanismo de dados Jet) a partir de programas de Visual Basic. O RDO (Objetos de dados remotos) é uma interface de nível superior para aplicações orientadas a objetos, utilizada para acessar servidores de bancos de dados remotos. O RDO utiliza DAO e ODBC de nível inferior para direcionar o acesso aos bancos de dados. Ele foi otimizado para lidar com banco de dados baseados em servidor, como MS SQL Server e Oracle.

- Baseado no modelo de objeto componente (COM) da Microsoft, o OLE-DB (Ligação e incorporação de objetos de bancos de dados) é um middleware desenvolvido com o objetivo de adicionar funcionalidades orientadas a objetos para acessar dados relacionais e não relacionais. O ADO (Objetos de dados ActiveX) fornece uma interface de alto nível orientada a aplicações para interação com OLE-DB, DAO e RDO. Com base em ADO, o ADO.NET é o componente de acesso a dados do modelo de desenvolvimento de aplicações .NET da Microsoft, uma plataforma baseada em componentes para o desenvolvimento de aplicações distribuídas, heterogêneas e interoperáveis, que tem por objetivo manipular quaisquer tipos de dados por qualquer rede e em qualquer sistema operacional e linguagem de programação. O JDBC (Conectividade de bancos de dados em Java) é o modo-padrão de interface de aplicações Java com fontes de dados (relacionais, em tabelas e arquivos de texto).

- O acesso a bancos de dados pela web é obtido por meio do middleware. Para melhorar os recursos ao lado do cliente do navegador, é necessário utilizar plugins e outras extensões, como Java, Javascript, ActiveX e VBScript. Ao lado do servidor, os servidores de aplicações da web são middlewares que ampliam as funcionalidades de servidores de web ligando-os a ampla faixa de serviços, como bancos de dados, sistemas de diretórios e mecanismos de busca.

- A XML (Linguagem de marcação extensível) facilita a troca de dados de B2B e outros dados pela internet. Ela fornece uma semântica que facilita a troca, compartilhamento e manipulação de documentos estruturados para além das fronteiras organizacionais. A XML produz a descrição e a representação de dados, abrindo espaço para a manipulação de modos que não eram possíveis antes de seu surgimento. Os documentos XML podem ser validados pela utilização de documentos DTD (Definição de tipo de documento) e XSD (Definição de esquema XML). A utilização de documentos XML, DTD e de esquemas XML permite maior nível de integração entre diversos sistemas do que era possível antes da disponibilização dessa tecnologia.

QUESTÕES DE REVISÃO

1. Dê alguns exemplos de opções de conectividade de bancos de dados e de como são utilizados.
2. O que são ODBC, DAO e RDO? Como se relacionam?
3. Qual é a diferença entre DAO e RDO?
4. Quais são os três componentes básicos da arquitetura ODBC?
5. Que etapas são necessárias para criar um nome de fonte de dados de ODBC?
6. Para que o OLE-DB é utilizado e em que difere do ODBC?
7. Explique o modelo OLE-DB com base em seus dois tipos de objetos.
8. Como o ADO complementa o OLE-DB?
9. O que é ADO.NET e quais os dois novos recursos que o tornam importante para o desenvolvimento de aplicações?
10. O que é DataSet e por que é considerado desconectado?
11. Para que as interfaces de servidor da web são utilizadas? Dê alguns exemplos.
12. Busque servidores de aplicações da web na internet. Escolha um e prepare uma breve apresentação para sua turma.
13. O que significa a afirmação: "a web é um sistema sem estado". Que implicações um sistema sem estado traz para os desenvolvedores de aplicações de bancos de dados?
14. O que é um servidor de aplicações da web e como funciona da perspectiva do banco de dados?
15. O que são scripts e quais as suas funções? (Pense em termos de desenvolvimento de aplicações de bancos de dados.)
16. O que é XML e por que é tão importante?
17. O que são DTD (Definição de tipo de documento) e o que fazem?
18. O que são documentos XSDs (Definição de esquema XML) e o que fazem?
19. O que é JDBC e para que é utilizado?

PARTE

6

ADMINISTRAÇÃO DE BANCO DE DADOS

ADMINISTRAÇÃO E SEGURANÇA DE BANCO DE DADOS | **15**

ORECK REVISA PLANO DE RECUPERAÇÃO DESASTROSO APÓS O FURACÃO KATRINA

Como as empresas projetam planos de recuperação de desastres em condições normais de operação dos negócios, as falhas desses planos costumam ficar evidentes somente durante as crises. A Oreck Corporation, fabricante de limpadores a vácuo, tinha um plano de recuperação razoável. A empresa, sediada em Nova Orleans, havia acertado com a IBM a hospedagem de suas aplicações com base em AS/400 em um centro de dados de Boulder, Colorado. A equipe de Nova Orleans seria realocada para Long Beach, Mississippi, onde a empresa tinha um grande centro de fabricação e distribuição. No domingo, 28 de agosto de 2005, dois dias antes do furacão Katrina atingir Nova Orleans, a equipe de TI colocou o plano em operação.

"Levei 12 horas para fazer dois backups", lembra Michael Evanson, vice-presidente de TI da Oreck. Enquanto as vias de saída da cidade estavam fechadas ou congestionadas, sua equipe tentava fazer backup dos dados do AS/400. Por fim, na manhã de segunda-feira, o CEO Tom Oreck pegou as fitas e sua família e tomou um avião particular para Houston, de onde enviou as fitas para Boulder durante a noite. No momento em que o sr. Oreck chegou a Houston, porém, uma omissão importante de seu plano havia se revelado.

"Tínhamos duas instalações e supúnhamos que pelo menos uma sobreviveria ao furacão. Elas estavam a cerca de 130 quilômetros de distância uma da outra, mas o Katrina passou bem no meio das duas", explica Evanson. O furacão inundou a fábrica de Long Beach e muitos de seus 900 funcionários evacuaram a área. Os dados da empresa com base em Intel, necessários para instalações em outros locais, foram deixados para trás, em Nova Orleans. Como a maioria dos programas de backup e recuperação, o plano da Oreck não cobria todos os componentes do sistema de TI e, ao estabelecer suas prioridades, não se preparou para um desastre que pudesse derrubar tanto sua sede como o centro de backup.

A empresa lutou para se recuperar rapidamente. Ela estabeleceu uma sede temporária em Dallas, localizou os trabalhadores abrindo um número 0800, comprou *trailers* para os funcionários desabrigados e geradores para a fábrica, e contratou empreiteiras para reparar os danos físicos. Duas semanas depois, as instalações de Long Beach estavam inteiras e funcionando.

Hoje, a empresa revisou seu plano para fornecer melhor acesso e proteção a hardware, software e dados, necessários no caso de emergência. A Oreck agora executa backups a cada duas horas e não a cada oito horas. A empresa testa com regularidade seus planos de contingências e recuperação de dados. Recentemente, abriu uma nova fábrica ainda mais distante em Cookeville, Tennessee.

"O plano que tínhamos antes do Katrina que, a meu ver, atendia bem a nossas necessidades, foi intensamente modificado", diz Oreck. "Francamente, fazia um bom tempo que o plano não era atualizado", completa. "Obviamente mudamos nossa visão sobre isso."

ADMINISTRAÇÃO E SEGURANÇA DE BANCO DE DADOS

QUINZE

Neste capítulo, você aprenderá:

- Que os dados são um bem valioso de negócios, exigindo gerenciamento cuidadoso
- Como o banco de dados executa um papel fundamental em uma organização
- Que a introdução de um SGBD apresenta consequências tecnológicas, gerenciais e culturais importantes
- Quais são as funções gerenciais e técnicas do administrador de bancos de dados
- Sobre segurança de dados, segurança de bancos de dados e modelo de segurança de informações
- Sobre diversas ferramentas e estratégias de administração de bancos de dados
- Como diversas tarefas técnicas de administração de bancos de dados são executadas no Oracle

DADOS COMO UM BEM CORPORATIVO

No Capítulo 1, vimos que os dados são a matéria-prima para produzir as informações. Portanto, não é de surpreender que no ambiente atual, orientado por informações, os dados sejam um bem valioso que exija gerenciamento cuidadoso.

Para avaliar o valor monetário dos dados, veja o que é armazenado em um banco de dados empresarial: dados sobre clientes, fornecedores, estoque, operações etc. Quantas oportunidades serão perdidas se os dados forem perdidos? Qual é o custo real da perda de dados? Por exemplo, uma empresa de contabilidade que perca seu banco de dados inteiro incorreria em custos diretos e indiretos significativos. Os problemas dessa empresa seriam ampliados se a perda ocorresse durante a época de declaração de impostos. A perda de dados coloca qualquer empresa em uma situação difícil. Ela pode ser incapaz de organizar as operações diárias de modo efetivo; pode deparar-se com a perda de clientes que exijam serviço rápido e eficiente e de oportunidades de obter novos clientes.

Os dados são um *recurso* valioso que pode ser traduzido em *informações*. Se elas forem precisas e oportunas, provavelmente provocarão ações que aprimorem a posição competitiva da empresa e gerem riqueza. Na prática, uma organização está sujeita ao *ciclo dados-informação-decisão*, ou seja, o *usuário* de dados aplica inteligência aos *dados* para produzir *informações*, que são a base do *conhecimento* utilizado na *tomada de decisões*. Esse ciclo é ilustrado na Figura 15.1.

| FIGURA 15.1 | Ciclo dados-informação-tomada de decisões |

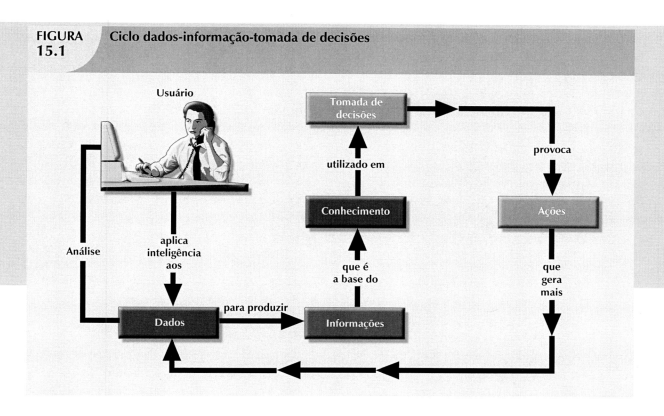

Observe na Figura 15.1 que as decisões tomadas por gerentes de alto nível provocam ações nos níveis inferiores da organização. Essas ações produzem dados adicionais a serem utilizados no monitoramento do desempenho de uma empresa. Por sua vez, os dados adicionais devem ser reinseridos no modelo dados/informação/decisão. Assim, os dados formam a base da tomada de decisões, planejamento estratégico, controle e monitoramento das operações.

Um fator fundamental para o sucesso de uma organização é o gerenciamento eficiente de bens. Para gerenciar dados como um bem corporativo, os gerentes devem compreender o valor das informações – ou seja, dos dados processados. Na verdade, há empresas (por exemplo, as que fornecem relatórios de crédito) cujo produto é a informação e cujo sucesso é uma função exclusiva do gerenciamento de informações.

A NECESSIDADE E A FUNÇÃO DO BANCO DE DADOS EM UMA ORGANIZAÇÃO

Os dados são utilizados por pessoas diferentes em departamentos distintos e por diversos motivos. Portanto, o gerenciamento de dados deve tratar do conceito de dados compartilhados. O Capítulo 1 mostrou como a necessidade de compartilhamento de dados tornou quase inevitável a utilização de SGBDs. Empregados adequadamente, esses sistemas facilitam:

- A *interpretação* e a *apresentação* de dados em formatos úteis, transformando os dados brutos em informações.
- A *distribuição* de dados e informações para as pessoas certas no momento certo.
- A *preservação* dos dados e o *monitoramento* de sua utilização por períodos adequados de tempo.
- O *controle* da duplicação e da utilização de dados, tanto interna como externamente.

Independente do tipo de organização, o papel predominante do banco de dados é *dar suporte à tomada de decisões gerenciais em todos os níveis da organização e preservar a privacidade e a segurança de dados.*

A estrutura gerencial de uma organização pode ser dividida em três níveis: alto, médio e operacional. O gerenciamento de alto nível toma decisões estratégicas, o de nível médio, decisões táticas, e o gerenciamento operacional toma decisões operacionais. Essas últimas são de curto prazo e afetam apenas as operações diárias, a exemplo da decisão de alterar o preço de um produto para acabar com seu estoque. As decisões táticas envolvem um período de tempo maior e afetam operações de maior escala; por exemplo, alterar o preço de um produto em resposta a pressões competitivas. As decisões estratégicas são as que afetam o bem-estar da empresa no longo prazo ou mesmo sua sobrevivência; por exemplo, alterar a estratégia de precificação pelas linhas de produtos para capturar uma parcela do mercado.

O SGBD deve oferecer ferramentas que forneçam a cada nível de gerenciamento uma visão útil dos dados e que deem suporte ao nível necessário de tomada de decisões. As seguintes atividades são comuns em cada nível.

No *alto nível de gerenciamento*, o banco de dados deve ser capaz de:

- Fornecer as informações necessárias para a tomada de decisões estratégias, o planejamento estratégico, a formulação de políticas e a definição de metas.
- Fornecer acesso a dados externos e internos para identificar oportunidades de crescimento e traçar a direção desse crescimento. (A direção refere-se à natureza das operações: a empresa se tornará uma organização de serviços, de fabricação ou uma combinação de ambas?)
- Fornecer um modelo de definição e aplicação de políticas organizacionais. (Lembre-se de que essas políticas são traduzidas em regras de negócios nos níveis inferiores da organização.)
- Aumentar a probabilidade de retorno positivo sobre o investimento na empresa, buscando novos modos de reduzir custos e/ou impulsionar a produtividade.
- Fornecer *feedback* para monitorar se a empresa está atingindo suas metas.

No *nível médio de gerenciamento*, o banco de dados deve ser capaz de:

- Oferecer os dados necessários para decisões táticas e planejamento.
- Monitorar e controlar a alocação e utilização dos recursos da empresa e avaliar o desempenho dos diferentes departamentos.
- Fornecer um modelo de aplicação e garantia da segurança e privacidade dos dados no banco. **Segurança** significa proteger os dados da utilização acidental ou intencional por usuários não autorizados. A **privacidade** lida com os direitos de indivíduos e da organização de determinar "quem, o que, quando, onde e como" em relação ao acesso aos dados.

No *nível operacional de gerenciamento*, o banco de dados deve ser capaz de:

- Representar e dar suporte às operações da empresa do modo mais fiel possível. O modelo de dados deve ser flexível o suficiente para incorporar todos os dados necessários, presentes e esperados.
- Produzir resultados de consultas dentro de níveis especificados de desempenho. Lembre-se de que as exigências de desempenho aumentam em níveis inferiores de gerenciamento e operação. Assim o banco de dados deve dar suporte a respostas rápidas para um número maior de transações no nível de gerenciamento operacional.
- Aprimorar a capacidade operacional de curto prazo da empresa, fornecendo informações oportunas para o suporte ao cliente e para o desenvolvimento de aplicações e operações computacionais.

O objetivo geral de qualquer banco de dados é fornecer um fluxo contínuo de informações por toda a empresa.

O banco de dados da empresa também é conhecido como banco corporativo ou empresarial. O **banco de dados empresarial** pode ser definido como "a representação dos dados de uma empresa que fornece suporte a todas as operações presentes e esperadas no futuro". A maioria das organizações bem-sucedidas hoje em dia dependem do banco de dados empresarial para fornecer suporte a todas as suas operações – do projeto à implementação, das vendas aos serviços e da tomada diária de decisões ao planejamento estratégico.

INTRODUÇÃO DE UM BANCO DE DADOS: CONSIDERAÇÕES ESPECIAIS

Ter um sistema de gerenciamento de banco de dados computadorizado não garante que os dados sejam utilizados adequadamente para fornecer as melhores soluções exigidas pelos gerentes. O SGBD é uma ferramenta de gerenciamento de dados. Como qualquer ferramenta, deve ser utilizada de modo eficiente para produzir os resultados desejados. Considere a seguinte analogia: nas mãos de um carpinteiro, o martelo pode ajudar a produzir móveis; nas mãos de uma criança, pode causar danos. A solução para os problemas de uma empresa não é a mera existência de um sistema de computadores ou de um banco de dados, mas a eficiência de seu gerenciamento e utilização.

A introdução de um SGBD representa uma grande oportunidade e um desafio. Por toda a organização, é provável que o SGBD tenha um impacto profundo, que pode ser positivo ou negativo, dependendo de como for administrado. Por exemplo, uma consideração fundamental é adaptar o SGBD à organização e não forçar a organização a se adaptar ao SGBD. A questão principal deve ser as necessidades da organização e não os recursos técnicos do SGBD. No entanto, a introdução de um desses sistemas não pode ser realizada sem afetar a organização. O fluxo de novas informações geradas pelo SGBD tem efeito profundo no modo com a organização funciona e, portanto, em sua cultura corporativa.

A introdução de um SGBD em uma organização foi descrita como um processo que inclui três aspectos importantes:[1]

- *Tecnológico*: Software e hardware do SGBD.
- *Gerencial*: Funções administrativas.
- *Cultural*: Resistência da corporação à mudança.

O aspecto *tecnológico* inclui a seleção, instalação, configuração e monitoramento do SGBD para assegurar que ele trate de modo eficiente o armazenamento, acesso e segurança de dados. A pessoa ou as pessoas encarregadas de cuidar do aspecto tecnológico da instalação do SGBD deve ter as habilidades técnicas necessárias para fornecer ou assegurar suporte adequado aos diferentes usuários desse sistema: programadores, gerentes e usuários finais. Portanto, a equipe de administração do banco de dados é uma consideração tecnológica fundamental na introdução do SGBD. O pessoal selecionado deve exibir a combinação certa de habilidades técnicas e gerenciais para fornecer uma transição suave para o novo ambiente de dados compartilhados.

O aspecto *gerencial* da introdução do SGBD não deve ser subestimado. Um SGBD de alta qualidade não garante um sistema de informações com o mesmo nível, assim como ter o melhor carro não garante a vitória em uma corrida.

A introdução de um SGBD em uma organização exige planejamento cuidadoso para criar uma estrutura organizacional adequada e acomodar as pessoas responsáveis pela administração do sistema. A estrutura organizacional também deve estar sujeita a funções bem desenvolvidas de monitoramento e controle. O pessoal administrativo deve ter excelentes habilidades interpessoais e de comunicações, combinadas como ampla compreensão dos negócios e da organização.

O gerenciamento de alto nível deve estar comprometido com o novo sistema, além de definir e dar suporte às funções de administração de dados, metas e papéis no interior da organização.

---

[1] Murray, John P. "The Managerial and Cultural Issues of a DBMS". *370/390 Database Management* 1, 8, setembro de 1991, p. 32-33.

O impacto *cultural* da introdução de um sistema de bancos de dados deve ser avaliado cuidadosamente. A existência do SGBD provavelmente terá um efeito sobre as pessoas, funções e interações. Por exemplo, é possível que novo pessoal seja adicionado, novos papéis sejam atribuídos ao pessoal existente e o desempenho dos funcionários seja avaliado por meio de novos padrões.

O impacto cultural se deve, provavelmente, ao fato da abordagem do banco de dados criar um fluxo de informação mais controlado e estruturado. Os gerentes de departamento que costumavam manusear seus próprios dados terão de entregar os dados de sua propriedade à função de administração de dados e deverão compartilhar seus dados com o restante da empresa. Os programadores de aplicações terão de aprender e seguir novos padrões de projeto e desenvolvimento. Os gerentes podem deparar-se com algo que talvez pareça uma sobrecarga de informações, exigindo algum tempo para se adaptarem ao novo ambiente.

Quando o novo banco de dados estiver on-line, as pessoas podem ficar relutantes em utilizar as informações fornecidas pelo sistema e questionar seu valor e precisão. (Muitos se surpreenderão e possivelmente se espantarão ao descobrir que as informações não correspondem às noções preconcebidas e crenças fortemente mantidas.) O departamento de administração de bancos de dados deve estar preparado para abrir suas portas aos usuários finais, ouvir suas preocupações, agir sobre suas preocupações quando possível e educá-los sobre os usos e benefícios do sistema.

EVOLUÇÃO DA FUNÇÃO DE ADMINISTRAÇÃO DE BANCO DE DADOS

A administração de dados tem suas raízes no antigo e descentralizado mundo dos sistemas de arquivos. O custo de duplicação de dados e gerencial nesses sistemas deu origem a uma função de administração centralizada conhecida como processamento eletrônico de dados (PED) ou departamento de processamento de dados (PD). A tarefa do departamento de PD era reunir todos os recursos computacionais para dar suporte a todos os departamentos *no nível operacional*. A função de administração de PD recebeu autoridade para gerenciar todos os sistemas de arquivos existentes na empresa, bem como para resolver conflitos gerenciais e de dados criados pela duplicação e/ou má utilização do sistema.

O surgimento do SGBD e de sua visão compartilhada dos dados produziu um novo nível de sofisticação do gerenciamento de dados, levando à evolução do departamento de PD para o **departamento de sistemas de informação (SI)**. A responsabilidade do departamento de SI foi ampliada, incluindo:

- Uma função de *serviços* que fornece, aos usuários finais, suporte ativo de gerenciamento de dados.
- Uma função de *produção* que fornece, aos usuários finais, soluções específicas para suas necessidades de informações por meio de sistemas integrados de aplicações e gerenciamento.

FIGURA 15.2 Organização interna do departamento de SI

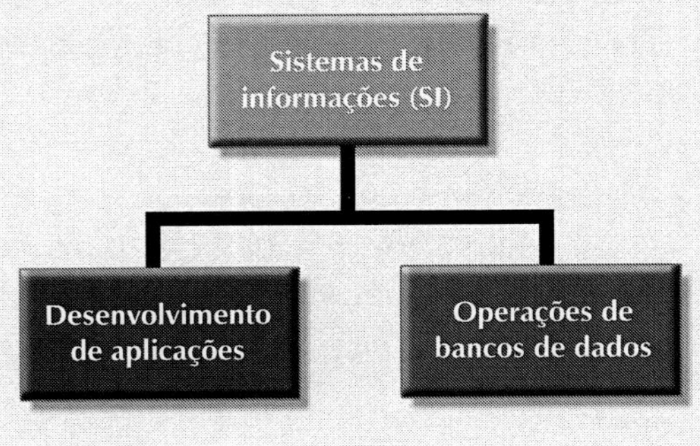

A orientação funcional do departamento de SI refletiu-se em sua estrutura organizacional interna. Esses departamentos costumam ser estruturados conforme a Figura 15.2. Em função do crescimento da demanda pelo desenvolvimento de aplicações, o respectivo segmento de SI foi subdividido pelo tipo de sistema suportado: contabilidade, estoque, marketing etc. No entanto, esse desenvolvimento significou que as responsabilidades de administração do banco de dados também foram divididas. O segmento de desenvolvimento de aplicações foi encarregado de coletar as necessidades do banco de dados e projetar o banco lógico, enquanto o segmento de operações assumiu a responsabilidade pela implementação, monitoramento e controle das operações de SGBD.

Conforme o número de aplicações crescia, o gerenciamento de dados tornou-se um trabalho cada vez mais complexo, levando, assim, ao desenvolvimento da função de administração de bancos de dados. A pessoa responsável pelo controle do banco centralizado e compartilhado ficou conhecida como **administrador de banco de dados (DBA)**.

O tamanho e o papel da função do DBA variam de empresa para empresa, assim como sua posição na estrutura organizacional. Nessa estrutura, a função do DBA pode ser definida tanto como posição de equipe como posição direta. A posição em equipe da função de DBA costuma criar um ambiente de consultoria em que o DBA é capaz de planejar a estratégia de administração de dados, mas não tem autoridade para aplicá-la ou resolver possíveis conflitos.[2] A função de DBA em posição direta possui responsabilidade e autoridade para definir, implementar e aplicar as políticas, padrões e procedimentos utilizados na atividade de administração de dados. As duas posições possíveis da função de DBA são ilustradas na Figura 15.3.

FIGURA 15.3 Posicionamento da função de DBA

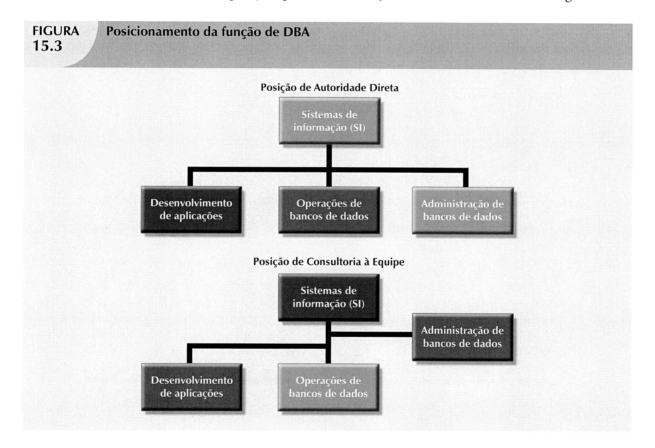

Não há padrão sobre como a função do DBA se encaixa na estrutura de uma organização. Em parte, isso se deve à própria função ser, provavelmente, a mais dinâmica em qualquer organização. De fato, o rápido ritmo de mudanças da tecnologia de SGBDs determina as alterações de estilos organizacionais. Por exemplo:

---

[2] Para uma perspectiva histórica sobre o desenvolvimento da função de DBA e uma cobertura mais ampla das alternativas de sua posição organizacional, consulte o clássico de Jay-Louise Weldon. *Data Base Administration* (Nova York: Plenum Press, 1981). Embora a data de publicação desse livro talvez o leve a considerá-lo obsoleto, um número surpreendente de assuntos nele contidos estão retornando no cenário atual de bancos de dados operacionais.

- O desenvolvimento de banco de dados distribuídos pode fazer com que uma organização descentralize ainda mais a função de administração de dados. Esse tipo de banco de dados exige que o DBA do sistema defina e delegue as responsabilidades de cada DBA local, impondo, assim, novas e mais complexas atividades de *coordenação* para o primeiro.
- A utilização crescente de dados acessados pela internet e o número cada vez maior de aplicações de data warehouse provavelmente adicionarão aspectos às atividades de modelagem e projeto do DBA, expandindo e diversificando suas responsabilidades.
- A sofisticação e a capacidade crescente de pacotes de SGBDs com base em microcomputadores fornecem uma plataforma fácil para o desenvolvimento de soluções eficientes, baratas e de fácil utilização para as necessidades de departamentos específicos. Mas esse ambiente também estimula a duplicação de dados, sem mencionar os problemas criados por pessoas que não dispõem de qualificações técnicas para produzir bons projetos. Em suma, o novo ambiente de microcomputadores exige que o DBA desenvolva um novo conjunto de habilidades técnicas e gerenciais.

É prática comum definir a função do DBA dividindo suas operações de acordo com as fases do Ciclo de Vida do Banco de Dados (CVBD). Se for utilizada essa abordagem a função de DBA exigirá pessoal para cobrir as seguintes atividades:

- Planejamento de banco de dados, incluindo definição de padrões, procedimentos e aplicações.
- Coleta das necessidades de banco de dados e projeto conceitual.
- Projeto lógico e transacional do banco de dados.
- Projeto físico e implementação do banco de dados.
- Teste e depuração do banco de dados.
- Operações e manutenção do banco de dados, incluindo instalação, conversão e migração.
- Treinamento e suporte sobre banco de dados.

A Figura 15.4 representa uma organização funcional de DBA de acordo com esse modelo.

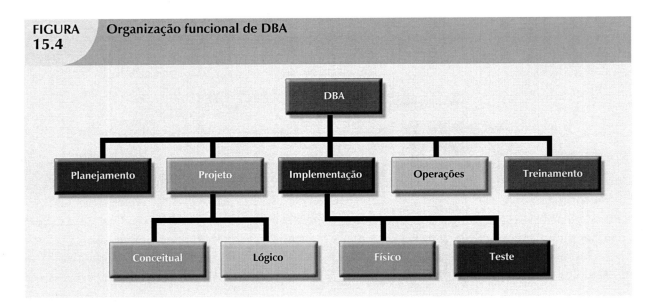

FIGURA 15.4 Organização funcional de DBA

Lembre-se de que uma empresa pode ter vários SGBDs diferentes e incompatíveis instalados para suporte a operações diversas. Por exemplo, não é raro encontrar corporações com um SGBD hierárquico para o suporte a transações diárias no nível operacional e um banco de dados relacional para suporte a necessidades de informações *ad hoc* nos níveis de gerenciamento médio e alto. Também pode haver uma variedade de SGBDs de microcomputadores instalados nos diversos departamentos. Em um ambiente assim, a empresa pode ter a atribuição de um DBA para cada SGBD. O coordenador geral de todos os DBAs às vezes é conhecido como **administrador de sistemas**, posição ilustrada na Figura 15.5.

Há uma tendência crescente em direção à especialização na função de gerenciamento de dados. Por exemplo, as estruturas organizacionais utilizadas por algumas das maiores corporações distinguem entre o DBA e o **administrador de dados** (**AD**) (*data administrator*). O AD, também conhecido como **gerente de recursos de informação** (**GRI**) (*information resource manager*), normalmente responde diretamente ao gerenciamento de alto nível e recebe um grau de responsabilidade e autoridade mais alto do que o DBA, embora as duas funções apresentem certa sobreposição.

O AD é responsável pelo controle dos recursos gerais de dados corporativos, tanto computadorizados como manuais. Assim, a descrição do trabalho do AD cobre uma área mais ampla de operações que a do DBA, pois o AD está encarregado de controlar não apenas os dados computadorizados, mas também exteriores ao escopo do SGBD. O posicionamento do DBA na estrutura organizacional expandida pode variar de empresa para empresa. Dependendo dos componentes da estrutura, o DBA pode responder ao AD, ao GRI, ao gerente de SI ou diretamente ao CEO da empresa.

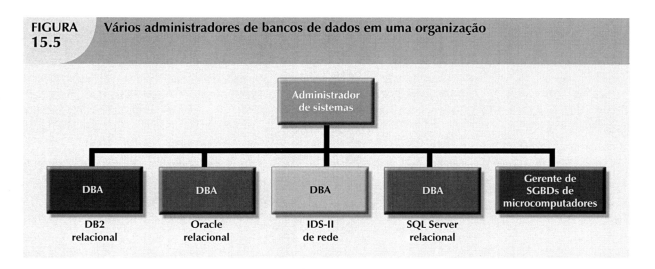

FIGURA 15.5 Vários administradores de bancos de dados em uma organização

COMPONENTE HUMANO DO AMBIENTE DO BANCO DE DADOS

Uma parte substancial deste livro dedica-se ao projeto e implementação de bancos de dados relacionais e ao exame dos aspectos e características de SGBDs. Até esse momento, focamos nos aspectos técnicos mais importantes do banco de dados. No entanto, o outro lado da moeda também é importante nos bancos de dados: até os sistemas projetados com a mais cuidadosa destreza não podem ser operados sem o componente humano. Assim, nesta seção, exploraremos como as pessoas executam atividades de administração de dados que tornam útil um bom projeto de banco de dados.

A administração eficiente de dados exige habilidades tanto técnicas como gerenciais. Por exemplo, o trabalho do AD normalmente apresenta forte orientação gerencial com escopo da empresa inteira. Por outro lado, o trabalho do DBA tende a ser mais orientado tecnicamente e possui um escopo mais estreito, específico do SGBD. No entanto, o DBA também deve apresentar um conjunto considerável de habilidades pessoais. Afinal, tanto o AD como o DBA executam funções "pessoais" comuns a todos os departamentos de uma organização. Por exemplo, ambos dirigem e controlam a formação de equipes e o treinamento de pessoal em seus respectivos departamentos.

A Tabela 15.1 contrasta as características gerais de ambas as posições, resumindo as atividades típicas de AD e DBA. Todas as atividades resultantes das características apresentadas nessa tabela são assumidas pelo DBA se a organização não empregar também um AD.

TABELA 15.1 Contraste entre as atividades e características de AD e de DBA

ADMINISTRADOR DE DADOS (AD)	ADMINISTRADOR DE BANCOS DE DADOS (DBA)
Executa planejamento estratégico	Controla e supervisiona
Estabelece metas de longo prazo	Executa planos para atingir metas
Estabelece políticas e padrões	Aplica políticas e procedimentos
	Aplica padrões de programação
Tem escopo amplo	Tem escopo estreito
Foca no longo prazo	Foca no curto prazo (operações diárias)
Apresenta orientação gerencial	Apresenta orientação técnica
É independente do SGBD	É específico do SGBD

Observe que o AD é responsável por fornecer uma estratégia administrativa ampla e global para todos os dados da organização. Em outras palavras, os planos do AD devem considerar o espectro de dados inteiro. Assim, o AD é responsável pela consolidação e consistência tanto dos dados manuais como dos computadorizados.

O AD também deve estabelecer metas de administração de dados. Essas metas são definidas por questões como:

- Possibilidade de compartilhar dados e disponibilidade de tempo.
- Consistência e integridade de dados.
- Segurança e privacidade de dados.
- Padrões de qualidade de dados.
- Extensão e tipo de utilização de dados.

Naturalmente, essa lista pode ser ampliada para adequar-se às necessidades de dados específicos da organização. Independente de como o gerenciamento de dados é conduzido – e apesar do fato de receberem muita autoridade para definir e controlar o modo como os dados da empresa são utilizados – o AD e o DBA não são proprietários dos dados; pelo contrário, suas funções são definidas para enfatizar que os dados são um bem compartilhado da empresa.

A discussão precedente não deve levar à crença de que há padrões administrativos de AD e DBA universalmente aceitos. De fato, o estilo, as responsabilidades, o posicionamento organizacional e a estrutura interna de ambas as funções variam de empresa para empresa. Por exemplo, muitas companhias distribuem as responsabilidades de AD entre o DBA e o gerente de sistemas de informação. Para simplificar e evitar confusões, a identificação de DBA é aqui utilizada como um cargo geral que engloba todas as funções próprias da administração de dados. Tendo estabelecido esse ponto, passaremos para o papel do DBA como mediador entre os dados e os usuários.

A mediação das interações entre os dois bens mais importantes de qualquer empresa, as pessoas e os dados, coloca o DBA no ambiente dinâmico representado na Figura 15.6.

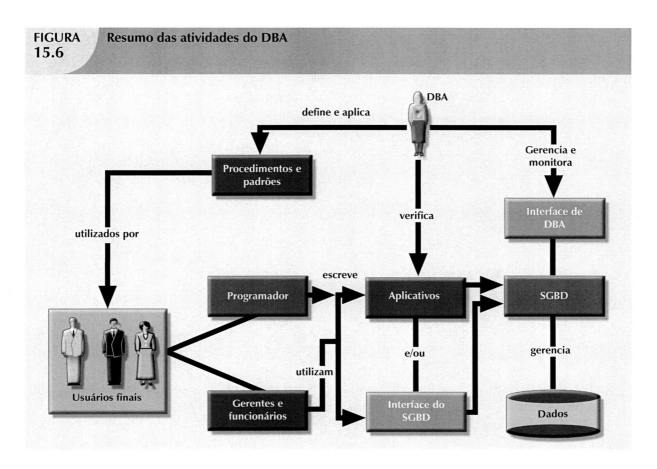

FIGURA 15.6 Resumo das atividades do DBA

Ao examinar a Figura 15.6, observe que o DBA é o ponto central da interação dados/usuários. Ele define e aplica os procedimentos e padrões a serem utilizados por programadores e usuários finais durante seu trabalho com o SGBD. O DBA também verifica se os programadores e usuários atendem às normas de segurança e qualidade.

Os usuários de banco de dados podem ser classificados por:

• Tipo necessário de suporte para a tomada de decisões (operacional, tática ou estratégica).
• Grau de conhecimento de informática (iniciante, intermediário ou especializado).
• Frequência de acesso (casual, periódica ou frequente).

Essas classificações não são exclusivas e costumam se sobrepor. Por exemplo, um usuário operacional pode ser um especialista com acesso casual ao banco de dados. No entanto, um típico gerente de alto nível pode ser um usuário iniciante de dados estratégicos, com acesso periódico ao banco. Por outro lado, um programador de aplicações de bancos de dados é um especialista operacional e usuário frequente. Assim, cada organização emprega pessoas cujos níveis de especialidade se estendem por todo um espectro. O DBA deve ser capaz de interagir com todas essas pessoas, compreender suas diferentes necessidades, responder questões em todos os níveis da escala de especialização e comunicar-se de modo eficiente.

Suas atividades, representadas na Figura 15.6, sugerem a necessidade de uma combinação diversificada de habilidades. Em grandes empresas, essas habilidades provavelmente serão distribuídas entre diversas pessoas que trabalhem com a função de DBA. Em pequenas empresas, podem ser delegadas a um único indivíduo. As habilidades podem ser divididas em duas categorias – gerencial e técnica – conforme resumido na Tabela 15.2.

TABELA 15.2 Habilidades desejáveis do DBA

GERENCIAL	TÉCNICA
Ampla compreensão dos negócios	Ampla base em processamento de dados
Habilidades de coordenação	Conhecimento do ciclo de vida de desenvolvimento de sistemas
Habilidades analíticas	Metodologias estruturadas: Diagramas de fluxos de dados Gráficos de estrutura Linguagens de programação
Habilidades na resolução de conflitos	Conhecimento do ciclo de vida do banco de dados
Habilidades de comunicação (oral e escrita)	Habilidades de projeto e modelagem de bancos de dados Conceitual Lógico Físico
Habilidades de negociação	Habilidades operacionais: implantação de bancos de dados, gerenciamento de dicionários de dados, segurança etc.
Experiência: 10 anos em grande departamento de PD	

Ao examinar a Tabela 15.2, lembre-se de que o DBA deve executar dois papéis distintos. Sua função gerencial é focada no gerenciamento de pessoas e nas interações com a comunidade de usuários finais. O papel técnico do DBA envolve a utilização do SGBD – projeto, desenvolvimento e implantação do banco de dados –, bem como a produção, o desenvolvimento e a utilização de aplicativos. Esses papéis técnicos gerenciais serão examinados com mais detalhes nas seções seguintes.

A FUNÇÃO GERENCIAL DE DBA

O DBA, como gerente, deve concentrar-se nas dimensões de controle e planejamento da administração de bancos de dados. Portanto, é responsável por:

- Coordenar, monitorar e alocar os recursos de administração de bancos de dados: as pessoas e os dados.
- Definir metas e formular planos estratégicos para a função de administração de bancos de dados.

As responsabilidades do DBA são apresentadas de modo mais específico na Tabela 15.3.

A Tabela 15.3 ilustra que o DBA geralmente é responsável por planejar, organizar, testar, monitorar e entregar um certo número de serviços. Esses serviços podem ser executados pelo DBA ou, o que é mais provável, pela equipe do DBA. Examinemos os serviços com mais detalhes.

TABELA 15.3 Serviços e atividades do DBA

ATIVIDADE DO DBA		SERVIÇO DO DBA
Planejamento		Suporte ao usuário final
Organização		Políticas, procedimentos e padrões
Teste	de	Segurança, privacidade e integridade de dados
Monitoramento		Backup e recuperação de dados
Entrega		Distribuição e utilização de dados

Suporte ao usuário final

O DBA interage com o usuário final fornecendo serviços de suporte a dados e informações aos departamentos da organização. Como os usuários finais normalmente possuem bases diferentes em informática, esses serviços de suporte incluem:

- *Coleta de necessidades do usuário final.* O DBA deve trabalhar no interior da comunidade de usuários finais para ajudar na coleta dos dados necessários à identificação e descrição dos problemas desses usuários. Suas habilidades de comunicação são muito importantes nesse estágio, pois o DBA trabalha muito próximo de pessoas com diferentes bases de informática e estilos comunicacionais. A coleta dessas necessidades exige que o DBA desenvolva uma compreensão precisa da perspectiva dos usuários e identifique necessidades de informação presentes e futuras.

- *Construção da interface do usuário final.* Encontrar soluções adequadas para os problemas dos usuários finais aumenta a confiança desses usuários na função do DBA. Também faz parte dessa função educar os usuários sobre os serviços fornecidos e sobre como esses serviços aprimoram o tratamento e a segurança dos dados.

- *Resolução de conflitos e problemas.* A obtenção de soluções para problemas de usuários de um departamento pode criar conflitos com outros departamentos. Os usuários finais normalmente estão preocupados com suas próprias necessidades de dados, e não com a dos outros. Provavelmente não levarão em consideração como os seus dados afetam outros departamentos dentro da organização. Quando surgem conflitos de dados/informações, a função de DBA tem autoridade e responsabilidade de resolvê-los.

- *Obtenção de soluções para as necessidades de informações.* A capacidade e a autoridade para resolver conflitos de dados permitem que o DBA desenvolva soluções que se ajustem ao modelo de gerenciamento de dados existente. O objetivo principal do DBA é fornecer soluções às necessidades de informações dos usuários finais. Em função da importância crescente da internet, essas soluções provavelmente exigirão o desenvolvimento e o gerenciamento de servidores de web para fazer a interface com os bancos de dados. De fato, o crescimento explosivo do comércio eletrônico exige a utilização de interfaces *dinâmicas* para facilitar consultas interativas e vendas de produtos.

- *Garantia de qualidade e integridade de dados e aplicações.* Uma vez encontrada a solução correta, ela deve ser implementada e utilizada adequadamente. Portanto, o DBA deve trabalhar com os programadores de aplicações e os usuários finais para ensinar-lhes os padrões e procedimentos do banco de dados, necessários para a qualidade, o acesso e a manipulação de dados. O DBA também deve certificar-se de que as transações não prejudiquem a qualidade dos dados. Desse modo, é uma de suas funções fundamentais certificar a qualidade dos aplicativos que acessam o banco de dados. Deve-se dar atenção especial às interfaces de internet do SGBD, pois são propícias a problemas de segurança.

- *Gerenciamento do treinamento e do suporte aos usuários do SGBD.* Uma das atividades que mais consomem o tempo do DBA é ensinar aos usuários finais como utilizar o banco de dados adequadamente. O DBA deve garantir que todos os usuários com acesso ao banco tenham a compreensão básica das funções e da utilização do software do SGBD. O DBA coordena e monitora todas as atividades relacionadas à educação do usuário final.

Políticas, procedimentos e padrões

Um componente primordial da estratégia de administração de dados bem-sucedida é a aplicação contínua das políticas, dos procedimentos e dos padrões para a criação, utilização, distribuição e exclusão corretas de dados no banco. O DBA deve definir, documentar e comunicar esses aspectos antes que possam ser aplicados. Basicamente:

- **Políticas** são declarações gerais de direção ou ação que comunicam e dão suporte às metas do DBA.
- Os **padrões** descrevem as exigências mínimas de determinada atividade de DBA. São mais específicos e detalhados que as políticas. Na prática, os padrões são regras utilizadas para avaliar a qualidade de uma atividade. Por exemplo, definem a estrutura de aplicativos e as convenções de nomenclatura que os programadores devem utilizar.
- **Procedimentos** são instruções escritas que descrevem uma série de etapas a serem seguidas durante a execução de determinada atividade. Os procedimentos devem ser desenvolvidos de acordo com as condições de trabalho existentes e devem dar suporte e aprimorar esse ambiente.

Para ilustrar as distinções entre políticas, padrões e procedimentos, veja os seguintes exemplos:

Políticas
> Todos os usuários devem ter senhas.
> As senhas devem ser alteradas a cada seis meses.

Padrões
> Uma senha deve ter no mínimo cinco caracteres.
> Uma senha deve ter no máximo doze caracteres.
> Os números de Seguro Social, nomes e datas de nascimento não podem ser utilizados como senhas.

Procedimentos
> Para criar uma senha, (1) o usuário final envia uma solicitação por escrito ao DBA, pedindo a criação de uma conta; (2) o DBA aprova a solicitação e a envia ao operador de computadores; (3) o operador de computadores cria a conta, atribui uma senha temporária e envia as informações da conta ao usuário final; (4) uma cópia das informações da conta é enviada ao DBA; (5) o usuário troca a senha temporária por uma permanente.

Os padrões e procedimentos definidos pelo DBA são utilizados por todos os usuários finais que desejem fazer uso do banco de dados. Eles devem ser complementares entre si e constituir uma extensão das políticas de administração de dados. Os procedimentos devem facilitar o trabalho dos usuários finais e do DBA. Este deve definir, comunicar e aplicar procedimentos que cubram áreas como:

- *Coleta das necessidades de banco de dados do usuário final.* Que documentação é necessária? Que formulários devem ser utilizados?

- *Projeto e modelagem de bancos de dados.* Que metodologia de projeto deve ser utilizada (metodologia de normalização ou orientada a objetos)? Que ferramentas devem ser utilizadas (ferramentas CASE, dicionários de dados, UML ou diagramas ER)?
- *Documentação e convenções de nomenclatura.* Que documentação deve ser utilizada na definição de todos os elementos, conjuntos e programas que acessam o banco de dados?
- *Projeto, codificação e teste de aplicativos de banco de dados.* O DBA deve definir os padrões de codificação, documentação e teste de aplicativos. Esses padrões e procedimentos são fornecidos aos programadores e devem ser aplicados pelo DBA.
- *Seleção de software de banco de dados.* A seleção do pacote de SGBD e de qualquer outro software relacionado ao banco de dados deve ser gerenciada adequadamente. Por exemplo, o DBA pode exigir que o novo software tenha interface adequada com o software existente, que apresente os recursos necessários à organização e forneça retorno positivo sobre o investimento. No ambiente de internet atual, o DBA também deve trabalhar com administradores de web para implementar a conectividade eficiente e segura entre a web e o banco de dados.
- *Segurança e integridade do banco de dados.* O DBA deve definir as políticas que determinam a segurança e a integridade. A segurança é especialmente importante. Seus padrões devem ser definidos claramente e aplicados com rigor. Os procedimentos de segurança devem ser projetados para tratar de diversos cenários e garantir que os problemas sejam minimizados. Embora nenhum sistema possa ser completamente seguro, os procedimentos de segurança devem ser projetados para atender a padrões rigorosos. A utilização crescente de interfaces da internet com bancos de dados abre a porta para novas ameaças muito mais complexas e difíceis de gerenciar do que as encontradas em interfaces mais tradicionais, geradas e controladas internamente. Portanto, o DBA deve trabalhar em conjunto com especialistas de segurança na internet, garantindo que os bancos de dados estejam protegidos adequadamente de ataques enviados de modo intencional ou não.
- *Backup e recuperação de bancos de dados.* Os procedimentos de backup e recuperação de bancos de dados devem incluir as informações necessárias para garantir a execução e o gerenciamento adequados dos backups.
- *Operação e manutenção do banco de dados.* As operações diárias do SGBD devem ser documentadas claramente. Os operadores devem manter logs de trabalho e escrever instruções e notas. Tais notas são úteis para a identificação de causas e a solução de problemas. Os procedimentos operacionais também devem incluir informações precisas relativas aos procedimentos de backup e recuperação.
- *Treinamento do usuário final.* Deve-se estabelecer um programa de treinamento completo no interior da organização e os procedimentos que determinam esse treinamento devem ser claramente especificados. O objetivo é indicar com clareza quem faz o que, quando e como. Cada usuário final deve estar ciente do tipo e da extensão da metodologia de treinamento disponível.

Os procedimentos e padrões devem ser revistos pelo menos com periodicidade anual para mantê-los atualizados e garantir que a organização se adapte rapidamente às alterações no ambiente de trabalho. Naturalmente, a introdução de um novo software de SGBD, a descoberta de violações de segurança ou integridade, a reorganização da empresa e alterações similares exigem a revisão dos procedimentos e padrões.

Segurança, privacidade e integridade de dados

A segurança, privacidade e integridade de dados no banco de dados são uma grande preocupação para DBAs que gerenciem as instalações atuais de bancos de dados. A tecnologia apontou o caminho para maior produtividade por meio do gerenciamento de informações. Ela também resultou na distribuição dos dados em vários locais, tornando mais difícil manter o controle, a segurança e a integridade. A configuração de dados em vários locais tornou obrigatória a utilização dos mecanismos de segurança fornecido pelo SGBD na aplicação das políticas de administração definidas na seção anterior. Além disso, os DBAs devem trabalhar em equipe com especialistas em segurança na internet para construir mecanismos que protejam os dados de possíveis ataques ou acesso não autorizado. A Seção "Segurança" cobre as questões de segurança com mais detalhes.

Backup e recuperação de dados

Quando os dados não são prontamente disponíveis, as empresas se deparam com perdas potencialmente devastadoras. Portanto, os procedimentos de backup e recuperação são fundamentais em todas as instalações de bancos de dados. O DBA também deve garantir que os dados possam ser recuperados totalmente em caso de perda de dados físicos ou de integridade do banco.

A perda de dados pode ser parcial ou total. A perda parcial ocorre em função da perda física ou de integridade de parte do banco de dados. No caso da perda total, o banco de dados pode continuar a existir, mas a integridade ou o banco de dados físico foram inteiramente perdidos. Em todo caso, os procedimentos de backup e recuperação são o seguro mais barato que se pode obter para bancos de dados.

O gerenciamento de segurança, integridade, backup e recuperação é tão importante que muitos departamentos de DBA criaram um cargo chamado **agente de segurança do banco de dados** (ASBD, do inglês *database security officer*). O trabalho do ASBD é garantir a segurança e a integridade do banco. Com frequência, em grandes organizações suas atividades são classificadas como *gerenciamento de desastres*.

O **gerenciamento de desastres** inclui todas as atividades de DBA projetadas para garantir a disponibilidade dos dados após um desastre físico ou uma falha de integridade do banco. Ele inclui todo o planejamento, organização e teste de planos de contingência e procedimentos de recuperação. As medidas de backup e recuperação devem incluir, pelo menos:

- *Backups periódicos de dados e aplicações.* Alguns SGBDs incluem ferramentas para garantir o backup e a recuperação dos dados no banco. O DBA deve utilizar essas ferramentas para tornar automáticas as tarefas de backup e recuperação. Produtos como o DB2 da IBM permitem a criação de diferentes tipos de backup: completo, incremental e concorrente. O **backup completo**, também conhecido como **dump do banco de dados**, produz uma cópia completa de todo o banco. O **backup incremental** produz um backup de todos os dados inseridos desde a data do último backup, e o **backup concorrente** ocorre enquanto o usuário está trabalhando no banco.
- *Identificação adequada dos backups.* Os backups devem ser claramente identificados por meio de descrições detalhadas e informações de data, possibilitando, assim, que o DBA assegure a utilização do backup correto quando de uma recuperação. A mídia mais comum de backup é a fita. Seu armazenamento e identificação devem ser cuidadosamente feitos pelos operadores de computadores e o DBA deve rastrear a atualização e a localização das fitas. No entanto, organizações grandes o suficiente para contratar um DBA normalmente não utilizam CDs e DVDs para backup empresarial. Outras soluções que estão surgindo incluem dispositivos de backup ópticos e com base em discos. Essas soluções englobam armazenamento on-line com base em NAS (*Network Attached Storage*, ou seja, armazenamento ligado à rede) e SAN (*Storage Area Networks*, ou seja, redes de área de armazenamento). As soluções de backup empresarial utilizam uma abordagem de backup em camadas na qual os dados são transferidos primeiro para mídias de disco rápido, gerando armazenamento intermediário e rápida restauração. Em seguida, os dados são transferidos para fitas, em armazenamento de arquivo.
- *Armazenamento de backup conveniente e seguro.* É provável que existam vários backups dos mesmos dados e cada cópia deve ser armazenada em um local diferente. As localizações de armazenamento precisam incluir pontos dentro e fora da organização. (Manter backups diferentes no mesmo local frustra o propósito primordial de ter vários backups.) As localizações de armazenamento devem estar adequadamente preparadas e podem incluir recintos à prova de incêndio e

terremoto, bem como controle de umidade e temperatura. O DBA deve estabelecer uma política que responda a duas questões: (1) Onde os backups devem ser armazenados? (2) Por quanto tempo os backups devem ser armazenados?

- *Proteção física tanto de hardware como de software.* A proteção pode incluir o uso de instalações fechadas com acesso restrito, bem como a preparação dos locais para fornecer ar-condicionado, fonte de energia de reserva e proteção contra incêndio. A proteção física também inclui a obtenção de um computador reserva e de um SGBD a ser utilizado em caso de emergência. Por exemplo, quando o furacão Katrina atingiu a costa do Golfo dos Estados Unidos em 2005, Nova Orleans sofreu uma destruição quase total de sua infraestrutura de comunicação. Muitas organizações e instituições educacionais não tiveram planos de recuperação de desastres adequados para esse nível extremo de interrupção de serviços (veja um exemplo na "Descrição de Aplicação" da Parte 6, no início deste capítulo).[3]
- *Controle de acesso pessoal ao software de uma instalação de banco de dados.* Para identificar usuários autorizados, pode-se utilizar senhas e privilégios em vários níveis, além de tokens de desafio/resposta de hardware e software.
- *Seguro de cobertura dos dados no banco.* O DBA ou agente de segurança deve assegurar a existência de uma política de seguros para fornecer proteção financeira no caso de falha do banco de dados. O seguro pode ser caro, porém é mais barato do que o desastre criado por uma perda massiva de dados.

Vale a pena tocar em dois pontos adicionais:

- Os planos de recuperação e de contingência devem ser totalmente testados e avaliados, e treinados com frequência. As simulações de emergências não devem ser negligenciadas e exigem suporte e aplicação pelo gerenciamento de alto nível.
- Um programa de backup e recuperação provavelmente não cobrirá todos os componentes de um sistema de informações. Portanto, deve-se estabelecer prioridades em relação à natureza e à extensão do processo de recuperação de dados.

Distribuição e utilização de dados

Os dados são úteis apenas se chegarem aos usuários certos, de modo oportuno. O DBA é responsável por garantir que os dados sejam distribuídos às pessoas certas, no momento certo e no formato certo. A distribuição de dados e as tarefas de utilização do DBA podem tomar muito tempo, especialmente quando os recursos de entrega de dados baseiam-se em um ambiente típico de programação de aplicações, em que os usuários dependem de os programadores entregarem os programas de acesso aos dados. Embora a internet e suas extensões de intranet e extranet tenham aberto os bancos de dados aos usuários corporativos, sua utilização também criou um novo conjunto de desafios para o DBA.

A atual filosofia de distribuição de dados torna mais fácil o acesso de usuários *autorizados* ao banco de dados. Um modo de realizar essa tarefa é facilitar a utilização da nova geração de ferramentas de consulta mais sofisticadas e das novas interfaces da internet, pois permitem que o DBA instrua os usuários finais a produzir as informações necessárias sem dependerem de programadores de aplicações. Naturalmente, o DBA deve garantir que todos os usuários cumpram os padrões e procedimentos adequados.

Essa filosofia de compartilhamento de dados é comum hoje em dia e provavelmente se tornará mais comum conforme a tecnologia de bancos de dados progrida. Esse ambiente é mais flexível para o usuário final. Obviamente, permitir que esses usuários se tornem relativamente autossuficientes na aquisição e

---

[3] "AAUP Responds to Katrina's Impact on New Orleans Universities", *http://www.aaup.org/AAUP/pubsres/academe/2006/MA/AW/kat.htm.*

utilização de dados pode levar a um uso mais eficiente dos dados no processo de decisão. No entanto, essa "democracia de dados" também pode produzir alguns efeitos problemáticos. Permitir que os usuários microgerenciem seus subconjuntos de dados pode inadvertidamente romper a conexão entre esses usuários e a função de administração de dados. O trabalho do DBA sob essas circunstâncias pode tornar-se complicado o suficiente para comprometer a eficácia de sua função. A duplicação de dados pode se desenvolver novamente sem verificações no nível organizacional que garanta a exclusividade dos elementos de dados. Assim, os usuários finais que não compreendem inteiramente a natureza e as fontes de dados podem fazer usos inadequados desses elementos.

FUNÇÃO TÉCNICA DO DBA

O papel técnico do DBA exige ampla compreensão das funções, da configuração, das linguagens de programação, da modelagem de dados, das metodologias de projeto e assim por diante, do SGBD. Por exemplo, suas atividades técnicas incluem seleção, instalação, operação, manutenção e atualização do SGBD e do software utilitário, bem como o projeto, desenvolvimento, implementação e manutenção dos aplicativos que interagem com o banco.

Muitas dessas atividades são extensões lógicas das atividades gerenciais. Por exemplo, o DBA lida com segurança e integridade, backup e recuperação, treinamento e suporte de banco de dados. Assim, esse papel duplo pode ser concebido como uma cápsula cujo núcleo técnico é coberto por um claro envoltório gerencial.

Os aspectos técnicos do trabalho de DBA enraízam-se nas seguintes áreas de operação:

- Avaliação, seleção e instalação do SGBD e utilitários relacionados.
- Projeto e implementação de banco de dados e aplicações.
- Teste e avaliação de banco de dados e aplicações.
- Operação do SGBD, utilitários e aplicações.
- Treinamento e suporte aos usuários.
- Manutenção do SGBD, utilitários e aplicações.

As seguintes seções explorarão os detalhes dessas áreas operacionais.

Avaliação, seleção e instalação do SGBD e utilitários

Uma das primeiras e mais importantes responsabilidades técnicas do DBA é selecionar o sistema de gerenciamento de bancos de dados, o software utilitário e o hardware de suporte a serem utilizados na organização. Portanto, o DBA deve desenvolver e executar um plano de avaliação e seleção de SGBD, utilitários e hardware. Esse plano deve se basear, principalmente, nas necessidades da organização e não dos aspectos específicos de software e hardware. Cabe ao DBA reconhecer que está em busca de soluções para problemas e não de um computador ou de um software de SGBD. Colocando de modo simples, SGBD é uma ferramenta de gerenciamento, não um brinquedo tecnológico.

A primeira e mais importante etapa do plano de avaliação e aquisição é determinar as necessidades da empresa. Para estabelecer uma imagem clara dessas necessidades, o DBA deve certificar-se de que toda a comunidade de usuários finais, incluindo os gerentes de médio e alto nível, esteja envolvida no processo. Uma vez identificadas as necessidades, os objetivos da função de administração de dados podem ser claramente estabelecidos e os aspectos e critérios de seleção do SGBD podem ser definidos.

Para combinar os recursos do SGBD com as necessidades da organização, é recomendável que o DBA desenvolva uma lista de verificação dos aspectos desejados do sistema. Essa lista deve tratar, pelo menos, das seguintes questões:

- *Modelo do SGBD.* As necessidades da empresa são mais bem atendidas por um SGBD relacional, orientado a objetos ou objeto/relacional? Se for necessária uma aplicação de data warehouse, deve-se utilizar um SGBD relacional ou multidimensional? O SGBD dá suporte a esquemas estrela?
- *Capacidade de armazenamento do SGBD.* Qual é o tamanho máximo necessário do banco de dados e do disco? Quantos pacotes de discos devem ser suportados? Quantas unidades de fitas são necessárias? Quais são as outras necessidades de armazenamento?
- *Suporte ao desenvolvimento de aplicações.* Quais linguagens de programação são suportadas? Quais ferramentas de desenvolvimento de aplicações (projeto de esquemas de bancos de dados, dicionário de dados, monitoramento de desempenho, criação gráfica de telas e menus) estão disponíveis? São fornecidas ferramentas de consulta para o usuário final? O SGBD fornece acesso à interface de web?
- *Segurança e integridade.* O SGBD dá suporte a regras de integridade referencial e de entidades, direitos de acesso etc.? E quanto à utilização de trilhas de auditoria para apontar erros e violações de segurança? O tamanho dessa trilha pode ser modificado?
- *Backup e recuperação.* O SGBD fornece ferramentas automatizadas de backup e recuperação? Ele dá suporte a backups de fita, disco óptico ou com base em rede? Faz backup automático dos logs de transações?
- *Controle de concorrência.* O SGBD dá suporte a múltiplos usuários? Que níveis de isolamento (tabela, página, linha) o SGBD oferece? Qual é a quantidade de codificação manual necessária na programação de aplicativos?
- *Desempenho.* A quantas transações por segundo o SGBD dá suporte? São necessários processadores adicionais de transações?
- *Ferramentas de administração de bancos de dados.* O SGBD oferece algum tipo de interface de gerenciamento para o DBA? Que tipo de informação essa interface fornece? O SGBD fornece alertas ao DBA quando da ocorrência de erros ou violações de segurança?
- *Interoperabilidade e distribuição de dados.* O SGBD é capaz de trabalhar com outros tipos de sistemas no mesmo ambiente? Que nível de coexistência ou interoperabilidade é atingido? O SGBD dá suporte a operações READ e WRITE de e para outros pacotes de SGBDs? Ele dá suporte à arquitetura cliente/servidor?
- *Portabilidade e padrões.* O SGBD é capaz de executar em sistemas operacionais e plataformas diferentes? Ele pode ser executado em mainframes, computadores de médio porte e computadores pessoais? Suas aplicações podem ser executadas em todas as plataformas sem modificações? Que padrões nacionais ou do setor o SGBD segue?
- *Hardware.* Que hardware é necessário para o SGBD?
- *Dicionário de dados.* O SGBD possui um dicionário de dados? Se afirmativo, que informações são mantidas nele? O SGBD tem interface com alguma ferramenta de dicionário de dados? Ele dá suporte a alguma ferramenta CASE?
- *Treinamento e suporte do fornecedor.* O fornecedor oferece treinamento nas dependências do cliente? Que tipo e nível de suporte o fornecedor oferece? A documentação do SGBD é útil e fácil de ler? Qual é a política de atualizações do fornecedor?
- *Ferramentas disponíveis de terceiros.* Que ferramentas adicionais são oferecidas por fornecedores terceirizados (ferramentas de consulta, dicionário de dados, gerenciamento e controle de acesso, ferramentas de gerenciamento de alocação de armazenamento)?
- *Custo.* Quais custos estão envolvidos na aquisição do software e do hardware? Quantos funcionários adicionais serão necessários e que nível de especialização deverão ter? Quais são os custos permanentes? Qual é o período esperado de recuperação?

Os prós e contras das diversas soluções alternativas devem ser avaliados durante o processo de seleção. As alternativas disponíveis costumam ser restritas, pois o software deve ser compatível com o sistema de computadores existente na organização. Lembre-se de que o SGBD é apenas parte de uma solução. Ele exige suporte de hardware lateral, aplicativos e utilitários. Por exemplo, a utilização do SGBD provavelmente será restringida pelas CPUs disponíveis, pelos processadores front end, pelos dispositivos de armazenamento auxiliares e de comunicação de dados, pelo sistema operacional, pelo sistema do processador de transações etc. Os custos associados aos componentes de hardware e software devem ser incluídos nas estimativas.

Também é necessário considerar os custos de preparação do local no processo de seleção. Por exemplo, o DBA deve incluir tanto os gastos únicos como os permanentes envolvidos na preparação e manutenção das instalações da sala de computadores.

O DBA deve supervisionar a instalação de todo software e hardware designado para dar suporte à estratégia de administração de dados. Deve ter uma compreensão completa dos componentes sendo instalados e estar familiarizado com os procedimentos de instalação, configuração e inicialização desses componentes. Os procedimentos de instalação incluem detalhes como local e arquivos de log de backup e transações, informações de configuração de rede e detalhes do armazenamento físico.

Lembre-se de que os detalhes de instalação e configuração variam conforme o SGBD. Portanto, não podem ser tratados neste livro. Consulte as seções de instalação e configuração do guia de administração do SGBD de seu sistema para obter esses detalhes.

Projeto e implementação de banco de dados e aplicações

A função de DBA também fornece serviços de modelagem e projeto de dados aos usuários finais. Esses serviços costumam ser coordenados com um grupo de desenvolvimento de aplicações no interior do departamento de processamento de dados. Portanto, uma das principais atividades do DBA é determinar e aplicar padrões e procedimentos a serem utilizados. Uma vez aplicados esses padrões e procedimentos, o DBA deve assegurar que as atividades de modelagem e projeto do banco sejam executadas dentro do modelo. Ele fornece a assistência e o suporte necessários durante o projeto do banco de dados nos níveis conceitual, lógico e físico. (Lembre-se de que o projeto conceitual é independente tanto do SGBD como do hardware, o projeto lógico é dependente do SGBD e independente do hardware e o projeto físico é dependente de ambos.)

A função de DBA normalmente exige que diversas pessoas se dediquem às atividades de projeto e modelagem. Essas pessoas podem ser agrupadas de acordo com as áreas organizacionais cobertas pela aplicação. Por exemplo, o pessoal de projeto e modelagem pode ser atribuído a sistemas de produção, sistemas gerenciais e financeiros ou sistemas executivos e de suporte a decisões. O DBA agenda as tarefas de projeto de modo a coordená-las com as atividades de modelagem. Essa coordenação pode exigir a redistribuição dos recursos disponíveis com base em prioridades determinadas externamente.

O DBA também trabalha com programadores de aplicações para garantir a qualidade e a integridade do projeto e das transações de bancos de dados. Esses serviços de suporte incluem a revisão do projeto de aplicações para garantir que as transações sejam:

- *Corretas*: As transações espelham eventos reais.
- *Eficientes*: As transações não sobrecarregam o SGBD.
- *Conformes*: As transações estão em conformidade com as regras e padrões de integridade.

Essas atividades necessitam de pessoal com amplas habilidades em projeto e programação.

A implementação das aplicações exige a implementação do banco de dados físico. Portanto, o DBA deve oferecer assistência e supervisão durante o projeto físico, incluindo a determinação e criação de espaços de armazenamento, conversão e carregamento de dados e serviços de migração do banco de dados. As tarefas de implementação do DBA também incluem a geração, compilação e armazenamento do plano de acesso das aplicações. O **plano de acesso** é um conjunto de instruções geradas no momento da conclusão das aplicações que predetermina como acessarão o banco de dados durante a execução. Para poder criar e validar o plano de acesso, o usuário deve ter os direitos necessários para acessar o banco de dados (veja o Capítulo 11).

Antes de uma aplicação ser colocada on-line, o DBA deve desenvolver, testar e implementar os procedimentos operacionais exigidos pelo novo sistema. Esses procedimentos incluem treinamento de utilização, segurança e planos de backup e recuperação, além da atribuição de responsabilidade pelo controle e manutenção do banco de dados. Por fim, o DBA deve autorizar os usuários a acessar o banco de dados a partir do qual as aplicações obtêm os dados necessários.

A adição de um novo banco de dados pode exigir tuning e/ou reconfiguração do SGBD. Lembre-se de que o sistema auxilia todas as aplicações, gerenciando o depósito compartilhado de dados corporativos. Portanto, quando forem adicionadas ou modificadas estruturas de dados, o SGBD pode exigir a atribuição de recursos adicionais para atender os usuários novos e antigos com igual eficiência (veja o Capítulo 11).

Testando e avaliando bancos de dados e aplicações

O DBA também deve fornecer serviços de teste e avaliação para todo o banco de dados e as aplicações de usuários finais. Esses serviços são a extensão lógica do projeto, desenvolvimento e implementação descritos na seção anterior. Obviamente, os procedimentos e padrões de teste já devem estar aplicados antes da aprovação dos aplicativos para uso na empresa.

Embora os serviços de teste e avaliação estejam intimamente relacionados aos serviços de projeto e implementação, eles normalmente são mantidos independentes. O motivo dessa separação é que os programadores e projetistas costumam estar muito envolvidos com o problema estudado o que impossibilita a visualização e detecção de erros e omissões.

O teste normalmente começa com o carregamento do banco de dados de teste. Esse banco de dados contém dados de teste para as aplicações e sua finalidade é verificar a definição de dados e as regras de integridade do banco e dos aplicativos.

O teste e a avaliação de uma aplicação de banco de dados cobre todos os aspectos do sistema – da simples coleta e criação de dados à sua utilização e retirada de circulação. O processo de avaliação cobre:

- Aspectos técnicos das aplicações e do banco. Devem ser avaliados: backup e recuperação, segurança e integridade, utilização de SQL e desempenho de aplicações.
- Avaliação da documentação escrita para garantir que ela e seus procedimentos sejam precisos e fáceis de seguir.
- Observação de padrões de nomenclatura, documentação e codificação.
- Conflitos de duplicação de dados com dados existentes.
- Aplicação de todas as regras de validação de dados.

Após o teste completo de todas as aplicações, do banco de dados e dos procedimentos, o sistema é declarado operacional e pode ser disponibilizado aos usuários finais.

Operando o SGBD, utilitários e aplicações

As operações do SGBD podem ser divididas em quatro áreas principais:

- Suporte ao sistema.
- Sintonização e monitoramento de desempenho.
- Backup e recuperação.
- Auditoria e monitoramento de segurança.

A *atividade de suporte ao sistema* cobre todas as tarefas diretamente relacionadas às operações diárias do SGBD e de suas aplicações. Essas atividades incluem o preenchimento dos registros de trabalho, a troca de fitas e a verificação do *status* do hardware, dos pacotes de disco e das fontes de energia de emergência. As atividades relacionadas ao sistema incluem tarefas periódicas e ocasionais, como a execução de programas especiais e a configuração de recursos para versões novas ou atualizadas das aplicações.

O *monitoramento e sintonização de desempenho* exigem muita atenção e tempo do DBA. Essas atividades designam-se a garantir que o SGBD, os utilitários e as aplicações mantenham níveis satisfatórios de desempenho. Para realizar tais tarefas, o DBA deve:

- Estabelecer metas de desempenho.
- Monitorar o SGBD para avaliar se os objetivos de desempenho estão sendo cumpridos.
- Isolar o problema e encontrar soluções (se os objetivos de desempenho não forem cumpridos).
- Implementar as soluções de desempenho selecionadas.

Com frequência, o SGBD inclui ferramentas de monitoramento de desempenho que permitem ao DBA consultar informações de utilização do banco de dados. Essas ferramentas também estão disponíveis a partir de várias fontes diferentes: os utilitários de SGBD podem ser oferecidos por terceiros fornecedores ou estar incluído nos utilitários do sistema operacional ou nos recursos do processador de transações. A maioria das ferramentas de monitoramento de desempenho permite ao DBA focar em gargalos selecionados do sistema. Os gargalos mais comuns de sintonização de desempenho relacionam-se à utilização de índices, algoritmos de otimização de consultas e gerenciamento de recursos de armazenamento.

Como a seleção inadequada de índices pode ter efeito prejudicial sobre o desempenho do sistema, a maioria das instalações de SGBDs segue um plano cuidadosamente definido de criação e utilização de índices. Esse plano é especialmente importante em um ambiente de banco de dados relacional.

Para obter desempenho satisfatório, o DBA provavelmente gastará muito tempo tentando instruir os programadores e usuários finais na utilização adequada dos comandos de SQL. Normalmente, os manuais de programação e administração de SGBDs contêm diretrizes úteis de desempenho e exemplos que demonstram o uso correto de SQL, tanto no modo de linha de comando como no interior de aplicativos. Como os sistemas relacionais não fornecem ao usuário opção de índice em uma consulta, o SGBD seleciona o índice pelo usuário final. Portanto, o DBA deve criar índices que possam ser utilizados para aprimorar o desempenho do sistema. (Para ver exemplos de sintonização de desempenho de bancos de dados, consulte o Capítulo 11.)

As rotinas de otimização de consulta normalmente são integradas no pacote do SGBD, permitindo, assim, algumas opções de sintonização. Essas rotinas são orientadas ao aprimoramento do acesso concorrente ao banco de dados. Vários pacotes de bancos de dados permitem que o DBA especifique os parâmetros para determinar o nível desejado de concorrência. Esta também pode ser afetada pelos tipos de bloqueios utilizados pelo SGBD e solicitados pelas aplicações. Como a questão da concorrência é importante para a operação eficiente do sistema, o DBA deve estar familiarizado com os fatores que a influenciam (veja o Capítulo 10).

Durante a sintonização de desempenho do SGBD, o DBA também deve considerar os recursos de armazenamento disponíveis, tanto em termos de memória primária quanto secundária. A alocação de recursos de armazenamento é determinada durante a configuração do SGBD. Os parâmetros de configuração podem ser utilizados para determinar:

- O número de banco de dados que podem ser abertos concomitantemente.
- O número de aplicativos ou usuários suportados concomitantemente.
- A quantidade de memória primária (tamanho do buffer) atribuída a cada banco de dados e a cada processo.

- O tamanho e a localização dos arquivos de log. (Lembre-se de que esses arquivos são utilizados para recuperar o banco de dados. Eles podem se localizar em um volume separado para reduzir o movimento do cabeçote do disco e aumentar o desempenho.)

As questões de monitoramento de desempenho são específicas de cada SGBD. Portanto, o DBA deve familiarizar-se com os manuais do SGBD para conhecer os detalhes técnicos envolvidos nas tarefas de monitoramento de desempenho (veja o Capítulo 11).

Como a perda de dados provavelmente seria devastadora para uma organização, as *atividades de backup e recuperação* são a principal preocupação durante a operação do SGBD. O DBA deve estabelecer uma agenda para a realização de backups do banco de dados e dos arquivos de log em intervalos adequados. A frequência do backup depende do tipo de aplicação e da importância relativa dos dados. Todos os componentes fundamentais do sistema – o banco de dados, suas aplicações e os logs de transações – devem passar por backups periódicos.

A maioria dos pacotes de SGBDs inclui utilitários que agendam automaticamente os backups, sejam eles completos ou incrementais. Embora os backups incrementais sejam mais rápidos, exigem a existência de um backup completo periódico para serem úteis aos fins de recuperação.

A recuperação do banco de dados após falha de mídia ou sistemas exige a aplicação do log de transações à cópia correta do banco de dados. A DBA deve planejar, implementar, testar e aplicar um plano de backup e recuperação que seja "à prova de balas".

As atividades de *auditoria e monitoramento de segurança* pressupõem a atribuição adequada de direitos de acesso e a utilização correta dos privilégios de programadores e usuários finais. Os aspectos técnicos da auditoria e monitoramento de segurança envolvem a criação de usuários, a atribuição de direitos de acesso, a utilização de comandos de SQL para conferir e revogar direitos de acesso a usuários e objetos, e a criação de trilhas de auditoria para descobrir violações (ou tentativas de violações) de segurança. O DBA deve gerar periodicamente um relatório de trilha de auditoria para determinar se houve violações de segurança efetivas ou tentativas. Se for o caso, é necessário descobrir, dentro das possibilidades, de que locais e por quem.

Treinamento e suporte aos usuários

O treinamento de pessoal para a utilização do SGBD e de suas ferramentas inclui-se entre as atividades técnicas do DBA. Além disso, fornece e garante o treinamento técnico dos programadores de aplicações na utilização do SGBD e de seus utilitários. O treinamento desses programadores cobre o uso das ferramentas do SGBD, bem como os procedimentos e padrões necessários para a programação do banco de dados.

Também está entre as atividades do DBA o suporte técnico não programado e sob pedido dos usuários finais e programadores. Pode-se desenvolver um procedimento técnico de diagnóstico e solução de problemas para facilitar esse suporte. É possível incluir nesse procedimento o desenvolvimento de um banco de dados técnico utilizado para encontrar soluções de problemas comuns.

Parte do suporte é obtido pela interação com os fornecedores de SGBDs. O estabelecimento de um bom relacionamento com os fornecedores de software é um modo de garantir que a empresa tenha boa fonte de suporte externo. Os fornecedores são fonte de informações atualizadas sobre novos produtos e novo treinamento de pessoal. Uma boa relação entre fornecedor e empresa também propiciará às organizações uma direção para determinar o futuro do desenvolvimento de bancos de dados.

Mantendo o SGBD, utilitários e aplicações

As atividades de manutenção do DBA são uma extensão das atividades operacionais. A manutenção dedica-se a preservar o ambiente do SGBD.

A manutenção periódica inclui o gerenciamento dos dispositivos de armazenamento físicos ou secundários. Uma das atividades mais comuns é a reorganização da localização física dos dados no banco. (Em geral, isso é feito como parte das atividades de refinamento de sincronização do SGBD.) Essa reorganização pode ser projetada para alocar locais contínuos de página de disco para o SGBD, aumentando o desempenho. Seu processo também pode liberar espaço alocado a dados excluídos, fornecendo, assim, mais espaço de disco para novos dados.

As atividades de manutenção também incluem a atualização do software de SGBD e utilitários. A atualização pode exigir a instalação de uma nova versão do software do SGBD ou de uma ferramenta de interface com a internet. Pode, ainda, criar um gateway adicional no SGBD, permitindo acesso a um SGBD hospedeiro executado em outro computador. Os serviços de gateway são muito comuns em aplicações de SGBDs distribuídos executados em ambiente cliente/servidor. Além disso, os bancos de nova geração incluem aspectos como suporte a dados espaciais, consulta estrela e interfaces de programação em Java para que acesse à internet (veja o Capítulo 14), além da criação de data warehouses.

É muito comum as empresas se depararem com a necessidade de trocar dados em formatos diferentes ou entre bancos de dados. As tarefas de manutenção do DBA incluem serviços de migração e conversão de dados em formatos incompatíveis ou para software de SGBD diferente. Essas condições são comuns quando o sistema é atualizado de uma versão para outra ou quando o SGBD existente é substituído por um sistema inteiramente novo. Os serviços de conversão também incluem o download de dados do SGBD host (com base em mainframe) para o computador pessoal do usuário final, permitindo que este execute diversas atividades – análise de planilha, criação de gráficos, modelagem estatística etc. Os serviços de migração e conversão podem ser realizados no nível lógico (específico do SGBD ou do software) ou no nível físico (mídia de armazenamento ou específico do sistema operacional). Os SGBDs da atual geração dão suporte a XML como formato-padrão de troca de dados entre sistemas e aplicações (veja o Capítulo 14).

SEGURANÇA

A **segurança** refere-se às atividades e medidas que garantem a confidencialidade, integridade e disponibilidade de um sistema de informação e seus principais ativos, os dados.[4] É importante compreender que a segurança de dados exige uma abordagem ampla em toda a empresa. Ou seja, não é possível proteger os dados se não forem protegidos todos os processos e sistemas que os circundam. De fato, a segurança de dados implica na segurança da arquitetura em geral do sistema de informação, incluindo os sistemas de hardware, os aplicativos, a rede e seus dispositivos, as pessoas (usuários internos e externos), os procedimentos e os próprios dados. Para compreender o escopo da segurança, discutiremos cada uma dessas três metas com mais detalhes:

- **Confidencialidade** garante que os dados estejam protegidos contra acesso não autorizado e, em caso de acesso autorizado, que sejam utilizados apenas para a finalidade designada. Em outras palavras, confidencialidade significa proteger os dados contra a divulgação de qualquer informação que viole os direitos de privacidade de uma pessoa ou organização. Os dados devem ser avaliados e classificados de acordo com o nível de confidencialidade: altamente confidenciais (muito poucas pessoas têm acesso), confidenciais (apenas certos grupos têm acesso) e não confidenciais (acessados por todos os usuários). O agente de segurança de dados gasta boa parte do tempo para garantir que a organização esteja em conformidade com os níveis desejados de confidencialidade.

---

[4] O Comitê Nacional de Segurança de Sistemas de Informações e Telecomunicações dos EUA define o modelo CIA. Veja em *http://www.nsa.gov/snac/wireless/I332-005R-2005.pdf*.

A **conformidade** refere-se às atividades tomadas para atender às diretrizes de privacidade de dados e relatório de segurança. Essas diretrizes de relatório podem ser parte de procedimentos internos ou impostas por agências regulatórias externas, como o governo federal. Os exemplos da legislação americana aplicada com a finalidade de garantir a privacidade de dados e a confidencialidade das informações incluem o Health Insurance Portability and Accountability Act (HIPAA, Lei de Portabilidade e Responsabilidade sobre Seguros de Saúde), o Gramm-Leach-Bliley Act (GLBA) e o Sarbanes-Oxley Act (SOX).[5]

- **Integridade**, no modelo de segurança de dados, refere-se à manutenção da consistência e da ausência de erros e anomalias. A integridade está focada na manutenção dos dados livres de inconsistências e anomalias (veja o Capítulo 1 para revisar conceitos de inconsistências e anomalias de dados). O SGBD executa um papel central em garantir a integridade dos dados no banco. No entanto, do ponto de vista da segurança, a integridade lida não apenas com dados no banco, mas também com a garantia de que os processos, usuários e padrões de utilização organizacionais permaneçam íntegros. Por exemplo, a utilização da internet por um usuário que trabalhe em casa para acessar o preço de custo dos produtos pode ser considerada aceitável. No entanto, os padrões de segurança podem exigir que o funcionário utilize uma conexão segura e siga procedimentos rigorosos para gerenciar os dados em casa (rasgar relatórios impressos, utilizar criptografia para copiar os dados para o disco rígido local etc.). A manutenção da integridade dos dados é um processo que começa com a coleta de dados e continua no armazenamento, processamento, uso e arquivamento (veja o Capítulo 13). A motivação por trás da integridade é tratar os dados como o bem mais valioso da organização e, portanto, garantir que seja executada uma validação rigorosa em todos os níveis.

- **Disponibilidade** refere-se à possibilidade de acessar os dados sempre que solicitado por usuários autorizados para finalidades autorizadas. Para garantir a disponibilidade dos dados, todo o sistema (não apenas o componente de dados) deve estar protegido contra a degradação ou interrupção de serviço causadas por qualquer fonte (interna ou externa). As interrupções de serviços podem ser muito custosas para empresas e usuários – lembre-se do caso da JetBlue[6] na Descrição de Aplicação da Parte V deste livro e, mais recentemente, do caso da SKYPE, a provedora de serviços telefônicos de voz por IP (VoIP), que sofreu uma interrupção de serviço de 48 horas em todo o mundo.[7] A disponibilidade de sistemas é uma meta importante de segurança.

POLÍTICAS DE SEGURANÇA

Normalmente, as tarefas de segurança do sistema e de seu principal bem, os dados, são executadas pelo agente de segurança de bancos de dados e pelo administrador de bancos de dados, que trabalham juntos para estabelecer uma estratégia coesa. Essa estratégia começa pela definição de uma política de segurança ampla e sólida. A **política de segurança** é um conjunto de padrões, políticas e procedimentos criados para garantir a segurança de um sistema, a auditoria e a conformidade. O processo de auditoria de segurança começa pela identificação de vulnerabilidades da infraestrutura do sistema de informações da organização e de medidas para proteger o sistema e os dados desses pontos vulneráveis.

---

[5] Para obter informações adicionais sobre essas diferentes leis, visite: *http://library.uis.edu/findinfo/govinfo/federal/law.html.*

[6] "JetBlue's C.E.O. Is 'Mortified' After Fliers Are Stranded", Jeff Baily, 19 de fevereiro de 2007, *New York Times*, *http://www.nytimes.com/2007/02/19/business/19jetblue.html?ex=1189051200&en=d63f3b54a602bf0d&ei=5070.*

[7] "Skype protection is limited", Andrew Garcia, *eWeek*, p. 59, 27 de agosto de 2007.

VULNERABILIDADES DE SEGURANÇA

A **vulnerabilidade de segurança** é um ponto fraco em um componente do sistema que pode ser explorado para permitir acesso não autorizado ou causar interrupções de serviço. A natureza dessas vulnerabilidades pode ser de diversos tipos: técnica (como uma falha no sistema operacional ou navegador da web), gerencial (por exemplo, não instruir os usuários sobre problemas fundamentais de segurança), cultural (esconder senhas sob o teclado ou não rasgar relatórios confidenciais), procedural (não exigir senhas complexas ou não verificar IDs de usuário) etc. Seja qual for o caso, quando a vulnerabilidade de segurança é negligenciada, pode tornar-se uma ameaça. A **ameaça de segurança** é uma violação iminente que pode ocorrer a qualquer momento em razão de vulnerabilidades não verificadas de segurança.

A **falha de segurança** ocorre quando uma ameaça de segurança é explorada para afetar negativamente a integridade, confidencialidade e disponibilidade do sistema. As falhas podem resultar em um banco de dados com integridade preservada ou corrompida:

- *Preservada*: Deve-se tomar medidas para evitar a repetição de problemas de segurança similares, mas pode não ser necessário fazer a recuperação de dados. Na verdade, a maioria das violações de segurança são produzidas por acesso não autorizado ou não identificado para finalidades de informação, sem que essas intromissões prejudiquem o banco de dados.
- *Corrompido*: Deve-se tomar medidas para evitar a repetição de problemas de segurança similares, recuperar o banco de dados para um estado consistente. As falhas de segurança que podem corromper o banco incluem acesso de vírus de computador ou de hackers cujas ações visem destruir ou alterar dados.

TABELA 15.4 Exemplos de vulnerabilidades de segurança e medidas relacionadas

COMPONENTE DO SISTEMA	VULNERABILIDADE DE SEGURANÇA	MEDIDAS DE SEGURANÇA
Pessoas	• O usuário configura uma senha em branco. • A senha é curta ou inclui data de nascimento. • O usuário deixa a porta do escritório aberta o tempo todo. • O usuário deixa informações sobre folha de pagamento na tela por longos períodos de tempo.	• Aplicar políticas de senhas complexas. • Utilizar vários níveis de autenticação. • Utilizar telas de segurança e protetores de tela. • Instruir os usuários sobre dados sensíveis. • Instalar câmeras de segurança. • Utilizar travas automáticas nas portas.
Estações de trabalho e servidores	• O usuário copia dados para um pen drive. • A estação de trabalho é utilizada por diversos usuários. • Uma falta de energia quebra o computador. • Pessoal não autorizado pode utilizar o computador. • Dados sensíveis são armazenados em um laptop. • Dados são perdidos em consequência de roubo de disco rígido/laptop. • Desastre natural: terremoto, enchente etc.	• Utilizar políticas de grupo para restringir a utilização de pen drives. • Atribuir direitos de acesso a usuários de estações de trabalho. • Instalar fontes de energia não interrompíveis (UPS). • Adicionar dispositivos de bloqueio de segurança aos computadores. • Implementar um botão de emergência para o caso de roubos de laptop. • Criar e testar planos de backup e recuperação de dados. • Proteger o sistema contra desastres naturais; utilizar estratégias de várias localizações.

TABELA 15.4 Exemplos de vulnerabilidades de segurança e medidas relacionadas (continuação)

COMPONENTE DO SISTEMA	VULNERABILIDADE DE SEGURANÇA	MEDIDAS DE SEGURANÇA
Sistema operacional	• Ataques de sobrefluxo de buffer. • Ataques de vírus. • Ataques de root kits e worms. • Ataques de negação de serviço. • Cavalos de Troia. • Aplicações de spyware. • Identificadores (crackers) de senhas.	• Aplicar os patches e atualizações de segurança do SO. • Aplicar os patches do servidor de aplicações. • Instalar software antivírus e antispyware. • Aplicar trilhas de auditorias aos computadores. • Executar backups periódicos do sistema. • Instalar apenas aplicações autorizadas. • Utilizar políticas de grupo para evitar instalações não autorizadas.
Aplicações	• Bugs de aplicações – sobrefluxo de buffer • SQL Injection, invasão de sessão (session hijacking) etc. • Vulnerabilidades de aplicações; XSS (cross site scripting), entradas não validadas. • Ataques de e-mail: spam, phishing etc. • E-mails de engenharia social.	• Testar as aplicações exaustivamente. • Construir proteções no código. • Realizar testes exaustivos de vulnerabilidade nas aplicações. • Instalar filtro de spam/antivírus no sistema de e-mail. • Utilizar técnicas de codificação segura (veja www.owasp.org). • Instruir os usuários sobre ataques de engenharia social.
Rede	• IPs spoofing. • Sniffers de pacotes • Ataques de hackers. • Exclusão de senhas na rede.	• Instalar firewalls. • Redes virtuais privadas (VPN). • Sistemas de detecção de invasões (IDS). • Controle de acesso à rede (NAC). • Monitoramento de atividade da rede.
Dados	• Os compartilhamentos de dados estão abertos a todos os usuários; • Os dados podem ser acessados de modo remoto. • Os dados podem ser excluídos de recursos compartilhados.	• Implementar segurança de sistemas de arquivos. • Implementar segurança de acesso compartilhado. • Utilizar permissão de acesso. • Criptografar os dados no nível de sistema de arquivos ou banco de dados.

A Tabela 15.4 ilustra algumas vulnerabilidades de segurança às quais os componentes de sistema estão expostos e as medidas de proteção normalmente tomadas.

SEGURANÇA DE BANCO DE DADOS

A **segurança de banco de dados** refere-se à utilização de recursos do SGBD e outras medidas relacionadas para atender às exigências de segurança da organização. Do ponto de vista do DBA, as medidas de segurança devem ser implementadas para proteger o SGBD contra degradação de serviço e o banco de dados contra perda, corrupção ou mau gerenciamento. Em suma, o DBA deve proteger o SGBD do momento da instalação até a operação e a manutenção.

Para proteger o SGBD contra a degradação de serviços, há algumas proteções mínimas recomendadas. Por exemplo: alterar as senhas-padrão do sistema, alterar os caminhos de instalação-padrão, aplicar os patches mais recentes, proteger as pastas de instalação com os direitos de acesso adequados, assegurar que sejam executados apenas os serviços necessários, estabelecer logs de auditoria, configurar registro de log de sessões e exigir criptografia de sessões. Além disso, o DBA deve trabalhar próximo ao administrador de rede para implementar a segurança de rede e proteger o SGBD e todos os serviços executados nela. Nas organizações atuais, um dos componentes mais importantes da arquitetura de informações é a rede.

A proteção dos dados do banco de dados é uma função de gerenciamento de autorizações. O **gerenciamento de autorizações** define os procedimentos de proteção e garantia da segurança e integridade de um banco de dados. Esses procedimentos incluem, mas não se limitam ao gerenciamento de acesso de usuários, definição de visualização, controle de acesso ao SGBD e monitoramento de utilização do SGBD.

- *Gerenciamento de acesso de usuários.* Essa função designa-se a limitar o acesso ao banco de dados e inclui, pelo menos, os seguintes procedimentos:
  - *Definição de cada usuário no banco de dados.* Isso pode ser obtido no nível do sistema operacional e no nível do SGBD. No nível do sistema operacional, o DBA pode solicitar a criação de uma ID que permita ao usuário final fazer login no sistema computacional. No nível de SGBD, o DBA pode criar uma ID de usuário diferente ou empregar a mesma ID para autorizar o usuário final a acessar o SGBD.
  - *Atribuição de senhas ao usuário final.* Também pode ser feito nos níveis de sistema operacional e de SGBD. As senhas do banco de dados podem ser atribuídas com datas de expiração predeterminadas. A utilização de datas de expiração permite que o DBA analise os usuários periodicamente e lembre-os de alterar suas senhas, reduzindo a probabilidade de acesso não autorizado.
  - *Definição de grupos de usuários.* A classificação de usuários em grupos de acordo com necessidades de acesso comuns facilita o trabalho de controle e gerenciamento de privilégio de acesso de usuários individuais. Além disso, o DBA pode utilizar os papéis e limites de recursos do banco de dados para minimizar o impacto de usuários mal intencionados sobre o sistema (veja a Seção "Gerenciamento de usuários e estabelecimento da segurança" para mais informações sobre esses assuntos).
  - *Atribuição de privilégios de acesso.* O DBA atribui privilégios ou direitos de acesso para que usuários específicos possam acessar bancos de dados especificados. O privilégio descreve o tipo de acesso autorizado. Por exemplo, ele pode limitar-se apenas à leitura ou incluir possibilidade de leitura, gravação e exclusão (privilégios de READ, WRITE, e DELETE). Os

privilégios de acesso em bancos de dados relacionais são atribuídos por meio dos comandos de SQL GRAND e REVOKE.

– *Controle de acesso físico.* A segurança física pode evitar que usuários não autorizados acessem diretamente as instalações do SGBD. Algumas práticas comuns de segurança física encontradas em grandes instalações de bancos de dados incluem entrada controlada, estações de trabalho protegidas com senha, crachás eletrônicos pessoais, circuito fechado de vídeo, reconhecimento de voz e tecnologia biométrica.

- *Definição de visualização.* O DBA deve definir as visualizações de dados de modo a proteger e controlar o escopo dos dados que podem ser acessados por usuário autorizado. O SGBD deve fornecer ferramentas que permitam a definição de visualizações compostas de uma ou mais tabelas e a atribuição de direitos de acesso a usuários ou grupos. O comando de SQL CREAT VIEW é utilizado em bancos de dados relacionais para definir visualizações. O SGBD Oracle oferece o banco de dados virtual privado (VPD, *Virtual Private Database*), que permite ao DBA criar visualizações personalizadas dos dados para vários usuários diferentes. Com esse recurso, o DBA pode restringir a consulta de um usuário regular a um banco de dados de folha de pagamento, de modo que veja apenas as linhas e colunas necessárias, e que um gerente de departamento possa ver apenas as linhas e colunas pertinentes a seu departamento.

- *Controle de acesso ao SGBD.* O acesso ao banco de dados pode ser controlado impondo-se limites à utilização de ferramentas de consultas e relatórios. O DBA deve certificar-se de que essas ferramentas sejam utilizadas adequadamente e apenas por pessoal autorizado.

- *Monitoramento de utilização do SGBD.* O DBA também deve auditorar a utilização dos dados no banco. Diversos pacotes de SGBDs contêm recursos que permitem a criação de **log de auditoria**, que registra automaticamente uma breve descrição das operações executadas por todos os usuários no banco de dados. Essas trilhas de auditoria permitem ao DBA identificar violações de acesso. Elas podem ser configuradas para registrar todos os acessos ou apenas os acessos falhos.

A integridade de um banco de dados pode ser perdida em função de fatores externos que transcendam o controle do DBA. Por exemplo, o banco de dados pode ser danificado ou destruído por uma explosão, um incêndio ou um terremoto. Seja qual for o motivo, a expectativa de corrupção ou destruição do banco de dados torna os procedimentos de backup e recuperação fundamentais para qualquer DBA.

FERRAMENTAS DE ADMINISTRAÇÃO DE BANCO DE DADOS

A importância do dicionário de dados como uma das principais ferramentas de DBA não pode ser superestimada. Esta seção examinará o dicionário de dados como ferramenta de administração, além da utilização de ferramentas de engenharia de software assistida por computador (CASE) para dar suporte à análise e projeto de bancos de dados.

DICIONÁRIO DE DADOS

No Capítulo 1, *dicionário de dados* foi definido como "um componente do SGBD que armazena a definição das características e relacionamento de dados". Você deve lembrar-se de que esses "dados sobre dados" são chamados *metadados*. O dicionário do SGBD possibilita a característica de autodescrição do sistema. De fato, o dicionário assemelha-se a um raio X do conjunto de dados inteiro da empresa e é elemento fundamental na administração.

Existem dois tipos principais de dicionários de dados: *integrado* e *independente*. O dicionário de dados integrado fica incluso no SGBD. Por exemplo, todos os SGBDs relacionais incluem um dicionário de dados ou catálogo de sistema embutido, acessado e atualizado frequentemente pelo SGBD. Outros SGBDs, especialmente os mais antigos, não possuem dicionário embutido. Em vez disso, o DBA pode recorrer a sistemas de *dicionário de dados independente* de terceiros.

Os dicionários de dados também podem ser classificados como *ativos* ou *passivos*. O **dicionário de dados ativo** é atualizado automaticamente pelo SGBD em cada acesso ao banco de dados, mantendo suas informações sempre recentes. O **dicionário de dados passivo** não é atualizado automaticamente e costuma exigir a execução de um processo de batch. As informações de acesso do dicionário de dados são normalmente utilizadas pelo SGBD para fins de otimização de consultas.

A principal função do dicionário é armazenar a descrição de todos os objetos que interajam com o banco. Os dicionários integrados tendem a limitar seus metadados aos dados gerenciados pelo SGBD. Já os sistemas independentes costumam ser mais flexíveis e permitem ao DBA descrever e gerenciar todos os dados da organização, sejam ou não computadorizados. Independente do formato do dicionário de dados, sua existência propicia aos projetistas e usuários do banco uma capacidade de comunicação muito aprimorada. Além disso, o dicionário é a ferramenta que ajuda o DBA a resolver conflitos de dados.

Embora não haja um formato-padrão para as informações armazenadas no dicionário, vários aspectos são comuns. Por exemplo, costumam ser armazenadas descrições de:

- *Todos os elementos de dados definidos em todas as tabelas de todos os bancos.* Especificamente, o dicionário de dados armazena os nomes, tipos de dados, formato de exibição, formato de armazenamento interno e regras de validação. O dicionário de dados diz onde um elemento é utilizado, por quem etc.
- *Todas as tabelas definidas em todos os bancos de dados.* Por exemplo, o dicionário provavelmente armazenará o nome do criador da tabela, a data de criação, as autorizações de acesso e o número de colunas.
- *Todos os índices definidos para cada tabela do banco de dados.* Para cada índice, o SGBD armazena, pelo menos, o nome, o atributo utilizado, a localização, as características específicas e a data de criação.
- *Todos os bancos de dados definidos.* Isso inclui quem criou cada banco, quando o banco foi criado, onde se localiza, quem é seu DBA etc.
- *Todos os usuários finais e administradores do banco de dados.*
- *Todos os programas que acessam o banco de dados.* Isso inclui formatos de tela e de relatório, aplicativos e consultas de SQL.
- *Todas as autorizações de acesso de todos os usuários de todos os bancos de dados.*
- *Todos os relacionamentos entre elementos de dados.* Isso inclui quais elementos estão envolvidos, a obrigatoriedade ou não do relacionamento e as exigências de conectividade e cardinalidade.

Se o dicionário de dados puder ser organizado para incluir dados externos ao próprio SGBD, torna-se uma ferramenta particularmente flexível para o gerenciamento geral de recursos corporativos. A presença de um dicionário de dados tão amplo faz com que seja possível gerenciar a utilização e alocação de todas as informações da organização, independente de suas raízes nos dados do banco. Por isso, alguns gerentes consideram o dicionário de dados elemento fundamental do gerenciamento de recursos de informação. Também por isso, o dicionário pode ser descrito como *dicionário de recursos de informação*.

Os metadados armazenados no dicionário costumam ser a base do monitoramento da utilização do banco e da atribuição de direitos de acesso aos usuários. A informação armazenada no dicionário de dados normalmente baseia-se em um formato de tabela relacional, possibilitando, assim, que o DBA consulte o banco de dados com comandos de SQL. Por exemplo, pode-se utilizar esses comandos para extrair informações sobre os usuários de uma tabela específica ou sobre os direitos de acesso de um usuário em particular. No exemplo a seguir, serão utilizadas tabelas de catálogo do sistema DB2 da IBM como base para várias amostras de como o dicionário de dados pode ser utilizado para obter informações.

SYSTABLES armazena uma linha para cada tabela ou visualização.
SYSCOLUMNS armazena uma linha para cada coluna de cada tabela ou visualização.
SYSTABAUTH armazena uma linha para cada autorização fornecida a um usuário a uma tabela ou visualização de um banco de dados.

Exemplos de utilização do dicionário de dados

Exemplo 1
Liste os nomes e as datas de criação de todas as tabelas criadas pelo usuário JONESVI no banco de dados atual.

```
SELECT      NAME, CTIME
FROM        SYSTABLES
WHERE       CREATOR = 'JONESVI';
```

Exemplo 2
Liste os nomes das colunas de todas as tabelas criadas por JONESVI no banco de dados atual.

```
SELECT      NAME
FROM        SYSCOLUMNS
WHERE       TBCREATOR = 'JONESVI';
```

Exemplo 3
Liste os nomes de todas as tabelas para as quais o usuário JONESVI possui autorização de exclusão (DELETE).

```
SELECT      TTNAME
FROM        SYSTABAUTH
WHERE       GRANTEE = 'JONESVI' AND DELETEAUTH = 'Y';
```

Exemplo 4
Liste os nomes de todos os usuários que tenham algum tipo de autoridade sobre a tabela INVENTORY (estoque).

```
SELECT      DISTINCT GRANTEE
FROM        SYSTABAUTH
WHERE       TTNAME = 'INVENTORY';
```

Exemplo 5
Liste o usuário e os nomes de tabelas de todos os usuários que possam alterar a estrutura de banco de dados para qualquer tabela do banco.

```
SELECT      GRANTEE, TTNAME
FROM        SYSTABAUTH
WHERE       ALTERAUTH = 'Y'
ORDER BY    GRANTEE, TTNAME;
```

Como você pode ver nos exemplos precedentes, o dicionário de dados pode ser uma ferramenta de monitoramento da segurança dos dados do banco de dados, verificando a atribuição de privilégios de acesso. Embora os exemplos precedentes tenham como objetos tabelas e usuários, também é possível, a partir do dicionário, obter informações sobre aplicativos que acessam o banco.

O DBA pode utilizar o dicionário para dar suporte à análise e ao projeto de dados. Por exemplo, o DBA pode criar um relatório que liste todos os elementos de dados a serem utilizados em determinada aplicação; uma lista de todos os usuários que acessem um determinado programa; um relatório que verifique redundâncias e duplicações de dados, e utilização de homônimos e sinônimos; e diversos outros relatórios que descrevam usuários, acesso e estrutura de dados. O dicionário também pode ser utilizado para garantir que os programadores de aplicações tenham atendido aos padrões de nomenclatura dos elementos de dados e que as regras de dados estejam corretas. Assim, também é possível utilizar o dicionário para dar suporte a ampla faixa de atividades de administração de dados e facilitar o projeto e implementação de sistemas de informação. Os dicionários de dados integrados também são essenciais para a utilização de ferramentas de engenharia de software assistida por computador.

Ferramentas CASE

CASE é a sigla para *computer-aided software engineering*, ou seja, **engenharia de software assistida por computador**. As ferramentas CASE fornecem um modelo automatizado para o CVDS (ciclo de vida de desenvolvimento de sistemas). Elas utilizam metodologias estruturadas e poderosas interfaces gráficas. Por automatizarem muitas atividades tediosas de projeto e implementação, executam um papel cada vez mais importante no desenvolvimento de sistemas de informação.

As ferramentas CASE são normalmente classificadas de acordo com a extensão do suporte fornecido no CVDS. Por exemplo, as **ferramentas CASE front end** fornecem suporte às fases de planejamento, análise e projeto. Já as **ferramentas CASE back end** dão suporte às fases de codificação e implementação. Os benefícios associados a essas ferramentas incluem:

- Redução de tempo e custo de desenvolvimento.
- Automação do CVDS.
- Padronização das metodologias de desenvolvimento de sistemas.
- Maior facilidade de manutenção dos sistemas de aplicações desenvolvidos.

Um dos componentes mais importantes das ferramentas CASE é o amplo dicionário de dados, que rastreia todos os objetos criados pelo projetista. Por exemplo, ele armazena diagramas de fluxos de dados, gráficos de estrutura, descrições de todas as entidades externas e internas, armazenamentos e itens de dados e formatos de relatórios e telas. Além disso, descreve os relacionamentos entre os componentes do sistema.

Muitas ferramentas CASE fornecem interfaces que interagem com o SGBD. Essas interfaces permitem que as ferramentas armazenem suas informações de dicionário de dados utilizando o SGBD. Tal interação entre CASE e SGBD demonstra a interdependência existente entre o desenvolvimento de sistemas e o desenvolvimento de bancos de dados e ajuda a criar um ambiente de criação totalmente integrado.

Nesse tipo de ambiente de desenvolvimento, os projetistas de bancos de dados e aplicações utilizam as ferramentas CASE para armazenar a descrição do esquema do banco de dados, elementos de dados, processos de aplicações, telas, relatórios e outros dados relevantes para o processo. As ferramentas CASE integram todas as informações de desenvolvimento de sistemas em um depósito comum que pode ser verificado pelo DBA quanto à consistência e precisão.

Como benefício adicional, o ambiente CASE tende a aprimorar a extensão e qualidade da comunicação entre o DBA, os projetistas de aplicações e os usuários finais. O administrador pode interagir com a ferramenta CASE para verificar a definição do esquema de dados da aplicação, a observância das convenções de nomenclatura, a duplicação de elementos de dados, as regras de validação desses elementos e um conjunto de outras variáveis de desenvolvimento e gerenciamento. Quando as ferramentas CASE indicam conflitos, violações de regras e inconsistências, facilitam a execução de correções. Estas são transportadas pelas ferramentas por todo o ambiente de aplicações, transmitindo seus efeitos em cascata, o que facilita enormemente o trabalho do DBA e do projetista de aplicações.

Uma ferramenta CASE comum oferece cinco componentes:

- Gráficos projetados para produzir diagramas estruturados, como os de fluxo de dados, ER, de classe e de objetos.
- Utilitários de criação gráfica de telas e geradores de relatórios, que produzem os formatos de entrada/saída do sistema de informações (por exemplo, a interface do usuário final).
- Repositório integrado de armazenamento e referência cruzada dos dados de projeto do sistema. Esse repositório inclui um amplo dicionário de dados.
- Segmento de análise que fornece verificação automatizada completa sobre consistência, sintaxe e integralidade do sistema.
- Gerador de documentação de programas.

A Figura 15.7 ilustra como o Microsoft Visio Professional pode ser utilizado para produzir um diagrama ER.

FIGURA 15.7   Exemplo de ferramenta CASE: Visio Professional

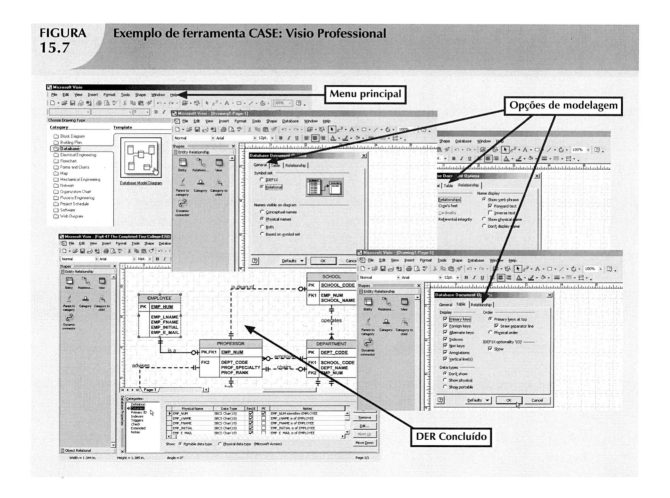

Uma ferramenta CASE, o ERwin Data Modeler da Computer Associates, produz diagramas ER totalmente documentados que podem ser exibidos em diferentes níveis de abstração. Além disso, o ERwin é capaz de produzir projetos relacionais detalhados. O usuário especifica os atributos e chaves primárias de cada entidade e descreve as relações. Em seguida, o ERwin atribui chaves estrangeiras com base nos relacionamentos especificados entre as entidades. As alterações de chaves primárias são sempre atualizadas automaticamente em todo o sistema. A Tabela 15.5 apresenta uma pequena lista de diversos fornecedores de ferramentas CASE disponíveis.

TABELA 15.5 Ferramentas CASE

EMPRESA	PRODUTO	SITE DA WEB
Casewise	Corporate Modeler Suite	www.casewise.com
Computer Associates	ERwin	www3.ca.com/Solutions/Product.asp?ID=260
Embarcadero Technologies	ER/Studio	www.embarcadero.com/products/erstudio
Microsoft	Visio	office.microsoft.com/en-us/FX010857981033.aspx
Oracle	Designer	www.oracle.com/technology/products/designer
Telelogic	System Architect	www.telelogic.com/products/system_architect/sa
Sybase	Power Designer	www.sybase.com/products/developmentintegration/powerdesigner
Visible	Visible Analyst	www.visible.com/Products/Analyst

Os principais fornecedores de SGBDs, como a Oracle, agora fornecem ferramentas CASE totalmente integradas com o software de seus próprios sistemas e com SGBDRs oferecidos por outros fornecedores. Por exemplo, as ferramentas CASE da Oracle podem ser utilizadas com o DB2 da IBM, o SQL/DS e o SQL Server da Microsoft para produzir projetos de bancos de dados totalmente documentados. Alguns fornecedores chegam a tomar SGBD não relacionais, desenvolver seus esquemas e produzir os projetos relacionais equivalentes automaticamente.

Não há dúvida de que a CASE aprimorou a eficiência dos projetistas de bancos de dados e dos programadores de aplicações. Mas independente da sofisticação da ferramenta, seus usuários devem estar bem familiarizados com as ideias de projeto conceitual. Nas mãos de pessoas inexperientes, as ferramentas CASE simplesmente produzirão projetos visualmente impressionantes, mas ruins.

DESENVOLVIMENTO DE ESTRATÉGIA DE ADMINISTRAÇÃO DE DADOS

Para que uma empresa seja bem-sucedida, suas atividades devem estar comprometidas com seus objetivos principais ou sua missão. Portanto, independente do tamanho de uma empresa, uma etapa fundamental é garantir que seu sistema de informações dê suporte aos planos estratégicos de cada uma de suas áreas de negócios.

A estratégia de administração de bancos de dados não deve entrar em conflito com os planos de sistemas de informação. Afinal, esses planos provêm da análise detalhada das metas da empresa, de sua condição ou situação e de suas necessidades de negócios. Há várias metodologias disponíveis para garantir a compatibilidade dos planos de sistemas de informação e administração de dados e orientar o desenvolvimento do plano estratégico. A metodologia utilizada com mais frequência é conhecida como engenharia da informação.

A **engenharia da informação (EI)** permite a tradução das metas estratégicas da empresa em dados e aplicações que a ajudem a atingir essas metas. Ela foca a descrição de dados corporativos, não de processos. O motivo de se utilizar a EI é simples: os tipos de dados de negócios tendem a permanecer razoavelmente estáveis. Por outro lado, os processos mudam constantemente e, assim, exigem modificações frequentes nos sistemas existentes. Colocando ênfase nos dados, o EI ajuda a reduzir o impacto das alterações de processos sobre os sistemas.

O resultado do processo de EI é a **arquitetura de sistemas de informação (ASI)**, que serve como base para o planejamento, desenvolvimento e controle de futuros sistemas de informação. A Figura 15.8 mostra as forças que afetam o desenvolvimento da ASI.

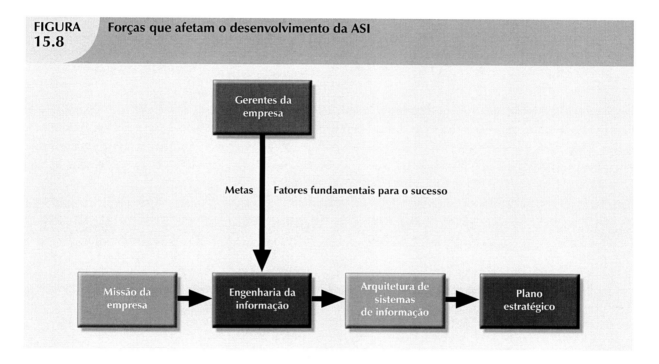

FIGURA 15.8   Forças que afetam o desenvolvimento da ASI

A implementação de metodologias de EI em uma organização é um processo custoso que envolve planejamento, comprometimento de recursos, responsabilidade da gerência, objetivos bem definidos, identificação de fatores críticos e controle. A ASI fornece um modelo que inclui a utilização de ferramentas computadorizadas, automatizadas e integradas como o SGBD e as ferramentas CASE.

O sucesso da estratégia geral de sistemas de informação e, portanto, da estratégia de administração de dados, depende de vários fatores fundamentais. A compreensão desses fatores ajuda o DBA a desenvolver uma estratégia bem-sucedida de administração de dados corporativos. Eles incluem aspectos gerenciais, tecnológicos e culturais da corporação, como:

- *Comprometimento da gerência.* O comprometimento da gerência de alto nível é necessário para aplicar a utilização de padrões, procedimentos, planejamento e controles. O exemplo deve vir de cima.
- *Análise da situação da empresa como um todo.* A situação atual da administração de dados corporativos deve ser analisada para se compreender a posição da empresa e ter uma visão clara do que deve ser feito. Por exemplo, são tratadas, entre outras, as questões de análise, projeto, documentação, implementação, padrões e codificação do banco de dados? As necessidades e problemas devem ser primeiro identificadas, depois priorizadas.

- *Envolvimento do usuário final.* O envolvimento do usuário final é outro aspecto fundamental para o sucesso da estratégia de administração de dados. Qual é o grau de mudança organizacional envolvida? Uma mudança bem-sucedida exige que as pessoas possam se adaptar a ela. Os usuários devem ter um canal de comunicação aberto com a gerência de nível superior para garantir o sucesso da implantação. A boa comunicação é a chave para o processo geral.
- *Padrões definidos.* Os analistas e programadores devem estar familiarizados com as metodologias, procedimentos e padrões adequados. Se não tiverem essa familiaridade, pode ser necessário treiná-los na utilização desses procedimentos e padrões.
- *Treinamento.* O fornecedor deve treinar o pessoal de DBA na utilização do SGBD e de outras ferramentas. Os usuários finais devem estar treinados na utilização das ferramentas, padrões e procedimentos para conseguir e apresentar o máximo benefício, o que aumenta sua confiança. O pessoal fundamental deve ser priorizado no treinamento para que possam treinar os outros.
- *Pequeno projeto-piloto.* Recomenda-se um pequeno projeto para garantir que o SGBD funcionará na empresa, que o resultado será o esperado e que o pessoal estará adequadamente treinado.

Essa lista de fatores não é e não pode ser exaustiva. No entanto, fornece o modelo inicial para o desenvolvimento de uma estratégia bem-sucedida. Lembre-se de que, independente da amplitude da lista de fatores de sucesso, ela deve basear-se na noção de que o desenvolvimento e a implantação de uma estratégia bem-sucedida de administração de dados estão estreitamente integrados à atividade geral de planejamento de sistemas de informação da organização.

DBA EM AÇÃO: UTILIZAÇÃO DE ORACLE PARA A ADMINISTRAÇÃO DE BANCO DE DADOS

Até o momento, vimos o ambiente de trabalho e as responsabilidades do DBA em termos gerais. Nesta seção, abordaremos com mais detalhes como o DBA pode tratar das seguintes tarefas técnicas de um SGBD específico:

- Criação e expansão das estruturas de armazenamento do banco de dados.
- Gerenciamento de objetos de banco de dados, como tabelas, índices, triggers e procedimentos.
- Gerenciamento do ambiente de banco de dados do usuário final, incluindo o tipo e a extensão do acesso ao banco de dados.
- Personalização dos parâmetros de inicialização do banco de dados.

Muitas dessas tarefas exigem que o DBA utilize ferramentas e utilitários de software normalmente oferecidos pelo fornecedor do banco de dados. Na verdade, todos os fornecedores disponibilizam um conjunto de programas que fazem interface com o banco de dados e executam uma ampla faixa de tarefas administrativas.

Escolhemos o Oracle 10g para Windows para ilustrar as tarefas de DBA selecionadas, pois trata-se de um sistema normalmente encontrado nas organizações suficientemente grandes e possuem um ambiente de bancos de dados suficientemente complexo para exigir (e arcar) os serviços de um DBA. Ele também possui boa presença no mercado e é encontrado com frequência em pequenas faculdades e universidades.

> **NOTA**
>
> Embora o Microsoft Access seja um SGBD excelente, ele normalmente é utilizado em empresas menores ou em organizações e departamentos com ambientes de dados relativamente simples. O Access produz um ambiente superior de criação de protótipos de bancos de dados e, em função de suas ferramentas de GUI fáceis de usar, o desenvolvimento de aplicações front end é muito rápido. Além disso, trata-se de um dos componentes do pacote MS Office, o que torna as integrações dos aplicativos de usuário final relativamente simples e sem interrupções. Por fim, o Access de fato oferece algumas ferramentas importantes de administração de bancos de dados. No entanto, um ambiente com base em Access normalmente não exige os serviços de um DBA. Portanto, ele não se ajusta aos objetivos desta seção.

Lembre-se de que a maioria das tarefas descritas nesta seção é encontrada por DBAs independente de seus SGBDs ou sistemas operacionais. No entanto, a execução dessas tarefas tende a ser específica do SGBD e do sistema. Portanto, se você utiliza o IBM DB2 Universal Database ou o Microsoft SQL Server, é necessário adaptar os procedimentos aqui apresentados a seu SGBD. Além disso, em razão dos exemplos serem executados no sistema operacional Windows, ao utilizar outro Sistema Operacional você deve adaptar os procedimentos aqui apresentados.

Esta seção não serve como um manual de administração de bancos de dados. Em vez disso, ela oferece uma breve introdução ao modo como algumas tarefas típicas de DBA seriam executadas no Oracle. Antes de aprender como utilizar o Oracle para realizar tarefas específicas de administração, você deve familiarizar-se com as ferramentas oferecidas por esse sistema e com os procedimentos de login. Esses aspectos serão discutidos nas próximas duas seções.

FERRAMENTAS DE ADMINISTRAÇÃO DE BANCO DE DADOS ORACLE

Todos os fornecedores de bancos de dados oferecem um conjunto de ferramentas de administração. No Oracle, a maioria das tarefas de DBA é executada por meio da interface Oracle Enterprise Manager.

Veja a Figura 15.9, e observe que é exibido o *status* do banco de dados atual. (Esta seção utiliza o banco de dados ORALAB.) Nas seções seguintes, examinaremos as tarefas encontradas com mais frequência pelo DBA.

FIGURA
15.9

Interface Oracle Enterprise Manager

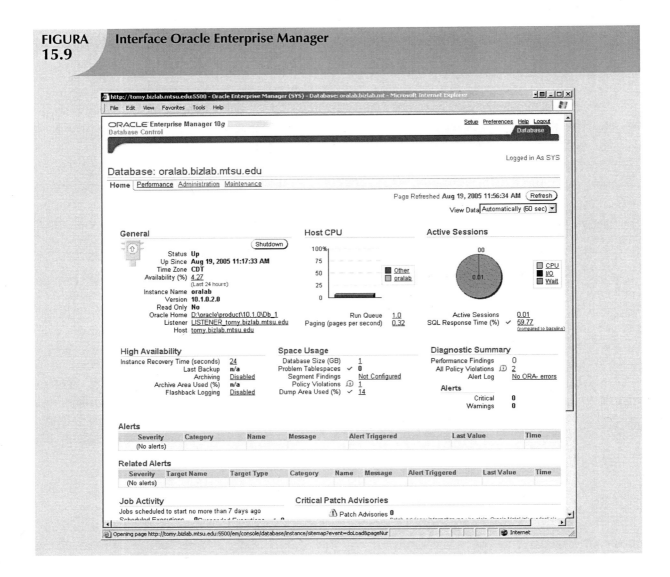

Login padrão

Para executar qualquer tarefa administrativa, é necessário conectar-se ao banco de dados utilizando um nome de usuário com privilégios administrativos (DBA). Por padrão, quando da criação de um novo banco de dados, o Oracle cria automaticamente as IDs de usuário SYSTEM e SYS que possuem esses privilégios. Pode-se definir as credenciais preferidas para cada banco de dados clicando no link **Preferences** no topo da página e, em seguida, em **Preferred Credentials**. Por fim, escolha o nome de usuário desejado em **Set Credentials**. A Figura 15.10 mostra a página "Edit Local Preferred Credentials", que define a ID de usuário (SYS) utilizada para fazer login no banco de dados ORALAB.

Lembre-se de que os nomes de usuário e senhas são específicos do banco de dados. Portanto, cada banco tem nomes e senhas diferentes. Uma das primeiras coisas a serem feitas é alterar a senha dos usuários SYSTEM e SYS. Imediatamente após isso, é possível iniciar a definição de seus usuários a atribuir-lhes privilégios.

FIGURA 15.10 Página do Oracle "Edit Local Preferred Credentials"

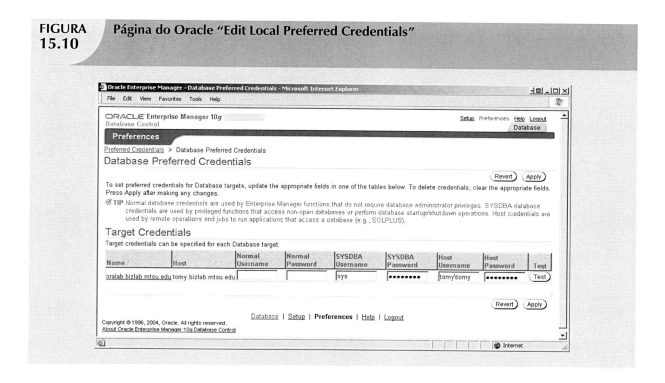

GARANTIA DE INICIALIZAÇÃO AUTOMÁTICA DO SGBDR

Uma das tarefas básicas do DBA é garantir que o acesso ao banco de dados seja inicializado automaticamente ao ligar o computador. Os procedimentos de inicialização serão diferentes em cada sistema operacional. Como o Oracle é utilizado nos exemplos desta seção, deve-se identificar os serviços necessários para garantir a inicialização automática do banco de dados. (*Serviço* é o nome do sistema Windows para um programa especial executado automaticamente como parte do sistema operacional. Esse programa garante a disponibilidade dos serviços solicitados ao sistema e aos usuários finais no computador local ou por uma rede.) A Figura 15.11 mostra os serviços necessários do Oracle iniciados automaticamente quando da inicialização do Windows.

FIGURA 15.11 Serviços do SGBDR Oracle

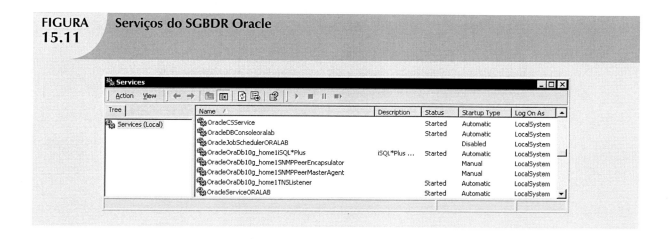

Ao examinar a Figura 15.11, observe os seguintes serviços do Oracle:

- *OracleOraDb10g_home1TNSListener* é o processo que recebe e processa as solicitações de conexão do usuário final por rede. Por exemplo, quando uma solicitação de conexão de SQL como "connect userid/password@ORALAB" é enviada por uma rede, esse serviço receberá a solicitação, validará e estabelecerá a conexão.
- *OracleServiceORALAB* refere-se aos processos de Oracle sendo executados na memória e associados à instância do banco de dados ORALAB. Pode-se pensar na **instância de bancos de dados** como uma localização separada da memória, reservada para executar determinado banco de dados. Como é possível haver vários bancos (e, portanto, várias instâncias) em execução simultânea na memória, é necessário identificar cada instância exclusivamente, utilizando um sufixo diferente para cada uma.

CRIAÇÃO DE TABLESPACES E DATAFILES

Cada SGBD gerencia o armazenamento de dados de modo diferente. Neste exemplo, o SGBDR Oracle será utilizado para ilustrar como o banco de dados gerencia esse armazenamento nos níveis lógico e físico. No Oracle:

Um banco de dados é *logicamente* composto de uma ou mais tablespaces. **Tablespace** é um espaço de armazenamento lógico, que são utilizadas, principalmente, para agrupar dados logicamente relacionados.

Os dados de tablespaces são *fisicamente* armazenados em um ou mais datafiles. O **datafile** armazena fisicamente os dados do banco. Cada datafile está associado a uma ou mais tablespaces, mas pode residir em um diretório diferente do disco rígido ou mesmo em mais de um disco rígido diferente.

Pela descrição precedente de tablespaces e datafiles, pode-se concluir que um banco de dados apresenta um relacionamento um a muitos com as tablespaces e estas, um relacionamento um a muitos com os datafiles. Esse conjunto de relacionamentos 1:M hierárquicos isola o usuário final de quaisquer detalhes do armazenamento físico. Porém, *o DBA deve ter ciência desses detalhes para gerenciar adequadamente o banco.*

Para executar as tarefas de gerenciamento de bancos de dados, como a criação e a administração de tablespaces e datafiles, o DBA utiliza a opção Enterprise Manager, Administration, Storage. Veja a Figura 15.12.

Quando o DBA cria um banco de dados, o Oracle origina automaticamente as tablespaces e os datafiles apresentados nessa figura. Alguns são descritos aqui.

- Tablespace *SYSTEM* é utilizada para armazenar dados de dicionário.
- Tablespace *USERS* é utilizada para armazenar os dados de tabela criados pelos usuários finais.
- Tablespace *TEMP* é utilizada para armazenar tabelas e índices temporários criados durante a execução de comandos de SQL. Por exemplo, são criadas tabelas temporárias quando o comando de SQL contém uma cláusula ORDER BY, GROUP BY ou HAVING.
- Tablespace *UNDOTBS1* é utilizada para armazenar informações de recuperação de transações. Se por qualquer razão uma transação tiver de ser desfeita (normalmente para preservar a integridade do banco de dados), essa tablespace é utilizada para armazenar as informações para desfazê-la.

FIGURA 15.12	Storage Manager do Oracle

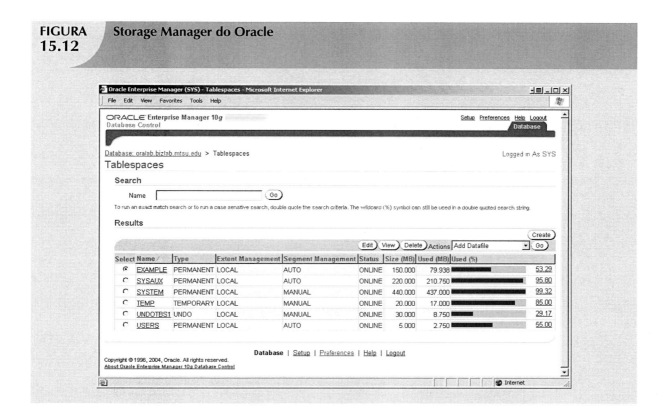

Utilizando o Storage Manager, o DBA pode:

- Criar tablespaces adicionais para organizar os dados do banco. Portanto, se houver um banco com várias centenas de usuários, é possível criar várias tablespaces para segmentar o armazenamento de dados para os diferentes tipos de usuários. Por exemplo, pode-se criar uma tablespace de professores e outra de alunos.
- Criar tablespaces adicionais para organizar os diferentes subsistemas existentes no banco de dados. Por exemplo, pode-se criar várias tablespaces para dados de recursos humanos, de folha de pagamentos, de contabilidade e de fabricação. A Figura 15.13 mostra a página utilizada para criar uma nova tablespace chamada ROBCOR, que mantém as tabelas utilizadas neste livro. Essa tablespace será armazenada no datafile chamado D:\ORACLE\PRODUCT\10.1.0\ORADATA\ORALAB\ROBCOR.DBF e seu tamanho inicial será de 5 megabytes. Observe na Figura 15.13 que a tablespace será colocada on-line imediatamente, portanto, estará disponível aos usuários para fins de armazenamento de dados. Observe também o botão "Show SQL" no topo da página. Pode-se utilizar esse botão para ver o código de SQL gerado pelo Oracle para criar a tablespace. (Na verdade, todas as tarefas de DBA também podem ser realizadas por meio da utilização direta de comandos de SQL. De fato, alguns programadores valentes DBAs preferem escrever seu próprio código de SQL em vez de utilizar a "saída mais fácil" da GUI.)
- Expandir a capacidade de armazenamento de tablespaces, criando datafiles adicionais. Lembre-se de que os datafiles podem ser armazenados no mesmo diretório ou em discos rígidos diferentes para melhorar o desempenho de acesso. Por exemplo, pode-se aumentar o desempenho de acesso e armazenamento da tablespace USERS, criando um novo datafile em um disco diferente.

FIGURA 15.13   Criação de uma nova tablespace

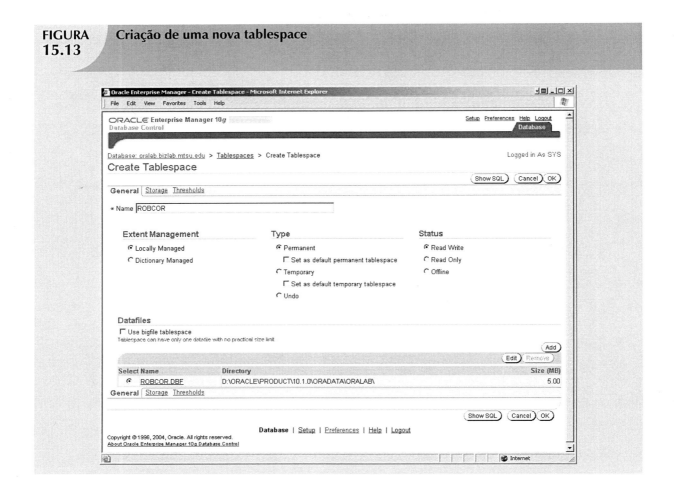

GERENCIAMENTO DE OBJETOS DE BANCO DE DADOS: TABELAS, VISUALIZAÇÕES, TRIGGERS E PROCEDIMENTOS

Outro aspecto importante do gerenciamento de banco de dados é o monitoramento dos objetos nele criados. O Enterprise Manager do Oracle fornece ao DBA uma interface gráfica de usuário para criar, editar, visualizar e excluir objetos de bancos de dados. O **objeto de banco de dados** é basicamente qualquer objeto criado por usuários finais, como, por exemplo, tabelas, visualizações, índices, procedimentos armazenados e triggers. A Figura 15.14 mostra alguns tipos diferentes de objetos listados no Schema Manager do Oracle.

O **esquema** do Oracle é uma seção lógica do banco de dados que pertence a determinado usuário e é identificado pelo nome de usuário. Por exemplo, se o usuário chamado SYSTEM criar uma tabela FORNECEDOR, ela pertencerá ao esquema SYSTEM. O Oracle coloca o nome de usuário como prefixo do nome da tabela. Portanto, a tabela FORNECEDOR de SYSTEM será chamada SYSTEM.FORNECEDOR pelo Oracle. De modo similar, se o usuário PEROB criar uma tabela FORNECEDOR, ela será criada no esquema PEROB e chamada PEROB.FORNECEDOR.

No interior do esquema, os usuários podem criar suas próprias tabelas e outros objetos. O banco de dados pode conter tanto esquemas diferentes quanto usuários. Como os usuários veem apenas seus próprios objetos, cada um pode ter a impressão de que não há outros usuários no banco de dados.

Normalmente, os usuários são autorizados a acessar apenas os objetos que pertençam a seus próprios esquemas. Eles podem, é claro, conceder direitos de acesso para que outros usuários acessem seus dados. Na verdade, todos os usuários com autorização de DBA têm acesso a todos os objetos de todos os esquemas do banco de dados.

Como é possível ver na Figura 15.14, o Schema Manager apresenta uma visão organizada de todos os objetos no esquema do banco de dados. Com esse programa, o DBA pode criar, editar, visualizar e excluir tabelas, índices, visualizações, funções, triggers, procedimentos e outros objetos especializados.

FIGURA 15.14   **Schema Manager do Oracle**

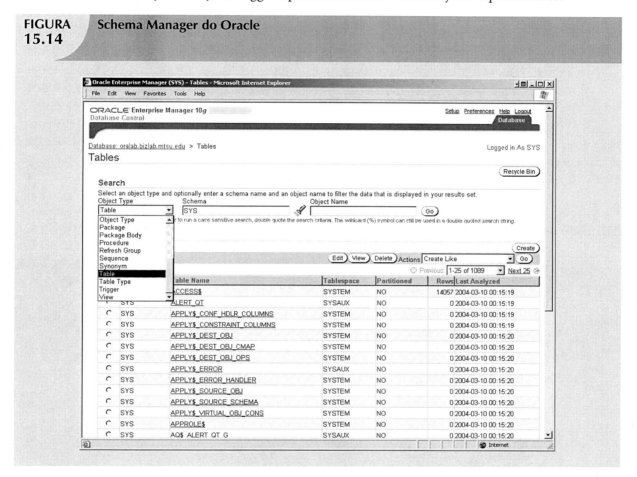

GERENCIAMENTO DE USUÁRIOS E ESTABELECIMENTO DA SEGURANÇA

Uma das atividades mais comuns de administração de bancos de dados é a criação e o gerenciamento de usuários. (Na verdade, a criação de IDs de usuário é apenas o primeiro componente de toda função bem planejada de segurança de banco de dados. Como indicado anteriormente neste capítulo, a segurança é uma das tarefas mais importantes de administração de bancos de dados.)

A seção Security da página Administration do Enterprise Manager do Oracle permite ao DBA criar usuários, papéis e perfis.

- **Usuário** é objeto exclusivamente identificável que permite que determinada pessoa faça login no banco de dados. O DBA atribui privilégios de acesso a objetos do banco de dados. Na atribuição de privilégios, é possível especificar um conjunto de limites que definem quantos recursos do banco de dados o usuário pode utilizar.

- **Papel** é um conjunto denominado de privilégios de acesso a bancos de dados que autorizam um usuário a conectar-se a um banco e utilizar seus recursos de sistema. Os seguintes itens são exemplos de papéis:

– *CONNECT* permite que um usuário se conecte ao banco de dados para criar e modificar tabelas, visualizações e outros objetos relacionados a dados.

– *RESOURCE* permite que um usuário crie triggers, procedimentos e outros objetos de gerenciamento de dados.

– *DBA* fornece ao usuário do banco de dados privilégios de administração.

- **Perfil** é uma coleção denominada de configurações que controlam a extensão de recursos do banco de dados que determinado usuário pode utilizar. (Se você considerar a possibilidade de que uma consulta "runaway" pode fazer com que um banco de dados trave ou pare de responder aos comandos do usuário, compreenderá por que é importante limitar o acesso ao recurso do banco de dados.) Especificando perfis, o DBA pode limitar quanto espaço de armazenamento um usuário pode utilizar, por quanto tempo pode ficar conectado, quanto tempo ocioso pode se passar até ser desconectado etc. No mundo ideal, todos os usuários teriam acesso ilimitado a todos os recursos durante todo o tempo, mas no mundo real esse acesso não é possível nem desejável.

A Figura 15.15 mostra a página Administration do Enterprise Manager do Oracle, a partir da qual, o DBA pode gerenciar o banco de dados e criar objetos de segurança (usuários, papéis e perfis).

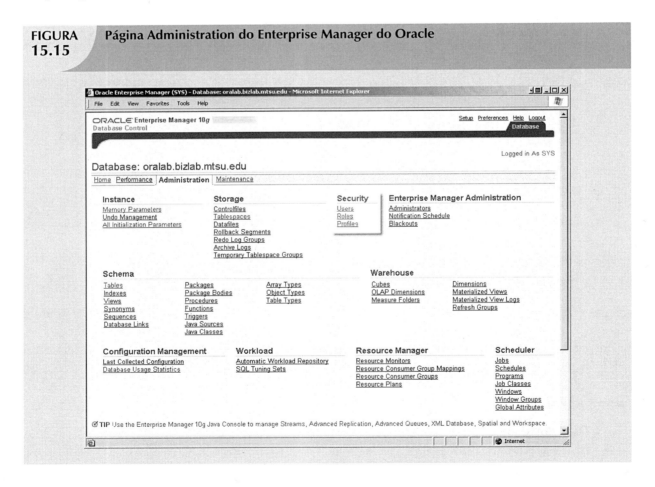

FIGURA 15.15 Página Administration do Enterprise Manager do Oracle

Para criar um novo usuário, o DBA utiliza a página Create User, apresentada na Figura 15.16. Essa página contém vários links, sendo mais importantes os seguintes:

- O link *General* permite que o DBA atribua um nome, perfil e senha ao novo usuário. Também nessa página, o DBA define a tablespace-padrão utilizada para armazenar dados de tabelas e a tablespace temporária para dados temporários.
- O link *Roles* permite ao DBA atribuir papéis a um usuário.
- O link *Object Privileges* é utilizado pelo DBA para atribuir direitos de acesso específicos a outros objetos de dados.
- O link *Quotas* permite ao DBA especificar a quantidade máxima de armazenamento que o usuário pode ter em cada tablespace atribuída.

FIGURA 15.16	Página Create User

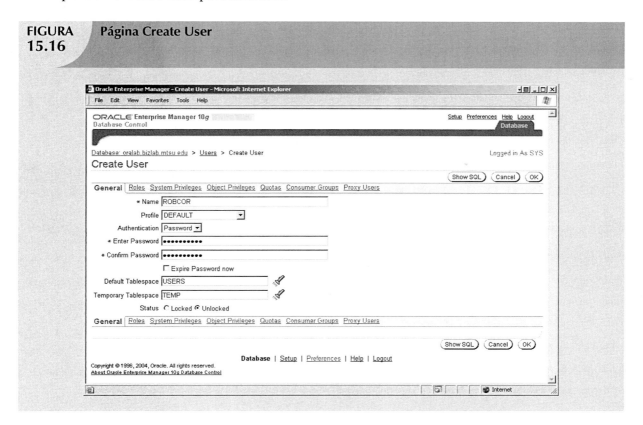

PERSONALIZAÇÃO DOS PARÂMETROS DE INICIALIZAÇÃO DO BANCO DE DADOS

A sintonização refinada de um banco de dados é outra tarefa importante do DBA. Essa tarefa normalmente exige a modificação de parâmetros de configuração do banco de dados e alguns podem ser alterados em tempo real utilizando-se comandos de SQL. Outros exigem que o banco de dados seja fechado e reinicializado. Além disso, alguns parâmetros podem afetar apenas a instância do banco de dados, enquanto outros afetam o SGBDR em sua totalidade e todas as instâncias em execução. Portanto, é muito importante que o DBA esteja familiarizado com os parâmetros de configuração do banco de dados, especialmente os que afetam o desempenho.

Cada banco de dados possui um arquivo de inicialização associado que armazena seus parâmetros de configuração de execução. Esse arquivo é lido na inicialização de instâncias e utilizado para estabelecer o ambiente de trabalho do banco. O Enterprise Manager do Oracle permite ao DBA inicializar, fechar e visualizar/editar os parâmetros de configuração (armazenados no arquivo de inicializado) de uma instância de banco de dados. A interface do Enterprise Manager da Oracle fornece uma GUI para modificar esse arquivo de texto, apresentado na Figura 15.17.

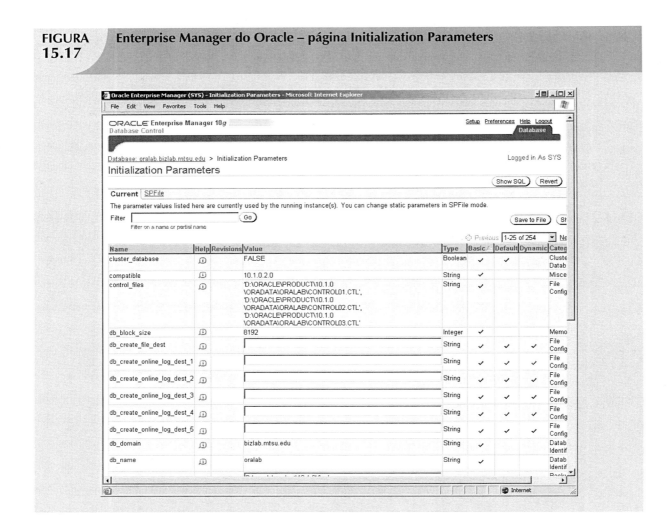

FIGURA 15.17 Enterprise Manager do Oracle – página Initialization Parameters

Uma das funções importantes fornecidas pelos parâmetros de inicialização é reservar os recursos que devem ser utilizados pelo banco de dados durante a execução. Um desses recursos é a memória principal a ser reservada para o cache do banco de dados. Esse cache é utilizado para realizar a sintonização de desempenho. Por exemplo, o parâmetro "db_cache_size" estabelece a quantia de memória reservada para o cache do banco de dados. Esse parâmetro deve configurar um valor grande o suficiente para oferecer suporte a todas as transações concorrentes.

Uma vez modificados os parâmetros de inicialização, pode ser necessário reinicializar o banco de dados. Como vimos nesta breve seção, o DBA é responsável por ampla faixa de tarefas. A qualidade e a integralidade das ferramentas de administração disponíveis para o DBA seguem um longo caminho para tornar seu trabalho mais fácil. Mesmo assim, o DBA deve estar familiarizado com as ferramentas e os detalhes técnicos do SGBDR para executar suas tarefas de modo adequado e eficiente.

CRIAÇÃO DE UM NOVO BANCO DE DADOS

Embora o formato geral de criação de bancos de dados tenda a ser universal, sua execução costuma ser específica de cada SGBD. Os líderes no fornecimento de SGBDR oferecem ao DBA a opção de criar bancos de dados manualmente, utilizando comandos de SQL ou processos com base em GUI. A opção a ser selecionada depende do senso de controle e do estilo do DBA.

Utilizando o assistente de configuração de bancos de dados do Oracle, é simples criar um banco de dados. O DBA utiliza a interface do assistente para responder a uma série de questões que estabelecem os parâmetros do banco de dados a ser criado. As Figuras 15.18 a 15.30 mostram como criar um banco de dados com a ajuda desse assistente.

FIGURA 15.18   Criação de um novo banco de dados com o assistente de configuração

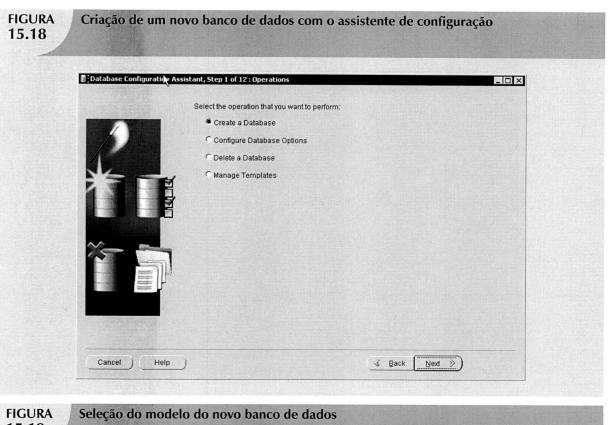

FIGURA 15.19   Seleção do modelo do novo banco de dados

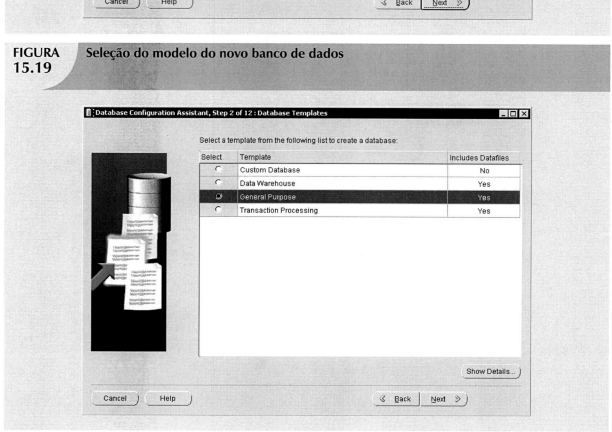

FIGURA 15.20 Escolha do nome do banco de dados

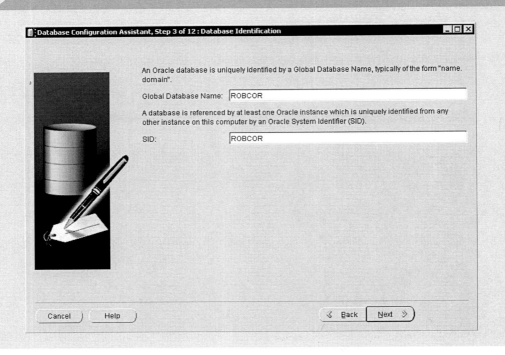

FIGURA 15.21 Seleção das opções de gerenciamento

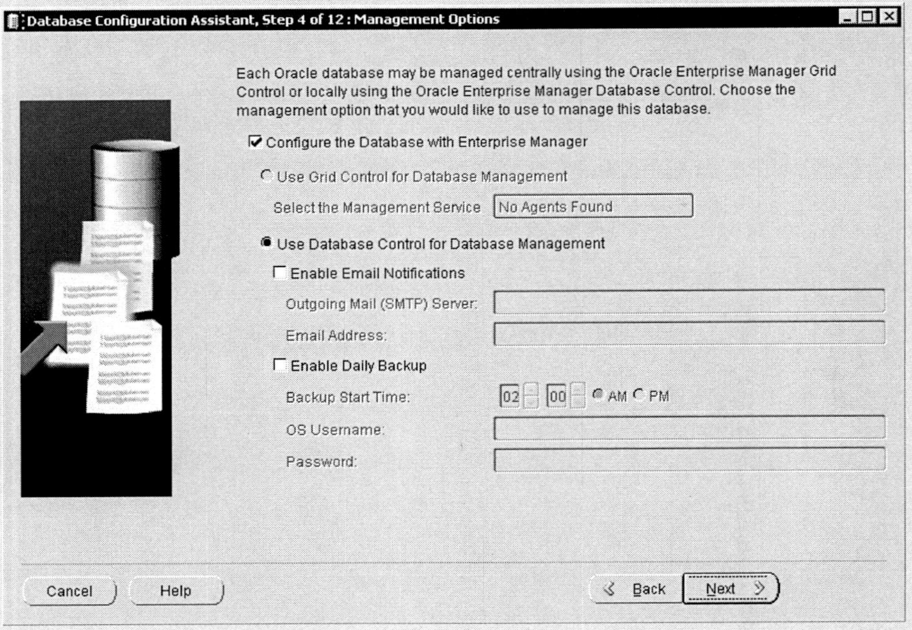

FIGURA 15.22 Especificação das credenciais do banco de dados

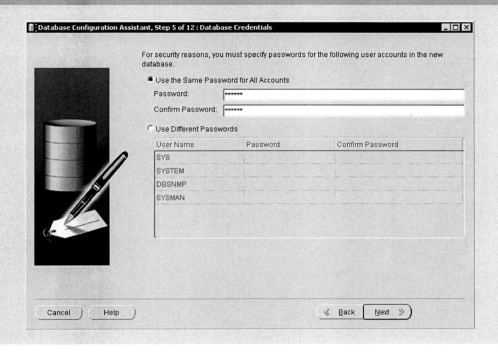

FIGURA 15.23 Seleção das opções de armazenamento

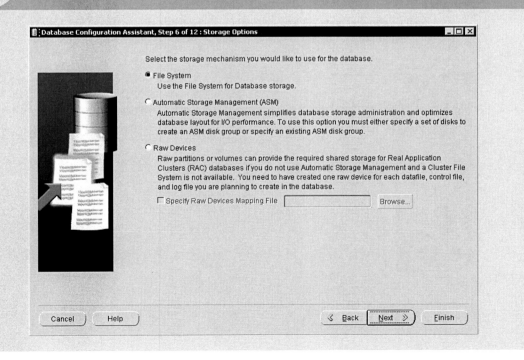

FIGURA
15.24

Especificação das localizações dos arquivos do banco de dados

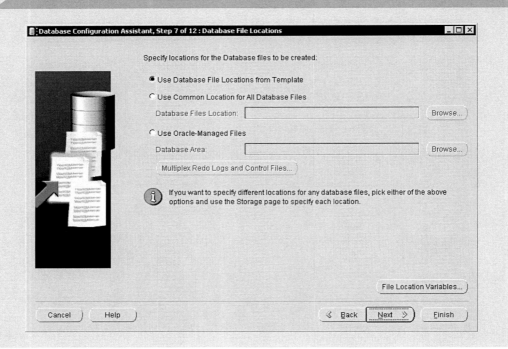

FIGURA
15.25

Especificação da configuração de recuperação do banco de dados

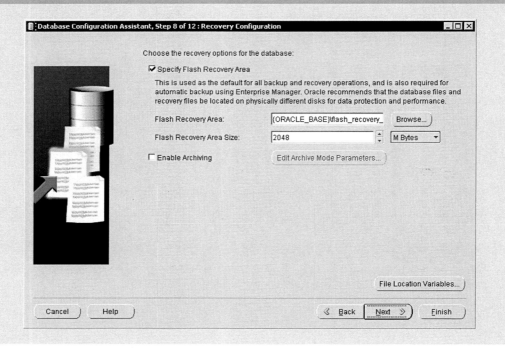

FIGURA 15.26   Seleção do conteúdo de amostra do banco de dados

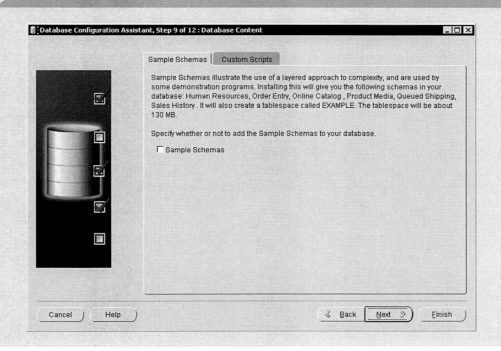

FIGURA 15.27   Seleção dos parâmetros de inicialização do banco de dados

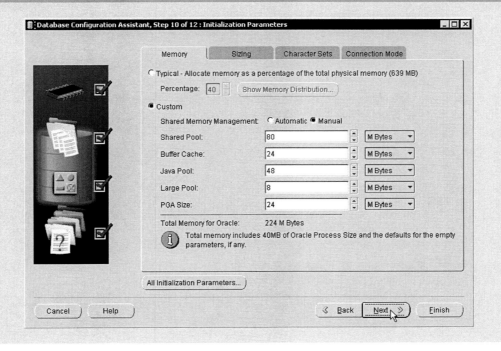

FIGURA 15.28 Confirmação dos parâmetros de armazenamento do banco de dados

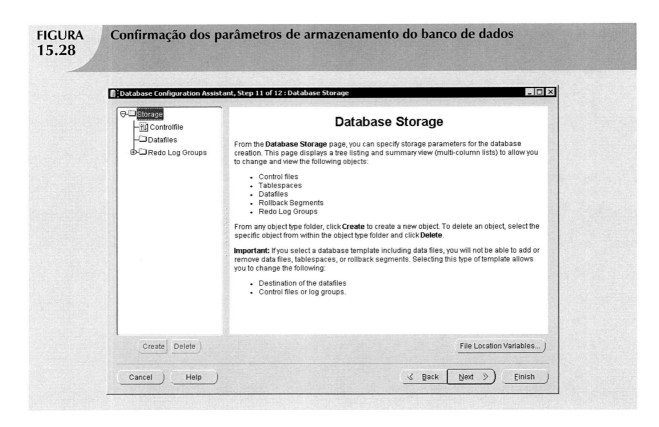

FIGURA 15.29 Confirmação das opções de criação de bancos de dados

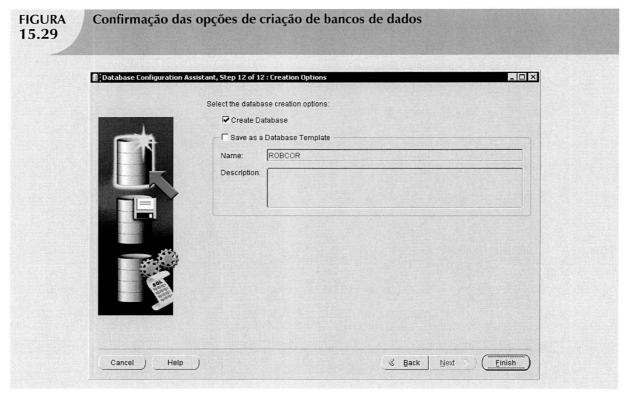

FIGURA 15.30   Progresso da criação do banco de dados

Por fim, após confirmar todas as opções selecionadas do banco de dados nas Figuras 15.18 a 15.29, inicia-se o processo de criação. Esse processo cria a estrutura do banco de dados, incluindo as tabelas necessárias de dicionário de dados, as contas de usuários administradores e outros processos de suporte necessários para que o SGBD gerencie o banco. A Figura 15.30 mostra a taxa à qual o processo de criação do banco de dados procede.

Uma das desvantagens da utilização dessa interface gráfica para criar bancos de dados é a ausência de registros na forma de *scripts* de SQL para documentar as etapas. Mesmo com a ajuda da GUI, o processo de criação exige uma compreensão sólida das estruturas e componentes subjacentes ao banco de dados.

RESUMO

■ O gerenciamento de dados é uma atividade fundamental de qualquer organização. Os dados devem ser tratados como um bem corporativo. O valor de um conjunto de dados é medido pela utilizada das informações obtidas a partir dele. O bom gerenciamento de dados provavelmente produzirá boas informações, que são a base de uma melhor tomada de decisões.

■ O SGBD é a ferramenta eletrônica utilizada com mais frequência no gerenciamento de dados corporativos. Ele dá suporte à tomada de decisões estratégicas, táticas e operacionais em todos os níveis da organização. Os dados da empresa gerenciados pelo SGBD são armazenados no banco de dados corporativo ou empresarial.

■ A introdução do SGBD em uma organização é um trabalho muito delicado. Além do gerenciamento dos detalhes técnicos dessa introdução, é necessário examinar cuidadosamente o impacto do SGBD sobre o modelo gerencial e cultural da organização.

■ O desenvolvimento da função de administração de banco de dados baseia-se na evolução do departamento de processamento de dados para um departamento de processamento eletrônico de dados (PED) mais centralizado e para o departamento de sistemas de informação (SI) que trata os "dados como um bem corporativo" de modo mais formal. Os sistemas de arquivos comuns caracterizavam-se por aplicações que tendiam a se comportar como "ilhas de informação" distintas. Conforme as aplicações começaram a compartilhar um repositório de dados comuns, ficou clara a necessidade de gerenciamento centralizado para controlar esses dados.

■ O administrador de banco de dados (DBA) é responsável pelo gerenciamento de bancos de dados corporativos. A organização interna da função de administração de bancos de dados varia de empresa para empresa. Embora não exista um padrão, é prática comum dividir as operações de DBA de acordo com as fases do ciclo de vida do banco de dados. Algumas empresas criaram uma posição com a responsabilidade mais ampla de gerenciar dados computadorizados ou não no interior da organização. Essa atividade mais ampla de gerenciamento de dados é tratada pelo administrador de dados (AD).

■ As funções de AD e DBA tendem a se sobrepor. Em termos gerais, o AD é mais orientado para aspectos gerenciais e o DBA, para aspectos técnicos. Comparado ao DBA, a função de DBA é independente de SGBD, com um foco mais amplo e de prazo mais longo. No entanto, quando a estrutura da organização não inclui uma posição de AD, o DBA executa todas as suas funções. Como o DBA possui responsabilidades técnicas e gerenciais, ele deve apresentar uma combinação diversificada de habilidades.

■ Os serviços gerenciais da função de DBA incluem pelo menos: suporte à comunidade de usuários finais; definição e aplicação de políticas, procedimentos e padrões para a função de banco de dados; garantia de segurança, privacidade e integridade de dados; fornecimento de serviços de backup e recuperação de dados; e monitoramento da distribuição e utilização dos dados no banco.

■ O papel técnico exige que o DBA esteja envolvido, pelo menos, nas seguintes atividades: avaliação, seleção e instalação do SGBD; projeto e implementação de banco de dados e aplicações; teste e avaliação de bancos de dados e aplicações; operação do SGBD, utilitários e aplicações; treinamento e suporte aos usuários; e gerenciamento do SGBD, utilitários e aplicações.

■ A segurança refere-se às atividades e medidas que garantem a confidencialidade, integridade e disponibilidade de um sistema de informação e seus principais ativos, os dados. A política de segurança é um conjunto de padrões, políticas e práticas criados para garantir a segurança de um sistema, além da auditoria e a conformidade.

- A vulnerabilidade de segurança é um ponto fraco em um componente do sistema que pode ser explorado para permitir acesso não autorizado ou causar interrupções de serviço. A ameaça de segurança é uma violação iminente causada por uma vulnerabilidade não verificada. As vulnerabilidades ocorrem em todos os componentes de um sistema de informação: pessoas, hardware, software, procedimentos e dados. Portanto, é fundamental ter uma sólida segurança de banco de dados. A segurança de bancos de dados refere-se à utilização de recursos de SGBD e medidas relacionadas para atender às exigências de segurança da organização.

- O desenvolvimento da estratégia de administração de dados é amplamente relacionado à missão e aos objetivos da empresa. Portanto, o desenvolvimento do plano estratégico de uma organização corresponde ao de administração de dados, exigindo uma análise detalhada das metas, da situação e das necessidades de negócios da empresa. Para orientar o desenvolvimento desse plano geral, é necessária uma metodologia de integração. A metodologia de integração utilizada com mais frequência é conhecida como engenharia da informação (EI).

- Para ajudar a traduzir os planos estratégicos em planos operacionais, o DBA tem acesso a um arsenal de ferramentas de administração de banco de dados. Essas ferramentas incluem o dicionário de dados e as ferramentas de engenharia de software assistida por computador (CASE).

QUESTÕES DE REVISÃO

1. Explique a diferença entre dados e informações. Dê alguns exemplos de dados brutos e de informações.
2. Explique as interações entre usuário final, dados, informações e tomada de decisões. Trace um diagrama e explique as interações.
3. Suponha que você seja membro de uma equipe de DBA. Que dimensões de dados você descreveria para os gerentes de alto nível para obter apoio para a função de administração de dados?
4. Como e por que os sistemas de gerenciamento de bancos de dados tornaram-se o padrão de gerenciamento de dados organizacionais? Discuta algumas vantagens da abordagem de banco de dados em relação à abordagem de sistemas de arquivos.
5. Utilizando uma única frase, explique o papel dos bancos de dados em organizações. Em seguida, explique sua resposta.
6. Defina *segurança* e *privacidade*. Como esses dois conceitos estão relacionados?
7. Descreva e contraste as necessidades de informações nos níveis estratégico, tático e operacional de uma organização. Utilize exemplos para explicar sua resposta.
8. Que considerações especiais é preciso levar em conta diante da introdução de um SGBD em uma organização?
9. Descreva as responsabilidades do DBA.
10. Como a função de DBA pode ser posicionada na estrutura de uma organização? Que efeito(s) esse posicionamento terá sobre tal função?
11. Por que e como os novos avanços tecnológicos em computadores e bancos de dados estão alterando o papel do DBA?
12. Explique a organização interna do departamento de DBA com base na abordagem de CVBD.
13. Explique e contraste as diferenças e semelhanças entre o DBA e o AD.
14. Explique como o DBA executa um papel de mediação entre dois dos principais bens de uma organização. Trace um diagrama para facilitar sua explicação.
15. Descreva e caracterize as habilidades desejáveis de um DBA.
16. Quais são os papéis gerenciais do DBA? Descreva as atividades e serviços gerenciais fornecidos pelo DBA.

17. Quais atividades de DBA são utilizadas para dar suporte à comunidade de usuários finais?

18. Explique o papel gerencial do DBA na definição e aplicação de políticas, procedimentos e padrões.

19. A proteção da segurança, privacidade e integridade de dados é uma função importante do banco de dados. Quais as atividades necessárias no papel gerencial do DBA para a aplicação dessas funções?

20. Discuta a importância e características dos procedimentos de backup e recuperação de bancos de dados. Em seguida, descreva as medidas que devem ser detalhadas nos planos de backup e recuperação.

21. Assuma que sua empresa lhe atribuiu a responsabilidade de selecionar o SGBD corporativo. Desenvolva uma lista de verificações dos aspectos técnicos ou não envolvidos no processo de seleção.

22. Descreva as atividades normalmente associadas aos serviços de projeto e implantação da função técnica do DBA. Quais habilidades técnicas são desejáveis no pessoal de DBA?

23. Por que o teste e a avaliação do banco de dados e das aplicações não são feitos pela mesma pessoa responsável pelo projeto e implantação? Quais padrões mínimos devem ser atendidos durante o processo de teste e avaliação?

24. Identifique alguns gargalos de desempenho de SGBDs. Em seguida, proponha algumas soluções utilizadas na sintonização de desempenho de SGBDs.

25. Quais as atividades típicas envolvidas na manutenção do SGBD, utilitários e aplicações? Você consideraria a sintonização de desempenho de aplicações como parte das atividades de manutenção? Explique sua resposta.

26. Normalmente, como você define segurança? Como a sua definição de segurança se assemelha ou difere da definição de segurança de bancos de dados neste capítulo?

27. O que são níveis de confidencialidade de dados?

28. O que são vulnerabilidades de segurança? O que é ameaça de segurança? Dê alguns exemplos de vulnerabilidades de segurança que ocorrem em diferentes componentes de SI.

29. Defina o conceito de dicionário de dados. Discuta os diferentes tipos de dicionários. Se você tivesse de gerenciar todo o conjunto de dados de uma organização, que características buscaria no dicionário de dados?

30. Utilizando comandos de SQL, dê alguns exemplos de como você utilizaria o dicionário de dados para monitorar a segurança do banco de dados.

NOTA

Se você utiliza o DB2 da IBM, os nomes das tabelas principais são SYSTABLES, SYSCOLUMNS e SYSTABAUTH.

---

31. Quais características as ferramentas CASE e o SGBD têm em comum? Como essas características podem ser utilizadas para aprimorar a função de administração de dados?

32. Explique resumidamente os conceitos de engenharia da informação (EI) e arquitetura de sistemas de informação (ASI). Como esses conceitos afetam a estratégia de administração de dados?

33. Identifique e explique alguns fatores fundamentais de sucesso no desenvolvimento e implementação de uma estratégia de administração de dados.

34. Qual é a ferramenta utilizada pelo Oracle para criar usuários?

35. No Oracle, o que é tablespace?

36. No Oracle, o que é papel de banco de dados?

37. No Oracle, o que é datafile? Como difere de um arquivo no sistema de arquivos?

38. No Oracle, o que é perfil de banco de dados?

39. No Oracle, o que é esquema de banco de dados?

40. Em Oracle, que papel é necessário para criar triggers e procedimentos?

A

abordagem otimista – no gerenciamento de transações, refere-se a uma técnica de controle de concorrência baseada no pressuposto de que a maioria das operações de bancos de dados não entrem em conflito.

acesso universal a dados (**UDA** – *Universal Data Access*) – em um modelo de aplicações da Microsoft, conjunto de tecnologias utilizadas para acessar qualquer tipo de fonte de dados e gerenciar dados por uma interface comum.

ActiveX – alternativa da Microsoft para Java. Uma especificação para a escrita de programas que serão executados em um navegador cliente da Microsoft (Internet Explorer). Orientado principalmente para aplicações do Windows, ele não é portátil. Adiciona "controles" como janelas suspensas e calendários a páginas da web.

administrador de banco de dados (**DBA**) – pessoa responsável pelo planejamento, organização, controle e monitoramento de um banco de dados corporativo centralizado e compartilhado. O DBA é o gerente geral do departamento de administração de bancos de dados.

administrador de dados (**DA**) – pessoa responsável pelo gerenciamento de todos os recursos de dados, computadorizados ou não. O DA tem autoridade e responsabilidade mais ampla do que a do administrador de banco de dados (DBA). Também conhecido como *gerente de recursos de informação (IRM)*.

administrador de sistemas – responsável pela coordenação das atividades da função de processamento de dados.

ADO (*ActiveX Data Objects*, ou seja, Objetos de dados ActiveX) – modelo de objetos da Microsoft que fornece interface de alto nível orientada a aplicações para interação com OLE-DB, DAO e RDO. O ADO fornece uma interface unificada para o acesso de dados a partir de qualquer linguagem de programação que utilize objetos subjacentes OLE-DB.

ADO.NET – componente de acesso a dados do framework de desenvolvimento de aplicações .NET da Microsoft. O framework .NET da Microsoft é uma plataforma baseada em componentes para o desenvolvimento de aplicações distribuídas, heterogêneas e interoperáveis, que objetivem manipular quaisquer tipos de dados por qualquer rede e em qualquer sistema operacional e linguagem de programação.

agenda serializável – em gerenciamento de transações, uma agenda de operações de transações na qual a execução intercalada das transações produz o mesmo resultado, como se as transações fossem executadas em ordem serial.

agente de segurança do banco de dados (**DSO** – **Database security officer**) – pessoa responsável pela segurança, integridade, backup e recuperação do banco de dados.

aguardar/recusar – esquema de controle de concorrência que diz que, se a transação que solicita o bloqueio é mais antiga, deve aguardar a transação mais nova ser concluída e liberar os bloqueios. Do contrário, a transação mais recente é recusada e reagendada.

álgebra booleana – ramo da matemática que lida com a utilização dos operadores lógicos OR, AND e NOT.

álgebra relacional – conjunto de princípios matemáticos que formam a base da manipulação de conteúdos de tabelas relacionais, composta de oito funções principais: SELECT, PROJECT, JOIN, INTERSECT, UNION, DIFFERENCE, PRODUCT e DIVIDE.

algoritmo de otimização de consulta com base em regras – técnica de otimização de consultas que utiliza um conjunto de valores preestabelecidos e determina a melhor abordagem para a execução da consulta.

algoritmo de otimização de consultas baseado em estatísticas – técnica de otimização de consultas que utiliza informações estatísticas sobre o banco de dados. Essas estatísticas são então utilizadas pelo SGBD para determinar a melhor estratégia de acesso.

alias – nome alternativo dado a uma coluna ou tabela em qualquer sentença de SQL.

alocação de dados – em um SGBD distribuído, descreve o processo de decisão sobre onde colocar os fragmentos de dados.

alocação replicada de dados – estratégia de alocação de dados em que cópias de um ou mais fragmentos são armazenadas em vários locais.

ALTER TABLE – comando de SQL utilizado para fazer alterações na estrutura de tabelas. Seguido por uma palavra-chave (ADD ou MODIFY), adiciona uma coluna ou altera características de colunas.

ameaça de segurança – violação iminente de segurança que pode ocorrer a qualquer momento em razão de vulnerabilidades não verificadas de segurança.

análise de sistemas – processo que estabelece a necessidade e a extensão de um sistema de informações.

AND – operador lógico de SQL utilizado para ligar várias expressões condicionais em uma cláusula WHERE ou HAVING. Exige que todas as expressões condicionais verifiquem-se como verdadeiras.

anomalia de dados – uma anormalidade que ocorre quando de uma alteração inconsistente no banco de dados. Por exemplo, um funcionário muda-se, mas a alteração de endereço é feita apenas em um arquivo, não em todos os arquivos do banco de dados.

ANSI (*American National Standards Institute*, ou seja, Instituto Nacional Americano de Padrões) – grupo que aceitou as recomendações do DBTG e ampliou os padrões de bancos de dados em 1975 por meio de seu comitê SPARC.

armadilha de projeto – ocorre quando um relacionamento é identificado inadequada ou incompletamente, sendo representado, portanto, de um modo inconsistente em relação à realidade. A mais comum é a *fan trap*.

armazenamento de dados – componente do sistema de suporte a decisões que age como um banco de dados para o armazenamento de dados e modelos de dados comerciais. Os dados no armazenamento já foram extraídos e filtrados a partir de dados operacionais externos e serão armazenados para serem acessados pela ferramenta de consulta de usuário final do modelo de dados comerciais.

arquitetura cliente/servidor – refere-se à disposição de componentes de hardware e software para formar um sistema composto de clientes, servidores e software de mediação. A arquitetura cliente/servidor caracteriza-se por apresentar um usuário de recursos, ou seja, um cliente, e um fornecedor de recursos, um servidor.

arquitetura de sistemas de informação (ASI) – produto do processo de engenharia da informação (EI) que serve como base para o planejamento, desenvolvimento e controle de futuros sistemas de informação. (A EI permite a tradução das metas estratégicas de uma empresa em dados e aplicações que a ajudem a atingir essas metas. Foca a descrição de dados corporativos, não de processos.)

arquivo – conjunto denominado de registros relacionados.

arquivos de dados – espaço denominado de armazenamento físico que mantém os dados de um banco. Podem residir em um diretório diferente do disco rígido ou em um ou mais discos. Todos os dados em um banco são armazenados nesse tipo de arquivo. O banco de dados típico de uma empresa normalmente é composto de vários arquivos de dados. Um arquivo de dados pode conter linhas de uma tabela ou de várias tabelas diferentes.

atomicidade – veja *propriedade de transações atômicas*.

atributo – característica de uma entidade ou objeto. Um atributo apresenta um nome e um tipo de dados.

atributo atômico – atributo que não pode mais ser subdividido produzindo componentes significativos. Por exemplo, o atributo "último sobrenome" de uma pessoa não pode ser subdividido de modo a gerar outros componentes de nome significativo. Portanto, o atributo "último sobrenome" é indivisível.

atributo composto – atributo que pode ser subdividido em atributos adicionais. Por exemplo, um número de telefone (11-9898-2368) pode ser dividido em código de DDD (11), prefixo (9898) e um código de quatro dígitos (2368). Compare com *atributo simples*.

atributo derivado – atributo que não existe fisicamente em uma entidade, sendo derivado por meio de um algoritmo. Exemplo: idade = data atual – data de nascimento.

atributo monovalorado – atributo que pode ter apenas um valor.

atributo não principal – atributo que não faz parte de uma chave.

atributo não relacionado a chaves – veja *atributo não principal*.

atributo necessário – em modelagem de ER, refere-se a um atributo que deve ter um valor. Em outras palavras, ele não pode ser deixado vazio.

atributo opcional – em modelagem de ER, refere-se a um atributo que não exige um valor, podendo-se, portanto, deixá-lo vazio.

atributo principal – atributo de chave, ou seja, aquele que faz parte de uma chave ou constitui uma chave inteira. Veja também *atributo de chave*.

atributo simples – atributo que não pode ser subdividido em componentes significativos. Compare com *atributo composto*.

atributo(s) de chave – atributo(s) que forma(m) uma chave primária. Veja também *atributo primário*.

atributos com vários valores – atributo que pode ter muitos valores para uma única ocorrência de entidade. Por exemplo, um atributo EMP_DEGREE pode armazenar a string "BBA, MBA, PHD" para identificar os três graus diferentes mantidos.

atualização imediata – quando as operações de transação são atualizadas imediatamente no banco de dados durante a sua execução, inclusive antes de a transação atingir o ponto de comprometimento.

atualização protelada – no gerenciamento de transações, refere-se à condição em que as operações de transação não atualizam imediatamente um banco de dados físico. Também chamada *técnica de gravação protelada*.

atualizações perdidas – problema de controle de concorrência em que atualizações de dados são perdidas durante a execução concorrente de transações.

autenticação – processo por meio do qual um SGBD garante que somente usuários registrados possam acessar o banco de dados.

AVG – função agregada de SQL que produz a média de uma determinada coluna ou expressão.

B

backup completo (dump do banco de dados) – cópia completa de um banco de dados inteiro salva e atualizada periodicamente em um local separado da memória. Assegura uma recuperação completa de todos os dados no caso de um desastre físico ou de uma falha de integridade de banco de dados.

backup concorrente – backup que ocorre ao mesmo tempo em que um ou mais usuários estão trabalhando no banco de dados.

backup diferencial – nível de backup de banco de dados em que são copiadas apenas as últimas modificações do banco (em comparação com a cópia de backup completa existente).

backup do logs de transações – faz backup apenas das operações do log de transações que não se encontram na cópia anterior do backup do banco de dados.

backup incremental – processo que faz backup apenas dos dados que foram alterados no banco desde o backup anterior (incremental ou completo).

banco de dados – estrutura computacional compartilhada e integrada que abriga um conjunto de dados relacionados. Um banco contém dois tipos de dados: dados de usuário final (fatos brutos) e metadados. Estes últimos consistem de dados sobre dados, ou seja, características e relacionamento entre dados.

banco de dados centralizado – um banco de dados localizado em um único local.

banco de dados de desktop – banco de dados de um único usuário executado em um computador pessoal.

banco de dados de grupo de trabalho – banco de dados de multiusuário que dá suporte a um número relativamente pequeno de usuários (geralmente inferior a 50) ou que é utilizado por um departamento específico de uma organização.

banco de dados de multiusuário – banco de dados que dá suporte a vários usuários concorrentes.

banco de dados de produção – o banco de dados principal projetado para rastrear as operações diárias da empresa. Veja também *banco de dados transacional*.

banco de dados distribuído – banco de dados relacionado logicamente, armazenado em dois ou mais locais fisicamente independentes.

banco de dados em estado consistente – estado de banco de dados no qual as restrições de integridade de todos os dados são satisfeitas.

banco de dados em XML – sistema de banco de dados que armazena e gerencia dados semiestruturados em XML.

banco de dados empresarial – representação geral dos dados da companhia que fornece suporte a necessidades presentes e esperadas para o futuro.

banco de dados monousuário – banco de dados que dá suporte a apenas um único usuário por vez.

bancos de dados muito grandes (VLDB) – como o nome diz, bancos de dados que contém enormes quantidades de dados – não é incomum chegar à faixa de gigabytes, terabytes e petabytes.

banco de dados não replicado – banco de dados distribuído em que cada fragmento é armazenado em um único local.

banco de dados operacional – banco de dados projetado principalmente para dar suporte às operações diárias de uma empresa. Também conhecido como *banco de dados transacional* ou *banco de dados de produção*.

banco de dados replicado completamente – em um SGBDD, refere-se ao banco de dados distribuído que armazena várias cópias de cada fragmento do banco em vários locais. Veja também *banco de dados replicado parcialmente*.

banco de dados replicado parcialmente – banco de dados distribuído em que cópias de apenas alguns fragmentos são armazenadas em vários locais. Veja também *banco de dados replicado completamente*.

banco de dados transacional – banco de dados projetado para rastrear as transações diárias de uma organização. Veja também *banco de dados de produção*.

BETWEEN – em SQL, operador de comparação especial utilizado para verificar se um valor está dentro de uma faixa de valores especificados.

bibliotecas de vínculos dinâmicos (DLL – *Dynamic Link Libraries*) – bibliotecas de código compartilhado tratadas como parte de um sistema operacional ou processo de servidor, de modo a serem invocadas dinamicamente durante a execução.

bloco PL/SQL anônimo – bloco de PL/SQL que não recebeu um nome específico.

bloqueio – dispositivo empregado para garantir utilização exclusiva de um item de dados a uma operação particular de transação, evitando, assim, que outras transações o utilizem. As transações solicitam o bloqueio antes de acessar os dados. O bloqueio é liberado (desbloqueado) após a execução da operação, permitindo que outras transações bloqueiem o item de dados para seu uso.

bloqueio binário – bloqueio que possui apenas dois estados: *bloqueado* (1) e *desbloqueado* (0). Se um item de dados for bloqueado por uma transação, nenhuma outra transação pode utilizar esse item. Veja também *bloqueio*.

bloqueio compartilhado – bloqueio emitido quando uma transação solicita permissão para ler dados a partir de um banco, sem que outra transação tenha bloqueio exclusivo sobre esses dados. Permite que outras transações de somente leitura acessem o banco de dados. Veja também *bloqueio exclusivo*.

bloqueio de duas fases – conjunto de regras que determinam o modo como as transações adquirem e renunciam a bloqueios. Garante a serialização, mas não evita deadlocks. O protocolo de bloqueio em duas fases divide-se em: (1) a *fase de crescimento* ocorre quando a transação adquire todos os bloqueios necessários sem liberar nenhum dos bloqueios *existentes*. Adquiridos todos os bloqueios, a transação está no ponto *bloqueado*. (2) A *fase de encolhimento* se dá quando a transação libera todos os bloqueios e não pode obter novos.

bloqueio exclusivo – bloqueio reservado por uma transação. É emitido quando uma transação solicita permissão para gravar (atualizar) um item de dados sem que haja qualquer bloqueio anterior de outra transação nesse item. Um bloqueio exclusivo não permite que nenhuma outra transação acesse o banco de dados. Veja também *bloqueio compartilhado*.

bloqueio no nível de atributo – permite que transações concorrentes acessem a mesma linha, contanto que solicitem a utilização de campos (atributos) diferentes nessa linha. Produz o acesso de dados mais flexível para multiusuários, mas exige alto nível de custos computacionais.

bloqueio no nível de banco de dados – tipo de bloqueio que restringe apenas ao proprietário do bloqueio o acesso ao banco de dados. Permite o acesso de apenas um usuário por vez. Bem utilizado em processos de batch, mas inadequado para SGBD on-line de usuários múltiplos.

bloqueio no nível de linha – bloqueio de banco de dados relativamente menos restritivo em que o SGBD permite que transações concorrentes acessem linhas diferentes da mesma tabela, mesmo quando elas estiverem localizadas na mesma página.

bloqueio no nível de página – nesse tipo de bloqueio, o sistema de gerenciamento de bancos de dados bloqueará uma página ou uma seção de disco inteira. Uma página de disco pode conter dados para uma ou mais linhas e de uma ou mais tabelas.

bloqueio no nível de tabela – esquema de bloqueio que permite que apenas uma transação por vez acesse determinada tabela. Bloqueia a tabela inteira, impedindo que a transação T2 acesse qualquer linha enquanto a transação T1 estiver utilizando a tabela.

buffer – veja *cache de buffer*.

C

cache de buffer – uma área da memória reservada e compartilhada que armazena na RAM os blocos de dados acessados mais recentemente. Utilizada para aproveitar a memória primária do computador, mais rápida em relação à memória secundária. Assim, minimiza-se o número de operações de entrada/saída (E/S) entre as memórias primária e secundária. Também chamado *cache de dados*.

cache de cubos – em OLAP multidimensional, refere-se à área de memória compartilhada e reservada que contém cubos de dados. A utilização do cache de cubos ajuda a acelerar o acesso aos dados.

cache de dados – área da memória reservada e compartilhada que armazena na RAM os blocos de dados acessados mais recentemente. Também chamado *cache de buffer*.

cache de procedimentos – área da memória compartilhada e reservada que armazena as sentenças de SQL ou procedimentos de PL/SQL (inclusive triggers e funções) executados mais recentemente. Também chamado *cache de SQL*.

cache de SQL – área de memória compartilhada e reservada que armazena as sentenças de SQL ou procedimentos de PL/SQL (inclusive triggers e funções) executados mais recentemente. Também chamado *cache de procedimentos*.

campo – caractere ou grupo de caracteres (alfabéticos ou numéricos) que define uma característica de uma pessoa, lugar ou coisa. Por exemplo, o RG, o endereço, o número de telefone e a conta bancária de uma pessoa constituem campos.

caractere coringa – símbolo que pode ser utilizado como substituto geral de um ou mais caracteres em uma condição da cláusula LIKE de SQL. Os caracteres coringa utilizados em SQL são os símbolos _ e %.

cardinalidade – atribui um valor específico à conectividade. Expressa a faixa (mínimo e máximo) de ocorrências permitidas de entidades associadas a uma única ocorrência da entidade relacionada.

CASE – veja *engenharia de software assistida por computador*.

catálogo de dados distribuído (CDD) – dicionário de dados que contém a descrição (nomes, locais de fragmentos) de um banco de dados distribuído. Também conhecido como *dicionário de dados distribuído (DDD)*.

catálogo de sistema – dicionário detalhado de dados do sistema que descreve todos os objetos de um banco de dados.

CGI (*Common Gateway Interface*, ou seja, Interface de gateway comum) – padrão de interface de servidor de web que utiliza arquivos de script para executar funções específicas baseadas nos parâmetros de um cliente.

chave – identificador de entidade com base no conceito de dependência funcional. Pode ser classificado da seguinte maneira: *Superchave*: atributo (ou combinação de atributos) que identifica exclusivamente cada entidade de uma tabela. *Chave candidata*: menor superchave, ou seja, aquela que não contém um subconjunto de atributos que seja, ele mesmo, uma superchave. *Chave primária (PK)*: chave candidata selecionada como um identificador exclusivo de entidade. *Chave secundária*: chave utilizada estritamente para fins de recuperação de dados. Por exemplo, um cliente provavelmente não sabe seu número de cliente (chave primária), mas a combinação de último sobrenome, primeiro nome, inicial do nome do meio e número de telefone deve coincidir com a linha da tabela adequada. *Chave estrangeira*: atributo (ou combinação de atributos) em uma tabela cujos valores devem coincidir com a chave primária de outra tabela ou devem ser nulos.

chave candidata – veja *chave*.

chave composta – chave com vários atributos.

chave de índice – veja *índice*.

chave estrangeira – veja *chave*.

chave natural (identificador natural) – identificador real, amplamente aceito, utilizado para identificar objetos reais. Como seu nome sugere, uma chave natural é familiar aos usuários finais e faz parte de seu vocabulário comercial cotidiano.

chave primária (PK) – no modelo relacional, identificador composto de um ou mais atributos que identifiquem exclusivamente uma linha. Veja também *chave*.

chave secundária – chave utilizada estritamente para fins de recuperação de dados. Por exemplo, um cliente provavelmente não sabe seu número de cliente (chave primária), mas a combinação de último sobrenome, primeiro nome, inicial do nome do meio e número de telefone deve coincidir com a linha da tabela adequada. Veja também *chave*.

chave surrogate – chave primária atribuída pelo sistema, geralmente numérica e autoincrementada.

Ciclo de vida do banco de dados (CVBD) – projeta a história de um banco de dados em um sistema de informação. Divide-se em seis fases: estudo inicial, projeto, implementação e carga, teste e avaliação, operação e manutenção, e evolução.

Ciclo de vida do desenvolvimento de sistemas (CVDS) – ciclo que traça a história (ciclo de vida) de um sistema de informação. O CVDS fornece a principal imagem de mapeamento e avaliação do projeto e do desenvolvimento de aplicações de bancos de dados.

classe – conjunto de objetos similares que compartilham estrutura (atributos) e comportamento (métodos). A classe engloba a representação de dados de um objeto e a implementação de um método. As classes organizam-se em uma hierarquia de classes.

CODASYL (*Conference on Data Systems Languages*, ou seja, Conferência sobre linguagens de sistemas de dados) – grupo formado originalmente para auxiliar na padronização do COBOL; seu subgrupo no DBTG ajudou a desenvolver os padrões de bancos de dados no início da década de 1970.

coesão – a força do relacionamento entre os componentes de um módulo. A coesão do módulo deve ser alta.

colunas de junção – termo utilizado para se referir a colunas que juntam duas tabelas. As colunas de junção geralmente compartilham valores idênticos.

COMMIT – comando de SQL que salva permanentemente as alterações de dados em um banco de dados.

compatibilidade para união – duas ou mais tabelas são compatíveis para união quando compartilham os mesmos nomes de coluna e as colunas apresentam tipos ou domínios de dados compatíveis.

conectividade – descreve a classificação do relacionamento entre entidades. Tais classificações incluem 1:1, 1:M e M:N.

Conectividade de bancos de dados abertos (ODBC – *Open Database Connectivity*) – software de mediação de bancos de dados desenvolvido pela Microsoft para fornecer, a aplicações de Windows, uma API de acesso a bancos de dados.

Conectividade de bancos de dados em Java (JDBC – *Java Database Connectivity*) – interface de programação de aplicações que permite que um programa em Java interaja com uma ampla faixa de fontes de dados (bancos de dados relacionais, fontes tabulares, planilhas e arquivos de texto).

conhecimento – corpo de informações e fatos sobre um assunto específico. O conhecimento implica familiaridade, consciência e compreensão das informações conforme se apliquem a um ambiente. Uma característica fundamental do conhecimento é que o "novo" conhecimento pode ser obtido a partir do "antigo".

conjunto de entidades – em modelos relacionais, refere-se ao agrupamento de entidades relacionadas.

conjunto de resultados de consultas – coleção de linhas de dados retornadas por uma consulta.

consistência – condição de banco de dados na qual são satisfeitas as restrições de integridade de todos os dados. Para assegurar a consistência de um banco de dados, toda transação deve começar com o banco de dados em um estado considerado consistente. Se o banco de dados não estiver nesse estado, a transação resultará em um banco de dados inconsistente que violará suas regras de integridade e comerciais.

consulta – questão ou tarefa solicitada por um usuário final ou banco de dados na forma de código de SQL. Uma solicitação específica de manipulação de dados emitida pelo usuário final ou aplicação para o SGDB.

consulta *ad hoc* – requisição momentânea.

consulta integrada – em SQL, refere-se a uma consulta incorporada a outra consulta. Veja *subconsulta*.

consulta interna – consulta incorporada (ou integrada) no interior de outra consulta. Também conhecida como *consulta integrada* ou *subconsulta*.

consulta recursiva – consulta integrada que une uma tabela a ela mesma. Por exemplo, uma consulta recursiva une a tabela FUNCIONÁRIO a ela mesma.

controle de concorrência – recurso de SGBD utilizado para preservar a integridade dos dados e coordenar a execução simultânea de transações em um sistema de multiprocessamento de banco de dados.

coordenador – nó do processador de transações (PT) que coordena a execução de um COMMIT de duas fases em um SGBDD. Veja também *processador de dados (PD)*, *processador de transações (PT)* e *protocolo de consolidação de duas fases.*

COUNT – função agregada de SQL que retorna o número de linhas que não contenham valores nulos em uma determina coluna ou expressão; às vezes utilizado com a cláusula DISTINCT.

CREATE INDEX – comando de SQL que cria índices com base em qualquer atributo ou conjunto de atributos selecionado.

CREATE TABLE – comando de SQL utilizado para criar estruturas de uma tabela utilizando características e os atributos dados.

CREATE VIEW – comando de SQL que cria uma tabela lógica "virtual" com base em tabelas armazenadas de usuários finais. Essa visualização pode ser tratada como uma tabela real.

cubo de dados – refere-se à estrutura de dados multidimensional utilizada para armazenar e manipular dados em um SGBD multidimensional. A localização de cada valor de dado no cubo baseia-se nos eixos *x*, *y* e *z* do espaço. Os cubos de dados são estáticos (devem ser criados antes de sua utilização); portanto, não podem ser produzidos por uma consulta *ad hoc.*

cursor – estrutura especial utilizada em SQL procedural para manter os dados provenientes de uma consulta de SQL. Pode-se considerar o cursor como uma área reservada da memória em que o resultado da busca é armazenado na forma de uma matriz que contém linhas e colunas. Os cursores são mantidos em uma área de memória reservada no servidor do SGBD, não no computador cliente.

cursor explícito – em SQL procedural, cursor criado para manter o produto de uma sentença de SQL que tenha permissão para retornar duas ou mais linhas (mas que possa retornar nenhuma ou apenas uma linha).

cursor implícito – cursor criado automaticamente em SQL procedural quando a sentença de SQL retorna apenas um valor.

D

dados – fatos brutos, ou seja, fatos que ainda não foram processados de modo a revelar seu significado ao usuário final.

dados atômicos – veja *granularidade.*

dados estruturados – dados não estruturados formatados (estruturados) para facilitar o armazenamento, a utilização e a geração de informações.

dados não consolidados – quando se tenta obter controle de concorrência, os dados não consolidados causam problemas de integridade e consistência. Isso ocorre quando duas transações são executadas de modo concorrente e a primeira é desfeita após a segunda ter acessado os dados não comprometidos, violando, assim, a propriedade do isolamento de transações.

dados não estruturados – dados que existem em seu estado original (bruto), ou seja, no formato em que foram coletados.

dados semiestruturados – dados que já foram processados até certo ponto.

dados variáveis no tempo – dados cujos valores são uma função do tempo. Por exemplo, dados variáveis no tempo podem ser vistos em ação quando é rastreado o histórico de todos os cargos administrativos (data da nomeação e da demissão).

data mart –pequeno subconjunto de um data warehouse, sobre um único assunto, que fornece suporte às decisões de um pequeno grupo de pessoas.

data warehouse – Bill Inmon, conhecido como o "pai do data warehouse", define o termo como "um conjunto de dados integrado, orientado por assunto, variável no tempo e não volátil que fornece suporte à tomada de decisões".

datafile – veja *arquivos de dados.*

DataSet – em ADO.NET, refere-se a uma representação do banco de dados não conectada e residente na memória. Ou seja, o DataSet contém tabelas, colunas, linhas, relacionamentos e restrições.

DBTG (*Database Task Group*, ou seja, Grupo de trabalho sobre bancos de dados) – um comitê do CODASYL que ajudou a desenvolver padrões de bancos de dados no início da década de 1970. Veja também *CODASYL (Conference on Data Systems Languages).*

deadlock – condição existente quando duas ou mais transações aguardam indefinidamente uma pela outra para liberar o bloqueio de um item de dados bloqueado anteriormente. Também chamado *interbloqueio fatal*. Veja também *bloqueio*.

definição de esquema XML (XSD) – arquivo que contém a descrição de um documento em XML.

definição de tipo de documento (DTD) – arquivo com extensão .dtd que descreve elementos de XML. Na prática, um arquivo DTD fornece a descrição da composição de um documento e define as regras sintáticas ou tags válidas para cada tipo de documento XML.

DELETE – comando de SQL que permite que linhas de dados específicas sejam excluídas de uma tabela.

departamento de sistemas de informação (SI) – evolução do departamento de processamento de dados em que as responsabilidades são ampliadas, incluindo funções de serviço e produção.

dependência de dados – condição de dados na qual sua representação e manipulação dependem das características do armazenamento físico de dados.

dependência estrutural – característica de dados que ocorre quando uma alteração no esquema do banco afeta o acesso aos dados, exigindo, assim, alterações em todos os programas de acesso.

dependência funcional – dentro de uma relação R, um atributo B é funcionalmente dependente de um atributo A se, e somente se, um dado valor do atributo A determinar exatamente um valor do atributo B. O relacionamento "B é dependente de A" é equivalente a "A determina B" e é escrito como AB.

dependência funcional completa – condição na qual um atributo é funcionalmente dependente de uma chave composta, mas não de um subconjunto dessa chave.

dependência parcial – em normalização, condição em que um atributo é dependente apenas de uma parte (subconjunto) da chave primária.

dependência transitiva – condição em que um atributo é dependente de outro atributo que não faz parte da chave primária.

dependente de existência – propriedade de uma entidade cuja existência depende de outra(s) entidade(s). Em um ambiente dependente de existência, a tabela independente deve ser criada e carregada primeiro, pois a chave dependente não pode referenciar uma tabela que ainda não exista.

DES (*Data Encryption Standard*, ou seja, Padrão de criptografia de dados) – padrão mais utilizado na criptografia de chaves privadas. O DES é adotado pelo governo dos EUA.

descrição de operações – documento que fornece descrição precisa, detalhada, atualizada e completamente revisada das atividades que definem o ambiente operacional de uma organização.

desenvolvimento de banco de dados – termo utilizado para descrever o processo de projeto e implantação de bancos de dados.

desenvolvimento de sistemas – processo de criação de um sistema de informação.

desnormalização – processo por meio do qual uma tabela é alterada de uma forma normal de alto nível para uma de baixo nível. Geralmente realizado para aumentar a velocidade de processamento. Pode resultar em anomalias de dados.

detalhamento – jargão multidimensional que indica a capacidade de "cortar fatias" do cubo de dados (decompor e sintetizar) para executar uma análise mais detalhada.

determinação – o papel de uma chave. No contexto de uma tabela de bancos de dados, a afirmação "A determina B" indica que conhecer o valor do atributo A implica (determina) que o valor de B pode ser verificado (determinado).

determinante – qualquer atributo de uma linha específica cujo valor determine diretamente outros valores dessa linha. Veja também *Forma normal de Boyce-Codd (BCNF – Boyce-Codd normal form)*.

diagrama de classes – utilizado para representar dados e seus relacionamentos em notação de sistema de modelagem de objetos UML.

diagrama de dependência – representação de todas as dependências de dados (chaves primárias, parciais ou transitivas) em uma tabela.

diagrama de entidade-relacionamento (DER) – diagrama que representa as entidades, atributos e relacionamentos de um modelo de entidade-relacionamento.

diagrama EER (EERD) – refere-se ao diagrama de entidade-relacionamento resultante da aplicação de conceitos de relacionamento estendido que fornecem conteúdo semântico adicional ao modelo de ER.

diagrama relacional – representação gráfica das entidades de um banco de dados relacionais, dos atributos dessas entidades e dos relacionamentos entre elas.

dicionário de dados – um componente do SGBD que armazena metadados, ou seja, dados sobre dados. Assim, o dicionário contém a definição dos dados, bem como suas características e relacionamentos. Ele pode incluir também dados externos ao SGBD. Também conhecido como *dicionário de recursos de informação*. Veja também *dicionário de dados ativo*, *metadados* e *dicionário de dados passivo*.

dicionário de dados ativo – dicionário de dados atualizado automaticamente pelo SGBD todas as vezes em que o banco de dados é acessado, mantendo atuais suas informações. Veja também *dicionário de dados*.

dicionário de dados distribuído (DDD) – veja *catálogo de dados distribuído (CDD)*.

dicionário de dados passivo – dicionário de dados de SGBD que exige um comando iniciado pelo usuário final para atualizar suas estatísticas de acesso aos dados. Veja também *dicionário de dados*.

dicionário de recursos de informação – veja *dicionário de dados*.

dimensões – em um projeto de esquema estrela, refere-se à qualificação de características que fornecem perspectivas adicionais a um determinado fato.

discriminador de subtipo – atributo de uma entidade supertipo que determina a qual subtipo de entidade cada ocorrência de supertipo está relacionada.

dispersão – em análise de dados multidimensionais, medida da densidade dos dados mantidos no cubo de dados.

dispersão de dados – distribuição de valores em colunas ou número de valores diferentes que uma coluna pode ter.

DISTINCT – uma cláusula de SQL designada para a produção de uma lista que contenha apenas os valores diferentes uns dos outros.

DLL (*data definition language*, ou seja, linguagem de definição de dados) – linguagem que permite que o administrador de um banco de dados defina a estrutura, esquema ou subesquema desse banco.

DML (*Data Manipulation Language*, ou seja, Linguagem de manipulação de dados) – linguagem (conjunto de comandos) que permite que um usuário final manipule os dados de um banco (SELECT, INSERT, UPDATE, DELETE, COMMIT e ROLLBACK).

domínio – em modelagem de dados, refere-se à estrutura utilizada para organizar e descrever um conjunto de possíveis valores de um atributo.

domínio de atributos – veja *domínio*.

Drill-down (decomposição) – desmembramento de dados em componentes menos divisíveis, ou seja, em dados de menor nível de agregação. Utilizado principalmente em sistemas de suporte a decisões para focar áreas geográficas específicas, tipos de negócios etc. Veja também *Roll up (agrupamento)*.

DROP – comando de SQL utilizado para excluir objetos de bancos de dados como tabelas, visualizações, índices e usuários.

DSN (*Data Source Name*, ou seja, nome da fonte de dados) – identifica e define uma fonte de dados de ODBC.

durabilidade – propriedade de transações que indica a permanência de um banco de dados em estado consistente. Transações concluídas não serão perdidas no caso de uma falha de sistema se o banco de dados tiver a durabilidade adequada.

E

engenharia da informação (IE) – metodologia que traduz as metas estratégicas de uma empresa em dados e aplicações que a ajudem a atingir essas metas.

engenharia de software assistida por computador (CASE, sigla em inglês para *computer-assisted software engineering*) – ferramentas utilizadas para automatizar parte ou todo o ciclo de vida de desenvolvimento de sistemas.

entidade – objeto sobre o qual se deseja armazenar dados; normalmente uma pessoa, um lugar, uma coisa, um conceito ou um evento. Veja também *atributo*.

entidade associativa – veja *entidade composta*.

entidade composta – entidade projetada para transformar um relacionamento M:N em dois relacionamentos 1:M. A chave primária da entidade composta compreende pelo menos as chaves primárias das entidades por ela conectadas. Também conhecida como *entidade ponte*. Veja também *tabela de ligação*.

entidade fraca – entidade que mostra dependência de existência e herda a chave principal de sua entidade pai. Exemplo: um DEPENDENTE exige a existência de um FUNCIONÁRIO.

entidade ponte – veja *entidade composta*.

escalonador – componente de SGBD responsável por estabelecer a ordem em que operações de transações concorrentes são executadas. O escalonador *intercala* a execução de operações de banco de dados em determinada ordem (sequência) para garantir a *serialidade*.

escopo – parte de um sistema que define a extensão do projeto de acordo com as exigências operacionais.

tablespace – em um SGBD, espaço de armazenamento lógico utilizado para agrupar dados relacionados. Também conhecido como *grupo de arquivos*.

esquema – agrupamento lógico de objetos de bancos de dados (tabelas, índices, visualizações, consultas etc.) relacionados entre si. Geralmente, um esquema pertence a um único usuário ou aplicação.

esquema conceitual – representação, geralmente gráfica, de um modelo conceitual. Veja também *modelo conceitual*.

esquema flocos de neve – tipo de esquema estrela em que as tabelas de dimensão podem ter suas próprias tabelas de dimensão. O esquema flocos de neve resulta normalmente da normalização de tabelas de dimensão.

esquema estrela – técnica de modelagem de dados utilizada para mapear dados multidimensionais de suporte a decisões em um banco de dados relacionais. O esquema estrela representa dados utilizando uma tabela central conhecida como tabela de fatos, em um relacionamento 1:M com uma ou mais tabelas de dimensão.

esquema externo – representação específica de uma visualização externa, ou seja, a visualização do usuário final sobre o ambiente de dados.

esquema global distribuído – descrição esquemática de um banco de dados distribuídos conforme a visão do administrador do banco.

esquema interno – constitui uma representação específica de um modelo interno, utilizando as estruturas de bancos de dados suportadas pelo banco escolhido. (O modelo interno é a representação de um banco de dados conforme "visto" pelo SGBD. Em outras palavras, o modelo interno exige que um projetista relacione as características e restrições do modelo conceitual com as do modelo selecionado para implantação.)

esquema relacional – descrição da organização de um banco de dados relacional conforme a visão do administrador do banco.

esquema XML – linguagem de definição de dados avançada, utilizada para descrever a estrutura (elementos, tipos de dados e relacionamentos, faixas e valores-padrão) de documentos de dados em XML. Uma das principais vantagens de um esquema XML é que ele mapeia com mais precisão a terminologia e os recursos do banco de dados. Por exemplo, um esquema XML será capaz de definir tipos de bancos de dados comuns, como valores de datas, inteiros ou decimais, mínimos e máximos, lista de valores válidos e elementos exigidos. Utilizando o esquema XML, uma empresa pode validar os dados para valores fora da faixa, datas incorretas, valores válidos e assim por diante.

estatística do banco de dados – na otimização de buscas, refere-se às medidas sobre objetos do banco de dados, como número de linhas em uma tabela, número de blocos de disco utilizados, tamanho máximo e médio de linha, número de colunas em cada linha, número de valores distintos em cada coluna etc. Tais estatísticas fornecem um retrato instantâneo das características do banco de dados.

exclusividade – em controle de concorrência, propriedade de registro de data e hora que assegura que não existam valores iguais desse registro.

EXISTS – em SQL, um operador de comparação utilizado para verificar se uma subconsulta retorna alguma linha.

expansão – em ambientes de SGBD, refere-se à capacidade dos arquivos de dados de expandir seu tamanho, utilizando incrementos predefinidos.

extensão ao lado do servidor – programa que interage diretamente com o processo de servidor para tratar de tipos específicos de solicitações. Adicionam funcionalidades significativas a servidores de web e intranets.

extensões do lado do cliente – essas extensões adicionam funcionalidades a um navegador da web. Embora disponíveis em várias formas, as extensões encontradas com mais frequência são plugins, Java, JavaScript, ActiveX e VBScript.

extração de dados – processo utilizado para extrair e validar dados obtidos a partir de bancos operacionais e fontes externas, antes de sua colocação em um data warehouse.

F

falha de segurança – evento que ocorre quando uma ameaça de segurança é explorada para afetar negativamente a integridade, confidencialidade e disponibilidade do sistema.

fan trap – armadilha de projeto que ocorre quando uma entidade está em dois relacionamentos 1:M com outras entidades, produzindo, assim, uma associação entre as outras entidades que não é expressa no modelo.

fatos – em um data warehouse, refere-se às medidas (valores) que representam determinado aspecto ou atividade comercial. Por exemplo, os números de vendas são medidas que representam as vendas de produtos e/ou serviços. Os fatos normalmente utilizados em análise de dados comerciais são unidades, custos, preços e receitas.

fechamento – propriedade de operadores relacionais que permite a utilização de operadores de álgebra relacionais em tabelas existentes (relações) para produzir novas relações.

ferramenta de apresentação do usuário final – utilizada pelo analista de dados para organizar e apresentar dados selecionados a partir da compilação da ferramenta de consulta do usuário final.

ferramenta de consulta do usuário final – utilizada pelo analista de dados para criar as consultas que avaliam as informações específicas desejadas do armazenamento de dados.

ferramentas CASE back end – ferramenta de engenharia de software auxiliada por computador classificada como "back end", pois fornece suporte às fases de codificação e implantação do CVDS. Por outro lado, ferramentas CASE front end dão suporte às fases de planejamento, análise e projeto.

ferramentas CASE front end – uma ferramenta de engenharia de software auxiliada por computador é classificada como "front end", pois fornece suporte às fases de planejamento, análise e projeto do CVDS. Por outro lado, ferramentas CASE back end dão suporte às fases de codificação e implementação.

filtragem de dados – veja *extração de dados*.

flags – códigos especiais implementados pelos projetistas para ativar uma resposta necessária, alertar usuários finais a condições especificadas ou codificar valores. Os flags podem ser utilizados para impedir espaços nulos, chamando a atenção para a ausência de um valor na tabela.

Forma normal de Boyce-Codd (BCNF - *Boyce-Codd normal form*) – um modo especial da terceira forma normal (3NF), no qual cada determinante é uma chave candidata. Uma tabela que esteja em BCNF deve estar em 3NF. Veja também *determinante*.

formato de dados físicos – modo no qual os computadores "visualizam" (armazenam) os dados.

formato de dados lógicos – modo no qual os seres humanos visualizam os dados.

fragmentação de dados – característica de um SGBDD que permite que um único objeto seja dividido em dois ou mais segmentos ou fragmentos. O objeto pode ser um banco de dados do usuário ou do sistema, ou uma tabela. Cada fragmento pode ser armazenado em qualquer local de uma rede de computadores.

fragmentação horizontal – processo de projeto de banco de dados distribuído que separa uma tabela em subconjuntos contendo uma única linha. Veja também *fragmentos de dados* e *fragmentação vertical*.

fragmentação mista – em relação à fragmentação de dados, refere-se à combinação de estratégias horizontais e verticais, o que significa que uma tabela pode ser dividida em várias linhas, cada uma com um subconjunto de atributos (colunas).

fragmentação vertical – em projeto de bancos de dados distribuídos, processo que separa uma tabela em fragmentos que consistem de um subconjunto de colunas da tabela original. Os fragmentos devem compartilhar uma chave primária. Veja também *fragmentos de dados* e *fragmentação horizontal*.

fragmento exclusivo – em um SGBD, condição que indica que cada linha é exclusiva, independente de em qual fragmento se localiza.

fragmentos de bancos de dados – subconjuntos de um banco de dados distribuído. Embora os fragmentos possam ser armazenados em locais diferentes de uma rede de computador, o conjunto de todos os fragmentos é tratado como um único banco de dados. Veja também *fragmentação horizontal* e *fragmentação vertical*.

fronteiras – limites externos aos quais qualquer sistema proposto está sujeito. Entre eles, inclui-se orçamento, mão de obra e hardware e software existente.

função armazenada – grupo denominado de sentenças procedurais e de SQL que retornam um valor indicado por uma sentença RETURN em seu código de programação.

G

gargalo de processamento de consultas – na otimização de consultas, atraso introduzido no processamento de uma operação de E/S que faz com que o sistema em geral fique mais lento.

gerenciamento de autorizações – define os procedimentos de proteção e garantia da segurança e integridade de um banco de dados. Tais procedimentos incluem: gerenciamento de acesso de usuários, definição de visualização, controle de acesso ao SGBD e monitoramento de utilização do SGBD.

gerenciamento de dados – processo que foca a coleta, armazenamento e recuperação de dados. As funções comuns de gerenciamento de dados incluem adição, exclusão, modificação e listagem.

gerenciamento de desastres – conjunto de atividades de DBA dedicadas a garantir a disponibilidade dos dados após um desastre físico ou uma falha de integridade do banco.

gerenciamento mestre de dados (MDM) – em inteligência comercial, conjunto de conceitos, técnicas e processos para a identificação, definição e gerenciamento adequados de elementos de dados em uma organização.

gerente de bloqueio – componente do SGBD responsável por atribuir e liberar bloqueios.

gerente de dados (GD) – veja *gerente de processamento de dados (PD)*.

gerente de processamento de dados (PD) – especialista em PD promovido a supervisor de um departamento. Suas funções incluem gerenciamento de recursos técnicos e humanos, supervisão de programadores sênior e diagnóstico e solução de problemas do programa. Também conhecido como *gerente de dados (GD)*.

gerente de recursos de informação (IRM) – veja *administrador de dados (DA)*.

gerente de transações (GT) – veja *processador de transações (PT)*.

governança – em inteligência comercial, métodos de controle e monitoramento da saúde dos negócios e de promoção de tomada de decisões consistentes.

granularidade – refere-se ao nível de detalhe representado pelos valores armazenados na linha de uma tabela. Os dados armazenados no menor nível de refinamento são chamados de *dados atômicos*.

grau de relacionamento – indica o número de entidades ou participantes associados a um relacionamento. O grau de relacionamento pode ser unário, binário, ternário ou de nível superior.

GROUP BY – cláusula de SQL utilizada para criar distribuições de frequência quando combinada com qualquer função agregada em uma sentença SELECT.

grupo de arquivos – veja *espaço de tabela*.

grupo de entidades – tipo de entidade "virtual" utilizado para representar várias entidades e relacionamentos no DER. É formado pela combinação de várias entidades inter-relacionadas em um único objeto abstrato de entidades. O grupo de entidades é considerado "virtual" ou "abstrato" no sentido de que não é realmente uma entidade no DER final.

grupo de repetição – em uma relação, característica que descreve um grupo de várias entradas do mesmo tipo que existem para uma única ocorrência de atributo de chave. Por exemplo, um carro pode ter várias cores (superfície, interior, fundo, detalhes etc.).

H

HAVING – restrição imposta ao resultado da cláusula GRUPO BY. A cláusula HAVING é aplicada ao resultado de uma operação GROUP BY para restringir as linhas selecionadas.

herança – no modelo de dados orientado a objetos, a capacidade de um objeto herdar as estruturas e métodos de dados das classes hierarquicamente superiores a ele. Veja também *hierarquia de classe.*

hierarquia de atributos – fornece uma organização vertical utilizada para duas finalidades principais: agregação e análise de dados por drill down ou roll up.

hierarquia de classe – organização de classes em uma árvore hierárquica em que cada classe "pai" é uma *superclasse* e cada classe "filho" é uma *subclasse*. Veja também *herança.*

hierarquia de especialização – hierarquia baseada no processo de identificação, de cima para baixo, dos subtipos de entidade de nível inferior, a partir de um supertipo de nível superior. A especialização baseia-se no agrupamento de características e relacionamentos exclusivos dos subtipos.

homônimo – indica a utilização de um mesmo nome para identificar atributos diferentes; em geral, deve-se evitá-lo. Alguns softwares relacionais verificam automaticamente os homônimos e alertam o usuário de sua existência ou fazem os ajustes adequados automaticamente. Veja também *sinônimo.*

I

identificador composto – em modelagem de ER, chave composta por mais de um atributo.

identificadores – o ER utiliza identificadores para apontar exclusivamente cada instância de entidade. No modelo relacional, esses identificadores são mapeados para chaves principais de tabelas.

ilhas de informação – termo utilizado em antigos ambientes de sistemas de arquivos para se referir a conjuntos de dados independentes, geralmente duplicados e inconsistentes, criados e gerenciados por diferentes departamentos organizacionais.

IN – em SQL, um operador de comparação utilizado para verificar se um valor está em uma lista de valores especificados.

inconsistência de dados – condição na qual versões diferentes dos mesmos dados resultam em resultados diferentes (inconsistentes).

independência de dados – condição que se dá quando o acesso aos dados não é afetado por alterações nas características do armazenamento físico de dados.

independência de hardware – significa que o modelo não depende do hardware utilizado em sua implementação. Portanto, alterações de hardware não terão efeito sobre o projeto de banco de dados no nível conceitual.

independência de software – propriedade de um modelo ou aplicação que não depende do software utilizado na implementação.

independência estrutural – característica de dados que ocorre quando alterações no esquema do banco não afetam o acesso aos dados.

independência física – condição em que o modelo físico pode ser alterado sem afetar o modelo interno.

independência lógica – condição em que o modelo interno pode ser alterado sem afetar o modelo conceitual. (O modelo interno é independente do hardware, pois não é afetado pela escolha do computador em que o software está instalado. Portanto, uma alteração nos dispositivos de armazenamento ou mesmo nos sistemas operacionais não afetará o modelo interno.)

independente de existência – entidade que pode existir separadamente de uma ou mais entidades relacionadas. Deve ser criada antes de uma tabela dependente ser referenciada a ela.

índice – matriz ordenada composta de valores de chaves de índice e de IDs de linha (ponteiros). Os índices são geralmente utilizados para acelerar e facilitar a recuperação de dados. Também conhecido como *chave de índice.*

índice com base em função – tipo de índice com base em uma função ou expressão específica de SQL.

índice único – índice em que a chave de índice pode ter apenas um valor (linha) de ponteiro associado.

informação – resultado do processamento de dados brutos para revelar seu significado. A informação consiste de dados transformados e facilita a tomada de decisões.

INSERT – comando de SQL que permite inserir, de uma só vez, uma ou várias linhas de dados em uma tabela, utilizando uma subconsulta.

instância de banco de dados – em um SGBD Oracle, refere-se ao conjunto de estruturas de processos e dados utilizados para gerenciar um banco de dados específico.

instância de entidade – termo utilizado em modelagem de ER para se referir a uma linha específica de uma tabela. Também conhecida como *ocorrência de entidade*.

integridade de dados – em bancos de dados relacionais, refere-se a uma condição em que os dados de um banco estão em conformidade com todas as restrições de entidade e de integridade referencial.

integridade de entidade – propriedade de tabelas relacionais que garante que cada entidade possui um valor exclusivo em uma chave principal e que não há valores nulos nessa chave.

integridade referencial – condição em que uma chave externa de uma tabela dependente deve ter uma entrada nula ou uma entrada correspondente na tabela relacionada. Embora determinado atributo possa não ter um atributo *correspondente*, é impossível ter uma entrada inválida.

inteireza parcial – em hierarquia de generalização, significa que nem toda ocorrência de supertipo é membro de um subtipo, ou seja, pode haver algumas ocorrências de supertipos que não sejam membros de nenhum subtipo.

inteireza total – em uma hierarquia de generalização/especialização, condição em que toda ocorrência de supertipo deve ser membro de pelo menos um subtipo.

interbloqueio fatal – veja *deadlock*.

Interface de nível de chamada (INC) – um padrão desenvolvido pelo Grupo de Acesso de SQL para acesso a bancos de dados.

interface de programação de aplicações (API) – programa por meio do qual os programadores interagem com software de mediação. Permite a utilização de código de SQL genérico, possibilitando, assim, que os processos de clientes sejam independentes do servidor de banco de dados.

IS NULL – em SQL, um operador de comparação utilizado para verificar se um atributo possui determinado valor.

isolamento – propriedade de uma transação de banco de dados que garante que um item de dados utilizado por uma transação não esteja disponível para outra até que a primeira se encerre.

J

Java – linguagem de programação orientada a objetos desenvolvida pela Sun Microsystems e executada na superfície do software de navegação na web. As aplicações em Java são compiladas e armazenadas no servidor de web. A principal vantagem dessa linguagem é a possibilidade de desenvolver aplicações uma única vez e executá-las em vários ambientes.

JavaScript – linguagem de script (ou seja, permite a execução de uma série de comandos ou macros) desenvolvida pela Netscape para permitir que criadores da web projetem sites interativos. O código de JavaScript é incorporado às páginas da web. Ele é baixado com a página e ativado quando da ocorrência de um evento específico, como o clique em um objeto.

junção cruzada – junção que executa um produto relacional (também conhecido como produto cartesiano) de duas tabelas.

junção de módulos – descrição de quão extensa é a independência dos módulos entre si.

junção externa – operação de JOIN de álgebra relacional que produz uma tabela em que todos os pares sem correspondência são mantidos e os valores sem correspondência da tabela relacionada são deixados nulos. Compare com *junção interna*. Veja também *junção externa à esquerda* e *junção externa à direita*.

junção externa à direita – em duas tabelas a serem unidas, uma junção externa à direita resulta em todas as linhas da tabela à direita, incluindo aquelas sem valores correspondentes na outra tabela. Por exemplo, uma junção externa à direita de CLIENTE com AGENTE resultará em todas as linhas de AGENTE, inclusive aquelas que não tenham uma linha correspondente em CLIENTE. Veja também *junção externa à esquerda* e *junção externa*.

junção externa à esquerda – em duas tabelas a serem unidas, uma junção externa à esquerda resulta em todas as linhas da tabela à esquerda, incluindo aquelas que não tenham valores correspondentes na outra tabela. Por exemplo, uma união externa à esquerda de CLIENTE com AGENTE resultará em todas as linhas de CLIENTE, inclusive aquelas que não tenham uma linha correspondente em AGENTE. Veja também *junção externa* e *junção externa à direita*.

junção interna – operação de junção na qual são selecionadas apenas as linhas que atendam a determinados critérios. Os critérios de junção podem ser condição de igualdade (junção natural ou por igualdade) ou de desigualdade (junção teta). A junção interna é o tipo de junção utilizado com mais frequência. Compare com *junção externa*.

junção natural – operação relacional que liga tabelas selecionando apenas as linhas com valores comuns em seu(s) atributo(s) comum(ns).

junção por igualdade (equijoin) – operador de junção que liga tabelas com base em condição de igualdade que compara colunas especificadas.

junção teta – operador de união que relaciona tabelas utilizando operadores de comparação de desigualdades (<, >, <=, >=) na condição de junção.

L

Ligação e incorporação de objetos de bancos de dados (OLE-DB - *Object Linking and Embedding for Database)* – tem base no modelo de objeto componente (COM) da Microsoft, o OLE-DB é um software de mediação de bancos de dados que adiciona recursos orientados a objetos para acessar dados relacionais e não relacionais. O OLE-DB constituiu a primeira parte da estratégia da Microsoft de fornecer um modelo unificado, orientado a objetos, para o desenvolvimento de aplicações da próxima geração.

LIKE – em SQL, um operador de comparação utilizado para verificar se o valor de texto de um atributo corresponde a um padrão específico de string.

linguagem de consulta – linguagem não procedural utilizada por um SGBD para manipular seus dados. Um exemplo de linguagem de consulta é a SQL.

Linguagem de marcação extensível (XML) – metalinguagem utilizada para representar e manipular elementos de dados. Ao contrário de outras linguagens de marcação, o XML permite a manipulação de elementos de dados de um documento. É projetado para facilitar a troca de documentos estruturados, como pedidos e faturas, pela internet.

linguagem hospedeira – termo utilizado para descrever qualquer linguagem que contenha sentenças de SQL integrada.

log de auditoria – recurso de segurança dos sistemas de gerenciamento de bancos de dados que registra automaticamente uma breve descrição das operações executadas por todos os usuários.

lógica dos predicados – utilizada extensivamente em matemática, fornece um modelo em que uma proposição (afirmação de um fato) pode ser verificada como verdadeira ou falsa. Por exemplo, suponha que uma estudante com ID 12345678 se chame Melissa Sanduski. Essa proposição pode facilmente ser demonstrada como verdadeira ou falsa.

logs de transações – recurso utilizado pelo SGBD para rastrear todas as operações de transação que atualizam o banco de dados. As informações armazenadas nesse log são utilizadas pelo SGBD para fins de recuperação.

logs de transações redundantes – a maioria dos sistemas de gerenciamento de bancos de dados mantém várias cópias dos logs de transações para garantir que a falha física de um disco não prejudique a capacidade do SGBD de recuperar dados.

M

MAX – função agregada de SQL que retorna o valor máximo de atributo encontrado em determinada coluna.

metadados – dados sobre dados, ou seja, dados a respeito de características e relacionamentos de dados. Veja também *dicionário de dados*.

método – no modelo orientado a objetos, conjunto denominado de instruções para executar uma ação. Os métodos representam ações reais e são invocados por meio de mensagens.

métrica – em um data warehouse, fatos numéricos que medem uma característica comercial de interesse do usuário final.

middleware de bancos de dados – middleware de conectividade por meio do qual os aplicativos se conectam e se comunicam com depósitos de dados.

MIN – função agregada de SQL que retorna o valor mínimo de atributo encontrado em determinada coluna.

Mineração de dados (data mining) – processo que emprega ferramentas automatizadas para analisar os dados de um data warehouse e outras fontes, identificando proativamente possíveis relacionamentos e anomalias.

Modelo .NET da Microsoft – plataforma baseada em componente para o desenvolvimento de aplicações distribuídas, heterogêneas e interoperáveis, que objetivem manipular quaisquer tipos de dados por qualquer rede e em qualquer sistema operacional e linguagem de programação.

modelo conceitual – o resultado do processo do projeto conceitual. Esse modelo fornece uma visão global do banco de dados como um todo. Descreve os principais objetos de dados, evitando detalhes.

modelo de dados – representação, geralmente gráfica, de uma estrutura complexa de dados "reais". Esses modelos são utilizados na fase de projeto do ciclo de vida do banco de dados.

modelo de dados orientado a objetos (MDOO) – modelo de dados cuja estrutura de modelagem básica é um objeto.

modelo de dados relacionais estendido (ERDM) – modelo que inclui os melhores recursos do modelo orientado a objetos em um ambiente estrutural de banco de dados relacional originalmente mais simples. Veja *modelo de entidade-relacionamento estendido (EERM)*.

modelo de dados semântico – primeira de uma série de modelos de dados que representavam de modo mais fiel ao mundo real, modelando tanto os dados como seus relacionamentos em uma estrutura conhecida como objeto. O MDS, publicado em 1981, foi desenvolvido por M. Hammer e D. McLeod.

modelo de entidade-relacionamento (ER) – modelo de dados desenvolvido por P. Chen em 1975. Descreve os relacionamentos (1:1, 1:M e M:N) entre entidades no nível conceitual com a ajuda de diagramas de ER.

modelo de entidade-relacionamento estendido (EERM) – às vezes referido como modelo de entidade-relacionamento aprimorado. Resultado da adição de mais estruturas semânticas (supertipos, subtipos e agrupamentos de entidades) ao modelo original de entidade-relacionamento (ER).

modelo de rede – modelo-padrão de dados criado pelo grupo de trabalho sobre bancos de dados do CODASYL no fim da década de 1960. Representava dados como um conjunto de tipos de registro, e relacionamentos como conjuntos com um tipo de registro proprietário e um tipo de registro membro em relacionamento 1:M.

modelo externo – visualização do programador da aplicação sobre o ambiente de dados. Em razão de seu foco na unidade comercial, o modelo externo trabalha com um subconjunto de dados do esquema de banco de dados global.

modelo físico – modelo em que as características físicas (localização, caminho e formato) são descritas para os dados. Dependente em relação tanto a hardware como a software. Veja também *projeto físico*.

modelo hierárquico – não é mais um agente importante no mercado atual de bancos de dados; no entanto, é importante conhecê-lo, pois seus conceitos e características fundamentais formam a base do desenvolvimento subsequente dos bancos de dados. Esse modelo se baseia em uma estrutura de árvore "top down", na qual cada registro é chamado segmento. O registro superior é o segmento raiz. Cada segmento possui uma relação 1:M com o segmento diretamente abaixo dele.

modelo interno – em modelagem de banco de dados, refere-se ao nível de abstração de dados que adapta o modelo conceitual a um modelo específico de SGBD para implementação.

modelo relacional – desenvolvido por E. F. Codd (da IBM) em 1970, representa importante revolução para usuários e projetistas em decorrência de sua simplicidade conceitual. O modelo relacional, com base na teoria matemática dos conjuntos, representa os dados como relações independentes. Cada relação (tabela) é representada conceitualmente como uma matriz de intersecção de linhas e colunas. As relações são relacionadas umas com as outras por meio do compartilhamento de características de entidade comuns (valores em colunas).

modo dinâmico de geração estatística – em SGBD, capacidade de calcular e atualizar automaticamente as estatísticas de acesso ao banco de dados após cada acesso.

modo manual de geração estatística – modo de geração de informações sobre dados estatísticos de acesso utilizado para a otimização de consultas. Nesse modo, o DBA deve executar periodicamente uma rotina que gere as estatísticas de acesso aos dados a exemplo da execução do comando RUNSTAT em um banco de dados DB2 da IBM.

módulo – (1) segmento de projeto que pode ser implantado como unidade autônoma, às vezes ligada a outras para produzir um sistema. (2) componente de sistemas de informação que trata de uma função específica, como inventário, pedidos ou folha de pagamento.

módulo armazenamento persistente (MAP) – bloco de código (contendo sentenças-padrão e extensões procedurais de SQL) armazenado e executado no servidor de SGBD.

MOLAP (*Multidimensional On-line Analytical Processing*, ou seja, Processamento analítico on-line multidimensional) – amplia o recurso de processamento analítico on-line para sistemas de gerenciamento de bancos de dados multidimensionais.

monotonicidade – assegura que os valores do registro de data e hora sempre aumentem. (A abordagem de registro de data e hora para organizar transações correntes atribui um registro global e exclusivo a cada transação. Esse valor produz uma ordem explícita em que as transações são enviadas ao SGBD.)

N

normalização – processo que confere atributos a entidades de modo que as redundâncias de dados sejam reduzidas ou eliminadas.

NOT – operador lógico de SQL que nega um predicado dado.

notação de Chen – veja *modelo de entidade-relacionamento (ER)*.

notação pé de galinha – representação do diagrama de entidade-relacionamento que utiliza um símbolo com três pontas para representar os vários lados do relacionamento.

nulo – em SQL, refere-se à ausência de um valor de atributo. Observação: um nulo não é um espaço vazio.

O

objeto – representação abstrata de uma entidade real que tenha identidade exclusiva, propriedades incorporadas e a possibilidade de interagir com outros objetos e consigo mesma.

objeto de banco de dados – qualquer objeto em um banco de dados, tais como tabelas, visualizações, índices, procedimentos armazenados, triggers.

Objetos de acesso de dados – (**DAO** - *Data Access Objects*) – IPA (interface de programação de aplicações) orientada a objetos e utilizada para acessar bancos de dados do MS Access, MS FoxPro e dBase (utilizando o mecanismo de dados Jet) a partir de programas de Visual Basic. O DAO fornece uma interface otimizada que expõe a funcionalidade do mecanismo de dados Jet (no qual se baseia o banco de dados do MS Access) para os programadores. A interface DAO também pode ser utilizada para acessar outras fontes de dados de estilo relacional.

ocorrência de entidade – veja *instância de entidade*.

OR – operador lógico de SQL utilizado para ligar várias expressões condicionais em uma cláusula WHERE ou HAVING. Exige que apenas uma das expressões condicionais seja verdadeira.

ORDER BY – cláusula de SQL útil para a ordenação do resultado de uma consulta SELECT (por exemplo, em ordem crescente ou decrescente).

otimização automática de consulta – método por meio do qual um SGBD trata de encontrar o caminho de acesso mais eficiente para a execução de uma consulta.

otimização dinâmica de consulta – refere-se ao processo de determinar a estratégia de acesso de SQL durante a execução, utilizando as informações mais atualizadas sobre o banco de dados. Compare com *otimização estática de consulta*.

otimização estática de consulta – modo de otimização de consulta em que o caminho de acesso ao banco de dados é predeterminado no momento da compilação. Compare com *otimização dinâmica de consulta*.

otimização manual de consultas – modo de operação que exige que o usuário final ou programador determine o caminho de acesso para a execução de uma consulta.

otimizador com base em custos – técnica de otimização de consultas que utiliza um algoritmo com base em estatísticas sobre os objetos acessados, ou seja, número de linhas, índices disponíveis, dispersão dos índices e assim por diante.

otimizador com base em regras – modo de otimização firmado no algoritmo de otimização de consultas com base em regras.

otimizador de consulta – processo de SGBD que analisa consultas de SQL e encontra o modo mais eficiente de acessar os dados. O otimizador de consultas gera o plano de acesso ou execução para a consulta.

P

padrões – conjunto detalhado e específico de instruções que descrevem as exigências mínimas de determinada atividade. Os padrões são utilizados para avaliar a qualidade do produto.

página – veja *página de disco*.

página de disco – em armazenagem permanente, o equivalente de um bloco de discos que pode ser descrito como uma seção diretamente endereçável de um disco. Uma página de disco tem tamanho fixo, como 4K, 8K ou 16K.

painel – em inteligência comercial, refere-se a um sistema com base na web que apresenta os principais indicadores ou as principais informações de desempenho em uma visão única e integrada. Em geral, utiliza gráficos de modo claro, conciso e facilmente compreensível.

palavras reservadas – palavras em um sistema que não podem ser utilizadas para qualquer outra finalidade que não a atribuída. Por exemplo, em SQL de Oracle, a palavra INITIAL não pode ser utilizada como nome de tabelas ou colunas.

papel – em Oracle, conjunto denominado de privilégios de acesso a bancos de dados que autorizam um usuário a se conectar a um banco e utilizar seus recursos de sistema.

particionamento – processo de separação de uma tabela em subconjuntos de linhas ou colunas.

participação obrigatória – termo utilizado para descrever um relacionamento em que a ocorrência de uma entidade deve ter uma ocorrência correspondente em outra entidade. Exemplo: FUNCIONÁRIO trabalha na DIVISÃO. (Uma pessoa não pode ser um funcionário se não lhe for atribuída uma divisão da empresa.)

participação opcional – em modelagem de ER, refere-se a uma condição em que uma ocorrência de entidade não exige a ocorrência de uma entidade correspondente em um determinado relacionamento.

participantes – termo de ER utilizado para identificar as entidades que participam de um relacionamento. Exemplo: o PROFESSOR leciona a AULA. (O relacionamento *leciona* baseia-se nos participantes PROFESSOR e AULA.)

perfil – em Oracle, uma coleção denominada de configurações que controla a extensão de recursos do banco de dados que determinado usuário pode utilizar.

periodicidade – geralmente expressa como apenas ano atual, anos anteriores ou todos os anos, fornece informações sobre o período de tempo de dados armazenados em uma tabela.

personalização – adaptação de uma página da web a usuário individuais.

PL/SQL (SQL procedural) – tipo de SQL que permite a utilização de código procedural e sentenças de SQL armazenados em um banco de dados como um objeto simples e chamável que não pode ser invocado pelo nome.

planilhas de estilo XSL – similar a modelos de apresentação, define as regras de exibição aplicadas a elementos em XML. A planilha de estilo XSL descreve as opções de formatação a serem aplicadas a elementos em XML quando de sua exibição em um navegador, telefone celular, tela de PDA etc.

plano de acesso – conjunto de instruções, geradas no momento da compilação da aplicação, sendo criadas e gerenciadas por um SGBD. O plano de acesso determina previamente o modo como uma consulta de aplicação acessa o banco de dados no momento da execução.

plugin – na World Wide Web (WWW), uma aplicação externa, ao lado do cliente, invocada automaticamente pelo navegador quando necessária para gerenciar tipos específicos de dados.

políticas – assertivas gerais de orientação utilizadas para gerenciar operações de uma empresa por meio da comunicação e do suporte aos objetivos organizacionais.

ponto de verificação – em gerenciamento de transações, uma operação em que o SGBD grava todos os seus buffers atualizados no disco.

primeira forma normal (1NF) – primeiro estágio do processo de normalização. Descreve uma relação representada em formato tabular, sem repetição de grupos e com chave primária identificada. Todos os atributos que não sejam chave na relação são dependentes da chave primária.

principais indicadores de desempenho (PID) – em inteligência comercial, refere-se às medidas quantificáveis (numéricas ou baseadas em escala) que avaliam a eficiência ou o sucesso de uma empresa em alcançar suas metas estratégicas e operacionais. São exemplos de PID: rotatividade de produtos, vendas por promoção, vendas por funcionário, rentabilidade por ação etc.

priorizar/aguardar – esquema de controle de concorrência que diz que, se a transação que solicita o bloqueio é mais antiga, tem primazia em relação à transação mais nova e a reagenda. Do contrário, a transação mais recente aguarda até que a antiga acabe.

privacidade – controle de utilização de dados que lidam com os direitos de indivíduos e organizações de determinar "quem, o que, quando, onde e como" em relação ao acesso aos dados.

procedimento armazenado (stored procedure) – (1) coleção denominada de sentenças procedurais e de SQL. (2) Lógica comercial armazenada em um servidor na forma de código SQL ou alguma linguagem procedural específica do SGBD.

procedimentos – série de etapas a serem seguidas durante a execução de determinado processo ou atividade.

processador de aplicações – veja *processador de transações (PT)*.

processador de dados (PD) – componente de software que reside em um computador, armazenando e recuperando dados por meio de um SGBDD. O PD é responsável pelo gerenciamento dos dados locais do computador e pela coordenação do acesso a esses dados. Veja também *processador de transações (PT)*.

processador de transações (PT) – em um SGBDD, componente de software em cada computador que solicita dados. O PT é responsável pela execução e coordenação de todos os bancos de dados emitidos por uma aplicação local que acesse dados em qualquer PD. Também chamado *gerente de transações (GT)*. Veja também *processador de dados (PD)*.

processamento analítico on-line (OLAP - *On-line Analytical Processing*) – ferramentas de sistema de suporte a decisões (SSD) que utilizam técnicas de análise de dados multidimensionais. O OLAP cria um ambiente avançado de análise de dados que dá suporte à tomada de decisões, modelagem comercial e atividades de pesquisa operacional.

processamento distribuído – atividade de compartilhar (dividir) o processamento lógico de um banco de dados por dois ou mais locais conectados por uma rede.

processamento em um único local, dados em um único local (SPSD – *single-site processing, single-site data*) – cenário em que todo o processamento é feito em uma única CPU ou computador hospedeiro (mainframe, minicomputador ou PC) e todos os dados são armazenados no disco local desse computador.

processamento em vários locais, dados em um único local (MPSD – *multiple-site processing, single-site data*) – cenário em que vários processos são executados em diferentes computadores que compartilham um único depósito de dados.

processamento em vários locais, dados em vários locais (MPMD – *multiple-site processing, multiple-site data*) – cenário que descreve um sistema de gerenciamento de bancos de dados totalmente distribuídos com suporte para vários PDs e processadores de transações em diversos locais.

processo iterativo – processo com base na repetição de etapas e procedimentos.

programação orientada a objetos (OOP) – uma alternativa aos métodos de programação convencionais, baseada em conceitos orientados a objetos. Reduz o tempo e as linhas de código na programação e aumenta a produtividade dos programadores.

projeto bottom-up – filosofia de projeto que começa pela identificação dos componentes individuais do projeto e os agrega em unidades maiores. No projeto de bancos de dados, trata-se de um processo que começa pela definição de atributos e, em seguida, agrupa-os em entidades. Compare com *projeto top-dowm*.

projeto centralizado – processo em que um único projeto conceitual é modelado para se adequar às necessidades de banco de dados de uma organização. Normalmente utilizado quando um componente de dados consiste de um número relativamente pequeno de objetos e procedimentos. Compare com *projeto descentralizado*.

projeto conceitual – processo que utiliza técnicas de modelagem de dados para criar um modelo de estrutura de banco de dados que represente objetos reais do modo mais realista possível. Independente em relação tanto a software como a hardware.

projeto de banco de dados – processo que produz a descrição da estrutura de bancos de dados. O processo do projeto determina os componentes do banco. Constitui a segunda fase do ciclo de vida do banco de dados.

projeto descentralizado – processo em que o projeto conceitual é utilizado para modelar subconjuntos de necessidades de bancos de dados de uma organização. Após a verificação das visualizações, processos e restrições, os subconjuntos são agregados em um projeto completo. Tais projetos modulares são comuns em sistemas complexos nos quais os componentes de dados consistem de um número relativamente grande de objetos e procedimentos. Compare com *projeto centralizado*.

projeto físico – estágio do projeto de banco de dados que mapeia as características de armazenamento e acesso de dados em um banco. Como essas características dependem dos tipos de dispositivos suportados pelo hardware, os métodos de acesso aos dados a que o projeto físico do sistema (e o SGBD selecionado) oferece suporte dependem tanto de hardware como de software. Veja também *modelo físico*.

projeto lógico – estágio da fase de projeto que ajusta o projeto conceitual às exigências do SGBD selecionado, sendo, portanto, dependente de software. É utilizado para traduzir o projeto conceitual no modelo interno de um sistema de gerenciamento de bancos de dados selecionado, como DB2, SQL Server, Oracle, IMS, Informix, Access e Ingress.

projeto top-down – filosofia de projeto que começa definindo as estruturas principais (macro) de um sistema e, em seguida, passa para a definição das unidades menores no interior dessas estruturas. No projeto de bancos de dados, trata-se de um processo que identifica primeiro as entidades e, em seguida, define os atributos dentro delas. Compare com *projeto bottom-up*.

propriedade de transações atômicas – propriedade de transações que estabelece que todas as partes delas devem ser tratadas como uma unidade lógica de trabalho na qual todas as operações devem ser concluídas (comprometidas) para produzir um banco de dados consistente.

protocolo de consolidação de duas fases – em um SGBDD, algoritmo utilizado para garantir a indivisibilidade de transações e a consistência de bancos de dados, bem como a integridade das transações distribuídas.

protocolo de gravação direta – veja *protocolo de log de gravação direta*.

protocolo de log de gravação direta – em controle de concorrência, processo que garante que os logs de transações sejam sempre gravados em armazenamento permanente antes de qualquer dado do banco ser efetivamente atualizado. Também chamado *protocolo de gravação direta*.

protocolo FAZER-DESFAZER-REFAZER – utilizado por um PD para desfazer ou refazer transações com auxílio das entradas do log de transações de um sistema.

Q

quarta forma normal (4NF) – uma tabela está em 4NF se estiver em 3NF e não contiver vários conjuntos independentes de dependências com vários valores.

R

RAID – sigla para *Redundant Array of Independent Disks*, que significa "matriz redundante de discos independentes". O RAID é utilizado para obter equilíbrio entre desempenho e tolerância a falhas. Sistemas com RAID utilizam vários discos para criar discos virtuais (volumes de armazenamento) formado por diversos discos individuais. Fornecem aprimoramentos de desempenho e tolerância a falhas.

RDO (*Remote Data Objects*, ou seja, Objetos de dados remotos) – interface de nível superior para aplicações orientadas a objetos, utilizada para acessar servidores de bancos de dados remotos. O RDO utiliza DAO e ODBC de nível inferior para direcionar o acesso aos bancos de dados. Foi otimizado para lidar com bancos de dados com base em servidor, como MS SQL Server, Oracle e DB2.

recuperação de banco de dados – processo de restauração de um banco de dados a um estado consistente anterior.

recuperações inconsistentes – problema de controle de concorrência que surge quando uma transação que calcula funções resumidas (agregadas) para um conjunto de dados – enquanto outras transações estão atualizando os dados – que produz resultados errados.

redundância de dados – condição verificada quando um ambiente contém dados redundantes (duplicados desnecessariamente).

refinamento de bloqueio – indica o nível de utilização de bloqueio. Pode ocorrer nos seguintes níveis: banco de dados, tabela, página, linha e campo (atributo).

registro – conjunto de campos relacionados (logicamente conectados).

registro de data e hora – em gerenciamento de transação, técnica utilizada no agendamento de transações concorrentes que atribuem um único registro de data e hora a cada transação.

regra da consistência mútua – regra de replicação de dados que exige que todas as cópias de fragmentos de dados sejam idênticas.

regra da exclusividade mútua – condição em que apenas uma transação por vez pode ser proprietária de um bloqueio exclusivo sobre o mesmo objeto.

regra de negócio – descrição de uma política, procedimento ou princípio dentro da organização. Exemplos: um piloto não pode trabalhar por mais de 10 horas durante um período de 24 horas. Um professor não pode assumir quatro turmas durante um único semestre.

regra dos dados mínimos – definida como "tudo o que é necessário está à disposição e tudo o que está à disposição é necessário". Em outras palavras, todos os elementos de dados solicitados por transações de bancos de dados devem estar definidos no modelo e todos os elementos definidos no modelo devem ser utilizados por, pelo menos, uma transação de bancos de dados.

regras de precedência – regras algébricas básicas que especificam a ordem em que as operações são executadas, como a execução, em primeiro lugar, das condições entre parênteses. Por exemplo, na expressão 2 + (3 x 5), a parte multiplicativa é calculada primeiro, obtendo a resposta correta: 17.

relação – em bancos de dados relacionais, é um conjunto de entidades. As relações são implementadas como tabelas. As relações (tabelas) são relacionadas umas com as outras por meio do compartilhamento de uma característica de entidade comum (valor em uma coluna).

relacionamento – associação entre entidades.

relacionamento binário – termo de ER utilizado para descrever a associação (relacionamento) entre duas entidades. Exemplo: o PROFESSOR leciona o CURSO.

relacionamento de identificação – relacionamento que ocorre quando as entidades relacionadas são dependentes de existência. Também chamado *relacionamento forte de identificação*, pois a chave primária da entidade dependente contém a chave primária da entidade pai.

relacionamento de não identificação – relacionamento que ocorre quando a chave primária da entidade dependente (do lado M) não contém a chave primária da entidade pai relacionada. Também conhecida como *relacionamento fraco*.

relacionamento de uma entidade com uma entidade (1:1) – um dos três tipos de relacionamentos (associações entre duas ou mais entidades) utilizados pelos modelos de dados. Em relacionamentos 1:1, uma instância de entidade está associada a apenas instância da entidade relacionada.

relacionamento de uma entidade com várias entidades (1:M) – um dos três tipos de relacionamentos (associações entre duas ou mais entidades) utilizados pelos modelos de dados. Em relacionamentos 1:M, uma instância de entidade está associada a várias instâncias da entidade relacionada.

relacionamento de várias entidades com várias entidades (M:N ou M:M) – um dos três tipos de relacionamentos (associações entre duas ou mais entidades) no qual a ocorrência de uma entidade está associada a várias ocorrências de uma entidade relacionada, e a ocorrência da entidade relacionada está associada a várias ocorrências da primeira entidade.

relacionamento forte (de identificação) – quando duas entidades são dependentes de existência. Da perspectiva de um projeto de banco de dados, isso ocorre sempre que a chave primária da entidade relacionada contiver a chave primária da entidade pai.

relacionamento fraco – relacionamento que ocorre quando a FK da entidade relacionada não contém um componente de FK da entidade pai. Também conhecido como *relacionamento de não identificação*.

relacionamento recursivo – relacionamento encontrado em um único tipo de entidade. Por exemplo, um FUNCIONÁRIO é casado com um FUNCIONÁRIO ou uma PEÇA é componente de outra PEÇA.

relacionamento ternário – termo de ER utilizado para descrever a associação (relacionamento) entre três entidades. Exemplo: um CONTRIBUINTE fornece dinheiro a um FUNDO do qual um RECEPTOR recebe dinheiro.

relacionamento unário – termo de ER utilizado para descrever uma associação dentro de uma entidade. Exemplo: Um CURSO é pré-requisito para outro CURSO.

replicação – processo de criação e gerenciamento de versões duplicadas de um banco de dados. Utilizado para colocar cópias em diferentes locais e aprimorar o tempo de acesso e a tolerância às falhas.

replicação de dados – armazenamento de fragmentos duplicados de bancos de dados em vários locais de um SGBDD. A duplicação dos fragmentos é transparente ao usuário final. Utilizada para fornecer tolerância a falhas e aprimoramentos de desempenho.

restrição – limitação imposta aos dados. As restrições normalmente são expressas na forma de regras.

Exemplo: "a média de um aluno deve estar ente 0,00 e 4,00". As restrições são importantes, pois ajudam a assegurar a integridade dos dados.

restrição de integralidade – restrição que especifica se cada ocorrência de supertipo de entidade também deve ser membro de, pelo menos, um subtipo. A restrição de integralidade pode ser parcial ou total. A integralidade parcial significa que nem toda ocorrência de supertipo é membro de um subtipo, ou seja, pode haver algumas ocorrências de supertipos que não sejam membros de nenhum subtipo. A integralidade total implica que toda ocorrência de supertipo deve ser membro de, pelo menos, um subtipo.

ROLAP (*Relational On-line Analytical Processing*, ou seja, processamento analítico on-line relacional) – fornece recurso de processamento analítico on-line utilizando bancos de dados relacionais e ferramentas de consulta relacional para armazenar e analisar dados multidimensionais.

Roll up (agrupamento) – em SQL, uma extensão de OLAP utilizada coma cláusula GROUB BY para agregar dados em dimensões diferentes. (Agrupar dados é exatamente o contrário de decompô-los.) Veja também *drill down*.

ROLLBACK – comando de SQL que restaura os conteúdos das tabelas de um banco de dados à sua condição original (a condição existente após as últimas sentenças COMMIT).

rotina de atualização de batch – rotina que coloca todas as transações em um "lote" (batch) para atualizar uma tabela mestre em uma única operação.

S

script – linguagem de programação que não é compilada, mas interpretada e executada durante a execução.

segmento – no modelo de dados hierárquico, equivalente ao tipo de registro de um sistema de arquivos.

segunda forma normal (2NF) – segundo estágio do processo de normalização em que uma relação está em 1NF e não há dependências parciais (dependências apenas em parte da chave primária).

segurança – refere-se às atividades e medidas que garantem a confidencialidade, integridade e disponibilidade de um sistema de informação e seus principais ativos, os dados.

segurança de banco de dados – utilização de recursos de SGBD e outras medidas relacionadas para atender às exigências de segurança de uma organização.

SELECT – comando de SQL que retorna os valores de todas as linhas ou de um subconjunto de linhas de uma tabela. A sentença SELECT é utilizada para recuperar dados a partir de tabelas.

seletividade de índices – medida de probabilidade de um índice a ser utilizado no processamento de consultas.

sequência de ordem em cascata – refere-se a uma sequência de ordenação aninhada de um conjunto de linhas. Por exemplo, constitui sequência de cascata uma lista na qual todos os sobrenomes estejam ordenados alfabeticamente e, dentro de cada sobrenome, todos os primeiros nomes estejam também ordenados.

serialização – propriedade de transações que garante que a ordem selecionada das operações de transação crie o estado final do banco de dados que teria sido produzido se as transações tivessem sido executadas no modo serial.

serviços de busca – serviços de facilitação comercial na web que permitem que os sites façam buscas em seus conteúdos.

servidor de aplicações da web – aplicação de software de mediação que amplia as funcionalidades de servidores de web ligando-os a ampla faixa de serviços, como bancos de dados, sistemas de diretórios e mecanismos de busca.

SGBDD heterogêneo – integra diferentes tipos de sistemas de gerenciamento de bancos de dados por meio de uma rede. Veja também *sistema de bancos de dados distribuído completamente heterogêneo (SGBDD completamente heterogêneo)* e *SGBDD homogêneo*.

SGBDD homogêneo – integra apenas um tipo particular de sistema de gerenciamento de banco de dados centralizado por meio de uma rede. Veja também *SGBDD heterogêneo* e *sistema de bancos de dados distribuído completamente heterogêneo (SGBDD completamente heterogêneo)*.

sinônimo – utilização de nomes diferentes para identificar o mesmo objeto, como uma entidade, um atributo ou um relacionamento; em geral, deve-se evitá-lo. Veja também *homônimo*.

sintonia (tuning) de desempenho – atividades que tornam o desempenho de um banco de dados mais eficiente em termos de armazenamento e velocidade de acesso.

sintonização (tuning) de desempenho de bancos de dados – conjunto de atividades e procedimentos projetados para reduzir o tempo de resposta de um sistema de banco de dados, ou seja, para assegurar que uma consulta do usuário final seja processada pelo SGBD no período mínimo de tempo.

sintonização (tuning) de desempenho de SGBD – refere-se às atividades necessárias para assegurar que as solicitações de clientes sejam respondidas do modo mais rápido possível, utilizando de maneira ideal os recursos existentes.

sintonização (tuning) de desempenho de SQL – atividades orientadas para a geração de uma consulta de SQL que retorne a resposta correta no menor período de tempo, utilizando a quantidade mínima de recursos na extremidade do servidor.

sistema de banco de dados – organização de componentes que define e regula a coleta, armazenamento, gerenciamento e utilização de dados em um ambiente de banco de dados.

sistema de banco de dados distribuído completamente heterogêneo (SGBDD completamente heterogêneo) – integra vários tipos de sistemas de gerenciamento de bancos de dados (hierárquico, em rede e relacional) por meio de uma rede. Suporta diversos tipos de sistemas de gerenciamento que podem, inclusive, suportar vários modelos de dados sendo executados em diferentes sistemas computacionais, como mainframes, minicomputadores e microcomputadores. Veja também *SGBDD heterogêneo* e *SGBDD homogêneo*.

sistema de banco de dados multidimensionais (SGBDM) – sistema de gerenciamento de bancos de dados que utiliza técnicas de propriedade para armazenar dados em matrizes de n dimensões conhecidas como cubos.

sistema de gerenciamento de banco de dados (SGBD) – refere-se ao conjunto de programas que gerenciam a estrutura do banco de dados e controlam o acesso aos dados nele armazenados.

sistema de gerenciamento de banco de dados distribuídos (SGBDD) – SGBD que dá suporte a bancos de dados distribuídos por vários locais diferentes. Controla o armazenamento e processamento de dados relacionados logicamente por meio de sistemas computacionais interconectados, em que tanto os dados como as funções de processamento são distribuídas entre os diversos locais.

sistema de gerenciamento de banco de dados orientados a objetos (SGBDOO) – software de gerenciamento de dados para administrador dados encontrados em modelos de bancos de dados orientados a objetos.

sistema de gerenciamento de banco de dados relacionais (SGBDR) – conjunto de programas que gerenciam um banco de dados relacional. O software do SGBDR traduz solicitações lógicas (consultas) de um usuário em comandos que localizam fisicamente e recuperam os dados solicitados. Um bom SGBDR também cria e mantém um dicionário de dados (catálogo de sistema) para ajudar a fornecer segurança e integridade de dados, acesso concorrente, fácil acesso e administração de sistemas aos dados do banco, por meio da linguagem de consulta (SQL) e dos aplicativos.

sistema de gerenciamento de banco de dados relacional/objeto (SGBDR/O) – SGBD com base no modelo relacional estendido (ERDM). O ERDM, defendido por muitos pesquisadores de bancos de dados relacionais, constitui a resposta do modelo relacional ao OODM. Esse modelo inclui muitos dos melhores recursos do modelo orientado a objetos em um ambiente estrutural de banco de dados relacional originalmente mais simples.

sistema de informação (SI) – sistema que fornece coleta, armazenamento e recuperação de dados. Facilita a transformação de dados em informações e o gerenciamento tanto de dados como de informações. Um sistema de informação é composto de hardware, software (SGBD e aplicações), bancos de dados, pessoas e procedimentos.

sistema de suporte a decisões (SSD) – combinação de ferramentas computacionais utilizadas para auxiliar a tomada de decisões gerenciais no âmbito comercial.

sistema sem estado – descreve o fato de que em determinado momento, um servidor de web não sabe o *status*

de nenhum dos clientes que se comunicam com ele. A web não reserva memória para manter um "estado" de comunicação aberto entre o cliente e o servidor.

sobreposição – em uma hierarquia de especialização, descreve uma condição em que cada instância (linha) de entidade de um supertipo pode aparecer em mais de um subtipo.

software de mediação entre web e banco de dados – programa de extensão do lado do servidor do banco de dados que recupera dados a partir dos bancos e os transmite ao servidor de web, que os envia ao navegador do cliente para exibição.

solicitação de banco de dados – equivalente a uma única sentença de SQL em um aplicativo ou transação.

solicitação de entrada/saída (E/S) – operação de acesso de dados de baixo nível (leitura ou gravação) de/para dispositivos computacionais (como memória, discos rígidos, vídeo e impressoras).

solicitação distribuída – solicitação de banco de dados que permite que uma única sentença de SQL acesse dados em vários PDs de um banco de dados distribuído.

solicitação remota – recurso de SGBDD que permite que uma única sentença de SQL acesse dados em um único PD remoto. Veja também *transação remota*.

SQL (*Structured Query Language*, ou seja, Linguagem estruturada de consulta) – poderosa e flexível linguagem de bancos de dados relacionais, composta de comandos que permitem que os usuários criem bancos de dados e estruturas de tabela, executem vários tipos de manipulação e administração de dados e pesquisem bancos para extrair informações úteis.

SQL dinâmica – termo utilizado para descrever um ambiente em que a sentença SQL não é previamente conhecida, mas gerada durante a execução. Em um ambiente de SQL dinâmica, um programa pode gerar, durante a execução, a sentença SQL necessária para responder consultas *ad hoc*.

SQL estática – estilo de SQL incorporada em que as sentenças de SQL não se alteram enquanto a aplicação estiver sendo executada.

SQL incorporada – termo utilizado para se referir a sentenças de SQL contidas em uma linguagem de programação de aplicações como COBOL, C++, ASP, Java e ColdFusion.

subconsulta – consulta incorporada (ou integrada) no interior de outra consulta. Também conhecida como *consulta integrada* ou *consulta interna*.

subconsulta correlacionada – subconsulta executada uma vez para cada linha na consulta externa.

subesquema – no modelo de rede, parte do banco de dados "vista" pelos aplicativos que produzem as informações desejadas a partir dos dados contidos em um banco.

subordinado – em um SGBDD, um nó de PD que participa de uma transação distribuída, utilizando o protocolo COMMIT de duas fases.

subtipo (conjunto de entidades) – uma entidade (conjunto) que contém características exclusivas (atributos) de uma entidade cujas características gerais são encontradas em outra entidade mais amplamente definida, conhecida como supertipo. Em uma hierarquia de generalização, trata-se de qualquer entidade encontrada abaixo de uma entidade pai. Exemplo: o subtipo PILOTO do supertipo FUNCIONÁRIO.

subtipo de entidade – em uma hierarquia de generalização/especialização, refere-se a um subconjunto de um supertipo de entidade, de modo que esse supertipo contenha as características comuns e os subtipos, as características particulares.

subtipo disjunto (subtipo não sobreposto) – em uma hierarquia de especialização refere-se a um conjunto de entidades de subtipos exclusivo e não sobreposto.

sugestões otimizadoras – instruções especiais para o otimizador de consulta, embutidas no interior do texto de comando de SQL.

SUM – função agregada de SQL que produz a soma de todos os valores de determinada coluna ou expressão.

superchave – veja *chave*.

supertipo (conjunto de entidades) – uma entidade (conjunto) que contém as características gerais (normalmente compartilhadas) de uma entidade (veja *subtipo conjunto de entidades*). Se o conjunto de entidades incluir características que não são comuns a todas as entidades dentro do conjunto, ele se torna pai em relação a um ou mais subtipos em uma hierarquia de generalização.

supertipo de entidade – em uma hierarquia de generalização/especialização, refere-se a um tipo genérico de entidade que contém as características comuns de subtipos de entidades.

T

tabela – matriz (conceitual) composta de intersecções de linhas (entidades) e colunas (atributos) que representa um conjunto de entidades no modelo relacional. Também chamada *relação*.

tabela de base – tabela na qual se baseia uma visualização.

tabela de fatos – em um data warehouse, refere-se à tabela central do esquema estrela que contém fatos ligados e classificados por meio de dimensões comuns. A tabela de fatos está, quanto a cada tabela de dimensão, em um relacionamento de uma entidade com várias entidades.

tabela de ligação – no modelo relacional, tabela que implanta um relacionamento M:M. Veja também *entidade composta*.

tabela organizada em índice – em SGBD, tipo de organização de armazenamento em tabela que mantém os dados do usuário final e de índice em locais consecutivos de armazenagem permanente. Também conhecida como *tabela*.

tabela organizada em agrupamentos – veja *tabela organizada em índice*.

tabelas de dimensão – em um data warehouse, utilizada para buscar, filtrar ou classificar fatos dentro de um esquema estrela. A tabela de fatos está, quanto às tabelas de dimensão, em um relacionamento de uma entidade com várias entidades.

tag – em linguagens de marcação, como HTML e XML, comando inserido em um documento para especificar como deve ser formatado. As tags são utilizadas em linguagens de marcação do lado do servidor e interpretadas pelo navegador web para a apresentação dos dados.

técnica de gravação indireta – em controle de concorrência, processo que garante que um banco de dados seja atualizado imediatamente por operações de transação durante sua execução, mesmo antes da transação atingir o ponto de comprometimento.

técnica de gravação protelada – veja *atualização protelada*.

teoria dos conjuntos – parte da ciência matemática que lida com conjuntos, ou seja, grupos de coisas, sendo utilizada como a base para a manipulação de dados no modelo relacional.

terceira forma normal (3NF) – uma tabela está em 3NF quando estiver em 2NF e nenhum atributo que não seja chave for funcionalmente dependente de outro atributo que não seja chave, ou seja, não pode incluir dependências transitivas.

transação – sequência de operações de banco de dados (uma ou mais solicitações) que acessa o banco de dados. Uma transação é uma unidade lógica de trabalho, ou seja, deve ser concluída *inteiramente* ou abortada – não são aceitos estágios intermediários de encerramento. Todas as transações devem apresentar as seguintes propriedades: (1) a *atomicidade* exige que, a menos que todas as operações (partes) de uma transação estejam concluídas, a transação seja abortada. Uma transação é tratada como uma única e indivisível unidade lógica de trabalho. (2) A *consistência* indica a permanência do banco de dados no estado consistente. Uma vez concluída a transação, o banco de dados atinge o estado consistente. (3) O *isolamento* garante que os dados utilizados durante a execução de uma transação não possam ser utilizados por uma segunda transação até que a primeira seja concluída. (4) A *durabilidade* garante que, uma vez feitas alterações pelas transações, não podem ser desfeitas ou perdidas, mesmo em caso de falha de sistema.

transação distribuída – transação que acessa dados em vários PDs remotos de um banco distribuído.

transação remota – recurso de SGBDD que permite que uma transação (formada por várias solicitações) acesse dados em um único PD remoto. Veja também *solicitação remota*.

transparência de desempenho – recurso de SGBDD que permite que um sistema seja executado como se fosse um SGBD centralizado (sem prejuízo de tempos de resposta).

transparência de distribuição – recurso do SGBDD que permite que um banco de dados distribuídos apareça para o usuário final como se fosse um único banco lógico.

transparência de falhas – recurso que permite a operação contínua de um SGBDD, mesmo em caso de falha em um dos nós da rede.

transparência de fragmentação – recurso de SGBDD que permite que um sistema trate um banco de dados distribuído como se fosse único, mesmo que esteja dividido em dois ou mais fragmentos.

transparência de heterogeneidade – recurso de SGBDD que permite que um sistema integre vários SGBD centralizados em um único SGBDD lógico.

transparência de local – propriedade de um SGBDD na qual o acesso aos dados exige o conhecimento apenas do nome do fragmento de banco de dados. (Não é necessário saber o local do fragmento.) Veja também *transparência de mapeamento local.*

transparência de mapeamento local – propriedade de um SGBDD no qual o acesso aos dados exige que o usuário final saiba tanto o nome como o local dos fragmentos. Veja também *transparência de local.*

transparência de réplica – refere-se à capacidade do SGBDD ocultar do usuário a existência de várias cópias de dados.

transparência de transação – propriedade de SGBDD que assegura que as transações de bancos de dados manterão a integridade e a consistência do banco distribuído. Garantem que uma transação só será concluída quando todos os locais envolvidos do banco de dados concluírem suas partes da transação.

trigger – código de SQL procedural que é automaticamente invocado pelo sistema de gerenciamento do banco de dados relacional quando da ocorrência de um evento de manipulação de dados.

trigger no nível de linha – trigger executado uma vez para cada linha afetada pela sentença de trigger de SQL. Um trigger no nível de linha exige a utilização das palavras-chave FOR EACH ROW em sua declaração.

trigger no nível de sentença – trigger de SQL assumido se as palavras-chave FOR EACH ROW forem omitidas. Esse tipo de trigger é executado uma vez antes ou após a conclusão da sentença de trigger e constitui o caso-padrão.

Tupla – no modelo relacional, uma linha de tabela.

U

UML (*Unified Modeling Language*, ou seja, Linguagem de modelagem unificada) – linguagem baseada em conceitos orientados a objetos que fornece ferramentas como diagramas e símbolos utilizados para modelar graficamente um sistema.

UPDATE – comando de SQL que permite que valores de atributos sejam alterados em uma ou mais linhas de uma tabela.

usuário – em um sistema, objeto exclusivamente identificável que permite que determinada pessoa ou processo faça logon no banco de dados.

V

VBScript – extensão do lado do cliente na forma de um produto de linguagem da Microsoft utilizado para ampliar as funcionalidades de um navegador; proveniente do Visual Basic.

visualização – tabela virtual baseada em uma consulta SELECT.

visualização atualizável – visualização que pode ser utilizada para atualizar atributos em suas tabelas de base.

visualização materializada – tabela dinâmica que contém não apenas o comando de consulta de SQL para gerar as linhas, mas também armazena as próprias linhas. A visualização materializada é criada na primeira vez em que se executa a consulta, e as linhas resumidas são armazenadas na tabela. As linhas de visualização materializada são atualizadas quando da atualização das tabelas de base.

vulnerabilidade de segurança – ponto fraco em um componente do sistema que pode ser explorado para permitir acesso não autorizado ou causar interrupções de serviço.

X

XML – veja *Linguagem de marcação extensível (XML)*.

XSL (*Extensible Style Language*, ou seja, Linguagem de estilo extensível) – especificação utilizada para definir as regras conforme as quais os dados em XML devem ser formatados e exibidos. A especificação XSL é dividida em duas partes: XSLT (transformações de XSL) e planilhas de estilo XSL.

XSLT (*Extensible Style Language Transformation*, ou seja, transformação de linguagem de estilo extensível) – termo que descreve o mecanismo geral utilizado para extrair e processar dados de um documento XML e possibilitar sua transformação em outro documento.

Impressão e acabamento